第三届中国建筑学会
建筑设计奖(给水排水)优秀设计
工程实例

中国建筑学会建筑给水排水研究分会　主编

中国建筑工业出版社

图书在版编目（CIP）数据

第三届中国建筑学会建筑设计奖（给水排水）优秀设计工程实例/中国建筑学会建筑给水排水研究分会主编. 北京：中国建筑工业出版社，2014.11
ISBN 978-7-112-17118-7

Ⅰ. ①第… Ⅱ. ①中… Ⅲ. ①建筑-给水工程-工程设计②建筑-排水工程-工程设计 Ⅳ. ①TU82

中国版本图书馆CIP数据核字（2014）第159118号

本书为中国建筑学会建筑给水排水研究分会组织的“第三届中国建筑学会建筑设计奖（给水排水）”的评奖展示。

本书共分三篇，即公共建筑篇、居住建筑篇、工业建筑篇，其中包括了广州塔、世博中心、国家大剧院等一大批国内最先进的大型建筑。

本书可供从事建筑给水排水设计的专业人员参考。

责任编辑：于 莉 田启铭
责任设计：李志立
责任校对：张 颖 刘 钰

第三届中国建筑学会
建筑设计奖（给水排水）优秀设计工程实例
中国建筑学会建筑给水排水研究分会 主编
*
中国建筑工业出版社出版、发行（北京西郊百万庄）
各地新华书店、建筑书店经销
霸州市顺浩图文科技发展有限公司制版
北京圣夫亚美印刷有限公司印刷
*
开本：880×1230毫米 1/16 印张：61¼ 字数：1883千字
2014年10月第一版 2014年10月第一次印刷
定价：**180.00**元（含光盘）
ISBN 978-7-112-17118-7
（25890）

编委会

前言

为进一步促进我国建筑工程设计事业的发展，推动建筑行业的技术进步，提高建筑给水排水的设计水平，充分发挥建筑给水排水设计人员的积极性和创造性，2005年中国建筑学会决定在全国范围内设置“中国建筑学会建筑设备（给水排水）优秀设计奖”暨“中国建筑学会建筑给水排水优秀设计奖”。中国建筑学会建筑给水排水优秀设计奖是我国建筑给水排水设计的最高荣誉奖，每两年进行一届评选，本项评选对促进我国建筑给水排水设计工作起到了积极的推动作用。2010年全国清理规范评比达标表彰工作联席会议办公室下发文件至住房与城乡建设部，就经中共中央、国务院同意住建部保留的评比项目予以批示，其中中国建筑学会的奖项名称为“建筑设计奖”，周期为2年。经中国建筑学会批准，从2012年起，“中国建筑学会建筑设备（给水排水）优秀设计奖”更名为“中国建筑学会建筑设计（给水排水）优秀设计奖”，与中共中央、国务院的批示相一致。

中国建筑学会建筑设计（给水排水）优秀设计奖突出体现在如下方面：设计技术创新；解决难度较大的技术问题；节约用水、节约能源、保护环境；提供健康、舒适、安全的居住、工作和活动场所；体现“以人为本”的绿色建筑宗旨。

受中国建筑学会的委托，2012年由中国建筑学会建筑给水排水研究分会组织开展了第三届中国建筑学会建筑设计（给水排水）优秀设计奖的评选活动，即“第三届中国建筑学会建筑给水排水优秀设计奖”的评选活动。自2012年4月15日发出通知后，截至本奖项申报工作的规定时间2012年7月6日，建筑给水排水研究分会秘书处共收到来自全国15个省市39家设计单位按规定条件报送的117个工程项目，其中，公共建筑92项、居住建筑16项、工业建筑9项。

评审工作于2012年8月1日至5日在上海举行，评审会由建筑给水排水研究分会理事长赵锂主持，评审委员会由19位建筑给排水界著名专家组成。评审委员会推选中国建筑设计研究院赵世明教授级高级工程师担任评选组组长，上海华东建筑设计研究院有限公司冯旭东教授级高级工程师担任评选组副组长。评审组专家有中国建筑设计研究院赵锂教授级高级工程师、中国中元国际工程公司黄晓家教授级高级工程师、北京市建筑设计研究院有限公司郑克白教授级高级工程师、中国五洲工程设计有限公司刘巍荣教授级高级工程师、上海建筑设计研究院有限公司徐凤教授级高级工程师、同济大学建筑设计研究院（集团）有限公司归谈纯教授级高级工程师、天津市建筑设计研究院刘建华教授级高级工程师、广东省建筑设计研究院符培勇教授级高级工程师、广州市设计院赵力军教授级高级工程师、华南理工大学建筑设计研究院王峰研究员、中建国际（深圳）设计顾问有限公司郑大华教授级高级工程师、福建省建筑设计研究院程宏伟教授级高级工程师、中国建筑西北建筑设计研究院有限公司陈怀德教授级高级工程师、中国中南建筑设计研究院有限公司涂正纯教授级高级工程师、浙江大学建筑设计研究院王靖华教授级高级工程师、中国建筑东北设计研究院有限公司崔长起教授级高级工程师、中国建筑西南设计研究院有限公司孙钢教授级高级工程师。

评审工作严格遵照公开、公正和公平的评选原则。分组对申报书、计算书和相关设计图纸进行了认真审阅，在分组初评意见的基础上评审组又对申报的117个工程进行了逐一的集中讲评，最后通过无记名投票的方式，确定出入围工程名单和此次评选最终结果：公共建筑类金奖（原一等奖）7项、银奖（原二等奖）19项、三等奖30项、优秀奖9项；居住建筑类银奖（原二等奖）3项、三等奖4项；工业建筑类金奖（原一等奖）1项、银奖（原二等奖）2项、三等奖2项、优秀奖1项。评选出的获奖项目于2012年8月20日至2012年9月20日在中国建筑学会的网站上向全国公示征求意见，并报中国建筑学会批准。

第三届中国建筑学会建筑给水排水优秀设计奖的评审工作得到了吉博力（上海）公司的大力支持。颁奖仪式在2012年11月1日于深圳市举行的中国建筑学会建筑给水排水研究分会第二届第一次全体会员大会暨学术交流会上隆重举行。

为增进技术交流，推进技术进步，由中国建筑工业出版社出版获奖项目，向全国发行。

在获奖项目设计人员和建筑给水排水研究分会秘书处的共同努力下，完成了本图集。本届优秀设计奖包括了广州塔、上海世博演艺中心、广州珠江新城西塔、上海世博轴及地下综合体工程、天津津塔、天津空客A320系列飞机总装生产线、广州亚运城太阳能利用和水源热泵工程等一批我国于2010年举行的上海世界博览会、2010年在广州举行的第16届亚运会的场馆及配套设施、目前国内最先进的大型公共建筑、重大项目的生产基地等。工程规模、设计水平以及给水排水专业的创新技术、节能减排、绿色建筑给水排水设计等应用都代表了国内目前最高水平，有的项目已达到国际领先水平。本次评奖是我国建筑给水排水届的第三次评奖，与上海世博会及广州亚运会相关的项目是本次评奖的最大亮点，项目在设计过程中还开展了一系列的国家及省级的科研课题的研究工作，并将科研课题的成果应用在工程设计与施工中。申报工程的水平很高，在学术、工程应用中均具有很高参考价值。由于我国建筑给水排水技术的蓬勃发展，相关标准规范也在修订完善，设计时应根据工程所在地的具体情况，工程性质、业主要求、造价控制等合理的选用系统，本书中的系统不是唯一的选择，在参考使用时应具体情况具体分析。本书行文中也可能有一些疏漏，请各位读者指正。

目录

公共建筑篇

公共建筑类一等奖

公共建筑类二等奖

公共建筑类三等奖

工业建筑篇

公共建筑篇

公共建筑类一等奖

广州新电视塔

设计单位： 广州市设计院

设 计 人： 赵力军　黄频　黄玲俐　欧彩丹　徐智勇　唐德昕

获奖情况： 公共建筑类　一等奖

工程概况：

广州新电视塔简称广州塔，又被称作“小蛮腰”，塔高600m，由一座高达454m的主塔体和一根高146m的天线桅杆构成。电视塔中心点距离珠江边约125m，是广州市的新地标建筑，也是目前世界上已建成的第一高的自立式电视观光塔。该工程由广州市新电视塔建设有限公司投资建造。该工程的给水排水及水消防系统设计安全要求高，设计难度大，设计中首次采用了高位消防水箱兼做抗震阻尼器的常高压水消防系统及雨水减压排水系统等多项新技术。第16届亚运会期间，这个世界最高的电视观光塔以其婀娜秀丽的身姿展现在了世人的面前，吸引了世界的目光。

（一）场地概述

工程所在地位于广州市海珠区滨江东路，珠江文化带（横轴）与新城市中轴线（纵轴）交汇处的珠江南岸。正前方是第16届亚运会开闭幕式的主会场海心沙。东临珠江帝景住宅区，南为双塔路及花城广场，与赤岗塔为邻，西靠原新中国造船厂，北与珠江新城及举行亚运开闭幕式的海心沙市民广场隔江相望。对岸的珠江新城为广州市中心商务区和文化艺术中心区，城市新中轴线花城广场两旁建设有双塔、广州歌剧院、省博物馆、珠江城、广州图书馆等标志性公共建筑。新电视塔的坐向正好对着珠江河口，迎送络绎进出的客船。场地西侧地下有地铁三号线及珠江新城区域轨道交通—“捷运APM系统”；中南部地下有规划中的地铁六号线延长线东西向贯穿；南端有赤岗涌东西向横穿而过；场地西南角与赤岗塔毗邻。

本工程建设场地为不规则的梯形地块，南北长约600m，东西长约180～680m；一期建筑所在地块南北长约210m，东西约180～680m。场地四周道路交点标高大致平整（8.00m）。

（二）工程设计规模及项目组成

广州塔第一期总建筑面积约114000m²，其中6.800m以上（含6.800m）建筑面积约44200m²，主要使用功能包括广播电视技术用房、观光旅游层、休闲娱乐区域以及部分商业用房（影视、游客餐厅）；地下（6.800m以下）建筑面积约69700m²，其中±0.00m主要功能为登塔大厅、设备用房、消防中心、办公区和展览、餐饮等商业区域；－5.000m主要作为车库和地下设备用房使用，另外还包括厨房员工餐厅等其他用途区域；－10.000m主要为设备用房、五级人防及电视台器材间。6.800m和±0.000m为主入口层。

（三）建筑功能分区及建筑平面布局

广州塔的高度功能根据地球不同的气候区分成不同的主题区间，由下而上分别是：

海洋区——地下停车库、展览厅、入口大厅、会议中心（－10.0～32.8m）

沙漠区——高科技娱乐厅、4D影院（84.8～121.2m）

亚热带草原区——观景平台、小食（147.2～168.0m）

热带雨林区——空中云梯（168.0～334.4m）

温带区——设备用房、茶室（334.4～350.0m）

冰原区——微波电视机房（376.0～402.0m）

北极区——观景平台、旋转餐厅、横向摩天轮（407.2～459.2m）再往上是电视台桅杆天线部分及跳楼机，具体各楼层功能情况详见表1。

电视塔功能分区 **表1**

高度(m)	主要功能	高度(m)	主要功能
－10.0	设备用房、器材室、五级人防	168.0～334.4	空中云梯
－5.0	车库、设备用房、员工食堂及厨房、员工活动室、储物室	334.4	设备用房
±0.0	展览厅、美食街、办公区	339.6	设备用房
±0.0架空层	道路广场	344.8	茶室
6.8	登塔大厅	350.0	避难层
17.2	多功能展览空间	355.2	平台
22.4	会议区	365.6	核心筒
27.6	平台	376.0	微波控制室、微波天线
32.8	平台	381.2	微波机房、微波天线
43.2～74.4	核心筒	386.4	设备用房
84.8	高科技娱乐厅、4D影院	391.6	发射机房
90.0	高科技娱乐厅、4D影院	396.8	发射机房
95.2	高科技娱乐厅、4D影院	402.0	发射机房
100.4	高科技娱乐厅、4D影院	407.2	VIP餐厅
105.6	高科技娱乐厅、4D影院	412.4	厨房
110.8	高科技娱乐厅、4D影院	417.6	旋转自助餐厅
116.0	设备机房、平台花园避难	422.8	旋转自助餐厅
121.2	平台	428.0	观光大厅
131.6～142.0	核心筒	433.2	观光大厅
147.2	设备用房	438.4	阻尼器及消防大水箱
152.4	小食	443.6	观光电梯、乘客电梯、消防电梯、电梯机房
157.6	小食	448.8	设备用房
162.8	观景厅	454.0	屋面阶梯平台、横向摩天轮
168.0	避难层	459.2	屋面阶梯平台、横向摩天轮
173.2	平台		

(四) 建筑、结构、电气、通风空调专业的设计特点

1. 目前已建成的世界第一高电视观光塔。塔高600m，塔身主体454m，观光平台比上海东方明珠塔的观光层高出约191m。

2. 创造多项世界之最。塔中设有世界最高露天观景平台（454m）、世界最高横向摩天轮（454m）、世界最高跳楼机、世界最高4D影院（84.8～121.2m）、世界最高的旋转餐厅（424m）、核心筒外设有世界最长旋转上升空中云梯（由1000多台阶组成）、世界最高的消防水箱兼作减振阻尼器（438.4～443.6m）的常高压消防供水系统等。

3. 建筑造型浪漫、优美、高贵典雅。塔体由上下两个大小不同的椭圆体扭转而成，中部形成细腰，核心筒呈椭圆形，底部长轴方向与珠江水流方向一致，顶部长轴方向则转至与城市的南北轴线合二为一，与已建成的"西塔"及建设中的"东塔"形成"三足鼎立"之势，"扭腰"的造型使游客从不同的方向看，都不会有重复的形态，平面也随着高度的不同而不断变化。

4. 结构形式复杂，设计难度高。结构采用镂空、开放形式，24根由*DN*2000～*DN*1200渐变锥形钢斜柱、斜撑、46个圆环梁和内部的钢筋混凝土筒体的运用，实现了垂直圆柱、水平圆环和对角线三个主要设计元素，减少了塔身的体量感和承受的风荷载，使塔体纤秀、挺拔，创造出丰富、有趣的空间体验和光景效果。塔身采用特一级抗震设计，可抵御强度7.8级地震和12级台风，设计使用年限超过100年。

5. 电气、通风空调设计采用了大量新技术、新工艺、新设备、新材料。如：电梯单次提升高度达438m，1.5min直达顶层的高速电梯（电梯中安装有气压调节装置）；上下桥箱调节高度达2m的高速双层电梯；太阳能及风力发电；新型空气净化杀菌装置；为减少风口附近的阻力及压差，高空区域外百叶在楼板上开设；排风均压环；由计算机控制的6696套点状LED灯具和44套LED投光灯具形成的色彩变幻达百万级的塔身泛光照明。

6. 兼具有广播、电视转播发射功能。

(五) 工程建设情况

2005年11月25日，广州新电视塔工程奠基。2006年4月6日，塔基坑工程验收完成，开始施工总承包开标。2006年4月25日，开始主体桩基础工程施工。2008年8月27日，454m的主塔体封顶。2009年5月5日主体天线桅杆封顶。2010年9月28日，广州市城投集团举行新闻发布会，正式公布广州新电视塔的名字为广州塔。2010年9月29日举行落成典礼。2010年10月1日起正式公开售票接待游客。

第16届亚运会期间，这个世界最高的电视观光塔终以其婀娜秀丽的身姿展现在了世人的面前。

一、给水排水系统

广州塔是世界上目前已建成的第一高电视观光塔，它既是一个超高层建筑，又与通常的超高层建筑有所不同：世界第一高塔；优美而奇特的造型；每一高度都在发生变化的平面；功能层分段设置而非连续设置；所有垂直交通、人员疏散及竖向管线均依赖于其狭窄的中筒等。给水排水设计人员所面对的不单是如何将水送上塔排下塔的问题，更重要的是如何设计好一个安全可靠的水消防系统，以保证在任何不利情况下都能及时扑灭火灾，保障人民的生命财产安全。在设计人员的共同努力下，在消防部门及专家的指引下，广州塔采用了一个世界独创的、具较高安全度的超高层建筑水消防系统——屋顶高位消防大水箱与减振阻尼器（TMD+AMD）兼用的常高压水消防灭火系统。

(一) 给水排水系统

1. 生活给水量计算

设计参数、生活给水及排水量计算见表2。

生活给水、排水量计算 表 2

用水项目	最高日生活用水定额	最高日生活用水量 (m³/d)	用水时间 (h)	小时变化系数	平均时生活用水量 (m³/h)	最高时生活用水量 (m³/h)	最高日生活排水量 (m³/d)	最大时生活排水量 (m³/h)
办公	40L/(人·d)	17.6	8	1.5	2.20	3.30	16.7	3.14
观光	4L/(人次·d)	14.0	16	1.2	0.88	1.05	13.3	1.00
旋转餐厅（西餐）	25L/(人次·d)	34.5	12	1.5	2.88	4.31	32.8	4.10
VIP 餐厅（西餐）	25L/(人次·d)	13.5	12	1.5	1.13	1.69	12.8	1.60
员工餐厅	25L/(人次·d)	112.5	12	1.5	9.38	14.06	106.9	13.36
美食街（中餐）	160L/(人次·d)	635.1	16	1.5	39.69	59.54	603.3	56.56
茶室	15L/(人次·d)	9.0	12	1.5	0.75	1.13	8.6	1.07
服务人员	40L/(人·d)	19.2	12	1.5	1.60	2.40	18.2	2.28
高科技娱乐厅/电影院	5L/(人次·d)	19.5	12	1.2	1.63	1.95	18.5	1.85
会议室	8L/(人·d)	4.0	8	1.5	0.50	0.75	3.8	0.71
商业(展览)	4L/(人次·d)	36.8	16	1.5	2.30	3.45	35.0	3.28
卫生站	15L/(人·d)	0.8	16	1.5	0.05	0.07	0.7	0.07
预留发展用房	40L/(人·d)	12.0	8	1.5	1.50	2.25	11.4	2.14
汽车库地面冲洗	2L/(m²·d)	50.0	6	1.0	8.33	8.33	47.5	7.92
空调补充水	按循环冷却水量的 1.0%计	400.0	16	1.0	25.00	25.00	120.0	7.50
绿化浇用水	2L/(m²·d)	129.8	6	1.0	21.63	21.63	—	—
水景用水	按循环水量的 1.0%计	38.4	12	1.0	3.2	3.2		
小计		1546.6			122.62	154.11	1049.5	106.57
未预见		154.7			12.26	15.41	105.0	10.66
共计		1701.3			134.88	169.52	1154.5	117.22

注：1. 排水量为生活用水量的 95%，空调的排水量为补充水量的 30%；

2. 车库冲洗和地面冲洗及绿化用水每天按一次考虑。

2. 水源

由项目西边的艺苑西路和南边的双塔路的市政管网各自引入 2 根 *DN*300 的给水管，经室外计量水表后供给本项目的消防及生活用水。

3. 系统竖向分区

系统竖向分区见表 3：

系统竖向分区 表3

裙楼6.8m及以下各层	市政管网直接供水
裙楼6.8～27.6m区域	－10.0m生活水池＋变频调速给水泵组加压供水
塔楼84.8～116.0m区域	147.2m中间生活水箱＋重力减压分区供水
塔楼147.2～168.0m区域	147.2m中间生活水箱＋变频调速给水泵组加压供水
塔楼334.4～355.2m区域	334.4m中间生活水箱＋变频调速给水泵组加压供水
塔楼376.0～404.6m区域	438.4m屋顶生活水箱＋减压阀重力供水
塔楼307.2～433.2m区域	438.4m屋顶生活水箱重力供水
塔楼438.4～473.7m区域	438.4m屋顶生活水箱＋变频调速给水泵组加压供水

4. 供水方式及加压设备

(1) 供水方式采用高位水箱重力供水加变频调速给水泵组加压供给的供水方式，各个中间生活水箱均设一组转输水泵向上一级中间箱供水。竖向分区保证所有供水点出水水压不超过0.45MPa。

生活水池（箱）的设置

(2) 系统在地下－10.0m设有1座100m^{3}生活水池，并在147.2m、334.4m和438.4m的避难层设置中间生活水箱或中间生活转输水箱，其中147.2m的中间生活水箱为6m^3，334.4m的中间生活水箱为6m^3，438.4m的生活水箱为10m^3。所有生活水池（箱）的材质均采用S31608不锈钢。

(3) 给水水（池）箱均采用双格设计，转输给水干管均采用双管设计，以保证水池清洗或维修时，转输给水干管检修更换时仍能正常供水。

5. 供水设施

(1) 水表：在市政进水管、厨房、冷却塔、绿化及电视发射的工艺机房层的用水点前设置水表，其他各功能区和楼层的用水点均预留水表位和水表接口，水表均采用远程控制，集中抄表方式。

(2) 排气阀：各立管最高点均设排气阀。

(3) 安全泄压阀：变频供水水泵出水管上设安全泄压阀。

(4) 倒流防止器：市政进水管及各非生活用水水表后均设倒流防止器。

6. 管材洁具

(1) 室外给水管：采用钢丝网缠绕PE管，热熔连接。

(2) 室内：压力小于等于1.6MPa时，采用薄壁不锈钢管，环压或卡压连接。压力大于1.6MPa时，采用厚壁不锈钢管焊接。

(3) 洁具：采用3/6L水箱节水型大便器，洗脸盆采用感应式龙头，小便器采用感应式冲洗阀。

(二) 热水供应

塔楼上的餐厅（旋转餐厅和VIP餐厅）及厨房提供生活热水。热水采用容积式电热水器及空气源热泵热水器，供水温度为60℃。分区同冷水给水系统，保证冷热水压力平衡。热水管采用薄壁不锈钢管S31608，环压或焊接连接。

(三) 污废水排放系统

1. 设计参数

最高日生活排水量：1154.5 m^3/d；最大时生活排水量：117.22m^3/h，设计参数及生活排水量计算详见表2。

2. 系统概述

(1) 管道采用雨水和污废水分流、污废水合流设计，并设专用通气立管，通气管集中引至461m高空排放。为防止臭气对露天平台及桅杆天线游乐设施环境的影响，在两条排气总管的顶端（室外）分别设置了4

个 STUDOR 大型负压平衡阀，这也是世界上第一次在这么高的排水系统顶端设置负压平衡阀。

(2) 生活污废水由排水管道系统收集后直接排入市政管网，不设置化粪池，由城市污水处理厂集中处理。部分排水系统如塔楼的卫生间采用了同层排水技术。地下停车场收集的废水流入设于地下室的废水排水沟后，收集至集水井，经水泵提升排入室外排水检查井，再排到室外污废水管网。

(3) 塔楼上部的餐饮含油废水经塔楼上部的悬挂式不锈钢隔油池初步处理后，排入地下室的气浮隔油处理机房；首层和地下层的餐饮含油废水直接排入地下室的气浮隔油处理机房，经气浮处理后，通过污水泵提升排至室外污废水管网。经气浮隔油处理后的厨房废水达到广东省《水污染物排放限值》三级标准（第二时段）DB 44/26—2001 及《污水排入城市下水道水质标准》CJ 3082—1999 的要求。

(4) 地下室卫生间生活污废水，由设于地下室的污水池及污水泵提升排至室外污水检查井，与其他污废水汇合。

3. 管材

(1) 室外埋地：*DN*400 及以上采用 HDPE 双壁波纹管，*DN*400 以下采用 PVC-U 或 HDPE 双壁波纹管。

(2) 重力污水管：立管采用压兰式柔性接口排水铸铁管；水平横支管部分采用 HDPE 排水管。

(3) 压力污水管：内涂塑热镀锌钢管，卡箍式连接。

(四) 雨水排放系统

1. 设计参数

雨水流量按广州市暴雨强度公式计算：

$q=2510.884\times(1+0.471\lg P)/(T+10.302)^{0.678}$。屋面雨水设计降雨强度 $q=7.11$L/(s·100m²)（设计重现期 $P=50$ 年，降雨历时 $T=5$min，屋面综合径流系数为 0.9）。屋面雨水设计溢流降雨强度 $q=7.69$L/(s·100m²)（设计重现期 $P=100$ 年，降雨历时 $T=5$min，屋面综合径流系数为 0.9）。区域雨水设计降雨强度 $q=4.65$L/(s·100m²)（设计重现期 $P=5$ 年，降雨历时 $T=10$min，绿化部分综合径流系数为 0.3）。由于四周外立面有较多的立柱和横向连接的结构阻挡部分雨水（此部分雨水将沿立柱流至地面），中间屋面的雨水汇水面积按屋面面积的 80%计算。

2. 系统概述

屋面雨水采用内排水重力排放方式，雨水经由雨水斗、雨水管、中间雨水减压水箱、检查井等收集后排入室外雨水管网，最终排入珠江和赤岗涌。6.8m 平台层部分采用了虹吸雨水排水系统，并沿塔底周边设置一个雨水沟，收集沿立柱排下的雨水。在地下停车库出入口车道起始端和末端加设雨水截水沟，末端设雨水集水井及潜水排污泵排放雨水。

3. 雨水减压水箱

塔楼雨水系统因雨水管减压消能的问题不好解决，且中筒管井太小，无法设置太多雨水立管而创新地采用了雨水减压水箱设计。中间雨水减压水箱的设置达到了以下目的：

(1) 减压消能，避免下游雨水管道承受过高压力（特殊情况下），降低对管材的承压要求，保证系统安全；

(2) 便于上下高差很大的两个平台的雨水可以共用同一排水立管排放，减少排水立管数量，节材、节地。

雨水减压水箱示意详见图 1。

4. 雨水利用

为了节约资源，对 6.8m 层室外平台的部分（面积约 9300m²）雨水进行了回收利用。雨水经虹吸雨水排水系统收集、贮存、沉淀、过滤、消毒处理后回用于场地绿化用水。消毒工艺尝试采用了光催化消毒工艺，而没有采用传统的加氯或紫外线消毒工艺。光催化消毒其原理为：光催化金属网上的纳米级 TiO_2 在紫外灯的照射下产生游离电子及空穴，利用空穴的氧化及电子的还原能力，和周边的 H_2O、O_2 发生反应，产生氧

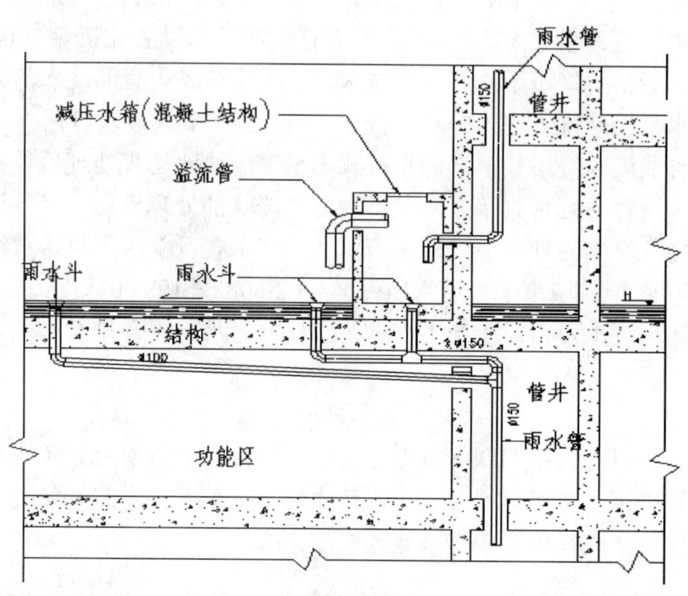

图1 雨水减压水箱

化能力极强的自由基（活性羟基、超氧根离子、$-COOH$、H_2O_2 等），这些自由基可轻易破坏细菌的细胞膜，使细胞质流失，进而将细胞氧化，直接杀死细菌、藻类。而这种特殊的光触媒材料只是催化反应，本身的性质在反应前后不会发生变化，也没有任何损耗。光催化物理消毒处理工艺能达到非常好的杀菌灭藻效果，既安全又不会产生三氯甲烷二次污染。

5. 管材

主塔内雨水管采用了承压能力较高的内涂塑热镀锌钢管，部分采用了加厚管材。连接方式采用卡箍式连接。虹吸雨水管采用 HDPE 排水管，热熔连接。

二、消防系统

该塔是目前已建成的世界第一高电视观光塔，塔上既要承担电视、广播等重要发射任务也要承担大量人流的观光需要，消防安全非常重要。工程顾问最初提出的塔楼消防系统方案是采用分段接力临时高压系统设计，后经广州市设计院建议改为采用常高压系统设计。整个消防系统采用安全度很高的水消防系统。

1. 消防水源

从本项目西边的艺苑西路和南边的双塔路的规划市政给水环网上各引入一条 *DN*300 进水管，在室外形成环网，并在地下室设置 $612m^3$ 的消防水池，在塔楼上部设 $540m^3$ 的消防水池。

2. 消防用水量

消防用水量按照相关消防规范计算见表 4。

消防用水量 **表 4**

系统	流量(L/s)	火灾延续时间(h)	消防用水量(m^3)	备注
室外消火栓系统	30	3	324	由市政给水管网提供，不计入消防水池
自动喷水灭火系统	30	1	108	
室内消火栓系统	40	3	432	

续表

系统	流量(L/s)	火灾延续时间(h)	消防用水量(m^2)	备注
大空间智能型主动喷水灭火系统	30	1	108	保护6.8m大堂及塔上大空间场所，采用智能型高空水炮及大水滴喷头
地下消防水池容积			612(分两格)	大空间主动喷水灭火系统用水及往塔上消防水池补水
塔上消防水池容积			540(分两格)	自动喷水灭火系统和室内消火栓系统

3. 室外消火栓布置

室外消火栓直接利用市政管网双路供水，在室外形成环网。各消火栓间距不超过120m，并配合水泵接合器的位置布置。

4. 室内消火栓系统

(1) 水池和泵房的布置

消防水池设置见表5。

消防水池设置 **表5**

水池设置楼层	用途	有效容积	备 注
−10.0m	地下消防水池	612m^3(分两格)	大空间智能型主动喷水灭火系统用水及往塔上消防水池补水
147.2m	中间消防水箱	64m^3(分两格)	转输
147.2m	减压水箱	18m^3(分两格)	116.0m及以下区域常高压供水
339.6m	转输水箱	18m^3(分两格)	转输
339.6m	减压水箱	18m^3(分两格)	减压、121.2～298.0m区域常高压供水
443.6m	高位大水箱	540m^3(分两格)，与减振阻尼器合建	贮存全塔3h消防用水、298.0～412.4m区域常高压供水、412.4～459.2m区域临时高压供水
发射天线筒内470.0m	高位消防水箱	18m^3(分两格)	412.4～459.2m区域稳压

−10.0m设有消防水泵房，147.2m及339.6m分别设有转输水泵房，443.6m设有临时高压供水加压水泵房。所有地下消防水池、屋顶及接力消防水箱水池均采用两格设置，当一个水池清洗或发生故障时系统仍能正常工作。地下消防水池贮存了所有室内消防用水、大空间智能型主动喷水灭火系统用水及部分室内消防延续用水，可在室内市政消防用水无法供应时或灭火时间超过3h仍要延续供水时仍能继续供水。塔顶高位消防大水箱（270m^3×2）创新地设计为兼做减振阻尼器（TMD＋AMD）的一部分。这样设计既未另增加结构的重量，又满足了将一次消防用水量贮存于屋顶的设计要求。塔顶高位消防大水箱（270m^3×2）兼减振阻尼器（TMD＋AMD）的示意见图2。

利用设置在443.6m的540m^3的消防水池及在339.6m、147.2m的减压水箱和多组减压阀分别提供1～8区室内消火栓的水量和水压。消防时，消火栓系统不需采用碎玻启动，自动喷水灭火不需采用湿式报警阀压力开关启动，无论发生停电，水泵故障，操作控制系统失灵等情况，系统仍可安全运行，系统安全度高。系统的竖向分区保证最不利点的静水压力不超过1.00MPa，并且在消火栓栓口的动水压力超过0.50MPa的区域，室内消火栓采用减压稳压消火栓。

412.4m以上9区的室内消火栓系统采用临时高压供水系统，利用设置在443.6m的540m^3的消防水池和高区消火栓加压泵组提供水量和水压；并在发射天线筒内470.0m的标高高度设置18m^3的高位水箱，提

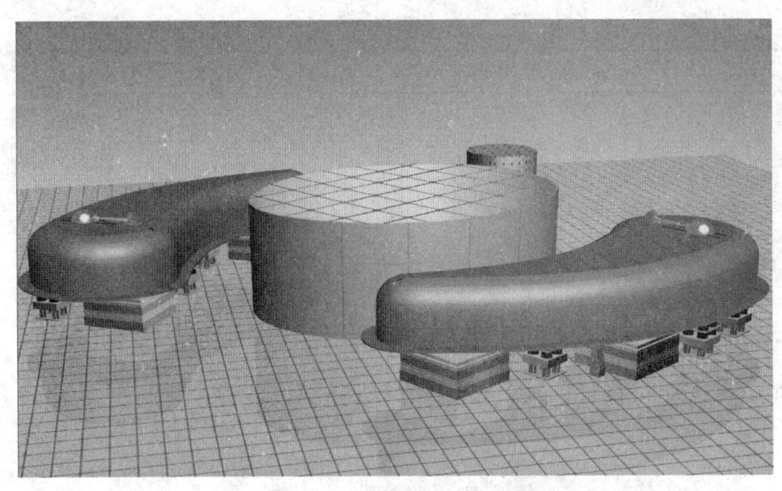

图 2 消防水箱兼减振阻尼器

供系统的初期用水量。

室内消火栓系统详细分区见表 6。

消火栓系统分区 **表 6**

分区名称	分区区域	提供水量及压力	备注
1 区	−10.0～32.8m	147.2m 减压水箱＋减压阀	常高压给水
2 区	32.8～84.8m	147.2m 减压水箱＋减压阀	常高压给水
3 区	84.8～121.2m	147.2m 中间水箱	常高压给水
4 区	121.2～173.2m	339.6m 减压水箱＋减压阀	常高压给水
5 区	173.2～230.4m	339.6m 减压水箱＋减压阀	常高压给水
6 区	230.4～292.8m	339.6m 减压水箱＋减压阀	常高压给水
7 区	292.8～360.4m	443.6m 屋顶水池＋减压阀	常高压给水
8 区	360.4～412.4m	443.6m 屋顶水池	常高压给水
9 区	412.4～459.2m	443.6m 屋顶水池＋水泵加压	临时高压给水

室内消火栓的供水管网在各区域均形成环状，以提高系统的供水安全性。

低区的水泵接合器直接供水到管网，共设 3 套，每套水泵接合器的设计流量按 15L/s 计算；高区的水泵接合器则将室外消防车的补水接至消防水池，利用消防转输加压泵加压提供，共设 3 套，每套水泵接合器的设计流量按 15L/s 计算。消防系统的检修阀门均采用信号阀门，阀门的开闭均可由消防控制中心进行实时监控，防止误关闭及人为破坏。

（2）消火栓布置

所有各层均设置室内消火栓，消火栓按规范要求安装于各楼层及其消防电梯前室、疏散电梯前室、地下室和明显便于取用的地方；每支水枪流量为 5L/s，水枪充实水柱不少于 13m，消火栓的间距保证同层相邻两个消火栓的水枪充实水柱同时到达室内任何部位。消火栓箱的间距不大于 30m，保护距离不大于 25m。

消火栓选用单门组合箱：栓口直径为 65mm；每个消火栓均配置水带和水枪，水枪喷嘴口径为 19mm，水带长度为 25m；消防自救卷盘将设置于消火栓箱内，自救卷盘的栓口直径为 25mm，胶带内径为 19mm，喷嘴口径为 6mm。消防前室的消火栓也设置简易单门组合箱：箱内配置与前述基本相同，设 2 根 12.5m 长的水带，但不含自救卷盘。

（3）系统的控制

采用临时高压给水系统的每个消火栓箱内均设消火栓水泵启动按钮及在消火栓外的旁边均设置手动报警按钮。火警时，按下水泵启动按钮自动开启室内消火栓水泵将火警警报信号送至消防控制室，而触动手动报警按钮则将火警警报信号送至消防控制室并启动火警警报。消火栓水泵也可由消防水泵房及消防控制室的启动/停止按钮控制。

采用常高压给水系统的每个消火栓旁边均设置手动报警按钮，不设消火栓水泵启动按钮。火警时，按下手动报警按钮将火警警报讯号送至消防控制室并启动火警警报。

（4）系统管材

当工作压力≤1.6MPa时，采用热镀锌内涂塑钢管，丝扣或沟槽式卡箍连接；当工作压力＞1.6MPa时，采用热镀锌加厚内涂塑钢管，沟槽式卡箍连接。

5. 自动喷水灭火系统

自动喷水灭火系统采用安全度很高的常高压系统自动喷水灭火系统。

（1）系统设置部位及要求

各区域包括办公室、商场、公共区域、走道、电梯大堂、楼梯间、餐厅、厨房、地下室停车库及空调机房、水泵房、（小于5m^{2}的卫生间和不宜用水扑救的地方除外）等均设置自动喷水灭火装置。所有疏散楼梯及电梯机房等规范未要求设喷淋保护的区域也加设喷淋保护。另根据消防性能化设计要求，在观光电梯设有电梯门的外侧加设$K=200$的快速响应喷淋头保护，喷头间距为2m，延续时间1h。

喷淋系统按中危险级Ⅱ级设计，作用面积160m^2，设计喷水强度8L/(min·m^2)，每个报警阀控制的喷头数量不超过800个。

喷头作用温度及类型的选择，按不同建筑设计用途而定；厨房灶位上方选用93℃玻璃球闭式喷头（$K=80$）；其余部分均采用快速响应喷头（$K=80$），其中有吊顶部位选用68℃吊顶型快速响应喷头（当吊顶内净空大于800mm时，在吊顶内加设68℃快速响应喷头），地下停车库及无吊顶区域选用68℃快速响应喷头，并向上安装。

（2）水池和泵房的布置

消防水池（箱）及消防转输水泵与室内消火栓系统共用。

（3）系统分区及管网

在407.2m以下的区域自动喷水灭火系统采用常高压供水系统，利用设置在443.6m的540m^{3}的消防水池及339.6m、147.2m的分区减压水箱和多组减压阀组提供1～8自动喷水灭火系统的水量和水压。

在407.2m以上区域的自动喷水灭火系统采用临时高压供水系统，利用设置在443.6m的540m^{3}的消防水池和高区消喷加压泵组提供水量和水压；并在发射天线筒内470.0m处设置18m^{3}的稳压水箱，提供系统的初期用水量。

自动喷水灭火系统的详细分区见表7。

自动喷水灭火系统分区 **表7**

分区名称	分区区域	提供水量及压力	备注
1区	－10.0～32.8m	147.2m减压水箱＋减压阀	常高压给水
2区	32.8～84.8m	147.2m减压水箱＋减压阀	常高压给水
3区	84.8～121.2m	147.2m中间水箱	常高压给水
4区	121.2～173.2m	339.6m减压水箱＋减压阀	常高压给水
5区	173.2～225.2m	339.6m减压水箱＋减压阀	常高压给水
6区	225.2～292.8m	339.6m减压水箱	常高压给水

续表

分区名称	分区区域	提供水量及压力	备注
7区	292.8～350.0m	443.6m屋顶水池＋减压阀	常高压给水
8区	350.0～407.2m	443.6m屋顶水池	常高压给水
9区	407.2～459.2m	443.6m屋顶水池＋水泵加压	临时高压给水

水泵接合器设置于首层室外，每套水泵接合器的设计流量按15L/s计算；高、低区各设两套。低区水泵接合器直接供水至管网（湿式报警阀前）。高区水泵接合器直接接入低区转输管网，并在121.2m、220.2m和334.4m标高层预留手抬消防接力泵的接口。

（4）系统的控制

系统内设有水流指示器、信号闸阀、压力开关等辅助电动报警装置。自动喷水系统按防火分区布置，每个防火分区分别设水流指示器、信号闸阀及末端试水装置或排水装置。当火灾发生时，失火层的水流指示器被触动，有关信号送至消防控制室而发出警报。同时湿式报警阀的压力开关动作，将有关信号送至消防控制室；如采用临时高压给水系统，在将有关信号送至消防控制室的同时发出信号自动启动喷水水泵提供喷淋用水灭火。

因147.2m、339.6m减压水箱与443.6m高位大水箱均与消火栓系统合用，而两个系统的火灾延续时间不同，特在这三个水箱自动喷水灭火系统出水管处设置了电动阀门，可由消防控制中心在适当时候遥控关闭自动喷水灭火系统。

（5）系统管材

当工作压力≤1.6MPa时，采用热镀锌内涂塑钢管；*DN*50及以下采用丝扣连接，*DN*50以上采用沟槽式卡箍连接；当工作压力＞1.6MPa时，采用热镀锌加厚内涂塑钢管，沟槽式卡箍连接。

6. 大空间智能型主动喷水灭火系统

6.8m层入口大堂的层高11.2m，为玻璃斜屋面，为保证建筑造型和灭火效果，在入口大堂的位置采用了大空间智能型主动喷水灭火系统。系统选用智能型高空水炮灭火装置。系统利用设置在－10.0m的地下消防水池，采用智能型高空水炮系统的加压水泵加压，提供水量及水压；系统的稳压和初期水量由147.2m的中间消防水箱减压后提供。系统按6个水炮同时启动，每个水炮的流量为5L/s，灭火持续时间为1h，流量为30L/s；最不利点喷头的工作压力不小于0.6MPa，喷头保护半径为20m。每个喷头前均设置水平安装的电磁阀。在首层室外设置2个水泵接合器，每个接合器的设计流量按15L/s计算。

422.8m的大空间设置了配置标准型大空间智能灭火装置的喷水灭火系统。系统按4个喷头同时启动，每个喷头的流量为5L/s，灭火持续时间为1h，流量为20L/s；最不利点喷头的工作压力不小于0.6MPa，喷头保护半径为6m。每个喷头前均设置水平安装的电磁阀。加压系统与9区自动喷水灭火系统共用。

7. 气体灭火系统

电视塔IG-541洁净气体灭火系统的基本设计参数如下：

（1）贮存压力为4.2MPa；

（2）设计浓度采用38%。

设置情况见表8。

IG-541洁净气体灭火系统设置 **表8**

序号	气体种类	楼　层	名　称
1	IG-541(带管网)	－10.0m	低压配电室及变压器室
2	IG-541(带管网)	－5.0m	高压配电房、变压器室、通信设备用房、低压配电室1.2
3	IG-541(带管网)	±0.00m	网络机房、设备间

续表

序号	气体种类	楼 层	名 称
4	IG-541(带管网)	367.0m	配电室、市微波控制室
5	IG-541(带管网)	381.2m	省微波控制室、变配电房、省蓄电池室
6	IG-541(带管网)	386.4m	低压配电房
7	IG-541(带管网)	391.6m	电视控制室、电视发射机房、调频控制室、调频发射机房、UPS室
8	IG-541(带管网)	396.8m	调频控制室、调频发射机房、UPS机室
9	IG-541(带管网)	402.0m	VHF电视发射机室、电视控制室、UHF电视发射机房、UPS室
10	柜式七氟丙烷(无管网)	±0.00m	智能化机房
11	IG-541(带管网)	±0.00m	水幕系统配电室、变压器房、控制房
12	柜式七氟丙烷(无管网)	168.0m	电力发电机房
13	定温悬挂式灭火装置	各层	核心筒电管井
14	定温悬挂式灭火装置	−5.0m	贮电间

8. 灭火器配置

按照《建筑灭火器配置设计规范》，按严重危险级。电气配电房等设置必要数量的二氧化碳手提灭火器，其余部分设置必要数量的手提/推车式磷酸铵盐等干粉灭火器。核心筒电管井设置定温悬挂式灭火装置。

9. 消防排水

在消防电梯的井道底部设置集水井，集水井容积不小于 $2m^3$，并设置2台排水泵，每台排水泵的流量为10L/s，水泵由液面高低控制自动启动或手动启动。

三、工程特点介绍

1. 采用了高于规范要求，安全度较高的水消防系统。

(1) 全塔（412m层以上除外）采用屋顶设置高位消防大水箱（$270m^3 \times 2$）的常高压消火栓及自动喷水灭火系统。消防时，消火栓系统不需采用碎玻启动，自动喷水灭火不需采用湿式报警阀压力开关启动，无论发生停电、水泵故障、操作控制系统失灵等情况，系统仍可安全运行，系统安全度高。

(2) 所有疏散楼梯及电梯机房等规范未要求设喷淋保护的区域也加设喷淋保护。

(3) 所有地下消防水池、屋顶及接力消防水箱水池均采用两格设置，当一个水池清洗或发生故障时系统仍能正常工作。

(4) 消防系统的检修阀门均采用信号阀门，阀门的开闭均可由消防控制中心进行实时监控，防止误关闭及人为破坏。

(5) 地下消防水池贮存了所有室外消防用水、大空间智能型主动喷水灭火系统用水及部分室内消防延续用水，可在室外市政消防用水无法供应时或灭火时间超过3h仍要延续供水时仍能继续供水。

(6) 核心筒强弱电管井均设置气体消防系统保护。

(7) 所有消防管道均采用耐锈蚀的镀锌内涂敷钢管。

(8) 门厅等大空间场所采用大空间智能型主动喷水灭火系统等。

2. 塔顶高位消防大水箱（$270m^3 \times 2$）创新地设计为兼做抗震阻尼器（TMD+AMD）的一部分。这样设计既未另增加结构的重量，又满足了将一次消防用水量贮存于屋顶的设计要求。

3. 雨水系统创新地采用了雨水减压水箱设计。系统中加入减压水箱，既可防止系统出现超高压，降低对管材的承压要求，又可让各个不同高度平台的雨水合用一条排水管，减少了排水立管的数量和占用核心筒的面积，节材、节地。

4．给水水箱（池）均采用双格设计，专用输水给水干管均采用双管设计，以保证水池清洗或维修时，专用输水给水干管检修更换时仍能正常供水。

5．采用了大量节水、节能、消防、安全新技术、新工艺、新设备、新材料。如：雨水回用；利用光触媒技术对雨水消毒灭藻；虹吸雨水排水；同层排水；采用节水卫生器具；采用新型给排水管材；排水系统伸顶通气管设置 STUDOR 大型负压平衡阀隔臭，保护环境；消防管道均采用涂塑钢管，提高系统使用寿命；管道采用综合支吊架；大空间智能型主动喷水灭火；不锈钢水箱及紫外线消毒；细水雾绿化浇洒等；含油污水气浮隔油处理；空气源热泵生产热水等。

四、工程照片及附图

外观图

60m 水幕加泛光灯效果图

科普厅

生活变频供水设备

上区生活水泵房

下区报警阀室

下区报警阀室外水力警铃

下区消防水泵房

上区消防水泵房

阻尼器水箱出水管

阻尼器水箱进出水管

雨水减压水箱

吸气阀

上区 IG-541 气瓶间

雨水处理机房

信号阀门

不锈钢生活给水管及管架

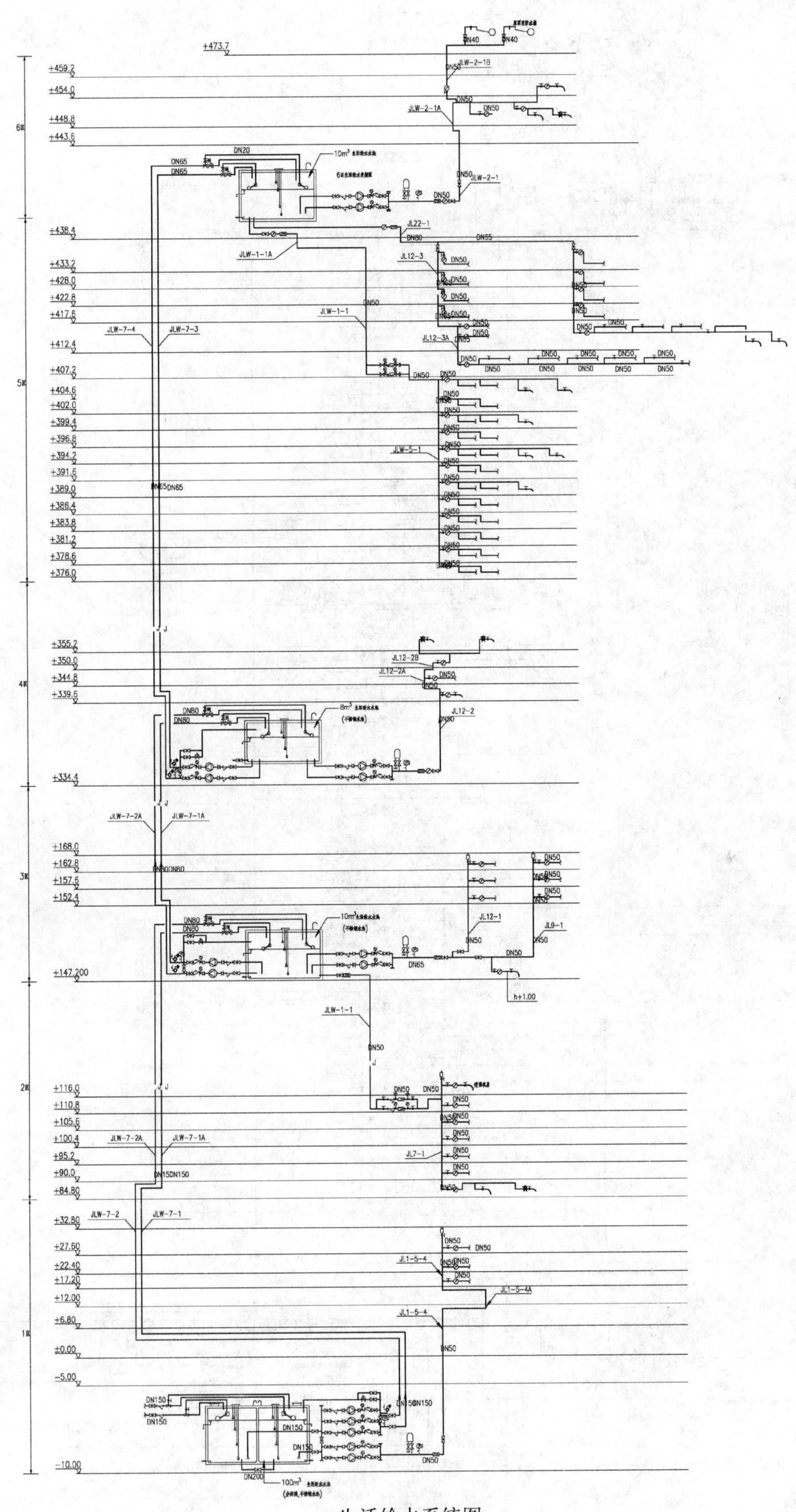

生活给水系统图

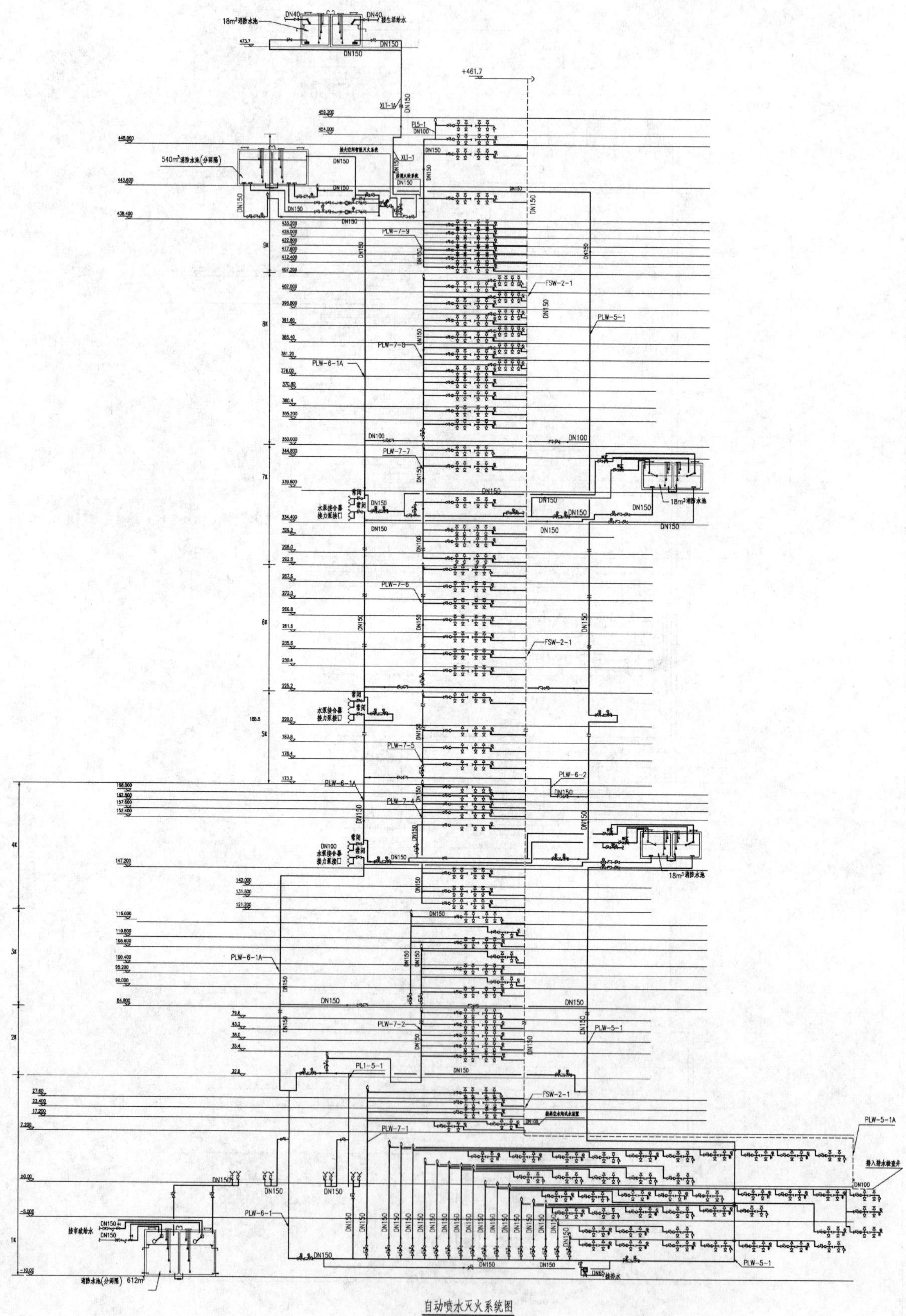

自动喷水灭火系统图

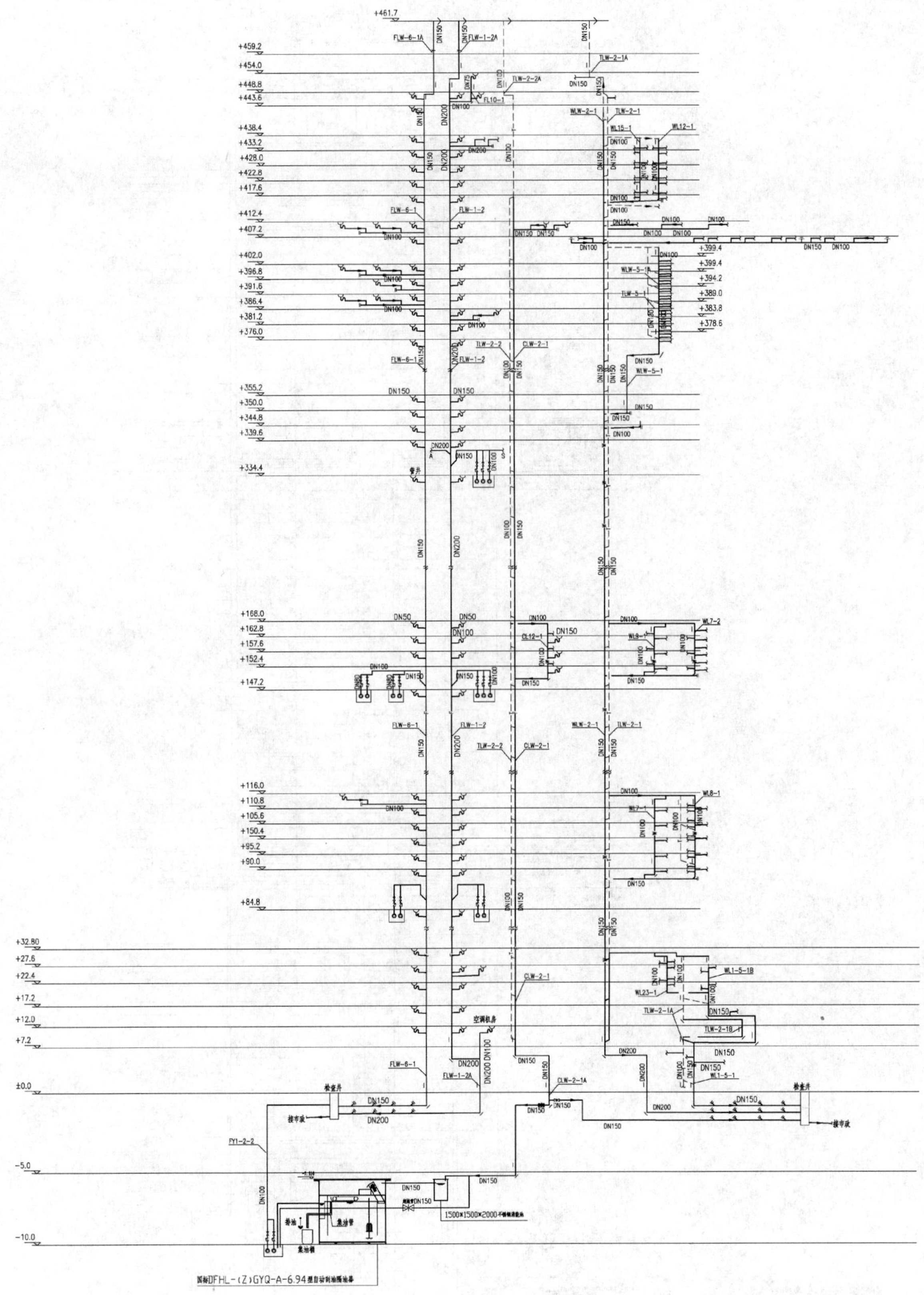

污废水排水系统图

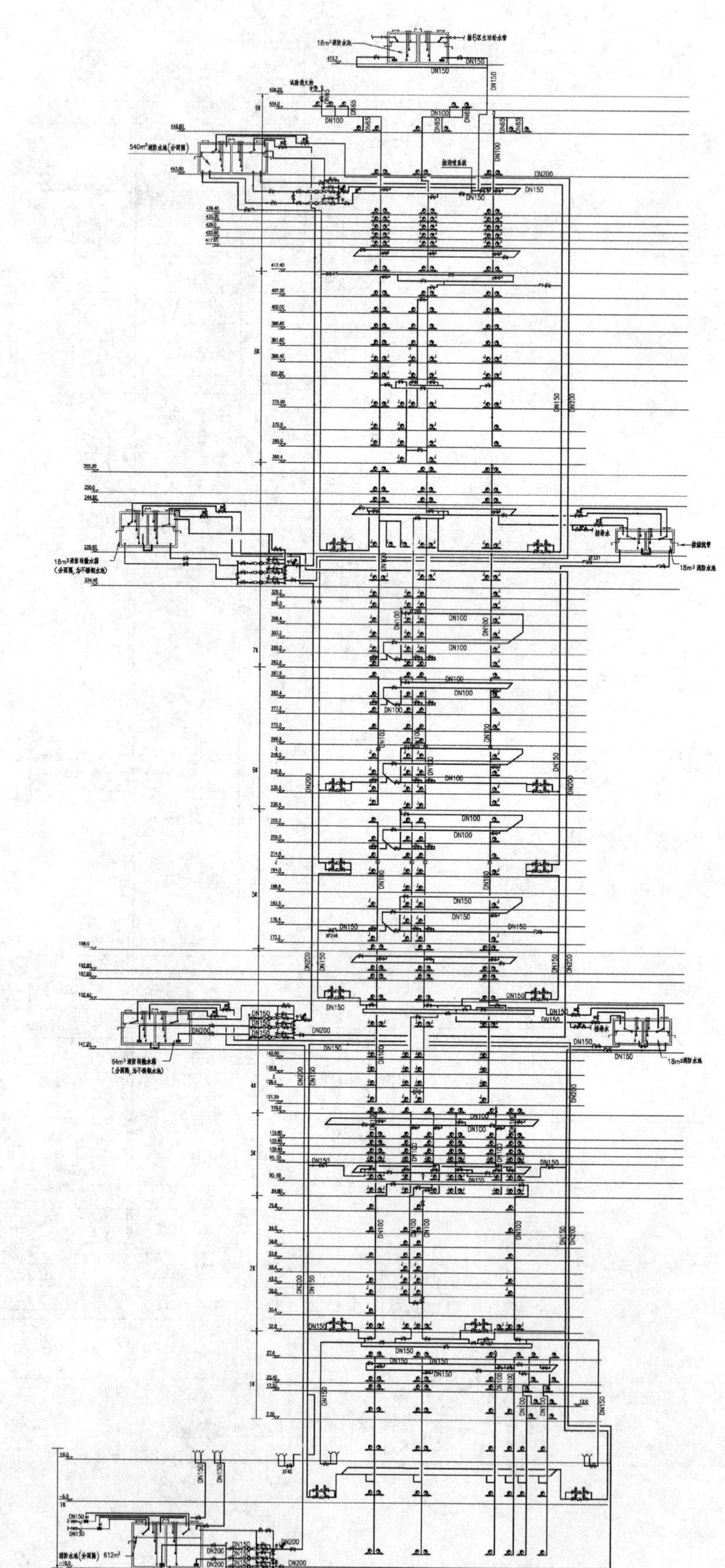

室内消火栓给水系统图

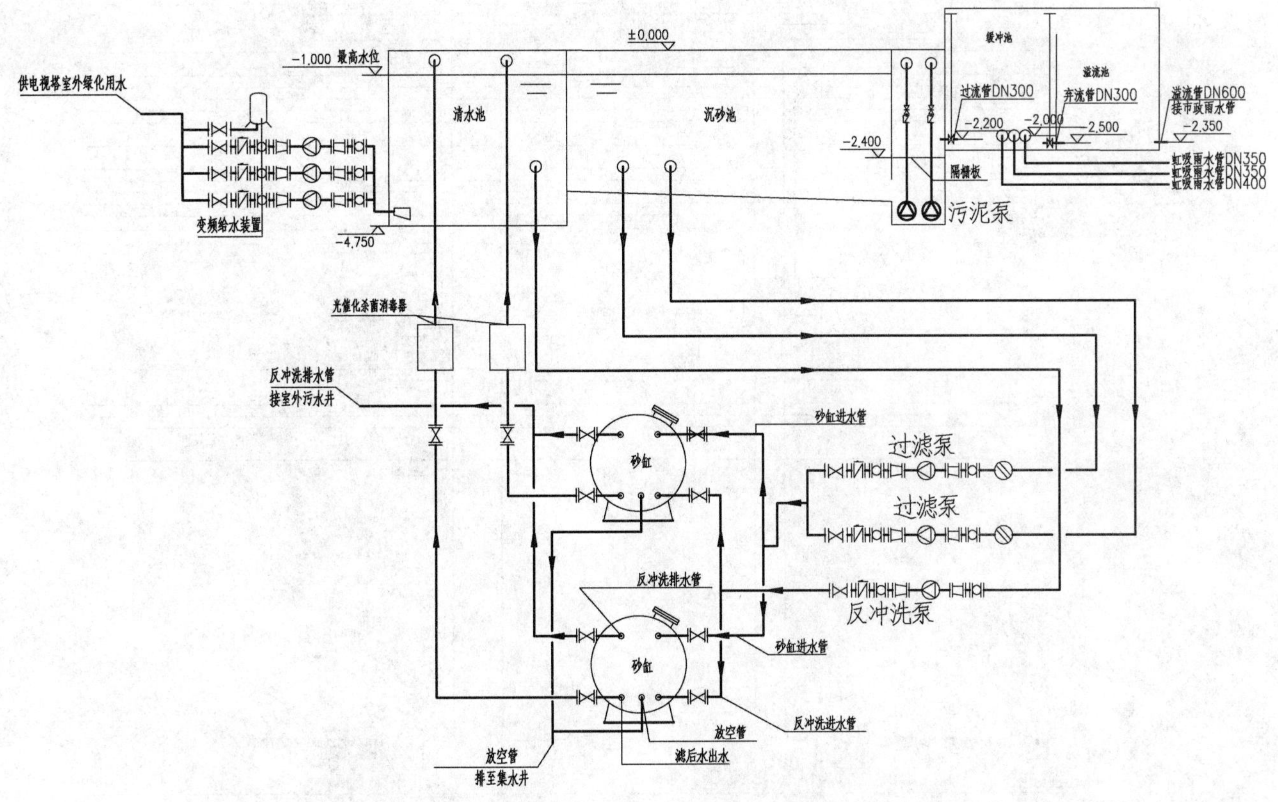

雨水过滤处理流程图

说明：

广州新电视塔雨水回用系统是收集电视塔7.200m平台东、南片雨水，通过虹吸管道输送到雨水处理池。

供电视塔±0.000层及7.200层绿化用水。 雨水收集面积9300m²，按照P=10a，t=5min计算，雨水量661L/s.

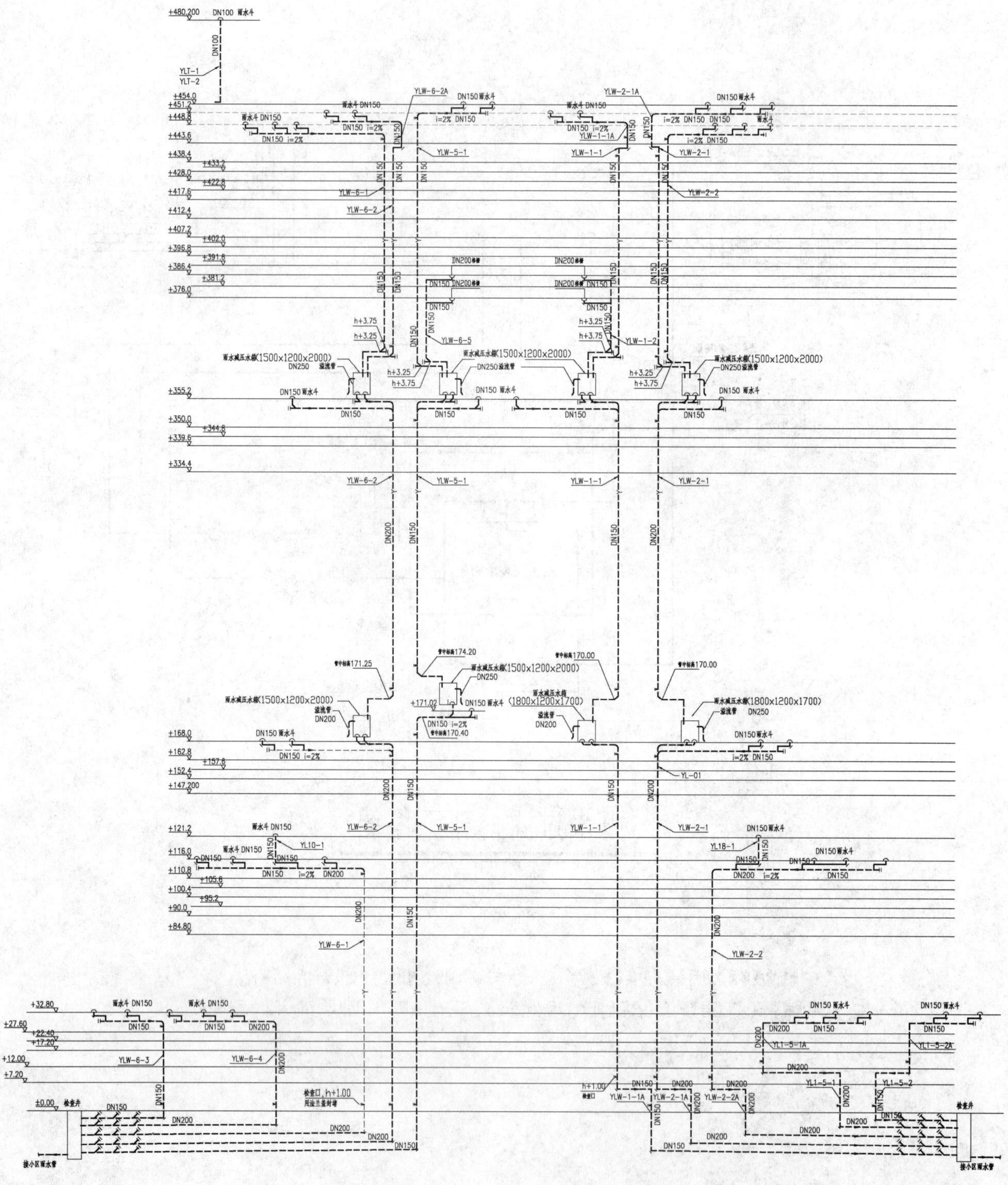

雨水系统图

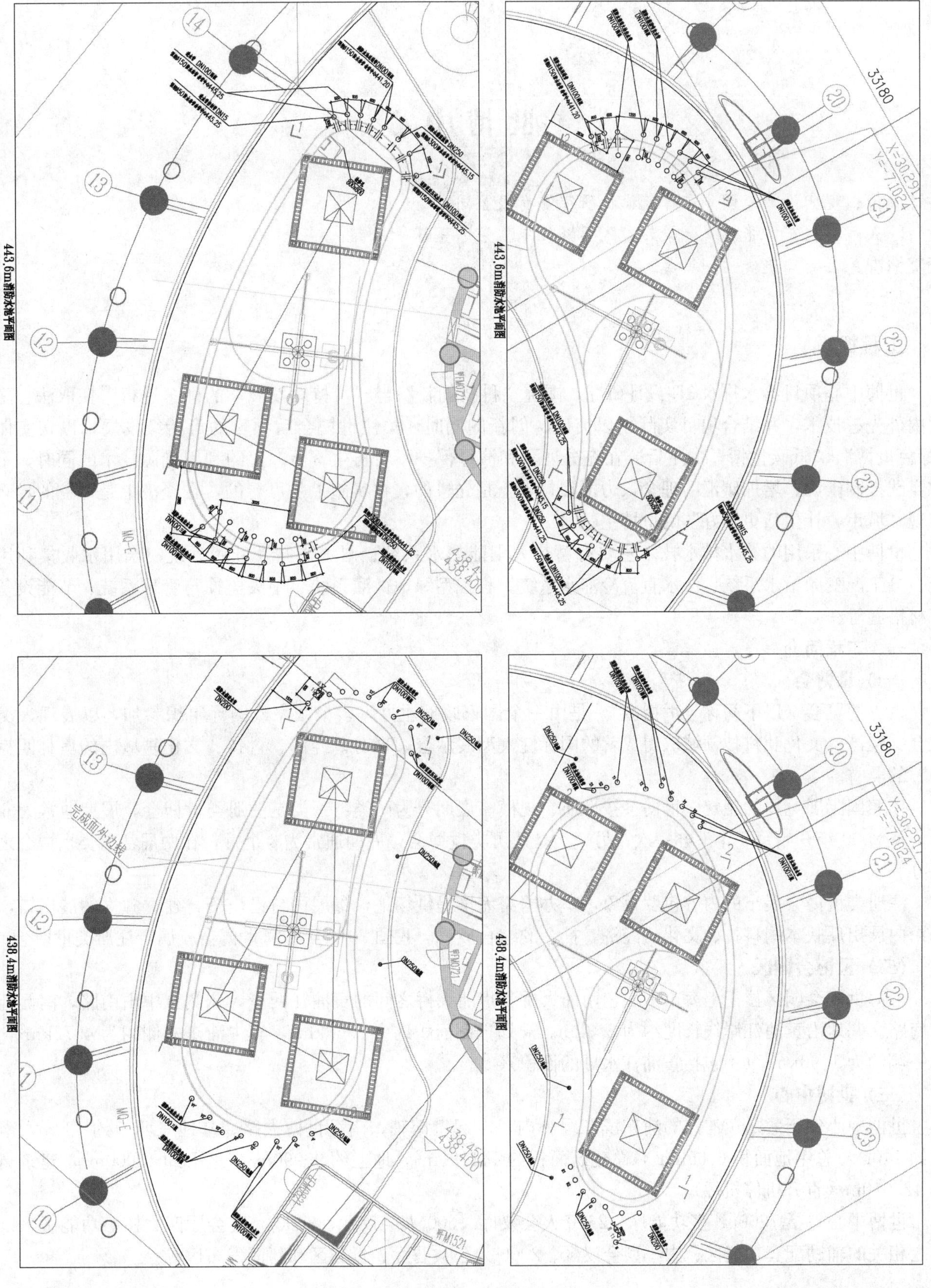
443.6m消防水池平面图
438.4m消防水池平面图
33180
完成面外边线

世博中心

设计单位：现代设计集团华东建筑设计研究院有限公司

设 计 人：冯旭东　张伯仑　梁超　张亚峰　陈立宏　王珏　赵雷

获奖情况：公共建筑类　一等奖

工程概况：

世博中心项目给水排水3R设计研究，围绕“科技创新”与“可持续发展”的理念进行，在取法、融合国内外先进技术，并结合项目实际予以突破、创新的同时，关注世博会后项目的可持续发展，以切实体现“绿色世博”、“低碳世博”的主旨。在充分展示和演绎保护不可再生资源、集约利用能源技术的同时，示范和实践控制碳源、增加碳汇的理念，力求在技术上是先进的，在实施上是可行的，在经济上是可控的，真正体现“城市，让生活更美好”的世博主题。

世博中心采用的给水排水技术主要有蓄热太阳能热水系统、雨水控制及利用系统、杂用水收集利用系统、分工况变频给水系统、江水直流冷却水系统、程控型绿地微灌系统、中央监控与管理系统、节能设备与节材措施等。

一、工程简介

（一）世博会

世界博览会（以下简称“世博会”）是由一个国家政府主办，多个国家或国际组织参加，以展现人类在社会、经济、文化和科技领域取得成就的国际性大型展示会，享有“经济、科技、文化领域内的奥林匹克盛会”的美誉。

依照国际展览局的规定，世博会按性质、规模、展期分为两类：一类是注册类世博会，展期通常为6个月，从2000年开始每5年举办一次；另一类是认可类世博会，展期通常为3个月，在两届注册类世博会之间举办一次。

注册类世博会展出的内容包罗万象，举办国需无偿提供场地，参展国自己出资，建立独立的展出馆，在场馆内展出反映本国科技、文化、经济、社会的综合成就。我国2010年上海世博会就属于注册类世博会。

（二）世博会园区

上海世博会园区位于上海市中心，南浦大桥和卢浦大桥之间的黄浦江两岸，北侧至中山南路，南侧至浦东南路。基地沿黄浦江岸线长度约为8.3km。规划控制面积约为6.68km^2，其中浦东一侧约为4.72km^2，浦西一侧约为1.96km^2（不包括黄浦江水域的面积）。

（三）世博中心

世博中心位于紧贴黄浦江的浦东滨江绿洲内，东起世博轴，南至世博大路。基地东西长约530m，南北长约140m，总用地面积6.65hm^2，总建筑面积约141990m^2，地上约99990m^2，地下约42000m^2，建筑高度约42.000m（直升机停机坪）。

世博中心包括7200m^2多功能厅、2600人会议厅、600人会议厅、3000人宴会厅四大核心功能区，以及与之相关的辅助配套功能区、中小型会议区、2000人公共餐厅、贵宾区和新闻发布区等。

图1　世博核心区示意

世博中心作为2010年上海世博会永久保留建筑，承担着会中、会后两种功能（图1）。世博会期间，世博中心作为庆典中心、文化交流中心、新闻中心、接待宴请中心和指挥运营中心，是上海世博会召开上万场各类国家元首级贵宾接待、会议、论坛、进行新闻发布以及举办大型活动的重要场所之一。世博会后，世博中心将成为召开高规格国际、国内重要论坛和会议的场所，承担大中型国际会议及宴会、上海各类政务会议、各类高品质会展活动等。

二、研究目标

在世博中心给水排水3R设计研究中，引入“减量化（Reduce）、再利用（Reuse）、资源化（Recycle）”的循环经济3R设计原则，展开对节地与室外环境、节能与可再生能源利用、节水与非传统水资源利用、节材与可再循环材料资源利用、室内环境质量与生态建筑、运营管理与智能化集成、安全与防灾等关键技术的理论研究、工程实践。在每项技术的应用与集成中，始终贯穿“安全、健康，绿色、低碳，高效、3R”的主旨，严格遵循“安全、健康——绿色、低碳——高效、3R”的优先顺序，在满足安全、健康的前提条件下，有选择地应用绿色、低碳技术，合理划定系统规模、准确选定设计参数，使系统设计尽可能地与实际使用情况相一致，避免因刻意追求节能、节水、节材而引起的系统过大、过繁，减少因节能、节水、节材设计而增加的投资和运营成本，充分体现“适用就好”的设计理念。

三、研究成果

经过多方努力，世博中心已成为“绿色世博”、“低碳世博”的标志性建筑，给水排水设计在其中起了相当关键的作用（图2），取得较好成果：

(1) 世博中心的建筑节能率62.8%，52.0%的生活热水通过太阳能热水系统提供，非传统水源利用率61.3%。

(2) 2008年5月世博中心通过住房和城乡建设部评审，成为第一批“绿色建筑设计评价标识”三星级项目。2010年6月世博中心通过住建部评审，成为“绿色建筑评价标识”三星级项目。2010年8月，世博中心获得美国LEED－NC 2.2金级认证。2011年10月，世博中心通过住房和城乡建设部“双百项目”验收。

四、研究内容

（一）蓄热太阳能热水系统

1. 用水特征分析

(1) 用水不均匀

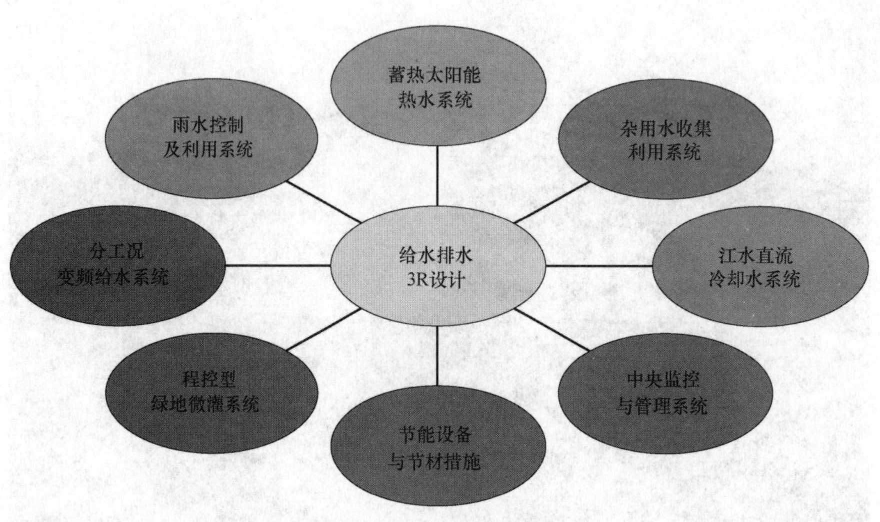

图 2 给水排水技术应用

会展季变化：会展季主要取决于举办地的气候条件、经济水平、文化氛围、生活习惯和节假日设置等。对上海地区来说，一般较集中于春、秋两季，全年约 250d 左右，但在太阳辐照量最大的盛夏，却是会展的淡季。

展期内不同：举办一次常规规模的展览，展期通常需要九天的时间（四天搭建展台、三天展览、两天拆除展台）。在这九天时间内，有三天的用热水量相对较大，六天的用热水量相对较小，用热水不均匀性十分明显。

功能区差异：世博中心由四大核心功能区以及与之相关的辅助配套功能区组成，各功能区的使用时段并不同步。例如，2000 人公共餐厅，在非会展季，仍会照常对外营业；而在会展季，其营业时间与会展的使用时间也各不相同，不完全一致。

(2) 用水点分散

世博中心体积较大，建筑物东西长近 400m，南北长约 100m，各功能区相对独立，用热水点较为分散。

(3) 用水要求高

由于项目的特殊性，对热水的水质、水压、水温和水量等的安全、健康要求相对较高。须严格保证水质洁净、水压稳定、水温适宜和水量充足。

2. 系统设计

选用短期蓄热集中太阳能热水系统，强制循环、二次换热。采用由太阳能集热器产生的热水为主热源、自备锅炉提供的高温热水为辅热源的系统制备热水，按区域分设独立的供热水系统集中供给各用热水点，并设有热水循环泵强制同程机械循环、动态回水，以保证热水供回水温度 60℃/55℃。

(1) 短期蓄热

考虑日照和用水的不均匀性，为尽量收集系统所能获得的太阳能，并加以充分利用，采用短期蓄热系统，将收集的热量贮存于蓄热贮水罐内，使用时通过换热器提取蓄热贮水罐中的热量来加热生活用水，以实现系统性能的提高及成本的降低。

(2) 分级蓄热

将蓄热贮水罐、供热贮水罐按优先等级各自分为多级。这样集热器产生的热量，可依次逐级加热供热贮水罐、蓄热贮水罐里的水到各自设定的温度，使得太阳能利用最大化。

(3) 防冻保护

采用由蓄热贮水罐的水逆向循环加热集热器与排回法相结合的办法进行防冻保护。

(4) 防过热保护

采用设置膨胀罐与散热器相结合的办法进行防过热保护。

(5) 自动控制

根据太阳辐照量实时监控系统的运行，实现远程控制和多点控制。

主要的监测数据有：太阳辐照量、太阳辐照温度、用水量、热水温度、蓄热贮水罐和供热贮水罐温度、高温热水接入温度等。

(6) 分区供水

采用集中—分散型（集热器、蓄热贮水罐集中，供热贮水罐分散）的供热水系统，根据功能区的不同，分设独立的供热水系统。

3. 光热建筑一体化

集热器与大巴停车遮阳棚集成，作为遮阳棚的一个组成部分，热媒管完全暗敷，突破光热建筑一体化的传统模式，建成世博园区中别具一格的“会烧热水的车棚”（图 3）。

4. 效益

太阳能集热器集热面积约 350m^2。

预期每年利用太阳能制备的热水量约占生活热水总消耗量的 52.0%，可节约标准煤 59t，减少二氧化碳排放 150t，相当于新增 4100m^2 的森林或 10300m^2 的草地。

图 3　集热器建筑一体化设计

(二) 雨水控制及利用系统

1. 常见雨水管理模式

(1) 以控制为目的

包括：仅控制径流量，即简单的抗洪；控制径流污染；既控制径流量，同时也控制径流污染。

由于城市化的迅猛发展，导致道路和屋顶等不透水面积的急剧增加，减弱了地面的入渗和滞蓄能力，使得地面径流量不断增大，从而出现了城市排水系统的设计和建设跟不上城市化发展水平的现象。控制径流量（即简单的被动抗洪），成了这些城市雨水管理的首要任务。

同时，降雨对不透水道路和屋顶有着极强的冲洗作用，各种沉积的污染物颗粒和可溶性有毒物质随着地面径流汇入河流、湖泊等天然水体，引起较严重的水体污染。有时初期雨水径流的污染程度甚至超过了生活污水。

(2) 以利用为目的

沙漠、海岛及严重水源性缺水城市，均将雨水作为其主要或唯一水源。从图 4 可见，对上海这种非水源型缺水城市，全年降雨极不均匀，若以利用为目的，将需建设较大规模的雨水蓄水池，不但投资成本巨大，而且还会占用大量土地资源。因此，上海地区的雨水管理不适合以利用为目的。

(3) 既控制，也利用

这是国际上比较通行的做法。

例如，北京建筑工程学院车武教授设计的北京东方太阳城雨水综合利用系统，以景观湖为核心，以截污、截流、循环、生态修复、自然净化和自然排放为技术手段，实现景观湖的水质保障和雨水综合利用，同

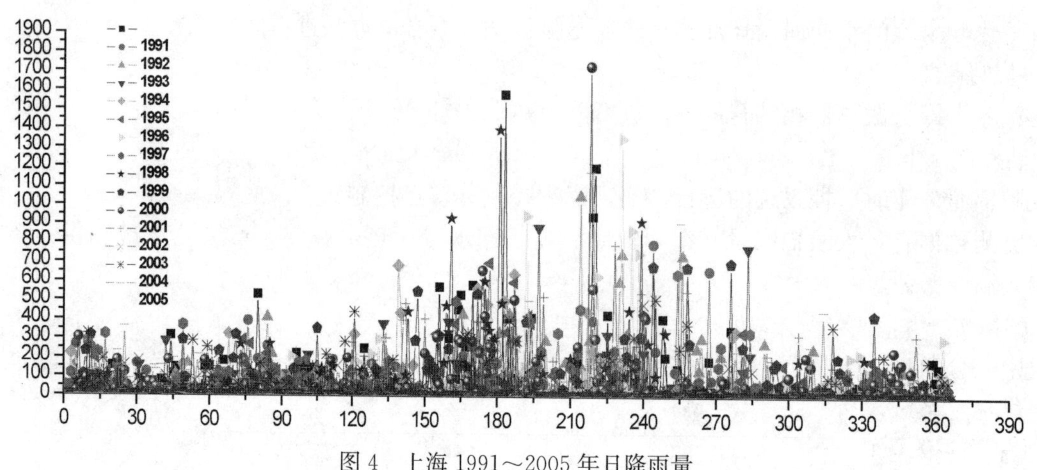

图 4 上海 1991～2005 年日降雨量

时较好地满足小区的排洪设计标准，取得了良好的经济和环境效益，其设计思路很值得借鉴。

(4) 世博中心雨水管理模式

通过走访中国建筑设计研究院《建筑与小区雨水利用工程技术规范》编制组，咨询北京建筑工程学院车武教授，并得到同济大学李田教授的技术支持，查阅德国、美国、日本、澳大利亚、加拿大等国家的相关技术规范与设计导则后，提出对于上海这种非水源型缺水城市，雨水控制与利用的设计主旨是“提高防洪能力，控制面源污染，适度净化回用”。

首先，减少外排至城市雨水管网的径流量和径流污染。通过就地的雨水管理——点源控制，减小因城市化造成的洪涝灾害和水源污染——面源控制，间接地提高城市的防洪能力，改善城市的生态环境、水文环境和气候条件。德国、美国、日本、澳大利亚、加拿大等发达国家均已遵循此原则制订相应的法规与标准。

其次，消化控制（调蓄）的雨水，将雨水看作是一种水资源，而不是传统意义上的“废水”。通过雨水资源的综合管理，采取适度、经济、简便、有效、可持续的净化技术，有针对性地合理利用雨水。按照“适用就好”的设计理念，平衡雨水调蓄池的规模、年可收集雨水量和年蓄满水次数三者之间的关系。将来自不同汇水面积上的雨水径流分别收集，对于来自屋顶等的径流，稍加处理或不经处理即直接用于便器冲洗、绿地浇灌或水景补水等。

再有，最大限度地增加雨水径流的自然渗透量，尽可能地通过绿地和采用渗水材料铺装的路面、广场、停车场等进行雨水的自然蓄渗回灌。

2. 系统设计

(1) 目标

控制雨水径流量：使基地内 2 年重现期、24h 设计降雨径流量减少 25%。

控制雨水径流污染：基于现有的监测报告，使基地开发后的年均总悬浮固体（TSS）减少 80%。

利于修复城市生态环境，减轻热岛效应的加剧。

(2) 措施

屋面（地面）雨水经收集、调蓄后，通过沉淀、过滤、消毒等处理后，用作杂用水的水源。

雨水贮存设施的有效贮水容积 1300m^3，每年可回用雨水量 31500m^3。

采用雨水综合生态控制，通过低势绿地、植被缓冲、土壤渗滤、种植屋面等生态途径控制雨水径流量和径流污染。

室外透水地面面积比达 100%，总体不设置道路雨水收水口，在上海市的雨水控制及利用系统实践中是一次较大的突破。

(三) 杂用水收集利用系统

1. 杂用水用水量

世博会期间，最高日用水量约 1650m³/d（自来水 740m³/d、杂用水 910m³/d，杂用水利用率 55.2%），最大时用水量约 155m³/h（自来水 85m³/h、杂用水 70m³/h）。

世博会后，最高日用水量约 1420m³/d（自来水 550m³/d、杂用水 870m³/d，杂用水利用率 61.3%），最大时用水量约 130m³/h（自来水 65m³/h、杂用水 65m³/h）。

2. 杂用水原水

杂用水（非传统水源）由回用雨水和中水两部分组成。

中水水源依次为空调设备冷凝水、机房、开水间及管井等的地面排水、消防试验排水、消防（水蓄冷）水池换水和江水直流冷却水系统温排水等。

3. 杂用水用途

便器冲洗用水、道路冲洗和绿化用水、停车库地面冲洗用水、洗车用水、冷却塔补充水、外墙面清洗用水、消防用水等。

为充分利用杂用水（回用雨水和中水），针对不同的供水用途，选用不同的供水水质（表 1、表 2）。

分质供水 **表 1**

供水用途	供水水质（注：★ 首选，◆ 次选）				
	直饮水	软水	自来水	杂用水	
				回用雨水	中水
厨房餐饮用水等	★				
厨房洗碗机用水、太阳能集热系统补水、空调补水等		★			
盥洗、沐浴、厨房、锅炉房用水等			★		
便器冲洗用水、循环冷却水系统补水、抹车用水等				★	◆
停车库地面冲洗、道路冲洗和绿化浇洒用水、外墙面清洗用水等				★	◆
消防（水蓄冷）用水			★		

杂用水水质指标 **表 2**

项目	色度	浊度	BOD_5	COD_{Cr}	SS	pH	NH_3-N
指标	≤15 度	≤3NTU	≤10mg/L	≤20mg/L	≤5mg/L	6～9	≤5mg/L

(四) 分工况变频给水系统

1. 系统设计

考虑世博会期间与世博会后、会展期与非会展期、昼间与夜间的用水量差异较大，用水不均匀性明显，为节约用能、合理控制，分别针对"世博会"、"会展期"和"非会展期"三种工况设计给水系统，配设相应的贮水调节和加压设备（表 3）。

分工况变频给水 **表 3**

内容	世博会工况	会展期工况	非会展期工况
用水量负荷	最高日用水量的 75%以上	最高日用水量的 25%～75%	最高日用水量的 25%以下
供水保证率	高	高	较高
贮水箱有效容积	世博会期间最高日用水量 水泵提升部分的 20%～25%	世博会后最高日用水量 水泵提升部分的 20%～25%	世博会后平均日用水量 水泵提升部分的 20%～25%

续表

内容	世博会工况	会展期工况	非会展期工况
自来水给水泵组提升形式	昼间或用水高峰时段：以贮水箱—会展期变频给水加压泵组供水方式为主； 夜间或供水低谷时段：以贮水箱—非会展期变频给水加压泵组供水方式为主		以贮水箱—非会展期变频给水加压泵组供水方式为主

2. 系统特点

(1) 高效

配置适用于小流量工况的非会展期变频给水加压泵组，其泵组流量为会展期变频给水加压泵组流量的1/3，扬程按小流量工况时的管道特性曲线进行重新设计。

根据不同的用水工况，分别启用会展期、非会展期变频给水加压泵组，尽可能使各台水泵在设计流量变化范围内均能工作在高效区内，以降低水泵能耗。

(2) 节水

根据不同的用水工况，调整贮水箱有效容积，保证贮水箱内水的停留时间不超过 24h，有效地防止水质污染，减少因水质污染而造成的贮水消耗。

（五）江水直流冷却水系统

1. 系统设计

鉴于世博中心紧贴黄浦江，在征得水务部门的核准后，采用黄浦江水直流冷却水系统（图 5）。

利用与世博轴、世博文化中心合用的取水头部，直接从黄浦江取水。在夏季，作为冷却用水送热泵机组使用，使用后的温热水排入黄浦江，将热泵机组的热量释放到黄浦江水体中。冬季，则利用该管路系统将黄浦江水体的热量传递给热泵机组供热。

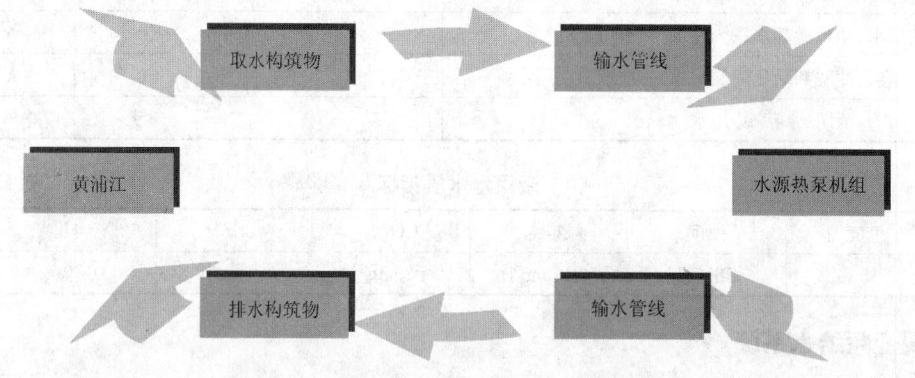

图 5 江水直流冷却水系统

2. 系统比较（表 4）

系统比较 **表 4**

名称	循环冷却水系统	江水直流冷却水系统
冷却原理	冷却塔内，在水与空气的流动过程中，水与空气间进行传热和传质，水温随之下降	利用黄浦江的自然水面，向大气中传质、传热进行冷却
冷却水温度	冷却塔出水温度 32.0℃	根据上海市的气象、水文条件，夏季黄浦江水最高月(8 月)平均温度为 28.0～29.0℃，一般不高于 31.0℃

续表

名称	循环冷却水系统	江水直流冷却水系统
冷却水水质	较好	黄浦江水质较差，属Ⅳ类水 有关设备制造商需针对黄浦江水质情况，对水源热泵的冷凝器等换热部件的构造作相应调整，并配设相应的自清洁设备
补充水	需要，由自来水补充	不需要
冷却塔	需要	不需要
造价	较低	较高
运行费用	稍高	稍低
设备占用面积	冷却塔、循环冷却水泵等需占用面积	需建取、排水构筑物，不需要冷却塔
环境影响	对冷却塔周围环境有影响	温热水排入黄浦江，对黄浦江水有热污染
防汛工程	不受防汛工程的制约	受防汛工程的制约
输水管线	不受外部条件制约	较长，受外部条件制约较多

3. 风险应对

(1) 风险

黄浦江水质较差，黄浦江取水头部被泥沙淤积的几率较大。

黄浦江是江、浙、沪的主要运输航道，会有事故、漏油等各种不可预见危险。

受潮汐影响，在部分时间段，黄浦江的流动性较差，利用江水传热的效果不甚理想。

夏季有近 3 个月的黄浦江水温偏高，在 30℃上下徘徊，冷却效果不佳。

设备失灵，江水倒灌。

(2) 应对

为保证运行安全，部分负荷配设循环冷却水系统。保证有一定量的空调负荷可通过传统的冷却塔系统冷却，以应对各种极端情况的出现。

夏季，采用以水蓄冷、冰蓄冷为主，水源热泵为辅的方式供冷；冬季，采用以水源热泵为主，自备锅炉为辅的方式供热。

引入管处设双阀门，以增加安全保障度。

(六) 程控型绿地微灌系统

室外总体绿化采用程控型绿地微灌系统，以提高绿地的养护质量，增加碳汇。通过湿度传感器，按预先设定的程序自动控制绿地灌溉。

系统特点：

(1) 流量小，每次灌水的时间较长，使植物都能获得相同的水量，灌水均匀度较高，提供最佳的土壤湿度。

(2) 需要的工作压力低，一般只有喷灌工作压力的 1/3～1/4。

(3) 只局部湿润植物根际附近的土壤，属局部灌溉类型，可大大减少土壤水分蒸发，提高水分利用效率。

(4) 地表不产生积水和径流，不破坏土壤结构，土壤中的养分不易被淋溶流失。

(七) 中央监控与管理系统

合理应用建筑设备中央监控与管理系统，加强对重要设备状态和参数的监控、计量，控制水资源和能源的使用，保证用水质量。其内容包括参数检测、参数与设备状态显示、自动调节与控制、工况自动转换、计量以及中央监控与管理等。

（八）节能设备与节材措施

1. 节能设备

选用健康、低碳、高效的设备，使设备在高效区工作，降低所用设备对资源、能源的消耗和对环境的污染。例如，要求水泵满负荷时铭牌最低效率应满足以下 LEED EA 的最低要求（表 5）。

水泵满负荷时铭牌最低效率要求 **表 5**

	满负荷时铭牌最低效率(指 380V/60Hz 工况下被测试的效率)					
	开放式			闭合式		
磁极对数	2	4	6	2	4	6
同步转速(转/min)	3600	1800	1200	3600	1800	1200
电动机功率						
0.8kW	—	82.5	80.0	75.5	82.5	80.0
1.1kW	82.5	84.0	84.0	82.5	84.0	85.5
1.5kW	84.0	84.0	85.5	84.0	84.0	86.5
2.2kW	84.0	86.5	86.5	85.5	87.5	87.5
3.7kW	85.5	87.5	87.5	87.5	87.5	87.5
5.6kW	87.5	88.5	88.5	88.5	89.5	89.5
7.5kW	88.5	89.5	90.2	89.5	89.5	89.5
11.1kW	89.5	91.0	90.2	90.2	91.0	90.2
14.9kW	90.2	91.0	91.0	90.2	91.0	90.2
18.7kW	91.0	91.7	91.7	91.0	92.4	91.7
22.4kW	91.0	92.4	92.4	91.0	92.4	91.7
29.8kW	91.7	93.0	93.0	91.7	93.0	93.0
37.3kW	92.4	93.0	93.0	92.4	93.0	93.0
44.8kW	93.0	93.6	93.6	93.0	93.6	93.6
56.0kW	93.0	94.1	93.6	93.0	94.1	93.6
74.6kW	93.0	94.1	94.1	93.6	94.5	94.1
93.3 kW	93.6	94.5	94.1	94.5	94.5	94.1
111.9kW	93.6	95.0	94.5	94.5	95.0	95.0
149.2kW	94.5	95.0	94.5	95.0	95.0	95.0

2. 选用节水型卫生洁具及配件

红外线感应式水嘴：出水口配不锈钢曝气器；水嘴水压为 0.1MPa 和管径 15mm 时，最大流量不大于 0.03L/s，每次用水周期用水量不大于 0.95L。

红外线感应式坐便器冲洗阀：冲洗阀水压为 0.3MPa 时，每次冲洗周期冲洗用水量不大于 6L。

红外线感应式小便器冲洗阀：冲洗阀水压为 0.3MPa 时，每次冲洗周期冲洗用水量不大于 1.9L。要求当感应到使用者到达后，指示灯亮，感应到使用者离开后，冲洗 0～3s。

3. 节材措施

选用优质薄壁硬紫铜管等可循环使用的管材、附件，以体现 3R 的设计主旨。

五、结论

在世博中心项目给水排水 3R 设计研究中，采用诸如蓄热太阳能热水系统、雨水控制及利用系统、杂用水收集利用系统、分工况变频给水系统、江水直流冷却水系统、程控型绿地微灌系统、中央监控与管理系统和节能设备与节材措施等一系列的技术。设计研究团队通过系统比选、项目调研、数据分析、类比测试、模拟计算、优化设计、效益评价、修正参数、归纳总结等步骤，对有关技术参数和设计要求予以补充和确定，提出符合世博中心项目实际情况的系统设计建议，并予以实施。在取法的同时，又有所突破，保证“安全、健康，绿色、低碳，高效、3R”设计主旨的实现。

世博文化中心

设计单位： 华东建筑设计研究院有限公司
设 计 人： 谭奕　田钢柱　冯旭东　梁葆春　马信国
获奖情况： 公共建筑类　一等奖

工程概况：

世博文化中心居世博核心区的重要区位，世博轴以东；西侧和庆典广场相连，并与世博中心相呼应；北临黄浦江，与世博浦西园区隔江相望，东侧为保留的游船码头，南侧沿浦明路作为主入口，并设绿化带与东西地块绿化带相连接。

世博文化中心用地面积为 67242.6m^2，总建筑面积为 125945m^2。其中地上为单层的 18000 座多功能剧场及环绕主场馆的周边六层建筑，建筑面积为 73941m^2，地下建筑为两层，建筑面积为 52004m^2。各层功能和给水用水点参见表 1。

各层功能和给水用水点　　表 1

楼层	功能	用水点
B2F	地下车库、设备机房、工作人员洗浴间、溜冰场、库房区	卫生间，空调机房的补水
B1F	商业用房区域； 出租区域的厨房餐饮； 音像俱乐部、演员的化妆区域；空调机房、变压器室和高低压配电室； 集中厨房(供 3F～4F 的 VIP 区域服务)； 物业办公室、库房、卸货区等	音像俱乐部的卫生间、化妆间，集中厨房，演员化妆区，出租区域的厨房餐饮，公共卫生间等
1F	内场演出区域(包括活动座席区)音乐俱乐部区； 演出辅助区； 运动员更衣、休息室，VIP 休息区，裁判员休息区； 安检大厅	音乐俱乐部的卫生间等，运动员更衣、休息室卫生间，VIP 休息区卫生间，裁判员休息区卫生间
2F	池座区域； 观众休息环廊； 零售区域； 卫生间、机房等辅助区	公共卫生间，零售区域
3F	VIP 楼座区域； VIP 包厢区域； VIP 餐厅区域； VIP 休息环廊； 服务间、卫生间、机房等辅助区	VIP 的包厢内卫生间，环廊公共卫生间

续表

楼层	功能	用水点
4F	VIP楼座区域； VIP包厢区域； VIP餐厅区域； VIP休息环廊； 办公区； 服务间、卫生间、机房等辅助区	VIP的包厢内卫生间，环廊公共卫生间
5F	观众楼座区域；展览区；办公区； 售货点；卫生间、机房等辅助区	环廊公共卫生间
6F	景观餐厅；VIP俱乐部；电影院俱乐部； 售票处；电影院；多功能厅；酒吧； 开放式酒廊；厨房区域；卫生间、机房等辅助区；灯控机房、内场声控	餐厅的厨房区域，酒吧和开放式酒廊的酒吧，公共卫生间
6夹层	放映机房； 空调、排烟、电梯机房	空调机房补水

一、给水排水系统

(一) 给水系统

1. 给水用水量

最高日和最大时用水量见表2。

最高日和最大时用水量 **表2**

<table>
<tr><th rowspan="2">用途</th><th rowspan="2">用水量标准</th><th rowspan="2">用水单位</th><th rowspan="2">次数</th><th rowspan="2">时变化系数K</th><th rowspan="2">使用时间(h)</th><th colspan="2">最高日用水量(m³/d)</th><th colspan="2">最大时用水量(m³/h)</th></tr>
<tr><th>自来水</th><th>杂用水(非传统水源)</th><th>自来水</th><th>杂用水(非传统水源)</th></tr>
<tr><td rowspan="2">观众</td><td rowspan="2">3L/(座·次)</td><td rowspan="2">18000人·次/d</td><td rowspan="2">3场/d</td><td rowspan="2">1.2</td><td rowspan="2">4</td><td colspan="2">162</td><td colspan="2">16.2</td></tr>
<tr><td>162</td><td></td><td>16.2</td><td></td></tr>
<tr><td rowspan="2">溜冰场</td><td rowspan="2">5L/(人·场)</td><td rowspan="2">约465人/场</td><td rowspan="2">3场/d</td><td rowspan="2">2.0</td><td rowspan="2">4</td><td colspan="2">6.98</td><td colspan="2">1.16</td></tr>
<tr><td>6.98</td><td></td><td>1.16</td><td></td></tr>
<tr><td rowspan="2">音乐俱乐部观众</td><td rowspan="2">3L/(人·场)</td><td rowspan="2">约500人/场</td><td rowspan="2">2场/d</td><td rowspan="2">1.2</td><td rowspan="2">3</td><td colspan="2">3</td><td colspan="2">1.08</td></tr>
<tr><td>3</td><td></td><td>1.08</td><td></td></tr>
<tr><td rowspan="2">音像俱乐部演员</td><td rowspan="2">40L/(人·场)</td><td rowspan="2">约50人/场</td><td rowspan="2">2场/d</td><td rowspan="2">2.5</td><td rowspan="2">3</td><td colspan="2">4</td><td colspan="2">1.7</td></tr>
<tr><td>4</td><td></td><td>1.7</td><td></td></tr>
<tr><td rowspan="2">B1F商场</td><td rowspan="2">5L/(m²·d)</td><td rowspan="2">约2321m²</td><td rowspan="2"></td><td rowspan="2">1.2</td><td rowspan="2">12</td><td colspan="2">11.6</td><td colspan="2">1.16</td></tr>
<tr><td>11.6</td><td></td><td>1.16</td><td></td></tr>
<tr><td rowspan="2">B1F办公</td><td rowspan="2">40 L/(人·次)</td><td rowspan="2">约323人</td><td rowspan="2"></td><td rowspan="2">1.5</td><td rowspan="2">10</td><td colspan="2">12.92</td><td colspan="2">1.94</td></tr>
<tr><td>12.92</td><td></td><td>1.94</td><td></td></tr>
<tr><td rowspan="2">B1F化妆</td><td rowspan="2">40 L/(人·次)</td><td rowspan="2">约400人·次</td><td rowspan="2">2次/d</td><td rowspan="2">2.0</td><td rowspan="2">4</td><td colspan="2">32</td><td colspan="2">8</td></tr>
<tr><td>32</td><td></td><td>8</td><td></td></tr>
</table>

续表

<table>
<tr><th rowspan="2">用途</th><th rowspan="2">用水量标准</th><th rowspan="2">用水单位</th><th rowspan="2">次数</th><th rowspan="2">时变化系数 K</th><th rowspan="2">使用时间（h）</th><th colspan="2">最高日用水量（m^3/d）</th><th colspan="2">最大时用水量（m^3/h）</th></tr>
<tr><th>自来水</th><th>杂用水（非传统水源）</th><th>自来水</th><th>杂用水（非传统水源）</th></tr>
<tr><td rowspan="2">1F 商场</td><td rowspan="2">5 L/(m^2·d)</td><td rowspan="2">约 138 m^2</td><td rowspan="2"></td><td rowspan="2">1.2</td><td rowspan="2">12</td><td colspan="2">0.69</td><td colspan="2">0.07</td></tr>
<tr><td>0.69</td><td></td><td>0.07</td><td></td></tr>
<tr><td rowspan="2">VIP 餐厅</td><td rowspan="2">25 L/(人·次)</td><td rowspan="2">约 1000 人</td><td rowspan="2"></td><td rowspan="2">1.2</td><td rowspan="2">12</td><td colspan="2">75</td><td colspan="2">9.4</td></tr>
<tr><td>75</td><td></td><td>9.4</td><td></td></tr>
<tr><td rowspan="2">5F 办公</td><td rowspan="2">40 L/(人·次)</td><td rowspan="2">约 280 人</td><td rowspan="2"></td><td rowspan="2">1.5</td><td rowspan="2">10</td><td colspan="2">11.2</td><td colspan="2">1.68</td></tr>
<tr><td>11.2</td><td></td><td>1.68</td><td></td></tr>
<tr><td rowspan="2">5F 餐厅</td><td rowspan="2">40 L/(人·次)</td><td rowspan="2">约 1300 人</td><td rowspan="2">2 次/d</td><td rowspan="2">1.5</td><td rowspan="2">12</td><td colspan="2">104</td><td colspan="2">13</td></tr>
<tr><td>104</td><td></td><td>13</td><td></td></tr>
<tr><td rowspan="2">6F 景观餐厅</td><td rowspan="2">60 L/(人·次)</td><td rowspan="2">约 655 人</td><td rowspan="2">2 次/d</td><td rowspan="2">1.5</td><td rowspan="2">10</td><td colspan="2">78.6</td><td colspan="2">11.79</td></tr>
<tr><td>78.6</td><td></td><td>11.79</td><td></td></tr>
<tr><td rowspan="2">6F 俱乐部观众</td><td rowspan="2">3 L/(人·场)</td><td rowspan="2">约 726 人</td><td rowspan="2">4 场/d</td><td rowspan="2">1.5</td><td rowspan="2">3</td><td colspan="2">8.7</td><td colspan="2">1.1</td></tr>
<tr><td>8.7</td><td></td><td>1.1</td><td></td></tr>
<tr><td rowspan="2">6F 电影院观众</td><td rowspan="2">3L/(人·座)</td><td rowspan="2">约 881 人</td><td rowspan="2">4 场/d</td><td rowspan="2">1.5</td><td rowspan="2">3</td><td colspan="2">10.6</td><td colspan="2">1.33</td></tr>
<tr><td>10.6</td><td></td><td>1.33</td><td></td></tr>
<tr><td rowspan="2">6F 酒吧</td><td rowspan="2">10L/(人·次)</td><td rowspan="2">约 1068 人</td><td rowspan="2">3 次/d</td><td rowspan="2">1.5</td><td rowspan="2">15</td><td colspan="2">32.04</td><td colspan="2">3.2</td></tr>
<tr><td>32.04</td><td></td><td>3.2</td><td></td></tr>
<tr><td rowspan="2">车库的地面冲洗用水</td><td rowspan="2">2L/(m^2·d)</td><td rowspan="2">18029m^2</td><td rowspan="2"></td><td rowspan="2">1.0</td><td rowspan="2">6</td><td colspan="2">36</td><td colspan="2">6</td></tr>
<tr><td></td><td>36</td><td></td><td>6</td></tr>
<tr><td rowspan="2">绿化浇灌</td><td rowspan="2">1L/(m^2·d)</td><td rowspan="2">20000m^2</td><td rowspan="2"></td><td rowspan="2">1.0</td><td rowspan="2">6</td><td colspan="2">20</td><td colspan="2">3.33</td></tr>
<tr><td></td><td>20</td><td></td><td>3.33</td></tr>
<tr><td rowspan="2">道路浇洒</td><td rowspan="2">1L/(m^2·d)</td><td rowspan="2">7000m^2</td><td rowspan="2"></td><td rowspan="2">1.0</td><td rowspan="2">6</td><td colspan="2">7</td><td colspan="2">1.17</td></tr>
<tr><td></td><td>7</td><td></td><td>1.17</td></tr>
<tr><td rowspan="2">小计</td><td rowspan="2"></td><td rowspan="2"></td><td rowspan="2"></td><td rowspan="2"></td><td rowspan="2"></td><td colspan="2">616.33</td><td colspan="2">83.31</td></tr>
<tr><td>553.33</td><td>63</td><td>72.81</td><td>10.5</td></tr>
<tr><td rowspan="2">未预见水量</td><td rowspan="2">10%</td><td rowspan="2"></td><td rowspan="2"></td><td rowspan="2"></td><td rowspan="2"></td><td colspan="2">61.63</td><td colspan="2">8.33</td></tr>
<tr><td>55.33</td><td>6.3</td><td>7.28</td><td>1.05</td></tr>
<tr><td rowspan="2">总计</td><td rowspan="2"></td><td rowspan="2"></td><td rowspan="2"></td><td rowspan="2"></td><td rowspan="2"></td><td colspan="2">677.96</td><td colspan="2">91.64</td></tr>
<tr><td>608.66</td><td>69.3</td><td>80.09</td><td>11.55</td></tr>
</table>

2. 水源

经水务部门的同意，为保证消防用水量，世博文化中心从基地南面的浦明路和北面的上南路的市政给水管上各引入两根 *DN*300 的给水管，并从其中的一根 *DN*300 的给水管上接出 *DN*150 的给水管，供生活用水。在 *DN*150 的生活给水管上设 *DN*150 的水平式螺翼式水表一个，并在 *DN*300 的消防给水管上设 *DN*300 的水平式螺翼式校正水表。

3. 竖向分区

根据自来水公司提供的资料，室外市政给水管供至基地的供水压力为0.17MPa。为了充分利用市政给水管的压力，减少能耗，防止供水的二次污染，同时也为了保证室内各个用水点的合理水压，简化给水系统，世博文化中心的地下二层～一层直接利用市政给水管的压力，二层～六层采用设变频水泵加压的方式。考虑到地下一层和一层有大量的更衣、淋浴和化妆区域，该部分采用集中供热的方式，热源由设在总体上的燃气锅炉房提供的高温热水，供至地下一层的热交换机房，通过容积式热交换器进行热交换后将获取生活热水。为满足用水点器具对水压的要求，以及演艺中心的地势比周边高，所以地下一层和一层的集中供热区域也采用水泵加压供水的方式。为控制各个用水点的水压，一层和地下一层采用设减压阀减压供水的方式，阀后压力为0.30MPa。

4. 加压设备

考虑到日用水的时段不均匀性，变频水泵采用大小泵匹配的方式，大泵为三台，两用一备（$Q=75m^3/h$，$H=67m$，$N=22kW$），小泵为一台（$Q=20m^3/h$，$H=67m$，$N=7.5kW$），另外还配一台气压罐，以保证用水量较少时的供水压力，同时也避免小泵的启动过于频繁。

5. 管材

给水管管径$<DN100$采用内涂塑镀锌钢管，丝扣连接。$\geqslant DN100$采用沟槽式机械接口连接。

（二）热水系统

1. 热水用水量

集中供应热水区域的最大时热水量为$18.6m^3/h$。

2. 热源

集中供热的范围为地下一层的演员化妆间、淋浴间；地下一层的集中厨房（供VIP餐厅和5F的公共餐厅用）；地下一层厨房的淋浴，一层主、客队的洗淋用水，明星的洗浴用水。热媒为锅炉提供的90℃高温热水。

地上24m的平台上的餐饮考虑将来会采用出租给小业主的方式，故几个大餐厅采用预留煤气量，由小业主自行带入设备（煤气热水炉）。其余的酒吧、快餐厅预留电量，由小业主自行带入设备（电热水炉）。

地下一层的商业将来有可能改成带小餐饮性质的商业，故预留电量，由小业主自行带入设备（电热水炉）。

3. 系统竖向分区

集中供应热水的区域冷水由给水变频水泵加压后设减压阀供给，减压阀的阀后压力控制在0.30MPa。

4. 热交换器

取2台有效容积为$3m^3$半容积式热水器，设置在地下一层的热交换机房内。

5. 冷热水压力平衡措施、热水温度的保证措施

为保证用水点的冷热水平衡，热水循环管道采用同程回水的方式，并设置热水循环水泵进行机械循环的方式。

6. 管材

热水管采用薄壁铜管，银钎焊接。暗敷在墙体内的热水管采用包塑铜管。

（三）雨水回收利用

1. 屋面雨水采用虹吸式的雨水排水系统，可以减少雨水斗、立管的数量同时避免因为重力排水管道坡降造成的室内净高降低的不利影响。

2. 本项目中收集的屋面雨水经处理后作为非传统水源主要回用于绿化灌溉、地面冲洗、道路浇洒。可采用非传统水源即杂用水的年用水量见表3。

非传统水年用水量 表3

用途	用水量标准	用水单位	次数	时变化系数 K	日变化系数	年用水量(m^3/d)
						杂用水(非传统水源)
车库的地面冲洗用水	2L/(m^2·d)	18092m^2	96d/年	1.0	1.0	3456
绿化浇灌	1L/(m^2·d)	20000m^2	7月/年	1.0	1.0	4260
道路浇洒	2L/(m^2·d)	5000m^2	96d/年	1.0	1.2	960
						8676

本项目设雨水混凝土原水池400m^3。根据相关资料，通过统计分析上海市近20年的降雨资料，获得了独立降雨事件的降雨量、降雨历时和降雨间隔的平均值以及各降雨特性参数的概率密度函数，在此基础上运用概率统计方法进行了雨水贮存池集蓄效率的分析计算。通过对概率密度函数的积分，可以获得不同容积下贮存池的集蓄效率及相应的年均集蓄水量。据以上计算，一年所能收集的屋面雨水量约为8418m^3，杂用水总的需水量为8676m^3。水量不足部分则由市政自来水补充。因冷却塔仅作为备用，故冷却水的补水量不考虑在杂用水水量里。

3. 本项目雨水处理时间按12h计算，小时处理水量为33m^3/h。

4. 雨水处理工艺流程如图1：

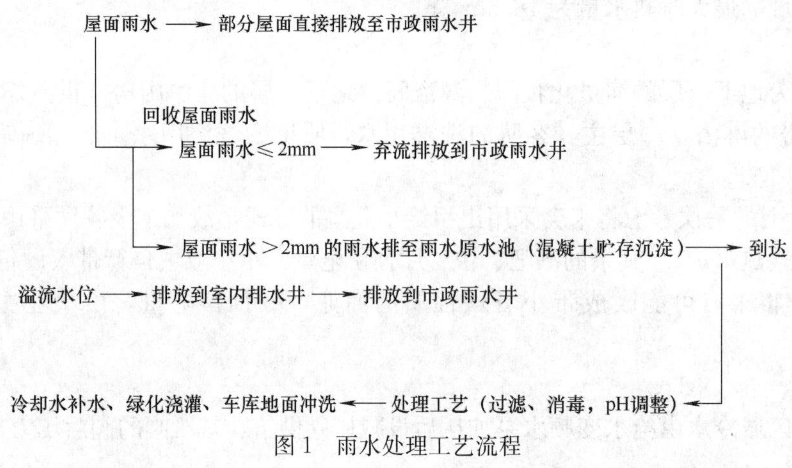

图1 雨水处理工艺流程

5. 雨水处理管材采用给水型PVC-U管，工作压力为0.6MPa。

(四) 排水系统

1. 排水系统型式

本项目因为建筑体型和功能的要求，地上结构均为钢结构加桁架的方式，给水排水每层管弄上下不对齐，而且场馆内的每个公共卫生间的洁具数量很多。为了保证排水系统的通畅和安全，几乎每个楼层每处的集中卫生间都单独设排水立管，也就是说2F、3F、4F、5F分别设排水立管接各自每层的排水，同时为了维持排水的气压平衡，设主通气立管。这样在一层每个集中管井内的排水立管加透气立管可能在5～7根。若采用污废分流的方式，则立管数量至少要翻倍。据上述情况，室内采用污废合流的方式，这样可以减少立管的数量以及管井的平面面积，同时在接管时妥善考虑，即能保证管道的排水畅通也保证了施工安装的便捷。

2. 透气管的设置方式

室内污废水合流，设置主通气立管，主通气立管与污废水管采用H管或共轭透气管连接。

3. 采用的局部污水处理设备

厨房废水经重力排至隔油间经隔油处理后压力排出，排至室外污水管道。各个厨房的含油排水应自行配有地上式小型隔油处理。地下车库的集水坑设沉砂隔油处理，集水坑的排水采用污水泵提升，压力式排水方式。

4. 管材

污水和透气管管材采用静音型 HDPE 排水塑料管，胶水粘接。

二、消防系统

（一）消火栓系统

消火栓系统用水量：室内用水量 30L/s、室外用水量 30L/s；

系统分区：室内消火栓系统由消火栓水泵直接加压供给；

消火栓泵的参数：消火栓水泵 2 台，Q=30L/s，H=75m，N=37kW，一用一备；

消火栓稳压水泵 2 台，Q=5L/s，H=56m，N=5.5kW，气压罐的有效容积为 50L；

消火栓水泵从市政管网中直接抽水；

消火栓系统压力平时由屋顶消防水箱维持，消防水箱的有效容积 18m^3，水箱位于六层水箱间内；

室外设 2 组地上式消火栓水泵接合器；

管材：消火栓管道≥DN100 采用热镀锌无缝钢管，沟槽式机械接头连接，管径<DN100 采用热镀锌焊接钢管，丝扣连接。

（二）自动喷水灭火系统

湿式自动喷水灭火系统用水量：40L/s

系统分区：室内喷淋系统由喷淋水泵直接加压供给；

喷淋泵的参数：喷淋水泵 2 台，Q=40L/s，H=110m，N=75kW，一用一备；

喷淋稳压水泵 2 台，Q=1L/s，H=48m，N=2.2kW，气压罐的有效容积为 50L；

喷淋水泵从市政管网中直接抽水；

喷淋系统压力平时由屋顶消防水箱维持，消防水箱的有效容积 18m^3，水箱位于六层水箱间内。

喷头选型见表 4。

喯头选型 **表 4**

区域	喷头形式	动作温度(℃)	流量系数
地下车库、设备机房、	标准反应闭式直立式喷头	68	80
办公室、商业走道、音乐俱乐部观众席吊顶下	快速反应下垂式喷头	68	80
库房	快速反应闭式直立式喷头	68	80
排练厅吊顶下喷头	快速反应下垂式喷头	68	80
厨房	快速反应闭式直立式喷头	93	80
保护钢屋架的上喷	快速反应闭式直立式喷头	141	80

报警阀数量：共设置湿式报警阀 25 组。

室外设三组地上式喷淋水泵接合器。

管材：消火栓管道≥DN100 采用热镀锌无缝钢管，沟槽式机械接头连接，管径<DN100 采用热镀锌焊接钢管，丝扣连接。

（三）雨淋灭火系统用水量：90L/s，雨淋喷头设置在音乐厅舞台的葡萄架下方。

系统分区：室内雨淋系统由雨淋水泵从消防冷却水池中抽水加压供给；

雨淋泵的参数：雨淋水泵 3 台，Q=56L/s，H=75m，N=75kW，一用一备；

雨淋稳压水泵 2 台，Q=5L/s，H=30m，N=3.0kW，气压罐的有效容积为 50L；

消防水池有效容积为 324m^3。

雨淋喷头为开式喷头，流量系数为 80。

舞台处雨淋报警阀数量：共设置雨淋报警阀 2 组。

室外设 8 组地上式雨淋水泵接合器。

管材：消火栓管道≥DN100 采用热镀锌无缝钢管，沟槽式机械接头连接，管径<DN100 采用热镀锌焊接钢管，丝扣连接。

（四）水喷雾灭火系统

柴油发电机房内设置水喷雾灭火系统。设计喷雾 20L/(m^2·min)，响应时间不大于 45s，持续喷雾时间为 0.5h。

水喷雾系统和湿式喷淋系统合用喷淋水泵。在柴油发电机房内设置雨淋阀组。水喷雾灭火系统应具有自动控制、手动控制和应急操作三种控制方式。自动控制由火灾报警系统联动启动电磁阀，雨淋阀内压力变化打开雨淋阀，压力开关发出电信号启动喷淋水泵。

水喷雾雨淋阀组共计 4 组。

管材同喷淋系统。

（五）气体灭火系统

地下一层 35kV/10kV 的变压器室，低压配电室，35kV 的配电室和网络机房等均采用 IG -541 气体灭火全淹没管网系统。

变压器室和配电室等防护区的灭火设计浓度为 40%，设计喷放时间不大于 10s。

网络机房等防护区的灭火设计浓度为 8%，设计喷放时间不大于 8s。

灭火浸渍时间为 10min。

本系统具有自动、手动及机械应急启动三种控制方式。防护区均设置探测回路，当探测器发出火灾信号时，警铃报警，指示火灾发生的部位，提醒工作人员注意自动灭火控制器开始进入延时阶段，声光报警器报警和联动设备动作（关闭通风空调，防火卷帘门等）。延时过后，向保护区的驱动瓶的电磁阀发出灭火指令，电磁阀打开驱动瓶容器阀，然后依次打开保护区的 IG -541 贮气瓶。

贮气瓶内的 IG -541 气体经过管道从喷头喷出向失火区进行灭火作业。同时报警控制器接受压力信号发生器的反馈信号，控制面板喷放指示灯亮。当报警控制器处于手动状态，报警控制器只发出报警信号，不输出动作信号，由值班人员确认火警后按下报警控制面板上的应急启动按钮或保护区门口处的紧急启停按钮，即可启动系统喷放 IG -541 灭火剂。

设计参数见表 5。

气体灭火系统设计参数 **表 5**

系统	保护区名称	体积(m^3)	设计浓度(%)	设计喷射时间(s)	贮存药剂量(kg)	钢瓶规格	钢瓶数(个)	泄压口面积(m^2)	主管管径
系统一	35kV 配电室	454.6	40	55	338	80	20	0.18	DN65
	35/10kV 变压器室	940.3	40	55	705	80	42	0.373	DN80
	10kV 配电室	770	40	55	577.5	80	35	0.306	DN80
	低压配电室 3	1736	40	55	1300	80	77	0.689	DN125
	低压配电室 2	1270.1	40	55	945	80	56	0.504	DN100
	低压配电室 1	1020.6	40	55	765	80	46	0.405	DN100

续表

系统	保护区名称	体积(m^3)	设计浓度(%)	设计喷射时间(s)	贮存药剂量(kg)	钢瓶规格	钢瓶数(个)	泄压口面积(m^2)	主管管径
系统一	变压器室 1	330.4	40	55	248	80	15	0.131	*DN*65
	变压器室 2	334.1	40	55	250	80	15	0.134	*DN*65
系统二	变压器室	594	40	55	445	80	26	0.234	*DN*80
	低压配电室	1421	40	55	1065	80	64	0.564	*DN*125

(六)消防水炮灭火系统

主场馆内在马道下设置消防水炮灭火系统。根据场馆内的分隔幕的布置，共设置 16 门消防水炮，保证马道下任一处均有 2 股消防水炮能保护。水炮的工作压力为 0.80MPa，保护半径为 50m，每台水炮的流量为 20L/s，水炮雾化角度大于 90°，水平旋转角度 0～360°，垂直旋转角度为 150°。

消防水炮的水泵 2 台，Q=40L/s，H=150m，N=110kW，一用一备。

消防水炮稳压泵 2 台，Q=5L/s，H=152m，N=30kW，一用一备，气压罐有效容积为 50L。

消防水炮主泵和稳压泵均从市政管网直接抽水，系统平时稳压由稳压水泵维持，火灾时由压力开关联动主泵。监控系统以图像型火灾探测报警系统为核心，常规火灾报警联动控制系统作为补充，实现分布控制—集中管理的模式。现场一旦发生火灾，信息处理主机发出报警信号，显示报警区域的图像，并自动开启录像机进行记录，同时通过联动控制台，采用人机协同的方式启动自动消防水炮进行定点灭火，且根据现场设置自动进行柱—雾状转化。

三、工程特点介绍

1. 合理采用场馆内的消防措施

场馆内既可作为篮球、冰球等的体育比赛场地，也可作为演出的舞台。根据舞台的分隔幕形成 18000 座、12000 座、8000 座、6000 座等 6 种模式的场馆。场馆内舞台及观众席属于单层高大净空大空间，体量较大，内部观众众多，演出时火灾隐患大，且舞台形式多变。根据建筑及演艺功能的需要，场馆内舞台及观众席的消防系统采用固定消防水炮系统。水炮固定安装在主桁架的下沿，水源及水炮泵组等设置在地下二层消防泵房内。

根据观众席的六种分割形式，考虑到规范任一点需由两股水柱保护的规定，整个舞台及观众席上方共设 16 门消防水炮，选用带雾化功能的自动水炮，配合双波段火灾探测器，实现火灾报警、图像监控、灭火三位一体的功能（图 2）。水炮采用全自动、控制室手动、现场手动三种控制方式，达到早期快速灭火的目的（图 3）。

图 2　消防水炮实景

2. 屋面雨水采用虹吸式雨水收集系统

采用屋面雨水采用虹吸式雨水收集系统，并根据回用水量确定收集屋面面积和贮水池的容积，收集后的雨水经过处理后用于绿化浇灌、车库地面冲洗和道路浇洒（图 4）。

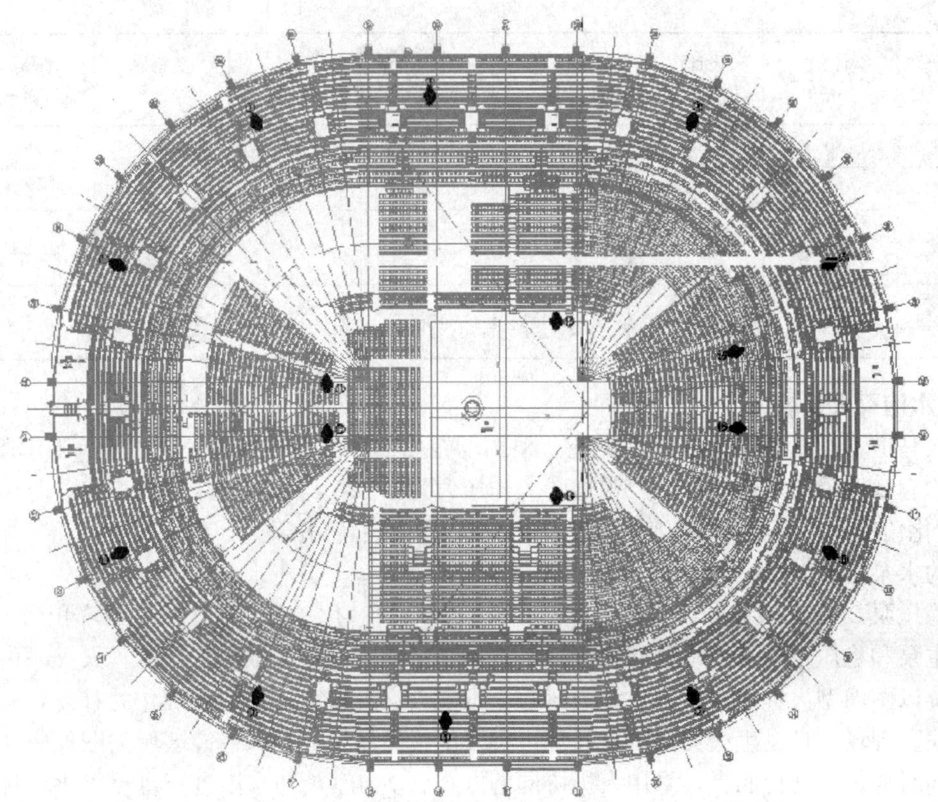

图 3 消防水炮平面布置

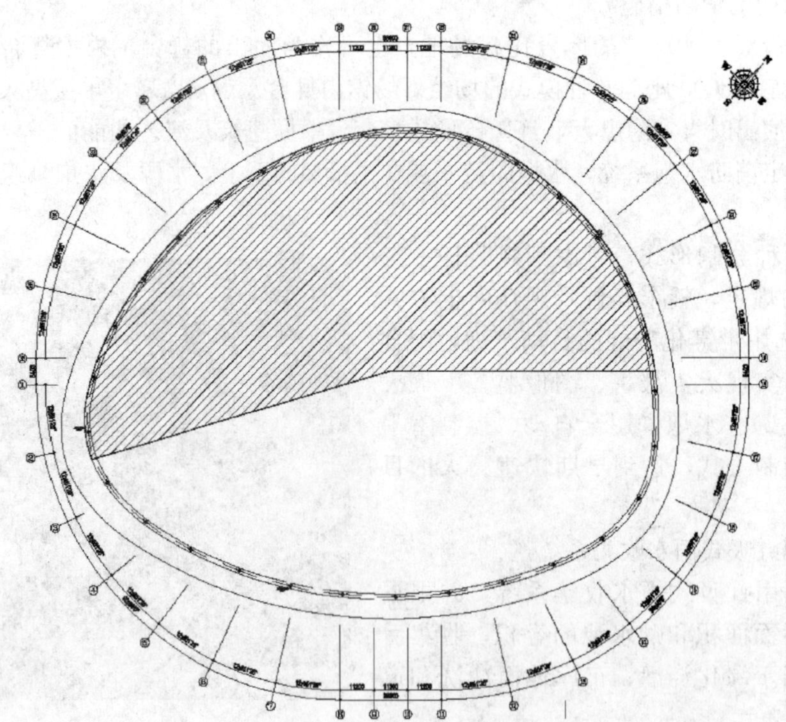

图 4 屋面雨水回收部分示意

3. 冷却水系统采用江水源直流系统。

世博文化中心在空调系统设计中，为了解决建筑总体上布置冷却塔和烟囱对景观及飘水、排热、噪声等对环境的影响，经过综合分析和比较研究，并考虑到本工程与黄浦江邻近的便利条件，决定采用江水源热泵技术。该系统夏季利用江水作为热泵机组冷凝器的放热端，冬季利用江水作为热泵机组蒸发器的吸热端，冬夏季通过压缩冷凝机组制取热水和冷水进行空调。该方法符合当前建筑节能和可再生能源利用的方向，能耗指标可达到国际上较先进的水平。同时也能省却冷却水的补水量，达到节能节水的目的。

四、工程照片及附图

世博文化中心效果图

现场排水管道安装

环廊钢梁留洞

环廊管道安装

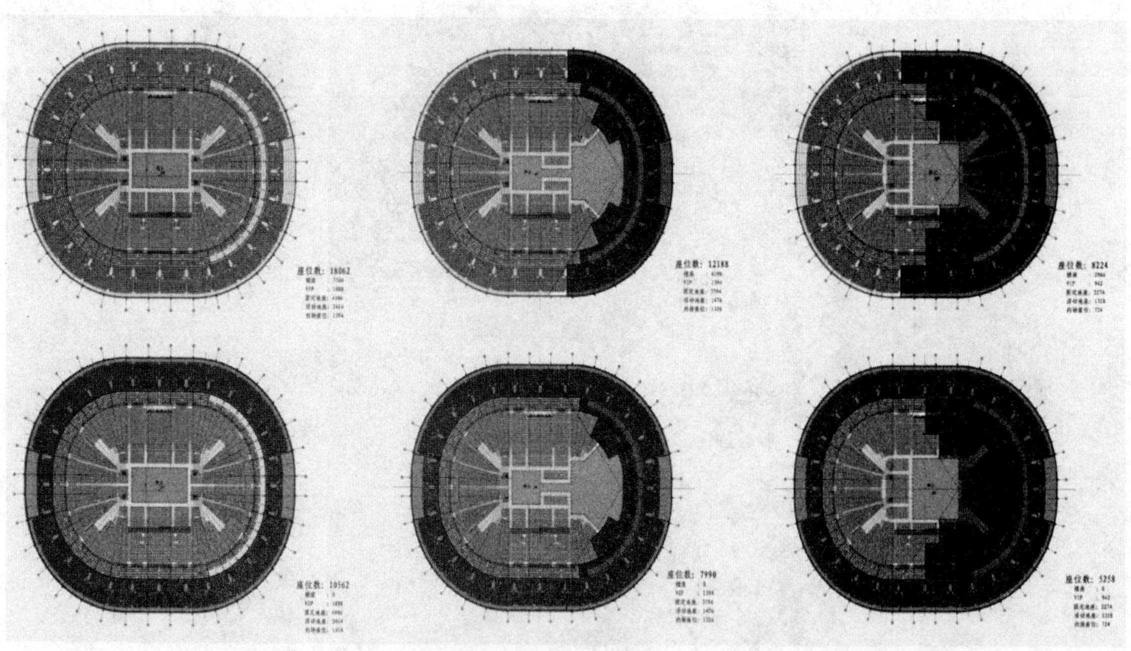

主场馆内的灵活分割

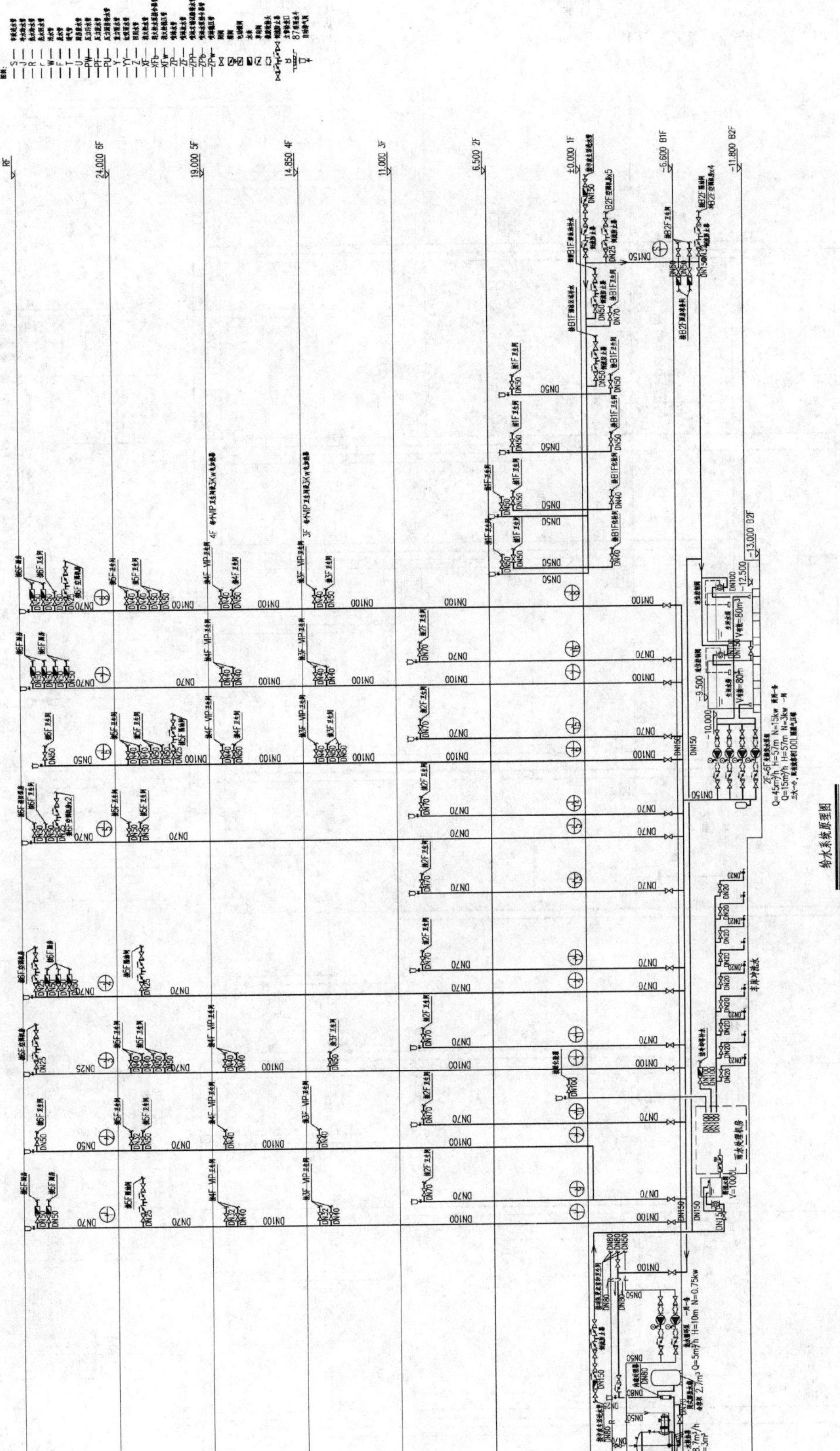
给水系统原理图

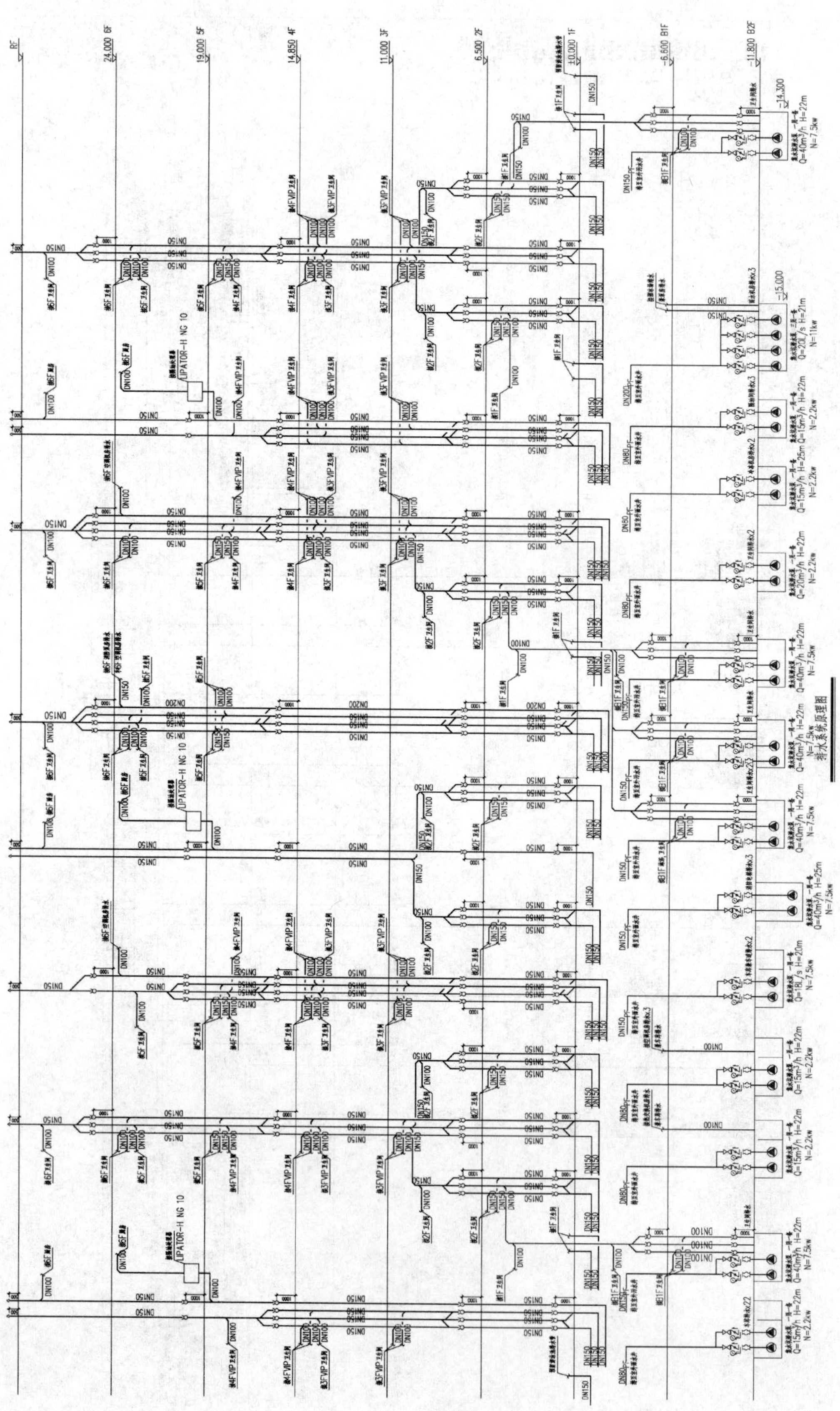

给水系统原理图

RF
+24.00 5F
+19.00 5F
+14.85 4F
+11.00 3F
+6.50 2F
±0.000 1F
-6.60 B1F
-11.70 B2F
F+1.100
DN150
DN100
DN70
+25.60
Q=30L/s H=55m N=37kw
Q=5L/s H=30m N=4kw

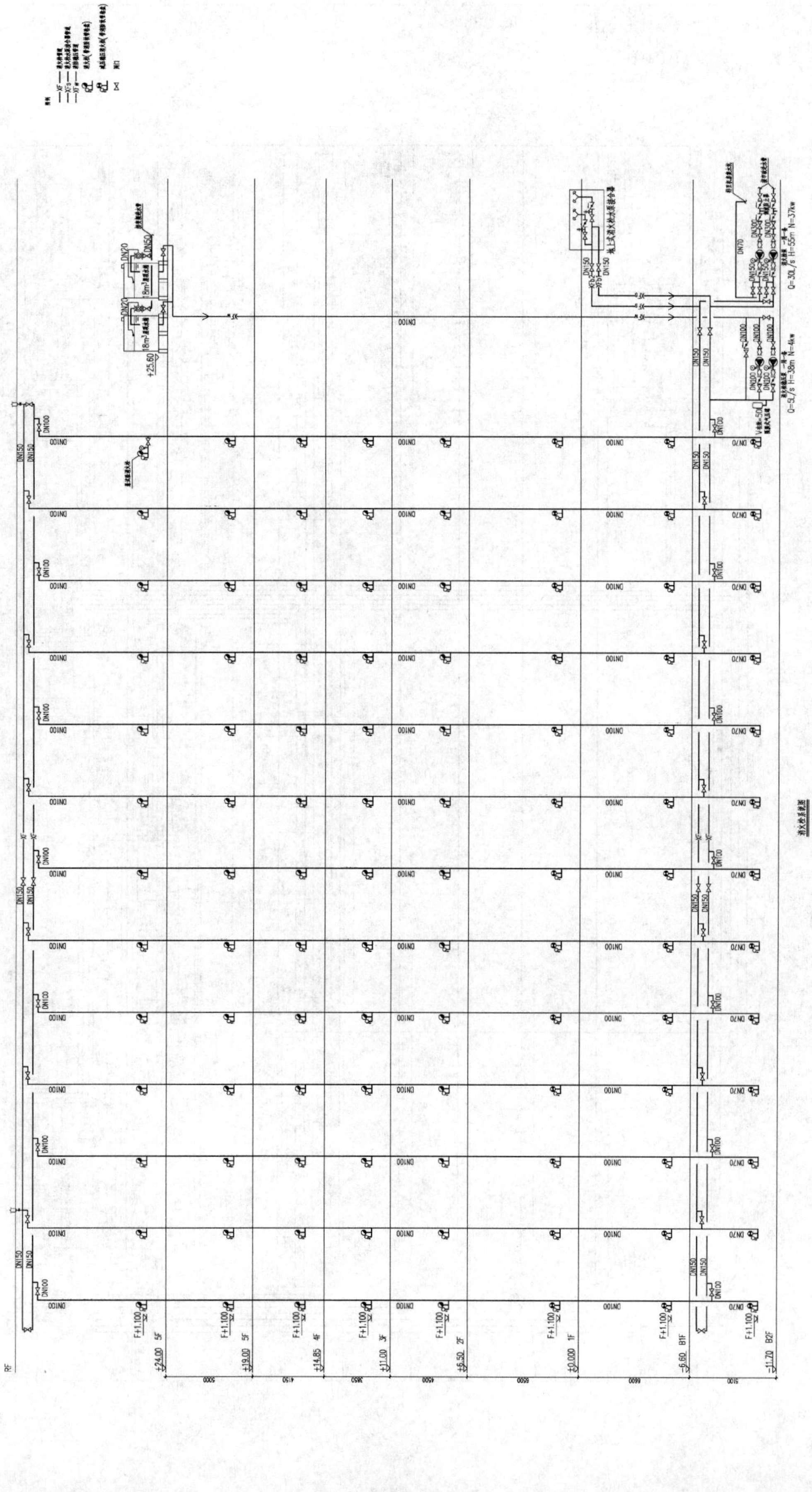

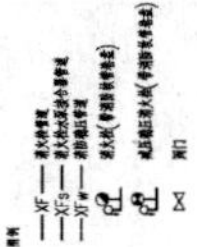

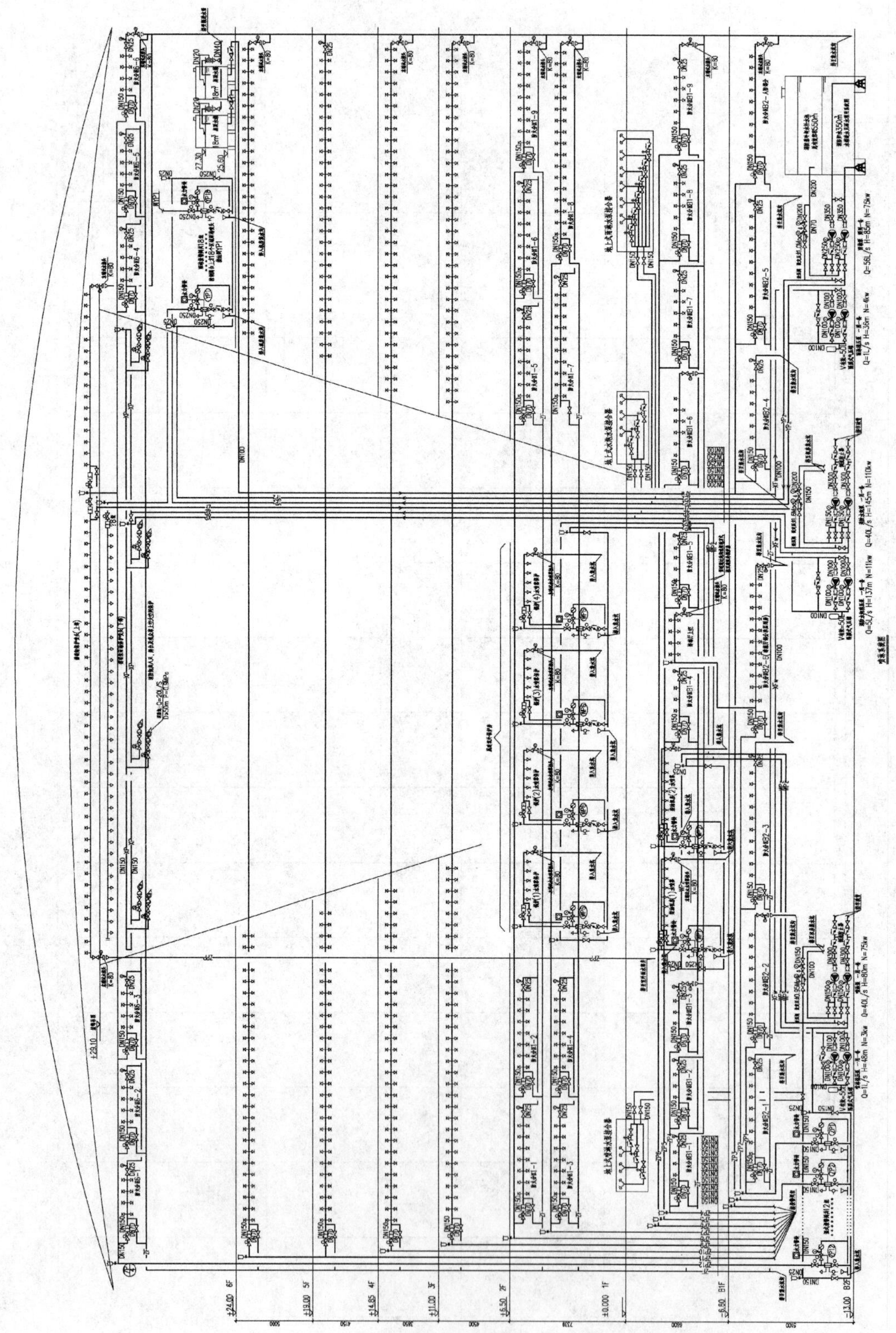

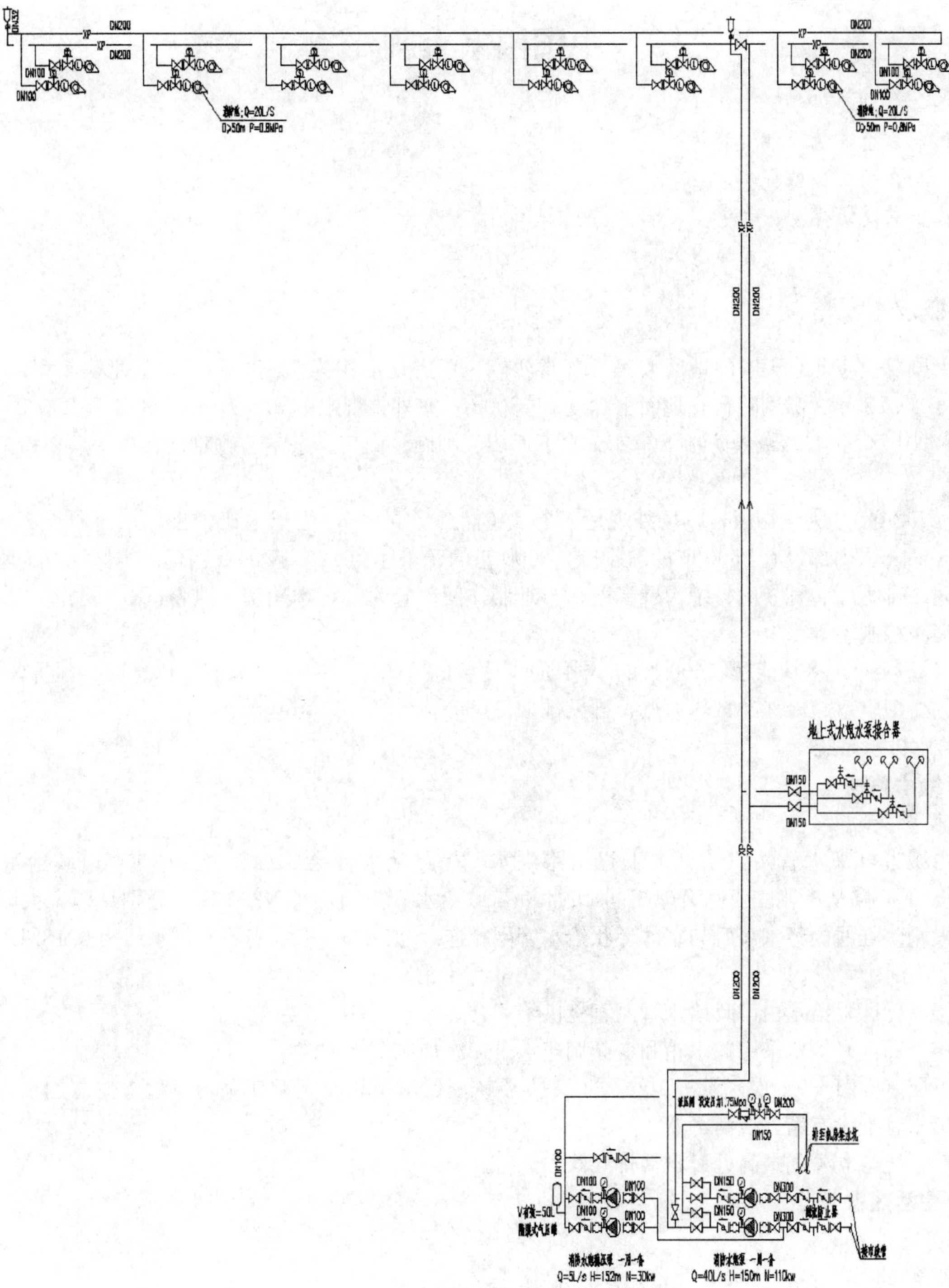
XP
DN200
水炮；Q=20L/S
D>50m P=0.8MPa
DN100
地上式水炮水泵接合器
DN150
DN150
V有效=50L
Q=5L/s H=152m N=30kw
Q=40L/s H=150m N=110kw

消防水炮系统原理图

中国国家大剧院

设计单位： 北京市建筑设计研究院
设 计 人： 刘文镔　徐竑雷
获奖情况： 公共建筑类　一等奖

工程概况：

国家大剧院位于北京天安门地区人民大会堂西侧，总占地面积为 11.893hm²，总建筑面积约 20 万 m²。地面上高度 46.285m，歌剧院台仓地面下深度 27.500m，室外景观水池 3.5 万 m²。本工程共有 3 个分区：

北区（201 区）：有六级人防地下车库、水下通廊、画廊、商店、茶室、咖啡厅、预售票、检票处、艺术用房等。

中区（202 区）：为剧场区，剧场外观是一个"超椭圆形壳体"，位于水池中央。东西向长 212.24m，南北向长 143.64m。内部设有 2500 座的歌剧院，2000 座的音乐厅和 1200 座的戏剧场。本区还有为剧场服务配套的化妆间、排练厅、练琴房、录像录音室、布景制作间、仓库、技术用房、维修间、办公室、会议室、接待室等、消防控制室等。

南区（203 区）：多功能厅（600 人的小剧场）、化妆间、餐厅、厨房、单宿、休息厅、预售票、检票处、技术用房、变配电室、冷冻站、热力点、排风排烟机房等。

一、给水排水系统

（一）给水系统

1. 水源

水源由城市自来水管网供给。本工程两路供水，一路从人大会堂西侧路 *DN*600 市政给水管上引出 *DN*200 管，另一路从大剧院西侧石碑胡同 *DN*400 市政给水管上引出 *DN*200 管；分别从国家大剧院的东西两侧进入大剧院红线内经水表后与室外环状给水管网相连。北京市自来水集团提供水压为 0.18MPa。

2. 生活给水

地下层（低区）给水由市政给水管网直接供给。

地上层（高区）给水采用贮水箱和变频调速水泵二次加压供水方式。

在地下层（－21.89m 层）设有 30m³ 的 S316 不锈钢贮水箱和变频调速泵，供地上层各用水点使用，在贮水箱的出水管上设有紫外线消毒器。

在给水系统各立管的最高处设自动排气阀。

（二）生活热水

1. 热水量

202 区、203 区、低区热水量为 26m³/h，高区热水量为 2m³/h。

201 区及 202 高区热水由电热水器供给。

2. 热源、加热设备及水质处理

一次热水由热力公司热网水供给。冬季热网运行温度 130℃/70℃，夏季为 70℃/40℃。热网供回水压差按 0.05MPa 考虑。

冷水温度以 13℃计，经不锈钢波节管型半容积式水加热器与一次热网水热交换后，供应 55℃热水。

热交换前的生活给水须经“硅磷精”进行水处理，使水质稳定。

3. 热水系统

地下层热水系统与生活给水系统相匹配。

地下层（低区）热水系统的干管设在－12.5m 以下，设有热水循环泵，而热水干管、立管及支管均设循环管。

在热水系统及热水立管最高处设自动排气阀，在最低点设泄水阀。

在一定的部位设金属波纹管，以解决管道的热膨胀。

（三）饮用水

在地下层及地上剧场适当位置（如化妆间、餐厅、茶室、咖啡厅、单身宿舍、排练厅、办公室、贵宾室和会议室等），均设有电开水器。

（四）中水

1. 中水系统

（1）冷却塔排污水、空调冷凝水、消防水池及生活水箱的溢水、泄水，均经粗过滤后排至室外景观水处理机房的调节水池，再经过滤消毒后作为室外景观水池的补水。

（2）室外景观水池的面积为 35000m^2，在降雨时落入水池的雨水先进入处理机房的调节水池也作为室外景观水池的补水，当水池达到最高水位后，自动关闭调节水池的进水阀，则雨水自动溢流至市政雨水管道。

2. 根据 2001 年 6 月 29 日北京市市政管理委员会、北京市规划委员会、北京市建设委员会三委联合发布的“关于加强中水设施建设管理的通告”的第三条：应配套建设中水设施的建设项目，如中水来源水量或中水回用水量过小（小于 50m^3/d)，必须设计安装中水管道系统。因本工程中水量小于 50m^3/d，故本设计污废水分流，仅预留了中水处理站的位置。

（五）污水和废水

1. 202 区和 203 区生活污水分粪便污水和洗浴废水两个系统，201 区地下车库生活污废水为合流系统。

2. －7.00m 以上污废水立管上端及地上层支管的末端和适当部位均设吸气阀，－7.00m 以下卫生洁具做器具透气管或环形透气管。

排水系统见后附图。

3. 在中水处理站未建前，粪便污水和洗浴废水均经室外化粪池后进入市政污水管网。如建中水处理站后，则洗浴废水进中水站废水调节池。

4. 所有生活污水用带自动切割、自动冲洗的污水泵，提升后进室外化粪池后，再进市政污水管网。

5. 202 区地上层及地下层污废水的透气，从东、西两侧共有 18 根 Φ200 的透气管，顺大壳体保温防水层外和钛合金板内向上延伸至约 24m 标高处至室外透气。

（六）雨水

1. 壳体设计流量按下式计算

$$q_y = k_1 F_W q_5 / 100$$

式中：q_y——屋面雨水设计流量（L/s）；

F_W——汇水面积（m^2）；

q_5——当地降雨历时为 5min 的降雨强度（L/(s·100m^2)），北京地区降雨历时为 5min 的降雨强度 q_5 按下列数值采用：国家大剧院为重要民用建筑，降雨重现期按 10 年设计，q_5＝5.85L/(s·100m^2）按 50 年校核；

k_1——屋面宜泄能力系数，坡度大于2.5%的斜屋面，k_1取1.5～2.0；坡度小于2.5%的斜屋面，k_1取1.0。

2. 在202区的壳体环梁外有1.0m×0.73m的雨水环沟，并在东、西两侧有4处共12个ϕ630的雨水排出管，将壳体雨水排至市政雨水管网。

3. 在202区外围－11.50m处有宽8m的消防环道，其内侧有500×500的雨水沟，并在202区的环墙处设有4个雨水泵坑，排除消防环道的雨水及部分壳体上溅落的雨水。

4. 201区、203区的顶部大部分被室外水池所覆盖，落入水池的雨水先进入水池循环水处理站的调节池，当调节池达到最高水位时，雨水由集水槽溢流至室外雨水管道。

（七）管材、接口、防腐及保温

1. 室内给水管、热水管均采用TP2薄壁铜管大于*DN*25为硬态铜管，小于等于*DN*25为半硬态铜管，钎焊承插连接及卡箍式机械挤压连接或法兰连接。法兰PN＝1.6MPa硅橡胶垫片。管材规格及壁厚见表1。

管材规格及壁厚 **表1**

公称直径*DN*(mm)	15	20	25	32	40	50	65	80	100	125	150	200
壁厚(mm)	0.7	0.9	0.9	1.2	1.2	1.2	1.5	1.5	1.5	1.5	2.0	4.0

2. 生活污废水管采用承插式柔性抗震接口排水铸铁管。

3. 透气管≤*DN*100采用镀锌钢管，丝扣连接。＞*DN*100铸铁管承插法兰式柔性接口。壳体上的污水系统透气管采用200×200不锈钢管。

4. －22.00m以下的排水管不规则角度的弯管处，用不锈钢金属软管或特殊加工管道卡箍式连接。

5. 地下层压力排水管采用热镀锌钢管，沟槽式连接。集水井管道内外用石油沥青浸涂防腐。

6. 管道和设备的防腐（表2）

管道和设备的防腐 **表2**

管材、设备名称	防腐要求
压力排水用镀锌钢管	内外浸涂石油沥青两道
热镀锌钢管和热镀锌无缝钢管	面漆两道
焊接钢管和无缝钢管	先樟丹，后面漆各两道
排水铸铁管	内壁刷冷底子油和热沥青各一道，外壁先刷樟丹后刷面漆各两道
管道支吊架	镀锌者清漆两道其他刷樟丹两道露明者再刷面漆两道

注：镀锌钢管焊有法兰盘时，在焊接处的内外各刷樟丹两道。

7. 保温

保温及防结露材料均为对管道无腐蚀的难燃B1级橡塑发泡保温材料（表3）。导热系数（平均温度0℃）≤0.038W/(m·K)。

给水管、防结露及55℃热水管保温层厚度选用表（mm） **表3**

公称直径*DN* / 状态	15	20	25	32	40	50	65	80	100	125	150	200
给水管防结露保温	15	15	20	20	20	20	20	20	20	20	20	25
55℃热水管保温	25	25	30	30	30	30	35	35	35	35	40	50

压力排水管防结露保温，厚度15mm。

给水箱防结露保温，厚度50mm。

(八) 在给水排水设计过程中遇到的问题

1. 关于排水系统中设置吸气阀的问题

在《建筑给水排水设计规范》GB 50015—2003(以下简称《规范》)中第 4.6.8 条规定“在建筑物内不得设置吸气阀替代通气管。”由于大剧院建筑体型的特殊性，即三个剧场均罩在大壳体内，使得排水系统无法直接做伸顶通气管，致使设计上使用了许多吸气阀。我们的做法是：①在剧院高区的污废水干管在进入地下污水池前做了通气管；②地下的污废水系统做专用通气管；③污废水池均作了专用通气管。以上三个系统的通气管均沿壳体钛板下走至 24m 高处通至大气。

2. 关于倒流防止器的设置部位问题

我们在大剧院给水管进入剧场区消防环道的室外消火栓系统、给水管进入室外喷灌系统、给水管进入室外景观水池软化系统设置了倒流防止器。我们认为《规范》第 3.2.5 条倒流防止器应设置的部位过多。目前，国内仅一种形式的倒流防止器，且阀体阻力过大(6～8m)这样大的阻力易造成能源的浪费，应根据水质污染的程度设置不同的防污染阀。

3. 电伴热问题

在第 1 版设计的给水排水施工图中，由于大剧院剧场区东西长约 212m，南北长约 143m，热水管道之长是任何工程不曾见过的，造成管道热损失很大，热水温度降辐较大及加大换热器负担。又因为大剧院从环管上接出的主立管，还要再接到支立管，然后再分到卫生间的水平支管，所以我们在热水系统上除热水干管外，其他热水立管、支管均作了自调控电伴热。但在施工过程中业主坚持热水系统取消电伴热采用热水循环管方式。最后，实际热水系统采用热水循环管，并在每个回水支路设动态流量平衡阀的形式，阀门的流量设定根据本支路的散热量计算得出。

4. 壳体雨水的排除

原方法设计壳体雨水排除方式为虹吸式雨水排除。但虹吸式雨水斗距水平管的垂直距离要求为 0.4～0.6m。由于大剧院壳体的特殊性，中间的夹层只有 30cm 无法满足以上要求。若采用重力式雨水排除，则在 3.5 万 m^2 的壳体屋顶上需要设置许多重力式雨水斗和雨水管，给壳体物架结构增加很多重量。经多次商讨决定，雨水直接进入壳体环梁边的雨水槽。

5. 消防排水问题

因大剧院舞台上设置了雨淋系统、水幕系统、喷洒系统、消火栓系统。一旦遇有火灾，以上系统同时动作，水量很大。经计算在台仓的集水深度在 50cm 以上，而舞台机械为德国和日本设备，若消防水不能及时排除损失很大。为此在台仓两侧设置了两个集水池，当消防水至启泵水位及时排除消防水。

二、消防系统

(一) 水消防系统

本工程共设计有室外消火栓系统、室内消火栓系统、消防水炮系统、自动喷水灭火系统(湿式、干式、预作用自动喷水——泡沫联用系统、雨淋系统、水幕系统)。

(二) 消防水源、消防水量和消防水泵房

1. 消防水源

由市政给水管网与地下层 2200m^3 消防水池(共分五格)和消防水泵联合供水。在歌剧院屋顶层水箱间内设有 80m^3(分两格)消防水箱，450L 气压罐和两台增压稳压泵 Q=6L/s，H=25m，以确保本工程各消防系统最不利处消防初期用水，消防水箱、水池内均分格设有水箱自洁消毒器。

2. 消防水量

中国国家大剧院消防用水量详见表 4、表 5。

一次火灾时最大用水量 G=[(一)1+2+3]+[(二)3+6+9+10+11]=1653m^3

中国国家大剧院消防用水量表（一） **表 4**

序号	用水项目名称	用水量标准	火灾延续时间	一次火灾用水量	备　注
		(L/s)	(h)	(m³)	
1	室外消火栓	30	3	324	
2	室内消火栓	40	3	432	
3	水炮	20×2	1	144	火灾时两门水炮同时使用
	合计			900	

中国国家大剧院消防用水量表（二） **表 5**

序号	设置场所	系统类型	危险等级	喷水强度(L/(min·m^2))	作用面积(m^2)或宽度(m)	计算流量(L/s)	火灾延续时间(h)	火灾时用水量(m^2)
1	休息厅、前厅、贵宾室、办公室、会议室、餐厅、厨房等	湿式系统	中危险级Ⅰ级	6	160	16.0	1	58
2	地下商店服装鞋帽间等	湿式系统	中危险级Ⅱ级	8×1.3=10.4	160	27.7	1	100
3	舞台上部	湿式系统	中危险级Ⅱ级	8	160	21.3	1	77
4	集装箱仓库	湿式系统	仓库危险级Ⅱ级	每只喷头的喷水强度6.1L/s	作用面积内开放的喷头数12只	73.2	1	264
5	物流通道	干式系统	中危险级Ⅱ级	8	160×1.3=208	27.7	1	100
6	歌剧院、戏剧院主舞台葡萄架下部	雨淋系统	严重危险级Ⅱ级	16	260	100.0	1	360
7	后舞台、两侧舞台上部	雨淋系统	严重危险级Ⅱ级	16	260	100.0	1	360
8	布景组装场、绘景间、布景道具库房、	雨淋系统	严重危险级Ⅱ级	16	260	100.0	1	360
9	主舞台与观众厅金属防火幕	水幕系统	防护冷却	1.0L/(s·m)	19.8m	19.8	1	71
10	主舞台与侧舞台金属防火幕	水幕系统	防护冷却	1.0L/(s·m)	22.4m×2	44.8	1	161
11	主舞台与后舞台金属防火幕	水幕系统	防护冷却	1.0L/(s·m)	23.2m	23.2	1	84
12	地下车库	预作用自动喷水-泡沫联用系统	中危险级Ⅱ级	8	160	21.3	1	77

3. 消防水泵房

在地下室消防水池旁设有水消防各系统的消防水泵。

室外消火栓泵三台（两用一备）、室内消火栓泵三台（两用一备）、消防水炮泵三台（两用一备）、自动喷洒泵四台（三用一备）（包括湿式、干式、预作用自动喷水--泡沫联用系统）、雨淋泵四台（三用一备）、水幕泵四台（三用一备）

各消防系统泵组均带控制箱和巡检设备，各消防系统出水管上均设有防超压的泄压阀。

（三）室外消火栓系统

从大剧院东西两侧分别引入 *DN*200 给水管与大剧院室外 *DN*200 环状给水管网（即消防环管）相连。

室外消火栓沿景观水池外路边布置，采用地下式消火栓，间距不大于 120m。在大剧院 202 区周围有宽度为 8m 的消防通道（−11.5m）设有供消防人员专用的室外消火栓（间距为 60m）及室内各消防系统的消防水泵接合器。

（四）室内消火栓系统

本工程消火栓为一个系统，当消火栓栓口的出水压力大于 0.5MPa 时，采用减压稳压消火栓。

室内消火栓的间距为 30m，消火栓的栓口直径为 65mm，水带长度 25m，水枪喷嘴口径 19mm。所有双出口、单出口消火栓均为带消防卷盘的消火栓，消防卷盘的栓口直径为 25mm，配备的胶带内径为 19mm，消防卷盘喷嘴口径为 6.0mm。歌剧院屋顶上设置一个装有显示装置试验检查用的消火栓。

在消防电梯间、楼梯间、各走道的明显地点以及大面积（$F>200m^2$）的设备用房内设有消火栓。

消火栓箱内设有消火栓水泵启动按钮。

各消防电梯井底设排水泵，排水量按 10L/s 设计。

202 区室内消火栓给水系统设墙壁式消防水泵接合器四个，安装于−11.5m 消防环道内侧 202 区内有明显标志的消防小室内的墙壁上。

201 区、203 区室内消火栓给水系统设地下式消防水泵接合器各两个。

（五）自动喷水灭火系统

1. 湿式系统

歌剧院、戏剧场舞台上部、地下排练厅、地下画廊、地下商店等按《自动喷水灭火系统设计规范》GB 50084—2001（以下简称《喷洒规范》）中危险级Ⅱ级设计。

办公室、会议室、贵宾室、休息厅、前厅、走道、维修间、化妆间、预售票房、检票处、餐厅、厨房、茶室、咖啡厅和小于 8m 高的观众厅及大于 800mm 的观众厅吊顶内等按《喷洒规范》中危险级Ⅰ级设计。

除集装箱仓库外，自动喷水灭火系统选用快速响应喷头，玻璃球直径 3mm，流量系数 $K=80$，厨房喷头动作温度为 93℃，歌剧院、戏剧场舞台格栅上部喷头动作温度为 79℃，其他均为 68℃。

−21.89m 层集装箱仓库按《喷洒规范》仓库危险级Ⅱ级设计，采用快速响应早期抑制喷头。玻璃球直径 1.5mm，流量系数 $K=200$，喷头动作温度 68℃。

喷头在有吊顶时向下安装采用下垂型喷头，无吊顶时向上安装采用直立型喷头，而安装快速响应早期抑制喷头处，喷头必须向下安装。

观众厅、公共大厅及环廊、贵宾室等采用隐蔽式喷头，一般房间均采用下垂型喷头。

当吊顶高度超过 800mm 有可燃物时，吊顶内也设喷洒头，喷头向上安装，距顶板 100～150mm。

喷洒管道按约 800 个喷头设一个报警阀，在每个报警阀组控制的最不利点喷头处，均设有 *DN*25 末端试水装置。在防火分区、各楼层的最不利点喷头处，设有直径为 *DN*25 的试水阀。在喷洒管道上设有消防水泵接合器。

202 区设 5 个墙壁式消防水泵接合器。201 区设 2 个地下式消防水泵接合器。

2. 干式系统

202 区−7.00m 层物流通道处均在室外冬季温度在 0℃以下，故设计为干式自动喷水灭火系统，按《喷洒规范》中危险级Ⅱ级设计。

喷头采用直立型向上安装。

干式系统管道的末端设快速排气阀。干式系统的配水管道充水时间小于 1min。

喷洒水泵和消防水泵接合器，干式系统和湿式系统合用。

空气压缩机控制系统的压力小于0.05MPa。

3. 预作用自动喷水—泡沫联用系统

201区地下车库因冬季不供暖，采用了预作用自动喷水—泡沫联用系统，按《喷洒规范》中危险级Ⅱ级设计。

持续喷泡沫时间大于10min。

泡沫喷淋系统选用水成膜泡沫液。

泡沫混合液至车库最远点喷头的时间，根据《低倍数泡沫灭火系统设计规范》，经计算为5.0min。

喷头在−11.0m层均为向上安装，−7.0m有部分喷头为向下安装，上喷采用直立型洒水喷头，下喷采用下垂型洒水喷头。

4. 雨淋系统

在歌剧院、戏剧场的主舞台葡萄架下部、歌剧院后舞台和两侧舞台上部、戏剧场两侧舞台上部、布景制作间、布景绘制间、布景装配区等设雨淋自动灭火系统。按《喷洒规范》严重危险级Ⅱ级设计。

雨淋喷头采用开式喷头，其开启可用探测器控制或闭式喷头控制。

各雨淋系统给水进口处采用雨淋报警阀及手动快开阀。雨淋报警阀分别设在歌剧院和戏剧场舞台后部入口处附近，以便于操作管理。

雨淋阀在演出期间为防止误喷放在手动启动的位置，其余时间均放在自动控制位置上。

5. 水幕系统

在歌剧院主舞台与观众厅的金属防火幕、主舞台与侧舞台的金属防火幕、主舞台与后舞台的金属防火幕设防护冷却水幕系统。在戏剧场主舞台与观众厅的金属防火幕、主舞台与侧舞台的防火卷帘处亦设防护冷却水幕系统。

在202区−6.0m层，货仓及台仓进出口处，当防火卷帘耐火极限不能满足3h时，设防护冷却水幕系统。

水幕系统采用水幕喷头。各水幕系统给水进口处采用控制阀（雨淋阀或电磁阀）及手动快开阀（蝶阀）。

6. 水炮系统

（1）水炮位置

在壳体内发生火灾时，消防车无法进入进行消防灭火。作为室外消火栓的补充，在剧场区±0层设4门移动式水炮。

在歌剧院、戏剧场、音乐厅屋顶共设有14门固定水炮及移动水炮，以便火灾时各剧场之间相互喷水灭火及对壳体上部的喷水保护。

（2）水炮装置

水炮可遥控、自控和手动三种方式喷水灭火。

水炮水平扫射（旋转）：180°。

上下喷射角度共145°，向上+100°，向下−45°。

（六）气体消防

1. 设置部位

声光控制室、消防控制中心、保安监控楼宇自控中心、信息处理中心、大小录音间的控制室、演播室的控制室等。

2. 灭火剂的选用

选用七氟丙烷、灭火浓度≥6%。

设计院配合气体灭火设备公司进行设计、安装及调试。

（七）灭火器的设置

按《建筑灭火器配置设计规范》GB 50140—2005 进行设计。

所有放置室内消火栓的部位，均设有手提式灭火器，干粉磷酸铵盐 5A。

剧场的舞台及后台的部位，按严重危险级 A 类火灾设计。

录音室、多功能厅、餐厅、厨房按中危险级 A 类火灾设计。

剧场观众厅、办公、会议、商店等按轻危险级 A 类火灾设计。

变配电室采用推车式灭火器。干粉灭火剂采用磷酸铵盐。

（八）消防设计中遇到的问题及解决办法

1. 消防水池容积：水池容积是按一次火灾时段能用到的消防设施同时用水量，经比较计算歌剧院舞台着火时，同时开放的消防设施最多。以此确定的消防水池容积。但在 2000 年我们进行设计时自动喷水灭火系统设计规范正在修订我们是根据报批稿设计的，水幕系统火灾延续时间为 3h。另外固定消防炮灭火系统设计规范为征求意见稿，对火灾延续时间规定不清，我们是参考首都机场消防炮设计的。故消防水池容积与现规范相比设计偏大。因消防水池已施工完，况且剧场罩在壳体下消防主要立足于自救，为安全起见故消防水池容积未变。

2. 消防水池的消毒问题：原方法设计为循环泵加氯系统，考虑到剧场的安全改为水箱自洁消毒器。

3. 消防水泵的自检：大剧院水消防系统很多，为防止消防泵机组的锈蚀卡死现象，为保证火灾时消防泵及时投入工作，设计了水泵低速自检系统。每 7～15d 巡检一次。

4. 为何设室外消火栓泵：由于大剧院建筑的特殊性，剧场区外围是 3.5m^2 的大水池，水池外的室外消火栓距离剧场区太远，况且在－11.5m 还隔有 8m 宽的消防环道。并且市政外网不能满足火灾时的消防用水量。故消防水池内存有室外消防水量。火灾时由室外消火栓泵从消防水池抽水供给消防环道上的室外消火栓，从而保证消防环道上的水泵接合器用水。

5. 消防环道处室外消火栓为何间隔按 60m 设置：大剧院剧场区消防环道为椭圆形，火灾时影响消防队员的视线。另外在消防环道处设有消防水泵接合器，室内消火栓系统 4 个、水炮系统 4 个、喷洒系统 5 个、雨淋系统 7 个、水幕系统 7 个，规范规定水泵接合器应设在室外便于消防车使用的地点，距室外消火栓宜为 15～40m，为火灾时方便消防车取水。根据实际情况设计为 60m 间距。

6. 消防水泵接合器的选型：在剧场区选用墙壁式水泵接合器并放置在不会结冻的消防小室内，而在 201 区建筑物均在地下故设地下式水泵接合器。

7. 管道电伴热：在地下车库因不采暖，我们对消火栓管道以及报警阀前的喷洒管道用恒功率电伴热防冻。

8. 舞台格栅上喷头动作温度的选定：演出时灯光聚热，格栅上温度上升比剧场其他部位温度高，经调研北京天桥剧场等选用 79℃。我们也设计为 79℃。

9. 舞台雨淋系统传动管管径的确定：雨淋系统传动管管径规范没有规定，只有《水喷雾灭火系统设计规范》GB 50219—95 第 6.0.4 条规定传动管的长度不宜大于 300m，公称直径宜为 15～25mm。而有的设计院舞台雨淋系统传动管管径为 40mm。我们分析管径 15mm 不可取，而 25mm 管径一个喷头爆时水流阻力太大，故我们选用雨淋系统传动管管径为 32mm。

10. 管材的选用：消火栓系统、水炮系统、喷洒系统的管材均为热镀锌钢管。≥*DN*100 为法兰连接，＜*DN*100 丝扣连接或沟槽式卡箍连接。

三、工程照片及附图

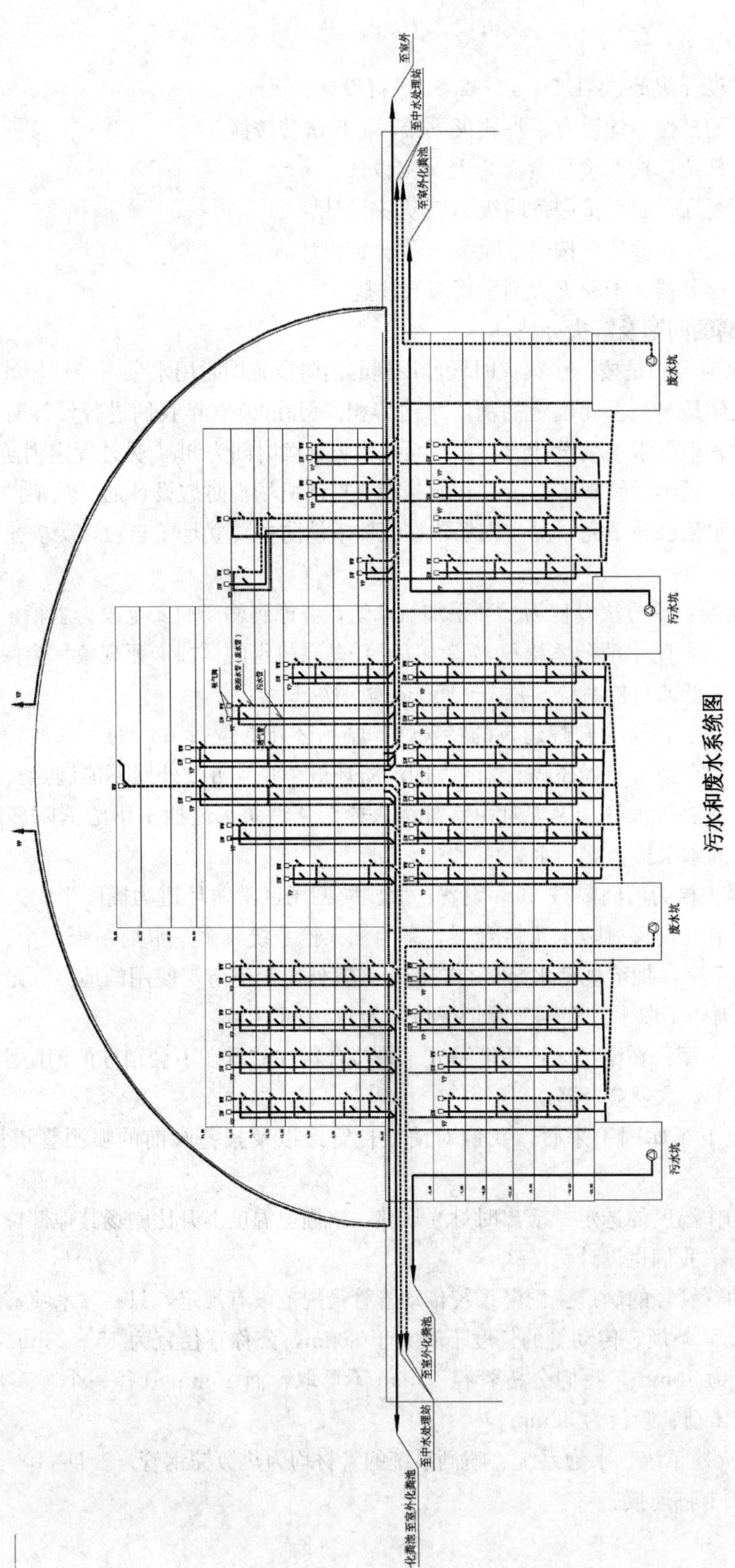

污水和废水系统图

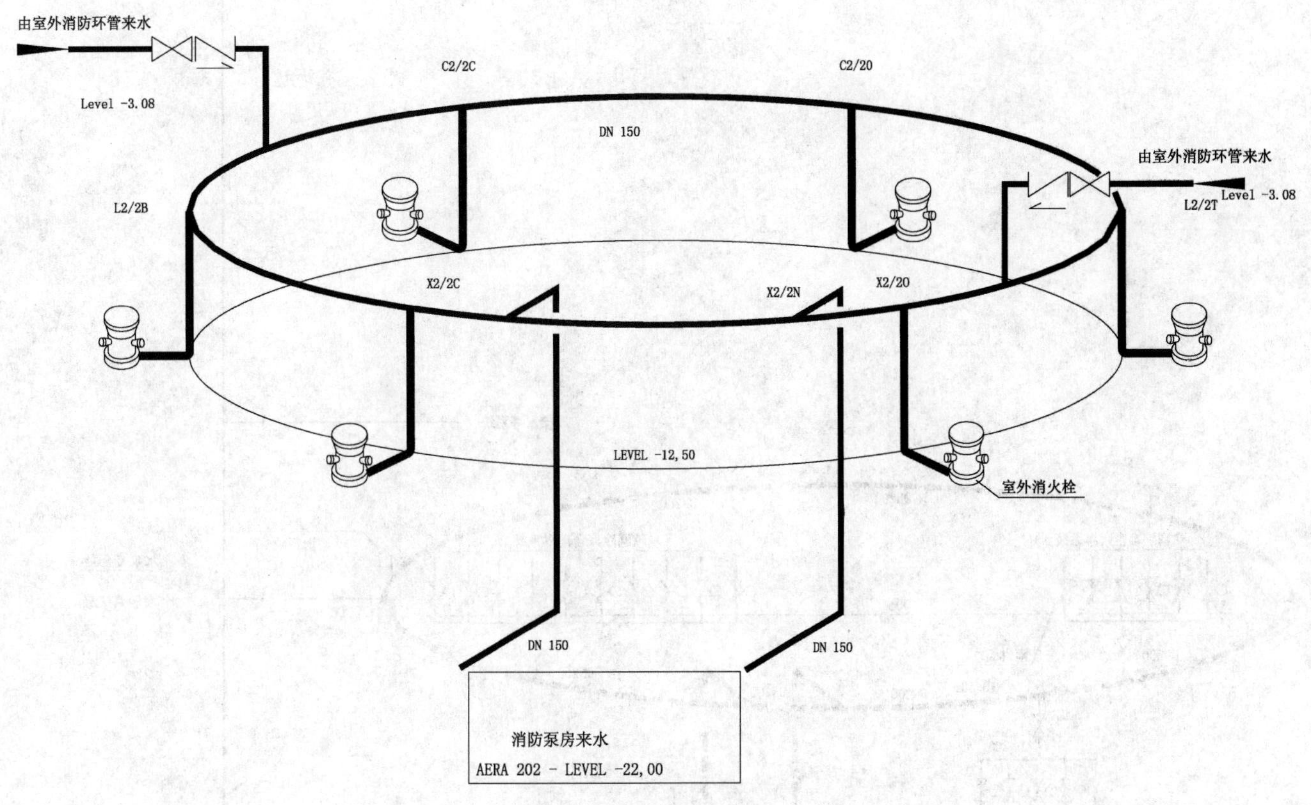

消防通道室外消火栓系统图

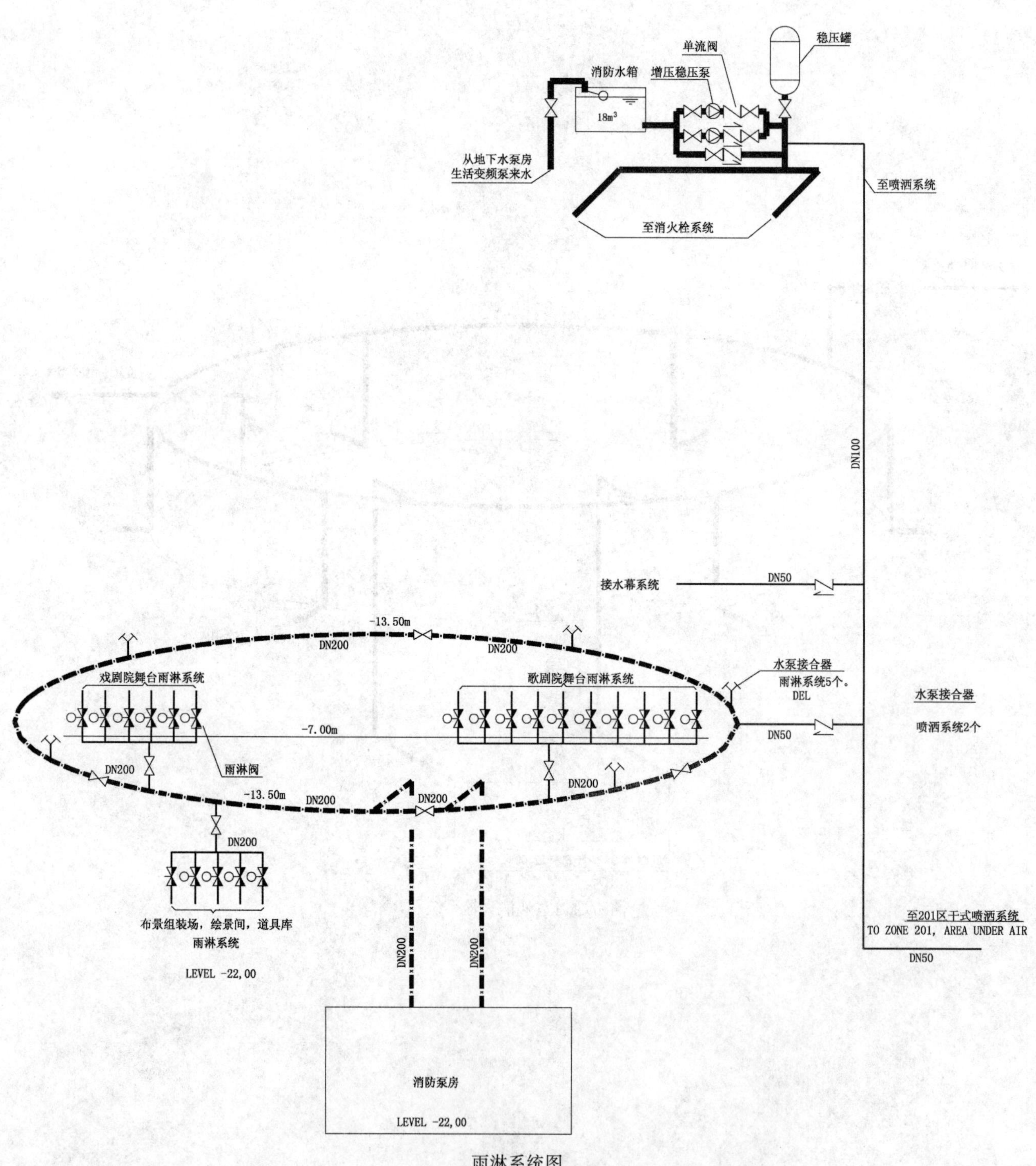
稳压罐
单流阀
消防水箱
增压稳压泵
18m³
从地下水泵房
生活变频泵来水
至喷洒系统
至消火栓系统
DN100
接水幕系统
DN50
-13.50m
DN200
DN200
水泵接合器
雨淋系统5个。
DEL
戏剧院舞台雨淋系统
歌剧院舞台雨淋系统
水泵接合器
-7.00m
DN50
喷洒系统2个
DN200
雨淋阀
DN200
-13.50m
DN200
DN200
DN200
布景组装场，绘景间，道具库
雨淋系统
LEVEL -22,00
DN200
DN200
至201区干式喷洒系统
TO ZONE 201, AREA UNDER AIR
DN50
消防泵房
LEVEL -22,00

雨淋系统图

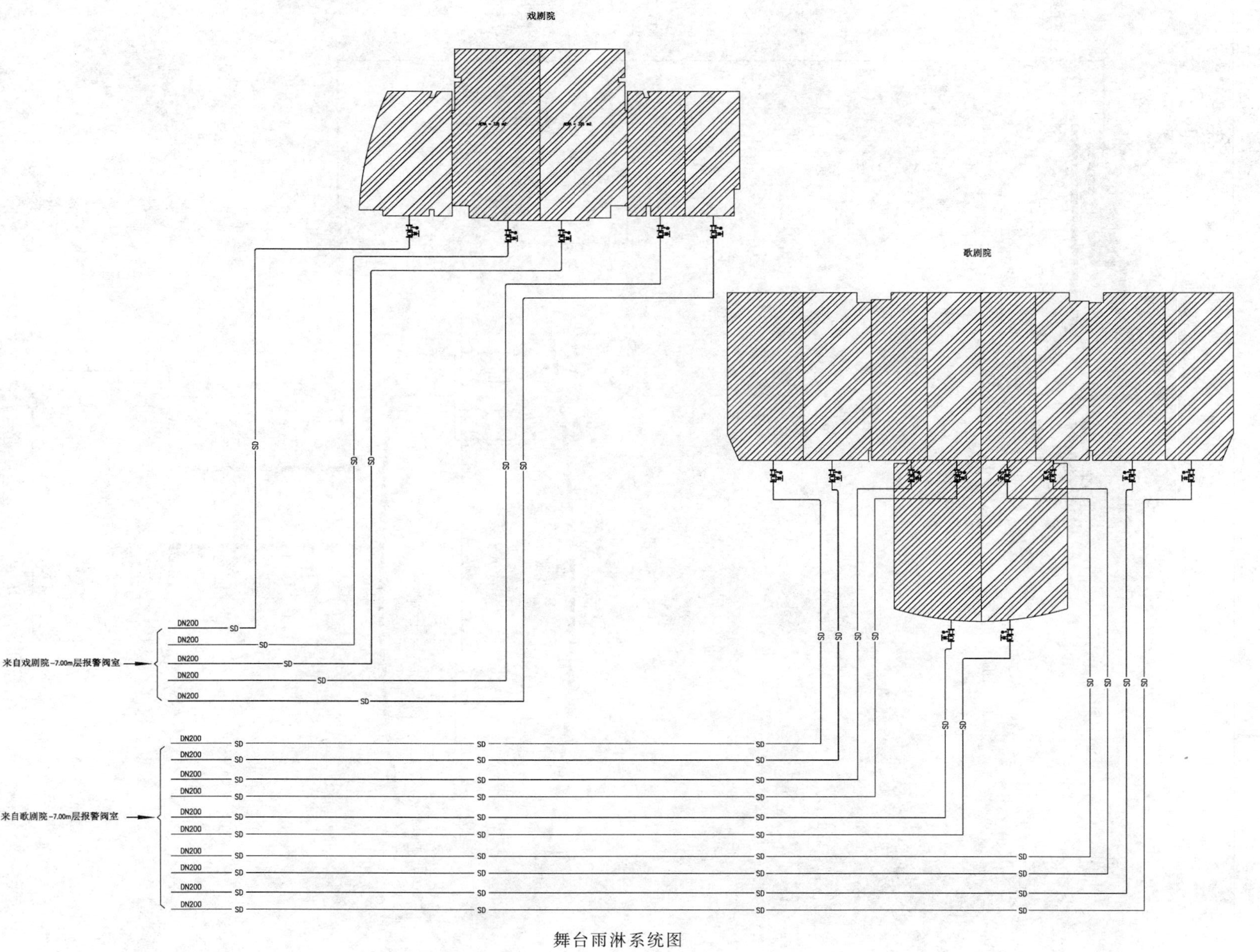

舞台雨淋系统图

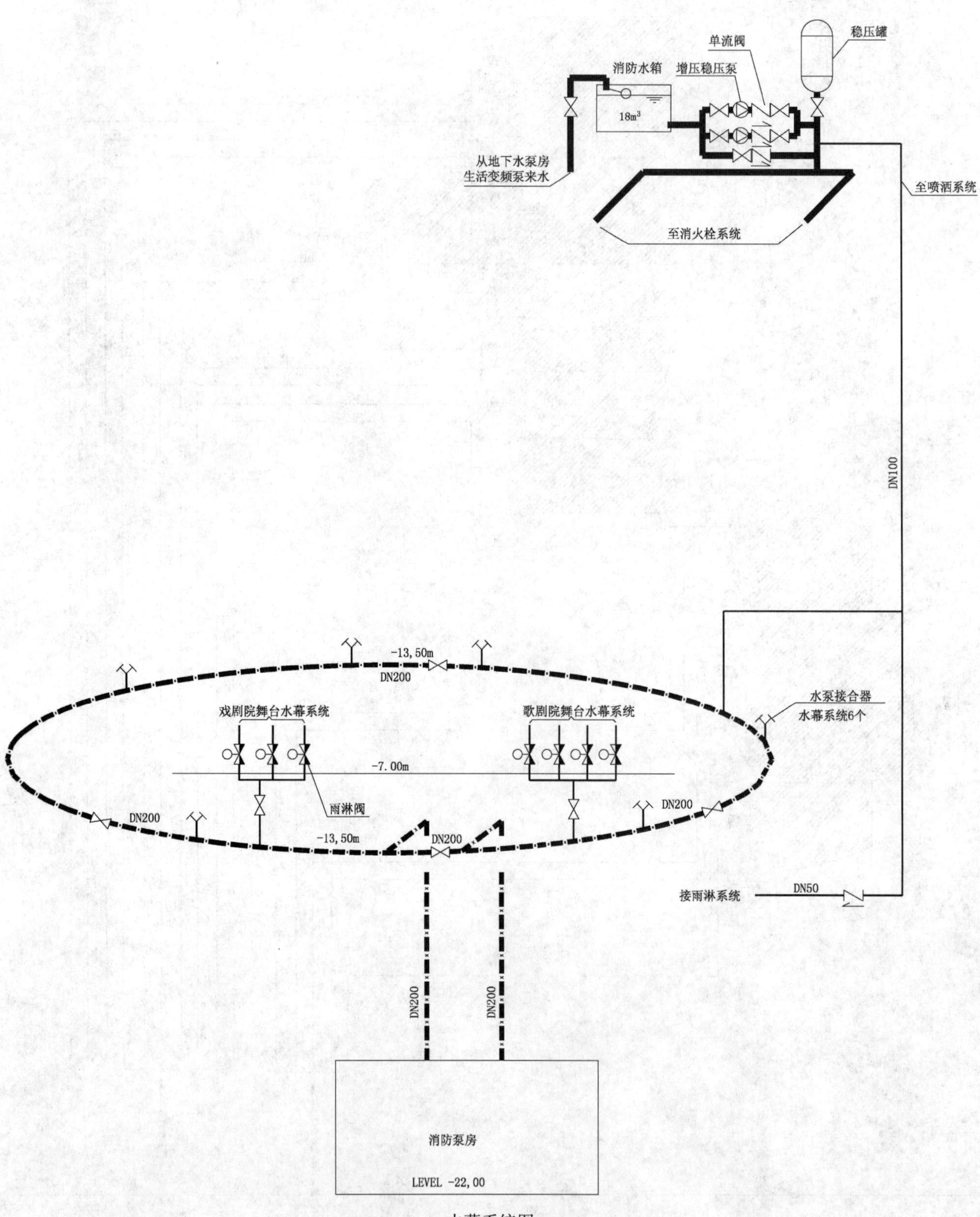
稳压罐
单流阀
消防水箱
增压稳压泵
18m3
从地下水泵房
生活变频泵来水
全喷洒系统
至消火栓系统
DN100
-13,50m
DN200
戏剧院舞台水幕系统
歌剧院舞台水幕系统
水泵接合器
水幕系统6个
-7.00m
雨淋阀
DN200
DN200
-13,50m
DN200
接雨淋系统
DN50
DN200
DN200
消防泵房
LEVEL -22,00

水幕系统图

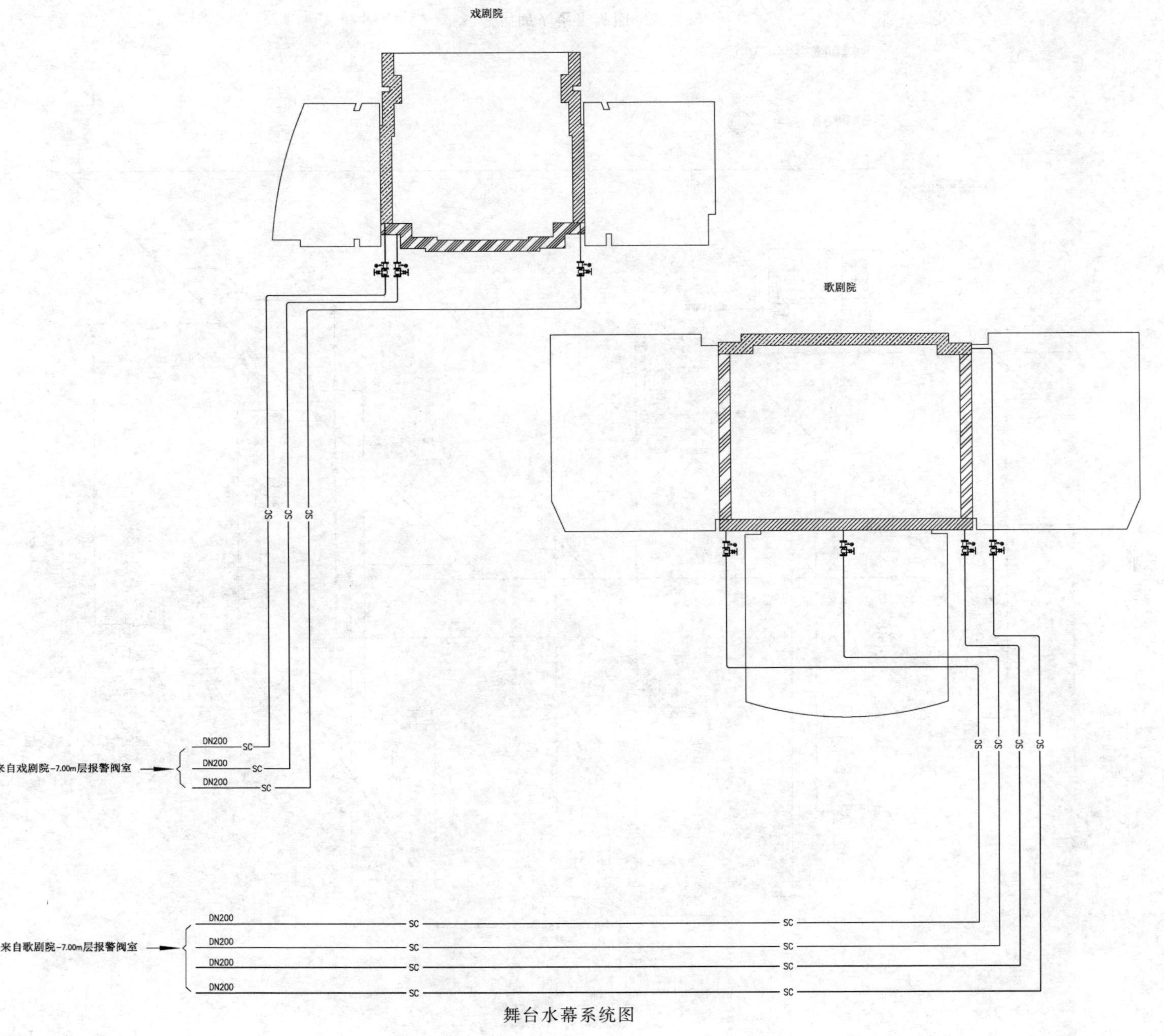

舞台水幕系统图

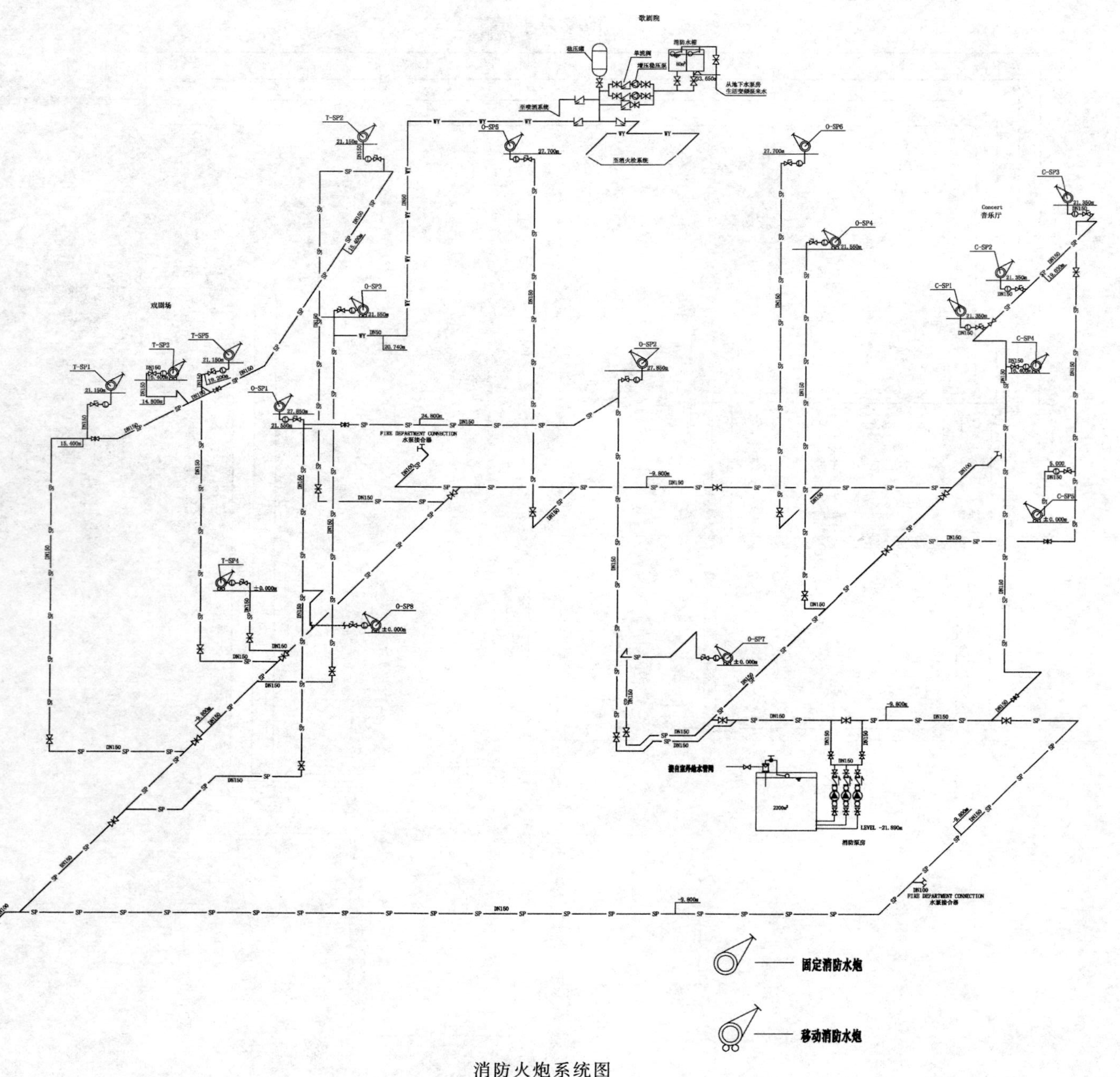

消防火炮系统图

广州珠江新城西塔

设计单位：华南理工大学建筑设计研究院

设 计 人：王峰　江帆　王学峰　林方　韦桂湘　岑洪金　梁志君　关宝玲

获奖情况：公共建筑类　一等奖

工程概况：

本工程位于广州市珠江新城核心商务区J1-2、J1-5地块（在新的城市中轴线上），总用地面积31084.96m^2，总建筑面积44.8万m^2，主塔楼地上103层、地下四层，塔楼总高度432m。建设单位为广州越秀城建国际金融中心有限公司。

主要功能包括：智能化超甲级写字楼、白金五星级酒店、套间式办公楼、多功能会议展览厅、超高档商场（国际名牌旗舰店）。该建筑按功能分为四部分：

1. 主塔楼103层：1～65层为智能化超甲级写字楼；69～100层为白金五星级酒店（四季酒店）；12，13；30，31；48，49；66，67，68；81层为避难层或设备层；101～103层为设备房；顶部设直升机平台。

2. 套间式办公楼（公寓）分为南北两翼，设于裙房上部6～28层。建筑高度99.4m。

3. 裙楼地上5层，北侧设超高档商场（国际名牌旗舰店）及餐厅，南侧为多功能会议展览厅。裙楼完成后标高25.0m，结构标高24.0m。

4. 地下室4层，除地下一层北侧有一部分商业用房及厨房餐厅、地下四层设平战结合五、六级人防地下室外，其余为设备机房和地下停车库，停车库车位1747个。

本建筑设计标高±0.00等于广州城建高程9.00m。室外场地标高7.99～8.66m。室外绿地面积9698.0m^2，主塔楼南侧有一景观水池。

本工程设计时间为2005年8月至2007年12月。2010年11月18日开始陆续正式投入使用。

一、给水排水系统

（一）给水系统

1. 冷水用水量见表1。

主要用水项目及其用水量　　**表1**

序号	用水项目	使用人数或单位数	用水定额	平均小时(m^3/h)	最大小时(m^3/h)	日最大(m^3/d)	小时变化系数K	使用时间(h)	备注
一	套间式办公楼用水								
1	套间式办公楼生活用水	1001人	350L/(人·d)	14.60	33.58	350.35	2.3	24	
	小计			14.60	33.58	350.35			
2	未预见及管网漏失水量		15%	2.19	5.04	52.55			
	合计1			16.79	38.62	402.90			
二	裙楼、地下室及室外场地用水								

续表

序号	用水项目	使用人数或单位数	用水定额	平均小时 (m³/h)	最大小时 (m³/h)	日最大 (m³/d)	小时变化系数 K	使用时间 (h)	备注
1	商场用水	37939m²	8 L/(m²·d)	25.29	37.94	303.51	1.5	12	
2	会议厅	6900人·次	8 L/(座位·次)	4.60	6.90	55.20	1.5	12	
3	员工用水	1100人	50 L/(人·d)	6.88	10.31	55.00	1.5	8	
4	餐饮用水	13500人·次	160 L/(人·次)	120.00	240.00	2160.00	2.0	18	
5	泳池用水	350m³	15%	4.38	4.38	52.50	1.0	12	
6	淋浴用水	500人·次	100 L/(人·次)	4.17	8.33	50.00	2.0	12	
7	6层天面绿地用水	1986m²	3 L/(m²·d)	2.98	2.98	5.96	1.0	2	
8	健身美容	600人·次	100 L/(人·次)	5.00	10.00	60.00	2.0	12	
9	停车库地面冲洗水	64178m²	3 L/(m²·次)	24.07	24.07	192.52	1.0	8	
10	空调补充水	塔楼办公部分	按暖通专业提供资料	41.5	65.0	665.0	—	16	
		裙房部分		27.4	37.0	338.0	—	14	
11	室外水景补水	670m³	10%	8.38	8.38	67.00	1.0	8	
12	绿化及道路浇洒	18498m²	3L/(m²·d)	13.87	13.87	55.49	1.0	4	
13	洗衣房用水	4500kg干衣物	70L/kg	39.38	59.00	315.00	1.5	8	
	小计			327.00	530.34	4375.18			
14	未预见及管网漏失水量		15%	49.05	79.55	656.28			
	合计2			376.05	609.89	5031.46			
三	塔楼酒店部分								
1	客房	750人	400 L/(人·d)	12.5	25	300	2	24	
2	服务员	600人	100L/(人·天)	2.5	5	60	2	24	
3	中餐	2400人次	160L/(次·人)	32	48	384	1.5	12	
4	西餐	2400人次	25L/(次·人)	3.8	5.6	60	1.5	16	
5	酒吧	1800人次	15L/(次·人)	1.5	2.3	27	1.5	18	
6	游泳池	250m³	按每天10%补水量计	3.1	3.1	25	1	8	
7	公共娱乐	900人次	100L/(次·人)	7.5	15	90	2	12	
8	空调补充水	按暖通专业提供的资料		9.3	16.0	223		24	
	小计	—	—	72.2	120.0	1169.0	—	—	

续表

序号	用水项目	使用人数或单位数	用水定额	平均小时(m^3/h)	最大小时(m^3/h)	日最大(m^3/d)	小时变化系数 K	使用时间(h)	备注
	未预见及管网漏失水量	—	按10%计	7.2	12.0	116.9	—	—	
	合计3	—	—	79.4	132.0	1285.9	—	—	
四	塔楼办公部分								
	职工	18370人	50 L/(人·d)	91.9	137.8	918.5	1.5	10	
	小计	—	—	91.9	137.8	918.5	—	—	
	未预见及管网漏失水量	—	按10%计	9.19	13.78	91.85	—	—	
	合计4	—	—	101.09	151.58	1010.35	—	—	
	总计			573.33	932.09	7730.61			

2. 水源

本工程由广州市自来水总公司供给南洲水厂生产的优质水。水压为0.25MPa，可满足本工程水量及水质要求。由花城大道和珠江大道两个方向从市政给水干管各接一条 *DN*500 的进户管，在红线内连成环状，并分别接入塔楼水泵房和公寓水泵房。环状管网每隔100～120m设置室外消火栓供火灾时消防取水。同时由管网中接出室外水池补水管（*DN*50）和绿化浇洒水管（*DN*100）各一条。

3. 系统竖向分区

（1）裙楼、地下室生活用水分区供水表（表2）

裙楼、地下室生活用水分区供水表 **表2**

分区名称	区域范围	分区水箱	供水方式	设计秒流量(L/s)
Ⅰ区	B4-B1		市政给水管供水	111.3
Ⅱ区	L1-L3	B4塔楼酒店水箱	变频调速+无负压加压供水	35.0
Ⅲ区	L4-L6	B3 150m^3	变频调速+无负压加压供水	35.0

（2）套间式办公楼生活用水分区供水表（表3）

套间式办公楼生活用水分区供水表 **表3**

分区名称	区域范围	分区水箱	供水方式	设计秒流量(L/s)
Ⅰ区	L7-L17	B4套间式办公水箱100m^3（分为2格，与Ⅱ区合用）	变频调速加压供水	8.5
Ⅱ区	L18-L28	B4套间式办公水箱100m^3（分为2格，与Ⅰ区合用）	变频调速加压供水	8.5

（3）办公区域生活用水分区供水表（表4）

办公区域生活用水分区供水表 **表4**

<table>
<tr><th>分区名称</th><th colspan="2">区域范围</th><th>分区水箱</th><th>供水方式</th><th>设计秒流量(L/s)</th></tr>
<tr><td>办公Ⅰ区</td><td colspan="2">B4-L3</td><td>—</td><td>市政压力供水</td><td>35</td></tr>
<tr><td rowspan="3">办公Ⅱ区</td><td>A段</td><td>L4-L8</td><td rowspan="3">L12
60m³</td><td>L12水箱重力供水</td><td>4.6</td></tr>
<tr><td>B段</td><td>L9-L13</td><td>变频压力供水</td><td>4.6</td></tr>
<tr><td>C段</td><td>L14-L20</td><td>变频压力供水</td><td>4.6</td></tr>
</table>

续表

分区名称	区域范围		分区水箱	供水方式	设计秒流量(L/s)
办公Ⅲ区	A段	L21-L26	L30 55m³	L30水箱重力供水	4.6
	B段	L27-L31		变频压力供水	4.6
	C段	L32-L38		变频压力供水	4.6
办公Ⅳ区	A段	L39-L45	L48 50m³	L48水箱重力供水	4.6
	B段	L46-L52		变频压力供水	4.6
	C段	L53-L59		变频压力供水	4.6
	D段	L60-L66		变频压力供水	4.6

（4）酒店区域生活用水分区供水表（表5）

酒店区域生活用水分区供水表 **表5**

分区名称	区域范围	供水设备	供水方式	设计秒流量(L/s)
酒店Ⅰ区	L66-L72	L66水箱+Ⅰ区给水变频泵组	压力供水	25
酒店Ⅱ区	L73-L81	L66水箱+Ⅱ区给水变频泵组	压力供水	9
酒店Ⅲ区	L82-L87	L102水箱	重力减压供水	9
酒店Ⅳ区	L88-L94	L102水箱	重力供水	9
酒店Ⅴ区	L95-L104	L102水箱+Ⅴ区给水变频泵组	压力供水	20

4. 供水方式及给水加压设备

供水方式及给水加压设备见表2～表5。

5. 管材

室内给水管材采用不锈钢给水管材，生活水箱的材质采用不锈钢材料。

（二）热水系统

1. 热水用水量表

（1）局部热水供应系统热水用水量

1）套间式办公楼各用户热水供应采用贮热式电热水器，根据每套建筑面积的大小来确定电热水器的储热容积及配置个数，每个电热水器功率按3kW计。

2）裙楼、地下室的餐厅及厨房热水采用天然气或电热局部加热。

3）会所泳池采用除湿、通风、加热三集一体热泵加热，会所淋浴间采用贮热式电热水器供应热水。

4）塔楼办公区域在每个卫生间和茶水间单独设置贮热式电热水器，就地提供热水。

（2）塔楼酒店区域集中热水供应系统热水用水（表6）

酒店部分热水（60℃）用水量 **表6**

用水项目	使用人数	生活用水定额	最高日热水量(m^3/d)	用水时间(h)	小时变化系数	最高时热水水量(m^3/h)
客房	750人	160 L/(人·d)	120.0	24	2.97	14.85
服务员	600人	50L/(人·d)	30.0	24	2.5	3.13
中餐	2400人次	20L/人次	48	12	1.5	6
西餐	2400人次	15L/人次	36	16	1.5	3.4
酒吧	1800人次	8L/人次	14.4	18	1.5	1.2
公共娱乐	900人次	50L人次	45	12	2	7.5

续表

用水项目	使用人数	生活用水定额	最高日热水量 (m^3/d)	用水时间 (h)	小时变化系数	最高时热水水量 (m^3/h)
泳池			18	24	1	0.75
小计			311.4			36.83
未预计		按10%计	31.1			3.68
合计			342.5			40.5

冷水最低温度取10℃，设计小时耗热量为8480MJ/h，即2355kW。

2. 热源

本系统由三台1900kW常压热水锅炉作为热源（与空调采暖系统共用），并利用热回收空调制冷机组产生的高温冷却水为冷水预热。

3. 系统竖向分区

同生活用水分区

4. 热交换器

热交换器服务范围及参数见表7。

热交换器服务范围及参数 **表7**

分区名称	酒店Ⅰ区	酒店Ⅱ区	酒店Ⅲ区	酒店Ⅳ区	酒店Ⅳ区
区域范围	L66～L73	L74～L81	L82～L87	L88～L94	L95～L101
使用功能	厨房、餐厅、美容、健身室内泳池	客房	客房	客房	客房、厨房、餐厅
设计小时耗热量(kW)	1125	733	583	564	772
压力范围	0.28～0.5MPa	0.28～0.5MPa	0.28～0.5MPa	0.28～0.5MPa	0.28～0.5MPa
热水器型号	HRV-01-4 (1.6/1.0)型	HRV-01-2.5 (1.6/1.0)型	HRV-01-2.5 (1.6/1.0)型	HRV-01-2.5 (1.6/1.0)型	HRV-01-4 (1.6/1.0)型
容积(m^3)	4	2.5	2.5	2.5	4
加热面积(m^2)	14.7	13	13	13	14.7
热水器数量	2	2	2	2	2

另外酒店Ⅰ、Ⅱ、Ⅲ、Ⅳ区设有利用热回收空调机组高温冷却水作为热媒的预热热水器，型号数量同主加热热水器。在68层泳池循环水处理间设2套板式换热器，每套加热量100kW，供室内泳池池水加热。

5. 冷、热水压力平衡措施、热水温度的保证措施

(1) 热水供水分区同生活用水分区，并适当加大热水供水管径，采用低阻力损失的半容积式热交换器，使得在用水点的冷热水出水水压基本相同。

(2) 鉴于本项目作为超豪华酒店的定位，为提高使用的舒适性，热水出水应该基本达到瞬间即有的要求，所以采用了支管循环的方式，即热水循环支管从卫生间的最末端用水点接出，再接至循环立管，即使该卫生间没有用水，其支管中的水仍保持循环，也保证了用水点的水温。该循环方式也最大限度地达到节水的目的，基本没有冷水的浪费。同时在设计中根据用水点在建筑物平面上的位置，合理布置供水干管，立管及循环回水干管的位置，尽可能做到供回水管路基本同程，保证循环水的均匀分配，也就保证了各点的热水温度。

6. 管材

热水管材采用不锈钢给水管材。热交换器材质采用不锈钢材料。

(三) 排水系统

1. 排水系统的形式

本工程排水体制为雨、污分流及污废合流。

2. 透气管的设置方式

本工程设置专用通气立管、环形通气管及器具透气管。

3. 采用的局部污水处理设施

(1) 西塔经协调各方意见后，不设化粪池。生活污水收集后排至室外，经末端格栅井（水质检测井）拦截较大污物后，进入市政管网，排至城市污水处理厂（猎德污水处理厂）集中处理。

(2) 酒店后勤厨房含油脂和泡沫污水（67 层以上）采用两套 *DN*200 单立管排水，分别设于西南角和北边，以便厨房（多设在楼层靠西或北面）油脂污水就近接入，这样考虑是为了尽量减小横管长度，有利于防止油脂凝固而造成管道堵塞。含油脂污水在 67 层接入隔油池，经气浮处理并达 90% 的油脂去除率后，单独排放，在 66 层以下（已去除 90%油脂和泡沫的含油污水）汇合成一套 *DN*200 普通铸铁单立管排出，含油脂污水在排出室外前，经二次隔油池隔油隔渣后（最后去除部分油脂及泡沫，达到排放标准），排至室外污水检查井。

4. 管材

重力流污水管材采用离心浇铸排水铸铁管，柔性卡箍连接。压力排水管材采用内外涂塑钢管。室内雨水立管采用不锈钢管材，标高 200m 以下雨水立管采用加厚不锈钢管。室外雨、污水管材采用中空壁结构缠绕 HDPE 管材。

二、消防系统

(一) 消火栓系统

1. 消火栓系统用水量

本工程为超高层建筑，室外消火栓用水量为 30L/s，室内消火栓用水量为 40L/s，火灾延续时间 3h。室内外一次灭火用水量为 756m^3。

2. 系统竖向分区

(1) 室内消火栓系统以常高压系统为主，消防水池设于塔楼 102 层，重力流分区减压供水。水池底标高不能满足常高压供水要求的顶部楼层（82～103 层），设置全自动气压给水设备供水，该分区为稳高压系统。

(2) 竖向各分区静水压不超过 1.0MPa，分区内消火栓口压力超过 0.50MPa 时采用减压稳压消火栓。在塔楼 31、66 层分别设有减压水箱（42.0m^3），水箱由室内消火栓和自动喷水系统合用，按 10min 总用水量计算水箱容积。

竖向分区见表 8。

室内消火栓系统竖向分区 **表 8**

分区名称	分区区域范围	供水水箱提供压力位置	备　注
低(Ⅰ)区	B4～12 层(主塔) B4～9 层(附楼)	31 层减压水箱(主塔) (经减压阀减压)	常高压给水，栓口处静水压≥0.50MPa 时，采用减压稳压消火栓
低(Ⅱ)区	13～24 层(主塔) 10～28 层(附楼)	31 层减压水箱(主塔)	常高压给水，栓口处静水压≥0.50MPa 时，采用减压稳压消火栓
中(Ⅰ)区	25～36 层(主塔)	66 层减压水箱(主塔) (经减压阀减压)	常高压给水，栓口处静水压≥0.50MPa 时，采用减压稳压消火栓
中(Ⅱ)区	37～48 层(主塔)	66 层减压水箱(主塔) (经减压阀减压)	常高压给水，栓口处静水压≥0.50MPa 时，采用减压稳压消火栓

续表

分区名称	分区区域范围	供水水箱提供压力位置	备　注
中(Ⅲ)区	49～60层(主塔)	66层减压水箱(主塔)	常高压给水，栓口处静水压≥0.50MPa时，采用减压稳压消火栓
高(Ⅰ)区	61～81层(主塔)	102层消防水池(主塔)(经减压阀减压)	常高压给水，栓口处静水压≥0.50MPa时，采用减压稳压消火栓
高(Ⅱ)区	82～102层(主塔)	102层消防水池(主塔)(经加压泵加压)	稳高压给水

3. 消火栓泵（稳压设备）的参数

(1) 高（Ⅱ）区设全自动气压给水设备供水，配置主泵2台（1用1备），水泵参数为Q=40L/s，H=0.30MPa，N=22kW；稳压泵2台（1用1备），Q=3.67L/s，H=0.3MPa，N=3.0kW；ϕ=1000×2000隔膜式气压罐1台。

(2) 地下室水泵房接合器转输水泵3台（2用1备），性能参数：Q=40L/s，H=185m，N=110kW/台。

(3) 30层转输水泵3台（2用1备），性能参数：Q=40L/s，H=200m，N=132kW/台。

(4) 66层转输水泵3台（2用1备），性能参数：Q=40L/s，H=165m，N=110kW/台。

4. 水池、水箱的容积及位置

(1) 屋面消防水池设置

火灾延续时间3h内全部室内消火栓的用水量432.0m^3和自动喷水灭火系统1h的用水量100.0m^3，合计532.0m^3（考虑到其他水灭火系统，虽不是同时开启，但容积放宽到600.0m^3）置于102层屋顶，作为水灭火系统的水源，水池分为两格。

(2) 地下水池和转输水箱设置

地下四层设置150.0m^3地下水池（包括100.0m^3的1h自动喷水贮水和20min的室内消火栓用水量48.0m^3），用于接合器供水及转输水泵抽水。

在30层和66层设置中间消防转输水箱（有效容积采用了10min流量42.0m^3）。

(3) 中间减压水箱设置

中间减压水箱为水灭火主系统的供水设施，其容积应不小于10min用水量（消火栓和自动喷水合并），42.0m^3即为40L/s加30L/s的10min水量。该水箱与通常规范中规定的18.0m^3屋顶水箱容积性质不同，18.0m^3的屋顶水箱仅仅是对稳高压系统加强系统可靠度的措施，而减压水箱则为灭火主系统中的必备设施，应保证其10min流量。在31层和66层设置中间消防减压水箱（有效容积采用了10min流量42.0m^3）。

5. 水泵接合器的设置

在消防车供水范围内的区域，水泵接合器直接供水到室内消防环状管网，水泵接合器设置3套；在消防车供水压力不能到达的区域，水泵接合器接至地下消防水池，火灾时利用转输水泵及转输水箱向屋顶消防水池供水，水泵接合器设置3套。水泵接合器每套流量为15L/s，置于首层室外。

6. 系统控制

屋顶稳高压全自动消防气压给水设备根据系统压力控制水泵启、停。当系统压力为0.25MPa时，稳压泵启动，压力0.30MPa时，稳压泵停止运行，压力降至0.20MPa时，主泵启动。每个消火栓箱内均设消火栓水泵启动按钮，火警时供消火栓使用，水泵可自动启动，也可人工启动，并同时将火警信号送至消防控制室；消火栓水泵也可由消防水泵房及消防控制室的启/停按钮控制。

采用常高压给水系统的每个消火栓旁边均设置手动报警按钮，不设消火栓水泵启动按钮；火警时，按下手动报警按钮将火警警报信号送至消防控制室并启动火警警钟。发生火灾时，消防控制室可手动启动接合器转输水泵（地下4层、30层、66层）。

7. 管材

设计出图时选用了不锈钢管材，由于种种原因，业主要求改为采用镀锌钢管。

（二）自动喷水灭火系统

1. 自动喷水灭火系统用水量

本工程除游泳池、小于5m^{2}的卫生间及不宜用水扑救的场所外，均设置自动喷水灭火装置。

地下车库、商场按中危险级Ⅱ级设计，作用面积为160m^2，设计喷水强度8L/(min·m^2)；酒店及办公入口大堂的建筑吊顶高度将控制在12m以下，自喷系统按非仓库类高大净空场所单一功能区的喷淋设计，作用面积260m^2，设计喷水强度6L/(min·m^2)；其余场所均按中危险级Ⅰ级设计，设计喷水强度6L/(min·m^2)，作用面积为160m^2。

系统用水量取30L/s，火灾延续时间1h。

2. 系统竖向分区

自动喷水灭火系统以常高压系统为主，消防水池设于塔楼102层，重力流分区减压供水。水池底标高不能满足常高压供水要求的顶部楼层（94～103层），设置全自动气压给水设备供水，该分区为稳高压系统。

竖向各分区静水压力不超过1.2MPa，配水管道静水压力不超过0.40MPa。在塔楼31、66层分别设减压水箱（42.0m^3），水箱和室内消火栓系统合用，按10min总用水量计算水箱容积。

竖向分区见表9。

自动喷水灭火系统竖向分区 **表9**

分区名称	分区区域范围	供水水箱提供压力位置	备注
低(Ⅰ)区	B4～6层(主塔) (附楼)	31层减压水箱(主塔) (经减压阀减压)	常高压给水
低(Ⅱ)区	7～24层(主塔) 7～28层(附楼)	31层减压水箱(主塔)	常高压给水
中(Ⅰ)区	25～42层(主塔)	66层减压水箱(主塔) (经减压阀减压)	常高压给水
中(Ⅱ)区	43～60层(主塔)	66层减压水箱(主塔)	常高压给水
高(Ⅰ)区	61～80层(主塔)	102层消防水池(主塔) (经减压阀减压)	常高压给水
高(Ⅱ)区	81～93层(主塔)	102层消防水池(主塔)	常高压给水
高(Ⅲ)区	94～102层(主塔)	102层消防水池(主塔) (经加压泵加压)	稳高压给水

3. 自动喷水加压（稳压设备）的参数

（1）常高压自喷系统和室内消火栓系统共用水源，从屋顶水池出水管直接向各竖向分区补水。接合器转输水泵流量同时包括消火栓和自喷系统用水量。

（2）高（Ⅲ）区设全自动气压给水供水，配置主泵2台（1用1备），水泵参数Q=35L/s，H=0.3MPa，N=22kW；稳压泵2台（1用1备），Q=0.67L/s，H=0.33MPa，N=1.1kW，ϕ=1000×2000隔膜式气压罐1台，P=1.0MPa。

（3）中间减压水箱和转输水箱、水泵和消火栓系统共用。

（4）因地下四层水池贮存了自动喷水灭火系统延续时间内的水量，且由转输水泵供给系统使用，故高区不另设水泵接合器。

4. 喷头选型

(1) 厨房选用公称动作温度93℃的直立型玻璃球闭式喷头（$K=80$）。超过80m的吊顶内采用公称动作温度79℃的快速响应喷头（$K=80$）。其余均采用公称动作温度68℃的快速响应喷头。

(2) 大堂、会议厅、酒店客房及其他对美观要求较高的场所采用隐蔽式喷头，其余场所均采用下垂型喷头。裙楼小中庭周围和套间式办公室采用边墙型扩展覆盖喷头（$K=115$）。

(3) 地下汽车库及部分设备房、部分走道（宽度大于3m）选用公称动作温度79℃（走道68℃）的直立型快速响应闭式喷头（$K=115$），喷头的布置满足规范规定的设计喷水强度的要求。

5. 报警阀的数量及位置

(1) 根据每个湿式报警阀控制800个喷头的原则设置报警阀，主塔楼设置35个$DN150$湿式报警阀，其中地下四层4套、主塔12层、30层、48层、66层各6套、主塔81层4套、主塔101层3套。

(2) 地下室、裙楼和附楼共设21个$DN150$湿式报警阀，其中地下三层9套，地下四层6套、附楼6层6套。

(3) 主塔、地下室、裙楼设置和附楼每个防火分区设1个信号阀及水流指示器，共设95套，湿式报警阀前阀门采用信号阀。在水池出水管至自喷湿式报警阀前的分支管上设置电动/手动信号闸阀，火灾1h后可以由消防控制中心手动关闭，避免消火栓水量进入自喷系统。

6. 水泵接合器的设置

因屋顶水池和地下水池各存贮有100.0m^{3}自动喷水灭火系统用水，备用率100%，故水泵接合器设置不考虑该系统流量。利用地下消防水池贮存的1h消防水，火灾时由转输水泵及转输水箱向屋顶消防水池供水。

7. 系统控制

屋顶稳高压系统全自动消防气压给水设备控制与室内消火栓全自动气压给水设备控制相同。

各水流指示器的信号接至消防控制中心，湿式报警阀的压力开关信号亦接至消防控制中心。湿式报警阀前设置的电动阀在系统动作1h后可由消防控制中心关闭。

8. 汽车库自动喷水-泡沫联用系统

(1) 地下室汽车库采用自动喷水-泡沫联用系统强化闭式自动喷水系统性能，采用固定式水成膜泡沫液。作用面积160m^2，喷水强度8L/(min·m^2)，泡沫混合液供应强度和连续供给时间不小于20min。

(2) 泡沫灭火系统装置由中标厂商配套供应。设计参数如下：泡沫混合液用量25.6m^3，泡沫灭火用水量25.0m^3，泡沫混合液流量1280L/min。

(3) 本工程地下停车库泡沫喷淋系统主要布置在－2、－3、－4层，每层分6个防火分区，此6个防火区在－2、－3、－4层中格局基本相同，可考虑采用居中的－3层设置6个湿式报警阀，每个报警阀控制－2、－3、－4层垂直同区域3个防火区，每个报警阀配一个2.0m^{3}泡沫罐，考虑占地面积因素，泡沫罐采用立式罐6个，采用水成膜泡沫灭火剂，用量约为9.6m^3。

(4) 设备型号及数量如下：贮罐隔膜式比例混合装置：XPS-B-L-6/32/20，6套。水成膜泡沫灭火剂：AFFF6%，9.6t。

9. 大空间智能型主动灭火系统

(1) 在酒店中庭采用大空间智能型主动喷水灭火系统；系统选用智能型高空水炮灭火装置。

(2) 系统利用设置在102层的600.0m^{3}消防水池提供水量及水压，常高压重力供水。

(3) 本系统由消防水源、智能高空水炮装置、电磁阀、水流指示器、信号闸阀、末端试水装置和ZSD红外线探测组件等组成，全天候自动监视保护范围内的一切火情；一旦发生火灾，ZSD红外线探测组件向消防控制中心的火灾报警控制器发出火警信号，启动声光报警装置报警，报告发生火灾的准确位置；并能将灭火装置对准火源，打开电磁阀，喷水扑灭火灾；火灾扑灭后，系统可以自动关闭电磁阀停止喷水；系统同时具手动控制、自动控制和应急操作功能。

(4) 系统设计最不利情况有3只喷头同时启动，每个喷头的流量为5L/s，灭火持续时间为1h，设计流量为15L/s；最不利点喷头的工作压力不小于0.6MPa，喷头保护半径为20m。每个分区内的主管道设置信号闸阀及水流指示器，每个喷头前均设置水平安装的电磁阀。

10. 固定泡沫炮灭火系统

(1) 屋顶直升机坪设置固定泡沫灭火系统，采用3%的氟蛋白泡沫混合液，其供给强度不小于6L/(min·m^2)，持续供水时间为30min。共设置有两台泡沫泡，每台泡沫炮的设计参数为：流量 为20L/s，射程为48m，额定压力为0.8MPa。

(2) 系统利用102层的600.0m^3 消防水池设置泡沫灭火加压泵加压提供水量和水压。泡沫灭火系统和自喷系统不同时启动。加压泵一用一备（Q=40L/s，H=105m，N=75kW/台）。

11. 备用发电机房油库泡沫灭火系统

备用发电机房油库和油泵房的上部设泡沫灭火系统，本部分由川消所作消防性能化设计，供消防主管部门以及专家审批和论证。施工图设计按论证和审批意见执行。

12. 管材

设计出图时选用了不锈钢管材，由于种种原因，业主要求采用镀锌钢管，设计专业负责人就此问题对业主及相关方进行了两次专题说明，强调利害关系。主要是镀锌钢管在广州地区平均使用寿命只有10年左右，在寿命期终了时，若不及时更换，有可能出现堵塞喷头影响灭火导致重大损失，若10年一换，则影响建筑使用导致更大的经济损失，但是意见没有被采纳，这不能不说是一个遗憾。

(三) 气体灭火系统

1. 气体灭火系统设置的位置

地下室和避难层所有的高低压配电房、变压器房、发电机房及后备电源间等均设置全淹没IG-541洁净气体灭火系统。

2. 系统设计

(1) 所有防护区的预期最低温度按16℃，防护区预期最高温度按32℃计算。防护区及气瓶室预期的正常温度按21℃计算。

(2) 最小设计灭火浓度为37.5%，最大设计灭火浓度为52.0%。但有人值班的防护区最大设计浓度为42.8%。

(3) 系统喷射时间小于60s，浸渍时间大于10min。贮存压力为4.2MPa，气体灭火系统由中标专业公司根据本设计提供的参数设计，并经本设计校核后施工。

(4) 系统的主要分区见表10。

气体灭火系统分区 **表10**

序号	系统编号	气瓶间位置	系统形式	保护区域	
				楼层	保护区名称
1	IGFS-01	地下一层	组合分配	地下一层	塔楼区域的电信机房、变配电房、高压电房及发电机房，共6个区
2	IGFS-02	地下一层	组合分配	地下一层	裙楼和住宅区域的变配电房，共8个区
3	IGFS-03	12层	组合分配	12层	变压房、变配电房、电脑房、应急电源室，共6个区
4	IGFS-04	30层	组合分配	30层	变压房、变配电房、电脑房、应急电源室，共6个区
5	IGFS-05	48层	组合分配	48层	变压房、变配电房、电脑房、应急电源室，共6个区
6	IGFS-06	67层	组合分配	67层	67层的高压电房、变配电房，共3个区
				68层	68层的变压房、变配电房，共2个区

续表

序号	系统编号	气瓶间位置	系统形式	保护区域	
				楼层	保护区名称
7	IGFS-07	73层	组合分配	73层	电脑房、程控交换机房、安保控制房，共3个区
8	IGFS-08	80层	组合分配	80层	电脑房、应急电源室，共2个区

3. 系统的控制

系统具有自动、手动及机械应急启动3种控制方式，保护区均设两路独立探测回路，当第一路探测器发出火灾信号时，发出警报，指示火灾发生的部位，提醒工作人员注意；当第二路探测器亦发出火灾信号后，自动灭火控制器开始进入延时阶段（0～30s可调），此阶段用于疏散人员（声光报警器等动作）并联动控制设备（关闭通风空调、防火卷帘门等）。延时过后，向保护区的电磁驱动器发出灭火指令，打开驱动瓶容器阀，然后由驱动瓶内氮气打开相应的防护区选择阀，并经过选择阀打开相应的IG-541气瓶，向失火区进行灭火作业。同时报警控制器接收压力信号发生器的反馈信号，控制面板喷放指示灯亮。

当报警控制器处于手动状态，报警控制器只发生报警信号，不输出动作信号，由值班人员确认火警后，按下报警控制面板上的应急启动按钮或保护区门口处的紧急启停按钮，即可启动系统喷放IG-541灭火剂。

4. 厨房专用灭火系统

（1）厨房火灾的起因，主要是烹调设备（即炊具）因高温而造成烹调油脂或食物燃烧引发的火灾，如油锅火灾、烘/烤箱火灾等。烹调过程的明火，如果不慎窜入了积聚大量油腻（垢）的排油烟罩和烟道，同样也会引起火灾，而且火灾很容易通过相互连通的烟道和排风道迅速扩散和蔓延。厨房中使用的燃料如果有管道发生破裂，即使只有少量燃料泄漏，也可能遇明火引起燃烧，并随着燃料的自由流淌或扩散而迅速蔓延。发生在厨房烹调设备、排油烟罩、烟道这三个部位的火灾，发生燃烧的大多是烹调过程中使用的食用油脂，对于这类火灾，由于本身具有的特殊性，国际上将其单独命名为一种新型的火灾：K类火灾。排烟罩和烟道内发生的火灾因位置特殊，一般很难采用人工的方式直接扑救，但如果不及时处置又极易造成火势迅速蔓延。同时厨房中原有的一些报警灭火设施对此也无用武之地。因此，需要采用针对厨房火灾的专用灭火系统。

（2）厨房专用灭火系统，因国际酒店管理公司介入，要求酒店消防设计应通过UL认证，为满足业主要求，根据管理公司推荐，我们采用了ANSUL厨房专用灭火系统（R-102系列灭火系统）。

（3）ANSUL厨房专用灭火系统灭火原理：当灶台发生火灾时，安装在灶台上方的喷嘴将ANSULEX药剂喷放到发生火灾的炉具中，药剂与炉具中的油脂发生反应生成一层厚厚的皂化泡沫膜，皂化泡沫膜将炉具彻底覆盖，使得油脂与空气隔绝，从而达到灭火的目的。灭火系统配有自动燃气阀，灭火的同时自动切断燃气供应。

（4）该系统有一套完整的探测、报警、释放、灭火剂容器等专用系统组件，除了与消防报警系统的连接（增加电触点开关）外，此系统基本没有其他与外界联系的管线。

（5）R-102厨房灭火系统有三种类型：单贮罐系统、双贮罐系统、多贮罐系统。其主要设计参数为：

1）ANSULEX灭火剂——为低pH值液体灭火剂，是一种以钾为主的溶液，用来快速扑灭与油脂相关的火灾。灭火剂贮罐规格分1.5加仑、3.0加仑两种，可组合使用，灭火剂贮罐规格及数量根据系统设置的喷嘴数量选定，灭火剂平均贮存期限为12年。

2）氮气或者二氧化碳驱动气瓶——R-102系统在启动之前使用驱动气瓶来贮存负压氮或者二氧化碳驱动气体。当系统启动时，气瓶密封口被刺穿，释放的气体将液体灭火剂从一个或多个灭火剂贮罐推进到释放管道中，并从喷嘴中释放出去。安素可提供四种规格的氮气瓶和三种规格的二氧化碳气瓶供选用。

3）控制释放组件——安素 AUTOMAN 调节型机械（或电动）释放组件包含调节型释放机构、用于连接灭火剂贮罐的驱动气体软管以及便于安装管道、灭火剂驱动用管道、探测系统和附加设备的预留孔。

4）喷嘴——喷嘴类型有 11 种，分别为 1W、1N、1/2N、3N、2W、230、245、260、290、2120、1F 型喷嘴，根据所保护对象的特性（炉具、烟道等）及尺寸（长、宽等）进行选用。

5）探测组件——包含有三个基本组件：固定架、联动装置和易熔片。

6）附加装置——根据实际情况确定是否使用。

根据专业公司 R-102 工程手册，本工程厨房专用灭火系统设计见表 11。

厨房专用灭火系统一览表 **表 11**

序号	厨房所在楼层	灭火剂用量(加仑)	喷嘴型号	备注
1	地下 1 层	层式电烤箱区:双药剂罐组合系统(3.0 加仑+1.5 加仑)	2W、1N、245	分为 5 套
		烧鸭炉区:单药剂罐系统(3.0 加仑)	2W、1N	
		四头炉区:双药剂罐组合系统(3.0 加仑+1.5 加仑)	2W、1N、230	
		六头炉区:双药剂罐组合系统(3.0 加仑+1.5 加仑)	2W、1N、245	
		烧猪炉区:3 药剂罐组合系统(3.0 加仑+3.0 加仑+1.5 加仑)	2W、1N、245	
2	裙楼 1 层	炒炉、万能蒸烤箱区:5 药剂罐组合系统(3.0 加仑+3.0 加仑+3.0 加仑+3.0 加仑+3.0 加仑)	2W、1N、1/2N、230、260	1 套
3	裙楼 2 层	六头炉区:3 药剂罐组合系统(3.0 加仑+3.0 加仑+1.5 加仑)	2W、1N、1/2N、230、260	1 套
4	裙楼 3 层	矮仔炉区:双药剂罐组合系统(3.0 加仑+1.5 加仑)	2W、1N、245	分为 3 套
		炒炉区:3 药剂罐组合系统(3.0 加仑+3.0 加仑+1.5 加仑)	2W、1N、260	
		炒炉、四头炉区:5 药剂罐组合系统(3.0 加仑+3.0 加仑+3.0 加仑+3.0 加仑+3.0 加仑)	2W、1N、230、260	
5	裙楼 4 层	万能蒸烤箱、矮仔炉区:双药剂罐组合系统(3.0 加仑+3.0 加仑)	2W、1N、245	分为 9 套
		万能蒸烤箱、炒炉区:3 药剂罐组合系统(3.0 加仑+3.0 加仑+3.0 加仑)	2W、1N、260	
		电烤箱区:单药剂罐系统(3.0 加仑)	2W、1N	
		双头电磁炉区:单药剂罐系统(3.0 加仑)	2W、1N	
		电烤箱、燃气四头明火炉区:双药剂罐组合系统(3.0 加仑+1.5 加仑)	2W、1N、230、260	
		燃气烤鸭炉、矮仔炉区:双药剂罐组合系统(3.0 加仑+1.5 加仑)	2W、1N、245	
		燃气矮仔炉区:双药剂罐组合系统(3.0 加仑+1.5 加仑)	2W、1N、245	
		燃气炒炉区:双药剂罐组合系统(3.0 加仑+3.0 加仑)	2W、1N、260	
		燃气六头煲仔菜炉区:双药剂罐组合系统(3.0 加仑+1.5 加仑)	2W、1N、260	
6	主塔 68 层	炒炉、矮仔炉区:3 药剂罐组合系统(3.0 加仑+3.0 加仑+1.5 加仑)	2W、1N、245、260	1 套
7	主塔 70 层	万能蒸烤箱、炸炉区:3 药剂罐组合系统(3.0 加仑+3.0 加仑+1.5 加仑)	2W、1N、230、260	1 套
8	主塔 71 层	炒炉区:双药剂罐组合系统(3.0 加仑+3.0 加仑)	2W、1N、260	分为 3 套
		矮仔炉区:双药剂罐组合系统(3.0 加仑+3.0 加仑)	2W、1N、1/2N、245	
		电烤箱、扒炉区:双药剂罐组合系统(3.0 加仑+1.51 加仑)	2W、1N、260	
9	主塔 72 层	七头炉区:双药剂罐组合系统(3.0 加仑+3.0 加仑)	2W、1N、230	分为 4 套
		铁板烧区:单药剂罐组合系统(3.0 加仑)	2W、1N、260	

续表

序号	厨房所在楼层	灭火剂用量(加仑)	喷嘴型号	备注
9	主塔72层	电热串烤炉区:单药剂罐组合系统(3.0加仑)	2W、1N、260	分为4套
		炒炉、面火炉区:4药剂罐组合系统(3.0加仑+3.0加仑+3.0加仑+1.5加仑)	2W、1N、230、260	
10	主塔99层	炸炉区:3药剂罐组合系统(3.0加仑+3.0加仑+3.0加仑)	2W、1N、1/2N、230、260	1套
11	主塔100层	炸炉区:3药剂罐组合系统(3.0加仑+3.0加仑+1.5加仑)	2W、1N、230、260	1套

上述厨房专用灭火系统的计算、安装及调试均由专业公司完成。

5. 建筑灭火器配置

(1) 根据《建筑灭火器配置设计规范》GB 50140—2005规定，超高层建筑和一类高层建筑的写字楼、套间式办公楼为严重危险级。按严重危险级配置建筑灭火器。

(2) 灭火级别按下式计算：

A类火灾（除地下车库、油箱室、商场以及娱乐场所外的其余场所）：$Q=K\cdot S/U=0.5\times900/50=9A$

A类火灾（商场以及娱乐场所）：$Q=1.3K\cdot S/U=1.3\times0.5\times900/50=11.7A$

B类火灾（地下车库、油箱室）：$Q=1.3K\cdot S/U=1.3\times0.5\times900/50=1170B$

在每个组合消防箱内，一般场所放置3具6kg磷酸铵盐干粉手提式灭火器，型号为MF/ABC6（每个灭火器灭火级别为3A)。商场以及娱乐场所放置3具8kg磷酸铵盐干粉手提式灭火器，型号为MF/ABC8（每个灭火器灭火级别为4A)。其他部位最大保护距离大于15m处增加独立的手提式灭火器存放箱，每箱放置3具6kg磷酸铵盐干粉手提式灭火器。

(3) 地下室局部（车库等）按B类火灾（手提式灭火器最大保护距离为9m）配置消防组合柜不能满足灭火要求，除消防组合柜内放置3具6kg磷酸铵盐干粉手提式灭火器，型号为MF/ABC6（每个灭火器灭火级别为89B）外，增设推车式灭火器MFT/ABC20型（每台灭火器灭火级别为183B，推车式灭火器最大保护距离为18m)。

三、设计及施工体会

（一）标志性意义

1. 从初步设计到施工图设计由国内设计院完成的国内第一座高度超过400m的建筑。

2. 一个完整的设计文本

本工程给出一个完整的设计文本。尽管设计是在2007年以前完成的，设计按2003版的设计深度规定执行，但完成的设计比照2008年版设计深度规定，也完全符合要求。因本项目专业负责人之一主编《建筑给水排水设计手册》（第二版）的消防部分，西塔的给水排水初步设计消防篇及消火栓给水系统原理图已编入该手册，供全国同行参考。

3. 贡献了一个完整的超高层建筑工程实例

近年来，国内超高层建筑的建设如雨后春笋。承接设计任务的国内一流设计院多次来我院交流，截至目前，我们专业已接待过4所国内一流设计院组团来我院的技术交流活动，并应邀进行过十数次西塔给水排水设计的专题讲座。我们无偿向国内同行提供了20多张光盘（内容为西塔给水排水初步及施工图设计)。

（二）设计管理

1. 设计分工及接口

(1) 本工程水专业共有9人参加设计工作，专业负责有5人担任，一改过去1人或2人任专业负责的传统做法，由于事前分工及责权利明确，使设计及施工配合紧张有序，忙而不乱。没有出现工作推诿及窝工现象，得到院项目组及业主的好评。

(2) 做法是，主要专业负责完成初步设计说明文件撰写及方案敲定，解决相关技术难题，并与建筑管理部门（水务、消防等）协调相关工作，保证设计方案的合理及优化，使本专业设计工作的外部环境顺畅，同时出面解决影响设计方案的重大事宜。其他专业负责完成自己分工的系统，同时承担专业内部工作协调及施工配合时与建设各方面日常事务性协调。

（3）工程实施过程表明，本项目水专业从内部分工到与外部各建设主体（业主、咨询、监理、施工方等）的接口工作，结果是令人满意的。

2. 工程工作日志及其作用

本项目从设计组组成伊始，便设置了工程工作日志，目前已记了16开三大本，合计500多页。日志按时间逐日记录本工程水专业所有相关事宜。其作用如下：

（1）本专业内的工程交流平台

此类大项目涉及的系统多，参与部门多，与外部接口多，本专业设计人员多，相关事宜如不实时记录，将会发生接口错位，本专业内也会出现职责不明，工作相互推诿、重复及漏项等弊病。

本工程的建设时间较长，参与本工程的水专业设计人员各人手头上都有其他项目，除集中出图外，其他时间介入是随机的，人员也是不固定的。有了工程工作日志，人员介入工作时，一看日志，便知道以前什么事情做过了，什么事情还没有做，什么事情有反复，是什么原因引起的，这样就不会窝工。自己参与后再把完成的工作记录下来，便与日后其他人参考，工程工作日志的建立使内外接口都非常顺畅。

（2）记录、回溯、责权利明晰

本专业工程工作日志的一个意外收获是，为项目组提供设计修改收费依据。因该项目的建筑功能多，利益主体不同，设计修改次数多，工作量大，如何根据修改工作量收费，这在以往的工程中发生过不少设计人员白干，设计方利益被忽略的诸多事例。

本工程我院设计合同收费额为RMB3800万元，目前，业主方已执行合同付款。同时，我院收到了2006年至2008年底设计修改费RMB1600万元。2008年后的设计修改费用正在洽谈中。

本工程甲乙双方设计合同及设计修改费用的顺畅执行，水专业的工程工作日志功不可没！

工程工作日志的设置及记录，使工程在实施过程中，所有的工作均可回溯和查验，明晰了各建设主体的责权利，使以往工程建设中常见的工作推诿、扯皮现象大大减少，降低了许多不必要的人为内耗，提高了工作效率及工程质量。

（三）解决的技术难题

西塔给排水设计因几无先例可循，所有的技术难题必须解决。最终遇到的问题也一一解决了，这是一件令人欣慰的事情，解决的主要技术难题如下：

1. 高度超过250m建筑的消防水系统设置及相关参数的确定

（1）现行《规范》对高度超过250m建筑的消防无具体条文规定及约束。本设计在满足《规范》对水灭火系统一般设计要求的前提下，结合超高层建筑的特点，从性能化、可靠度及整体安全考虑系统设置。提出了稳高压和常高压结合，主水源（第一水源）及辅水源（第二水源）结合的水灭火系统，同时对减压水箱、转输水箱、辅水源水池容积提出了确定原则，厘清了转输水系统及主灭火水系统的设置关系。

（2）本次设置的水灭火系统设备少（主灭火系统无转输节点）、可靠度高、投资省，并同时解决了《规范》中不曾规定的外部消防支援与内部灭火系统的通信问题。应该说，水灭火系统的各个环节考虑得比较周全。

（3）在完善水灭火系统设计的同时，其他灭火系统均较常规高层建筑灭火设计得到加强，如设置的地下车库自动喷水—泡沫联用系统、直升机停机坪泡沫消防炮系统、柴油发电机贮油罐泡沫灭火系统、大空间智能型主动灭火系统、厨房专用灭火系统等。

总之，本工程的灭火系统既解决了高度超过250m的超高层建筑灭火问题，也为完善及细化防火设计规范提供了相关依据、参数及工程实例。

2. 大体量大用水量建筑的供水安全及节能

本工程的供水设计超越了一般建筑供水的常规做法，弥补了一般供水系统的缺陷，在设计中产生了一项发明技术——“二次供水前置设备及其控制方法”。不仅解决了大用水量建筑安全供水的同时又实现节能的技术难题，同时又是一项建筑供水的技术进步。

本次设计的供水系统代表着建筑给水系统的发展方向。

3. 高度超过400m以上的屋顶雨水排放。

本设计的雨水系统从屋面一管到底，中间不设消能，下面设置消能井。此做法实践证明可行。同时，本次设计也对现行施工规范要求雨水不加区分进行灌顶试验的做法提出质疑。

(四) 采用的先进技术及效果

1. 采用的先进技术

设计贯彻以人为本及可持续发展的理念，各系统综合采用国内外建筑给排水最新技术及本院本专业原创技术共20项，达到节能、节水、节材、节地、环保及技术创新的多重设计目的。

(1) 综合设计效果如下：

1) 本工程共节地1140m^2。

2) 节省建筑面积640m^2，节省土建投资896万元。

3) 年节水量56344.5m^3，年节电量3814966kWh全年节约费用4270427.34元。

(2) 20项先进技术如下：

1) 全流量高效变频调速给水方法及设备

2) 二次给水前置设备及控制方法

3) 稳高压和常高压混合型消防给水系统

4) 大空间智能型主动喷水灭火系统

5) 洁净气体IG-541灭火系统

6) 厨房专用灭火系统

7) 自动喷水—泡沫联用车库灭火系统

8) 泡沫消防炮灭火系统

9) 发电机用油库泡沫灭火系统

10) 利用空调余热的生活热水系统

11) 热水支管循环技术

12) 三集一体（泳池加热、空调、除湿）水源热泵系统

13) 同层排水系统

14) 虹吸雨水排水技术

15) 一体化污水提升设备

16) 雨污分流、污废合流的排水体制

17) 气浮式全自动含油废水处理设备

18) 不设化粪池

19) 雨水综合利用

20) 先进管材的选用

2. 工程效果

(1) 节能

设计采用4项节能措施：

1) 全流量高效变频调速给水设备及方法

该技术为专业负责人王峰研究员申请的国家发明专利，专利号为ZL200610057595.X。其原理是通过优

化配泵及控制方式达到点对点精确供水，避免水泵反复启停，使水泵任何时段均处于高效段工作，较市售变频给水设备节能 30%以上。

本工程需加压的水量为每天 4940.6m^3（其中裙楼 2241.45m^3，酒店式公寓 402.9m^3，酒店 1285.9m^3，塔楼办公 1010.35m^3），一般变频供水设备系统效率数为 0.3，高效变频供水设备较一般变频供水设备节能 30%，则依相关公式计算出，采用该技术为本工程每年可节电 745026kWh。

2）二次给水前置设备及其控制方法

该技术为王峰研究员为解决本工程用水量大、不能采用叠压供水设备供水的实际问题所发明，发明专利号为 ZL200810306080.8。

遗憾的是，该技术被业主方采用箱式无负压供水技术替代，中标厂商采用每 12h 叠压供水，然后切换至水泵水箱供水 6h 的供水模式，较二次给水前置设备少节能三分之一。若二次给水前置设备在本工程中用采用，每年较水箱水泵系统节电 818400kWh，采用箱式无负压供水系统每年可节电 545666.7kWh，较二次给水前置设备少节电 272800kWh。

3）三集一体（泳池加热、空调、除湿）水源热泵系统

利用泳池空调及除湿的余热作为热源对泳池水加热，年节电 127020kWh。

4）酒店生活热水利用空调余热作为预热热源、燃气热水器补热的综合技术，折合年节电 2397320kWh。

上述 4 项技术每年可节电 4087766kWh，实际节电 3814966kWh。广州市商业用电（含税）1.0674 元/kWh，每年可节省运行费用 4072094.7 元。

（2）节水

共采用 3 项节水措施：

1）生活热水支管循环，按节水率 5%计，年节水量为 3500m^3。

2）雨水综合利用：雨水综合利用纳入市政统一规划，每年可节水约 42966m^3。

3）泳池循环系统：因泳池循环水系统为常规设计，故不予计算。

1）、2）项年节水量 46466m^3，广州市商业用水 3.52 元/m^3（2.71 元水价，0.81 元污水处理费），节省费用为 149156 元。

（3）节材

四项节材措施：

1）屋面虹吸雨水系统

较传统重力流节省排水管材 7.2t（以 SUS304 不锈钢管计）。

2）雨污分流、污废合流的排水体制

节约排水管材 43t（以离心排水铸铁管计），节省管材及安装费用 516 万元。

3）稳高压和常高压混合型消防给水系统

将火灾延续时间内全部用水置于屋顶，从地下层至各避难层均不设加压设备，使系统更简化，可靠度更高，节省消防给水加压设备 6 套，折合工程造价 180 万元。节省管道长 1000m，折合工程造价 114 万元。

4）先进管材选用

选用高性价比的管材。

（4）节地

三项节地措施：

1）不设化粪池

若设化粪池，则占地面积为 1140m^2。

2）节省的消防给水加压设备占地面积 240m^2。

3）污废合流排水体制和分流体制相比，节省建筑面积 400m^2。

本工程共节省建筑面积 640m²，按 1.4 万元/m² 计，节省土建投资 896 万元。

(5) 环保、安全、减排、美观

10 项技术措施：

1) 给水前置系统避免饮用水二次污染；

2) 洁净气体（IG-541）灭火系统减少有害气体排放降低温室效应；

3) 空调余热利用减排大气热污染；

4) 三集一体泳池热泵设备减排大气热污染；

5) 同层排水系统降低噪声、避免层间污水泄漏影响；

6) 虹吸排水系统使建筑内管道简化、美化室内环境；

7) 一体化污水技术避免污水集水井设置对地下室的环境污染；

8) 含油废水处理设备使污水排水含油量达标排放；

9) 不设化粪池避免抽粪时环境污染；

10) 污废合流减少管道布置、美化室内环境。

(6) 技术创新 3 项：

1) 全流量高效变频调速给水方法及设备；

2) 二次给水前置设备及控制方法；

3) 稳高压和常高压混合型消防给水系统。

(五) 设计思考

在总结经验、肯定成绩的同时，也需对设计及工程实施中遇到的一些问题进行反思。

1. 思考一：

由于业主主管机电的技术人员为非给水排水专业人士，加之有厂商对箱式无负压供水设备的宣传，致使设计针对本工程特点提出的二次给水前置设备及控制方法这一发明专利技术，没有在工程中使用，导致每年少节电 272800kWh，同时失去了在标志性建筑中使用的机会，好在该技术用于我院同时设计的广州中石化大厦（中诚广场）并取得业主认可。

另外，高度超过 400m 建筑的灭火系统主要立足于自救，设计在自动喷水灭火系统中选用了薄壁不锈钢管材，由于种种原因，业主要求采用镀锌钢管，设计专业负责人就此问题对业主及相关方进行了两次专题说明，强调利害关系。主要是镀锌钢管在广州地区平均使用寿命只有 10 年左右，在寿命期终了时，若不及时更换，有可能出现堵塞喷头影响灭火导致重大损失，若 10 年一换，则影响建筑使用导致更大的经济损失，但是意见没有被采纳，这不能不说是一个遗憾。

2. 思考二：

本工程内没有设置中水系统，雨水利用也纳入市政统一考虑，若按绿色建筑评价标准评价，是要扣分的。但是，广州市的情况不同，因广州市在可预见的年限内，市政供水是有保障的。同时，若建筑内设置了中水系统，产生增加人员及运行费用，对业主来说是得不偿失的，对环境保护也不见得就是好事情，因为该工程所处地块的市政污水处理是有保障的。

我们的反思是：绿色建筑标准的制订应更细化，适应性更强，应针对不同地区不同建筑的情况提出更符合可持续发展的操作性强的相关规定，应考虑工程实际，不能为绿色而绿色。

3. 思考三：

雨水系统设计执行了《建筑给水排水及采暖工程施工质量验收规范》GB 50242—2002 中要求灌顶试验的相关规定，目前从正确性方面评价，就没有什么问题。然而，如此高度的建筑还需要做灌顶试验吗？有必要采用承压 4.0MPa 以上的管材吗？我们也希望相关规范修订时能将此规定完善，使之更符合工程建筑实际。

四、工程照片及附图

主塔 73 层热交换器机房

主塔 102 层热水锅炉房

地下四层裙楼生活水泵房

消防水泵房

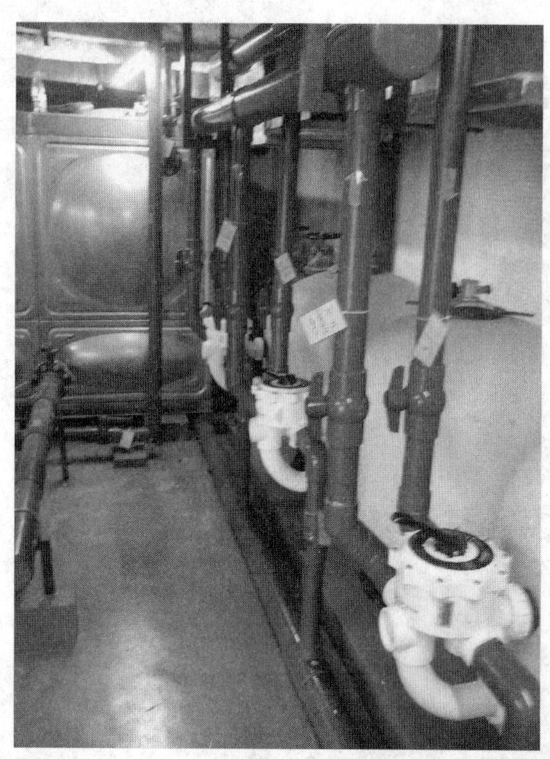

游泳池池水处理机房 1

游泳池池水处理机房 2

一体化排水设备

S型气溶胶灭火系统 1

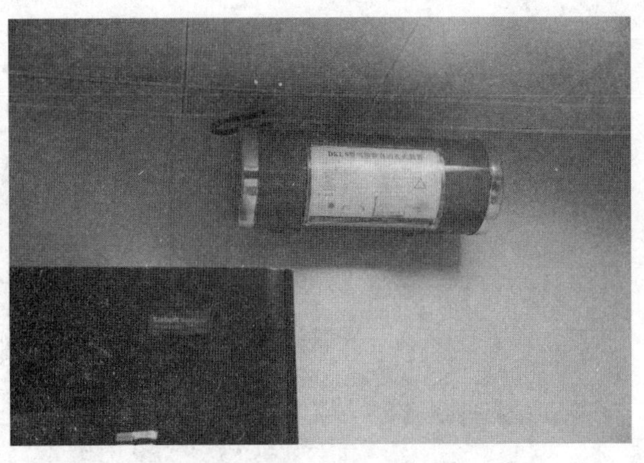

S型气溶胶灭火系统 2

安素 R-102 厨房设备灭火系统 1

安素 R-102 厨房设备灭火系统 2

地下一层烟烙烬储瓶间

固定泡沫消防炮

湿式报警阀间

水—泡沫联用系统泡沫罐

智能型高空水炮灭火装置

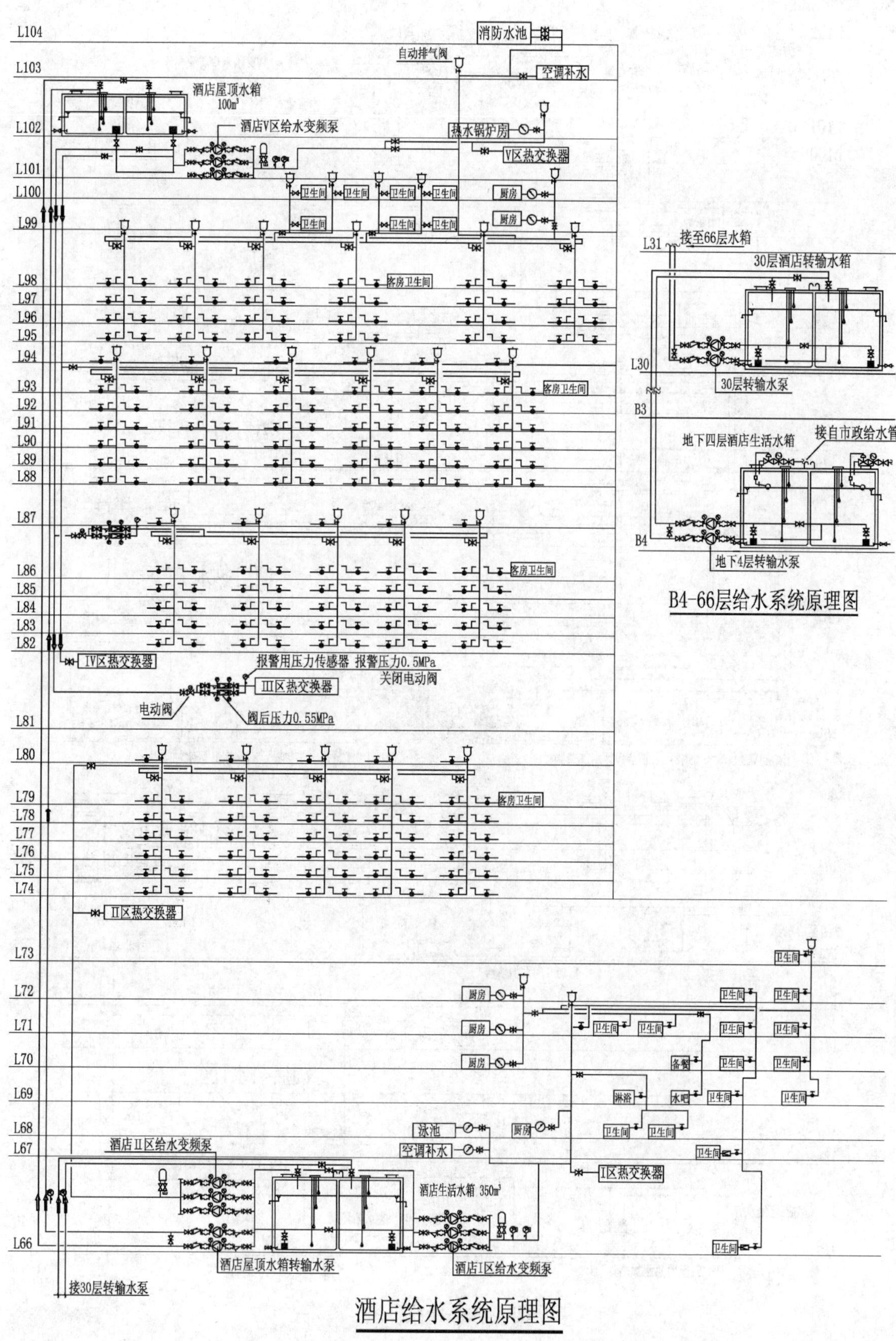
消防水池
自动排气阀
空调补水
酒店屋顶水箱
100m³
酒店V区给水变频泵
热水锅炉房
V区热交换器
卫生间
厨房
客房卫生间
接至66层水箱
30层酒店转输水箱
30层转输水泵
地下四层酒店生活水箱
接自市政给水管
地下4层转输水泵
B4-66层给水系统原理图
IV区热交换器
报警用压力传感器 报警压力0.5MPa
关闭电动阀
III区热交换器
电动阀
阀后压力0.55MPa
II区热交换器
备餐
淋浴
水吧
泳池
空调补水
I区热交换器
酒店II区给水变频泵
酒店生活水箱 350m³
酒店屋顶水箱转输水泵
酒店I区给水变频泵
接30层转输水泵

酒店给水系统原理图

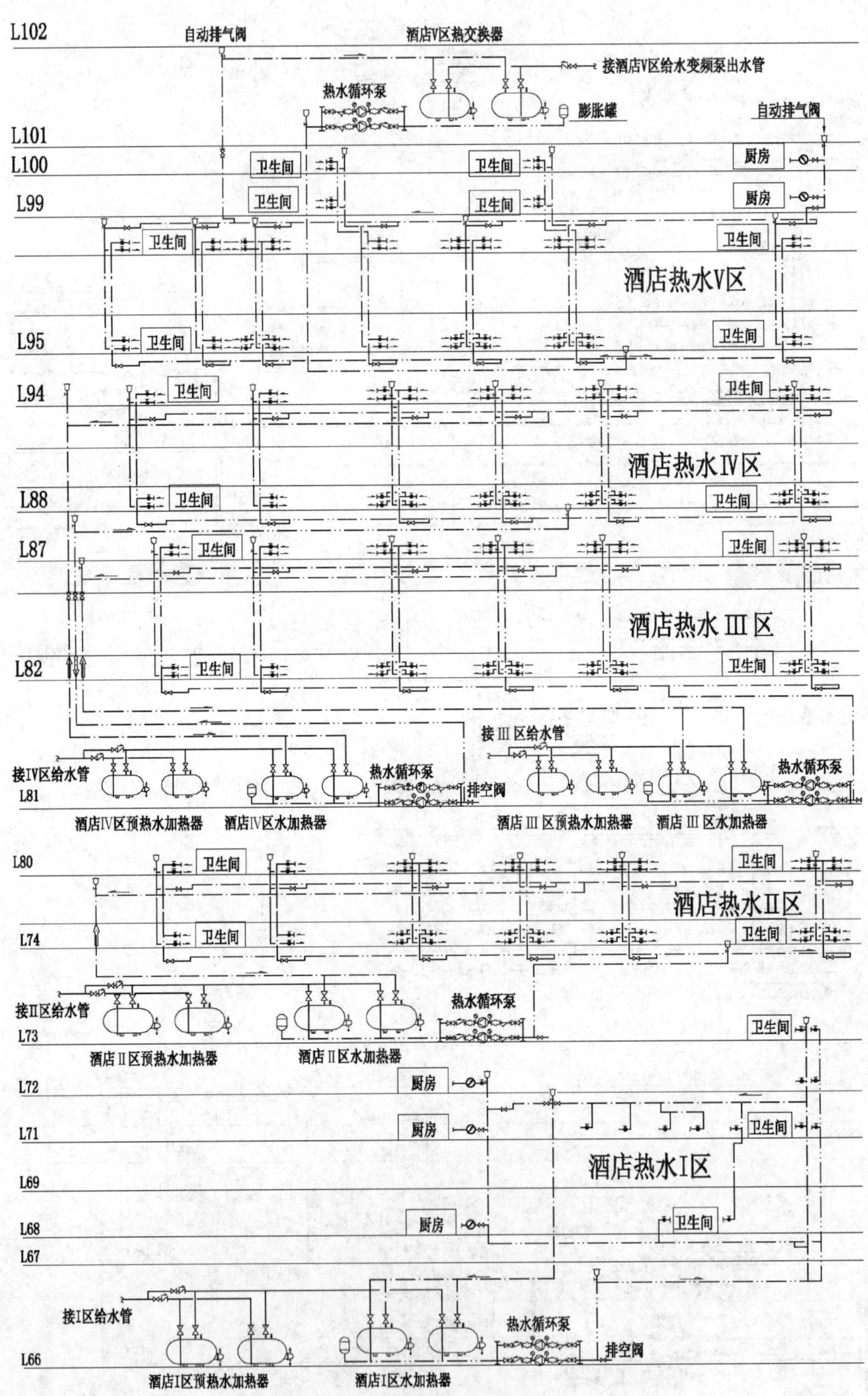
L102
自动排气阀
酒店V区热交换器
接酒店V区给水变频泵出水管
热水循环泵
膨胀罐
自动排气阀
L101
L100
卫生间
厨房
L99
酒店热水V区
L95
L94
酒店热水IV区
L88
L87
酒店热水 III 区
L82
接III区给水管
接IV区给水管
热水循环泵
排空阀
L81
酒店IV区预热水加热器
酒店IV区水加热器
酒店 III 区预热水加热器
酒店 III 区水加热器
L80
酒店热水II区
L74
接II区给水管
L73
酒店 II 区预热水加热器
酒店 II 区水加热器
L72
L71
酒店热水I区
L69
L68
L67
接I区给水管
L66
酒店I区预热水加热器
酒店I区水加热器

酒店热水系统原理图

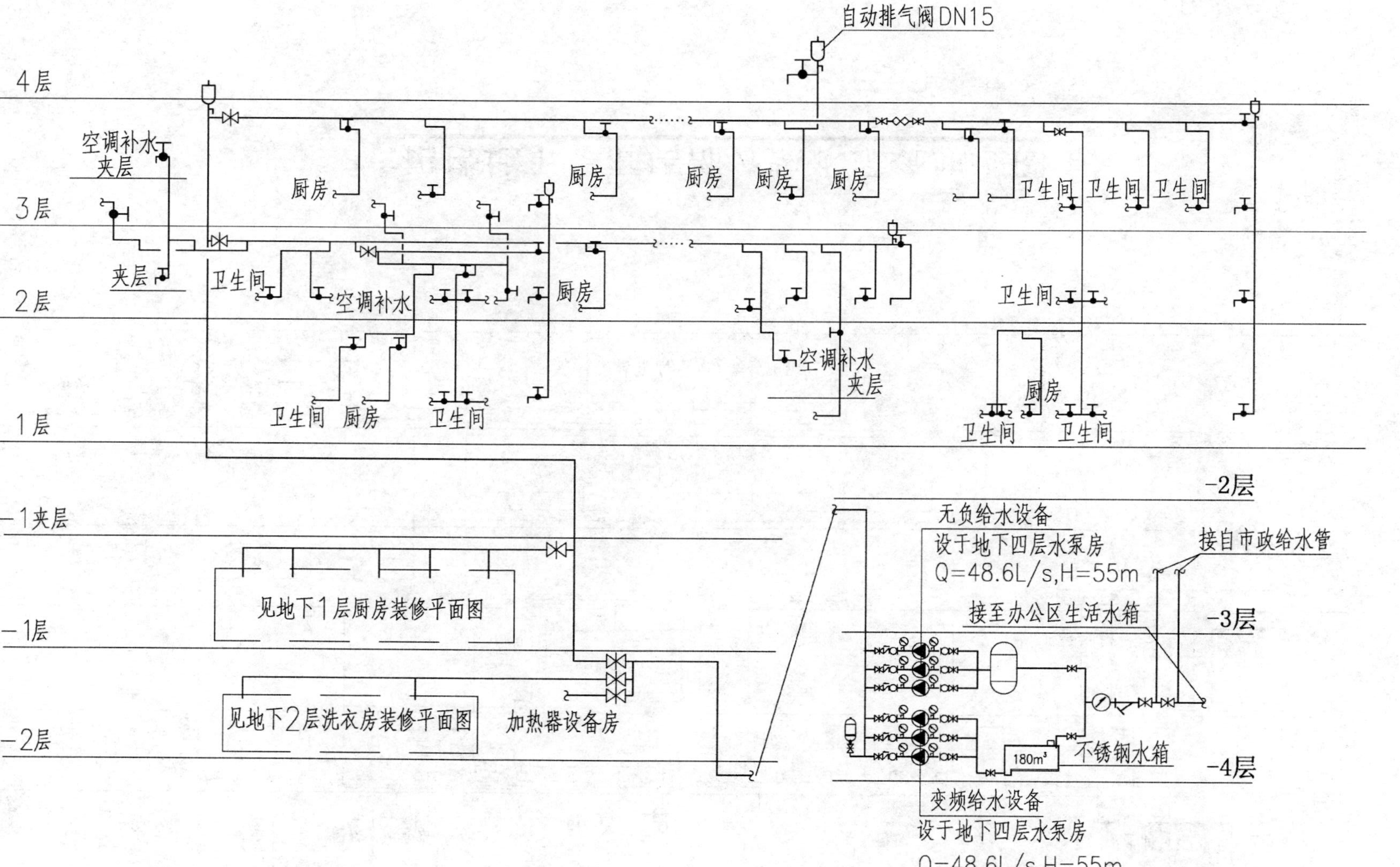

裙楼地下层酒店部分给水系统原理图

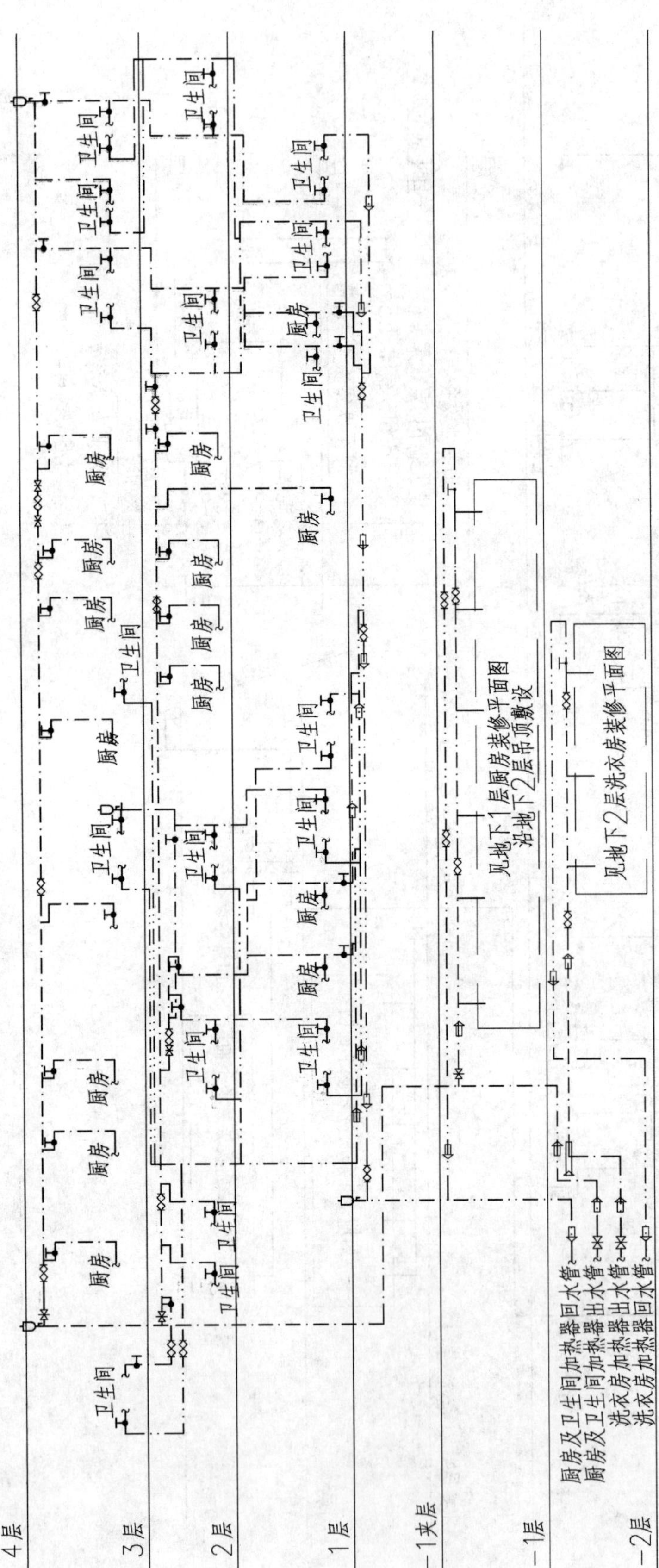

裙楼地下层酒店部分热水系统原理图

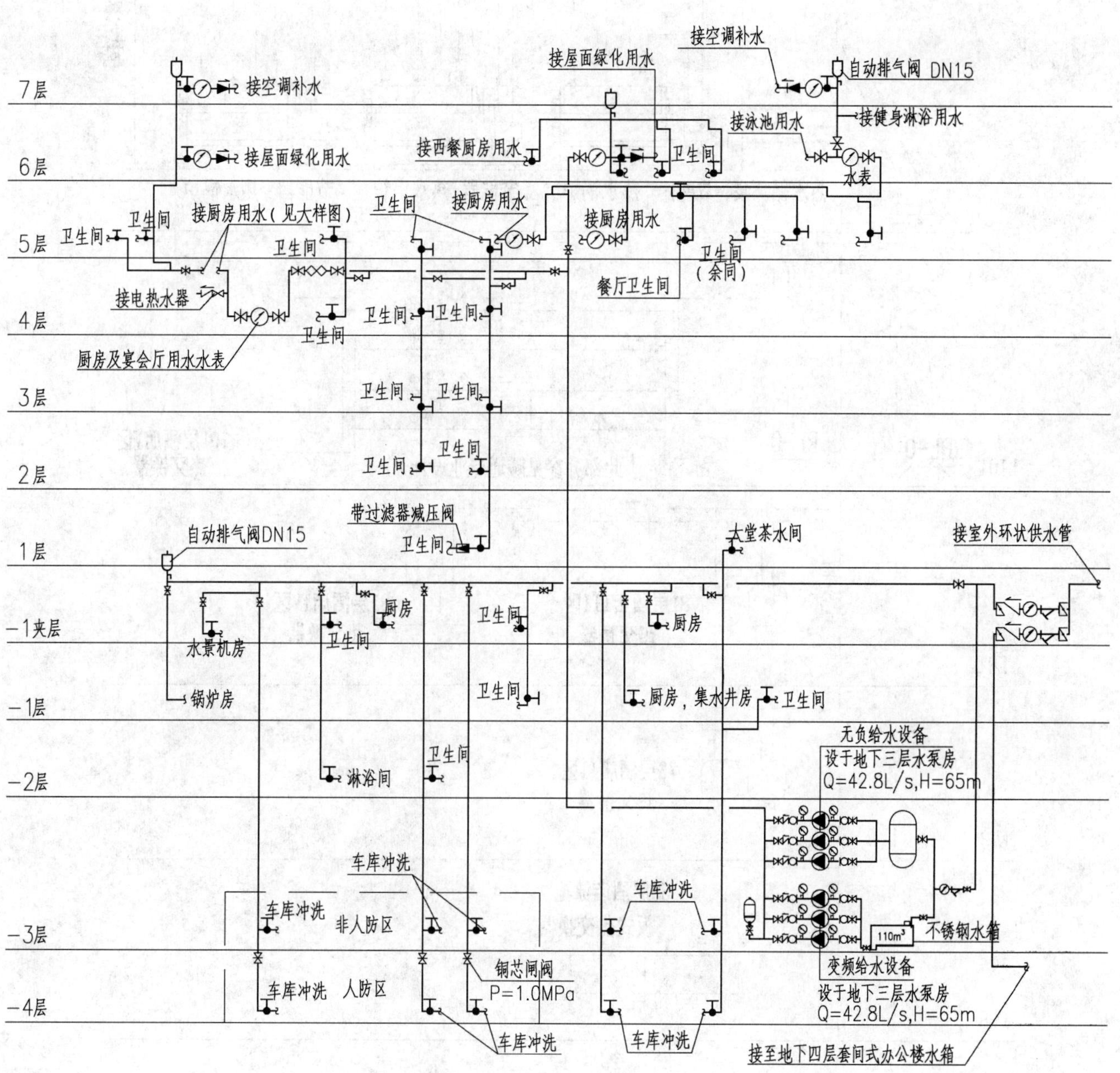

裙楼非酒店部分给水系统原理图

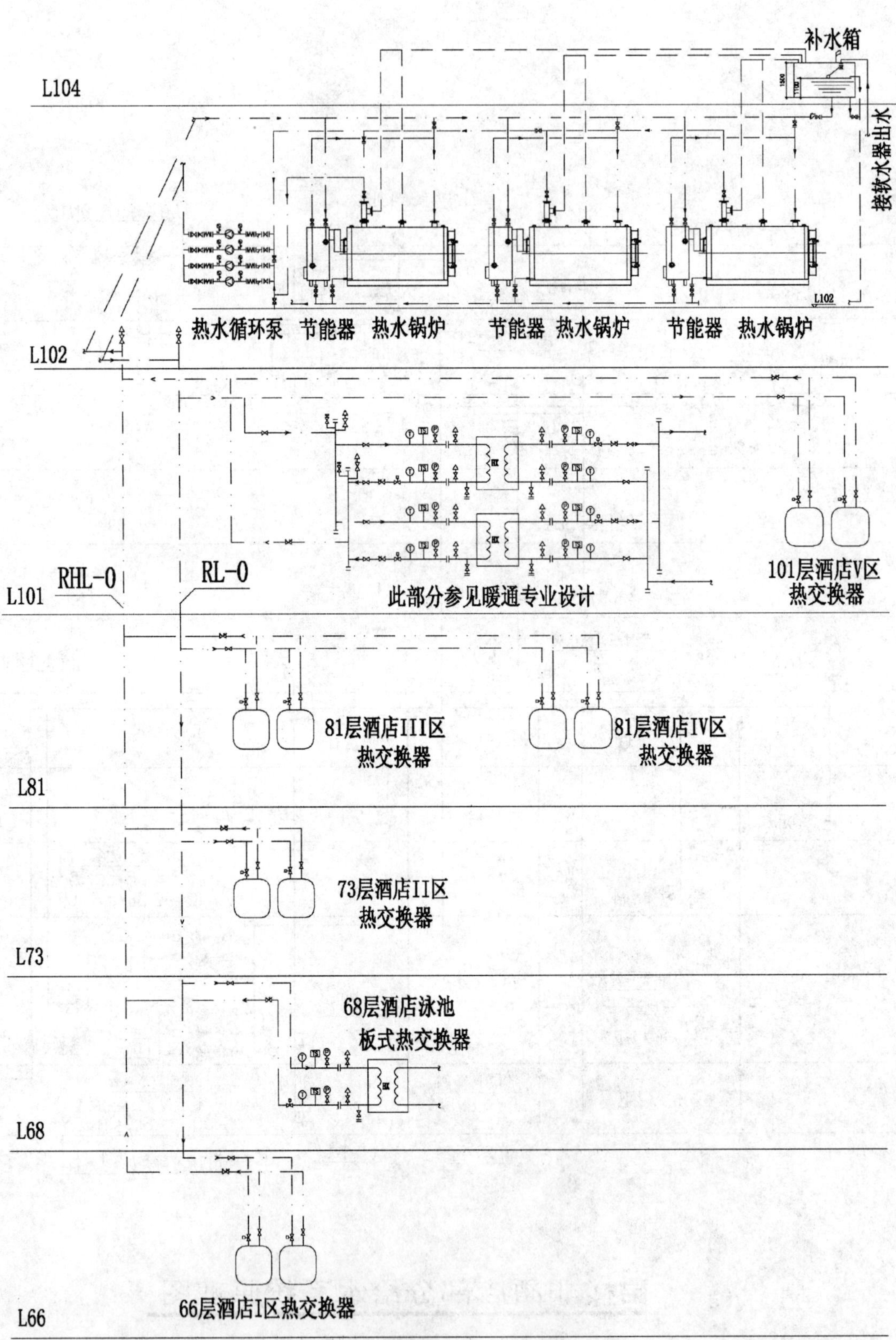

补水箱
L104
接软水器出水
L102
热水循环泵
节能器
热水锅炉
节能器
热水锅炉
节能器
热水锅炉
L102
L101
RHL-0
RL-0
此部分参见暖通专业设计
101层酒店V区
热交换器
81层酒店III区
热交换器
81层酒店IV区
热交换器
L81
73层酒店II区
热交换器
L73
68层酒店泳池
板式热交换器
L68
66层酒店I区热交换器
L66

热媒系统原理图

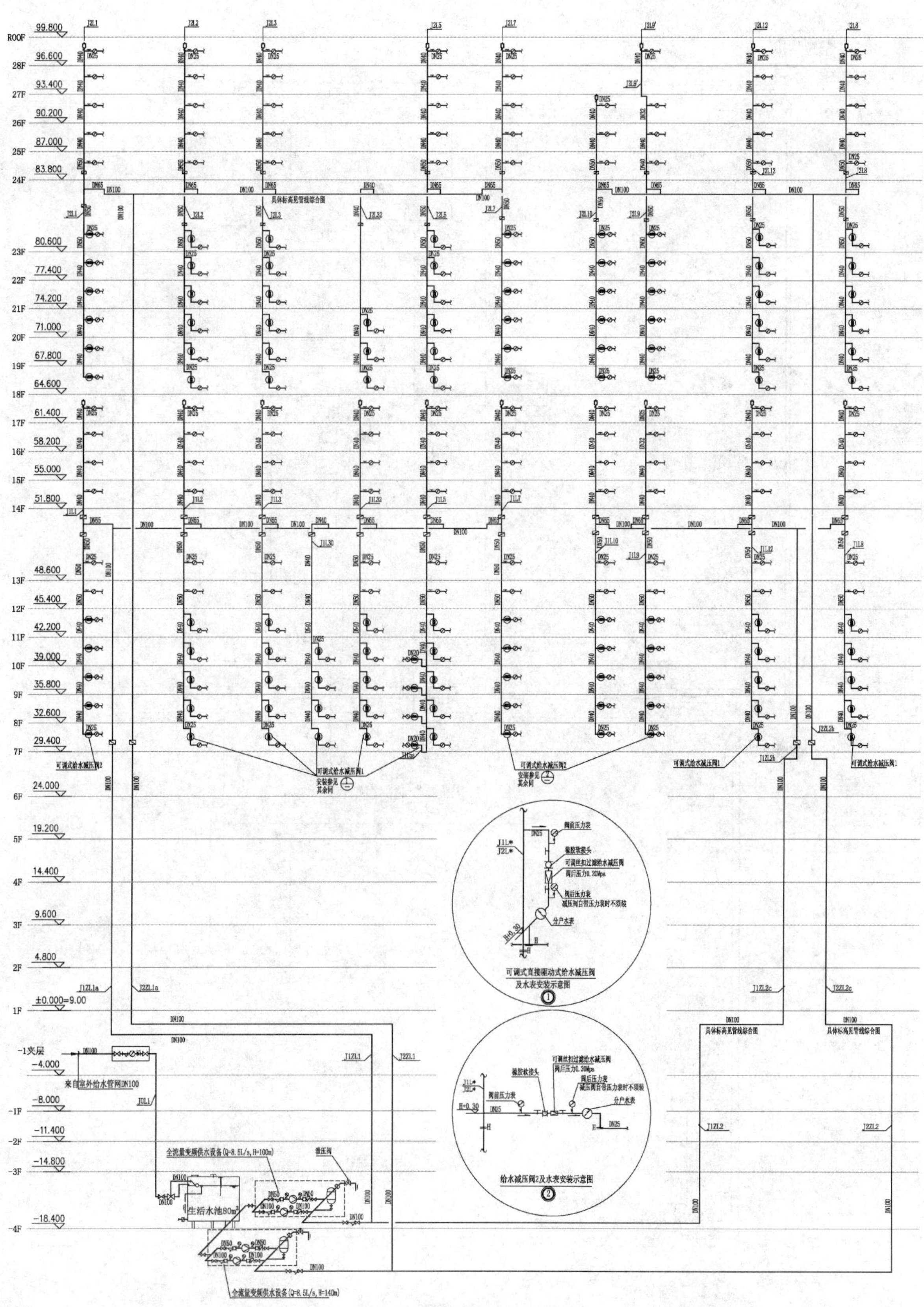

给水系统原理图(套间式办公楼)

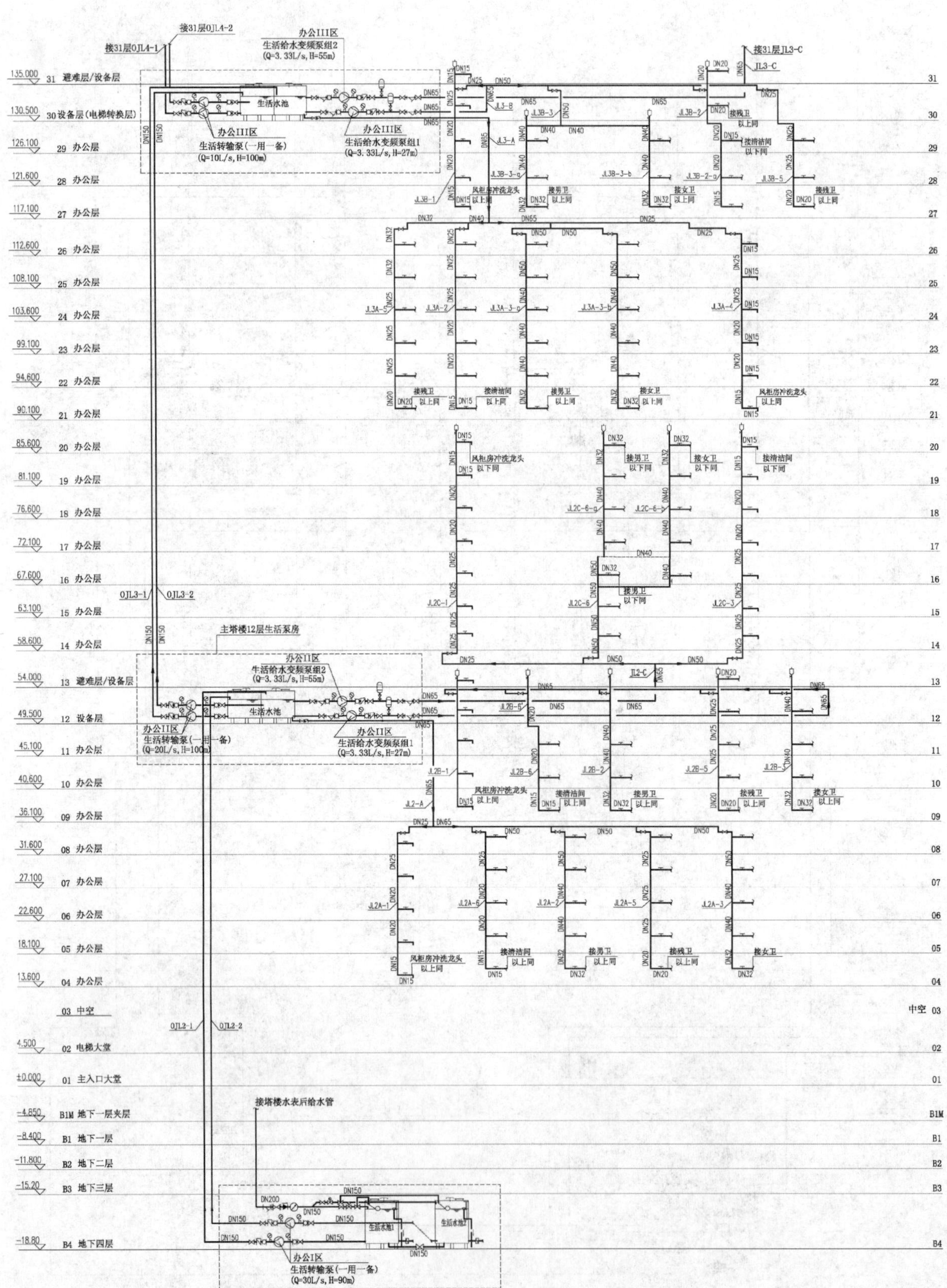

主塔楼办公区给水系统原理图(一)

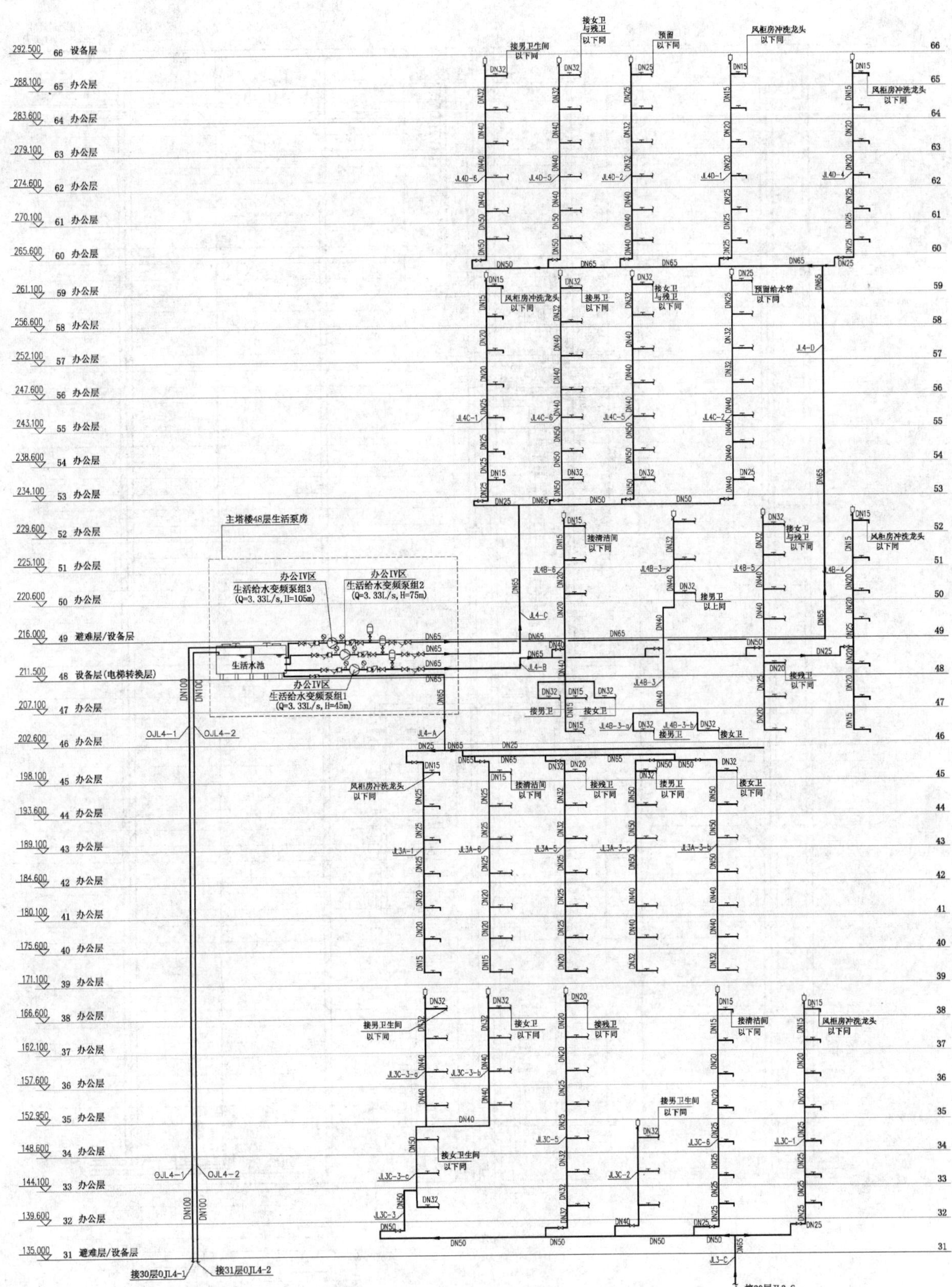

主塔楼办公区给水系统原理图(二)

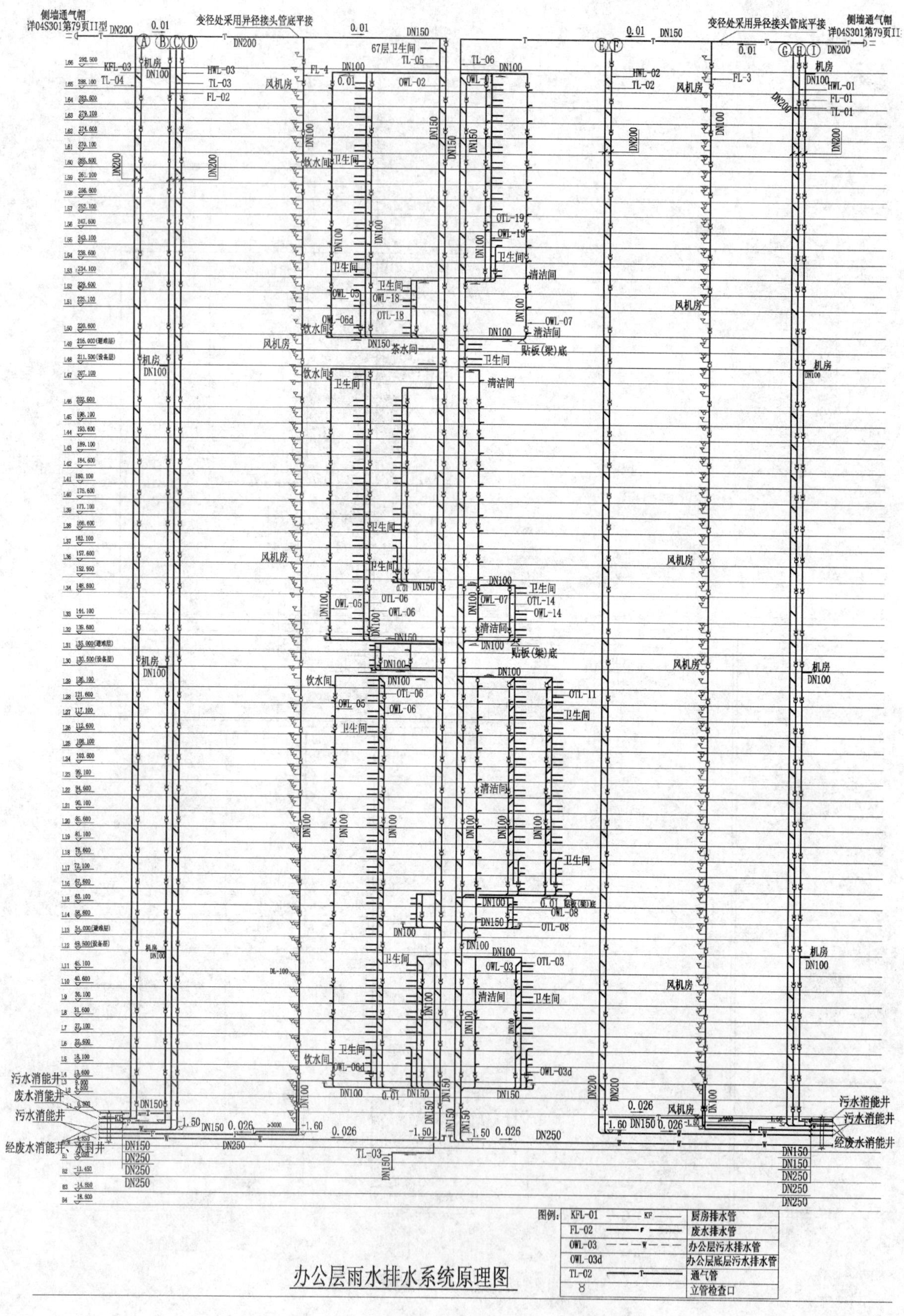

办公层雨水排水系统原理图

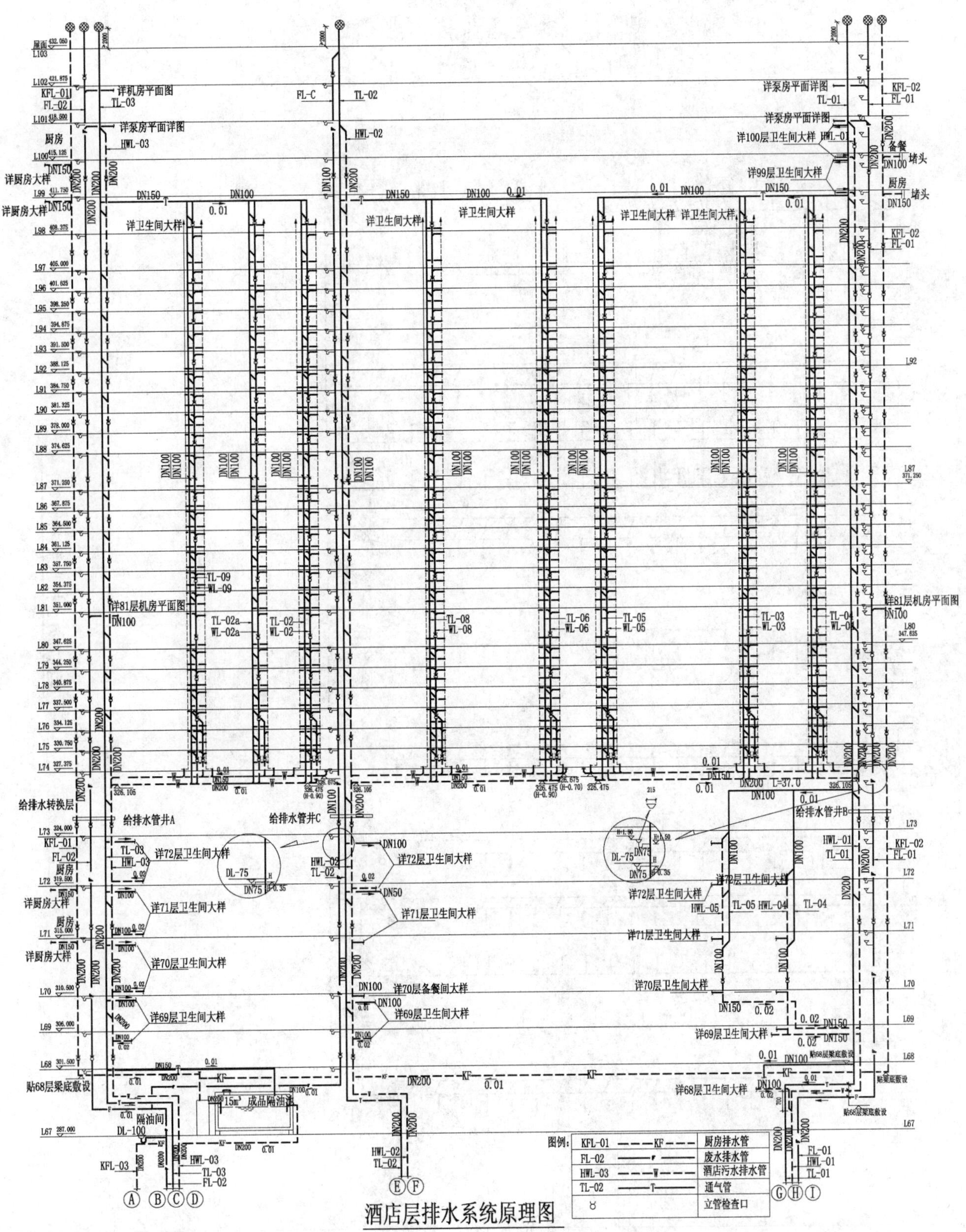

酒店层排水系统原理图

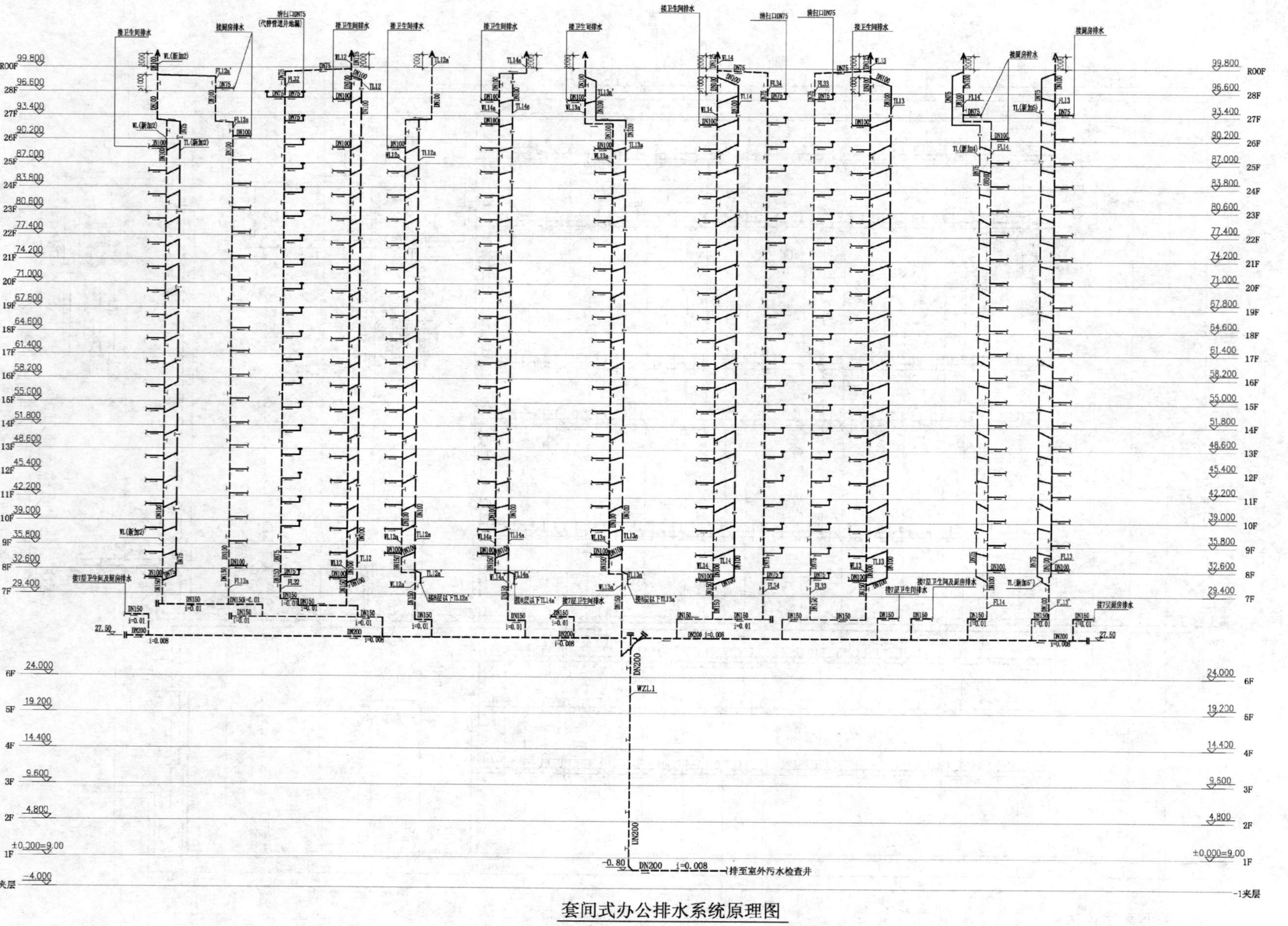

套间式办公排水系统原理图

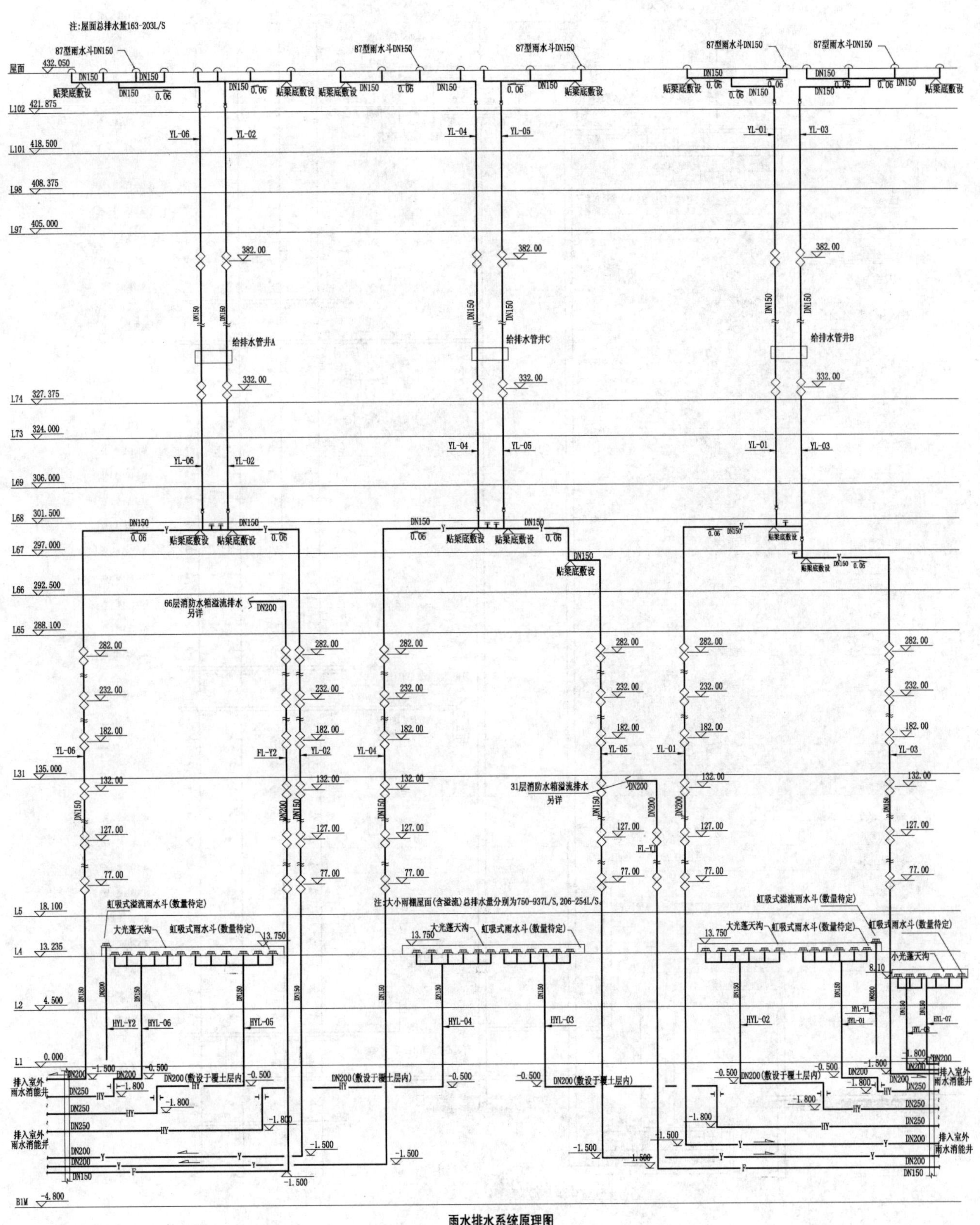
注:屋面总排水量163-203L/S
87型雨水斗DN150
屋面 432.050
贴梁底敷设
L102 421.875
L101 418.500
L98 408.375
L97 405.000
YL-06
YL-02
YL-04
YL-05
YL-01
YL-03
382.00
给排水管井A
给排水管井C
给排水管井B
332.00
L74 327.375
L73 324.000
L69 306.000
L68 301.500
L67 297.000
L66 292.500
L65 288.100
66层消防水箱溢流排水
另详
282.00
232.00
182.00
L31 135.000
132.00
127.00
77.00
31层消防水箱溢流排水
另详
FL-Y2
FL-Y1
L5 18.100
虹吸式溢流雨水斗(数量待定)
大光蓬天沟
虹吸式雨水斗(数量待定)
13.750
注:大小雨棚屋面(含溢流)总排水量分别为750-937L/S,206-254L/S。
L4 13.235
小光蓬天沟
8.10
L2 4.500
HYL-Y2
HYL-06
HYL-05
HYL-04
HYL-03
HYL-02
HYL-Y1
HYL-01
HYL-07
L1 0.000
-0.500
-1.500
-1.800
DN200(敷设于覆土层内)
排入室外
雨水消能井
DN150
DN200
DN250
B1M -4.800

雨水排水系统原理图

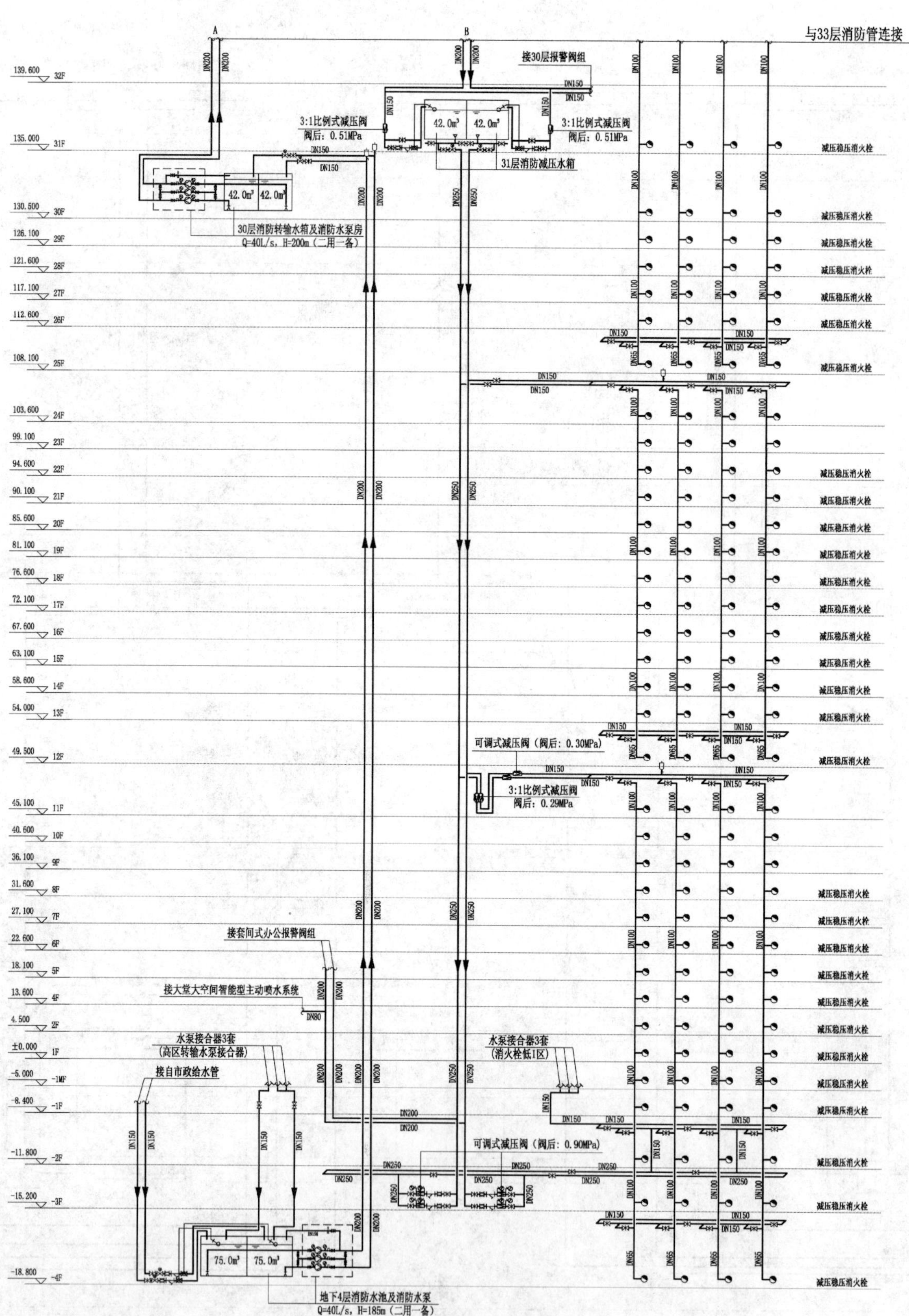

主塔楼室内消火栓给水系统简图（一）

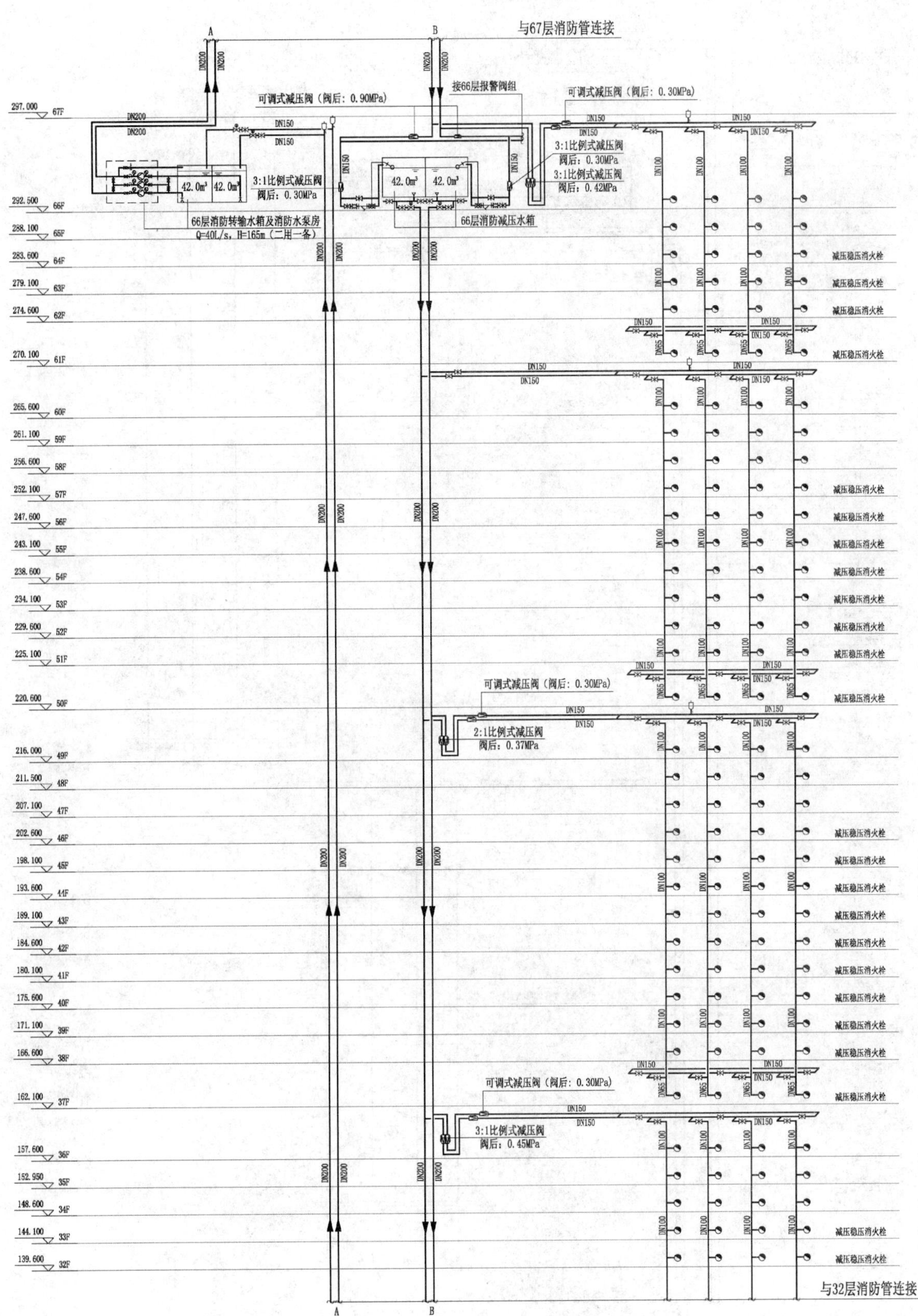

主塔楼室内消火栓给水系统简图（二）

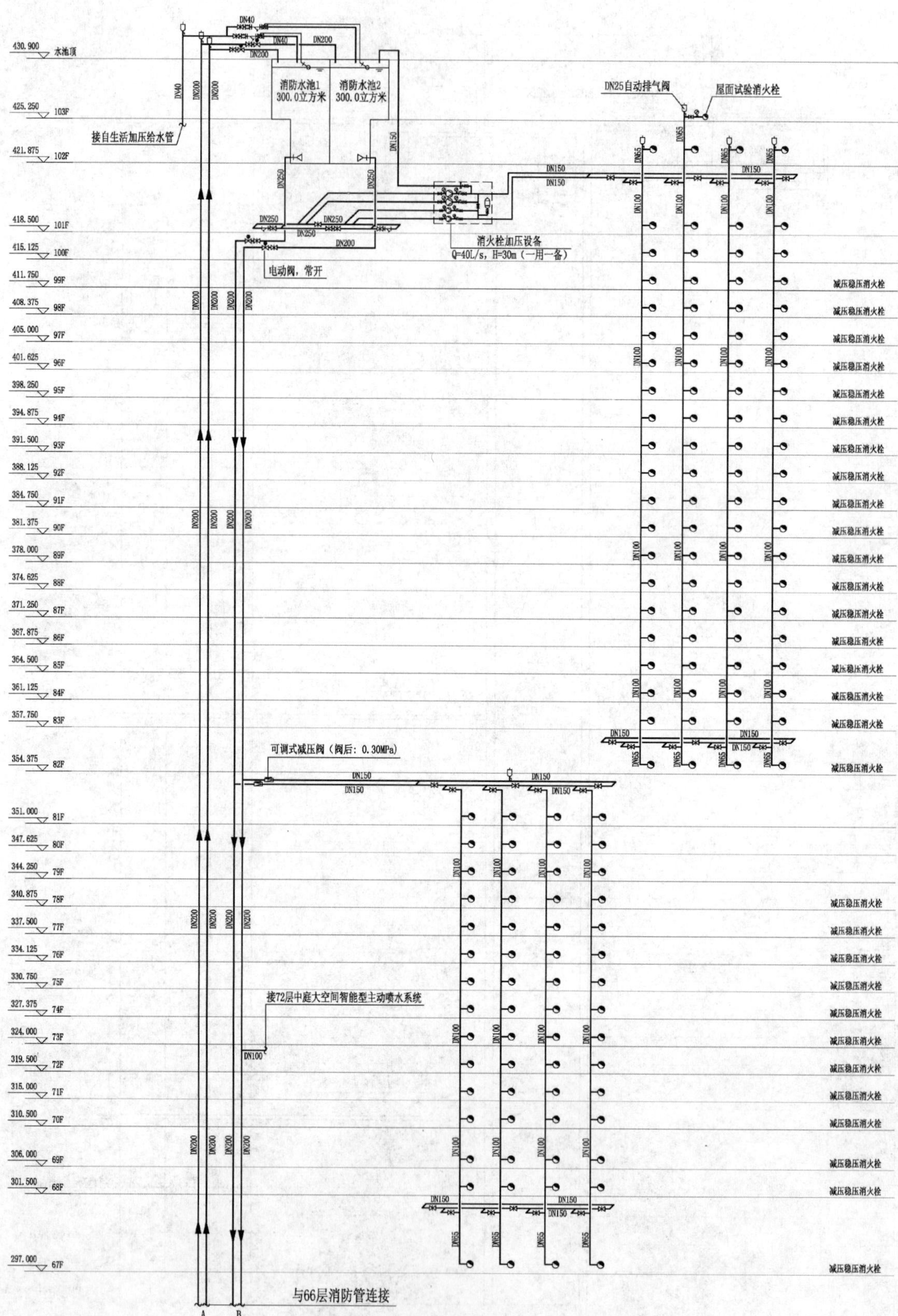

主塔楼室内消火栓给水系统简图（三）

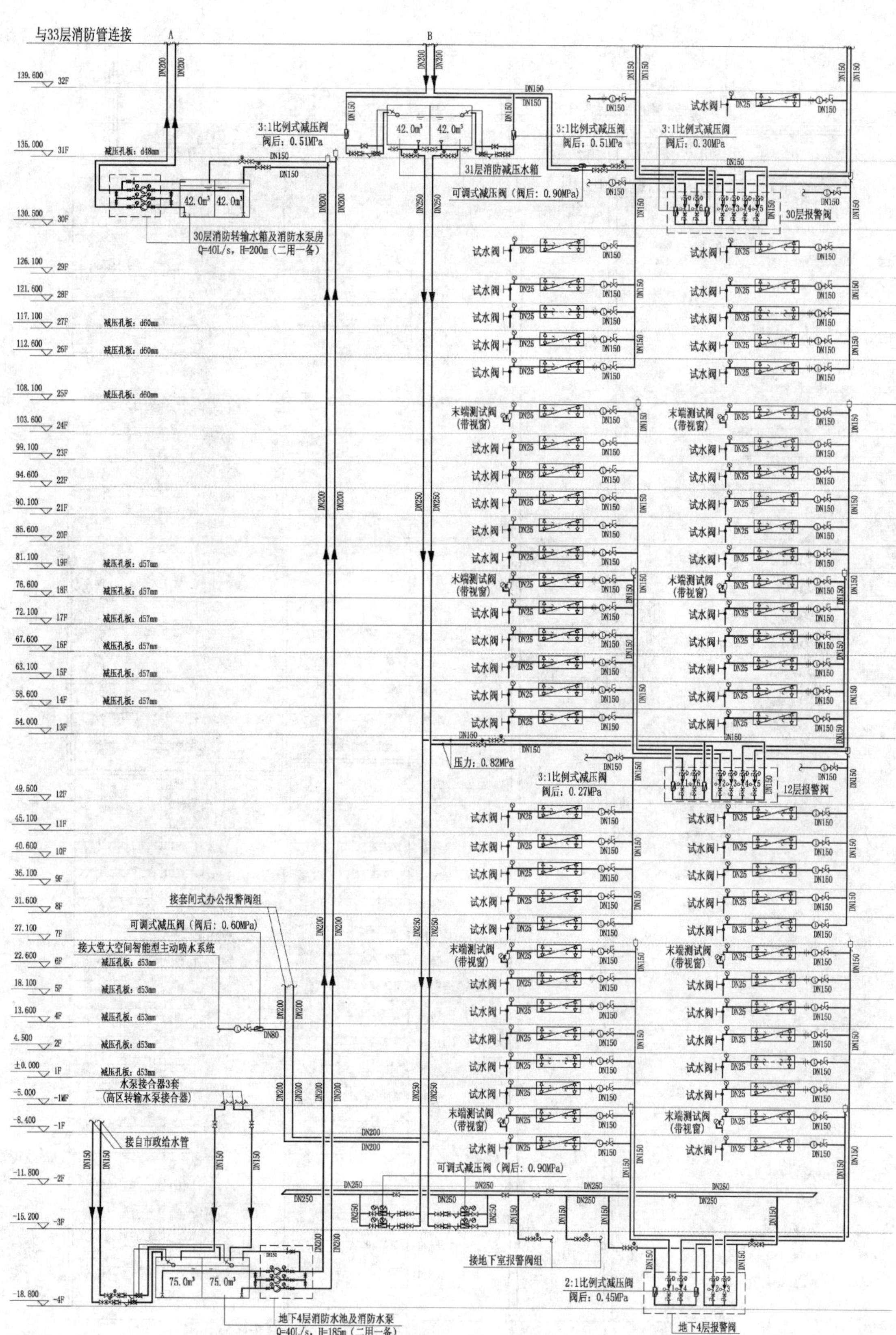

主塔楼自动喷水灭火系统简图（一）

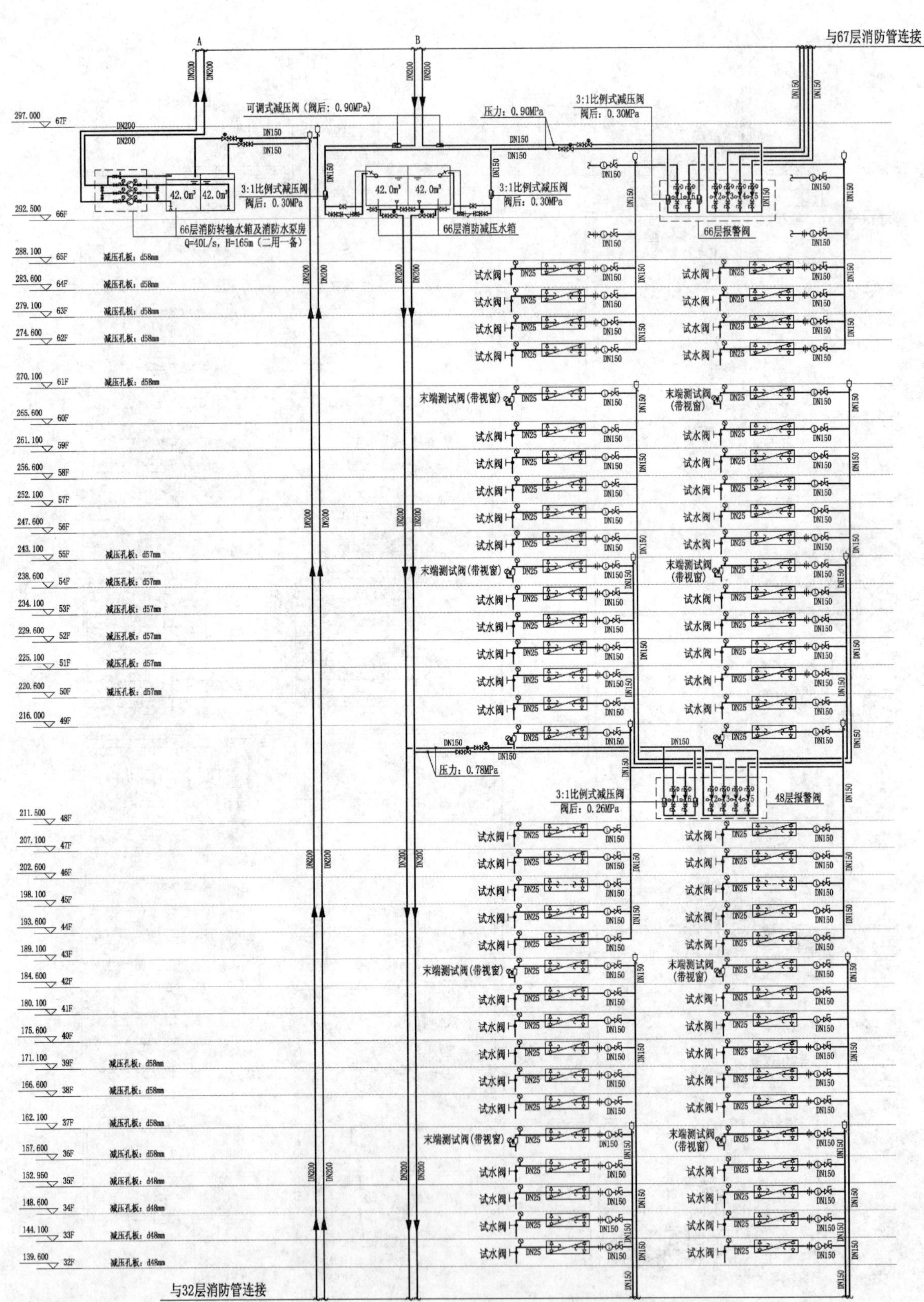

主塔楼自动喷水灭火系统简图（二）

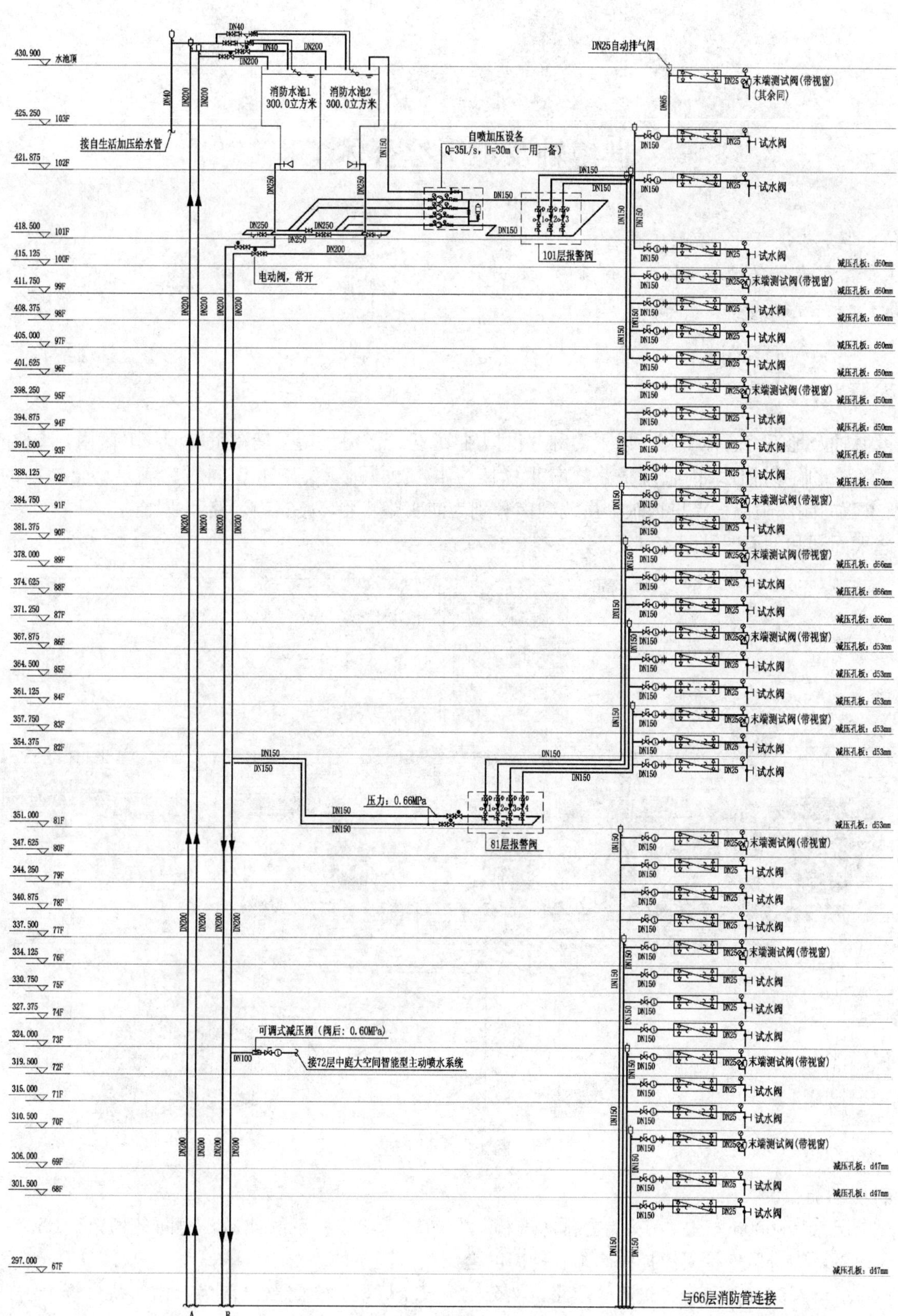

主塔楼自动喷水灭火系统简图（三）

世博轴及地下综合体工程

设计单位：华东建筑设计研究院有限公司
设 计 人：梁葆春　冯旭东　孟可　徐莉娜　赵丹丹　谭奕
获奖情况：公共建筑类　一等奖

工程概况：

1. 世博轴及地下综合体工程（以下简称“世博轴”）位于上海世博会浦东世博园核心区内，东临上南路，西临园三路，北临黄浦江，南临耀华路，南北总长约 1045m，地上宽 80m。同时为满足整个园区的功能需求，4 条东西向园区道路横跨世博轴，由北到南分别为浦明路、北环路、南环路和雪野路。

2. 总平面图和剖面图见图 1、图 2。

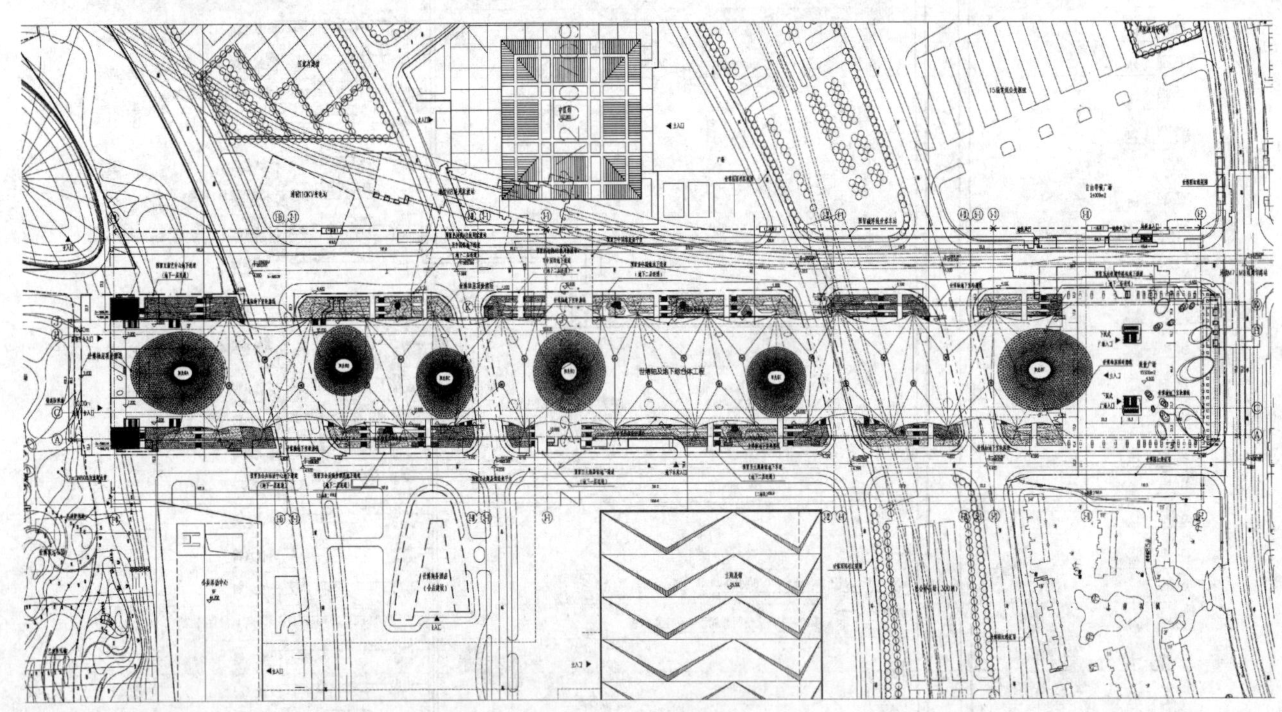

图 1　总平面图

3. 各层功能：

（1）二层（10.000m 标高）：功能为排队安检，与园区高架步行系统连通，通向各场馆，10m 平台以上为膜结构顶篷，为排队安检人流提供遮阳、挡雨的全天候入园条件。

（2）一层（4.500m 标高）：被市政道路自然分割成五个区段，雪野路以南为自由等待广场，雪野路、南环路之间为应急、VIP、残疾人安检入口广场，南环路以北区段主要功能为各类服务设施，并且留出大量半开敞空间供人流休息。

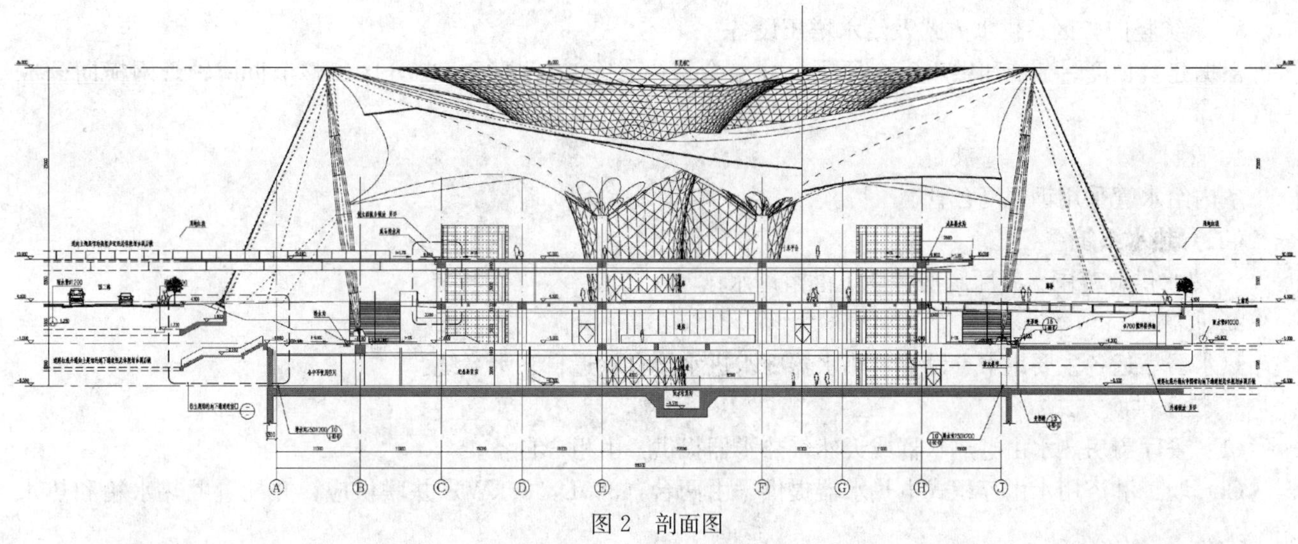

图2 剖面图

(3) 地下一层（－1.00m 标高）：主要功能为各类服务设施、集中管理设施间，并且留出大量空间供人流休息。地下一层东西两侧设草坡绿化从城市道路坡向－1.00，为地下空间创造了自然采光通风。

(4) 地下二层（－6.500m 标高）：主要功能为地下入园安检大厅、通廊、各类运营管理服务设施及各设备机房，是连接地下轨道交通及各大场馆的地下主要通道。

(5) 地下三层（－10.700m、－15.60m 标高）：位于工程的南端，是为世博会后预先建设的车库和设备机房层，在世博会中仅完成结构工程和人防工程，待世博会后结合功能改建一并设计施工。世博会期间封闭，不使用。

一、给水排水工程

(一) 给水系统

1. 生活用水量见表1。

生活用水量 **表1**

序号	用水类别	最高日用水定额	使用人数或单位	使用时间(h)	时变化系数	用水量 最高日(m^3/d)	最大时(m^3/h)	平均时(m^3/h)	备注
1	游客	3L/人次	185000 人次	10	1.5	555	83.25	55.5	
2	餐饮	25L/人次	24741 人次	10	1.5	618	92.7	61.8	
3	员工	50L/(人·d)	1000 人	10	2.0	50	10	5	
4	绿化	2L/(m^2·d)	36400m^2	10	1.5	72.8	10.9	7.3	
5	小计					1296	197	127	
6	未预见水量					129.6	19.7	12.7	10%
7	合计					1426	217	140	

注：1. 本项目冲厕和绿化浇灌等采用雨水回用水，考虑较长时间不下雨情况，最高用水量拟按全部由市政管网供应计算；

2. 未预见水量包含冲洗道路、地坪等用水。

2. 水源

水源利用城市管网的给水管。引入管处自来水水压不低于 0.16MPa。根据本项目的要求，拟从上南路、浦明路和雪野路分别引入一根给水管，根据消防要求，进水管管径为 *DN*300，在基地内形成 *DN*300 环网。生活用水管接自室外环网，管径分别为 *DN*50～*DN*70，共 15 路进户管，总体上设 *DN*300 总水表三只。在各用户处设分水表计量。

3. 系统竖向分区、供水方式及给水增压设备

根据建筑长度、节能和供水安全原则，并结合楼内各个功能进行横向分区。整个世博轴管网横向分成三区。

4. 管材

室内给水管采用钢塑复合管。

（二）热水系统

1. 热水供应范围：餐厅厨房、职工淋浴用水。

2. 水源

热水器靠近各主要用水点设置，热水器冷水进水接自就近自来水系统。

3. 热水供应方式：

（1）餐厅厨房热水由电热水器或天然气热水器提供，由租户自备。

（2）职工淋浴用水由容积式电热水器提供，由两台（300L，20kW）并联供应，并配置贮热水箱和热水循环泵。

4. 管材

室内热水管采用不锈钢管。

（三）雨水回用水系统

1. 回用水量表、水量平衡

雨水回用水主要用于冲厕、道路冲洗和绿化浇洒用水等，水质标准符合《城市污水再生利用 城市杂用水水质》GB/T 18920—2002 的规定。由于降雨的不确定性，为保证给水供应，在回用水箱上设置自来水补水装置，不足部分由城市自来水补充。

回用水源选用膜屋面优质雨水排水。

雨水回用水量计算见表 2。

雨水回用水量 **表 2**

序号	用水类别	生活用水量			雨水回用比例	雨水回用用水量			备注
		最高日（m^3/d）	最大时（m^3/h）	平均时（m^3/h）		最高日（m^3/d）	最大时（m^3/h）	平均时（m^3/h）	
1	游客	555	83.25	55.5	60%	333	50	33.3	主要为冲厕用水
2	餐饮	618	92.7	61.8	5%	30.9	4.6	3.1	
3	绿化	72.8	10.9	7.3	100%	72.8	10.9	7.3	
4	未预见水量	129.6	19.7	12.7	60%	77.8	11.8	7.6	主要为冲洗地面用水
5	合计					515	77	51	

水量平衡：本项目地下雨水沟渠主要用于调蓄排放，其容积远远大于雨水回用水量，雨水处理及回用仅利用其部分容积，平时超过一定水位或超过一定贮存时间即采用雨水排水泵排出。

2. 系统分区

世博轴南北向长度近千米，根据节能和供水安全原则，整个世博轴雨水回用水管网分成四区。

3. 供水方式及给水加压设备

各区水泵均采用变频调速运行方式，分别为一区三台（Q=16.8m^3/h，H=38m，两用一备）、二区三台（Q=17.4m^3/h，H=38m，两用一备）、三区三台（Q=19.8m^3/h，H=38m，两用一备）、四区三台（Q=23.4m^3/h，H=37m，两用一备），并设稳压罐。为防止污染，杂用水供水管网和自来水供水管网严格分开。

自来水补水采用间接方式。

处理设施按分区设置在地下二层设三个雨水泵房，在地下三层设一个雨水泵房，同时供会后使用。每个水处理设施处理能力为 $20m^3/h$。处理后的雨水日设计用水量为 $678m^3/d$。目前雨水处理机房设计处理水量为 $80m^3/h$，可在 8h 左右将日用水量处理完毕。雨水处理机房典型平面布置见图 3。

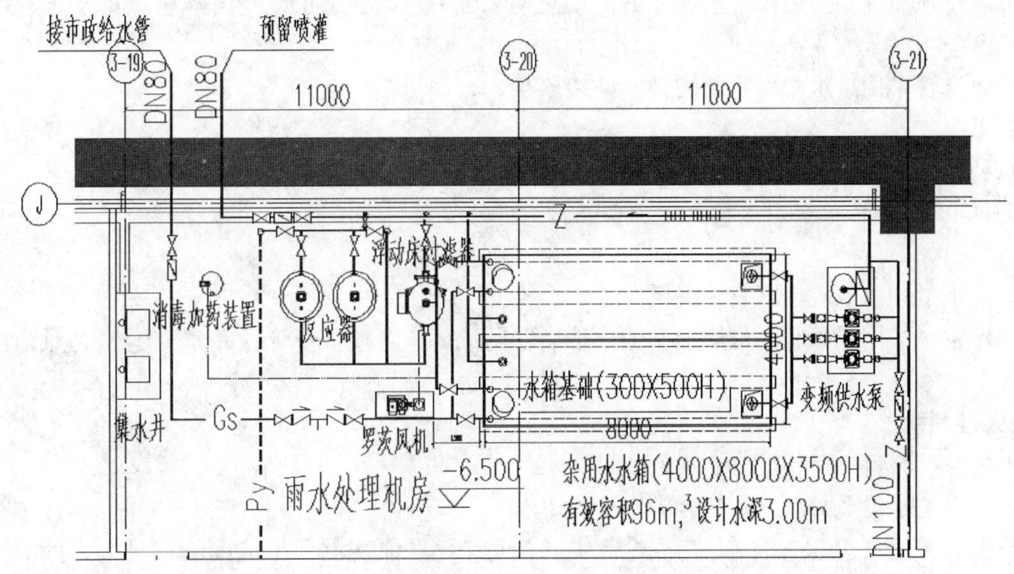

图 3　雨水处理机房平面图

4. 水处理工艺流程

本着效果可靠、节省投资及方便操作的原则，本项目选择了次氯酸钠消毒剂。加药装置为自动控制，由系统电控柜统一控制，正常条件下与过滤器过滤过程联动。雨水处理工艺流程见图 4。

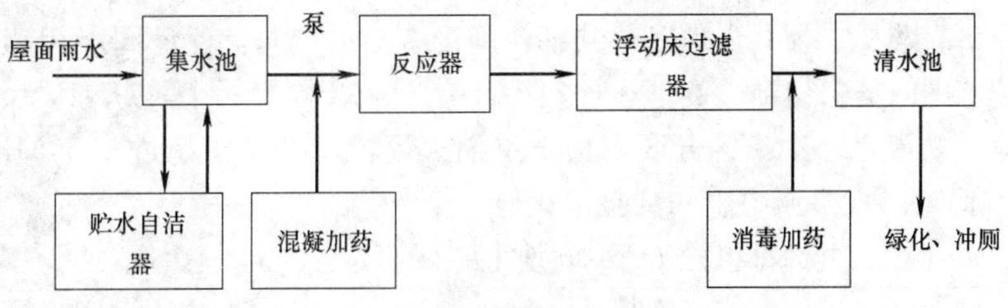

图 4　雨水处理工艺流程

5. 管材

雨水管采用涂塑钢管及配件，沟槽式连接。

（四）排水系统

1. 排水系统的形式

由于室内生活污水无法重力排至室外，室内污、废水采用合流制。室外采用雨、污水分流系统，污水排入城市污水管，雨水排入城市雨水管。

2. 透气管的设置方式

设主通气立管和环形通气管。

3. 采用的局部污水处理设施

室内污水均重力自流排入地下集水井，采用潜水排污泵加压提升至室外污水管。生活污水在总体局部汇总后，通过排水监测井多路就近排入市政污水管网。

营业性餐厅的厨房含油废水经隔油器处理后，排入生活污水管道，隔油器根据厨房布置区域，集中设在附近的专用隔油间内，共设置五处，处理能力合计为 90m³/h。为防止餐厅厨房排水混有粗大杂质，造成系统堵塞，在油水分离装置前增加机械格栅，自动清理垃圾。

地下层机房及地面废水通过排水沟或地漏汇集至集水坑。空调凝结水设专用排水管间接排至集水坑。

4. 管材

排水管、通气管采用排水塑料管及配件，粘接连接。

二、消防系统

消防水源利用城市自来水，从上南路、浦明路和雪野路分别引入一根给水管，进水管管径为 *DN*300，在基地内形成 *DN*300 环网。每根引入管上设总水表。

设计消防水量如下：

室内外消防水量均由市政管网直接提供。

室外消火栓系统采用低压制，世博轴基地内消防管网成环布置，干管管径 *DN*300。世博轴沿两侧斜坡绿化布置多套地上式室外消火栓。

(一) 消火栓系统

室外消火栓系统水量 30L/s。

室内消火栓系统水量 20L/s；火灾延续时间为 2h。

由于建筑南北长度长达近一千米，为安全起见，使每个消防泵房的保护范围不致过大，世博轴采用分区设置消防系统原则，世博轴横向分为三个分区，每个分区系统单独设置消防水泵房，系统为稳高压制，静水压力不大于 1.0MPa 要求。各分区管网均为环状，以保证供水的可靠性。

各区消防给水由消火栓泵从市政管网直接吸水，经两根 *DN*150 的干管供至环管。消防泵房位于地下二层，内设消火栓泵两台，一用一备，Q=20L/s，H=50m；消防稳压泵两台，一用一备，Q=5L/s，H=55m；稳压罐一只，V=300L。

建筑内各层的出入口、楼梯、公共走道等公共部位均设有消火栓箱，保证同层相邻两个消火栓水枪的充实水柱同时达到被保护范围内的任何部位。消火栓箱内设有 *DN*65 栓口一个，*DN*19 水枪一支、25m 长衬胶水龙带一根，及 *DN*25 消防卷盘一个。各分区内地下层消火栓栓口处动压超过 0.50MPa 处，设减压稳压消火栓。各区在 10.000m 高架层设带压力表的试验消火栓一个。

室外设消火栓水泵接合器三组，每组设 *DN*100 地上式两套。

消防管采用热镀锌钢管，丝扣或沟槽式连接。

(二) 自动喷水灭火系统

火灾危险等级　　　中危险级Ⅱ级；

设计喷水强度　　　8L/(min·m²)；

作用面积　　　　　160m²；

最不利处喷头工作压力　0.1MPa；

自动喷水灭火系统水量36L/s；

世博轴采用三个自动喷水灭火系统，系统为稳高压制。

各区喷淋给水由喷淋泵从市政管网直接吸水，经两根 *DN*200 的干管供至报警阀前环管。消防泵房位于地下二层，内设喷淋泵两台，一用一备，Q=36L/s，H=52m；喷淋稳压泵两台，一用一备，Q=1L/s，H=57m；稳压罐一只，V=150L。

本建筑除柴油发电机及日用油箱间、电气设备用房、公共卫生间、给水排水及空调机房外，均设喷淋系统保护。其中地下通廊因与室外大气连通，喷淋系统采用预作用系统，其他部分采用湿式系统。喷淋泵合用，喷淋供水干管经湿式报警阀和预作用阀后供至各自喷淋管网。阀前管网为环状，管径为 *DN*200。

地下的商业用房布置快速响应喷头。吊顶下使用隐蔽型或下垂型喷头，其余场所使用直立型喷头。闭式喷头公称动作温度，除用于保护厨房、热水器间选用 93℃外，其余场所室内选用 68℃玻璃球喷头、敞开通道选用直立型和干式下垂型喷头。各层、各防火分区分别设水流指示器及信号阀各一只。每组报警阀最不利处设置末端试水装置，其他防火分区、楼层最不利处均设置 *DN*25 试水阀。

室外设喷淋水泵接合器三组，每组设 *DN*150 地上式三套。

(三) 气体灭火系统

地下室总配电室、柴油发电机房、主分控制中心等场所设置七氟丙烷气体自动灭火系统。因输送距离较长，本系统采用备压式七氟丙烷自动灭火系统。气体保护区采用组合分配全淹没方式，为管网灭火系统。各保护区域可能出现的最低环境温度为 5℃，可能出现的极端最高环境温度为 45℃，设计计算温度为 20℃。针对不同保护对象，气体设计灭火浓度为 8%～9%，设计喷射时间为 8～10s，浸渍时间为 5～10min。系统采用自动和手动控制功能，并具备应急操作控制方式。

保护对象为 21 个区，采用 5 套组合分配系统，具体分布在地下二层。钢瓶间分别设置在三个消防泵房内，每个钢瓶间分别设置 90L 钢瓶 6～11 个、动力气瓶、驱动瓶组等。

三、工程特点介绍

(一) 雨水收集

世博轴及地下综合体工程的建筑形态特殊，雨水收集困难，屋面和斜坡绿化的雨水无法直接排至室外，如何及时有效地排水，是摆在给水排水专业上的一道难题，设计本着“内外、高低结合，有组织收集、排放”的原则，结合独特的建筑形态，利用阳光谷和膜结构顶下拉点收集雨水，并在地下二、三层设置大容量水渠及提升排放、雨水利用设施，多点分散排水。阳光谷和膜顶雨水收集方式分为阳光谷直接排至地下雨水沟渠、膜顶通过中心下拉点、外侧斜拉点桅杆排水、进阳光谷排水等多种方式，并采用非常规压力雨水斗(见图 5) 及可适应动态膜顶的雨水管道系统，满足设计重现期达到 50 年的雨水设计流量。设计中采用流体力学方法对排水系统进行了理论计算，并通过排水模拟试验进行验证，以保证安全可靠。

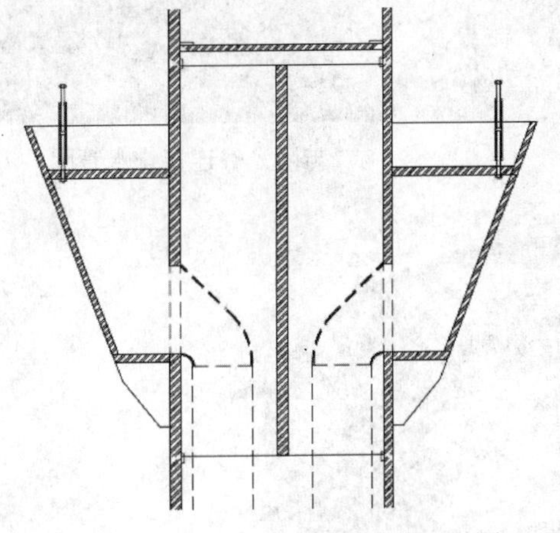

图 5　雨水斗构造

(二) 调蓄排放

由于市政雨水管网的排水能力一般只能满足设计重现期为 1～3 年的雨水设计流量。世博轴及地下综合体工程在地下设置的具有 7000m^3 的雨水沟渠，可供雨水排放调蓄、减轻城市雨水管网高峰排水压力。雨水沟渠可在暴雨来临之前全部或部分排空，来有效利用调蓄容积，使之发挥削峰减流的作用。平时超出一定水位时或超过一定贮存时间即采用雨水排水泵排出。

（三）雨水利用

雨水沟渠不仅可降低雨水径流量，而且可作为雨水回用的水源贮存。调蓄池内的雨水经不同处理工艺处理后，分别用于室外绿化浇灌、卫生器具冲洗及喷雾降温改善小气候，使雨水和绿化及其他杂用水形成一个循环，促进世博轴成为具有良好生态功能的景观工程。

（四）取水工程

在世博轴及地下综合体工程中，为了解决建筑总体上布置冷却塔对景观及飘水、排热、噪声等对环境的影响，空调系统决定采用江水源热泵系统。作为节能环保新技术的重要组成部分，世博轴取水工程是为了世博轴、世博中心及世博演艺中心的江水源热泵系统服务。取水工程包括取水头部、拦污格栅井、自流进水管、温升废水排出管、排放口等，设计取水规模为12000m^3/h。由于在民用空调系统中采用如此规模的直流冷却水系统案例极少，设计缺乏经验，同时地形条件复杂、景观要求很高，周边情况多变，设计在配合完成黄浦江水资源论证、温排水影响论证、满足取排水口不影响航运、航道的前提下，对取水头部选址、取排水总管布置及拦污格栅井等过滤装置、溢流井形式等难点问题，多次组织研究讨论及专家评审，最终协助江水源热泵系统成为上海世博会的一大亮点。

四、工程照片及附图

中心下拉点排水管图

与阳光谷连接排水管图

外侧下拉点排水管图

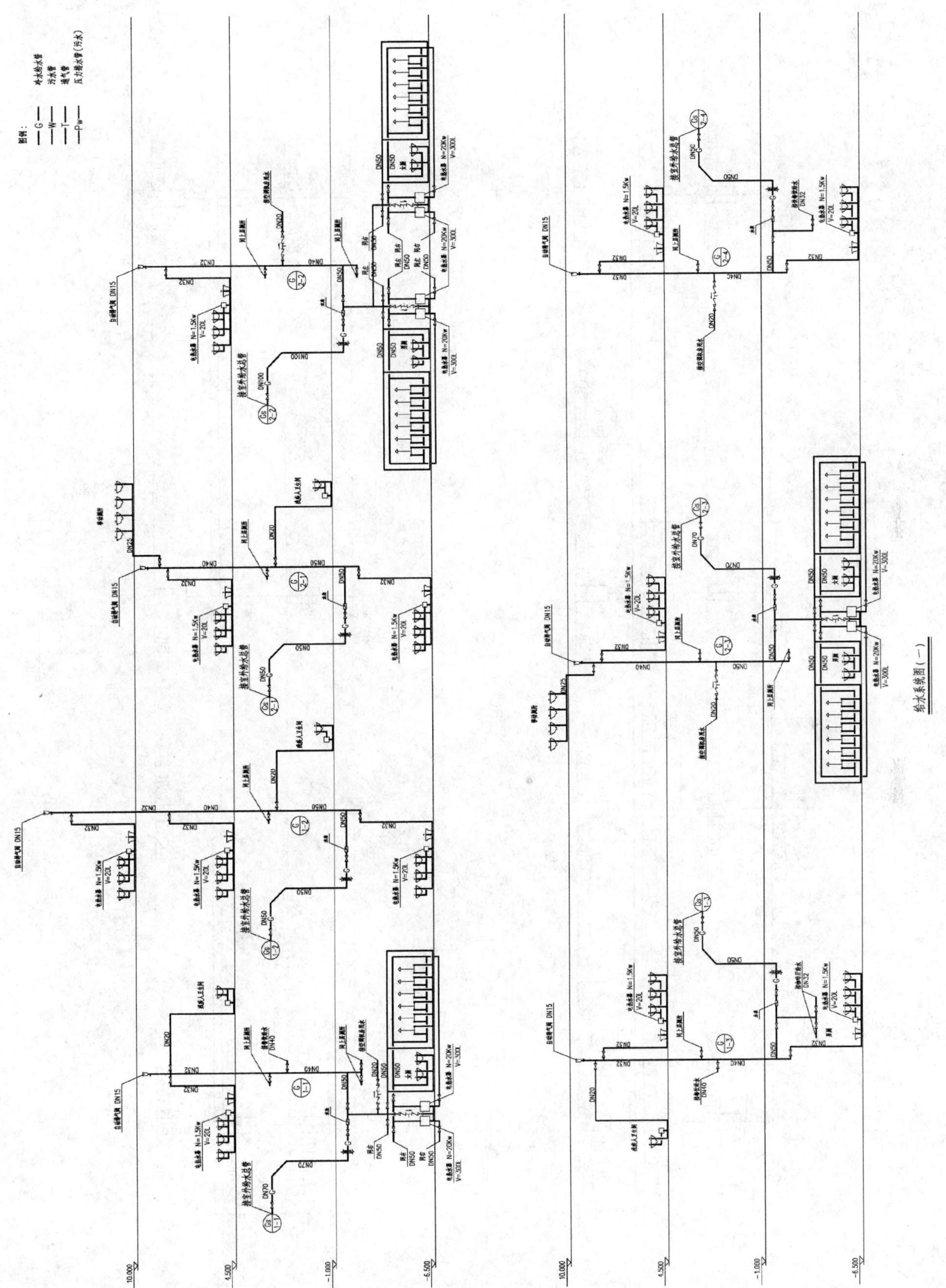

给水系统图（一）

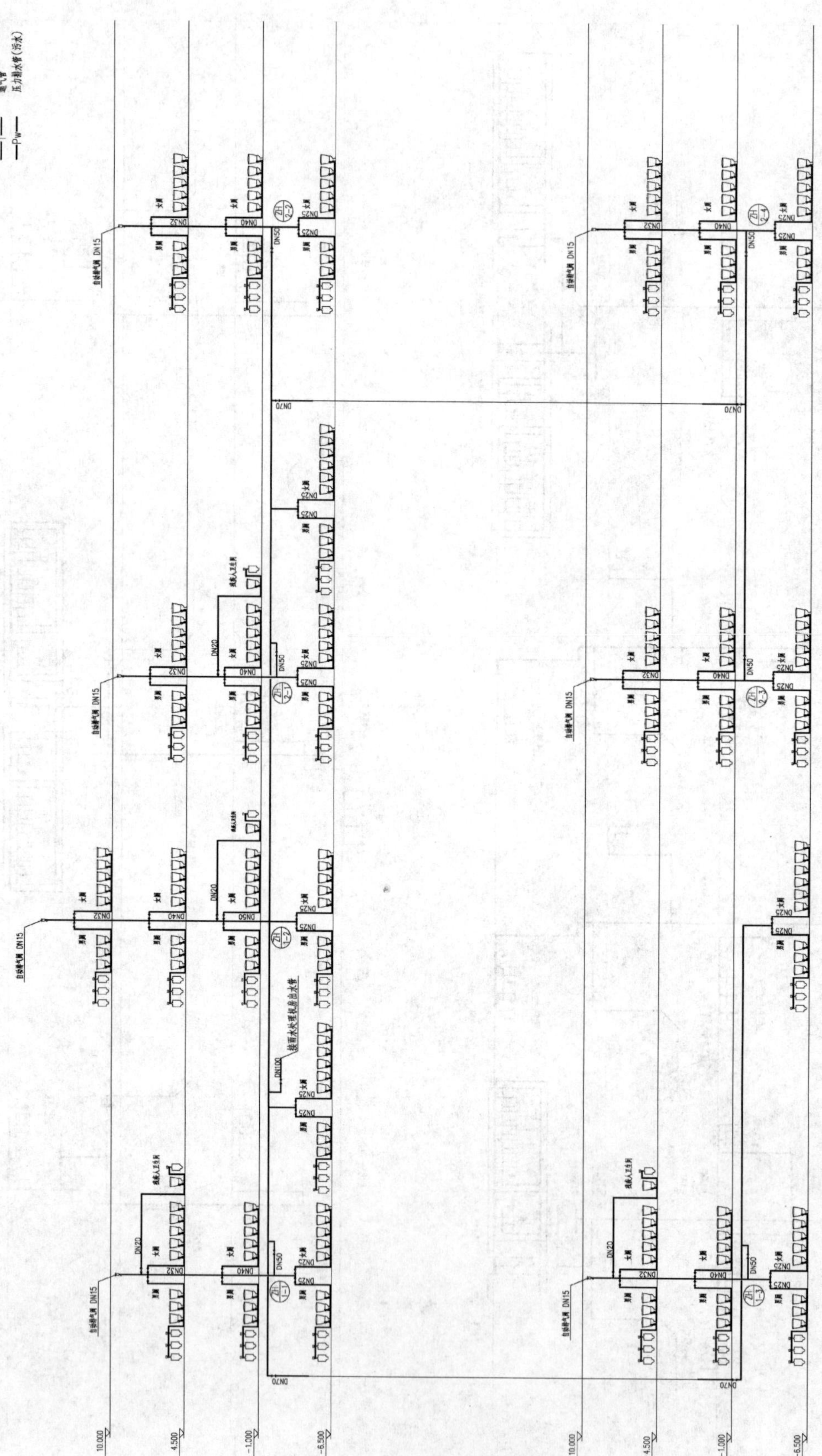

杂用水系统图（一）

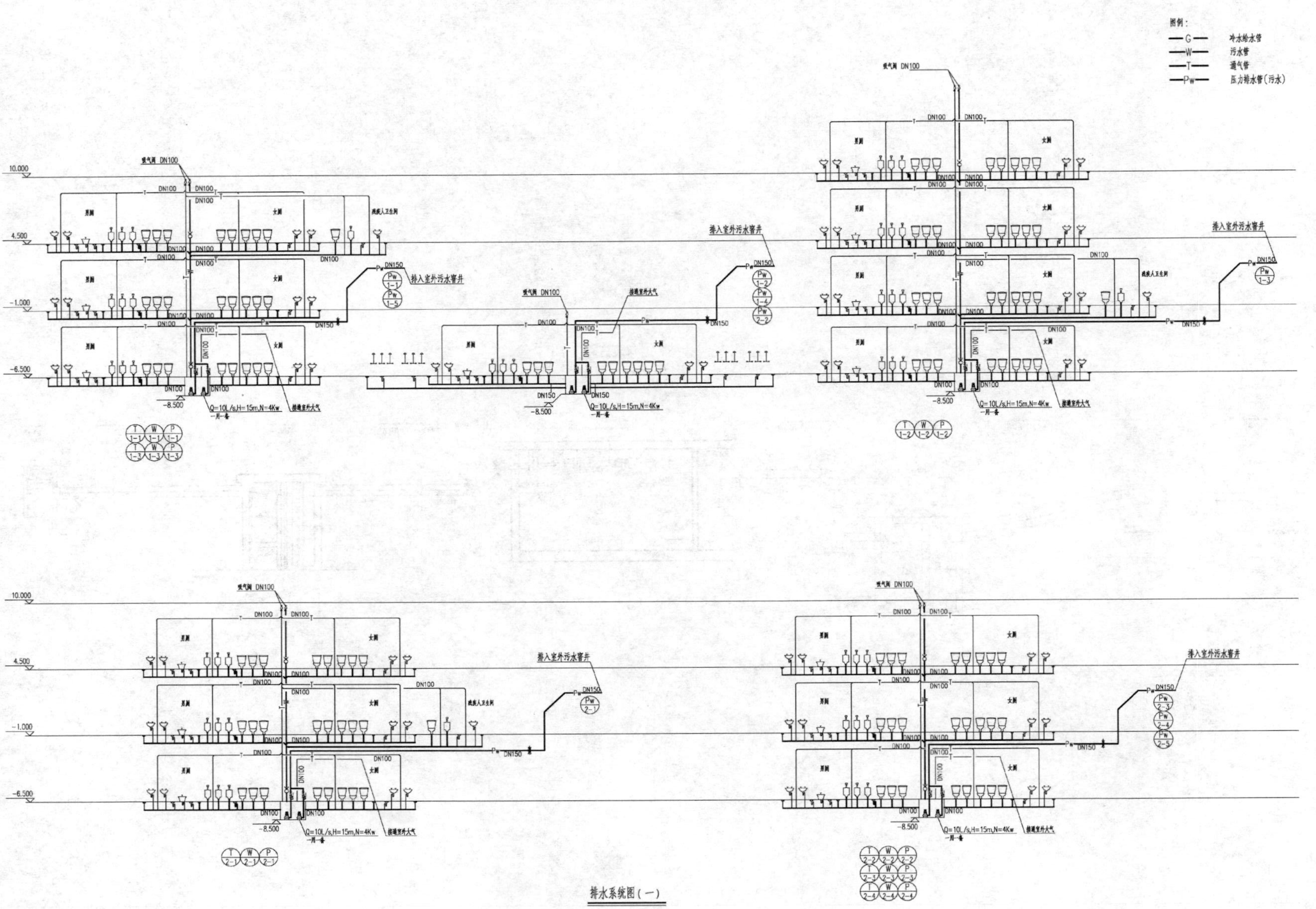
图例：
G 冷水给水管
W 污水管
T 通气管
Pw 压力排水管（污水）
排入室外污水窨井
Q=10L/s,H=15m,N=4Kw
接通室外大气
10.000
4.500
-1.000
-6.500
-8.500

排水系统图（一）

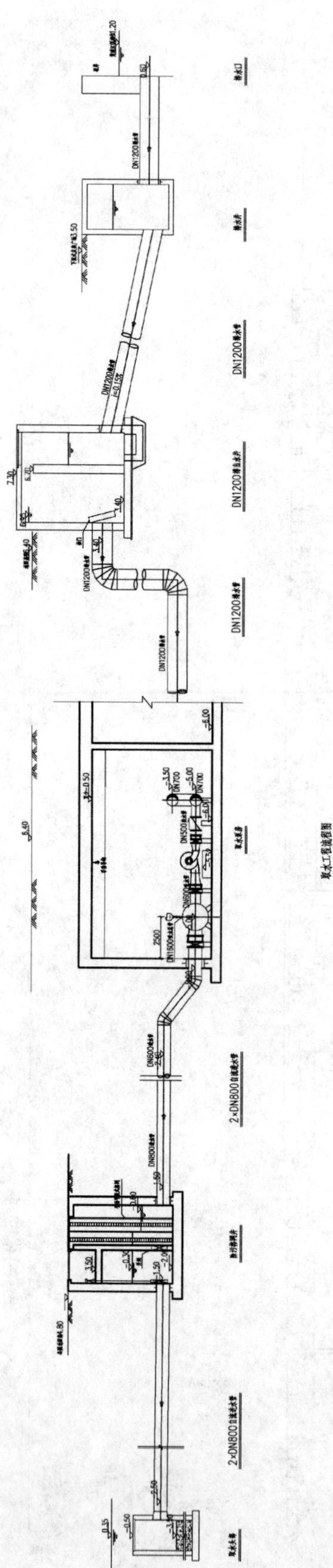

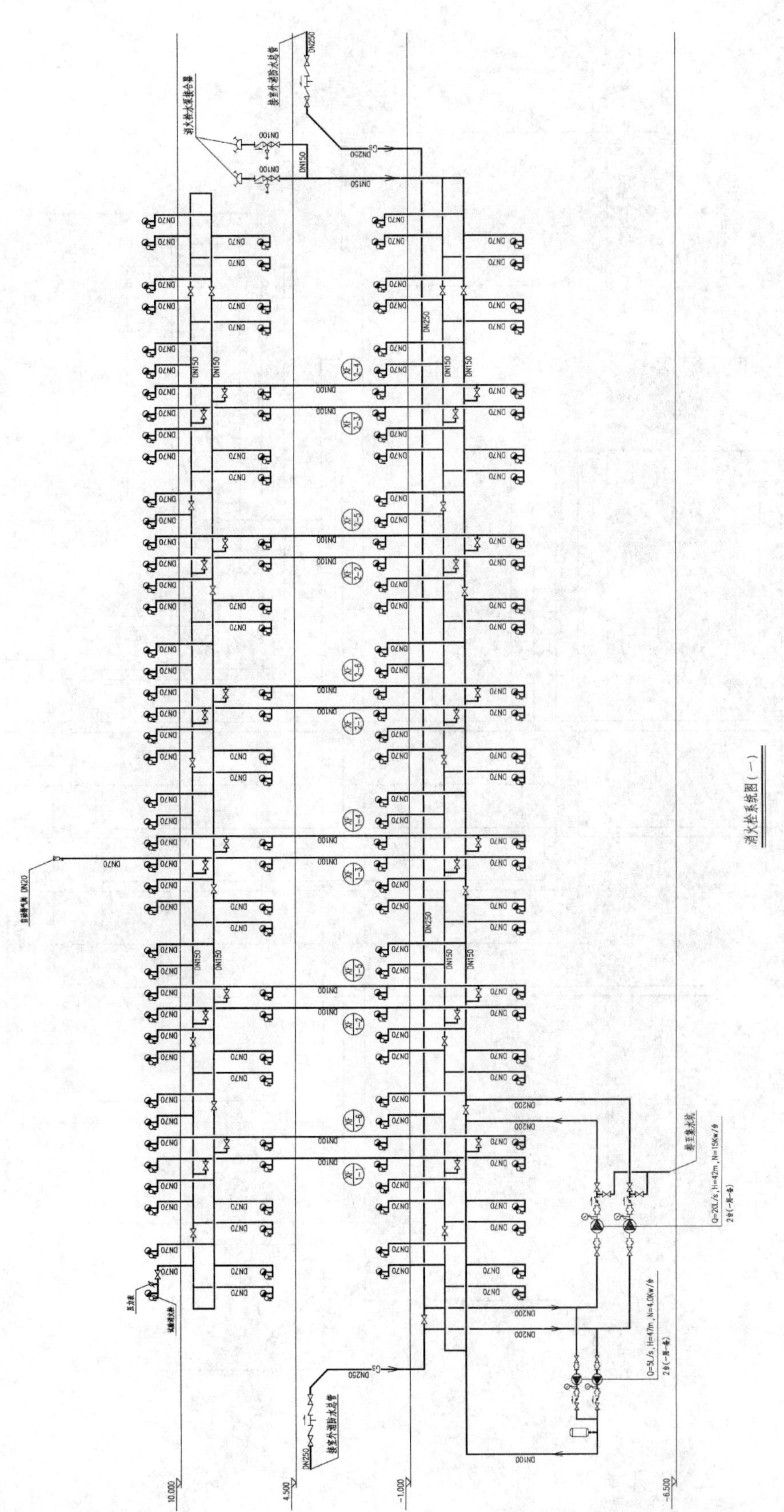

消火栓系统图（一）

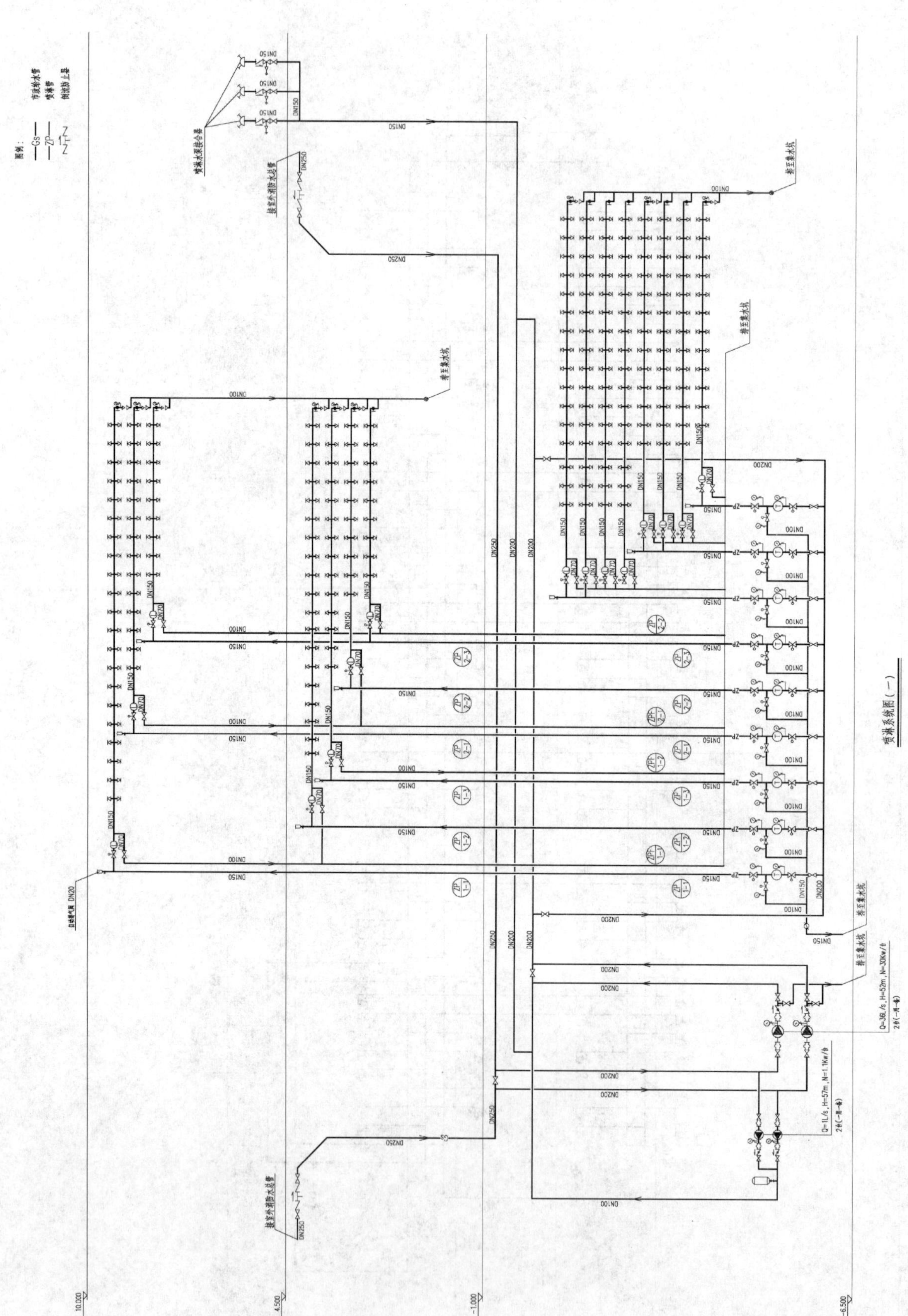
喷淋系统图(一)
10.000
4.500
-1.000
-6.500
DN250
DN200
DN150
DN100

天津津塔

设计单位： 现代集团华东建筑设计研究院有限公司

设 计 人： 冯旭东　王珏　张伯仑　王华星　梁超　张亚峰

获奖情况： 公共建筑类　一等奖

工程概况：

津塔是天津市新的地标式建筑，津塔高336.9m，目前是华北地区最高的建筑物，在世界已建成的摩天大楼中排名第17位。2010年，津塔建成并投入使用。

津塔被列入天津市20项重大服务业项目，也是海河六大节点之一和平广场中心商业区的重要组成部分。津塔将建成顶级国际化商务办公楼，投入使用后，预计将有800家以上的跨国公司、知名企业入驻，从而成为天津信息最集中、商机最丰富、商务活动最活跃的国际商务中心。建筑用地面积22258m^2，总建筑面积344200m^2。

大厦由一幢73层的办公楼和一幢32层的公寓及四层地下室组成，为一类建筑。办公楼一、二层为办公大堂；二夹层为机电设备用房；三至六十九层为办公，其中三十一层、三十二层、五十一层、五十二层为空中大堂（设有餐饮、会议、金融理财办公），而十五层、三十层、四十五层（包括夹层）、六十层设有避难区和机电设备用房；七十层和七十一层为餐厅和厨房；七十二层、七十三层为机电设备用房，建筑高度336.9m。公寓一层为门厅、零售及银行；二层为健身会所、贵宾理财；三至三十层是公寓标准层，建筑高度105m。地下一层为商业用房；地下二至四层为汽车库，机电设备用房，地下二层至四层局部设有平、战结合六级人防人员掩蔽所，包括一个人防固定电站和三个防护单元。

一、给水排水系统

（一）给水系统

1. 用水量

主要用水量标准见表1。

主要用水量标准　　**表1**

用途	用水量标准	中水给水率(%)	用途	用水量标准	中水给水率(%)
餐厅	60L/(座·次)	5	健身会所	60L/(人·次)	5
餐厅员工	180L/(人·d)	5	健身会所员工	150L/(人·d)	5
办公	50L/(人·d)	60	商业	8L/(m^2·d)	6.25
公寓	300L/(人·d)	21			

冷却塔补水：最高日用水量1219m^3，最大时用水量50.8m^3。

本工程最高日用水量3293.6m^3，其中2747.4m^{3}为自来水，546m^{3}为中水；最大时用水量256m^3，其中

$196m^3$ 为自来水，$60m^3$ 为中水。

2. 水源

由基地西南侧兴安路市政自来水供水管上引入一路 *DN*250 进水管，引入管上设 *DN*250 倒流防止器和水表计量后，在基地内形成 *DN*250 供水环网。另从该路段市政中水管上引入一根 *DN*150 进水管。市政自来水和中水供水压力约为 0.20MPa。

在设计中考虑到市政中水管网还不完善，为保证稳定供水，在地下室中水机房加设一套自来水进水管路，平时关闭，紧急时可以向中水水箱补水。

3. 系统描述

室内给水系统分区供水，地下部分和办公一、二层、公寓一、二层采用市政供水。办公楼给水按竖向分为十个区。给水水箱位于地下四层、十五层、四十五层。各分区由变频泵直接或经减压阀减压供水。公寓给水按竖向分为四个区。给水水箱位于地下四层，各分区由变频泵直接供水。各分区卫生器具静水压力自来水水压控制在 0.15～0.55MPa，中水水压控制在 0.10～0.50MPa。考虑到用水舒适性，建议在各区低层分户管上加设支管减压阀，阀后整定压力 0.3MPa。

在水箱出水上安装紫外消毒器，保证用水水质。

（二）热水系统

本工程在办公楼不考虑集中热水供应，原因有三：①用水时间短。办公用水不同于酒店用水和住宅用水，用水时间短，一般按 10h 考虑（8：30～18：30）。②耗能较大。由于非用水时间长达 14h，在非用水时间内，由于系统较大，热损失较大。③热水及用水量小，相对于超高层建筑庞大的管网系统和设备运行和维护成本而言，非常不经济。

故办公楼仅在在卫生间、空中大堂、70～71 层餐厅及厨房分别就地设置容积式电热水器提供热水。公寓在公寓一、二层卫生间、淋浴间分别就地设置容积式电热水器提供热水。标准层设置全日制机械循环热水系统，由各给水分区出水经换热设备加热后供水。地下部分厨房、员工淋浴、卫生间用水采用定时供应机械循环热水系统。

（三）循环冷却水系统

双工况主机循环冷却水系统、基载主机循环冷却水系统、24h 用户循环冷却水系统、发电机循环冷却水系统分别独立设置。冷却塔设于公寓屋顶，考虑到冬季冷水机组的使用，室外明露供回水管道及补水管均用电伴热带保温，自动保持水温不低于 5℃，同时每台冷却塔集水盆内设浸入式电加热器两台以防止冬季运行时冻结。

业主出于美观的考虑，希望在冷却塔外侧和上部设置百叶，这不仅会影响冷却塔进出风，而且很有可能形成回流，对冷却效果极为不利。在设计人员的要求下，最终取消了冷却塔上部的百叶，同时对外侧的百叶增加了通透率的要求。

（四）排水系统

1. 室内排水系统：考虑到办公楼用水量标准较小同时室外地下室退界只有 3m 限制了排水管的排布，办公楼排水系统为污、废水合流，公寓和地下区域为污、废水分流。办公楼公共卫生间排水系统设有专用通气立管和环形通气管，公寓设专用通气管。地下室等无法用重力排水的场所，设置集水池，采用潜水泵提升后排出。厨房设备须自备小型隔油器，厨房废水经自备隔油器预处理、汇总后，由设于地下三层和办公楼二夹层的新鲜油脂分离器隔油，排入总体生活污水管道。除裙房二夹层雨棚、公寓二层屋面雨水采用压力流雨水系统，其余部分采用重力流雨水系统。

2. 室外排水系统：室外雨、污水分流。生活污水经化粪池后，与盥洗和淋浴废水一起就近接入城市污水管网，送至城市污水处理厂处理。基地内雨水就近接入城市雨水管网。地下车库出入口处设雨水沟将截留的雨水排至室外雨水管道。

3. 雨水设计重现期：屋面雨水与溢流设施的总排水能力的设计重现期办公部分按 100 年考虑，公寓部分按 50 年考虑；室外地面雨水设计重现期，除地下车库入口处按 100 年考虑外，其余均为 3 年。

二、消防系统

根据超高层建筑的消防要求，消防系统考虑了室内消火栓系统、自动喷水灭火系统、大空间智能型主动喷水灭火系统、防火卷帘冷却自动喷水系统、气体灭火系统及干粉灭火器等。

（一）消防用水量

室外消火栓消防用水量 30L/s，火灾延续时间 3h；

室内消火栓消防用水量 40L/s，火灾延续时间 3h；

自动喷水灭火用水量：30L/s（地下停车库按 40L/s 设计），火灾延续时间 1h；

大空间智能型主动喷水灭火用水量 20L/s，火灾延续时间 1h；

防火卷帘冷却自动喷水用水量 60L/s，火灾延续时间 3h。

（二）消防水源和消防贮水量

从基地内市政给水引入管上引出一根 *DN*150 进水管，进水至地下三层消防水池（与冷却循环补充水水池合用），水池总贮水容积为 1840m^3，其中消防贮水量为 1620m^3（分成两格，并满足在火灾延续时间内消火栓消防和自动喷水用水量的要求），并有保证消防贮水不被挪用的措施。另设消防水池内循环加压泵一套，定期加氯或换清水，以保证水质。

分别在办公楼十五层和四十五层设置中间消防水箱，贮存 108m^3 的消防贮水量；在办公楼 73 层设置屋顶消防水箱，贮存 27m^3 的消防贮水量。中间消防水箱和屋顶消防水箱由各自给水分区的自来水系统给水管补水，并在补水管上采取防回流污染措施。

中间水箱的容积按室内消火栓、自动喷水灭火、大空间智能型主动喷水灭火三个系统 20min 的用水量考虑。

（三）消火栓系统

1. 室外消火栓消防系统

采用低压室外消火栓给水系统。消防水池置于地下四层，不能满足消防车水泵的吸水要求，故平时设室外消火栓消防稳压泵仅保证水压，一旦发生火灾，室外消火栓出水，压力降低，利用压力传感器立即启动室外消火栓消防供水泵，临时加压使室外消火栓消防管网内的消防流量和水压达到要求。在基地内设 *DN*250 室外消火栓消防给水环网，并在总体适当位置接出室外地上式消火栓若干只，各消火栓间距不超过 100m。

2. 室内消火栓消防系统

为保证室内消火栓栓口处静水压力不大于 1.0MPa，室内消火栓消防系统分为 6 个区。各分区的消防泵分别从地下消防水池、十五层和四十五层中间消防水箱吸水直接或经减压阀减压供水。

消火栓栓口出水压力大于 0.5MPa 处采用减压稳压型消火栓。每个压力分区的最高一个室内消火栓处配设压力显示装置。为满足火灾初起时的系统水压，在屋顶消防水箱间内设消火栓消防局部增压设施（包括增压泵两台（一用一备）及 300L 气压水罐一个）满足高区要求；屋顶消防水箱重力供水满足中区稳压要求；四十五层中间消防水箱重力供水满足低区稳压要求。

由于本大楼属于天津的地标建筑，系统分低区、高中区设置水泵接合器，同时水泵接合器管路采用了一用一备的形式，在室外总体上分设于不同的位置。自动喷水灭火系统、大空间智能型主动喷水灭火系统、防火卷帘冷却自动喷水系统水泵接合器的设置也采用了该方式。

在对屋顶增压泵的计算过程中，由于稳压罐需满足两只水枪 30s 的出水要求，对增压泵的计算是按照气压给水设备来考虑。同时由于消火栓并不一定在主泵启动后才使用，对持压稳压消火栓的设计也按照局部增压工况来计算。

（四）自动喷水灭火系统

为保证配水管网的工作压力不大于1.2MPa，自动喷水灭火系统分为6个区。各分区的消防泵分别从地下消防水池、十五层和四十五层中间消防水箱吸水直接或经减压阀减压供水。

地下车库采用自动喷水–泡沫联用系统，避难层采用干式系统，其余均采用湿式系统。

为满足火灾初起时的系统水压，在屋顶消防水箱间内设自动喷水灭火局部增压设施（包括增压泵两台（一用一备）及150L气压水罐一个）满足高区要求；屋顶消防水箱重力供水满足中区要求；四十五层中间消防水箱重力供水满足低区要求。

除地下室一层车道进出口处、避难层百叶窗附近10m内采用易熔合金喷头外，其余部位均采用玻璃球闭式喷头。有吊顶的室内区域采用带装饰盘的吊顶型喷头，装修要求较高处可采用可调高度的隐蔽式喷头；无吊顶的室内区域除局部地方选用边墙型扩展覆盖喷头外，其余向上安装采用直立型喷头，向下安装采用下垂型喷头（干式系统采用干式下垂型喷头）。

办公楼采用标准扩展喷头。办公楼十五层及以上楼层、中庭环廊、公共娱乐场所、地下的商业及仓储用房，布置快速响应喷头。

防火卷帘均采用闭式自动喷水系统保护，最不利防火卷帘长度100m，喷水强度0.6L/(s·m)，用水量60L/s。在地下四层设置单独的供水泵，同时设置一套湿式报警阀，平时管网的压力由设置在四十五层的消防水箱维持。

（五）消防排水

消防水泵房、消防水箱间、报警阀站、消防电梯坑旁等处均有可靠的消防排水设施。

本项目由于消防系统较多，除防火卷帘冷却自动喷水系统外各水系统分别都有转输水泵，所以在中间水箱设置*DN*350消防排水管，以满足溢流要求。

三、设计特点与体会

1. 节能、节水措施

分质供水，盥洗、沐浴、厨房、锅炉房、暖通机房、热交换站、水景、冷却塔、消防等用水采用市政自来水；便器冲洗用水、停车库地面冲洗、抹车、道路冲洗和绿化浇洒等用水采用市政中水。

从节能和供水安全可靠的角度出发，采用市政直接供水，变频泵分区供水相结合的供水方式；同时对于办公部分，由于各分区功能比较单一，上班时流量变化不大，但白天上班期间与夜晚下班后流量相差较大，经技术经济比较，考虑采用变频泵供水，大泵与小泵相结合的形式。这样既避免了用水在屋顶水箱停留过久造成水质变差，又达到了节能的目的。

从节能和节省运行成本角度考虑，办公楼不考虑集中热水供应，仅在卫生间、空中大堂、70～71层餐厅及厨房分别就地设置容积式电热水器提供热水。

2. 技术难点

室外水泵接合器管路，按常规做法是采用离心铸造球墨铸铁管，内衬水泥砂浆防腐层，柔性接口，橡胶圈连接。由于本项目高度较高，不管是室内消火栓泵还是消防车通过水泵接合器加压时的压力都较高，为保证接口牢固，采用镀锌无缝钢管，法兰连接，并作“三油两布”防腐处理。

为保证排水和通气效果，排水立管和通气立管都进行了适当的放大。由于办公楼较高，同时排水立管没有较大的转折，设计中办公楼雨水和污水立管每隔100m，设置两个乙字管，以消除建筑高度产生的势能。办公楼屋面雨水管出墙管设置消能井或压力井，以避免产生冲刷。

消防系统为临时高压三级串联系统，对消防控制的时效性和联动的可靠性提出了更高的要求。

四、工程照片及附图

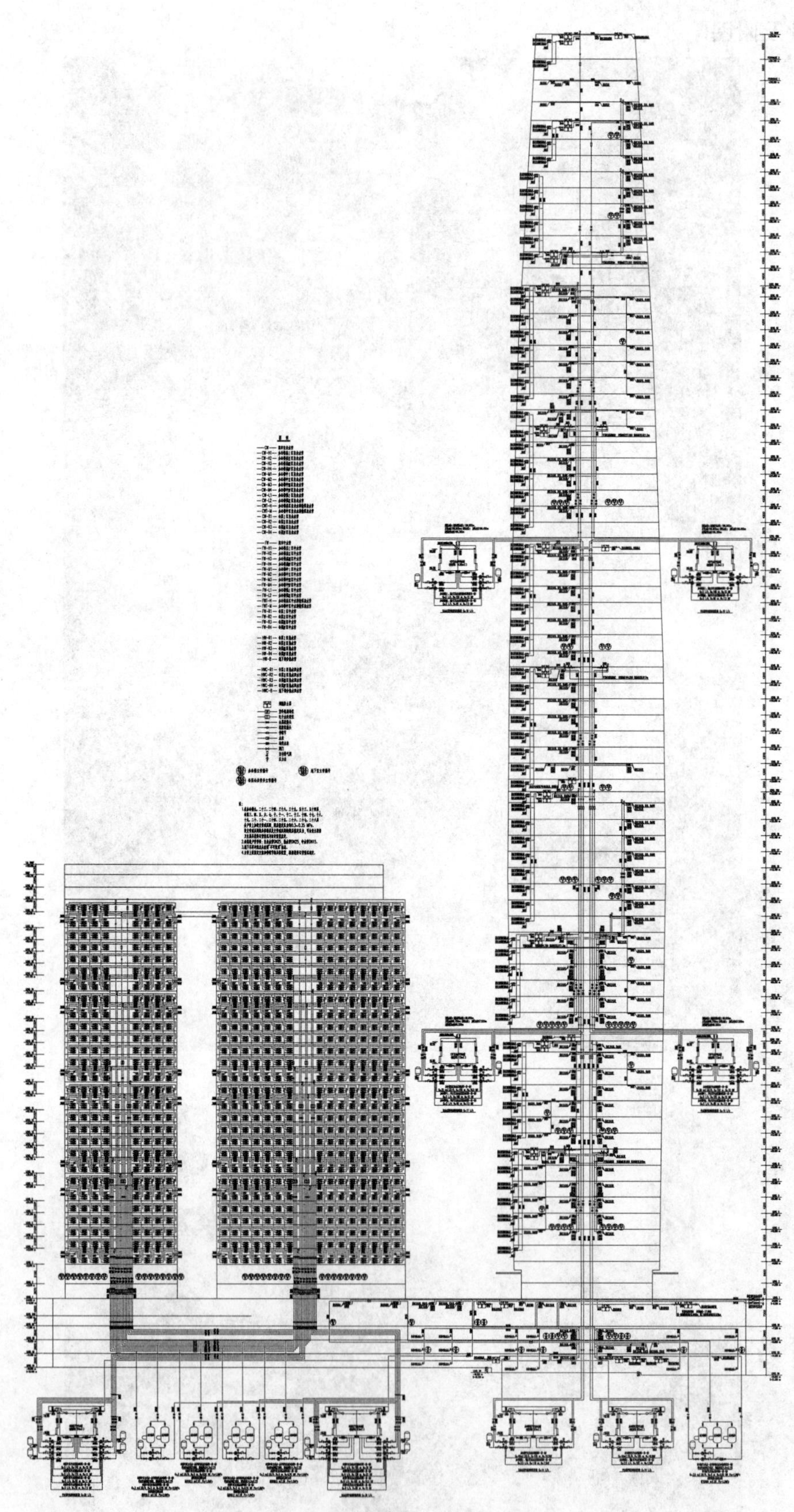

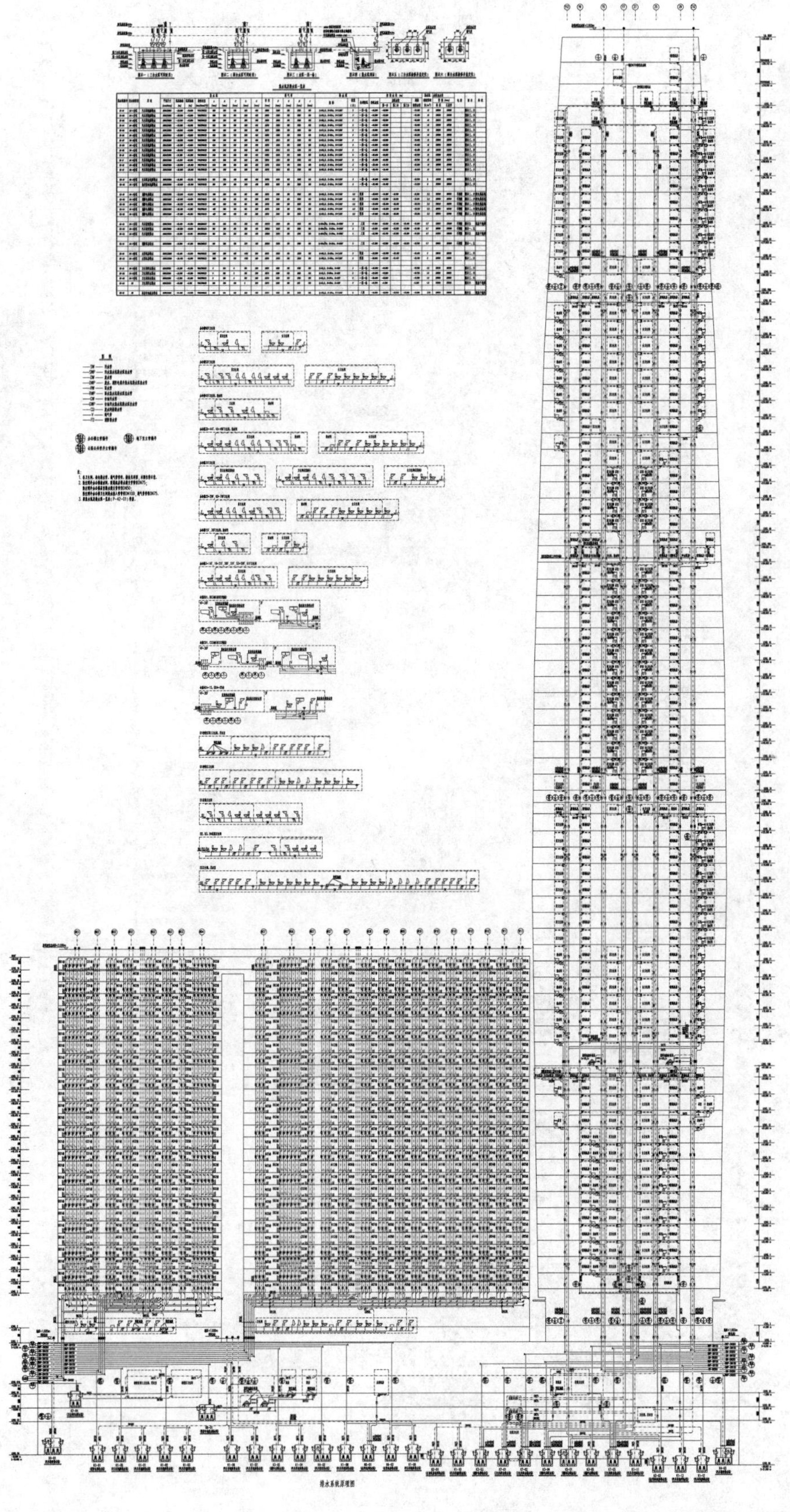
排水系统原理图

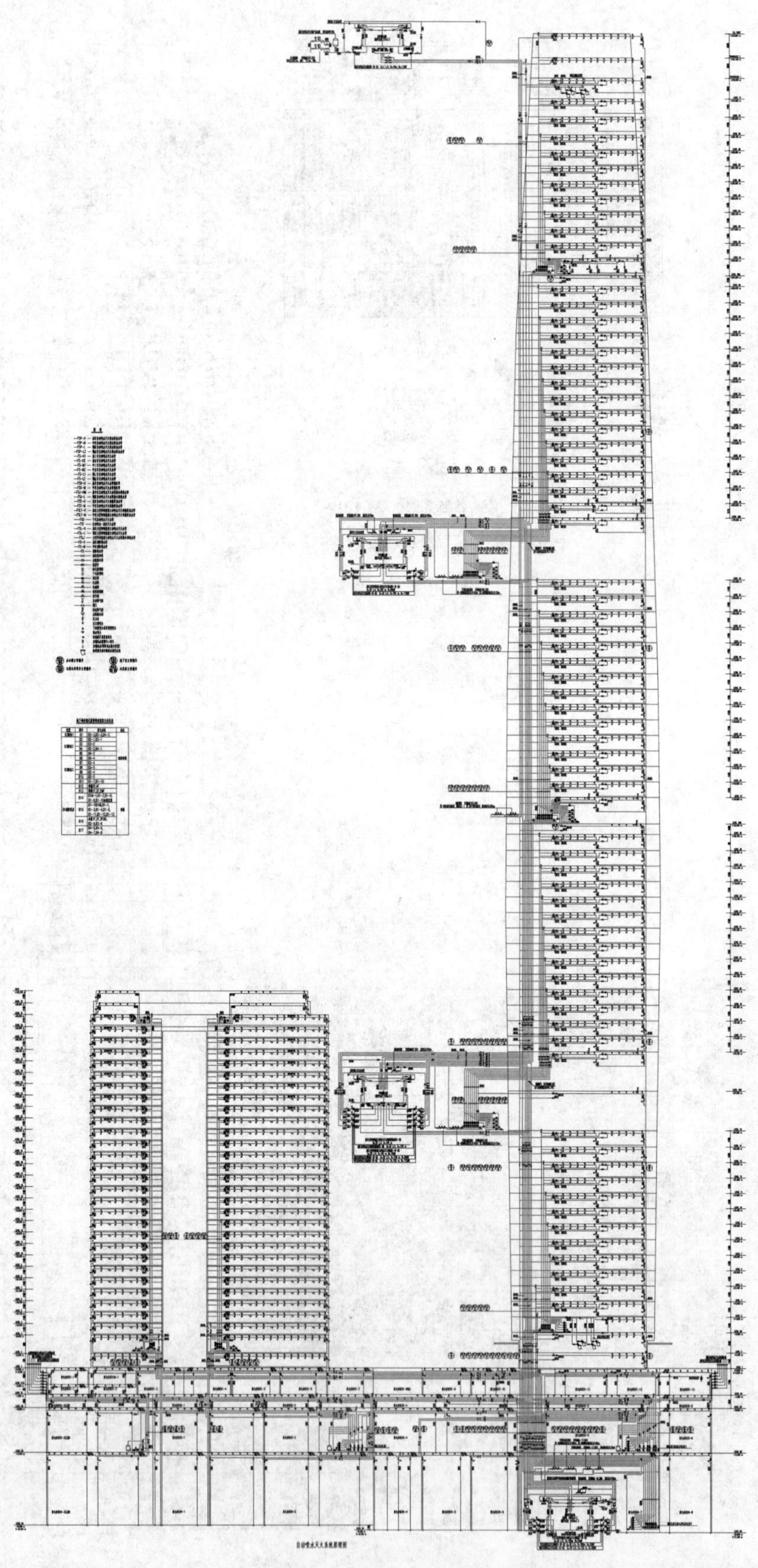

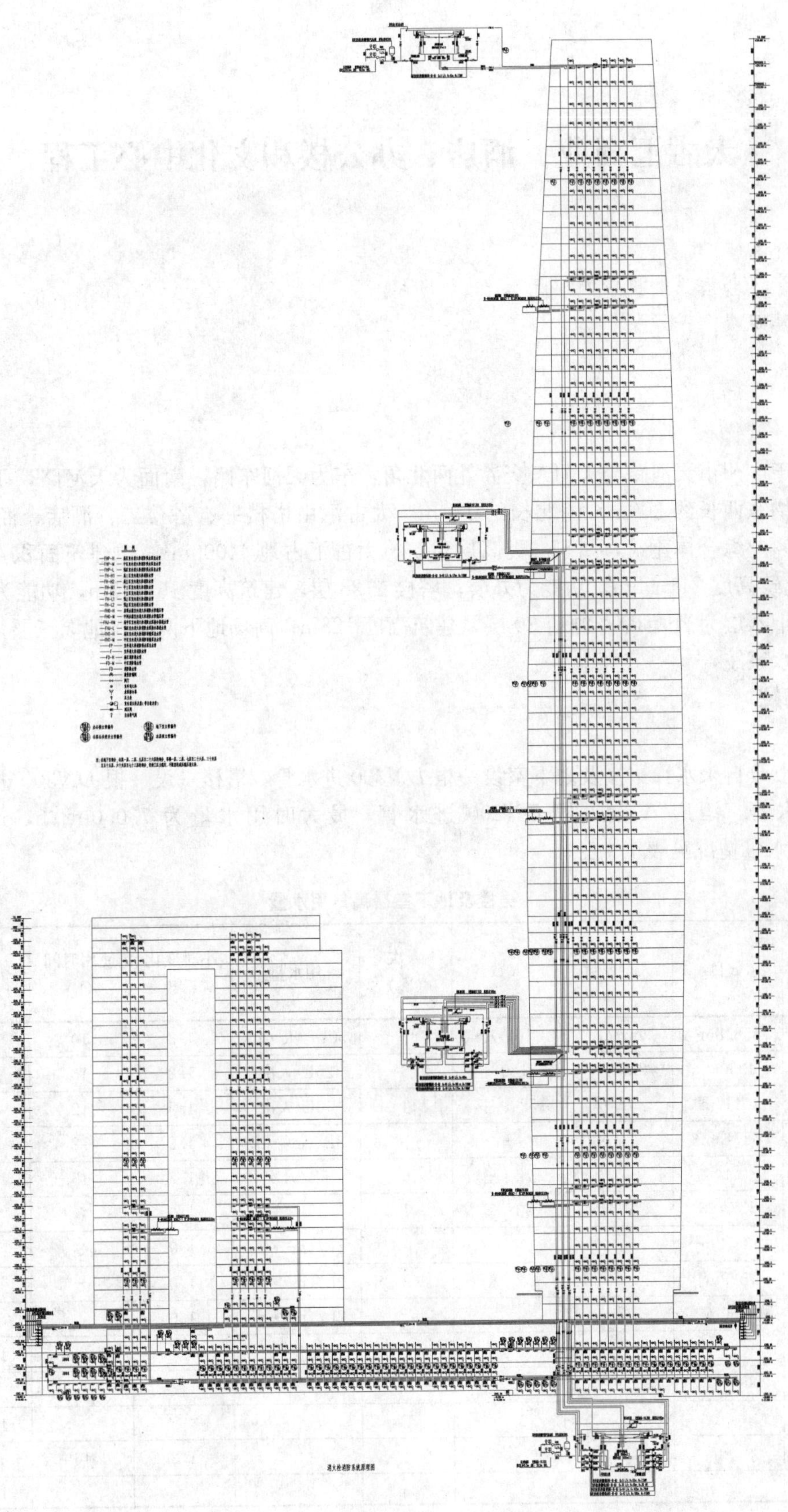

消火栓消防系统原理图

太古汇商业、酒店、办公楼和文化中心工程

设计单位：广州市设计院
设 计 人：门汉光　赖海灵　黄玲俐　陈永平
获奖情况：公共建筑类　一等奖

工程概况：

太古汇坐落于广州市天河路与天河东交界外西北角，东为天河东路，南面为天河路，西面为文华街，北为华文街。建筑物东西长约 300m，南北长约 150m。太古汇由塔楼一、塔楼二、酒店、商场和文化中心组成，为大型城市商业综合体建筑，属于一类高层建筑。太古汇占地 44000m^2，总建筑面积 457444m^2。其中，塔楼一 42 层，建筑高度 211.95m，功能为办公；塔楼二 28 层，建筑高度 165.75m，功能为办公、酒店（其中二十一层至二十八层为酒店 B）；酒店 30 层，建筑高度 128m；商场地下两层，地上三层，建筑高度 14m。

一、给水排水系统

（一）给水系统

1. 用水量

太古汇采用市政自来水，裙楼及地下室设一根 *DN*300 进水管，塔楼一设一根 *DN*300 进水管，塔楼二设一根 *DN*200 进水管，酒店 A 设一根 *DN*200 进水管，最大时用水量为 730.0m^3/h，最高日用水量为 5775.2m^3/d。用水量情况见表 1～表 5。

裙楼及地下室最高日用水量

表 1

用　途	数目	人均密度	人数	人次（次）	用水量	小时变化系数	使用时间（h）	最大日用水量（m^3/d）	最高小时用水量（m^3/h）
物管办公室	896.8m^2	9m^2/人	100 人		50L/(人·d)	1.2	10	5.0	0.6
食街	4360m^2	2m^2/人	2180 座	6	25L/人次	1.2	16	327.0	24.5
餐厅	10417m^2	2m^2/人	5209 座	4	40L/人次	1.5	12	833.4	104.2
商场	68713m^2				8L/(m^2·d)	1.2	12	549.7	55.0
电影院			720 座	6	5L/人次	1.2	15	21.6	1.7
停车库洗车	5370 车	10%	537 车	1	15L/车	1.0	8	8.1	1.0
停车库洗地	33452m^2				2L/(m^2·d)	1.0	8	66.9	8.4
卸货区洗地	7529m^2				2L/(m^2·d)	1.0	8	15.1	1.9
绿化	3350m^2				2L/(m^2·d)	1.0	4	6.7	1.7
生活用水量								1766.5	190.6
不可预见用水 10%								176.6	19.1
总计								1943.1	209.6
中水供应量						1.2	16	380.0	28.5
市政供水量								1563.1	181.1

办公楼一最高日用水量 **表 2**

用途	面积	人均密度	人数	人次（次）	用水量	小时变化系数	使用时间（h）	最大日用水量（m^3/d）	最高小时用水量（m^3/h）
办公室	88046m²	9m²/人	9783 人	1	50L/(人·d)	1.2	10	489.1	58.7
生活用水量								489.1	58.7
不可预见用水 10%								48.9	5.9
总计								538.1	64.6

办公楼二最高日用水量 **表 3**

用途	面积	人均密度	人数	人次（次）	用水量	小时变化系数	使用时间（h）	最大日用水量（m^3/d）	最高小时用水量（m^3/h）
办公室	35426m²	9m²/人	3936 人	1	50L/(人·d)	1.2	10	196.8	23.6
生活用水量								196.8	23.6
不可预见用水 10%								19.7	2.4
总计								216.5	26.0

酒店 B 最高日用水量 **表 4**

用途	数目	人均密度	数量	人次（次）	用水量	小时变化系数	使用时间（h）	最大日用水量（m^3/d）	最高小时用水量（m^3/h）
办公室			1290 人	1	50L/(人·d)	1.2	12	64.5	6.7
热水炉补水（预留）						1.0	24	12.0	0.5
泳池淋浴（预留）			50 人	2	50L/(人·d)	1.2	12	5.0	0.5
泳池补水（预留）	160m²	1.2m	192m³		10%	1.0	12	19.2	1.6
绿化	2500m²				2L/(m²·d)	1.0	5	5.0	1.0
生活用水量								105.7	10.3
不可预见用水 20%								21.1	2.1
总计								126.8	12.4

酒店 A 最高日用水量 **表 5**

用途	数目	人均密度	数量	人次（次）	用水量	小时变化系数	使用时间（h）	最大日用水量（m^3/d）	最高小时用水量（m^3/h）
酒店客房	500 房	1.5 人/房	750 人		400L/(人·d)	2.0	24	300.0	25.0
员工			750 人		80L/(人·d)	2.5	24	60.0	6.3
健身中心 SPA 泳池沐浴			250 人	2	50L/(人·d)	1.2	12	25.0	2.5
餐厅			1336 座	4	40L/人次	1.5	12	213.8	26.7
宴会厅			635 座	1	40L/人次	1.5	4	25.4	9.5
小宴会厅			455 座	1	40L/人次	1.5	4	18.2	6.8

续表

用　途	数目	人均密度	数量	人次(次)	用水量	小时变化系数	使用时间(h)	最大日用水量(m^3/d)	最高小时用水量(m^3/h)
大堂休闲吧			35座	6	8L/人次	1.4	18	1.7	0.1
员工食堂			200座	6	25L/人次	1.2	16	30.0	2.3
泳池补水	428m^2	1.2m	514m^3		15%	1.0	24	77.0	3.2
锅炉补水						1.8	24	12.0	0.9
绿化	2500m^2				2L/(m^2·d)	1.0	4	5.0	1.3
生活用水量								768.1	84.6
不可预见用水量								76.8	8.5
总计								844.9	93.0

2. 供水方式

(1) 裙楼及地下室：地下四层装卸区洗地水以及裙楼及地下室的卫生间冲厕水由中水系统供应。地下一层至地下四层的生活用水由市政压力直接供水。首层及以上楼层的生活用水由地下四层变频供水设备供水。

(2) 办公楼一（塔楼一）：在十六层（避难层）设中间水箱及转输水泵。地下四层设置水泵，由地下生活水池提升生活用水至十六层（避难层）之中间水箱，再由转输水泵提升生活用水至顶层水箱。屋顶最高4层（37F～40F）由变频加压给水设备供水，其余楼层均由水箱供水：分区（30F～36F）、分区（26F～29F）、分区（19F～25F）、分区（13F～18F）由屋顶水箱重力供水；分区（7F～12F）、分区（2F～6F）、分区（B4F～1F）由中间水箱重力供水。

(3) 办公楼二及酒店B（塔楼二）：地下四层设置水泵，由地下生活水池提升生活用水至二十层、二十九层（屋面层）生活水箱。屋顶最高4层（17F～20F、26F～29F）由变频加压给水设备供水，其余楼层均由水箱供水：分区（11F～16F）、分区（5F～10F）、分区（B4F～2F）由屋顶水箱重力供水。

(4) 酒店A：地下四层设置水泵，由地下生活水池提升生活用水至十六层（避难层）、二十九层（机电层）生活水箱。屋顶最高分区（22F～28F）由变频加压给水设备供水，其余楼层均由水箱供水：分区（17F～21F）、分区（11F～16F）由屋顶水箱重力供水；分区（6F～10F）、分区（1F～5F）、分区（B4F～B1F）由中间水箱重力供水。

(5) 空调补水：冷却塔集中布置在办公楼一的屋顶，在办公楼一的二十九层（避难层）设中间水箱及转输水泵。地下四层设置水泵，提升空调补水至中间水箱，再由转输水泵提升至顶层水箱。由顶层水箱供水满足空调水补水及冷却塔的补水。

3. 管材设备

各高位水箱均设置紫外线消毒器，生活用水经消毒后供应至各层，各区供水的静水压在0.15～0.45MPa范围内。各用水区域均设水表计量，各卫生间均采用节水洁具，大便器采用了6L水箱节水型大便器，洗手盘配感应式龙头，小便斗配感应式冲洗阀。

室外给水管采用球墨给水铸铁管，承插式连接；室内生活给水管采用铜管，承插式焊接；空调补水管采用内涂塑热镀锌钢管，沟槽连接。

(二) 热水系统

1. 酒店A热水用水量（表6）

酒店 A 热水用水量 **表 6**

用　途	数目	人均密度	数量	人次(次)	用水量	小时变化系数	使用时间(h)	最大日用水量(m^3/d)	最高小时用量(m^3/h)
酒店客房	500 房	1.5 人/房	750 人		160L/(人·d)	6.84	24	120.0	32.6
员工			750 人		40L/(人·d)	2.50	24	30.0	3.1
健身中心			250 人	2	25L/(人·d)	1.20	12	12.5	1.3
餐厅			1211 座	4	16L/人次	1.50	12	77.5	9.7
宴会厅			544 座	1	16L/人次	1.50	4	8.7	3.3
酒吧			245 座	6	6L/人次	1.40	18	8.8	0.7
大堂休闲吧			215 座	6	6L/人次	1.40	18	7.7	0.6
员工食堂			200 座	6	10L/人次	1.20	16	12.0	0.9
总计								277.3	52.1

2. 热水系统

酒店 B 使用功能已更改为办公，故不设热水系统。酒店 A 设集中热水系统，热水系统分区与冷水系统相同，热水由容积式热交换器加热及贮存，贮热量不小于 45min 小时耗热量。每区有独立供水管和热交换器，系统设回水管及循环水泵，保证热水配水温差小于 5℃。热媒为蒸汽，由蒸汽锅炉供热。为充分利用空调余热，采用热泵回收空调系统冷凝余热作热水系统的预热，共预热较低的四个分区，该四个分区的热交换器仍按无预热时设置，以保证空调系统停止运作时，热水系统仍能正常运行。

3. 管材

室内生活热水管采用铜管，承插式焊接。

(三) 中水系统

1. 中水水量平衡（图 1）

2. 供水方式

收集塔楼一、塔楼二、酒店 A 的盥洗、淋浴等较为清洁的废水作为中水的原水。经处理以后的中水用作裙楼及地下室卫生间的冲厕水和地下四层装卸区的洗地水。地下四层中水机房内设置变频水泵从中水贮水池吸水，供应中水至裙楼及地下室各层的卫生间和装卸区，系统保持供水静水压于 0.15～0.45MPa 范围内。

3. 中水处理流程

中水处理流程为：原水—格栅—调节池—沉淀池—过滤—消毒池—中水池。

4. 管材

中水供水管采用内涂塑热镀锌钢管，卡箍连接。

(四) 排水系统

1. 生活排水系统

太古汇位于广州猎德污水处理厂收集污水的范围内，本项目的排水达到三级排放标准即可直接排入市政污水管网，根据环保部门的意见，本项目不设化粪池。塔楼排水为污、废分流系统，污水直接排入室外检查井，废水作为中水处理的水源，排入地下四层的中水机房，处理后用作购物中心和地下车库的冲厕水。裙楼排水为污、废合流系统，厨房废水设气浮隔油池处理，车库废水设隔油沉淀池处理，处理后排入市政污水管网。根据环保审批的意见，本项目不设化粪池，但需要在排入市政污水管前设水质检测井，所有污、废水经

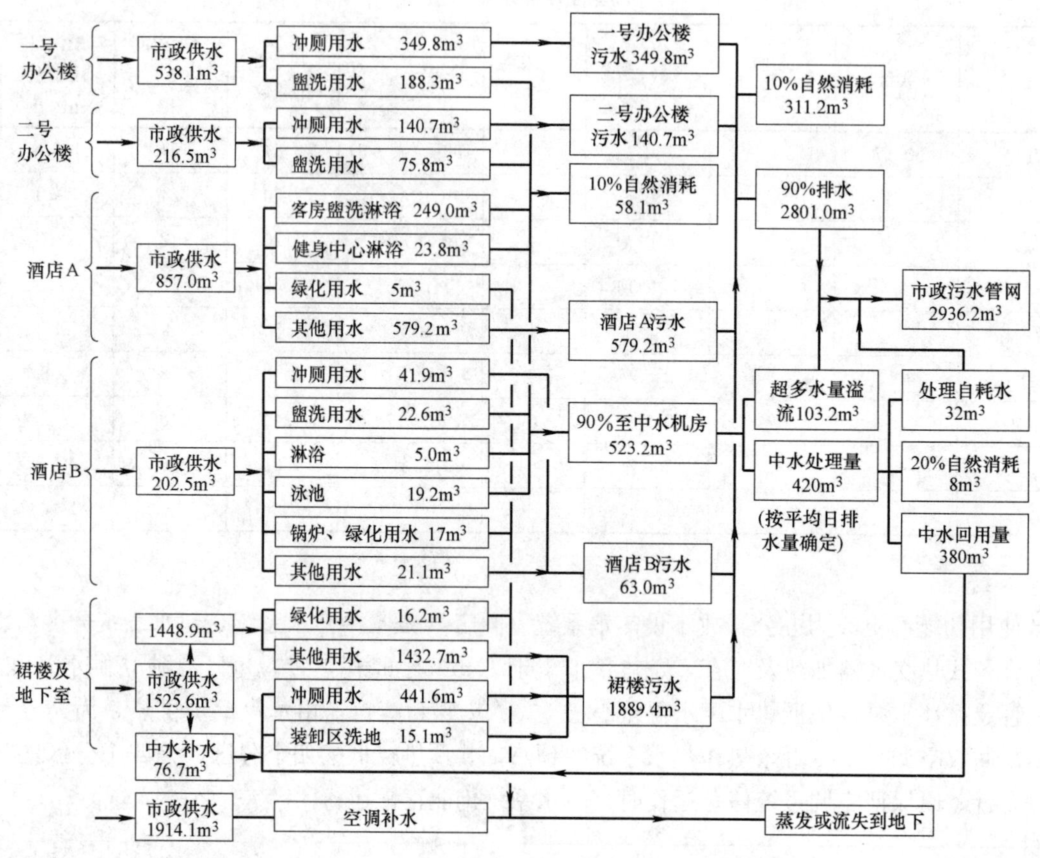

图1 中水水量平衡

室外水质检测井后就近排入四周的市政污水管网。

污、废水立管设专用通气立管，专用通气立管与生活污水立管在奇数层连通，与生活废水立管在偶数层连通。地下车库设集水井及潜污泵，以排除洗地废水，每台泵流量不小于 5L/s；消防电梯设集水井及潜污泵，以排除消防废水，每台泵流量不小于 10L/s。

2. 雨水排水系统

塔楼雨水采用重力流排水，裙楼雨水采用虹吸排水。建筑屋面雨水系统的排水能力，以不少于 50 年重现期的雨水量设计。在所有屋面的女儿墙上设置雨水溢流口，按屋面雨水排水工程和溢流设施的总排水能力不小于 100 年重现期的雨水量校核。屋面雨水设收集利用系统，收集屋面雨水经弃流和过滤处理后作空调补水用。雨水收集利用系统包括雨水斗、雨水管、弃流装置、蓄水池和处理设备。雨水处理流程为：雨水—弃流装置—调节池—过滤—消毒—空调贮水池。

3. 管材

室内排水系统采用离心浇铸铸铁排水管，卡箍连接。室外排水管采用 HDPE 高密度聚乙烯双壁波纹排水管，采用弹性橡胶密封圈承插连接。

二、消防系统

(一) 消火栓系统

1. 室外消火栓系统

室外消火栓系统用水量 30L/s，设地上式室外消火栓共有 10 个。室外消火栓直接由市政压力供水。

2. 室内消火栓系统

室内消火栓系统用水量 40L/s，消火栓的间距确保同层任何部位有两个消火栓的水枪充实水柱同时到达，并不大于 30m。消火栓的充实水柱不小于 13m，消火栓口的出水压力不大于 0.5MPa。各消火栓箱内置自救式消防卷盘及手动启动按钮。

本项目按水泵的供应范围分为高、低两区，同时保证系统静压不超过 1.0MPa。系统分区如下：

裙楼及地下室：低区；

塔楼一：低区（3～16 层），高 1 区（17～29 层），高 2 区（30～42 层）；

塔楼二：低区（3～11 层），高 1 区（12～20 层），高 2 区（21～28 层）；

酒店 A：低区（6～16 层），高区（17～30 层）。

地下四层消防水泵房内设有消火栓泵（Q=40L/s，H=140m）两台（一用一备）供低区用水，并设有消火栓转输水泵（Q=40L/s，H=130m）两台（一用一备），与塔楼高区消火栓水泵同步运行（联动），在火灾发生时，补充发生火灾的塔楼的消防转输水箱用水。塔楼一的十六层（避难层）、塔楼二的二十层（避难层）、酒店 A 的十六层（避难层）均设高区消火栓水泵两台（一用一备），供高区用水，塔楼一高区消火栓泵参数 Q=40L/s，H=150m；塔楼二高区消火栓泵参数 Q=40L/s，H=85m；酒店高区消火栓泵参数 Q=40L/s，H=80m。塔楼屋面各设一套稳压设备（Q=5L/s，H=30m）。

3. 消防水池

地下四层消防水泵房设置 2 个消防贮水池，其总容积为 1200m^3。在各塔楼之顶层（办公楼一、办公楼二、酒店 A）分别设置容量 18m^3 高位消防水箱，以供火灾初期之消防用水及系统稳压。

在各塔楼（办公楼一、办公楼二、酒店 A）的避难层均设置有消防转输水箱（容量分别为：65m^3、85m^3、65m^3）内贮存不小于 15min 转输水泵出水量。

4. 水泵接合器

消火栓系统低区需设 3 个水泵接合器。考虑到太古汇项目庞大，在室外共设 4 组水泵接合器，每组 2 个，连接至低区消火栓水泵出水环管上。

消火栓系统高区水泵接合器：在室外共设 6 个水泵接合器，每组 2 个，分别在 3 座塔楼附近，每座塔楼附近设 2 个，均接至消防转输水泵出水环管上。

（二）自动喷水灭火系统

1. 非高大空间场所自动喷水灭火系统

据消防性能化设计的论证，非高大空间场所自动喷水灭火系统用水量 30L/s，除不宜用水扑救的电器间如变压器房、高低压配电房、配电间、电表房及电梯机房等；已设置气体灭火系统的房间如电话交换机房、计算机房；封闭楼梯间、小于 5m^2 的卫生间、电缆竖井及管道竖井；游泳池上空；水景水池上空不设自动喷水灭火系统保护，其余所有楼层均设置自动喷水灭火系统。自动喷水灭火系统的火灾危险等级，锅炉房、热水炉房、发电机房、文化中心、汽车库、商场为中危险级Ⅱ级，其他的地区均为中危险级Ⅰ级。

办公塔楼按水泵的供应范围分为高、低两区。系统分区如下：

裙楼及地下室：低区；

塔楼一：低区（3～12 层），高 1 区（13～27 层），高 2 区（28～42 层）；

塔楼二：低区（3～10 层），高区（11～28 层）；

酒店 A：低区（6～12 层），高区（13～30 层）。

地下四层消防水泵房内设有喷淋水泵（Q=35L/s，H=125m）三台（两用一备）供低区用水。并设有喷淋转输水泵（Q=30L/s，H=130m）两台（一用一备），与塔楼高区喷淋水泵同步运行（联动），在火灾发生时，补充发生火灾的塔楼的消防转输水箱用水。塔楼一的十六层（避难层）、塔楼二的二十层（避难层）、酒店A的十六层（避难层）均设高区喷淋水泵两台（一用一备），供高区用水，塔楼一高区喷淋泵参数Q=30L/s，H=155m；塔楼二高区喷淋泵参数Q=30L/s，H=90m；酒店高区喷淋泵参数Q=30L/s，H=85m。塔楼屋面各设一套稳压设备（Q=1L/s，H=30m）。

2. 高大净空自动喷水灭火系统

宴会厅、食街净空高度为8～12m，属于非仓库类高大净空场所，喷水强度为12L/(min·m^2)，作用面积为300m^2。系统设计流量为70L/s，由喷淋系统供水。

3. 防火玻璃喷水冷却系统

根据消防性能化设计，沿中庭回廊相接的店铺内侧设置边墙型喷头，保证商铺与中庭之间的防火分隔，控制火灾发生时火势从商铺蔓延到公共回廊。每一个保护区域设一个水流指示器，喷水强度为0.5L/(s·m)，最大一个防火分区的防火玻璃长度为100m，喷水设计流量为60L/s，持续喷水时间为3h。喷淋泵参数为Q=60L/s，H=75m。

4. 中庭回廊加密喷淋系统

根据消防性能化设计，裙楼及地下室的中庭回廊设有独立的自动喷水灭火系统，喷头加密布置（2～2.8m）。喷水强度为6L/(min·m^2)，作用面积为160m^2。系统设计流量为60L/s，持续喷水时间为3h。喷淋泵参数为Q=60L/s，H=85m。

5. 大空间智能型主动喷水灭火系统

在净空高度大于12m的中庭区域，采用自动扫描射水高空水炮灭火装置保护，高空水炮同时动作数量最多为5个，最大设计流量按30L/s确定，持续喷水时间不小于1h，每个水炮安装高度为6～20m，保护半径为20m；每个水炮配套一组电磁阀，由智能红外探测组件控制。大空间智能型主动喷水灭火系统与自动喷淋系统共用消防水泵、水泵接合器和稳压装置。大空间智能型主动喷水灭火系统与喷淋系统在湿式报警阀前分开管道设置，并设信号阀和水流指示器，在水平管网末端设模拟末端试水装置。

6. 水泵接合器

喷淋系统低区与高大净空自动喷水灭火系统共用水泵接合器，需设5个水泵接合器。考虑到太古汇项目庞大，在室外共设5组水泵接合器，每组2个，连接至低区喷淋水泵出水环管上。

喷淋系统高区共用水泵接合器，需设2个水泵接合器。在室外共设6个水泵接合器，每组2个，分别在3座塔楼附近，每座塔楼附近设2个，均接至消防转输水泵出水环管上。

（三）气体灭火系统

酒店A的程控交换机房（位于酒店A一层）、酒店B的程控交换机房（位于塔楼二的二十层）、办公楼一及裙楼东翼电信机房（共三间）（位于地下一层）、办公楼二及裙楼西翼电信机房（位于地下一层）设置七氟丙烷（FM200）预制灭火装置。

程控交换机房及电信机房的七氟丙烷系统采用的主要设计参数如下：

设计浓度：8%；

气体喷放时间：≤8s；

气体浸渍时间：5min；

七氟丙烷的贮存压力：2.5MPa。

在气体灭火系统的防护区内设火灾采测器，灭火系统的自动控制会在接收到两个独立的火灾信号后才能启动。此外，在防护区入口处均设有手动操作装置。系统设控制屏（独立设置或预制灭火装置配备），并与消防报警系统相联系。系统的启动控制方式包括自动控制、电气手动控制。

三、工程特点

1. 本项目给水排水系统包括：冷水系统、热水系统、中水系统、雨水收集系统、雨、污、废排水系统。本建筑功能复杂、系统多，占地面积大（$44000m^2$），根据功能分区选择合适的给水排水系统，合理布局设备房、给水排水主干管是本项目设计成功的关键。考虑以后各部分可能独立运作、易于管理，故给排水系统分为购物中心和地下车库、办公楼一、办公楼二、酒店 A、酒店 B、文化中心共六组相对独立的子系统。

2. 给水系统供水安全性高、供水水压稳定。为保障供水安全，裙楼及地下室设一根 DN300 进水管，塔楼一设一根 DN300 进水管，塔楼二设一根 DN200 进水管，酒店 A 设一根 DN200 进水管，三栋塔楼分别设地下生活池和高位水箱，地下生活水池贮水量不小于最高日用水量之 25%，高位水箱贮水量不小于最大小时用水量之 50%。塔楼除最高 4 层由变频加压给水设备供水外，其余楼层均由水箱供水。裙楼另设生活水池，采用变频供水设备供水。

3. 排水系统充分考虑节水、环保的要求。厨房废水设气浮隔油池处理，车库废水设隔油沉淀池处理。为节约用水，收集塔楼的盥洗、淋浴等较为清洁的废水作为中水的原水，经二级生化处理以后用作裙楼及地下室卫生间的冲厕水和装卸区的洗地水。塔楼雨水采用重力流排水，裙楼雨水采用虹吸排水。屋面按 50 年重现期的雨水量设计，为充分利用雨水，减少雨水对市政排水的冲击，收集塔楼一屋面雨水，经雨水管输送到地下四层雨水回用处理设备房，经石英砂压力滤器过滤后，作为空调补充水。

4. 太古汇作为大型商业综合体，其防火分区的面积超过了规范的要求，故采用性能化消防设计。根据性能化消防设计的要求，室外消火栓用水由市政给水管网直接供水，室内采用区域集中临时高压消防系统，消防水池总容积为 $1200m^3$。裙楼及地下室设室内消火栓系统、自动喷水灭火系统、防火玻璃喷水冷却系统、中庭回廊加密喷淋系统及大空间智能型主动喷水灭火系统。防火玻璃喷水冷却系统：在中庭回廊相接的店铺防火玻璃正面内侧，设置边墙型喷头，保证商铺与中庭之间的防火分隔，避免火灾发生时火势从商铺蔓延到公共回廊。中庭回廊加密喷淋系统：在裙楼及地下室的中庭回廊设置加密闭式喷头。超过 12m 净高的中庭区域，采用自动扫描射水高空水炮灭火装置保护。

塔楼设室内消火栓系统、自动喷水灭火系统及大空间智能型主动喷水灭火系统。三栋塔楼均为超高层建筑，为防止管网压力过大，消防管网竖向分区，在塔楼一的十六层、塔楼二的二十层、酒店 A 的十六层分别设置消防转输水箱，内贮存不小于 15min 转输水泵出水量。

四、工程照片及附图

生活泵房

酒店水处理机房

雨水回收机房

热水机房

热水炉房

热回收机房

中水机房

气浮机房

消防泵房

消防管道

消防管道

消防水泵房

太古汇外观

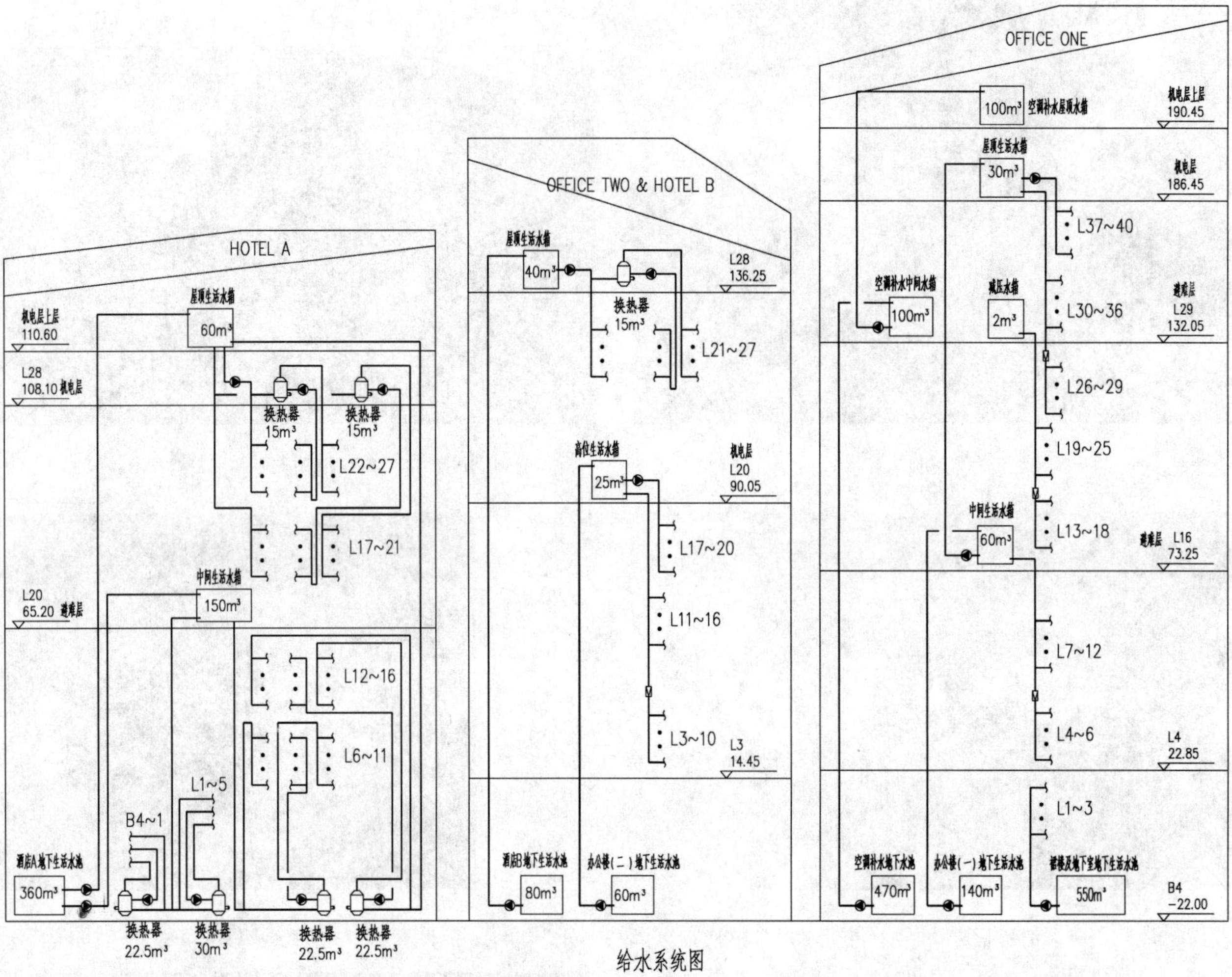

HOTEL A

OFFICE TWO & HOTEL B

OFFICE ONE

机电层上层 110.60
L28 108.10 机电层
L20 65.20 避难层
屋顶生活水箱 60m³
中间生活水箱 150m³
换热器 15m³
换热器 15m³
L22~27
L17~21
L12~16
L6~11
L1~5
B4~1
酒店A地下生活水池 360m³
换热器 22.5m³
换热器 30m³
换热器 22.5m³
换热器 22.5m³

屋顶生活水箱 40m³
换热器 15m³
L28 136.25
L21~27
高位生活水箱 25m³
机电层 L20 90.05
L17~20
L11~16
L3~10
L3 14.45
酒店B地下生活水池 80m³
办公楼(二)地下生活水池 60m³

100m³ 空调补水屋顶水箱
机电层上层 190.45
屋顶生活水箱 30m³
机电层 186.45
L37~40
空调补水中间水箱 100m³
减压水箱 2m³
L30~36
避难层 L29 132.05
L26~29
L19~25
中间生活水箱 60m³
L13~18
避难层 L16 73.25
L7~12
L4~6
L4 22.85
L1~3
空调补水地下水池 470m³
办公楼(一)地下生活水池 140m³
裙楼及地下室地下生活水池 550m³
B4 −22.00

给水系统图

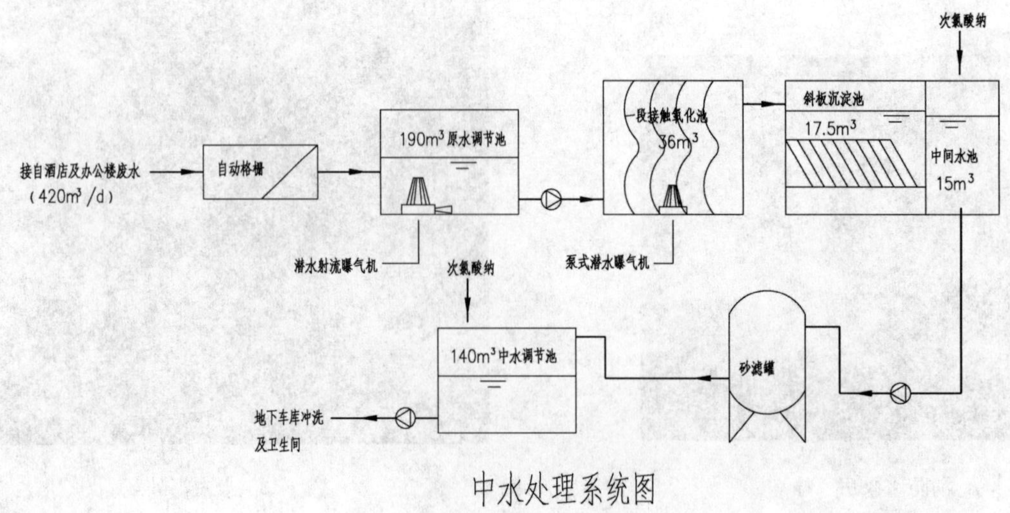

中水处理系统图

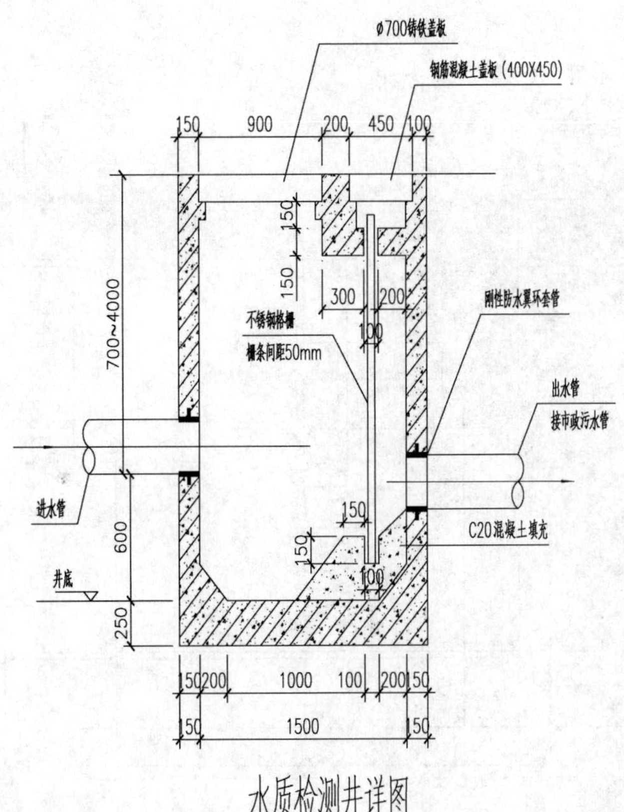

水质检测井详图

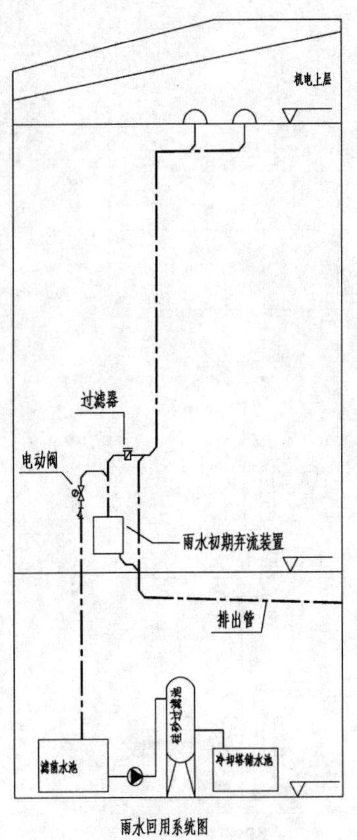

雨水回用系统图

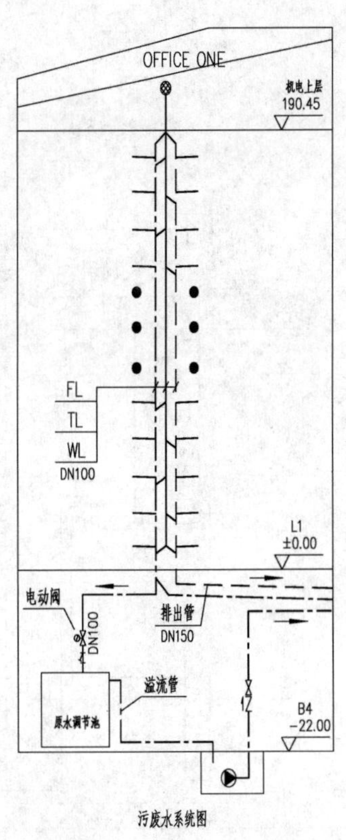

污废水系统图

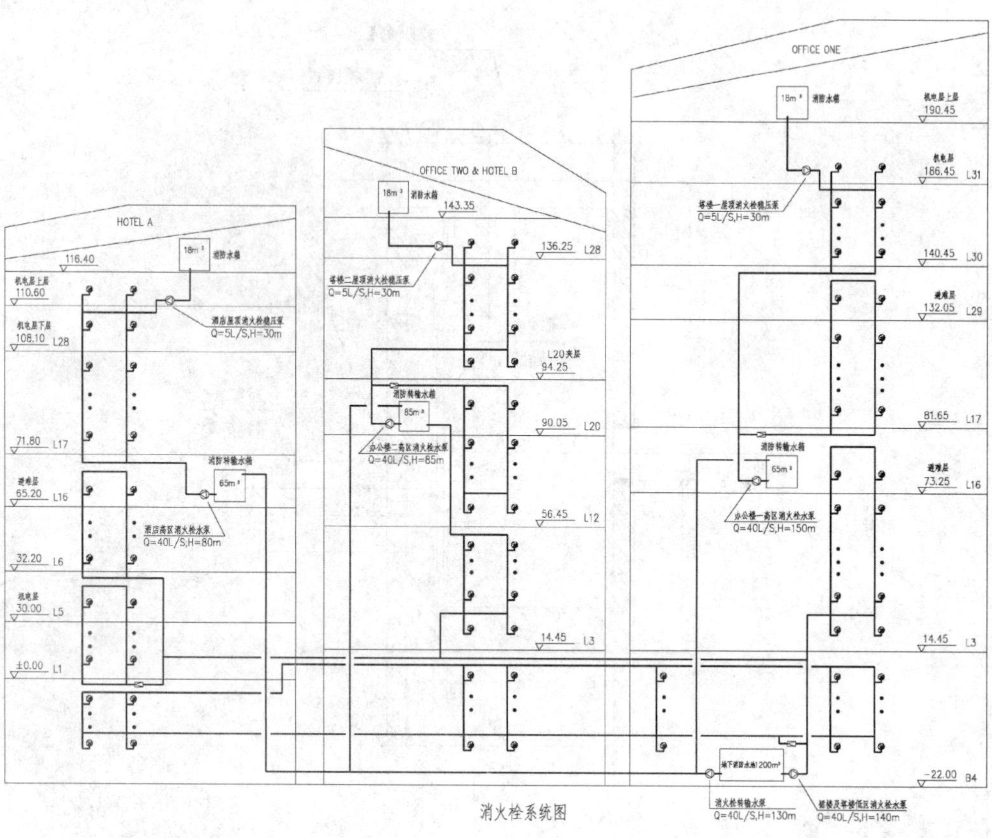

消火栓系统图

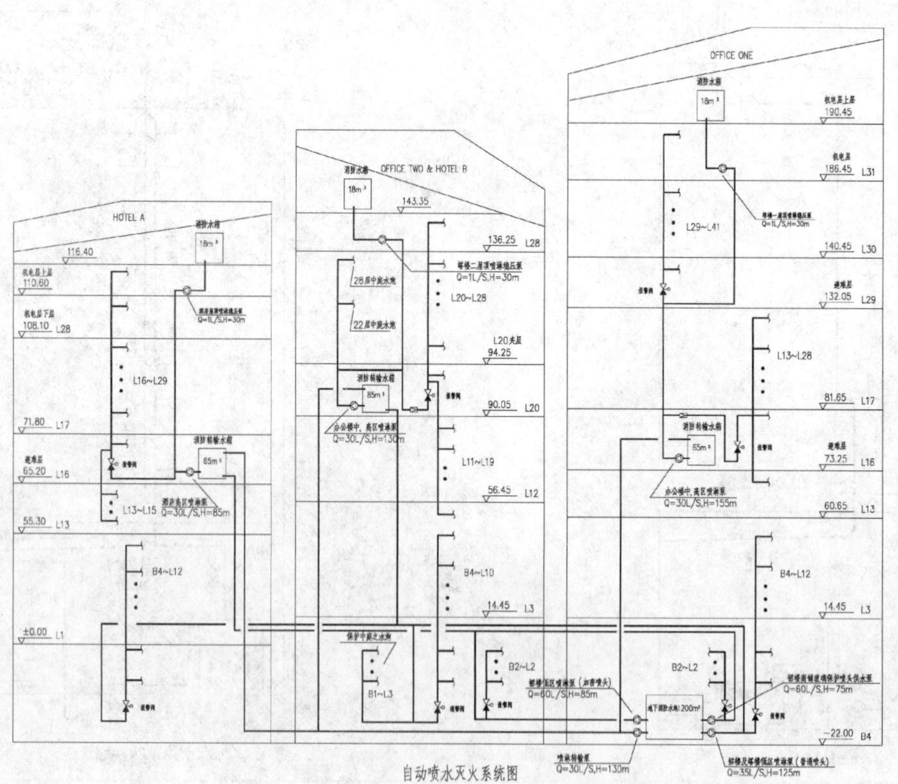

自动喷水灭火系统图

公共建筑类二等奖

广州亚运城太阳能利用和水源热泵工程

设计单位： 中国建筑设计研究院
设 计 人： 王耀堂
获奖情况： 公共建筑类　二等奖

工程概况：

亚运城用地位于广州新城的东北部，在城市建设分区中属于密度四区。用地临近莲花山水道，河涌密布，用地内有三纵一横共四条，河涌流经亚运城规划区。三条南北向河涌自北向南汇集到南面的东西向河涌，再通往东面的莲花水道。南北向河涌自西到东分别名为官涌、南派涌和丰裕涌，南面的东西向河涌名为三围涌。在规划方案中，东西向的三围涌在主干道一以西段暂名为莲花湾，主干道一以东段以及其他三条河涌继续沿用原名。规划方案以规划主干道和用地中部规划的景观湖莲花湾（暂名）作为各功能分区的划分界线，结合亚运城的使用功能，分为运动员村、媒体村、技术官员村、后勤服务区、体育馆区及亚运公园六大部分。

用地范围包括京珠高速公路（轨道交通四号线）以东，清河路以南，莲花山水道、砺江河和小浮莲山以西，规划中的长南路（轨道交通三号线，赛时未开通）以北，规划总用地面积约 2.73723km^2。规划净用地面积 1986086m^2。

亚运城赛时规划根据亚运要求而定，赛时总建设量：计入容积率的建筑面积约为 104 万 m^2，总建筑面积约 140 万 m^2（含地下室和架空层面积）。赛后总建筑面积：约 274 万 m^2；规划人口控制：赛后居住用地总建设量为 174 万 m^2，按每 100m^2 住宅建筑面积为一标准户及每标准户 3.2 人估算，规划总人口大约为 56000 人。

作为广州新城建设的启动区，定位为配套完善的中高档居住社区及区域服务中心，2010 年作为第 16 届亚运会亚运村使用，会后部分改造为亚残村供第 1 届亚残会使用。

亚运村组成如图 1 所示，总平面如图 2 所示。

一、亚运城集中热水供应系统计算

（一）冷热负荷计算

1. 热水负荷计算

（1）赛时热水供热负荷及耗热量

亚运城赛时热水量、耗热量见表 1。

（2）赛后建筑物热水供热负荷及耗热量计算

亚运城赛后（已建住宅）热水量、耗热量见表 2。

（3）赛后包括规划建筑物热水供热负荷及耗热量计算

1）亚运城赛后冬季（包括规划住宅）热水量、耗热量见表 3。

2）亚运城塞后夏季（包括规划住宅）热水量、耗热量见表 4。

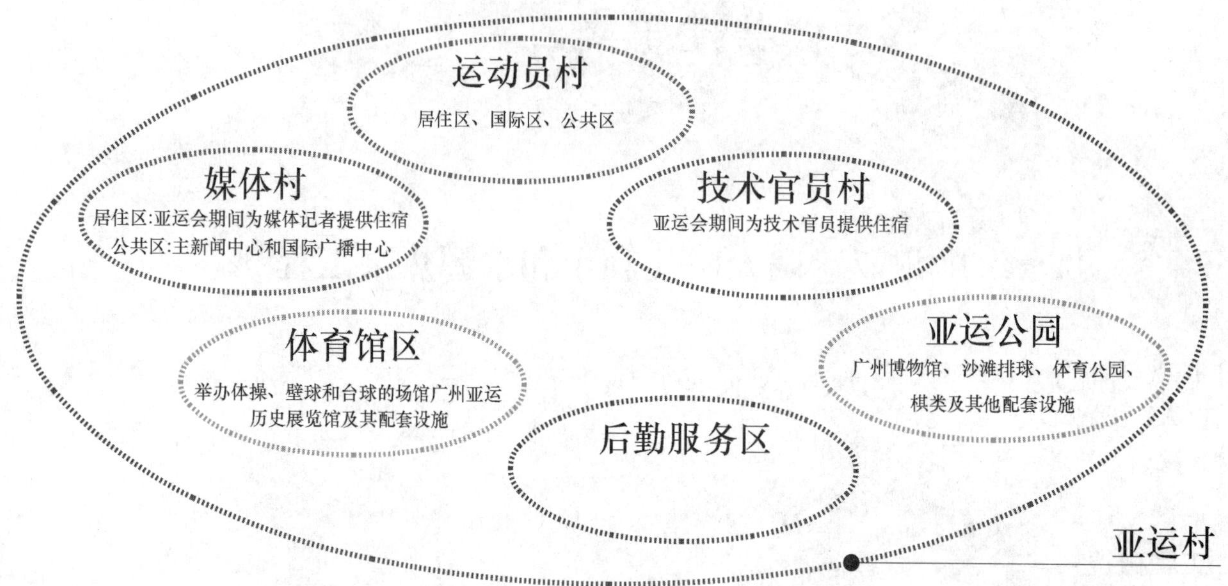

图1 亚运村组成

图2 亚运村总平面图

赛时热水量、耗热量 表 1

序号	项目	数量	单位	定额(L/(人·d))	使用时间(h)	使用系数	小时变化系数	最高日用水量(m^3/d)	最大时用水量(m^3/h)	平均日用水量(m^3/d)	平均时用水量(m^3/h)	冷水温度(℃)	热水温度(℃)	最大时耗热量(kW)	平均日耗热量(kW)	最高日耗热量(kW)
1	媒体村住宅	10000	人	120	24	0.9	2.6	1080.00	117.00	648.00	27.00	20	60	5443.10	30146.40	50241.60
2	运动员村住宅	14700	人	120	24	0.9	2.6	1587.60	171.99	952.56	39.69	20	60	8890.40	49239.12	73855.15
3	技术官员村住宅	2800	人	120	24	0.9	2.6	302.40	32.76	181.44	7.56	20	60	1693.41	9378.88	14067.65
4	体育场馆	60	个	200	10	1	2	12.00	2.40	7.20	0.72	20	60	465.22	3349.60	558.24
5	配套服务	18000	人	20	12	0.6	2	216.00	36.00	129.60	10.80	20	60	1395.67	10048.80	10048.32
6	小计							3198.00	360.15	1918.80	85.77			17887.79	102162.80	148770.96
7	未预见水量			5%	24			159.90	18.01	95.94	4.29			894.39	5108.14	7438.55
8	Σ							3198.00	360.15	1918.80	85.77			18782.18	107270.94	156209.51

赛后【已建住宅】热水量、耗热量 表 2

序号	项目	数量	单位	定额(L/(人·d))	使用时间(h)	使用系数	小时变化系数	最高日用水量(m^3/d)	最大时用水量(m^3/h)	平均日用水量(m^3/d)	平均时用水量(m^3/h)	冷水温度(℃)	热水温度(℃)	最大时耗热量(kW)	平均日耗热量(kW)	最高日耗热量(kW)
1	媒体村住宅	11208	人	90	24	0.85	2.6	857.41	92.89	514.45	21.44	13	60	5077.50	28121.54	46867.00
2	运动员村住宅	12593	人	90	24	0.85	2.6	963.26	104.36	578.02	24.08	13	60	6711.69	37172.46	52658.47
3	技术官员村住宅	2744	人	90	24	0.85	2.6	209.92	22.74	125.95	5.25	13	60	1462.47	8099.84	11474.22
4	体育场馆	60	个	200	10	1	2	12.00	2.40	7.20	0.72	13	60	546.64	3935.78	655.93
5	配套公建	3000	人	10	12	0.6	2	18.00	3.00	10.80	0.90	13	60	136.66	983.95	983.90
6	小计							2060.69	225.39	1236.42	52.39			13934.96	78313.56	112639.51
7	未预见水量			5%	24			103.03	11.27	61.82	2.62			696.75	3915.68	5631.98
8	Σ							2060.69	225.39	1236.42	52.39			14631.71	82229.24	118271.49

赛后冬季【包括规划住宅】热水量、耗热量 表 3

序号	项目	数量	单位	定额（L/（人·d））	使用时间（h）	使用系数	小时变化系数	最高日用水量（m^3/d）	最大时用水量（m^3/h）	平均日用水量（m^3/d）	平均时用水量（m^3/h）	冷水温度（℃）	热水温度（℃）	最大时耗热量（kW）	平均日耗热量（kW）	最高日耗热量（kW）
1	媒体村住宅	17956	人	90	24	0.85	2.6	1373.63	148.81	824.18	34.34	13	60	8134.51	45052.68	75084.21
2	运动员村住宅	17799	人	90	24	0.85	2.6	1361.62	147.51	816.97	34.04	13	60	9486.34	52539.71	74427.70
3	技术官员村住宅	20245	人	90	24	0.85	2.6	1548.74	167.78	929.25	38.72	13	60	10789.98	59759.90	84655.81
4	体育场馆	60	个	200	10	1	2	12.00	2.40	7.20	0.72	13	60	546.64	3935.78	655.93
5	配套公建	15000	人	100	24	0.8	2	1200.00	100.00	720.00	30.00	13	60	6832.95	49197.25	65593.20
6	小计							5496.00	566.50	3297.60	137.82			35790.42	210485.32	300416.86
7	未预见水量			5%	24			274.80	28.33	164.88	6.89			1789.52	10524.27	15020.84
8	Σ							5496.00	566.50	3297.60	137.82			37579.94	221009.58	315437.70

赛后夏季【包括规划住宅】热水量、耗热量 表 4

序号	项目	数量	单位	定额（L/（人·d））	使用时间（h）	使用系数	小时变化系数	最高日用水量（m^3/d）	最大时用水量（m^3/h）	平均日用水量（m^3/d）	平均时用水量（m^3/h）	冷水温度（℃）	热水温度（℃）	最大时耗热量（kW）	平均日耗热量（kW）	最高日耗热量（kW）
1	媒体村住宅	17956	人	90	24	0.85	2.6	1373.63	148.81	824.18	34.34	25	60	6057.61	33549.87	55913.77
2	运动员村住宅	17799	人	90	24	0.85	2.6	1361.62	147.51	816.97	34.04	25	60	7064.29	39125.32	55424.88
3	技术官员村住宅	20245	人	90	24	0.85	2.6	1548.74	167.78	929.25	38.72	25	60	8035.09	44502.05	63041.56
4	体育场馆	60	个	200	10	1	2	12.00	2.40	7.20	0.72	25	60	407.07	2930.90	488.46
5	配套公建	15000	人	100	24	0.8	2	1200.00	100.00	720.00	30.00	25	60	5088.37	36636.25	48846.00
6	小计							5496.00	566.50	3297.60	137.82			26652.44	156744.39	223714.68
7	未预见水量			5%	24			274.80	28.33	164.88	6.89			1332.62	7837.22	11185.73
8	Σ							5496.00	566.50	3297.60	137.82			27985.06	164581.60	234900.41

2. 空调冷负荷

(1) 空调设计负荷

空调系统的计算冷负荷，应根据所服务的空调建筑中各分区的同时使用情况、空调系统类型及控制方式等的不同，综合考虑下列各分项负荷，通过焓湿图分析和计算确定。各能源站冷负荷见表5。

各能源站冷负荷 表5

站　名	供冷能力	供冷范围
1号能源站	2715kW	提供一个住宅作为示范工程，7000m²，350kW；医院医技楼空调冷源，冷负荷2700kW
2号能源站	3411kW	供应国际区空调冷源，国际区赛后需冷量：3760kW
3号能源站	2505kW	供应体育场馆配套服务、历史博物馆空调冷源，需冷量：2674kW

(2) 本工程集中空调的供应范围

集中空调冷源供应范围如下：

1) 一号能源站：技术官员村6号住宅，作为示范工程；其他冷量供应赛后医院。

2) 二号能源站：供应国际区。

3) 三号能源站：供应体育场馆配套服务等赛后具有稳定冷负荷的场所。

(二) 太阳能集热系统设计计算

1. 集热面积计算

(1) 总集热面积计算公式

按照国家现行规范计算集中供应热水系统的集热器面积：

直接制备供给热水时，其集热器总面积按下式计算：

$$A_C=\frac{q_{rd}C\rho_r(t_z-t_c)f}{J_T\eta_{cd}(1-\eta_L)} \tag{1}$$

式中：A_C——直接式集热器总面积（m²）；

C——水的比热，C=4187J/(kg·℃)；

f——太阳能保证率，无量纲，根据系统使用期内的太阳幅照、系统经济性及用户要求等因素综合考虑后确定；

η_L——集热系统热量损失率；

q_{rd}——设计日用热水量（L/d）；

ρ_r——热水密度（kg/L）；

t_z——热水温度（℃）；

t_c——冷水温度（℃）；

η_{cd}——集热器年或月平均集热效率；

J_T——当地集热器总面积上年平均日或月平均日太阳辐照量。

(2) 计算参数

1) 冷水温度与环境温度

式(1)中集热器平均集热效率、太阳辐照量等均为年平均值，因此水的初始温度（冷水温度）也应为年平均温度，而不是以当地最冷月平均水温资料确定。亚运城自来水为地表水源，供水温度与大气温度变化相一致，可根据年平均气温的气象资料取得，依据相关资料，本系统冷水温度取年平均气温22℃。

2) 热水温度与热水日均用水量标准

一般而言，热水日均用水量可按热水最高日用水定额的50%计算，此时水温按60℃计算。因此，本项目采用热水用水比例数确定年日均用水量的方法，综合考虑了不同季节水温的变化、用水量的变化，综合考虑各种因素，本项目年日均用水量取值为45L/(人·d)。

3）入住率

计算集热器总面积需要计算热水总耗热量，因此需要总使用人数；住宅总使用人数是较难确切确定的。目前，一般太阳能热水用量按住宅户数与每户人数、用水量标准乘积计算，计算值偏大。本项目引入住宅入住率的设计概念，用以计算住宅的实际日用水量、耗热量，力求使计算结果接近实际状况。本项目太阳能相关计算按实际入住率为70%，目的是降低太阳能集热系统热水总需求量，减少集热器总面积，使太阳能系统物尽其用、经济技术性能最佳化。

4）太阳能保证率

太阳能保证率本质上是一个经济指标，理论上太阳能可以有较高的保证率，但不经济；由于生活热水与太阳能资源呈负相关关系，夏天用热少，但太阳能较好；因此，盲目提高保证率，在夏季晴热天气，产生的太阳能热量过多，不仅不能有效被利用，还会造成集热器过热、升压、爆管等问题，影响集热器的寿命。综上，本项目太阳能保证率设计为40%，一是符合规范规定的广州地区技术参数要求；二是满足国家节能示范项目申报书的要求；三是符合本项目使用要求和经济投资估算的要求。

5）集热器效率

集热器平均集热效率是指在一时间段（日、月、年）的一个集热器平均集热效率；相关资料规定年或月集热器平均集热效率取值0.25～0.50，在其他条件均相同的前提下，最高限值是最低限值的2倍，取值的随意性较大。相关资料的集热器平均集热效率取0.40～0.50，但没有区分平板集热器、真空管集热器在不同地区差异性，因此仍不完善。

集热器全年平均集热效率资料中要求按企业实际测试数值确定，本项目集热器平均集热效率单组平板型集热器年平均集热效率按 $\eta_{cd}=0.654$；单组真空管集热器年平均集热效率按 $\eta_{cd}=0.480$。

(3) 集热面积计算

1）技术官员村

使用户数：680户；使用人数：680×3.5=2380人；入住率70%；实际使用人数：2380×0.7=1666人

$$A_c=1247\text{m}^2$$

实际面积：1253m²

2）运动员村

使用户数：3598户；使用人数：3598×3.2=11514人；入住率70%；实际使用人数：11514×0.7=8060人

$$A_c=4525\text{m}^2$$

实际面积：5153m²

3）媒体村

使用户数：3800户；使用人数：3800×3.0=11400人；入住率70%；实际使用人数：11400×0.7=7980人

$$A_c=4481\text{m}^2$$

实际面积：4848m²

2. 太阳能集热器选型及布置

(1) 太阳能集热器的选型

1）技术官员、运动员村太阳能集热器选型

技术官员、运动员村采用金属—玻璃真空管集热器，单层玻璃罐内内置金属流道直流管，玻璃真空管分

20、15 根两种。

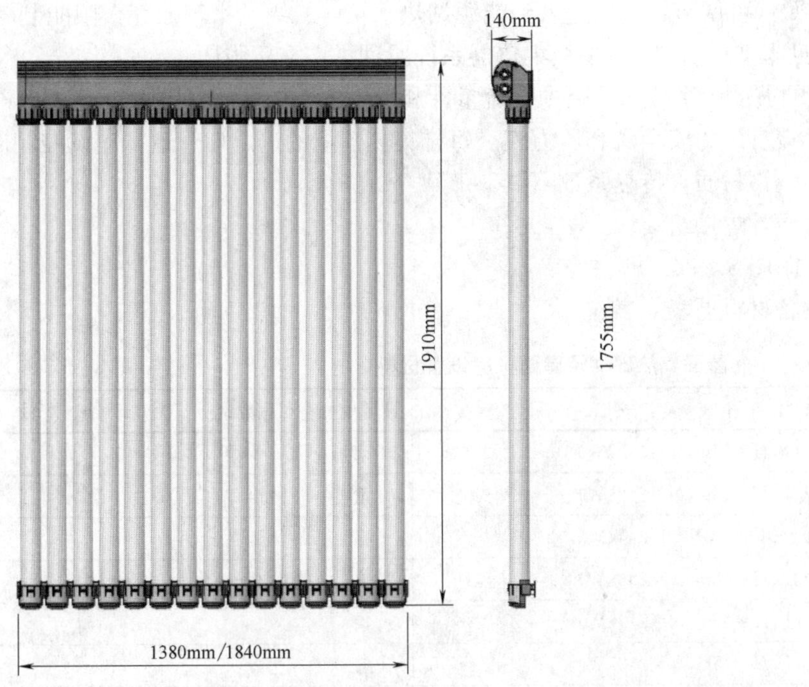

图 3　集热器

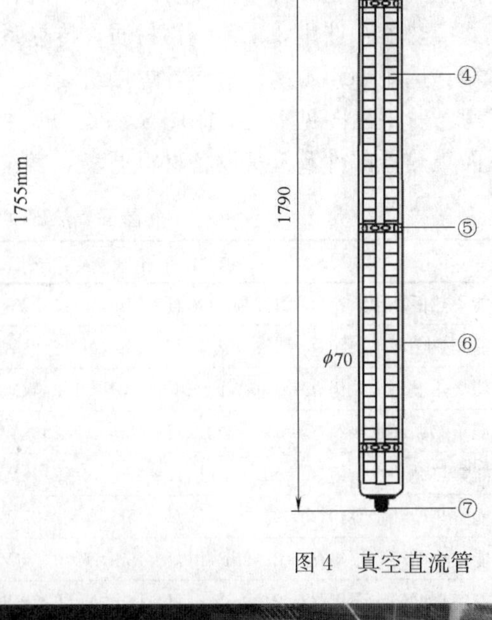

图 4　真空直流管

集热器是由集热器头部、真空直流管和底部横杆及背杆组成（图 3）。供水与回水连接口位于集热器头部的两端。如图 4 所示，真空直流管部件：①同轴管道系统；②带螺纹的连接装置；③真空直流管锁紧盖；④涂有可选性吸收涂层的铝制吸热器；⑤支撑片；⑥玻璃管；⑦防护帽。

2）媒体中心太阳能选型：

采用平板式太阳能集热器（图 5）。

图 5　平板型太阳能集热器

（2）屋面太阳能集热器的布置

1）真空管集热器布置

技术官员村、运动员村分设在不同住宅屋面，由于住宅屋面需要设置屋顶花园，并考虑太阳能建筑一体化，因此采用屋面架空水平布置方式，集热器布置见本文后附图 5。采用钢结构主骨架，设置检修马道。

2）平板集热器布置

媒体村为高层建筑，屋面较小，不适合设置太阳能集热器；且热水管线输送距离较长，媒体中心具有较大的屋面面积，平板集热器适合大型集中太阳能热水系统，因此平板集热器集中布置在媒体中心屋面。平板型集热器布置倾斜角度 10°。集热器布置见本文后附图 6。

（3）太阳能集热系统及机房设计

1）屋面太阳能集热系统的集热器组与集热循环水箱之间的上、下循环管路采用同程布置。设计采用闭式循环系统，板式换热器换热。

太阳能集热器及管网内循环水采用高质自来水，屋顶热水机房设太阳能集热水箱和热水循环泵，采用定温放水模式运行，当温度满足55℃（可调节）热水进入到能源站热水箱，二级站水箱贮存太阳能制备的热水量。真空管太阳能集热系统原理见本文后附图7，平板集热器系统原理见本文后附图4。

2）集热器循环管路设0.3%的坡度；系统的管路中设流量计和压力表。

3）太阳能集热器循环管路上设有压力安全阀和压力表。每排集热器组的进出口管道，应设控制阀门。

4）板式换热器：选用304不锈钢材质，传热系数$K \geqslant 3000W/(m^2 \cdot ℃)$。

5）水箱：选用304不锈钢材质，焊接组装。

6）机房布置平面图见本文后附图8。

7）屋面集热器部件及机房设备材料见表6。

屋面集热部件及屋面机房设备材料 **表6**

序号	项目名称	计量单位	工程数量	备注
1	太阳能集热循环水泵组($Q=17.1m^3/h$,$H=15m$,$N=2.2kW$)	套	2	
2	太阳能集热循环水泵组($Q=17.4m^3/h$,$H=15m$,$N=2.2kW$)	套	14	
3	太阳能集热循环水泵组($Q=18m^3/h$,$H=10m$,$N=1.2kW$)	套	2	
4	太阳能集热循环水泵组($Q=19.5m^3/h$,$H=15m$,$N=2.2kW$)	套	6	
5	太阳能集热循环水泵组($Q=19.6m^3/h$,$H=15m$,$N=2.2kW$)	套	2	
6	太阳能集热循环水泵组($Q=23.1m^3/h$,$H=15m$,$N=2.2kW$)	套	2	
7	太阳能集热循环水泵组($Q=23.2m^3/h$,$H=15m$,$N=2.2kW$)	套	6	
8	太阳能集热循环水泵组($Q=24.9m^3/h$,$H=15m$,$N=2.2kW$)	套	2	
9	太阳能集热循环水泵组($Q=25.6m^3/h$,$H=15m$,$N=2.2kW$)	台	2	
10	太阳能集热循环水泵组($Q=29.7m^3/h$,$H=15m$,$N=2.2kW$)	台	2	
11	太阳能集热循环水泵组($Q=33.6m^3/h$,$H=15m$,$N=2.2kW$)	套	2	
12	太阳能集热循环水泵组($Q=90m^3/h$,$H=18m$,$N=7.5kW$)	台	8	
13	热水加热循环水泵组($Q=17.1m^3/h$,$H=10m$,$N=2.2kW$)	套	2	
14	热水加热循环水泵组($Q=17.4m^3/h$,$H=10m$,$N=2.2kW$)	套	14	
15	热水加热循环水泵组($Q=19.5m^3/h$,$H=10m$,$N=2.2kW$)	套	6	
16	热水加热循环水泵组($Q=18m^3/h$,$H=10m$,$N=1.2kW$)	套	2	
17	热水加热循环水泵组($Q=19.6m^3/h$,$H=10m$,$N=2.2kW$)	套	2	
18	热水加热循环水泵组($Q=23.1m^3/h$,$H=10m$,$N=2.2kW$)	套	2	
19	热水加热循环水泵组($Q=23.2m^3/h$,$H=10m$,$N=2.2kW$)	套	6	
20	热水加热循环水泵组($Q=24.9m^3/h$,$H=10m$,$N=2.2kW$)	套	2	
21	热水加热循环水泵组($Q=25.6m^3/h$,$H=10m$,$N=2.2kW$)	套	2	
22	热水加热循环水泵组($Q=29.7m^3/h$,$H=10m$,$N=2.2kW$)	套	2	
23	热水加热循环水泵组($Q=33.6m^3/h$,$H=10m$,$N=2.2kW$)	套	2	
24	热水加热循环水泵组($Q=90m^3/h$,$H=10m$,$N=7.5kW$)	台	8	
25	太阳能集热水箱带保温，304不锈钢热水箱安装$V=3m^3$，尺寸：1×1.5×2(m)	套	22	
26	泄水水箱，304不锈钢热水箱安装$V=1m^3$，尺寸：1×0.5×2(m)	套	22	
27	不锈钢板式换热器，$F=2.23m^2$	套	1	
28	不锈钢板式换热器，$F=2.61m^2$	套	1	

续表

序号	项 目 名 称	计量单位	工程数量	备 注
29	不锈钢板式换热器，$F=2.64m^2$	台	2	
30	不锈钢板式换热器，$F=2.66m^2$	套	3	
31	不锈钢板式换热器，$F=2.98m^2$	套	3	
32	不锈钢板式换热器，$F=3.21m^2$	套	1	
33	不锈钢板式换热器，$F=3.24m^2$	台	2	
34	不锈钢板式换热器，$F=3.52m^2$	套	1	
35	不锈钢板式换热器，$F=3.55m^2$	套	3	
36	不锈钢板式换热器，$F=3.81m^2$	套	1	
37	不锈钢板式换热器，$F=3.92m^2$	台	1	
38	不锈钢板式换热器，$F=4.62m^2$	套	1	
39	不锈钢板式换热器，$F=5.13m^2$	套	1	
40	不锈钢板式换热器，$F=15.07m^2$	套	4	
41	太阳能(真空管)集热板带管道、附件(2270mm×1880mm)(甲供)	组	3204	
42	太阳有板式集热板带管道、附件(1941mm×1027mm)(甲供)	组	2424	
43	球墨铸铁消声止回阀 *DN*150	个	16	
44	球墨铸铁消声止回阀 *DN*80	个	84	
45	球墨铸铁蝶阀 *DN*150	个	64	
46	球墨铸件蝶阀 *DN*125	个	1	
47	球墨铸件蝶阀 *DN*100	个	3	
48	球墨铸件蝶阀 *DN*80	个	313	
49	球墨铸件蝶阀 *DN*50	个	8	
50	电动阀 *DN*150	个	4	
51	电动阀 *DN*125	个	1	
52	电动阀 *DN*100	个	1	
53	电动阀 *DN*80	个	21	
54	电动阀 *DN*50	个	20	
55	太阳能安全阀 *DN*25	个	50	
56	太阳能放气阀 *DN*25	个	50	
57	铜截止阀 *DN*25	个	755	
58	铜截止阀 *DN*32	个	342	
59	铜截止阀 *DN*50	个	4	
60	球墨铸铁截止阀 *DN*65	个	1	
61	球墨铸铁截止阀 *DN*80	个	26	
62	球墨铸铁截止阀 *DN*80	个	21	
63	球墨铸铁截止阀 *DN*100	个	1	
64	压力仪表 $P=0\sim1.6$MPa，带 *DN*15 表阀	套	216	
65	温度仪表 0～100℃，带钢保护套	套	83	
66	不锈钢金属软管 *DN*15	根	1984	
67	不锈钢金属软管 *DN*20	根	576	

（4）太阳能集热系统的控制

1）屋面太阳能集热器每个循环系统设 2 台循环泵，一用一备；采用温差自动循环，当集热器模块中水温高于太阳能回水管网水温温差≥8℃时，启动集热器循环泵，同时启动集热水箱循环泵。当集热器模块中水温低于太阳能回水管网水温温差≤2℃时，延时停止循环。

2）屋面太阳能集热水箱采用定温放水方式，水温达到设计温度55℃（可设定不同温度值），定温放水阀开启，热水输送到二级站室太阳能贮热水箱；达到水箱低水位时，开启水箱冷水进水电动阀补水，达到水箱高水位时停止。

能源站贮热水箱容积按贮存全天太阳能制备热水量设计，定温放水阀开启温度可根据气候条件、用水量综合确定，夏季晴热天气，太阳能充足，开启温度可设为60～65℃；冬、春季太阳能不足，开启温度可设为48～50℃。

3）系统中使用的控制元件应具有国家质检部门出具的控制功能、控制精度和电气安全等性能参数的质量检测报告。集热器用传感器应能承受集热器的最高空晒温度，精度为±2℃；贮水箱用传感器应能承受100℃，精度为±2℃；太阳能热水系统中所用控制器的使用寿命应在15年以上，控制传感器的寿命应在5年以上。

4）系统控制器应具备显示、设置和调整系统运行参数的功能；系统运行信号均输送到1号能源站，1号能源站应能显示、控制太阳能集热系统的运行。

（5）安全措施及保温

1）屋面安装太阳能集热器的建筑部位，当太阳能集热器损坏后其部件不应坠落到室外地面。

2）太阳能热水系统中使用的电器设备应有剩余电流保护、接地和断电等安全措施。太阳能集热器固定应牢固，并具有防雷、抗风、抗震、抗雹等技术措施。

3）太阳能集热器及管网系统连接严禁漏水，屋面室外管网阀门设置高度不小于2m，防止烫伤事故。

4）长时间系统停止使用或用水量较小时，采用专用遮阳布遮盖太阳能集热板加以保护。

5）管材及接口：太阳能集热器热水管道采用304（0Cr18Ni9）不锈钢管道，采用硬泡聚氨酯泡沫塑料预制保温管，外作PE管保护壳，要求PE管抗紫外线并满足景观设计的要求。

（三）水源热泵系统设计计算

1. 热泵形式的选择

（1）本项目热泵选型

本项目下分3个能源站，采用全封闭螺杆式全热回收水源热泵机组，满足生活热水温度、水量的要求，实现区域供冷、供热的要求。

（2）各能源站水源热泵技术要求

本工程三个能源站内的水源热泵机组既是空调系统的冷源又是生活热水系统的热源，因此水源热泵机组共有夏季制冷、夏季（包括过渡季）制热、冬季制热和全热回收四种运行工况。要求水源热泵机组为螺杆式双冷凝器热泵机组，具备全热回收功能，热泵机组的性能应满足以上四种运行工况的要求的同时，具备在保证生活热水出水温度55～60℃的前提下能够连续运行的能力。

2. 一级能源站设计计算

（1）1号、2号站设计计算

1号、2号站系统原理见图6、图7。

（2）换热器换热量校核

1）换热器选型

本工程采用江水作为水源热泵的冷却水，水质较差，如果使用板式换热器，由于江水中的微生物难以去除，会直接进入到换热器中，在换热器管中产生微生物膜，微生物膜附着在换热器表面，降低换热器的换热效率，且清洗困难，长时间使用容易引起换热器的堵塞。如果使用管壳式换热器，同样的换热对数温差，因其传热系数较低，换热面积要增加一倍，造价会有较大的提高，而且又增加了胶球清洗装置，但这样做可以

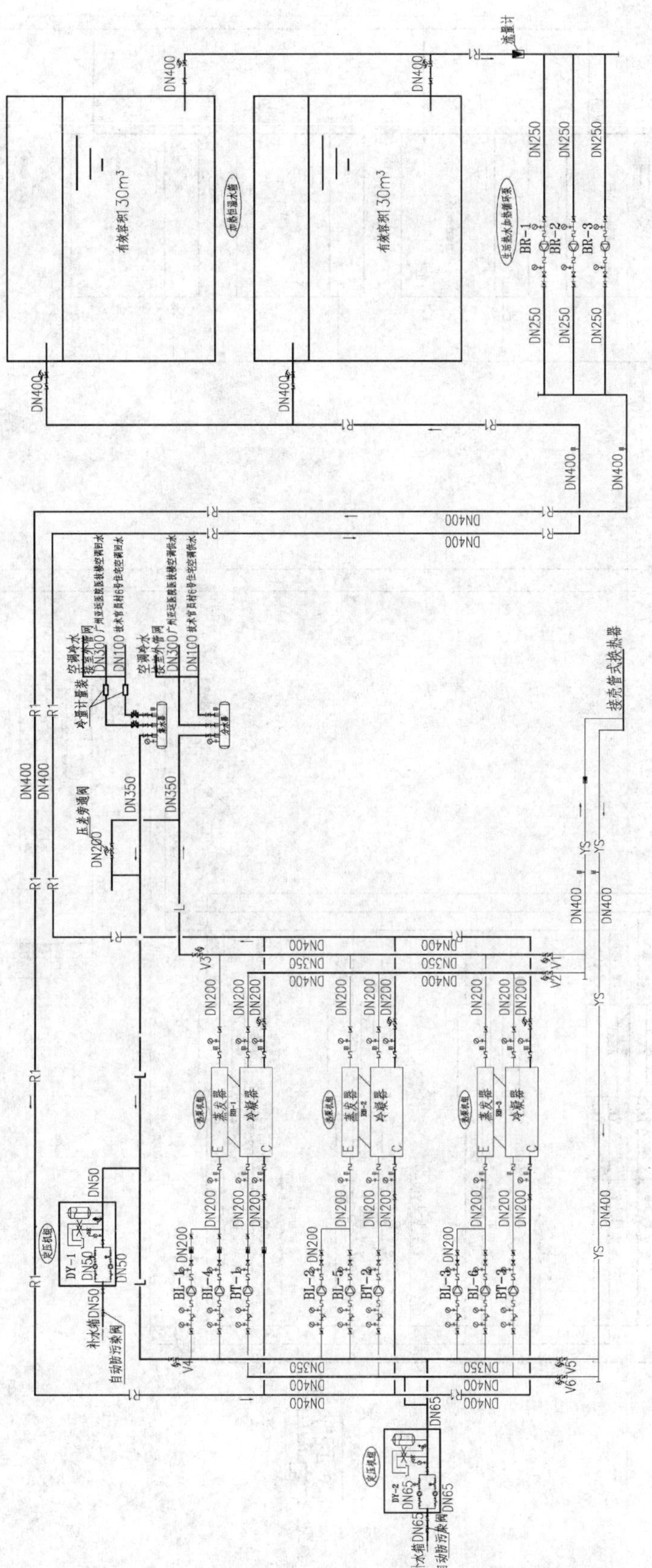

图 6 1 号站原理图

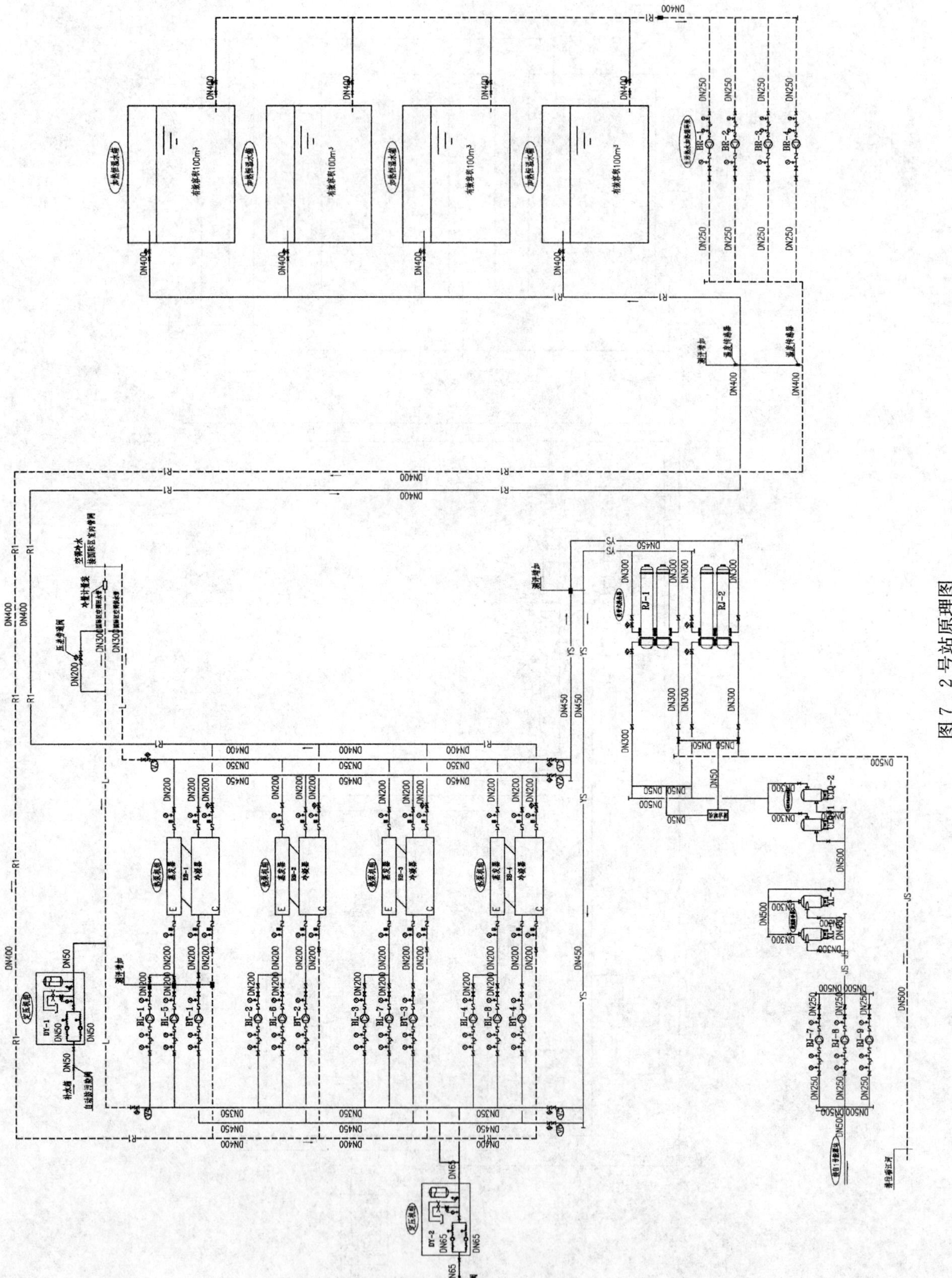

图7 2号站原理图

解决微生物膜的问题。因此选用管壳式换热器作为水源热泵机组的水源侧换热器。

2）旋流除砂器和自动反冲洗过滤器

以1号能源站为例：

1号站共三台热泵机组，热泵夏季额定制冷量1472kW，电功率296kW。

则换热量为：　　　　　　　　　1.1×3×(1472+296)=5834kW

一次水源水流量=5834×0.859/5=1002m^3/h

分别选用两台旋流除砂器和自动反冲洗过滤器，其流量为1002/2=501m^3/h，

所以单台旋流除砂器的流量为500m^3/h，

单台自动冲洗机械过滤器的流量为700m^3/h 。

3）1号能源站换热器换热量校核

1号站共三台热泵机组，热泵夏季额定制冷量1472kW，电功率296kW。

则换热量为：　　　　　　　　　1.1×3×(1472+296)=5834kW

选用两台（并联）管壳式换热器：则单台换热量为5834/2=2917kW。

一次水源水侧进出水温度为32/37℃

二次水源水侧进出水温度为30/35℃。

一次侧水流量=2917×0.859/5=501m^3/h

二次侧水流量=2917×0.859/5=501m^3/h

所选换热器参数为：换热量2920kW，一次侧水流量500m^3/h，二次侧水流量500m^3/h。如若换热器串联则换热量为5843kW，水流量为1002m^3/h。

4）2号能源站换热器换热量校核

2#站共四台热泵机组，热泵夏季额定制冷量1310kW，电功率262kW。

则换热量为：　　　　　　　　　1.1×4×(1310+262)=6916kW

选用两台管壳式换热器：则单台换热量为6916/2=3458kW。

一次水源水侧进出水温度为32/37℃。

二次水源水侧进出水温度为30/35℃。

一次侧水流量=3458×0.859/5=594m^3/h

二次侧水流量=3458×0.859/5=594m^3/h

所选换热器参数为：换热量3460kW，一次侧水流量600m^3/h，二次侧水流量600m^3/h。如若串联则换热量为6916kW，水流量为1200m^3/h。

（3）水处理设备计算

1）水质分析

① 含氯度

根据黄埔电厂珠江水2004年全年每隔1日实测含氯度资料，黄埔水道含氯度超过500mg/L的月份有6个月。

由于本项目取水河段涞水主要为外江来水量，因此。同样受含氯度影响，水源热泵及附属设备均采用了防氯离子腐蚀的措施。

② 含沙量

珠江是我国七大江河中含沙量最小的河流。据相关资料统计，全河多年平均含沙量0.27kg/m^3。

③ 污染物指标

本项目位于珠江的莲花山和长洲段，近几年来，珠江水在莲花山段主要是以Ⅳ类水质和Ⅴ水质为主，而长洲段水质以Ⅳ类水质和劣Ⅴ类水质为主。根据2003年的水质监测数据分析，番禺区水系以沙湾水道水质

最好，其综合污染指数为 0.444，属于轻度污染；市桥水道、大石水道、屏山河、七沙涌和石楼河的综合污染指数为 0.522～0.767，属于中度污染；而化龙运河和砺江河的综合污染指数分别达到 1.258 和 1.333，已属于重度污染。

2）水处理方案及流程

水处理流程见图 8。

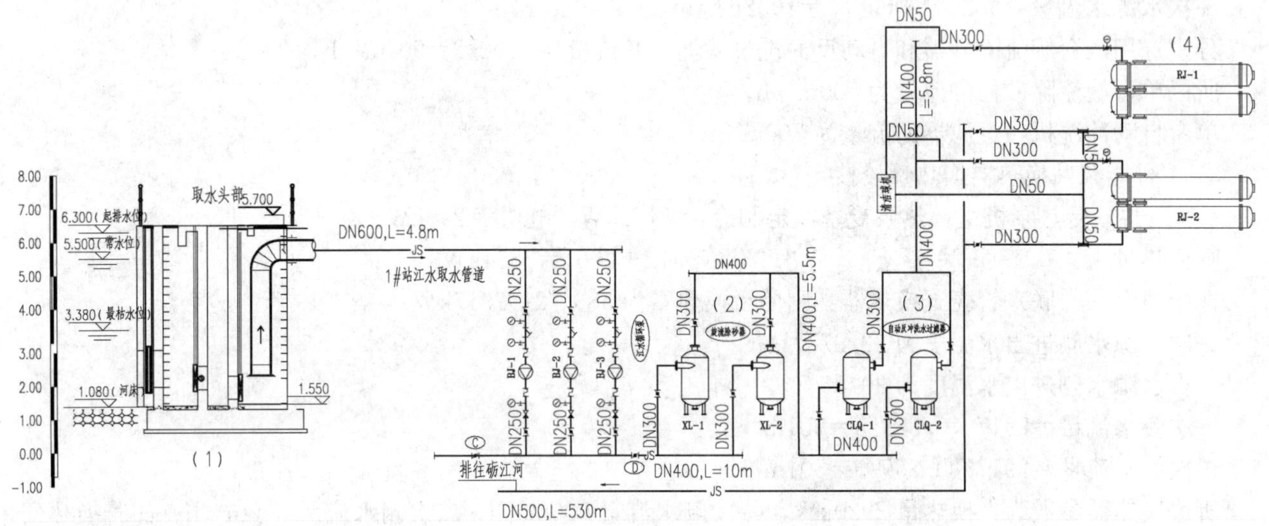

图 8　水处理流程原理

3）水源水处理主要措施

① 一级处理：取水口前设置斜板过滤装置（格栅）作为一级处理，有效去除水体中大型颗粒、悬浮物等物体。防止原水中的大块漂流杂物进入水泵，阻塞通道或损坏叶轮以及换热管（板）。采用斜板式机械格栅，一般小于 20 目。

② 除砂处理：采用二级机械旋流除砂器，可以有效去除水中的砂子等颗粒，可有效保护设备的安全稳定运行。机械过滤器是近年来水处理行业发展较快的一种新型技术，在水源热泵系统中也正在得到越来越多的应用。但是，对于目前市场上的绝大多数过滤器而言，其可耐受的进水浊度一般仍在 50NTU 以下，所以用于直接江水原水，在夏季 6～9 月期间仍有极大的困难，因而也不太适宜。此外，直接利用机械过滤器存在反冲洗等问题，维护较为复杂，对于缺少专门技术力量的开发商不太适合。综上分析，对于本项目而言，旋流除砂器作为预处理是较为合适的可用技术。但是，目前用于湖水水源热泵系统的旋流除砂器一般分离粒径在 0.1mm 以上，普遍不能去除细沙，在夏季高含沙量、高浊度且细沙含量大的情况下，常常出现处理率不足和处理器堵塞并行的问题，目前在矿业等领域所采用的小直径旋流除砂器对细颗粒有较好的去除效果，但其能量损失大、单个处理能力低。

③ 机械过滤处理

在本项目中，通过设置机械压滤器，过滤等级为 0.03mm。在传统机械过滤器的基础上，调整过滤孔径并增加自动反冲洗功能，无需人工清洗压滤器，可以连续有效彻底去除水中的毛发、短纤等悬浮物。壳体内部：防腐橡胶；壳体外部：下部需有三层防腐涂层，上部再外加纯环氧树脂涂层。清洗机构：整体全部采用 SMO254 钼合金材质；外部附件：连接件、导管等需采用钛合金材质。

（4）热水水箱计算

系统所需水箱总容积：$$V=1.2\left(Q-\frac{Q}{24}\times T\right)$$

二级热水站室水箱容积：$V_2 = V_S$

一级能源站水箱容积：$V_1 = V - V_2$

其中：

V——系统所需水箱总容积（m^3）；

Q——最高日用水量（m^3/d）；

T——水源热泵运行时间（h/d），取 16h；

V_1——一级能源站室水箱容积（m^3）；

V_2——二级能源站室水箱容积（m^3）；

V_S——太阳能最大日产热水量（m^3）。

热水箱容积计算见表 7～表 9。

技术官员村热水水箱容积计算 **表 7**

计算范围	日用水量（m^3）	太阳能集热器面积（m^2）	单位集热面积最大产水量（$L/(m^2 \cdot d)$）	太阳能最大日产热水量（m^3）	二级站室水箱容积（m^3）	一级站室水箱计算容积（m^3）	总贮热水箱容积（m^3）
赛时建筑	317	900	47	42.3	42	85	127
赛后已建建筑	147	900	47	42.3	42	17	59
赛后总规划建筑	1084	5000	47	235	235	199	434

设计采用：技术官员村赛时设 2 个二级站室，每个站室水箱容积 40m^3，1 号能源站一级站室设 2 个 100m^3 水箱。一级站室赛后达不到设计人数时可利用其中 1 个水箱。

运动员村热水水箱容积计算 **表 8**

计算范围	日用水量（m^3）	太阳能集热器面积（m^2）	单位集热面积最大产水量（$L/(m^2 \cdot d)$）	太阳能最大日产热水量（m^3）	二级站室水箱容积（m^3）	一级站室水箱计算容积（m^3）	总贮热水箱容积（m^3）
赛时建筑	2073	4500	47	211.5	212	618	829
赛后已建建筑	790	4500	47	211.5	212	105	316
赛后总规划建筑	1062	5500	47	258.5	259	166	425

设计采用：运动员村赛时设 4 个二级站室，每个站室设容积 2×60m^3 水箱，2 号能源站一级站室设 2 个 100m^3 水箱，水箱总容积 680m^3，相当约 3h 最大小时用水量，可保证赛时用水安全；赛后每个二级站室水箱容积 60m^3。

媒体村热水水箱容积计算 **表 9**

计算范围	日用水量（m^3）	太阳能集热器面积（m^2）	单位集热面积最大产水量（$L/(m^2 \cdot d)$）	太阳能最大日产热水量（m^3）	一级站室水箱计算容积（m^3）	总贮热水箱容积（m^3）
赛时建筑	1146	4500	47	211.5	458	458
赛后已建建筑	613	4500	47	211.5	245	245
赛后总规划建筑	974	5000	47	235	390	390

设计采用：媒体村赛时不设二级站室，3 号一级站室设 4 个 100m^3 水箱，水箱总容积 400m^3，可满足赛时用水安全；赛后水箱容积不变，赛后达不到设计人数时可利用其中 2 个水箱。

3. 3 号能源站计算

3 号能源站系统原理见图 9。

4. 二级能源站设计

(1) 技术官员村二级站设计

技术官员村分南北 2 个区，各设 1 个二级站，二级站内设置生活热水箱和变频泵组，供应生活热水。生活热水箱贮存全部屋顶太阳能集热器热水量，当太阳能热水不足时，有 1 号能源站转输供应水源热泵热水至生活水箱；当水箱温度降低到 48℃时，水箱热水由循环泵抽至 1 号能源站，由水源热泵进行加热。

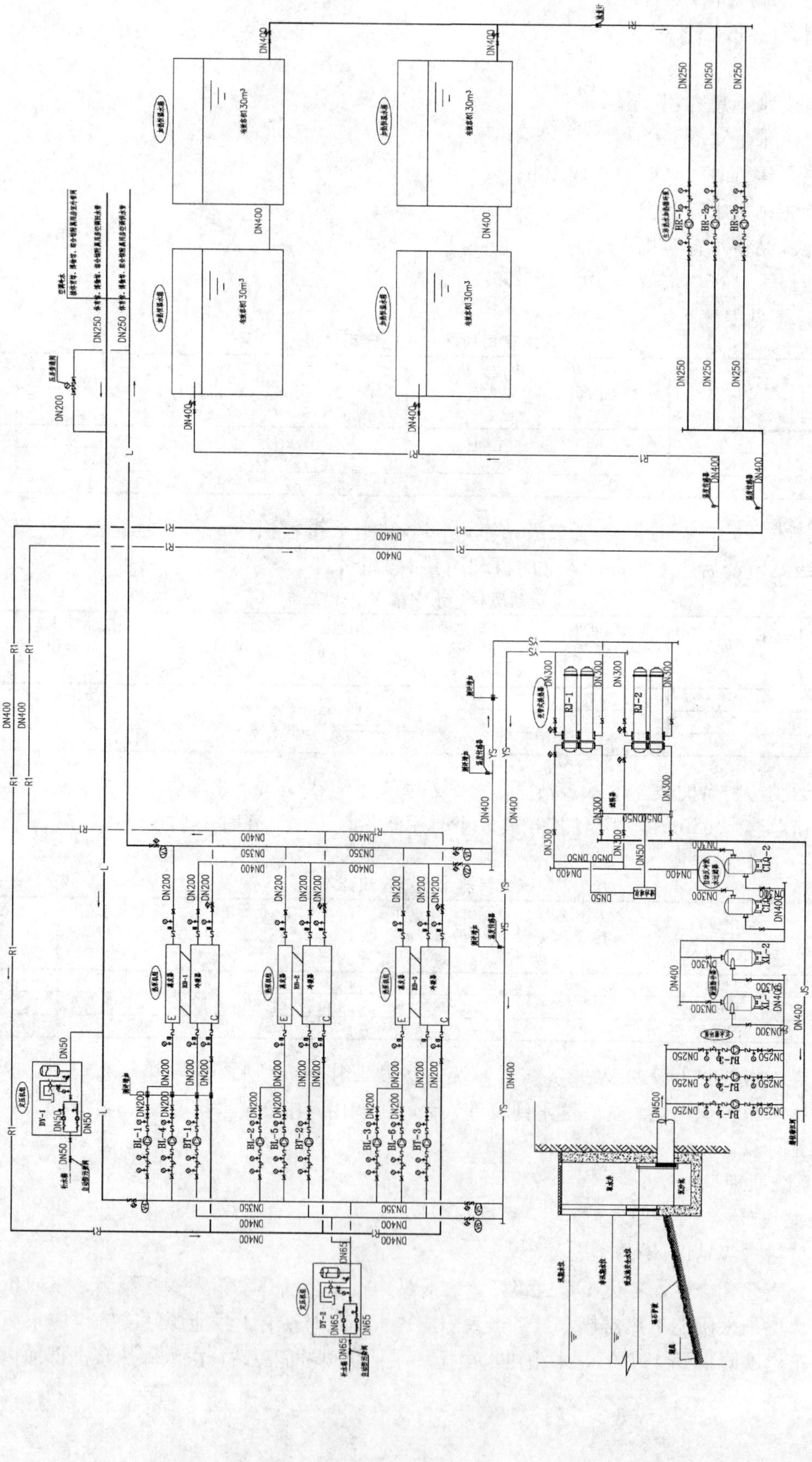

图 9 3 号能源站系统原理

(2) 运动员村二级站设计

运动员村分 4 个区（组团），各设 1 个二级站，二级站内设置生活热水箱和变频泵组，供应生活热水。生活热水箱贮存全部屋顶太阳能集热器热水量，当太阳能热水不足时，有 2 号能源站转输供应水源热泵热水至生活水箱；当水箱温度降低到 48℃时，水箱热水由循环泵抽至 1 号能源站，由水源热泵进行加热。

5. 热水供水管道系统设计

(1) 技术官员村室外管网

技术官员村室外管道布置及计算简图见图 10（以北区为例）。

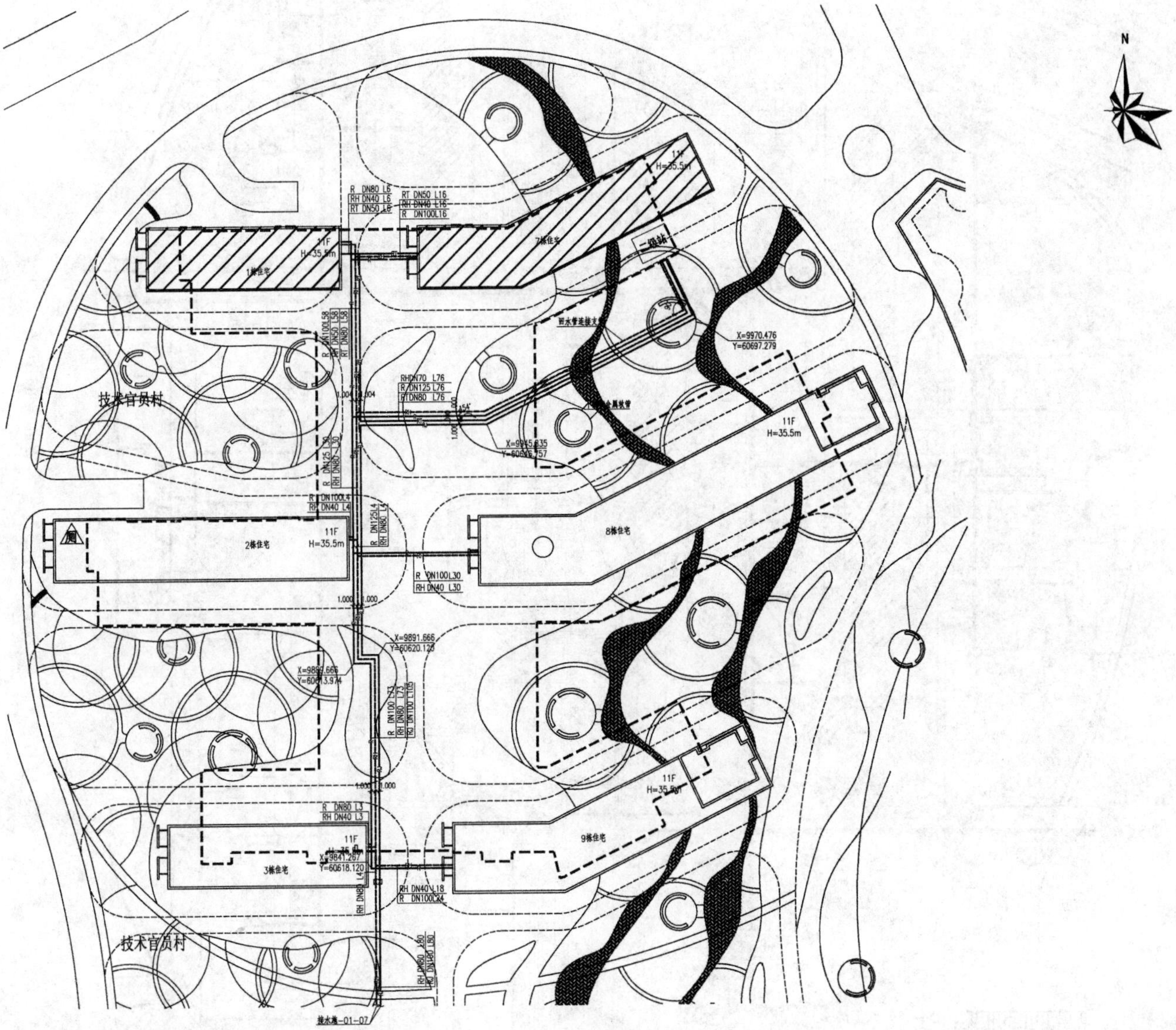

图 10　室外管道布置

(2) 运动员村室外管网

运动员村室外管道布置及计算简图见图 11（以四区为例）。

(3) 媒体村室外管网

媒体村室外管线布置及计算简图见图 12～图 14。

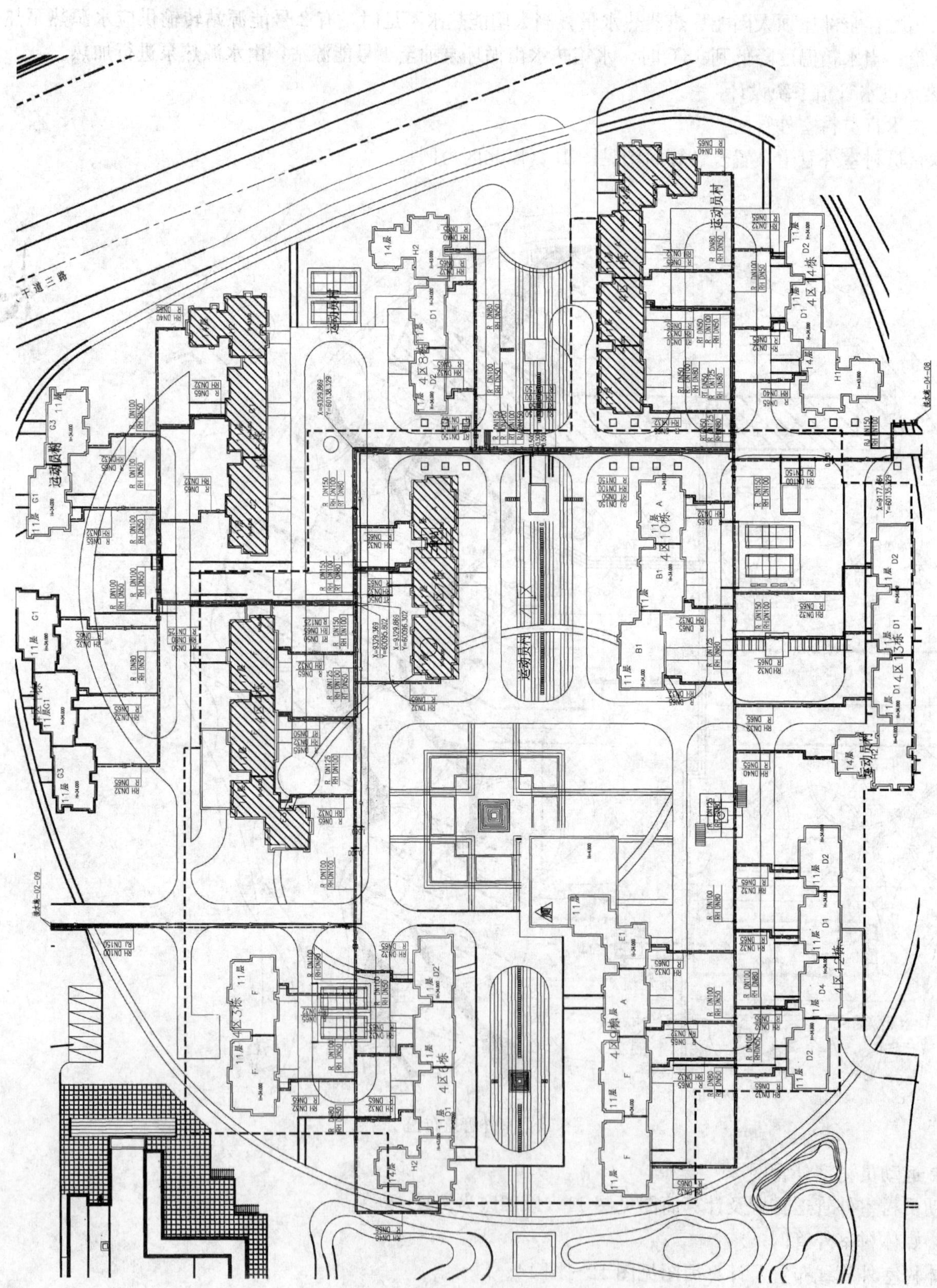

图11 室外管道布置简图

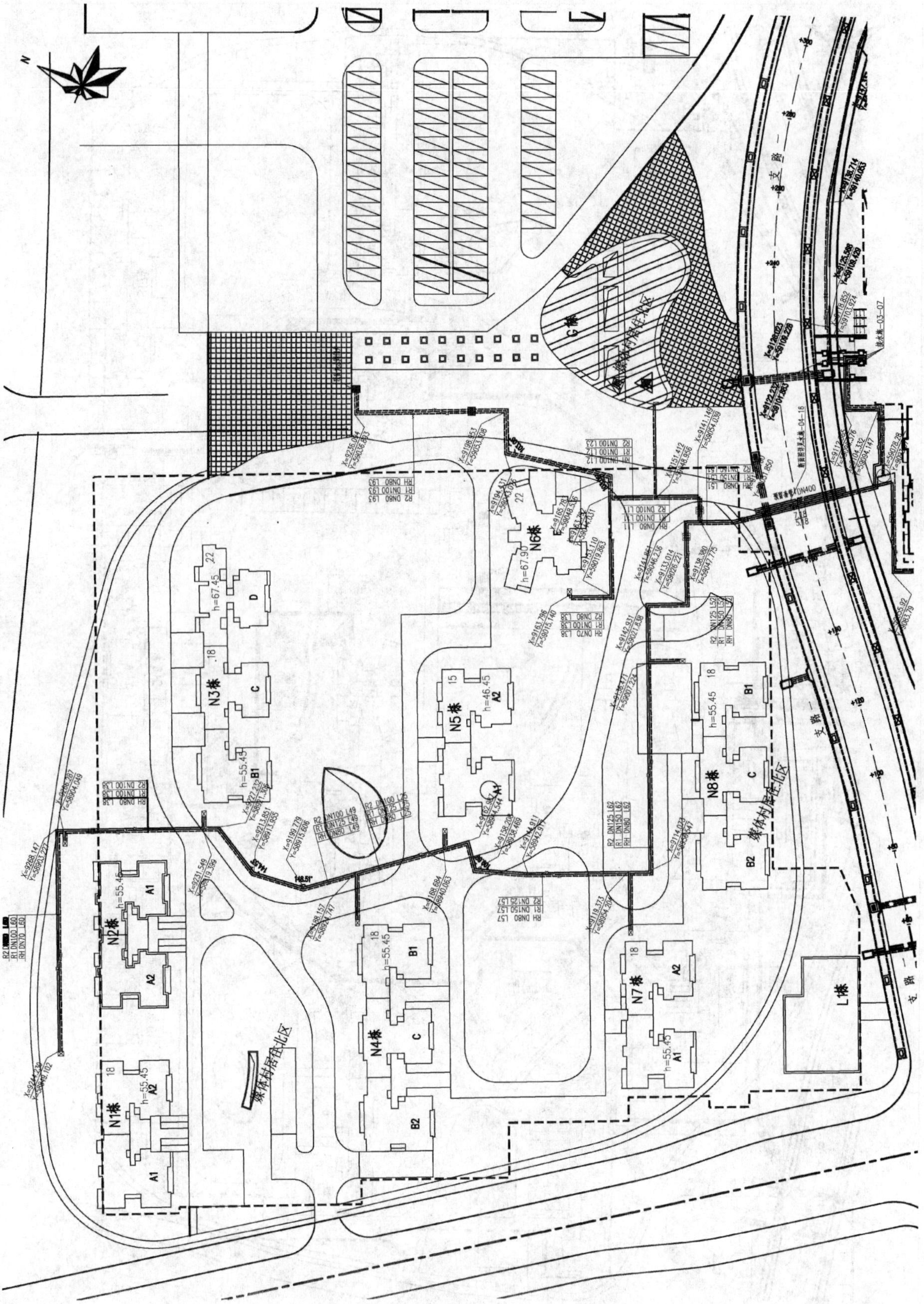

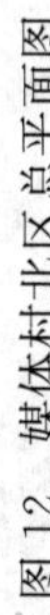

图 12 媒体村北区总平面图

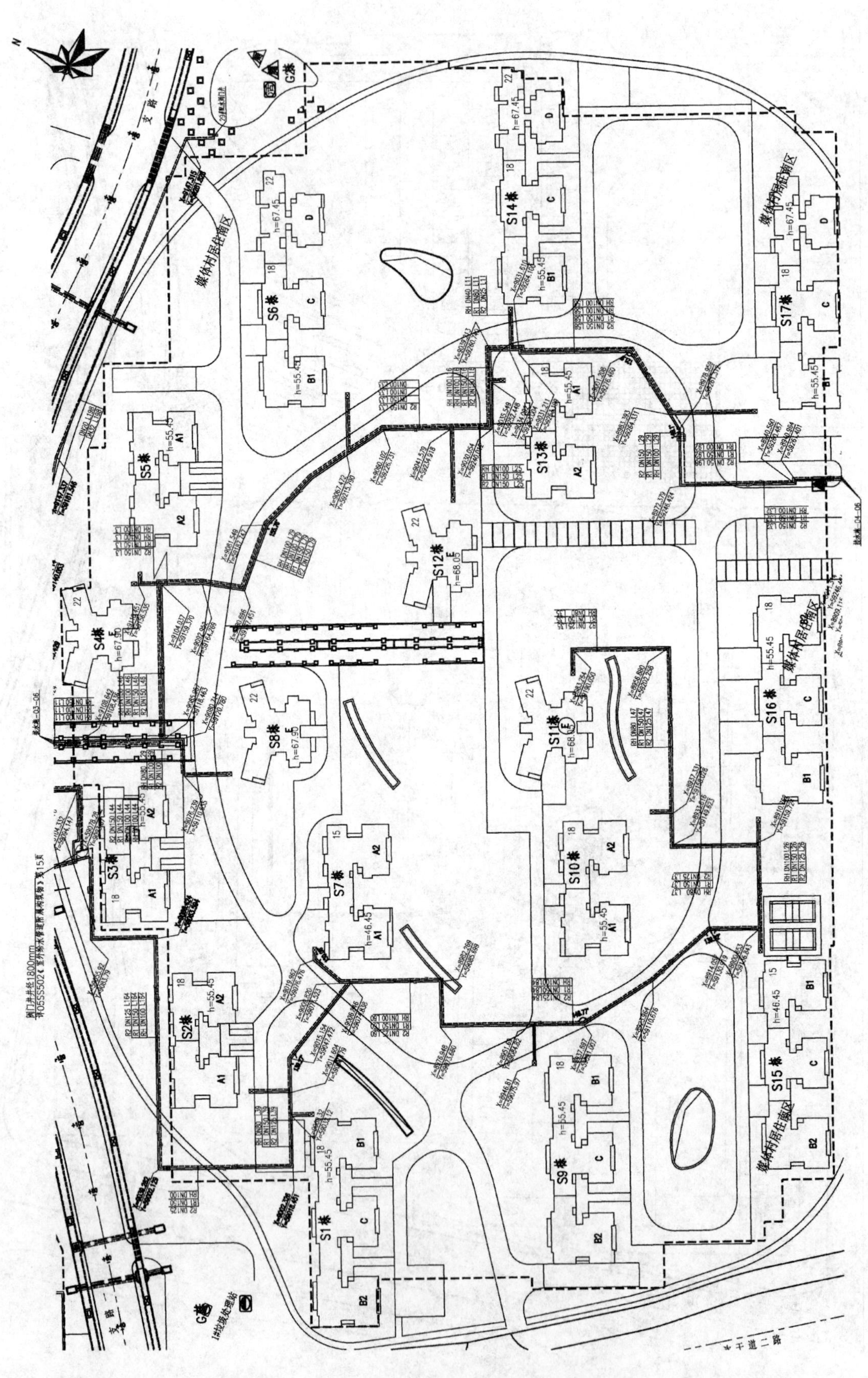

图13 媒体村南区总平面图

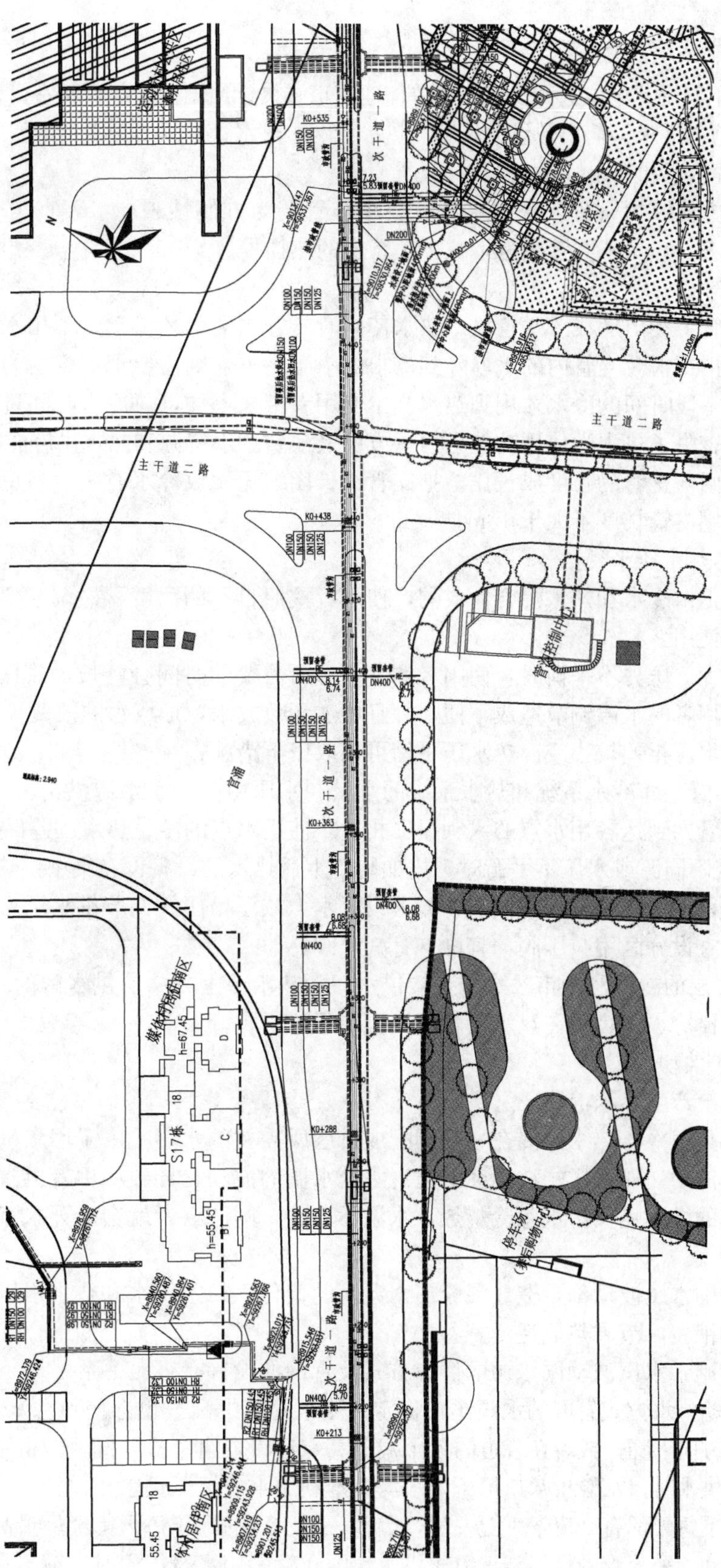

图 14　次干道一管线总平面图

6. 室内热水管网系统

(1) 管网设计原则

本项目单体设计由不同设计单位进行设计，在单体建筑正式设计出图前与能源站室设计单位有过初步沟通，为满足赛时集中热水供应的需求，需要敷设大规模的热水管网，热水管网的布置需考虑如下几方面问题：

1) 户内水表的设置位置和数量

为减少计量误差和方便维护管理，户内水表宜集中布置，为方便抄表，水表宜集中设置在户外水表井内，并且每户一块热水表，减少了立管数量，减少了管道的热损失。

2) 用水点快速出热水

用水器具支管从立管上接出形成滞水管段。热水使用时支管内的水才流动，不用水时，管内水静止，水温逐渐下降。如果用户再用水时支管内的水温降到需求的水温之下，则需要把支管内的水放掉，待水温升高后才可使用。用水先放一段时间的冷水才用到热水会给使用者带来不便，放冷水时间过长甚至还会迫使用户放弃用热水。这一方面丧失了热水的使用功能，另一方面又浪费了水资源和热水供应能源。

支管内水的流动时间与支管的长度成正比。把支管的长度缩短，放冷水时间可缩短，且放掉的水量也会减少，因此设计中宜控制支管长度不大于 15m。

3) 保持用水点冷、热水压平衡

用水点使用的热水是由冷水和热水混合而成的，使用者按照自己的温度喜好调节冷、热水量，混合成适合自己水温的热水流出使用。

冷、热水压力相差大、压力不平衡时，使用者调节水温所需要的时间会延长，并且冷、热水管道的水容易互相倒灌混掺，给使用者的水温调节造成不便，并且增加无效放水，形成水的浪费。

保持用水处的冷热水压相差较小或冷热水压平衡可采取以下措施：

① 冷、热水同源布置，即冷水系统和热水系统的水量和水压由同一个水源供给，并且同源点下游的冷、热水系统，其输、配水管网到达各用水点的水头损失相近，使用水点的冷、热水压差保持在 0.02MPa 以内。

② 当冷、热水系统不同源或水压不平衡时，比如制备生活热水的设备设在集中供热站中，生活水泵房远离供热站就是这种情况，可在水压较高的供水干管上设置水力减压稳压阀调节供水压力。当热水系统需要设减压稳压阀时，一般不宜设分区用减压阀，宜设支管减压阀。

③ 比如建筑底部楼层的冷水利用市政水压直接供水，而热水由上方楼层供水区的二次加压系统供给时，则底部楼层的热水压力比冷水高，可在热水支管上设置减压稳压阀。

4) 减小冷、热水压波动

冷、热水压波动也会产生热水浪费

用户使用热水时都是把冷、热水掺混在一起调配成自己所需要的水温。由于用水量的随时变化，用水量不均匀将会引起水压的波动，而水压的波动会引起混水处水温的波动，导致使用者再次调节水温，形成水的浪费。比如客房或浴室的淋浴喷头出水忽冷忽热，水温不稳定，则洗浴者就会躲开水流或不断调节水温，调节期间的出水得不到利用。

冷水或热水管道中的水压波动都会造成混合出水温度的变化。稳定冷水和热水水压，可以稳定混合出水温度，从而减少热水的浪费，节省热能耗量。

减小水压波动的措施：水压波动同水源的供应方式及管网的设置有很大关系。

一般而言，高位水箱供水方式管网的水压比较稳定；热水管道中窝气也会使热水水压波动，管道布置时，横管应避免管道沿水流方向下降，或者在管道的各个局部高点都设置自动排气阀，使得不易窝气，减缓管道内水压波动。变频调速泵供水时，水泵出水口恒压供水与最不利用水处恒压供水相比较，后者用水点的水压波动小。由于，管网用水几乎每天都有 0 流量工况发生，因此，用水点的水压每天都经历最高水压工况运行，并在一个较宽幅的范围内波动。采用管网最不利点恒压供水，则在管网用水量很少时，最不利点的水头保持恒压不变，仍为设计额定水头 h_0，水压波动被消除。由于最不利点水压恒定，各用水点的水压波动幅度都相应减小。

5）采用优质混合阀，保证终端使用效果

高效的冷热水混合阀能快速地把水温调节到使用者所需要的温度，减少水温调节时间和无效放水时间，使浪费的热水量减少；并且还能够减小阀前水压波动对出水水温的影响，稳定水温，当水温调好后，即使阀前水压有波动，水温也不易发生变化。

目前市场上的防烫伤混合阀，可事先设定阀的出水温度，不需要在每次放水时调节，避免了调阀过程的水浪费，并且不受冷热水压力差的影响（允许冷热水压差达 0.25MPa）。

（2）卫生间热水管道布置

1）技术官员村典型户热水管道布置见图 15。

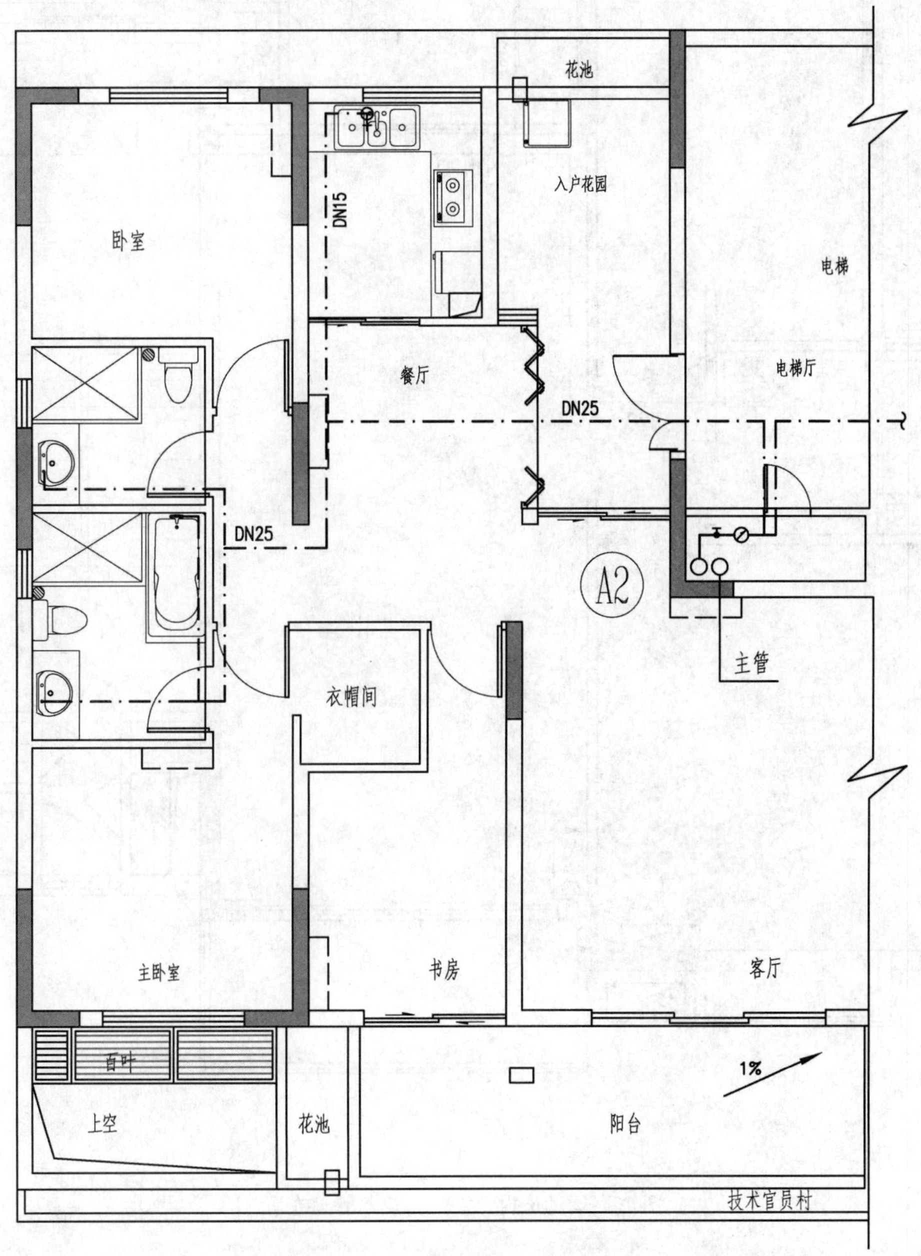

图 15 技术官员村热水管道布置

2）运动员村典型户热水管道布置见图 16。

3）媒体村典型户热水管道布置见图 17。

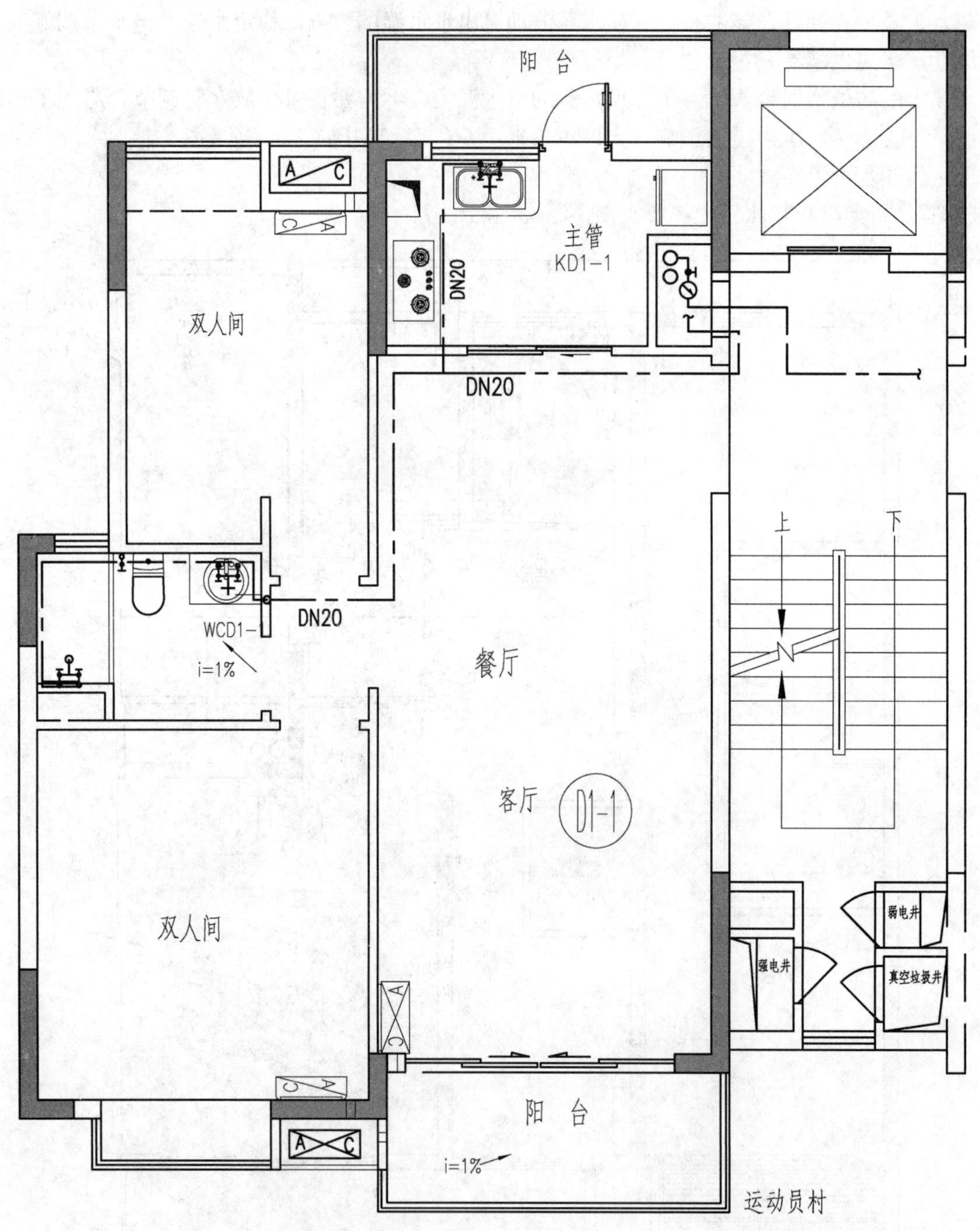

图 16 运动员村典型户型热水管道布置

注：水表后热水支管长度约 15m。

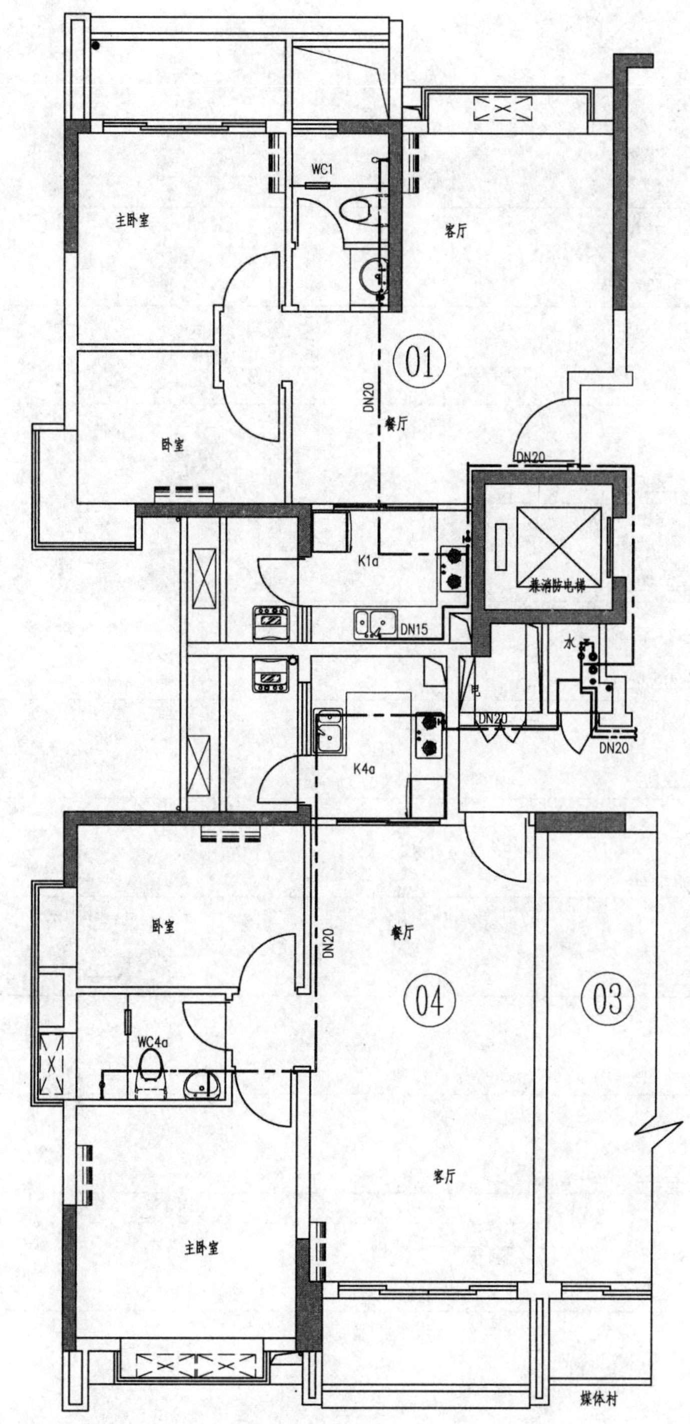

图 17　媒体村典型户型热水管道布置

注：一梯 4 户，单个卫生间，水表后热水支管长度约 10m。

(3) 热水系统竖向设计

1) 技术官员村竖向分区见图 18。

特点：小高层、竖向为一个区、下行上给同程布置、回水干管设在屋面，室外管道散热量较大。

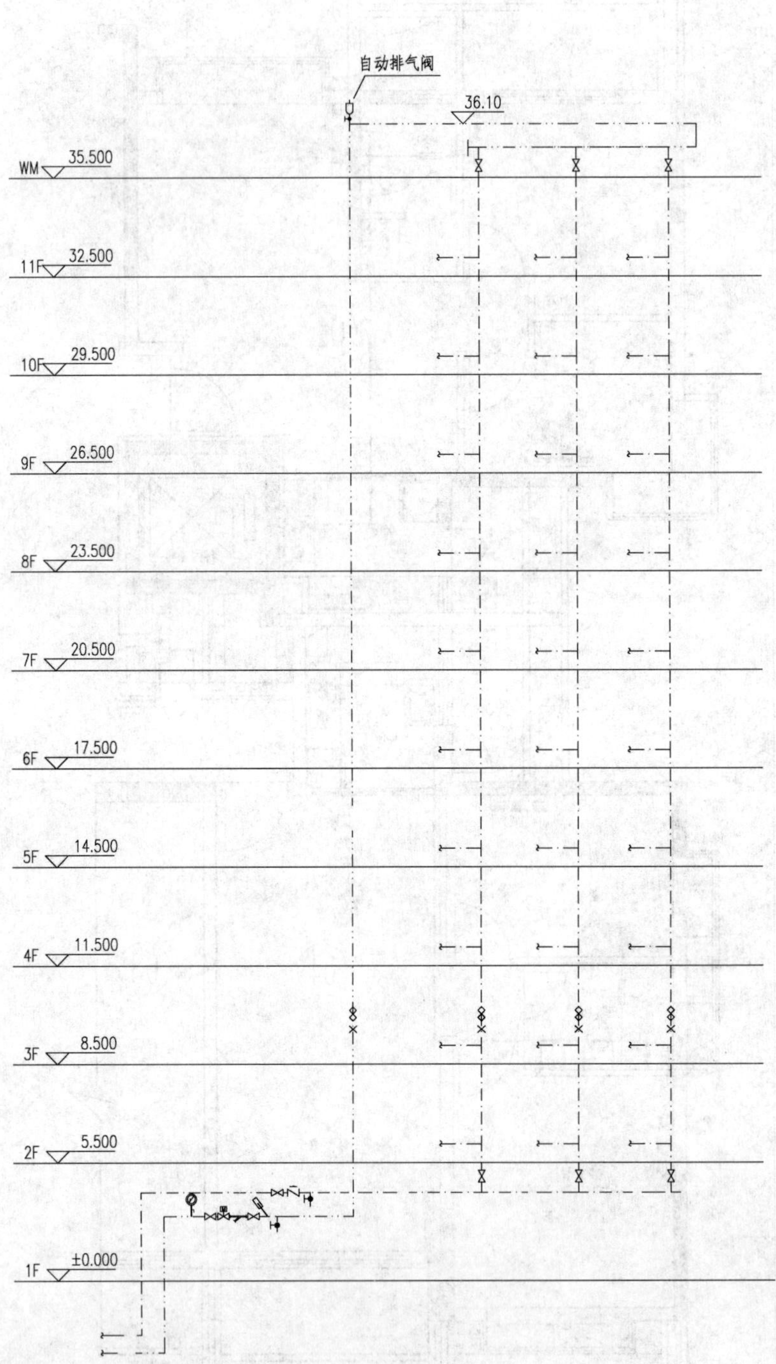

图 18　技术官员村热水系统图

特点：小高层、竖向为一个区、下行上给同程布置、回水干管设在屋面，室外管道散热量较大。

2）运动员村竖向分区见图 19。

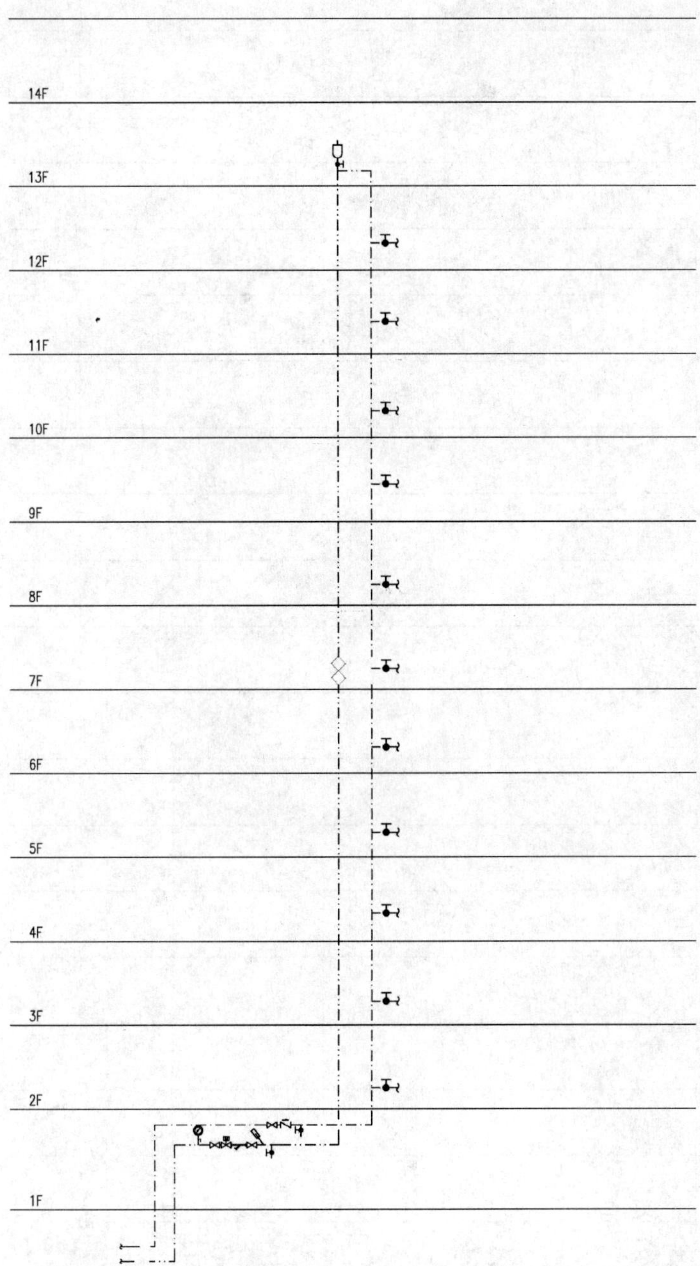

图 19　运动员热水系统图

特点：局部 14 层、竖向为一个区、下引上给每个单元为一个回水单元，回水管道较多，散热量较大。

3）媒体村竖向分区见图 20。

特点：高层；竖向为两个区、下行上给每个楼座为一个回水单元。室外分高低 2 个区供水管道，共用 1 个回水管；高、低区回水均做减压稳压装置；供水半径较大，超过 1.2km，属大型开式热水系统。

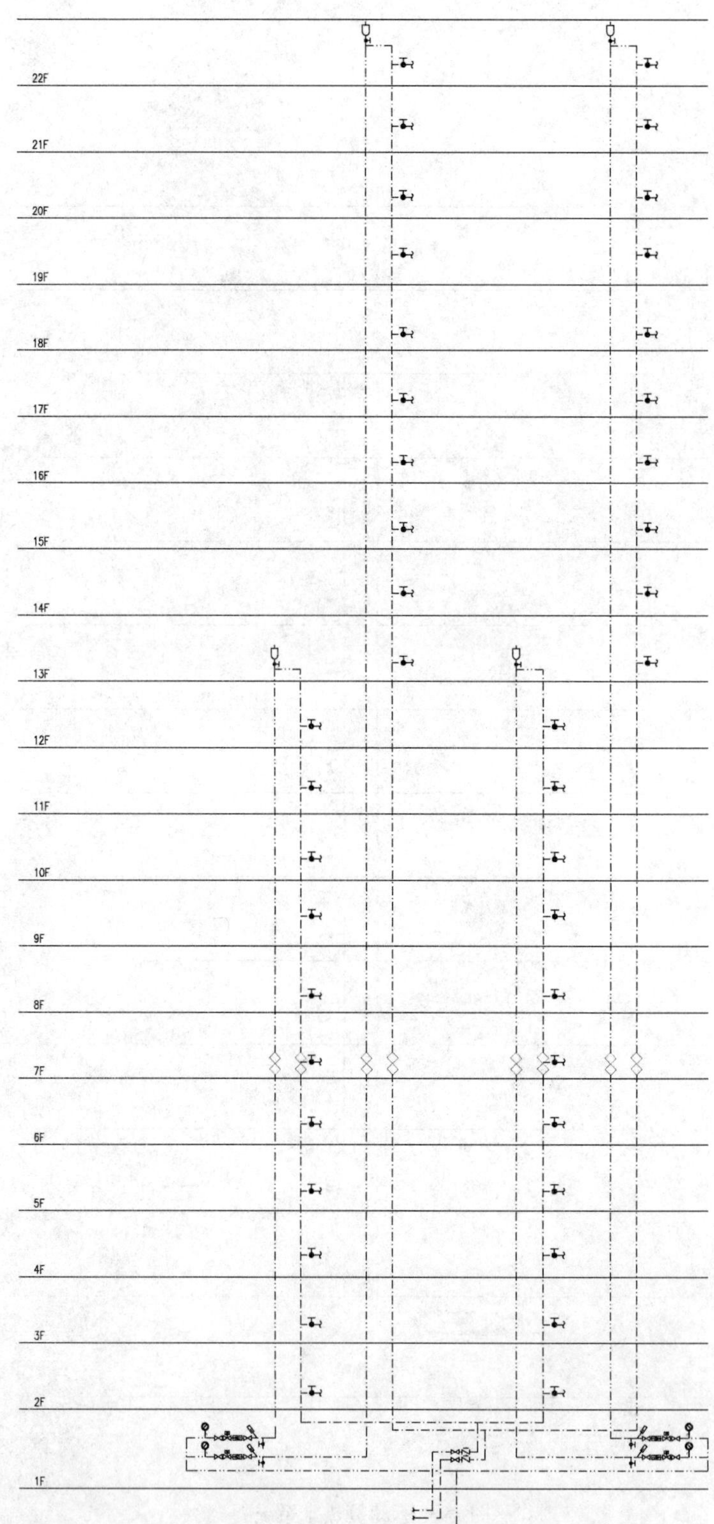

图 20 媒体村热水系统图

特点：高层；竖向为两个区、下行上给每个楼座为一个回水单元。室外分高低 2 个区供水管道，共用 1 个回水管；高、低区回水均做减压稳压装置；供水半径较大，超过 1.2km，属大型开式热水系统。

7. 能源站热水管网设计

为保证赛时热水供应的安全性，3个水源热泵站室联合运行，连通管道设在市政管沟内，赛时运动员村用水量较大，1号、3号能源站的富余热水水量供给运动员村使用，可有效保证赛时热水供应。赛后根据实际入住率可有效选择水源热泵或能源站室的开启数量，确保技术、经济的合理性。

二、亚运城太阳能与水源热泵热水系统工程总结与分析

1. 工程总结

从2010年亚运会花落羊城那一刻起，“环保先行”的理念就为这届盛会定下浓浓的绿色基调。亚运城配套同步实施9大节能、环保新技术，包括真空垃圾收集系统、雨水收集再生利用系统、太阳能-水源热泵系统、综合管沟、数字化智能家居、三维虚拟现实仿真系统等节能环保新技术。其中太阳能-水源热泵系统是其中核心技术之一，并列入2008年度国家建筑可再生能源节能示范项目，获得国家专项节能资金支持。在亚运会、亚残会期间，太阳能—水源热泵项目高质量完成了运动会热水供应的需求，项目融入绿色示范、低碳实践的理念，表达我们对城市的关注、对“以人为本”生态住宅的关注，使参观者能亲身体验到生态技术与我们的日常生活密切相关，临场感受到先进节能技术对改善我们生活质量具有重要的意义，工程项目的实施得到各国运动员、政府官员、新闻媒体的广泛好评。亚运会、亚残会期间我们组织了专业团队对该项目进行了全面跟踪测试；该项目于2011年4月顺利通过了由住房和城乡建设部、广东省住房和城乡建设厅组织的建筑可再生能源节能示范项目的验收，得到与会专家的一致好评和肯定。

亚运城太阳能及水源热泵综合利用工程作为亚运城重大技术专项进行单独设计、单独施工，没有成熟经验可以借鉴，该工程不仅成功利用了新能源，也同时引入了新的设计理念，采用了许多新技术、新方法。这样的大型工程在国内不多，大型工程的实际运行数据以及工况分析更是空白。因此有必要对该工程的实际运行工况进行全面监测和深入的分析研究，发现问题，总结经验，以便提高对这种大型建筑工程节能技术的掌控能力，提高大规模太阳能与水源热泵集中冷热源系统设计水平，以促进建筑节能减排技术的进步，促进可再生能源的利用。设计中以三个村落住宅建筑为基体，兼顾赛时、赛后工况，坚持技术先进、实施可行、经济合理的技术原则，充分利用当地太阳能和地表水资源，在满足赛时需求的同时，充分体现赛后节能的最大化，太阳能水源热泵在广州亚运城的成功应用，不但响应了绿色亚运的理念，更为太阳能、热泵在将来的发展，提供了一个更为广阔的平台；我院技术团队从2008年至2011年，完成了技术研究、工程设计、施工安装、亚运保障、实地测试等各阶段工作，为反映该项目的技术设计过程和成果，从技术层面进行了较为深入的总结，包括太阳能设计关键参数的分析与取值；太阳能与建筑一体化；住宅集中热水能耗分析与优化设计；住宅各不同用途能耗分析；水源热泵设计关键技术分析；亚运期间太阳能水源热泵项目实地检测与测试分析等，全面诠释了亚运城太阳能水源热泵的关键技术。

2. 工程技术难点

（1）设计人数与用水量标准的确定

本项目难点之一是既要满足赛时功能高安全可靠性，同时又要合理满足赛后全部使用用户的需要，如何确定赛时、赛后的设计计算数和用水量标准成为控制设备容量和造价的关键因素之一。

1）赛时

亚运会期间运动员、技术官员等相关人员随赛制安排陆续进住，亚运城每日实际入住人员要小于规划数值，为安全计并考虑经济技术的合理性，运动员村、技术官员村、媒体村人数按90%设计计算；餐厅使用人数按60%设计计算。实际运行数据表明最高日运动员人数为设计人数的75%，原设计的人数值仍偏安全。

赛时设计按宾馆用水量标准的低限值120L/d，明显高于住宅的标准，但时变化系数取2.6，低于宾馆的热水时变化系数，实测表明亚运期间，平均日用水量约为60～70L/(人·d)，由于缺少足够的实测资料，相关数据的确定偏于安全。

2）赛后

运动会时间较短，更注重的是安全可靠性，本项目以节能为主要目的，因此要合理保证赛时的工程设备赛后常规住宅的使用，本项目基本设计原则之一是将赛时设备满足赛后全部住宅热水量。从人数计算、用水量标准方面进行了大量的调研和分析。

赛后亚运城住宅改为配套完善的中高档居住社区，根据《建筑给水排水设计手册》和《小区集中生活热水供应设计规程》的规定，本项目生活热水采用太阳能和水源热泵制备，系统设有较大容积的热水贮存量，平均日热水用水量定额计算参数按相应热水定额下限取值（热水温度为60℃），最高日用水量取90L/(人·d)，入住率按0.85计算，用于系统管网、设备选型等设计计算依据，平均日用水定额按60L/(人·d)，用于太阳能计算的平均日用水量定额为45L/(人·d)。

（2）亚运城生活热水耗热量与空调负荷的平衡

水源热泵的选型采用“以热定冷”的原则，即通过耗热量确定可供冷范围及其供冷面积；空调季节运行实际按“以冷定热”的工况工作，确定在制冷工况下的热回收量（用于制备生活热水）。

太阳能制热量、居民实际热水用水耗热量、空调实际负荷均为动态变化的变量，三者的平衡匹配只能通过模拟分析计算确定。热水用水耗热量的准确计算是非常关键的，为更好地进行冷热负荷的匹配，合理进行水源热泵机组的配置，本设计充分考虑广州地区的热水用水特点，并结合当地逐月太阳能辐照量、冷水水温等气象条件，进行了逐月平均日热水用水量、太阳能集热量、水源热泵加热量的平衡计算，按国内大型住宅区实际入住状况，亚运城赛后按入住率60%计算。

本项目核心设备为水源热泵，水源热泵在制冷的同时，还要满足生活热水的制热要求，因此本项目难点之二是如何合理确定水源热泵机组的容量和机组选型、匹配关系。水源热泵在冷热联用工况下，制热量以满足全部生活热水的需求作为一个基本原则，在此前下配置的水源热泵的制冷量要得到充分的利用，合理匹配生活热水耗热量与空调负荷的关系是工程的一个难点。

（3）太阳能集热器选型与集热面积的确定

太阳能集热面积的合理确定，难点在于设计参数的取值，为此本项目根据项目特点和现行技术规范的要求，结合所选用的产品特点，对太阳能热水定额、热水温度、冷水温度、集热器效率、太阳能保证率、入住率等进行了全面细致的分析，分析技术的合理性、经济性，既满足技术规范的要求、又要满足国家可再生能源示范项目的要求、还要满足项目高标准建设的要求。

太阳能集热器选型主要考虑到广州地区的气候特点，在大面积屋面［媒体中心］集中设置平板形集热器，最大化发挥平板形集热器在南方地区的优势；住宅屋面需要建设屋顶花园，为满足屋顶花园的建设要求，屋面采用真空管集热器架空水平敷设，为此建筑考虑整体美观的要求，采用钢结构骨架架空，架空层布置集热器，周边设置检修跑道。

真空管集热器的种类较多，传统全玻璃真空管承压低、易爆管造成系统瘫痪；普通U型管阻力较大、容易气堵，造成热效率降低；综合比较采用进口技术的单层玻璃真空管集热器，联集箱内置串并联构造的流道，较好地解决了水力平衡和阻力较大的技术问题。

（4）热水贮存与调配

太阳能、水源热泵均属于利用低密度能源缓慢集热过程，尤其是太阳能热利用属于靠天吃饭，白天日出时间收集太阳能资源，但白天热水用水量较少，晚上用水量较大，因此采用热水贮存是太阳能热利用的基本技术要求；水源热泵的供热、用热平衡要靠热水贮热水箱解决，合理计算水箱容积尤为重要。水源热泵提供空调冷源的运行时间、冷量负荷相对稳定，水源热泵采用全热回收工况，制冷的同时制备所需的热水，由于热水用水负荷变化较大，水源热泵制备的热水水量不可能与生活热水用水量相匹配，需要较大的储存容积贮存热水。工程的难点在于如何合理的确定一级站、二级站水箱容积。

运动员村、媒体村赛时热水用水量明显大于赛后既有建筑热水用水量，为避免投资浪费，太阳能集热器、水源热泵机组等设备的选型按赛后数据计算，赛时的用水可靠性由适当增大贮热水箱容积、增加机组运行的制热量来调节，运动员村的赛时富裕水箱可在赛后拆装后安装在规划住宅二级热站室内，节约投资，避免投资浪费。

二级站室水箱容积的确定原则：按太阳能年平均日产水量作为二级热站水箱容积；一级站室水箱容积的确定原则：根据空调运行时间确定水源热泵运行时间，根据平均日热水用水量和太阳能全日集热水量进行计算，贮水水箱总容积为水源热泵运行时间内的产热水量和太阳能产热水量之和，并满足平均日用水量。一级站室水箱容积为贮水水箱总容积减去太阳能全日集热水量的差值，并考虑适当的富裕量。冬季太阳能集热水量较少，夏季太阳能集热水量较多，根据季节天气情况预留太阳能集热水量的容积，保证太阳能制备的热水量有效贮存，最大化地利用太阳能。

赛时运动员村用水量较大，由技术官员村调配热水至运动员村；三个能源站之间设计连通管道，可满足能源站之间水量调配，合理确定运行机组台数。

（5）一级能源站及热水管网的合理设计

本项目工程浩大、需要庞大的生活热水管网，合理进行一级能源站和管网设计、控制管网热损失是该项目的重点、难点之一。减少管网长度是控制热损失最重要的技术手段，为此本项目室外设置三个能源站；室内将 14 层及 14 层以下均作为一个竖向分区，即技术官员村、运动员村热水为 1 个竖向分区，媒体村为 2 个竖向分区，将不同分区的回水合用一个回水管，大幅度减少供回水管网长度，使管网热损失控制在一个合理的指标下。

热水循环管道的布置形式：

1）热水供水管道单管改为双管制

原方案设计拟采用热水供水回水单管制，即供水管道既是供水管道，也是回水管道，相关工程造价也是在此基础上进行的估算。而在该项目正式进行设计时，原单体各设计单位已经按现行规范的要求设计完毕，热水均为双管制，经与建设单位多次沟通，并多次协调相关单位设计单位，为保证建设工期，并按照相关现行规范的要求，设计采用热水供回水双管制，由此造成室外管网长度增加约 50%。

2）运动员村热水管道设计调整

运动员村的每栋楼由 2～3 个单元组成，原方案设计为每栋为一个整体，每栋楼座 1 个出口出入热水系统。由于单体建筑设计在前，新能源建设在后，基于建设工期以及施工方和设计方之间的协调困难等因素，仍维持每单元出入热水接口，比原方案设计造成管网长度增加约 14700m，以及相应配套的控制部件数量如温控阀等的增加，引起较大的投资变化。

（6）管道及设备防腐

由于项目所在地域水源受海潮影响，Cl^- 离子浓度较高，管道设备如何进行综合防腐是本项目的另一个难点。与海水直接接触的设备管道均采用塑料材质以及特殊喷涂处理，壳管式换热器采用了钛合金管。

1）站房水处理设备、相关管道综合防腐

根据水资源论证报告中的水质含氯度分析，咸潮是海水沿河道自河口向上游上溯，使受海水入侵的河流含盐度增加的发生在河流入海口特定区域的一种水温现象。咸潮上溯的远近、持续时间、含盐度的高低与河流的径流量、涨潮动力有密切关系。每年 4～9 月为雨季，珠江径流量丰富，海水上溯不远，珠江三角洲地区咸潮不明显；每年 10 月至次年 3 月为旱季，珠江径流量减少，咸潮对生产、生活影响显著。特枯年份含氯度 500mg/L 咸水线可达西航道、东北江干流的新塘、沙湾水道的三善滘，外江沥滘水道、浮莲岗水道处在咸潮影响范围内。根据黄埔电厂珠江河水 2004 年全年每隔 1 日实测含氯度资料，黄埔水道含氯度超过 500mg/L 的月份有 6 个月，最高可到 3000～5000mg/L（图 21）。

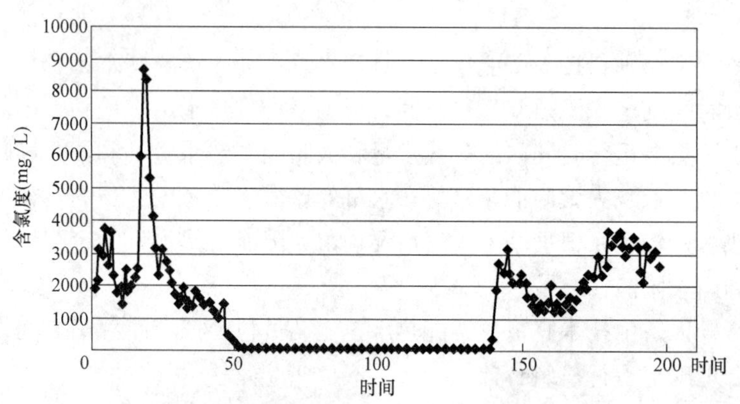

图 21 珠江黄浦水道 2004 年含氯度监测结果

2）由于本项目取水河段来水主要为外江来水量。因此，同样受含氯度影响，需要对水源热泵等站房管道设备采取综合防腐措施，选用管壳式换热器对水源热泵机组及管道进行防腐保护，对工程设计增加了较大的技术复杂性和技术难度。为确定相关设备、管道的材料和防腐工艺，由重点办组织召开了 3 次专门的技术论证会，邀请了全国相关专家进行论证，对本项目拟采用的钛合金、镍铜合金、海军铜、特种不锈钢进行了深入分析和论证，最终确定的材料和防腐工艺如下：

① 热交换器形式采用卧式管壳式换热器，换热管材质采用钛合金管 TA2，规格 ϕ19×1.0mm 光管，管板采用钛复合管板 TA/Q235-B，壳体采用碳钢 Q235-B，每套换热机组采用上下两台换热器并联而成。

② 与海水直接接触的管道采用钢丝网骨架聚乙烯（PE）管道，特殊部位金属管道采用聚脲喷涂防腐处理。

③ 与海水直接接触的水泵壳体及叶轮采用双相不锈钢。

④ 旋流除砂器、机械过滤器内壁采用聚脲喷涂防腐处理。

3. 工程创新

(1) 太阳能集热系统和水源热泵联用及负荷平衡计算方法

太阳能制备生活热水一般采用常规能源作为辅助能源，本设计采用热泵作为辅助能源，同时提供生活热水和空调冷源，具有创新性。为最优化的配置设备选型，提高水源热泵全年的 COP 值，需要进行准确的太阳能和水源热泵负荷平衡计算，本设计充分利用广州的自然条件和用水特点，采用月平均日耗热量、太阳能集热量、水源热泵补热量的平衡计算，最大化地提高了太阳能和水源热泵的适配性，热负荷平衡计算方法具有创新性。

(2) 太阳能集热面积的计算方法

生活热水的用水量具有较大的波动性，现有规范的用水量计算方法一般满足管网计算、设备选型，保证系统安全性为第一设计原则，因此计算数值偏大。太阳能集热器的用水量标准、集热面积计算方法不能完全套用规范公式，否则极不经济，也不符合实际运行情况。本设计根据广州用水特点和热水用水比例，计算出月平均日用水定额和年平均日用水定额，并结合太阳辐照量、太阳能保证率、太阳能布置形式、集热效率结合该小区赛时赛后使用的不同特点确定太阳能集热器面积，计算方法具有创新性。

（3）热水循环管网单管供回水、定温循环系统

传统的热水供水、回水管网要求同程布置，双管路系统，在室外布置难度较大，不容易实现。本设计方案总结实际工程的运行经验，不同竖向分区采用减压阀减压后合用回水管回水，并采用支管温控阀定温回水。单体建筑物每栋住宅设定温控制，保证该建筑热水循环效果。该系统节省室外管网投资，确保系统热水温度，减少循环泵运行时间，节约能源。热水循环管网单管供回水、定温循环系统具有创新性。

（4）虹吸取水技术

本工程地质条件复杂，属软土地基，传统重力取水方案管道埋深大、投资高。经过多方论证、考察，并经实验验证，采用虹吸取水技术，减少了投资，缩短了工期，有力地保证了工程的进度和施工安全。虹吸取水技术具有创新性。

（5）集中热水系统控制管网热损失指标

传统的集中热水供水、回水管网要求同程布置，双管路系统，管网热损失较大，运行成本较高，本项目提出控制集中热水系统控制管网热损失，采取多种技术措施控制管网长度和散热量，并提出户均管网热损失指标，具有创新性。并对太阳能热水系统、集中热水系统的设计，提高热水系统节能具有重要指导意义，在此基础上，结合相关科研课题，提出了新住宅太阳能利用的设计理念和设计方法。

（6）对集中热水管网进行计算机数据模拟

媒体村热水管网庞大，管道布置复杂，为保证正常使用，专门委托北京工业大学力学实验室进行计算机数据模拟分析，从理论上验证系统水力计算的可行性；计算管网热量损失、温降。根据数据模拟结果指导设计和施工安装，为工程的顺利实施提供了有力保证。理论计算及设计方法具有创新性。

（7）对系统进行实地检测和研究分析

针对本项目展开专项研究分析，申请国家部委科研课题，组成专门的科研小组，对亚运会赛前模拟演练、亚运会和亚残会期间进行实地测试，将测试数据整理分析，并与计算机数据模拟结果进行对比分析，互相验证了数据的趋同性，验证了工程设计合理性和工程施工的质量可靠性。根据实测结果发现问题，找出原因，并指导现场进行修改完善，进一步提高工程质量，为物业管理提供科学的依据。工程设计管理和研究精神具有创新性。

三、工程照片及附图

1. 工程照片

技术官员村屋面太阳能

屋面太阳能

太阳能热水机房

平板太阳能布置

一级能源站循环水泵

一级能源站水源热泵机组

一级能源壳管式换热器

一级能源泵旋流除砂器

2. 图纸

附图 1　技术官员村热水系统图；

附图 2　运动员村热水系统图；

附图 3　媒体村热水系统图；

附图 4　媒体中心屋顶太阳能系统图；

附图 5　真空管集热器屋顶太阳能布置图；

附图 6　平板型集热器屋顶太阳能布置图；

附图 7　4 区 11 栋太阳能热水系统图；

附图 8　4 区 5、11 栋屋顶热水机房设备平面布置图；

附图 9　2 号能源站设备管道平面图；

附图 10　技术官员村南区总平面图；

附图 11　运动员村一区总平面图；

附图 12　媒体村北区总平面图。

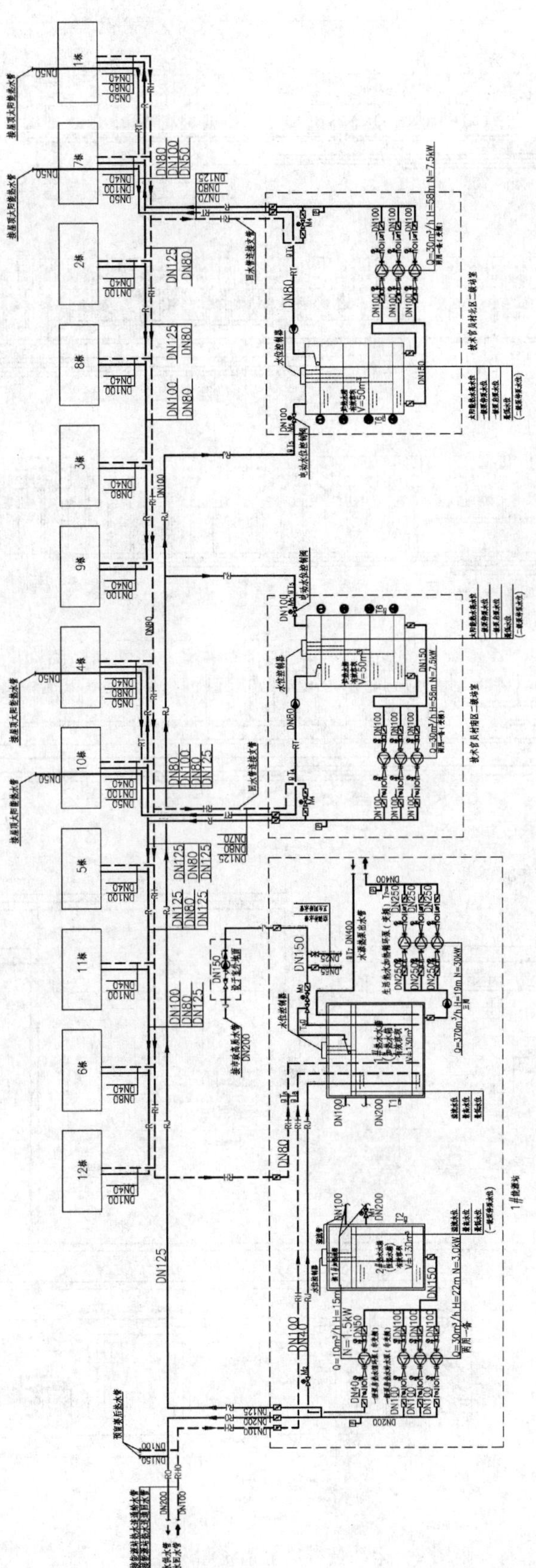

附图1 技术官员村热水系统图

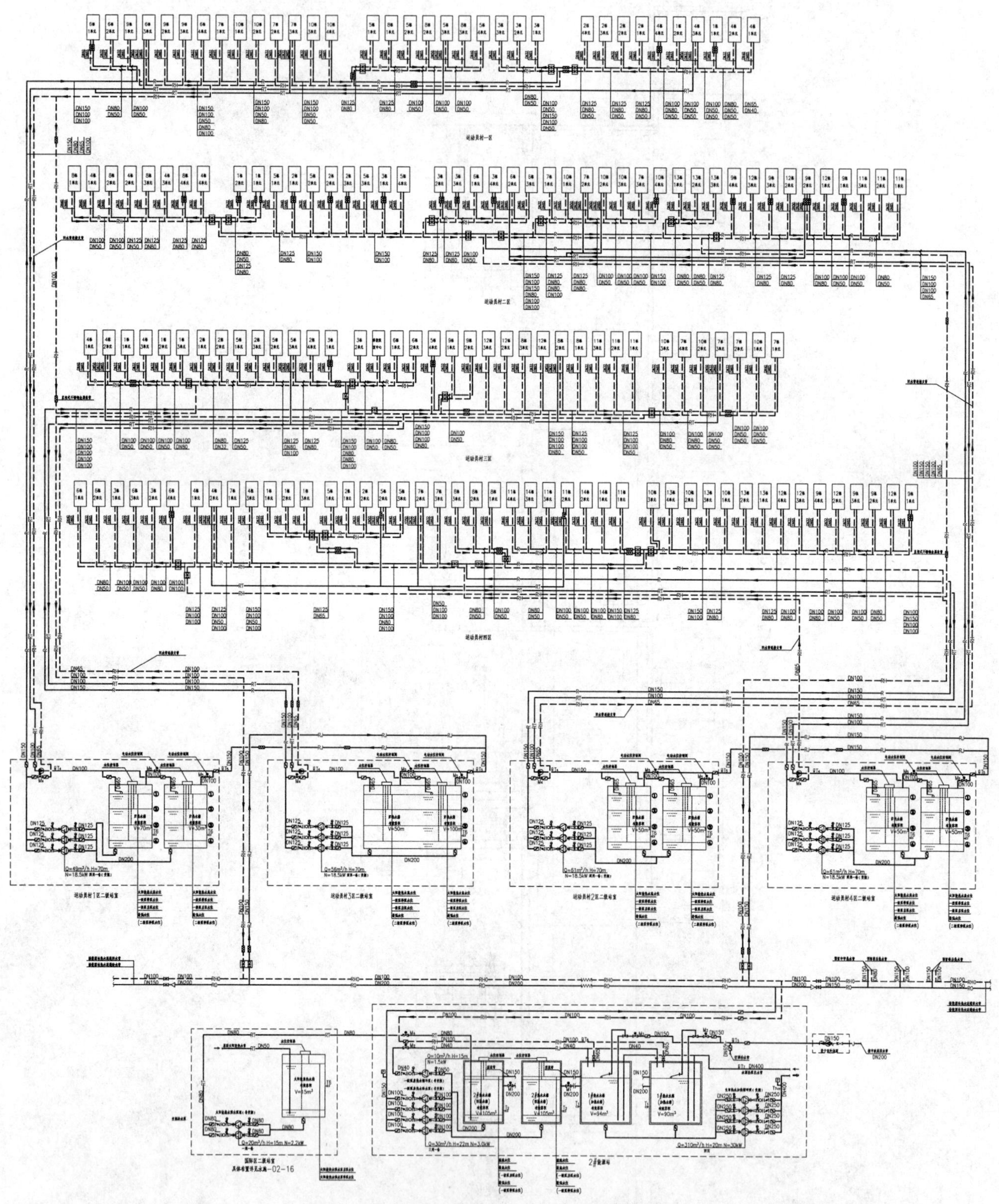

附图 2　运动员村热水系统图

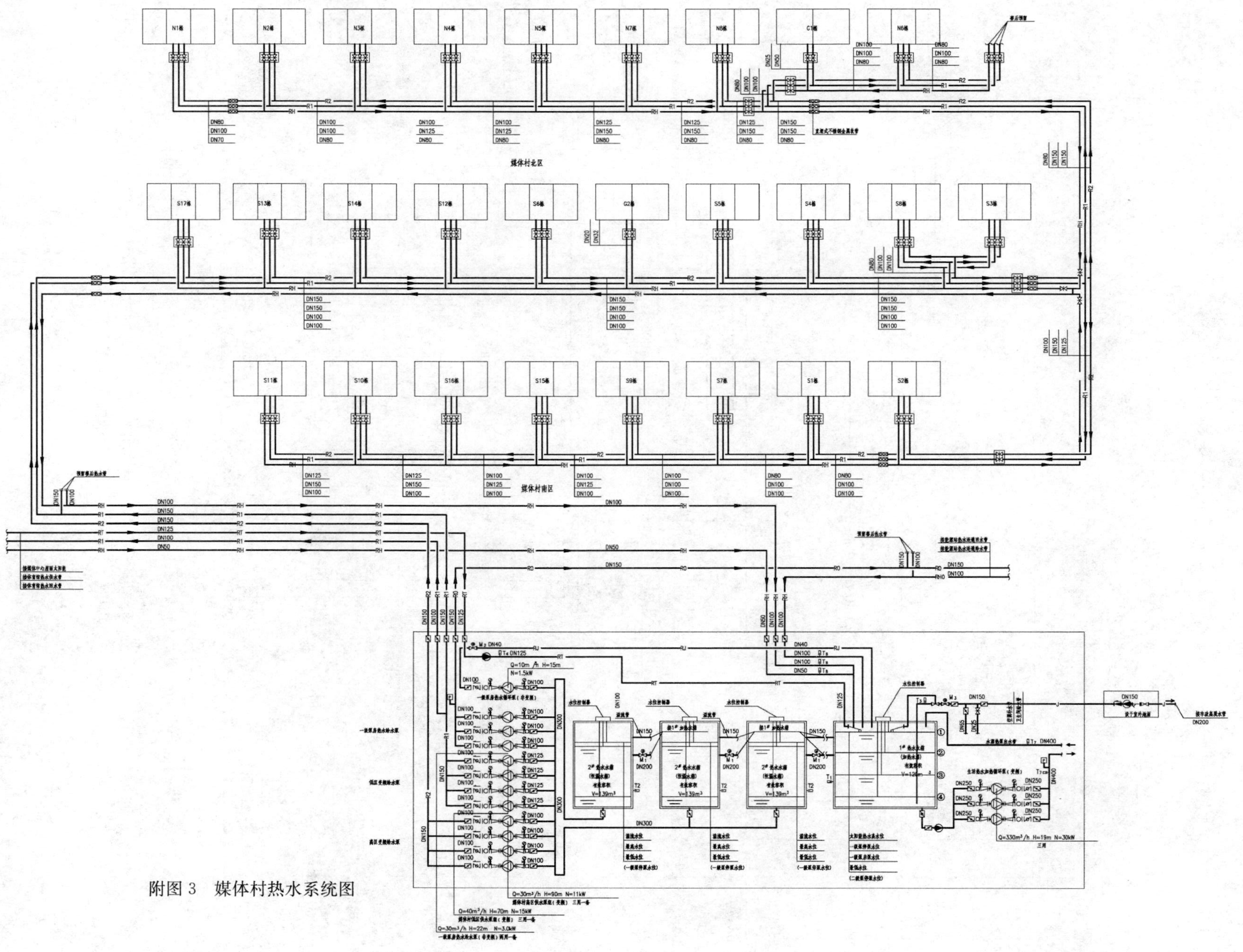

附图 3　媒体村热水系统图

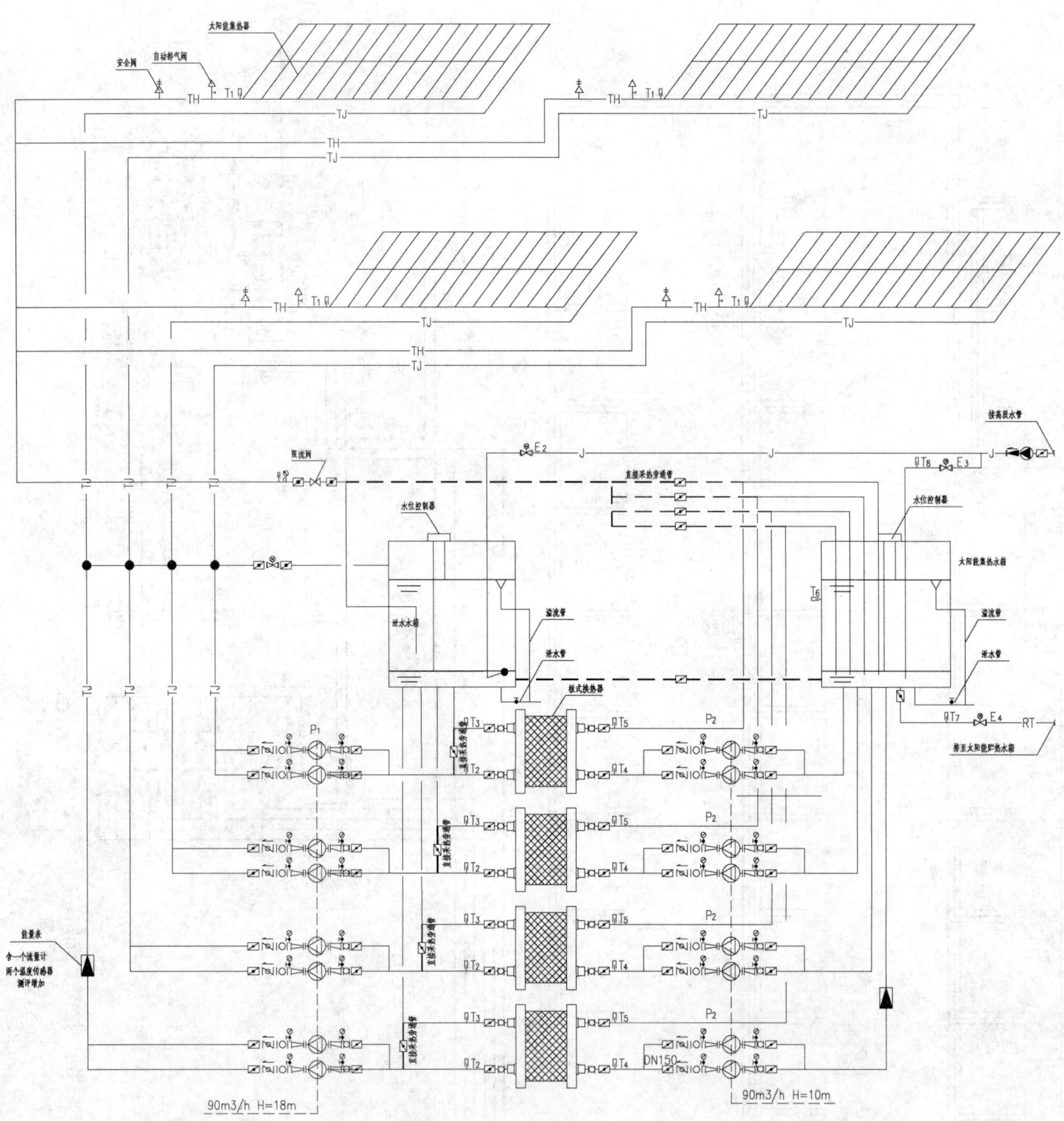

附图 4　媒体中心屋顶太阳能系统图

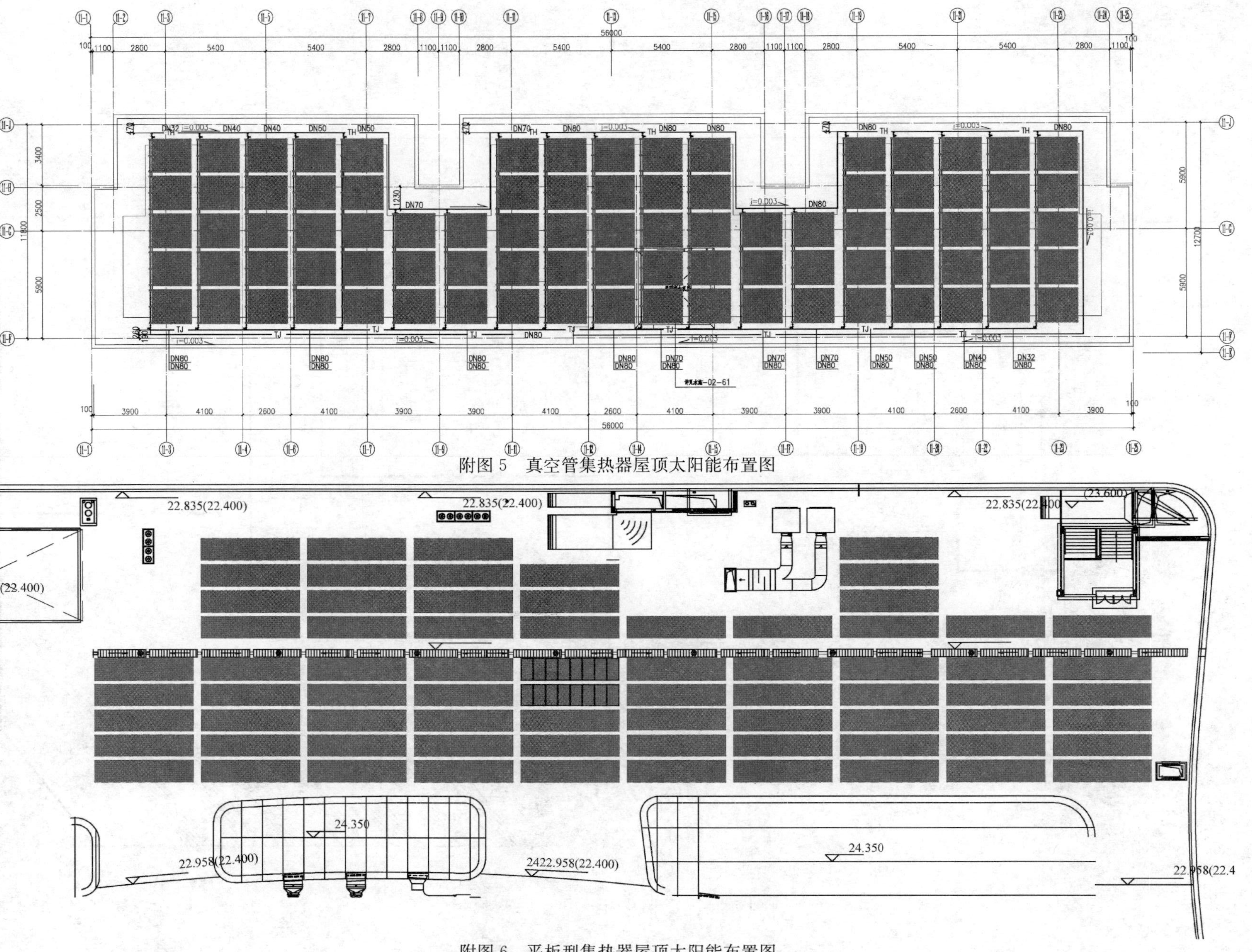

附图 5　真空管集热器屋顶太阳能布置图

附图 6　平板型集热器屋顶太阳能布置图

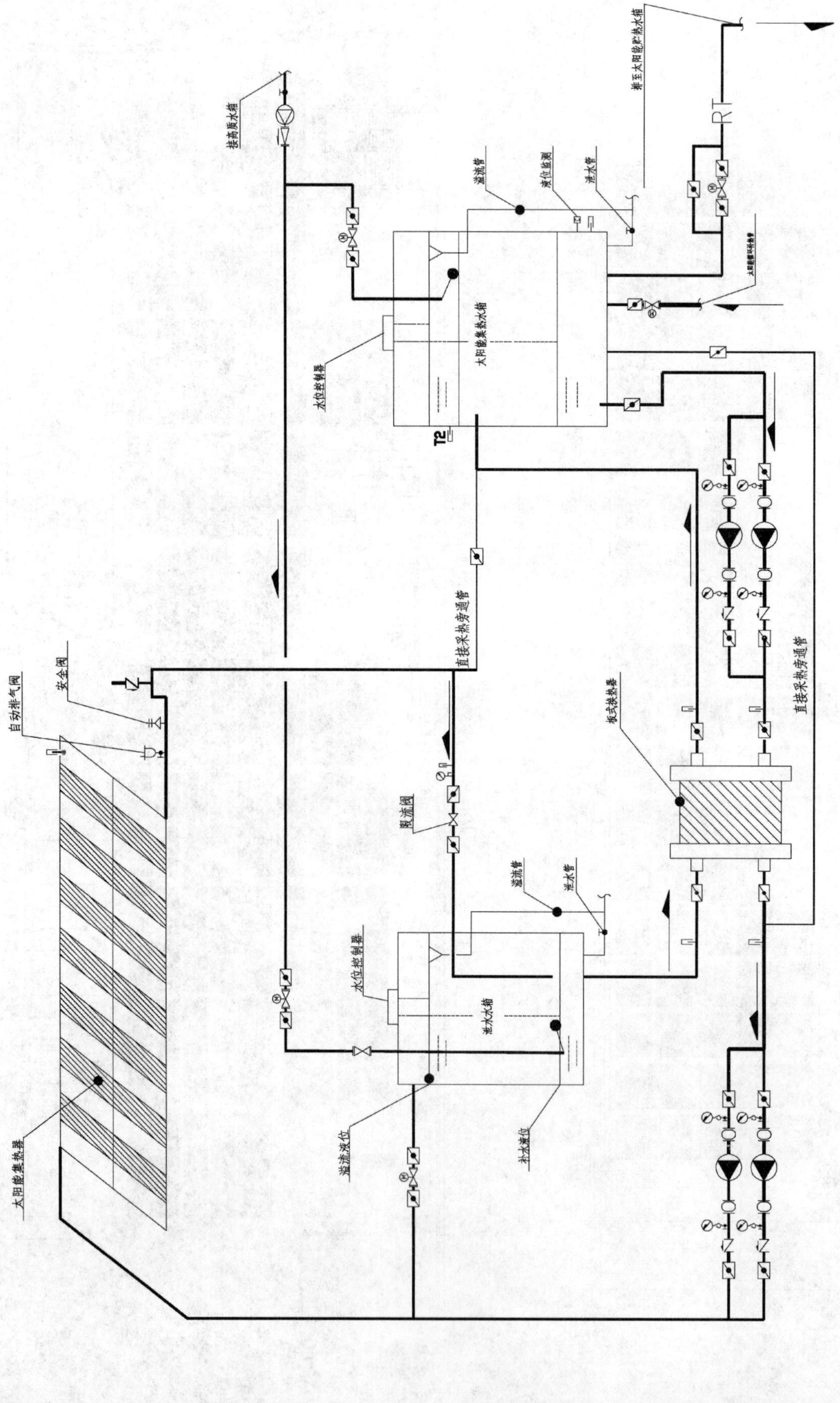

附图7　4区11栋太阳能热水系统图

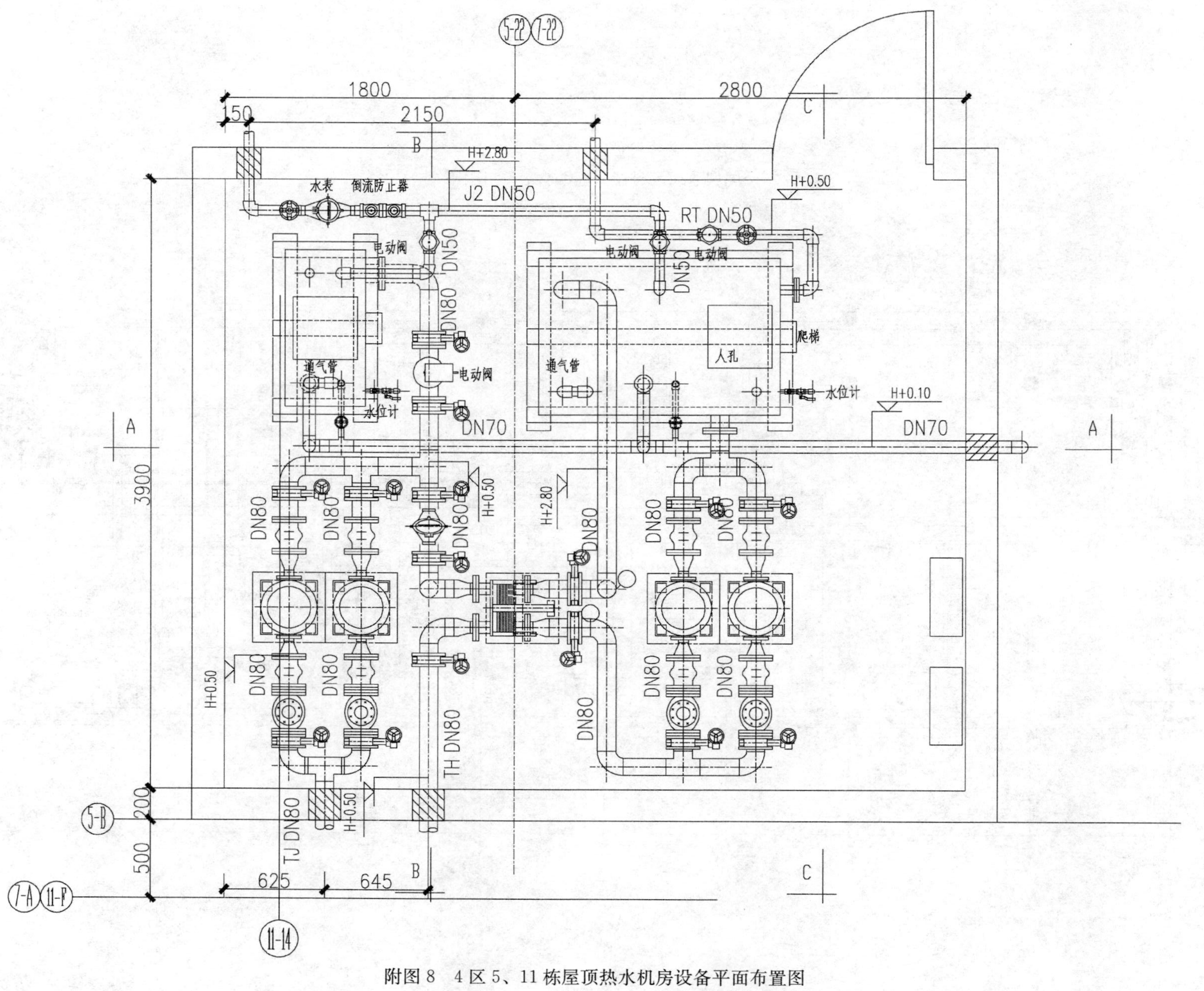

附图8 4区5、11栋屋顶热水机房设备平面布置图

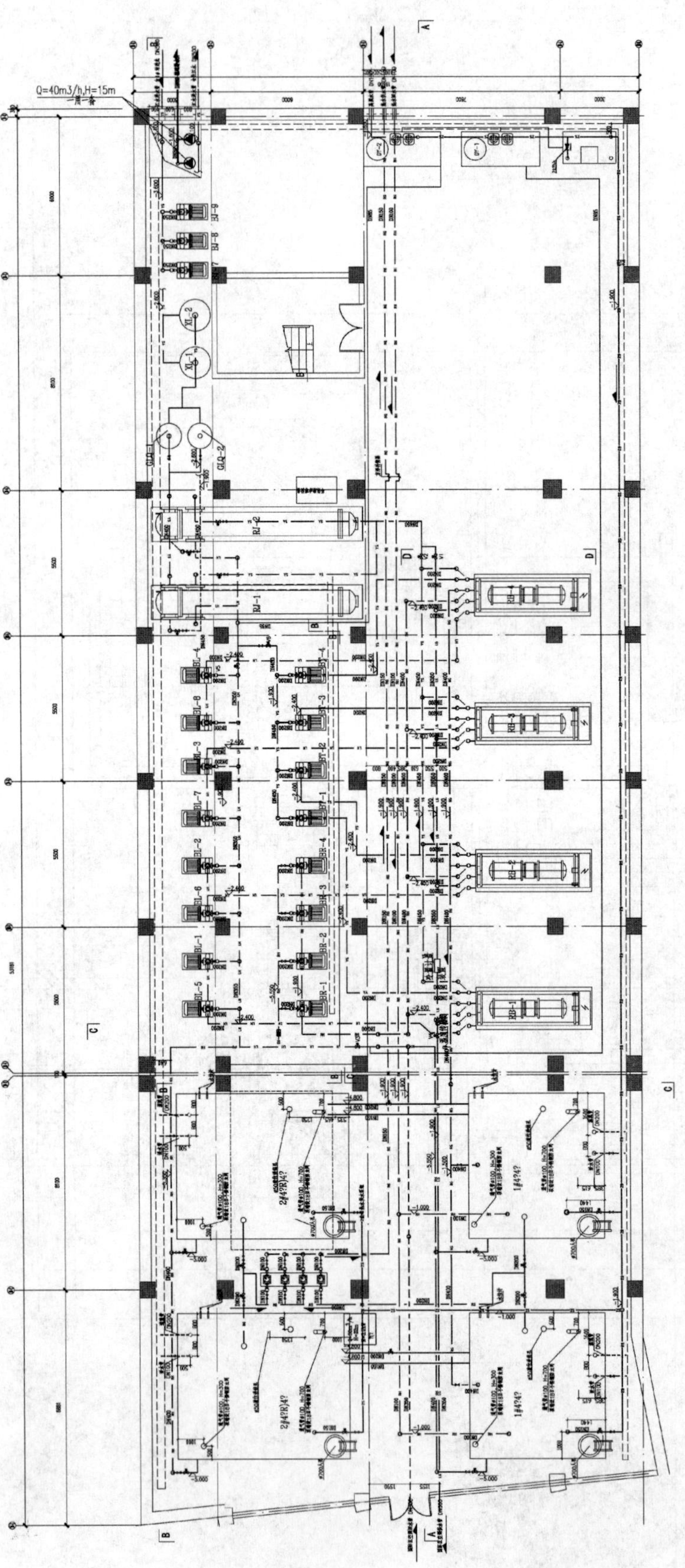

附图 9　2 号能源站设备管道平面图

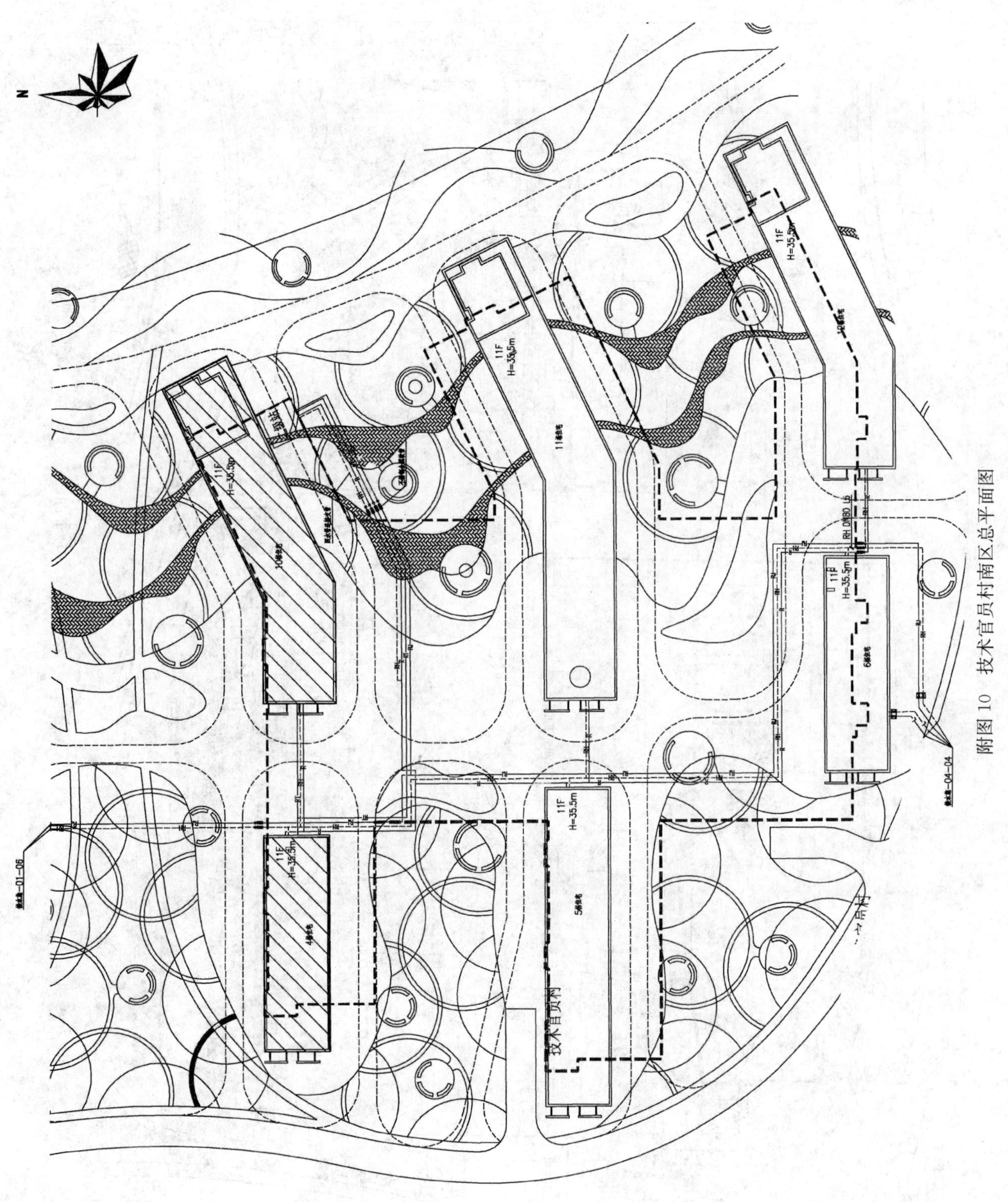

附图10 技术官员村南区总平面图

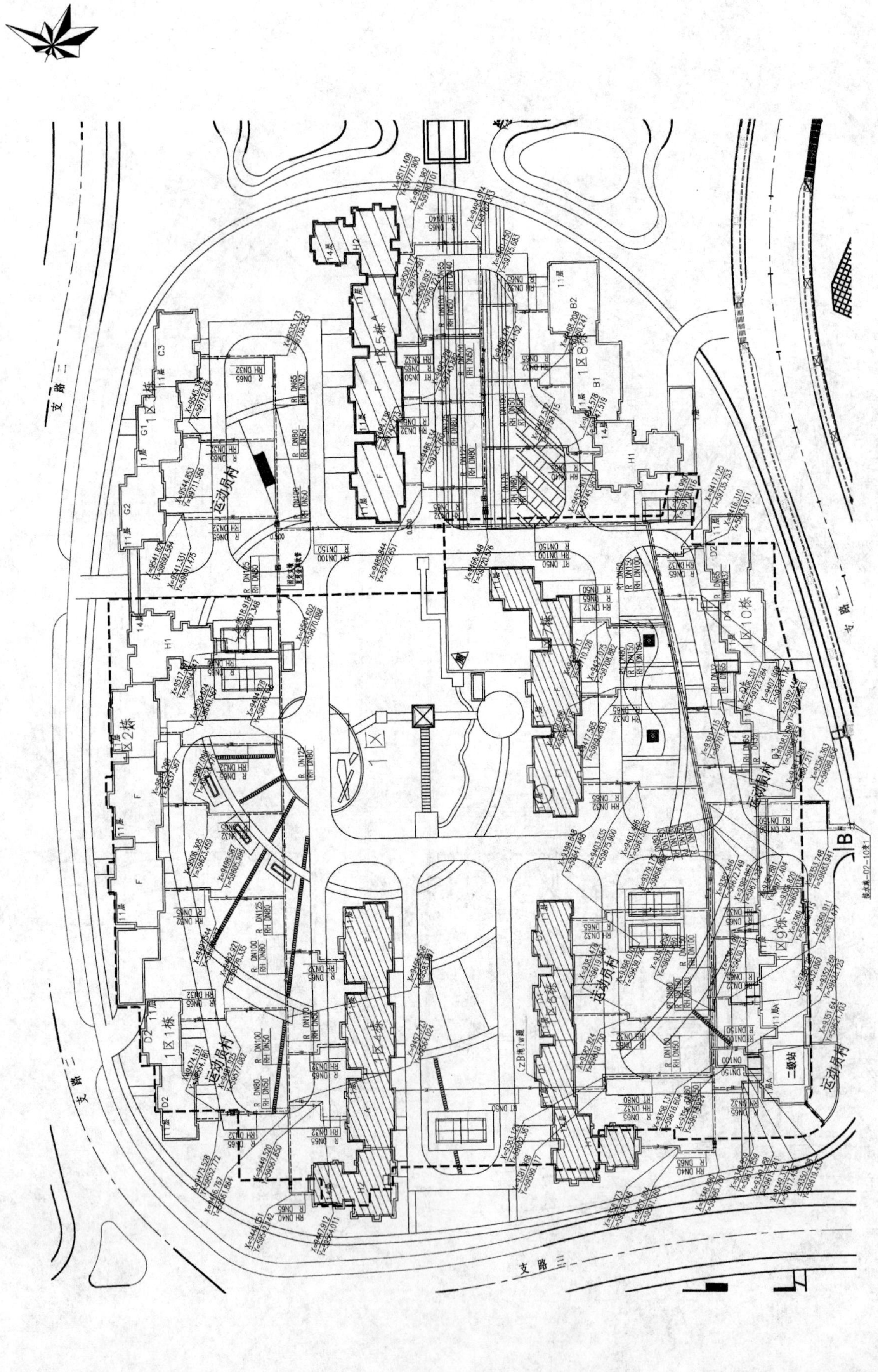

附图 11 运动员村一区总平面图

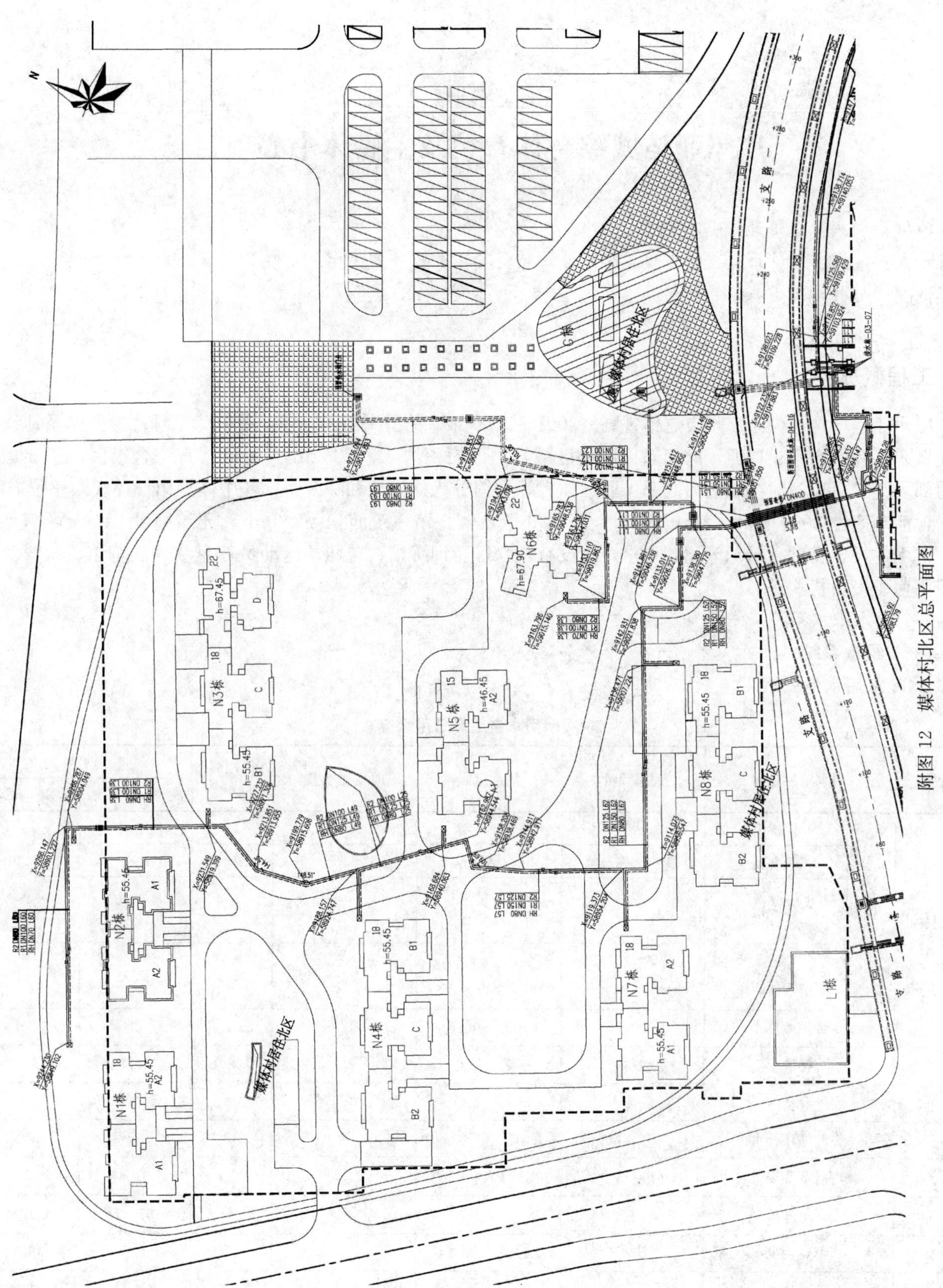

附图12 媒体村北区总平面图

广州亚运城综合体育馆及主媒体中心项目

设计单位： 广东省建筑设计研究院
设 计 人： 叶志良　符培勇　刘志雄　李建俊　荀红英　徐巍　刘少由　秦晓芳　普大华
获奖情况： 公共建筑类　二等奖

工程概况：

广州亚运城选址位于广州市总体规划（2001～2010 年）的番禺组团，用地范围为京珠高速公路及地铁四号线以东，莲花山水道以西，清河路以南的区域，用地面积约 2.73723km²。亚运体育综合馆区位于亚运城西南部，为亚运比赛时主要场馆之一。亚运体育综合馆分为体操馆和综合馆，其中体操馆设计观众座位 8000 个（含活动座位 2000 个），综合馆设计座位 2100 个，体育馆建筑面积 50000m²，建筑高度 34m，可满足体操、艺术体操、台球、壁球等比赛要求，内设有观众厅、训练馆、包厢、运动员休息室、展览馆、比赛管理附属用房、设备机房等。

一、给水排水系统

(一) 给水系统

1. 冷水用水量（表 1）

冷水用水量最高日用水量　　**表 1**

序号	用水项目名称		使用数量	用水定额	时变化系数	使用时间(h)	用水量	
							最大时(m³/h)	最高日(m³/d)
1	观众运动员	体操馆	8000 人×3 场	3L/(人·次)	1.5	10	10.8	72
		综合馆	2100 人×3 场	3L/(人·次)	1.5	10	2.84	18.9
		体操馆	300 人×3 场	40×90% L/(人·次)	2.5	10	8.1	32.4
		综合馆	100 人×3 场	40×90% L/(人·次)	2.5	10	2.7	10.8
2	工作人员		500 人	100×40%L	1.5	10	3	20
3	餐饮		500 人次	15L/人次	2.0	8	1.88	7.5
4	商场		300m²	8×35%L/(m²·d)	1.5	12	0.11	0.84
5	冷却循环补水		取循环水量的 1%		1	10	27	270
6	展览参观		1000 人	5L/(人·次)	1.5	8	0.94	5
7	小计						57.37	437.44
8	不可预见		取上述值之和的 10%				5.7	43.7
9	合计						63.07	481.14

2. 水源

市政高质水给水管接入 2 条 $DN150$ 的市政给水管，供水压力 0.25MPa。

3. 系统竖向分区

给水系统竖向为 1 个区，供水压力超过 0.35MPa 时在给水支管上设减压阀。

4. 供水方式及给水加压设备

供水系统设计为一、二层由市政管网直接供水。三层及以上部位，采用水箱——变频泵加压供水方式。选用成套供水设备 1 套，$q=63m^3/h$，$H=60m$，$N=25kW$；主泵（2 用）（考虑赛后改造使用）每台 $q=30m^3/h$，$H=60m$，$N=11kW$；辅泵一台单泵 $q=4m^3/h$，$H=60m$，$N=3kW$；配套 $\phi600$ 隔膜气压罐 1 个。在地下室设 1 座高质水箱，总容积为 $80m^3$ 组装式不锈钢水箱。

5. 管材

室内给水管采用不锈钢管，卡箍或卡压连接。

(二) 热水系统

1. 热水用水量（表 2）

热水用水量 **表 2**

序号	用水项目名称	使用数量	用水定额(L/(人·次))	时变化系数	使用时间(h)	用水量			耗热量(kW)
						最大时(m^3/h)	平均时(m^3/h)	最高日(m^3/d)	
1	运动员	350 人×3 场	35	2.5	6	15.31	6.13	36.75	891
2	合计					15.31	6.13	36.75	891

2. 热源

由亚运城内能源站为体育馆提供热源。热网的供水温度在夏季为 55℃，回水温度为 50℃。热力检修期的备用热源仅考虑亚运会后商业运营的生活热水的连续供热负荷。空气源热泵作辅助加热设备，供热水温度不足时用。

3. 系统竖向分区

热水主要供首层运动员、裁判员淋浴间首层热水站设变频给水泵供生活热水。热水系统竖向分区与冷水分区一致。

4. 系统设置

热水贮热水箱位于首层的热水站内，设保温不锈钢热水箱 1 座，共 $35m^3$。集中热水系统采用机械循环管道系统。生活热水回水管道在热水站内设 2 台热水循环水泵，一用一备。

5. 管材

热水管采用薄壁紫铜管，焊接。热水干管采用橡塑海绵保温。管道补偿采用金属波纹管，补偿范围两端加固定支架。

(三) 中水系统

1. 中水用水量

中水系统分为两个部分，包括室内杂用水系统和室外雨水回收利用系统。室内杂用水系统最高日用水量：$149.96m^3/d$，最大时用水量：$47.73m^3/h$（具体见表 3）。室外绿地灌溉、地面冲洗的年用水量约 $8.56\times10^4m^3$。

中水用水量表 **表3**

序号	用水项目名称		使用数量	用水定额	时变化系数	使用时间(h)	用水量	
							最大时 (m^3/h)	最高日 (m^3/d)
1	运动员	体操馆	300人×3场	40×10%L	2.5	10	0.9	3.6
		综合馆	100人×3场	40×10%L/(人·次)	2.5	10	0.3	1.2
2	工作人员		500人	100×60%L/(人·d)	1.5	10	4.5	30
3	绿化、道路冲洗		50000 m^2	2L/(d·m^2)	1.5	4	37.5	100
4	商场		300m^2	8×65%L/(m^2·d)	1.5	12	0.23	1.56
5	小计						43.43	136.36
6	不可预见		取上述值之和的10%				4.3	13.6
7	合计						47.73	149.96

2. 水源

市政给水管接入2条*DN*200的市政给水管，供水压力0.25MPa，供室内杂用水系统用水。室外绿化灌溉和地面冲洗用水来自屋面虹吸雨水系统收集的屋面雨水，经过初期弃流后贮存在室外3个（总容积为3000m^3）的雨水收集池。

3. 系统竖向分区

室内杂用水系统竖向为1个区，供水压力超过0.35MPa时在给水支管上设减压阀。

4. 供水方式及给水加压设备

室内杂用水系统供水系统设计为一、二层由市政管网直接供水。三层及以上部位，采用水箱——变频泵加压供水方式。选用成套供水设备1套，$q=12m^3/h$，$H=50m$，$N=9.5kW$；主泵（2用）$q=6m^3/h$，$H=50m$，$N=4kW$；辅泵单泵$q=2m^3/h$，$H=50m$，$N=1.5kW$；配套$\phi600$隔膜气压罐1个。在地下室设1座杂用水水箱，总容积为25 m^3 组装式不锈钢水箱。

室外绿化用水系统过滤后由室外绿化加压泵供给室外的灌溉系统。

5. 管材

室内杂用水给水管采用CPVC管，粘接。雨水回用管采用镀锌钢管。

(四) 排水系统

1. 排水系统的形式

室内污、废水为合流制排水系统，±0.00以上污水直接排出室外，经污水管道收集排至市政污水管道(室外不设化粪池)。±0.00以下污废水汇集至集水坑，用潜水泵提升排出室外，各集水坑中设带自动耦合装置的潜污泵2台（一用一备），潜水泵由集水坑水位自动控制。屋面雨水采用虹吸雨水系统排至室外雨水管道，超过重现期的雨水通过溢流口排除。

2. 透气管的设置方式

排水管道均伸顶透气，每层均设置环形通气管，环形通气管与主通气立管连接。

3. 局部处理设施

室内厨房污水采用明沟收集，明沟设在楼板上的垫层内，污水进集水坑之前设隔油器初步隔油处理，以防潜污泵被油污堵塞。排至市政污水管道以前，经室外隔油器二次处理。

4. 管材

室内排水管、通气管均采用柔性接口机制抗震排水铸铁管及管件，平口对接，橡胶圈密封不锈钢卡箍卡紧。雨水管道采用PE雨水收集管，承插或热熔连接；雨水回用管采用镀锌钢管。

二、消防系统

(一) 消火栓系统

1. 消火栓系统的用水量（表4）

消火栓系统用水量　　表 4

序号	消防系统名称	消防用水量标准	火灾延续时间	一次灭火用水量	备注
1	室外消火栓系统	30L/s	2h	$216m^3$	由城市管网供给
2	室内消火栓系统	30L/s	2h	$216m^3$	由消防水池供给
	合计			$432m^3$	

2. 系统分区

室外消火栓：由于本建筑有两路水源，市政自来水服务水压为大于 0.10MPa，故室外消火栓系统采用低压制。区内设置 *DN*150 的给水环管，从环网上接出室外消火栓，并利用市政道路上的市政消火栓，供城市消防车吸水。室外消火栓按间距小于 120m 布置，距道路小于等于 2.0m，距建筑物外墙大于等于 5.0m。设计范围内设置室外消火栓 8 个。

室内消火栓：室内不分区。室内消火栓间距均小于 30m，保证室内任何一处均有 2 股水柱同时到达，灭火水枪的充实水柱以 13m 计算。

3. 设备选型

室内消火栓加压泵 2 台（1 用 1 备）；Q=30L/s，H=60M　N=30kW，在屋顶设 1 座 $V=18m^3$ 的消防水箱，设 1 套消火栓稳压装置，Q=5L/s，H=30m，N=3kW，由压力开关自动控制启停。首层设消防水池的有效容积为 $605m^3$，分为 2 格，室外设 2 套水泵接合器。

4. 管材

室内消火栓给水管采用内壁喷塑热镀镀锌钢管，丝扣及沟槽式卡箍连接。工作压力为 1.6MPa。室外埋地管采用内壁喷塑热镀镀锌钢管，丝扣及沟槽式卡箍连接。管道外壁冷底子油打底，三油两布防腐。

（二）自动喷水灭火系统

1. 自动喷水系统用水量

本工程为体育场馆，净空高度大于 8m 的区域均采用大空间灭火设施，根据《自动喷水灭火系统设计规范》GB 50084—2001（2005 年版）的要求，本工程的火灾危险等级为中危险级Ⅰ级，但考虑到今后的存在改造运营的可能，因此设计时将整个建筑物的火灾危险等级按中危险级Ⅱ级设置自动喷洒灭火系统；作用面积 $160m^2$。设计喷水强度 $q=8L/(min \cdot m^2)$，自动喷洒计算表如下：$Qs=1.3\times0.0167\times q\times F=1.3\times0.0167\times8\times160=28.0L/s$。

2. 系统分区

根据《自动喷水灭火系统设计规范》GB 50084—2001（2005 年版）"每个报警阀组供水的最高和最低位置喷头，其高程差不宜大于 50m"，因此系统不分区。

3. 设备选型

自动喷淋系统加压泵 2 台（1 用 1 备）；Q=28L/s，H=63m，N=30kW，在屋顶设 1 座 $V=18m^3$ 的消防水箱。考虑到建筑的重要性，再设 1 套自动喷淋稳压装置，Q=0.55L/s，H=36m，N=1.1kW，由压力开关自动控制启停。

本工程的湿式报警阀组，分别设在消防水泵房及首层的报警阀间内。每组报警阀担负的喷洒头数不超过 800 个。喷洒头：有吊顶部位下向喷头采用 *DN*15 闭式装饰型玻璃球喷洒头，动作温度为 68℃、K=80；吊顶内采用 *DN*15 闭式直立式玻璃球喷头，动作温度为 79℃、K=80。无吊顶部位采用 *DN*15 闭式直立式玻璃球喷头，动作温度为 68℃、K=80。自动喷水灭火系统每个防火分区或每层均设信号阀和水流指示器，每个报警阀组控制的最不利点喷头处，均设末端试水装置，其他区则设 *DN*25 试水阀。自动喷水灭火系统共设 2 套消防水泵接合器，供消防车从室外消火栓取水向室内自动喷水灭火系统补水。

4. 管材

室内采用内壁喷塑热镀锌钢管，丝扣及沟槽式卡箍连接。工作压力采用 1.6MPa。室外埋地管采用内壁喷塑热镀镀锌钢管，丝扣及沟槽式卡箍连接。管道外壁冷底子油打底，三油两布防腐。

（三）自动扫描射水高空水炮灭火系统

1. 自动扫描射水高空水炮系统用水量

自动扫描射水高空水炮设置在体操馆的热身场地、观众大厅、博物馆和综合馆的观众大厅、壁球预赛馆、壁球决赛馆、台球馆上空，出口额定压力 0.6MPa，流量 5L/s。系统设计考虑最大灭火时动作 3 门水炮，系统流量 15L/s，作用时间 1h。

2. 系统设置

体操馆二层大厅及训练馆、综合馆二层大厅及桌球、壁球馆的观众厅，采用自动扫描射水高空水炮进行扑救。

3. 设备选型

自动扫描射水高空水炮加压泵 2 台（1 用 1 备）；Q=15L/s，H=100m，N=21kW。在屋顶设 1 座 V=18m^3 的消防水箱，设 1 套自动扫描射水高空水炮稳压装置，Q=5L/s，H=60m，N=5.5kW，由压力开关自动控制启停。自动扫描射水高空水炮系统共设 1 套消防水泵接合器，供消防车从室外消火栓取水向室内自动扫描射水高空水炮系统补水。

4. 管材

室内采用内壁喷塑热镀镀锌钢管，丝扣及沟槽式卡箍连接。工作压力采用 1.6MPa。室外埋地管采用内壁喷塑热镀镀锌钢管，丝扣及沟槽式卡箍连接。管道外壁冷底子油打底，三油两布防腐。

（四）固定消防炮灭火系统

1. 固定消防炮灭火系统用水量

固定消防炮设置在体操馆的主看台四周用于保护体操馆的主会场，固定消防炮出口额定压力 0.8MPa，流量 20L/s。系统设计考虑最大灭火时动作 2 门水炮，系统流量 40L/s，作用时间 2h。

2. 系统设置

保护部位：体操馆观众大厅及比赛场地。

3. 设备选型

固定消防炮加压泵 2 台（2 用 1 备）；Q=20L/s，H=120m，N=45kW。在屋顶设 1 座 V=18m^3 的消防水箱，设 1 套固定消防炮稳压装置，Q=5L/s，H=30m，N=3kW，由压力开关自动控制启停。固定消防炮系统共设 3 套消防水泵接合器，供消防车从室外消火栓取水向室内固定消防炮系统补水。

4. 管材

室内采用内壁喷塑热镀镀锌钢管，丝扣及沟槽式卡箍连接。工作压力采用 1.6MPa。室外埋地管采用内壁喷塑热镀镀锌钢管，丝扣及沟槽式卡箍连接。管道外壁冷底子油打底，三油两布防腐。

（五）气体灭火系统

不宜用水扑救的区域采用七氟丙烷气体灭火系统。发电机房，高、低压配电室及变压器室，灭火设计浓度为 9%，设计喷放时间不大于 10s，电子机房灭火设计浓度为 8%，设计喷放时间不大于 8s。气体灭火区域均考虑超压泄压口，泄压口位于防护区净高的 2/3 以上。

（六）手提式灭火器

按《建筑灭火器配置设计规范》配置。本工程属于严重危险等级。A 类固体可燃物火灾每具灭火器最小配置灭火级别 3A，最大保护面积 50m^2/A，灭火器最大保护距离按手提式灭火器 15m，推车式灭火器 30m 确定，灭火器配置修正系数为 0.5。B 类火灾每具灭火器最小配置灭火级别 89B，最大保护面积 0.5m^2/B。灭火器最大保护距离按手提式灭火器 9m，推车式灭火器 18m 确定，灭火器配置修正系数为 0.5。

三、工程特点生活给水排水部分

1. 生活给水（冷水）部分：生活给水采用分质供水，共设置两套供水管网。供饮用和人体直接接触的部分（如洗脸盆、淋浴、厨房和冷却塔等）采用高质水，非人体直接接触的部分（如冲厕、绿化浇灌、消防和水景）采用杂用水。

生活给水（热水）部分：生活热水采用集中能源站＋空气源热泵系统。本工程优先采用能源站提供的热水，考虑热力检修或供热水温度不足时采用空气源热泵作备用加热设备。

2. 生活排水部分：室外取消化粪池，室内污、废水由区域集中污水处理站处理。

3. 雨水部分：屋面雨水系统采用虹吸雨水系统，减少了雨水立管的数量，提高了雨水管道的管径利用率。①屋面雨水回收利用：屋面雨水经初期弃流后，经过沉淀后分别贮存在地下贮水方块中，贮水方块中的雨水最终经快速过滤后回用于绿化喷灌。②室外雨水利用：采用透水铺装地面，将停车位和人行道改造为透水砖，将一部分地面径流转化为土壤水和地下水。

4. 消防给排水部分：室内净空高度超过 12m 的区域采用了自动扫描射水高空水炮灭火装置和固定消防炮灭火装置。

四、工程照片及附图

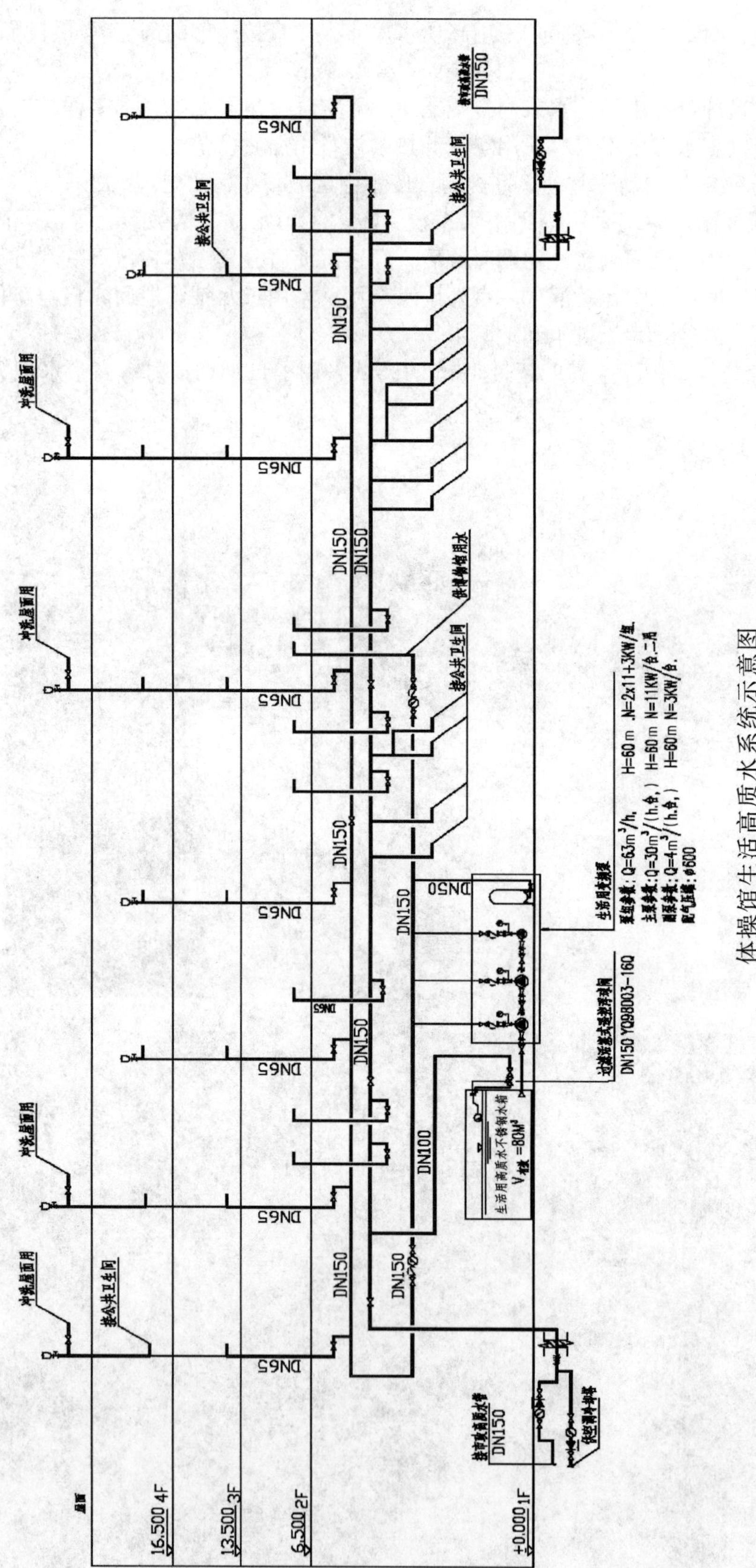

体操馆生活高质水系统示意图

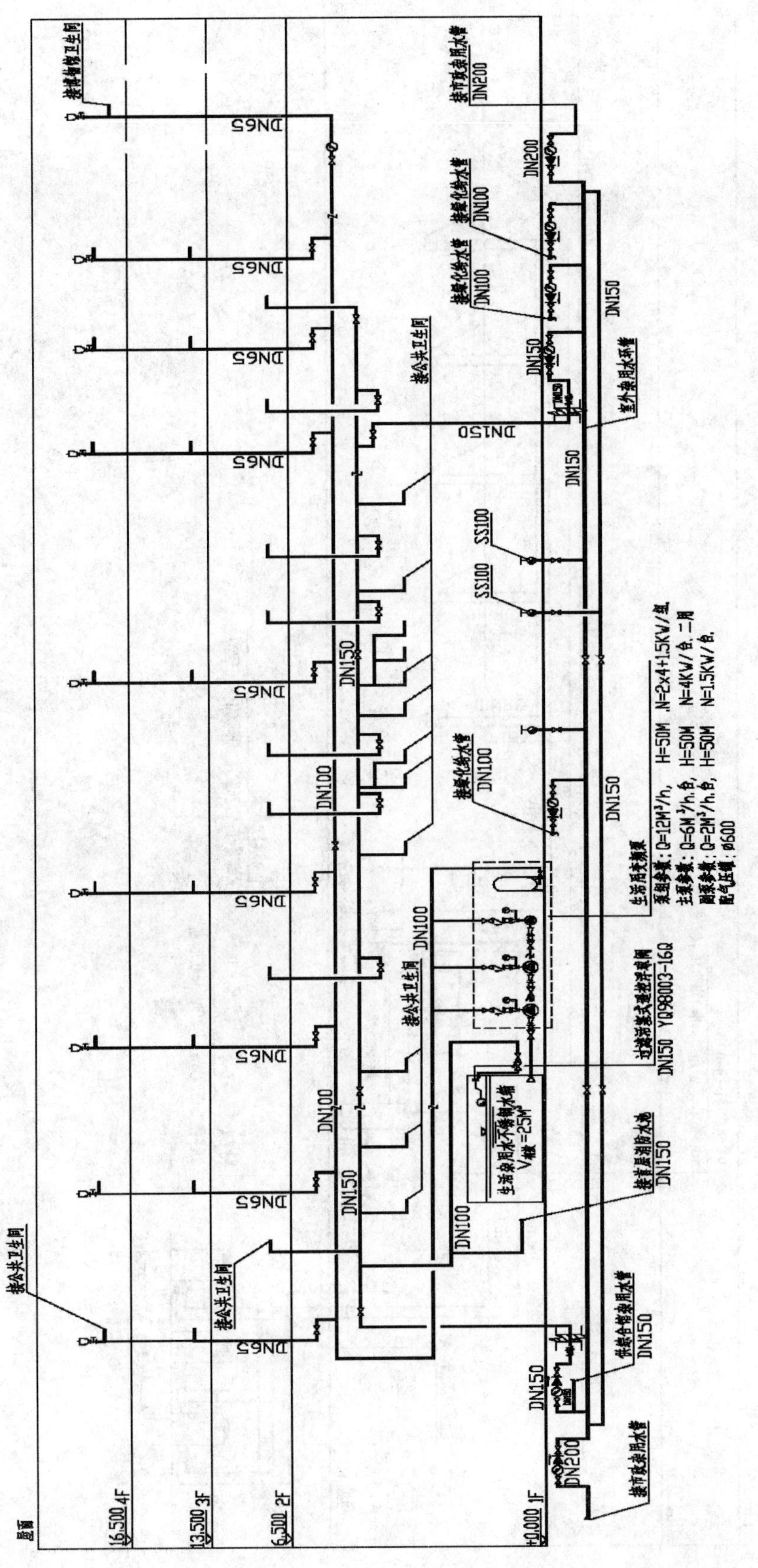

体操馆生活杂用水系统示意图

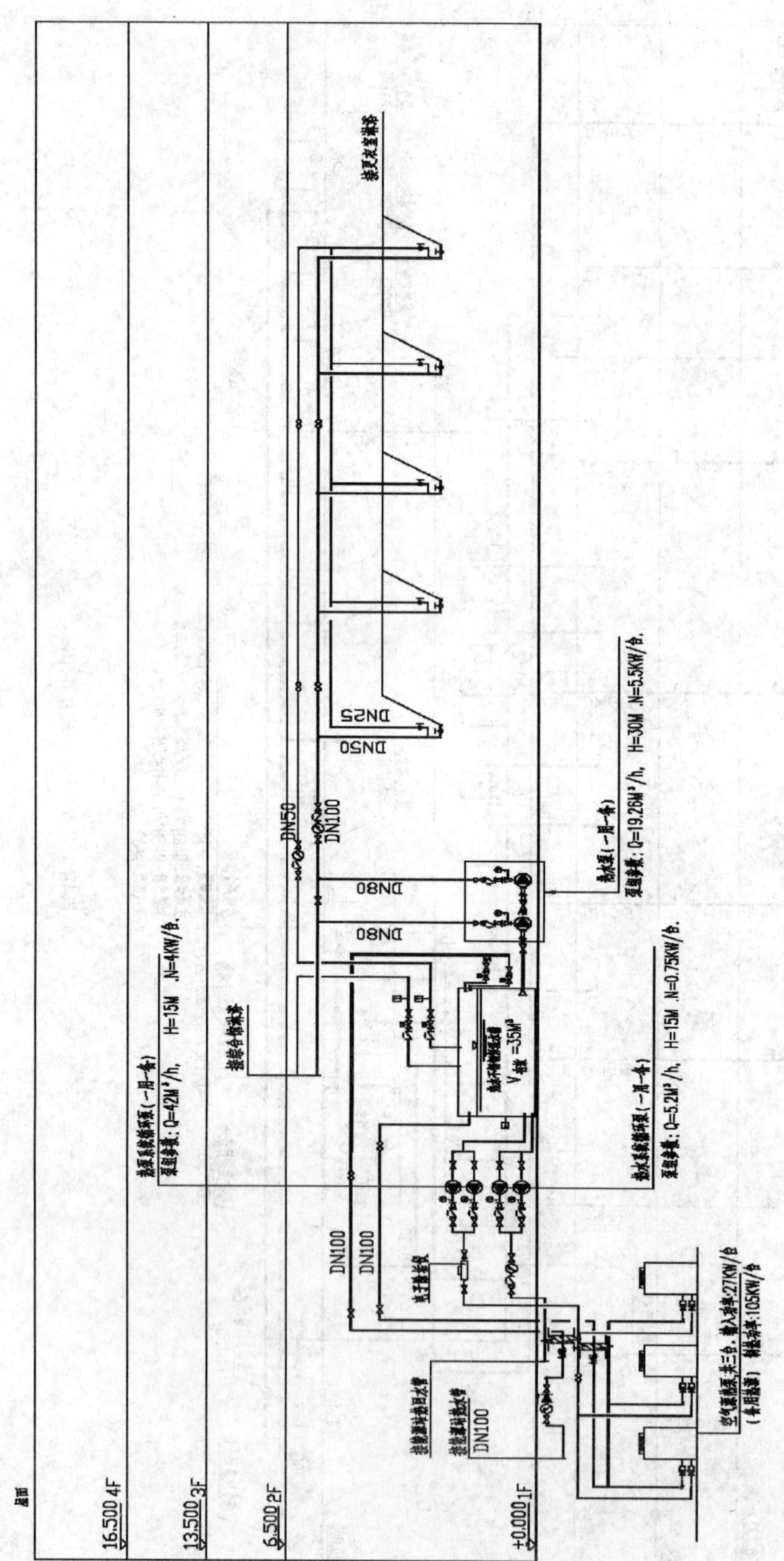
16.500 4F
13.500 3F
6.500 2F
±0.000 1F
DN25
DN50
DN80
DN80
DN50
DN100
DN100
DN100
DN100

体操馆热水系统示意图

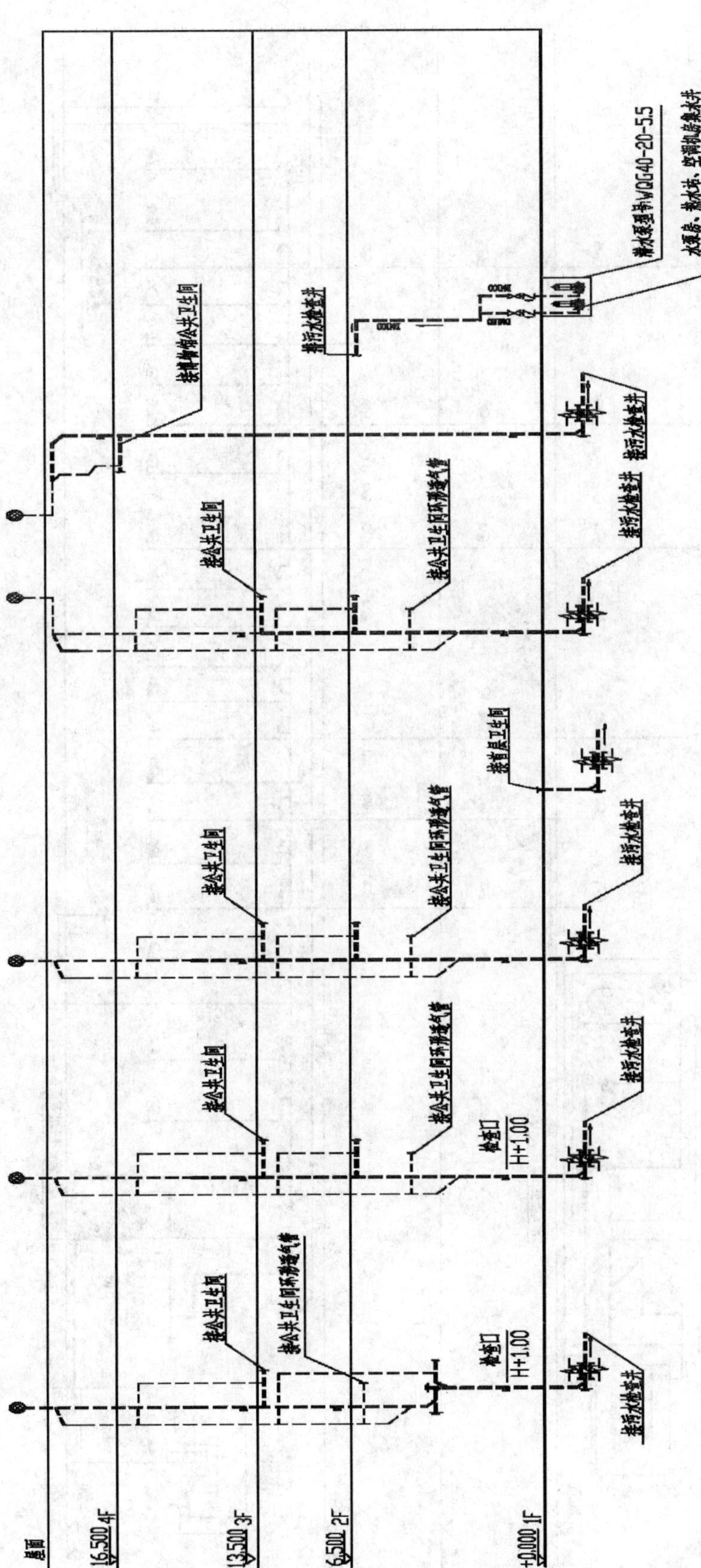

体操馆排水系统示意图

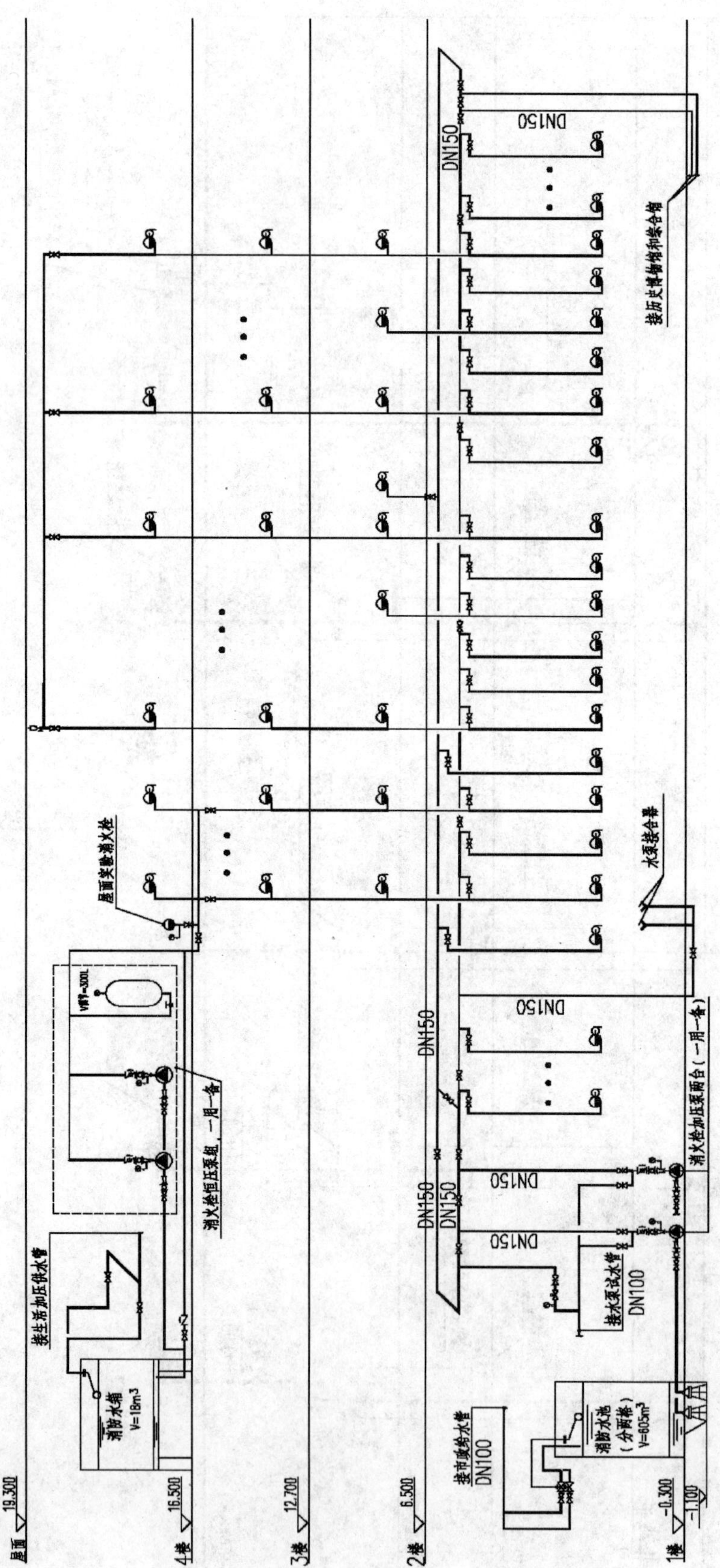

体操馆消火栓系统示意图

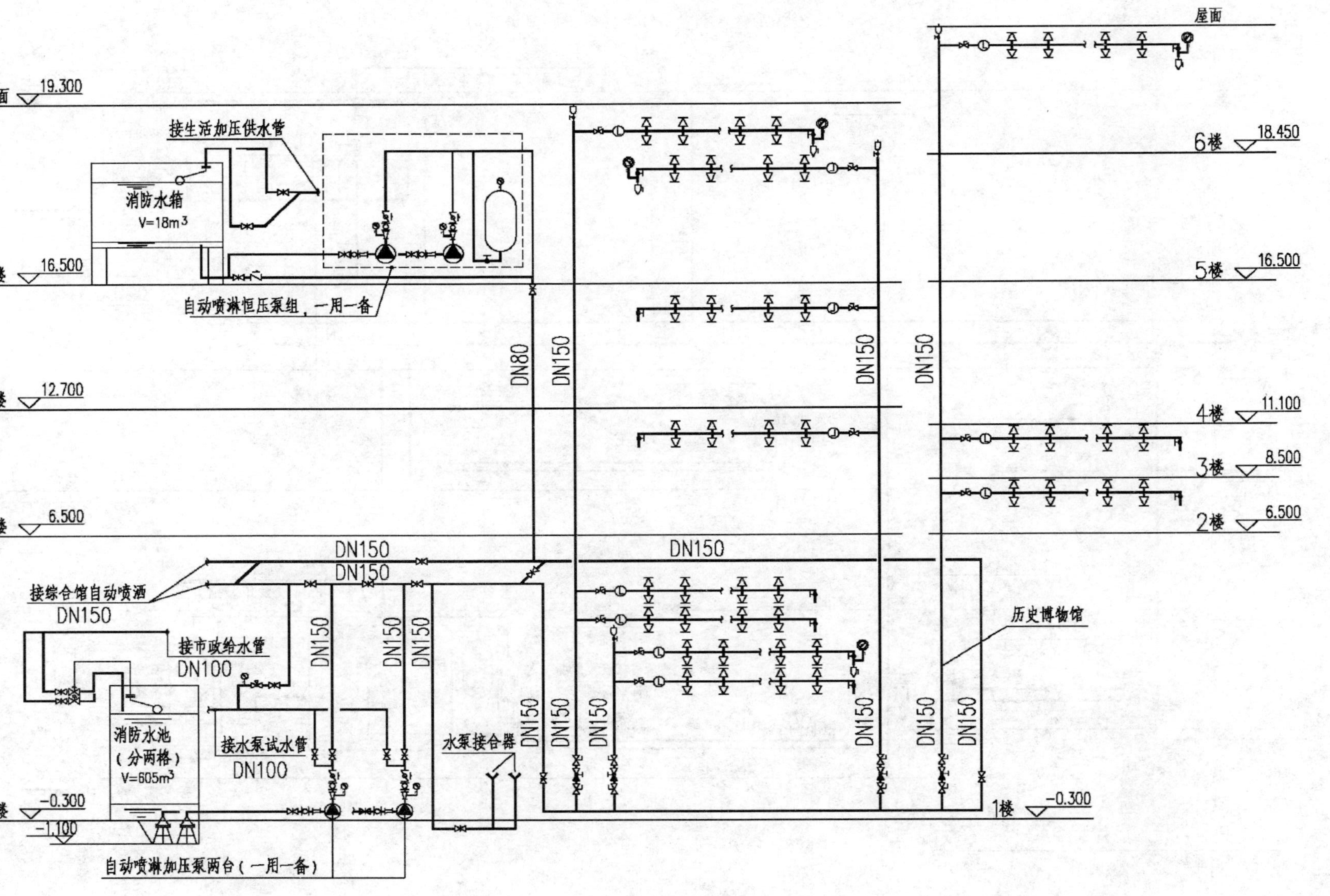

体操馆自动喷淋系统示意图

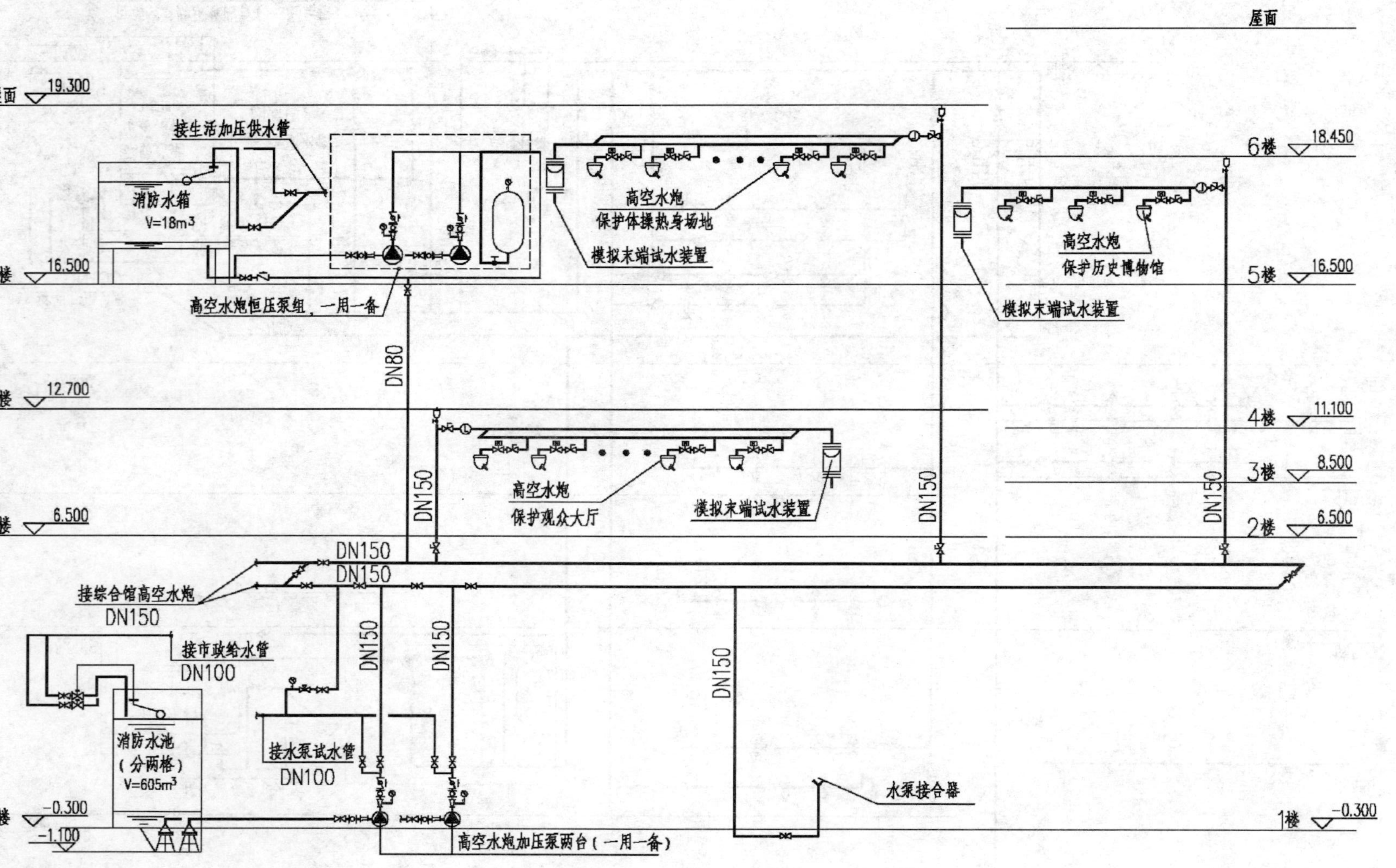

体操馆自动扫描射水高空水炮系统示意图

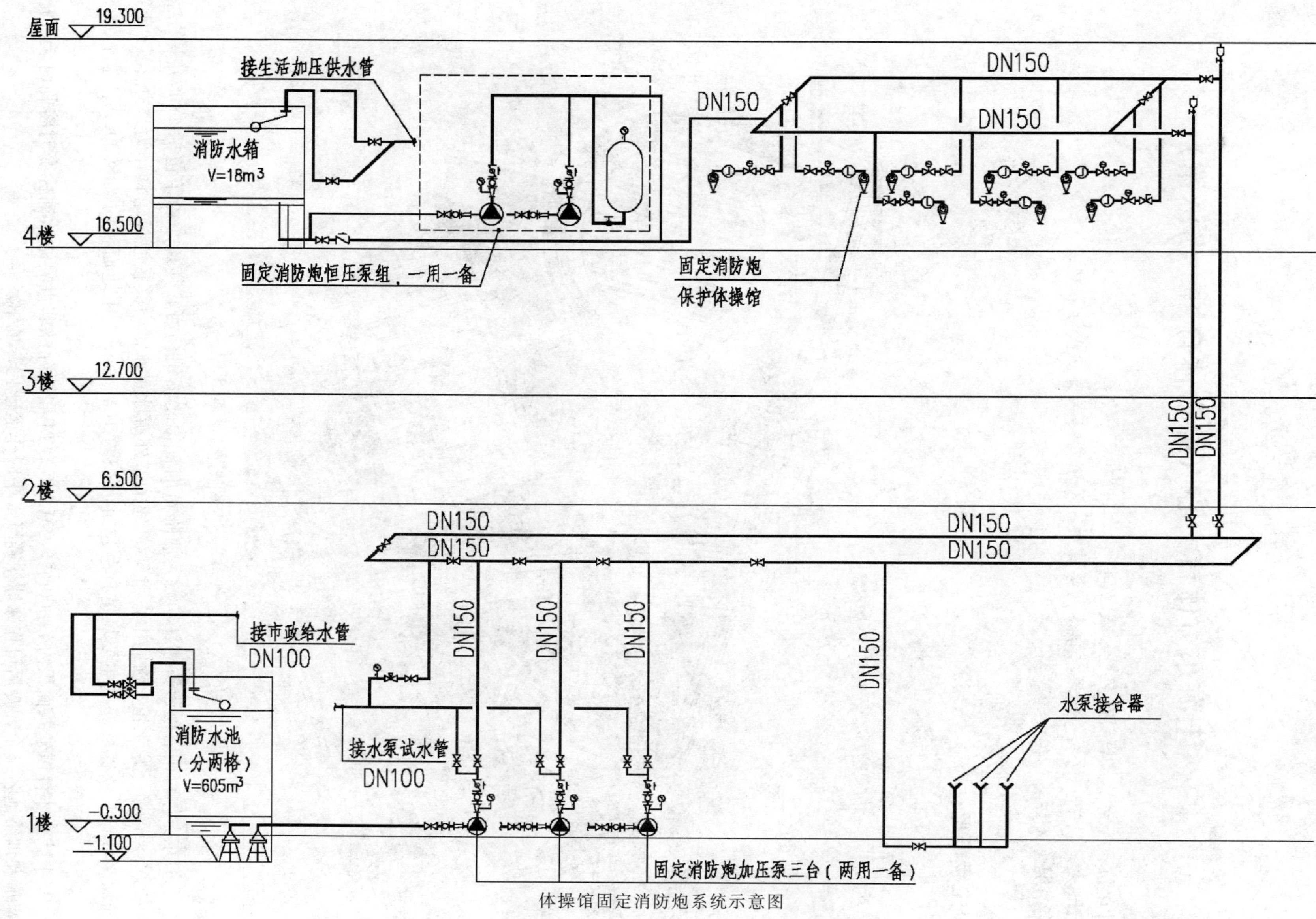

体操馆固定消防炮系统示意图

上海东方体育中心（综合体育馆、游泳馆）

设计单位： 上海建筑设计研究院有限公司
设 计 人： 脱宁　包虹　徐凤　岑薇　吴建虹　邓俊峰　吴健斌　陈吉林
获奖情况： 公共建筑类　二等奖

工程概况：

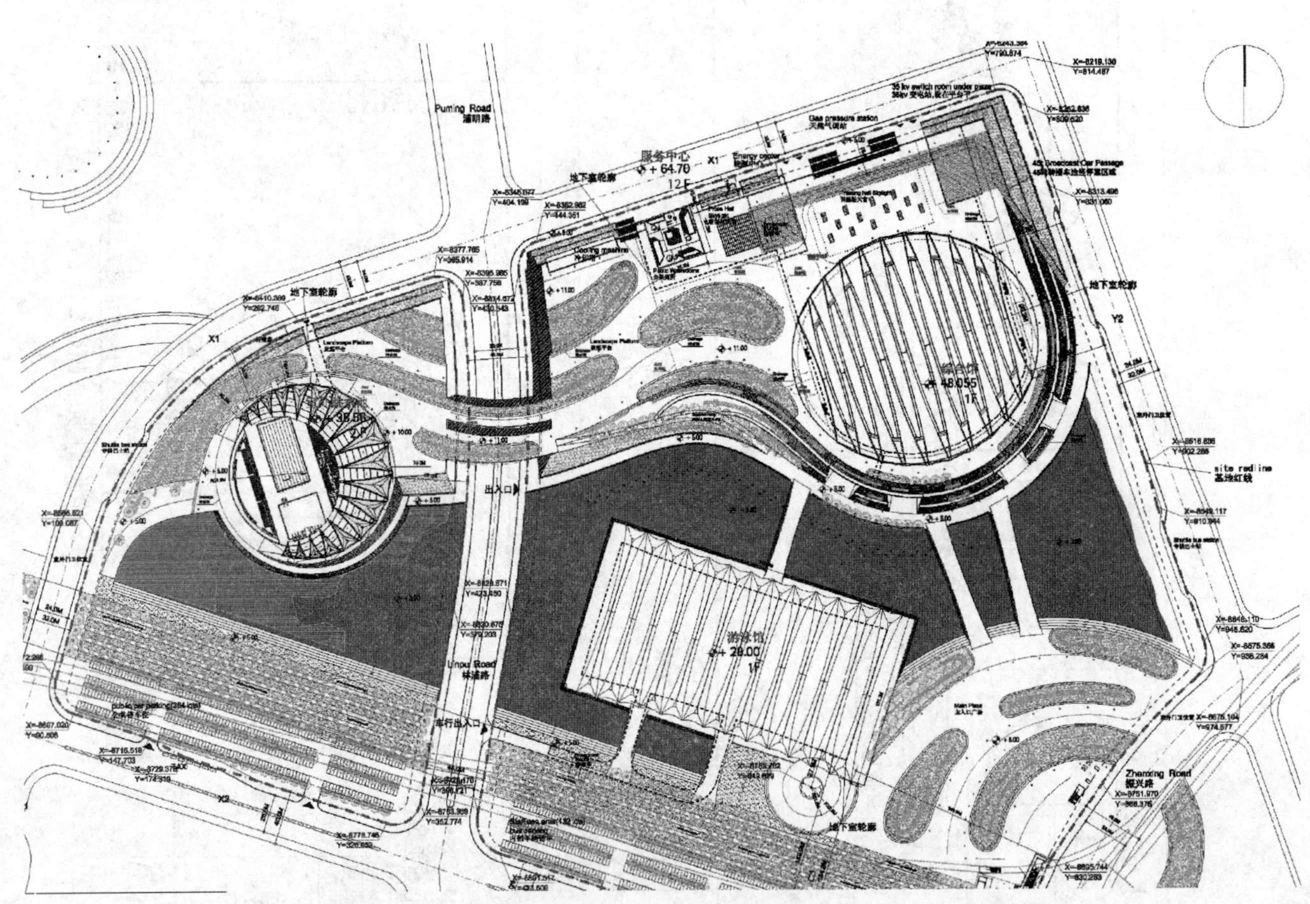

图 1　总平面图

上海东方体育中心位于黄浦江中游，西临黄浦江，北临川杨河。其核心场馆包括 18000 座的综合体育馆、5000 座的游泳跳水馆、新闻中心和 5000 座的室外游泳跳水池。其核心场馆将作为举办 2011 年第 14 届国际泳联世界游泳锦标赛的主要场馆。总建筑面积约 164000m^2，用地面积约 348000m^2。总平面图如图 1 所示。

其中综合体育馆建筑面积约 79000m^2，2011 年第 14 届国际泳联世界游泳锦标赛时将临时装配标准游泳比赛池和训练池各一个，赛后可作冰球比赛场，平时作篮球比赛场馆。

其中游泳馆建筑面积约 47479m²，建筑高度 23m，室内设有游泳比赛池、跳水比赛池、游泳训练池、儿童游泳池、造浪池和戏水池各一个。其中游泳比赛池、跳水比赛池、游泳训练池为 2011 年第 14 届国际泳联世界游泳锦标赛时使用。赛后游泳训练池对公众开放。儿童游泳池、造浪池和戏水池为对公共戏水区。

一、给水排水系统

（一）给水系统

1. 冷水用水量

赛事期间用水量见表 1。

赛事期间用水量　　表 1

用途	用水定额	最高日用量 Q_d(m³/d)	最大小时用水量 Q_h(m³/h)	小时变化系数 K_h	使用时间 T(h)
运动员	50L/(人·次)	12.00	4.00	2.0	6
运动员陪同人员	30L/(人·次)	25.20	6.30	1.5	6
观众	3L/(人·次)	45.00	15.00	2.0	6
赛事服务人员	30L/(人·d)	90.00	22.50	1.5	6
维保人员	100L/(人·d)	50.00	6.25	2.0	16
车库冲洗用水	3L/(m²·次)	18.00	2.25	1.0	8
小计		240.20	56.30		
小计(含 10%未预见用水量)		262.42			
跳水比赛池补水量	平时补水按 5%	225	14.06	初次充水量 187.5m³/h	
游泳比赛池补水量	平时补水按 5%	191	11.94	初次充水量 160m³/h	
游泳训练池补水量	平时补水按 10%	215	13.44	初次充水量 88.55m³/h	
合计		893.42	101.2		

基地内最高日（含 10%未预见及漏失水量）生活用水量：综合体育馆 953.5m³/d。游泳馆 893.42m³/d。

2. 水源

本项目生活用水、空调补给用水和游泳池补给用水由市政给水管网供水，当地市政水压由业主提供约为 0.16MPa；绿化浇灌和场地浇洒等用水由屋面雨水收集回用系统的调节水池的水体供水（水量不足部分由市政给水管网补充供水）。给水进户管管径为 *DN*350，给水管道进户后支状敷设，建筑红线内设置若干只水表分别对生活用水、空调补给用水、游泳池补给用水和绿化浇灌用水进行计量。

3. 系统竖向分区

本项目一层以下的空调补给用水、游泳池补给用水、绿化浇灌补充用水以及生活用水（除集中淋浴以外）利用市政给水管网水压直接供水；一层以下的集中淋浴、一层及一层以上的各个用水点采用恒压变频供水设备供水，生活水池调节水量按最高日生活用水量的 40%设计。

4. 供水方式及给水加压设备

综合体育馆生活水池有效容积为 180m³（不锈钢材质），游泳馆生活水池有效容积为 110m³（不锈钢材质），消防高位水箱与新闻中心屋顶消防水箱合用。生活水池和恒压变频供水设备设置于地下层设备机房内。

5. 本项目观众饮用水采用小卖部外买饮料方式。运动员和工作人员等的饮用水采用成品桶装水，加热方式采用电加热饮水器。观众饮用水标准为 0.2L/(人·场)，其他人员饮用水标准为 2L/(人·班)。

6. 管材

室内冷水管采用公称压力不小于 1.0MPa 的给水薄壁不锈钢管，管径小于等于 *DN*100 时采用环压式连接；管径大于 $DN100$ 时采用沟槽式连接。给水管接入卫生间后，阀门后的给水管段采用具保温性能的给水 PPR 塑料管，热熔连接。

室外给水管采用公称压力不小于 1.0MPa 的给水球墨铸铁管或埋地给水塑料管及配件；球墨铸铁管管内壁搪水泥砂浆，采用承插或法兰连接；塑料管采用橡胶圈连接或法兰连接。

（二）热水系统

1. 热水用水量（表 2）

游泳馆热水用水量 **表 2**

序号	用水类别	用水量标准	最高日用水量 (m^3/d)	最大小时用水量 (m^3/h)	备注
1	运动员及陪同人员淋浴用水	25L/(人·场)	20	6.67	$T=6h, K=2.0$
2	工作人员用水	40L/(人·班)	20	2.5	$T=16h, K=2.0$
3	未预见用水量	按 1～2 项最高日用水量的 10%计	4	0.915	
4	总用水量		44	10.085	

2. 热源

热水水源由恒压变频设备供水。冬季 5℃冷水经贮热水罐与真空锅炉直供的 65℃热水混合至 60℃；夏季和过渡季节冷水先由空调热回收设备预热后再经贮热水罐与真空锅炉直供的 65℃热水混合至 60℃。热源采用暖通专业真空锅炉提供的 65℃热水。

3. 系统竖向分区

地下室公众以及一层运动员、教练员和裁判员淋浴间等热水采用集中供水方式，其系统采用闭式热水系统机械定时循环。

4. 热水制备

集中供应的热水，其贮热水罐、热水循环泵、热水膨胀罐等设备设置于地下室设备机房内。

5. 冷、热水压力平衡措施、热水温度的保证措施等

热水循环水泵的启闭由温度传感器控制。热水供、回水管、热媒水管及热交换器等均采取保温措施。

6. 管材

室内热水管采用公称压力不小于 1.0MPa 的给水薄壁不锈钢管，管径小于等于 $DN100$ 时采用环压式连接；管径大于 $DN100$ 时采用沟槽式连接。给水管接入卫生间后，阀门后的给水管段采用具保温性能的给水 PPR 塑料管，热熔连接。

（三）雨水收集回用系统

1. 雨水收集回用系统水源采用综合体育馆屋面雨水，回用水的用途主要用于大平台绿化浇灌和场地浇洒，其补充（备用）水源为市政给水管网水体。总体场地（综合馆一层大平台下）设置约 $400m^3$ 中水调节水池一座。

2. 大跨度钢结构屋面雨水采用满管压力流排水系统，其屋面雨水排水工程与溢流设施的总排水能力按 100 年重现期的雨水量设计。

3. 管材

承压塑料管（HDPE）或不锈钢管（明露部分）及配件。

（四）排水系统

1. 排水系统的形式

本项目室内外生活排水系统采用污废水合流体制，合流污废水通过室外污水管和污水检查井收集后再经污水格栅检测井预处理后纳入市政污水管网。地下室排水设集水井、潜水泵提升排至室外雨水井。

2. 基地生活污废水最高日排水量：综合体育馆 423.5m^3/d。游泳馆 236.2m^3/d。

3. 透气管的设置方式

本项目生活排水系统透气采用侧向透气和伸顶透气相结合的方式。

4. 管材

室内排水管采用建筑排水硬聚氯乙烯排水管及配件，承插粘接。

室外埋地排水管采用 HDPE 承插式双壁缠绕管，双峰式弹性密封橡胶圈单向承插连接。

污水潜水泵的出水管采用公称压力不小于 1.0MPa 的热镀锌钢管（内涂塑）及配件；连接方式：管径大于等于 DN100 采用法兰连接，管径小于 DN100 采用丝扣连接。

二、消防系统

（一）消火栓系统

1. 用水量

室内消火栓系统用水量 20L/s。室外消火栓系统用水量 30L/s。

2. 系统分区

室内消火栓灭火系统的加压泵为游泳馆、综合馆和新闻中心共用，消火栓水泵设置在新闻中心地下消防水泵房内；36m^3 高位消防水箱为游泳馆、综合馆和新闻中心共用，设置在新闻中心顶层机房内。

3. 消火栓泵的参数

新闻中心顶层机房内设置 36m^3 高位消防水箱为游泳馆、综合馆和新闻中心共用。

设置 2 组消火栓系统水泵接合器。

4. 管材

室内消防管管径大于等于 DN100 采用无缝钢管（内外壁热镀锌）及配件，法兰或沟槽式连接，管径小于 DN100 采用热镀锌钢管及配件，丝扣连接。室内消防管道公称压力不小于 1.6MPa。

室外埋地消防管（市政供水管，不含从消防泵接出的压力管）采用公称压力不小于 1.0MPa 的埋地球墨铸铁管及配件，管内壁搪水泥砂浆，承插或法兰连接。

（二）自动喷水灭火系统

1. 用水量：系统用水量 30L/s。

2. 系统分区

其中自动喷淋灭火系统的加压泵为游泳馆、综合馆和新闻中心共用，喷淋泵均设置在新闻中心地下消防水泵房内；36m^3 高位消防水箱为游泳馆、综合馆和新闻中心共用，设置在新闻中心顶层机房内。

3. 喷淋泵的参数

新闻中心顶层机房内设置 36m^3 高位消防水箱为游泳馆、综合馆和新闻中心共用。

设置 2 组消火栓系统水泵接合器。

4. 管材

室内消防管管径大于等于 DN100 采用无缝钢管（内外壁热镀锌）及配件，法兰或沟槽式连接，管径小于 DN100 采用热镀锌钢管及配件，丝扣连接。室内消防管道公称压力不小于 1.6MPa。

室外埋地消防管（市政供水管，不含从消防泵接出的压力管）采用公称压力不小于 1.0MPa 的埋地球墨铸铁管及配件，管内壁搪水泥砂浆，承插或法兰连接。

（三）气体灭火系统

1. 气体灭火系统设置的位置

要的电器机房如变电所及其控制室、消防弱电控制室、电源区采用有管网气体灭火系统（组合分系统）；现场成绩统计处理机房、现场成绩处理机房、计时控制室、照明电视屏控制室等采用无管网预制柜式气体灭火系统。

2. 系统设计参数

FM200 气体灭火系统的灭火设计浓度采用 9%，设计喷放时间不大于 8s。

3. 系统控制

(1) 有管网气体灭火系统（组合分配系统）应设自动控制、手动控制和机械应急操作三种启动方式；预制柜式气体灭火系统应设自动控制和手动控制两种启动方式。

(2) 采用自动控制启动方式时，根据人员安全撤离防护区的需要，应有不大于 30s 的可控延迟喷射；对于平时无人工作的防护区，可设置为无延迟的喷射。

(3) 自动控制装置应在接到两个独立的火灾信号后才能启动；自动控制启动在无人值班时候采用，其在总控室实现。

(4) 手动控制和手动与自动转换装置在总控室和防护区门边实现；机械应急操作装置应设在贮瓶间内或防护区疏散出口门外便于操作的地方。

(5) 各防护区灭火控制系统的有关信息，应传送至消防控制室。

(四) 消防水炮灭火系统

1. 消防水炮设置位置

本项目综合体育馆比赛场的中心场区（室内消火栓保护不到的盲点区域）采用固定消防水炮（数控消防水炮或自动消防水炮）进行保护；整个比赛场区和看台区域采用固定消防水炮（数控消防水炮或自动消防水炮）进行保护。游泳馆三层陆上训练区采用自动消防水炮灭火系统进行保护。整个游泳比赛看台区域、隔离带等净高超过 6m 处的采用大空间射水灭火器进行保护。二层观众走廊处设大空间洒水器进行保护。

2. 系统设计参数

综合体育馆设置单台流量 30L/s、射程 65m 的消防水炮 12 套用于比赛场的观众席和比赛场区；大空间射水灭火器灭火系统用水量 30L/s。

游泳馆自动消防水炮灭火系统用水量 40L/s；大空间射水灭火器灭火系统用水量 15L/s；大空间洒水器灭火系统用水量 35L/s。

3. 系统控制

(1) 消防水炮加压泵由多点红外线火灾探测系统控制启动，启泵的同时开启电动阀。

(2) 数控消防水炮或自动消防水炮具有三种控制方式：

1) 现场手动控制。

2) 远程手动控制。

3) 自动控制：消防水炮定位由火灾探测系统自动控制消防水炮的电动机，使消防水炮自动移动，瞄准火源，系统自动或由值班人员手动开启相应的电动阀和消防水炮加压泵。

4) 有赛事时消防水炮为手动控制，无赛事时消防水炮为自动控制。

(3) 大空间自动灭火系统加压泵（由自动喷水加压泵兼用）由智能型红外线探测组件控制启动，启泵的同时开启电磁阀。

(4) 大空间自动灭火系统具有三种控制方式：

1) 消防水泵房现场控制。

2) 消防控制中心手动控制。

3) 自动控制：大空间自动灭火装置定位由智能型红外探测组件自动控制大空间自动灭火装置的机械传

动装置，使大空间自动灭火装置自动移动，瞄准火源，系统自动或由值班人员手动开启相应的电磁阀和高空水炮加压泵。

三、游泳池水处理系统

1. 综合体育馆内游泳池使用时临时装配，要求能满足2011年第14届国际泳联世界游泳锦标赛比赛和训练的使用要求。

游泳馆内游泳比赛池、跳水比赛池、游泳训练池要求能满足2011年第14届国际泳联世界游泳锦标赛比赛和训练的使用要求。

2. 游泳池池水处理

(1) 池水水质

池水水质根据国家行业标准《游泳池给水排水工程技术规程》CJJ 122—2008中第3.2.1条款，池水的水质应符合国家现行行业标准《游泳池水质标准》CJ 244的规定。第3.2.2条，举办重要国际竞赛和有特殊要求的游泳池池水水质，应符合国际游泳联合会国际游泳联合会（FINA）的相关要求。

游泳池池水处理系统设计本着“技术先进、安全可靠、经济合理、卫生环保、节水节能”等原则，经过几轮方案比较，游泳池池水处理的核心技术—过滤介质最终采用硅藻土，以标准游泳比赛池为例根据不同过滤工艺进行设备配比、系统水处理效果、运行管理工作量、运行费用、绿色建筑节能效果等各方面分析比较见表3。

备配置对比表 **表3**

对比项目	采用硅藻土先进过滤工艺	采用传统石英砂过滤工艺	对比结果
均衡水池容积(m^3)	81.91	185.70	先进硅藻土工艺可减小均衡水池容积55.5%，降低造价约40万元
循环水泵扬程/功率(m/kW)	19 / 37×2	27 / 55 × 2	先进硅藻土工艺可减少耗电：33%
水泵数量(台)	2用1备	2用1备	
过滤系统	硅藻土过滤系统	石英砂过滤系统	先进硅藻土工艺设备造价高
助滤剂加药系统	无	50L/h × 2	
过滤速度($m^3/(m^2 \cdot h)$)	4	25	
过滤面积×数量(m^2×台)	155×2	10.2× 4	
过滤操作	时间压力控制全自动镀膜、再生滤料，人工更换滤料	时间压力控制全自动反冲洗	先进硅藻土工艺操作程序较多
消毒系统	全程全流臭氧辅助加氯	半程全流臭氧辅助加氯	先进硅藻土工艺因能滤除细菌并吸附有机物可简化臭氧配置
加热保温系统	板式换热器＋二次增压泵	板式换热器＋二次增压泵	
总装机功率(kW)	114	162.8	先进硅藻土工艺降低系统配电负荷30%
机房面积(m^2)	350	800	先进硅藻土工艺减少机房面积65%
排污井容积(m^3)	5	45	先进硅藻土工艺因排污量少可减少排污和污水处理装置的容量90%

续表

对比项目	采用硅藻土先进过滤工艺	采用传统石英砂过滤工艺	对比结果
系统造价	600万～650万元	500万～550万元	先进硅藻土工艺全系统造价高25%
包括土建及配套设施综合造价	750万～800万元	750万～800万元	先进硅藻土工艺在设备造价上的劣势在综合造价上得到了平衡

（2）游泳池水处理系统处理效果对比见表4。

游泳池水处理系统处理效果对比　　表4

对比项目	采用硅藻土先进过滤工艺	采用传统石英砂过滤工艺	对比结果
出水浊度	0.05	0.2	先进硅藻土工艺的过滤面积大，滤速低，过滤精度高
大肠杆菌	0	0	
细菌总数	＜100CFU/mL	＜100CFU/mL	
隐孢子虫去除率	99.549%	61.053%	先进硅藻土工艺的过滤面积大，滤速低，过滤精度高，可滤池水中的除病原微生物
贾第鞭毛虫去除率	99.9%	99.9%	
THMs残余（μg/L）	10	32	先进硅藻土工艺通过吸附有机物，可降低消毒有害副产物（氯仿）的产生

（3）运行管理工作量对比见表5。

运行管理工作量对比　　表5

对比项目	采用硅藻土先进过滤工艺	采用传统石英砂过滤工艺	对比结果
反冲洗排水（m^3/次）	3	66	先进硅藻土工艺降低污水排放量95%
反冲洗频率（d/次）	＞25	5	
系统补充水量（m^3/d）按WHO建议30L/人计算最小补充水量	14（取人员负荷和系统排水的较大值）	106.5（取人员负荷和系统排水的较大值）	先进硅藻土工艺降低自来水消耗87%
滤料补充（kg/次）	450	0	先进硅藻土工艺操作需要定期更换滤料，操作程序较多
滤料补充频率（d/次）	＞25	0	
水面蒸发的蒸发热损失（kW）	232	232	
池壁和设备传导热损失（kW）	46	46	
补充冷水的热损失（kW）	15	108	先进硅藻土工艺降低因补充水而消耗的加热消耗86%
化学品补充（kg/d）	369	432	

（4）运行费用对比见表 6（参照上海市自来水、天然气收费标准）。

运行费用对比　　表 6

对比项目	采用硅藻土先进过滤工艺	采用传统石英砂过滤工艺	对比结果
水费(元/d)	38.76	261.37	先进硅藻土工艺降低综合运行费用 30%
保温费用(天然气)(元/d)	1860	2456	
电费(元/d)	2365	3432	
滤料消耗(元/d)	62	0	
合计(元/d)	4325.76	6149.37	
估算年运行费（按 70%的负荷率）	105 万元	150 万元	通过采用先进工艺每年解决 45 万元运行费用

（5）绿色建筑节能效果对比见表 7。

绿色建筑节能效果对比　　表 7

对比项目	采用硅藻土先进过滤工艺	采用传统石英砂过滤工艺	对比结果
污水排放	5%	100%	先进硅藻土工艺减少排放 95%
市政用水	12%	100%	先进硅藻土工艺减少耗水 87%
矿物燃(天然气)耗消耗	75%	100%	先进硅藻土工艺减少耗能 25%
电力耗消耗	69%	100%	先进硅藻土工艺减少耗电 31%

依据上述，先进硅藻土工艺与传统石英砂工艺比较，具有设备配置简单、水处理效果好、运行管理方便、运行费用低、节能节水节地及减少排水量等优点

3. 游泳池水处理系统分质排水及游泳池废水利用

游泳池池水排放根据水质标准可分为三类，第一类为游泳池日常运行时正常排出的废水，这类水除含氯量较高外其余水质标准尚可，因此该类水直接排入人工湖用作日常补充水源。根据计算湖面最大蒸发量约 150m^3/d，按非赛事只有训练池对大众开放，则训练池日常排水量约 112～225m^3/d，基本能满足人工湖补水量；第二类为游泳池日常运行时活性炭吸附罐反冲洗排出的废水和游泳池水处理机房滤料分离装置集水井的废水，这类水浊度较高，因此该类水经过处理后间接排入人工湖用作日常补充水源。第三类为游泳池日常运行时非正常排出的废水，这类水通常受病毒或细菌等污染，因此该类水经过就地加氯消毒处理达标后纳入市政污水管道。

四、工程特点简介

1. 一层以下用水点（除集中淋浴外）利用市政给水管网水压直接供水。
2. 夏季和过渡季节生活热水水源（冷水）经空调热回收设备预热后再进行系统加热。
3. 大跨度钢结构屋面雨水采用满管压力流排水系统。
4. 屋面雨水收集回用于绿化浇灌和场地浇洒。
5. 自动消防水炮、大空间射水灭火器、大空间洒水器等灭火设施的应用。
6. 游泳池池水处理的核心技术——采用硅藻土过滤介质。
7. 游泳池水处理系统分质排水及游泳池废水利用。

五、工程照片及附图

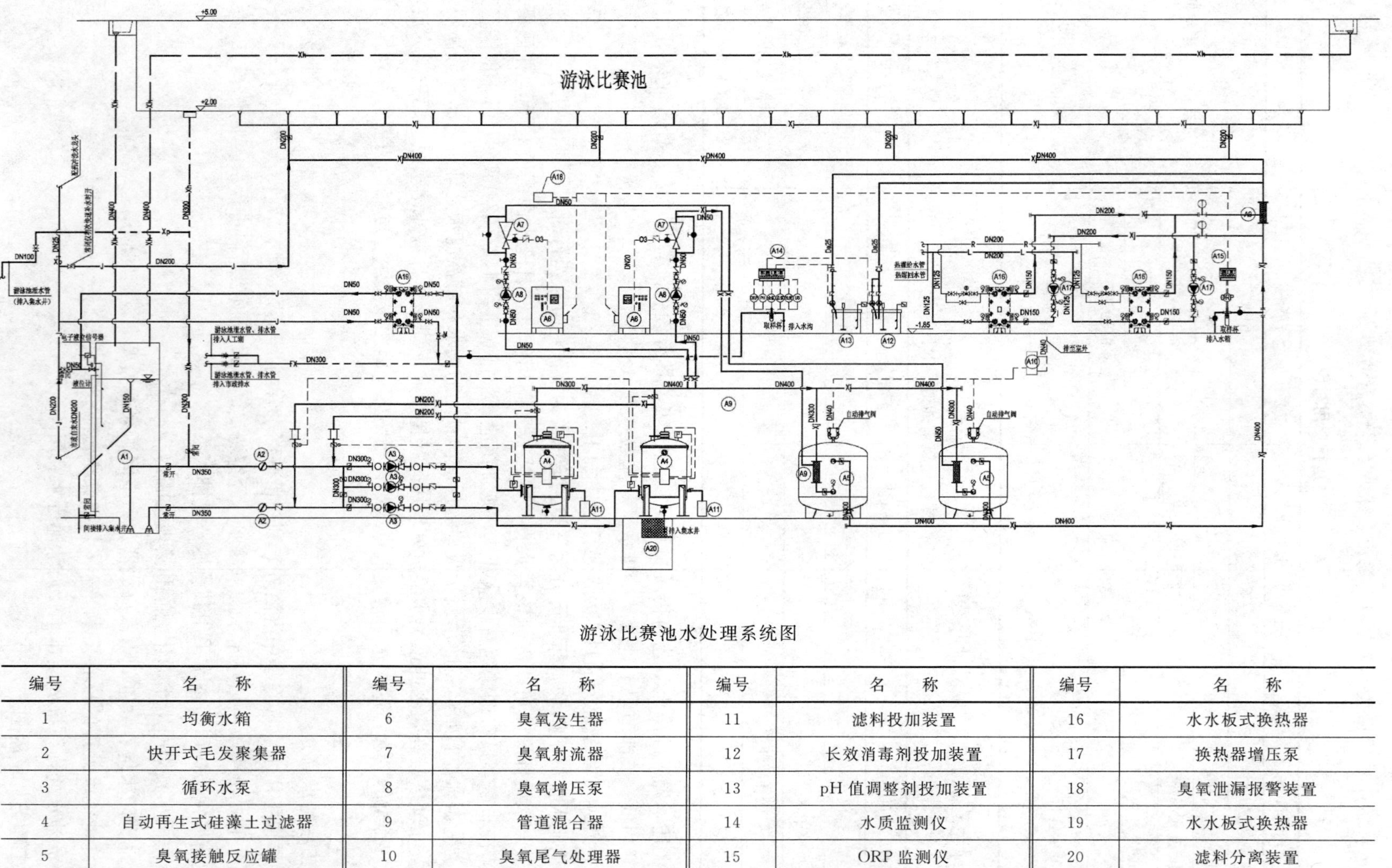

游泳比赛池水处理系统图

编号	名　称	编号	名　称	编号	名　称	编号	名　称
1	均衡水箱	6	臭氧发生器	11	滤料投加装置	16	水水板式换热器
2	快开式毛发聚集器	7	臭氧射流器	12	长效消毒剂投加装置	17	换热器增压泵
3	循环水泵	8	臭氧增压泵	13	pH 值调整剂投加装置	18	臭氧泄漏报警装置
4	自动再生式硅藻土过滤器	9	管道混合器	14	水质监测仪	19	水水板式换热器
5	臭氧接触反应罐	10	臭氧尾气处理器	15	ORP 监测仪	20	滤料分离装置

南京紫峰大厦

设计单位： 华东建筑设计研究院有限公司
设 计 人： 王学良　李洋
获奖情况： 公共建筑类　二等奖

工程概况：

南京紫峰大厦项目用地位于南京市鼓楼广场西北角，地段位置的重要性，具有历史文化象征意义，是江苏省第一高楼，国内第三高楼（当时）倍受众人的关注。

南京紫峰大厦设一高一低 2 栋塔楼（主楼和副楼），用商业裙房将 2 栋塔楼联成一个整体建筑群；主楼地上 66 层，地上建筑有效高度 339m，天线高度 450m，主要功能设有六星级洲际酒店、超 5A 甲级办公楼，副楼地上 24 层，地上建筑有效高度 99.75m，主要功能甲级办公楼；裙房地上 6 层，地上有效高度 37m，地下 4 层，主要功能为旗舰购物中心、停车库及设备机房。项目自落成以来销售状况良好，酒店入住率高，引领和提高了南京的商务氛围，取得了良好的经济效益及社会效益。

一、给水排水系统

（一）给水系统

1. 冷水用水量见表 1。

冷水用水量　　**表 1**

序号	用水名称	用水量标准	用水量		备注
			最高日（m^3/d）	最大时（m^3/h）	
1	商业用水量	6L/(m^2·d)	262	33	K_h=1.5
2	主楼办公用水量	50L/(人·d)	267	40	K_h=1.5
3	副楼办公用水量	50L/(人·d)	83	12.5	K_h=1.5
4	酒店客房用水量	400L/(人·d)	457	48	K_h=2.5
5	酒店餐饮用水量	40L/(人·次)	84	11	K_h=1.5
6	酒店工作人员用水量	100L/(人·d)	150	16	K_h=2.5
7	酒店洗衣房用水量		53	10	K_h=1.5
8	酒店 SPA 用水量		16	2	K_h=1.0
9	酒店游泳池用水量		14	8	K_h=1.0
10	停车库地面冲洗水量	2L/(m^2·d)	100	12.5	K_h=1.0
11	小计		1486	193	
12	未预见水量 15％		223	29	
13	共计		1709	222	
14	主楼冷却塔补水量		1328	83	
15	副楼冷却塔补水量		95	9.5	
16	合计		3132	315	

2. 水源

根据高层民用建筑设计防火规范要求，从中山北路和中央路上的两条市政给水管分别引入 *DN*300 给水管各一根，并在基地内构成环状管网，以保证供水可靠。

3. 系统竖向分区

主楼给水分为 11 个区，第一区为－4F～2F；第二区为 3F～9F；第三区为 10F～16F；第四区为 17F～22F；第五区为 23F～28F；第六区为 29F～34F；第七区为 35F～41F；第八区为 42F～48F；第九区为 49F～54F；第十区为 55F～59F；第十一区为 60F～66F（该区设置增压泵）。

副楼给水分为五个区，第一区为－4F～2F；第二区为 3F～6F；第三区为 7F～11F；第四区为 12F～17F；第五区为 18F～24F（该区设置增压泵）。

4. 供水方式及给水加压设备

(1) 地下车库冲洗水、场地绿化用水和低区用水利用市政给水管压力直接供给。裙房商业除宾馆外采用变频供水，其他生活用水由加压水泵从贮水池中抽水到水箱，由水箱供各用水点用水。

(2) 主楼上部给水系统结合避难层设置串联水箱和水泵。给水系统除 3F～5F 和 78F 以上宾馆和观光层部分采取变频泵供水外，其余均采取水池→水泵→水箱供给各用水点。系统采取串联和并联相结合的供水方式。分区水箱分别设在 18F、30F、42F、54F、66F 和 78F 上。各区供水压力均控制在 0.10～0.45MPa 以内，超压部分采取弹簧式减压阀减压后供给。主楼办公和宾馆顶部压力不足部分设置增压变频泵加压。

5. 管材

泵房内管道、生活泵出水管、屋顶水箱出水立管采用薄壁不锈钢管，卡压连接（GB/T 19228）。给水支管：宾馆部分的冷、热水管采用薄壁铜管，承插焊接连接；其余部分的冷、热水管采用薄壁不锈钢管，卡压连接（GB/T 19228）。

(二) 热水系统

1. 热水用水量见表 2。

热水用水量 **表 2**

序号	用水名称	用水量标准	用水量		备注
			最高日(m^3/d)	最大时(m^3/h)	
1	酒店客房用水量	160L/(人·d)	183	19	K_h=2.5
2	酒店餐饮用水量	20L/(人·次)	42	5.25	K_h=1.5
3	酒店工作人员用水量	50L/(人·d)	75	7.8	K_h=2.5
4	酒店洗衣房用水量		20	4	K_h=1.5
5	酒店 SPA 用水量		8	1	K_h=1.0
6	小计		328	37	
7	未预见水量 15%		49	6	
8	共计		377	43	

2. 热源

151℃的高温蒸汽。

3. 系统竖向分区

同给水系统。

4. 热交换器

分别在－3F、10F、35F 和 60F 设汽-水热交换器，每个分区热水均由各分区内相应的热交换器提供。

5. 冷、热水压力平衡措施、热水温度的保障措施

热水供给采用上行下给式，各区均设热水回水泵，以保证热水管网温度适宜。各回水管上均设置压力平衡阀。在宾馆客房的热水管末端支管设置自动恒温电拌热保温。

6. 管材

宾馆部分的冷、热水管采用薄壁铜管，承插焊接连接；其余部分的冷、热水管采用薄壁不锈钢管，卡压连接（GB/T 19228）。

(三) 排水系统

1. 排水系统的形式

室内污、废水分流，设置专用通气立管，专用通气立管与污废水管间用共轭管或H型通气配件连接。

2. 透气管的设置方式

排水系统均设置主通气立管。公共卫生间设置环形通气管，宾馆客房卫生间设置器具通气管。

3. 厨房废水经隔油池处理后排入总体废水管道。在地下室根据建筑物功能的要求设置排水集水井，由排水泵排到室外总体。室外采用污、废水和雨水分流排水系统。污水经化粪池处理后汇总后，分两路 *DN*300 排入基地西北侧规划路上的市政污水管。

4. 管材

35层以下排水点排下的排水管采用建筑排水柔性接口铸铁管及管件，法兰压盖，承插连接；施工时严格按照《建筑排水柔性接口铸铁管管道工程技术规程》CECS 168：2004 的有关规定施工。35层以上排水点排下的排水管要求承压 1.0MPa，按有关产品要求施工安装。

二、消防系统

(一) 消火栓系统

1. 消火栓给水系统：室内 40L/s；室外 30L/s。

2. 系统采用常高压重力供水系统。结合避难层和屋顶设置消防水箱和消防水箱输水泵，采取重力串联供水方式。在－4F、35F、66F 设置消防水池（箱）和消防输水泵房，同时为减小分区压力在 21F、55F 设置减压消防过路水箱。最高处消防水箱有效容积应能满足室内消防的水量，当消防水箱底距最高层消火栓口的距离小于 15m 时，应设置增压泵。消火栓栓口压力大于 0.5MPa，应设置减压孔板减压。由于顶部水箱压力不足，设置临时高压系统。

3. 消火栓系统分为四个区。第一区为－4F～13F；第二区为 14F～27F，第三区为 28F～47F；四区为 48F～66F。

4. －4F、35F、66F 设置的消防水池（箱）的容积分别为 $576m^3$、$350m^3$、$576m^3$，21F、55F 设置的消防水箱的容积分别为 $30m^3$。－4F 设置的消防转输泵的参数为：Q＝40L/s，H＝198m，N＝160kW，两用一备。35F 设置的消防转输泵的参数为：Q＝40L/s，H＝172m，N＝110kW，两用一备。66F 设置的高区消火栓泵的参数为：Q＝40L/s，H＝35m，N＝37kW，一用一备（备用泵为柴油泵）；高区消火栓增压泵的参数为：Q＝5L/s，H＝50m，N＝3kW，一用一备（备用泵为柴油泵）。

5. 在 21F、35F 的每根水箱出水管上设置水泵接合器，一共四组，每组三个水泵接合器。

6. 消防给水管管径大于等于 *DN*100 采用无缝钢管，热镀锌，机械沟槽式卡箍连接；管径小于 *DN*100，采用热镀锌钢管，丝扣连接。

(二) 自动喷水灭火系统

1. 最高危险等级是中危险级 II 级。系统设计流量 40L/s。

2. 系统采用常高压重力供水系统。顶部水箱压力不足部分，设置临时高压系统。喷淋系统分为五个区。第一区为－4F～9F；第二区为 10F～26F，第三区为 27F～45F；四区为 46F～60MF，五区为 61F～66F。

3. －1MF、10F、35F、60F、66F 分别设置报警阀的数量为 17、6、7、5、2 个。

4. 采用快速响应喷头的场所：公共娱乐场所、中厅回廊、地下商业及仓储用房、100m 以上楼层。厨房选用 93℃的直立型玻璃球闭式喷头，地下车库采用 72℃的直立型易熔合金闭式喷头，对美观要求比较高的场所采用隐蔽式喷头，其余硬质吊顶采用下垂型喷头，格栅式吊顶采用直立型玻璃球闭式喷头，一般喷头的动作温度均为 68℃。自动喷淋系统中，喷头的动作温度高于环境温度 30℃。喷头流量系数宾馆客房内大流量扩展型覆盖喷头 $K=115$，其余 $K=80$。

5. 消防给水管管径大于等于 $DN100$ 采用无缝钢管，热镀锌，机械沟槽式卡箍连接；管径小于 $DN100$ 采用热镀锌钢管，丝扣连接。

(三) 气体灭火系统

1. 防灾中心机房、重要的通信机房、高低压配电间设置七氟丙烷气体灭火系统。

2. 各保护区设计参数见表 3。

各保护区设计参数 表 3

序号	保护区名称	净容积 (m^3)	设计浓度 (%)	喷放时间 (s)	设计用量 (kg)	实际用量 (kg)	钢瓶数量
1	高压间(1)	615.6	9	10	443.91	464	4
2	低压间和控制室	1603.6	9	10	1156.36	1160	10
3	高压间(2)	2230.6	9	10	1608.49	1740	15
4	低压变电室和变压器室	2333.2	9	10	1682.47	1740	15
5	低压变电室	1041.2	9	10	750.81	812	7
6	变电所上空	1299.6	9	10	937.14	2327.0	26
7	变电所	1912.0	9	10	1378.74		
8	电话机房	155.2	8	8	98.40	99	2
9	有线电视机房	174.0	8	8	110.32	110	2
10	消防安保控制中心	435.6	8	8	276.17	278	4
11	计算机房	156.2	8	8	99.03	100	2
12	通信中心机房	300.2	8	8	190.33	190.5	3
13	网络中心机房	180.5	8	8	114.44	115	2
14	通信进线室	131.4	8	8	83.31	83.5	1
15	应急发电机变电站	547.2	9	10	394.59	395	5

3. 单元独立系统具有自动、手动及机械应急启动三种控制方式。预制系统具有自动、手动两种控制方式。保护区均设两路独立探测回路，当第一路探测器发出火灾信号时，发出警报，指示火灾发生的部位，提醒工作人员注意。当第二路探测器亦发出火灾信号后，自动灭火控制器开始进入延时阶段（0～30s 可调），此阶段用于疏散人员（声光报警器等动作）和联动设备的动作（关闭通风空调，防火卷帘门等）。延时过后，向保护区驱动瓶发出灭火指令，打开驱动瓶容器阀，然后瓶内氮气打开七氟丙烷气瓶，向失火区进行灭火作业。同时报警控制器接收压力信号发生器的反馈信号，控制面板喷放指示灯亮。当报警控制器处于手动状态，报警控制器只发出报警信号，不输出动作信号，由值班人员确认火警后，按下报警控制面板上的应急启

动按钮或保护区门口处的紧急启停按钮，即可启动系统，喷放七氟丙烷灭火剂。

(四) 消防水炮灭火系统

1. 中庭采用大空间智能型主动喷水灭火系统。

2. 系统用水量：20L/s，工作压力：0.4MPa，保护半径：15m。

3. 每套装置分别安装在大厅的各位置，自带火灾探测器，能通过自身探测火灾信息。火灾发生时系统能够提供火灾报警信号的位置，系统主机对提供的火灾坐标位置进行图像切换到控制室，装置自动对着火点进行图像定点及扑救；系统要求在控制室能看到现场扑救图像，装置具有现场启动控制功能，在控制室也能远程操作控制。

在无人的情况下，采用自动控制方式，根据着火点坐标，由消防炮控制装置驱动消防炮转动指向着火点，实现定点灭火。手动控制分为：控制室远程手动控制和现场手动控制。

水炮控制要和火灾探测报警结合起来，做到定点扑救，实现智能化控制，在控制室应能看到现场水炮的运动图像信息，便于控制，消防炮自动灭火系统要接收到火灾报警信号后能自动启动水炮，使之自动/手动对着火点进行喷水灭火。

采用湿式给水系统，装置处应设置消防泵启动按钮。

三、工程特点介绍

(一) 给水系统

1. 地下车库冲洗水、场地绿化用水和低区用水利用市政给水管压力直接供给。其他生活用水由加压水泵从贮水池中抽水到水箱，由水箱供各用水点用水。

2. 主楼上部给水系统结合避难层设置串联水箱和水泵。给水系统除3F～5F和78F以上宾馆和观光层部分采取变频泵供水外，其余均采取水池→水泵→水箱供给各用水点。系统采取串联和并联相结合的供水方式。分区水箱分别设在18F、30F、42F、54F、66F和78F上。各区供水压力均控制在0.10～0.45MPa以内，超压部分采取弹簧式减压阀减压后供给。主楼办公和宾馆顶部压力不足部分设置增压变频泵加压。

3. 分质供水

(1) 城市水厂的水直接用于地面绿化、车库冲洗、冷却塔补水等。

(2) 市政水经过砂过滤、活性炭和消毒处理后用于其他部分的用水。

(3) 洗衣房用水应对洁净水进行软化处理后使用。

(4) 水池水箱设水质处理仪。

(二) 热水系统

1. 热水供应方式：办公副楼内卫生间内的洗手盆热水由设于各卫生间内的电热水器供给。其他部分热水均由集中式热交换器提供。

2. 集中热水供给系统的竖向分区同给水系统。热水供给采用上行下给式，各区均设热水回水泵，以保证热水管网温度适宜。各回水管上均设置压力平衡阀。

3. 循环冷却水系统

设置循环冷却水系统。副楼和主楼分别设置两套独立的循环冷却水系统。冷却塔补给水由变频调速给水泵从循环冷却水补水贮水池吸水直接供给。副楼冷却塔设置在屋面上，主楼冷却塔设置在裙房屋面上。

为保证循环冷却水水质，设置旁滤处理。同时为防止水质变坏，系统定期投加药剂以控制水质。

(三) 排水系统

1. 室内采用污、废水分流系统，排水系统均设置主通气立管。公共卫生间设置环形通气管，宾馆客房卫生间设置器具通气管。办公公共卫生间采用同层排水。

2. 厨房废水经隔油池处理后排入总体废水管道。

3. 在地下室根据建筑物功能的要求设置排水集水井，由排水泵排到室外总体。室外采用污、废水和雨水分流排水系统。

4. 污水经化粪池处理后汇总后，分两路 $DN300$ 排入基地西北侧规划路上的市政污水管。

（四）雨水排水系统

场地设计重现期 $P=2$ 年，屋面和下沉式广场设计重现期 $P=10$ 年，总排放管为两根 $DN700$。裙房屋面采用虹吸排水，塔楼屋面采用重力排水。雨水排放管两路 $DN700$ 排入基地西北侧规划路上的市政雨水管。

（五）消防给水

水源利用城市管网的给水管，从中山路和中央路分别引入两根 $DN300$ 的给水管，在基地形成环状（图1）。

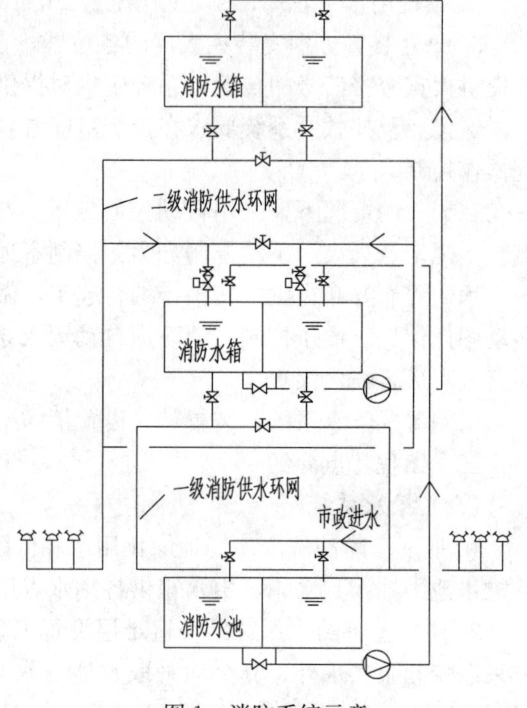

图1　消防系统示意

1. 消火栓给水系统：室内 40L/s，室外 30L/s。

（1）消火栓的布置保证每个防火分区内的各处均有两股充实水柱到达。

（2）系统采用常高压重力供水系统。结合避难层和屋顶设置消防水箱和消防水箱输水泵，采取重力串联供水方式。在B4、35F、66F 设置消防水池（箱）和消防输水泵房，同时为减小分区压力在 21F、55F 设置减压消防过路水箱。最高处消防水箱有效容积应能满足室内消防的水量，当消防水箱底距最高层消火栓口的距离小于 15m 时，应设置增压泵。消火栓栓口压力大于 0.5MPa，应设置减压孔板减压。由于顶部水箱压力不足，设置临时高压系统。

2. 自动喷水灭火系统：最高危险等级是中危险级 II 级。水泵设计流量 40L/s。

（1）除不能用水扑灭的场所均设置自动喷水灭火系统。在公共场所、中庭回廊、地下商业和宾馆部分均采用快速响应喷头。中庭钢架采用独立湿式报警阀。主力零售区采用喷头和供水管交叉布置，分别采用不同的湿式报警阀。所有控制信号送至消防中心。

（2）系统采用重力供水系统，供水系统同消火栓系统。湿式报警阀采取集中和分散相结合的设置方式。喷淋系统在报警阀前与消火栓系统分开。

（3）其他灭火设施：防灾中心机房、重要的通信机房、高低压配电间设置七氟丙烷气体灭火系统。中庭采用大空间智能型主动喷水灭火系统。

（六）节能、节水

1. 尽量利用市政管网供水压力直接供水。

2. 选用符合现行行业标准《节水型生活用水器具》要求的节水型卫生洁具及配件，公共卫生间采用感应式水嘴和感应式小便器冲洗阀。

3. 空调冷却水循环使用。空调机房冷凝水利用，经过滤处理后，用作循环水的补水。

4. 各用水部门均采用水表计量，加强物业管理，对重要设备监控。

（七）环保

（1）主要运转设备尽可能设在地下室内。所有水泵设隔振基础，并在水泵进出水管上设软接头以隔振防噪。

（2）本项目无有毒有害废水排出，室内污、废分流，室外雨、污分流。

(3) 各厨房废水设置专用排水管收集，经隔油处理后排放。

(八) 卫生防疫

(1) 各水池、水箱均选用不锈钢装配式产品。为保证水质，设循环泵和加药设备，定期将水池水循环并加氯消毒，同时可向池中引入清水进行换水，以防池内水质恶化。为便于清洗和检修，水池、水箱均分成两格，进出水管对置，进水和溢流采取防污染措施。

(2) 为防止水质污染，在进水总管上设倒流防止器。

(3) 室内污、废水管道系统设置（伸顶、专用、主）通气管，改善排水水力条件和卫生间的空气卫生条件。

(4) 开水间地漏排水、空调机房排水、空调设备冷凝水排水均采取间接排水。

(九) 新技术

(1) 空调机房冷凝水利用，经过滤处理后，用作循环水的补水。

(2) 消防系统采用常高压重力供水系统。

(3) 中庭采用大空间智能型主动喷水灭火系统。

(十) 设计中特点、难点的特别说明

(1) 在一般项目中，排水管是不要求承压的。考虑到本项目特别高，对部分排水管要求承压，并保证每个功能区有两根排水立管。

(2) 建筑高度远远超出城市消防的扑救高度，要求给水系统的压力很大；建筑功能复杂，有办公、宾馆、商场和娱乐场所等，是一个综合体，要考虑的灭火设施比较齐全。消防系统采用常高压重力供水系统，在设计中比较好地解决了控制方式、系统超压、控制阀设置等问题。喷淋系统和消火栓系统合用消防干管，在喷淋报警阀前两个系统再分开。此类系统在国内也是全新，要求合理设置各类控制阀门，做到控制系统的联动方便可靠。同时充分考虑系统在平时检修和巡检时的可靠性。

四、工程照片及附图

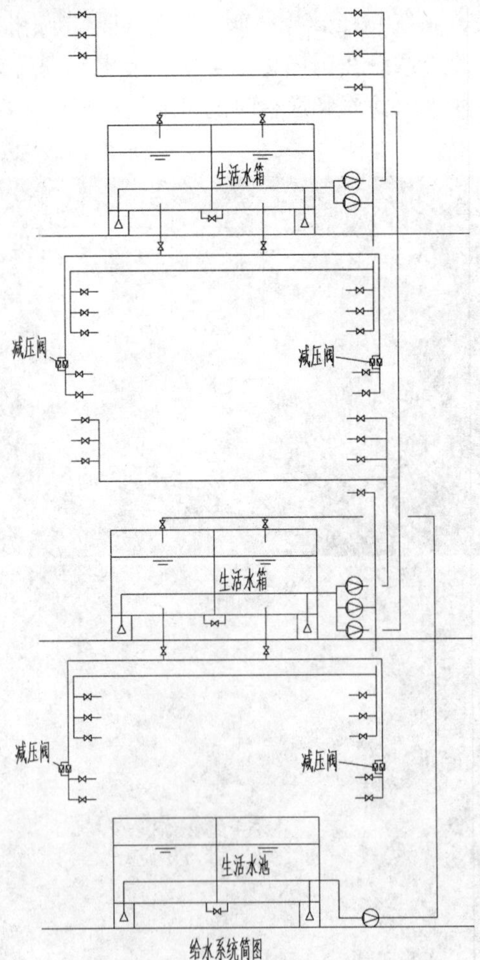

给水系统简图

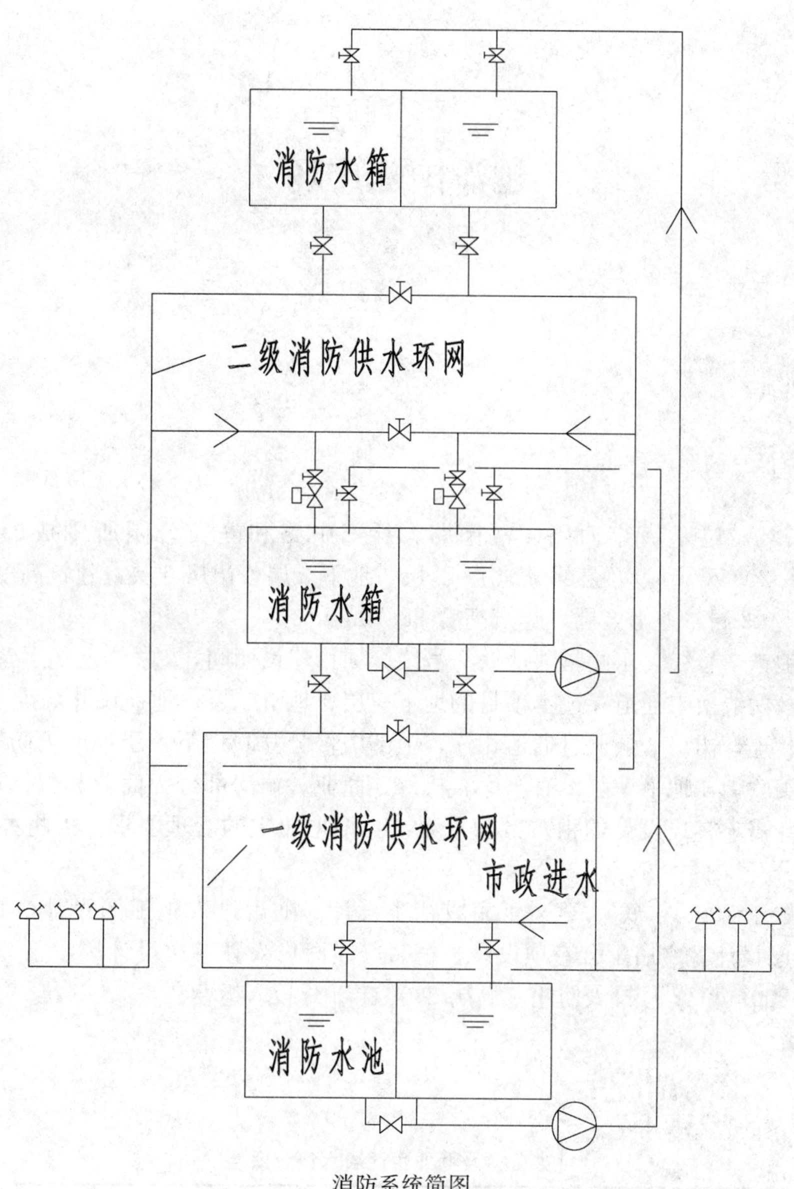

消防系统简图

越洋国际广场

设计单位： 华东建筑设计研究院有限公司
设 计 人： 陈立宏　张亚峰　王珏　孙正魁
获奖情况： 公共建筑类　二等奖

工程概况：

上海越洋国际广场，位于南京西路、常德路、延安中路和静安公园所围成的区域内。基地面积 $21308m^2$，总建筑面积 $203687m^2$。办公部分地上 43 层，地下 3 层，裙房 6 层，建筑高度 188.9m；酒店（现名璞丽酒店）部分地上 22 层，地下 3 层，建筑高度 88.70m。

该项目北侧紧邻地铁 2 号线，东侧紧邻地铁 7 号线。项目建设期间，2 号线已经运营通车且不得停运，7 号线正在同步建设中，两线换乘通道穿过本项目的地下三层、地下二层，地铁风井等设于本项目主体中。

项目地下室整体相连，裙房 3 层通过通道相连，上部塔楼分立。地下三层设有人防车库、机房；地下二层设有车库、机房、美食街，地下一层设有车库、机房、商业。裙房部分为商业和餐饮；酒店设有太阳能泳池；办公楼设有为特殊需求客户设计的租户冷却水系统。根据业主的管理要求，需将办公楼（含商业裙房）及酒店机电系统完全分开。

该项目初步设计始于 2003 年底，2004 年完成初步设计。随后进入施工图设计，并经历多次调整，于 2007 年 8 月完成施工图设计。之后配合专项设计、精装修、商户入驻二次设计等，于 2009 年 7 月完成所有配合设计。办公楼于 2007 年 12 月投入使用，酒店 2009 年 9 月投入运营。

一、给水排水系统

(一) 给水系统

1. 冷水用水量表（表 1～表 4）

办公楼及商业生活给水量分项　　**表 1**

层数	用途	面积 (m^2)	人员单位 (人/(m^2·d))	人数 (人)	用水量 (L/(人·d))	最高日用水量 (m^3/d)	使用时间 (h/d)	时变化系数 K	最大时用水量 (m^3/h)
5F	商业购物	2200	1	2200	8	17.6	12	1.5	2.2
4F	商业购物	2900	1	2900	8	23.2	12	1.5	2.9
3F	商业购物	2900	1	2900	8	23.2	12	1.5	2.9
2F	商业购物	3300	1	3300	8	26.4	12	1.5	3.3
1F	商业购物	2700	1	2700	8	21.6	12	1.5	2.7
B1	商业购物	3630	1	3630	8	29.0	12	1.5	3.63
B2	美食街	4400	2	8800	20	176	16	1.5	16.5
	小计					317			34.1

续表

层数	用途	面积 (m^2)	人员单位 (人/(m^2·d))	人数 (人)	用水量 (L/(人·d))	最高日用水量 (m^3/d)	使用时间 (h/d)	时变化系数 K	最大时用水量 (m^3/h)
6F	餐厅 J	300	1.5	450	60	27	12	1.5	3.4
5F	餐厅 I	465	1.5	698	60	42	12	1.5	5.2
4F	餐厅 G,H	645	1.5	968	60	58	12	1.5	7.3
3F	餐厅 E, F	645	1.5	968	60	58	12	1.5	7.3
2F	餐厅 C,D	645	1.5	968	60	58	12	1.5	7.3
1F	餐厅 A,B	425	1.5	638	60	38	12	1.5	4.8
B1	商业办公室	250	0.1	25	60	2	10	1.5	0.2
	小计					283			35.5
5F	办公室	1788	0.1	179	60	11	10	1.5	1.6
4F	俱乐部	1188	0.1	119	60	7	10	1.5	1.1
3F	餐厅 3,4	915	1.5	1373	60	82	12	1.5	10.3
2F	餐厅 2	1100	1.5	1650	60	99	12	1.5	12.4
1F	商场	216	1	216	8	2	12	1.5	0.2
1F	餐厅 1	439	1.5	659	60	40	12	1.5	4.9
	小计					241			30.5
19F～24F	办公 5 层	8940	0.1	894	60	54	10	1.5	8.0
13F～18F	办公 6 层	10728	0.1	1073	60	64	10	1.5	9.7
7F～12F	办公 6 层	10728	0.1	1073	60	64	10	1.5	9.7
	小计					182			27.4
41F～43F	办公 3 层	3600	0.1	360	60	22	10	1.5	3.2
37F～40F	办公 4 层	7152	0.1	716	60	43	10	1.5	6.4
31F～36F	办公 6 层	10728	0.1	1073	60	64	10	1.5	9.7
25F～30F	办公 5 层	8940	0.1	894	60	54	10	1.5	8.0
	小计					183			27.4
生活用水累计						1206			155

办公楼及商业用水量汇总 表 2

	面积(m^2)	最高日用水量 (m^3/d)	使用时间 (h/d)	最大时用水量 (m^3/h)	供水来源
裙房冷却塔补充水		685	12	57.08	B3 水泵房,冷却塔变频补水泵
屋面冷却塔补充水		104	12	8.7	屋顶冷却水与消防合用水箱
停车库地面冲洗水	8000	24	8	3.0	市政自来水
绿化和道路浇洒水	2300	7	8	0.9	市政自来水
锅炉房用水		72	12	6.0	B3 水泵房,冷却塔变频补水泵
水景补充水					市政自来水

续表

	面积(m^2)	最高日用水量(m^3/d)	使用时间(h/d)	最大时用水量(m^3/h)	供水来源
生活用水累计		1,206		155	
合计		2100		231	
未预见水量		210		23	
总计		2310		254	

酒店生活给水量汇总 **表 3**

层数	房间名称	单位数	使用时间(h)	小时变化系数	用水定额(L/(人·d))	过滤水使用量(m^3/d)	最大小时用(过滤)水量(m^3/h)
4-23	客房	496	24	2.5	500	248	25.83
3	餐厅	96×3	12	1.5	60	17.3	2.16
	健身房	75	12	1.5	60	4.5	0.6
	淋浴器	12	4	1	300	14.4	3.6
	泳池补水		12	1		24.0	2.0
2	会议室	32	8	1.5	8	0.26	0.05
	办公室	10	10	1.5	60	0.6	0.1
1	社交厅	10	12	1.5	10	0.1	0.0
生活水量累计						309	34.34

酒店用水量汇总 **表 4**

	循环水量(m^3/h)	补充水量(m^3/h)	使用时间(h)	最高日用水量(m^3/d)	最大时用水量(m^3/h)
屋面冷却塔补充水	944	9.44	24	170	9.44
停车库地面冲洗水			8	24	3.0
绿化和道路浇洒水			8	7	0.9
锅炉房用水			12	48	4.0
水景补充水			12		
生活用水累计				309	34.34
合计				558	51.7
未预见水量(10%)				56	5.2
总计				614	56.9

2. 水源

为满足消防要求，从南京西路和常德路各引入一根 *DN*300 给水管，并在基地内成环。南京西路引入管上接出 *DN*200 给水管供办公楼和商业部分的生活给水，常德路引入管上接出 *DN*150 给水管供酒店的生活给水。

3. 系统竖向分区、供水方式及给水加压设备

办公部分分区压力 0.1～0.45MPa。

(1) 市政直供给水系统:

下列用水由市政给水直供:

1) 道路和绿化浇洒用水;

2) 水景补充用水;

3) 停车库地面冲洗水。

(2) 变频给水系统:

1) 裙房及地下室生活用水由变频泵组从设于地下三层的生活水池中吸水供给，其中3层及以上为变频泵组直接供水（商业Ⅰ区），2层及以下经减压阀减压后供水（商业Ⅱ区）。

2) 主楼1F～5F生活用水由变频泵组从设于地下三层的生活水池中吸水供给（办公Ⅶ区）。

3) 裙房屋面的冷却塔补充水由变频泵组从设于地下三层的冷却水池中吸水供给。

4) 锅炉房补充水和裙房空调快速补充水由上述泵组经倒流防止器供水。

(3) 水箱给水系统:

办公楼设有28层中间水箱和屋顶水箱。其中中间水箱由地下三层生活泵房内中间水箱加压泵自生活水池吸水加压后供水，屋顶水箱由28层生活泵房内屋顶水箱加压泵自中间水箱吸水加压后供水。

1) 屋顶水箱直接给水：37F～43F（办公Ⅰ区）;

2) 屋顶水箱经可调式减压阀给水：31F～36F（办公Ⅱ区）;

3) 屋顶水箱经比例减压阀和可调式减压阀串联给水：25F～30F（办公Ⅲ区）;

4) 28F中间水箱直接给水：19F～24F（办公Ⅳ区）;

5) 28F中间水箱经可调式减压阀给水：13F～18F（办公Ⅴ区）;

6) 28F中间水箱经比例减压阀和可调式减压阀串联给水：7F～12F（办公Ⅵ区）;

7) 租户冷却塔补充水由屋顶消防和冷却水合用水箱直接供给。

酒店部分分区压力：0.15～0.45MPa（酒店洁具考虑最低压力0.20MPa）。

(1) 市政直供给水系统:

下列用水由市政给水直供:

1) 道路和绿化浇洒用水;

2) 部分水景用水;

3) 停车库地面冲洗水。

(2) 变频给水系统:

1) B1至3F生活用水由变频泵组从设于B3的过滤水池中吸水供给。

2) 锅炉房补充水和部分水景机房给水由变频泵组从设于B3的冷却水池中吸水供给。

3) 水箱给水系统:

酒店设有屋顶水箱，由地下三层酒店生活水泵房内屋顶水箱加压泵从过滤水箱内吸水加压供水。

① 屋顶水箱经变频加压泵组给水：18F～23F（酒店一区）;

② 屋顶水箱经可调式减压阀给水：11F～17F（酒店二区）;

③ 屋顶水箱经可调式减压阀给水：4F～10F（酒店三区）;

④ 屋顶消防和冷却水合用水箱经变频加压泵组给水：屋面冷却塔补充水。

4. 管材

室内给水管、过滤水管均采用优质薄壁紫铜管及配件，承插接口硬钎焊接，除丝扣件外不得用黄铜制品。在无合适紫铜配件时，可用S316L不锈钢管及相应配件代替，与铜管连接处注意绝缘以防电化腐蚀。水泵进出水管可用S316L不锈钢管。

（二）热水系统

1. 热水用水量表（表 5、表 6）

办公和商业热水量 **表 5**

层数	用途	使用时间(h/d)	时变化系数 K	热水量(L/(人·d))	最高日热水量(m^3/d)	最大时热水量(m^3/h)	设计小时耗热量(kW)
B2	美食街	16	1.5	10	88	8.3	
	小计					8.3	530
6F	餐厅 J	12	1.5	20	9	1.1	
5F	餐厅 I	12	1.5	20	14	1.7	
4F	餐厅 G,H	12	1.5	20	19	2.4	
3F	餐厅 E，F	12	1.5	20	19	2.4	
	小计					7.6	480
2F	餐厅 C,D	12	1.5	20	19	2.4	
1F	餐厅 A,B	12	1.5	20	13	1.6	
B1	商业办公室	10	1.5	10	0.3	0.1	
	小计					4.1	260
5F	办公室	10	1.5	10	1.8	0.3	
4F	俱乐部	10	1.5	15	1.8	0.3	
3F	餐厅 3,4	12	1.5	20	27	3.4	
2F	餐厅 2	12	1.5	20	33	4.1	
1F	餐厅 1	12	1.5	20	13	1.6	
	小计					9.7	610

酒店热水量 **表 6**

层数	房间名称	单位数	使用时间(h)	时变化系数 K	热水定额(L/(人·d))	热水量(m^3/d)	最大小时热水量(m^3/h)	设计小时耗热量(kW)
4-10	三区客房	182	24	6.58	160	29.1	7.98	520
11-17	二区客房	180	24	6.59	160	28.8	7.91	510
18-23	一区客房	134	24	6.84	160	21.4	6.11	400
3	餐厅	96×3	12	1.5	20	5.76	0.72	210
	健身房	75	12	1.5	20	1.5	0.19	
	淋浴器	12	4	1	192	9.22	2.3	
2	会议室	32	8	1.5	3	0.1	0.0	
	办公室	10	10	1.5	10	0.1	0.0	
1	社交厅	10	12	1.5	3	0.0	0.0	

2. 热源

本项目热源为锅炉房提供的蒸汽，蒸汽压力为 0.4MPa。

3. 系统竖向分区

所有热水系统分区均同给水系统分区。

4. 热交换器

客房区域热交换器设于设备夹层，层高有限，采用卧式汽水半容积式贮热节能型热交换器；其余系统采用立式汽水半容积式贮热节能型热交换器，供热水温度均为 60℃。按不同分区，办公和商业共设四组，为便于管理，选用同一种型号热交换器 10 台，四个系统分别为 3、3、2、2 台。单台最大小时供热水量 4.5m^3，贮水容积 1.5m^3。酒店设四组。裙房部分 2 台，客房部分三个分区共 8 台，单台最大小时供热水量 3m^3，贮水容积 1.5m^3。

5. 冷热水压力平衡措施、热水温度的保证措施等

为保证冷热水压力平衡，所有热水系统均与冷水系统同源，管线均为同程。为保证热水供水温度，系统设有回水系统，所有回水管线均为同程回水。所有换热器、热水管和回水管均设 30～50mm 橡塑保温。酒店客房内无法回水的较长支管采用电伴热保温，以保证打开龙头即有热水。

6. 管材

室内热水管、热水回水管均采用优质薄壁紫铜管及配件，承插接口硬钎焊接，除丝扣件外不得用黄铜制品。在无合适紫铜配件时，可用 S316L 不锈钢管及相应配件代替，与铜管连接处注意绝缘以防电化腐蚀。水泵进出水管可用 S316L 不锈钢管。

(三) 排水系统

1. 排水系统的形式

室内排水系统除厨房废水外采用污废合流，室外采用雨污分流。

2. 通气管的设置方式

设主通气立管，酒店客房内采用器具通气，其余公共卫生间均为环形通气。

3. 采用的局部污水处理设施

厨房含油废水先经用水器具下设的自动油水分离器初步隔油，后由单独设置的排水管，集中排至 B3 层厨房废水处理机房，采用餐饮废水处理器处理达标后排至室外污水管网。处理方式为重力法、机械流离过滤和生物技术相结合方式，经处理达标后排放。

4. 管材

排水泵出水管及消防排水管管径大于等于 *DN*100 采用焊接钢管及配件，除与泵及阀门连接处用法兰连接外均为焊接，除锈，外涂防锈漆二度，色漆一度；管径小于 *DN*100 采用热镀锌钢管，丝扣连接。污水管、废水管以及管径大于等于 *DN*40 通气管采用柔性接口离心浇铸排水铸铁管，穿越楼板的立管和排水汇总管采用柔性抗震承插式接口；客房和公共卫生间内支管采用不锈钢卡箍式接头。*DN*32 通气管采用热镀锌钢衬塑（PE）复合管及配件，丝扣连接。雨水管采用无缝钢管及配件，热浸镀锌，沟槽机械接头接口。

二、消防系统

(一) 消火栓系统

1. 室外消火栓系统，办公、商业与酒店合用一套系统，水量 30L/s。

2. 室内消火栓给水系统

根据业主要求，办公和酒店的常规消防系统均为独立设置、完全分开的系统。

(1) 办公和商业室内消火栓系统

设计用水量 40L/s。最不利点充实水柱 13m。系统以 20F 避难层为界分高、低两大区，由两级水泵串联供水。其中高区为稳高压系统，低区为临时高压系统。低区消防泵设在 B3 层消防水泵房，从市政给水管网直接吸水；高区消防泵设在 20F 避难层，从低区水泵出水管吸水。两泵连锁启动的时间间隔不应大于 20s，且应先启动低区泵。为保证消火栓口处静水压力不大于 0.8MPa，又用减压阀将系统分为五区，自上而下为一至五区。当消火栓口出水压力大于 0.5 MPa 时，设减压孔板减压。系统稳压设施均设在 20F 避难层消防泵房内，低区稳压泵从中间消防水箱（$18m^3$）吸水，并设 300L 稳压罐；高区稳压泵从低区消防泵出水管吸水，并设 50L 稳压罐。室外设水泵接合器 3 套接至低区环网。屋顶设消防冷却水合用水箱，内含 $18m^3$ 消防水量。

(2) 酒店室内消火栓系统

设计用水量 40L/s。最不利点充实水柱 10m（地下室和裙房与办公部分相通处，充实水柱大于 13m）。室内消防为临时高压给水系统。消火栓加压泵自市政管网吸水加压供水至室内环网，为保证消火栓口处静水压力不大于 0.8MPa，又用减压阀将系统分为两区，8F～22F 为一区，B3～7F 为二区。当消火栓口出水压力大于 0.5MPa 时，设减压孔板减压。屋顶设消防冷却水合用水箱，内设 $18m^3$ 消防水量，保证系统满水。系统设水泵接合器 3 套。

(二) 自动喷水灭火系统

1. 办公和商业自动喷水灭火系统

采用湿式系统。地下车库按照中危险级Ⅱ级设计，设计喷水强度 8L/(min·m^2)，其余部分按照中危险级Ⅰ设计，设计喷水强度 6L/(min·m^2)，最不利点喷头工作压力 0.05MPa，同时作用面积 $160m^2$，自动洒水喷头按全保护方式布置。系统同样以 20F 避难层为界分高、低两大区，由两级水泵串联供水。其中高区为稳高压系统，低区为临时高压系统。低区喷淋泵设在 B3 层消防水泵房，从市政给水管网直接吸水；高区喷淋泵设在 20F 避难层，从低区水泵出水管吸水。两泵连锁启动的时间间隔不应大于 20s，且应先启动低区泵。系统稳压设施均设在 20F 避难层消防泵房内，低区稳压泵从中间消防水箱（18m）吸水，并设 150L 稳压罐；高区稳压泵从低区消防泵出水管吸水，并设 50L 稳压罐。室外设水泵接合器 2 套接至低区环网。为保证系统工作压力不大于 1.2 MPa，又用减压阀将高、低区分别分为两区，自上而下为一至四区。减压阀分别设在 B3 和 20F 的消防泵房内。为减少水平管道，在 B3 商业部分设有 A、B 两个报警阀站，分别由两根低区喷淋泵出水管经减压后供水。主楼芯筒管井内设报警阀间，按 1 个报警阀控制 800 个喷头的原则，在需要的楼层设 1 个报警阀，由相应分区的 2 根供水管供水。每层每个防火分区管网进口处设带信号阀的水流指示器、泄水阀、末端设试水阀，每个报警阀组控制的最不利点喷头处设末端试水装置。

2. 酒店自动喷水灭火系统

采用湿式系统。地下车库按照中危险级Ⅱ级设计，设计喷水强度 8L/(min·m^2)，其余部分按照中危险级Ⅰ设计，设计喷水强度 6L/(min·m^2)，最不利点喷头工作压力 0.05MPa，同时作用面积 $160m^2$。喷淋加压泵自市政管网吸水加压供水至系统，为保证系统工作压力不大于 1.2MPa，又用减压阀将系统分为两区，8F～22F 为一区，B3～7F 为二区。在 B3 层设二区报警阀站，一区报警阀分别设在 8F、13F 和 19F 的给水排水主管井内。屋顶消防水箱下设有喷淋稳压泵和 150L 气压水罐，每层各防火分区分别设带信号阀的水流指示器、泄水阀、末端试水阀，每个报警阀组控制的最不利点喷头处设末端试水装置。

(三) 水喷雾灭火系统

地下柴油发电机房及其油箱间采用水喷雾消防系统。设计喷雾强度为 20L/(min·m^2)。办公楼设 3 个雨淋阀组分别对应 2 台柴油机组和油箱。水喷雾消防泵设在 B3 层消防泵房内，从市政给水管网直接吸水。系统由 20F 消防水箱出水稳压，室外设水泵接合器 2 套。酒店部分柴油机房与之合用一个系统，另设 2 个雨淋阀组分别对应柴油机组和油箱。

（四）气体灭火系统

各高、中、低压配电室、开关室、电容器室、通信机房、中央控制室等，均按规范设置 IG541 气体灭火系统，在 B2 层（位于酒店部分地下室）、6F 和 20F 避难层各设有一个气体灭火瓶房。由有资质的专业消防承包公司负责设计施工和调试配合。其中 B2 层瓶房供 B1 机房，两个地块合用同一组合分配系统，最大防护区面积 535m^2，体积 3000m^3。

三、设计体会和工程特点介绍

1. 办公和酒店产权分离，根据业主对管理的要求，两者所有系统各自独立。

2. 在给水系统方面，特别考虑人性化设计。在保证用水安全性前提下，充分考虑供水的稳定性、舒适性，节能节水，同时兼顾经济性，对不同区域采用不同的供水方式。对用水量较少，夜间几乎没有供水的办公区域，采用水箱直接供水或通过减压阀供水的方式；对酒店客房区域，除顶部楼层设变频加压外，其他楼层采用水箱直供或经减压阀供水；对裙房部位用水采用变频供水方式。对市压范围内的区域采用市政直供。

3. 标准客房卫生间沿客房长边方向设置，供水管和排水管都较长。为保证远离立管的；脸盆、浴缸和淋浴快速出热水，采用了支管电伴热设计，耗电量小，龙头打开即出热水。

4. 客房与卫生间采用大拉门隔断，平时可完全打开，卫生间吊顶高度高，造成客房内通透效果。设计为满足吊顶要求，结合内装设计了部分全高度和半高度的假墙装饰，将排水管的放坡和器具通气管在假墙内消化，既保证了排水通畅，同时也满足了内装要求；还在消声方面采取了措施，即使上层在排水，而下层卫生间门敞开时，客房内也可保持安静。

5. 消防设计方面，采用报警阀集中与分散设置相结合的方式。超高层隔层设置报警阀，大量减少楼层内的喷淋立管，提高平面面积利用率。裙房分区域设置阀站，减少水平管道，就近供水。由于市政供水条件可靠，办公楼经消防局认可不设消防水池，采用直抽管网供水，高区硬串联供水方式。分区时考虑错开避难层中间水箱所在层，低区可由中间水箱直接稳压而无需设稳压泵。

6. 在本市较早采用租户冷却水系统。全办公楼部分都提供租户冷却水，采用分区开式冷却塔加板换的方式，目前使用正常，客户反映良好。大楼冷却水系统，采用了略放大管径降低流速减小水泵扬程的方式，达到节能效果。

7. 设计过程特别注意与建筑、结构及机电其他专业的拍图、配合。吊顶内管线设计紧凑、精细化，最大程度保证了使用空间的净高。例如办公楼标准层在 4.25m 层高的条件下，做到 3m 净高。同时与各专项设计单位配合主动。如地铁设计、人防设计、景观设计、内装设计、水景设计、幕墙设计等，在设计早期就互相协作，充分满足各相关专项的要求、达到其设计效果。

8. 设计过程中充分协调地铁 7 号线的施工进度。地铁 7 号线边界侵入项目东侧红线内红线 1.5m，使得地块地下室外墙与地铁维护墙最接近处间距仅有 1.5m，且地铁 7 号线先于本项目施工，设计前期就要提前确定东侧的外总体管线、进出户管道接口位置，并且提前做出判断和预留，设计难度非常大。目前本项目和地铁都已全部完成，完全满足使用要求。

9. 设计施工需要保证 2 号线运营不断不乱，完成与之贴邻的北侧外墙设计，并留出两线换乘的通道。

10. 总体设计精细化。设计之初，业主要求利益最大化，要求地下室外墙退红线越少越好，大量位置仅有 3m 距离。设计在严苛的条件下，想尽办法，将所有必须与市政管道联系的管线细致排在有限的断面里。某些部位的消防环网无法围绕建筑一圈，则采取了部分消防管线从室内穿过的方式。

四、工程照片及附图

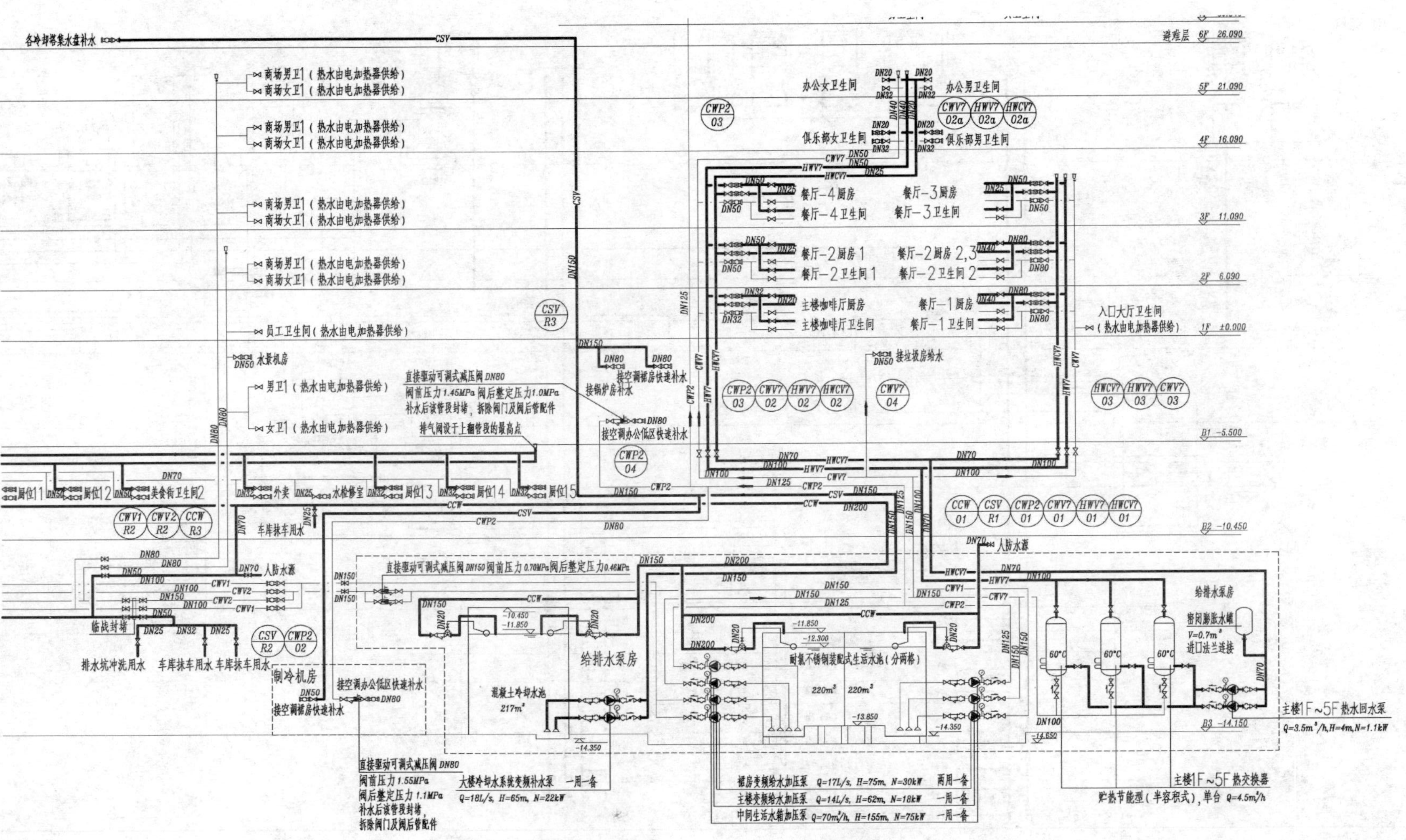
各冷却塔集水盘补水
避难层 6F 26.090
5F 21.090
4F 16.090
3F 11.090
2F 6.090
1F ±0.000
B1 -5.500
B2 -10.450
B3 -14.150
商场男卫1（热水由电加热器供给）
商场女卫1（热水由电加热器供给）
员工卫生间（热水由电加热器供给）
水景机房
男卫1（热水由电加热器供给）
女卫1（热水由电加热器供给）
办公女卫生间
办公男卫生间
俱乐部女卫生间
俱乐部男卫生间
餐厅-4厨房
餐厅-4卫生间
餐厅-3厨房
餐厅-3卫生间
餐厅-2厨房1
餐厅-2卫生间1
餐厅-2厨房2,3
餐厅-2卫生间2
主楼咖啡厅厨房
主楼咖啡厅卫生间
餐厅-1厨房
餐厅-1卫生间
入口大厅卫生间
（热水由电加热器供给）
接垃圾房给水
接空调锅炉房快速补水
接锅炉房补水
接空调办公低区快速补水
直接驱动可调式减压阀 DN80
阀前压力1.45MPa 阀后整定压力1.0MPa
补水后该管段封堵，拆除阀门及阀后管配件
排气阀设于上翻管段的最高点
厨位11
厨位12
美食街卫生间2
外卖
水处理室
厨位13
厨位14
厨位15
车库抹车用水
人防水源
临战封堵
排水坑冲洗用水
车库抹车用水
车库抹车用水
制冷机房
接空调办公低区快速补水
接空调锅炉房快速补水
直接驱动可调式减压阀 DN150 阀前压力0.70MPa 阀后整定压力0.46MPa
给排水泵房
混凝土冷却水池
217m²
耐氯不锈钢装配式生活水池（分两格）
220m³
220m³
给排水泵房
密闭膨胀水罐
V=0.7m³
进口法兰连接
主楼1F~5F热水回水泵
Q=3.5m³/h,H=4m,N=1.1kW
主楼1F~5F热交换器
贮热节能型（半容积式），单台 Q=4.5m³/h
直接驱动可调式减压阀 DN80
阀前压力1.55MPa
阀后整定压力1.1MPa
补水后该管段封堵，
拆除阀门及阀后管配件
大楼冷却水系统变频补水泵 一用一备
Q=18L/s, H=65m, N=22kW
裙房变频给水加压泵 Q=17L/s, H=75m, N=30kW 两用一备
主楼变频给水加压泵 Q=14L/s, H=62m, N=18kW 一用一备
中间生活水箱加压泵 Q=70m³/h, H=155m, N=75kW 一用一备

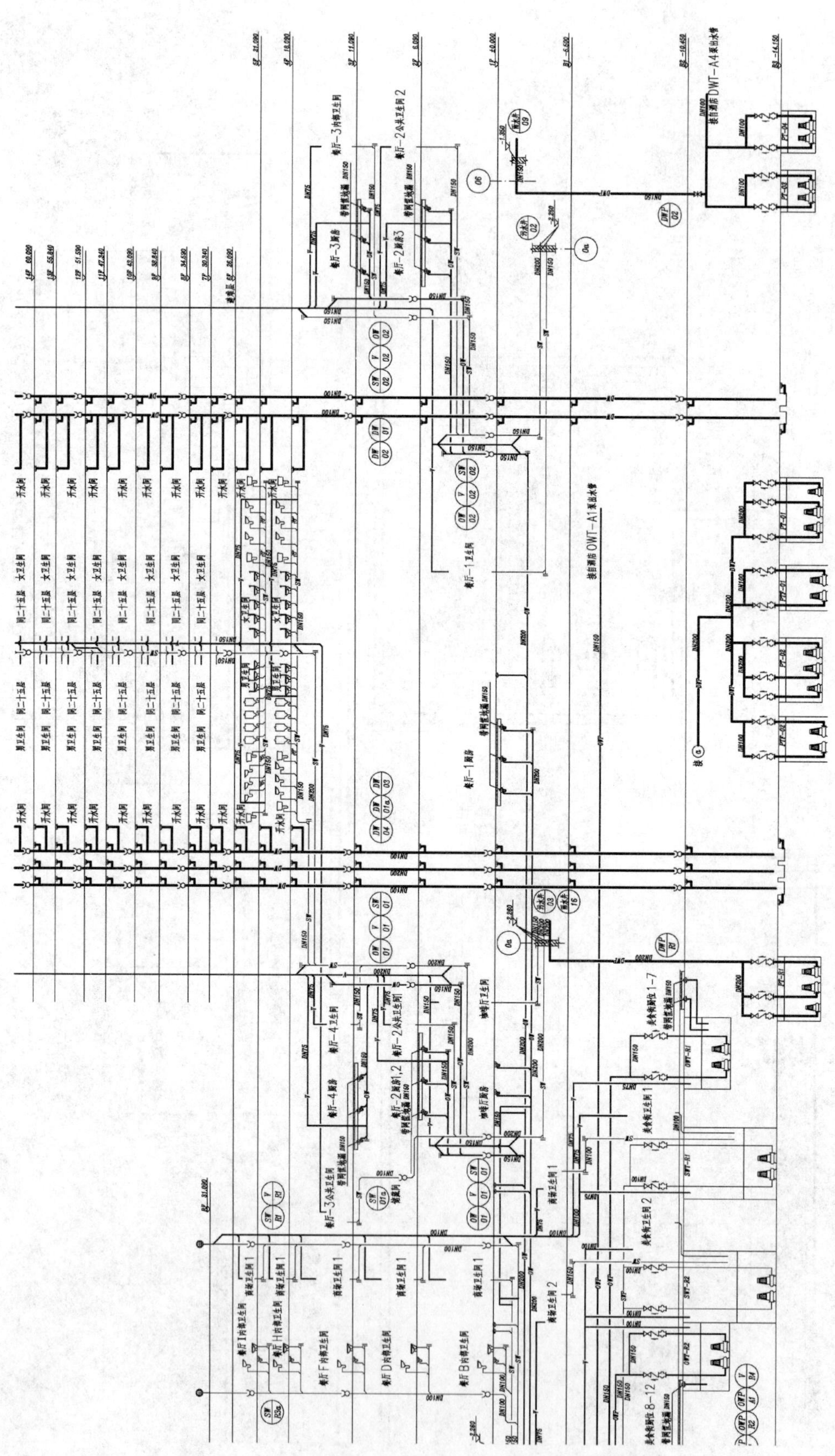

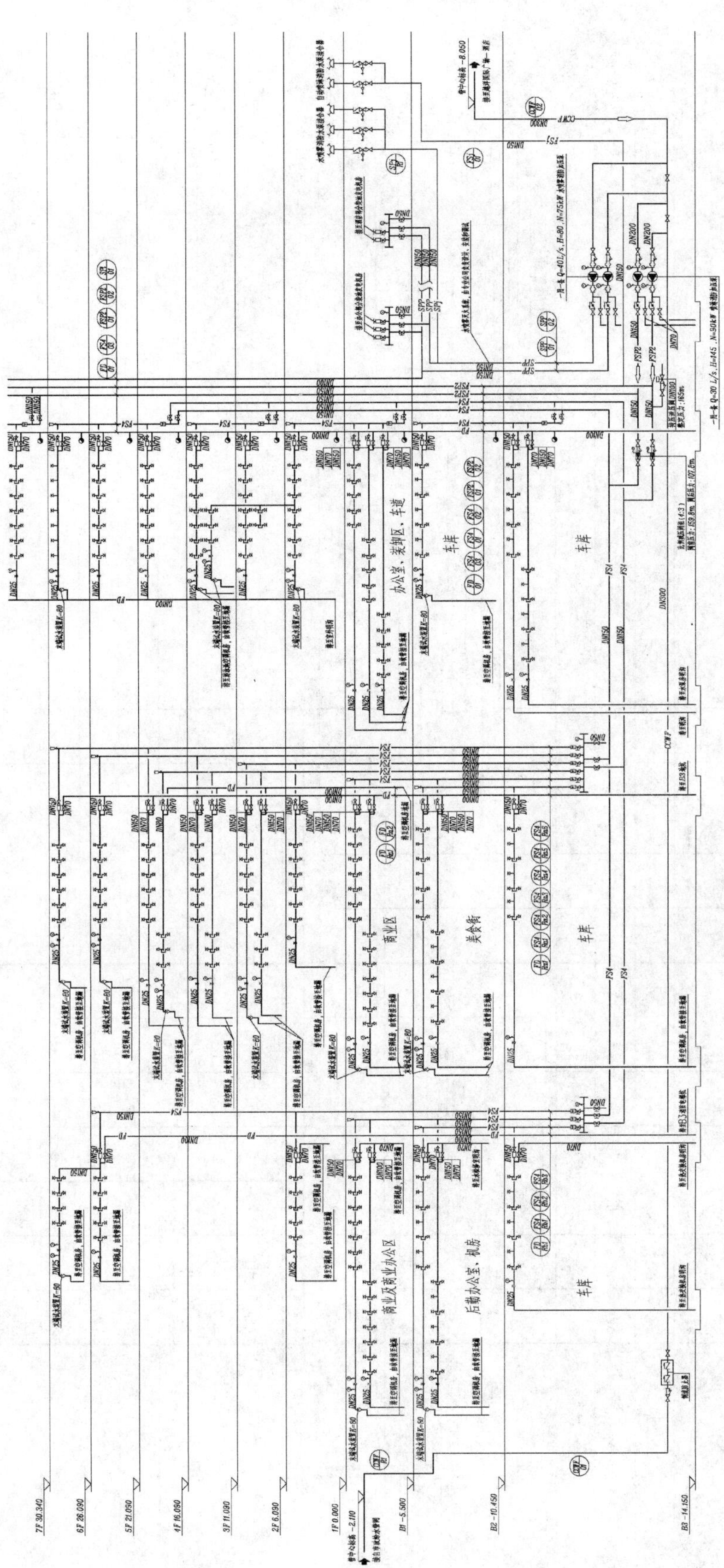

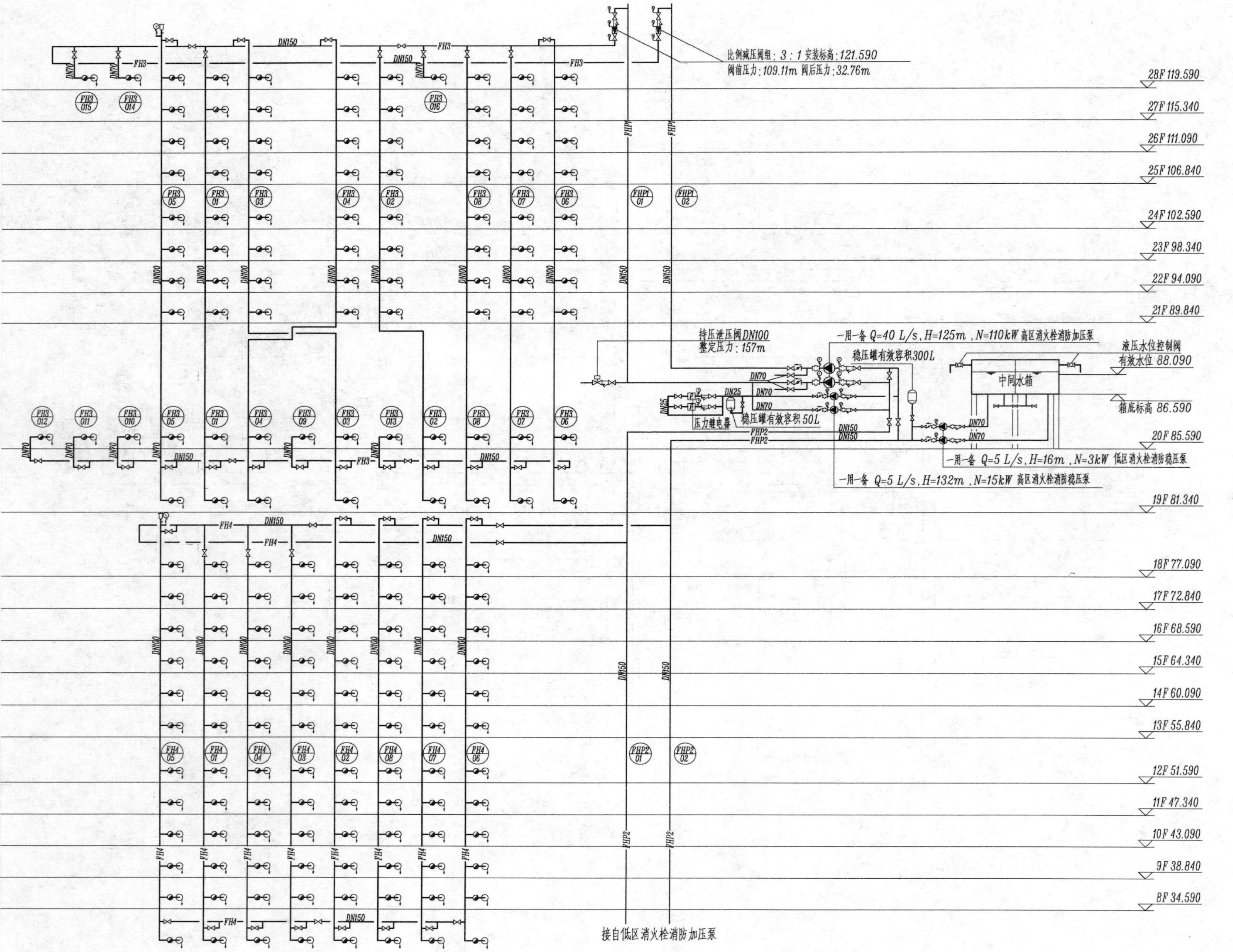

比例减压阀组：3：1 安装标高：121.590
阀前压力：109.11m 阀后压力：32.76m
28F 119.590
27F 115.340
26F 111.090
25F 106.840
24F 102.590
23F 98.340
22F 94.090
21F 89.840
持压泄压阀DN100
整定压力：157m
一用一备 Q=40 L/s，H=125m，N=110kW 高区消火栓消防加压泵
稳压罐有效容积300L
液压水位控制阀
有效水位 88.090
中间水箱
箱底标高 86.590
稳压罐有效容积 50L
压力继电器
20F 85.590
一用一备 Q=5 L/s，H=16m，N=3kW 低区消火栓消防稳压泵
一用一备 Q=5 L/s，H=132m，N=15kW 高区消火栓消防稳压泵
19F 81.340
18F 77.090
17F 72.840
16F 68.590
15F 64.340
14F 60.090
13F 55.840
12F 51.590
11F 47.340
10F 43.090
9F 38.840
8F 34.590
接自低区消火栓消防加压泵

中国国家博物馆改扩建工程

设计单位： 中国建筑科学研究院

设 计 人： 曾捷　卫海东　车辉　王蒙蒙　刘童佳　翟羽佳　吕石磊　魏欣欣

获奖情况： 公共建筑类　二等奖

工程概况：

中国国家博物馆改扩建工程位于天安门广场东侧，与西侧人民大会堂相对应，是代表国家形象的重点文化建筑；其前身是中国历史博物馆和中国革命博物馆，是新中国成立十周年的“十大建筑”之一，原建筑面积6.5万m^2。新的中国国家博物馆，保留原有建筑的北、南、西三段建筑，对其进行加固改造，并根据功能需要在南馆局部加层；将原有建筑的东部、中部拆除，在其位置及东扩用地上嵌入新馆建筑。改扩建后中国国家博物馆总面积增加到19.19万m^2，成为集文物征集、收藏、研究、展示、考古、展览、文化交流于一体的综合性国家博物馆，目前国家博物馆藏品数量达100多万件，为世界上单体建筑面积最大的博物馆。

改扩建后的国家博物馆，新馆地上五层，地下两层，建筑高度42.50m，建筑面积156448m^2；老馆建筑北馆三层、南馆局部加层至五层，建筑高度26.5m，改造加层后建筑面积35452m^2；结构设计使用年限：新馆100年，老馆30年。新国家博物馆空间形式丰富，层层相通，在新馆西侧设有南北贯通长260m、面积8840m^2、净高度27m的“入口大厅”，观众从建筑西、北入口进入后，都首先到达该“入口大厅”，从这里可直接进入老馆和新馆的各层展厅，“入口大厅”是整个博物馆的交通枢纽。

新国家博物馆内部功能复杂多样，按照博物馆的职能，共分为八大功能区：文物保管区、陈列展览区、社会教育区、公共服务和活动区、业务与学术研究区、行政办公区、设备用房、地下停车库。建筑平面具体功能：新馆地下二层为文物库房、设备机房、停车库；新馆地下一层为学术报告厅、数码影院、演播室、职工食堂、武警用房、停车库等；新馆首层为文物保护、科研、鉴赏用房；南侧老馆加固、加层后为行政办公区，以及遍布全馆总面积64800m^2的常设展厅及临时展厅四十余个和其他服务于观众的公共服务空间。

一、给水排水系统

(一) 给水系统

1. 冷水用水量表（表1）

冷水用水量　　表1

序号	用水单位名称	用水量标准	数量	用水时间(h)	小时变化系数	最高日用水量(m^3/d)	最大小时用水(m^3/h)
1	中型研究室	350L/(人·d)	26人	24	2.2	9.1	0.8
2	工作人员	50L/(人·d)	950人	8	1.5	47.5	8.9
3	武警	105L/(人·d)	150人	24	2.5	15.75	1.6
4	观众	4L/人次	19000人次	8	1.5	76	14.3
5	职工食堂	25L/人次	1100人次	8	1.5	27.5	5.2

续表

序号	用水单位名称	用水量标准	数量	用水时间(h)	小时变化系数	最高日用水量(m^3/d)	最大小时用水(m^3/h)
6	对外餐饮	40L/人次	1000 人次	12	1.5	40	5.0
7	数码影院	5L/(人·场)	675 人场	3	1.5	3.4	1.7
8	报告厅	7L/(人·座)	743 座	4	1.5	5.2	2.0
9	冲洗汽车	15L/辆次	120 辆次	4	1	1.8	0.5
10	车库冲洗	2L/(m^2·d)	8000m^2	4	1	16	4.0
11	浇洒绿地	2L/(m^2·d)	5800m^2	4	1	11.6	2.9
	小计					253.8	46.8
	未预见水量	以 10%计				25.4	4.7
	合计					279.2	51.5
12	冷却塔补水	按 1.5%补水,夏季		24	1	1140	59.0
		按 1%补水,冬季		24	1	557	23.2
13	空调加湿用水			24	1	67	2.8
	总计				夏季	1486.2	113.2
					冬季	903.2	77.5

注：在施工后期，根据业主要求新馆屋顶补充设计了大面积屋顶绿化，采取分时段错开用水高峰进行绿化浇洒的方案适应中水供水量需求增加的情况。本设计水量表对增加绿化水量未作体现。

2. 水源：本工程供水水源为城市自来水。根据业主提供建筑周围的给水管网现状，从博物馆北侧和西侧各接入一路供水管形成室外给水环管，环管管径 *DN*250。建筑的入户管从室外给水环管上接出。市政供水压力取 0.18MPa。

3. 系统竖向分区：根据建筑高度、水源条件、防二次污染、节能和供水安全等原则，管网竖向分为高、低两个区。地下室至地上 6.00m（含 6.00m）为低区，6.0m 以上为高区。

4. 供水方式及给水加压设备：低区由市政水直接供水；高区由生活水箱和高区恒压变频供水设备加压供给。高区生活储水箱及变频供水设备设于地下 2 层－12.80m 的生活水泵房内，生活水箱采用不锈钢板装配式水箱。因冷却塔补水量较大，为保证生活用水的水质，并使消防水池内的水能循环使用不造成死水，将冷却塔补水与消防用水共同贮在消防水池内，并采取保证消防用水不被动用的措施，在消防泵房内设置冷却塔变频补水泵，供给屋面的冷却塔。

5. 管材：室外埋地管采用给水球墨铸铁管；室内生活给水管道采用薄壁不锈钢管，卫生间暗装生活给水管道采用 PPR 冷水用塑料管。

(二) 热水系统

1. 热水用水量（表 2）

热水用水量 **表 2**

序号	用水单位名称	用水量标准	数量	用水时间(h)	小时变化系数	最高日用水量(m^3/d)	最大小时用水(m^3/h)
1	中型研究室	150L/(人·d)	26 人	24	2.2	3.9	0.4
2	工作人员	8L/(人·d)	950 人	8	1.5	7.6	1.4

续表

序号	用水单位名称	用水量标准	数量	用水时间(h)	小时变化系数	最高日用水量(m^3/d)	最大小时用水(m^3/h)
3	武警	50L/(人·d)	150人	24	2.5	7.5	0.8
4	观众	0.6L/人次	19000人次	8	1.5	11.4	2.1
5	数码影院	1L/人场	675人场	3	1.5	0.7	0.3
6	报告厅	2L/人座	743座	4	1.5	1.5	0.6
7	职工食堂	8L/人次	1100人次	8	1.5	8.8	1.7
8	对外餐饮	15L/人次	1000人次	12	1.5	15	1.9
9	小计					56.4	9.1
10	未预见水量	以10%计				5.6	0.9
	合计					62.0	10.0

2. 热源：采用市政热力为热源，夏季热力检修期采用自备加湿蒸汽锅炉为备用热源，经热交换器二次换热（要求换热器适合高温热水和蒸汽两种热媒）后提供生活热水。

3. 系统形式及竖向分区：本工程建筑体量较大，南北长约330m，东西长约200m，热水用水点分散，设计中局部采用集中热水供应系统，提供集中热水的部位：新馆高区34.5m的卫生间、厨房，新馆低区武警用房的盥洗、淋浴、武警厨房；中型工作室；职工厨房等；其余卫生间和用水点设置容积式电热水器局部电加热。热水供应系统的竖向分区同给水系统。集中热水系统的补水由市政水直接供给。集中热水系统采用全日制机械循环，循环系统保持配水管网内温度在50℃以上。温控点设在循环水泵前回水管处，当温度低于50℃，循环泵开启，当温度上升至55℃，循环泵停止。

4. 热交换器：集中热水采用容积式热交换器，局部加热采用容积式电热水器。

5. 管材：室内热水管道采用不锈钢管；卫生间暗装热水管采用PPR热水用塑料管。

（三）中水系统

1. 中水用水量、中水原水量

（1）中水用水量（表3）

中水用水量 **表3**

序号	用水单位名称	用水量标准	数量	用水时间(h)	小时变化系数	最高日用水量(m^3/d)	最大小时用水(m^3/h)
1	中型研究室	49L/(人·d)	26人	24	2.2	1.27	0.1
2	工作人员	31.5L/(人·d)	950人	8	1.5	29.93	5.6
3	武警	21L/(人·d)	150人	24	2.5	3.15	0.3
4	观众	2.5L/人次	19000人次	8	1.5	47.88	9.0
5	数码影院	3.2L/人场	675人场	3	1.5	2.1	1.1
6	报告厅	4.4L/人座	743座	4	1.5	3.3	1.2
7	冲洗汽车	15L/辆次	120辆次	4	1	1.8	0.5
8	浇洒绿地	2L/(m^2·d)	5800m^2	4	1	11.6	2.9
	小计					101.0	20.7
	未预见水量	以10%计				10.1	2.1
	合计					111.1	22.8
最高日用水与平均日用水的折减系数			0.67～0.91		取0.85		
平均日中水用水量(m^3/d)						94.7	19.3

注：在施工后期，根据业主要求新馆屋顶补充设计了大面积屋顶绿化，采取分时段错开用水高峰时段进行绿化浇洒的方案适应中水供水量需求增加的情况。本设计水量表对增加绿化水量未做体现。

（2）中水原水量（表4）

中水原水量 **表4**

序号	用水单位名称	用水量标准	数量	用水时间(h)	小时变化系数	最高日用水量(m^3/d)	最大小时用水量(m^3/h)
1	中型研究室	210L/(人·d)	26人	24	2.2	5.46	0.5
2	工作人员	18.5L/(人·d)	950人	8	1.5	17.575	3.3
3	武警	42L/(人·d)	150人	24	2.5	6.3	0.7
4	观众	1.5L/人次	19000人次	8	1.5	28.12	5.3
5	数码影院	1.8L/人场	675人场	3	1.5	1.2	0.6
	报告厅	2.6L/座	743座	4	1.5	1.9	0.7
	小计					60.6	11.1
	未预见水量	以10%计				6.06	1.1
	合计					66.66	12.2
最高日用水与平均日用水的折减系数				0.67～0.91		取0.8	
给水量与排水量的折减系数				0.8～0.9		取0.85	
平均日中水原水量(m^3/d)						45.32	

根据工程实际情况，老馆加固改造，新馆新建设，及部分卫生间设置在较低标高位置，不便于收集废水。实际可收集中水量平均日约为32m³。

（3）参照北京市市政管理委员会等印发的“关于加强中水设施建设管理的通告”中的相关规定：①建筑面积3万m²以上的机关、科研单位、大专院校和大型文化、体育等建筑必须建设中水设施；②应配套建设中水设施的建设项目，如中水来源水量或中水回用水量过小（小于50m³/d），必须设计安装中水管道系统。根据本工程的实际情况：体量较大，老馆加固改造；新馆－12.80m为文物库房人防；部分卫生间设置在较低标高位置，经过中水原水量及可收集原水量的分析比较，本工程中水原水量数值符合通告中中水来源水量过小的数值。在与北京市节水办有效沟通后，本工程仅设置了中水供水系统，未设置中水收集及处理系统。在市政中水管道未设置之前，近期由城市自来水管道供水，预留市政中水接口至中水机房，待接通市政中水后，自来水管道断开连接。

2. 系统竖向分区及供水方式：系统竖向分高、低两个区，地下室至地上6.0m（含6.0m）为低区，由低区恒压变频中水泵加压供给；地上6.0m以上为高区，由高区恒压中水变频泵加压供给。中水变频供水设备设于地下－12.80m的中水机房内。

3. 水处理工艺流程：参照北京市水务局等单位联合下发的“关于加强建设项目雨水利用工作的通知”，本工程收集了部分屋面雨水进行回收利用，在建筑东北角及两个内庭院绿地共设置三个雨水收集池，各雨水收集池内分设雨水回用潜水泵，压力提升至中水机房，经处理后作为中水的补充水源。雨水利用工艺流程如图1所示。

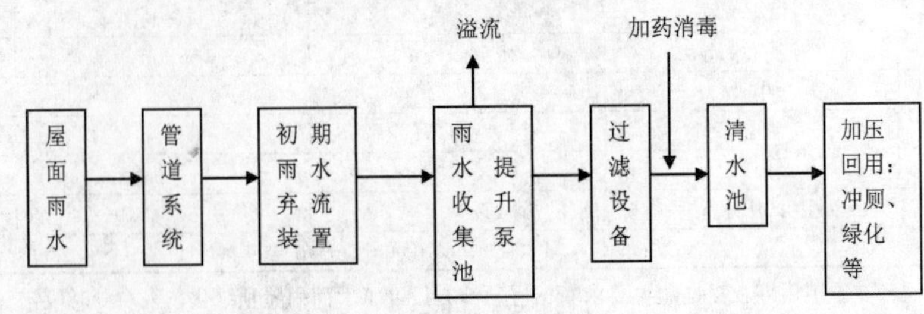

图1 雨水利用工艺流程

4. 管材：室内中水管道采用衬塑钢管（内衬聚丙烯、外热镀锌钢管），卫生间暗装管道采用PPR冷水用塑料管。

（四）排水系统

1. 排水系统形式：室内污、废水为合流系统。地面±0.00m以上采用重力流排出。地下各层的污废水排入集水坑后，经潜污泵提升排至室外污水管道系统。

2. 透气管的设置方式：卫生间的生活污水和污废水集水坑均设置通气管，连接卫生器具较多的排水横管设置环形通气管。

3. 局部污水处理设施：厨房污水采用明沟排水，经成品隔油器处理后排入排水系统。排水系统在室外经化粪池处理后排入现状污水管道。

4. 管材：室外排水管采用HDPE双壁波纹管；室内排水管、通气管采用机制铸铁管。

（五）雨水系统

1. 系统形式：本工程屋面雨水采用内排水方式。根据建筑本身特点，新馆新建体量进深较大，老馆加固改造进深较小；及考虑立管数量、吊顶高度等因素，新馆采用虹吸雨水系统，老馆采用传统重力雨水排水系统；综合考虑雨水排水和溢流两套系统的工程造价及管线敷设，雨水系统的排水能力直接按重现期50年雨水量进行设计。地下车库坡道设雨水沟，拦截的雨水用管道收集到地下室雨水坑，用潜污泵提升后排至室外雨水管道。

2. 屋面设计重现期为50年，降雨历时5min的暴雨强度为7.39L/(s·100m^2)；室外及内庭院的重现期为5年，暴雨强度为5.06L/(s·100m^2)。

3. 管材：室外雨水管采用HDPE双壁波纹管；室内重力雨水立管及悬吊管为内外壁热镀锌钢管，虹吸雨水管为不锈钢管。

二、消防系统

（一）水源

本工程给水水源由市政自来水管网供给。根据博物馆周围原给水管网现状，有两路市政给水引入管向此项目供水，市政引入管上设总水表后成环布置，组成室外生活、消防合用管网，环网管径*DN*250。

（二）消防用水量

消防用水量见表5，消防水池贮水量见表6。

消防用水量 **表5**

系统名称	用水量标准(L/s)	火灾延续时间(h)	一次火用水量(m^3)	水源
室外消火栓系统	30	3	324	市政管网直供
室内消火栓系统	30	3	324	消防水池贮水
湿式或预作用自动喷水灭火系统	90	1	324	消防水池贮水
水喷雾系统	50	1	180	消防水池贮水
大空间智能型主动喷水灭火系统	15	1	54	消防水池贮水
雨淋系统	90	1	324	消防水池贮水

消防水池贮水量 **表6**

系统 / 储水量	室内消火栓系统	8～12m自动喷洒系统	≤8m自动喷洒系统	水喷雾系统	大空间智能型主动喷水灭火系统	雨淋系统	总水量
第一种组合贮水量	324m^3		108m^3	180m^3			612m^3
第二种组合贮水量	324m^3	324m^3			54m^3		702m^3
第三种组合贮水量	324m^3		108m^3			324m^3	756m^3

在地下室设消防专用贮水池。消防贮水量以三种组合中总水量最大者确定，消防水池贮存室内消防用水量 756m^3，包括 3h 室内消火栓用水、1h 雨淋灭火系统用水及 1h 中危险级Ⅱ级的自动喷洒系统用水量。

(三) 消火栓系统

1. 室外消防系统为低压制系统，室外消火栓系统利用市政压力在环管上直接接出。室外消火栓沿路边布置，采用地下式消火栓；部分利用现有市政消火栓。室外消火栓的间距不大于 120m。

2. 室内消火栓系统采用临时高压系统，设专用消火栓管道和消防泵。系统竖向不分区，设置为环状管网。消防泵房设置于地下二层，设消火栓加压泵两台，一用一备，水泵参数：流量 Q=30L/s，扬程 H=80m，功率 N=45kW。在屋顶设 20m^3 的高位消防水箱和增压稳压设备，平时管网压力由高位水箱维持，在火灾初期消防主泵启动前，由设在高位消防水箱间内的 2 台增压泵及气压罐联合供水。

3. 全楼除不宜用水保护的电气用房外均设消火栓保护。地下车库为明装消火栓，采用普通消火栓箱；其余为暗装消火栓，采用带灭火器的组合式消防柜。消火栓均带自救卷盘。

4. 为保障地下二层文物库区内文物的安全，库区走廊内消火栓系统独立成环，环管入口处设置电动阀，平时电动阀关闭，阀后管道泄空，消火栓管线为空管；库区内消火栓处的启泵按钮与电动阀联动开启。

5. 室内消火栓水量 30L/s，共设 2 组 DN150 地下式消防水泵接合器，每组流量 15L/s，分设两处，其附近设有室外消火栓。

6. 管材：采用内外壁热镀锌钢管。

(四) 自动喷水灭火系统

1. 设置范围：本工程除 3.375m 入口大厅、中央大厅等空间净高大于 12m 的场所，变配电室、电话机房、消防、安防控制中心等电气用房和不宜用水扑救的场所外，均设自动喷水灭火系统。其中所有展厅、库区外侧文物走廊、地下车库、文物管理区（除气体灭火系统保护区域外）、科技保护中心、演播室部分附属及后期用房、图书资料中心等场所采用预作用自动喷水灭火系统；其余区域采用湿式自动喷水灭火系统。

2. 危险等级：地下车库、图书资料中心书库、学术报告厅舞台为中危险级Ⅱ级，设计喷水强度 8L/(min·m^2)，作用面积 160m^2；其余部位为中危险级Ⅰ级，设计喷水强度 6L/(min·m^2)，作用面积 160m^2；净空高度 8～12m 的展厅，设计喷水强度 12L/(min·m^2)，作用面积 300m^2。

3. 系统分区：自动喷水灭火系统竖向不分区。在−12.80m 的消防泵房内设喷淋加压泵三台，两用一备，水泵参数：流量 Q=50L/s，扬程 H=97m，功率 N=75kW，为避免小流量时超压，喷洒泵采用变流稳压消防泵。屋顶设高位消防水箱（与室内消火栓系统合用）和喷洒稳压泵及稳压罐。

4. 喷头选型：地下车库采用动作温度 74℃的易熔合金直立式喷头，其他均采用玻璃球喷头。吊顶下为吊顶型喷头，无吊顶处采用直立型喷头或干式下垂型喷头。陈列展厅、贵宾室等部位采用隐蔽式喷头。厨房灶台上部喷头公称动作温度 93℃，厨房其他部位为 79℃；学术报告厅舞台格栅上部喷头动作温度为 79℃，其余喷头公称动作温度为 68℃。根据消防性能化分析结果新馆入口大厅（除高于 12m 高部位）、所有展厅、学术报告厅和数码影院及其前厅、−12.8m 文物管理与办公用房区、设备机房区域；全部老馆的自动喷洒系统均采用快速响应喷头。

5. 报警阀设置：新老馆共设 31 套报警阀组，其中老馆预作用阀 3 套、湿式报警阀 5 套；新馆预作用阀 15 套、湿式报警阀 8 套。为了保证预作用系统及时排气，新老馆报警阀间分散设置了 14 间。每个报警阀负担喷头数不超过 800 个。水力警铃设于报警阀处的通道墙上。报警阀前的管道布置成环状。预作用报警阀组配置有空气压缩机及控制装置，其下游管网充有低压空气，监测管网的密闭性，空气压力为 0.03～0.05MPa。每个报警阀前后的阀门均为信号阀，报警阀所带的最不利喷头处设末端试水装置，其他每个水流指示器所带的最不利喷头处均设试水阀。

6. 自动喷水灭火系统设计流量 90L/s，室外分设三处共 6 组 DN150 地下式喷洒水泵接合器，每组流量

15L/s。

7. 管材：采用内外壁热镀锌钢管。

（五）水喷雾灭火系统

1. 设置位置：本工程燃气锅炉房和柴油发电机房采用水喷雾系统保护，锅炉和柴油发电机均是两台。

2. 设计参数：燃气锅炉房内按防护冷却设计，设计喷雾强度 9L/(min・m²)，作用面积约 154m²，设计流量为 23L/s，火灾延续时间 1h；柴油发电机房，设计喷雾强度 20L/(min・m²)，作用面积约 148m²，设计流量为 50L/s，火灾延续时间 0.5h。系统设计流量 50L/s，系统响应时间 60s，最不利点喷头工作压力 0.35MPa。地下消防泵房内设三台专用泵（与雨淋系统合用），水泵流量 50L/s，水喷雾系统使用两台（一用一备）。管道系统平时压力由屋顶消防水箱维持。灭火时，加压泵启动供水，水雾喷头均匀向锅炉、柴油发电机表面喷射水雾。

3. 系统设置两套雨淋阀组，分别设置在燃气锅炉房和柴油发电机房内。雨淋阀控制腔的入口管上设止回阀。平时阀前最低静水压 0.40MPa。雨淋阀在阀前水压的作用下维持关闭状态。

4. 水喷雾系统设有自动控制、手动控制和应急操作三种控制方式。当响应时间大于 60s 时，可采用手动控制和应急操作两种控制方式。雨淋阀的开启由火灾自动报警系统控制。

（六）雨淋灭火系统

1. 设置部位：－8.4m 的演播室。

2. 设计参数：系统按照喷洒规范严重危险级Ⅱ级设计，喷水强度 16L/(min・m²)，作用面积 260m²。雨淋系统设计流量为 90L/s。在地下消防泵房设三台与水喷雾系统合用的水泵，水泵流量为 50L/s，雨淋系统使用三台（两用一备）。管道系统平时压力由屋顶消防水箱维持。

3. 雨淋系统采用开式喷头，其开启由火灾探测器控制，雨淋阀开启后，其阀后连接的所有洒水喷头同时喷水。系统设 3 组报警阀，雨淋阀设置在演播厅附近，便于操作管理。

4. 室外分设共 6 组 *DN*150 地下式水泵接合器，流量 15L/s，其中 4 组与水喷雾系统共用。

5. 雨淋系统设有自动控制、消防控制中心手动远控和水泵房现场应急操作三种控制方式。

（七）大空间智能型主动喷水灭火系统

1. 设置位置：本工程在净空高度大于 12m 且地面有火灾荷载的部位设置大空间智能型主动喷水灭火系统，选用自动扫描射水高空水炮灭火装置，设计依据为广东省标准 DBJ 15.34—2004。高空水炮灭火装置的设置部位：3.375m 入口大厅、中央大厅、13.5m 标高的观众休息区、21m 展厅入口等位置。

2. 设计参数：本系统水炮最大同时开启个数为 3 个，设计流量为 15L/s。每个水炮的射水流量为 5L/s，标准工作压力 0.6MPa。火灾延续时间以 1h 计。系统在地下消防泵房设专用水炮泵两台，一用一备，水泵参数：流量 Q=15L/s；扬程 H=117m；功率 N=37kW。系统设置雨淋阀、水流指示器和信号阀，平时管网压力由高位水箱维持，水箱的作用为使管网平时充满水，水箱中本系统贮水容积 1m³。

3. 每个保护区均设水流指示器，并在系统管网最不利点设置模拟末端试水装置。每个水炮装置前均设有电磁阀和闸阀。

4. 系统在室外设置 1 组 *DN*150 地下式水泵接合器，流量 15L/s。

5. 系统设有自动控制、手动控制和现场控制三种控制方式。

（八）气体灭火系统

1. 设置部位：新馆－12.8m 的总变配电室、文物库区的库房、文物管理区部分房间、－6.0m 的网络数据中心、演播室配套控制室等重要机房、1.4m 文物管理区部分房间、老馆南馆＋1.4m 档案资料室等业主要求气体灭火保护的房间。

2. 设计参数：气体介质采用对环境无破坏作用的 IG-541 洁净惰性气体，采用组合分配系统进行保护。

系统最小设计浓度37.5%，最大设计浓度43.0%；灭火时间限于1min内。当IG-541混合气体灭火剂喷放至设计用量的95%时，其喷放时间不应大于60s，且不应小于48s。

3. 系统控制：要求同时具有自动控制、手动控制和应急操作三种控制方式：①自动控制：当防护区发生火警时，气体灭火控制器接到防护区两个独立火灾报警信号后立即发出联动信号（关闭通风空调等）。经过30s时间延时，气体灭火控制器输出信号启动自动灭火系统，IG-541经管网释放到防护区，控制器面板喷放指示灯亮，同时控制器接收压力信号器反馈信号。防护区内门灯显亮，避免人员误入。②手动控制：当防护区经常有人工作时，可以通过防护区门外的手动/自动转换开关，使系统从自动状态转换到手动状态，当防护区发生火警时，控制器只发出报警信号，不输出动作信号。由值班人员确认火警，按下控制器面板或击碎防护区门外紧急启动按钮，即可立即启动系统，喷放IG-541灭火剂。③应急操作：当自动、手动紧急启动都失灵时，可进入贮瓶间内实现机械应急操作启动。只需拔出对应防护区启动瓶上的手动保险销，拍击手动按钮，即可完成系统的启动喷放。

三、工程特点及设计施工体会

中国国家博物馆，作为已建成的世界最大单体博物馆有其鲜明的自身特点：博物馆建筑；体量大，内部功能、空间复杂；保留三面老馆加固改造等。给水排水专业在设计过程中，适应博物馆运行的具体要求、不断完善，工程特点及设计施工体会如下：

1. 作为改扩建项目，要充分考虑老建筑改造的特点，在老馆加固改造中，合理利用现状空间设置管道系统。

按照确定的建筑方案，本工程保留了老建筑的北、西和南侧三个方向的主要建筑，保留的部分形成南馆和北馆两个建筑体系，呈L形对称布局，对扩建的新馆呈包围之势。保留的老馆地下结构是以条形基础为主，局部筏板基础，对给水排水专业的进出户管道造成很大影响。在设计前期，进行了大量的现场调研工作，查阅几十年前的老图纸、钻入老馆基础实测，拍摄现场照片，充分收集现场资料来指导设计。通过对老馆基础空间的研究分析及满足老馆首层办公空间吊顶净高的要求，老馆的地下基础部分最终被充分利用于供机电设备管线通行的管道空间，部分区域改造放置冰蓄冷的蓄冰设备，充分利用了老馆的地下空间资源。新老馆间通过设置管廊进行有效的连接，给排水专业设计中通过原有及新增孔洞来保证本系统管线的连续和与室外的连接（图2、图3）。老馆建筑建成于20世纪50年代，经过几十年的使用及业主的需求，期间进行过加固改造，本设计需要充分考虑现状的不确定性，对现场情况进行全方位的调查和记录，如在拆除过程中，

图2　原老馆基础图片及改造利用示意

老南馆加固的钢柱钢梁全部呈现出来，通过现场勘查，充分考虑建筑的既存状况，合理利用现状空间布置管道系统（图 4）。

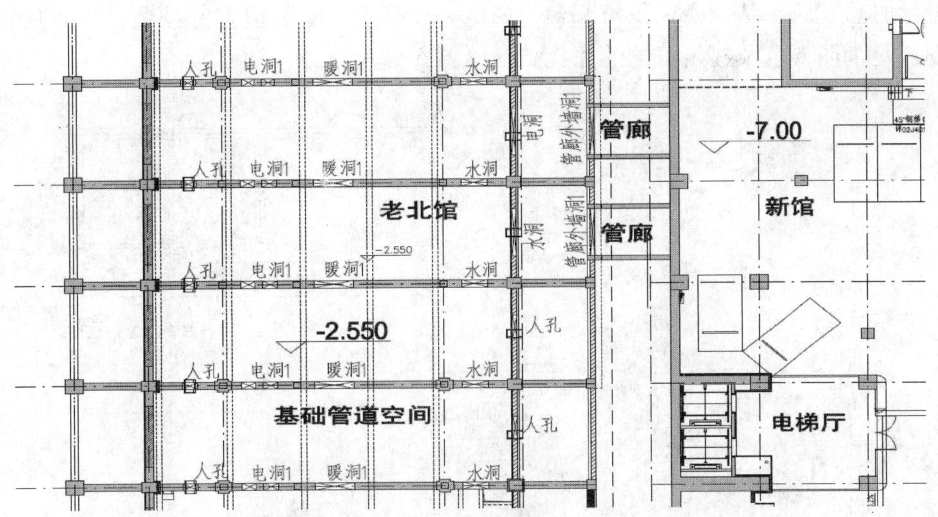

图 3　改造后老馆基础建筑平面图

图 4　老南馆前期结构加固现状及管道利用空间示意

2. 特殊区域合理确定消防系统形式，保障消防安全。

（1）根据消防性能化及专家会意见，地下二层文物库区库房采用气体灭火，走廊仍需设置消火栓系统保护。为了保障地下二层文物库区内文物的安全，库区走廊内消火栓系统独立成环，环管入口处设置电动阀，平时电动阀关闭，阀后管道泄空，消火栓管为空管，将库区内消火栓处的启泵按钮与电动阀联动开启，严防因意外引起的水患。

（2）国家博物馆室内超过 12m 不能采用普通喷淋系统保护的高大空间较多，其中最有特点的是在新馆西侧的南北贯通长 260m、面积 8840m^2、净高度 27m 的“入口大厅”，这里是整个博物馆的交通枢纽，也被预设为举办一些大型活动和庆典仪式的场所。对此超大空间引入了消防性能化模拟分析，根据消防性能化分析结论和专家论证会的结果，此类区域最终采用大空间智能型主动喷水灭火系统进行保护。在确定系统形式后，为了室内造景的整体美学要求，大空间智能型主动喷水灭火装置充分考虑了安装实施及建筑装修等因素，在施工图设计时与建筑、结构专业积极配合，确定灭火装置的安装位置并预留条件，使钢结构钢梁上凹设计，最终达到满足消防要求及建筑美学的完美结合（图5～图7）。

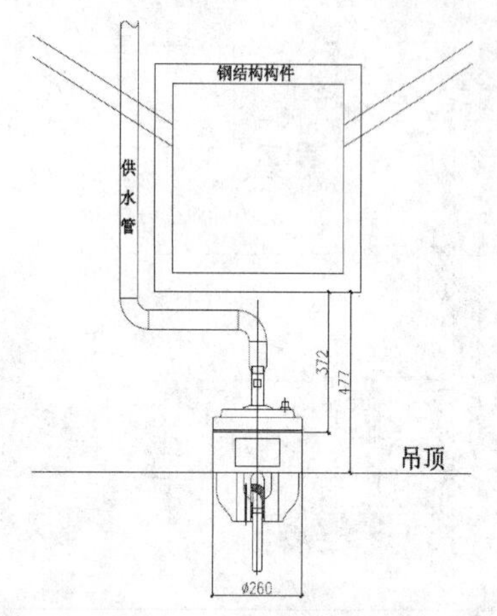

图5　灭火装置安装详图

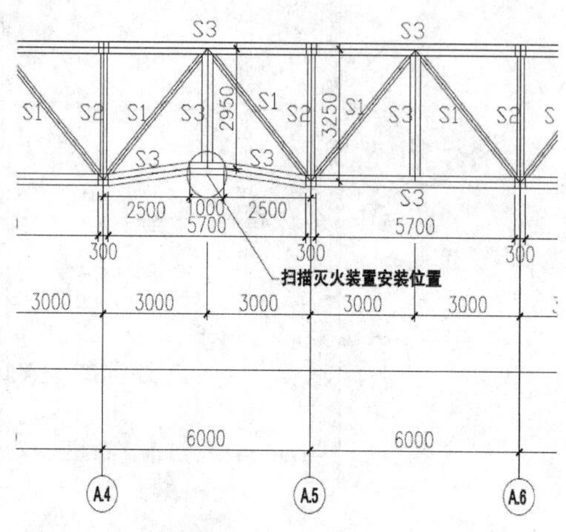

图6　灭火装置安装位置结构预留

（3）合理设置报警阀间，保障自动喷洒系统运行。

新老馆一共设置了31套报警阀组，其中老馆预作用阀3套、湿式报警阀5套；新馆预作用阀15套、湿式报警阀8套。因国博体量庞大，所有展厅的展品及部分文物管理用房为防止误喷均采用了预作用喷洒系统。为了保证系统及时排气和控制充水时间不大于2min，新老馆报警阀间除了设在地下室消防泵房、车库外，分别在新馆地上展厅附近、老馆的展厅与办公层共分散设置了14间，便于减少阀后管道的容积和排气时间。报警阀前的管道布置成环状，每个报警阀间配置了空压机及控制装置，预作用报警阀下游管网充有低压空气，监测管网的密闭性。

图7　入口大厅灭火装置安装实例

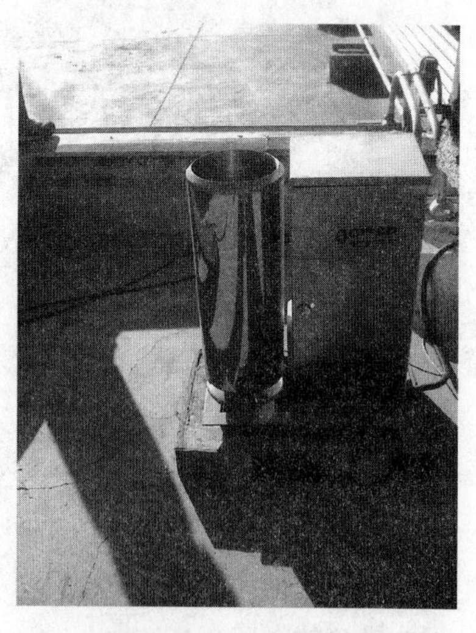

图8　屋顶雨量监测传感设备实物

3. 因地制宜收集屋面雨水、利用室外地下空间设置雨水收集池，充分利用雨水资源，节约用水。本工程参照北京市水务局等八家单位联合下发的《关于加强建设项目雨水利用工作的通知》，结合工程实际情况设置雨水回收利用系统。考虑屋面雨水水质污染较少，且集水效率高，本工程收集约 25600m² 的屋顶雨水来回收利用，在建筑东北角及两个内庭院绿地设置了三个室外雨水收集池，有效容积分别为 300m³、200m³、200m³。工程中采用了雨水收集自控弃流技术，通过设置在屋顶的雨量监测传感设备对降雨量、降雨次数及降雨间隔时间进行监测和感应，将信息转换为电信号传送到主控制器，主控制器再对信息进行二次处理和转换后，自动驱动相关电动阀门的启闭，来达到自动弃流管道内雨水的目的（图 8、图 9）。

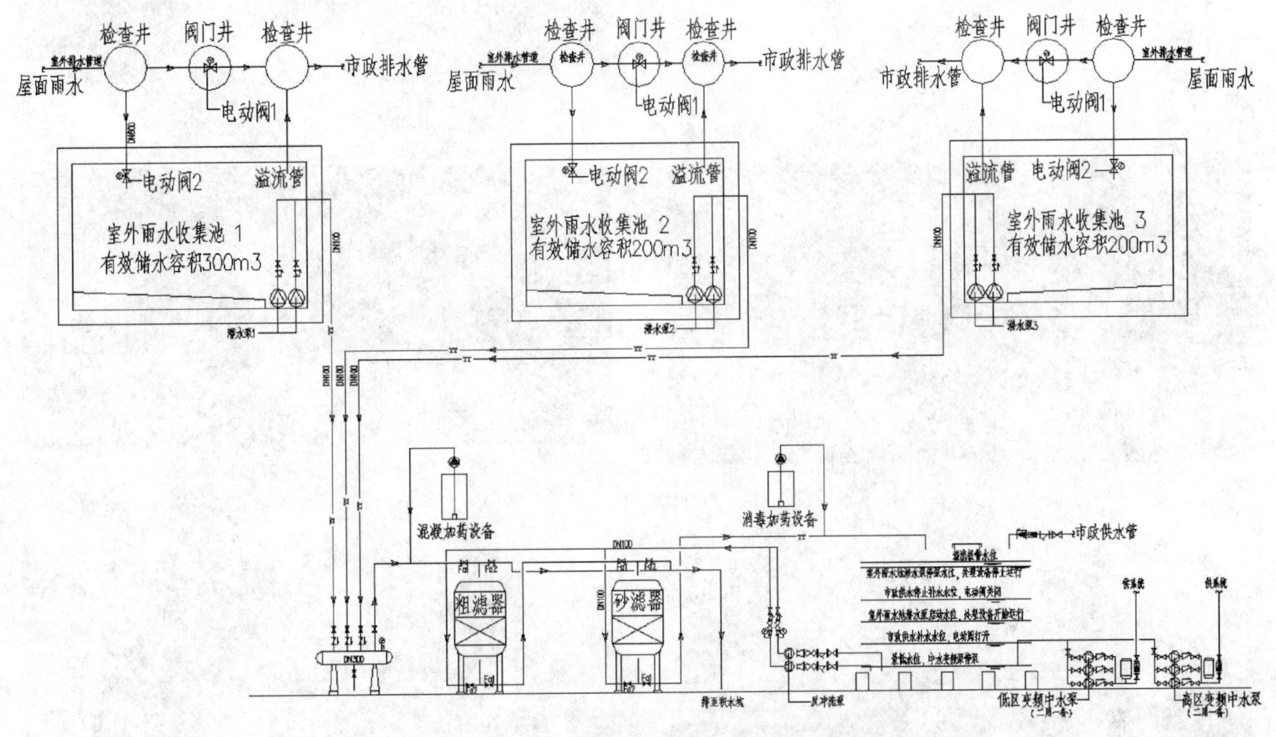

图 9　雨水利用系统原理图

四、工程照片及附图

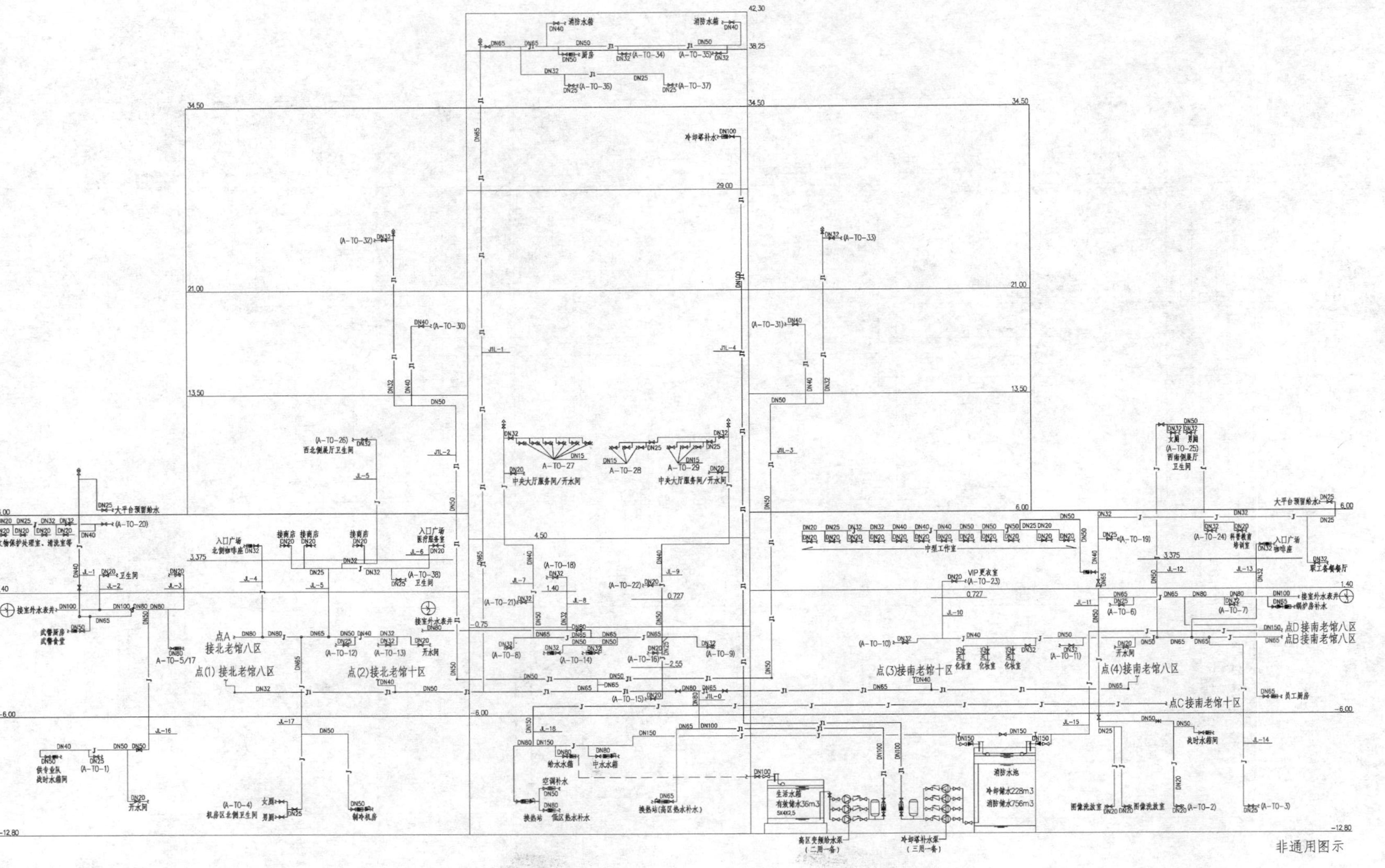
点A
接北老馆八区
点(1)接北老馆八区
点(2)接北老馆十区
点(3)接南老馆十区
点(4)接南老馆八区
点D接南老馆八区
点B接南老馆八区
点C接南老馆十区
非通用图示

给水系统示意图——新馆

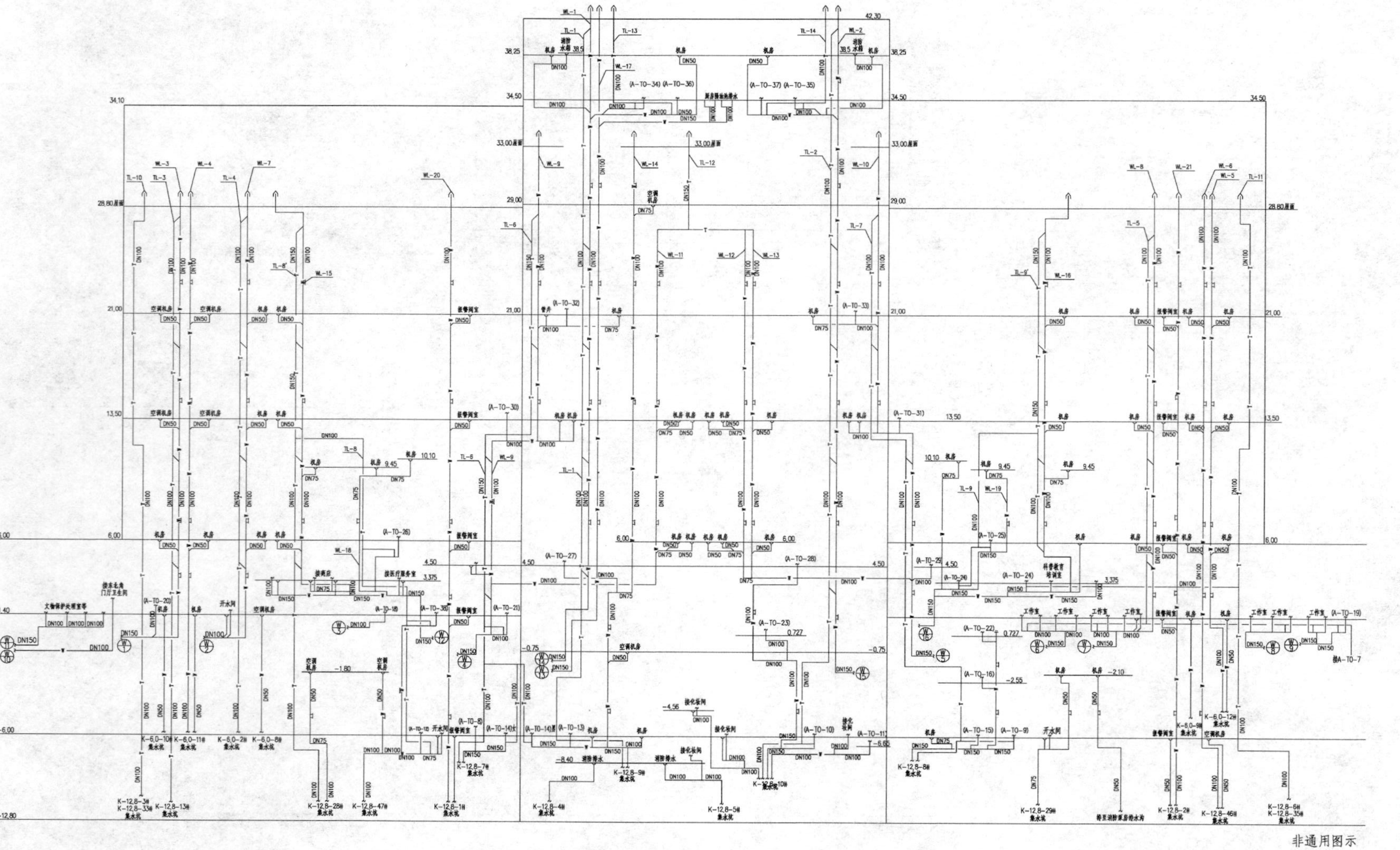

非通用图示

排水系统示意图——新馆

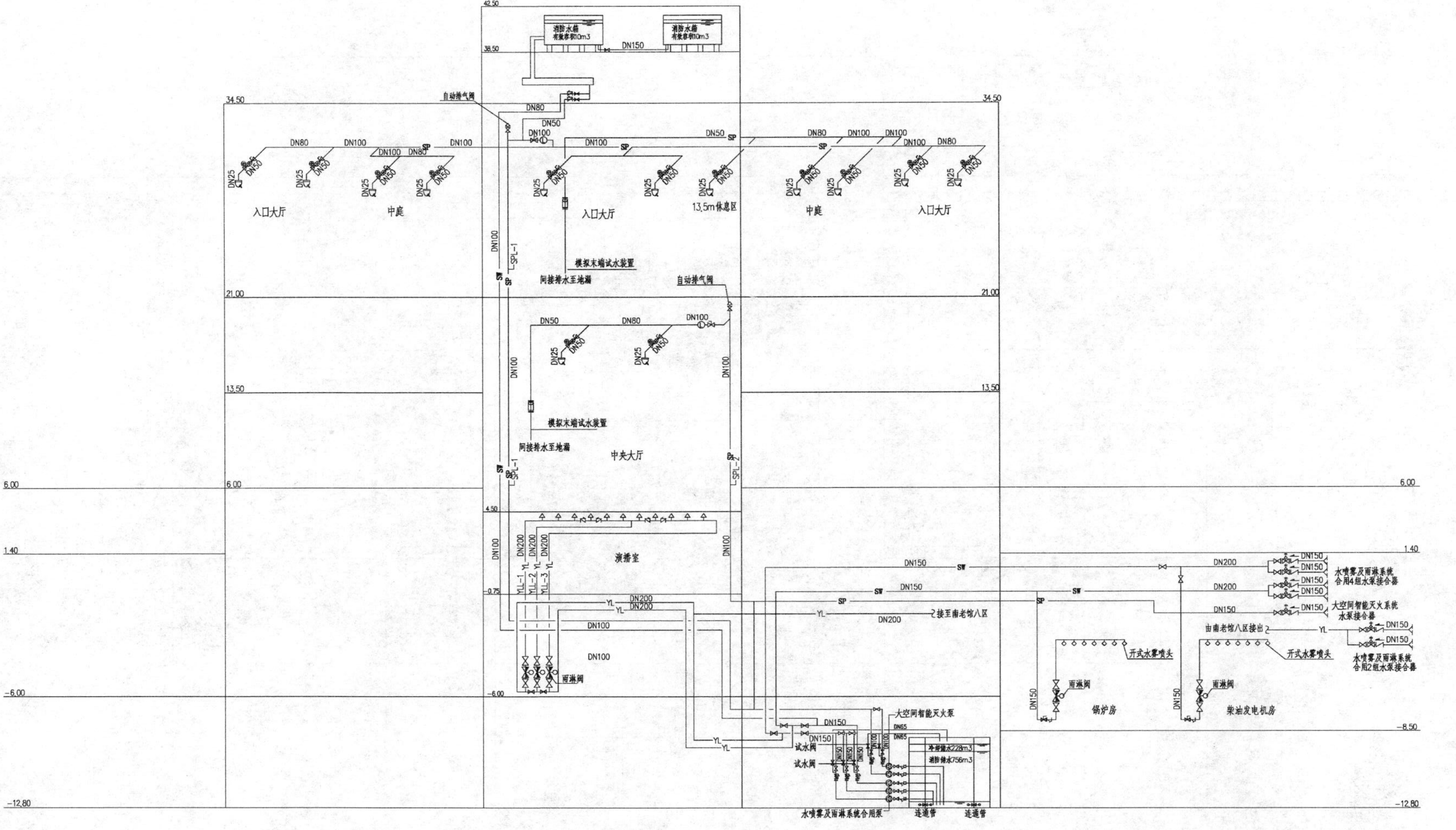

非通用图示

水喷雾及大空间智能灭火系统示意图

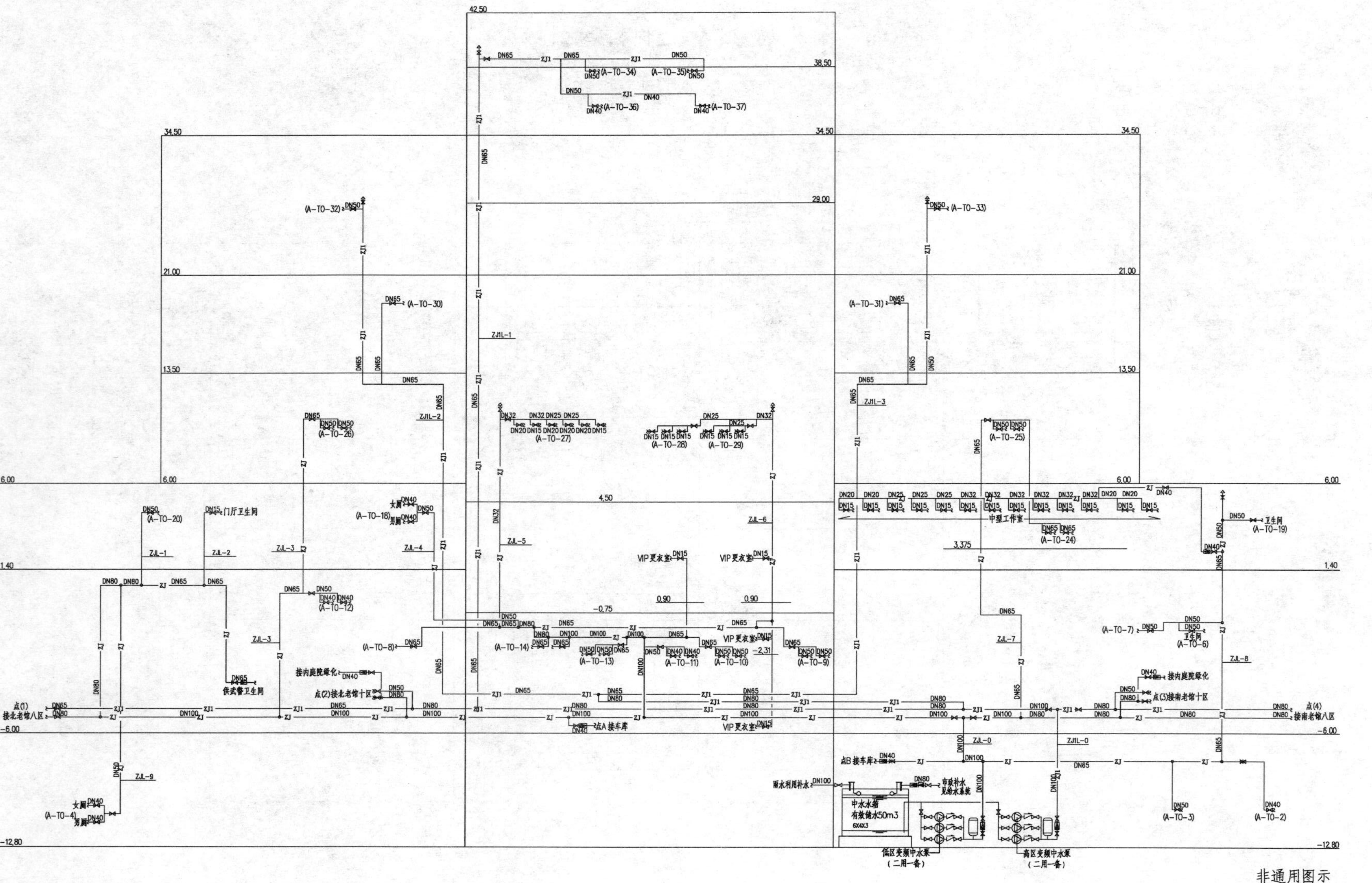

非通用图示

中水系统示意图——新馆

非通用图示

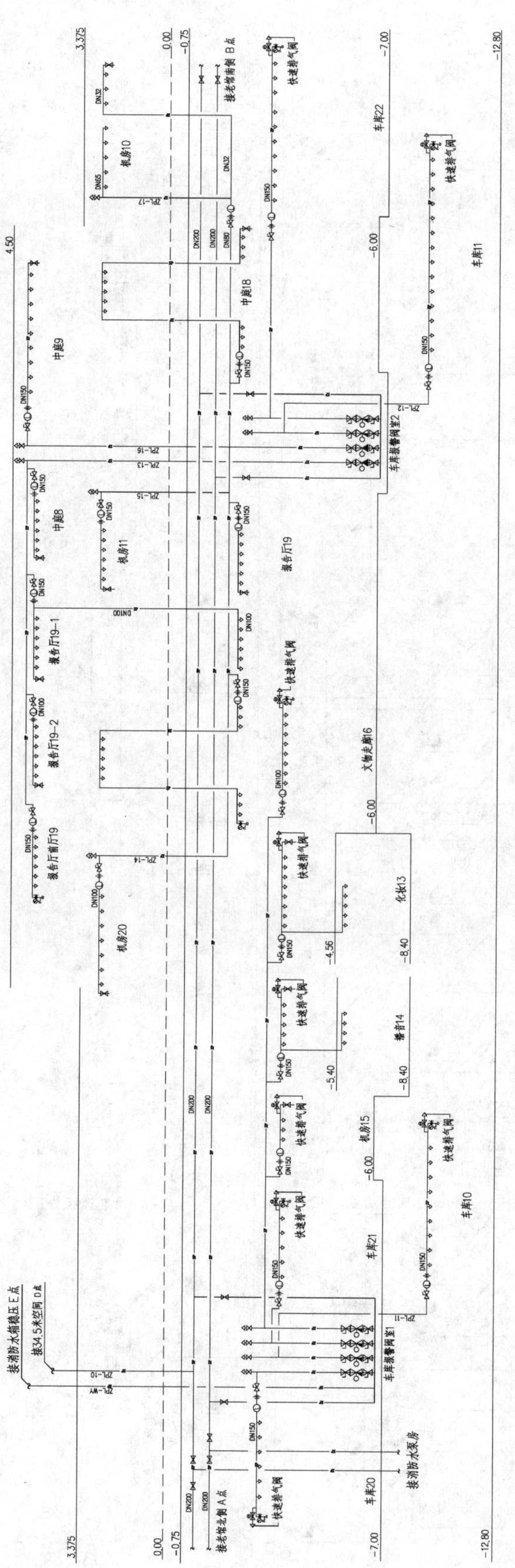

自动喷淋系统示意图——新馆车库

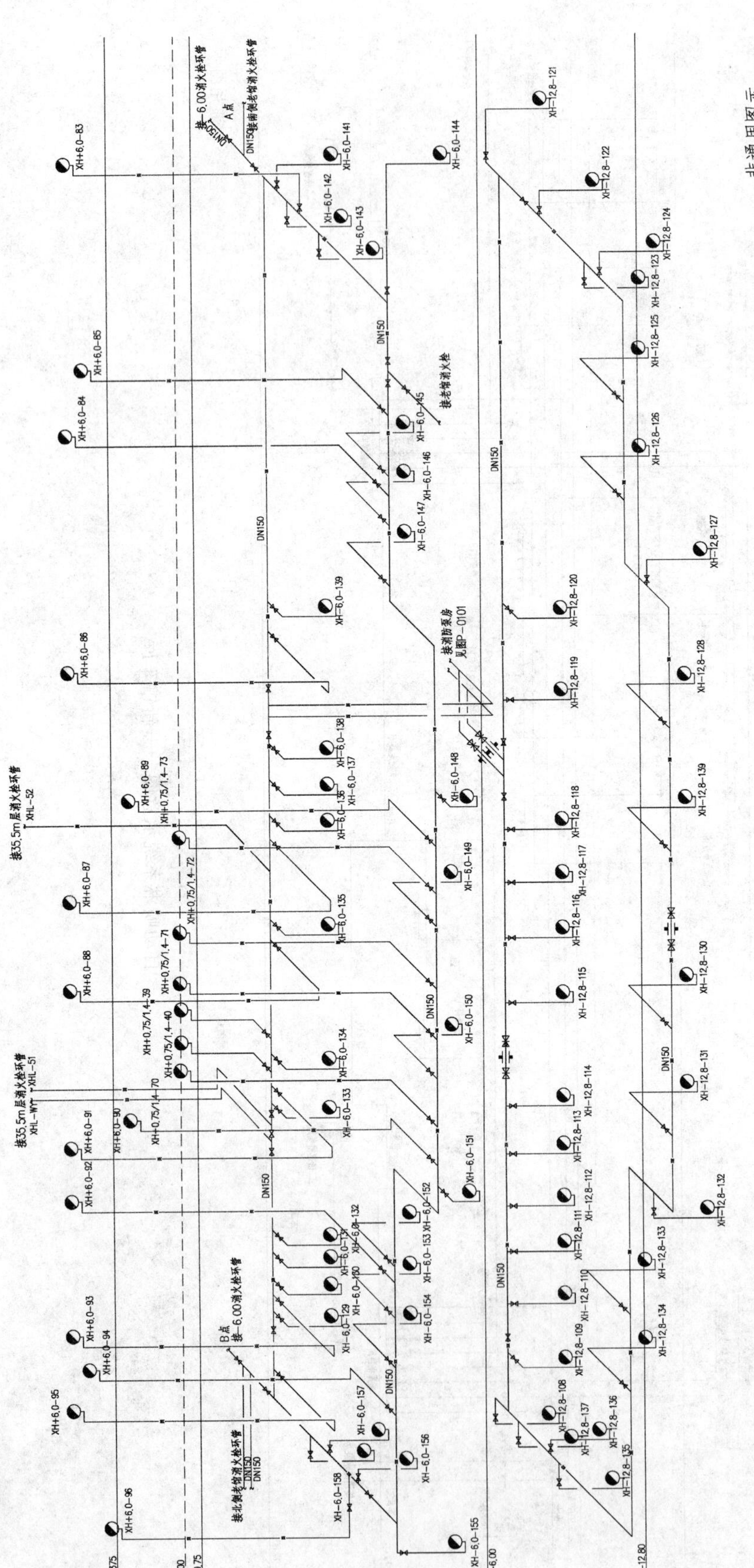

非通用图示

消火栓系统示意图——新馆车库

2010年广州亚运会游泳跳水馆

设计单位：华南理工大学建筑设计研究院

设 计 人：王琪海　陈欣燕　王峰　吕子明　李宗泰　曾银波　韦宇

获奖情况：公共建筑类　二等奖

工程概况：

2010年广州亚运会游泳跳水馆位于广东省广州市天河区奥林匹克体育中心内，总用地面积99978m²，总建筑面积33331m²，总座席数4500座，建筑总高度约29m，内设25×25×5.5（m）跳水池一个、51.5×25×3（m）比赛池一个和50×25×（1.4～1.8）（m）训练池一个。在2010年第16届亚运会期间该馆承担了游泳、跳水和现代五项游泳比赛及亚残运会游泳比赛等项目。

本工程主要层数为地下一层，地上主体一层、局部三层。地下一层为游泳池水处理机房以及给水排水、消防、电气、空调等设备用房。首层主要功能为比赛大厅、比赛池、跳水池、训练辅助用房，运动员休息室、更衣室、淋浴间、贵宾休息室、赛事管理用房等。局部二层主要功能为观众门厅、训练池、观众卫生间等。局部三层主要功能为观众看台、咖啡厅、贵宾包厢等。

一、给水排水系统

（一）给水系统

1. 冷水用水量：最高日用水量为1875m³，最大时用水量为82.9m³。

2. 水源：由奥体中心环场路市政给水管上引入两根*DN*200给水管，在建筑周围形成*DN*200环状给水管供水。

3. 系统竖向分区：市政给水压力约0.25MPa，经过倒流防止器和水表后压力约0.20MPa，可以满足室内除热水系统外用水点压力要求。

4. 供水方式及给水加压设备

淋浴间和热水换热器由水箱－变频供水设备供水，其余用水点均采用市政管网压力直接供水。

5. 管材：管径大于*DN*50的采用钢塑复合管，丝扣连接；管径小于等于*DN*50的采用PPR塑料管，热熔连接。室外埋地管采用PE给水管，热熔连接。

（二）热水系统

1. 热水用水量

（1）热水定额：20L/人次（60℃热水）

（2）设计小时耗热量：生活热水系统为537kW；泳池恒温：比赛池为520kW，跳水池为410kW，训练池为360kW。

2. 热源：比赛时采用燃气锅炉供热，能源为天然气；平时对公众开放时采用空气源热泵机组供热，能源为电能。

3. 系统竖向分区：同冷水系统，竖向为一个区。

4. 热交换器：设置半容积式换热器供应生活热水；游泳池循环水加热采用板式换热器。

5. 淋浴间冷热水均采用变频供水设备加压供水，保持冷热水压力平衡；热水采用分区设供水和回水管，运动员和公众淋浴间热水采用环状供水，以保持压力平衡和回水均匀。

6. 管材：热水机房内采用钢塑复合管（内衬 PPR 管），丝扣连接；机房外均采用 PPR 塑料给水管，热熔连接。

（三）排水系统

1. 排水系统形式

（1）室内排水采用卫生间排水和淋浴废水分流方式，淋浴废水不进化粪池。

（2）屋面雨水采用压力流排水，平台雨水采用重力流排水。设计重现期采用 10 年，屋顶设溢流口。

2. 透气管设置方式

大型卫生间排水设环形透气管，再汇至专用透气管伸顶透气。

3. 局部污水处理设施

粪便污水设化粪池处理，与其他污废水汇合后排至奥体中心污水处理站集中处理。

4. 管材：室内污水管采用 PVC-U 塑料管，压力流雨水管采用 HDPE 管，室外排水管采用 HDPE 双壁波纹管。

二、消防系统

（一）消火栓系统

1. 室外消火栓用水量为 30L/s，室内消火栓系统用水量为 15L/s。室外消火栓由市政给水管供水，沿建筑周围共设 4 套室外消火栓。

2. 室内消火栓系统由消防水池－消防泵供水，采用稳高压系统，竖向为一个区。

3. 地下一层设消防水池和泵房，消防水池有效容积为 $100m^3$，利用二层训练池作为备用水源。设一套全自动气压供水设备供水，主泵的参数为：Q＝15L/s，H＝0.50MPa，一用一备。稳压泵的参数：Q＝4.2L/s，H＝0.62MPa。配卧式隔膜式气压罐一个：$\phi\times H$＝1400×3200。

4. 消火栓系统设置 2 套消防水泵接合器。

5. 室内消防给水系统均采用热浸镀锌钢管，管径小于 DN100 采用丝扣连接，大于等于 DN100 采用卡箍连接。

（二）自动喷水灭火系统

1. 除变配电间、通信机房、泳池上方、观众厅和卫生间、淋浴间等场所外，其余部位均设置自动喷水灭火系统，采用湿式系统。

2. 火灾危险等级按中危险级Ⅰ级设计，由于存在 8m 净高的高大空间，系统设计流量为 33L/s，系统作用时间 1h。

3. 自动喷水灭火系统采用稳高压给水系统，设一套全自动气压供水设备供水。主泵的参数为：Q＝35L/s，H＝0.60MPa，一用一备。稳压泵的参数：Q＝0.67L/s，H＝0.72MPa。配卧式隔膜式气压罐一个：$\phi\times H$＝2000×3750。

4. 自动喷水灭火系统设置 2 套湿式报警阀，在室外设 2 套消防水泵接合器。

5. 地下室采用动作温度 68℃的直立型喷头；地上部分吊顶下采用 68℃的隐蔽式喷头，吊顶内采用 79℃的玻璃球直立型喷头，流量系数均为 K＝80。

（三）消防水炮灭火系统

1. 观众厅上空及跳水干地训练房采用微型自动扫描消防水炮。系统按最不利情况有 6 个水炮同时启动作用，每个水炮的流量为 5L/s，保护半径 20m，系统设计流量 Q＝30L/s，作用时间 1h。

2. 消防水炮灭火系统采用一套全自动气压供水设备，主泵的性能参数：Q＝30L/s，H＝1.0MPa，N＝

45kW，一用一备。稳压泵的性能参数：Q=4.1L/s，H=1.1MPa，N=11kW。配隔膜式气压罐一个：$\phi\times H$=1200×3210。

3. 消防水炮灭火系统设2套消防水泵接合器。

4. 本项目采用的微型消防水炮是一种自动射流灭火装置，利用红外/紫外探测器自动监测保护范围，一旦发生火灾，装置立即启动，对火源进行水平和垂直方向的二维扫描，确定火源方位后，中央控制器发出火警信号，自动消防炮通过定位器自动进行扫描直至搜索到着火点并锁定着火点，然后自动打开电磁阀和消防主泵进行喷水灭火。火源扑灭后，中央控制器再发出指令，停止射水。

（四）气体灭火系统

1. 本项目网络机房和通信机房设置气体灭火系统，介质采用S型热气溶胶。

2. 防护区采用全淹没灭火方式，设计采用预制式灭火装置，灭火设计浓度大于130g/m^3，灭火剂喷放时间小于90s。

3. 本系统具有自动、手动两种启动方式。自动状态下，当发生火警时，气体灭火控制器接到防护区两个独立火灾报警信号后立即发出联动信号（关闭通风空调等）。气体灭火控制器输出声光报警信号，经30s延时后，预制灭火装置释放S型气溶胶灭火剂到防护区。当防护区有人工作时，可以通过防护区门外的手动/自动启止器，使系统从自动状态转换到手动状态，当防护区发生火警时，控制器只发出报警信号，不输出动作信号。由值班人员确认火警，按下控制器面板或击碎防护区门外紧急启动按钮，即可立即启动系统喷放S型气溶胶灭火剂。

三、游泳池循环水处理系统

1. 系统设置：比赛池、跳水池、训练池分别设置独立的池水循环处理系统。

2. 循环方式：比赛池、跳水池、训练池均采用逆流循环方式，全部循环流量经设在池底的给水口送入池内，再经设在池壁外侧的溢流回水槽流回至均衡水池；由循环水泵从均衡池吸水，循环水经毛发收集器、石英砂过滤器过滤，然后经臭氧消毒，再经换热器加热，循环处理后的水通过池底布水口注入泳池，完成循环处理。

3. 循环周期：比赛池为4.8h，跳水池为8h，训练池为5.3h。

4. 过滤器形式和滤速：均采用石英砂过滤器，单层滤料，比赛池过滤器采用卧式，跳水池和训练池采用立式。过滤器根据进出水压差和运行时间手动控制反冲洗。过滤器的滤速均采用不大于25m/h。

5. 加药和水质平衡：设置pH调节剂和长效消毒剂投加计量泵，采用湿式投加。长效消毒剂采用5%浓度次氯酸钠溶液。

6. 池水消毒：采用分流量全程式臭氧消毒为主，氯消毒为辅的消毒方式；臭氧发生器臭氧氧气法制臭氧；设置臭氧反应罐用于水和臭氧充分接触，有效容积满足CT值大于1.6。

7. 加热方式：采用热水锅炉和空气源热泵两种加热方式。大型比赛和池水初次加热采用热水锅炉高温热媒水加热；平时对公众开放采用空气源热泵加热。

8. 水质监控：在循环回水管上设pH值、余氯和ORP探头，检测池水的pH值、余氯和氧化还原电位，并将检测数据反馈到水质检测仪，系统自动控制计量泵调节药剂投加量。

9. 管材、材质：循环系统管道采用PVC-U给水管，过滤罐、臭氧反应罐等采用SUS304不锈钢。

四、工程特点介绍及设计体会

1. 本工程游泳池循环水处理项目的投资仅相当于奥运会游泳馆项目的三分之一左右，也比类似规模的新建游泳跳水馆低20%以上，但实际运行后本馆游泳池水质较高，满足国际泳联的标准，池水清澈见底，亚运期间获得运动员和媒体的一致好评。赛后对公众开放，被称为广东省内水质最好的游泳馆。

2. 本项目游泳池采用分流量全程臭氧消毒，长效氯制剂辅助消毒的方式。分流量臭氧消毒是一种高效经济又实用的消毒方式，与常规全流量半程臭氧消毒法相比，既省去了臭氧吸附罐，节省了投资，又减少了机房面积，降低了土建造价；少量臭氧进入泳池，继续起到消毒作用，可减少长效消毒剂的使用量。

3. 当冬季有大型比赛时，需要对整个比赛大厅供暖，热负荷较大，故采用燃气锅炉进行场馆和泳池供热。赛后全年对公众开放时间较长，在广州春秋季节仅需对池水加热，而不需要对场馆供暖，整体热负荷不大，采用空气源热泵加热池水及提供洗浴热水，能极大地节省运营成本，使该馆能常年对公众开放。空气源热泵在华南地区有较高的经济性和应用价值。

4. 消防贮水利用训练池水作为补充，大大减少了消防水池容积，节省了泵房面积。在本设计组的提议下，附近同期建设的由其他设计单位设计和不同代建方负责管理的亚运网球比赛馆利用了本项目的消防供水设施，也节省了其他亚运工程的投资。

5. 除淋浴和卫生间生活给水采用变频恒压供水外，其他的用水点都采用市政压力供水。淋浴用水冷热水同源同程，压力平衡，供水温度稳定。

6. 屋顶雨水采用虹吸排水，立管管径小，便于隐藏；排水迅速，降低了金属屋面漏水可能性。

五、工程照片及附图

跳水池

亚运比赛场景

水箱及变频供水设备

热水半容积式换热器

真空锅炉

比赛池循环水泵

比赛池臭氧反应罐

比赛池卧式过滤器

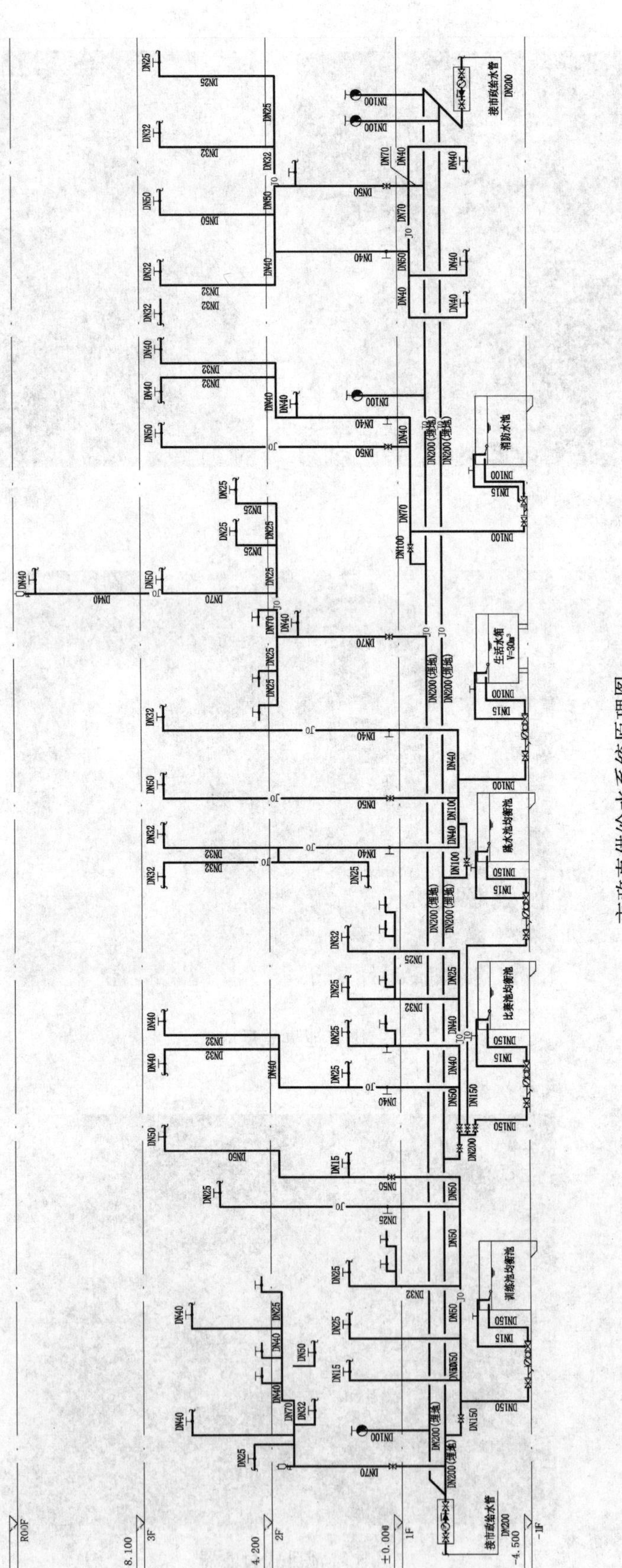
市政直供给水系统原理图

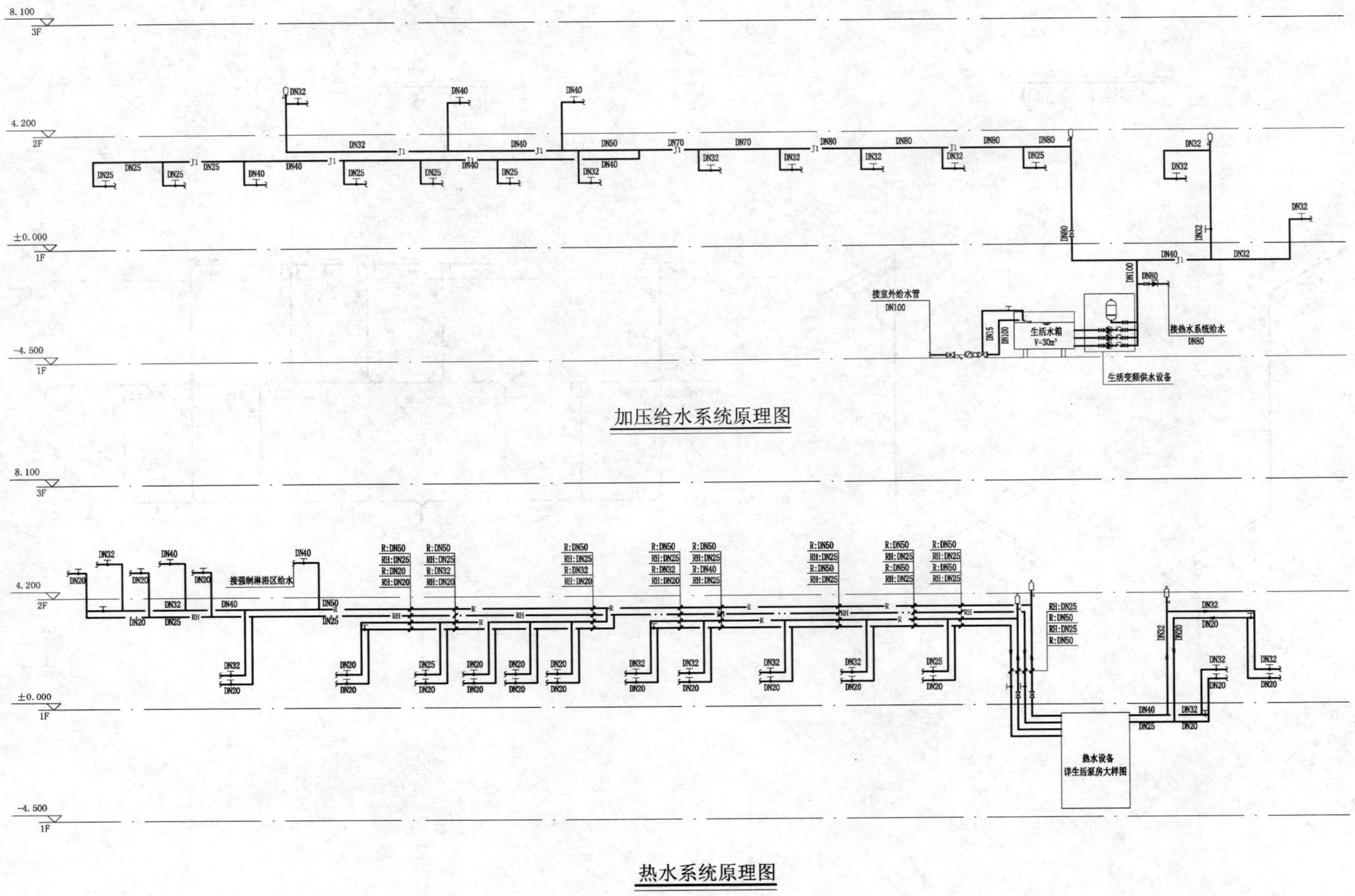

加压给水系统原理图

热水系统原理图

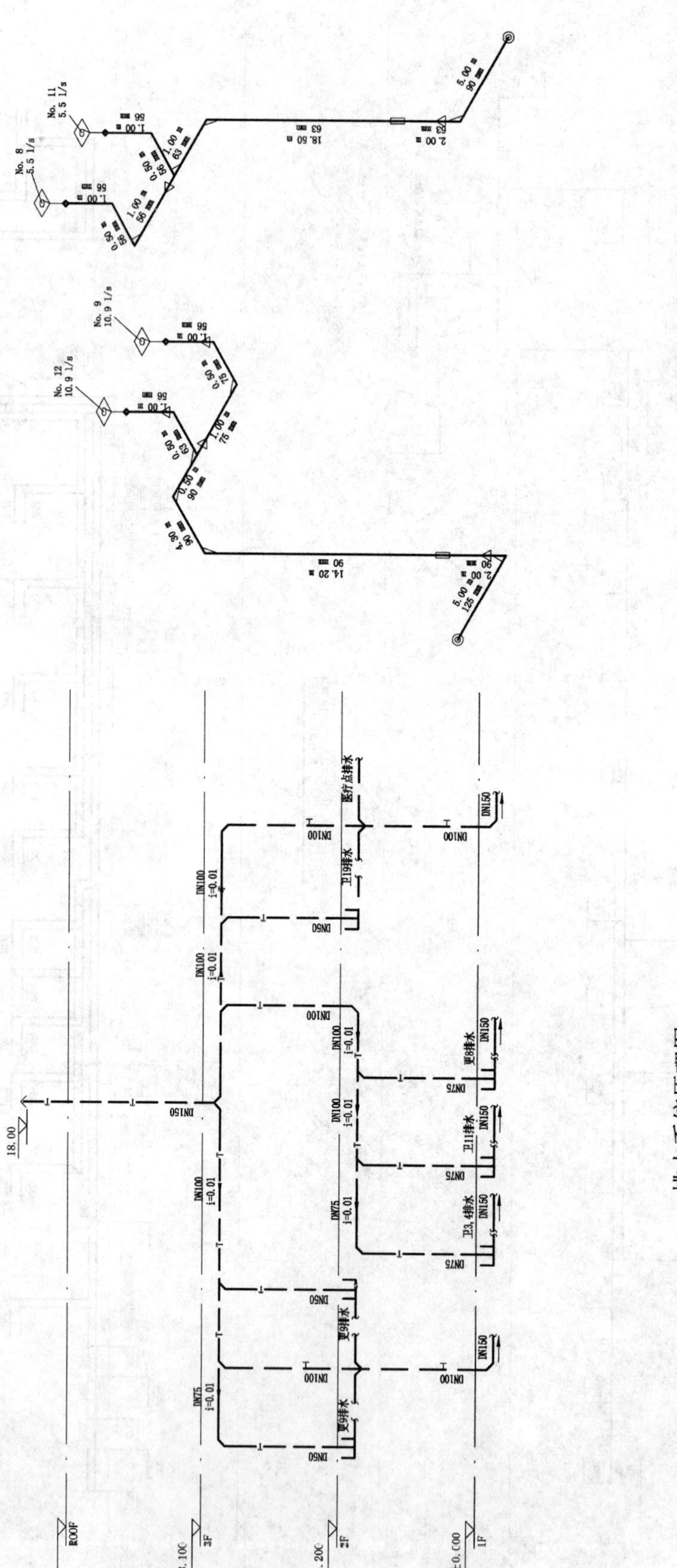

虹吸雨水系统图

排水系统原理图

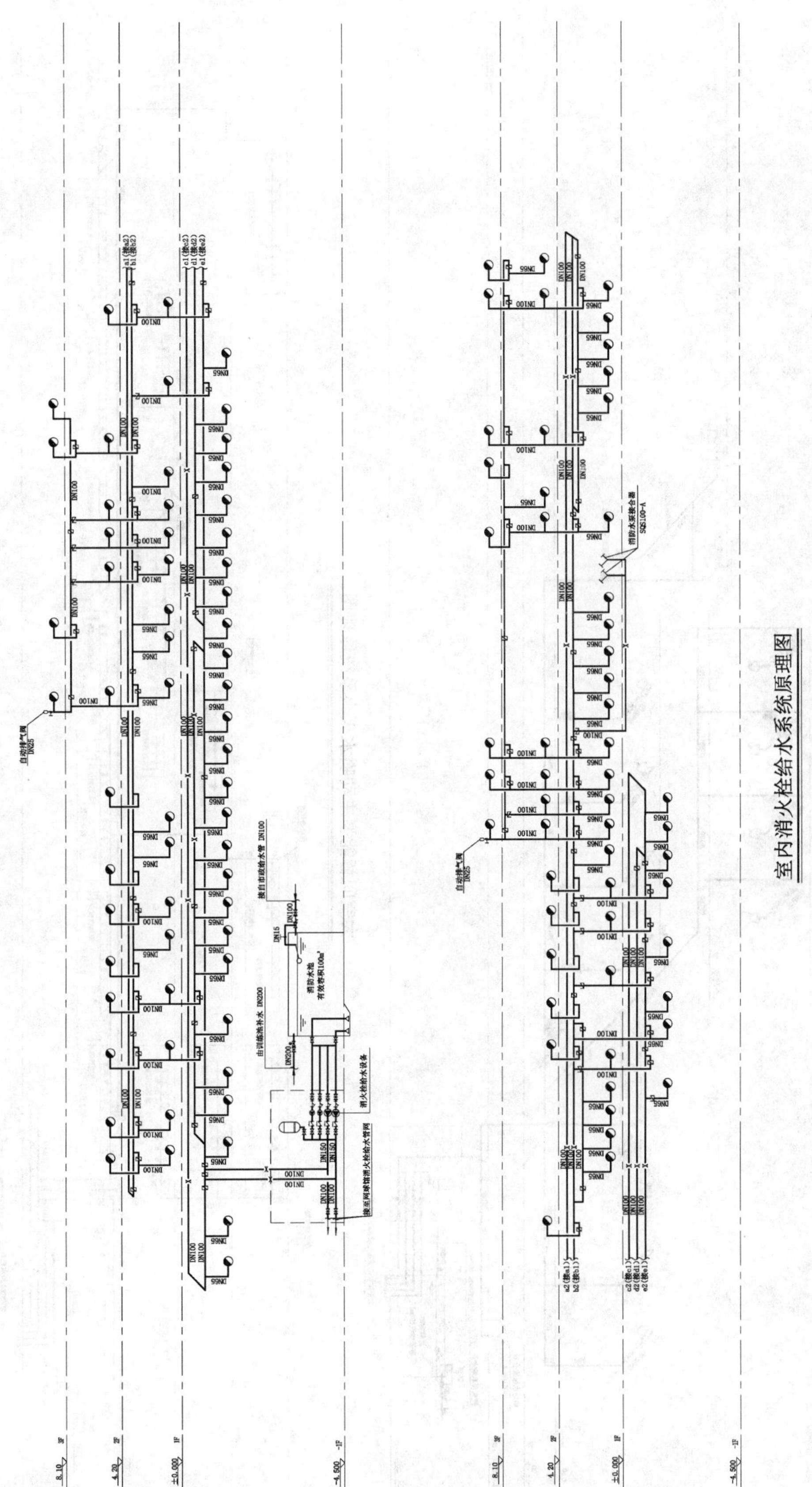

室内消火栓给水系统原理图

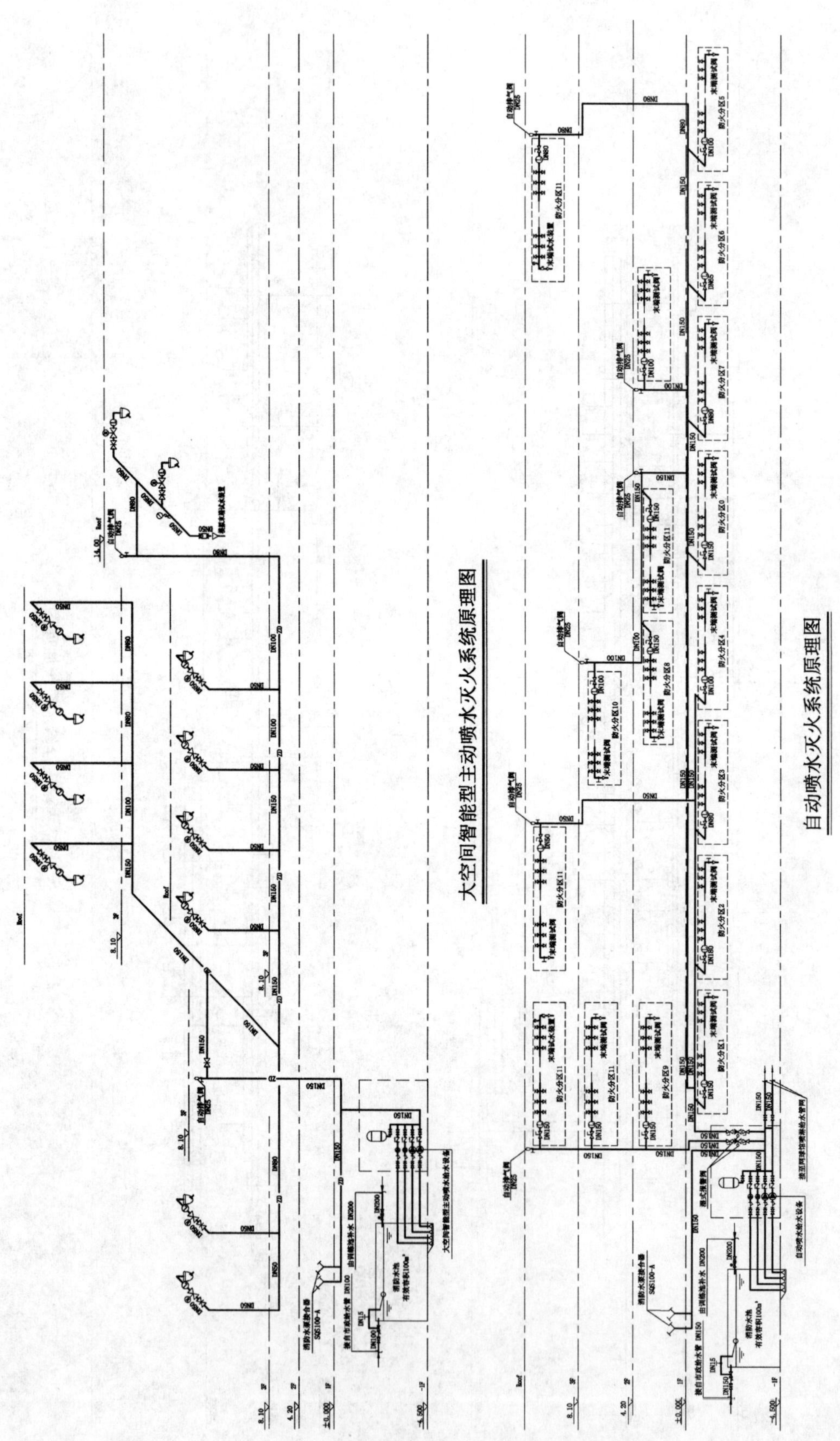

大空间智能型主动喷水灭火系统原理图

自动喷水灭火系统原理图

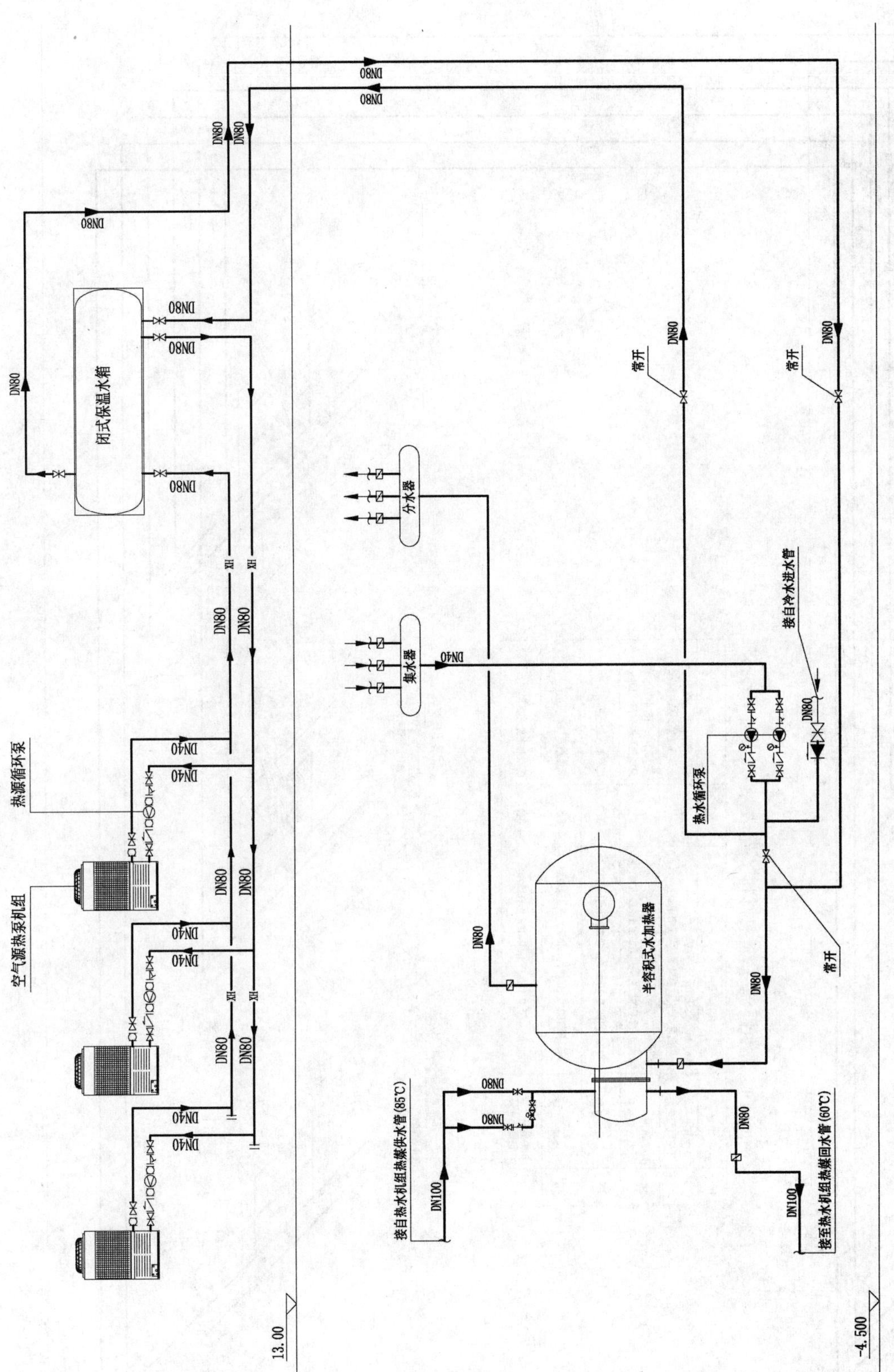

空气源热泵生活热水系统原理图

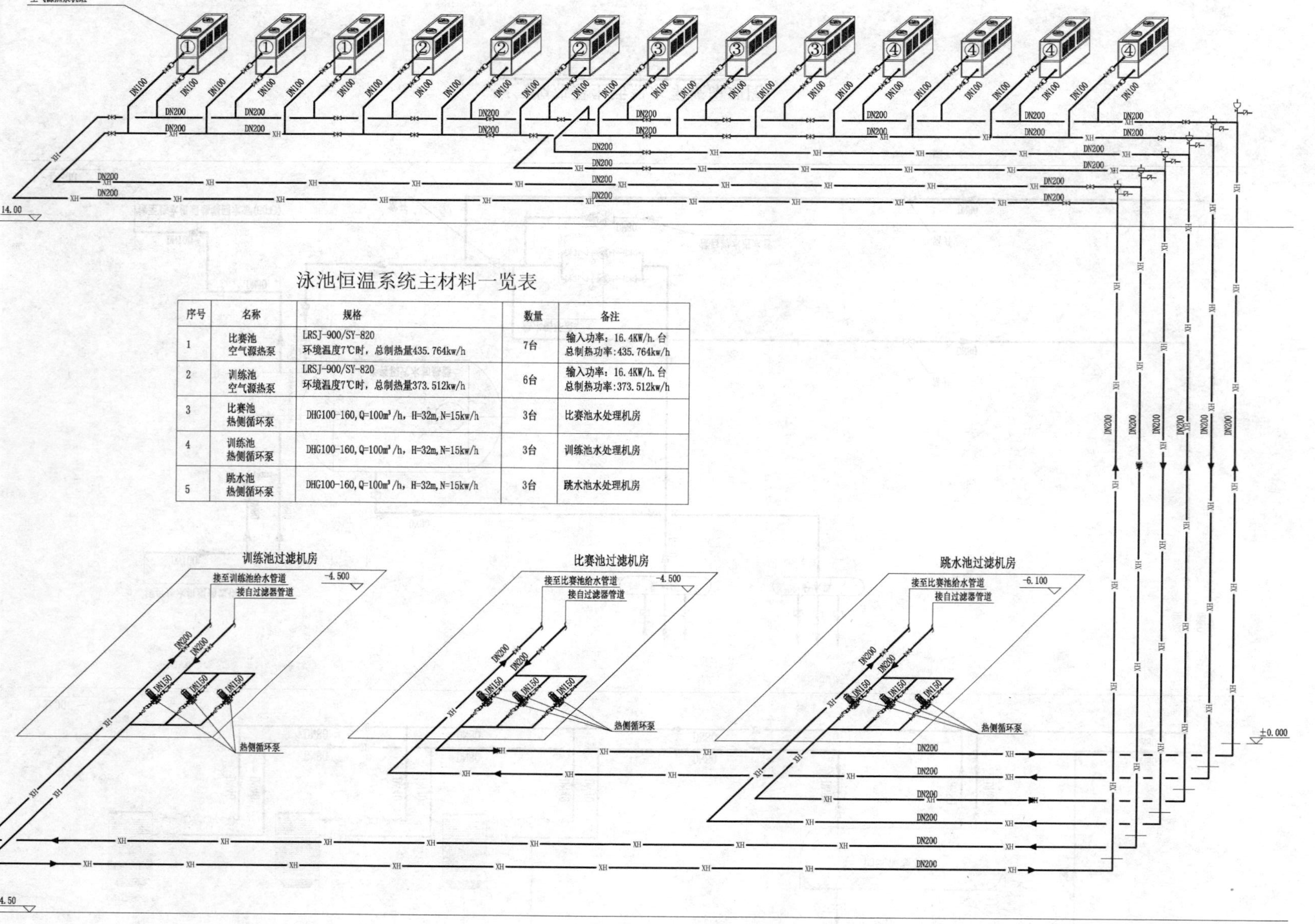

泳池恒温系统主材料一览表

序号	名称	规格	数量	备注
1	比赛池 空气源热泵	LRSJ-900/SY-820 环境温度7℃时，总制热量435.764kw/h	7台	输入功率：16.4KW/h.台 总制热功率:435.764kw/h
2	训练池 空气源热泵	LRSJ-900/SY-820 环境温度7℃时，总制热量373.512kw/h	6台	输入功率：16.4KW/h.台 总制热功率:373.512kw/h
3	比赛池 热侧循环泵	DHG100-160,Q=100m³/h，H=32m,N=15kw/h	3台	比赛池水处理机房
4	训练池 热侧循环泵	DHG100-160,Q=100m³/h，H=32m,N=15kw/h	3台	训练池水处理机房
5	跳水池 热侧循环泵	DHG100-160,Q=100m³/h，H=32m,N=15kw/h	3台	跳水池水处理机房

空气源热泵泳池恒温系统原理图

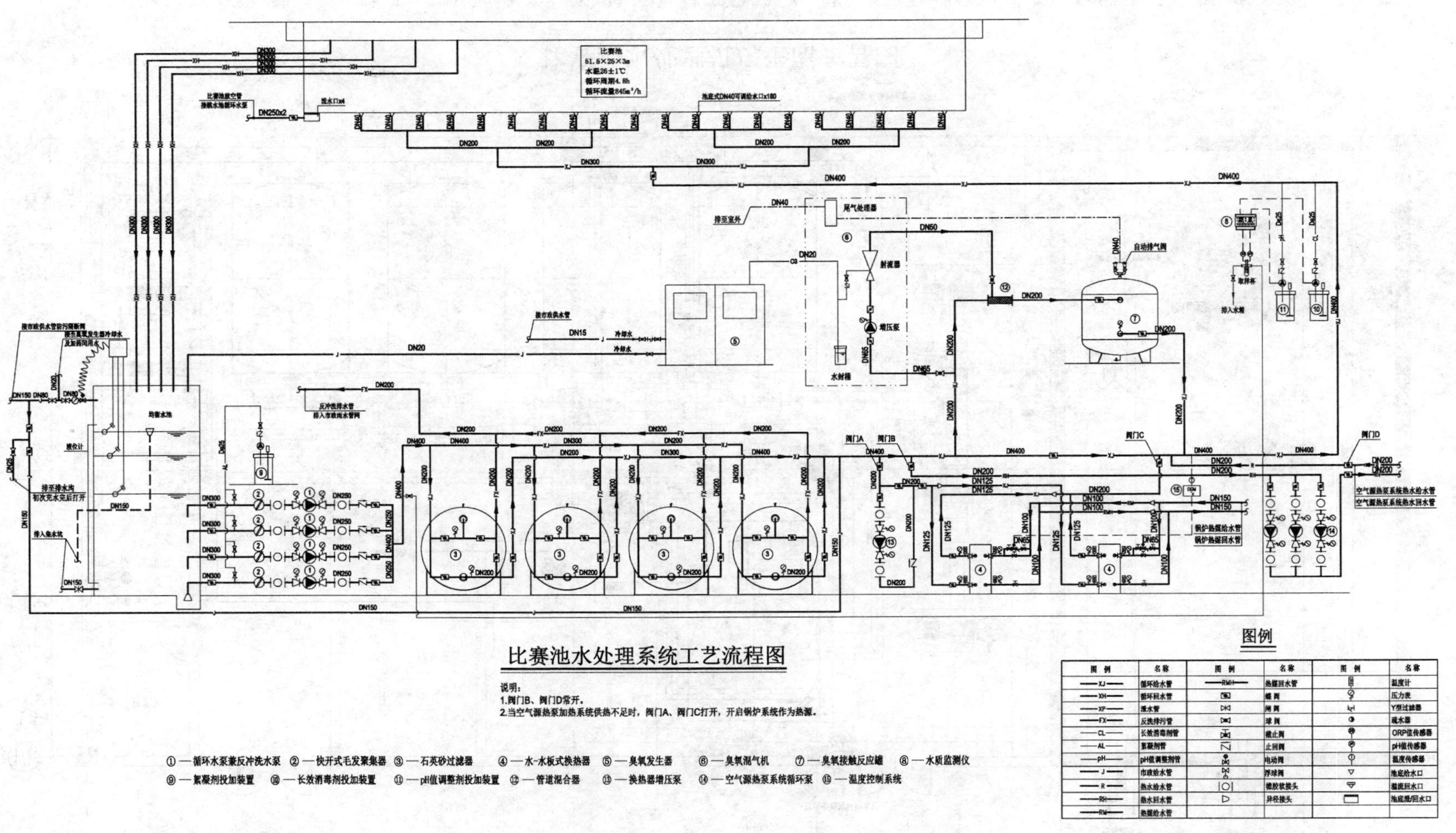
比赛池水处理系统工艺流程图
说明：
1.阀门B、阀门D常开。
2.当空气源热泵加热系统供热不足时，阀门A、阀门C打开，开启锅炉系统作为热源。
①—循环水泵兼反冲洗水泵 ②—快开式毛发聚集器 ③—石英砂过滤器 ④—水-水板式换热器 ⑤—臭氧发生器 ⑥—臭氧混气机 ⑦—臭氧接触反应罐 ⑧—水质监测仪
⑨—絮凝剂投加装置 ⑩—长效消毒剂投加装置 ⑪—pH值调整剂投加装置 ⑫—管道混合器 ⑬—换热器增压泵 ⑭—空气源热泵系统循环泵 ⑮—温度控制系统
图例
比赛池
阀门A
阀门B
阀门C
阀门D

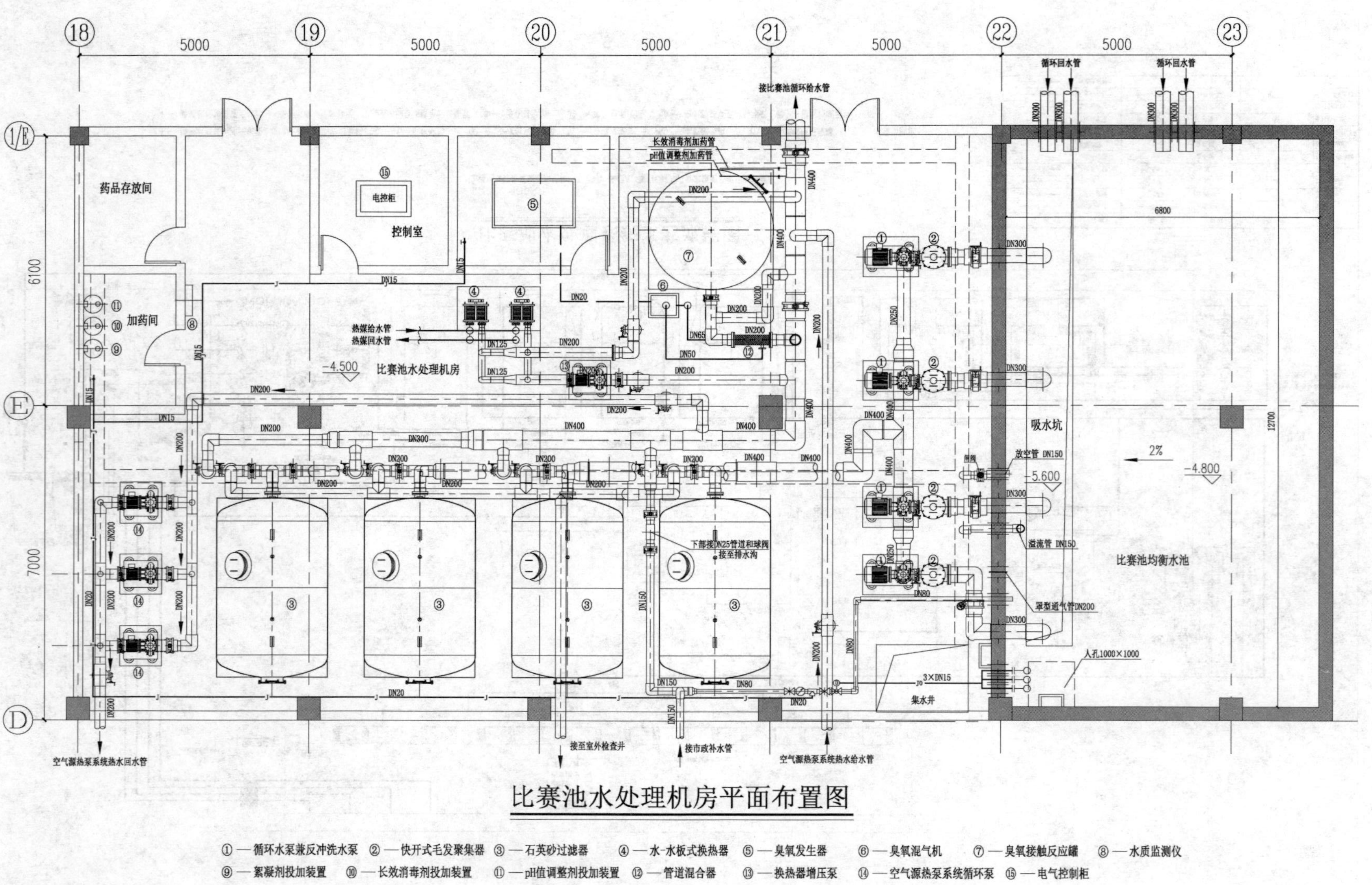

比赛池水处理机房平面布置图

①—循环水泵兼反冲洗水泵 ②—快开式毛发聚集器 ③—石英砂过滤器 ④—水-水板式换热器 ⑤—臭氧发生器 ⑥—臭氧混气机 ⑦—臭氧接触反应罐 ⑧—水质监测仪
⑨—絮凝剂投加装置 ⑩—长效消毒剂投加装置 ⑪—pH值调整剂投加装置 ⑫—管道混合器 ⑬—换热器增压泵 ⑭—空气源热泵系统循环泵 ⑮—电气控制柜

中国2010年上海世博会中国馆

设计单位：上海建筑设计研究院有限公司
设 计 人：赵俊　徐凤　殷春蕾　吴建虹　岑薇
获奖情况：公共建筑类　二等奖

工程概况：

中国馆是2010年世博会的永久性场馆，世博期间主要用于展示国家以及各省市、地区的发展成就。中国馆位于世博园区内，北起北环路、南至南环路、西至上南路、东至云台路。馆内主要为会展功能，其主体建筑总高度68m，建筑面积16万m^2。其主体建筑的地下室连成一体，局部建有二层，地上部则分隔成相对独立的两个建筑物，分别为国家馆和地区馆两部分。国家馆展区始于33.3m的高区门厅，至主屋面包含各种展厅、观众服务区、咖啡餐饮区、贵宾休息区、纪念品销售区等，为建筑的“斗冠”部分；地区馆从±0.00m开始，至13m高的裙房屋面，包含各种展区、辅助服务用房及办公会议区等，为整体建筑的“基座”；地下室层高8m，主要包括各类库房、车库、设备用房及后勤服务区等。在国家馆及地区馆之间采用四个大小相同的交通筒予以连接，高度从9～33m。在馆内其他区域还另建有部分办公、餐饮、库房及车库等功能。

本工程给水排水专业设计系统主要包括：室内外给水及排水系统；室内外消防系统；室内外天然气系统等。

一、给水排水系统

（一）给水系统

1. 冷水用水量（表1）

冷水用水量　**表1**

建筑物	建筑功能	规模 (m^2)	数量	用水量标准	Q_d (m^3/d)	Q_h (m^3/h)	T (h)	K_h	备注 $Q_h=Q_dK_h/T$
国家馆	展厅	17800	42720人次/d	4.5L/人次	192	21.6	12	1.35	
	体验馆	308	739人次/d	4.5L/人次	3.3	0.4	12	1.35	
	屋顶餐厅	1600	2144人次/d	60L/人次	128.6	12.9	12	1.2	
	屋顶咖啡厅	2700	3618人次/d	15L/人次	54.3	6.1	12	1.35	
小计					378.2	41.0			
	未预见水量		按10%估算		37.8	4.1			
合计					416	45.1			
地区馆	展厅	19714	47316人次/d	4.5L/人次	213	24.0	12	1.35	
	办公	25708	2571人/d	50L/(人·班)	129	15.5	10	1.2	
小计					342	39.5			

续表

建筑物	建筑功能	规模 (m^2)	数量	用水量标准	Q_d (m^3/d)	Q_h (m^3/h)	T (h)	K_h	备注 $Q_h=Q_dK_h/T$
	未预见水量		按10%估算		34.2	4.0			
合计					376.2	43.5			
地下室	餐饮	7128	12672人次/d	20L/人次	253	25.3	12	1.2	
	职工食堂		600人次/d	20L/人次	12	1.5	12	1.5	
	淋浴		300人次/d	100L/人次	30	3.8	12	1.5	
	会议室		1000人次/d	8L/人次	8	2.4	4	1.2	
	车库冲洗	7280	14560m^2	2L/(m^2·d)	29	3.6	8	1.0	
小计					332	36.6			
	未预见水量		按10%估算		33.2	3.7			
合计					365.2	40.3			
其他	绿化洒水		12500m^2	3L/(m^2·次)	37.5	4.7	8	1.0	
	景观补水		2000m^2		18	1.5			
	空调补给水				504	56			
合计					559.5	62.2			
总计					1716.9	191.1			

最大日用水量为1716.9m^3/d（其中空调用水量为504m^3/d）；最大时用水量为191.1m^3/h（其中空调用水量为56m^3/h）。

2. 水源

中国馆的供水由基地西侧的上南路及东侧的云台路市政给水管网上分别引入一路*DN*300的给水管道进入基地，采用两路供水，即从上南路及云台路两侧接入的管道上均驳接出一路*DN*200的给水管道，并经各自独立的水表计量后在基地南侧连接成环状给水管网，再从该给水环网上供水至地下室及南区、北区生活水泵房内设置的生活贮水池，并各自设置独立的计量水表。本工程市政给水水压按照上海市区通常能够保证的水压0.15MPa设计。

3. 系统竖向分区、供水方式及给水加压设备

在地下室的南区及北区各设置生活水泵房一座。其中南区的水泵房内设置了202m^3生活贮水池一座（分为两格）、国家馆生活给水加压泵两台（1用1备）及南区地区馆生活给水变频泵组（2用1备）；北区的水泵房内设置78m^3生活贮水池一座（分为两格）及北区地区馆生活给水变频泵组（2用1备）；在国家馆屋顶设置有40t生活水箱一座及国家馆屋顶生活给水增压泵两台（1用1备）。

本工程地下室利用市政给水管网的水压直接供水；所有地区馆的地上部分及国家馆首层至14.4m以下的部分，由设于生活水泵房内的恒压变频供水设备供水；国家馆14.4m以上则采用水池—加压水泵—水箱的联合供水方式通过重力作用直接供水；因屋顶水箱设置的位置不能满足60.3m以上的用水点水压要求，所以在屋顶设置给水增压泵加压供水。中国馆内各层用水点的供水压力均控制在0.15～0.45MPa之间。

4. 管材

本工程所有室内冷水管道全部采用公称压力为 1.6MPa 的薄壁不锈钢管材和管件，卡凸式连接，S30408 材质。

本工程室外给水管道采用给水球墨铸铁管及配件（内搪水泥），承插连接，公称压力为 0.63MPa。

(二) 热水系统

1. 热水用水量表及参数

职工食堂设计参数：600 人次/d，10L/人次；

淋浴间设计参数：300L/个，24 个；

热水供水温度：60℃；

热水耗热量：346kW。

2. 热源及系统

热水用水点主要为地下室职工食堂、地下室淋浴间及所有重要的贵宾卫生间。职工食堂及淋浴间采用集中供热系统、机械全循环方式保持管网水温；而贵宾卫生间则采用分散设置小型电加热热水器来制备所需的生活热水。

3. 设备

职工食堂设计小时耗热量为 49500kcal，设置 2 台 HW-120M 型商用燃气热水器制备热水；淋浴间设计小时耗热量为 252000kcal，设置 4 台 HW-300 型商用燃气热水器制备热水，并采用机械全循环方式保持管网水温。

4. 冷、热水压力平衡措施、热水温度的保证措施等

集中供热系统采用机械全循环方式保持管网水温，管网按热水同程原理设计。

5. 管材

本工程所有室内热水管道全部采用公称压力为 1.6MPa 的薄壁不锈钢管材和管件，卡凸式连接。

(三) 雨水回用系统

1. 水源及水量平衡

本工程在地区馆地下室设有雨水处理站一座，内设有 1000m^3 雨水调节池、雨水处理设备一套。将国家馆及地区馆屋面雨水大部收集至地下室 1000m^3 雨水调节池（基地北部最远端的雨水则直接就近排至市政雨水管网），收集后的雨水接入雨水处理设备，经处理达标后接至清水池。系统处理水量为 75m^3/h。

2. 系统分区、供水方式及给水加压设备

雨水系统框图见图 1。

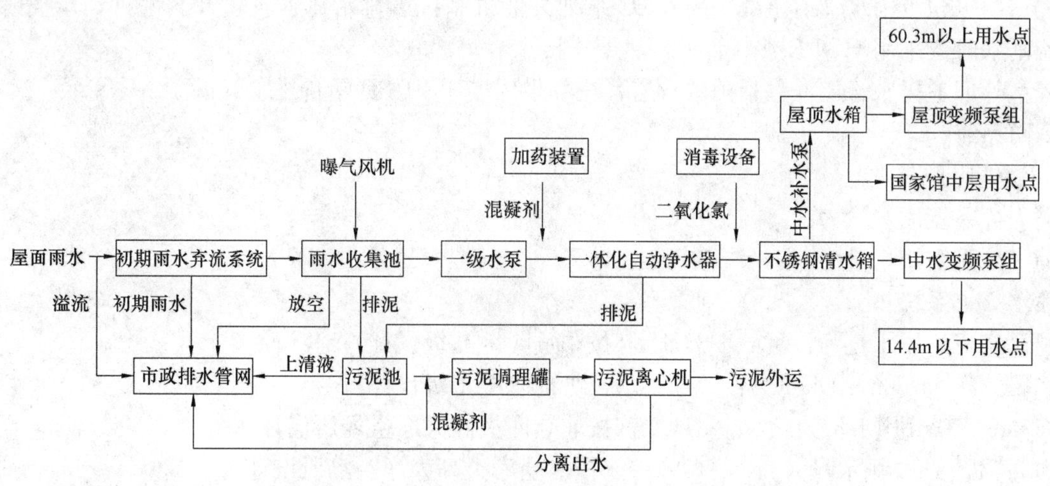

图 1　雨水系统框图

3. 水处理工艺流程

雨水—雨水调蓄水池（含预处理）—中央处理设备（含沉淀及过滤）—加氯消毒—清水池—回用

4. 管材

本工程中水供水管道采用1.6MPa的涂塑钢塑复合管道，丝扣连接。

(四) 排水系统

1. 排水系统的形式

中国馆室内采用污废水分流方式排出，室外采用污废水合流方式排放，排出的污废水经基地内排水管道收集后，直接排入市政污水管网；其中生活废水中餐饮部分的含油废水需先经过厨房间设置的器具隔油器及设于地下室的中央隔油池两级隔油处理后，再排入市政污水管网。

地下室车库集水坑内积水，由设于集水坑内的潜水排水泵提升后排至市政污水管网。

地下室消防电梯基坑、各设备间及地下室低位设置的集水坑内积水，均由设于集水坑内的潜水排水泵提升后排至市政雨水管网。

地下室污水坑内污水，由设于污水坑内的潜水排污泵提升后排至市政污水管网。

喷淋系统的泄、放水及空调冷凝水则就近间接排入地下室集水坑内。

2. 通气系统

本工程原则上均设有专用透气管道（除底层单独排放外），排水立管每隔两层便与透气管道连接；由于部分公共卫生间中的洁具数量很多，所以部分卫生洁具设置了环形透气管。

3. 雨水系统

中国馆的屋面雨水排放系统分为国家馆及地区馆两部分，均采用了虹吸雨水排水系统排除屋面雨水。其场地雨水排放按照重力流排放设计。

屋面雨水经压力流雨水斗、压力流排水管道及虹吸雨水井收集后排至指定的雨水收集池作为中水水源的一部分，多余部分直接溢流排放至市政雨水管网。雨水经收集处理达标后，回用于绿化浇洒用水、景观补充水、车库冲洗水及部分空调补给水；场地雨水则因为水质较差的问题不予收集，而是直接就近排入市政雨水管网。在基地北部下沉式广场区域设置有一个雨水泵站，内设置了雨水潜水排水泵，专用于排除下沉式广场的雨水。

4. 管材

本工程室内排水管道全部采用RKC系列柔性机制抗震排水铸铁管道及其配件，承插螺栓紧固连接。

本工程室内重力流雨水管道全部采用RKC系列柔性机制抗震排水铸铁管道及其配件，承插螺栓紧固连接；压力流雨水管道采用HDPE塑料管道，热熔连接。

本工程室外埋地排水管道（包括雨水管道）全部采用模压FRPP塑料排水管道。

二、消防系统

(一) 用水量

室内消火栓系统用水量为：　40L/s；

室外消火栓系统用水量为：　30L/s；

自动喷水灭火系统：

车库及设备机房用水量为：　28L/s（按中危险级Ⅱ级设计）；

办公、展馆净高≤8m用水量为：　21L/s（按中危险级Ⅰ级设计）；

展馆净高8～12m用水量为：　81L/s（按非仓库类高大净空场所设计）；

展馆净高12～18m用水量为：　108L/s（按非仓库类高大净空场所设计）；

仓库用水量为：　78L/s（按仓库危险级Ⅱ级、多排货架储物仓库的系统设计）。

（二）水源

中国馆消防水源即为前述引入的两路 *DN*300 的给水管道。引入后的给水管道在基地内先连成环状管网，再由该环网上引出一路 *DN*300 的给水管道和两路 *DN*200 的给水管道进入地下室室内消防泵房。其中 *DN*300 给水管道供至室内的消防水箱，*DN*200 的给水管道供室内消火栓水泵直接抽取消防用水。

（三）关于消防系统

1. 消防设施

在地下室设有消防泵房一座，内专门设有 200m^3 消防水池一座，以满足喷淋用水的安全性，另设有消火栓供水主泵两台（1用1备）和大流量喷淋供水主泵三台（2用1备）及小流量喷淋供水主泵两台（1用1备）；在国家馆屋顶设有 40t 消防水箱一座（同样处于安全性考虑，放大了消防水箱的容积）、消火栓及喷淋稳压泵各两台（1用1备）。

2. 系统运行

平时由屋顶水箱及稳压设备保持管网水压；实施消防灭火时，喷淋系统由喷淋主泵直接从消防水池中抽取用水，供整个室内喷淋系统消防用水；消火栓系统则由消火栓主泵直接从引入的消防管道上抽取用水供室内消防灭火用水。

3. 消防分区及系统设计

消火栓系统不设分区，当栓口动压大于 0.50MPa 时，通过设置减压稳压型消火栓的方式避免超压的问题；喷淋系统设置了大、小流量两套独立的喷淋系统（78～108L/s 为大流量喷淋系统；21～28L/s 为小流量喷淋系统），并采用了独立的喷淋泵组，这样可以更好地提升大净空场合的消防安全性。

4. 气体灭火系统

在地区馆地下室变配电机房、电容器室，国家馆首层安全控制中心、消防联动设备间、网络管理及设备间、UPS 间等处采用 FM200 气体灭火系统灭火。

5. 大空间智能洒水灭火系统

本工程大空间防火采用 LA100 型系统，一旦火灾发生，信息处理主机发出报警信号，显示报警区域的图像，并自动开启录像机进行记录，同时通过联动控制台采用人机协同的方式启动微型自动扫描灭火装置进行定点灭火。

本工程系统设计流量为：20L/s。每门流量为 5L/s，至少 2 股水柱同时到达。

在控制室内设置一套操作台，其中安装防火并行处理器、信息处理主机、立安控制器、矩阵切换器、视频切换器、硬盘录像机、监视器、消防炮集中控制盘、消防炮控制器、消防泵控制盘等设备。

6. 室外消防设施

在基地内每隔 120m 间距设有一个室外消火栓，由基地内的室外消防环网供水；基地内还设有各消防系统专用的水泵接合器。

三、工程设计特点

（一）节能、节水措施

1. 给水系统中，地下室利用市政给水管网的压力直接供水；其余各层采用恒压变频供水设备供水。

2. 各种大型设备进水口及基地给水引入口均设置水表进行计量，并配合设计了能源管理系统。

3. 卫生洁具中采用 6L/次的节水型坐便器。

4. 采用雨水收集回用技术，节约水资源。

（二）环境保护

1. 所有设备间内全部采用高效低噪声设备，并采取隔震措施，以降低噪声。

2. 透气立管至建筑物最高点高空排放废气。

3. 采用雨水收集回用技术，减少雨水排放总量。

4. 采用成品隔油池避免对环境的影响。

(三) 新材料、新技术

1. 屋面雨水排放采用虹吸排水系统排除雨水。

2. 采用雨水收集处理及回用技术。

3. 采用水喷雾保湿、造景技术。

4. 采用设置密闭隔油池的方式，自动去除厨房废水的油污。

5. 采用管线的综合布置，抬高净空高度。

6. 广场采用成品排水沟，减少坡降，设计美观。

(四) 技术难点的特别说明

1. 展馆给排水及消防设计：为解决展区给水排水及消防系统的正确设计问题，馆内设计了较多新颖的设计系统，包括：设置管沟与地坑解决管道敷设及室内消火栓的合理布置；展位设置消防水喉，满足非消防人员在紧急情况下的灭火使用；在展区间设置防火隔离带，提高喷淋系统的安全可靠性；对于房中房的出现，则采用局部应用喷淋系统予以解决；对于展位给水排水管道，则完全敷设与管沟内。

2. 虹吸排水系统：解决了连续性大屋面的雨水排放问题，使得建筑物中央部位可以不设置雨水立管，确保了建筑的整体美观。在主屋面的虹吸天沟设置上充分结合了建筑物的特殊造型，采用主、辅沟相结合的方式；在裙房屋面上，为了配合新九州清晏的皇家园林设计，将屋面排水系统分为上下两层的设计模式，即虹吸主沟设置在下方，而将收集的排水系统设置在上方。

3. 雨水收集及回用系统：本工程屋面占据了基地的绝大多数地方，收集屋面雨水极为合适，量也充足，同时充分考虑了裙房屋面新九州清晏的园林灌溉系统，设计了该系统，很好地平衡了中水的用的问题，使系统达到较为合理的状况。

4. 标准模块化设计：在国家馆主楼内的四个核心筒，均设置了相同类型的管井，并进行了标准化的管道设计，设置了相同的给水排水及消防管道，由于主体建筑上部大、下部小、转折多，所以采用这样的设计模式，很好地解决了上部区域空间走管的问题，对于后期的设计调整帮助也很大。

5. 喷淋系统的大小流量的搭配问题：本工程喷淋系统采用了形式多样的不同系统，对于流量的变化是显而易见的，由于流量跨度太大，所以系统进行了适当的划分，将其分为大流量喷淋系统及小流量额喷淋系统，虽然在连接管道时工作量增加了，但是在布置系统时却方便了，尤其是采用了标准模块化设计后，在不同的防火分区或区域，可以用最近距离的管道，连接本区域的喷淋系统。

四、工程照片

甘肃会展中心

设计单位：甘肃省建筑设计研究院

设 计 人：胡斌东　姜凌云　安钧强　陈善彦　马育功　米宏图　冯志涛　刘育璞　何蜀炜

获奖情况：公共建筑类　二等奖

工程概况：

甘肃展览中心为国际性标准展馆，位于兰州市盐场堡中心滩地区中段，北侧为北滨河路，东西两侧为市政规划路，南临黄河。建筑群总用地面积129300m^2（建设用地面积37887m^2，道路广场面积51330m^2，绿地面积40083m^2）；展览中心总建筑面积63652m^2，地上总建筑面积42090m^2，地下建筑面积21562m^2，基底建筑面积20363m^2，道路广场面积30000m^2，绿地面积26000m^2；建筑高度29.50m，室内外高差为－0.24m。建筑物地上二层，地下一层，地下一层为停车库及设备用房，战时为核六级甲类人防地下室及物质库；地上部分均为展厅，内设八个国际标准展厅。

一、给水排水系统

(一) 给水系统

1. 冷水用水量（表1）

冷水用水量　　**表1**

序号	参数 用水量 功能	使用 单位 (人)	用水量 标准 (L/(人·d))	最大小时 变化系数 K_h	使用 时间 (h)	最高日 用水量 (m^3/d)	最大时 用水量 (m^3/h)	平均时 用水量 (m^3/h)
1	办公	350	50	1.2	10	17.50	2.10	1.75
2	展厅人员	3600	30L/(人·次)	1.5	8	108.00	20.25	13.50
3	展厅地面	26000	3L/(m^2·次)	1.5	8	78.00	14.63	9.75
4	车库地面	16800	2L/(m^2·次)	1.0	6	33.60	5.60	5.60
5	汽车抹车	431(按10%车位)	15L/(辆·次)			0.65		
6	空调补水					400		
7	绿化浇洒	56000	2L/(m^2·d)			112		
8	未预见水量按10%计					74.96	8.26	7.06
9	总计					824.73	90.84	77.66

2. 水源：由建筑物北侧的北滨河路市政给水管网引入两路$DN200$给水管，在室外成环状管网，供室内给水、室外绿化及消防用水，并在引入管处设远传水表计量。

3. 系统竖向分区：生活给水系统为两个区，一区为－1F（－6.10m），二区为1F～2F（±0.00m～9.00m）。

4. 供水方式及加压给水设备：因市网保证水压最低可达0.12MPa，一区由市网直接供给，系统为上行下给式。二区生活给水由基地能源中心地下一层水泵房内的变频给水设备供给，系统为下行上给式。

5. 管材：生活给水系统管材采用衬塑（PPR）铝合金复合管（P=2.0MPa），专用管配件热熔接。

（二）热水系统

1. 热水供给部位为二层夹层淋浴用水，设计小时耗热量为：135kW。

2. 热源：采用电热水器制备供给。

3. 系统竖向分区：热水系统为一个区。

4. 热交换器：采用吊顶型容积式电热水器。

5. 冷、热水压力平衡措施、热水温度的保证措施：比赛时定时供水，淋浴器配水管为环状布置。

6. 管材：采用衬塑（PPR）铝合金复合管（P=2.0MPa），专用管配件热熔接。

热水供给部位为二层夹层淋浴用水，采用局部供水方式，设备采用吊顶型容积式电热水器。设计小时耗热量为：135kW。

（三）排水系统

1. 排水系统的形式：室外为雨污分流制，室内为污废分流制。地下室废水经潜污泵提升后排出。

2. 透气管的设置方式：各立管设有伸顶通气管。

3. 采用的局部污水处理设施：室外设有 100m^3 钢筋混凝土化粪池一座。

4. 管材：室内污废排水系统采用建筑排水用柔性接口排水铸铁管及管件，特种橡胶圈密封，螺栓紧固；雨水系统采用 HDPE 塑料雨水管，粘接连接。

二、消防系统

（一）消火栓系统

1. 按《高层民用建筑设计防火规范》GB 50045—95（2005 年版）规定，本工程设置室内外消火栓给水系统，消防用水由市政给水管网、基地能源中心地下一层消防水池、水泵及屋顶 20m^3 消防水箱联合供给，室内消防给水采用临时高压给水系统。

室内外消火栓系统消防用水量如下：

室内：30L/s，每根竖管最小流量 15L/s，水枪 5L/s，火灾延续时间 3h；

室外：30L/s，火灾延续时间 3h。

2. 室内消火栓给水系统为一个区，各单体系统在地下一层及二层设横干管与各立管相接分别成水平及竖向环状管网，两台消火栓给水泵出水管同时接至室内消火栓环管；并从室内消防环管上接出两组室外地下式水泵接合器，距室外消火栓距离为 15～40m。

3. 消火栓水枪充实水柱不小于 13m，消防竖管布置保证同层两个相邻消火栓的水枪充实水柱同时可达到被保护范围内的任何部位，竖管直径不小于 DN100；在屋顶水箱间设试验消火栓。各消火栓箱内均设有远距离启动消防泵及向消防控制中心报警的按钮。

4. 火灾初期消防用水 18m^3 贮于屋顶 20m^3 消防专用水箱内，选用热浸镀锌钢板水箱一座。因屋顶水箱设置高度不能满足最不利消火栓静水压力 0.07MPa 的要求，在屋顶水箱间设消防增压稳压设施一套，选 ZW(L)-XZ-10 型成套设备，消防压力 0.16MPa；配 SQL1000×0.6 型立式隔膜式气压罐一个，消防贮水 450L；配用水泵 25LGW3-10×4 型两台，一用一备，N=1.5kW。设备 G=2313kg（甲型），运行压力 P_1=0.16MPa，P_2=0.30MPa，PS_1=0.33MPa，PS_2=0.38MPa，稳压水容积 86L，$L \times A$=2200×1100，基础高 0.20m，$H_{吸}$=0.11m，$H_{出}$=0.34m，$DN_{吸}$=25，$DN_{出}$=100，见 98S205-6。

5. 消防水泵参数计算

$$Q_B = 30L/s = 108.00m^3/h$$

DN100、15L/s 、1.73m/s、0.0602，DN150、30L/s 、1.77m/s、0.0405

$H_B=6.1+13.5+1.1+21+3+3+3+(6.5+13.5+340)\times0.0405\times1.1=50.70+16.04=66.74m$

选稳压缓冲立式多级消防泵两台，一用一备，要求水泵定时自检，具体选型见基地能源中心设计。

6. 管材及敷设

采用焊接钢管，焊接连接，管道外刷防锈漆、红色调合漆两道防腐；水箱间内管道及设备采用50mm厚岩棉保温，外包玻璃丝布保护层。

管道试验压力：$P_t=1.5P=1.5\times0.67=1.01MPa$

（二）自动喷水灭火系统

1. 系统设计部位及系统参数

各层除净空高度大于保护高度及不宜用水扑救部位外，均设有自喷喷头。

2. 系统设计参数

系统设计火灾危险等级如下：地下车库按中危险级Ⅱ级设防，设计喷水强度8L/(min·m^2)，作用面积160m^2，设计流量27.69L/s，喷头选型$K=80$；办公、地上净空高度小于8m的部位按中危险级Ⅰ级设防，设计喷水强度6L/(min·m^2)，作用面积160m^2，设计流量20.80L/s，喷头选型$K=80$；一层展厅及一、二层净空高度为9.00m部分，属大于8m、小于12m的场所，按非仓库类高大净空场所-会展中心设防，设计喷水强度12L/(min·m^2)，作用面积300m^2，设计流量78.00L/s，喷头选型$K=115$，喷头最大间距3m；系统最不利喷头压力按0.05MPa计。

3. 系统组件

（1）喷头：地下室采用$K=80$的ZSTZ15直立型闭式玻璃球喷头，动作温度68℃（红）；地上部分采用$K=80$的ZSTX15下垂型闭式玻璃球喷头（甲方提供设有吊顶），动作温度68℃（红）；一层展厅及一、二层净空高度为9.00m部分采用$K=115$的ZSTP20型下垂型普通型大口径闭式玻璃球喷头，动作温度68℃（红）；见甘02S6-57，备用喷头数量按各种喷头总数的1%计，且均不少于10只。

（2）报警阀组

全楼喷头共约5800只，在基地能源中心消防水泵房内设八组ZSZ150型（1.20MPa）湿式报警阀，见甘02S6-34，每组控制喷头数不超过800只，入口设过滤器，并在报警阀出入口设电信号蝶阀，安装高度为1.20m，湿式报警阀、水力警铃设于楼内值班室附近。

（3）水流指示器：设置自喷喷头的各层、各防火分区均设水流指示器，其入口前设电信号蝶阀，水流指示器安装见甘02S6-56。

（4）末端试水装置：每个报警阀组控制的最不利喷头处，均设末端试水装置，其他防火分区、各楼层均设$DN25$的放水阀。

（5）Y型拉杆伸缩过滤器，YSTF-16，$DN50\sim DN400$

（6）复合式排气阀，CARX-10，$DN25\sim DN100$

（7）电信号蝶阀，ZSFD-16，$PN=1.60MPa$

（8）微量排气阀，ARVX20型

4. 系统供水

（1）本楼报警阀超过两个，在基地能源中心消防水泵房报警阀前设环状供水管道。

（2）火灾初期消防用水18m^{3}贮于屋顶20m^{3}消防专用水箱内，另设稳压增压设施以保证最不利喷头水压要求，消防水箱出水管采用$DN100$，接至基地能源中心自喷消防泵加压环管上。

（3）火灾延续时间内消防用水280.80m^{3}贮于基地能源中心地下一层1300 m^{3}消防水池内。

$$VZP=78\times3600/1000=280.80m^3$$

（4）室外设六组SQXA150型地下式消防水泵接合器。

5. 自喷水泵参数计算

$$Q_B=78/2=39L/s=140.40m^3/h$$

DN100、21L/s、2.37m/s、0.112（最高最不利处喷头），DN150、30L/s 、1.77m/s、0.0405，DN200、78L/s 、2.54m/s、0.0564

$$H_B=6.1+18+30+3+3+3+(6.1+18+250)\times0.0564\times1.1=63.10+17=80.10m$$

选稳压缓冲立式多级消防泵三台，两用一备，要求水泵定时自检，具体选型见基地能源中心设计。

6. 管材及敷设

管材采用内外热浸镀锌钢管，水泵出口到湿报阀段内外热浸镀锌无缝钢管，大于或等于 DN100 采用沟槽式连接件连接，小于 DN100 采用丝扣连接。为保证各配水管出口压力<0.40MPa，在配水管入口处设减压孔板减压。系统水平管坡度 2%坡向泄水阀，各立管管径除一层非仓库类高大净空场所-会展中心供水管为 DN200 外，其余均为 DN100，顶部设排气阀。

系统动作原理：火灾发生→喷头动作→水流指示器动作→湿式报警阀同时动作→向消控室报警→连锁启动自喷泵。

管道防腐：外刷樟丹两道，红色黄环调和漆两道。

管道试验压力：$P_t=1.5P=1.5\times0.80=1.20$MPa

（三）水喷雾灭火系统

地下柴油发电机房采用水喷雾灭火系统进行保护，保护对象按包容保护对象的最小规则的外表面面积确定，在储油间及发电机组部位设置油类水雾喷头。设计喷雾强度 21.95L/(min・m²)，持续喷雾时间 0.5h，喷头工作压力 0.35MPa，响应时间不大于 45s，系统拟设两套雨淋报警阀组。

1. 选 ZSTWB/SL-222-63-90 型油类水雾喷头，见 04S206-62，$K=33.7$，喷射角 90°，有效距离大于 2.6m，工作压力 0.35MPa。

$q=K\sqrt{10P}=33.7\sqrt{(10\times0.35)}=63.05L/min=1.05L/s$

按分别保护两台发电机组计算，$LBH=1000\times3000\times1800$

$S=1\times3+1\times1.8\times2+3\times1.8\times2=17.4m^2$

$N=17.4\times20/63.05=5.5\approx6$ 个

$Q_s=KQ_j=1.1\times1.05\times6=6.93L/s$

实际布置喷头数 $R=B\cdot\tan(\theta/2)=0.7\tan(90°/2)=0.70m$，喷头最大间距 0.98m，

喷头设置高度为 0.5m、1.3m 两排。

$$N=3+3\times2\times2+2\times2=19\text{个}$$

$$Q_s=KQ_j=1.1\times1.05\times19=21.945L/s$$

2. 雨淋报警阀组：ZSFY150 型，05S4-56，两套。

3. 系统供水

（1）系统在室内设环状供水管道。

（2）火灾初期消防用水 18m³ 贮于屋顶 20m³ 消防专用水箱内，另设增压稳压设施以保证最不利喷头水压要求，消防水箱出水管采用 DN100，接至水喷雾消防泵加压环管上。

（3）火灾延续时间内消防用水 216m³ 贮于基地能源中心地下一层 1300m³ 消防水池内。

$$VDP=21.95\times1800/1000=39.51m^3$$

（4）室外设两组 SQXA150 型地下室消防水泵接合器。

4. 水喷雾消防水泵参数计算

$Q_B=21.95L/s=79m^3/h$

$DN150$、21.95L/s、1.17m/s、0.0165

$$H_B=6.1+35+3+3+3+(6.1+320)\times0.0165\times1.1=50.10+5.92=56.02\text{m}$$

选稳压缓冲立式多级消防泵两台，一用一备，要求水泵定时自检，具体选型见基地能源中心设计。

5. 管材及敷设

管材采用内外热浸镀锌钢管，水泵出口到湿报阀段内外热浸镀锌无缝钢管，大于或等于 $DN100$ 采用沟槽式连接件连接，小于 $DN100$ 采用丝扣连接。系统水平管坡度 2%坡向泄水阀，各立管管径为 $DN150$，顶部设排气阀。

管道防腐：外刷防锈漆两道，红色黑环调合漆各两道防腐。

管道试验压力：$P_t=1.5P=1.5\times0.56=0.84$MPa，取 1.40MPa。

（四）气体灭火系统

1. 设置范围：本工程地下变配电室（两房间面积相似）设有 S 型热气溶胶预制灭火系统。

2. 热气溶胶预制灭火系统

（1）设置要求：预制灭火系统装置必须同时启动，各装置间距不大于 10m，防护区高度不宜大于 6m，装置的喷口高于防护区地面 2m，多台装置的动作响应时差不大于 2s；一个防护区面积不大于 500m^2，且容积不大于 1000m^3；防护区泄压口设在外墙上且应位于防护区净高的 2/3 以上；每台灭火装置均应具备启动反馈功能；预制灭火系统应设自动控制和手动控制两种启动方式的转换装置，防护区内外应设手动、自动控制状态的显示装置；采用自动控制方式时，应有不大于 30s 的可控延迟喷射；防护区内应设火灾声报警器，防护区入口应设火灾声、光报警器和灭火剂喷放指示灯；防护区的门应向疏散方向开启，并能自行关闭。

（2）系统计算

1）灭火设计密度不应小于灭火密度的 1.3 倍，灭火设计密度采用 130g/m^3，灭火剂喷放时间不大于 90s，喷口温度不大于 150℃，灭火浸渍时间采用 20min。

2）灭火剂用量计算公式：$W=C_2\cdot K_V\cdot V=0.13V$（kg）

地下变配电室

$$V=115\times6.1=701.5\text{m}^3 \qquad W_{高}=0.13\times701.5=91.2\approx95\text{kg}$$

选 QRR20/SL75 型 DKL 落地式自动灭火装置五台，外形尺寸为 1050×450×920（mm），净重为 75kg。

3）泄压口计算：$F_X=1.1Q_X/\sqrt{P_f}=1.1Q_X/\sqrt{4800}=0.0159Q_X$

$$F_{档}=0.0159Q_X=0.0159\times100/90=0.018\text{m}^2$$

（五）大空间智能型主动喷水灭火系统（自动扫描射水高空水炮系统）

1. 设置部位及系统组成

展览中心门厅及扶梯上空大空间高度达 18.00m；采用自动扫描射水高空水炮系统代替自喷系统进行保护，选用 ZSS-25 型自动扫描射水高空水炮。系统由消防水池、消防泵、水流指示器、电磁阀、自动扫描射水高空水炮、红外探测组件和高位水箱等组成，和自喷系统合用增压稳压设施。

2. 系统设计参数

各高大空间上空按中危险级Ⅰ级设防，水炮均设置最多为 1 行 3 列，同时开启喷头数为 3 个，设计流量为 15L/s，火灾延续时间按 1h 计。

$$QSP=15\times3600/1000=54\text{m}^3$$

3. 系统组件

（1）自动扫描射水高空水炮灭火装置：ZSS25 型，带图像传输功能，220V，$P=0.60$MPa，$q=5$L/s，$R\leqslant32$m，$H\leqslant7\sim35$m，5～55℃，备用 1%且大于 1 只，共 10 只。

（2）电磁阀组：Z941Y-16C 型，与水炮联设

（3）水炮模拟末端试水装置：TYNS，最不利处设 1 只

（4）水流指示器：ZSJZ80，甘 02S6-56

（5）信号蝶阀：ZSFD-16

（6）拉杆伸缩过滤器：YSTF-16　*DN*50～*DN*100

（7）复合排气阀：CARX-10　*DN*25～*DN*100

4. 系统供水

（1）系统在室内设环状供水管道。

（2）火灾初期消防用水 18m³ 贮于屋顶 20m³ 消防专用水箱内，和水幕系统合用增压稳压设施以保证最不利水炮水压要求，消防水箱出水管采用 *DN*100，接至自动扫描射水高空水炮消防泵加压环管上。

（3）火灾延续时间内消防用水 54m³ 贮于基地能源中心地下一层 1300m³ 消防水池内。

$$VSP=15\times3600/1000=54m^3$$

（4）室外设两组 SQXA150 型地下室消防水泵接合器。

5. 自动扫描射水高空水炮水泵参数计算

$$Q_B=15L/s=54m^3/h$$

$$DN100、15L/s、1.73m/s、0.0602$$

$$H_B=6.1+16.3+60+3+3+3+(6.1+16.3+340)\times0.0602\times1.1=91.40+24=115.40m$$

选稳压缓冲立式多级消防泵两台，要求水泵定时自检，具体选型见基地能源中心设计。

6. 管材及敷设

管材采用内外热浸镀锌钢管，水泵出口到湿报阀段内外热浸镀锌无缝钢管，大于或等于 *DN*100 采用沟槽式连接件连接，小于 *DN*100 采用丝扣连接。系统水平管坡度 2‰坡向泄水阀，各立管管径为 *DN*150，顶部设排气阀。

系统动作原理：火灾发生→红外探测组件动作→联动控制器动作→火灾报警装置动作→水炮同时动作→联锁启动高炮泵。

管道防腐：外刷防锈漆两道，红色调合漆各两道防腐。

管道试验压力：$P_t=P+0.40=1.15+0.40=1.55MPa$

（六）固定自动消防炮灭火系统

1. 设置部位及系统组成

二层展厅空间高度达到 20.50m，采用固定自动消防炮灭火系统代替自喷系统进行保护。系统由消防水池、消防泵、水流指示器、电磁阀、电信号阀、带定位器的自动消防水炮、末端试水装置和高位水箱等组成，屋顶水箱间设有增压稳压设施。

2. 系统设计参数

各高大空间按民用建筑用水量不小于 40L/s 设防，设置数量均为两门，可保证两股水射流可到达防护区的任一部位。同时开启喷头数为 2 门水炮，设计流量为 60L/s，火灾延续时间按 1 小时计。

$$QDP=60\times3600/1000=216m^3$$

3. 系统组件

（1）自动寻的智能消防炮：PSDZ30W L1862 型，$N=130W$，雾化角 90°，射程 65m，$P=0.90MPa$，$q=30L/s$，共 16 门。

（2）电磁阀组：Z941Y-16C 型，与水炮联设

（3）水炮模拟末端试水装置：TYNS，最不利处设 1 只

（4）水流指示器：ZSJZ80，甘 02S6-56

（5）信号蝶阀：ZSFD-16

（6）拉杆伸缩过滤器：YSTF-16　*DN*50～*DN*100

（7）复合排气阀：CARX-10　*DN*25～*DN*100

4. 系统供水

（1）系统在室内设环状供水管道。

（2）火灾初期消防用水 $18m^3$ 贮于屋顶 $20m^3$ 消防专用水箱内，另设增压稳压设施以保证最不利水炮水压要求，消防水箱出水管采用 *DN*100，接至固定自动消防炮消防泵加压环管上。

（3）火灾延续时间内消防用水 $216m^3$ 贮于基地能源中心地下一层 $1300m^3$ 消防水池内。

$$VDP = 60 \times 3600/1000 = 216m^3$$

（4）室外设四组 SQXA150 型地下室消防水泵接合器。

5. 固定自动消防炮水泵参数计算

$$Q_B = 60L/s = 216m^3/h$$

$$DN250、60L/s、1.20m/s、0.0093$$

$$H_B = 6.1 + 14.5 + 90 + 3 + 3 + 3 + (6.1 + 14.5 + 340) \times 0.0093 \times 1.1 = 119.60 + 3.69 = 123.29m$$

选稳压缓冲立式多级消防泵两台，一用一备，要求水泵定时自检，具体选型见基地能源中心设计。

6. 管材及敷设

管材采用内外热浸镀锌钢管，水泵出口到湿报阀段内外热浸镀锌无缝钢管，大于或等于 *DN*100 采用沟槽式连接件连接，小于 *DN*100 采用丝扣连接。系统水平管坡度 2‰坡向泄水阀，各立管管径为 *DN*150，顶部设排气阀。

系统动作原理：火灾发生→红外探测组件动作→联动控制器动作→火灾报警装置动作→水炮同时动作→联锁启动固定炮泵。

管道防腐：外刷防锈漆两道，红色黑环调合漆各两道防腐。

管道试验压力：$P_t = P + 0.40 = 1.23 + 0.40 = 1.63MPa$

（七）防护冷却水幕系统

1. 设置部位及系统组成

地上各展厅（防火分区）之间采用钢制（普通）水平防火卷帘分隔，卷帘设置长度为 48m，高度为 5.50m（国内目前尚无该类型的特级防火卷帘生产）。按两道卷帘，两道水幕同时动作进行设防，设计流量 62.40L/s，火灾延续时间 3h。系统由消防水池、防护冷却喷淋加压泵、雨淋阀组、防护冷却喷头和屋顶高水箱及增压稳压设备等设备组成，屋顶水箱间设有增压稳压设施。防护卷帘两侧水幕喷头动作均由各自设置的雨淋阀组控制，共十二套雨淋阀组。

2. 系统设计参数

喷水点高度 5.50m，喷水强度 0.65L/(s·m)，保护长度 48m，喷头工作压力 0.10 MPa，水幕喷头在卷帘两侧单排布置，火灾延续时间 3h。

$$Q_{水幕} = 2 \times 0.65 \times 48 = 62.40L/s$$

$$Q_{sm} = 3 \times 62.4 \times 3600/1000 = 673.92m^3$$

3. 系统组件

（1）水幕喷头：ZSTM-15，68℃，510 只

（2）雨淋报警阀组：ZSFY150 型，05S4-56，12 套。

（3）信号蝶阀：ZSFD-16

（4）拉杆伸缩过滤器：YSTF-16　*DN*50～*DN*100

(5) 复合排气阀：CARX-10　*DN*25～*DN*100

4. 系统供水

(1) 系统在室内设环状供水管道。

(2) 火灾初期消防用水 18m³ 贮于屋顶 20m³ 消防专用水箱内，另设增压稳压设施以保证最不利喷头水压要求，消防水箱出水管采用 *DN*100，接至水幕消防泵加压环管上。

(3) 火灾延续时间内消防用水 673.92m³ 贮于基地能源中心地下一层 1300m³ 消防水池内。

$$VDP=3\times62.4\times3600/1000=673.92\text{m}^3$$

(4) 室外设五组 SQXA150 型地下室消防水泵接合器。

5. 水幕消防炮水泵参数计算

$$Q_B=62.40\text{L/s}=224.64\text{m}^3/\text{h}$$

*DN*250、60L/s 、1.20m/s、0.0093　*DN*150、31L/s 、1.83m/s、0.0432

$$H_B=6.1+14+10+3+3+3+(6.1+340)\times0.0093\times1.1+(14+60)\times0.0432\times1.1$$
$$=29.10+3.54+3.51=36.15\text{m}$$

选稳压缓冲立式多级消防泵两台，一用一备，要求水泵定时自检，具体选型见基地能源中心设计。

6. 管材及敷设

管材采用内外热浸镀锌钢管，水泵出口到湿报阀段内外热浸镀锌无缝钢管，大于或等于 *DN*100 采用沟槽式连接件连接，小于 *DN*100 采用丝扣连接。系统水平管坡度 2%坡向泄水阀，各立管管径为 *DN*150，顶部设排气阀。

管道防腐：外刷防锈漆两道，红色黑环调合漆各两道防腐。

管道试验压力：$P_t=1.5P=1.5\times0.36=0.54$MPa，取 1.40MPa。

三、设计及施工体会或工程特点的介绍

因兰州市市政给水管网条件的限制，各消防给水系统均采用临时高压制，设置了屋顶消防专用水箱、消防增压稳压装置、各系统消防主泵、水泵接合器及 2000m³ 的消防水池，以保证火灾时的安全供水。

甘肃省展览中心各消防给水系统几乎覆盖了现有民用建筑内设置的消防给水系统的所有类型。尤其在消防给水系统的设计中，设计院和消防审查部门对消防系统的设置及理解有较大不同之处（如防护冷却水幕系统在火灾时是两侧水幕同时开启还是只开一侧等不同理解）。

四、工程照片及附图

7

自
喷

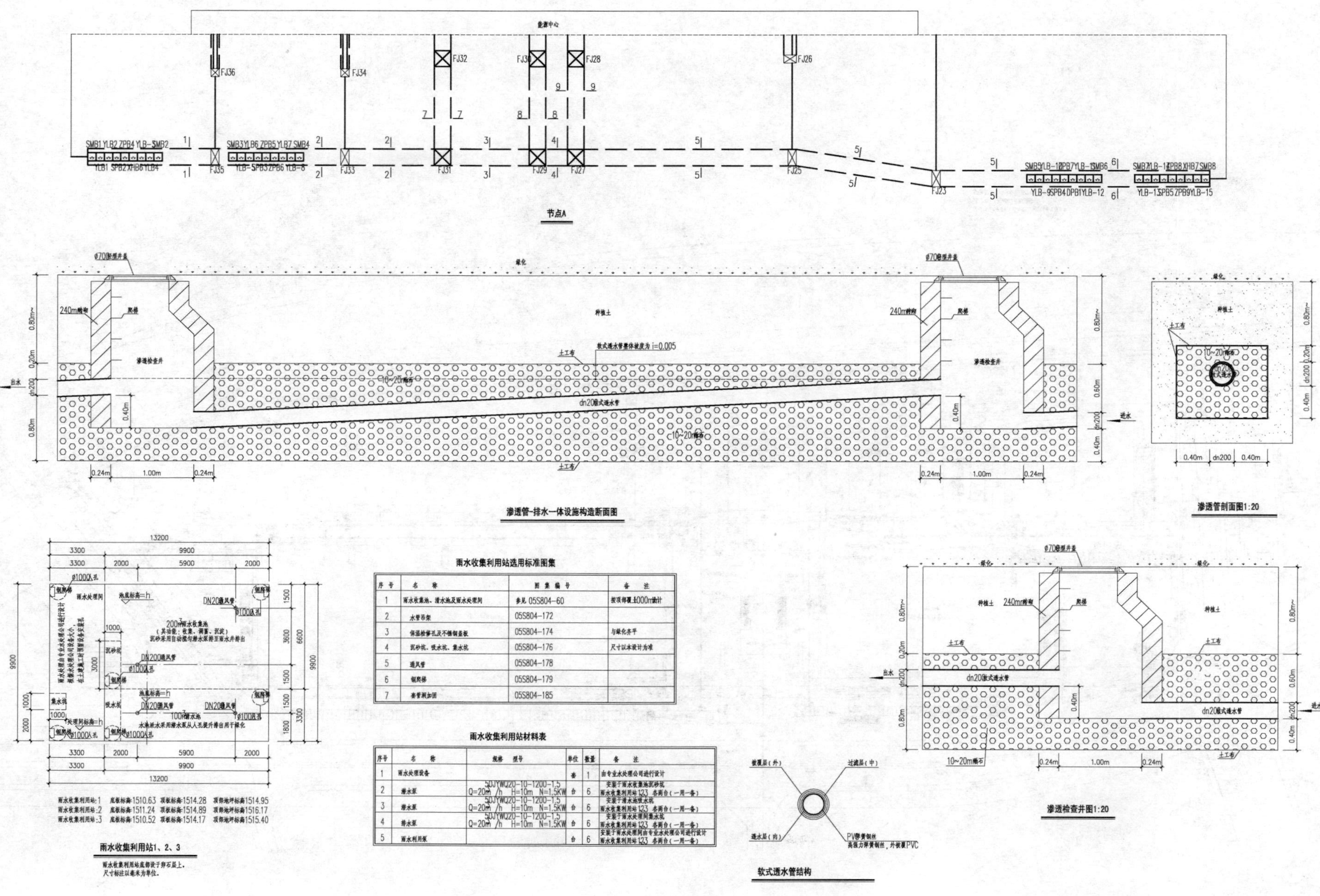

节点A

渗透管-排水一体设施构造断面图

渗透管剖面图1:20

渗透检查井图1:20

软式透水管结构

雨水收集利用站:1　底板标高1510.63　顶板标高1514.28　顶部地坪标高1514.95
雨水收集利用站:2　底板标高1511.24　顶板标高1514.89　顶部地坪标高1516.17
雨水收集利用站:3　底板标高1510.52　顶板标高1514.17　顶部地坪标高1515.40

雨水收集利用站1、2、3

雨水收集利用站底部设于卵石层上。
尺寸标注以毫米为单位。

雨水收集利用站选用标准图集

序号	名称	图集编号	备注
1	雨水收集池、清水池及雨水处理间	参见 05S804-60	按顶部覆土1000mm设计
2	水管吊架	05S804-172	
3	保温检修孔及不锈钢盖板	05S804-174	与绿化齐平
4	沉砂坑、吸水坑、集水坑	05S804-176	尺寸以本设计为准
5	通风管	05S804-178	
6	钢爬梯	05S804-179	
7	套管洞加固	05S804-185	

雨水收集利用站材料表

序号	名称	规格　型号	单位	数量	备注
1	雨水处理设备		套	1	由专业水处理公司进行设计
2	潜水泵	50JYWQ20-10-1200-1.5 Q=20m³/h H=10m N=1.5KW	台	6	安装于雨水收集池沉砂坑 雨水收集利用站123 各两台（一用一备）
3	潜水泵	50JYWQ20-10-1200-1.5 Q=20m³/h H=10m N=1.5KW	台	6	安装于清水池吸水坑 雨水收集利用站123 各两台（一用一备）
4	排水泵	50JYWQ20-10-1200-1.5 Q=20m³/h H=10m N=1.5KW	台	6	安装于雨水处理间集水坑 雨水收集利用站123 各两台（一用一备）
5	雨水利用泵		台	6	安装于雨水处理间由专业水处理公司进行设计 雨水收集利用站123 各两台（一用一备）

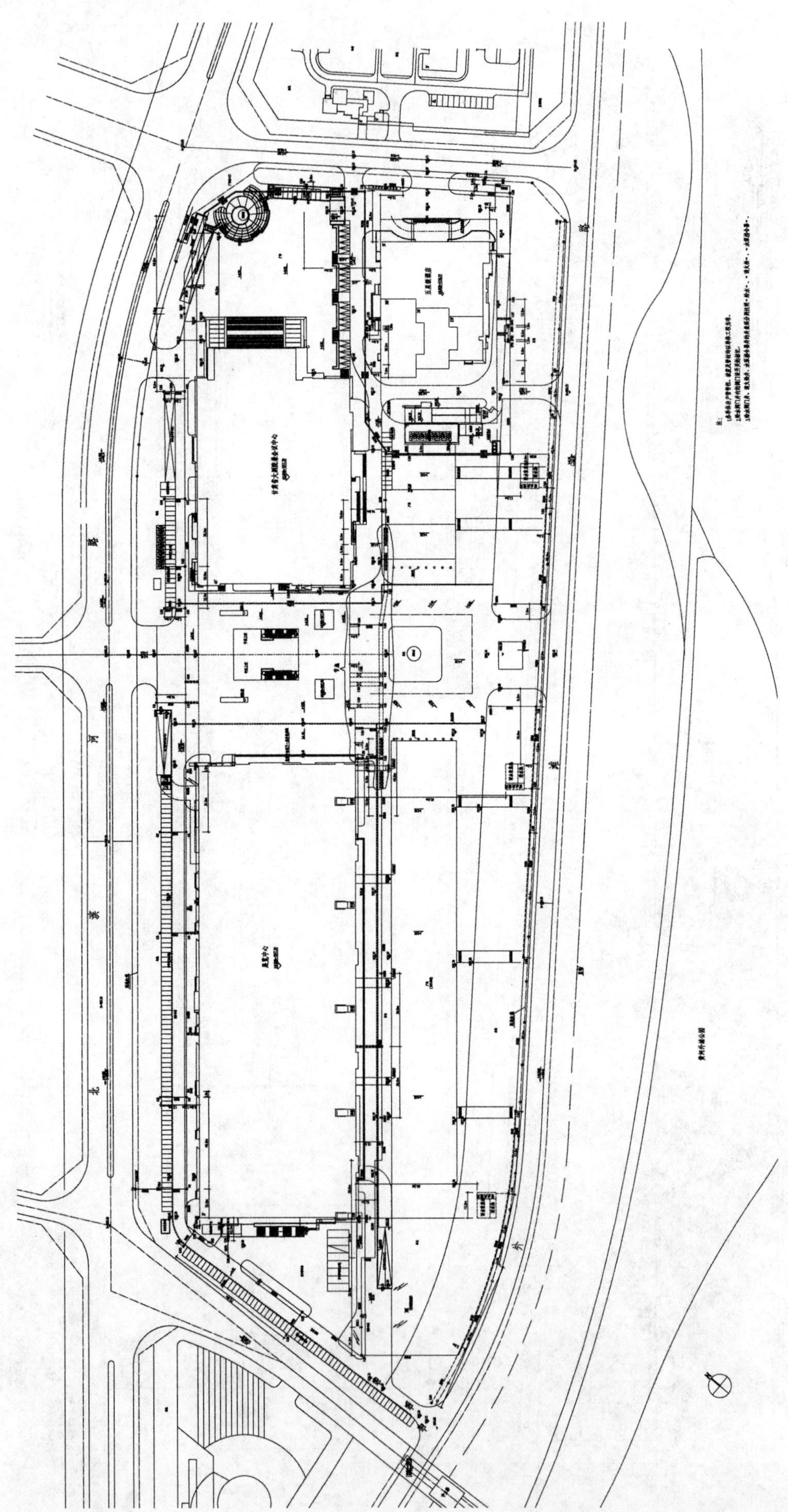

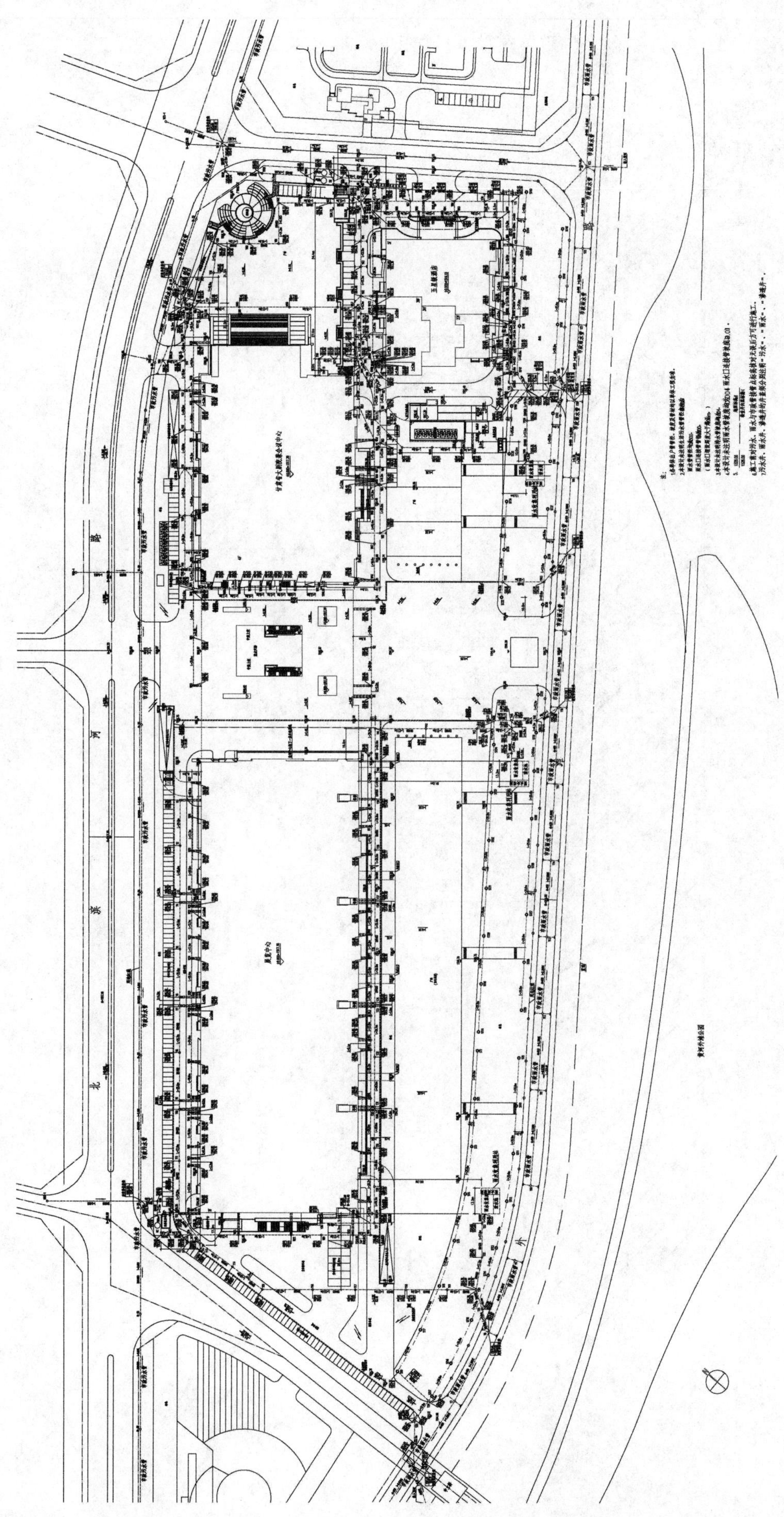

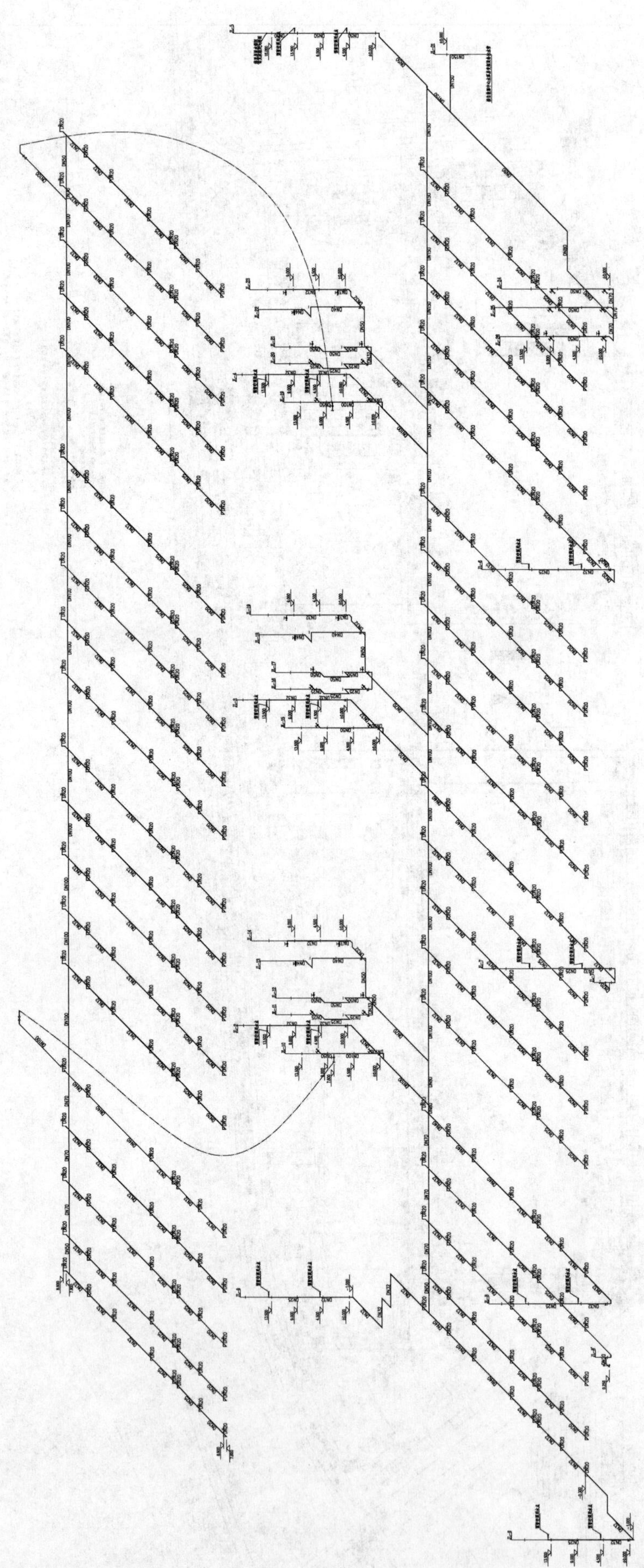

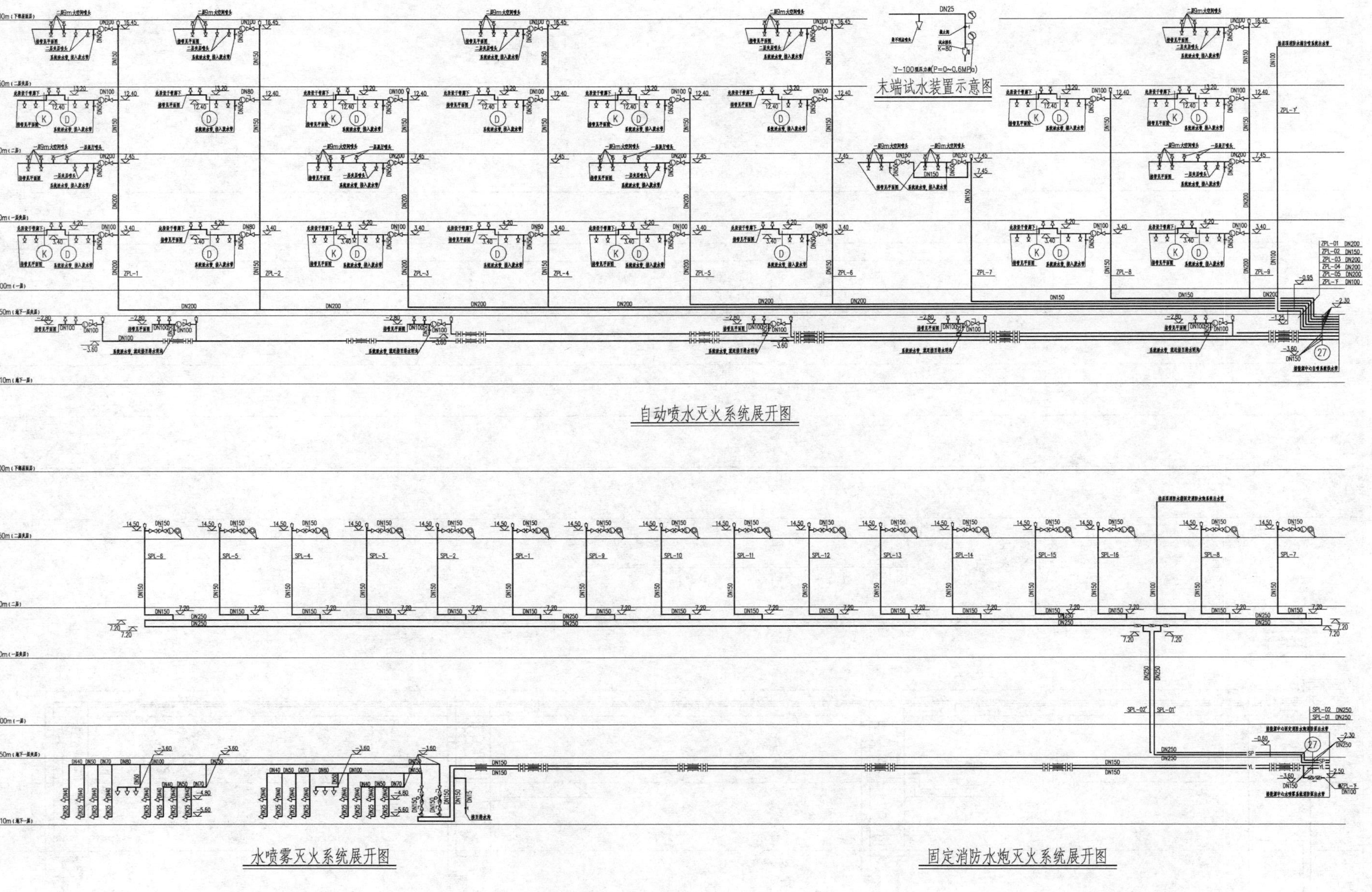

末端试水装置示意图
自动喷水灭火系统展开图
水喷雾灭火系统展开图
固定消防水炮灭火系统展开图

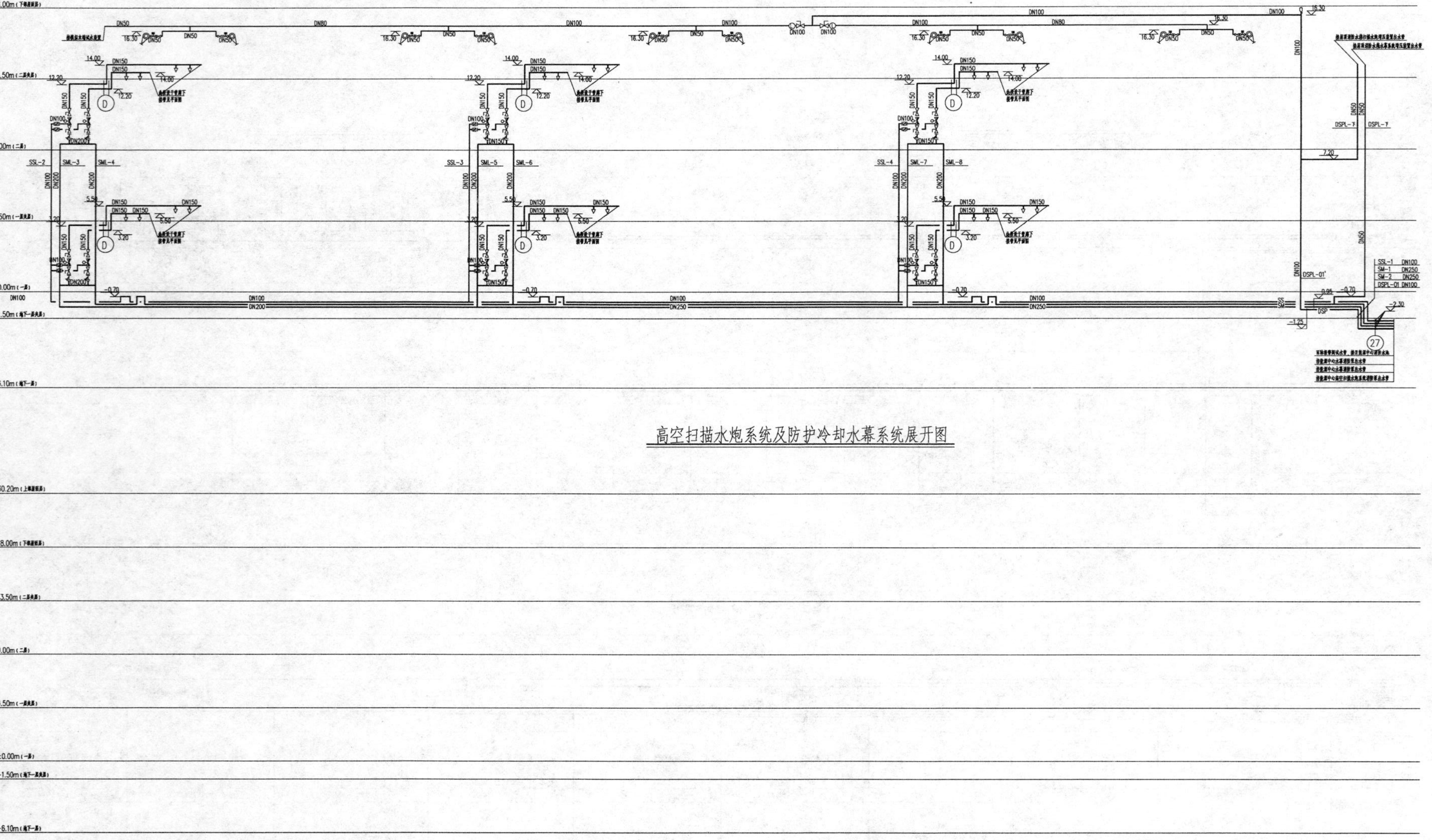

高空扫描水炮系统及防护冷却水幕系统展开图

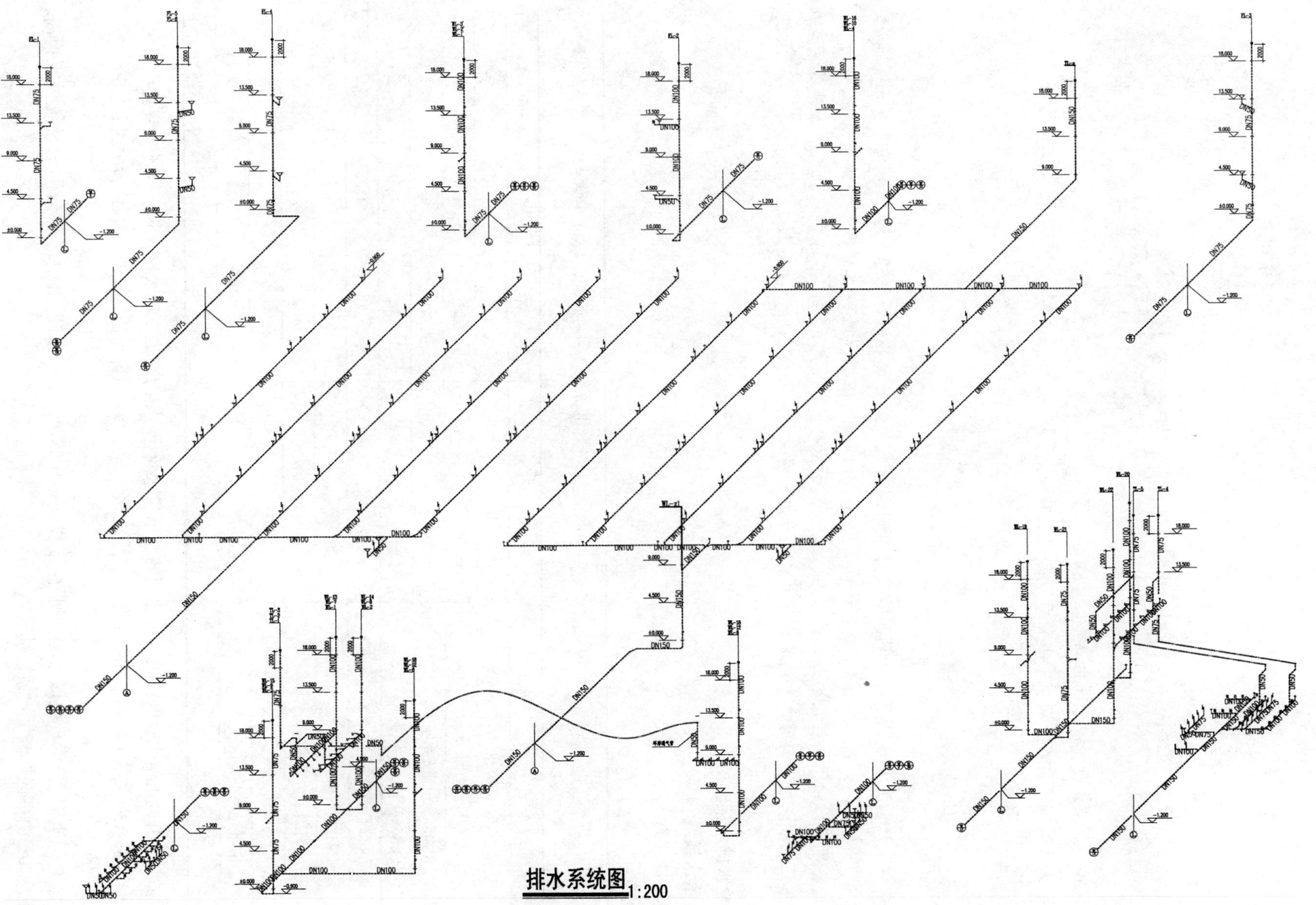

排水系统图 1:200

成都电力生产调度基地A楼

设计单位：中国建筑西南设计研究院有限公司
设 计 人：孙钢　文烨　黄佩　冯领军　李强　马艳清
获奖情况：公共建筑类　二等奖

工程概况：

成都电力生产调度基地A楼位于四川省成都市南部新区天府大道西侧，总建筑面积约9.3万m^2，主楼地上20层，裙楼5层，地下两层地下室，建筑高度87.3m。地下二层为小汽车停车库、消防泵房、生活泵房及其他设备用房；地下一层为小汽车停车库、职工餐厅及厨房、变配电房、冷冻机房、消防水池等用房；主楼均为办公用房；裙楼均为电力调度生产用房及专用机房；本项目使用性质为高层办公楼，属一类高层民用建筑。

一、给水排水系统

（一）给水系统

1. 用水量（表1）

用水量　表1

序号	使用对象	用水量标准	使用数量	使用时间(h)	日用水量(m^3/d)	小时变化系数K_h	最大时用水量(m^3/h)
1	工作人员	50L/(人·班)	600人	8	30.0	1.2	4.50
2	餐饮	40L/(人次·d)	1500人次	10	60.0	1.5	9.0
3	舒适性空调循环冷却补充水	1.5%	900m^3/h	12	162.0	1.0	13.5
4	机房专用循环冷却补充水	2.5%	200m^3/h	24	120.0	1.0	5.0
5	室内水景补充水	1.5%	106m^3/h	8	12.72	1.0	1.59
6	地下车库地面冲洗	2.0L/(m^2·d)	14100m^2	8	28.2	1.0	3.53
7	屋面绿化浇洒用水	2.0L/(m^2·d)	1800m^2	8	3.6	1.0	0.45
8	小计				416.52		37.57
9	未预见水量	10.0%			41.65		3.76
10	消防水池补水		900 m^3	48	450.00	1.0	18.75
11	总计				908.17		60.07

2. 给水水源由城市给水管网提供，由北面的城市供水管上引入$DN150$给水接入管，为本工程提供用水。

3. 根据城市自来水水压，本工程给水分为三个分区。地下室～4F为低区；5F～12F为中区；13F～20F为高区。

4. 低区——地下室～4F由城市自来水直接供给；中区——5F～12F由中区变频供水系统供水；高区——13F～20F由高区变频供水系统供水。

5. 中、高区供水泵组的低位贮水箱设置在三层的水箱间内，充分利用了市政供水水压并将其位能加以贮存、有效降低了二次供水设备的扬程和功率，对二次供水的能耗可节省约25%左右。

6. 生活给水管采用薄壁不锈钢管，法兰和卡压式连接。

(二) 排水系统

1. 本工程采用雨污分流制排水系统，对污水和雨水分别组织排放。

2. 本工程污水系统均设置专用透气管和伸顶通气管，以保证排水系统的畅通，避免因通气不畅而引起水封破坏导致臭气外溢的现象。

3. 生活污水排至室外后，由设置于室外的化粪池进行处理，处理后排入城市污水管网。厨房污水经隔油装置处理后排入城市污水管网。

4. 屋面雨水采用重力流方式，设计重现期按50年设计，屋面雨水由多个雨水斗进行分片收集，用管道将其排至室外，并引至A楼地下二层的雨水原水收集池，溢流的雨水由室外雨水管排入城市雨水系统。

5. 对地下室不能采用重力排放的污废水，以及消防时可能涌入地下室的水，分别设置有集水坑进行收集，用潜水排污泵将其抽升，排至室外相应的排水系统，保证地下室的使用安全。

6. 生活污、废水系统除地下室卫生间采用PVC-U实壁排水管，其余卫生间均采用柔性接口铸铁排水管；空调机房等废水排水管采用PVC-U实壁排水管；地下室各集水坑压力排水管及雨水管采用涂塑钢管。

(三) 循环冷却水系统

1. 舒适性空调循环冷却水系统

(1) 本工程设有为各层办公场所服务的舒适性集中空气调节系统，为此配套设置循环冷却水系统，其工作流程为：

冷却塔集水盘—循环冷却泵—冷水机组—冷却塔—冷却塔集水盘

(2) 在循环冷却泵的出水管上设置全程水处理仪，对循环水进行杀菌灭藻处理，稳定循环水水质。

(3) 循环冷却系统中，循环水泵共三组（两用一备），横流式冷却塔共两组，设计工况：进塔水温 $t_1=37.0$℃；出塔水温 $t_2=32.0$℃；循环冷却总水量 $Q=960\text{m}^3/\text{h}$。

(4) 冷却塔采用高品质、超低噪声冷却塔。

(5) 循环冷却水系统的管道采用涂塑钢管。

2. 机房精密空调循环冷却水系统：

(1) 在本工程的UPS机房、通信机房、自动化机房等生产调度专用机房内设有专用空调机组，为此配套设置有循环冷却水系统。其工作流程为：

闭式冷却塔—循环冷却泵—专用空调机组—闭式冷却塔

(2) 在循环冷却泵的出水管上设置全程水处理仪，对循环水进行杀菌灭藻处理，稳定循环水水质。

(3) 循环冷却系统中，循环水泵共两组（一用一备），密闭式冷却塔共4+1组，设计工况：进塔水温 $t_1=42.0$℃；出塔水温 $t_2=32.0$℃；循环冷却总水量 $Q=180\text{m}^3/\text{h}$。

(4) 冷却塔采用高品质、超低噪声玻璃钢有风机横流式闭式冷却塔。

(5) 循环冷却水系统的管道采用无缝钢管。

(四) 雨水收集、处理回用系统

1. 本项目中雨水收集、处理回用系统的收集对象为屋面雨水、室外景观水体下垫面承接的雨水、室内空调系统产生的凝结水等。

2. 收集系统对初期降雨（约2～3mm降雨厚度）进行弃流后将较清洁的雨水引入地下二层的雨水原水收集池贮存，景观水体下垫面承接的雨水和室内空调系统产生的凝结水则直接引入收集池，当雨水原水收集池充满时，关闭进水管、开启排出管将富裕雨水排至室外。

3. 处理流程：原水收集池—加压泵——级过滤—二级过滤—消毒—清水池—提升加压泵—屋顶水箱—用水点

4. 雨水回用系统管道采用涂塑钢管。

（五）景观循环水系统

1. A楼一层大厅内设有一组景观水幕，设计采用循环方式进行水景组织。

2. 流程：景观水池—紫外线消毒仪—循环泵—过滤—景观水幕—景观水池

3. 景观循环水系统采用涂塑钢管。

二、消防系统

（一）消火栓系统

1. 本工程消火栓系统，室外消防水量30L/s，室内消防水量40L/s，火灾延续时间2.0h。

2. 消火栓系统分为高、低两个区，地下二层～主楼5F及副楼为低区消火栓系统，6F～20F为高区消火栓系统。

3. 消火栓泵设于地下二层，其特性参数为：流量Q=40L/s，扬程H=140m，功率N=90kW。稳压设备设于屋顶，选用ZW（L)-I-X-7型成套设备。

4. 消防水池设于地下一层，共684m^3。消防水箱设于主楼屋面，有效容积不小于18m^3。

5. 室外设有三组水泵接合器供消火栓系统使用。

6. 消火栓系统的管道，当管径小于DN100时采用内外热镀锌钢管，管径大于或等于DN100时，采用焊接钢管。

（二）自动喷淋系统

1. 本工程自动喷淋系统用水量40L/s，火灾延续时间1.0h。

2. 自动喷淋系统分为高、低两个区，－2F～7F及副楼为低区自喷系统，8F～20F为高区自喷系统。

3. 自动喷淋泵设于地下二层，其特性参数为：流量Q=40L/s，扬程H=150m，功率N=110kW。稳压设备设于屋顶，选用ZW（L)-I-Z-10型成套设备。

4. 消防水池设于地下一层，共684m^3（与消火栓系统共用)。消防水箱设于主楼屋面，有效容积不小于18 m^3（与消火栓系统共用)。

5. 地下停车库及主楼1F～6F临中庭部位按中危险级Ⅱ级布置喷头，其余部位按中危险级Ⅰ级布置喷头。

6. 自动喷水喷头采用玻璃球闭式喷头，流量系数K=80，厨房、直燃机房喷头公称动作温度93℃，其余部位喷头公称动作温度68℃；地下车库等无吊顶部位采用直立型喷头，有吊顶部位采用吊顶型喷头；地下车库、主楼1F～6F临中庭部位采用快速响应喷头，其余部位采用普通响应喷头。

7. 本工程湿式报警阀间设于地下二层，共有湿式报警阀14组。地下车库采用自动喷水—泡沫联用系统，强化灭火效果，防止汽车漏油造成的火灾蔓延。

8. 室外设有三组水泵接合器供自动喷淋系统使用。

9. 消火栓系统的管道采用内外热镀锌钢管。

（三）厨房设备自动灭火装置

1. 在地下一层的厨房中，对灶台、集排油烟罩等热厨加工区设备配置厨房设备细水雾灭火系统。

2. 本工程共采用厨房细水雾灭火装置3台，可以联动切断厨房灶台及排油烟风机电源、关闭燃气电磁阀和烟道防火阀，并向消防控制中心远传火灾报警信号。具备自动、手动及机械应急手动三种控制方式。

3. 本系统配置厨房细水雾灭火专用喷头。

4. 厨房细水雾灭火系统管道采用不锈钢管。

(四) 气体灭火系统

1. 对专用机房、变配电房等不宜用水灭火的部位设置了管网式气体灭火系统。

2. 气体灭火系统灭火剂采用IG-541洁净气体。共设有两处钢瓶间及14处气体灭火防护区，每组钢瓶的防护区不超过8个。

3. 当防护区有两路探测器发出火灾警报，气体灭火系统进入延时阶段，并关闭联动设备及防护区内除应急照明外的所有电源，延迟30s后开始施放气体进行灭火。气体灭火系统具有自动控制、手动控制、机械应急手动控制三种控制方式，均能实现上述灭火程序。

三、主要设计特点

1. 给水系统充分考虑了节能、系统组织合理、供水安全稳定等方面因素。在城市水压0.35MPa的供水条件下，低区利用城市水压直接供水，节约能源；高区采用二次供水系统。

2. 在二次供水系统中，设计将泵前低位转输水箱设于地上3层的专用水箱间内，二次供水加压泵设在地下二层，将城市供水压力转换为位能并进行蓄能、利用，有效降低了二次供水泵的扬程及功率，经计算二次供水的能耗可降低约25%左右，节能效果非常好。

3. 为了避免设于3层水箱间内的二次供水转输水箱进水管在进水时产生的噪声影响，在进水管上采用“消声稳流”专利技术，有效解决了水箱进水噪声、水面波动造成的经常性溢水、箱底沉积物流出等问题，体现了设计的技术含量。该技术已获得国家实用新型专利证书。

4. 位于裙楼1F～5F及主楼5F的电力调度专用机房内的温湿度控制由分散设置于各机房内的循环冷却水型机房专用精密空调机组提供保障，集中配置循环冷却水系统及室外冷却塔，属机房的重要保障性设备及系统，业主要求对该系统做100%备用，以保证机房内的设备不会因空调系统的原因而停机。由于用地、机房面积等因素限制而达不到100%备用的要求，通过仔细研究、多方案比较、与业主使用部门多次沟通和讨论，独创了一套竖向立体环状循环水供水系统，加上机房内空调机和室外冷却塔等设备均采取$N+1$的配置方式，在一台设备或一处循环水管道损坏的情况下，通过其他机组的运行仍能保证机房内的温湿度控制需求，从而保证了机房内各设备的运行要求，满足了业主的初始预期，但大大节约了设备及管道的配置，同时也节约了用地、用材，建成投产后，运行良好，得到业主的高度认同。

5. 精密空调循环冷却水系统采用了密闭式冷却塔，保证了机房内的精密空调机组循环水质及工作可靠性；循环水采用了32～42℃大温差供水，大大减少了循环水量、降低了循环水输送功率，节能效果明显。

6. 为了使上述精密空调循环冷却水系统正常运行和管理、系统事故时的及时抢修，专门为业主编制了该系统的运行管理手册，详细标明了各型设备、阀门的位置及功能，列明了系统故障时应采取的措施和应该关闭的阀门位置等信息，此举倍受业主赞赏，也赢得了业主对设计的充分信任。

7. 精心选择冷却塔设置位置，将冷却塔设置在室外地面，使冷却塔补充水这一用水大户由城市自来水直接补充，大大节省了因冷却塔设于屋面而需将补充水提升的运行能耗。

8. 厨房污水采用了机械除油方式进行生活含油污水处理，强化了除油效果，有效防止管道堵塞；采用将除油设备集中设置在专用房间内，将污染控制在特定范围，避免了传统隔油池对其周围地面的污染状况，对提高环境质量有明显作用。

9. 项目中设有雨水收集、处理、回用系统，还对空调机房内的空调凝结水进行收集，通过对雨水和清洁废水的收集，经处理后将其用于绿化浇洒、地面冲洗、水景补充等，对雨水资源加以充分利用，体现了节水、环保、绿色的设计理念，将节能、减排、节水、绿色的大政方针落实到实处。

10. 对主楼一层大厅内的室内水景设置了循环处理系统，达到了保证水质卫生、保障室内空气质量、提供令人愉悦的水景效果、节约水景用水等多重目的。

四、工程照片及附图

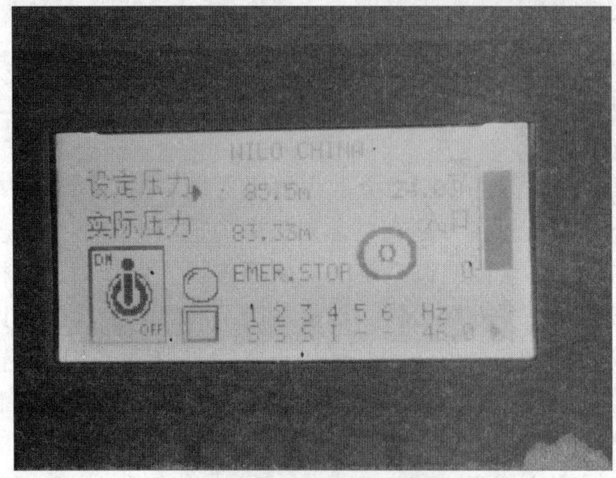

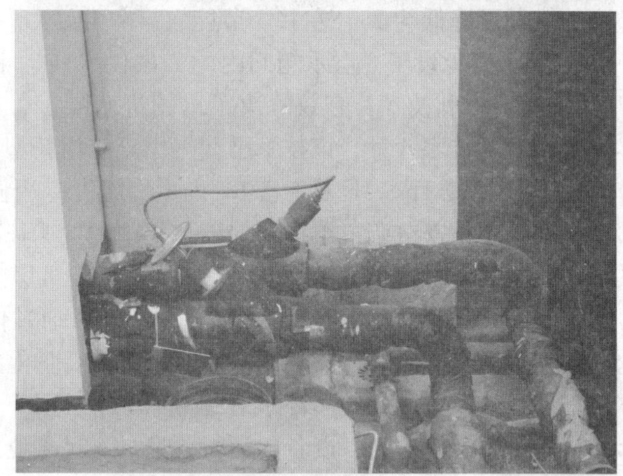

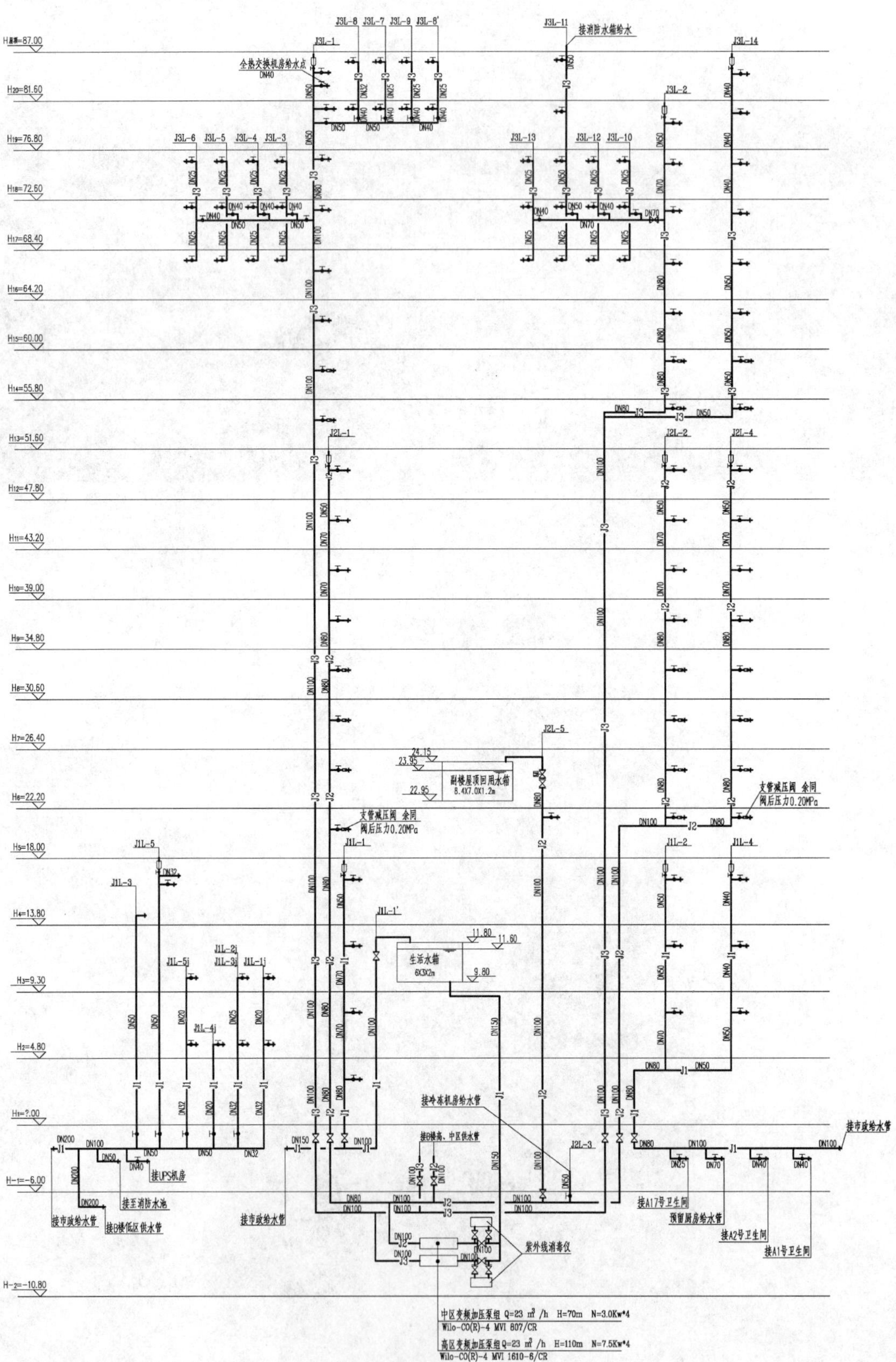

生活给水系统图

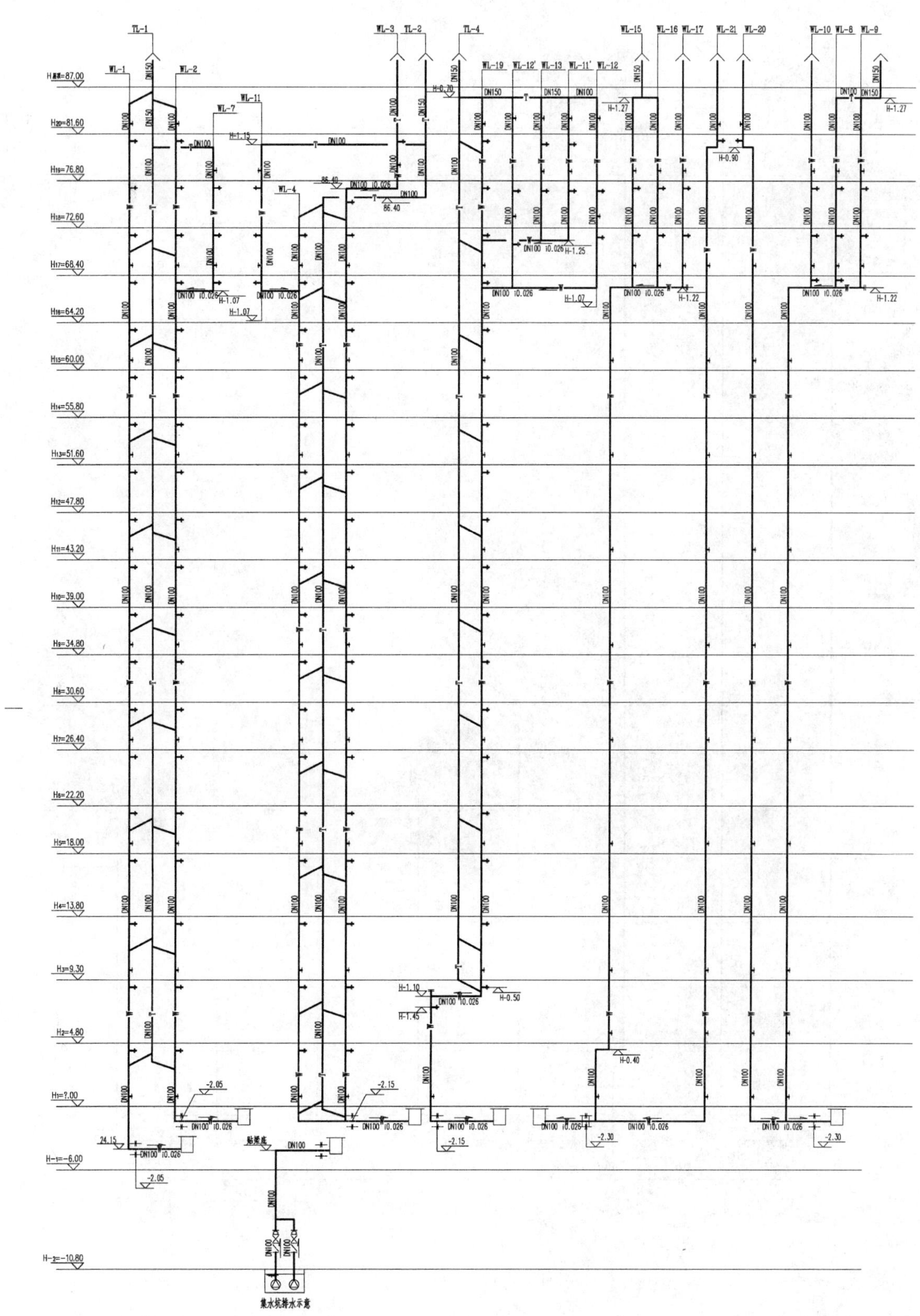

污水管道系统图

注：排水检查口距建筑完成面1.00m。

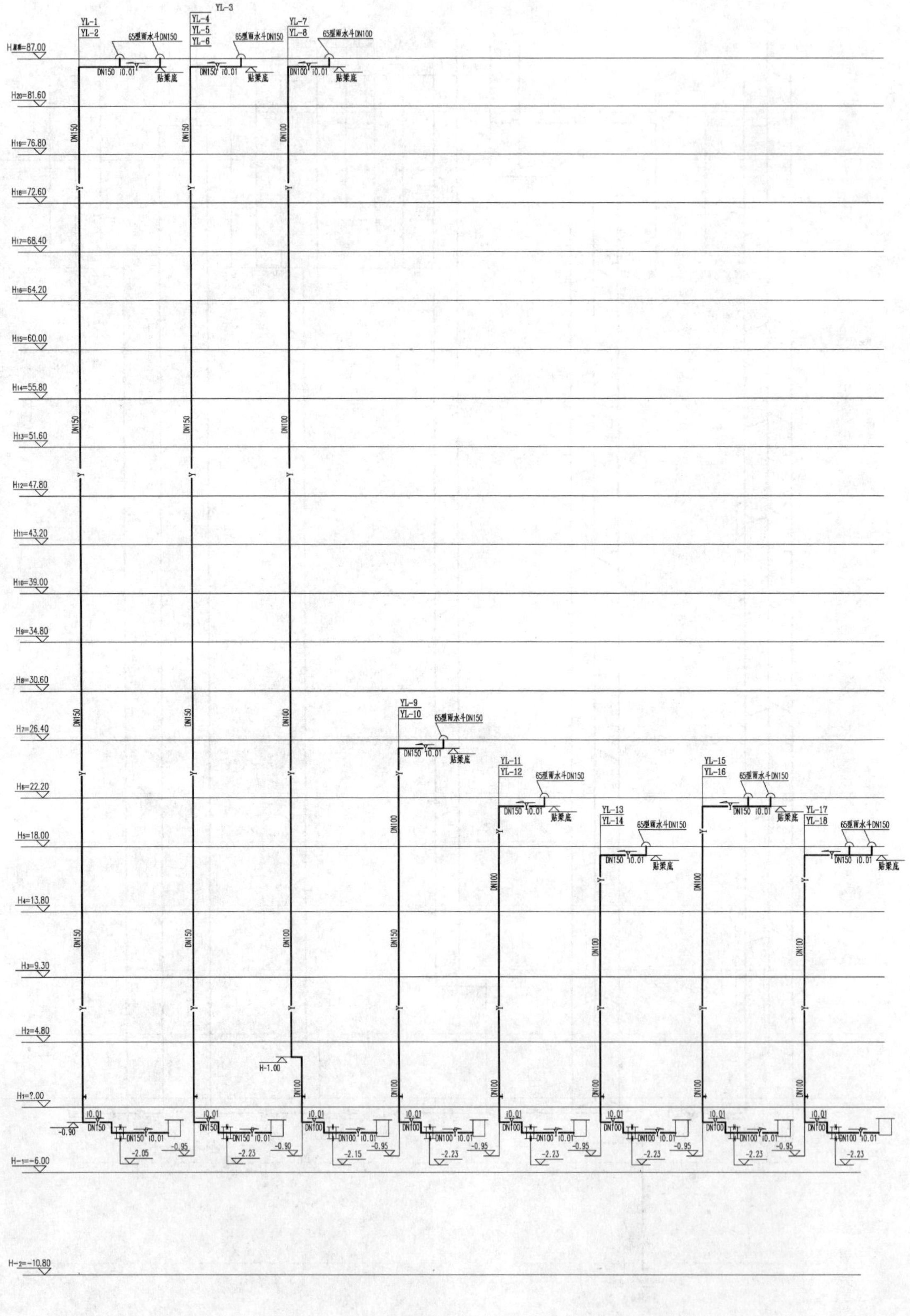

雨水管道系统图

注：排水检查口距建筑完成面1.00m。

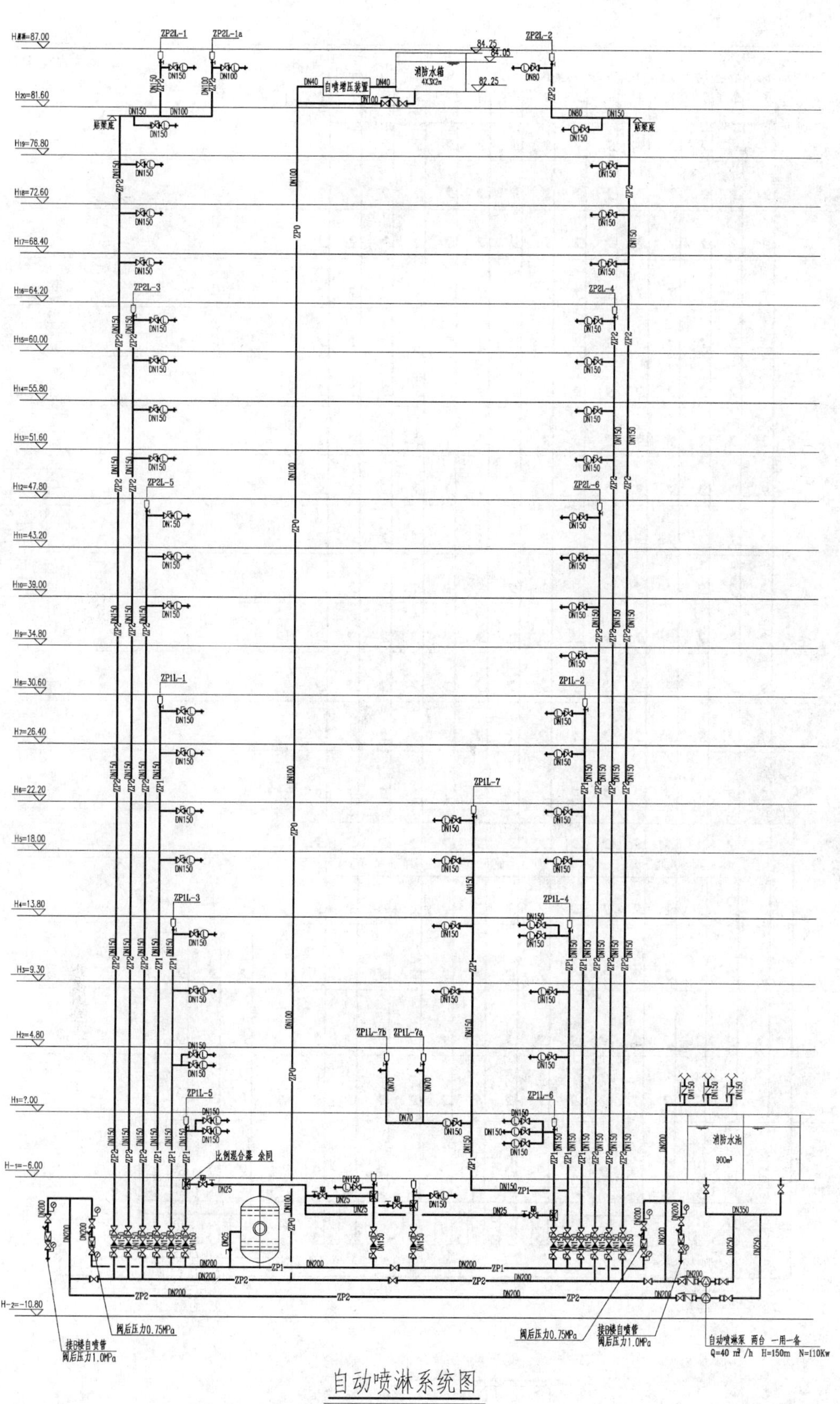

自动喷淋系统图

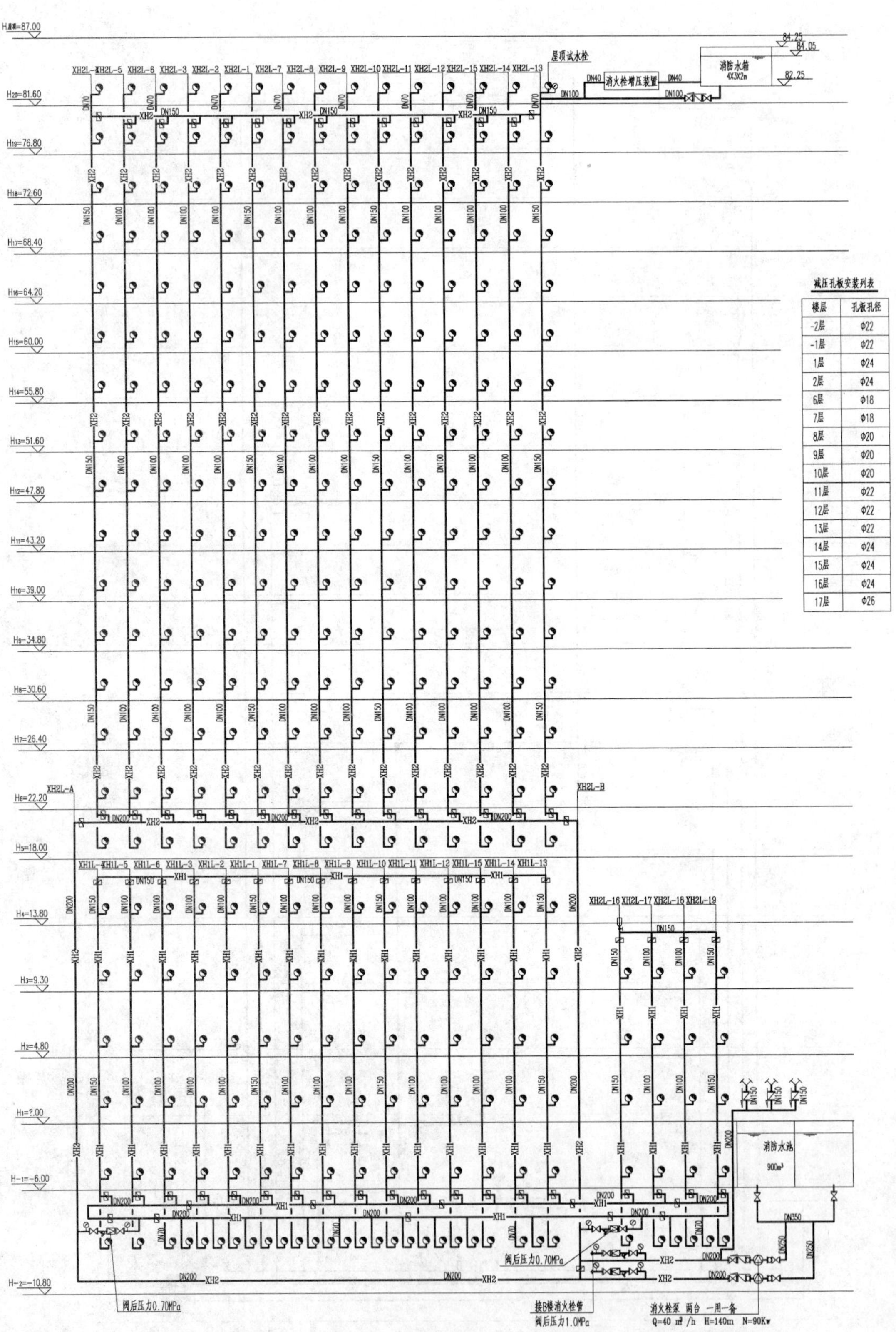

减压孔板安装列表

楼层	孔板孔径
-2层	Φ22
-1层	Φ22
1层	Φ24
2层	Φ24
6层	Φ18
7层	Φ18
8层	Φ20
9层	Φ20
10层	Φ20
11层	Φ22
12层	Φ22
13层	Φ22
14层	Φ24
15层	Φ24
16层	Φ24
17层	Φ26

消火栓系统图

注，消火栓支管高出楼板面0.70m,栓口高出楼板面1.10m。

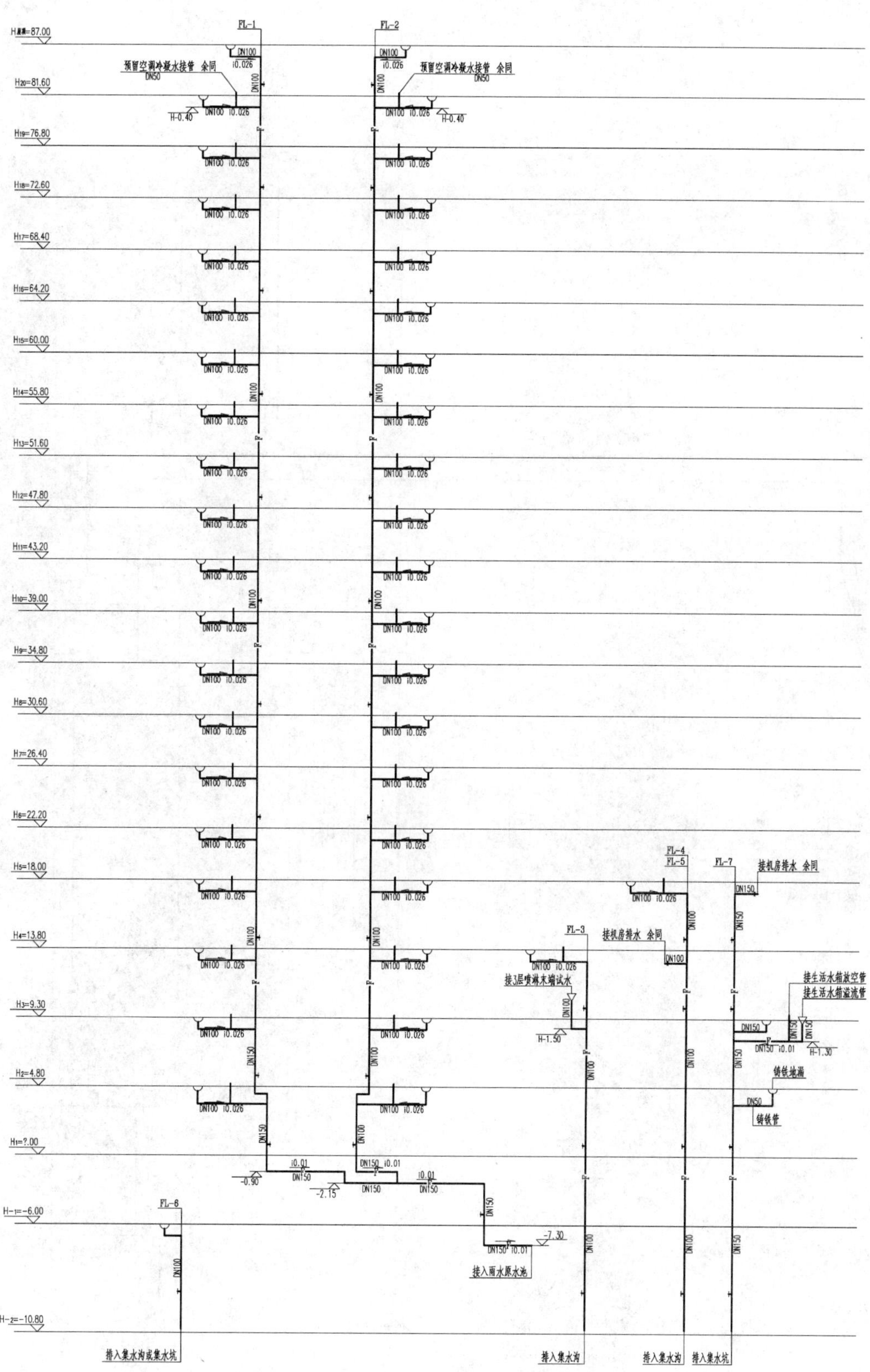

废水管道系统图

注.排水检查口距建筑完成面1.00m.

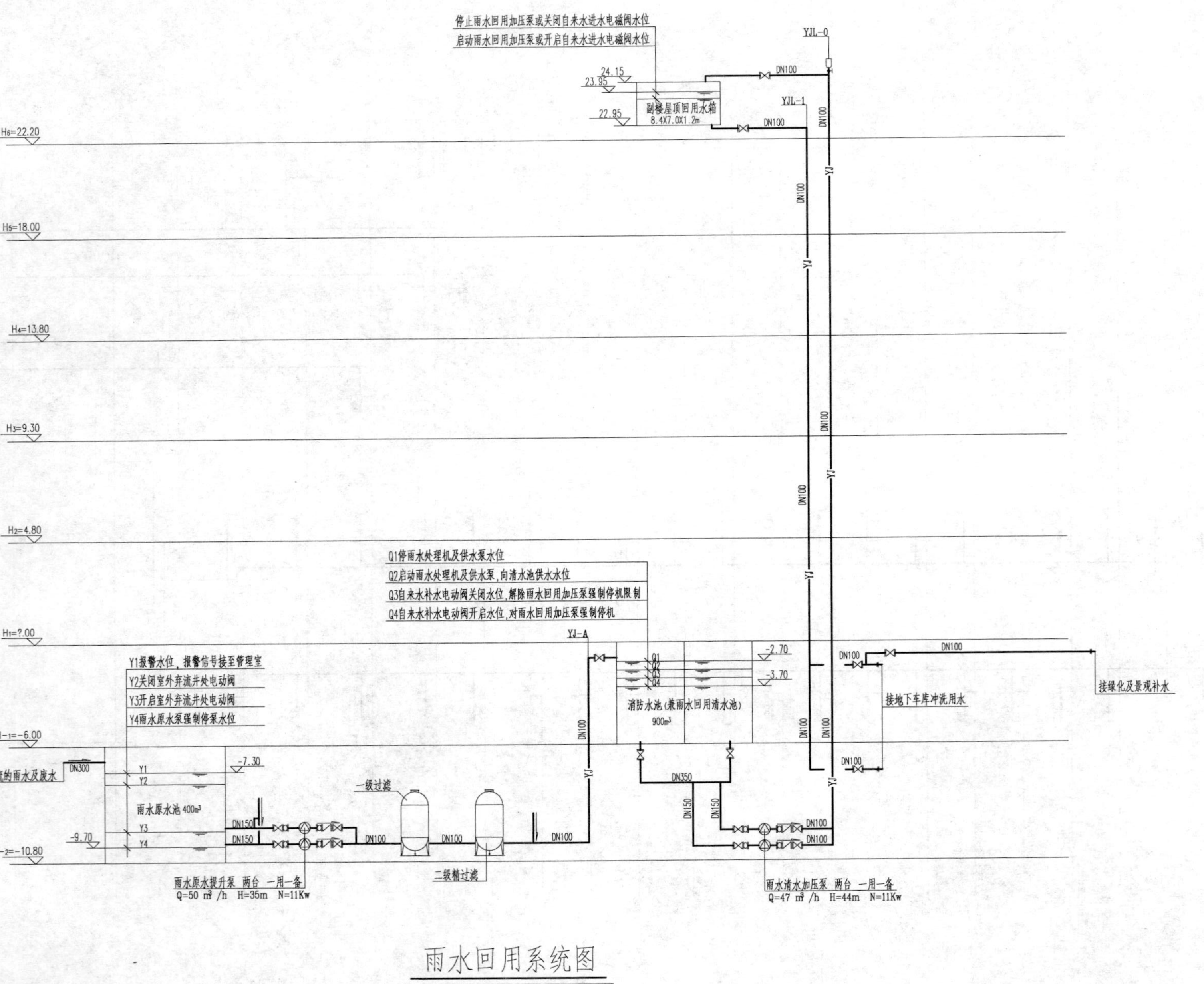
停止雨水回用加压泵或关闭自来水进水电磁阀水位
启动雨水回用加压泵或开启自来水进水电磁阀水位
24.15
23.95
22.95
副楼屋顶回用水箱
8.4X7.0X1.2m
YJL-0
YJL-1
DN100
YJ
H6=22.20
H5=18.00
H4=13.80
H3=9.30
H2=4.80
H1=?.00
H-1=-6.00
H-2=-10.80
Q1停雨水处理机及供水泵水位
Q2启动雨水处理机及供水泵，向清水池供水水位
Q3自来水补水电动阀关闭水位，解除雨水回用加压泵强制停机限制
Q4自来水补水电动阀开启水位，对雨水回用加压泵强制停机
YJ-A
-2.70
-3.70
消防水池（兼雨水回用清水池）
900m³
接地下车库冲洗用水
接绿化及景观补水
Y1报警水位，报警信号接至管理室
Y2关闭室外弃流井处电动阀
Y3开启室外弃流井处电动阀
Y4雨水原水泵强制停泵水位
经弃流的雨水及废水
DN300
-7.30
-9.70
雨水原水池 400m³
DN150
一级过滤
二级精过滤
DN350
雨水原水提升泵 两台 一用一备
Q=50 m³/h H=35m N=11Kw
雨水清水加压泵 两台 一用一备
Q=47 m³/h H=44m N=11Kw

雨水回用系统图

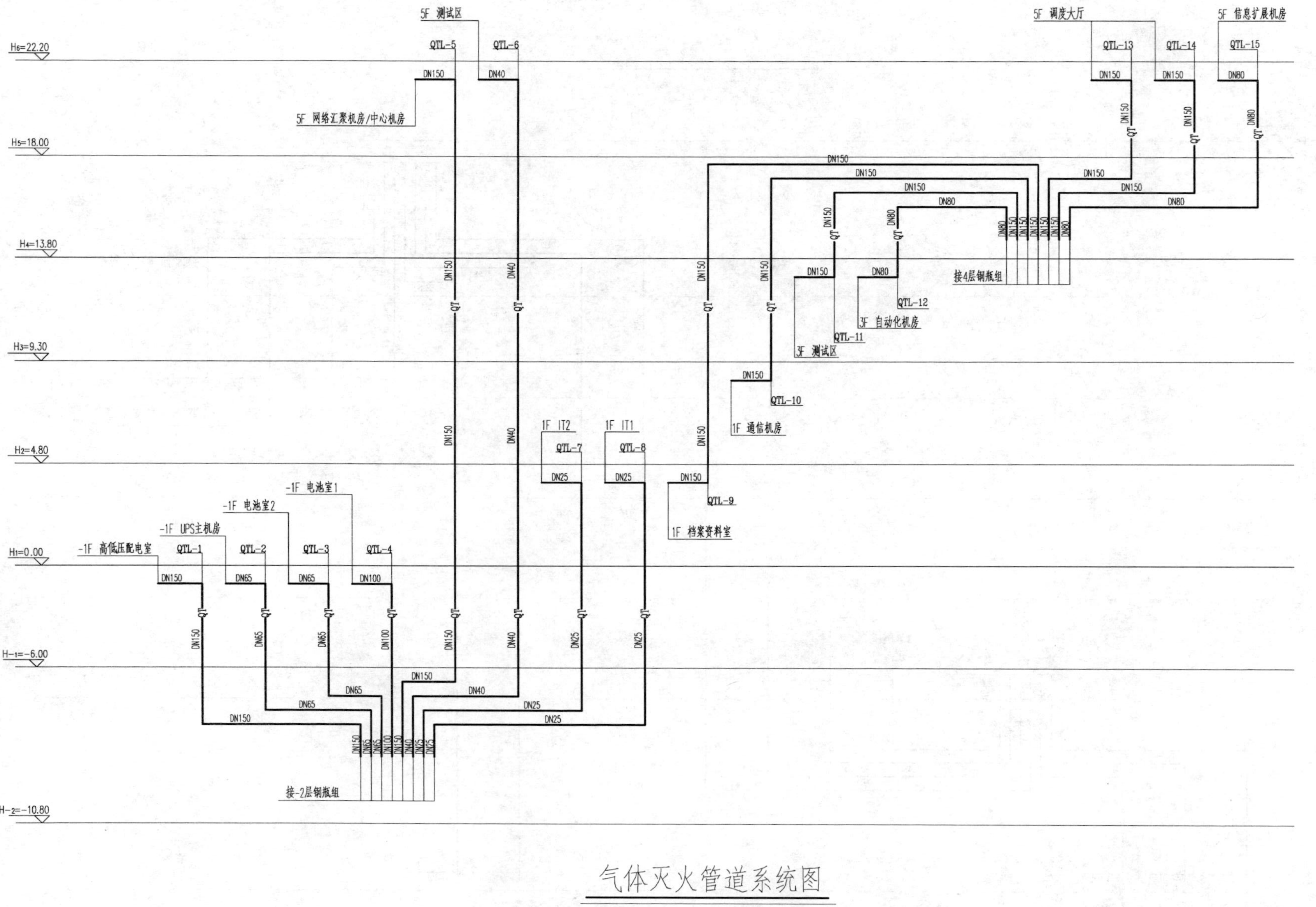
5F 测试区
QTL-5
QTL-6
5F 网络汇聚机房/中心机房
5F 调度大厅
5F 信息扩展机房
QTL-13
QTL-14
QTL-15
接4层钢瓶组
QTL-12
3F 自动化机房
QTL-11
3F 测试区
QTL-10
1F 通信机房
1F IT2
QTL-7
1F IT1
QTL-8
QTL-9
1F 档案资料室
-1F 电池室1
-1F 电池室2
-1F UPS主机房
-1F 高低压配电室
QTL-1
QTL-2
QTL-3
QTL-4
接-2层钢瓶组
H6=22.20
H5=18.00
H4=13.80
H3=9.30
H2=4.80
H1=0.00
H-1=-6.00
H-2=-10.80

气体灭火管道系统图

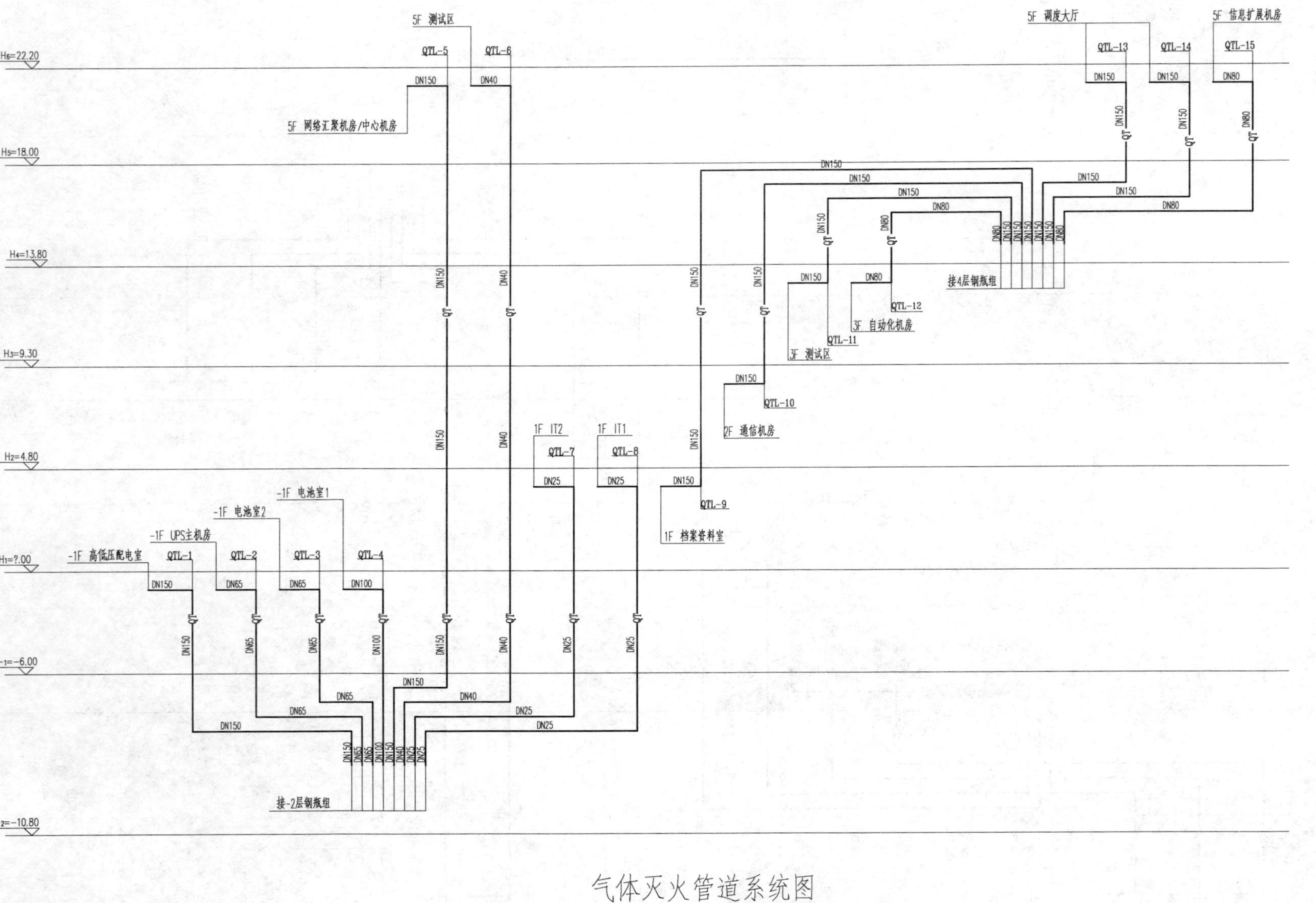
5F 测试区
QTL-5
QTL-6
5F 网络汇聚机房/中心机房
5F 调度大厅
5F 信息扩展机房
QTL-13
QTL-14
QTL-15
接4层钢瓶组
QTL-12
3F 自动化机房
QTL-11
3F 测试区
QTL-10
2F 通信机房
1F IT2
QTL-7
1F IT1
QTL-8
QTL-9
1F 档案资料室
-1F 电池室1
-1F 电池室2
-1F UPS主机房
-1F 高低压配电室
QTL-1
QTL-2
QTL-3
QTL-4
接-2层钢瓶组
H6=22.20
H5=18.00
H4=13.80
H3=9.30
H2=4.80
H1=?.00
H-1=-6.00
H-2=-10.80

气体灭火管道系统图

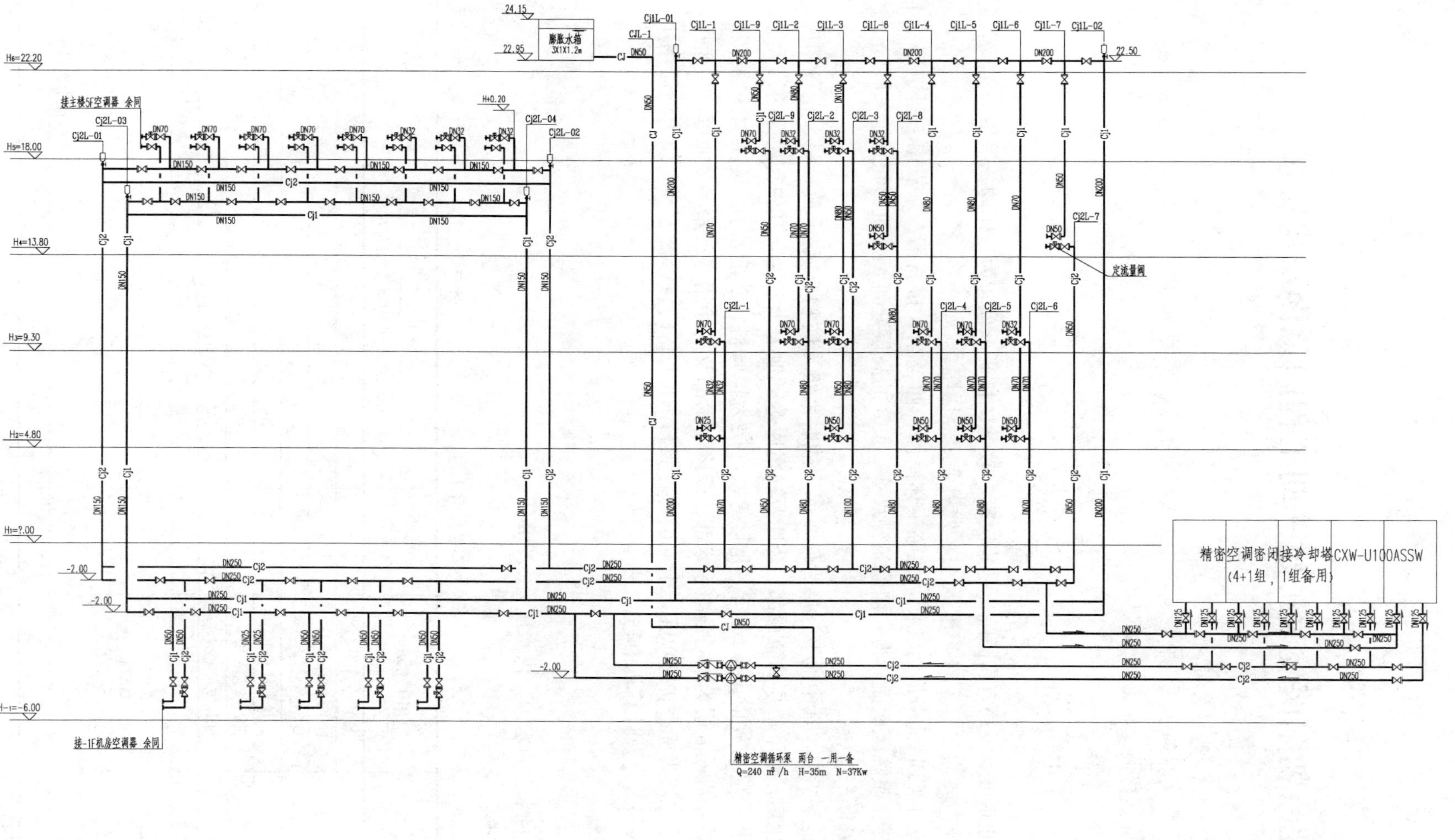

精密空调循环冷却水系统图

北京朝阳医院改扩建一期工程门急诊及病房楼

设计单位： 中国中元国际工程公司
设 计 人： 周力兵　张亦静　王永利　赵薇　王玉玲　高敬　彭建明
获奖情况： 公共建筑类　二等奖

工程概况：

北京朝阳医院是北京市卫生局直属医院，是集医疗、教学、科研、预防为一体的三级甲等医院，是首都医科大学第三临床医学院，为北京2008年奥运会、残奥会定点医院。

北京朝阳医院坐落于CBD商务区西北侧，北临工体南路，西至东大桥斜街，东靠南三里屯路。本设计的门急诊及病房楼位于医院院区南面，为一幢建筑高度59.80m的高层建筑，建筑面积地上54356m²，地下29581m²，总计达83937m²。

门急诊及病房楼地下三层，其中地下三层为停车库（战时六级人防物资库）、放疗科、设备用房；地下二层为停车库及设备用房；地下一层为急诊部、药库及病案库等。地上十三层，其中首层为门诊大厅、住院大厅及门急诊治疗等；二层为放射影像、CT、儿科等；三层为检验科、功能检查、超声影像及门诊用房；四层为中心供应及门诊用房；五层为中心洁净手术部、门诊手术部及门诊用房；六层为血库、生殖中心及门诊用房；病房楼七～十二层为标准护理单元，十三层为呼吸科RICU；门急诊楼七～九层为门诊用房，十层为行政办公区，274人报告厅及计算机中心。

一、给水排水系统

（一）给水系统

1. 水源：以城市自来水为水源，供水压力0.20MPa。

2. 冷水用水量：见表1。

冷水用水量　　**表1**

序号	用水名称	用水定额	小时变化系数	用水量		备　注
				昼夜(m^3/d)	小时最大(m^3/h)	
1	病房	350L/(床·d)	2.0	90.3	7.53	258床，T=24h
2	日间及ICU病床	100 L/(床·d)	2.0	16.2	1.35	162床，T=24h
3	中心供应	100L/(床·d)	1.0	130	16.25	1300床(供全院)，T=8h
4	门急诊	25L/(人·次)	2.5	100	31.25	4000人，T=8h
5	办公	50L/(人·班)	2.0	100	25	2000人，T=8h
6	淋浴	50L/(人·次)	1.0	50	25	1000人，T=2h
7	循环冷却水补水			504	31.5	2100m^3/h，1.5%，T=16h
8	冷冻水补水			80	5	T=16h
9	绿化用水	4L/(m^2·d)		21.6	10.8	绿地约2700m^2，一天两次
	小　计			1092	153.68	
10	未预见水量			109		最高日用水量的10%
	总　计			1201	153.68	

生活最高日用水量为1201m³/d，最大时用水量为153.68m³/h。

3. 系统竖向分区

生活给水系统采用分区供水方式，给水系统竖向分为两个区：地下三层至三层为Ⅰ区；四层至十三层为Ⅱ区。

4. 供水方式及给水加压设备

Ⅰ区供水由城市压力直接供水。

Ⅱ区由设于地下三层水泵房内的生活水箱及变频调速供水设备加压供水，供水经紫外线消毒器消毒后供至各用水点。

变频调速供水设备供水量为65m³/h，选用三台CR32-7型水泵，两用一备，单台水泵性能Q=32.5m³/h，H=1.00MPa，N=11kW。生活水箱V=80m³。

生活用水按科室单独设远传水表计量。

5. 开水供应方式采用电开水器或饮水机方式供给。各护理单元设DAY-T815型电开水器一台；门、急诊采用饮水机供水方式。

6. 管材

给水埋地管采用给水承插铸铁管，橡胶圈柔性接口，外壁刷石油沥青两道；架空管采用钢塑复合管，丝扣或沟槽式连接。

（二）热水系统

1. 热源：由院区锅炉房提供热源，经院区热交换站换热后供生活热水。

2. 热水用水量：见表2。

热水用水量 **表2**

序号	用水名称	用水定额	系数	用水量		备　注
				昼夜(m³/d)	小时最大(m³/h)	
1	病房	140L/(床·d)	2.6	36.12	3.91	258床，T=24h
2	日间及ICU病床	40L/(床·d)	2.6	6.48	0.7	162床，T=24h
3	中心供应	40L/(床·d)	1.5	52	9.75	1300床，T=8h
4	门急诊	9L/(人次·d)	2.0	36	6	4000人，T=12h
5	办公	10L/(人次·d)	2.5	20	4.2	2000人，T=12h
6	淋浴	30L/(人次·d)	1.5	30	22.5	1000人，T=2h
	小　计			180.6	47.06	
7	未预见水量			18		日用水量10%
	合　计			198.6	47.06	

生活热水（60℃）最大日用水量为198.6m³/d；最大小时用水量为47.06m³/h。

3. 系统竖向分区

生活热水系统分区同给水，地下三层至三层为Ⅰ区；四层至十三层为Ⅱ区。

4. 热水供水方式

热水供应系统采用下行上给式循环系统。供水温度为60℃，回水温度为55℃。各区分别由各区的换热器供水。

5. 冷、热水压力平衡措施、热水温度的保证措施

(1) 满足冷、热水供水系统分区相同。

(2) 优化合理地布置管道系统，达到配水均匀。热水供回水管加设补偿器。

(3) 热水供回水管采用橡塑保温材料，减少热量流失。

6. 管材

热水供回水管采用钢塑复合管，丝扣或沟槽式连接。

(三) 排水系统

1. 排水系统的形式：室内生活排水系统采用污、废合流制。

2. 透气管的设置方式

室内生活排水系统立管采用二管制，排水横支管设置环行通气。排水立管伸出屋面通气。

3. 采用的局部污水处理设施

室内医用及病房污废水直接排入污水处理站，经处理达到排放标准后再排入市政污水管道。其他生活污水经化粪池沉淀后排入市政污水管道。

4. 管材

重力排水管采用机制柔性排水铸铁管，压力排水管采用焊接钢管，焊接或法兰连接。

二、消防系统

本工程为高度超过 50m、耐火等级为一级的医院建筑。室外设消火栓系统，室内设消火栓系统、自动喷水灭火系统及气体灭火设施。

消防水量见表 3。

消防用水量 表 3

序号	用水名称	消防系统	设计用水量(L/s)	火灾延续时(h)	一次消防用水(m^3)
1	室内消防	消火栓	30	2	216
		自动喷水	27.7	1	99.7
2	室外消防	消火栓	20	2	144

按同时开启室内外消火栓及自动喷水系统考虑，室消防用水总量为 459.7m^3，其中室内最大消防用水量为 315.7 m^3。

(一) 消火栓系统

1. 室外消防系统

室外消防给水由院区生活、消防合用管网供给，在环状管网上设 7 组地下式消火栓，用于室外消防及室内消防水泵结合器取水，室外消火栓的间距不应大于 120m，消火栓距路边不应大于 2m，距房屋外墙不宜小于 5m。

2. 室内消火栓系统

(1) 室内消火栓系统采用临时高压制。由消防贮水池和室内消火栓泵供水。

(2) 消防水泵房设于地下三层。消防贮水池有效容积为 360m^3。其中有 44m^3 为循环冷却水补水调节容积，循环冷却水补水泵设停泵水位并在吸水管上设真空破坏管，保证消防用水不被动用。消火栓给水泵选用两台 XBD10.2/30-100L 型泵，一用一备，单台性能为：Q=30L/s，H=102m，N=55kW，由消火栓箱内按钮控制启动。消火栓选用 SN65 的消火栓（19mm 水枪，水龙带 L=25m），DN25 的水喉（6mm 水嘴，L=30m 的胶管）。消火栓出口压力超过 0.5MPa 时，采用减压稳压消火栓。

(3) 屋顶水箱间设有 $20m^3$ 的水箱，以满足火灾初期的消防水量。因屋顶水箱的设置高度不能满足最不利点消火栓的静水压力，故增设一套增压稳压设备，稳压泵型号为：40LGW12-15×5，Q=5L/s，H=60m，N=5.5kW，气压罐的调节容积为 300L。

(4) 室外设 2 组地下式 DN150 水泵接合器。

(5) 消火栓给水管采用内外热浸镀锌钢管，管径大于或等于 DN50 时，采用沟槽连接方式。

(二) 自动喷水系统

1. 自动喷水系统采用临时高压制。门急诊及病房楼内除不适用于用水消防的部位外均设有自动喷水灭火系统。

2. 自动喷水灭火系统由消防储水池和水泵房内的自动喷水给水泵供水，自动喷水系统选用两台 XBD11.5/30-125L 型水泵，一用一备，单台性能为：Q=30L/s，H=115m，N=55kW。由各报警阀上压力开关控制自动喷水给水泵自动启动，消防控制中心遥控，水流指示器指示楼层或防火分区。

3. 火灾初期的消防用水由屋顶水箱供给，因消防水箱的供水不能满足系统最不利点喷头的最低工作压力和喷水强度，故设一套加压设备稳压泵型号为：25LGW3-10×4，Q=0.83L/s，H=40m，N=1.5kW，气压罐的调节容积为 150L。

4. 地下三层及地下二层采用预作用灭火系统，共设 3 组预作用阀；其他部位采用湿式灭火系统，共设 10 组湿式报警阀。报警阀分别设置于消防泵房内及其他需要的楼层。

5. 本工程中病房内及治疗区域的喷头采用快速响应喷头，其他区域采用普通下垂型喷头，手术区域喷头采用隐蔽型喷头。中心供应及营养厨房所设喷头温级均为 93℃，其余喷头温级均为 68℃。地下车库按中危险级Ⅱ级标准设置，地上部分按中危险级Ⅰ级标准设置。

6. 室外设 2 组地下式 DN150 水泵接合器。

7. 自动喷水管采用内外热浸镀锌钢管，管径小于 DN100 时，采用丝扣连接方式；管径大于或等于 DN100 时，采用沟槽连接方式。

(三) 气体灭火系统

1. 自动气体灭火系统

地下三层的直线加速器室、X 刀室及地下一层的变配电室设全淹没七氟丙烷气体灭火设施。灭火设计浓度为 8%，喷射时间为 10s。灭火系统的控制方式为自动启动及手动启动，并与通风系统联动，气体灭火系统延迟 30s 后喷放。防护区设泄压口，安装高度不低于防护区净高 2/3。

2. 灭火器配置

本工程室内灭火器按照 A 类火灾严重危险等级配置手提式磷酸铵盐干粉灭火器，单具灭火器最小配置灭火级别为 3A，单位灭火级别最大保护面积为 $50m^2$/A；变配电所按照 E 类中危险等级配置灭火器，其配置基准不低于该场所内 A 类火灾的规定；地下车库按照 B 类火灾中危险等级配置手提式磷酸铵盐干粉灭火器，单具灭火器最小配置灭火级别为 55B，单位灭火级别最大保护面积为 $1.0m^2$/B。

三、设计体会及工程特点

本工程坐落于工体南路，位于 CBD 中心区，为北京奥运会、残奥会定点医院，同时又是在原有院区基础上的改扩建项目，故克服紧张的用地条件、满足分期建设的客观需求、处理好新老建筑的连接、作为北京市职业病中毒救治中心，成为本项目的重中之重。根据医院的功能要求，给水排水设计在安全、卫生、节能、环保等方面措施突出，充分体现了现代化医院建筑的特点，其中水浴洗消方式的设计为国内首家设计，有力地保障了医院对烈性传染病和化学中毒救治功能的需要。本工程设计的主要特点总结如下：

1. 水浴洗消系统满足烈性传染病和化学中毒救治功能需要

本项目在门急诊医技楼地下一层急诊救护车入口通道内紧密结合现有急救流线，设置一处室外洗消场，并在室内设置一处洗消室，主要是通过水浴，对运送烈性传染病、化学中毒等患者的车辆、人员进行洗消，降低病毒、毒物的浓度。当发生集体中毒事件时，室外洗消场主要针对救护车及行动便捷病员进行洗消，由担架运送的病员可在医护人员的协助下，在洗消室完成清洗程序。因该套系统设置在急诊车道内，给系统的安装带来了很大的问题：既不能阻碍救护车的通行，又不能影响淋浴器的使用。为解决这些问题，在吊顶内安装了两组升降箱，每组内放置手持式淋浴器及固定式淋浴器各 5 套，淋浴器均采用软管与干管连接，置于升降箱内。使用时按动相关按钮，启动升降系统使其降至距地面 1.2m 处，病员即可将其中手持式淋浴器取出使用，每套淋浴器设有独立开关，方便人员使用。人员洗消处设有采暖设施，并采用可升降幕帘隔断。

救护车洗消为独立系统，提供冷水喷淋，在救护车洗消区域的车道吊顶内设置了 12 个开式喷头，并在侧墙安装了两组冲洗水枪，使用时按动相关按钮，既可实施对救护车的自动喷淋洗消，工作人员亦可使用冲洗水枪对救护车进行加强洗消处理。

所有洗消排水均收集至相应集水坑，消毒后排放。

系列措施的采取，有力地保障了医院特殊功能的需求，在设计上体现了创新的特点，通过了各方专家的论证，并得到了北京市卫生局的认可。

2. 采用自动化综合处理设备对循环冷却水进行处理，高效节地

本项目采用了综合水处理技术对循环冷却水进行处理。利用 SCAT（活性溴片复合物）和银铜离子复合杀菌灭藻；采用自动干扰分子能量技术物理式阻垢防锈；达到了循环冷却水处理系统自动化控制、无需人员值守、自动杀菌灭藻、阻垢防锈，自动监控水质、高效率过滤等功能。循环冷却水综合水处理设备安装于屋面，不占用地下冷冻站机房面积。

3. 污水处理，安全环保

本工程病房及医疗部门产生的污废水经管道收集后排入院区污水处理站，经处理达到排放标准后再排入市政污水管网。

污水处理站处理采用二级处理膜—生物反应器（MBR）工艺。医院污水收集后经格栅拦截较大的悬浮颗粒后进入调节池，污水在调节池中调节水质、水量，免受负荷冲击，保证后续膜—生物反应器处理装置正常运行。一体化膜—生物反应器是整个系统的核心装置。它采用了目前国际上最先进的膜—生物反应器概念，将微滤膜与生物反应器有机地结合起来，克服了传统污水处理工艺的流程冗长、占地面积大、操作管理复杂等缺点，其出水水质稳定可靠。膜—生物反应器出水透明清亮，采用大功率紫外线消毒器对膜出水进一步消毒，可保证处理出水高度的生物安全性。紫外线可直接破坏遗传物质，对细菌和病毒均有强力杀灭作用，没有残留和二次污染。为防治系统尾气对周边环境的污染，采用紫外线消毒来净化尾气。

4. 节能、卫生、节水的设计理念

本工程室内给水系统采用分区供应方式，低区给水采用自来水压力直接供应，充分利用市政能源；高区给水采用水箱-变频水泵供水方式，变频给水设备采用双路电源供电，以提高室内供水系统的安全可靠性。水箱及增压设备采用不锈钢材料，水箱出水管上设紫外线消毒器，以满足用水卫生的要求。

高区生活供水泵采用多泵组合，可以根据实际用水量的情况，自动根据管网压力变化情况，调节水泵的运行台数或水泵的运行转速，做到每台泵均能变频或工频运行；水泵变频启动，可以降低启动噪声，水泵进出口设不锈钢金属软接头，出口处设缓闭式止回阀、弹性吊架等，高区给水立管的底部采用水锤消除器等措施，以减少设备及管道振动或水锤等产生噪声影响。

水泵采用节能型低噪声产品。

空调循环冷却水系统，采用低噪声冷却塔，并将冷却塔设在屋顶，冷却塔设减振基础，降低噪声。

分利用消防水池的贮存水量作为冷却塔的补水，同时采取确保消防贮存水不被动用的措施，防止消防水池成为死水。

大便器采用冲洗水箱容积为6L的两档节水型洁具，公共卫生间蹲式大便器采用脚踏式冲洗阀，小便器采用感应式冲水阀，公共卫生间洗脸盆、手术室刷手池等采用感应式龙头或膝式开关。

各用水部门均设水表计量，避免无节制用水。

5. 宾馆式热水系统确保病房舒适性

本工程生活热水采用全日制热水供应系统，为医护人员和住院的病人提供宾馆式的热水供应。热水系统的分区与冷水系统相同，以保证冷、热水压力的平衡。热水系统采用同程式机械循环系统，优化、合理布置管道系统，缩短热水出流时间，提高用水的舒适性。

四、工程照片及附图

门急诊及病房楼南立面

门急诊及病房楼北立面

门急诊及病房楼正立图

四层共享大厅

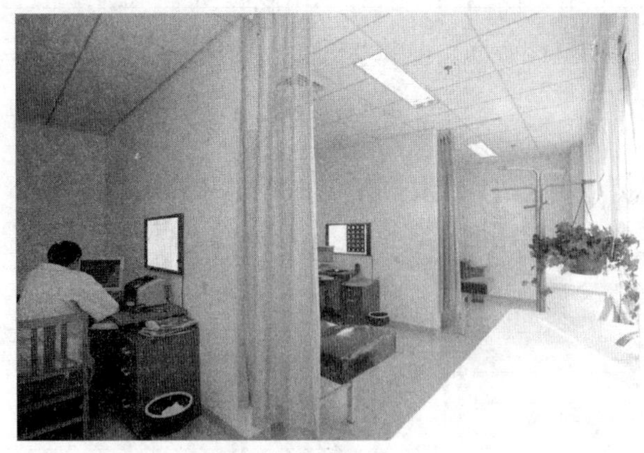

诊室

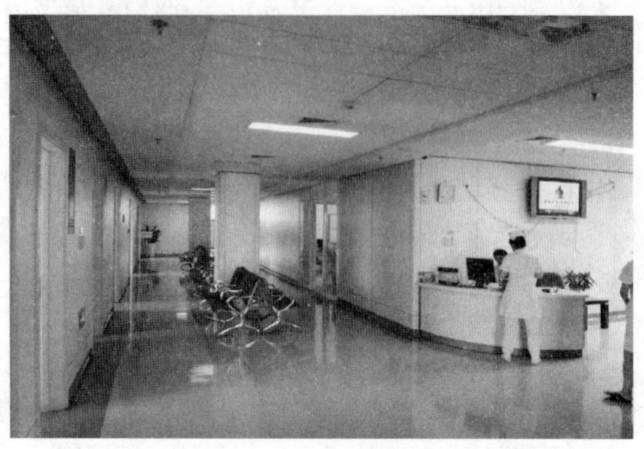

候诊区 1

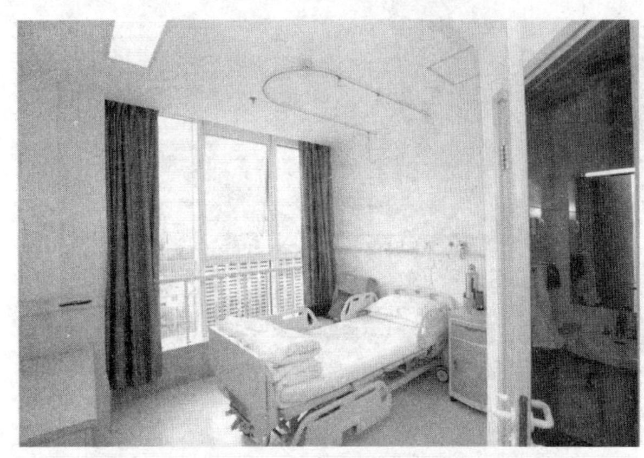

护理单元

十层报告厅

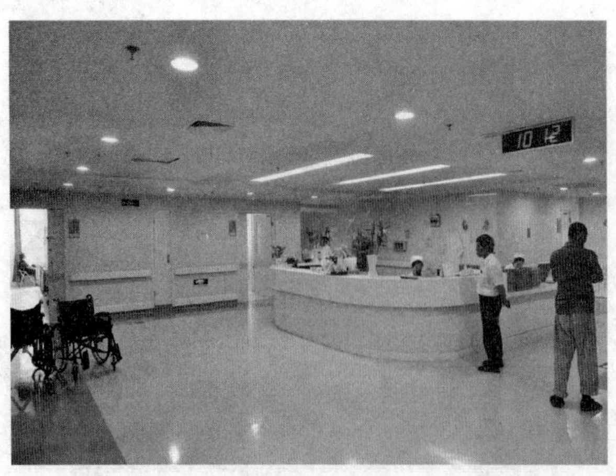

病房护士站

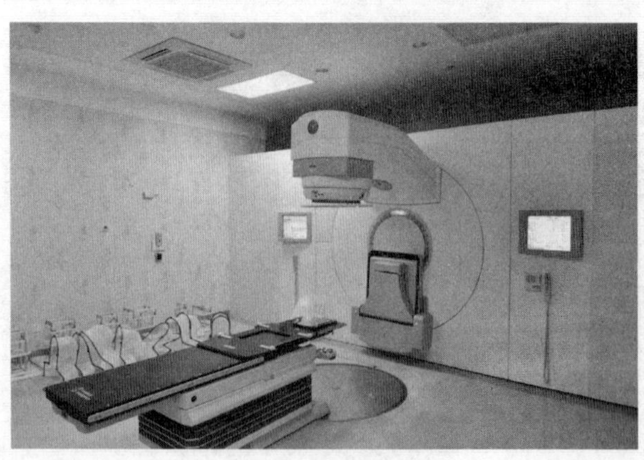

直线加速器室

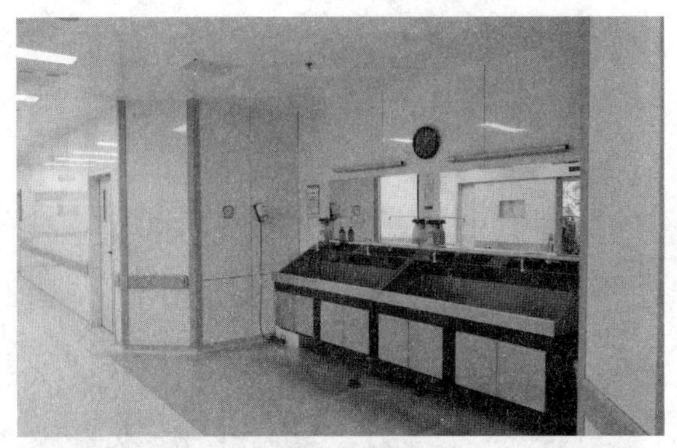

手术室刷手池

手术室清洗工作站

地下一层车道洗消区域

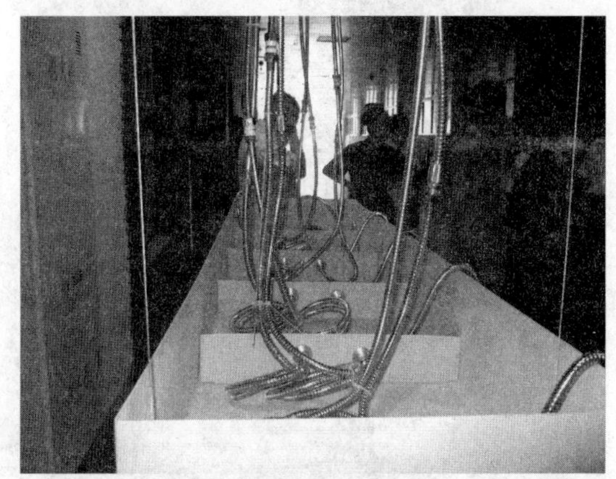

洗消喷头放置箱

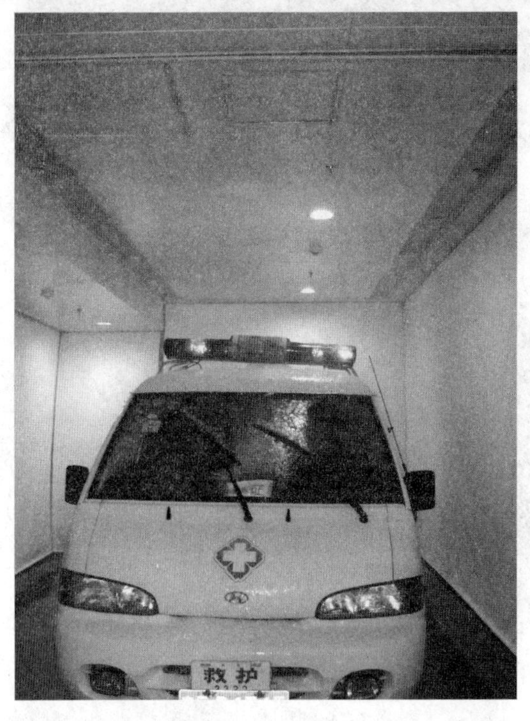

救护车洗消区

室外人员洗消隔断

生活水泵房

消防水泵房

变配电所气体消防喷头及管道

污水处理站一角

污水处理站

污水排出井

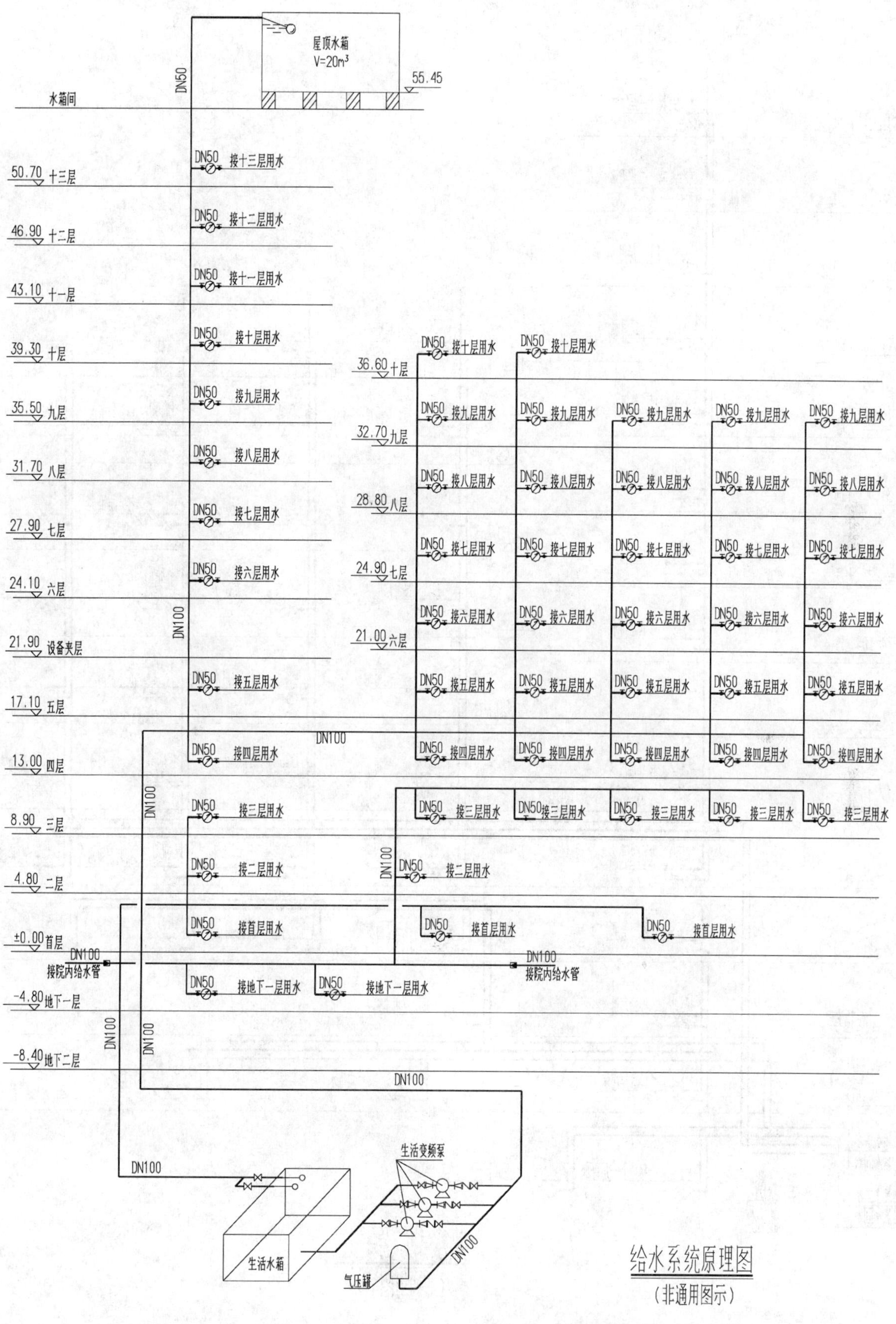

给水系统原理图
（非通用图示）

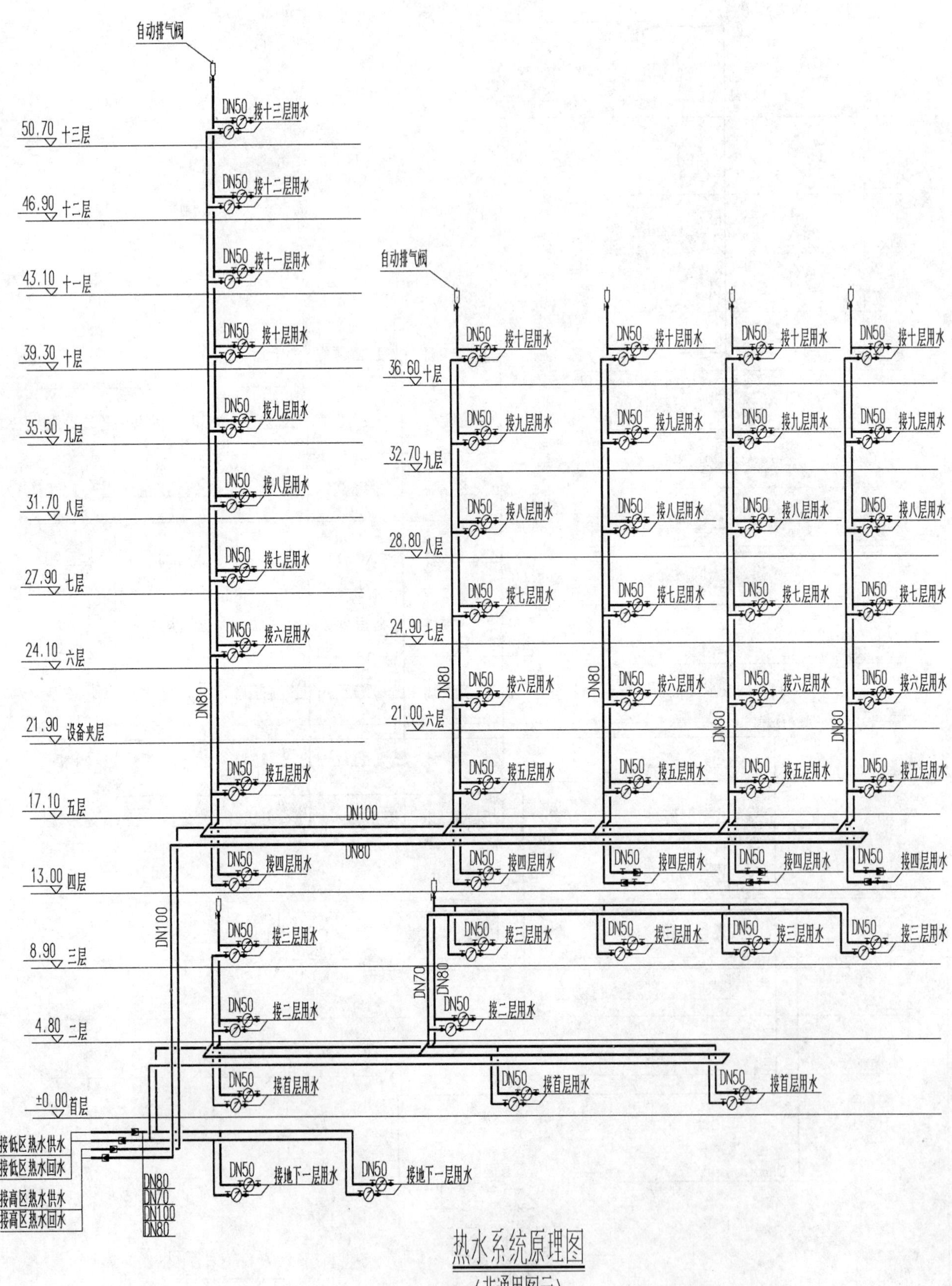

热水系统原理图
（非通用图示）

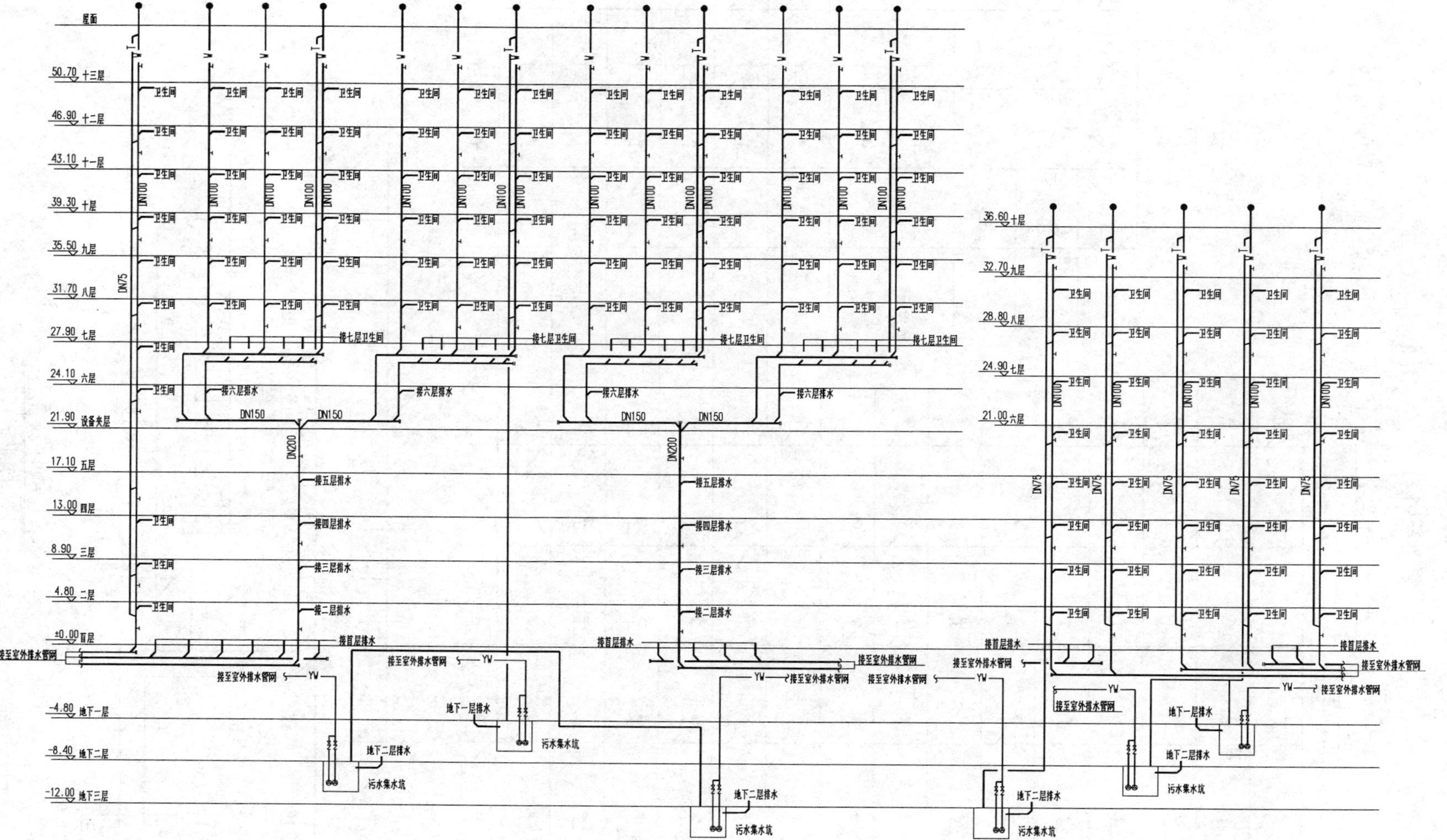

排水系统原理图
（非通用图示）

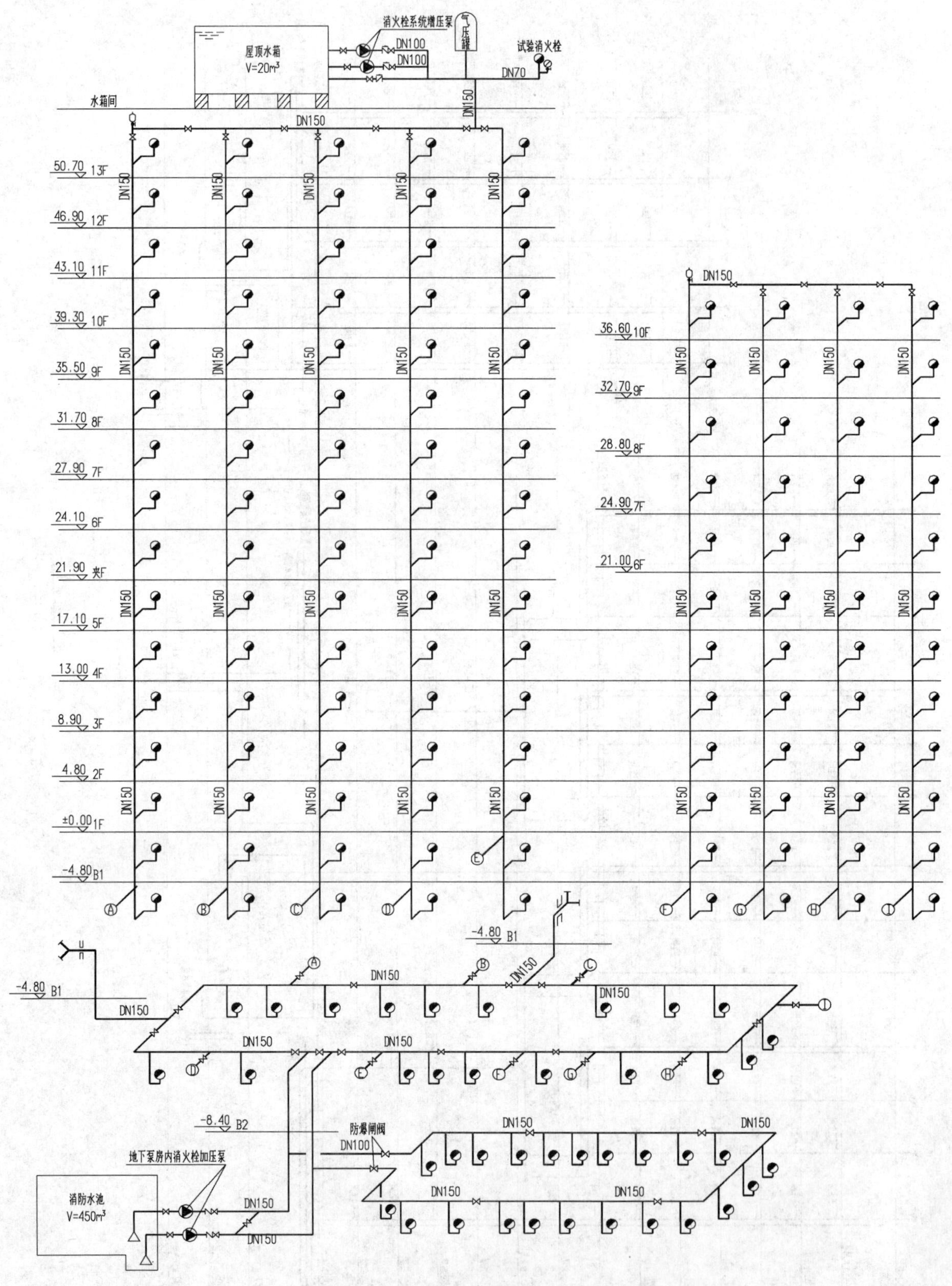

消火栓管道系统原理图

（非通用图示）

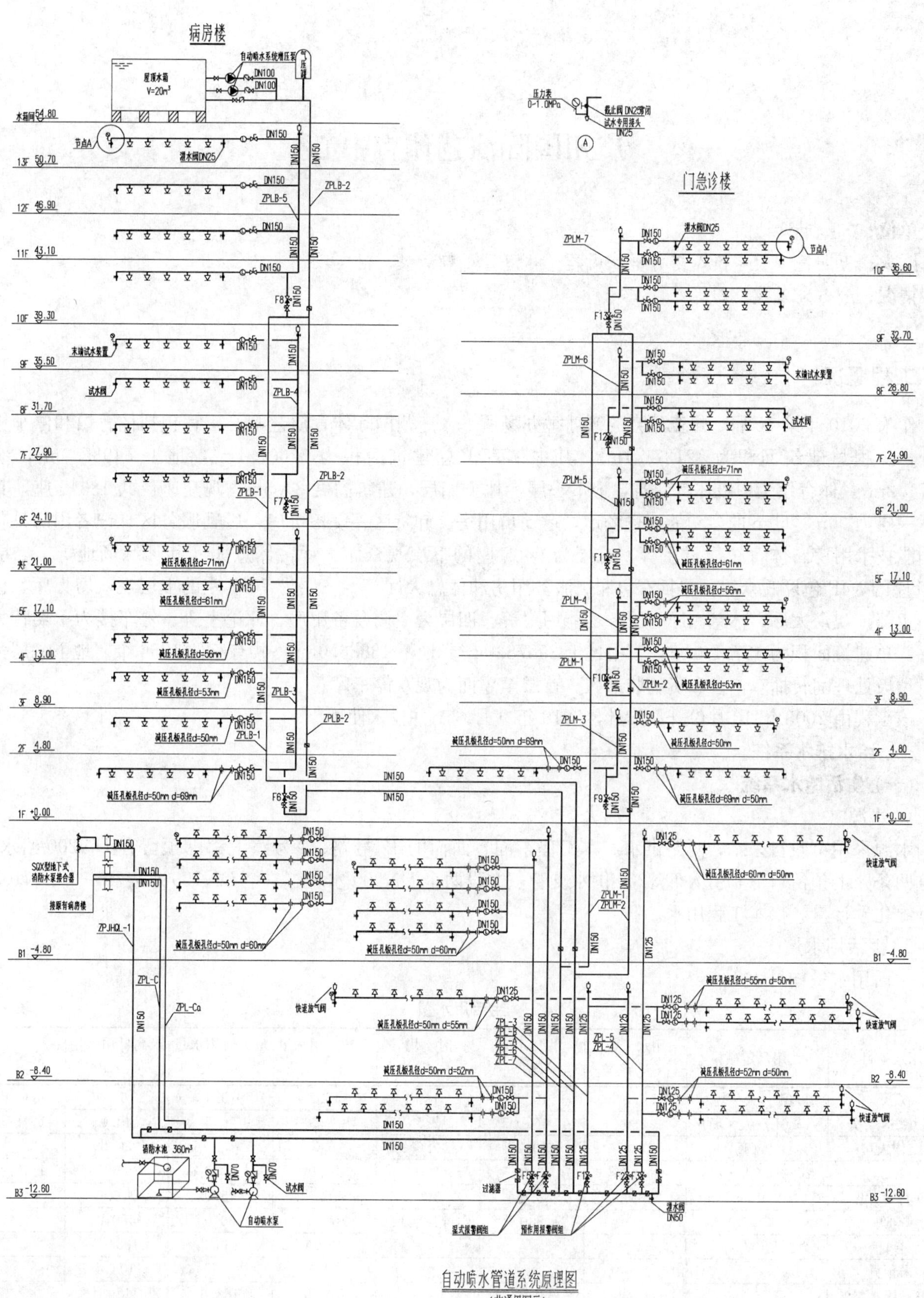

自动喷水管道系统原理图
（非通用图示）

广州国际演艺体育中心

设计单位：广州市设计院
设 计 人：万明亮 贺宇飞 赵力军 周甦 林海云 赖海灵 何志毅
获奖情况：公共建筑类 二等奖

工程概况：

作为2010年第16届广州亚运会的篮球举办场所——广州国际体育演艺中心工程包括体育馆和停车楼两部分，工程总建筑面积为121371.1m²。其中体育馆总建筑面积为77607.1m²，地上54935.9m²，地下22671.2m²。体育馆为甲级体育建筑，地下一层，地上四层，建筑高度34.5m，观众座位共18345座，其中地下一层为30m×60m的多功能比赛场地，运动员用房、卸货区、设备机房、后勤服务区、记者用房、各专业功能技术用房、体育馆器材室等。首层为9462座的下层观众席大厅，休息大厅和训练场地等。二层为1356座的VIP包厢观众层，包括有包厢、服务用房和休息大厅等。三层为7527座的上层观众席大厅，包括有小卖部、观众大厅、休息大厅、服务功能用房等。四层为空调设备用房、评论室等。停车楼为Ⅰ类特大型车库，总建筑面积为43764.0m²，其中地上29878.0m²，地下13886.0m²，共有车位1256个。地下一层为车库、垃圾处理间转播车泊位和货物装卸区。首层至屋面为观众停车库。

该工程由2008年10月份开始设计，2010年9月竣工并投入使用。

一、给水排水系统

（一）生活给水系统

1. 水源

水源采用市政自来水，两路供水。本工程东面、西面的17号路、1号路上都已预留有*DN*200给水口，从这两条路上预留口分别引入*DN*200供水支管，并设两个*DN*200水表、一个*DN*150水表和一个*DN*100水表（绿化）计量，供本工程用水。

2. 生活用水量

生活用水量详见表1。

生活用水量 **表1**

用水项目	用水定额	用水人数（人/场）	用水时间（h）	时不均匀系数	平均时用水量（m^3/h）	最大时用水量（m^3/h）	最高日用水量（m^3/d）	备 注
观众	3.0L/（人·场）	118000	10.0	1.2	16.2	19.4	162.0	每日三场
教练、运动员	40.0L/（人·场）	350	10.0	2.5	4.2	10.5	42.0	每日三场
工作人员	100.0L/d	600	10.0	2.0	6.0	12.0	60.0	
餐饮	20.0L/（人·次）	5000.0	8.0	2.0	25.0	50.0	200.0	每日两餐
车库、绿化	2.0L/m²	60000.0	8.0	1.0	15.0	15.0	120.0	
空调			8.0	1.0	60.0	60.0	480.0	
合计					126.4	166.9	1064.0	
未预见				10%	12.6	16.7	106.4	
设计用水量					139.0	183.6	1170.4	

3. 供水方式和分区

冷水系统自下而上分为两个垂直的供水区。其中下区包括地下层至首层，由市政自来水直接供水；上区包括二层至四层，由地下层全自动变频供水设备供水。

4. 生活贮水

生活贮水设在地下层生活和消防合用水泵房内。采用两个有效容积 50m^3 的不锈钢装配式给水箱供上区用水。生活水箱设外置式水箱自洁消毒器，具有消毒、灭菌和灭藻功能。

(二) 生活热水系统

1. 生活热水用水量和热水耗热量

生活热水（60℃）用水量详见表 2。

生活热水用水量 **表 2**

用水项目	用水定额	每场用水人数（人）	用水时间（h）	时不均匀系数	平均时用水量（m^3/h）	最大时用水量（m^3/h）	最高日用水量（m^3/d）	备注
观众	0.8L/(人·场)	18000	10.0	1.2	4.3	5.2	43.2	每日三场
教练、运动员	30.0L/(人·场)	350	10.0	2.5	3.2	7.9	31.5	每日三场
餐饮	10.0L/(人·次)	5000	8.0	2.0	12.5	25.0	100.0	每日两餐
合计					20.0	38.1	174.7	
未预见				10%	2.0	3.8	17.5	
设计用水量					22.0	41.9	192.2	

最大时用水量 41.9m^3/h，最大时耗热量 2436kW。

2. 热水供应部位

集中热水系统供应部位：地下层运动员、裁判员淋浴间、主厨房、贵宾卫生间、公共卫生间；首层和三层备餐间、公共卫生间；二层包厢卫生间、备餐间等。

四层公共卫生间分散设置电热水器供应热水。

3. 热水供应方式和分区

热水系统竖向分区同冷水供应，采用同程式机械循环系统，各区设独立的循环泵，回水主管上设置流量控制阀。

4. 热源

热媒为 90℃高温水，由首层热水炉房（由暖通专业负责设计）供给。采用大波节半容积式水加热器加热，加热器设于热水机房。下区选用三台 DBHRV-02-4.5（1.6/1）型水加热器换热，上区选用两台 DB-HRV-02-2.5（1.6/1）型水加热器换热。

(三) 排水系统

1. 排水方式

室内外均采用分流制。室外雨、污水分流排入市政管网。室内粪便污水与生活废水分流，粪便污水经室外三格化粪池处理后与生活废水一起排入市政污水管网。

2. 生活污水量

取扣除空调用水后的给水量的 100%计，污水量为：642.4m^3/d。

3. 生活污水系统

首层以上的生活污水经排水支管、立管和横管重力排至室外；地下层的污水采用管道汇集至集水井，用潜污泵提升后排至室外。各层公共卫生间均设置专用通气立管和环形透气管，集粪井人孔盖采用密闭防臭井盖，其通气管接入通气系统。

4. 雨水排水系统

采用 $q_y = q_j \cdot \psi \cdot F_W/10000$ 公式计算雨水量。

场馆区屋面雨水排水采用虹吸排水系统，设计重现期为 50 年，降雨历时 5min，根据广州气象条件计算结果为 $q_j = 724L/(s \cdot hm^2)$。屋面雨水由天面雨水沟收集，经虹吸雨水斗、雨水横管和立管排至室外雨水排水井（消能井）。屋面雨水溢流按 100 年重现期设计。室外设置分散埋地式雨水收集处理系统，回收场馆区屋面雨水，经处理达杂用水标准后，用于室外绿化和景观用水。

车库屋面雨水排水采用重力雨水排水系统，设计重现期为 10 年，降雨历时 5min，根据广州气象条件计算结果为 $q_j = 583L/(s \cdot hm^2)$。屋面雨水由天面雨水沟收集，经 87 型雨水斗、雨水立管和横管排至室外雨水排水井。屋面雨水溢流按 50 年重现期设计。

地下室入口设截水沟，将雨水收集排入雨水排水井。

5. 其他

空调机房内设排水地漏，采用有组织排水；地下室车库内的集水井、水泵房内的集水井、地下室集粪井内均各设两台潜污泵，逐台投入，互为备用，潜污泵性能参数详见主要设备材料表。

厨房污水采用明沟收集，明沟设于垫层内，污水进入集水井前设隔油器初步隔油处理，以防潜污泵堵塞。污水经潜污泵提升至室外，通过埋地式自动刮油隔油器进行二次处理后，排入市政污水管网。医疗站洗盆采用一体式医疗污水消毒机，消毒剂采用次氯酸钠，出水水质满足医疗污水排放标准。

二、消防系统

设计范围包括：室内外消火栓系统、自动喷水灭火系统、自动消防炮灭火系统、热气溶胶自动灭火系统、建筑灭火器配置。

（一）消火栓系统

1. 消防用水量及消防水池

（1）消防用水量（表 3）

消防用水量 **表 3**

序号	系统名称	用水量标准（L/s）	火灾延续时间（h）	一次消防用水量（m^3）	备　注
1	室外消火栓系统	30	3	324	由市政给水管网提供，不计入消防水池
2	室内消火栓系统	40	3	432	
3	自动喷水灭火系统	30	1	108	按中危险Ⅱ级设计
4	大空间智能型主动喷水灭火系统	40	1	144	
	合计			1008	其中室内：684 m^3

注：屋盖钢网架的采用涂防火涂料进行消防保护。

（2）消防水池

设于体育馆地下一层的消防水池存贮室内消火栓系统、自动喷水灭火系统和大空间智能型主动灭火系统的用水，消防水池容积为 700m^3（分为两格）。

2. 消防水源及室外消火栓系统

本工程采用市政自来水作为消防水源，分别由 1 号路、17 号路引入的市政给水管均为 *DN*200，在本建筑周边按不大于 120m 间距为原则设置室外消火栓，共设 9 套。其中在本建筑周边 40m 范围内可利用的市政室外消火栓有 9 套。

市政自来水引入管处水压 0.35MPa，可满足室外消火栓水压要求。

3. 室内消火栓系统

(1) 消火栓布置

各楼层均设置室内消火栓，消火栓布置间距不大于30m。水枪充实水柱不小于13m，保证任一点有两股水柱扑救。除保护区均匀布置消火栓外，消防电梯前室、疏散楼梯附近、地下室出入口、室内观众厅、运动员休息室、走道、设备房、停车库等处均布置消火栓，并布置在明显、易于取用处。消火栓口垂直墙面，距地面1.10m。同时在体育馆上方马道处，设置消防软管卷盘。

采用带灭火器组合式消火栓箱（04S202-P21）（型号SG24D65Z-J），内置DN65消火栓、ϕ19水枪、25m衬胶水带、消防卷盘各1个，同时配置建筑灭火器（配置见灭火器部分）。消防电梯前室的消火栓也设置简易单门组合箱：箱内配置与前述基本相同，但不含自救卷盘。

(2) 消防水泵及水泵房

集中消防水泵房设于体育馆地下一层，消防水泵选用消防专用供水设备，配置主泵2台（1用1备），水泵参数为Q=40L/s，H=0.60MPa，N=37kW；稳压泵2台（1用1备），Q=5L/s，H=0.70MPa，N=5.5kW；ϕ800隔膜式气压罐1台。

(3) 消防水泵的控制

各消火栓箱旁均设有碎玻按钮，可远距离直接启动水泵，当管网压力降低达启泵压力时自动启动主泵，管网平时由稳压泵补压，稳压泵由压力开关控制启停，本建筑消防控制中心及水泵房内均可手动控制水泵的运行。各台水泵的启、停、故障，均有信号在本建筑消防控制中心显示 。

(4) 系统设置及竖向分区

本系统竖向不分区，管网竖向、水平形成环网，由消防水泵房内的消火栓泵向管网双路供水。当室内消火栓口压力超过0.50MPa时采用减压稳压消火栓。在屋面处设有高位消防水箱18m^3。

(5) 水泵接合器设置

在首层室外设置SQB150型水泵接合器三组，每组流量为15L/s。

(二) 湿式自动喷水灭火系统

1. 设置场所及设置标准

本建筑除小于5m^{2}的卫生间及不宜用水扑救的场所外，均设置自动喷水灭火装置。

地下车库按中危险级Ⅱ级设计，作用面积为160m^2，设计喷水强度8L/(min·m^2)；其余场所均按中危险级Ⅰ级设计，设计喷水强度6L/(min·m^2)，作用面积为160m^2。

2. 喷淋水泵及其控制

喷淋水泵选用消防专用供水设备，配置主泵2台（1用1备），水泵参数为Q=30L/s，H=0.80MPa，N=55kW；稳压泵2台（1用1备），Q=1L/s，H=0.90MPa，N=3kW；ϕ1000隔膜式气压罐1台。

火灾发生时，喷头遇热爆开喷水，管网压力开关动作，自动启动喷淋主泵。平时管网压力由稳压泵供给。本建筑消防控制中心及水泵房内均可手动控制水泵的运行。各台水泵的启、停、故障，均有信号在本建筑消防控制中心显示。

3. 系统设置及竖向分区

本系统垂直不分区，由消防水泵房内的自动喷淋泵组双路供水，在地下一层报警阀房间共设十四组湿式报警阀，其中体育馆九组，停车库五组。每个防火分区设水流指示器及带开关指示器的阀门（开关信号反馈到消防中心），在管网末端设末端试水装置，在阀后设压力表。每个湿式报警阀控制的喷头不多于800个。系统在建筑四周对应设相连接水泵接合器，设1个与消火栓系统共用的火灾初期18m^{3}贮水箱。设两组SQB150型消防水泵接合器。

4. 喷头选用

厨房、锅炉房、热水机房等选用公称动作温度93℃的直立型玻璃球闭式喷头（K=80）。其余均采用公称动作温度68℃的快速响应喷头。

大堂、贵宾室、VIP房及其他对美观要求较高的场所采用隐蔽式喷头，其余场所均采用下垂型喷头。

（三）自动消防炮灭火系统

在体育馆比赛场和观众席上方高度超过25m，设计采用了带雾化功能的自动消防炮灭火系统。

本系统由消防水源、自动消防炮装置、电磁阀、水流指示器、信号闸阀、末端试水装置和红外线探测、视频监控组件等组成，全天候自动监视保护范围内的一切火情；一旦发生火灾，红外线探测、视频监控组件向消防控制中心的火灾报警控制器发出火警信号，启动声光报警装置报警，报告发生火灾的准确位置；并能将灭火装置对准火源，打开电磁阀，喷水扑灭火灾；火灾扑灭后，系统可以自动关闭电磁阀停止喷水；系统同时具手动控制、自动控制和应急操作功能。

本工程按2个喷头同时开启灭火，每个喷头的流量为20L/s，灭火持续时间为1h，设计流量为40L/s；最不利点喷头的工作压力不小于0.8MPa，射程为50m。在主管道设置信号闸阀及水流指示器，每个喷头前均设置水平安装的电磁阀。系统与消火栓系统共用的火灾初期18m³贮水箱。设三组SQB150型消防水泵接合器。

水泵选用消防专用供水设备，配置主泵2台（1用1备），水泵参数为Q=40L/s，H=1.25MPa，N=90kW；稳压泵2台（1用1备），Q=5L/s，H=1.35MPa，N=15kW；ϕ1600隔膜式气压罐1台。

（四）热气溶胶自动灭火系统

高低压配电房、变压器房、发电机房及通信网络机房等均设置热气溶胶自动灭火系统。防护区采用全淹没灭火方式，设计成预制式灭火系统。

本系统具有自动、手动两种启动方式。自动状态下，当防护区发生火警时，气体灭火控制器接到防护区两独立火灾报警信号后立即发出联动信号（关闭通风空调等）。此时，气体灭火控制器一方面输出声光火灾报警信号，另一方面经过30s时间延时后，输出动作信号，启动S型气溶胶预制灭火系统，放指示灯亮，同时，控制器接收反馈信号。防护区门灯显亮，避免人员误入。释放S型气溶胶灭火剂到防护区时，控制器面板喷气指示灯亮。

当防护区经常有人工作时，可以通过手动/自动启止器，使系统从自动状态转换到手动状态，当防护区发生火警时，控制器只发出报警信号，不输出动作信号。由值班人员确认火警，按下控制器面板或击碎防护区门外紧急启动按钮，即可立即启动系统喷放S型气溶胶灭火剂。

设备选用AS600-S型气溶胶预制灭火系统。热气溶胶预制式灭火系统的灭火设计密度不应小于灭火密度的1.3倍。通信电信机房设计灭火密度为130g/m³，高低压配电房、变压器房、发电机房设计灭火密度为140g/m³。在通信机房等防护区，灭火剂喷放时间不应大于90s，喷口温度不应大于150℃；在其他防护区，喷放时间不应大于120s，喷口温度不应大于180℃。

（五）建筑灭火器配置

根据《建筑灭火器配置设计规范》GB 50140—2005规定，本建筑车库按中危险级，其余按严重危险级配置建筑灭火器。

灭火级别按下式计算：

A类火灾（除地下车库外的其余场所）：$Q=K\cdot S/U=0.5\times900/50=9$A

B类火灾（地下车库）：$Q=1.3K\cdot S/U=1.3\times0.5\times900/1=585$B

在每个组合消防箱内，一般场所放置3具6kg磷酸铵盐干粉手提式灭火器，型号为MF/ABC6（每个灭火器灭火级别为3A）。其他部位最大保护距离大于15m处增加独立的手提式灭火器存放箱，每箱放置3具6kg磷酸铵盐干粉手提式灭火器。

地下室局部（车库等）按B类火灾（手提式灭火器最大保护距离为12m）配置消防组合柜不能满足灭火

要求，除消防组合柜内放置 3 具 6kg 磷酸铵盐干粉手提式灭火器，型号为 MF/ABC6（每个灭火器灭火级别为 89B）外，增设推车式灭火器 MFT/ABC20 型（每台灭火器灭火级别为 183B，推车式灭火器最大保护距离为 18m）。

三、工程特点介绍

1. 广州国际体育演艺中心为国内第一个完全符合 NBA 标准、AEG 要求及亚运会标准的设计，其给排水设计可同时满足 NBA 比赛、亚运会比赛及各种大型的国际性文艺演出活动的设计要求。

2. 场馆区屋面采用虹吸雨水排水系统，在室外设置分散埋地式雨水收集处理系统。通过回收场馆区屋面雨水，经处理达杂用水标准后，用于室外绿化和景观用水。雨水收集与利用系统运行费用低，充分结合景观设计的这种雨水综合利用模式，既能缓解水资源的供需矛盾，又能减少暴雨径流对居住建筑群及周边地区造成的灾害，还能改善城市生态环境。能够在一定程度上节约赛时与赛后的水资源，缓解城市供水压力。

3. 按照抗震规范要求，管道安装均采用了抗震支吊架。该支架系统是一种牢固连接于已做抗震设计的结构体的管路等、并以地震力为主要荷载的支撑系统，可在地震中给予各机电系统提供充分的保护。

四、工程照片及附图

场馆鸟瞰图

消防泵房 1

消防泵房 2

热水机房

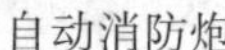

自动消防炮

广州国际体育演艺中心

广州国际体育演艺中心

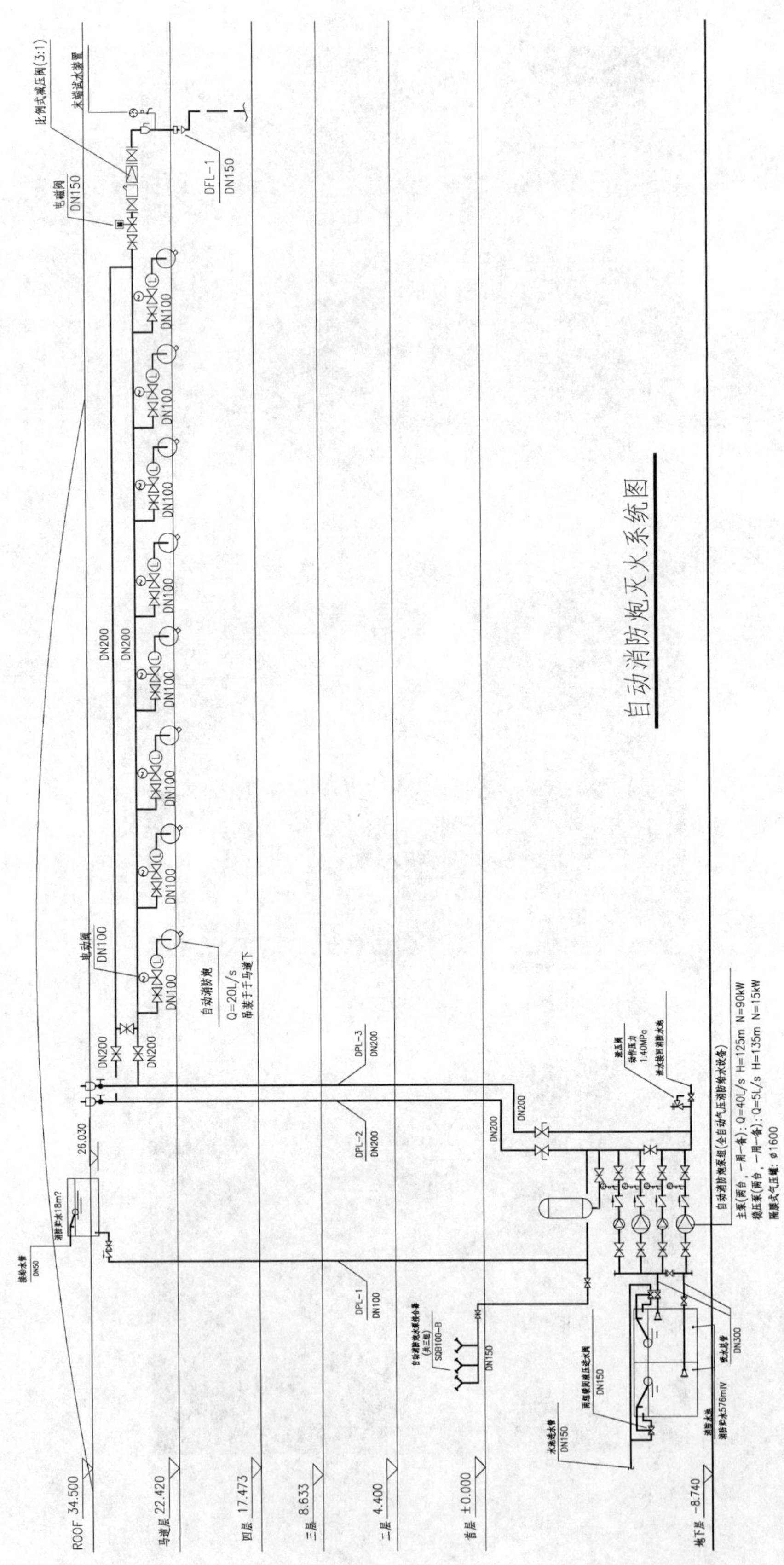

自动消防炮灭火系统图

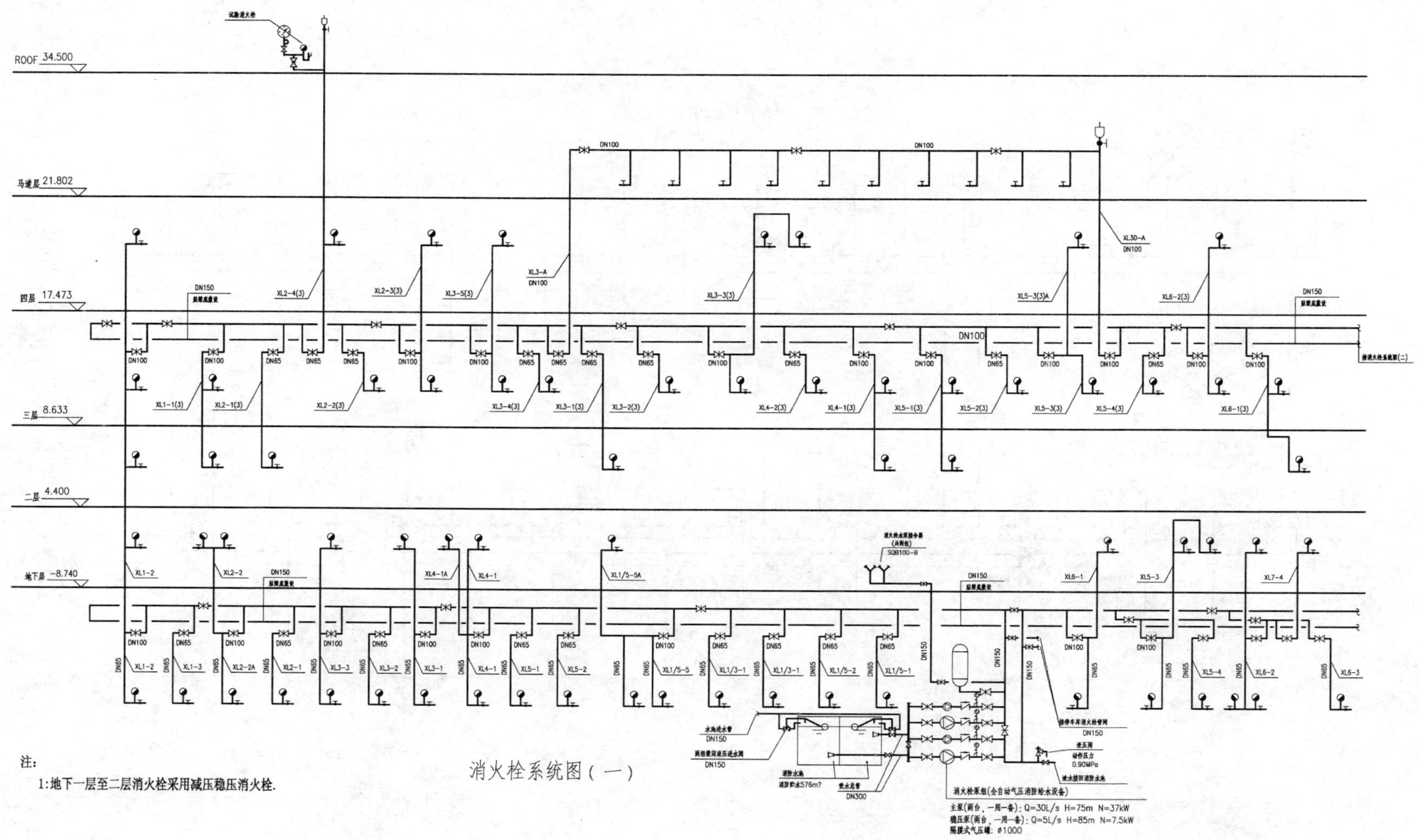

消火栓系统图（一）

注：

1:地下一层至二层消火栓采用减压稳压消火栓.

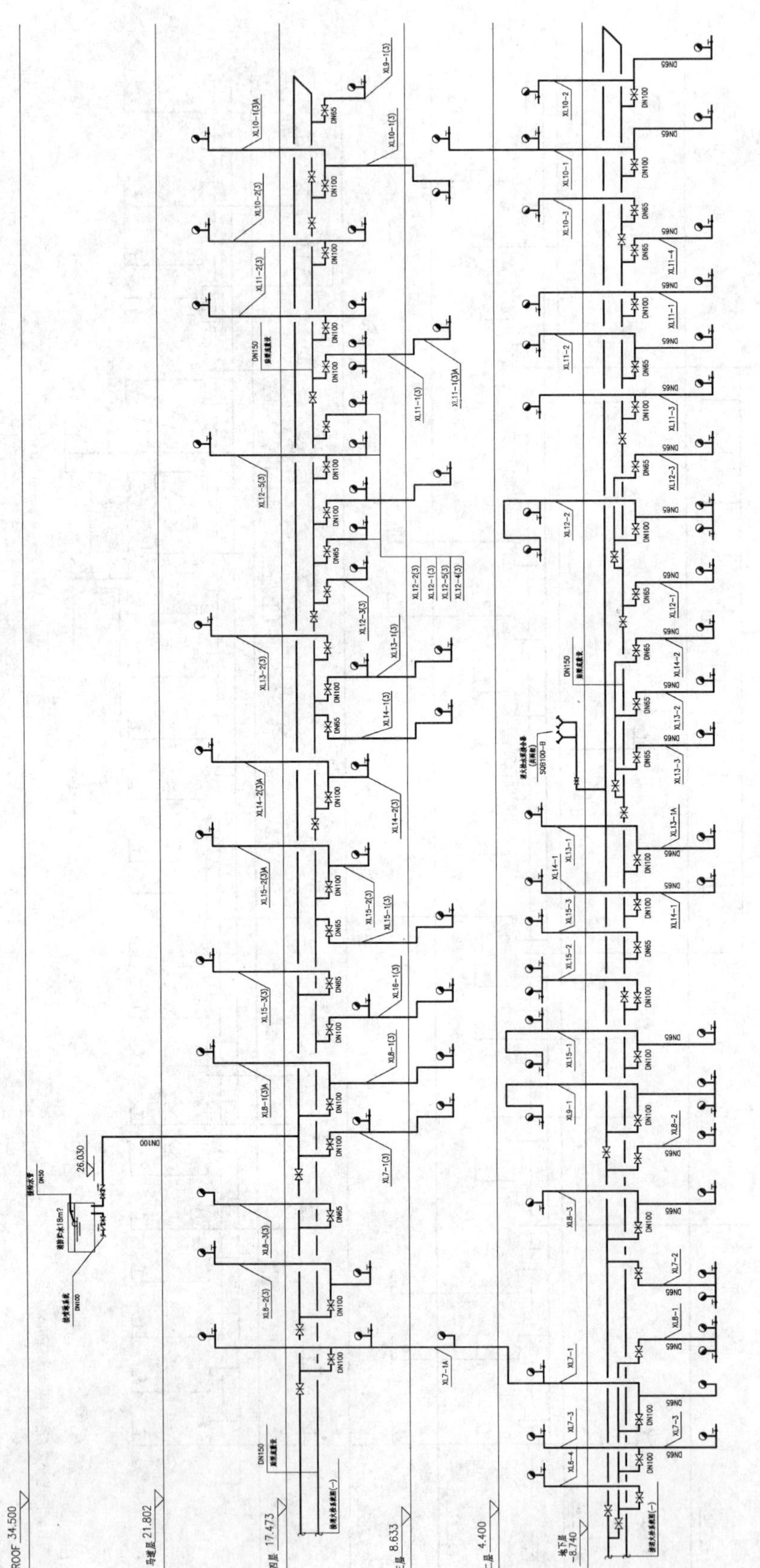

消火栓系统图（二）

注：

1.地下一层至二层消火栓采用减压稳压消火栓。

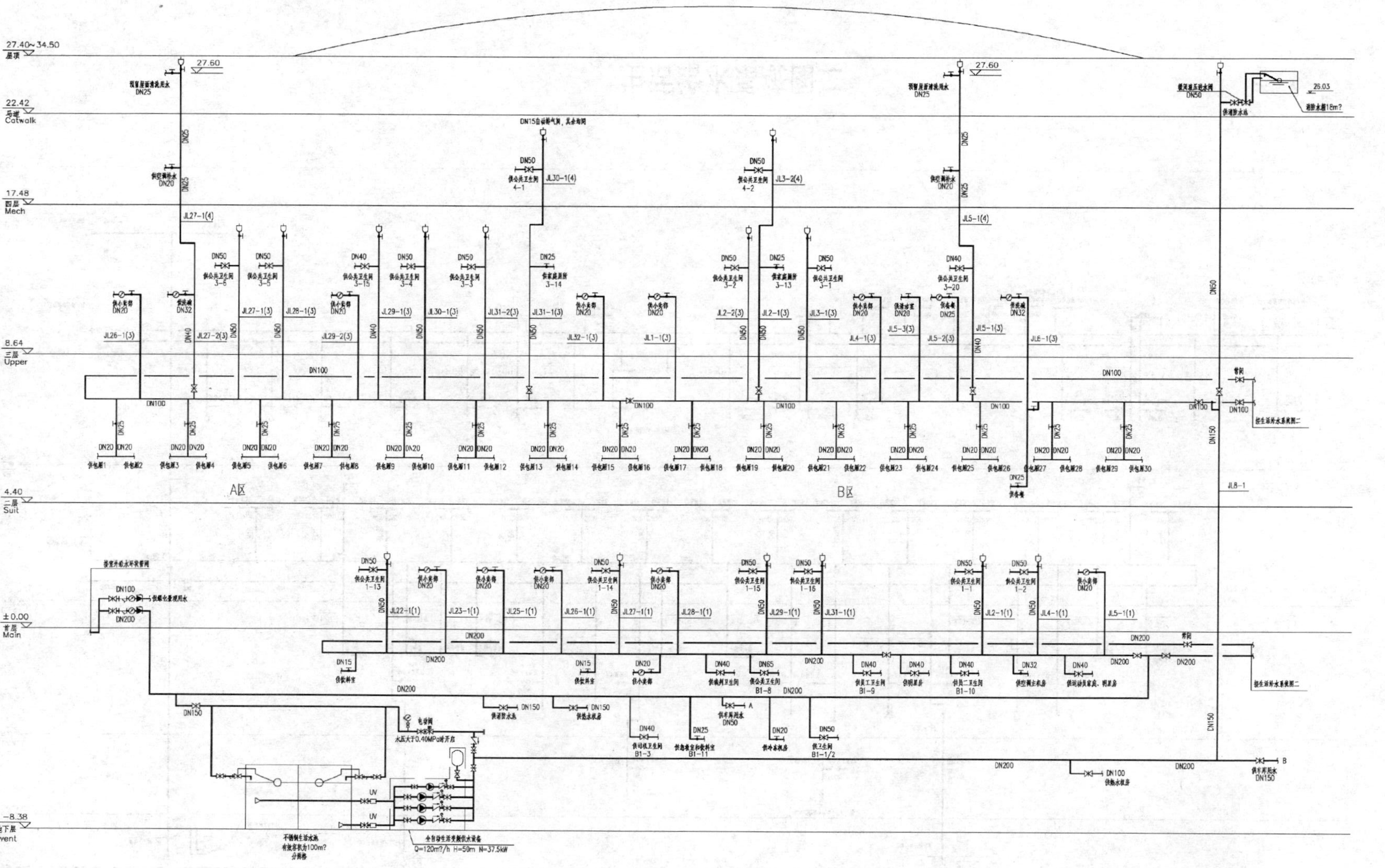
27.40~34.50 屋顶
22.42 马道 Catwalk
17.48 四层 Mech
8.64 三层 Upper
4.40 二层 Suit
±0.00 首层 Main
-8.38 地下层 Event
A区
B区

生活给水系统图一

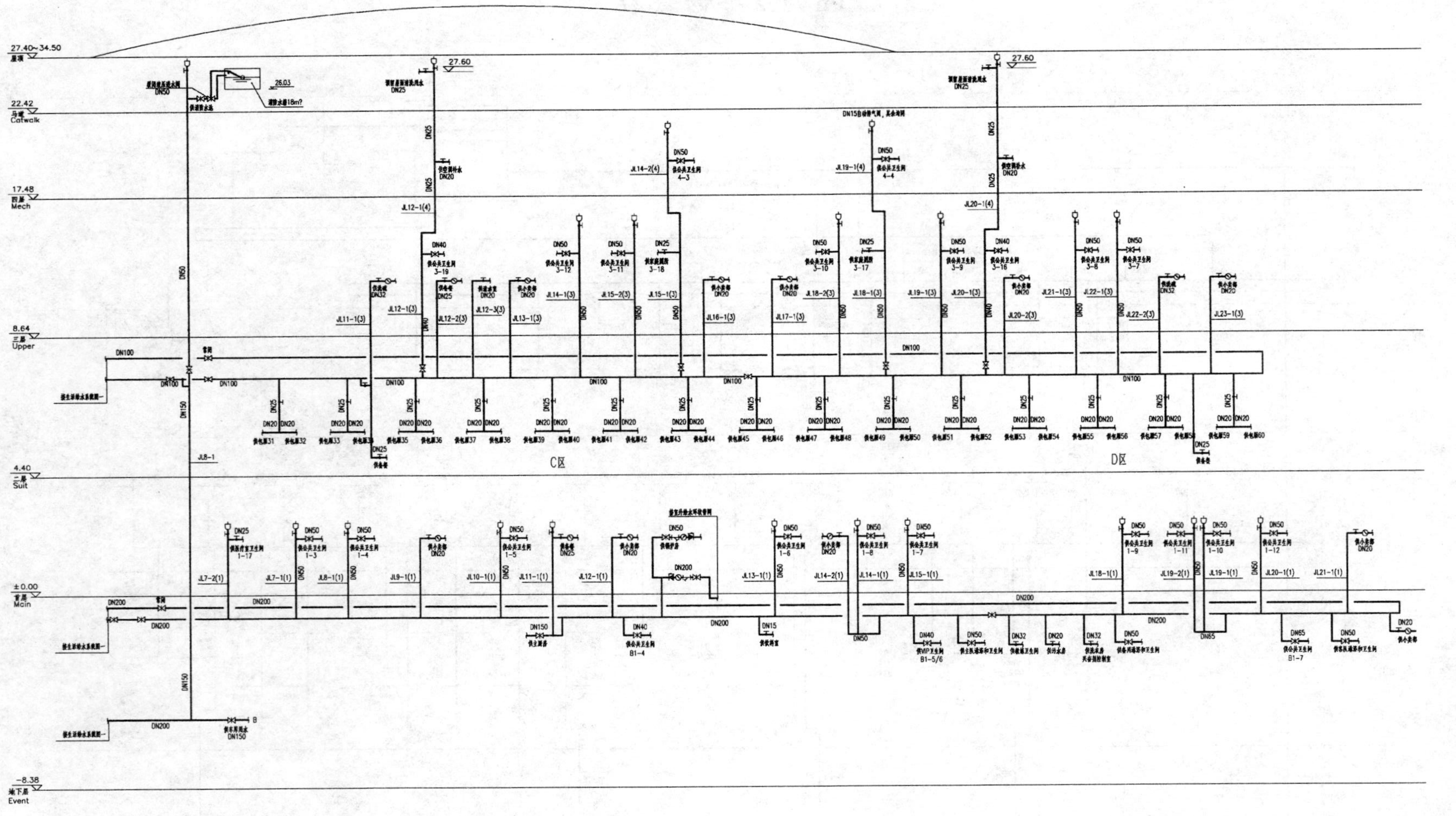
27.40~34.50
22.42
Catwalk
17.48
Mech
8.64
Upper
4.40
Suit
±0.00
Main
-8.38
Event
C区
D区

生活给水系统图二

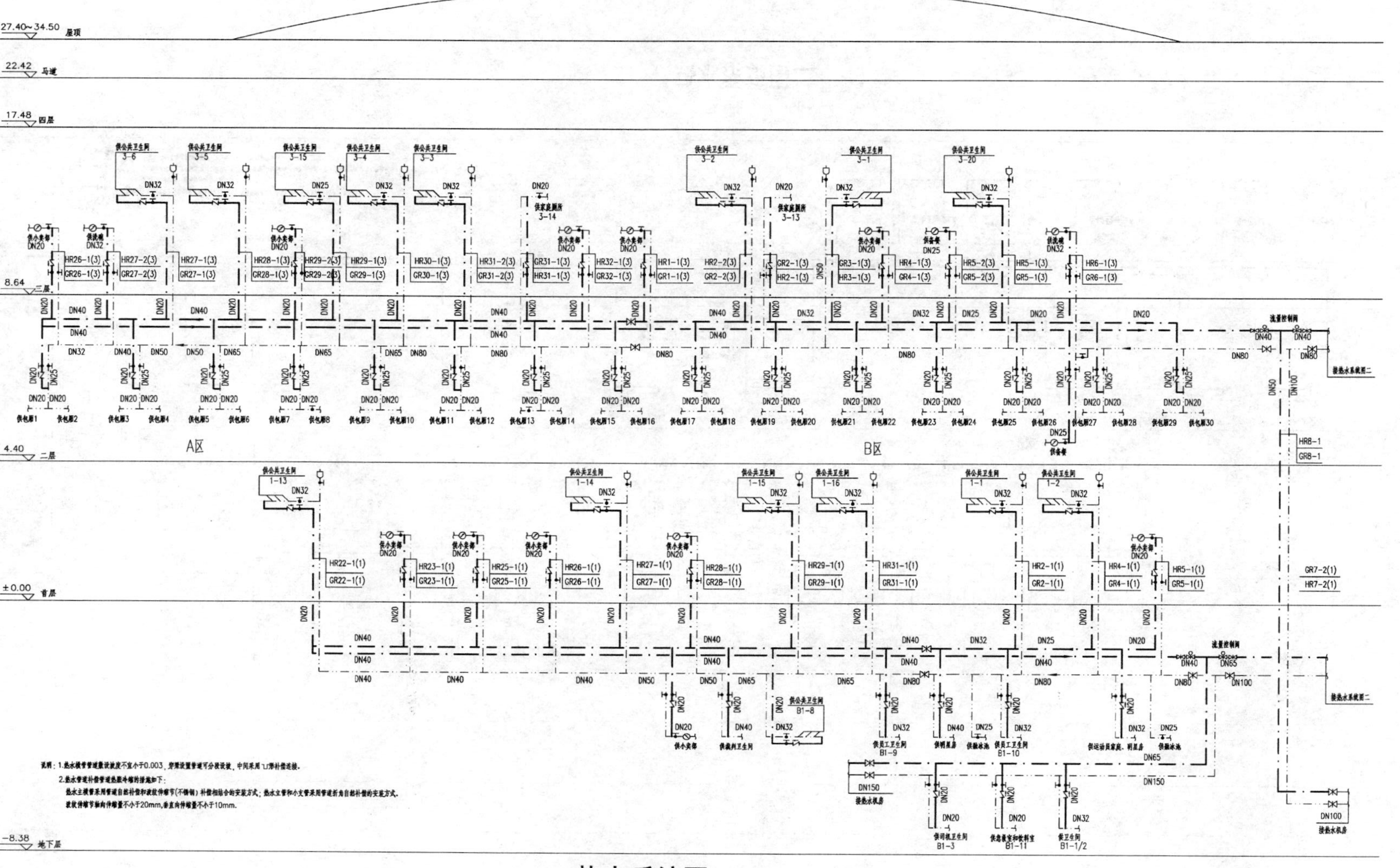

热水系统图一

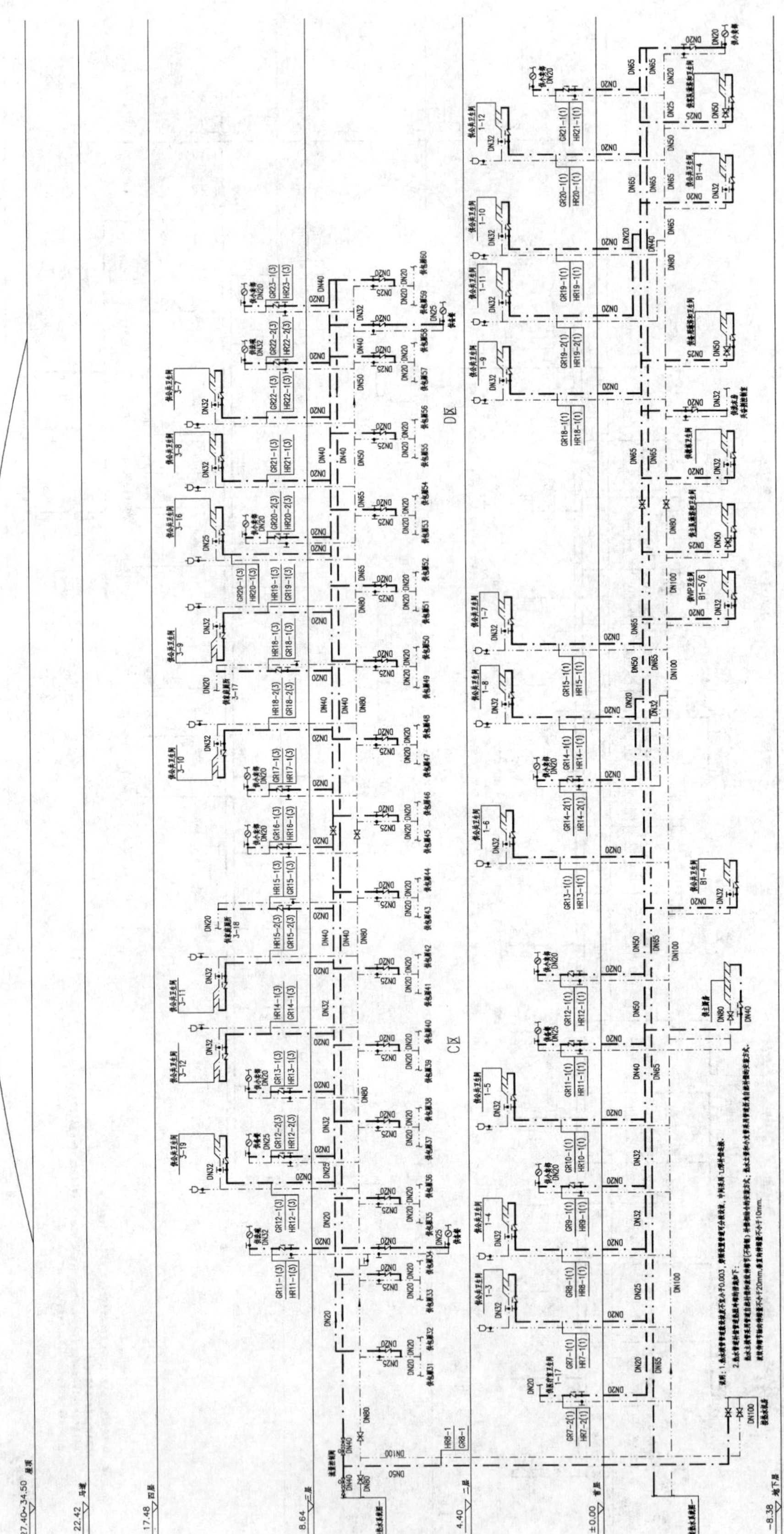

热水系统图二

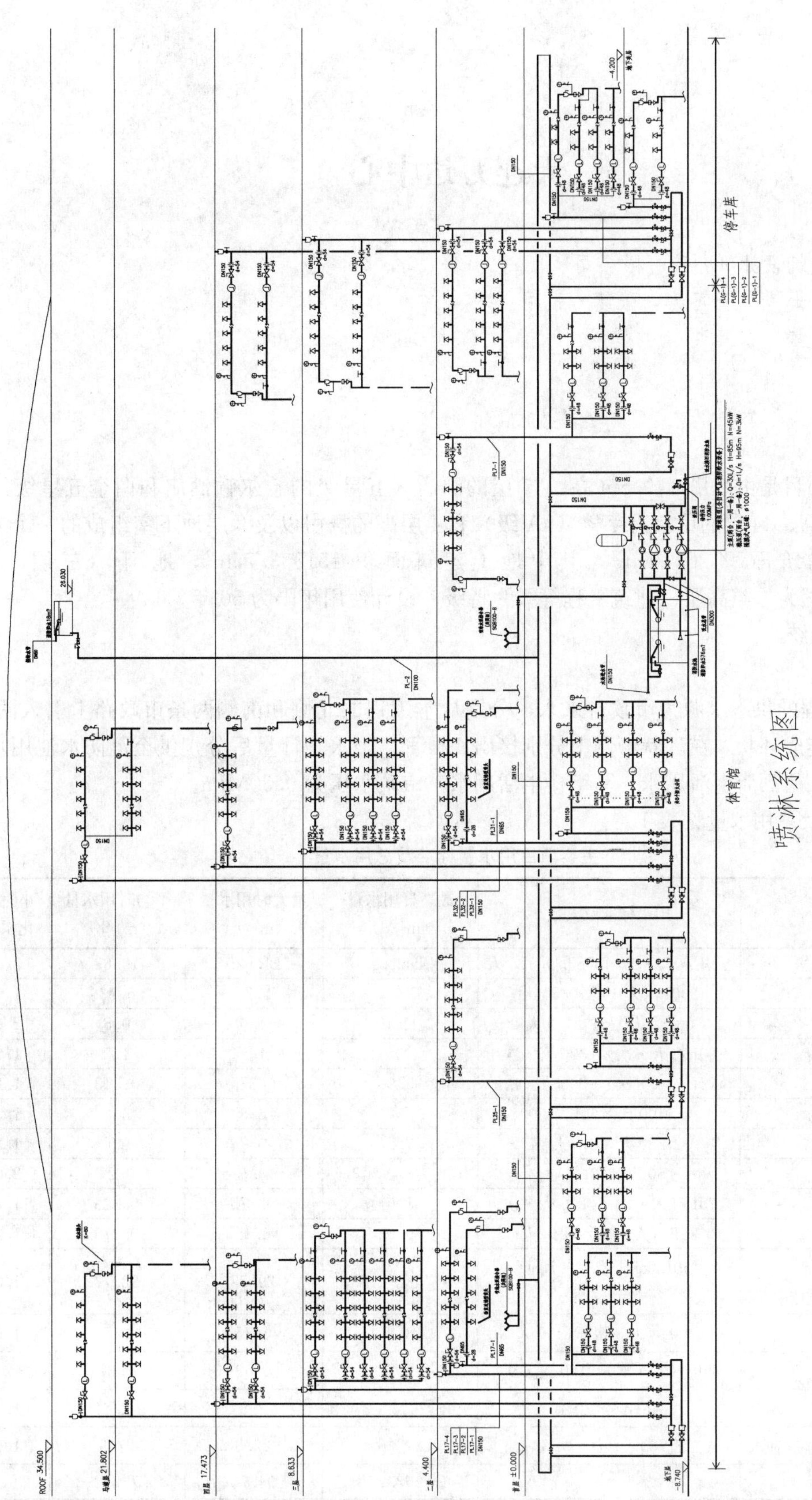

喷淋系统图

大连万达中心

设计单位： 大连市建筑设计研究院有限公司
设 计 人： 孙孝轩　赵莉　王可为　张震　张闯
获奖情况： 公共建筑类　二等奖

工程概况：

大连万达中心项目是由南塔149.5m高、35层的酒店（五星级的希尔顿酒店和白金五星级的康莱德酒店）、北塔203.3m高、44层的甲级写字楼（5A级）和4层高的裙房以及3层地下室组成的一个复合超高层建筑。本工程总建筑面积207400m²，其中地上建筑面积151933.77m²，地下（三层）建筑面积55466.23m²。本工程为一类高层；建筑工程等级为特级；设计使用年限为50年。

一、给水排水系统

（一）给水系统

1. 水源：本工程的供水水源为市政自来水，分别从本工程的北侧和南侧两条市政路上引入两根 *DN*200 供水管，在红线内连成环状。在环状管网上分别接出四根管，经水表计量后分别供至消防水池用水、希尔顿酒店生活用水、康莱德酒店生活用水、写字楼生活用水，市政水压为0.30MPa。

2. 用水量标准及总用水量见表1。

主要项目用水量标准及总用水量　　表1

序号	用水分类	用水标准及人数	最高日用水量（m³/d）	最大时用水量（m³/h）	平均时用水量（m³/h）	小时变化系数	用水时间（h）
1	希尔顿酒店客房	450L/(人·d)×378间×1.5人	255.15	21.625	10.63	2.0	24
2	洗浴中心	200L/(人·d)×350人	70.0	8.75	5.83	1.5	12
3	员　工	80L/(人·d)×150人	12.0	1.0	0.5	2.0	24
4	中餐厅	60L/(人·次)×320人·次	18	1.8	1.5	1.2	12
5	自动餐厅	25L/(人·次)×200人·次	5.0	0.375	0.313	1.2	16
6	宴会厅	1400人×50L/人	70	8.8	5.8	1.5	12
7	会议室	280人×8L/人	2.2	0.7	0.6	1.2	4
8	美容美发	50人×60L/人	3.0	0.5	0.25	2.0	12
9	西餐厅	25L/(人·次)×200人·次	5.0	0.375	0.313	1.2	16
10	日餐厅	25L/(人·次)×240人	6.0	0.45	0.375	1.2	16
11	洗衣房	60L/kg干衣×607间×5kg/间	182.1	29.58	22.77	1.3	8
12	员工洗浴	100L/(人·次)×100人	10.0	3.75	2.5	1.5	4
13	员工餐厅	20L/(人·次)×160人·次	3.2	0.53	0.27	2	12
14	游泳池补水	450m³×10%	45	2.8	2.8	1.0	16
15	冷却塔、空调补水、锅炉补水	1783×1%+7+3	273.6	22.8	27.3	1.0	12
	1～15项小计		953.7	94.76	77.22		

续表

序号	用水分类	用水标准及人数	最高日用水量 (m^3/d)	最大时用水量 (m^3/h)	平均时用水量 (m^3/h)	小时变化系数	用水时间 (h)
16	康莱德酒店客房	450L/(人·d)×229间×1.5人	154.6	12.8	6.44	2.0	24
17	员　工	80L/d×120人·次	9.6	0.8	0.4	2.0	24
18	中餐厅	60L/(人·次)×190人·次	11.4	1.14	0.95	1.2	12
19	自动餐厅	25L/人×100人·次	2.5	0.19	0.16	1.2	16
20	日餐厅	25L/人×85人·次	2.1	0.16	0.13	1.2	16
21	员工洗浴	100L/(人·次)×80人	8.0	3.0	2.0	1.5	4
22	员工餐厅	20L/(人·次)×140人	2.8	0.46	0.23	2.0	12
23	美容美发	40人×60L/人	2.4	0.4	0.2	2.0	12
24	游泳池补水	$450m^3$×10%	45	2.8	2.8	1.0	16
25	冷却塔、空调补水、锅炉补水	1173×1%+5+1	177.3	14.78	17.73	1.0	12
	16～25项小计		415.70	36.89	27.56		
26	写字楼办公人员	30L/(人·d)×4120人	123.6	18.54	12.36	1.5	10
27	夜总会	10L/(人·d)×500人	5.0	0.75	0.63	1.2	8
28	物业员工	25L/(人·d)×100人	2.5	0.63	0.31	2.0	8
29	就餐人员	20L/(人·次)×500人×3次	30.0	7.5	3.75	2.0	8
30	冷却塔补水 空调补水	1879×1%+10	287.9	24.00	28.79	1.0	12
31	26～30项小计		545	123.42	89.05		
32	希尔顿、康莱德 酒店、写字间合计		953.7+415.7+ 545=1914.4	94.76+36.89+ 23.42=255.07			
33	不可预见		1914.4×10% =19.14	255.07×10% =25.50			
34	合计		2105.84	280.57			

3. 室外给水设计

室外给水管道为生活和消防共用管道系统，市政管道的水量、水压不能满足建筑物内部的用水要求。二层以上用水部分，采用二次加压供水系统。

4. 给水系统：根据建筑物高度、建筑物标准、水源条件、防二次污染、节能和供水安全原则，供水系统分区见表2。

供水系统分区表 **表2**

系统分区	分区范围	供水方式	水泵位置	备　注
希尔顿酒店 1区	B3～B1	市政自来水 直供		(洗衣房除外)
希尔顿酒店 2区	1F～4F	变频调速泵组	B3五星酒店 生活泵房	
希尔顿酒店 3区	5F～11F	变频调速泵组	B3五星酒店 生活泵房	
希尔顿酒店 4区	12F～17F	变频调速泵组	B3五星酒店 生活泵房	

续表

系统分区	分区范围	供水方式	水泵位置	备　注
希尔顿酒店5区	18F～23F	变频调速泵组	B3五星酒店生活泵房	
康莱德酒店1区	B3～B1	市政自来水直供		(洗衣房除外)
康莱德酒店2区	1F～4F	变频调速泵组	B3六星酒店生活泵房	
康莱德酒店3区	23F～29F	变频调速泵组	23F六星酒店生活泵房	
康莱德酒店4区	30F～36F	变频调速泵组	23F六星酒店生活泵房	
写字楼1区	B3～2F	市政自来水直供		
写字楼2区	3F～8F	水箱重力流供水		取自19F生活水箱
写字楼3区	9F～15F	水箱重力流供水		取自19F生活水箱
写字楼4区	16F～19F	变频调速泵组	19F生活泵房	
写字楼5区	20F～27F	水箱重力流供水		取自46F生活水箱
写字楼6区	28F～35F	水箱重力流供水		取自46F生活水箱
写字楼7区	36F～44F	水箱重力流供水		取自46F生活水箱

冷却塔补水，各个员工洗浴、洗浴中心、餐饮厨房用水、泳池补水、机房补水、锅炉房补水、中水补水等均单独设表计量。

希尔顿酒店洗衣房均单独设置变频调速泵组及软化设备。

5. 室外给水管道采用高密度聚乙烯（HDPE）管，热熔连接。生活自来水管采用衬塑管，管件连接。除机房采用明装外，其余全部暗装，暗装在吊顶内的给水管作防结露保温；设在不采暖的楼梯间管道作防冻保温，保温材料采用橡塑海绵。

（二）热水系统

1. 热源为城市热力网，热媒为饱和蒸汽。减压后的蒸汽压力为0.30MPa，夏季城市热力网检修期，由自备蒸汽锅炉供给，热交换器的冷水由相应的生活变频泵组供给。希尔顿酒店热交换器设于B3层，康莱德酒店热交换器设于B3、23层，两个酒店热水系统均为闭式全日集中热水供应系统，膨胀罐设于热交换器间内。

空调凝结水约8.0m^3/h，用于生活热水系统的预热。冷水通过半即热式水加热器预热后，供给生活热水系统。

生活热水用水量：最高日用水量422.75m^3/d；最大时用水量53.02m^3/h；其中希尔顿酒店最高日用水量273m^3/d，最大时用水量35.15m^3/h；康莱德酒店最高日用水量149.55m^3/d；最大时用水量17.87m^3/h；生活热水系统冷水进水温度为5℃，热水出水温度为65℃。

写字楼男女公共卫生间洗手盆采用局部电加热系统，在男女卫生间洗手盆附近各设 1 个小型电加热器，以最短的距离供应热水。

2. 热水系统分区与给水系统分区完全相同。

3. 客房区供回水管路采用同程式布置，支管循环；裙房区异程式布置，干管循环，并设有热水循环泵机械循环。每个分区设置两台容积式换热器，同时使用且互为备用，有效容积按 40min 最大小时耗热量设计，每台换热器的盘管换热面积须满足最大小时用水量的换热要求。希尔顿酒店员工洗浴区，单独设置一台容积式换热器。主要设备参数见表 3。

主要设备参数 **表 3**

序号		设备名称	设置地点	设备规格	数量	服务对象	备 注
希尔顿酒店	1	变频冷水加压泵组	B3 生活泵房	Q=108m^3/h,H=55m,N=30kW	一套	1F～4F	3 用 1 备 配气压水罐
	2	变频冷水加压泵组	B3 生活泵房	Q=34.6m^3/h,H=85m,N=15kW	一套	5F～11F	2 用 1 备 配气压水罐
	3	变频冷水加压泵组	B3 生活泵房	Q=34.6m^3/h,H=110m,N=15kW	一套	12F～17F	2 用 1 备 配气压水罐
	4	变频冷水加压泵组	B3 生活泵房	Q=33m^3/h,H=130m,N=22kW	一套	18F～22F	2 用 1 备 配气压水罐
	5	变频冷水加压泵组	B3 生活泵房	Q=10m^3/h,H=60m,N=3kW	一套	洗衣房	2 用 1 备
	6	热水系统循环泵	B3 生活泵房	Q=7.2m^3/h,H=15m,N=1.5kW	2 台	1F～4F	1 用 1 备
	7	热水系统循环泵	B3 生活泵房	Q=3.6m^3/h,H=15m,N=1.5kW	2 台	5F～11F	1 用 1 备
	8	热水系统循环泵	B3 生活泵房	Q=3.6m^3/h,H=15m,N=1.5kW	2 台	12F～17F	1 用 1 备
	9	热水系统循环泵	B3 生活泵房	Q=3.6m^3/h,H=15m,N=1.5kW	2 台	18F～22F	1 用 1 备
	10	热水系统循环泵	B3 生活泵房	Q=7.2m^3/h,H=15m,N=1.5kW	2 台	B3～B1F	1 用 1 备
	11	冷却塔补水泵	B3 消防泵房	Q=6.11L/s,H=63m,N=7.5kW	3 台	空调系统	2 用 1 备 配气压水罐
	12	容积式换热器(汽-水)	B3 生活泵房	V=4.0m^3,ϕ=1400mm,水流量=12.4m^3/h,管程=1.0MPa,汽流量=1160kg/h,壳程=1.0MPa	2 台	1F～4F	同时使用
	13	容积式换热器(汽-水)	B3 生活泵房	V=3.0m^3,ϕ=1400mm,水流量=8.1m^3/h,管程=1.0MPa,汽流量=770kg/h,壳程=1.0MPa	2 台	6F～11F	同时使用
	14	容积式换热器(汽-水)	B3 生活泵房	V=3.0m^3,ϕ=1400mm,水流量=8.2m^3/h,管程=1.0MPa,汽流量=770kg/h,壳程=1.0MPa	2 台	12F～17F	同时使用
	15	容积式换热器(汽-水)	B3 生活泵房	V=3.0m^3,ϕ=1400mm,水流量=6.4m^3/h,管程=1.0MPa,汽流量=770kg/h,壳程=1.0MPa	2 台	18F～22F	同时使用
	16	容积式换热器(汽-水)	B3 生活泵房	V=3.5m^3,ϕ=1400mm,水流量=7.5m^3/h,管程=1.0MPa,汽流量=700kg/h,壳程=1.0MPa	2 台	B3～B1	同时使用
	17	半即热式换热器(水-水)	B3 生活泵房	V=0.25m^3,ϕ=400mm,管程=1.0MPa,壳程=1.0MPa	3 台	B3～B1 1F～4F 5F～11F	同时使用
	18	半即热式换热器(水-水)	B3 生活泵房	V=0.25m^3,ϕ=400mm,管程=1.0MPa,壳程=1.6MPa	2 台	12F～17F 18F～22F	
	19	不锈钢生活水箱	B3 生活泵房	5.5×8×3.5(m),7×8×3.5(m)	2 个	给水系统	

续表

序号		设备名称	设置地点	设备规格	数量	服务对象	备注
希尔顿酒店	20	膨胀罐	B3 生活泵房	工作压力=1.0MPa, $V=1.6\text{m}^3$	2台	12F~17F 18F~22F	
	21	膨胀罐	B3 生活泵房	工作压力=1.0MPa, $V=1.0\text{m}^3$	2台	B3~B1 1F~4F 5F~11F	
	22	石英砂过滤器	B3F 生活泵房	$Q=50\text{m}^3/\text{h}$	2台	给水系统	
康莱德酒店	23	变频给水加压泵组	B3F 生活泵房	$Q=72\text{m}^3/\text{h}, H=60\text{m}, N=8.5\text{kW}$	1套	1F~4F	3用1备 配气压水罐
	24	23F 转输水箱供水泵	B3 生活泵房	$Q=43.6\text{m}^3/\text{h}, H=120\text{m}, N=30\text{kW}$	2台	客房	1用1备
	25	变频给水加压泵组	23F 生活泵房	$Q=33\text{m}^3/\text{h}, H=65\text{m}, N=11\text{kW}$	1套	23F~29F	2用1备 配气压水罐
	26	变频给水加压泵组	23F 生活泵房	$Q=33\text{m}^3/\text{h}, H=85\text{m}, N=15\text{kW}$	1套	30F~36F	2用1备 配气压水罐
	27	热水系统循环泵	B3 生活泵房	$Q=3.6\text{m}^3/\text{h}, H=15\text{m}, N=0.75\text{kW}$	2台	B3F~B1F	1用1备
	28	热水系统循环泵	B3 生活泵房	$Q=3.6\text{m}^3/\text{h}, H=15\text{m}, N=0.75\text{kW}$	2台	1F~4F	1用1备
	29	热水系统循环泵	23F 生活泵房	$Q=3.6\text{m}^3/\text{h}, H=15\text{m}, N=0.75\text{kW}$	2台	23F~29F	1用1备
	30	热水系统循环泵	23F 生活泵房	$Q=3.6\text{m}^3/\text{h}, H=15\text{m}, N=0.75\text{kW}$	2台	30F~36F	1用1备
	31	冷却塔补水泵	B3 生活泵房	$Q=3.5\text{L/s}, H=63\text{m}, N=5.5\text{kW}$	1套	空调系统	2用1备 配气压水罐
	32	容积式换热器(汽-水)	B3 生活泵房	$V=2.0\text{m}^3, \phi=1200\text{mm}$, 水流量$=4.0\text{m}^3/\text{h}$, 管程=1.0MPa, 汽流量=418kg/h, 壳程=1.0MPa	2台	B3F~B1F	同时使用
	33	容积式换热器(汽-水)	B3 生活泵房	$V=2.0\text{m}^3, \phi=1200\text{mm}$, 水流量$=5.1\text{m}^3/\text{h}$, 管程=1.0MPa, 汽流量=473kg/h, 壳程=1.0MPa	2台	1F~4F	同时使用
	34	容积式换热器(汽-水)	23F 生活泵房	$V=3.0\text{m}^3, \phi=1400\text{mm}$, 水流量$=7.2\text{m}^3/\text{h}$, 管程=1.0MPa, 汽流量=670kg/h, 壳程=1.0MPa	2台	24F~29F	同时使用
	35	容积式换热器(汽-水)	23F 生活泵房	$V=3.0\text{m}^3, \phi=1400\text{mm}$, 水流量$=5.3\text{m}^3/\text{h}$, 管程=1.0MPa, 汽流量=670kg/h, 壳程=1.0MPa	2台	30F~36F	同时使用
	36	半即热式换热器(水-水)	B3 生活泵房	$V=0.25\text{m}^3, \phi=400\text{mm}$, 管程=1.0MPa, 壳程=1.6MPa	2台	B3F~B1F 1F~4F	同时使用
	37	不锈钢生活水箱	B3 生活泵房	6.5×5×3.5(m) 5.5×5×3.5(m)	2个	给水系统	
	38	不锈钢生活水箱	23F 生活泵房	3.5×2.5×2.5(m)	2个	给水系统	
	39	膨胀罐	B3 生活泵房	工作压力=1.0MPa, $V=0.6\text{m}^3$	2台	B3F~F	
	40	膨胀罐	23F 生活泵房	工作压力=1.0MPa, $V=1.0\text{m}^3$	2台	24F~36F	

续表

序号		设备名称	设置地点	设备规格	数量	服务对象	备　注
写字楼	41	变频给水加压泵组	19F 生活泵房	Q=1.78L/s,H=20m,N=1.5kW	2 台	16F～18F	1 用 1 备
	42	变频中水加压泵组	19F 中水泵房	Q=2.78L/s,H=18.7m,N=1.5kW	2 台	16F～18F	1 用 1 备
	43	变频给水加压泵组	46F 中水泵房	Q=2.78L/s,H=18.7m,N=1.5kW	2 台	41F～44F	1 用 1 备
	44	19F 给水水箱供水泵	B1 生活泵房	Q=4.17L/s,H=108m,N=11kW	2 台	生活给水系统	1 用 1 备
	45	19F 中水水箱供水泵	B3 中水处理站	Q=4.17L/s,H=120m,N=11kW	2 台	中水系统	1 用 1 备
	46	46F 给水水箱供水泵	19F 生活泵房	Q=3.5L/s,H=134m,N=11kW	2 台	生活给水系统	1 用 1 备
	47	46F 中水水箱供水泵	19F 中水泵房	Q=3.5L/s,H=134m,N=11kW	2 台	中水系统	1 用 1 备
	48	老正兴给水泵	B1 生活泵房	Q=2.50L/s,H=50m,N=4kW	3 台	给水系统	2 用 1 备 带 ϕ600 稳压罐
	49	冷却塔补水泵	B3 消防泵房	Q=6.11L/s,H=63m,N=7.5kW	3 台	空调系统	2 用 1 备 配气压水罐
	50	不锈钢生活水箱	B1 生活泵房	4.0×3.5×3(m)	1 个	生活给水系统	
	51	不锈钢生活水箱	19 生活泵房	3.0×3.0×2.5(m)	1 个	生活给水系统	
	52	不锈钢生活水箱	46F 生活泵房	3.0×3.0×2.5(m)	1 个	生活给水系统	
	53	玻璃钢中水箱	19F 中水泵房	3.0×3.0×2.5(m)	1 个	中水系统	
	54	玻璃钢中水箱	46F 中水泵房	3.0×3.0×2.5(m)	1 个	中水系统	
	55	小型容积式电加热器	卫生间洗手盆台下	V=10L,N=1.0kW	78 台	供洗手盆热水	
	56	砂过滤器	分别设酒店生活泵房内	Q=25m^3/h	2 台	生活给水系统	
	57	紫外线消毒器	写字楼生活水箱出水管	Q=15m^3/h,N=0.15kW	4 台	生活给水系统	
	58	软化装置	2 个酒店生活泵房	产水量:20m^3/h	2 套	酒店洗衣房	
	59	隔油器	各层厨房		14 套	各层厨房排水	
	60	潜污泵	B3 车库集水池	Q=25m^3/h,H=28m,N=4.0kW	46 台	B3 车库雨水、废水	
	61	潜污泵	B3 卫生间污水池	Q=25m^3/h,H=28m,N=4.0kW	6 台	B3 卫生间污水	
	62	潜污泵	B3 消防电梯集水池	Q=50m^3/h,H=35m,N=11kW	6 台	消防电梯排水	

续表

序号		设备名称	设置地点	设备规格	数量	服务对象	备　注
写字楼	63	潜污泵	B2 隔油池、降温池	Q=35m³/h，H=22m，N=5.5kW	12 台	厨房、洗衣房、锅炉房排水	
	64	潜污泵	B1 卫生间污水池	Q=25m³/h，H=22m，N=4.0kW	4 台	卫生间排水	
	65	废水泵	B1 新风机房	Q=15m³/h，H=20m，N=2.2kW	6 台	新风机房排水	
	66	坐便器	卫生间		若干		
	67	蹲便器	卫生间		若干		
	68	小便器	卫生间		若干		
	69	洗手盆	卫生间		若干		

4. 酒店室内热水管、回水管采用铜管，熔焊连接。除机房采用明装外，其余全部暗装，暗装在吊顶内的给水管做防结露保温；暗装在吊顶内和管井内热水管和回水管作保温，设在不采暖的楼梯间管道做防冻保温，保温材料采用橡塑海绵。

(三) 中水系统

1. 本工程中水水源为酒店客房洗浴水、员工洗浴水，经地下三层中水处理站处理后送至写字楼冲厕用水、地下车库冲洗地面用水，车库地面冲洗龙头应注明非饮用水标识。

回收水量和中水用水量见表 4 和表 5，水量平衡见图 1。

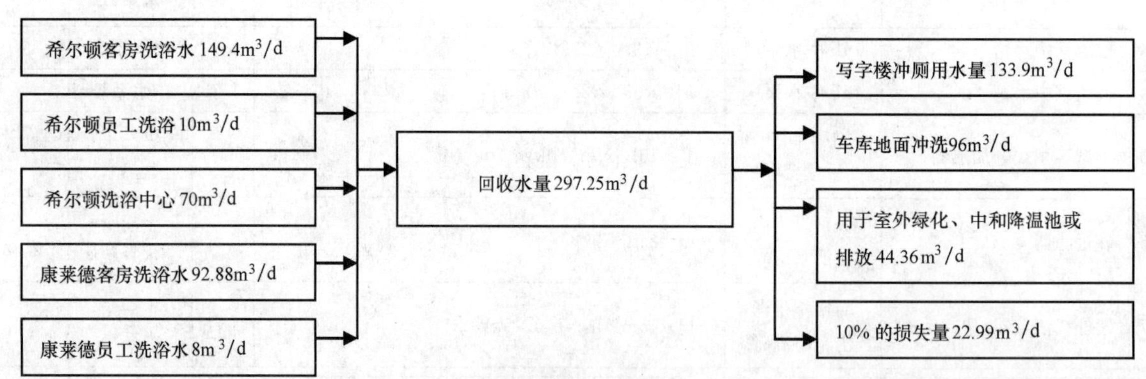

图 1　水量平衡图

中水源水回收水量 **表 4**

序号	用水项目	使用数量（人）	用水量标准	使用时间（h）	小时变化系数	最高回用水量（m³/d）	最大时用水量（m³/h）	平均时用水量（m³/h）
1	希尔顿酒店客房洗浴	555	450L/(人·d)×60%	24	2.0	149.4	12.45	6.23
2	员工洗浴	100	100L/(人·次)	4	1.5	10	3.75	2.5
3	洗浴中心	350	200L/(人·次)	12	1.5	70	8.75	5.83
4	康莱德酒店客房洗浴	344	450L/(人·d)×60%	24	2.0	92.88	7.74	3.87

续表

序号	用水项目	使用数量（人）	用水量标准	使用时间（h）	小时变化系数	最高回用水量（m^3/d）	最大时用水量（m^3/h）	平均时用水量（m^3/h）
5	员工洗浴	80	100L/(人·次)	4	1.5	8	3.0	2.0
6	1～5项合计10%的损失量					33.03	3.57	2.04
7	合计(1+2+3+4+5-6)项					297.25	32.12	18.39

中水用水量 **表5**

序号	用水项目	使用数量	用水量标准	使用时间（h）	小时变化系数	最高回用水量（m^3/d）	最大时用水量（m^3/h）	平均时用水量（m^3/h）
1	写字楼冲厕	4120人	5L/(人·d)×65%	10	2.0	133.9	26.78	13.39
2	汽车地面冲洗	32000m^2	2L/(m^2·d)	2	1.5	96	72	48
3	1～3项合计10%的损失量					22.99	9.88	6.14
4	合计					252.89	108.66	67.53

2. 中水系统分区与给水系统分区完全相同。

3. 中水处理工艺流程（图2）

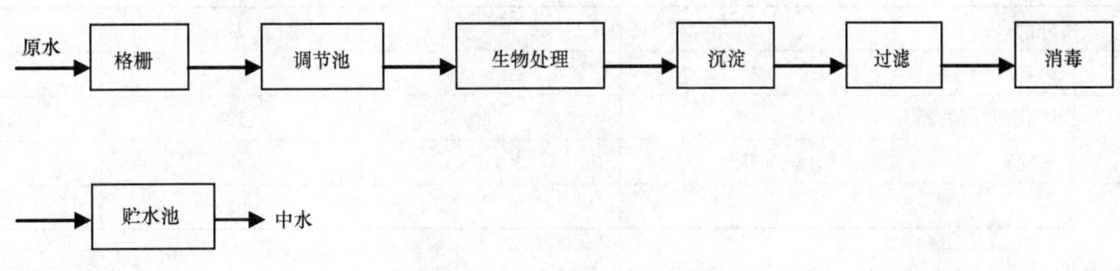

图2 中水处理工艺流程

4. 中水采用衬塑管，管件连接。

（四）排水系统

1. 污、废水系统：酒店客房、洗浴为污、废水分流制排水系统，写字楼和其他部分为污、废合流制。酒店客房洗浴、洗浴中心、员工洗浴的废水单独收集排至地下三层中水处理站，处理后中水送至写字楼冲厕用水。±0.000以上污水直接排出室外，±0.000以下污水汇集至地下三层，地下二层集水池，用潜污泵提升至室外。各生活污水集水池中设带自动耦合装置的潜污泵2台，一用一备，互为备用，当一台泵来不及排水，达到报警水位时，两台泵同时启动并报警。潜污泵由集水池水位自动控制。

2. 为保证排水畅通，卫生间排水系统设环形通气管。卫生间粪便污水和厨房污水集水池均设通气管（由暖通专业设机械通气）。

3. 室外设两座100m^3化粪池，粪便污水经化粪池处理后排至市政污水管道，化粪池清掏周期120d。

4. 厨房污水采用明沟收集，明沟设在楼板上的垫层内，污水在厨房设隔油器进行初次隔油处理。±0.000以上厨房污水在室外设隔油池进行二次处理，±0.000以下厨房在地下二层设隔油池进行二次处理后经潜污泵提升至室外。

5. 锅炉排污水、洗衣房废水，经降温后，水温不高于40℃，再经潜污泵提升至室外。

6. 室内排水管管材均采用柔性机制排水铸铁管及管件，平口对接，橡胶圈密封不锈钢卡箍卡紧；压力排水管采用焊接钢管，焊接。

7. 雨水排水系统：

（1）暴雨强度公式

$$q=1900(1+0.66\lg p)/(t+8)^{0.8}(\mathrm{L}/(\mathrm{s}\cdot \mathrm{hm}^2))$$

屋面雨水重现期 $P=10$ 年，设计降雨历时 $t=5$mm

（2）为满足裙房部分大开间的需要，以减少雨水主管，降低悬吊管坡度，屋面雨水排水采用虹吸压力流内排水系统。两个塔楼屋面雨水排水采用半有压流内排水系统，超过重现期的雨水通过溢流口排出。屋面雨水排水和溢流设施总排水能力不小于 50 年重现期雨水量。

（3）汽车库的坡道处设截流雨水沟，排至雨水集水池，用潜水泵提升至室外雨水管道。雨水泵设两台，一用一备，交替运行，当一台泵来不及排水，达到报警水位时，两台泵同时启动并报警。

（4）室内虹吸系统雨水管采用高密度聚乙烯（HDPE）管，热熔连接。半有压流雨水管采用热镀锌钢管，裙房屋面采用虹吸雨水斗，塔楼屋面采用 87 型雨水斗。

二、消防系统

（一）消火栓系统

1. 消防用水量（表 6）

消防用水量计算表　　表 6

序号	系统名称	用水量标准（L/s）	火灾延续时间（h）	一次消防用水量（m^3）	备　注
1	室外消火栓系统	30	3	324	
2	室内消火栓系统	40	3	432	
3	自动喷水灭火系统	30	1	108	按中危险级Ⅱ级设计
4	水喷雾系统	35	0.5	63	
合计				927	

2. 消防水池

设于地下三层的消防水池贮存室外消火栓系统用水量 324m^3，室内消火栓系统用水量 432m^3，自动喷水灭火系统用水量 108m^3，锅炉房、柴油发电机房等水喷雾系统用水量为 63m^3，现为有效容积 1070m^3（包括空调补水 144m^3）。该水池分两格。贴临的消防泵房为希尔顿酒店、康莱德酒店和写字楼的各自泵房，各部分消防设施分别独立设置，各为一组消火栓水泵（两台水泵，一用一备）、一组自动喷水水泵（两台水泵，一用一备）。在写字楼的 19 层，酒店塔楼的 23 层分别设有效容积为 60m^3 和 110m^3 的消防转输水箱。

3. 消防水源及室外消火栓系统

本工程采用市政自来水作为消防水源，分别由建筑物的北侧和南侧市政给水管道上引入两条 *DN*200 进水管，在红线内建筑物周围形成室外环状管网，在环状管网上每隔 100m 左右设置 1 套 *DN*150 室外消火栓。市政自来水引入管处水压为 0.30MPa，可满足室外消火栓水压要求。

4. 室内消火栓系统

（1）消火栓布置

各楼层均设置室内消火栓，消火栓设置间距不大于 30m。水枪充实水栓不小于 13m，各防火分区保证同层任何部位有两股水充实水柱同时到达失火部位。各防火分区除均匀设置消火栓外，消防电梯前室，疏散楼梯附近，地下室出入口附近等处均设置消火栓，并布置在明显、易于取用处。消火栓口垂直墙面，中心距地 1.10m。

消火栓箱采用带灭火器组合式消火栓箱，内置 *DN*65 消火栓，ϕ19 水枪，25m 衬胶水带，消防卷盘（栓口直径 25mm，胶管内经 19mm)、消防按钮各 1 个，同时配置建筑灭火器。消防电梯前室消火栓衬胶水带长为 15m，并且不设消防卷盘。希尔顿酒店顶层、康莱德酒店顶层、写字楼顶层各设置一个试验消火栓。消火栓箱内配置的消防按钮，火灾时消防按钮直接向控制中心报警启动消火栓系统水泵。

(2) 系统设置及竖向分区

室内消火栓系统为临时高压系统，竖向各个分区静水压不超过 1.0MPa，分区内消火栓口压力超过 0.5MPa 时采用减压稳压消火栓，使栓口压力调至 0.25MPa。竖向分区见表 7。

室内消火栓系统竖向分区 表 7

分区名称	分区区域范围	提供压力水泵位置	备注
希尔顿酒店	B1～22F	B3 消防泵房内	栓口处静水压≥0.5MPa 时，采用减压稳压消火栓
康莱德酒店低区	B1～4F	B3 消防泵房内	栓口处静水压≥0.5MPa 时，采用减压稳压消火栓
康莱德酒店高区	23F～顶层	23F 康莱德酒店消防泵房内	栓口处静水压≥0.5MPa 时，采用减压稳压消火栓
写字楼低区	B3～19F	B3 消防泵房内	栓口处静水压≥0.5MPa 时，采用减压稳压消火栓
写字楼中区	20F～33F	19F 消防泵房内	栓口处静水压≥0.5MPa 时，采用减压稳压消火栓
写字楼高区	34F～顶层	19F 消防泵房内	栓口处静水压≥0.5MPa 时，采用减压稳压消火栓

(3) 系统控制

稳压泵的启停是由连接在气压罐管道上的压力传感器控制的，当管网压力低于下限压力时，启动一台消火栓主泵，同时稳压泵停止运行；每个消火栓箱内均设置消火栓水泵启动按钮，火灾时启动一台消火栓水泵，水泵启动后，同事将信号反馈至消防中心及消火栓处，消火栓水泵可在消防控制中心手动控制启停。消防施工阶段，由设计院设了自动巡检装置。

(4) 水泵接合器的位置

在消防车供水范围内的区域，水泵接合器直接供水到室内环状管网。希尔顿酒店、康莱德酒店和写字楼各区域的 3 个不同位置各设置 3 套墙壁式和地下式水泵接合器，每套流量 Q=15L/s，设于首层外墙上，在消防车供水压力不能到达的中、高区分别在希尔顿酒店的 23 层，写字楼的 19 层设水泵接合器接力泵，以满足规范要求。

(二) 自动喷水灭火系统

1. 设置场所

本建筑除小于 5m^2 的卫生间及不宜用水扑救的场所外，均设自动喷水灭火系统。

2. 喷洒各系统

(1) 预作用系统

地下一层卸货区为非采暖区，采用预作用系统。

作用面积 160m^2，设计喷水强度 8L/(min · m^2)，雨淋阀后配水管道充水时间不大于 2min，该系统与自动喷水系统水泵合用。

(2) 自动喷水——泡沫联用系统

地下三层、地下二层汽车库采用自动喷水—泡沫联用系统。强化闭式自动喷水系统性能，采用固定水成膜泡沫液。作用面积 160m^2，喷水强度 8L/(min · m^2)，转换时间和连续供给时间不小于 10min。每个报警阀配一个 1.2m^3 的泡沫罐，泡沫罐间位置靠近每个防火分区的中心。

(3) 水喷雾灭火系统

本工程设两处燃气锅炉房、三处柴油发电机房、三处变配电室，均设置水喷雾灭火系统，设计基本参数见表 8。

水喷雾灭火系统设计参数　　表 8

名　称		喷雾强度 (L/(min・m²))	喷雾时间 (h)	喷头压力 (MPa)	响应时间 (s)
锅炉房、变配电室		6	0.5	0.35	60
发电机房	机房间	10	0.5	0.35	45
	油箱间	20	0.5	0.35	45

水喷雾系统独立设置水泵及雨淋阀。

3. 系统设计及竖向分区

竖向各分区静水压力不超过 1.2MPa，各配水管入口压力不超过 0.4MPa。在酒店塔楼的 23 层设置有效容积 120m³ 消防转输水箱，写字楼塔楼的 19 层设置有效容积 60m³ 消防转输水箱。竖向分区见表 9。

自动喷水灭火系统竖向分区　　表 9

分区名称	分区区域范围	提供压力水泵位置	备　注
希尔顿酒店	B1～22F	B3 消防泵房内	临时高压
康莱德酒店低区	B1～4F	B3 消防泵房内	临时高压
康莱德酒店高区	23F～顶层	23F 康莱德酒店消防泵房内	临时高压
写字楼低区	B3～18F	B3 消防泵房内	临时高压
写字楼中区	19F～33F	19F 消防泵房内	临时高压中、高区为一套泵（中区经减压阀减压）
写字楼高区	34F～顶层	19F 消防泵房内	临时高压中,高区为一套泵

根据每个湿式报警阀控制喷头数量不大于 800 个的原则设置报警阀，希尔顿酒店设置 11 个 *DN*150 湿式报警阀和 1 个 *DN*100 雨淋阀；康莱德酒店设置 8 个 *DN*150 湿式报警阀和 1 个 *DN*100 雨淋阀；写字楼设 21 个 *DN*150 湿式报警阀和 2 个 *DN*100 雨淋阀；每个防火分区设 1 个信号阀及水流指示器。

4. 喷头选用

地下车库及设备用房，走道选用公称动作温度 79℃直立型玻璃球喷头（K=80）。

厨房选用公称动作为温度 93℃（K=80）直立型玻璃球喷头。

超过 800 的吊顶内、地下室仓库、公共娱乐场所均采用公称动作温度 79℃的快速响应喷头（K=80）。

大堂、会议厅及其对美观要求较高的场所采用隐蔽式喷头。

标准层客房内采用边墙型扩展覆盖喷头。

5. 系统控制

稳压泵的启停是由连接在气压罐管道上的压力传感器控制的，当管网压力低于下限压力时，启动一台喷洒主泵，同时稳压泵停止运行；喷头爆裂喷水，水流指示器动作，反映到消防控制中心和区域报警阀，同时报警阀、压力开关、水力警铃动作。喷洒水泵可在消防控制中心和消防泵房手动控制启停。

各层水流指示器、信号阀、压力开关动作均在消防控制中心显示。

6. 水泵接合器

在消防车供水范围内的区域，水泵接合器直接供水到室内消防环状管网，水泵接合器希尔顿酒店、康莱德酒店、写字楼各区域的三个不同位置各设置墙壁式和地下式水泵接合器 2 套。每套流量 Q=15L/s，置于首层室外；在消防车供水压力不能到达的区域，根据大连市消防管理要求，中高区分别在23层、19层设水泵接合器接力泵。

（三）气体灭火系统

地下室1T机房、变电厅、变电所及地上各通信机房均设置预制七氟丙烷气体灭火系统。灭火方式为全淹没式，系统采用自动、电动和机械手动三种控制方式。

（四）湿式化学灭火系统

厨房每个烟罩口部均设置独立湿式报警灭火系统，该系统设有燃气快速切断阀。喷头对烟罩下方进行整体防护，并在油烟吸入口设置一向上的喷头，系统动作后，信号传至值班室。

（五）建筑灭火器配置

本工程地下车库为中危险级B类火灾，其余为严重危险级A类火灾。

每个消防组合箱内放置3具5kg磷酸铵盐干粉手提式灭火器，型号为MF/ABC5（每个灭火器灭火级别为3A），当大于最大保护距离15m时，增设独立的手提式灭火器存放箱，每箱放置3具5kg磷酸铵盐干粉手提式灭火器。车库、变配电室配置消防组合柜不能满足灭火要求（手提式灭火器最大保护距离为12m），除消防组合柜内放置3具5kg磷酸铵盐干粉手提式灭火器，型号为MF/ABC6（每个灭火器灭火级别为89B）外，增设推车式灭火器MFT/ABC20型（每台灭火器灭火级别为183B，推车式灭火器最大保护距离24m）。

（六）管材与连接

消防系统管材采用热镀锌钢管，小于 *DN*100 采用丝接；大于或等于 *DN*100 采用卡箍连接。

气体灭火系统主要设备见表10。

主要设备 **表10**

序号		设备名称	设置地点	设备规格	数量	备注
希尔顿酒店	1	消火栓泵	B3消防泵房	Q=40L/s,H=145m,N=110kW	2台	1用1备
	2	自动喷水泵	B3消防泵房	Q=45L/s,H=150m,N=132kW	2台	1用1备
	3	消火栓系统稳压罐	23层水箱间	ϕ1000	1个	
	4	消火栓系统稳压泵	23层水箱间	Q=5L/s,H=24m,N=2.2kW	2台	1用1备
	5	自动喷水系统稳压罐	23层水箱间	ϕ600	1个	
	6	自动喷水系统稳压泵	23层水箱间	Q=1L/s,H=24m,N=1.1kW	2台	1用1备
	7	湿式报警阀装置	B3、5层	ZSFZ型 *DN*150	11套	
	8	雨淋阀装置	B2	ZSFM型 *DN*100	1套	
	9	高位水箱	23层	3.0×2.5×3	1个	装配式热镀锌钢板
	10	地下式水泵接合器	建筑物西面	SQ×100-A型	5套	
	11	预制七氟丙烷灭火装置	5层通信机房 地下室、变电厅、变电所	GQ90/2.5	22套	
康莱德酒店	12	低区消火栓泵	B3消防泵房	Q=40L/s,H=80m,N=75kW	2台	1用1备
	13	低区自动喷水泵	B3消防泵房	Q=45L/s,H=90m,N=55kW	2台	1用1备
	14	高区消火栓泵	23层消防泵房	Q=40L/s,H=100m,N=75kW	2台	1用1备
	15	高区自动喷水泵	23层消防泵房	Q=40L/s,H=100m,N=75kW	2台	1用1备
	16	消火栓系统转输泵	B3层消防泵房	Q=40L/s,H=120m,N=90kW	2台	1用1备
	17	自动喷水系统转输泵	B3层消防泵房	Q=40L/s,H=120m,N=90kW	2台	1用1备

续表

序号		设备名称	设置地点	设备规格	数量	备注
康莱德酒店	18	中、高区消火栓水泵接合器接力泵	23层消防泵房	Q=15L/s,H=99m,N=37kW	3台	同时使用
	19	中、高区自动喷水水泵接合器接力泵	23层消防泵房	Q=15L/s,H=99m,N=37kW	3台	同时使用
	20	消火栓系统稳压罐	36层水箱间	ϕ1000	1个	
	21	消火栓系统稳压泵	36层水箱间	Q=5L/s,H=36m,N=3kW	2台	1用1备
	22	自动喷水系统稳压罐	36层水箱间	ϕ600	1个	
	23	自动喷水系统稳压泵	36层水箱间	Q=1L/s,H=38m,N=1.5kW	2台	1用1备
	24	湿式报警阀装置	B3、23层	ZSFZ型 DN150	9套	
	25	雨淋阀装置	B3	ZSFM型 DN100	2套	
	26	高位水箱	36层	3.0×2.5×3	1个	装配式热镀锌钢板
	27	消防转输水箱	23层	7.5×2.5×3.5	2个	装配式热镀锌钢板
	28	地下式水泵接合器	建筑物西面	SQ×100-A型	12套	
	29	预制七氟丙烷灭火装置	5层通信机房 地下室、变电厅、变电所	GQ90/2.5	22套	
写字楼	30	低区消火栓泵	B3消防泵房	Q=40L/s,H=135m,N=90kW	2台	1用1备
	31	低区自动喷水泵	B3消防泵房	Q=45L/s,H=135m,N=132kW	2台	1用1备
	32	中区消火栓泵	19层消防泵房	Q=40L/s,H=100m,N=75kW	2台	1用1备
	33	高区消火栓泵	19层消防泵房	Q=40L/s,H=156m,N=110kW	2台	1用1备
	34	高区自动喷水泵	19层消防泵房	Q=30L/s,H=156m,N=90kW	2台	1用1备
	35	消火栓系统转输泵	B3消防泵房	Q=40L/s,H=115m,N=90kW	2台	1用1备
	36	自动喷水系统转输泵	B3消防泵房	Q=30L/s,H=115m,N=75kW	2台	1用1备
	37	中、高区消火栓水泵接合器接力泵	19层消防泵房	Q=15L/s,H=160m,N=37kW	3台	同时使用
	38	中、高区自动喷水泵接合器接力泵	19层消防泵房	Q=15L/s,H=160m,N=37kW	2台	同时使用
	39	室外消防车取水泵	B3消防泵房	Q=30L/s,H=30m,N=22kW	2台	1用1备
	40	消火栓系统稳压罐	19层、顶层水箱间	ϕ1000	2个	同时使用
	41	消火栓系统稳压泵	19层	Q=5L/s,H=24m,N=2.2kW	2台	1用1备
	42	消火栓系统稳压泵	顶层水箱间	Q=5L/s,H=36m,N=3kW	2台	同时使用
	43	自动喷水系统稳压罐	19层、顶层水箱间	ϕ600	2个	同时使用
	44	自动喷水系统稳压泵	19层	Q=1L/s,H=24m,N=1.1kW	2台	1用1备

续表

序号		设备名称	设置地点	设备规格	数量	备注
写字楼	45	自动喷水系统稳压泵	顶层水箱间	Q=1L/s，H=38m，N=1.5kW	2台	1用1备
	46	湿式报警阀装置	B3～B15层 19层 34层	ZSFZ型DN150	21套	同时使用
	47	雨淋阀装置	B2、B1	ZSFM型DN100	2套	同时使用
	48	高位水箱	顶层	3.0×2.5×3	1个	装配式热镀锌钢板
	49	消防转输水箱	19层	5.0×3.5×4.0	1个	装配式热镀锌钢板
	50	墙壁式水泵接合器	1层外墙	SQB100-A(甲)型	10套	
	51	预制七氟丙烷灭火装置	5层通信机房 19层写字楼分变电所、地下室、变电厅、变电所	GQ90/2.5	21套	
其他公有部分	52	水成膜泡沫贮液罐	地下车库	XPS-B-L/32/20，V=1.2m^2	7套	
	53	空气压缩机	B2报警阀室	排气量约1.5m^3/h	1台	
	54	水流指示器	各个防火分区	DN150	若干	
	55	闭式喷头	厨房	93℃直立喷头K=80	若干	
	56	闭式喷头	娱乐场所等	79℃快速响应喷头K=80	若干	
	57	闭式喷头	标准层客房内	79℃边墙型扩展覆盖快速响应喷头	若干	
	58	闭式喷头	车库及设备用房	79℃直立喷头K=80	若干	
	59	闭式喷头	其余部位	79℃下垂喷头K=80	若干	
	60	水雾喷头	锅炉房、发电机房	ZSTWC-16-90	若干	
	61	组合式消防柜	各个防火分区	丙型SG24D65Z-J	若干	
	62	手提式灭火器	各个防火分区	MF/ABC5	若干	
	63	推车式灭火器	地下车库等	MFT/ABC20	若干	

三、设计特点

1. 该建筑三个业主，五星级酒店、六星级酒店和5A写字楼各系统均完全独立设计，设备用房、管井、管网布置异常复杂。

2. 中水：在设计中把康莱德酒店、希尔顿酒店所有洗浴用水收集到地下三层的中水处理站，处理后的中水供本工程高档写字间冲厕用水、车库地面冲洗用水、室外绿化或水景用水。

3. 游泳馆采用除湿热泵系统，在除湿的同时可以回收热量用于池水加热。

4. 本工程蒸汽凝结水为温度 80～90℃的优质软化水，水量约为 $14m^3/h$，设计中利用此部分蒸汽凝结水作为预热生活热水的热媒，而后送至中水贮水池作为中水使用。

5. 厨房每个烟罩口部均设置独立湿式化学灭火系统。

6. 利用消防水池作为冷却塔补水水源，防止消防水池水质恶化。

7. 分质供水：

(1) 饮用水：就地设置小型饮用净水制备装置供给饮用净水。

(2) 自来水：盥洗、沐浴、厨房、锅炉房、SPA 池、泳池等用水采用城市自来水。

(3) 杂用水：写字楼便器冲洗用水、停车库地面冲洗、抹车、道路冲洗和绿化浇洒等用水采用中水。

(4) 软化水：洗衣房单独设置软水处理装置，其余厨房洗碗机所用软水按需要就地设置的软水制备装置软化处理后供给。

(5) 冷却塔补水取自消防水池，并采取消防用水不被挪用的措施。

四、工程照片及附图

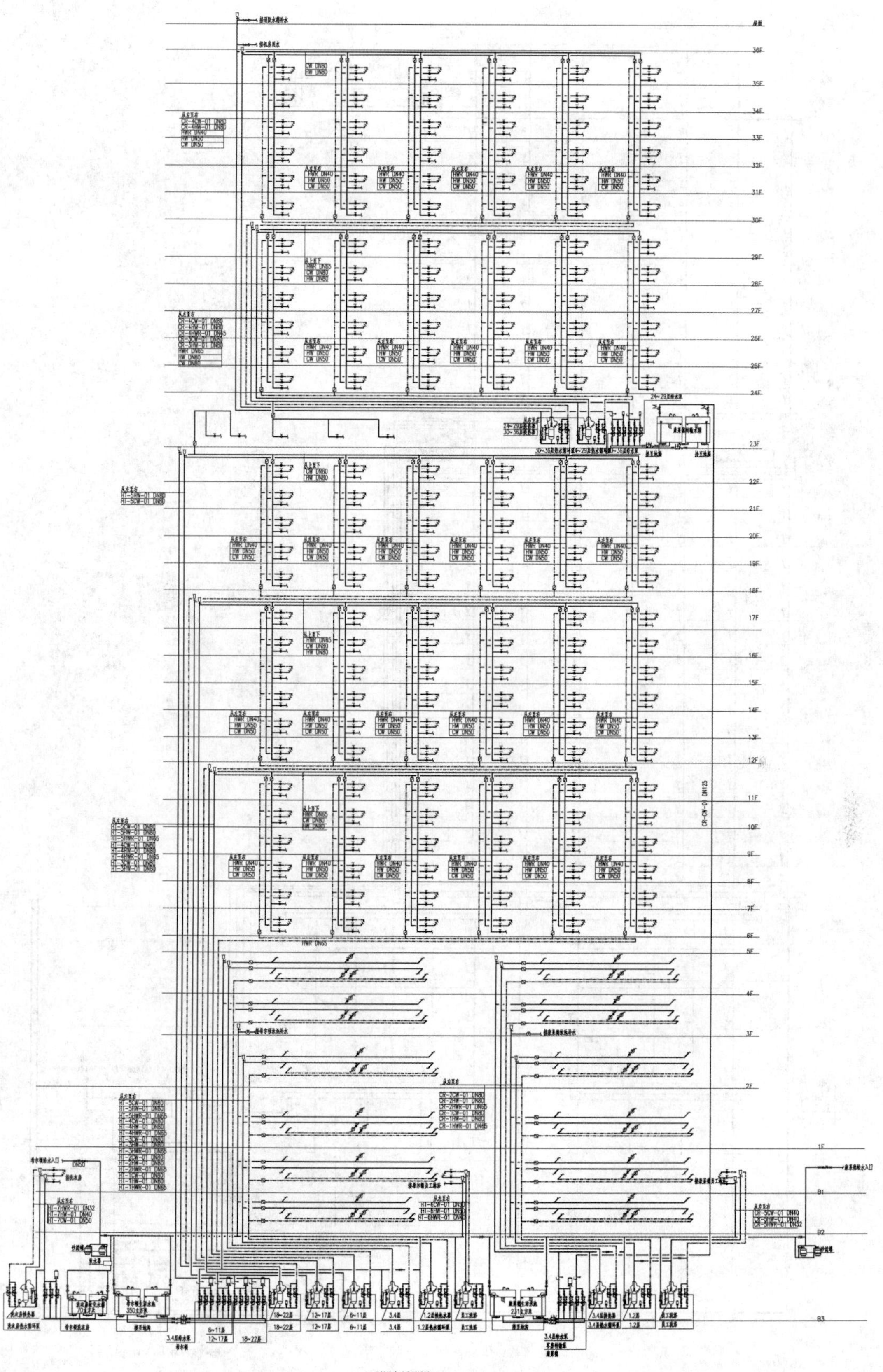

北塔给水系统原理图

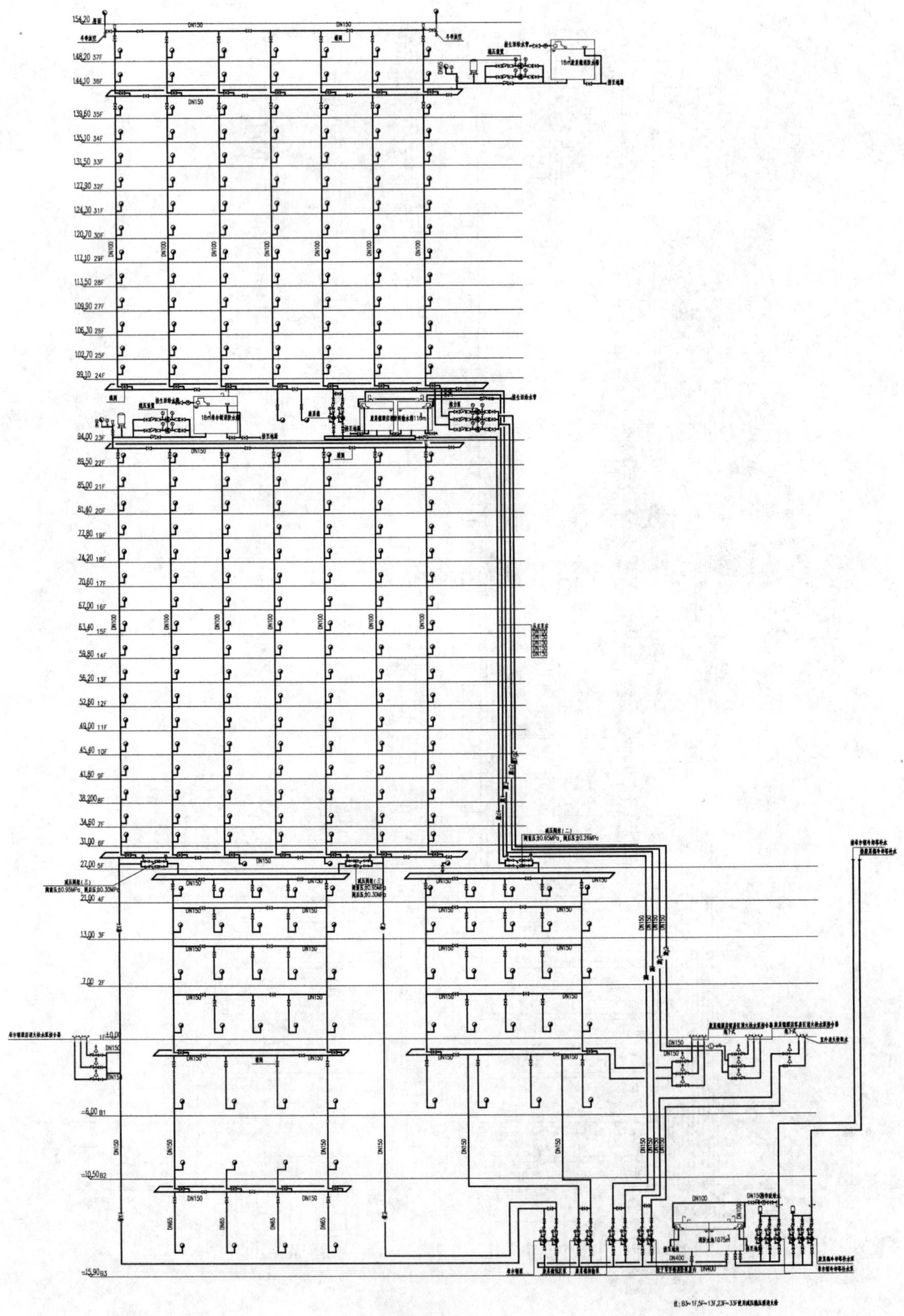

北塔消水栓系统原理图

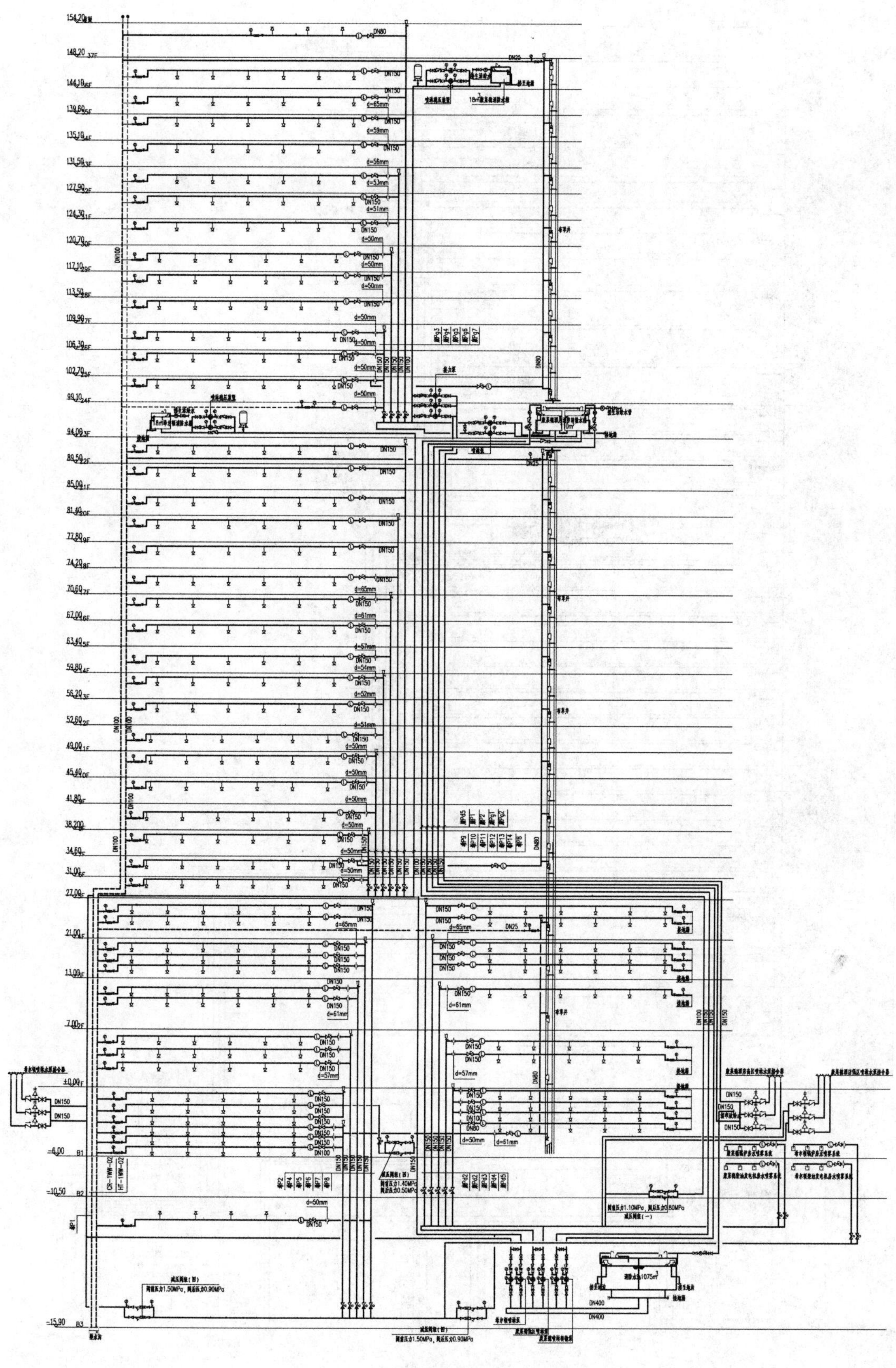

北塔自动喷水灭火系统原理图

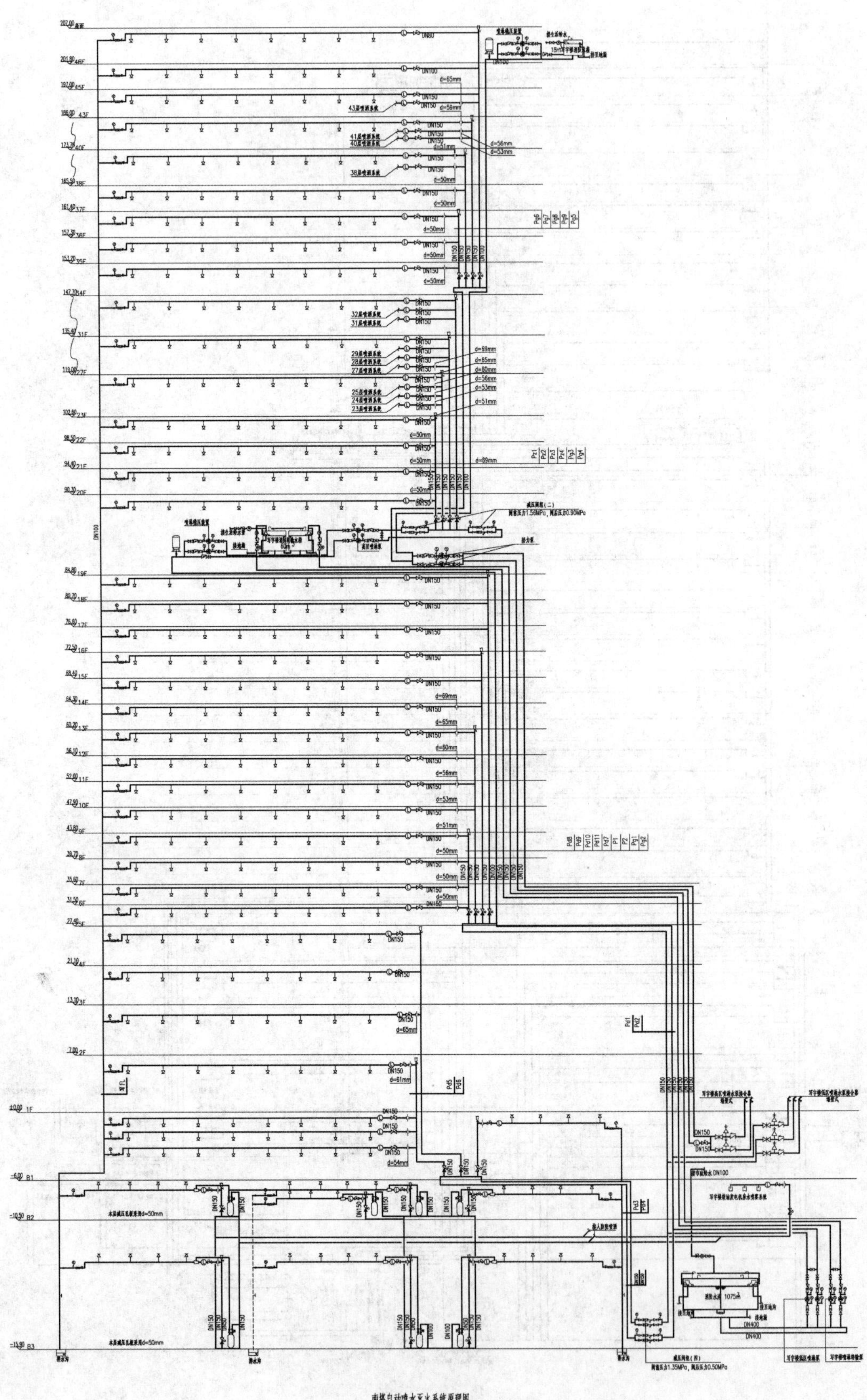

南塔自动喷水灭火系统原理图

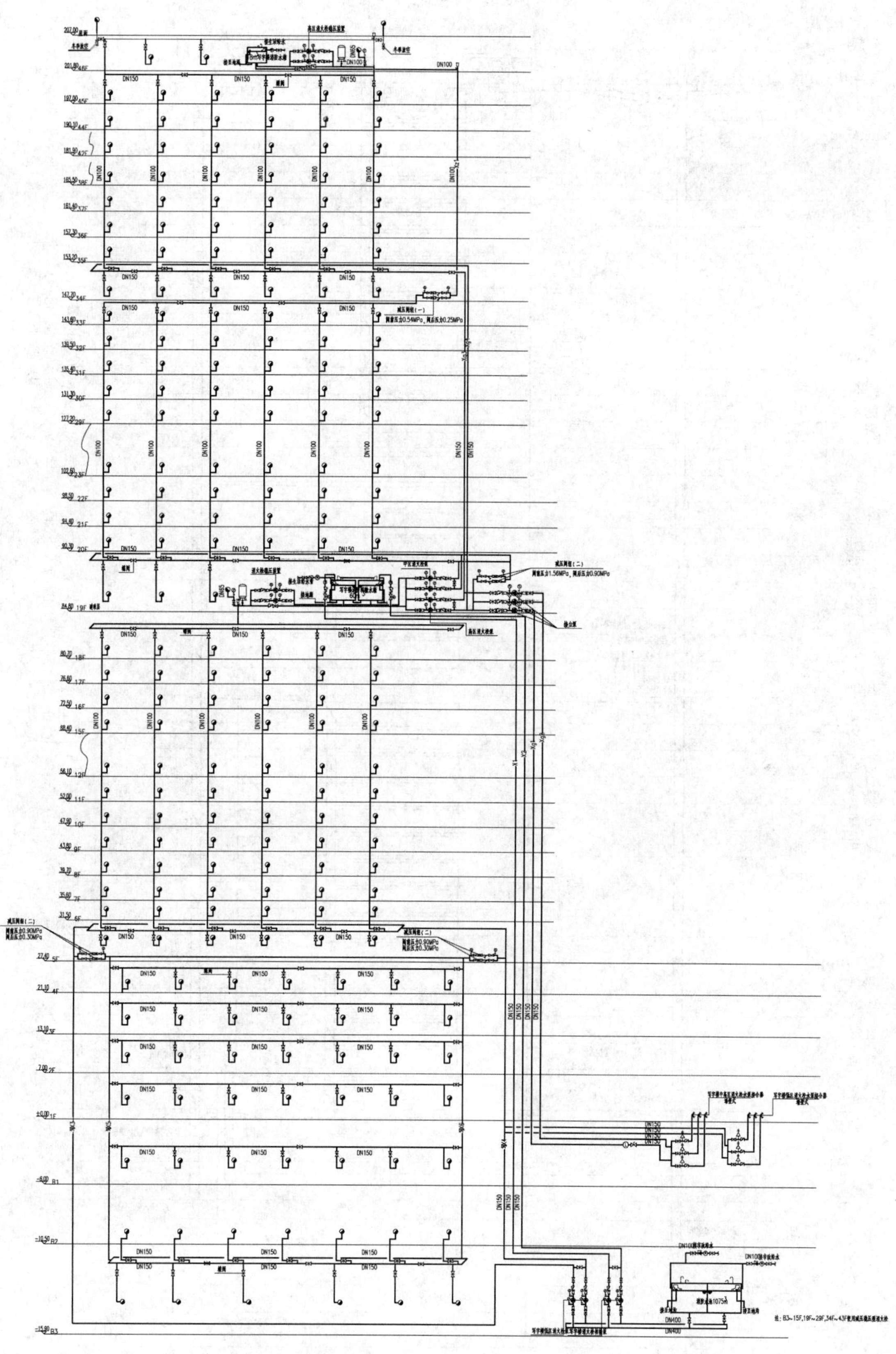

南塔消火栓系统原理图

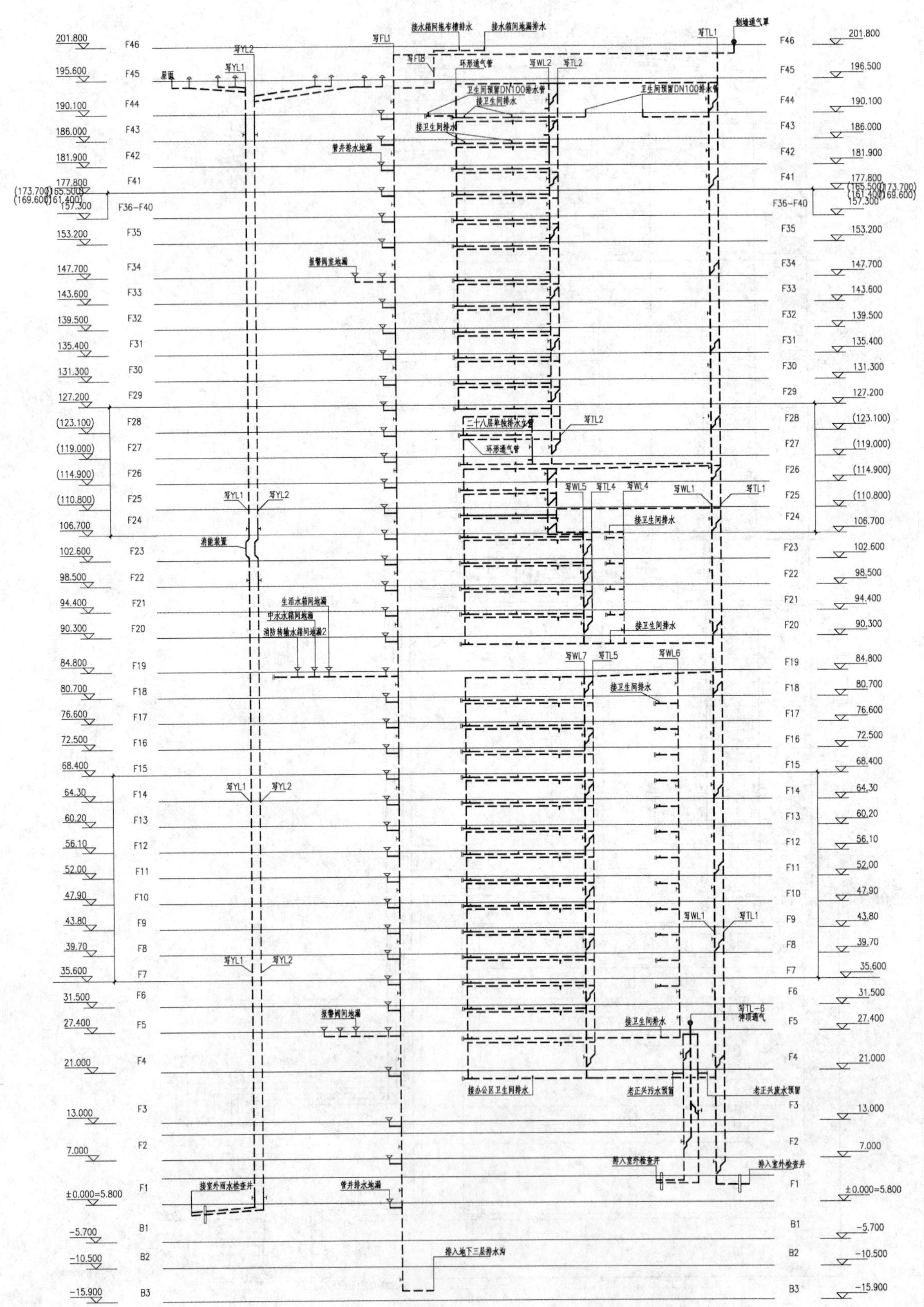

南塔排水原理图

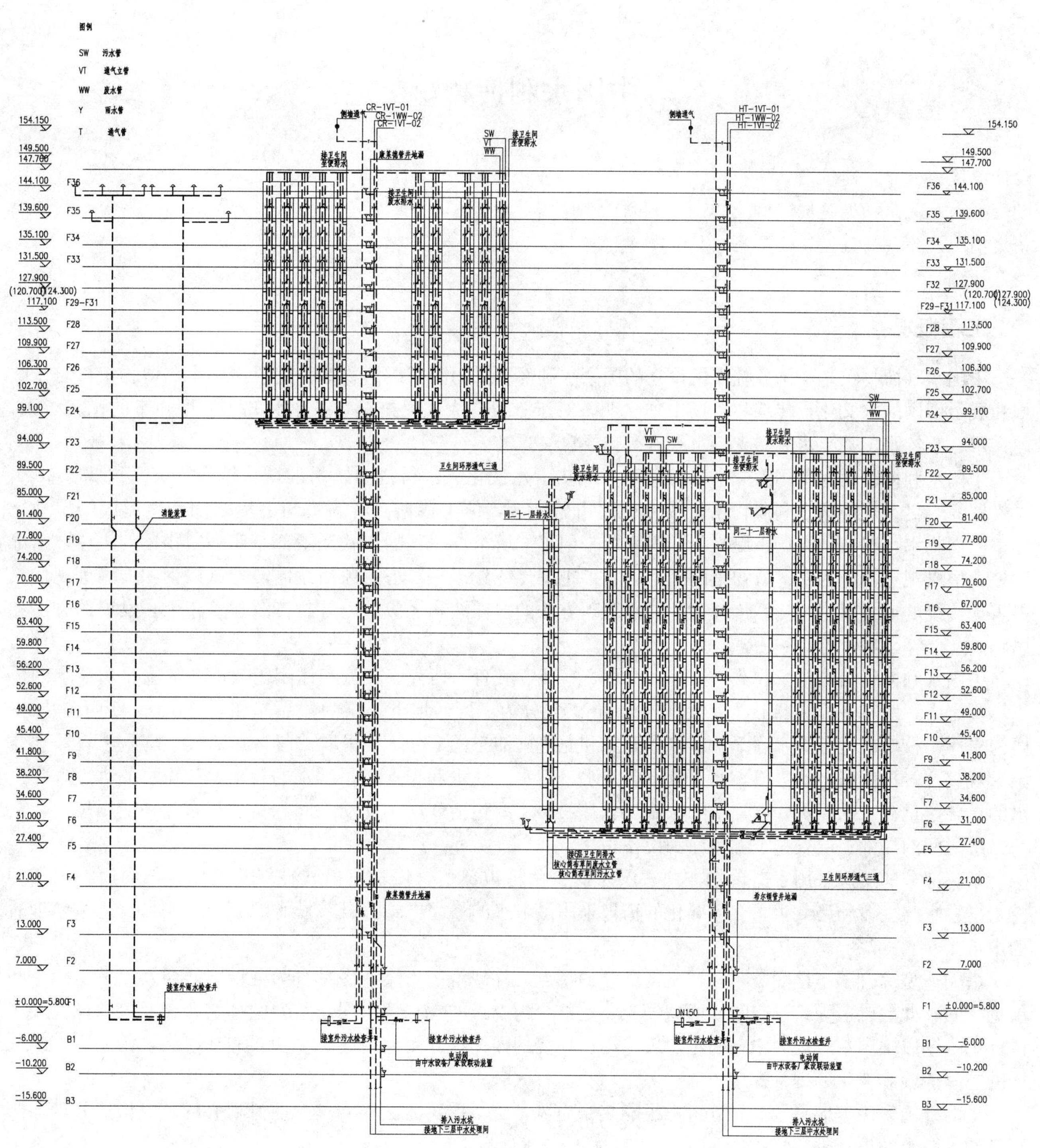
图例
SW 污水管
VT 通气立管
WW 废水管
Y 雨水管
T 通气管
CR-1VT-01
CR-1WW-02
CR-1VT-02
HT-1VT-01
HT-1WW-02
HT-1VT-02
侧墙通气
接卫生间坐便排水
接卫生间废水排水
废泵德管井地漏
卫生间环形通气三通
消能装置
同二十一层排水
核心筒卫生间排水
核心筒布草间废水立管
核心筒布草间污水立管
希尔顿管井地漏
接室外雨水检查井
接室外污水检查井
电动阀
由中水设备厂家设联动装置
排入污水坑
接地下三层中水处理间
DN150
154.150
149.500
147.700
144.100
139.600
135.100
131.500
127.900
(120.700)
(124.300)
117.100
113.500
109.900
106.300
102.700
99.100
94.000
89.500
85.000
81.400
77.800
74.200
70.600
67.000
63.400
59.800
56.200
52.600
49.000
45.400
41.800
38.200
34.600
31.000
27.400
21.000
13.000
7.000
±0.000=5.800
-6.000
-10.200
-15.600
F36
F35
F34
F33
F32
F29-F31
F28
F27
F26
F25
F24
F23
F22
F21
F20
F19
F18
F17
F16
F15
F14
F13
F12
F11
F10
F9
F8
F7
F6
F5
F4
F3
F2
F1
B1
B2
B3
北塔排水原理图

中国水利博物馆

设计单位：天津市建筑设计院

设 计 人：莫慧　连晓红　刘建华　白学晖

获奖情况：公共建筑类　二等奖

工程概况：

中国水利博物馆是经国务院审批设立的国家水利部直属的国家级博物馆。建设中国水利博物馆，对于收藏和展示中国的水文化，传承和发扬中华文明，对于教育广大人民群众增长水利知识，增强水的忧患意识，爱惜水、节约水、关心水利、支持水利具有重要意义。

中国水利博物馆为中国第一个以五千年水利史、水文化、水科技为题材的博物馆，建筑面积 36062m^2，总投资 3.9 亿元。中国水利博物馆坐落在杭州市萧山区，位于钱塘江畔新堤与老堤之间围垦形成的湿地之上，三面临水，与钱塘江仅一堤之隔。博物馆采用了“塔馆合一”的形式，下部基座为博物馆的主体，上部的玻璃塔以观览功能为主。博物馆的造型吸收了中国传统建筑——塔的风格意向，尝试以钢和玻璃等现代材料表现传统的形式风格，探索传统构件元素表现方法的多样性和适应性，寻找传统建筑传承、发展的方法和思路。

中国水利博物馆综合了收藏、展陈、科普、宣传、教育、研究、交流和休闲等功能，其主要功能空间位于塔基之中，塔基平面为圆形，最大直径 138m，共分为三层。地下一层为藏品库和设备用房；地上一层主要为展厅，核心展区分为水利千秋、水中万象和龙施雨沛三大部分，并采取“参与互动”、“寓乐于教”、“休闲参观”、“轻松活泼”的方式，通过近水、亲水、观水、戏水和识水，了解水的历史，认识水的哲理，体会水的重要，重视水的保护，增强水的法制观念；二层主要包括展厅、互动空间和科普教室等功能用房，一层与二层之间的局部夹层安排了咖啡厅和设备用房。

基座部分的造型采用了退台的方法，层层退台由植被覆盖，使基座掩映在绿化之中，与周边湖水相呼应，寓意水与生命和谐共生。立体绿化的植被采用最节水的渗灌方式，且渗灌水源为本工程自身污水处理后的中水。

塔的造型综合了“楼阁塔”和“密檐塔”的特点，外观十三重檐，内部分为九层，八层及以下为观光和展览空间，九层以上为共享空间，通高 35m，是整个博物馆的标志性空间，空间中部结合交通核和设备用房设计了一座以中国水利史为主题的纪念碑，周边环绕的楼梯盘旋而上到达 92m 处的空中平台，为游客带来别样的空间体验和变化的观赏视角。

塔的外檐采用玻璃幕墙，充分考虑了隔热、通风、防结露及清洁等问题，通过精心的节点构造处理，体现简约、精致的设计理念。

百米高塔整体喷雾是本次设计的创新探索，在每层檐口部位的冷雾系统既创造了局部降温的微环境，又能够与动态、可表演的夜景照明相结合，共同营造了一场独特的视觉盛宴。

中国水利博物馆的设计由天津市建筑设计院与天津大学联合完成。设计始于 2003 年，2004 年完成。2005 年 3 月 21 日奠基，2010 年 3 月 22 日开馆。

中国水利博物馆落成后不但成为该地区的标志性建筑，更成为水利史展示、水科技教育、水文化传承的重要基地，承载了应尽的社会义务。开馆至今已有两年，期间各系统运行正常，获得了各方面的好评。

一、给排水系统

（一）给水系统

1. 用水量：本工程最高日用水量为 $240m^3/d$，最高时用水量为 $20m^3/h$，设计秒流量为 7L/s。

2. 水源：本工程由市政给水干管引入两条 *DN*200 给水管道（沿桥底吊装敷设），在建筑物周围呈环形布置（室外塔底座周围消防通道下敷设），作为本建筑室内外生活及室外消防水源。并从室外环网引两条 *DN*150 进水管作为室内消防水池进水。建筑物周围设置的室外消火栓均由室外环网接出，满足本工程室外消防水量。

3. 系统竖向分区及供水方式：本工程地下一层及一层利用市政给水压力供水。其余采用加压变频供水，分区情况如下：

（1）加压给水低区：夹层～五层由设在地下生活泵房内的生活泵（变频）供水，泵房内设置一个 $15.9m^3$ 生活水箱。

（2）加压给水中区：六层～九层由设在五层回廊的生活接力泵（变频）出水管的减压支路供水。

（3）加压给水高区：九层以上由设在五层回廊的生活接力泵出水管供水。

其中加压给水中、高区除给各水箱补水及回廊层维修用水外，均用于塔身冲洗。

4. 管材：给水管道采用内加筋钢塑复合管及同质管件。管径大于或等于 *DN*70 采用柔性卡箍连接，小于 *DN*70 采用专用管件连接。生活水箱采用不锈钢制品。为防止二次污染，除生活水箱采用臭氧消毒外，还在生活泵出水管上安装了快速过滤器。

（二）中水系统

1. 中水原水水源及中水用途：本工程中水系统是将生活污水经深化处理后，作为水池补水、绿化用水（渗灌）的水资源重复利用。

2. 系统竖向分区及供水方式：处理后的中水采用变频加压供水，系统不分区。

3. 处理流程

本工程选择 MBR 生物反应器作为中水处理的主工艺，且在调节池中增设有效去除氨氮的 JWX 半软性纤维填料的辅助工艺。处理后的中水贮存在中水箱内，由中水泵（变频）加压后供给各中水用水点。

4. 管材：中水管道采用内加筋钢塑复合管及同质管件。管径大于或等于 *DN*70 采用柔性卡箍连接，小于 *DN*70 采用专用管件连接（渗灌管道采用 ABS 塑料管材及同质管件，冷熔连接）。中水箱均采用不锈钢制品。为保证出水水质以及系统余氯的要求，中水系统采用二氧化氯消毒。

（三）排水系统

1. 系统形式：建筑室内排水系统污废分流。首层以上为重力自流排水（废水收集后由潜水泵排入湖内），地下一层为压力排水。

本工程污水主要为含粪便的生活污水，经深化处理为中水，作为水池补水、绿化用水的水源。

本工程废水主要为布展废水及集水坑排水（为间断排放）或是制备软水排水。由于水质较好，因此直接排放到湖里。

2. 通气管采用伸顶通气形式，且结合建筑立面设置，以达到不影响建筑外观的效果。

3. 局部污水处理设置：试验室及暗房排水经中和稀释池处理后再排放。

4. 管材：排水管道采用机制排水管道，卡箍连接。

（四）雨水系统：

1. 重现期：本工程雨水系统的降雨强度按重现期 10 年考虑，且按 50 年重现期校核溢流流量。

2. 雨水排放形式

二层屋面雨水采用暗沟（地面留收水缝）收集，采用虹吸压力雨水系统及重力雨水系统（放射状盲沟沿阶梯状屋面排放）两种形式。这 10 条盲沟同时担负着各梯段绿化盲排排水。

屋面暖通专业通风口设置处，均设置重力雨水管道，引至屋面盲沟内。

3. 管材：虹吸雨水管道采用 HDPE 管道，电热熔连接。重力雨水管道，焊接钢管，焊接。

（五）冷雾系统

本工程为百米玻璃塔，配合建筑实现全塔每层檐口喷雾，堪称目前世界上唯一立体喷雾的高层建筑。在杭州闷热的季节里，全塔喷雾为建筑营造了一个局部降温的微环境，同时为电气专业内透光景观照明提供了水幕载体，更好地烘托了夜景中的水利博物馆玲珑剔透的质感。

1. 冷雾系统运行时间：喷雾系统按每天工作 3 次，每次 0.5h 设计。

2. 冷雾水源：确保系统的长期运行不堵塞、游人健康及塔身的清洁需要，喷雾水采用软化及臭氧消毒处理。

根据冷雾机用水量计算，软水量 $40m^3/h$。软水机房设于地下一层。生活给水经全自动软水器制备（$5m^3/h$）处理成软水后贮存在软水箱内（根据冷雾系统工作及间隔时间，考虑调峰需要软水箱容积按 $15.9m^3$ 设计），经软水泵加压供给系统。为保证软水水质，软水泵出水口安装快速过滤器。软水系统竖向分区：三～六层回廊由软水泵出水管减压支路供给，减压阀设于三层上回廊内；七层以上由软水泵出水直接供给。

3. 冷雾喷头选型：在设计中根据高度采用不同雾径的喷头一保证全塔喷雾效果的协调统一。冷雾喷头选择塔顶密檐无人区域采用粒经比较大的喷头，使水雾不被风吹散；在下部则采用小粒径喷头，雾质细密，以免粘湿游人。

4. 管材：喷雾管道采用 TP2 软铜管及同质管件，无铅锡铜合金焊接连接。软水管道采用内加筋钢塑复合管及同质管件。管径大于或等于 *DN*70 采用柔性卡箍连接，小于 *DN*70 采用专用管件连接。

（六）喷泉系统

本工程二层屋面大型水景，水景系统均为循环系统。为保证二层屋面大型水景池具有良好的水质，在二层循环净化机房内设置循环处理设备一套（$70m^3/h$）。池水采用顺流循环方式，池水的全部循环水量，由设在池底的回水口取回进行净化后，经设在水池底部的给水口送入池中，根据水景池的布置，循环净化系统分为 9 个支路，每个支路由电动阀分别控制，在使用中同时使用的支路仅为一个，各支路依次启闭。各支路运行周期为每个旱喷集水池 1h/d（共四个）；每个涌泉及壁流集水池 1h/d（共四个）；主水景池 15h/d（该控制由楼控系统完成）。循环处理设备包括：循环净化泵（自带毛发过滤器）、差压全自动过滤机（过滤作用）及铜银离子发生器（消毒作用）。

二、消防系统

（一）室外消火栓系统

1. 消防水量：本工程室外消火栓系统用水量分别为 40L/s。

2. 本工程由市政给水干管引入两条 *DN*200 给水管沿桥底吊装敷设，在建筑物周围呈环形布置（室外塔底座周围 8m 消防通道下敷设），作为本建筑室内外生活及室外消防水源。并从室外环网引入两条 *DN*150 进水管作为室内消防水池进水。在室外环形消防通道下均匀分布设置 7 个地下式消火栓，以满足消防要求。

3. 管材：室外消防管道采用给水 PE 管道，电热熔连接。

（二）室内消火栓系统：

1. 消防水量：本工程室内消火栓系统用水量分别为 30L/s。

2. 室内消火栓系统分高、低两个分区，七层以上为高区，六层以下为低区，采用减压阀减压分区（阀后压力 0.25MPa），保证各区内消火栓栓口静水压力不超过 0.8MPa，消火栓采用稳压消火栓，消火栓箱旁设直接启动消防泵的按钮，并将火灾信号送至消防值班室。消防管网呈环状布置，在室外塔底座阶梯侧壁处设置高低区消防水泵接合器各三套分别与高低区环状管网相连。在地下消防泵房内设置室内消火栓系统加压泵三台（两用一备，每台参数 Q=24L/s，H=133m，N=45kW 智能控制）。三层以上消火栓除消防前室处，每层设两个地埋式消火栓。

利用塔顶共享空间雕塑“龙施雨沛”空间设置消防高位水箱（18m^3，与喷淋系统合用）和增压设备（增压泵一用一备，每台参数 Q=3.33L/s，H=30m，N=2.2kW，配调节容积 300L 气压罐一个）。

3. 管材：室内消火栓采用热镀锌钢管，管径大于或等于 DN100 采用沟槽连接，管径小于 DN100 采用丝扣连接。

（三）喷淋系统

1. 消防水量：自动喷水灭火系统危险等级为中危险级Ⅰ级，系统水量为 30L/s。

2. 本工程除高大空间、柴油发电机房、珍品库房外，均设置湿式喷淋系统，系统分高低两个分区，六层以下为低区，七层以上为高区。低区报警阀（6 个）设于消防泵房内，报警阀前设减压阀，阀后压力 1.1MPa，高区报警阀（1 个）设于七层回廊层内。报警阀前后及水流指示器前均设置带有开闭指示的信号蝶阀。每个防火分区、每个楼层均独立设置水流指示器，并在室外塔底座阶梯侧壁处设置高低区消防水泵接合器各两套与报警阀前环网相接。在地下消防泵房内设置喷淋系统加压泵三台（两用一备，每台参数 Q=18L/s，H=150m，N=45kW 智能控制）。

高位水箱与消火栓系统合用和稳压设备（稳压泵一用一备，每台参数 Q=0.83L/s，H=30m，N=1.1kW，配调节容积 150L 气压罐一个）。

喷头均采用 K80 喷头，公称动作温度：厨房操作间内为 93℃，其他处为 68℃。喷头形式：无吊顶房间为上喷喷头；展厅、走道、餐厅等公共场所为隐蔽型；办公、库房类房间为吊顶型；加密喷头及三、四、五层塔外圈为侧喷喷头。

3. 管材：室内消火栓采用热镀锌钢管，管径大于或等于 DN100 采用沟槽连接，管径小于 DN100 采用丝扣连接。

（四）自动水炮灭火系统

1. 消防水量：系统水量为 40L/s。

2. 本工程的一层中央展览大厅空间高度为 15m，采用自动水炮灭火系统保护。在消防泵房内设置水炮系统加压泵三台（两用一备，每台参数 Q=24L/s，H=110m，N=37kW），在展厅内设置流量为 20L/s 的水炮 4 门，由水炮灭火的部位均为两股水柱保护，火灾延续时间为 1h。自动水炮灭火系统的启动方式为自动和手动。手动启动方式为值班人员发现着火点，在控制室通过水炮控制器操作消防水炮对准着火点，按动面板按钮直接启动水泵及消防电动蝶阀，使之喷水灭火。现场人员发现着火点，按动消防手报按钮，控制室接到报警信号由值班人员操作消防水炮对准着火点启动水泵及消防电动蝶阀。自动启动方式为火灾探测器—主机警报提供着火点坐标，驱动消防水炮对准着火点，并启动消防水泵，通过压力继电器（设于水泵房）设定的水压值自动开启消防电动蝶阀喷水灭火。前端水流指示器反馈信号及压力继电器的开启信号均在控制室操作台上显示。火灾探测器、主机结束警报时或设定时间内，联动控制关闭水泵及关闭电动蝶阀，泵房内水泵出水管处加装压力开关，提供压力信号监测。

3. 管材：室内消火栓采用热镀锌钢管，管径大于或等于 *DN*100 采用沟槽连接，管径小于 *DN*100 采用丝扣连接。

(五) 气体灭火系统

本工程地下珍品库房内存放一级纸、绢等文物，设置气体灭火系统，灭火剂采用七氟丙烷（HFC-227），系统采用有管网全淹没系统，设计浓度为 10%，灭火时浸渍时间不小于 20min，气体贮罐设于地下珍品库房旁钢瓶间内，灭火剂设计用量为 1375kg，备用量按 100%考虑。

气体灭火系统控制方式为：自动控制、电气手动控制、机械应急手动控制。自动控制时延迟时间为 0～30s。系统设置手动与自动控制的转换装置，当有人进入防护区时，将灭火系统转换到手动控制位；当人离开时，恢复到自动控制位。在防护区外设置声、光报警及释放信号标志，并在门外设置手动控制盒（手动控制盒内设有紧急停止与紧急启动按钮）。

三、工程特点

(一) 给水排水部分

本工程为水利博物馆，给水排水专业在设计中涉及的系统非常广泛，除了常规建筑给水排水系统外，还引入一些是室外及景观给排水系统等非常规应用于建筑给排水的设计中，如：

1. 景观喷雾系统：本工程为百米玻璃塔，配合建筑实现全塔每层檐口喷雾，堪称目前世界上唯一立体喷雾的高层建筑。在杭州闷热的季节里，全塔喷雾为建筑营造了一个局部降温的微环境，同时为电气专业内透光景观照明提供了水幕载体，更好地烘托了夜景中的水利博物馆玲珑剔透的质感。

2. 台地雨水暗渠系统：水博馆屋面为阶梯式绿化，室内外均不能见雨水管，给水排水设计中引入了常规景观绿化的渗漏系统及台地雨水暗渠系统，部分雨水经过滤水层的净化达标后排放到周围水域中回归自然。

3. 渗灌系统：为阶梯式屋面绿化设计渗灌系统，在节水的同时还能供给植物需要的营养物质。

4. 喷泉系统：将广场的旱喷技术引入到塔基裙房屋面喷泉设计中，设置了 4 组环绕塔身的大型旱喷喷泉。

5. 塔身清洁系统：为便于塔身玻璃清洁，设置塔身清洁系统。除塔体顶部采用自动冲洗穿孔管外，其余各层采用预留冲洗龙头接口的方式为塔身清洁提供水源。

除了引入上述非常规系统外，本工程还将污水处理、中水利用、渗灌及景观补水等系统有机地结合起来，从而在节水的同时做到污水零排放。

管道综合及空间利用上，集思广益、精益求精以确保建筑效果，如：在利用设备管廊，减少室外环形车道的井位，使建筑外部环境干净利落。

(二) 消防给水部分

本工程消防系统包括：室内外消火栓系统、自动喷淋系统、大空间水炮系统及气体灭火系统等，均按规范设计，满足消防要求。

水利博物馆空间灵动复杂，在设计中遵循不影响建筑外观及室内效果的同时保证消防设施的保护范围及操作便捷的原则，达到双赢的效果。

本工程的造型为中国塔，且顶部为挑高共享的观光区，如消防系统的设置常规的高位水箱，必然影响观感，但如百米高层采用气体顶压模式作为火灾初期保证措施，将降低系统的安全性。经过反复推敲，最终巧妙地利用塔顶共享空间塔中之塔——雕塑“龙施雨沛”内部分上下层，解决了消防高位水箱和增压设备的设置问题（上部为环状土建消防水箱，圆环中心通道，为水箱进水管及维修提供了空间；下部设置增压设备）。同时为这个寓意为“风调雨顺，国泰民安”的雕塑赋予真实的防御火患的意义。

四、工程照片及附图

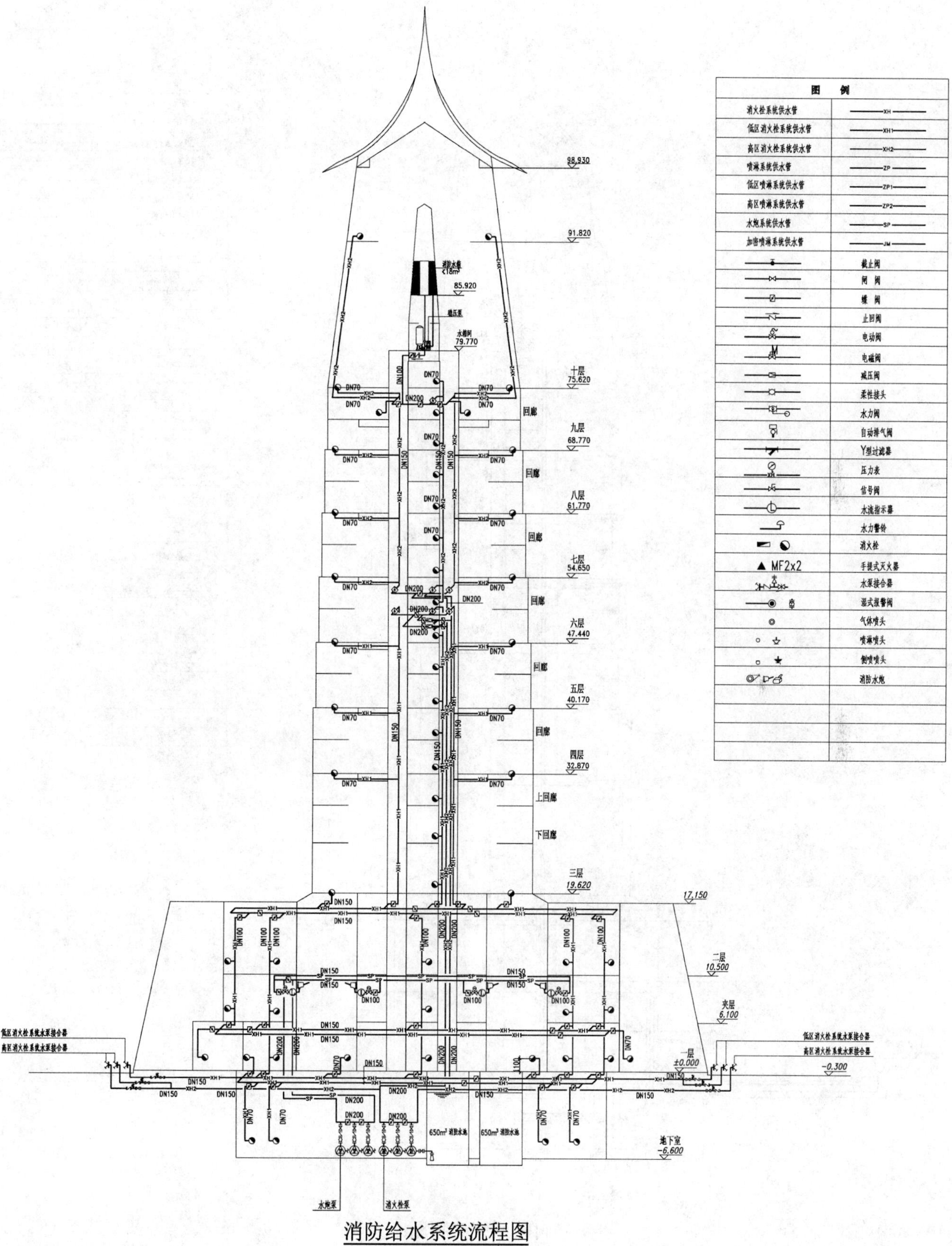
图例
消火栓系统供水管 XH
低区消火栓系统供水管 XH1
高区消火栓系统供水管 XH2
喷淋系统供水管 ZP
低区喷淋系统供水管 ZP1
高区喷淋系统供水管 ZP2
水炮系统供水管 SP
加密喷淋系统供水管 JM
截止阀
闸阀
蝶阀
止回阀
电动阀
电磁阀
减压阀
柔性接头
水力阀
自动排气阀
Y型过滤器
压力表
信号阀
水流指示器
水力警铃
消火栓
MF2x2 手提式灭火器
水泵接合器
湿式报警阀
气体喷头
喷淋喷头
侧喷喷头
消防水炮
98.930
91.820
85.920
79.770
十层 75.620
九层 68.770
八层 61.770
七层 54.650
六层 47.440
五层 40.170
四层 32.870
三层 19.620
17.150
二层 10.500
夹层 6.100
一层 ±0.000
-0.300
地下室 -6.600
回廊
上回廊
下回廊
低区消火栓系统水泵接合器
高区消火栓系统水泵接合器
650m³ 消防水池
水炮泵
消火栓泵

消防给水系统流程图

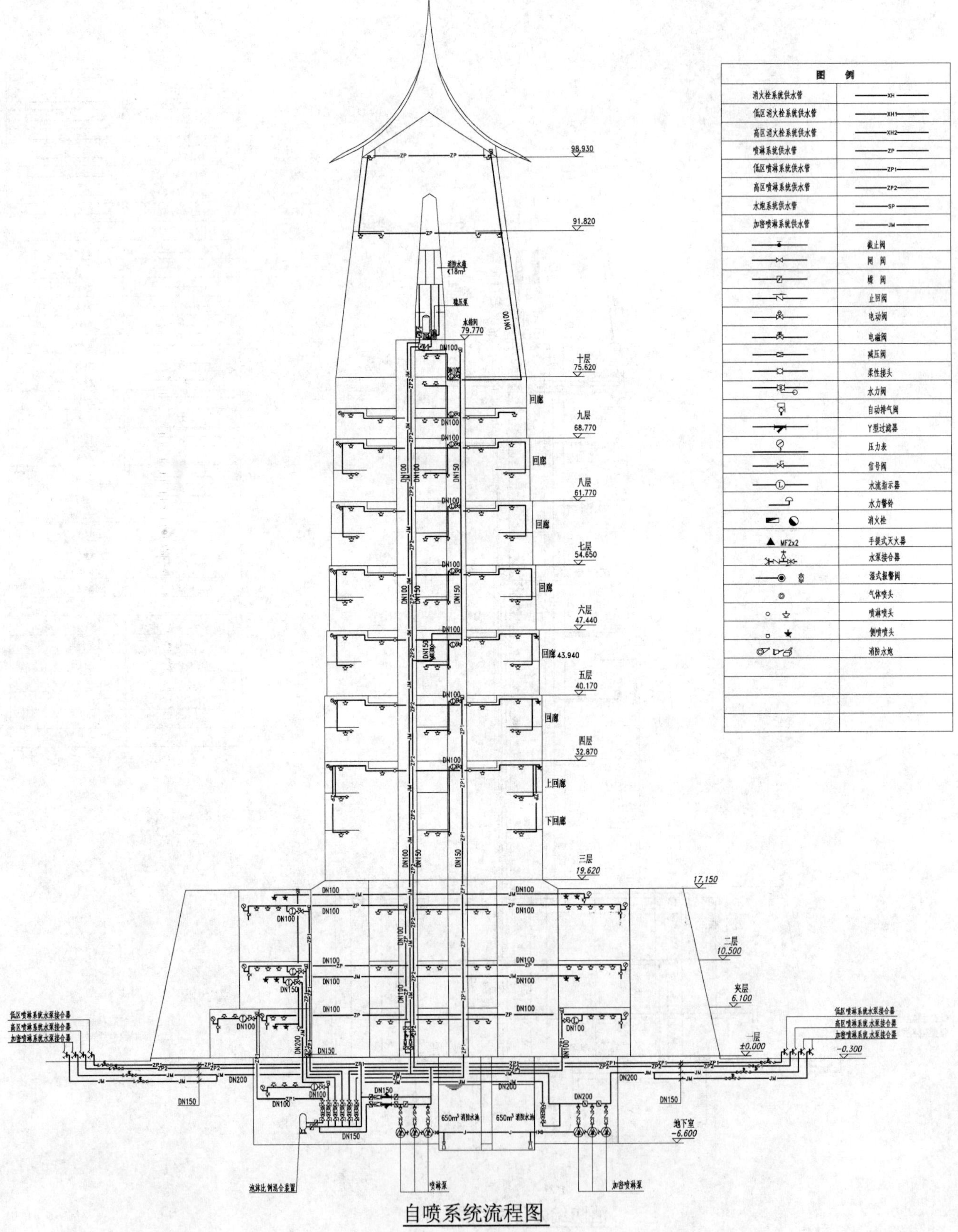
图 例
消火栓系统供水管 XH
低区消火栓系统供水管 XH1
高区消火栓系统供水管 XH2
喷淋系统供水管 ZP
低区喷淋系统供水管 ZP1
高区喷淋系统供水管 ZP2
水炮系统供水管 SP
加密喷淋系统供水管 JM
截止阀
闸 阀
蝶 阀
止回阀
电动阀
电磁阀
减压阀
柔性接头
水力阀
自动排气阀
Y型过滤器
压力表
信号阀
水流指示器
水力警铃
消火栓
MF2x2 手提式灭火器
水泵接合器
湿式报警阀
气体喷头
喷淋喷头
侧喷喷头
消防水炮
98.930
91.820
消防水箱 18m³
稳压泵
水箱间 79.770
十层 75.620
九层 68.770
八层 61.770
七层 54.650
六层 47.440
回廊 43.940
五层 40.170
四层 32.870
上回廊
下回廊
回廊
三层 19.620
17.150
二层 10.500
夹层 6.100
一层 ±0.000
-0.300
地下室 -6.600
低区喷淋系统水泵接合器
高区喷淋系统水泵接合器
加密喷淋系统水泵接合器
650m³ 消防水池
喷淋泵
加密喷淋泵
泡沫比例混合装置

自喷系统流程图

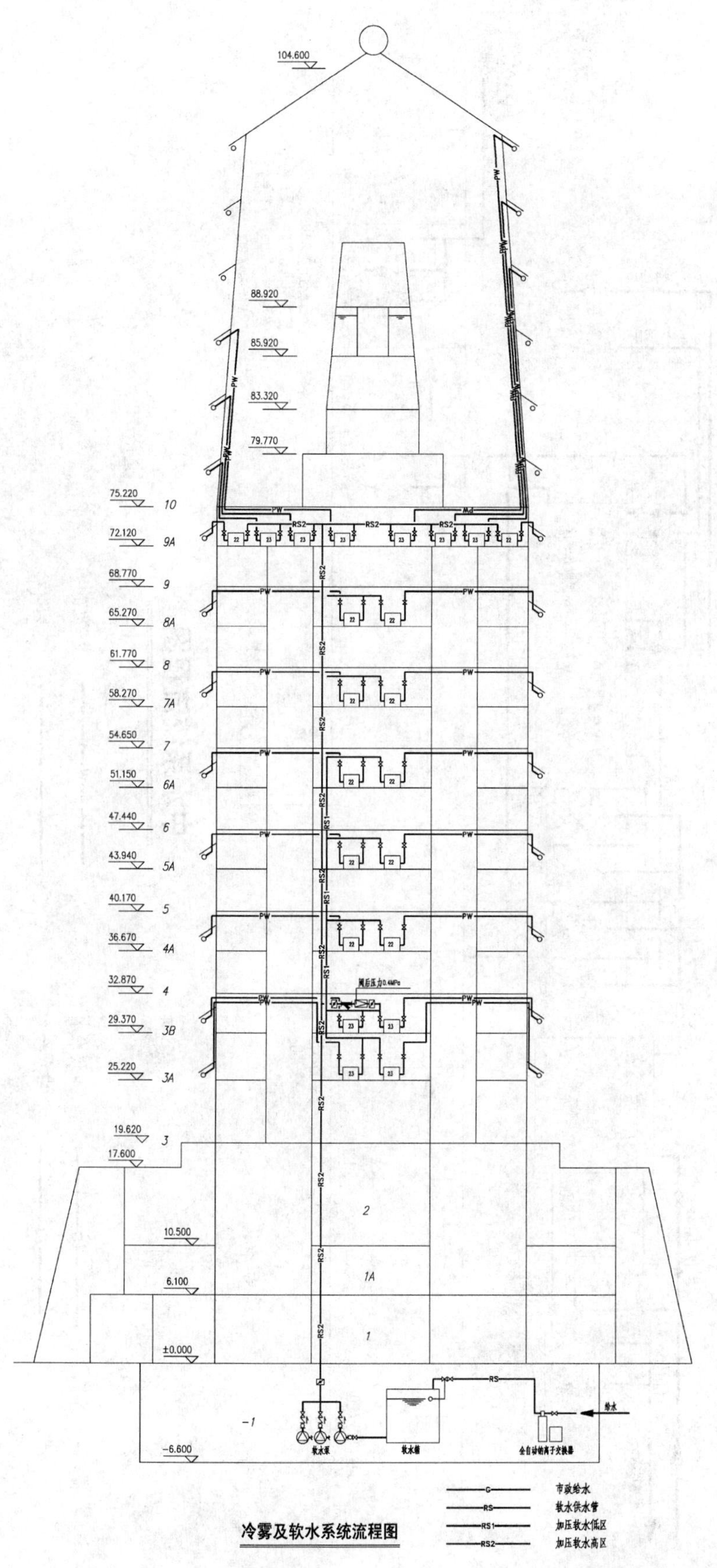
104.600
88.920
85.920
83.320
79.770
75.220 10
72.120 9A
68.770 9
65.270 8A
61.770 8
58.270 7A
54.650 7
51.150 6A
47.440 6
43.940 5A
40.170 5
36.670 4A
32.870 4
29.370 3B
25.220 3A
19.620 3
17.600
10.500
6.100
±0.000
−6.600
2
1A
1
−1
阀后压力0.4MPa
PW
RS1
RS2
RS
给水
软水泵
软水箱
全自动钠离子交换器
G 市政给水
RS 软水供水管
RS1 加压软水低区
RS2 加压软水高区

冷雾及软水系统流程图

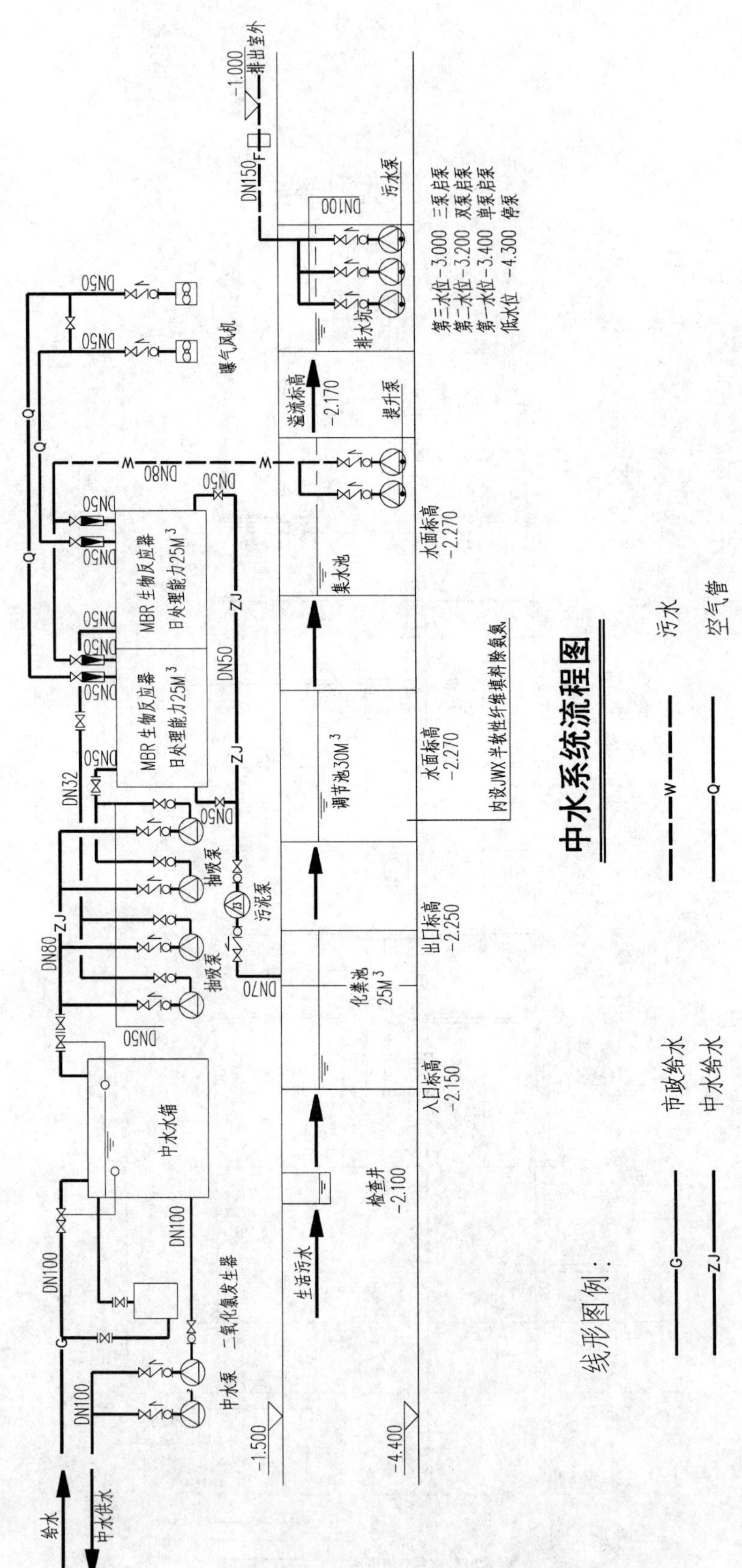

给水
中水供水
DN100
中水泵
二氧化氯发生器
中水水箱
DN80
ZJ
DN32
DN50
抽吸泵
污泥泵
DN70
MBR 生物反应器
日处理能力25M3
Q
W
曝气风机
DN150
排出室外
-1.000
-1.500
-4.400
生活污水
检查井
-2.100
入口标高
-2.150
化粪池
25M3
出口标高
-2.250
调节池30M3
水面标高
-2.270
内设JWX半软性纤维填料除氨氮
集水池
溢流标高
-2.170
提升泵
排水坑
DN100
污水泵
第三水位-3.000 三泵启泵
第二水位-3.200 双泵启泵
第一水位-3.400 单泵启泵
低水位 -4.300 停泵
线形图例：
G 市政给水
ZJ 中水给水
W 污水
Q 空气管

中水系统流程图

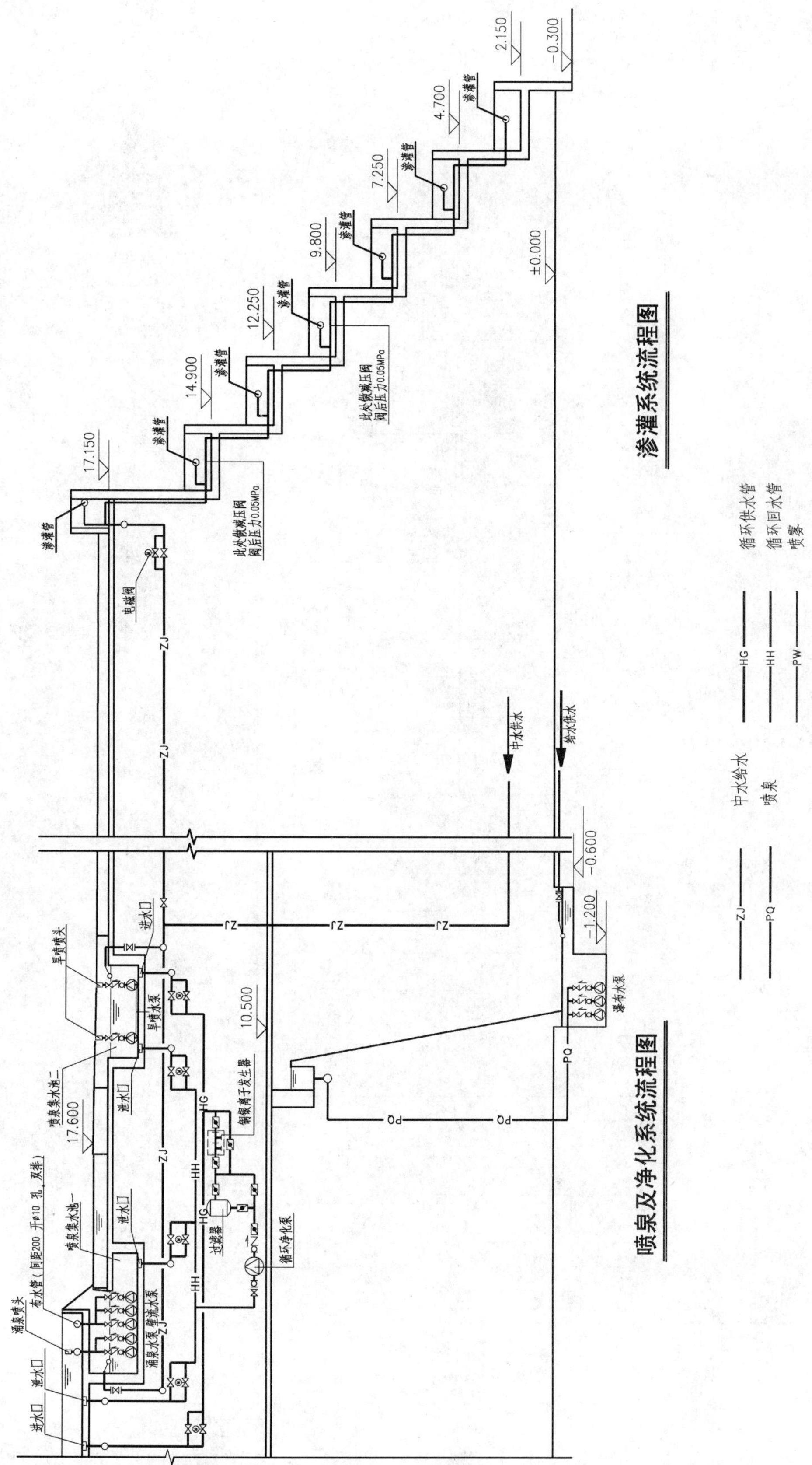
渗灌系统流程图
喷泉及净化系统流程图
17.150
14.900
12.250
9.800
7.250
4.700
2.150
-0.300
±0.000
17.600
10.500
-0.600
-1.200
渗灌管
此处做减压阀
阀后压力0.05MPa
电磁阀
中水供水
给水供水
瀑布水泵
铜银离子发生器
过滤器
循环净化泵
涌泉喷头
布水管（间距200 开φ10 孔 双排）
进水口
泄水口
喷泉集水池一
喷泉集水池二
旱喷喷头
旱喷水泵
涌泉水泵
壁流水泵
ZJ 中水给水
PQ 喷泉
HG 循环供水管
HH 循环回水管
PW 喷雾

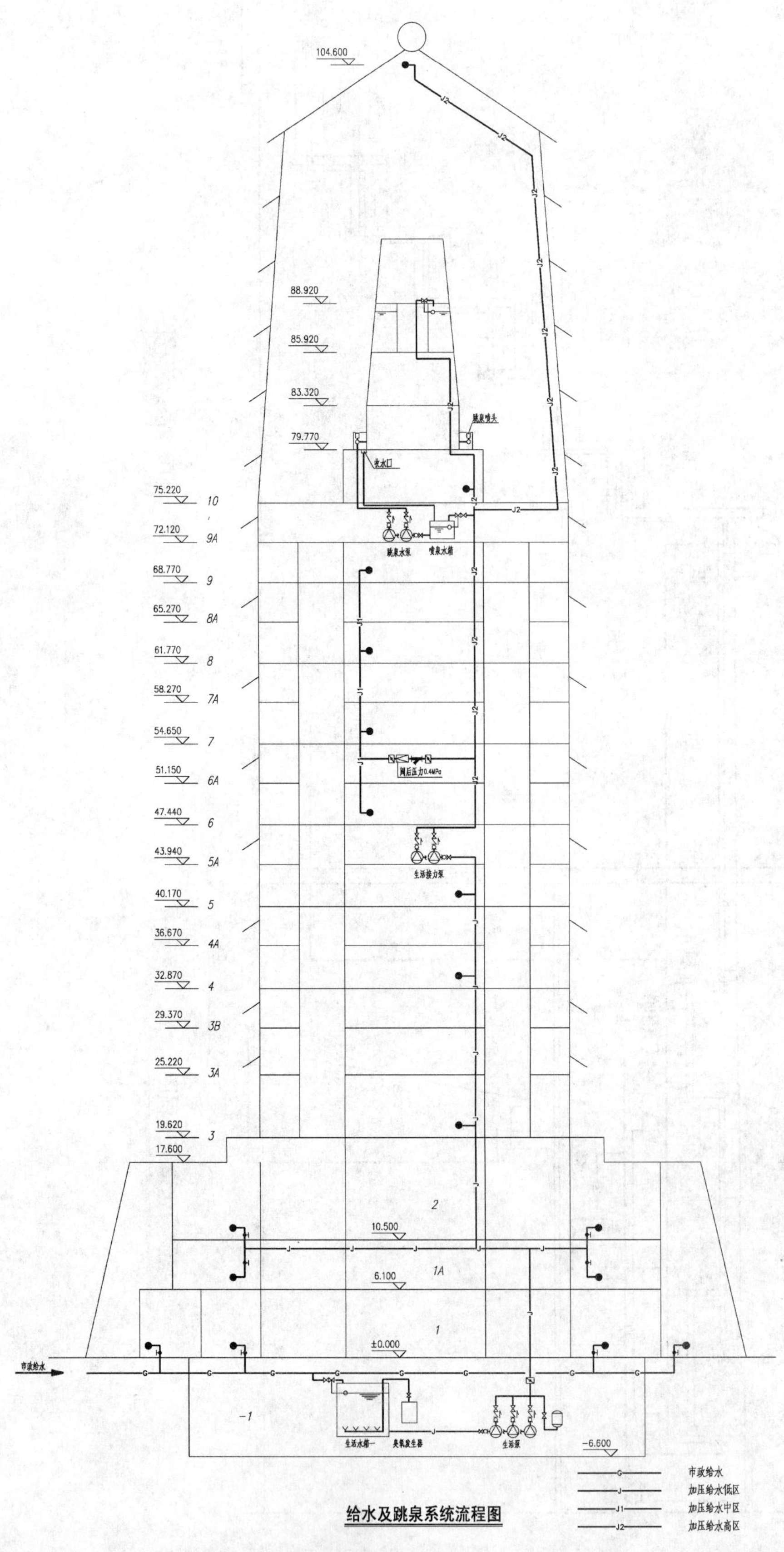
104.600
88.920
85.920
83.320
79.770
跳泉喷头
收水口
跳泉水泵
喷泉水箱
75.220 10
72.120 9A
68.770 9
65.270 8A
61.770 8
58.270 7A
54.650 7
51.150 6A
阀后压力0.4MPa
47.440 6
43.940 5A
生活接力泵
40.170 5
36.670 4A
32.870 4
29.370 3B
25.220 3A
19.620 3
17.600
2
10.500
1A
6.100
1
±0.000
市政给水
-1
生活水箱一
臭氧发生器
生活泵
-6.600
G 市政给水
J 加压给水低区
J1 加压给水中区
J2 加压给水高区

给水及跳泉系统流程图

公共建筑类三等奖

洛阳博物馆新馆

设计单位：同济大学建筑设计研究院（集团）有限公司
设 计 人：冯玮　归谈纯　黄倍蓉
获奖情况：公共建筑类　三等奖

工程概况：

洛阳博物馆新馆是国家一级博物馆，建筑选址毗邻隋唐洛阳城里坊区遗址，是洛阳城市中轴线上极为重要的标志性建筑。

博物馆占地 20hm^2，总建筑面积 43654m^2。分为主展馆及辅楼，展馆 2 层，面积 29705m^2，建筑高度 22m，主要功能为按不同年代分布的展厅、互动区域、学术报告厅、贵宾接待室等；辅楼 3 层，面积 13949m^2，建筑高度 14m，主要功能为文物库房、办公、设备机房等辅助用房。

博物馆设计坚持可持续的设计理念，力争塑造具有深刻文化内涵、功能完备、高度开放、节能环保的现代化博物馆。

一、给水排水系统

（一）给水系统

1. 用水量（表 1）

给水系统用水量　　表 1

用水项目	单位数	用水标准	最高日用水量(m^3/d)	用水时间(h)	时变化系数	平均时用水量(m^3/h)	最大时用水量(m^3/h)
办公管理用水	200 人	50L/人	10.00	10	1.5	1.00	1.50
参观人员	6000 人次	7L/人次	42.00	10	1.5	4.20	6.30
餐饮	2000 人次	25L/人次	50.00	12	1.5	4.17	6.25
文物熏蒸、清洗	4800m^2 库房面积	1L/(m^2·d)	4.80	10	1.5	0.48	0.72
空调系统补水			120	12	1.5	10	15.00
道路、绿化洒水	10000m^2	2L/(m^2·d)	20.00	2	1.0	10.00	10.00
水景补水	300m^3/d 循环水量	5%补水量	15.00	2	1.0	7.50	7.50
未预见水量	总用水量×10%		26.18			3.73	4.73
小计			287.98			41.08	52.00

最高日用水量为 288m^3/d，最大时用水量为 52m^3/h。

2. 水源

分别从博物馆东街、合欢路市政道路上市政给水管接出 *DN*250 给水进管，并设置防污隔断阀及水表，接出后供博物馆生活、消防用水。

3. 供水方式及给水加压设备

根据市政可提供最低供水压力 0.28MPa，本着节能原则，生活给水系统充分利用市政压力，各楼层均由市政压力直接供水。

4. 管材

室内干管、立管采用钢塑复合管及配件，小于或等于 *DN*65 丝扣连接；大于 *DN*65 沟槽式连接。接入卫生间给水支管（检修阀后）采用公称压力为 S5 系列 1.25MPa 的 PP-R 给水管，为热熔连接。

（二）热水系统

1. 本项目无大量热水使用点，为避免不必要的热损失，且使运行管理方便，因此原则上以分散就点设置依据，设置电热水水器供给洗手用，以满足局部高档场所功能。在展馆贵宾卫生间设置电热水器供应洗手盆生活热水，辅楼职工浴室分点设置容积式电热水器供应洗浴热水。

2. 管材：热水管采用公称压力为 S3.2 系列 2.0MPa 的 PP-R 热水管，热熔连接。

（三）排水系统

1. 室内污废水合流，室外雨污分流。

2. 生活污水经化粪池处理后排入市政污水管；厨房排水预留排出管，含油废水经室外隔油处理后排入室外污水管。

3. 连接 4 个及 4 个以上卫生器具且横管长度大于 12m 排水横支管、连接 6 个及 6 个以上大便器的污水横支管设置环形通气管。

4. 博物馆给水排水设计除按传统系统设计外，另着眼于细节。在库房等处设置地漏，满足各展柜及库区恒温恒湿空调系统凝结水排水。

5. 管材：室内污废水立管采用 PVC-U 排水管，粘结。

（四）雨水系统

1. 室外雨污水分流。

2. 为营造出气势恢宏的遗址意象，再现隋唐洛阳城遗址考古场景，建筑师在主展馆屋面将建筑概念与场地特质融为一体，设计屋面连绵起伏；同时屋面按空间布局划分为了十三个分格，暗示在洛阳建都的十三个朝代。这就给屋面排水带来了极大的困难，最后设计师以 13 个分格，9 个单元系统，设置虹吸雨水系统，并按 100 年重现期设置，虽然部分屋面面积不大，但为保证每个虹吸雨水系统通畅性、安全性，排水立管均不小于两根。经实际使用，即使在暴雨期间雨水系统保持排水通畅。

3. 辅楼采用重力式外排水系统，按 50 年重现期的雨水量设计、溢流按 100 年设计。

4. 管材：高密度聚乙烯（HDPE）雨水排水管。

二、消防系统

（一）消防水量、水源

1. 水源：分别从博物馆东街、合欢路市政道路上市政给水管接出 *DN*250 给水进管，并设置防污隔断阀及水表，接出后供博物馆生活、消防用水。

2. 消防水量见表 2。

消防用水量 表2

	系统形式	用水量标准(L/s)	火灾延续时间(h)	消防用水量(m^3)
1	室内消火栓系统	20	2	144
2	室外消火栓系统	30	2	216
3	自动喷淋灭火系统	78	1	281
4	室内消防同时作用最大用水量(1+3)	93		425

（二）消火栓系统

1. 消火栓系统采用临时高压系统。地下室消防泵房内设置消火栓泵 XBD4/20(Q=20L/s，H=40m，一用一备)，水泵满足一次火灾所需流量、压力。

2. 泵房内设消防水池 425m^3，消防水池贮存 2h 室内消火栓用水及 1h 喷淋用水（1.5h 库房喷淋用水）。屋顶水箱间设 1 个 18m^3 消防水箱，贮有消防系统初期用水。

3. 每层均设置带灭火器组合式消火栓箱，内设 DN65 消火栓一只，DN65 长度为 25m 衬胶龙带一条，QZ19 型直流水枪一支，DN25 消防卷盘、5kg 磷酸铵盐手提式灭火器 2 具及水泵启动按钮。消火栓栓口离地 1.10m。

4. 室外设 2 套消火栓系统水泵接合器，其供水管与消火栓给水管网相连。

5. 消火栓泵控制：消火栓两台，互为备用。火灾时，按动任一消火栓处启泵按钮或消防中心、水泵房处启泵按钮均可启动该泵并报警。泵启动后，反馈信号至消火栓处和消防控制中心。

6. 管材：采用内外壁热镀锌钢管，小于 DN100 采用丝扣连接；大于或等于 DN100 采用沟槽式连接。

（三）自动喷水灭火系统

1. 本工程除设备机房、卫生间、管道层、净空大于 12m 空间及不宜用水扑灭的电气机房、网络机房、书画陈列室、珍品文物库房外，均设置自动喷淋灭火系统。

2. 办公、餐饮、商店、报告厅、多功能厅、走道、公共活动区域等普通场所采用湿式系统，普通陈列室、普通文物库房采用预作用灭火系统。各区域喷淋设计参数如下：

（1）普通公共场所、普通陈列室：火灾危险等级为中危险级Ⅰ级，喷水强度 6L/(min·m^2)，作用面积 160m^2；

（2）净空 8～12m 报告厅：火灾危险等级为非仓库类高大净空，喷水强度 6L/(min·m^2)，作用面积 260m^2；

（3）净空 8～12m 普通陈列室：火灾危险等级为非仓库类高大净空，喷水强度 12L/(min·m^2)，作用面积 300m^2；

（4）普通文物库房：火灾危险等级为仓库危险级Ⅰ级，贮物高度要求小于 3.5m 单双排货架，喷水强度 8L/(min·m^2)，作用面积 200m^2，持续喷水时间 1.5h。

系统设计流量满足最不利点处作用面积内喷头同时喷水总流量，经计算为 78L/s。

3. 喷淋系统采用临时高压系统，地下室消防泵房内设置三台喷淋泵 XBD10/50(Q=50L/s，H=100m，两用一备)。

4. 泵房内设消防水池 425m^3，屋顶水箱间设 1 个 18m^3 消防水箱，贮有消防系统初期用水。屋顶设置喷淋增压设备，并应保证本单体最不利喷头所需要压力。

5. 湿式系统控制：自动喷淋系统平时管网压力由喷淋系统增压设施维持；火灾时，喷头动作，水流指示器动作向消防中心显示着火区域位置，此时湿式报警阀处的压力开关动作自动启动喷淋泵，并向消防中心报警。

6. 预作用系统控制：火灾发生区或楼层的探测器动作，向控制箱输入信号，控制箱向消防控制中心发出报警信号，同时打开预作用报警阀处的电磁阀，开启自动喷水灭火系统给水加压泵和管网系统末端快速放气阀前的电动阀门，向管网供水和排出管网空气，保证系统灭火。泵房和消防控制中心还设有手动开启和关闭自动喷水灭火给水加压泵的装置。无火灾发生时，管网内充有0.05MPa的压缩空气。预作用报警阀配套一台小型空气压缩机和自动控制装置。如管网气体压力小于0.03MPa时，则预作用报警阀的低气压检测开关向消防控制中心发出故障报警，提示管理人员对系统进行维修检测。

7. 报警阀组设置：在消防泵房内设有3套湿式报警阀、1套预作用报警阀；为满足预作用系统配水管道充水时间不大于2min，在展馆东侧一层管井、辅楼一层管井就近保护区域各设置2套及1套预作用报警阀。

8. 每个防火分区、每层分设水流指示器，水流指示器前采用信号阀。普通场所喷头动作温度均为68℃，厨房喷头动作温度均为93℃。

9. 室外设6套水泵结合器，与自动喷水泵出水管相连。

10. 管材：采用内外壁热镀锌钢管，小于*DN*100采用丝扣连接；大于或等于*DN*100采用沟槽式连接。

（四）大空间智能型主动喷水灭火系统

1. 系统设置场所：建筑师为利用外部自然光源，设计了很多净空高度超过12m的大空间，这些区域根据现行喷淋规范无法实现保护，因此采用大空间智能型主动喷水灭火系统新技术解决。

2. 灭火装置的特点：大空间智能灭火装置的特点是将红外探测技术、计算机技术、光电技术、通信技术等有机地结合在一起，通过程序编制集于一身。该装置可24h全方位进行红外扫描探测火源，火情发现早，火源早判定，灭火效果好，灭火及时，是高智能灭火装置。

3. 灭火装置的灭火工作原理：灭火装置的探测器24h检测保护范围内火情，装置场所一旦有火情，火灾产生的红外信号立即被探测器感知，确定火源后，探测装置打开相关的电磁阀并同时输出型号给联动柜启动水泵，射水进行灭火。火灾扑灭后，探测器再次发出信号，关闭电磁阀，停止射水。如再有新火源，装置重复上述动作。

4. 灭火装置的型号、规格的选定：采用自动扫描射水高空水炮装置，为探测器与喷头一体化的装置。灭火装置技术参数：

1）射水流量5L/s；工作水压0.6MPa；保护半径20m；工作电压AC220V；启动时间≤25s；安装高度6～20m；

2）射水流量5L/s；工作水压0.6MPa；保护半径32m；工作电压AC220V；启动时间≤25s；安装高度8～35m。

5. 灭火系统设计：共设置7套灭火装置。

6. 灭火系统组成：由灭火装置、信号阀组、水流指示器、供水加压设备及管网、模拟末端试水装置等组成。

7. 灭火系统设计：系统设计水量为10L/s，火灾延续时间60min。

8. 系统供水：系统供水接自自动喷水灭火系统，并满足本系统水量、水压。

9. 管材：采用内外壁热镀锌钢管，小于*DN*100采用丝扣连接；大于或等于*DN*100采用沟槽式连接。

（五）气体灭火系统

1. 在展馆二层设有中国书画陈列室，二层均为布展区，可提供钢瓶间位置只能位于一层，且距离较远，设计提供了备压式七氟丙烷FM200灭火系统及烟烙烬IG-541灭火系统，经综合比较了各种气体灭火性能、投资造价、运行管理，并征询当地消防部门意见，最后选择烟烙烬IG-541灭火系统。

2. 本设计保护对象展馆及辅楼共分为7个区，辅楼设计为一套组合分配系统，展馆设计为一套单元独立系统。

3. 设计原理：本系统具有自动、手动及机械应急启动三种控制方式。保护区均设两路独立探测回路，当第一路探测器发出火灾信号时，发出警报，指示火灾发生的部位，提醒工作人员注意；当第二路探测器亦发出火灾信号后，自动灭火控制器开始进入延时阶段（0～30s可调），此阶段用于疏散人员（声光报警器等动作）和联动设备的动作（关闭通风空调，防火卷帘门等）。延时过后，向该保护区的驱动瓶发出灭火指令，打开驱动瓶容器阀，然后瓶内氮气打开选择阀和相应IG-41气瓶，向失火区进行灭火作业。同时报警控制器接收压力信号发生器的反馈信号，控制面板喷放指示灯亮。当报警控制器处于手动状态，报警控制器只发出报警信号，不输出动作信号，由值班人员确认火警后，按下报警控制面板上的应急启动按钮或保护区门口处的紧急启动按钮，即可启动系统喷放IG-541灭火剂。

4. 对土建的建议和要求：防护区的围护结构及门窗的耐火极限不应低于0.50h，吊顶的耐火极限不应低于0.25h；围护机构及门窗的允许压强不宜小于1200Pa。贮瓶间位置及尺寸按IG-541灭火系统平面图所示确定，其耐火等级不应低于二级。贮瓶间应有单独的通道，其出口应直接通向疏散通道。

5. 各防护区的设计参数见表3。

防区设计参数 **表3**

序号	防护区	面积(m^2)	高度(m)	设计浓度(%)	设计喷射时间(s)
系统一(展馆)	中国书画专题陈列	680	6.5	37.5	55
系统二(辅楼)	陶瓷珍品库房	118	4.5	37.5	55
	铜金银玉珍品库房	236	4.5	37.5	55
	字画珍品库房	236	4.5	37.5	55
	陶瓷珍品库房	77	4.5	37.5	55
	纸画文物库房	152	4.5	37.5	55
	木竹文物库房	112.5	4.5	37.5	55

6. 药剂计算用量见表4。

气体灭火系统药剂用量 **表4**

序号	防护区	IG-541设计用量(kg)	使用贮瓶数(个)	每瓶充装(kg)	贮瓶容积(L)	总瓶数(个)
系统一(展馆)	中国书画专题陈列	3003.50	178	16.892	80	178
系统二(辅楼)	陶瓷珍品库房	360.83	22	16.892	80	43
	铜金银玉珍品库房	721.65	43			
	字画珍品库房	721.65	43			
	陶瓷珍品库房	235.46	14			
	纸画文物库房	464.79	28			
	木竹文物库房	344.01	21			

注：使用剩余量为3%。

7. 管材：系统采用用无缝钢管。

三、设计施工体会及工程特点介绍

洛阳博物馆新馆按国家一级博物馆设计，给水排水设计在配合建筑师完善可持续的、绿色设计理念的同时，充分体现博物馆以安全、可靠为主要原则。主要表现在以下几方面：

1. 博物馆的室内消火栓箱布置——力求规范，并兼顾后期布展

按规范，室内各处均设置室内消火栓箱，消火栓箱的布置在满足规范的要求的基础上，除了尽可能设于各展厅出入口外，还需考虑日后布展对其影响，国内多处博物馆在布展后，展柜后方布展走道时有不满足两股充实水柱问题出现，为避免这一问题，设计在与建筑时的配合时，充分了解布展工艺，布置消火栓箱时力求避免布展对消火栓保护的影响或将影响降到最小。实践证明，经过近三年各种布展，消火栓设置的位置均能满足要求。

2. 博物馆的喷淋系统选择与设计—安全可靠、防火、防水

博物馆的自动喷淋系统设计是整个项目的难点，洛阳博物馆新馆藏品及展品品种和类别较多，从青铜器、陶、瓷到纸画、玉料等，都是具有历史价值、艺术价值、经济价值的物品，根据博物馆设计中必须慎重考虑防盗、防损、防火、防水等问题，喷淋系统选择严格遵从不同场所、不同类别区分对待。喷淋系统采用

临时高压系统，除设备机房、卫生间、管道层、净空大于 12m 空间及不宜用水扑灭的电气机房、网络机房、书画陈列室、珍品文物库房外均设置自动喷淋灭火系统。各展厅及普通戊类库房，为避免系统误动作而造成水渍影响，系统选择预作用系统，并设置两种不同火灾报警启动方式（烟感、温感），确保平时绝对不出现误喷，其余公共区域为湿式系统；同时为保障预作用系统排气、充水开启的可靠性，避免因管道系统过长而延迟喷水，各预作用阀就近设置于各展厅附近设备间。

本项目，建筑设计空间的多样性，多处出现大于 12m 的二层挑空空间，根据这一特性设置大空间智能型主动喷水灭火系统（红外线自动跟踪扫描系统），同时也确认这部分共享区域不会展示珍贵展品，也就是避免产生因射水器的高压水柱对展品的损坏。

在书画陈列室、珍品文物库房设置 IG-541 洁净气体灭火系统，严禁任何水渍对藏品误损。比较了各种气体灭火性能、征询当地消防部门意见、兼顾 IG-541 洁净气体可输送长度较远，最后选择 IG-541。

3. 博物馆的排水系统——满足细节设计

博物馆给水排水设计除按传统系统设计外，另着眼于细节。在库房等处设置地漏，满足各展柜及库区恒温恒湿空调系统凝结水排水。

4. 博物馆的雨水系统——排水通畅、美观与实用相结合

建筑师日益多样外形、屋面、立面设计也给给水排水专业带来很多新的挑战，在配合建筑师创意设计前提须充分了解建筑外形特色，并力求系统安全、合理，并与美观相结合。因此，团队配合的重要性显得尤为突出。

四、工程照片及附图

洛阳博物馆新馆消防泵房

洛阳博物馆新馆全景

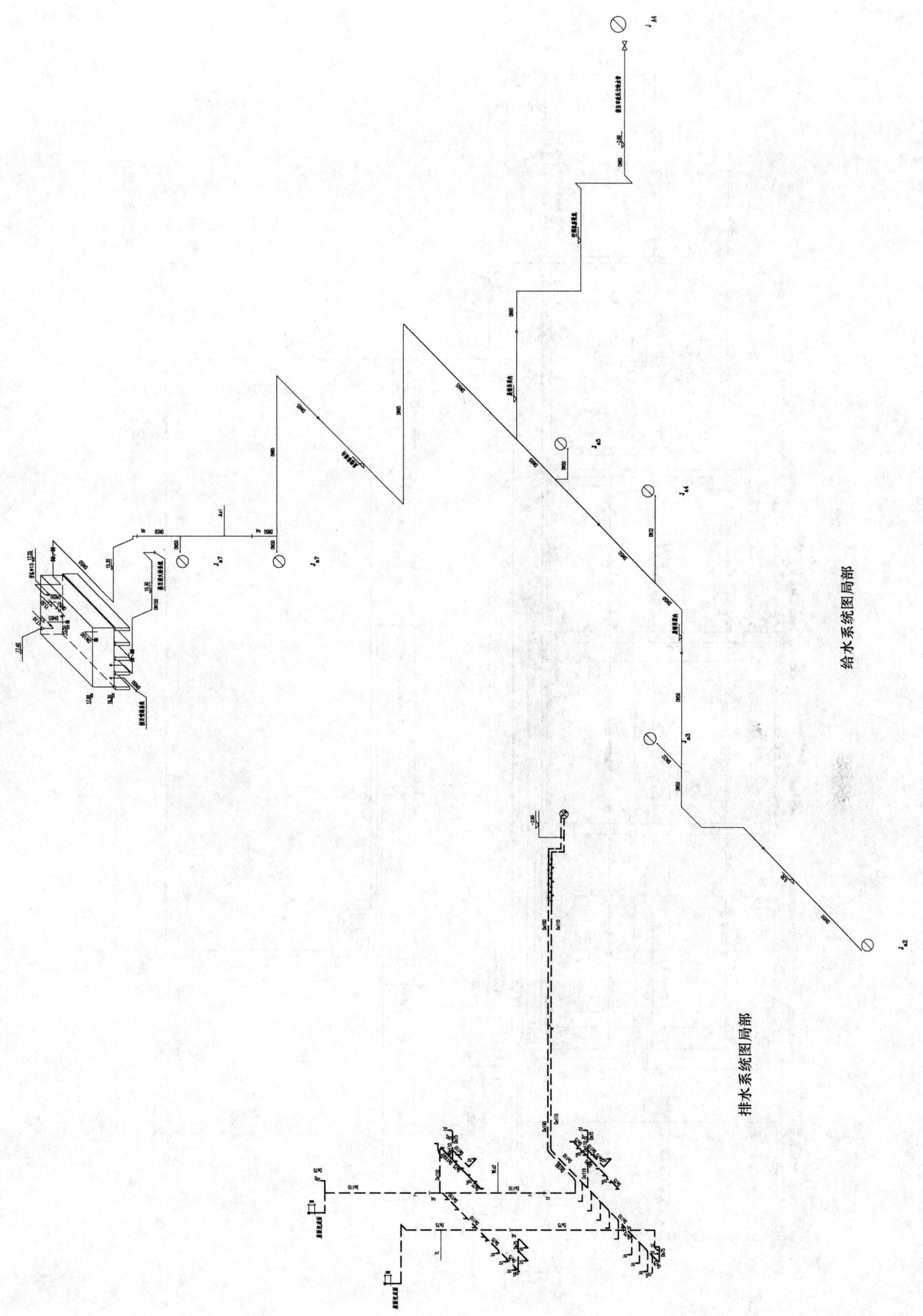

给水系统图局部

排水系统图局部

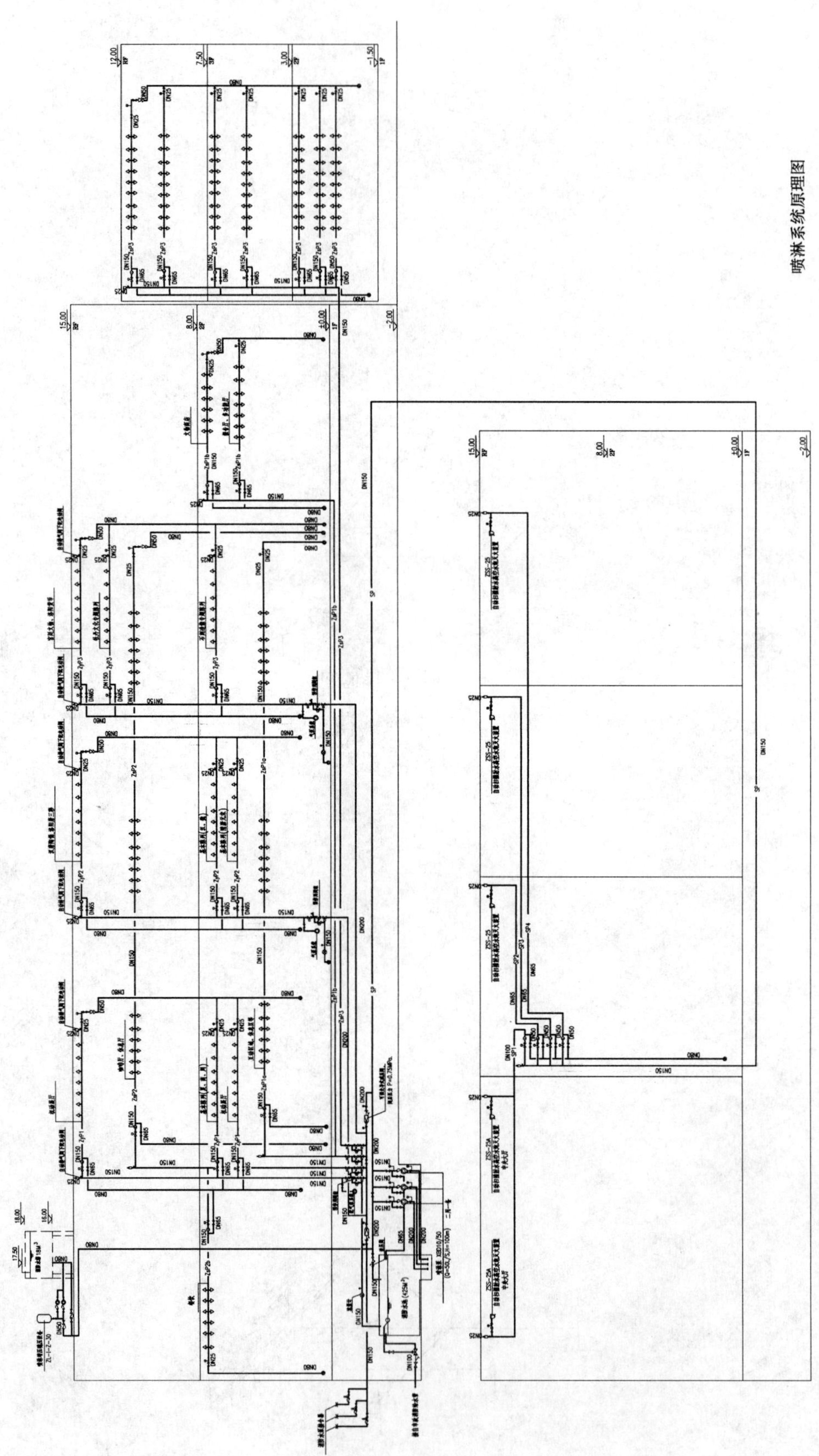

喷淋系统原理图

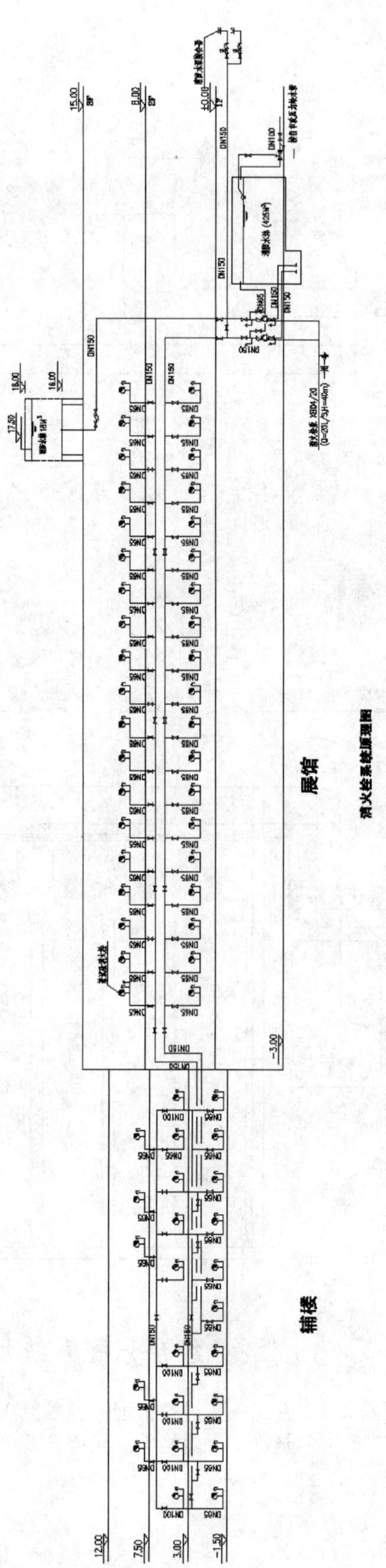

消火栓系统原理图

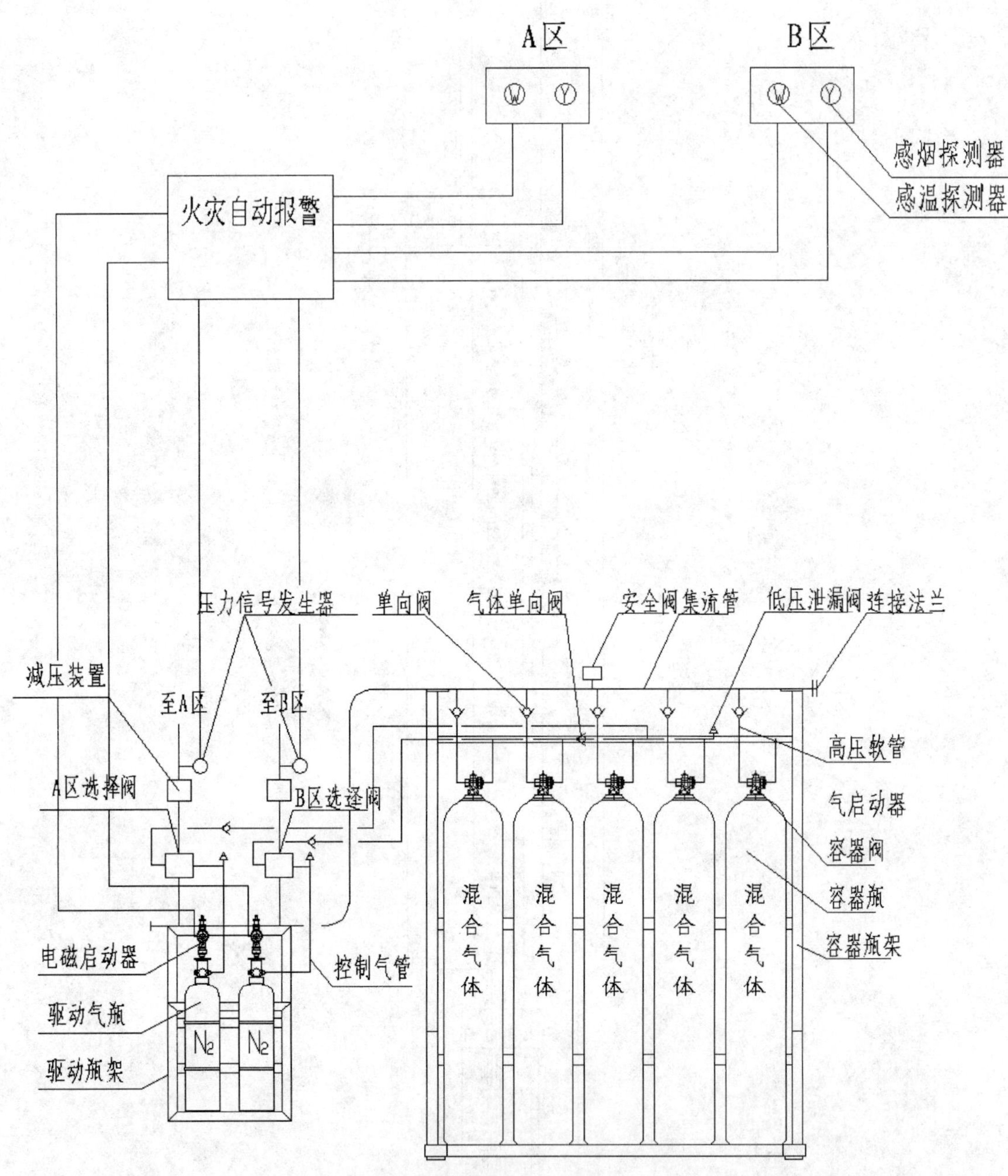

组合分配系统示意图

系统一（展馆中国书画陈列）：独立系统。
系统二（辅楼）：组合分配系统。共供至六个区域。

海南国际会展中心

设计单位：中国建筑设计研究院
设 计 人：郭汝艳　吴连荣　高东茂
获奖情况：公共建筑类　三等奖

工程概况：

本工程位于海口市西部，用地东侧为香格里拉酒店用地，南侧与规划海口市政府隔滨海大道而邻，西侧为金色阳光海景温泉度假公寓，北侧直面琼州海峡。建成后将成为会议主办场所和海口市两会等会议接待、旅游以及国内外大型展览场地。本工程分为展览中心、会议中心和地下车库及设备机房三部分。其中展览中心位于南部；会议中心位于北部；地下车库及设备机房分为3部分；分别位于展览中心西南侧，会议中心西侧和东侧。

总用地面积：319873.7m^2（包括西南侧的公共休闲公园）

会展中心总建筑面积：135860m^2。

地上建筑面积：118360m^2（其中展览中心：77130m^2，会议中心：41230m^2）。

地下建筑面积：15860m^2（设备机房和车库）。

展览中心：大型展览建筑，展览建筑等级为乙级。单层建筑，檐口高度15.64m，制高点高度25.64m。局部设两层的配套服务用房。会议中心：为高层建筑，檐口高度24.07m、26.13m、27.69m，制高点高度40.71m。西侧设1800人乙等剧院式会议厅。中部一层为2000人多功能厅，三层为700人国际会议厅及其配套贵宾用房。东侧一层为海景餐厅；二、三层为独立小型会议室。局部剖面见图1。

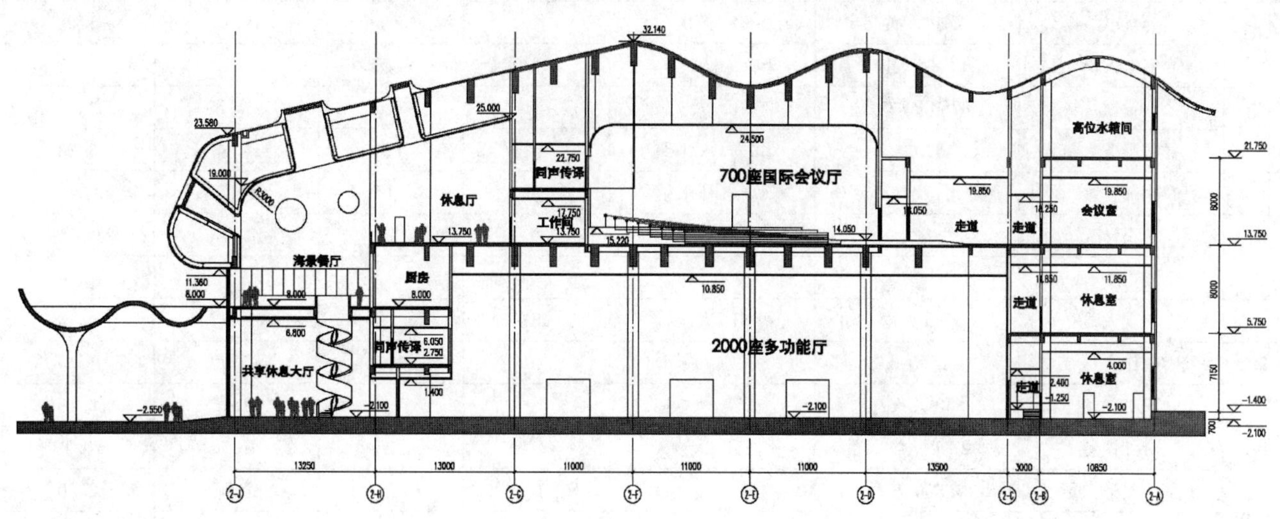

图1　局部剖面图

绿地面积：53586m²（包括西南侧的公共休闲公园），会展中心区域绿地面积：18739m²。

展览中心和会议中心作为一个整体，覆盖在大屋盖下，中间设内部服务道路。外观效果见图2。

结合外观及内部空间的特点，设计中重点解决如下技术难点：

1. 建筑造型的特殊性，屋面雨水的排放问题及重现期的取值。

2. 消防系统设置的合理性。

作为国际旅游岛的展览及会议场所，在满足会展需求的前提下，既要向世人展现一座前卫的建筑精品，又要贯彻“绿色节能”的精神。在并不宽裕的投资限制下，对设备材料的定位把握，比一般工程有更多的考虑。由于资金紧张，使得材料及设备选用必须考虑多方面因素。既要考虑先进性、实用性，又要考虑资金的承受能力，同时也要考虑材料及设备选用对该工程社会形象的影响。

图2 外观效果图

一、给排水系统

本工程的施工图设计内容面广、量大，由于篇幅所限，不能面面俱到。本文仅对各系统予以简述，所附的各系统图示均为表示竖向关系的局部示意，旨在让读者了解海南国际会展中心给水排水系统设计的全貌。

(一) 给水系统

1. 生活用水量见表1。

生活用水量 表1

序号	用水项目	使用数量	用水量标准	使用时间(h)	小时变化系数	用水量	
						最高日(m³/d)	最大时(m³/h)
一	会议中心						
1.1	剧院　观众	1800人次/d	5L/人次	3	1.2	9.00	3.60
	剧院　演职员	200人次/d	40L/人次	4	2.5	8.00	5.00
1.2	会议厅	2700人次/d	6L/人次	4	1.5	16.20	6.08
	工作人员	80人	50L/(人·d)	6	1.5	4.00	1.00
1.3	餐饮	3750人次/d	50L/人次	10	1.5	187.50	28.13
	餐饮服务人员	370人	40L/(人·d)	10	1.5	14.80	2.22
1.4	冷却补水	循环水量2000m³/h	1.5%补水量	8	1	240.00	30.00
1.5	小计					480.50	69.34①
二	展览中心						
2.1	参观人员	50000人次/d	5L/人次	8	1.5	250.00	46.88
2.2	工作人员	1500人	50L/(人·d)	10	1.5	75.00	11.25
2.3	职工餐饮	850人次/d	25L/人次	10	1.5	21.25	3.19
	对外快餐	2700人次/d	25L/人次	10	1.5	67.50	10.13
	餐饮服务人员	350人	40L/(人·d)	10	1.5	14.00	2.10
2.4	保安宿舍	56人	100L/(人·d)	24	2.5	5.60	0.58
2.5	展厅用水	431展位	10L/(展位·d)	8	1.5	4.31	0.81

续表

序号	用水项目	使用数量	用水量标准	使用时间(h)	小时变化系数	用水量	
						最高日(m^3/d)	最大时(m^3/d)
2.6	冷却补水	循环水量2850m^3/h	1.5%补水量	8	1	342.00	42.75
2.7	小计					779.66	117.68
三	杂用						
3.1	绿化	18739m^2	1.0L/(m^2·d)	4	1	18.74	4.68
四	合计					1278.90	187.02
4.1	不可预计10%		127.89	18.70			
4.2	总计					1406.79	205.72

① 考虑了剧院和会议厅不在同一时段使用。

2. 水源：供水水源为城市自来水。南侧滨海大道有 *DN*400 的现状给水管，北侧有规划 *DN*200 给水管。一期项目拟从南侧的滨海大道 *DN*400 的现状给水管上接出两根 *DN*200 的引入管（两个接口之间设阀门），经总水表后在红线内构成 *DN*250 的环状供水管网，市政供水压力 0.40MPa。

3. 系统分区及供水方式

市政供水压力 0.4MPa。建筑内部用水由市政水压直接供水。除生活用水部位外，在 B 展馆预留展位给水点。最不利点的出水压力不小 0.10MPa，各层出水压力均不大于 0.35MPa。

4. 计量：展览和会议部分设置水表独立计量，每个展位设水表计量。均采用远传水表。

给水系统局部示意见图 3。

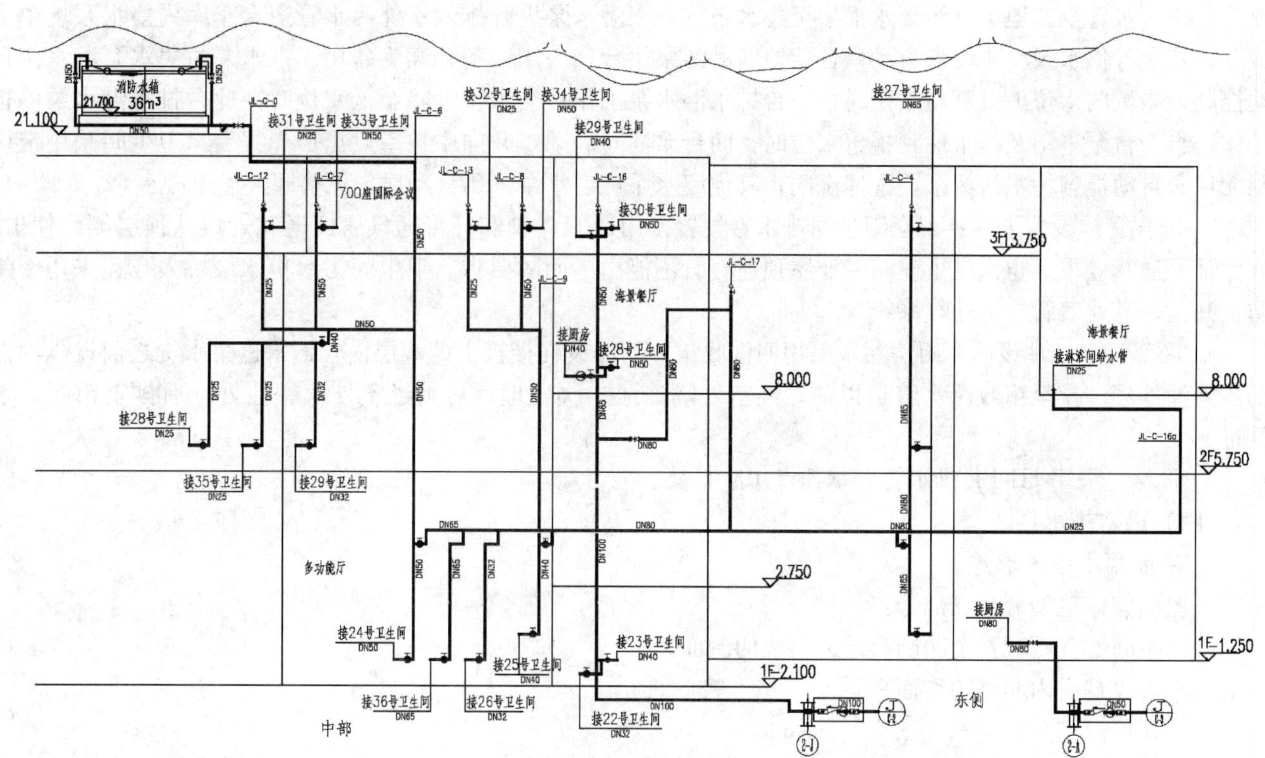

图 3 给水系统局部示意

5. 管材：采用公称压力 1.0MPa 的 S31608 薄壁不锈钢管，外壁硬膜防腐膜。

(二) 热水系统

1. 热水用水量见表 2。

热水用水量 **表 2**

会议中心		展览中心	
最高日(m^3/d)	最大时(m^3/h)	最高日(m^3/d)	最大时(m^3/h)
56.25	11.25	93.12	18.62

2. 热水供应部位：化妆间分散设置小型电热水器，淋浴间设置商用容积式电热水器，餐饮厨房的热水制备含在厨房工艺设备中。

3. 管材：采用 S3.2 系列的 PPR 管。

(三) 生活排水系统

1. 排水量见表 3。

排水量 **表 3**

会议中心		展览中心	
最高日(m^3/d)	最大时(m^3/h)	最高日(m^3/d)	最大时(m^3/h)
239.50	38.94	362.66	60.90

2. 排水系统的形式：室内污、废水为合流制排水系统，一层以上污水自流排出室外，会议中心经室外 1 座 50m^3 化粪池后，向北侧排出，排入市政污水管渠；展览中心经室外 1 座 100m^3 化粪池后，自流排入东侧市政道路污水管渠。地下室污废水汇集至集水泵坑，用潜水泵提升排入室外污水管道。车库内集水泵坑单泵配置，其余各集水泵坑中设带自动耦合装置的潜污泵两台，一用一备，互为备用。潜水泵由集水泵坑水位自动控制，当坑内水位上升至高水位时，一台排水潜水泵工作；当水位下降至低水位时，此台排水潜水泵停止工作，当一台泵来不及排水达到报警水位时，两台泵同时启动，并向中控室发出声光报警。卫生间采用带切割无堵塞自动搅匀污水潜污泵，配冲洗阀；其他废水泵坑潜水泵采用自动搅匀无堵塞大通道潜水泵。

3. 透气管的设置方式：观众卫生间排水管设置专用通气立管和环形通气管。通气管口从顶层侧面伸出，既保证了通气效果，也满足了建筑专业屋顶通气管不能出屋面的要求。卫生间污水集水泵坑人孔盖采用密闭防臭井盖，其通气管接入通气系统。

4. 局部污水处理设施：厨房污水采用明沟收集，明沟设在楼板上的垫层内，污水进集水坑之前设隔油器初步隔油处理。排至市政污水管道以前，经室外隔油池二次处理；污水经室外化粪池处理后排至市政污水管道。

5. 管材：采用 HDPE 排水管，承插专用胶粘接。

(四) 雨水排水系统

1. 屋面雨水系统形式

大屋面整体造型分为三部分：

(1) 中间部分由数百个凹凸半球体组成的屋面；

(2) 边界是由内向外的坡面；

(3) 入口雨棚。

边界坡面和展览部分半球体屋面采用虹吸有压流排水系统，会议部分半球体屋面采用 87 型雨水斗内排水系统。在每个半凹球面最低点设置 2 个虹吸雨水斗或 87 型雨水斗；边界坡屋面雨水汇流到坡面边界的雨水天沟，在天沟内设置虹吸雨水斗；展览和会议主入口雨棚采用 87 型雨水斗有组织内排水系统，雨水立管埋设在结构柱内。

2. 设计参数：由于半凹球面屋面不能形成超设计重现期的溢流，排水管系按设计重现期 P=100 年，降雨历时 T=5min 设计；边界坡屋面和雨棚排水管系按设计重现期 P=10 年，降雨历时 T=5min 设计，超设计重现期的雨水通过雨水沟溢流口排除，溢流口和排水管系的总排水能力按 50 年重现期设计。

3. 车库入口均有雨棚，在入口附近设置截流沟，截流飘进或汽车带进的少量雨水，直接排入室外雨水管道。

4. 虹吸雨水系统室外检查井采用了消能检查井，消能检查井的应用有效解决了瞬时雨水可能将井盖冲飞的问题。这也是本工程的一个亮点。

5. 管材：采用内外涂环氧复合钢管，沟槽连接。

（五）冷却水循环系统

冷冻机的冷却水经冷却塔冷却后循环利用。不供空调的季节，冷却塔水盘和循环管道放空。

1. 设计参数见表 4。

冷却水系统设计参数 表 4

	湿球温度	冷却塔进水温度	冷却塔出水温度	循环冷却水量
会议中心	27.9℃	37℃	32℃	2560m^3/h
展览中心	27.9℃	37℃	32℃	1800m^3/h

2. 冷却塔及补水：空调用冷却水由冷却塔冷却后循环使用，会议中心设四台 480m^3/h 冷却塔，展览中心设三台 800m^3/h 和一台 430m^3/h 的冷却塔。与两部分的冷机和冷却水泵形成两个独立的循环系统。冷却塔放置在冷冻机房附近的场地上，结合景观设置。塔的进水管上装设电动阀，与冷冻机连锁控制。冷却塔的补水由市政自来水直接补给，补水管口距水盘溢流水位的高度保证大于 2.5DN。

3. 各冷却塔集水盘间的水位平衡通过设集水盘连通管保持。

4. 冷却水的水质稳定措施由设在冷冻机房的化学药剂投加装置来保证。

二、消防系统

（一）消防水源

供水水源为城市自来水。

（二）消防水量

本工程各部位的危险等级、自动喷水强度和设计流量见表 5。

自动喷水系统各部位的危险等级、喷水强度和设计流量 表 5

部位	危险等级	喷水强度/作用面积	设计流量
车库、舞台（葡萄架除外）	中危险级Ⅱ级	8L/(min·m^2)/160m^2	28L/s
大于 8m，小于 12m 高的空间（多功能厅除外）	中危险级Ⅰ级	6L/(min·m^2)/260m^2	34L/s
舞台葡萄架下	严重危险级Ⅱ级	16L/(min·m^2)/260m^{2}①	100L/s
其他部位	中危险级Ⅰ级	6L/(min·m^2)/160m^2	21L/s
冷却水幕系统		1L/m/20m	20L/s

① 按照舞台面积划分，同时喷水的作用面积为 282m^2。

自动喷水灭火系统设计流量按上表中各部位的较大值确定，各系统用水量标准及一次灭火用水量见表 6。

各系统用水量标准及一次灭火用水量 表6

消防系统	用水量标准	火灾延续时间	一次灭火用水量
室外消火栓系统	30L/s	3h	324m³
室内消火栓系统	30L/s	3h	324m³
自动喷水灭火系统	34L/s	1h	122m³
雨淋灭火系统	98L/s	1h	353m³
冷却水幕系统①	20L/s	3h	216m³
消防水炮灭火系统	40L/s	1h	144m³
大空间自动扫描灭火系统	20～40L/s	1h	72～144m³
一次灭火总用水量②			1217m³
消防贮水量③			893m³

① 此为防火幕冷却水幕。防火分区的卷帘采用耐火极限4h的双轨双帘无级复合特级防火卷帘；

② 同时作用系统为室内、外消火栓系统、雨淋灭火系统、冷却水幕系统；

③ 按同时作用的室内消火栓系统、雨淋灭火系统、冷却水幕系统贮存水量。

（三）消火栓系统

1. 室外消火栓系统

室外消防系统为低压系统。室外消防用水由市政管道直接供给，从红线内环状供水管网上接出若干个室外地下式消火栓，沿本项目周边布置，为确保消火栓保护半径150m，间距120m，在内街适当增设室外消火栓，供消防车取水，对本建筑全方位保护。

2. 室内消火栓系统

室内消火栓系统采用临时高压制系统，本项目按一次火灾考虑。消防水池和加压泵设于会议中心的西侧

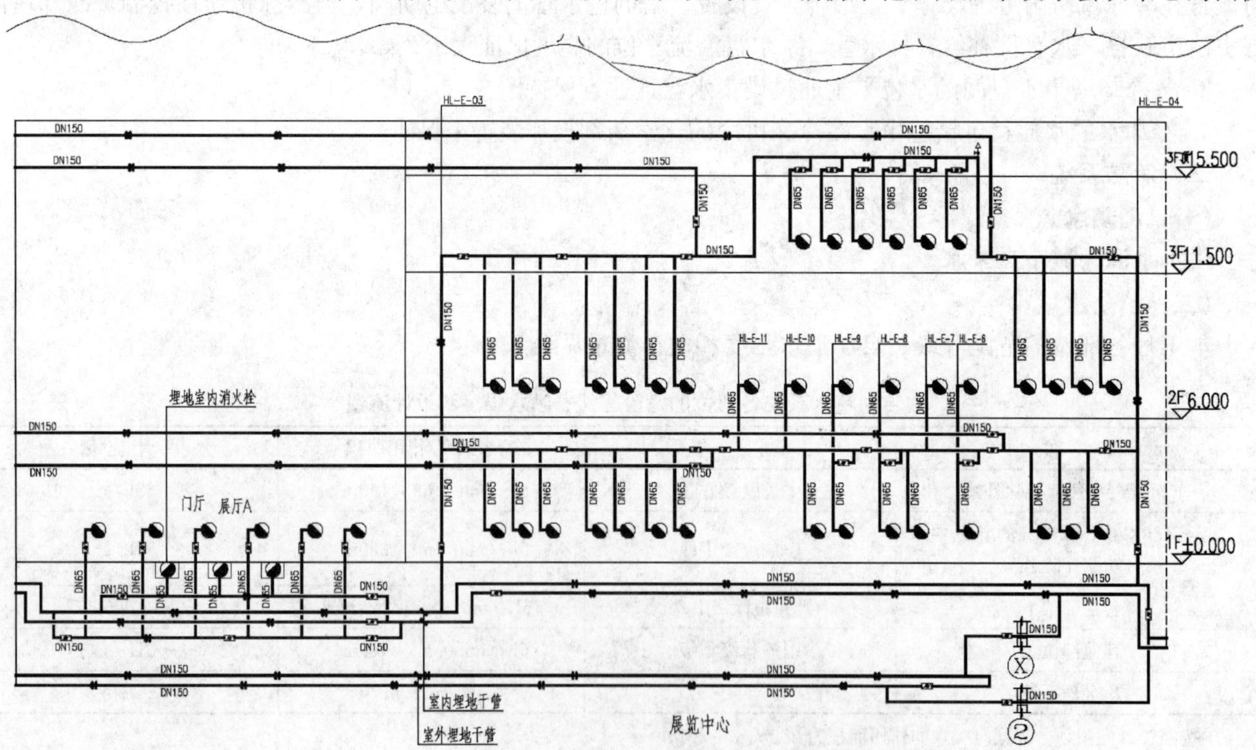

图4 消火栓系统局部示意

3 号地下层，消防水池容积为室内消火栓、雨淋灭火系统、冷却水幕系统用水量之和（893m³），由一组消火栓加压泵（Q=0～30L/s，H=60m）提供给本建筑室内消火栓系统水量和压力。系统平时压力由设于会议中心最高部位（21.10m 标高层）36m³ 的高位消防水箱和增压稳压装置维持。消火栓系统局部示意见图 4。

3. 消火栓：室内各层各部位均设消火栓保护。室内消火栓设在明显和易于取用处，为保证同层任何一点均有两股水柱同时达到，展厅适当设置埋地式消火栓，见图 5。

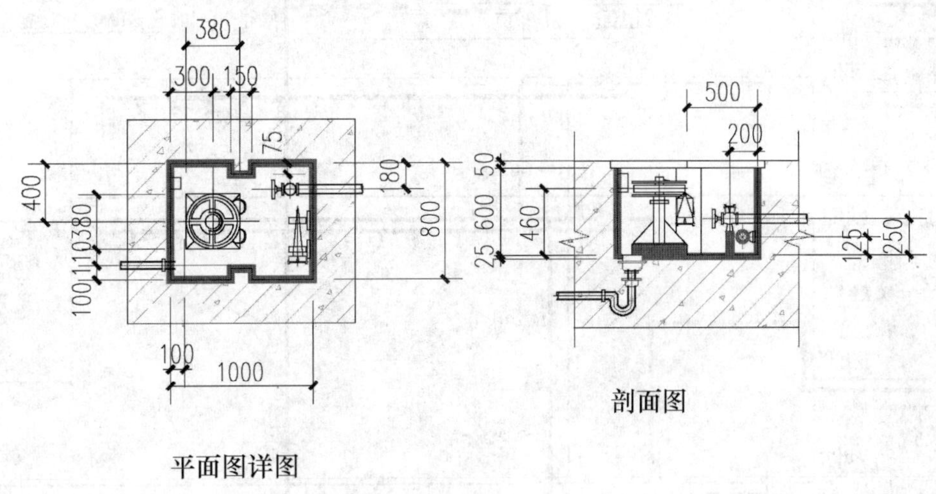

图 5　埋地式消火栓

4. 室内消火栓系统共设两套地上式消防水泵接合器，分设在东西两处，并在其附近设室外消火栓，供消防车向室内消火栓系统补水用。

5. 管材：采用消防用内外涂环氧复合钢管。

（四）自动喷水灭火系统

1. 设置部位：除卫生间、机房、台仓、耳光室、声控室、大于 12m 高的空间和 2000 座多功能厅（设有大空间自动扫描灭火系统或水炮灭火系统）及不能用水扑救的场所外，其余均设有自动喷淋头保护。下列部位作如下处理：

（1）所有防火卷帘采用耐火时间≥3h（以背火面判定）的复合式防火卷帘，因此在其两侧不设喷头保护。

（2）观众厅和主舞台上空金属网架刷防火涂料，要求耐火等级达到 3h，因此不设喷头保护。

（3）净空高度大于 800mm 的吊顶内和设备夹层内没有可燃物（电线、电缆均有钢套管，保温材料为阻燃材料），其间不设喷头保护。

（4）自动扶梯下设喷头保护。

2. 自动喷水系统分类

各部位均为湿式系统。

3. 自动喷水系统为临时高压系统。消防水池和加压泵设在会议中心的西侧 3 号地下层，消防水池容积为室内消火栓、雨淋灭火系统、冷却水幕系统用水量之和（893m³）。由一组自动喷水系统加压泵（Q=40L/s，H=90m）提供给本建筑消防水量和压力。系统竖向不分区，为一个压力供水区，系统平时压力由设于会议中心最高部位（21.10m 标高层）36m³ 的高位水箱和增压稳压装置（与雨淋、水幕系统合用）维持。消防时，由加压泵加压供水。本工程共设湿式报警阀 10 套，分别设置在会议中心和展览中心一层报警阀间内和 3

个地下室内。自动喷水系统局部示意见图 6。

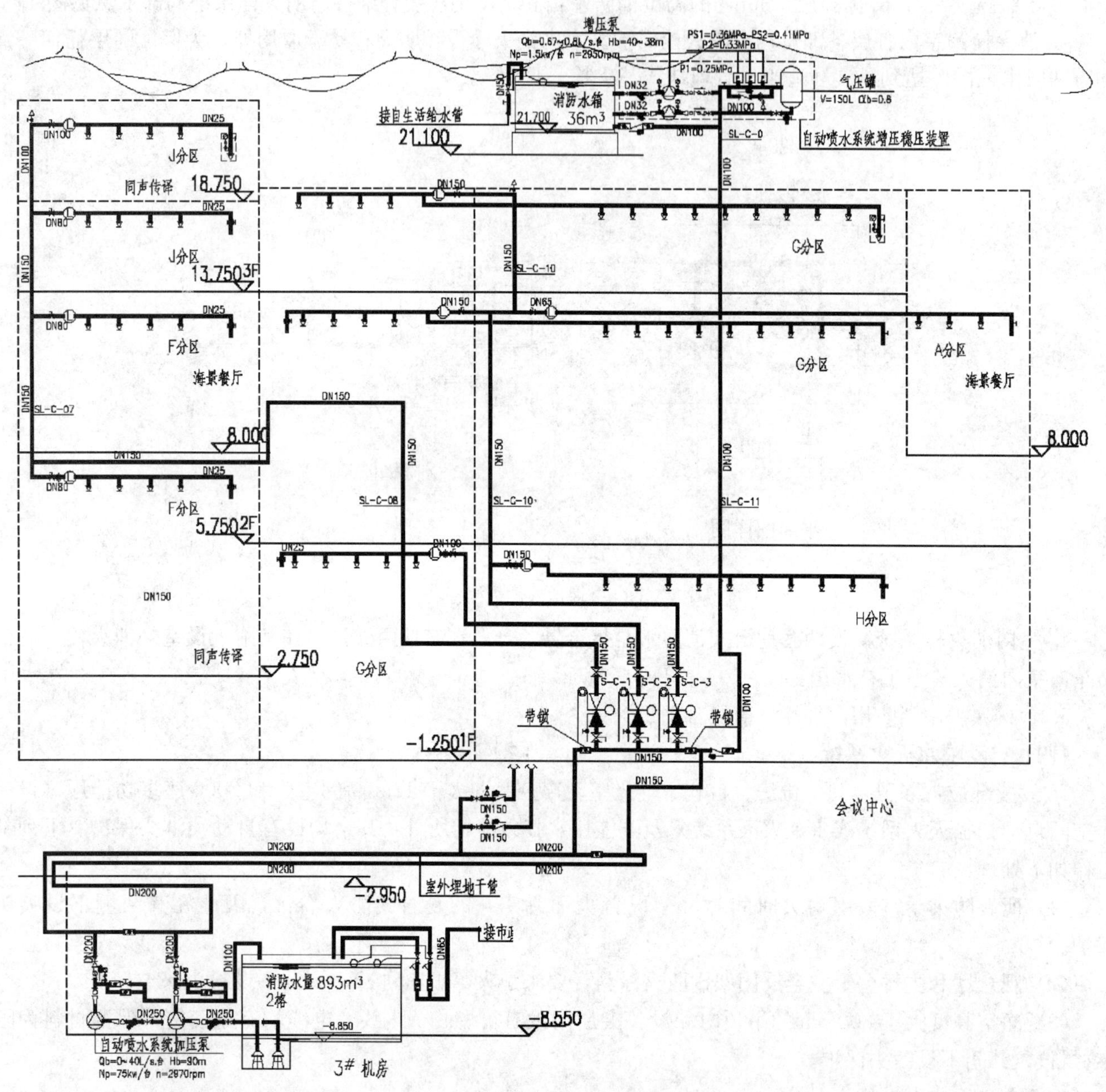

图 6 自动喷水系统局部示意

4. 本系统共设三套地上式消防水泵接合器，分设在东西两处，并在其附近设室外消火栓。供消防车向室内自动喷水系统补水用。

5. 管材：采用消防用内外涂环氧复合钢管。

（五）雨淋灭火系统

1. 设置部位：剧场主舞台葡萄架下按严重危险级Ⅱ级设雨淋灭火系统。

2. 设计参数：设计喷水强度 16L/(m^2·min)；同时喷水面积 282m^2；火灾延续时间 1h；喷头工作压力：0.10MPa；设计流量：100L/s。

3. 供水系统：为保证及时扑灭舞台火灾，结合舞台的实际特点，采用空气采样探头自动控制雨淋系统，主舞台分 4 个保护区，每个保护区的面积为 212.5m^2，每个保护区设一个雨淋阀，共设有 4 套雨淋报警阀，与该保护区内的红外探头相对应，同时喷水的区域面积为 280m^2，确保及时扑灭舞台火灾。雨淋报警阀设置在舞台附近，确保阀后管道的充水时间不大于 2min。

4. 雨淋喷水系统共设三台泵，两用一备，互备自投，定期低频巡检。位于会议中心的西侧 3 号地下层消防泵房内，消防中心和消防泵房均可手动开启雨淋喷水泵。

5. 喷头型式：喷头选用大口径开式喷头：$K=115$。

6. 雨淋系统设七套地下式消防水泵接合器。自带止回阀和安全阀。

7. 管材：采用消防用内外涂环氧复合钢管。

（六）冷却防护水幕系统

1. 设置部位：主舞台台口与观众厅间设有钢质防火幕。防火幕内侧设冷却防火水幕系统。

2. 设计参数：设计喷水强度 1L/(s·m)；作用长度 20m；火灾延续时间 3h；喷头工作压力 0.10MPa；设计流量 20L/s。

3. 系统采用临时高压给水系统。消防水泵房设两台水幕系统加压泵，一用一备，互备自投，定期低频巡检。平时由增压稳压设备（与自动喷水系统合用）保证报警阀前的水压。

4. 喷头：水幕喷水系统采用水幕喷头，喷头流量系数 $k=61.5$。

5. 水泵接合器：水幕喷水系统共设 *DN*100 地下式消防水泵接合器两套，自带止回阀和安全阀。

（七）固定消防水炮灭火系统

1. 设置部位：大于 8m 高的展厅。

2. 系统设计参数：每门水炮 20L/s，射程 50m，炮口工作压力 0.8MPa。同时 2 门水炮动作，设计流量 40L/s，作用时间 1h。

3. 消防炮参数：自动消防炮最大射程 50m，水平旋转角度 180°，竖向旋转角度－85°～＋60°，炮口入口压力 0.8MPa，流量 20L/s。

4. 管道系统：自动消防炮和自动扫描装置灭火系统为同一管道系统，供水干管环状设置。平时，由设置在消防泵房内的增压稳压装置保证系统压力。消防时，由设在消防泵房内的消防水炮系统加压泵加压供水灭火。

5. 系统末端设模拟末端试水装置。

（八）大空间自动扫描灭火装置系统

1. 设置部位：侧台、2000 座多功能厅、1800 座剧场观众厅、700 座国际会议厅及除门厅以外的大于 12m 高的空间。

2. 系统设计参数：每个装置 5～10L/s，最大保护区域同时作用 4 个装置，炮口工作压力 0.6MPa，设计流量 20～40L/s，作用时间 1h。

3. 装置设计参数：标准流量：5～10L/s，炮口标准工作压力：0.60MPa，最大安装高度：8～35m，接管管径 *DN*25，自动扫描微型消防炮保护半径 32～35m，水平旋转角度 360°，竖向旋转角度－90°～15°。

4. 系统型式：与固定消防炮系统合用一套供水系统，每个防火分区单独设置水流指示器和模拟末端试水装置。管道系统平时由消防泵房内的增压稳压装置稳压。

大空间自动扫描灭火系统示意见图 7。

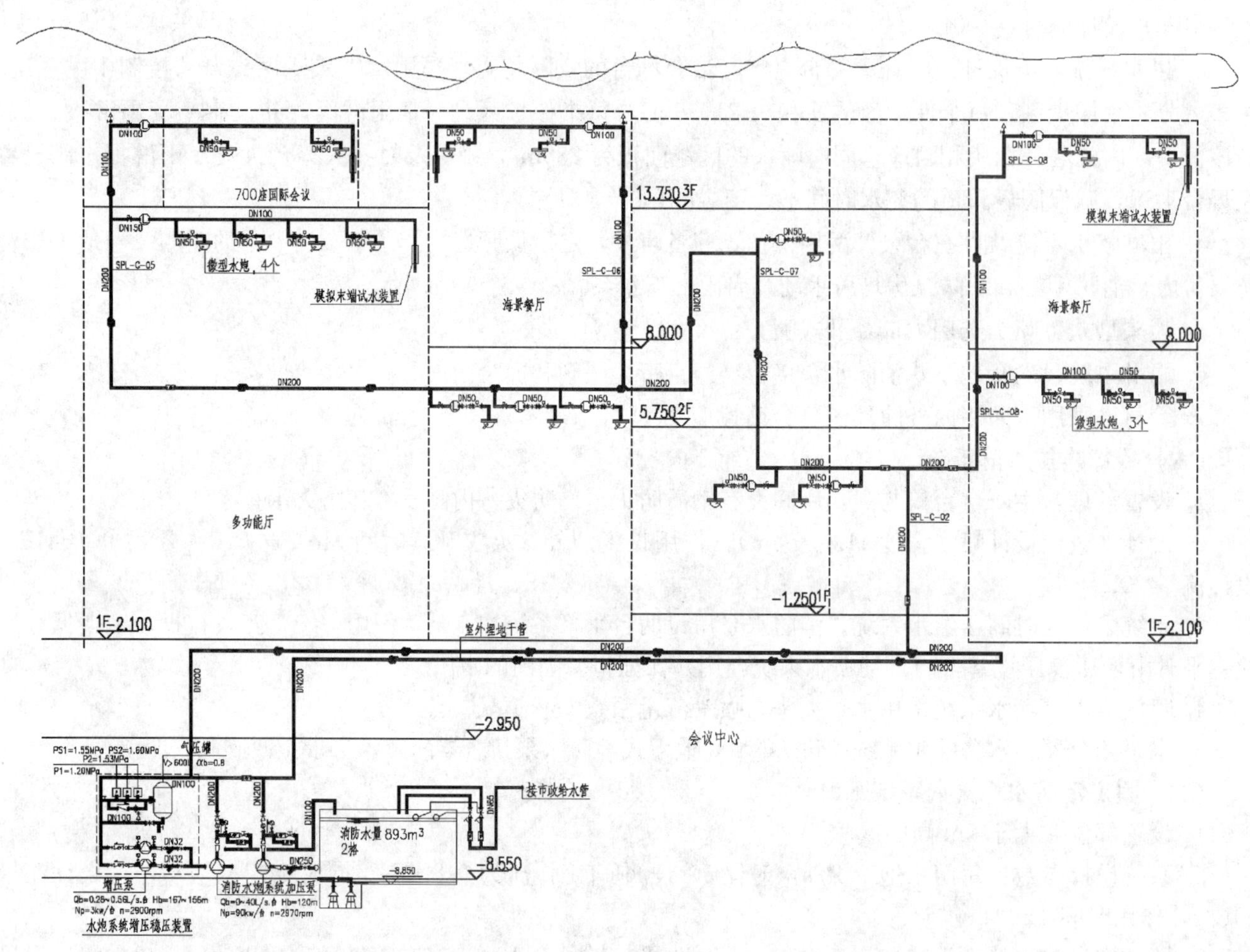

图 7　大空间自动扫描灭火系统示意

（九）气体灭火系统

1. 设置部位：地下一层变配电所及柴油发电机房，设气体灭火系统。

2. 采用S型热气溶胶预制灭火装置，壁挂式气溶胶灭火装置安装高度为距地3.0m。

三、工程特点和设计体会

海南国际会展中心项目在满足功能使用的前提下，充分体现了热带滨海省会城市的特色，注重环保、节能等特色，注重新技术、新材料的创新与应用，注重抗风、抗震及消防安全等。会展中心充分结合建筑外部造型，具有独创性和标志性，有创意，有特色，充分考虑沿海建筑景观，从外观看十分具有现代大型建筑物特色。该项目是向世界展示我国的技术、文化乃至管理水平的窗口，无论是在给排水设计技术上还是项目管理模式上，都体现了良好的团队协作水平，也给我们带来了全新的认识。

大型展览建筑在展览期和非展览期的利用和功能会有很大区别。在设计中，如何既要满足展会的要求，又要考虑展后利用的要求，是设计思路上的一大突破。

施工图设计内容还包括设备、材料的定位、选用，系统的控制等，最终的成果是要满足设备材料的采购、非标设备制作和施工安装深度的要求。

四、工程照片及附图

消防水炮

埋地式消火栓

水力警铃

报警阀组

冷却塔

排水沟雨水斗

消防泵房

屋顶消防水箱间

微型水炮

水泵接合器

冷却水幕喷头

室外工程

会展效果

雨水连接管

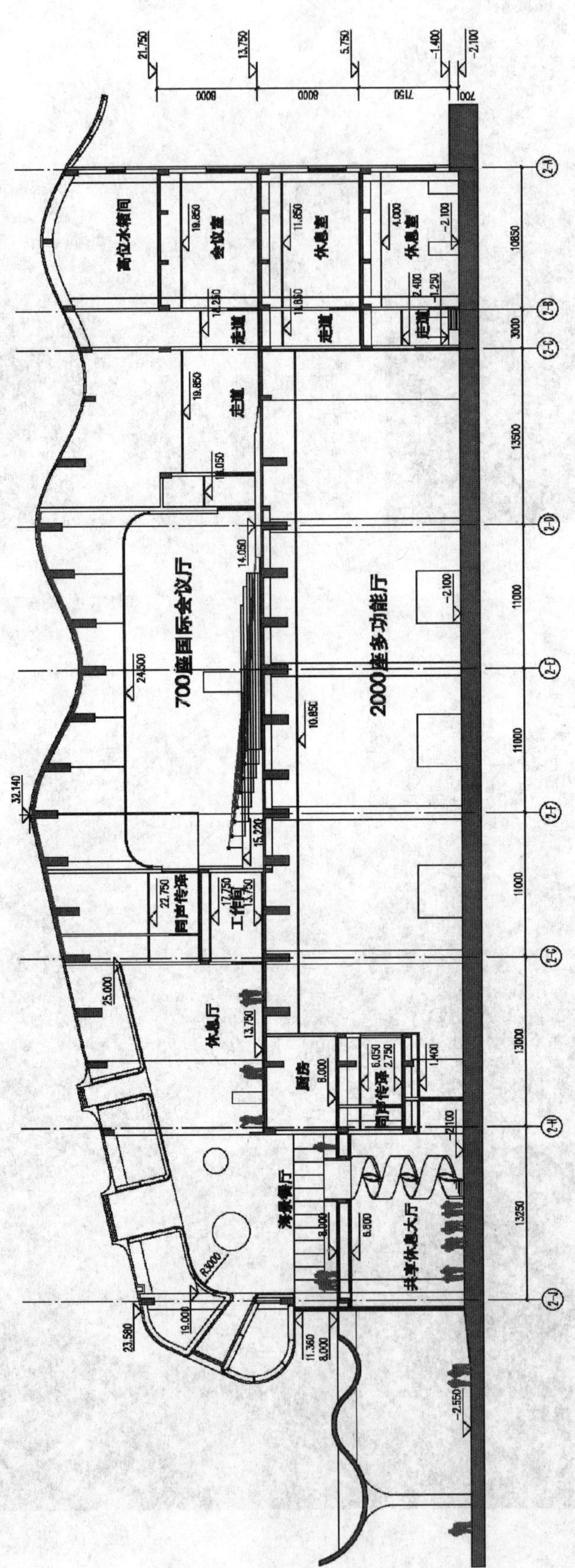

700座国际会议厅
2000座多功能厅
高位水箱间
会议室
休息室
走道
同声传译
工作间
休息厅
厨房
共享休息大厅

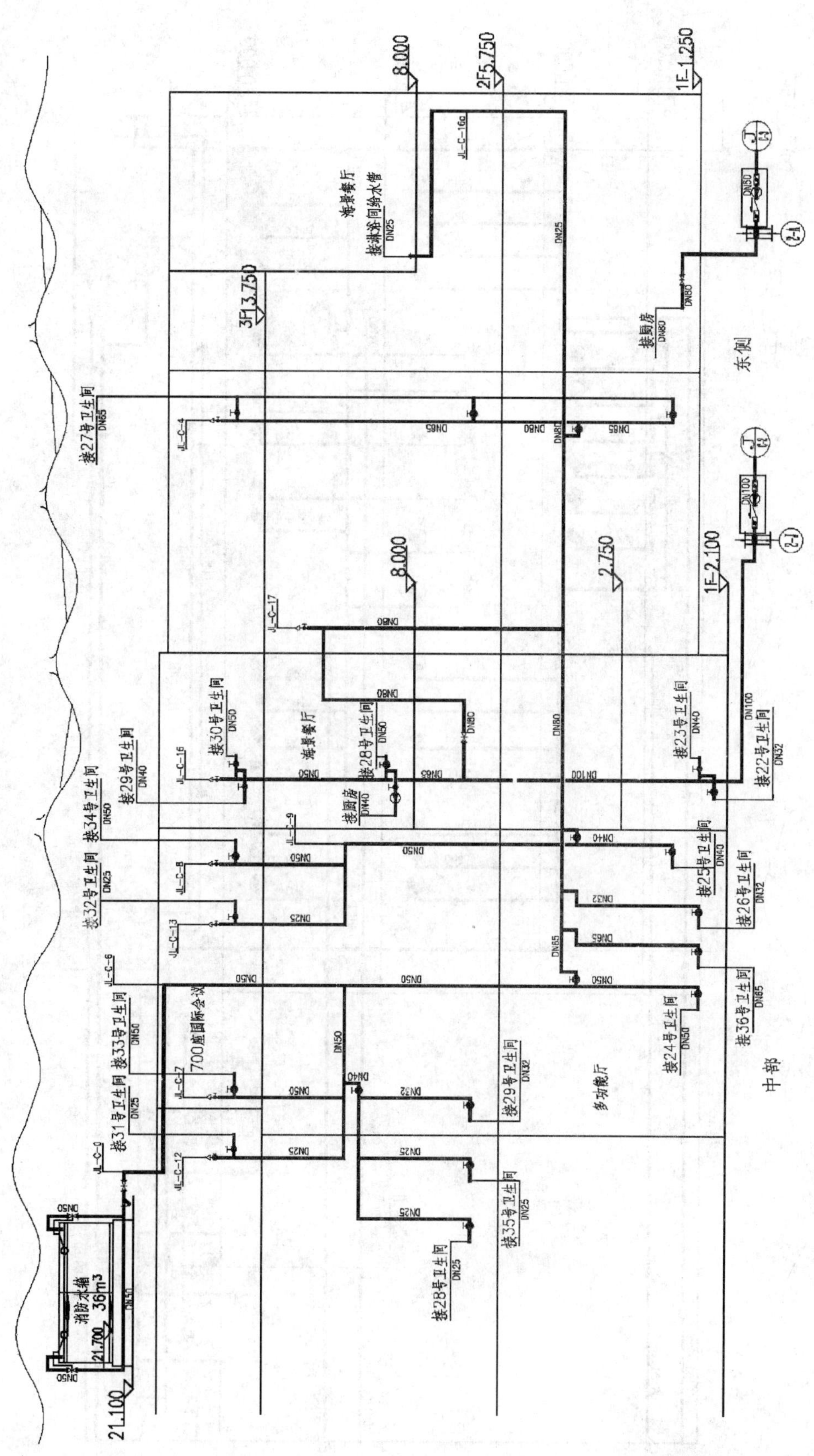

消防水箱 36m3
21.100
21.700
8.000
2F5.750
1F-1.250
3F13.750
2.750
1F-2.100
海景餐厅
接消防间给水管
多功能厅
700座国际会议
东侧
中部
接厨房

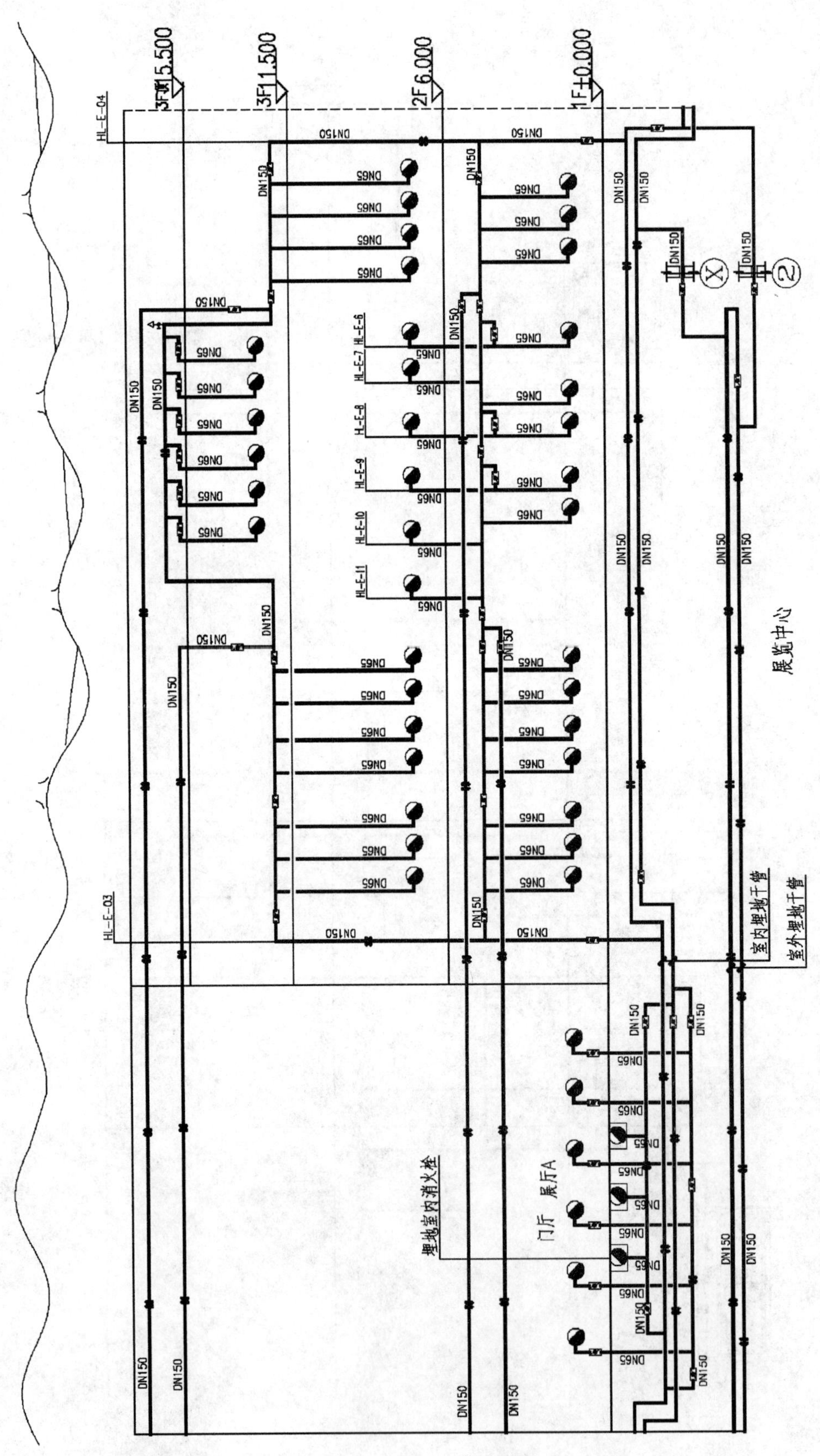
15.500
3F 11.500
2F 6.000
1F ±0.000
HL-E-04
HL-E-03
HL-E-6
HL-E-7
HL-E-8
HL-E-9
HL-E-10
HL-E-11
DN150
DN65
展览中心
室内埋地干管
室外埋地干管
埋地室内消火栓
门厅 展厅A

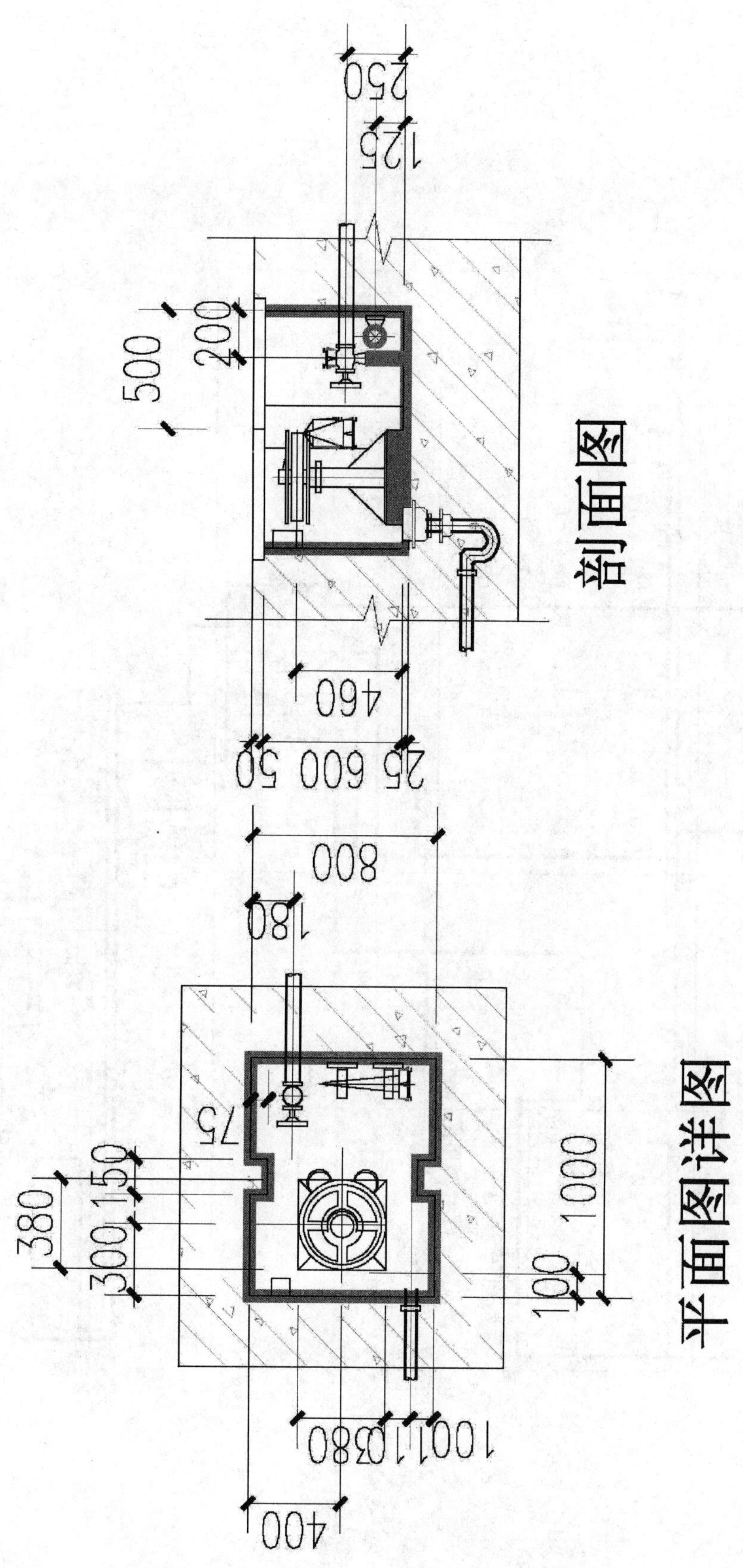
剖面图
平面图详图
250
125
500
200
460
25 600 50
800
180
75
380
300
150
1000
100
100 100 380
400

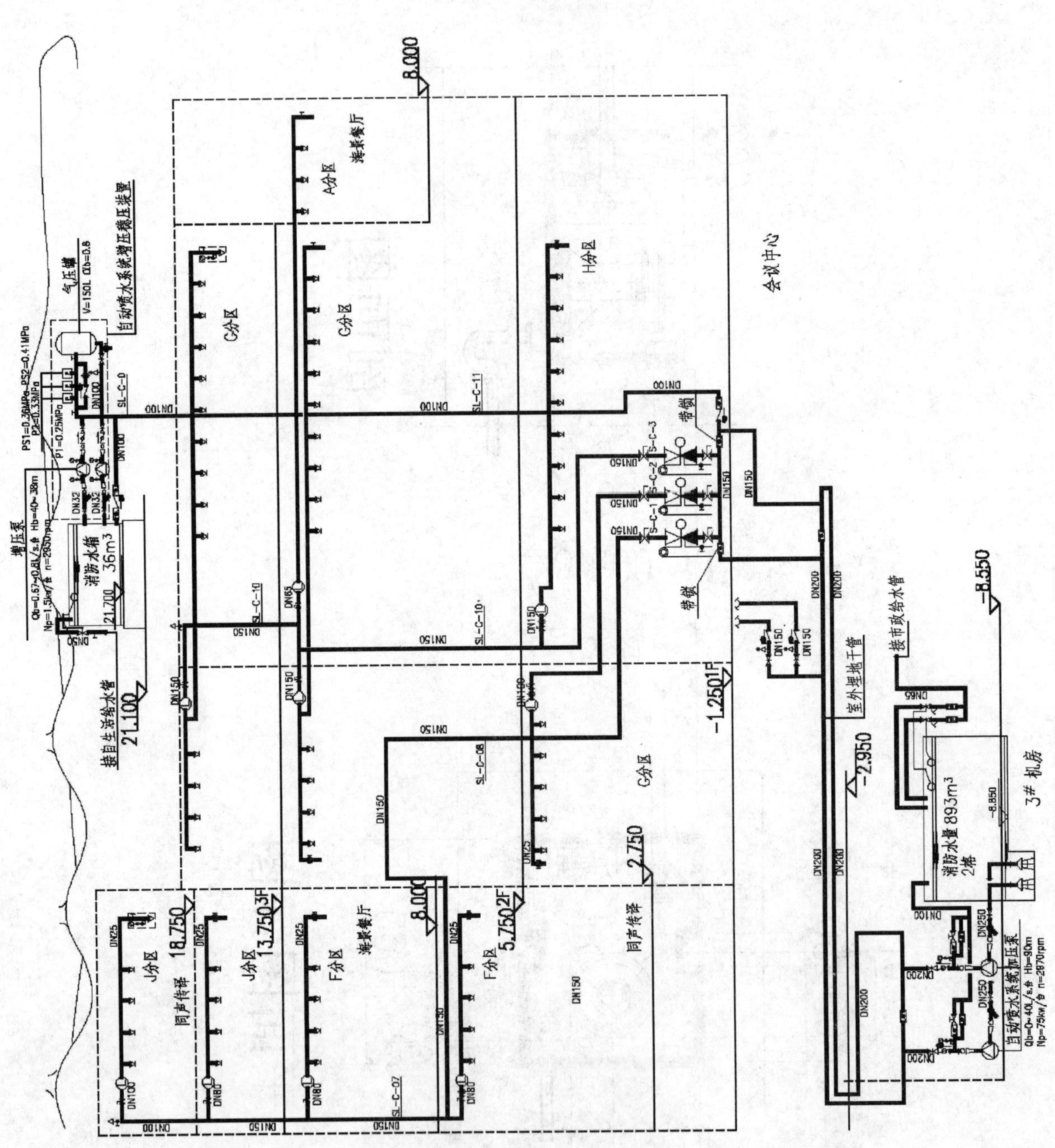

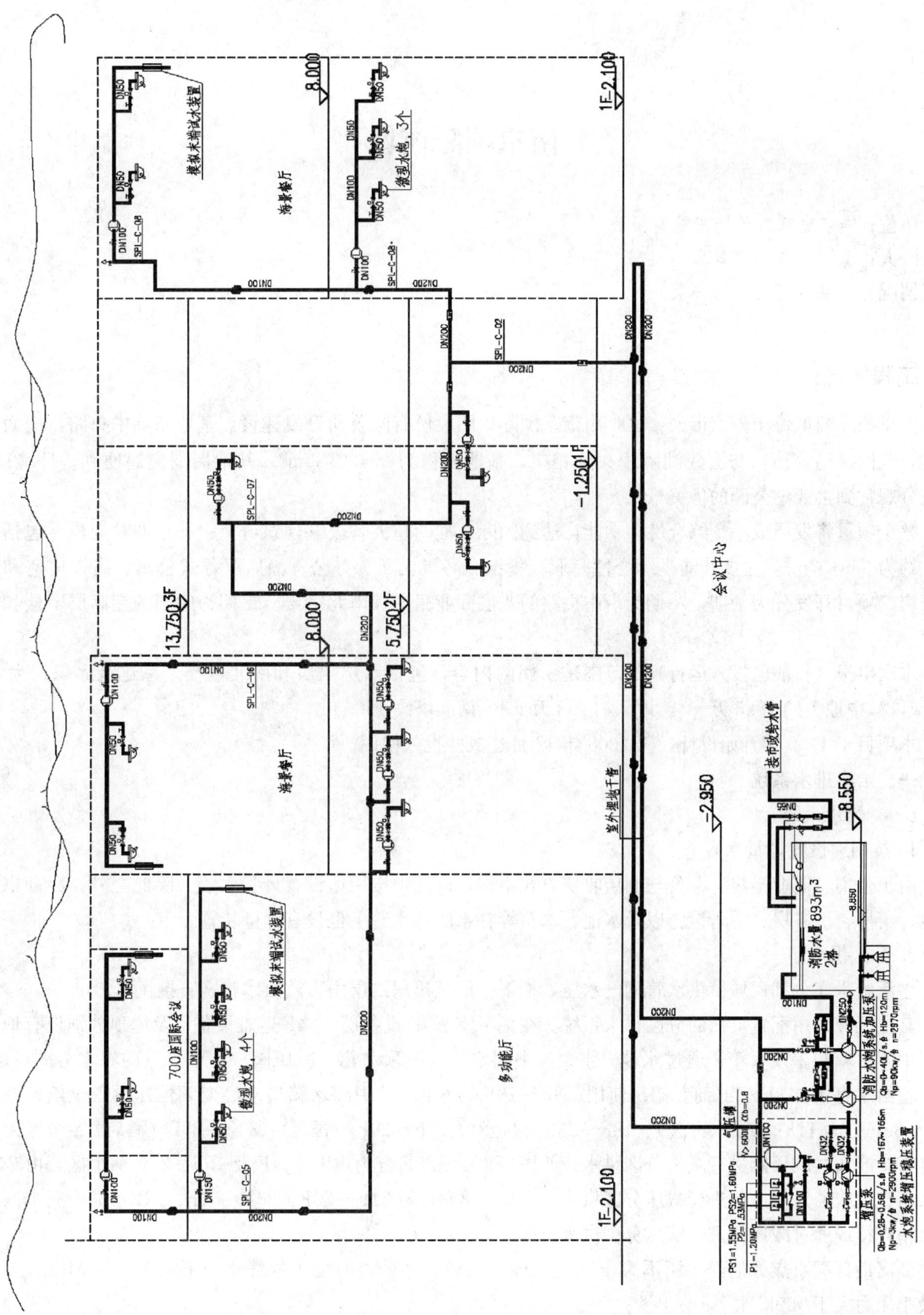
海景餐厅
模拟末端试水装置
像现水炮 3个
会议中心
海景餐厅
700座国际会议
模拟末端试水装置
像现水炮 4个
多功能厅
室外埋地干管
接市政给水管
消防水量 893m3
2格
13.750 3F
8.000
5.750 2F
-1.250 1F
1F-2.100
-2.950
-8.550

南京国际商城

设计单位： 华东建筑设计研究院有限公司
设 计 人： 徐琴　李云贺等
获奖情况： 公共建筑类　三等奖

工程概况：

南京国际商城位于南京市鼓楼区，由南京国际集团股份有限公司开发建设。基地东临中央路，南面是童家巷，北面靠马家街，与玄武湖隔中央路相望，基地面积为 35422.39m^2。基地周围交通便利，环境优越，能充分观赏到玄武湖公园的优美景致。

整个项目将发展成一个综合性多功能，达到国际水准的超大型公共建筑群，一、二期总规模（包括地下室）约为 359107m^2，主要功能是综合性商业、餐饮、高级会所、办公、酒店服务式公寓、高档住宅和五星级酒店。项目开发分为两期，一期为沿中央路的八层商业裙房和南北塔楼。二期为中间的超高层塔楼和附属裙房。

本次申报（目前已投入运行）的范围是一期的内容，包括八层裙房和南北塔楼。总建筑面积约为 22.8 万 m^2，其中地上约 18.5 万 m^2，地下约 4.3 万 m^2。南北塔高 150.3m。

本项目于 1999 年开始设计，于 2008 年 12 月建成并投入使用。

一、给水排水系统

（一）给水系统

1. 按用途设置计量水表

由于公寓、商业裙房、办公与酒店收费方式不同，设计中按用途设置计量水表。除此之外，冷却塔、游泳池、厨房、洗衣房、游乐设施以及水池、水箱等补水的补水管上也设有计量装置。

2. 分区供水

生活给水充分利用城镇供水管网的水压，地下二层至裙房二层由市政给水管网直接供水。

其他区域采用配置灵活的分区供水系统。在地下室、9F 设备层、24F 避难设备层及屋顶分别设有地下水池、中间水箱和屋顶水箱，通过水池—水泵—中间水箱—屋顶水箱—减压阀—各用水点的供水方式。9F 中间水箱给水直接供 3F～7F 商业裙房使用；8F～10F 给水由 9F 中间水箱出水经变频恒压设备供给；南塔楼 11F～35F 分为 11F～17F（办公）、18F～23F（办公）、25F～29F（酒店）、30F～35F（酒店）4 个区由屋顶水箱直接或通过减压阀进行减压分区供水；北塔楼 12F～20F 分为 12F～14F 及 15F～20F 两个区，由 24F 中间水箱直接或通过减压阀进行减压分区供水，21F～38F 分为 21F～25F、26F～31F、32F～38F 三个区由屋顶水箱直接或通过减压阀进行减压分区供水。

公寓最低配水点处的静水压不大于 0.35MPa，酒店、办公、商场等处静水压不大于 0.45MPa。每个分区最小压力大于 100kPa。

（二）热水系统

南塔楼及裙房设集中热水供应系统。热水分区压力与冷水相同，热水采用上行下给式。设机械循环系统补充热水管道的热损失，裙房的热交换器设在地下一层，办公及酒店的分别设于 9F 和 24F，由相对应冷水系统的冷水经容积式热交换器加热后供本区使用。用水点处冷、热水供水压力差在 0.02MPa 以内，设有热水循环泵、导流三通和温控阀，保证了热水和回水干、立管循环，在热水支管上设有自控电伴热措施。保证了客房热水龙头打开，5s 内热水即可流出，选用节水节能型的器具与水龙头。

（三）冷却水系统

在本项目空调系统采用水环热泵系统，水环热泵系统以冷却塔和锅炉为冷热源，采用循环流动于公共管路中的水为冷（热）媒，室内循环空气与热交换器能量转移后，送入所需空调房间。采用水作为冷却和加热介质，故机组的能效比风冷机组高，节省运行费用，属于用户冷却水，完全不同于常规的冷却循环水系统，是用户舒适性成败的关键。给水排水设计中系统考虑了系统的补水、定压和膨胀问题、采取了绝热、防冻、防超压和减振降噪措施，并设有自动控制和节能监控措施，可以根据实际负荷变化自动调节冷却塔和循环水泵运转，体现了对科技、环保和可持续发展理念的追求。

二、消防系统

本项目为一期工程，消防与二期单独设置，但室外消防给水管网共用。本项目中南、北塔高 150.3m。根据当地消防主管部门的消防批复，采用双出口消防水泵分区供水。

（一）消防水量

室外消火栓 30L/s；室内消火栓 40L/s；自动喷灭火系统 30L/s。

（二）水源

从 2 路市政管网分别引一根 *DN*300 给水管与整个基地室外给水环网相连。消防水池设于地下一层，有效消防贮水量 850m^3，并在室外设有消防车取水口与消防水池相连，消防取水口能够满足消防车吸水高度的要求。

（三）室外消火栓

室外消防管网环状布置，与两根城市给水管网连接，在室外适当位置及水泵接合器附近，设地上式三出水室外消火栓。室外三出口消火栓间距小于或等于 120m，在水泵接合器 40m 范围以内设有三出口地上式室外消火栓。

（四）室内消火栓

室外消火栓竖向按静压力不大于 800kPa，分成三个区。在地下一层水泵房内设一套双出口消防泵组，采用两种水泵扬程分别为商业裙房和南北塔楼提供消防用水。消防泵从地下一层消防水池中抽水。在南北塔楼屋顶水箱和九层中间水箱分别贮有 18m^3 消防水量，并有保证该水量不被他用的可靠措施。在商业裙房屋面、南塔楼屋面和北塔楼屋面设自动消防稳压设备。室内每层消防电梯前室及楼梯附近设消火栓，且电梯前室的消火栓不计入楼层消火栓的数量内。在室外分别设高区及低区水泵接合器各三套，供城市消防车向大楼消防管网供水。

（五）自动喷水灭火系统

本大楼建筑高度超过 100m，因此按全保护设计，除面积小于 5m^2 的卫生间和不宜用水扑救的部位外，均设自动喷淋灭火系统。自动喷淋灭火系统与消火栓系统一样，在地下一层水泵房内设一套双出口喷淋泵组，采用两种水泵扬程，每套喷淋泵组分别为商业裙房和南北塔楼提供喷淋用水。喷淋泵从地下一层消防水池中抽水，在商业裙房屋面、南塔楼屋面和北塔楼屋面设自动消防稳压设备。每只水力报警阀控制≤800 只，除 24 层避难层为干式系统外，其余均为湿式系统，喷头一般为 68℃玻璃球型，厨房为 93℃玻璃球型，地下一层车库汽车进口附近等处采用易熔金属型（68℃）。地下车库除在楼板下设喷头外，还在停车的托板位置设置喷头。每层各设带监控阀的水流指示器及试验排水装置，所有控制信号均传送至消防中心。室外设高区及低区水泵接合器各两套，分别接至高低区管网，供城市消防车向大楼喷淋管网供水。

（六）特殊灭火系统

燃油锅炉房及柴油发电机房、油泵间设烟烙烬气体灭火系统。

三、工程照片及附图

2011

总平面图 Site Plan

效果图 Rendering

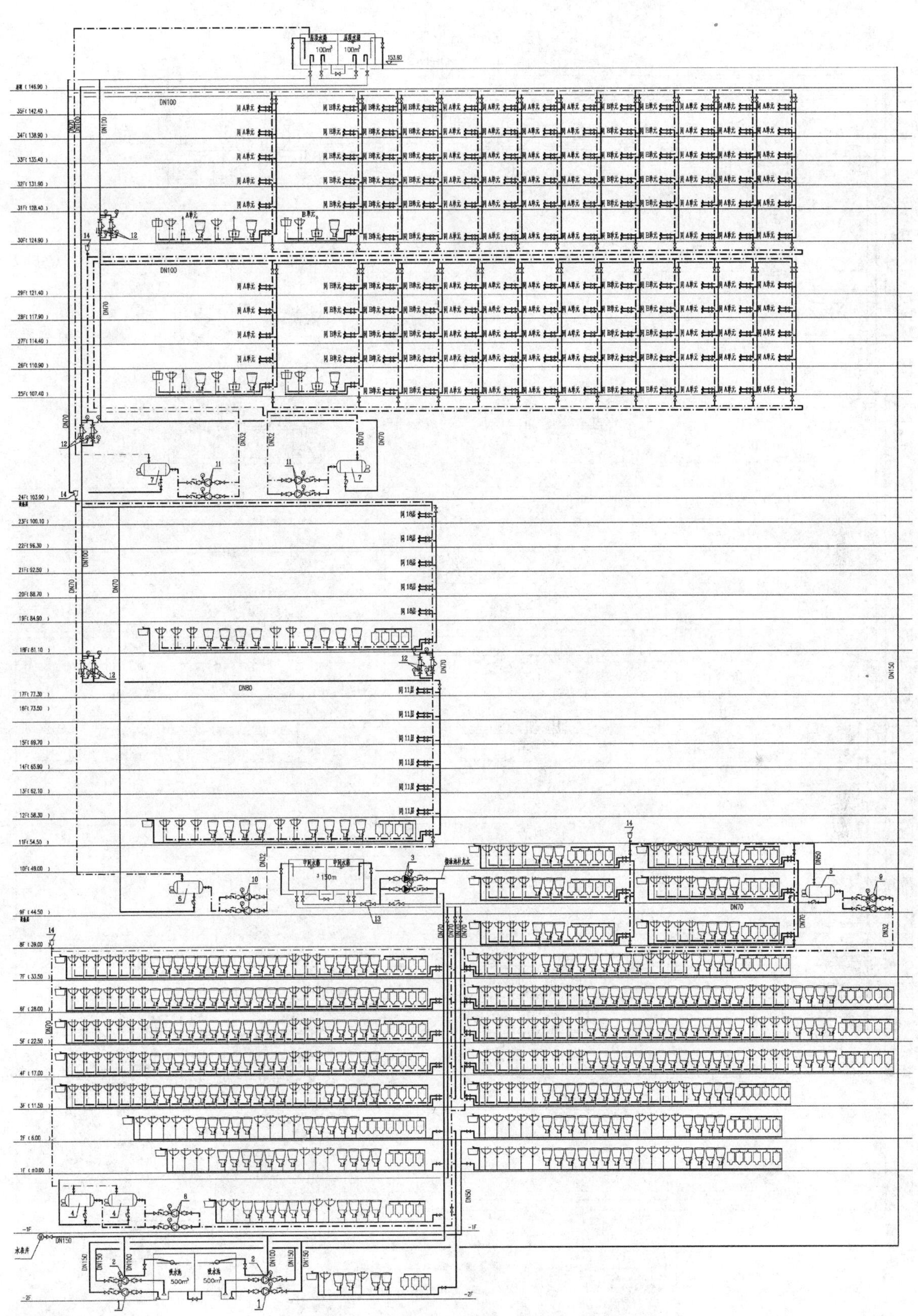

裙房和南塔给水系统

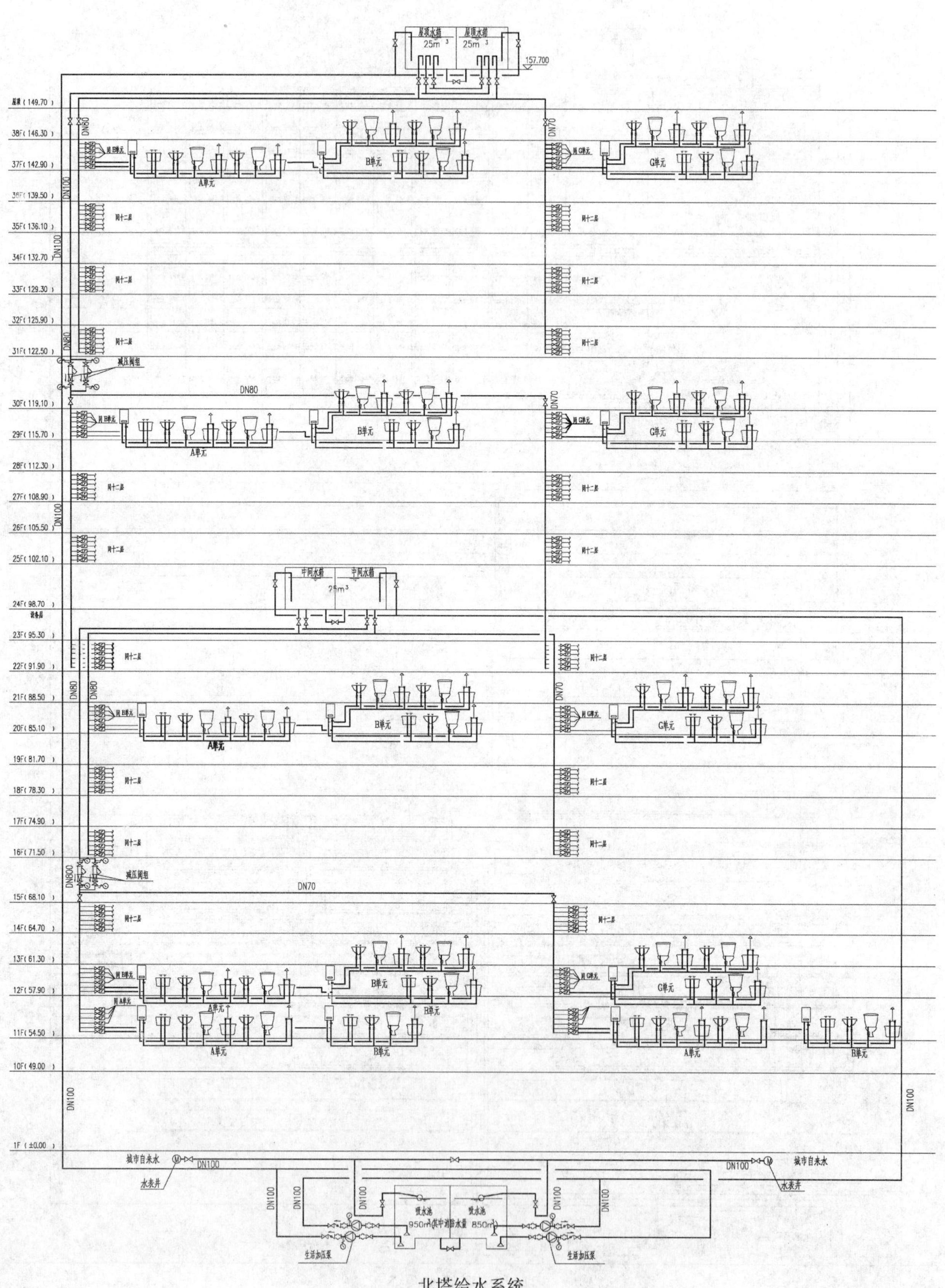
屋顶水箱
25m³
屋顶水箱
25m³
157.700
屋面（149.70）
38F（146.30）
37F（142.90）
36F（139.50）
35F（136.10）
34F（132.70）
33F（129.30）
32F（125.90）
31F（122.50）
30F（119.10）
29F（115.70）
28F（112.30）
27F（108.90）
26F（105.50）
25F（102.10）
24F（98.70）
设备层
23F（95.30）
22F（91.90）
21F（88.50）
20F（85.10）
19F（81.70）
18F（78.30）
17F（74.90）
16F（71.50）
15F（68.10）
14F（64.70）
13F（61.30）
12F（57.90）
11F（54.50）
10F（49.00）
1F（±0.00）
DN80
DN100
DN70
DN100
减压阀组
A单元
B单元
G单元
中间水箱
中间水箱
25m³
城市自来水
水表井
生活加压泵
贮水池
950m³(其中消防水量 850m³)

北塔给水系统

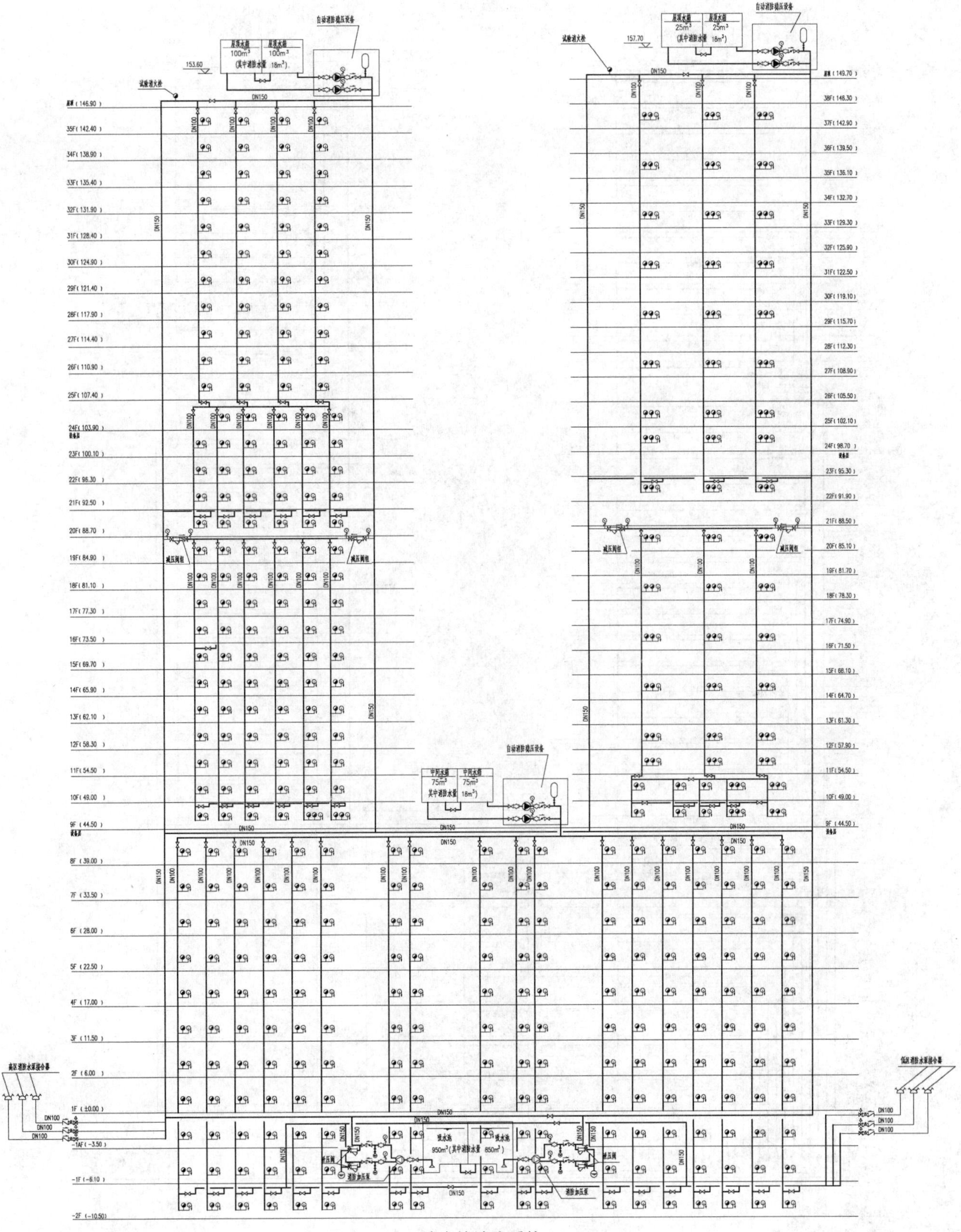

消火栓消防系统

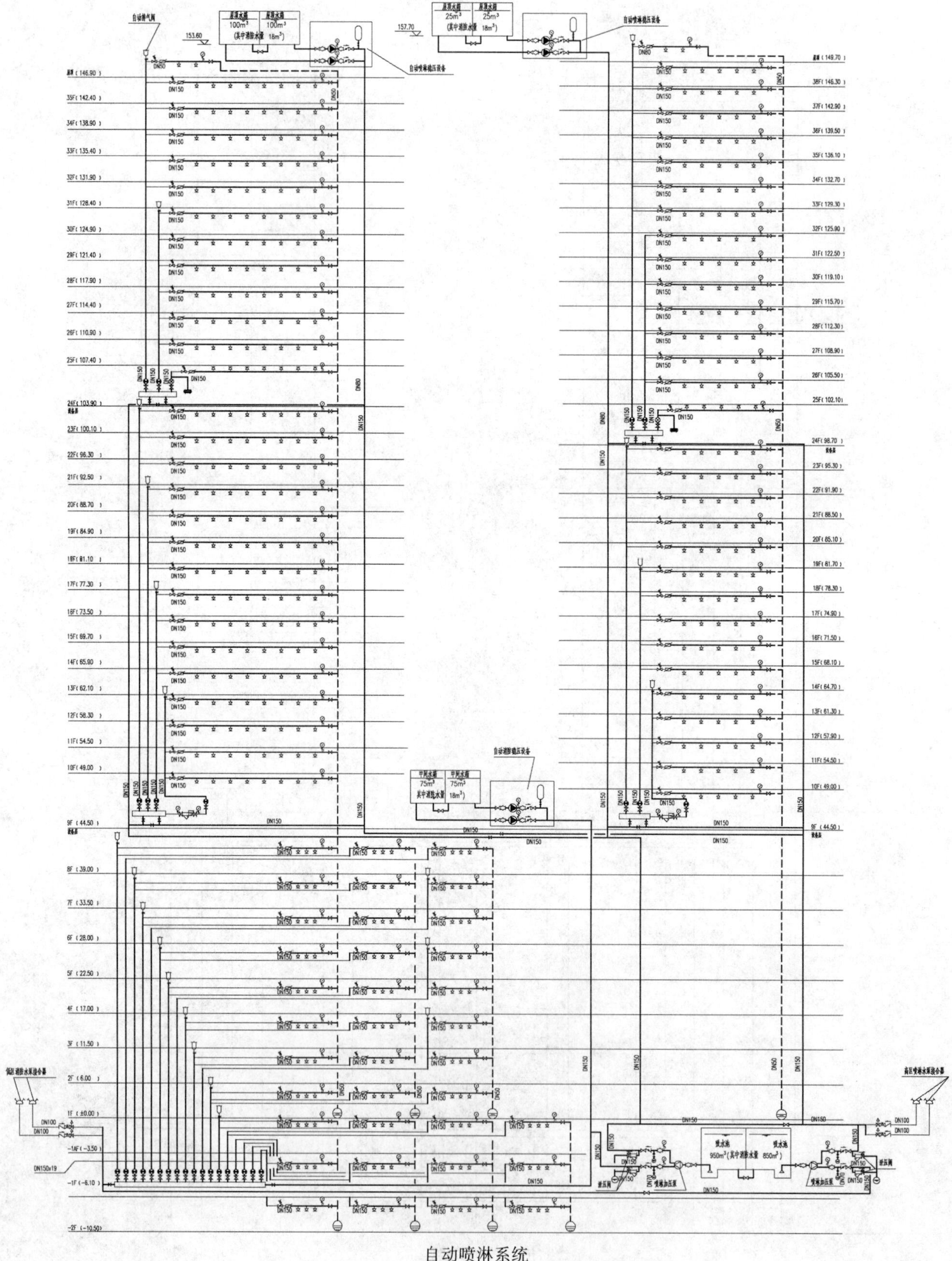

自动喷淋系统

世博沪上生态家

设计单位：华东建筑设计研究院有限公司
设 计 人：张亚峰　冯旭东　王珏　陈立宏　张伯仑
获奖情况：公共建筑类　三等奖

工程概况：

位于浦西E片区城市最佳实践区北部地块的沪上生态家，建造的目标是国内绿色运行三星建筑。然而，其设计上的定位远不止如此，作为上海案例馆，沪上生态家旨在结合上海夏热冬冷且人口密度较大的特征，综合考虑地域气候特点和经济发展水平等因素，建设一个既能满足人们需求，又能和自然和谐共处的生态建筑。与传统的建筑相比，沪上生态家将更亲近自然，更容易与自然融为一体，和谐共处。

沪上生态家给水排水系统设计在满足常规功能需求的前提下，结合建筑物周边可用的三大自然要素：阳光、雨水、绿色植物，设置了符合绿色建筑要求且具有生态化导向的给水排水系统。设计工况下：建筑内45%的年生活用热水耗热量由太阳能提供；非传统水源利用率达到44.87%；除了窗户外，整栋建筑几乎被绿色植物包围，有平面的、立面的，绿化总面积达到596m^2，而绿化浇洒耗水量却只有传统浇洒方式的25%，且浇洒用水大部分来自收集回用的雨水。

一、给水排水系统

沪上生态家的给水排水系统可分为三大类：传统给水排水系统，绿色给水排水系统，生态化的给水排水系统。

（一）传统给水排水系统

传统给水排水系统设计为了满足建筑物常规的功能需求，主要包括：给水系统、排水系统、消防给水系统、雨水排水系统。

1. 给水系统（盥洗水 & 杂用水）

生态家给水系统采用分质、分区供水：除盥洗、沐浴等与人体直接接触的用水采用自来水外，其余便器冲洗用水、地面冲洗用水、道路冲洗用水、绿化浇洒用水、水景补充水等均采用杂用水；地下室至二层的自来水，利用管网压力直接供水；其余用水由自来水变频泵从自来水箱抽水、提升后供给各用水点。杂用水由杂用水变频泵从杂用水水箱抽水、提升后供给。

2. 排水系统

室外采用雨、污水分流系统，室内采用污、废分流系统。因地下室排水需要提升，为减少设置设备的数量，地下室卫生间采用污、废合流制。系统设主通气立管和环形通气管；为了减少地下室卫生间的给、排水量，在地下室设置了无水小便斗，无水小便斗不要供水，只有排水。

1F～4F卫生间的优质杂排水被收集后排至水处理机房，经杂排水回用处理设施处理回用；机房地漏排水、空调凝结水间接排放各自机房明沟，在满足安全用水的前提下，最终注入地下室水景池。

3. 消防给水系统

生态家室内消防系统用水来自最佳实践区的区域消防供水管，采用区域稳高压系统。室内消火栓消防用水量 15L/s，火灾延续时间 2.00h；自动喷水灭火系统设计火灾危险等级为中危险级Ⅰ级，设计喷水强度：6L/(min·m²)，作用面积 160m²；卷帘冷却水幕长约 34m，设计喷水强度：0.5L/(s·m) 设计流量 37.8L/s，持续喷水时间 1.0h。未设置屋顶消防水箱。

4. 雨水排水系统

生态家屋面雨水采用重力排水系统，设计重现期 10 年，50 年校核。为满足建筑需求，生态家屋面梁上翻，所以生态家屋面的雨水斗设置数目较多，实际排水能力较大。

（二）绿色给水排水系统

绿色给水排水系统设计的主要依据是《绿色建筑评价标准》GB/T 50378—2006（以下简称《绿标》）。生态家的绿色给水排水系统是按照《绿标》的评分规则设计，包括：雨水控制与综合利用系统，杂用水收集、处理、回用系统，太阳能光热系统，绿化微灌系统以及管网漏失监控系统。

1. 雨水控制与综合利用系统

系统的设计原则是尽量保证建造前后雨水系统的原始状态—自然循环状态。通过增加透水地面，减少由于项目建设所增加的地面径流；回收屋面雨水，直接作为地下室水景补充水，降低水景对市政自来水的消耗，达到生态、节水的目的。

生态家的室外地面大部分被水景占据，无需设置透水地面，主要的雨水来自屋面。屋面雨水经过雨水收集系统进入地下水景水池，作为水景和杂用水的补充用水。水景水池有约 72.5m³ 的调节容积，在频繁降雨的季节，根据天气预报，通过人工操作方式将水景水位控制在低位，留出一定的调蓄容积。在雨少的季节，将水位控制在高位，尽量多收集雨水；超设计重现期的雨水通过水位与阀门联合控制，及时排放市政管网（图 1)。

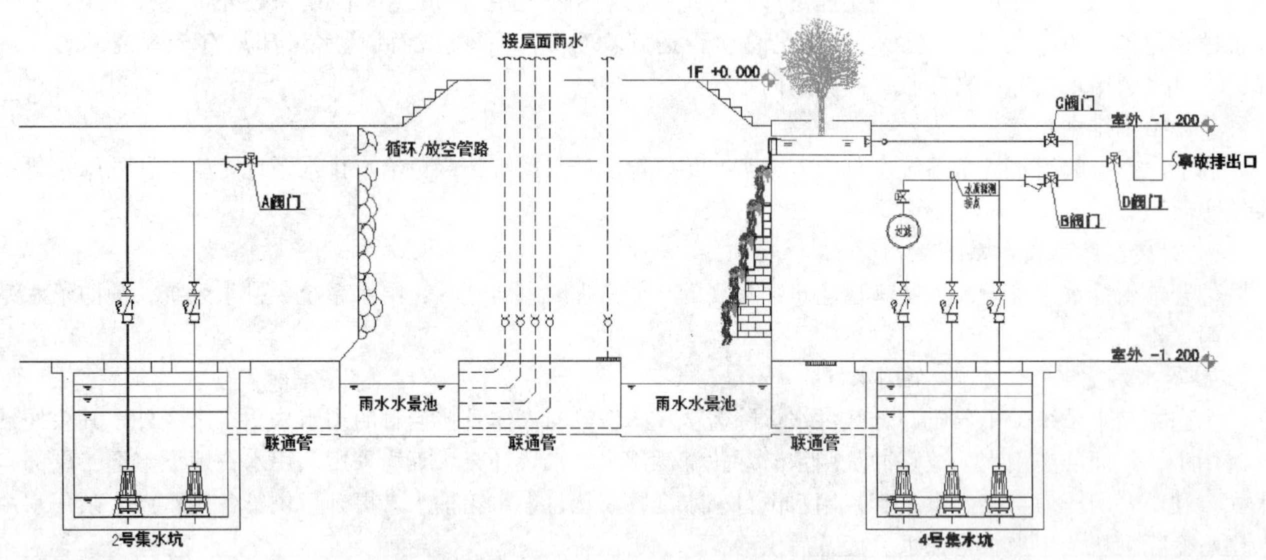

图 1　雨水控制与综合利用系统示意

为了便于评估系统的可行性，在上海科学技术委员会的资助下，生态家项目设立课题，对上海市屋面雨水的水质进行检测。根据实测资料，上海市屋面雨水的水质情况如表 1 所示。

上海地区屋面雨水水质与杂用水水质标准对比　　表 1

指　标	最低值	均值	最高值	杂用水水质标准
pH	4.20	6.21	11.40	6.0～9.0
COD_{Mn}(mg/L)	2.58	5.70	10.06	10(BOD_5)

续表

指　　标	最低值	均值	最高值	杂用水水质标准
NH_3- N(mg/L)	1.14	4.00	10.36	10
浊度(NTU)	2.67	8.16	22.10	5
SS(mg/L)	13	428	2914	1500(TDS)

注：1. 杂用水水质标准的部分指标与实测指标有出入，雨水的 BOD_5/COD_{Mn} 可以按照 20%估算；
2. 实测指标 SS 为悬浮固体，杂用水指标为总溶解固体；
3. 课题的检测仍在进行，以上数据为目前所有样本的测试结果。

2. 杂用水收集、处理、回用系统

该系统在《绿标》节水与水资源利用章节获得 3 分的贡献值（控制项不计，部分得分与雨水控制与综合利用系统得分重叠）。

通常情况，办公建筑的优质杂排水水量较少，不适合做杂用水收集、回用。但生态家设有雨水收集系统，而且据测试的数据，生态家收集的雨水水质相对较好，如表 1 所示。为了扩展收集雨水的使用范围，增加非传统水源的利用率，系统设置了杂用水收集、处理、回用系统。杂用水系统的水源有两个：优质杂排水（1F～4F）和收集的雨水（水景水）。系统的流程如图 2 所示：

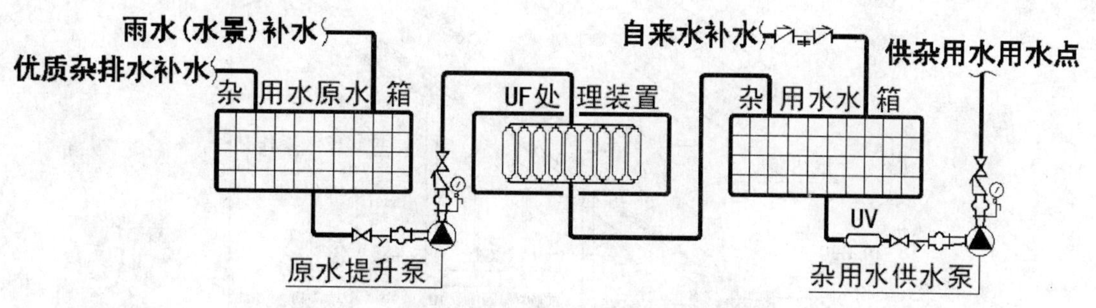

图 2　杂用水系统流程

从图 2 中可以看出系统在杂用水水箱处增设了一个自来水补水口，主要是考虑在降雨较少的季节，水景水有可能需要自来水补充，此时若是杂用水需从水景取水补充，则会造成高质水（自来水）放到低质环境（水景）然后回用处理做杂用水情况。为了避免这种情况，在自来水为水景补水的时候，同时也为杂用水补水（如果需要）；在降雨可以满足水景需要的时候，杂用水补水由雨水（水景）提供。

3. 太阳能光热系统

系统的设计原则是充分利用可再生能源，降低人类对化石能源的消耗。通过太阳能集热器将照射在屋面的阳光转化成热能供给热交换器加热生活用热水，通常情况下，太阳提供的热量可以满足 45%的全年热水用水要求。

光热系统同给水系统一样，分两个区。两个分区的集热器统一设置在屋顶，贮热罐分散设置，高区的贮热罐设置在屋顶，低区的贮热罐设置在地下室，贮热罐有效容积为 200L。贮热罐配有电辅助加热，由各区的自来水提供进水，加热满足要求后供用水点使用。贮热罐的热源来自太阳能集热器（电辅助），太阳能集热器共 24 块（每个分区 12 块），平板式，单块尺寸为：2400×480×50（mm）。太阳能光热系统示意如图 3 所示，太阳能集热器和贮热罐安装示意如图 4 所示：

4. 绿化微灌系统

生态家的绿化面积大，形式多样：阳台是垂直绿化，屋顶为水平绿化；西边外墙为打孔装饰板遮挡垂直

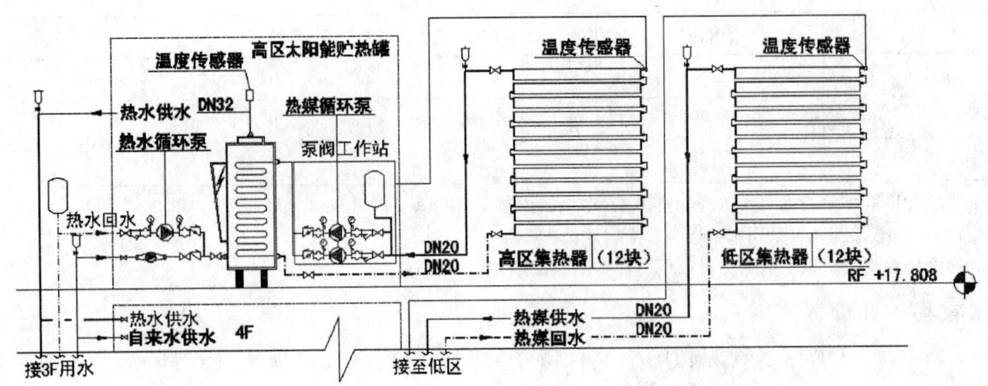

图 3　太阳能光热系统示意

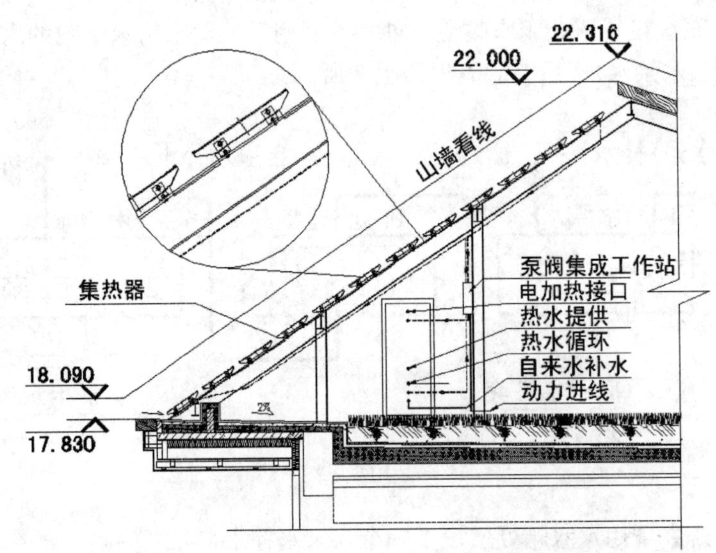

图 4　太阳光热系统集热器 & 贮热罐安装示意

绿化；中庭花笼为悬挂在地下室水景上方的绿化（如图 5 所示）。根据建筑的要求，花笼的绿化浇灌不能有滴水。若设置常规的绿化浇洒系统，除耗水量大外，浇洒的滴水时无法避免的，很难满足建筑的要求。综合考虑建筑形式与绿色节水的要求，系统采用了绿化微灌中的滴溅技术，将绿化的用水用滴溅的插头送到每个绿色植物的根部，满足植物生长需要，但不会产生滴水。由于后期绿化修改的原因，导致阳台未设置绿化微灌水管，所以阳台的绿化采用人工浇洒。

5. 管网漏失监控系统

该系统在《绿标》节水与水资源利用章节获得 1 分的贡献值（控制项不计）。

为了方便日常维护及管理，生态家给水排水系统设计中增加了管网漏失监控系统。该系统是利用高精度远传智能化水表实时检测管道各段的水量，及时找出渗漏点并予以修复或及时发现不合理用水造成水量浪费的原因，并予以改进。

出于成本及后期修改的原因，生态家的系统共设置了 5 块远传监控水表（表 1～表 5），3 块普通水表（表 6～表 8），进水总管的水表（表 0）由园区统一设置，未算在本系统内。水表编号及设置位置如图 6

图 5　绿化微灌系统（实拍）

所示。

如图 6 所示，从表 0 到室内的管段为埋地管，监控这部分管网是否漏失可以通过：表 0－表 1－表 2 的数值是否为零判断。其余各管段的或各部分的用水量可以根据不同水表读数之间的运算得出。各个水表所监测的供水部分及运算关系如表 2 所示：

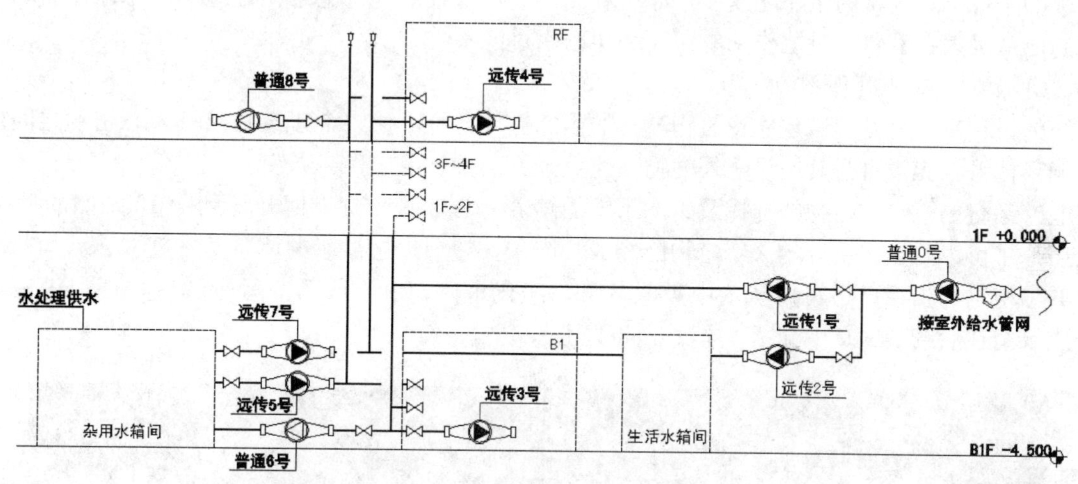

图 6　水量监控系统示意

水表所监测的供水部分及运算关系　　表 2

不同监控区域	读取形式	运算关系	备注
进水总表	直读	表 0	远传
市政直供部分	直读	表 1	远传
变频供水部分	直读	表 2	远传
市政直供部分热水	直读	表 3	远传
变频供水部分热水	直读	表 4	远传

续表

不同监控区域	读取形式	运算关系	备注
杂用水供水	直读	表5	远传
杂用水自来水补水	直读	表6	普通
水景自来水补水	直读	表7	普通
绿化微灌供水	直读	表8	普通
市政直供冷水用水	运算	表1－表3	远传
变频供水冷水用水	运算	表2－表4	远传
优质杂排水	运算	表1＋表2－表6－表7	远传
便器冲洗水	运算	表5－表8	混合
雨水补充杂用水	运算	表5－表1－表2＋表7	混合

注：表中仅表示水表的运算关系，不考虑给水变成优质杂排水的损耗。

(三) 生态化的给水排水系统

绿色建筑并不是建筑发展的最终目标，绿色给水排水系统也一样。生态家给水排水系统的设计在满足绿色建筑要求的条件下，尝试向生态化发展，如：利用植物对水景水进行生态化处理的生态浮床；利用植物根系及砂石滤层的吸附、截留与过滤作用的屋面绿化雨水过滤系统。

1. 生态浮床的水景水处理系统

该系统的设计出发点是尝试建立建筑物自身的生态循环系统，让整个建筑物及其生态植物之间形成良好新陈代谢循环体系，无需再为其增设额外的物、化处理方法。

系统能够运行的重点在植物的选择及生态系统的培养。自5月1日世博开幕到图10拍照的日期约100d左右，从照片中可以看出，系统的水生植物已经成长起来，整个生态浮床的体系基本建立，且运行稳定。从图7可以看出植物的根系已经可以从水中吸取养分，净化水体。由于该系统运行的效果还在进一步的研究中，部分成果会在后续的文章中介绍，本文不再赘述。

图7 生态浮床细部（实拍）

2. 屋顶绿化雨水过滤系统

生态家屋面雨水全部排入地下室水景。考虑到初期雨水的水质较差，在屋顶设置了绿化带和砂石过滤层，屋面收集的雨水经过绿化带的第一次净化后，部分污染物滞留在绿化带的种植土内，作为植物的生长的营养物质；砂石过滤层负责过滤、截留从绿化种植层冲过来的大颗粒物质。屋面绿化带实拍如图 8 所示。

图 8　屋顶绿化过滤带（实拍）

二、非传统水源分析

生态家的非传统水源主要来自：回用雨水、机房地漏排水、空调凝结水、消防排水、优质杂排水等。根据高质高用、低质低用的分质供水原则，除饮用用水、盥洗用水、空调加湿等由市政自来水提供外，其余部分用水均为非传统水源提供，包括：冲厕用水，水景补水（干旱或长期未降雨可采用自来水补充）、绿化浇洒用水等。

（一）非传统水源用水量分析—需求量

非传统水源用水点有四个：冲厕用水、地面冲洗用水、绿化浇洒用水、水景补充水。根据分项给水百分率分配，生态家冲厕用水占总用水的 60%；由于生态家室外地面几乎被水景覆盖，水景总面积约 $400m^2$，其中室内水景面积约 $115m^2$，室外水景面积约 $285m^2$，冲洗地面用水忽略；另外，生态家垂直绿化面积约 $596m^2$，其中 $500m^2$ 为绿化滴灌，$96m^2$ 为人工浇灌；详细的非传统水源用水量计算结果见表 3。

非传统水源需求量分析　　表 3

供水用途	水量计算(最高日)			
	分类	用水定额	用水单位	用水量(m^3/a)
冲厕用水	分项给水百分率	$60\%Q_d$	$20m^3$	1920
地面冲洗水	忽略	—	—	—
绿化浇洒用水(每天 10min)	滴灌	$3L/m^2$	$500m^2$	587.16
	人工	$15\ L/m^2$	$96m^2$	
水景补充水	室外水景	$4.0mm/m^2$	$285m^2$	300.0
	室内水景	$2.0mm/m^2$	$115m^2$	
合计				2807.16
全年估算(冲厕用水按照平均日这间系数 0.8,全年工作 200d 计;其余按照不均匀系数 0.6,全年 365d 考虑)				

注：绿化浇洒用水数据由生态家滴灌厂家及上海植物园提供；室外水景补充水根据上海市最高月蒸发量换算，室内水景水补充水根据经验估算。

（二）非传统水源原水量分析—可收集量

生态家空调系统（凝结水排水）和消防排水总的水量较小，不再归入水量计算中。详细的非传统型水源点可收集水量计算结果如下所示：

1. 盥洗水排水

盥洗水分项给水百分数按照40%计，最高日给水量为20m³/d，则盥洗水分项给水最高日用水量为8m³/d。按照90%折减率计算，可利用的盥洗水排水约为7.2m³/d。按照0.8的系数换算到平均日，盥洗水平均日排水量约为5.76m³/d，全年工作日按照200d计算，全年的可利用盥洗水排水量约为1152m³。

2. 屋面收集雨水

屋面汇水面积约750m²。屋面雨水经屋面绿化初期过滤后，全部排入水景水池。水景水池作为雨水的调蓄池，调需高度在250mm范围内。整个水景水池的总面积约400m²，有效调蓄面积约290m²。最大调蓄容积约72.5m³。屋面收集雨水主要补充水景蒸发量和杂用水，根据现有的资料对雨水月可收集量进行分析，具体计算见表4。

月降雨量与蒸发量分析 **表4**

月份	月可收集雨量(m³)	月蒸发量(m³)	月降雨量—月蒸发量(m³)	可杂用雨水量(m³)
1	54.79	7.31	47.48	47.48
2	93.68	6.58	87.10	72.50
3	32.04	18.18	13.86	13.86
4	24.85	30.04	−5.20	N/A
5	56.73	30.97	25.76	25.76
6	28.00	37.85	−9.85	N/A
7	89.00	39.59	49.41	49.41
8	230.59	32.54	198.05	72.50
9	76.15	27.96	48.19	48.19
10	29.51	15.83	13.67	13.67
11	63.54	10.85	52.69	52.69
12	13.67	9.98	3.69	3.69
小计	792.53	267.67³	524.86	399.75
实际雨水利用量			267.67+399.75=667.42m³	

注：1. 表中数据根据2007年上海统计年鉴中关于2005年的降雨量&蒸发量数据进行分析，分析结果有指导作用但不具代表性；

2. 对于（月降雨量—月蒸发量）大于72.5m³调蓄容积的雨水不计入可回用杂用水水量，对于（月降雨量—月蒸发量）小于72.5m³调蓄容积的雨水按实际数值计入杂用水水量；蒸发量大于降雨量的月份，水景需要自来水补充，浇洒用水由杂用水补充；

3. 表中计算结果（267.67）为水景全年蒸发量与表3的计算结果（300）略有偏差，主要因为表3的蒸发量有经验成分在里面。

根据表中数据的全年分析可以看出，全年计算周期内降雨量大于蒸发量，雨水收集与回用系统有能力为杂用水系统提供非传统水源。但是，由于降雨的不均匀性，有时候超出调蓄池容积的降雨需要排放掉，其实真正能够回用杂用水的雨水应该小于年降雨量-年蒸发量。从表4中可以看出，可回用的杂用水量约为399.75m³。

所以，水景的全年不需要补水量，雨水的全年利用量约为667.42m³。回用补充杂用水雨水量为339.75m³。

三、水量平衡分析

（一）非传统水源水量平衡及利用率

1. 非传统水源水量平衡

生态家非传统水源可提供的水量：盥洗水排水 1152m^3/a，回用雨水 667.42m^3/a，合计 1819.42m^3/a。

非传统水源的需求量：水景补水量 267.67m^3/a、马桶冲洗水量 1920m^3/a、绿化滴灌水量 587.16m^3/a，合计 2774.83m^3/a。

年非传统水源需求量除由非传统水源提供外，仍需要自来水补充，补充水量约为 955.41m^3/a。

非传统水源水量平衡分析示意见图 9。

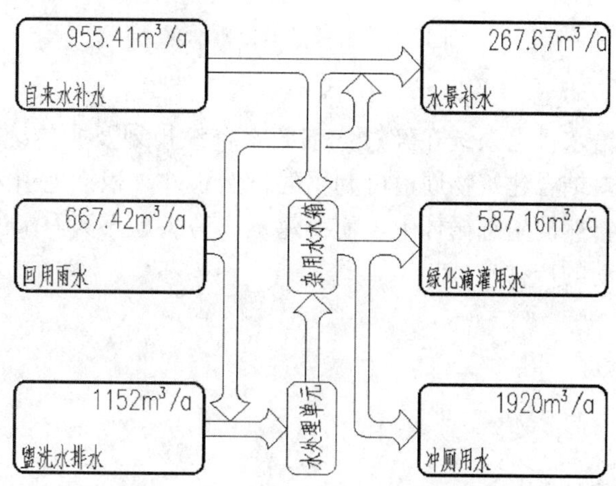

图 9　非传统水源水量平衡示意

2. 非传统水源利用率（表 5）

非传统水源利用率计算　　表 5

非传统水源设计使用量(m^3/a)			设计用水总量(m^3/a)	非传统水源利用率
再生水利用量	雨水利用量	其他利用量		
1152	667.42	量少，忽略	4054.83	44.87%

其中总用水量包括：盥洗水 1280m^3/a、水景补水量 267.67m^3/a、马桶冲洗水量 1920m^3/a、绿化滴灌水量 587.16m^3/a。

（二）总水量平衡

生态家的水源可分：市政自来水及回用雨水。内部设置杂用水收集及回用系统，作为系统内部的非传统水源。各个用水系统的用水量及可回用水量见表 6。

总水量平衡分析表　　表 6

用水系统分类	需水量(m^3/a)	可回用排水量(m^3/a)	备注	用水系统分类	需水量(m^3/a)	可回用排水量(m^3/a)	备注
盥洗水系统	1280	1152		水景	267.67	0	
饮用水系统	—	—	瓶装水	冲厕系统	1920	0	
空调补水	—	—	量小不计	绿化滴灌	587.16	0	
消防系统	—	—	量小不计	雨水收集系统		667.42	

水量平衡分析示意图见图 10。

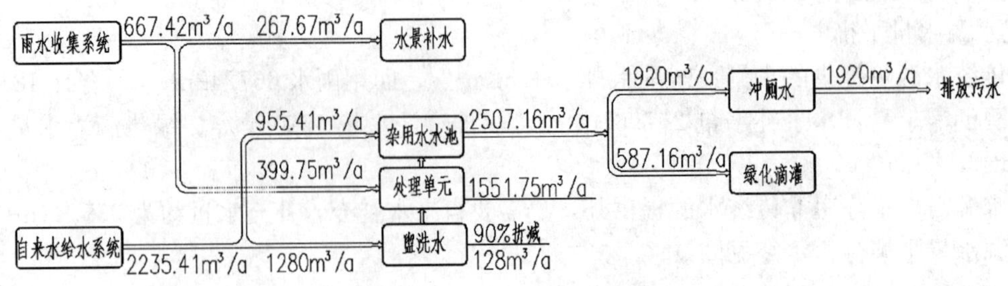

图 10 总水量平衡分析示意

四、问题及小结

综上所述，沪上生态家的给水排水系统在经过详细的水资源规划及非传统水源分析的基础上进行设计。在满足绿色建筑的要求的同时，结合建筑物周边可利用的自然条件，积极地引入生态化的设计理念，旨在让建筑给水排水系统可以参与到自然的生态循环中，使得建筑成为满足人类需求的生态绿洲，不再是独立在自然界之外的一个突兀的人类活动的产物。

虹桥国际机场扩建工程西航站楼及附属业务用房

设计单位： 现代设计集团华东建筑设计研究院有限公司

设 计 人： 徐扬　冯旭东　瞿迅　张嗣栋　丁淳　许栋　顾春柳

获奖情况： 公共建筑类　三等奖

工程概况：

虹桥机场西航站楼是上海虹桥综合交通枢纽的重要组成部分，位于虹桥综合交通枢纽的东段，东立面与原有的虹桥机场航站楼隔跑道相望，西侧地下一层和三层直接与陆侧交通中心连为一体。虹桥机场西航站楼是一座专为国内旅客服务的航站楼，规划的目标是在近期满足年旅客吞吐量 2100 万人次，并预留未来发展到 3000 万人次的能力，总建筑面积 362596m^2，建筑高度 42m。

西航站楼分主楼及候机长廊两部分。主楼＋24.650m 层以下为公共区域，其中－7.950m 层为无行李办票区；±0.000m 层为行李处理机房、行李提取大厅及部分设备机房；12.150m 层为办票大厅及安检大厅；24.650m 层及以上为办公区域。候机长廊主要分为三层：－0.200m 层为站坪层，主要功能为各类 设备用房、非公共区办公及远机位候机厅；4.200m 层为无行李中转办票、到达通道、候机厅及非公共区办公；8.550m 层为候机大厅及商业。

作为超大型交通枢纽建筑，西航站楼在设计上力求最大限度地拓展航站楼的灵活性和空间使用效率，最大限度地拓展在枢纽换乘的可达性，为旅客提供最简单、最便捷的流程和多样化的服务设施，使旅客顺畅地找到目的地，并在旅客中体会到贴心的服务和愉快的感受。

一、给水排水系统

（一）给水系统

1. 冷水用水量（表 1）

冷水用水量　　**表 1**

序号	用水名称	用水量标准	最大小时用水量 (m^3/h)	最高日用水量 (m^3/d)	备　注
1	旅客	10L/人次	100	1070	
2	工作人员	50L/(人・d)	48.8	325	
3	快餐	25L/人次	75	600	
4	商业	8L/(m^2・d)	50	400	
5	未预见水量		41.2	405	按最高日用水量 15%
6	总计		315	2800	

2. 水源

由航站区室外给水管网两路 *DN*500 给水管引出 *DN*200 六根（三处）分别供航站楼、候机廊室内生活用水；在航站楼、候机廊生活水泵房、水表间内设置 *DN*200 生活水表共六个（三处）。

3. 给水分区

给水系统在航站楼竖向分两个区。低区由室外给水管网直接供给，高区采用生活水池-变频水泵供水系统。

4. 供水方式及给水加压设备

根据市政设计院提供航站区室外给水管网资料，在航站楼总进水管处保证给水水压为0.45MPa，因此，为航站楼12.150m标高以下服务的一个给水系统和为南、北候机廊14.150m标高以下服务的两个给水系统均采用直接供水的方式以节约能源，减少二次加压，减少二次污染。为航站楼12.150m标高以上服务的另一个给水系统采用水池—变频水泵的供水方式。在航站楼底层设置生活水泵房一座。在航站楼生活水泵房内设置有效容积为165m^3生活蓄水池，采用成品不锈钢水箱并分为两格。室外给水经水表计量后进入生活蓄水池，由变频生活给水加压装置加压供航站楼12.15m标高以上各用水点。给水系统除航站楼加压给水系统采用上行下给供水方式外，其余三个系统均采用下行上给供水方式。生活给水系统内用水点处静水压力不超过0.45MPa。

航站楼变频生活给水加压装置采用四台变频水泵（三用一备，Q=50m^3/h，H=65m，单台）一组。

5. 管材

给水管采用薄壁紫铜管及配件（其中管径小于或等于DN50采用塑覆紫铜管），焊接或法兰连接。

（二）热水系统

1. 热水供应范围和热源

生活热水供应范围为餐饮厨房、航站楼和候机廊VIP、CIP、VVIP区域卫生间，航站楼一般公共卫生间不设生活热水。餐饮厨房采用预留燃气量、用电量作为供将来租户所需生活热水热源。南侧候机廊VVIP区域卫生间采用太阳能生活热水系统。航站楼和候机廊VIP、CIP、北侧候机廊VVIP区域卫生间采用分散设置电加热热水器供应生活热水。

2. 热水系统

南侧候机廊VVIP区域生活热水设计用量为5m^3/d，采用太阳能生活热水系统供应。太阳能热水系统集热板设置在屋面上，在候机廊0.00m设置太阳能热水机房并设置生活热水贮热罐及辅助电加热。经计算太阳能集热板面积为81m^2，生活热水系统采用机械循环以确保系统内热水水温。航站楼和候机廊VIP、CIP区域卫生间采用分散设置电加热热水器供应生活热水，热水温度设定为60℃。

3. 管材

热水管、热水回水管采用薄壁紫铜管及配件（其中管径小于或等于DN50采用塑覆紫铜管），焊接或法兰连接。

（三）中水（回用水）系统（以下简称回用水）

1. 水源

由航站区室外回用水管网DN300给水管引出DN200三根分别供航站楼、候机廊室内回用水；室外回用水管网压力不小于0.45MPa。

2. 供水范围

航站楼12.150m层及以下层和候机廊13.150m层及以下层。回用水主要供航站楼内卫生间（大便器和小便器）冲洗用水、楼内空调机房冲洗用水、扫除用水和绿化浇洒用水。

3. 回用水系统分区

在航站楼内分别设置了主楼回用水系统（1个），候机廊回用水系统（2个），回用水系统均采用直接供水，系统均采用下行上给供水方式。

4. 管材

回用水管采用薄壁紫铜管及配件（其中管径小于或等于DN50采用塑覆紫铜管），焊接或法兰连接。

（四）排水系统

1. 排水量

航站楼、候机廊生活污废水最高日排水量为2500m^3/d。

航站楼、候机廊生活污废水最大时排水量为 280m³/h。

2. 排水系统的形式

航站楼、候机廊室内排水采用生活污、废水合流制，雨水单独排放。地面层及以上排水由重力排至室外污水管道。地下室污、废水由集水坑和潜水泵排至室外。

3. 透气管的设置方式

在排水系统中设置器具通气管和专用通气立管以减少水汽流动所产生的噪声，保护水封，减少臭气外溢。

4. 采用的局部污水处理设施

航站楼和候机廊内餐厅厨房排出含油脂废水先经专用隔油处理设备处理后排至室外污水管。

5. 管材

排水管道采用硬聚氯乙烯排水管及配件，承插粘接连接。潜水排水泵出口段管道，管径小于 *DN*100 采用热镀锌钢管及配件，丝扣连接；管径大于或等于 *DN*100 采用无缝钢管，热镀锌，沟槽式机械接头或法兰连接。

（五）雨水排水系统

1. 按上海市暴雨强度公式计算，采用的暴雨重现期：

屋面：100 年；室外：3 年。

2. 雨水系统的形式

屋面雨水排水系统采用虹吸式排水系统。虹吸雨水排水系统排出横管采用扩管消能方式（控制管内流速小于 2.5m/s），排出管第一个检查井采用钢筋混凝土井。

3. 管材

室内雨水管道采用不锈钢管，焊接，±0.00m 以下埋地部分采用无缝钢管，热镀锌，内壁涂塑，外壁四油三布防腐处理，沟槽式配件连接方式。室外雨水管道采用钢筋混凝土管，“O” 形橡胶圈，承插连接，混凝土基础。

二、消防系统

（一）消防给水系统设计水量

室外消防水量：30 L/s

室内消火栓系统设计水量：30L/s

自动喷水灭火系统设计水量：航站楼 70L/s

候机廊 35L/s

（二）消防水源

由航站区室外给水管网两路 *DN*500 各引两根 *DN*250 给水管以供航站楼室内消防用水（一处），各引两根 *DN*200 给水管以供候机廊室内消防用水（两处），共 6 根。消防水泵从室外给水管网直接吸水。

（三）室内消火栓系统

在航站楼和候机廊内设置航站楼、南、北候机廊三个独立室内消火栓系统。系统消防加压泵组分别设于航站楼和候机廊底层的消防水泵房内，候机廊消火栓系统内不设屋顶水箱，采用稳高压给水系统。仅主楼消火栓系统在主楼 40.650m 层设置有效容积为 36m³ 不锈钢高位消防水箱（分为两格）。系统给水管网成环状布置，根据消防规范要求，为保证两股消火栓出水的充实水柱到达室内任何一点，在航站楼，候机廊各层楼面均布设置消火栓箱，箱内设有 *DN*65 消火栓，*DN*65×25m 消防水带，*DN*65×19 水枪，*DN*25×20m 消防卷盘，5kg 磷酸铵盐手提式灭火器 3 具。在室内消火栓系统内消火栓处动压超过 0.5MPa 处采用减压稳压消火栓以控制消火栓出口处动压在 0.3MPa。航站楼室内消火栓系统在室外设置地上式水泵结合器 4 套（分两处设置）。候机廊每个室内消火栓系统在室外设置地上式水泵结合器 2 套，（共四套）。

1. 航站楼消防加压泵组由以下设备组成：（一套）

主泵（Q=30L/s，H=75m，两台，一用一备）

稳压水泵（Q=5L/s，H=80m，两台，一用一备）

气压罐有效容积为 300L。

2. 候机廊消防加压泵组由以下设备组成：（两套）

主泵（Q=30L/s，H=75m，两台，一用一备）

稳压水泵（Q=5L/s，H=80m，两台，一用一备）

气压罐有效容积为 300L。

3. 管材：管径小于 $DN100$ 采用热镀锌钢管及配件，丝扣连接；管径大于或等于 $DN100$ 采用无缝钢管，热镀锌，沟槽式机械接头或法兰连接。

（四）自动喷水灭火系统

在航站楼和候机廊内设置航站楼、南、北候机廊三个独立的自动喷水灭火系统。系统加压泵组分别设于航站楼、南、北候机廊底层的消防水泵房内。候机廊喷淋系统内不设屋顶水箱，采用稳高压给水系统。仅主楼喷淋系统在主楼 40.650m 层设置有效容积为 36m^3 不锈钢高位消防水箱（分为两格）。

在航站楼、候机廊内除小于 5m^2 卫生间及不宜用水扑救的场所外均设置湿式自动喷水灭火系统。主楼行李分拣区，12.150m 层安全局用房、安检管理、安检监控、行李读片室，17.000m 层电监控室、安全局用房、安全局业务工作室，36.650m 层 IT 支持、IT 管理、测试中心，40.650m 层 AOC、TOC 座席区设置预作用自动喷水灭火系统。

喷头类型根据其设置场所可分为：68℃直立型玻璃球喷头、93℃直立型、吊顶型玻璃球喷头、68℃隐蔽型喷头四种类型均采用快速反应喷头。

根据湿式和预作用自动喷水灭火系统报警阀组控制喷头数为 800 个的原则，在航站楼内共设有 26 套湿式水力报警阀组，6 套预作用报警阀组，在候机廊内共设有 40 套湿式水力报警阀组。在自动喷水灭火系统给水管道上分区域设置水流指示器及带指示信号阀门。航站楼自动喷水灭火系统在室外设置地上式水泵结合器 4 套（分两处设置）。候机廊每个自动喷水灭火系统在室外设置地上式水泵结合器 2 套，（共四套）。

1. 航站楼自动喷水灭火系统加压泵组由以下设备组成（一套）：

主泵（Q=35L/s，H=90m，三台，两用一备）

稳压水泵（Q=1L/s，H=100m，两台，一用一备）

气压罐有效容积为 150L

2. 候机廊自动喷水灭火系统组由以下设备组成（两套）：

主泵（Q=35L/s，H=95m，两台，一用一备）

稳压水泵（Q=1L/s，H=100m，两台，一用一备）

气压罐有效容积为 150L

3. 管材：管径小于 $DN100$ 采用热镀锌钢管及配件，丝扣连接；管径大于或等于 $DN100$ 采用无缝钢管，热镀锌，沟槽式机械接头或法兰连接。

（五）自动喷水-泡沫联用灭火系统

在航站楼 6 个柴油发电机房（主楼 0.000 层两个，候机廊－0.200 层四个）设置闭式自动喷水－泡沫联用灭火系统，共 6 套。设计泡沫混合液供给强度为 6.5L/(min·m^2)，持续供给时间为 10min，自动喷水－泡沫联用灭火系统水源由自动喷水灭火系统供给，每套系统设置湿式报警阀组 1 套。

（六）气体灭火系统

在航站楼内 TOC、AOC 主机房、联合设备机房、36.650mUPS 机房、安检主机房、行李分拣控制室、BA 主机房、移动机房、弱电汇聚机房、综合布线机房等重要设备机房设置 IG-541 洁净气体灭火系统，总共 13 套系统 30 个分区。各气体灭火系统采用组合分配系统，每个系统防护分区不超过 8 个。IG-541 气体灭火系统最小设计灭火浓度为37.5%。IG-541气体灭火系统要求同时具有自动控制，手动控制和应急操作三种控制方式。

（七）高压细水雾灭火系统

在地下室电缆沟内设置有高压细水雾灭火系统。高压细水雾灭火系统泵组设置在主楼消防泵房内。高压细水雾泵组包括四台高压泵（三用一备）、两台稳压泵（一用一备）等其他组件。各防护分区的区域控制阀组设置在各防护分区外就近便于操作的地方，共分成17个防护分区。

三、工程特点介绍

（一）给水系统

1. 充分利用室外给水管网压力，航站楼、候机廊在室外给水管网压力满足室内用水点给水压力的区域采用直接供水方式，节约能源，减少二次污染。西航站楼低区用水量约占日用水量的95%，高区用水量约占日用水量的5%。西航站楼低区给水系统平均日用水量约为2100m^3/d，经计算每年可节约用电153300kWh。

2. 室外给水管网压力不能满足用水要求的高区部分采用变频加压给水系统，节约能源；不设屋顶水箱，减少二次污染。设计采用先进的带变频器集成电机新技术的恒压供水系统。

3. 分区域进行给水计量。

4. 在航站楼内实行分质供水，利用机坪区域雨水经收集和简单处理供航站楼卫生间冲洗用水及空调机房清洗、楼宇扫除用水。西航站楼室内雨水回用水系统设计水量为1680m^3/d。航站区雨水经收集处理后由给水泵加压输送至西航站楼。在西航站楼接入管处水压为0.45MPa。西航站楼室内雨水回用水系统采用直供系统。该系统每年可节约使用自来水约47.2万t。虹桥机场现行的自来水价格为3.8元/m^3，而雨水回用水处理成本为1.48元/m^3（包括处理设备折旧成本），雨水回用每年可节约95.4万元。

（二）热水系统

在VVIP区域设置太阳能生活热水系统。VVIP区域生活热水用水量为5m^3/d。采用强制循环间接加热系统，共设置3只集热罐和2只贮热水箱。太阳能集热器采用内置U型铜管的金属—玻璃真空集热管的太阳能集热器。系统有效集热面积为81m^2。经计算：相对采用电热水器，该套太阳能生活热水系统每年可节省电费7.43万元。每年可减少CO_2排放量为18.4t，在使用寿命15年内可减少CO_2排放量为276t。采用太阳能生活热水系统比采用传统的电热水器制备生活热水具有相当大的经济效益和显著的社会效益。

（三）排水系统

1. 采用可靠、去除率高的的隔油设备：含油废水经过机械隔渣、调节隔油后进入生物滤芯池，经生物增效反应，去除废水中大部分残存的溶解性油脂及其他部分有机物，从而实现废水的高效除油的过程中，使出水达标排放。它的操作较简单，运行费用低且无药剂费用，出水水质可靠，运行稳定，故障率低。航站楼餐饮废水处理设备工艺流程分为四个部分：格栅集水井、调节隔油池、OZA生物滤芯池、出水池以及污泥收集装置。

2. 公共卫生间排水系统中设计了器具通气管，能更有效的实现排水横管的气水分流，使排水更为通畅，噪声更小。

3. 卫生洁具采用节水型。公共卫生间采用光电感应龙头和冲洗阀节约用水。采用节水型卫生器具比采用传统的卫生器具节水约20%～30%。西航站楼内卫生间平均日用水量为1500m^3/d，采用节水型卫生器具节水率按25%计，则每天可节约375t，每年为13.7万t自来水。

4. 采用了壁挂式坐便器，避免了通常坐便器与地面接缝处不宜清洁而宜结污垢的缺陷。保证卫生间清洁、雅观。

有关虹桥机场西航站楼给水排水节能设计理念详见2010年第4期《给水排水》杂志上刊登的《上海虹桥综合交通枢纽西航站楼给水排水节能节水设计》。

（四）消防系统设计

1. 在《消防性能化分析》的原则指导下，针对航站楼的各区域不同功能，火灾种类及危险性来进行消防系统设计。

2. 室内消火栓和自动喷淋系统均采用独立的稳高压给水供水方式。该系统可确保系统管网日常的压力能满足最不利点灭火时需求。

3. 在航站楼及总体上有一条电缆沟，长约 2km，内设航站楼所需的各类电缆，对于机场航站楼来说，其重要性可见一斑。对于此电缆沟的防火措施，是采用水喷雾灭火系统或气体灭火系统，还是高压细水雾灭火系统，给水排水专业作了各个灭火系统技术方案比较，最终确定采用高压细水雾灭火系统。这在国内的同类工程中属领先应用。

4. 在行李提取大厅等公共区域区域，经报消防局批准，设计了独立式消防箱，满足了建筑整体视觉效果的要求。

（五）技术难点的特别说明

航站楼工程面积大，空间大，体量大。作为超大型公共交通建筑，建筑专业对空间、公共区域的装修要求很高。这就要求给水排水专业在设计本专业的各个系统时，除了满足各系统的功能要求外，还必须充分了解建筑专业对空间、装修的要求，合理地布置各类机房、管弄，精心地组织管路走向，使得给水排水系统设计在功能和管理上满足业主要求，技术上可靠、合理，符合规范要求，而且能满足建筑专业对空间和装修的要求。

四、工程照片及附图

西航站楼全景

公共区域独立式消防箱

卫生间及卫生器具

市政直供给水进水管

高压细水雾加压泵组

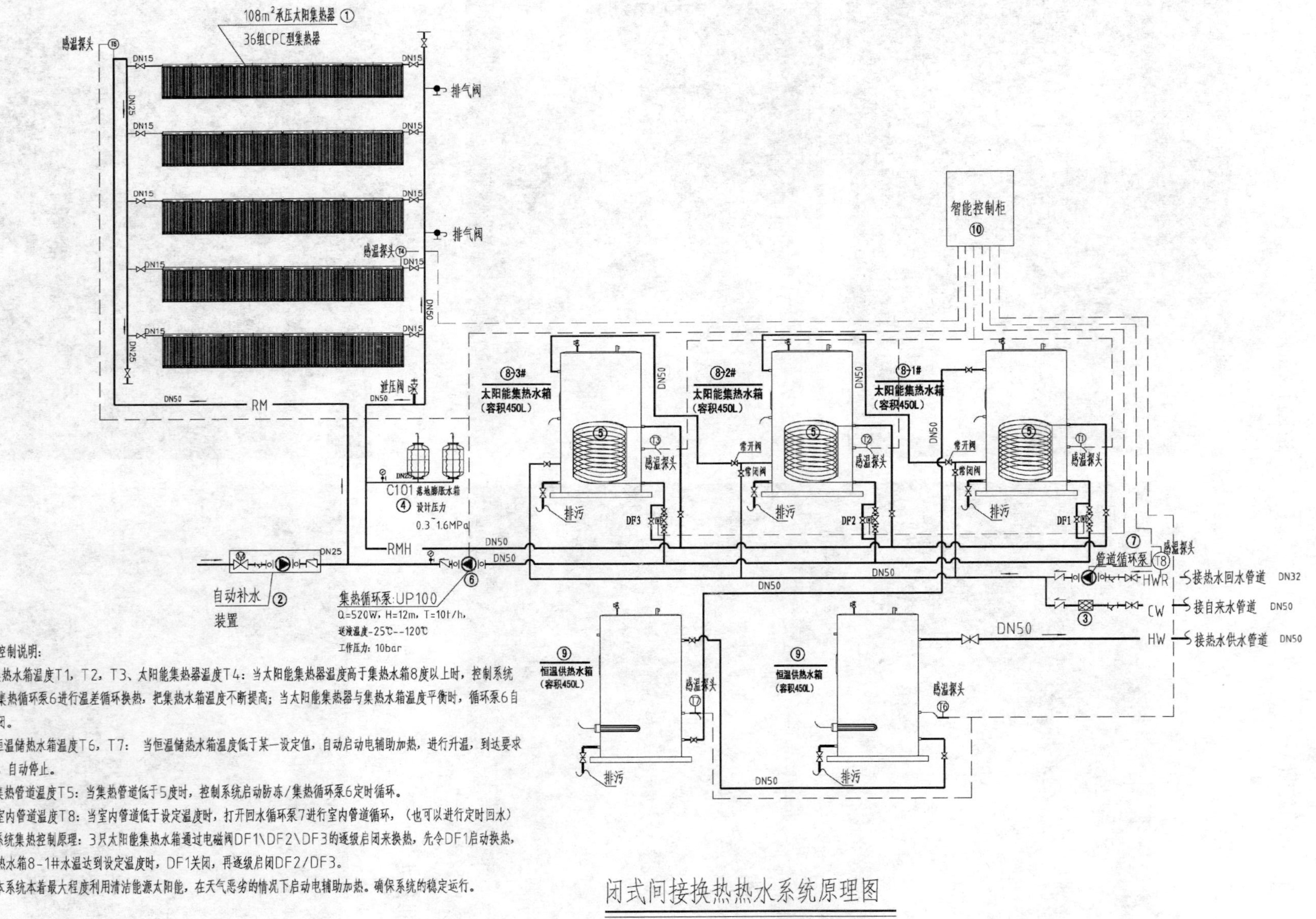

系统控制说明:

1、集热水箱温度T1，T2，T3、太阳能集热器温度T4：当太阳能集热器温度高于集热水箱8度以上时，控制系统启动集热循环泵6进行温差循环换热，把集热水箱温度不断提高；当太阳能集热器与集热水箱温度平衡时，循环泵6自动关闭。

2、恒温储热水箱温度T6，T7： 当恒温储热水箱温度低于某一设定值，自动启动电辅助加热，进行升温，到达要求温度，自动停止。

3、集热管道温度T5：当集热管道低于5度时，控制系统启动防冻/集热循环泵6定时循环。

4、室内管道温度T8：当室内管道低于设定温度时，打开回水循环泵7进行室内管道循环，（也可以进行定时回水）

5、系统集热控制原理：3只太阳能集热水箱通过电磁阀DF1\DF2\DF3的逐级启闭来换热，先令DF1启动换热，当集热水箱8-1#水温达到设定温度时，DF1关闭，再逐级启闭DF2/DF3。

6、本系统本着最大程度利用清洁能源太阳能，在天气恶劣的情况下启动电辅助加热。确保系统的稳定运行。

闭式间接换热热水系统原理图

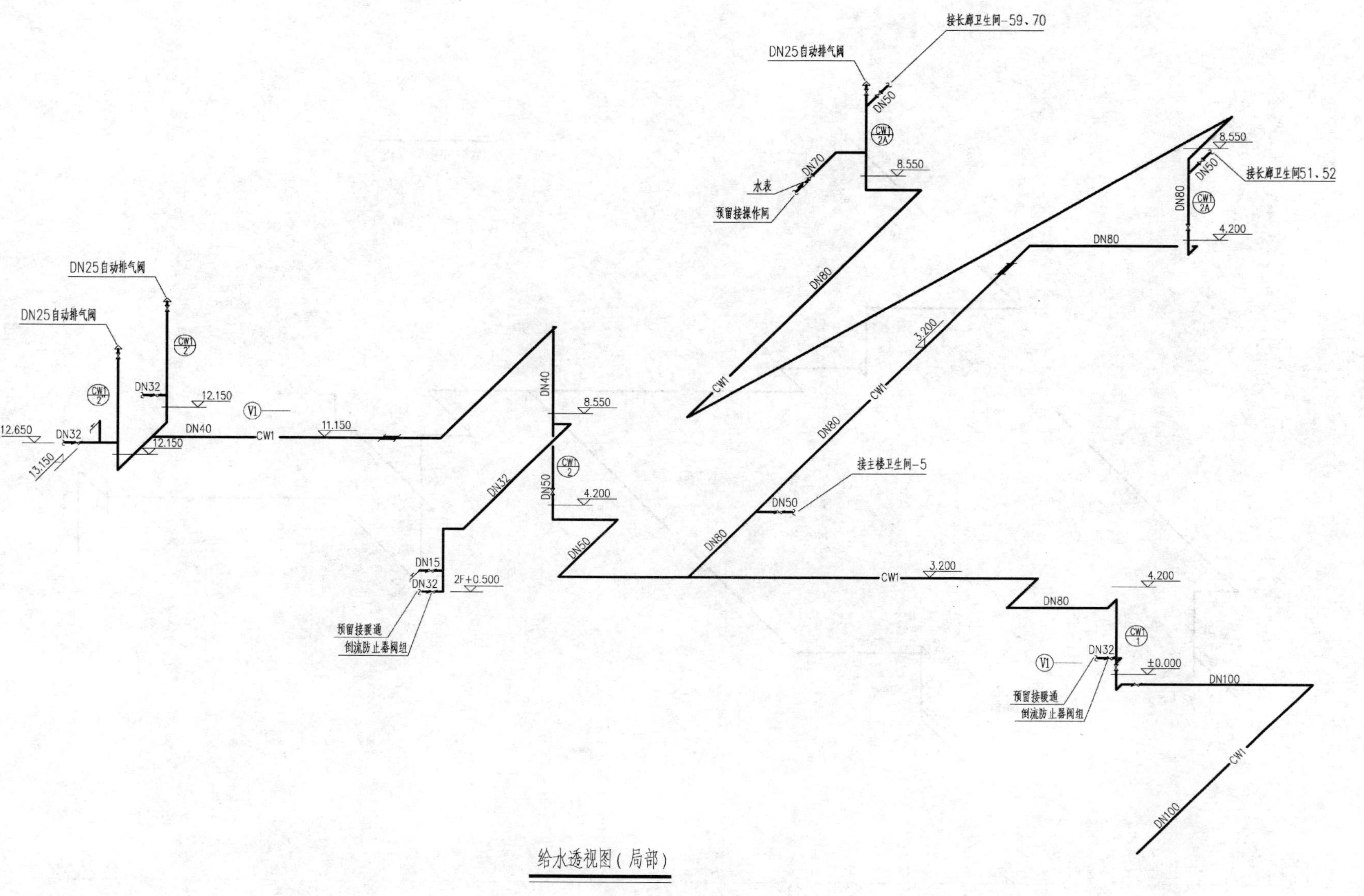
接长廊卫生间-59.70
DN25自动排气阀
DN50
8.550
DN70
水表
预留接操作间
接长廊卫生间51.52
DN80
4.200
DN25自动排气阀
DN25自动排气阀
DN32
12.150
V1
12.650
DN32
13.150
DN40
CW1
11.150
DN40
8.550
3.200
DN32
DN50
4.200
接主楼卫生间-5
DN50
DN15
DN32
2F+0.500
预留接驳通
倒流防止器阀组
3.200
DN80
4.200
DN32
±0.000
DN100
预留接驳通
倒流防止器阀组
DN100

给水透视图（局部）

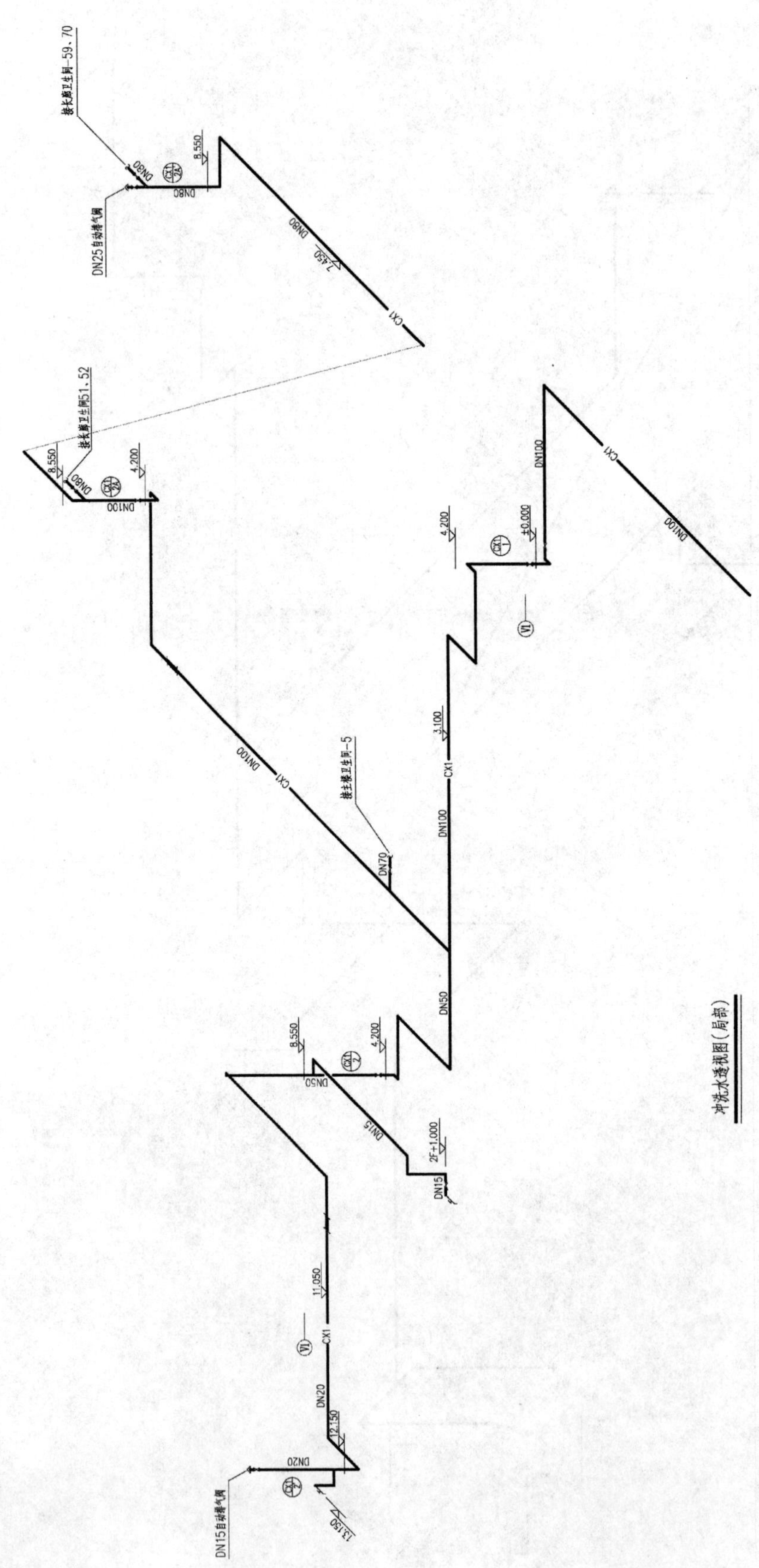
DN15自动排气阀
CX1/2
DN20
13.150
12.150
DN20
CX1
11.050
VI
DN50
8.550
4.200
DN15
DN15
2F+1.000
DN50
DN100
CX1
3.100
接主楼卫生间-5
DN70
DN100
CX1
8.550
DN80
接长廊卫生间51.52
DN100
CX1/2A
4.200
4.200
CX1/1
VI
±0.000
DN100
CX1
DN100
DN25自动排气阀
接长廊卫生间-59、70
DN80
DN80
CX1/2A
8.550
DN80
7.450
CX1

冲洗水透视图(局部)

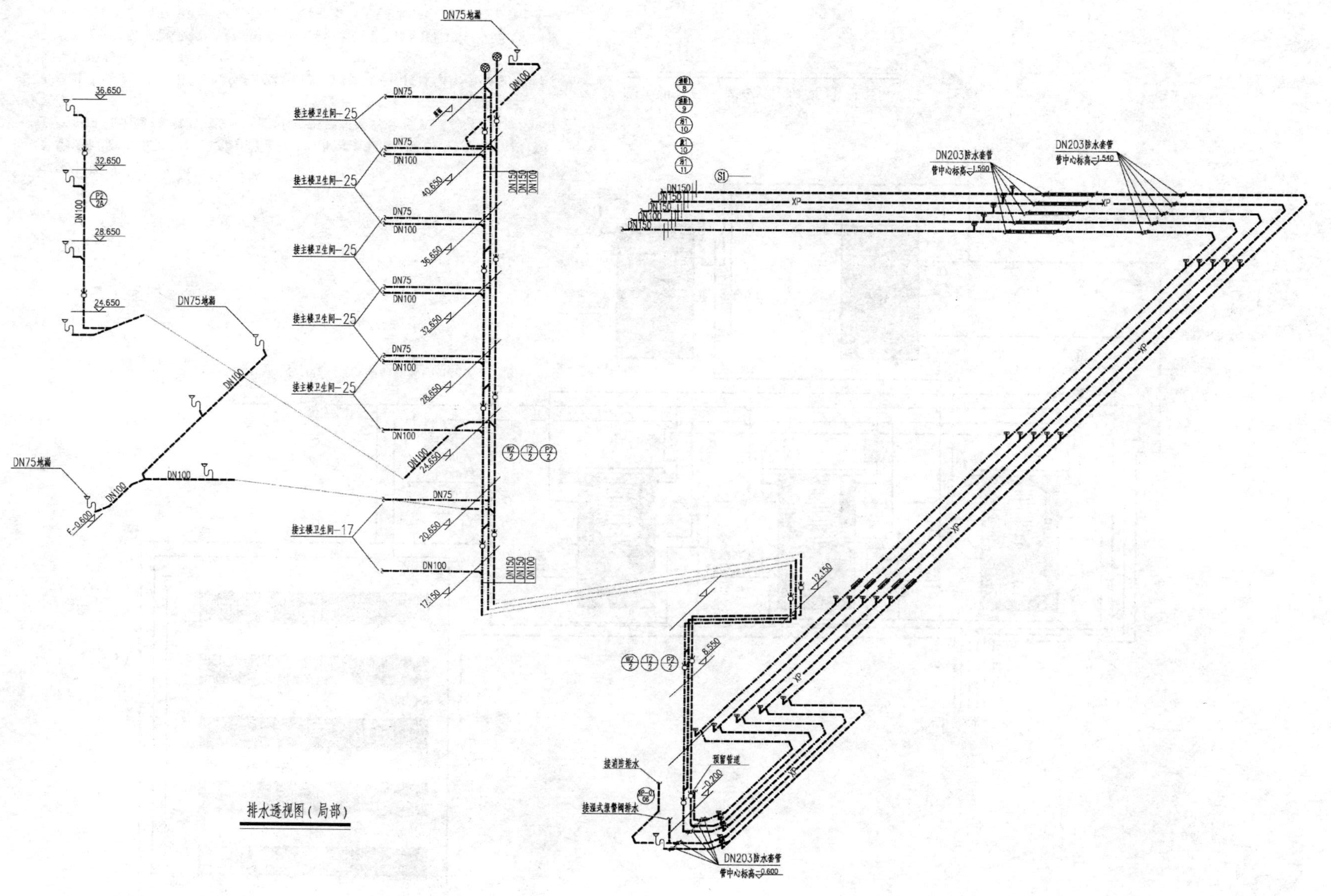
DN75地漏
接主楼卫生间-25
接主楼卫生间-17
DN75
DN100
DN150
DN203防水套管
管中心标高-1.590
管中心标高-1.540
管中心标高-0.600
接消防排水
接湿式报警阀排水
预留管道
36.650
32.650
28.650
24.650
40.650
20.650
17.150
12.150
8.550

排水透视图（局部）

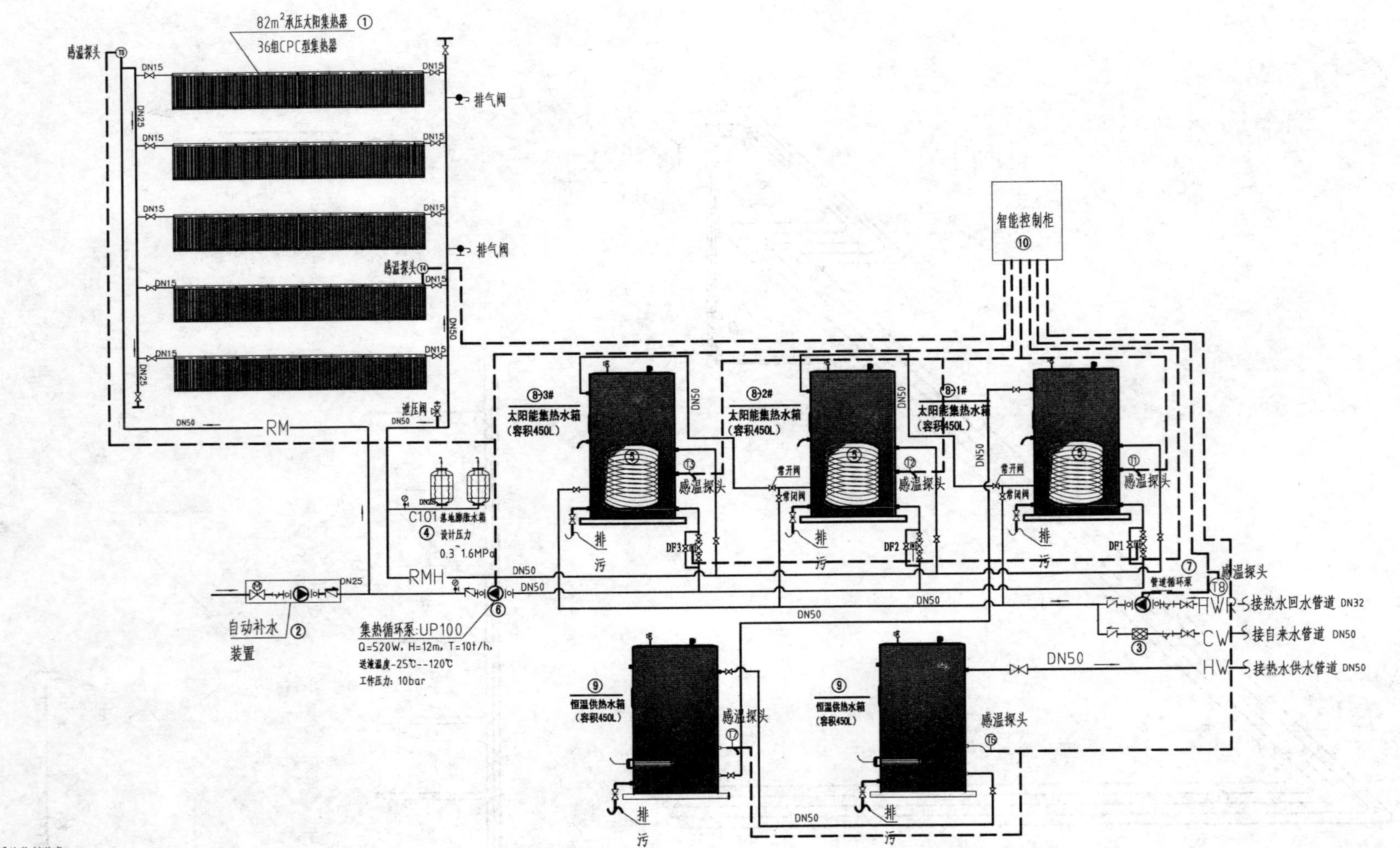

系统控制说明：

1、集热水箱温度T1，T2，T3、太阳能集热器温度T4：当太阳能集热器温度高于集热水箱8度以上时，控制系统启动集热循环泵6进行温差循环换热，把集热水箱温度不断提高；当太阳能集热器与集热水箱温度平衡时，循环泵6自动关闭。

2、恒温储热水箱温度T6，T7：当恒温储热水箱温度低于某一设定值，自动启动电辅助加热，进行升温，到达要求温度，自动停止。

3、集热管道温度T5：当集热管道低于5度时，控制系统启动防冻/集热循环泵6定时循环。

4、室内管道温度T8：当室内管道低于设定温度时，打开回水循环泵7进行室内管道循环，（也可以进行定时回水）

5、系统集热控制原理：3只太阳能集热水箱通过电磁阀DF1\DF2\DF3的逐级启闭来换热，先令DF1启动换热，当集热水箱8-1#水温达到设定温度时，DF1关闭，再逐级启闭DF2/DF3。

6、本系统本着最大程度利用清洁能源太阳能，在天气恶劣的情况下启动电辅助加热。确保系统的稳定运行。

闭式间接换热热水系统原理图

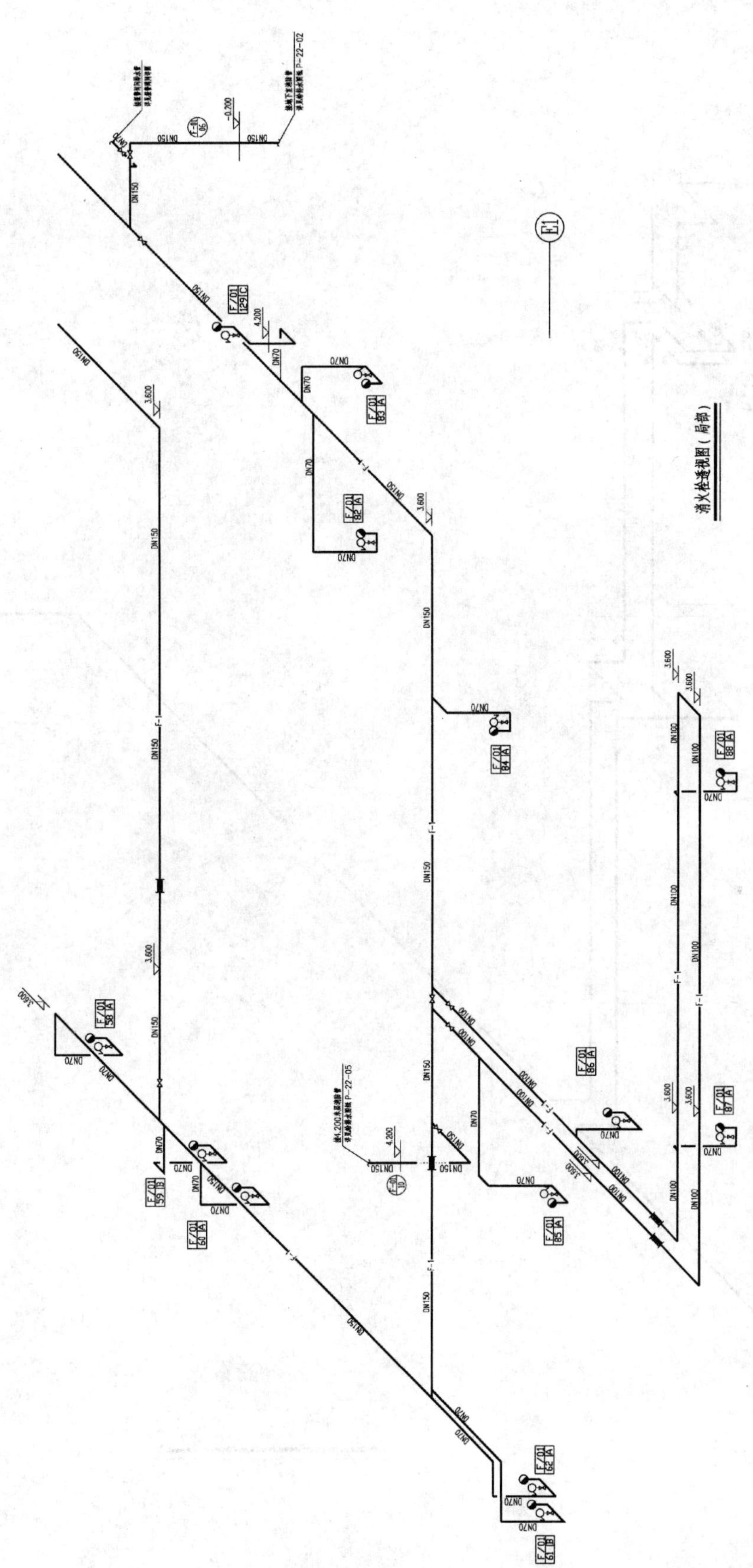

消火栓透视图（局部）

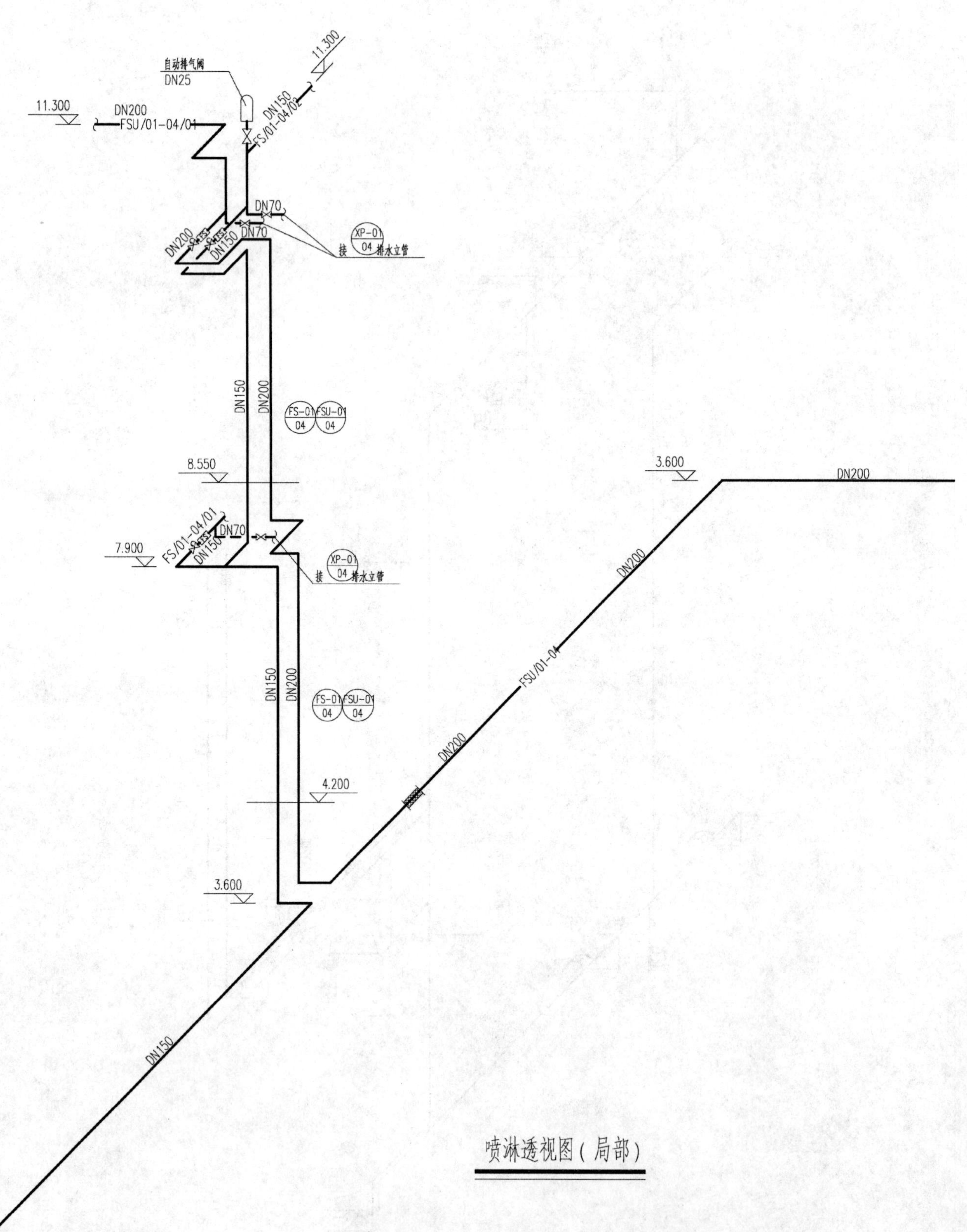
自动排气阀
DN25
11.300
DN200
FSU/01-04/01
11.300
DN150
FS/01-04/02
DN70
DN200
DN150
DN70
XP-01
04
接 排水立管
DN150
DN200
FS-01
04
FSU-01
04
8.550
3.600
DN200
FS/01-04/01
DN70
DN150
7.900
XP-01
04
接 排水立管
DN200
DN150
DN200
FS-01
04
FSU-01
04
FSU/01-04
DN200
4.200
3.600
DN150

喷淋透视图（局部）

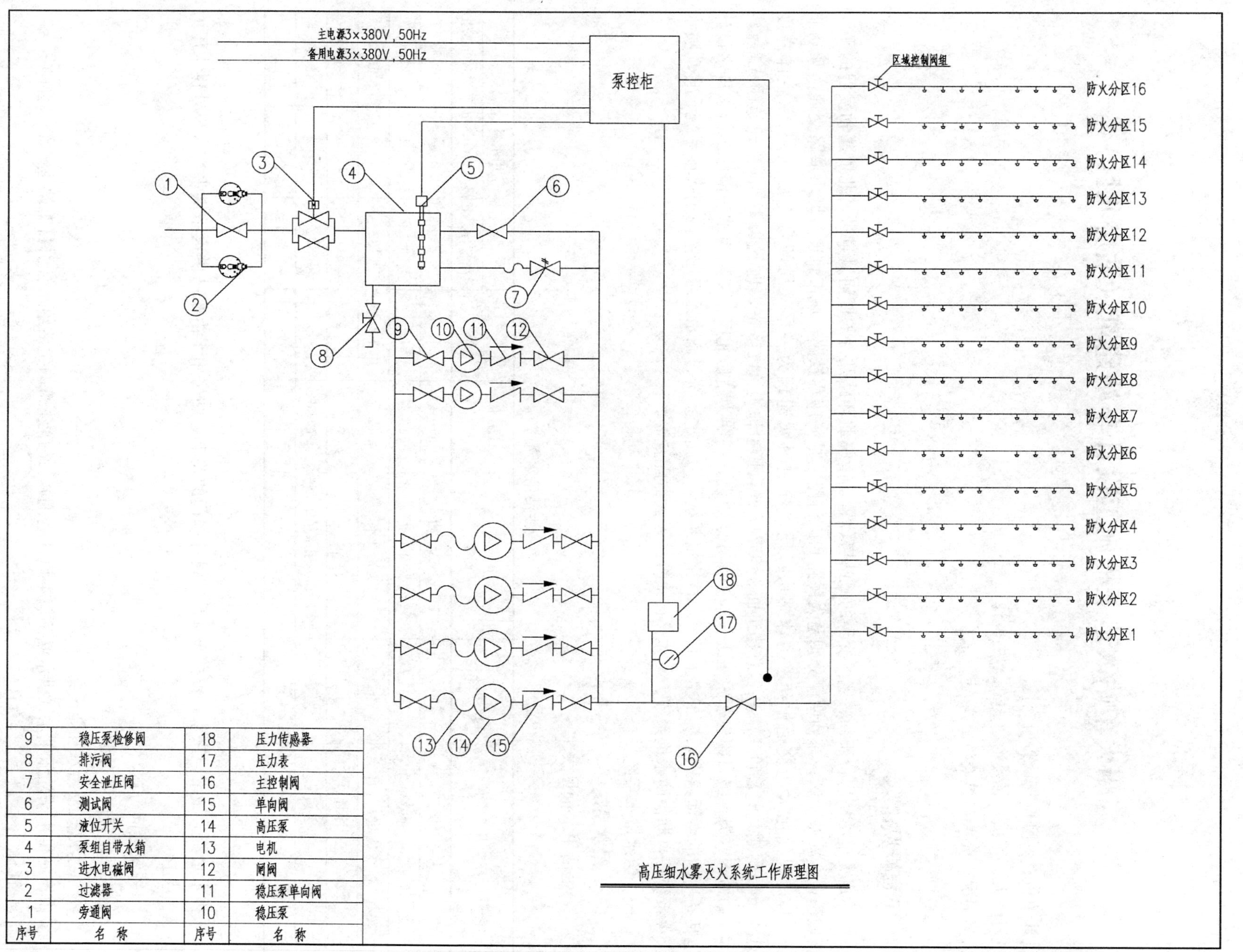

序号	名称	序号	名称
9	稳压泵检修阀	18	压力传感器
8	排污阀	17	压力表
7	安全泄压阀	16	主控制阀
6	测试阀	15	单向阀
5	液位开关	14	高压泵
4	泵组自带水箱	13	电机
3	进水电磁阀	12	闸阀
2	过滤器	11	稳压泵单向阀
1	旁通阀	10	稳压泵

高压细水雾灭火系统工作原理图

苏州火车站改造工程施工设计车站建筑（站房北区）

设计单位：中国建筑设计研究院
设 计 人：匡杰　苏兆征　赵锂　宋国清
获奖情况：公共建筑类　三等奖

工程概况：

苏州火车站站房位于新、老区交界的原站房位置，南临北环路及古护城河风景带，北依蓬勃发展的平江新城商业金融中心区；东西两侧分别是人民路和广济路，是一座集铁路、城市轨道、城市道路交通换乘功能于一体的现代化大型交通枢纽。主体站房二层，其他附属建筑为一层（局部带二层夹层）。主体高度31.25m，附属建筑高度10.9m。总建筑面积85717m^2，其中地上54445m^2，地下31272m^2。建筑耐火等级：主体和地下室为一级，附属建筑二级。本工程分期建设。一期为站房北区，二期为站房南区。给水排水设计包括站房内的生活给水系统、热水系统、饮用水系统、污废水系统、雨水系统、室内消火栓系统、自动喷水灭火系统、自动消防水炮系统、气体灭火系统、灭火器配置等。

一、给水排水系统

（一）给水系统

1. 生活用水量见表1。

生活用水量　　**表1**

序号	用水部位	使用数量	用水量标准	日用水时间(h)	时变化系数	用水量		
						最高日(m^3/d)	最高时(m^3/h)	平均时(m^3/h)
1	办公	750人	50L/(人·班)	10	1.5	37.5	5.63	3.75
2	旅客	57000人	6L/(人·次)	16	1.5	342	32.1	21.4
3	冷却塔补水	660m^3/h	2%冷却水	10	1.0	132	13.2	13.2
4	小计					511.5	50.93	38.35
5	不可预见		10%用水量			51.2	5.09	3.84
6	合计					562.7	56.02	42.19

2. 水源

供水水源为城市自来水。根据车站总体设计部门的要求，站房用水由车站供水站供水，入户处供水压力为0.30MPa。

3. 系统竖向分区

给水系统竖向不分区。

4. 供水方式及给水加压设备

由车站供水站加压供水（供水站不属本设计范围）。站房建筑的生活给水管引自车站室外给水管网。

5. 管材

室内生活给水系统采用薄壁不锈钢管，环压连接。

（二）热水系统

1. 本工程只在贵宾候车室卫生间的洗手盆供应热水，采用电热水器分散制备热水。

2. 管材

热水系统管材同给水系统。

（三）饮用水系统

1. 饮用水量见表 2。

饮用水量 表 2

序号	用水部位	使用数量	用水量标准	日用水时间(h)	时变化系数	用水量		
						最高日(m^3/d)	最高时(m^3/h)	平均时(m^3/h)
1	旅客	57000 人	0.5L/(人·次)	16	1.5	28.5	2.67	1.78
2	合计					28.5	2.67	1.78

2. 设备选型

分散制备饮用水。每个饮水间设 4 台电开水器和 2 台饮用净水机。每台电开水器容积为 150L，功率为 15kW；每台饮用净水机产水量为 125L/h，功率为 460W。

3. 管材

饮用水系统采用食品级薄壁不锈钢管，环压连接。

（四）污废水系统

1. 污废水合流排至室外市政污水管网，由市政污水处理厂集中处理。

2. 较大的公共卫生间采用环形通气管系统，较小的卫生间采用伸顶通气系统。±0.00 以上除高架候车室卫生间外均为重力排水，±0.00 以下和高架候车室卫生间采用污水提升站提升排水。

3. 局部污水处理设备

厨房污水经设于地下一层的油脂分离器处理后提升排入室外污水管网。

4. 管材

重力流排水管道采用柔性接口承插式排水铸铁管，法兰连接，橡胶密封圈。压力流排水管道采用内外涂塑复合钢管，丝扣或法兰连接。

（五）雨水系统

1. 高架候车室屋面和房屋面雨水采用虹吸雨水系统，雨水量按 50 年重现期计算，降雨历时为 5min。超设计重现期雨水通过溢流口排除。

2. 下沉广场的雨水经排水沟收集后排至集水坑，由潜水泵提升排至市政雨水管网。

3. 虹吸雨水管道采用高密度聚乙烯管材（HDPE），热熔管件连接。压力流雨水管道采用内外涂塑复合钢管，丝扣或法兰连接。

二、消防系统

（一）消火栓系统

1. 消防用水水源为市政自来水。消防用水量为：室外消火栓 20L/s，室内消火栓 20L/s，火灾延续时间 3h。室内消防用水存储于地下一层消防泵房内的室内消防水池，其有效容积不小于 504m^3。

2. 室内消火栓系统竖向不分区，为稳高压系统，由设于地下一层消防泵房内的消火栓泵供水。消火栓泵流量为 20L/s，扬程为 70m，功率为 30kW，共 2 台，一用一备，自动切换。在消防水泵房内设消火栓系统增压稳压装置，维持管网压力。

3. 本系统在北站房外墙上设 4 个 *DN*100 墙壁式消防水泵接合器，并有明显标志。

4. 管材采用消防专用内外涂塑复合钢管，丝扣或沟槽连接。

（二）自动喷水灭火系统

1. 除设备用房和不宜用水扑救的区域外，均设湿式自动喷水灭火系统。净空高度不超过 8m 的区域按中危险级Ⅰ级设计，设计喷水强度 6L/(min·m^2)，作用面积 160m^2，消防流量为 26L/s；净空高度在 8～12m 之间的区域，设计喷水强度 6L/(min·m^2)，作用面积 260m^2，消防流量为 40L/s。火灾延续时间为 1h。

2. 系统为稳高压给水系统。管网竖向不分区。自动喷洒水泵设于地下一层消防泵房内，共三台，两用一备。水泵从设于地下一层的消防水池吸水，其有效容积不小于 504m^3。在消防水泵房内设自动喷洒增压稳压装置，维持管网压力。

3. 均采用快速响应喷头。吊顶处为吊顶型喷头，贵宾、软席候车室采用吊顶隐蔽式；无吊顶或通透吊顶处为直立型。喷头动作温度，除玻璃屋顶下为 93℃玻璃球喷头，其余均为 68℃的玻璃球喷头。

4. 每个防火分区的水管上设信号阀和水流指示器，报警阀组控制的最不利点处，设末端试水装置，其他防火分区、楼层的最不利点处，均设 *DN*25 试水阀。在北区地下一层报警阀间内设 4 套湿式报警阀组。

5. 在北站房外墙上设 6 个 *DN*150 墙壁式消防水泵接合器，并有明显标志。

6. 管材采用消防专用内外涂塑复合钢管，丝扣或沟槽连接。

（三）气体灭火系统

1. 本工程在客运总控室、主机房网络间、电源室、广播机械室、CATV 室、通信机械室、售票机房，设七氟丙烷气体预制灭火系统。采用无管网设计，每个房间均设柜式自动灭火装置保护。

2. 基本参数：设计灭火浓度 8%，喷射时间 8s。

3. 系统控制包括自动、手动两种方式。防护区采用两个独立回路的火灾探测器进行火灾探测；只有在两路探测器同时报警时，系统才能自动动作。

（四）消防水炮系统

1. 高架候车室设消防水炮系统。系统用水量为 40L/s，火灾延续时间为 1h。

2. 系统为稳高压给水系统，由设于地下一层消防泵房内的消防水炮泵供水，共两台，一用一备，自动切换。消防水炮泵从设于地下一层的消防水池吸水，其有效容积不小于 504m^3。在消防水泵房内设消防水炮系统增压稳压装置，维持管网压力。

3. 采用双波段图像火灾探测器和线型光束图像感烟探测器相结合的自动报警系统，对被保护空间进行全方位立体防护。系统控制分为自动、控制室手动、火灾现场手动三种控制方式。

4. 在北站房外墙上设 3 个 *DN*150 墙壁式消防水泵接合器，并有明显标志。

5. 管材采用消防专用内外涂塑复合钢管，丝扣或沟槽连接。

三、工程特点

1. 本工程经消防性能化设计评估，并通过上海铁路消防部门认可，消防供水系统采用稳高压供水系统。

2. 采用了大量优质的管材。消防系统管道采用内外涂塑复合钢管，给水系统管道采用薄壁不锈钢管，提高了防腐性能，延长系统使用寿命，从而保证站房的安全运行。

3. 高架候车室屋面面积较大，内部为大跨度空间，雨水立管布置空间很少，为此采用虹吸雨水系统，为保证安全还设置天沟溢水口。

4. 高架候车室卫生间位于火车车道上方，其安装空间有限且受到高压接触网限制，不能采用重力流排水系统，因此在卫生间利用结构梁的空间，设污水提升站，污水重力排入提升站，压力排出室外。此方式既相对扩初阶段的真空排水方案安全可靠且造价低，又相对重力排水方案管道布置灵活，而且采用全密封成品污水提升设备不污染环境，方便维修管理。

四、工程照片及附图

外景

夜景

消防泵房

报警阀间

消火栓

消防水炮

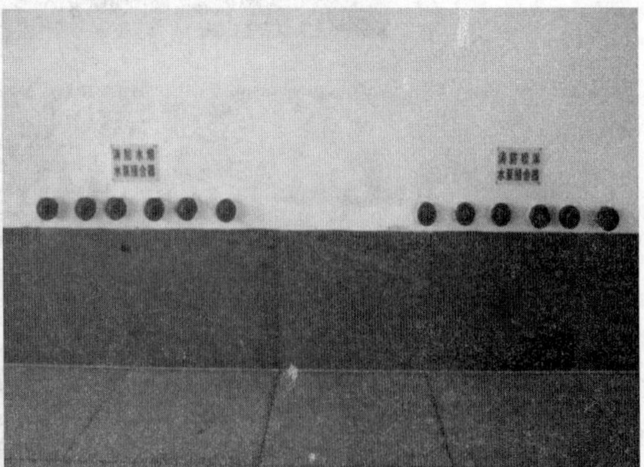

水泵接合器

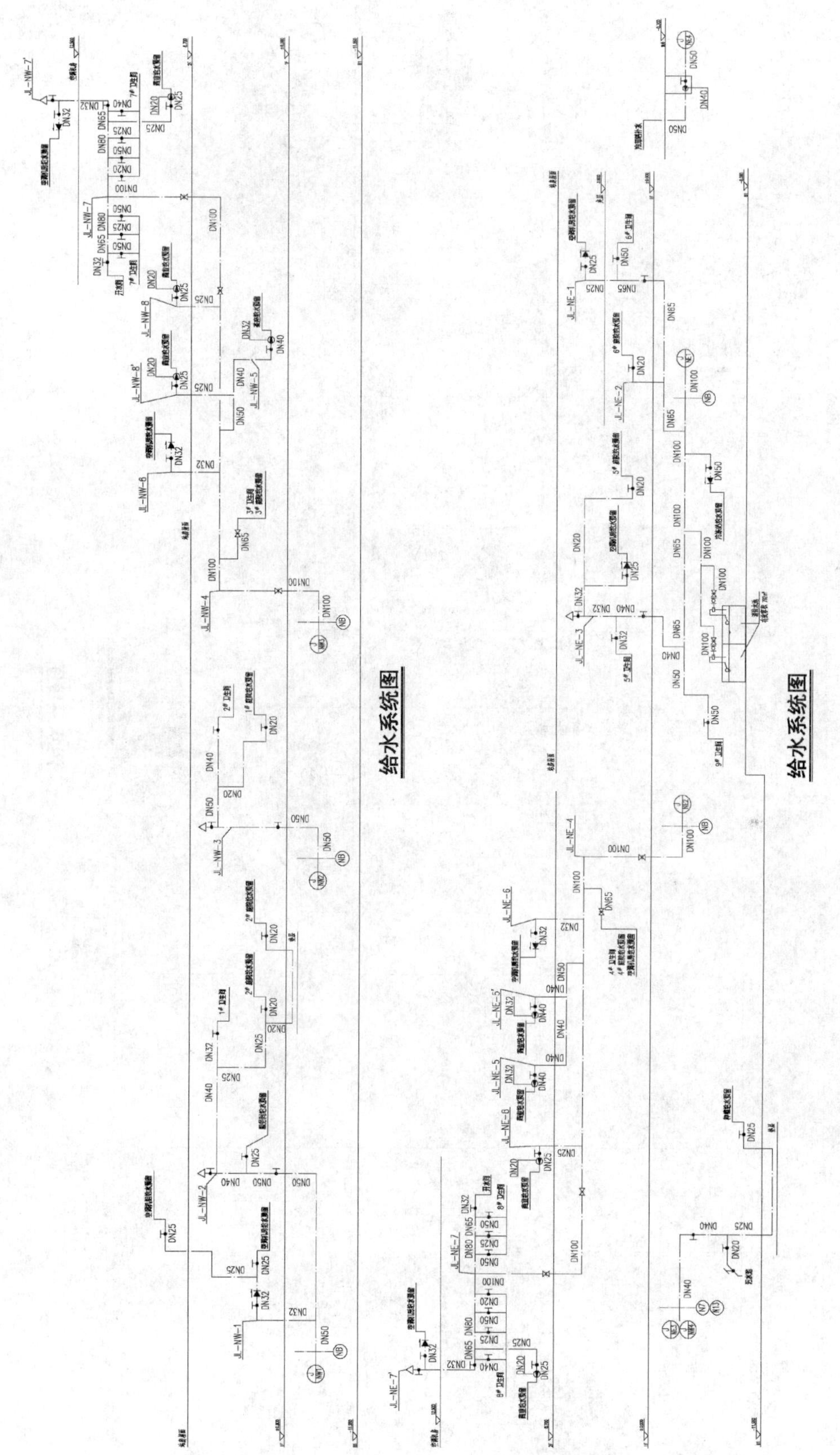
给水系统图
给水系统图

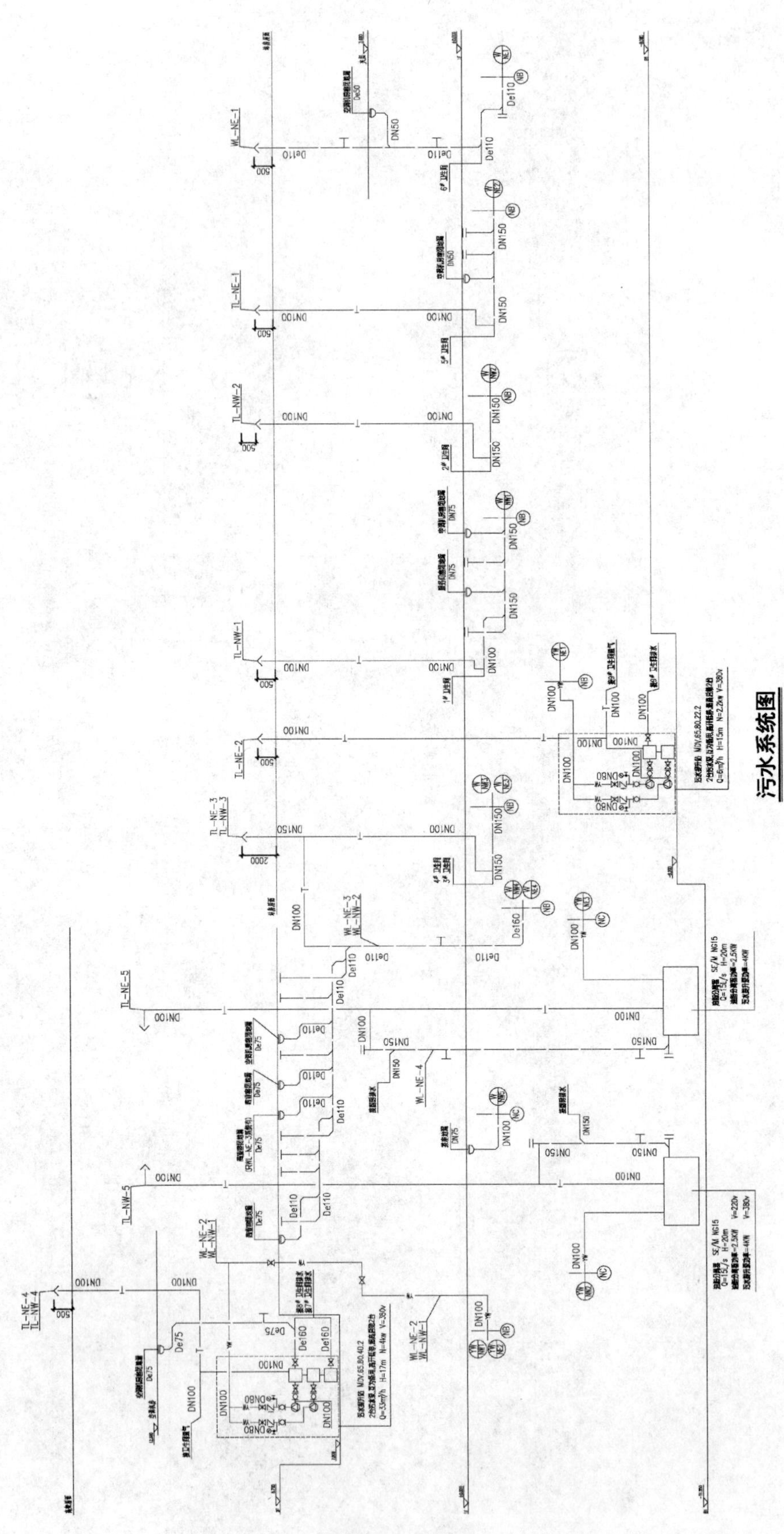

污水系统图

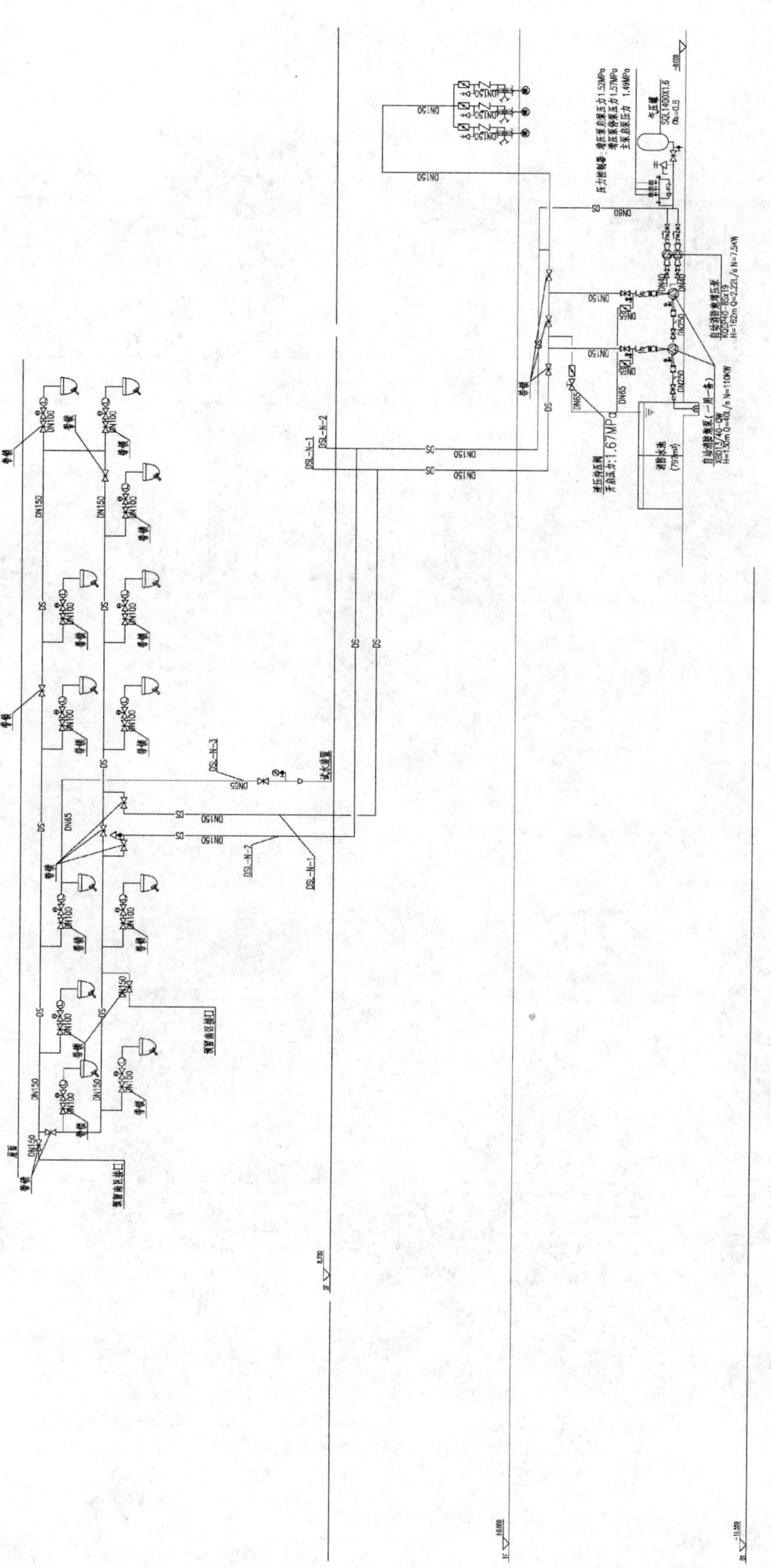

自动消防炮系统图

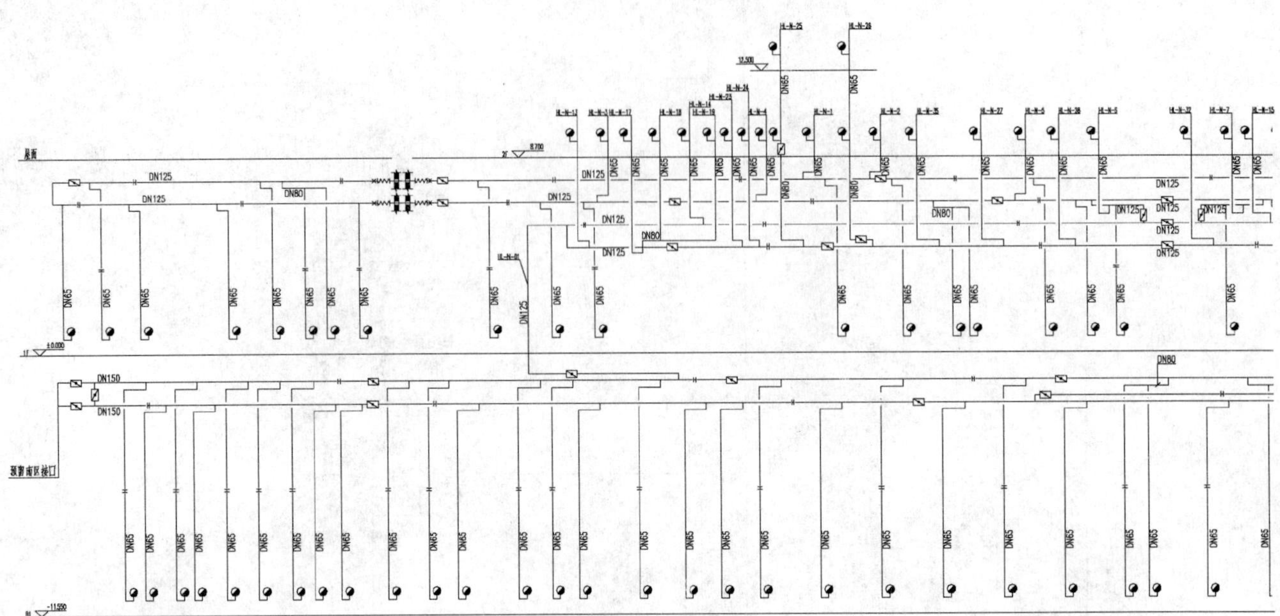

消火栓系统图

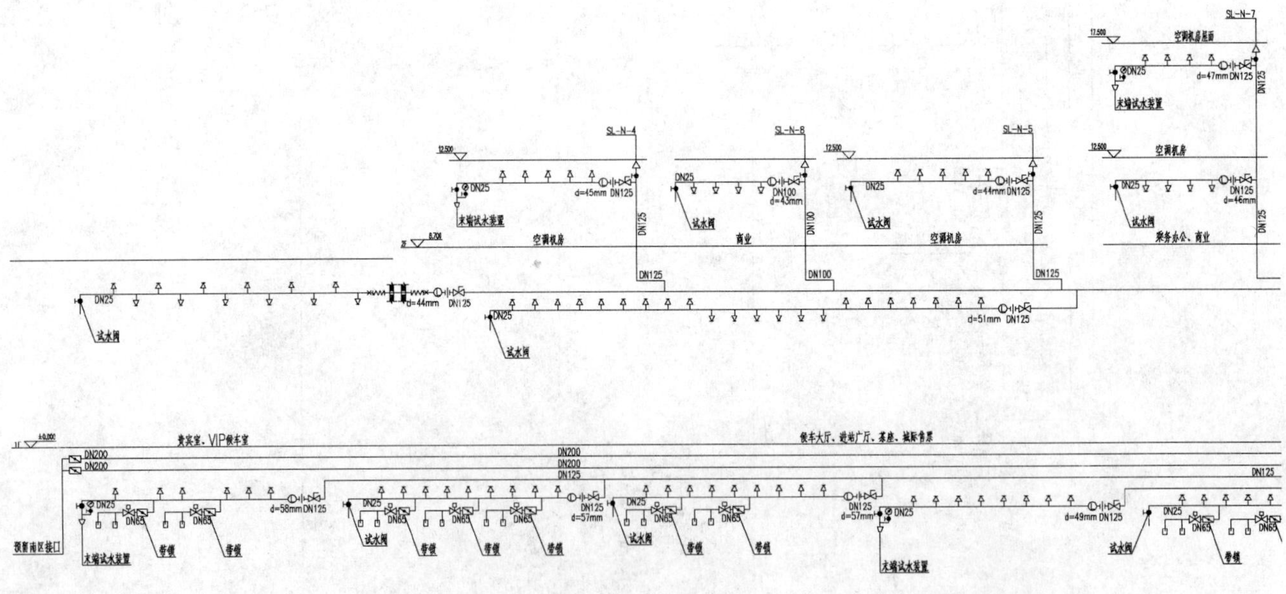

自动喷水灭火系统图

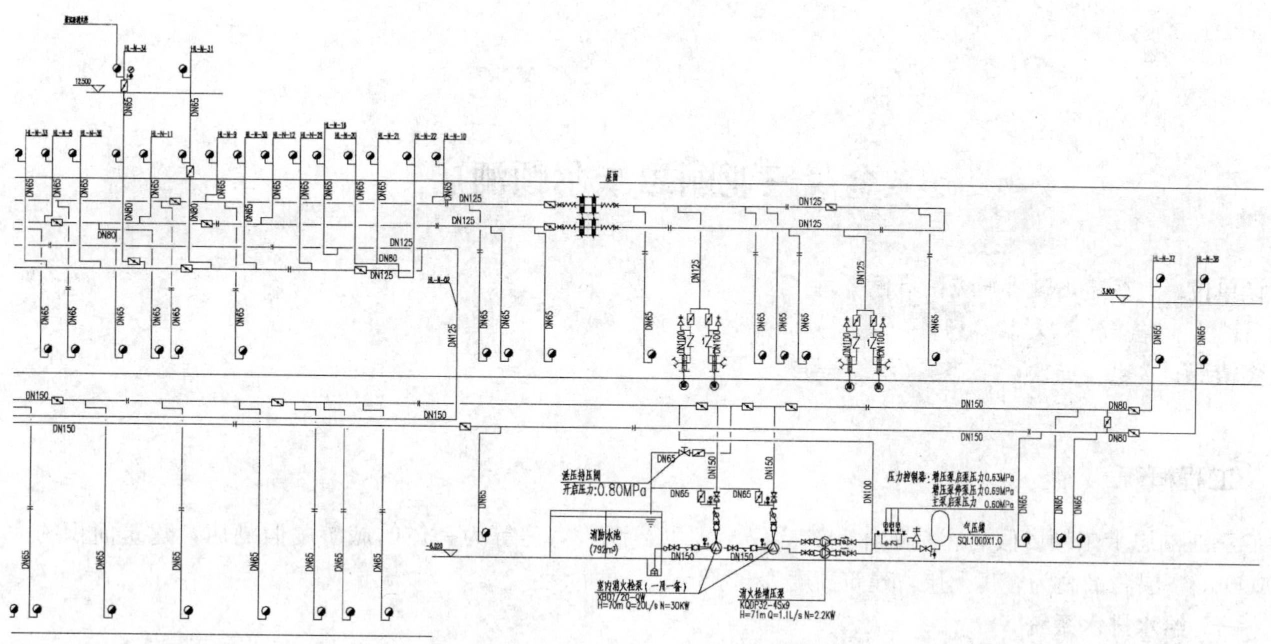

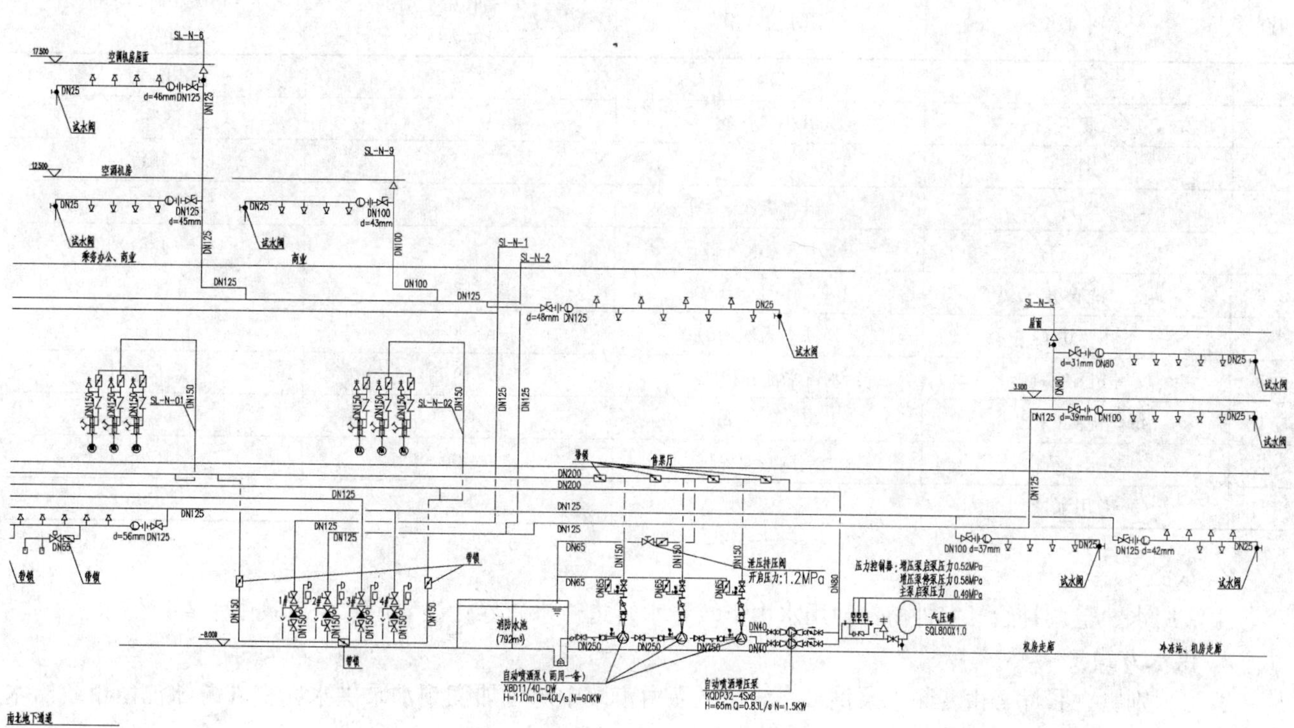

金茂三亚丽思卡尔顿酒店

设计单位：上海建筑设计研究院有限公司
设 计 人：施辛建　刘毅　杨磊　徐燕
获奖情况：公共建筑类　三等奖

工程概况

三亚丽思卡尔顿度假酒店是集休闲、会议、别墅、酒店客房等为一体的旅游度假酒店，建筑面积约为89000m²，层高最高为客房七层，建筑高度为23.3m。

一、给水排水系统

（一）给水系统

1. 冷水用水量（表1）

冷水用水量　表1

序号	用水部位	用水量标准	最高日用水量 (m^3/d)	最大小时用水量 (m^3/h)
1	客房	400L/(床·d)	335.2	34.9
2	职工	100L/(人·次)	80	8.33
3	别墅	400L/(人·d)	32.8	3.4
4	餐厅	40升/(人次·d)	110	11
5	职工餐厅	20L/(人次·d)	48	4.8
6	洗衣房	40L/(d·kg干衣)	130	24.4
7	水疗中心	150L/(人次·d)	90	15
8	室外游泳池	补给水占水池容积的10%	197	16.4
9	绿化浇灌(中水)	1.5L/(次·m^3)	265	66.3
10	空调补给水	由空调专业提供	400	16.7
11	总用水量		1423	135

2. 水源

生活用水、空调补给、室外游泳池用水由市政给水管道供水，绿化浇灌用水由市政中水管道供水。

3. 供水方式

客房、别墅、餐厅等由变频水泵供水，绿化浇灌由市政中水管加变频水泵供水，室外游泳池由市政给水管道直接供水。

（二）热水系统

1. 热水加热方式

热水主要供客房、餐厅及淋浴室、水疗中心、别墅、公共卫生间等部位。热水采用集中加热方式。

2. 热水供水方式

集中加热的热水系统采用闭式机械循环供水方式，热水水源由变频水泵供水，热水热源由蒸汽锅炉提供，热水耗热量为2474991kcal/h，别墅等独立的建筑采用电加热方式。

3. 冷、热水管均采用铜管。

(三) 排水系统

室内外生活排水系统采用污废水合流体制，合流污废水排至室外污水管和污水检查井再纳入市政污水管网。污废水总排放量为785m^3/d。

(四) 雨水系统

1. 室外雨水排水系统采用雨污水分流体制，室外地面雨水通过路旁雨水口有组织地收集后纳入市政雨水管，雨水设计重现期采用一年，雨水总排放量约为3871L/s。

2. 屋面雨水采用压力流排水系统（D区部分），其屋面雨水排水工程与溢流设施的总排水能力按50年重现期的雨水量设计。其他屋面雨水为散水形。

二、消防系统

(一) 消火栓系统

1. 室内消防水源由室外两个游泳池提供，室外消防水源由市政管道提供，消防设施配置和用水量见表2。

消防设施配置和用水量

表2

序号	消防设施	用水量标准(L/s)	火灾延续时间(h)	一次灭火用水量(m^3)	备注
1	室外消火栓灭火系统(市政管网直接供水)	30	2	216	
2	室内消火栓灭火系统	20	2	144	
3	自动喷水灭火系统	35	1	126	
4	手提式和手推式灭火器				灭火器类型为磷酸铵盐
5	合计	85		270	

2. 室外消火栓灭火系统采用市政给水系统，室内消火栓灭火系统采用临高压消防给水系统，室内消火栓布置要求保证有两支水枪的充实水柱同时到达室内任何部位，水枪充实水柱长度要求大于10m。

(二) 自动喷水灭火系统

客房、餐厅、电梯厅、办公室、走道、库房、车库以及其他公共活动用房均设置玻璃球喷头进保护，自动喷水灭火系统采用临高压消防给水系统，自动喷水灭火系统设计基本参数见表3。

自动喷水灭火系统设计基本参数

表3

火灾危险等级	喷水强度	作用面积
中危险Ⅱ级	8L/(min·m^2)	160m^2

(三) 水喷雾灭火系统

锅炉房、柴油发电机房采用水喷雾系统，设计喷水强度为20L/(min·m^2)，持续时间0.5h。

(四) 在各机房、电气房、库房、走道及有固定人员值班的等场所设置手提式灭火器，一般场所按A类火灾种类设计。

三、设计技术要点和难题

1. 由于旅游的因素客流变化，在设计客房供热水系统采用三套热水供水系统主要考虑到人流量少的时候开一套或两套。

2. 根据海南日照条件比较好，在设计中利用空调热回收装置加太阳能热水装置提高冷水温度，以达到节能效益。

3. 本工程基地占地 15.3hm^2。总平面地势起伏、坡度大，水景纵横交错、工艺复杂。给水排水总平面设计难度大，要求高，需要与景观专业公司密切合作。

4. 给水、排水、消防、燃气、雨水、电缆等各类管道和各类检查井的布置合理，与其他专业设备、设施、管线密切配合、相互协调，避免发生冲突。管道避让原则：小管径管道避让大管径管道；压力流管道避让重力流管道。

四、工程照片及附图

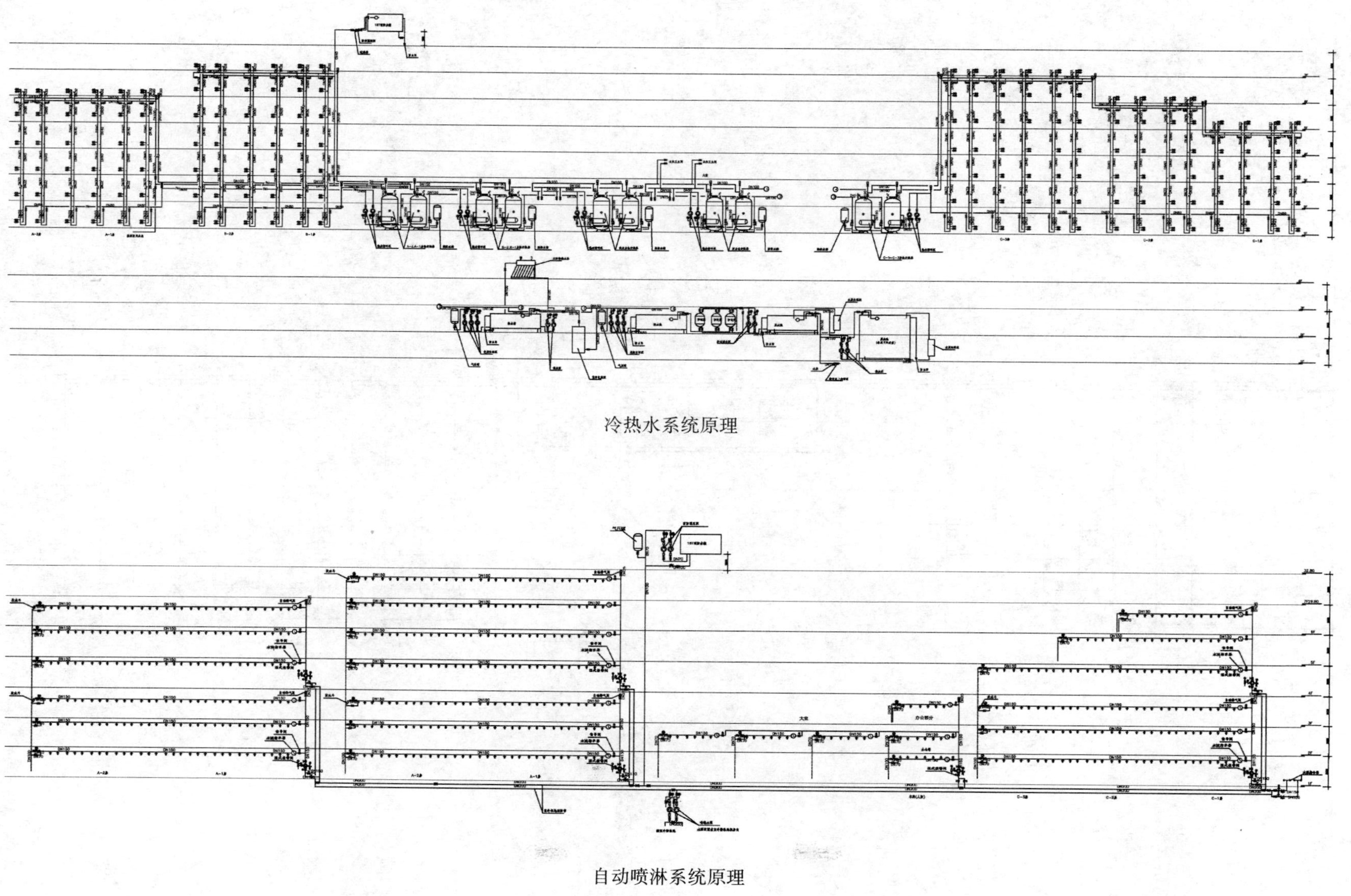

冷热水系统原理

自动喷淋系统原理

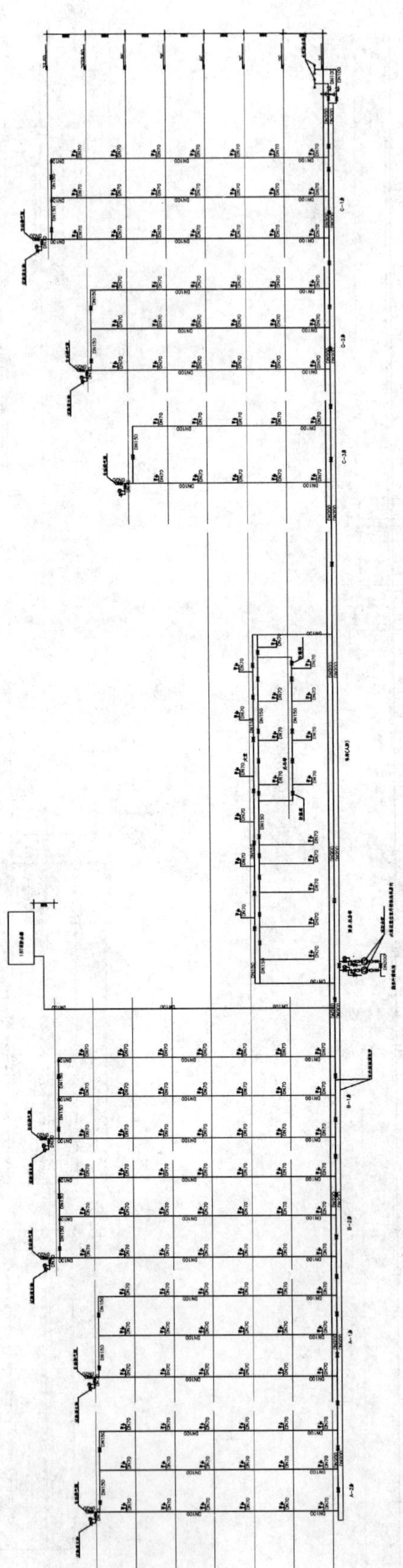

消火栓系统原理

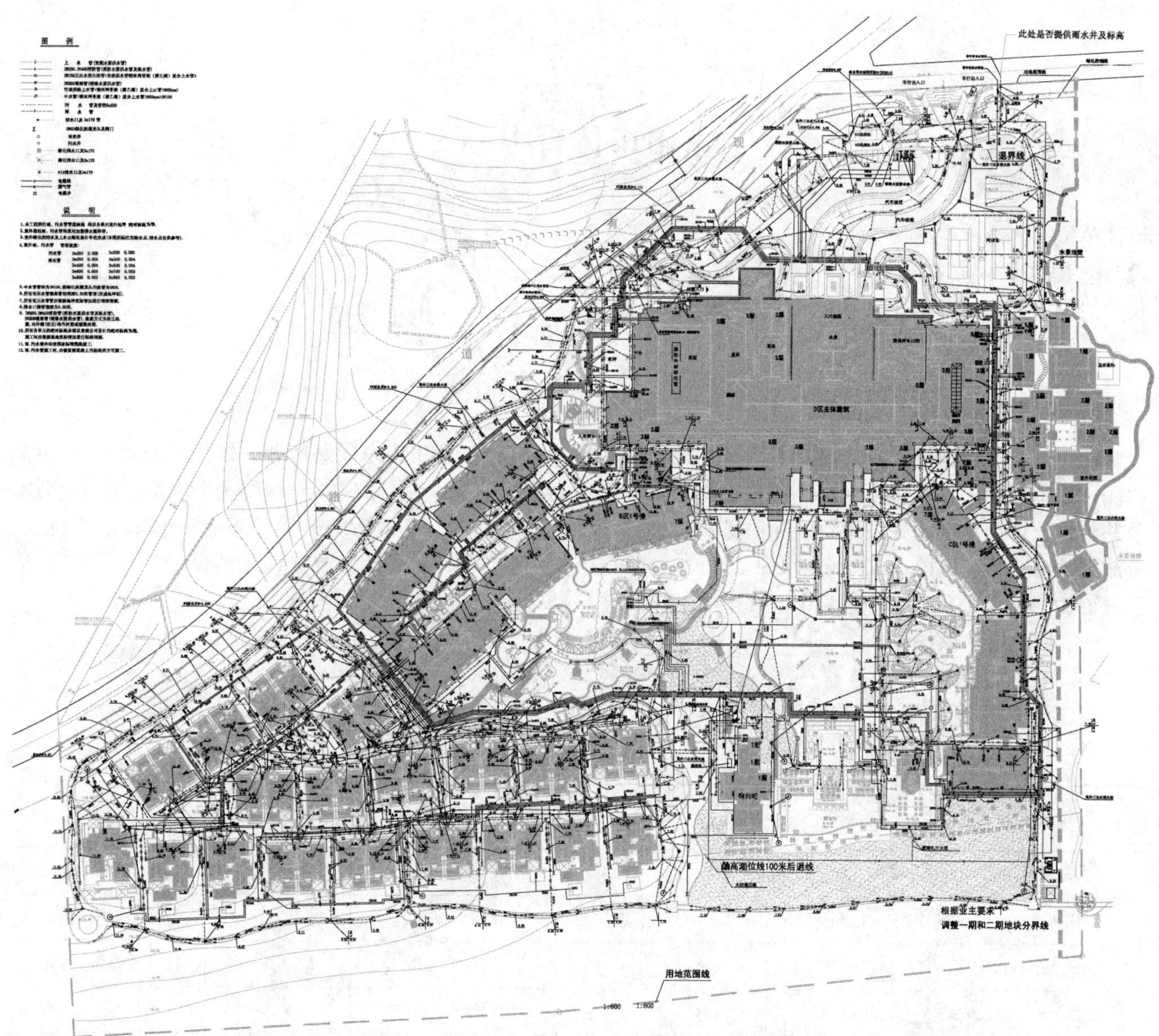
此处是否提供雨水井及标高
退界线
最高潮位线100米后退线
根据业主要求
调整一期和二期地块分界线
用地范围线

给排水综合管线总平面

莆田市体育中心

设计单位：同济大学建筑设计研究院（集团）有限公司
设 计 人：杜文华
获奖情况：公共建筑类　三等奖

工程概况：

莆田市游泳健身馆建在莆田市荔城区莆田市体育中心内，位于莆田市东园路南侧，镇海路东侧，延寿路西侧；地上两层，局部地下一层，健身中心两层；建筑高度为17.28m，总建筑面积约为10735m²；属多层公共建筑。该游泳健身馆设符合国际比赛要求的10泳道游泳比赛池（50m×25m×（2.0～2.2）m）、5泳道游泳训练池（25m×12.5m×平均水深1.6m）和健身馆各一座。游泳比赛池和游泳训练池设于一层，局部地下一层为泳池水处理机房，健身中心设于一层～二层。

一、给水排水系统

（一）给水系统

1. 冷水用水量（表1）

冷水用水量 **表1**

用水名称	用水指标	用水时间(h)	时变化系数	最高日用水量(m^3/d)	最大时用水量(m^3/h)	备注
泳池淋浴	40L/(人次·d)	10	2	100	20	2500人次/d
比赛池补水	V=2625m^3	10	1	131	13.1	按泳池容积5%计
训练池补水	V=500m^3	10	1	25	2.5	按泳池容积5%计
桑拿(200人次/d)	150L/人次	12	2.0	30	5	
健身、运动员(240人/d)	40L/人	10	2.0	9.6	1.9	
工作人员(100人)	50L/人	10	1.5	5	0.75	
预留10%				30	4.3	
合计				331	47.5	

2. 水源

给水系统水源为城市管网自来水，水压0.25MPa。由体育中心基地附近市政给水管引入一根DN150进水管，作为本工程的生活专用水源，并设置总水表计量。

3. 系统竖向分区

由于市政压力满足游泳健身馆供水压力要求，因此系统竖向不分区，由市政水压直接供水。

4. 供水方式及给水加压设备

市政压力为0.25MPa，压力能够满足游泳健身馆供水压力要求，因此采用市政水压直接供水的方式，在进户处设水表计量，无需给水加压设备。

5. 管材

室内给水干管采用涂塑钢管及配件；卫生间给水支管（检修阀后）采用公称压力为1.25MPa的PP-R给水管，热熔连接。室外埋地给水管采用内壁防腐的球墨铸铁给水管。

（二）热水系统

1. 热水用水量（表2、表3）

淋浴设计小时热水量 **表2**

用水项目	用水单位数	用水标准35℃	设计小时耗热量(kW)	设计小时热水量(m^3/h)(60℃)	贮热水箱(m^3)(60℃)
淋浴	178个	300L/h	1540	26.5	53

注：(105+73)包括体育馆淋浴用水。

游泳池加热所需热量 **表3**

	水温(℃)	冷水水温(℃)	平时所需热量(kW/h)	初次加热所需热量(kW/h)(加热时间48h)
比赛池(50×25×2.1(m))	27	10	460	1297
训练池(25×12.5×1.6(m))	27	10	110	247
合计			570	1297 (按两个池子轮流初次加热计)

2. 热源

游泳健身馆游泳池初次加热时由空气源热泵和太阳能集热系统联合供热，保温时游泳池优先使用太阳能，太阳能供热不足的能量由空气源热泵补充；游泳健身馆和体育馆淋浴用水加热系统使用太阳能和空气源热泵联合供热。首先通过太阳能集热系统和空气源热泵对热媒进行加热，加热后的热媒作为板式换热器的热源对冷水进行间接加热，热水贮存与蓄热水箱中，并通过循环泵机械循环，蓄热水箱中的热水一部分作为游泳健身馆和体育馆的淋浴用水，另一部分作为游泳比赛池和训练池的初次加热和保温时板式换热器的热源。

3. 系统竖向分区

游泳健身馆地上两层，局部地下一层，健身中心地上两层，建筑高度为17.28m，为多层公共建筑，因此，淋浴热水系统不分区，由游泳健身馆屋顶层冷热水箱重力供水。

4. 热交换器

游泳池设计参数：冷水温度为10℃，热水温度为27℃考虑，初次加热时间为48h，热源采用55℃的热水。

比赛池：初次加热量为1297kW，选用两台316L不锈钢板式换热器，初次加热使用两台换热器，恒温时使用一台，单台换热量为715kW，采用进口温度控制设备。

训练池：初次加热量为247kW，选用两台316L不锈钢板式换热器，单台换热量为140kW，初次加热热使用两台换热器，恒温时使用一台，采用进口温度控制装置。

淋浴用水及游泳池热源制备：淋浴用水和游泳池加热及保温所需热源均来自蓄热水箱，蓄热水箱中的热水主要是通过三台316L不锈钢板式换热器制备，热源来自空气源热泵及太阳能集热板。

5. 冷、热水压力平衡措施、热水温度的保证措施等

游泳健身馆淋浴用冷、热水主要是通过置于屋顶层的冷、热水箱重力供水，这样可以保证各淋浴器冷、

热水压力基本平衡。此外，各淋浴间冷热水管道形成环状，各淋浴器用水从冷水及热水环管上接出，且冷热水管道同程布置，这样可以也保证各淋浴器冷、热水压力的平衡及供水的安全性和均衡性。本热水系统采用了热水循环泵机械循环，使得管网中的水低于设定温度，热水循环泵开始机械循环，这样可以保证各用水点的温度；而且热水供水系统均采用了可靠的温度控制设备，以确保太阳能集热器及空气源热泵能提供足够的热源，保证各用水点用水正常可靠。此外，管道同程布置，淋浴间冷热水管道环状布置，且在热水环管上的最不利点进行回水，这样的管道布置方式也确保各用水点压力及水温的均衡性。同时，热水管道也采取了保温措施，降低了管网的热损失，保证了各用水点热水的供应。

6. 管材

热水管及热水设备房、浴室、桑拿的冷、热水管（含回水管）采用薄壁不锈钢管，承压 1.6MPa，采用卡压式连接。薄壁不锈钢管管径及壁厚按国标选用。

(三) 排水系统

1. 排水系统的形式（污、废合流还是分流）

该工程室内采用污、废水合流的排水形式；室外采用雨、污水分流的形式；室外汇合污水后纳入基地污水管。最高日污水排放量为 159m^3/d。

2. 透气管的设置方式

二层所有卫生间的排水均设置伸顶透气立管，一层卫生器具排水干管末端均设环形透气管。

3. 管材

室内排水管（含污水管、废水管、通气管）采用 PVC-U 塑料排水管。埋于地下室底板内排水管采用机制铸铁排水管；室外排水管采用 HDPE 排水管；与潜水排污泵连接的管道，均采用涂塑钢管，沟槽式或法兰连接。

二、消防系统

(一) 消火栓系统

1. 消火栓系统的用水量

室内消火栓用水量为 15L/s；室外消火栓用水量为 30L/s，火灾延续时间 2h。

2. 系统分区

游泳健身馆地上两层，局部地下一层，健身中心两层，建筑高度为 17.28m，为多层公共建筑，室内消火栓系统供水由体育中心集中消火栓泵供给，因此，消火栓系统竖向不分区。地下一层到二层的消火栓均为减压稳压消火栓。

3. 消火栓泵（稳压设备）的参数

消防中心消防设施设在体育中心的体育馆内，基地室内消火栓用水量为按体育馆建筑设计，设计流量为 30L/s，游泳健身馆室内消火栓用水由体育馆内的消防水池和消火栓泵提供，消火栓泵的设计参数为 Q=30L/s，H=60m。

4. 水池、水箱的容积及位置

室内消防水池容积为 594m^3，设于体育馆水泵房内；室外消防水池容积为 324m^3，位于体育馆与游泳健身馆之间，并设消防车吸水井；高位水箱的容积为 18m^3，位于体育馆屋顶消防水箱间。

5. 水泵结合器的设置

健身游泳馆室内消火栓用水量为 15L/s，设一套水泵接合器，型号为 SQA-A100 型地上式。

6. 管材

消火栓管道采用内外壁热镀锌钢管，大于等于 DN100 者为沟槽式接口，小于 DN100 者为丝扣连接。

(二) 自动喷水灭火系统

1. 自动喷水灭火系统的用水量

喷头布置除了不宜用水扑救的场所外，均设自动喷水灭火系统保护；按中危险级Ⅰ级配置，喷水强度6L/(min·m^2)，作用面积160m^2，自动喷水灭火用水量为21L/s，火灾延续时间1h。

2. 系统分区

自动喷水灭火系统竖向不分区。游泳健身馆共设两个湿式报警阀，地下一层和一层共用一个湿式报警阀，二层单独使用一湿式报警阀。按每层及每个防火分区设置水流指示器。

3. 自动喷水加压泵（稳压设备）的参数

基地按体育馆建筑，室内自动喷淋灭火系统用水量为35L/s，游泳健身馆自动喷淋灭火系统用水由体育馆内的消防水池和自动喷淋灭火系统加压泵提供，自动喷淋灭火系统加压泵的设计参数为Q=35L/s，H=70m。

4. 喷头选型

采用快速响应式喷头，其中在有吊顶部位K=80、DN15、68℃隐蔽型闭式喷头；当吊顶净空大于800mm时，吊顶内增设直立型；在无吊顶部位设K=80、DN15、68℃直立式喷头；宽度大于1200mm的风管底部需设置下垂型喷头；本工程除地下层及一层、二层空调机房采用直立型喷头，其余处均设置上下喷头。

5. 报警阀数量、位置

游泳健身馆共设两个湿式报警阀，设于一层报警阀间内。

6. 水泵接合器的设置

健身游泳馆室内自动喷水灭火系统用水量为21L/s，设两套水泵接合器，型号为SQA-A100型地上式。

7. 管材

自动喷水灭火系统管道采用内外壁热镀锌钢管，大于等于DN100者为沟槽式接口，小于DN100者为丝扣连接。

三、设计及施工体会或工程特点介绍

项目给排水设计包括了室内消火栓系统、自动喷淋灭火系统，给水、热水及排水系统以及虹吸雨水排水系统和游泳池的水处理系统。该工程最大的亮点就是“空气源热泵＋太阳能”热水供应系统的运用。因此，下面将以目前比较节能的“空气源热泵＋太阳能”热水系统作为案例进行分析，介绍一下该工程的特点。

本项目考虑到体育建筑日常维护运行费用较高等问题，对建筑专业提出可设置空气源热泵及太阳能集热器的土建条件，采用空气源热泵机组＋太阳能作为泳池池水及淋浴供热热源的节能系统供热，运用于游泳池水及淋浴用热水，优先使用太阳能供热，而在阴雨天气等太阳辐射不足的时候由空气源热泵系统辅助加热。

在冬季及春秋季节，如何保持泳池池水的恒温及淋浴热水的供给，各设计人员有着不同的方式。鉴于目前世界能源的紧张及国家对节能减排的日趋重视，用空气源热泵及太阳能作为加热方式，可以提高能效，并减少温室气体的排放，从而减少对环境造成污染的有害因素。空气源热泵作为一种高效节能的产热水装置，技术日趋成熟；而太阳能集热板产热水方式在太阳能资源丰富的地区，有一定的优势。因此，作为我国南方福建莆田地区的一座综合性的游泳馆，我们在设计时首先提出考虑采用以太阳能产热为主、空气源热泵为辅助的池水加热及淋浴水供应的技术方案，即当阴雨天气太阳能辐射不足时，启动空气源热泵辅助加热。经过近两年的运行，目前达到了预期的设计效果，并取得了良好的社会及经济效益。

就“空气源热泵＋太阳能”节能系统利用工程来讲，本设计充分利用了当地的气候条件，更加突出了适应当地气候条件的实用性、安全可靠性。

（一）系统运行的技术经济指标

1. 技术可行性分析

空气源热泵产品适用于−7～43℃，一年四季全天候工作，不受阴雨等恶劣天气的影响；而太阳能技术主要依赖于太阳光照，光照越充足，太阳能技术运行越可靠。莆田市处于我国南方地区，平均气温较高，光照相对比较充足。因此，“空气源热泵＋太阳能”节能系统在该地区运用是可行、可靠的。

2. 经济性分析

假设在相同条件下对1t初始水温为20℃的生活用水进行加热，使水温升高至55℃，需热量为：1000kg×(55−20)℃×1kcal/(kg·℃)＝35000kcal＝1.47×10^5kJ，则：通过计算（按商用电价：高峰1.25元/度，低谷0.64元/度），在商用场合，用电高峰：1t 20℃的冷水用电热水器（平均效率为95%）加热到55℃，制热水的电费是53.5元，而空气源热泵机组（平均效率为400%）为13.4元；用电低谷：1t 20℃的冷水用电热水器加热到55℃，制热水的电费是27.4元，而空气源热泵机组为6.8元。因此，空气源热泵机组要比电加热器更节能高效、经济实用。

表4从能耗、效率、运行管理、安全可靠与环境影响等角度对比了热泵热水机组与各传统热水加热设备的特点（假设在相同条件下对1t初始水温为20℃的生活用水进行加热，使水温升高至55℃）。从表4中可以看出，热泵热水机组效率最高、能耗最低、运行成本最低、维护管理方面，且安全可靠、无污染。

热泵热水机组与传统热水设备的对比 **表4**

	热泵热水器机组	燃油热水设备	燃气热水器	电热水器
消耗能源	商用电	轻柴油	液化气	商用电
平均效率	400%	70%	80%	95%
所耗能量	10.7kWh	4.9kg	1.83m^3	42.8kWh
所需费用	9.6元	24.5元	25.5元	38.5元
人员管理	无	专业人员	专业人员	无
安全性	安全可靠	漏油、火灾、爆炸等安全隐患	火灾、爆炸等安全隐患	电热管老化、漏电等危险
环境影响	无任何污染	污染严重，一些大、中城市已禁止使用，有燃烧气体排放		无任何污染

能源价格表：商用电费：0.9元/kWh，轻柴油：5元/kg，液化气：14元/m^3

（二）“空气源热泵＋太阳能”节能系统设计特点及优缺点

系统采用“空气源热泵＋太阳能”的节能系统，由太阳能集热器阵列和空气源热泵联合加热游泳池水和淋浴用热水，可充分保证全天候的热水供应。游泳池加热系统优先使用太阳能，而太阳能供热不足的能量由空气源热泵补充。系统主要由太阳能集热器阵列、空气源热泵、板式热交换器、贮热水箱、泵、管路系统及控制系统组成。

1. “空气源热泵＋太阳能”节能系统的设计特点

（1）因地制宜

设计考虑到当地气候特点，充分利用当地丰富的太阳能资源，对建筑设计提出“空气源热泵＋太阳能”节能系统的运用，对建筑专业提出满足可设置空气源热泵及太阳能集热器的土建条件。本设计突出了适合当地气候条件的设计思想。

（2）节能环保特点

1）从近两年运行情况看，夏季四个月（莆田地区，下同）客流量高峰期，空气源热泵基本停止使用，利用太阳能产热水系统即完全可以满足游泳池水加热与恒温及淋浴用水要求。春秋两季五个月只需启用三组空气源热泵中的一到两组，加上太阳能产热水，即可满足游泳池水加热及恒温，并能保证淋浴用水的供给。冬季三个月启用三组空气源热泵，辅助太阳能产热水系统，也能满足两个泳池的初始加热、池水恒温及淋浴用水的要求。由于控制系统采用了智能控制切换，因此，在太阳能产热水系统具有加热价值时，控制系统会自动切换，优先利用太阳能产热水，从而实现尽量少开或者不开电能驱动的空气源热泵，实现了智能切换，最终真正实现节能运行的设计目标。

2）根据当地的实际情况，在无市政供热管网，且对燃煤、燃气、燃油锅炉有一定限制的情况下，除选用太阳能作为主要加热热源外，也可选用电能作为主要加热热源。空气源热泵是采用热泵技术，电能驱动把热量从低温热源转移到高温热源的一种装置。根据逆卡诺循环原理，采用少量的电能驱动压缩机运行，高压的液态工质经过膨胀阀后在蒸发器内蒸发为气态，并大量吸收空气中的热能，气态的工质被压缩机压缩成高温、高压的液态，然后进入冷凝器放热，把水加热。在运行过程中，消耗 1 份电能，同时从环境空气中吸收转移了约 3～4 份的能量（热量）到水中，相对于常规电能驱动的水加热器，节约了 3/4 的能量。因此，空气源热泵显得更加节能环保；此外，空气源热泵设备安装、运行维护方便。就太阳能而言，它是可再生能源，取之不尽，太阳能系统使用方便，经济效益明显，对环境不产生污染。因此，运用太阳能系统是节能减排的一个重要方法及措施，也是未来“低碳”生活的一个重要组成部分。

2.“空气源热泵＋太阳能”节能系统的优点

（1）可靠性：在各系统的配置中，均优先考虑技术成熟可靠的产品，比如空气源热泵选用应用实例较多的国内名牌产品；循环水泵均采用一用一备配置方式；温控系统采用国外进口名牌产品；太阳能集热板选用铜铝复合平板式集热板；各系统连接管路采用不锈钢管，并进行保温施工；自动编程控制系统采用专业厂家技术成熟的产品。此外，系统虽然设置了太阳能加热水系统，但考虑到太阳能系统在连续阴天等光照条件不足的情况下运行的局限性，为保证游泳池加热及淋浴供热水正常运行，空气源热泵选型配置基本仍按满负荷考虑，确保系统运行的可靠。而且系统安装经业主层层筛选的招投标程序；技术上邀请技术专家现场评定；施工队伍也比较专业，因此安装施工技术可靠，并在施工过程及系统联合调试运行过程中要求业主方派相关设备操作人员全程跟踪学习培训，做到一般故障知其因、知其解，在运行过程中及时排除一般故障，使系统始终处于最佳工作状态。因此，以上产品的选配及施工管理得当保证了系统的正常运行。经过两年多的运行，系统被证明是可靠的。该馆冬季也能正常开放，而且成功举办了福建省第十四届省运动会的游泳比赛。

（2）实用性：各系统分组编程控制，采用国产产品与进口产品相结合的配置原则，降低了系统的总投资，实用性较强。

（3）安全性：热水机组无需燃料输送管道及燃料贮存设备，没有燃料泄漏、火灾、爆炸等安全隐患。机组内设有高压保护、低压保护、压缩机过流过载保护、启动延时、水流超高温保护、水箱水位保护等多重安全保护，因此，从根本上杜绝了漏电、干烧、超高温等安全隐患。

（4）经济性：机组安装在室外，不占用有效建筑面积，可节省土建投资；运行附加费用少，无需燃料输送和保管；节能效果明显，投资回报期短，而且运行费用相比于其他传统加热设备明显降低。

（5）维护方便：无须复杂的维护、检修；无须专人看管。从该项目运行两年左右的情况来看，操作管理人员、业主对系统的运行维护较满意和认可，而且该系统基本未出现过较大的故障，也无因产品问题产生的维护成本。

3.“空气源热泵＋太阳能”节能系统存在的问题

由于该地区年平均气温较高，光照相对比较充足，这样的条件对“空气源热泵＋太阳能”系统运行非常有利，因此，从莆田游泳馆运行情况看，尚未发现明显的技术、工艺、选型等方面的缺点。但是该技术仍然存在一些不足之处：

（1）平板式太阳能集热器价格比较低廉、承压高，但热效率较低；真空管式太阳能集热器虽然启动快、保温好、运行可靠，但成本较高。因此可根据不同地区气候条件，综合考虑经济效益、安全可靠等因素，做出正确选择。

(2) 智能控制部分由于不是标准件，而是根据逻辑控制模型购买传感器及控制模块集成的控制系统，目前看来控制功能尚不稳定。

(3) 热泵热水机组发展时间短，其本身自动控制水平有限，自带的控制模块的拓展性能不足，尤其在群控方面远未能实现，需补充外挂模块，甚至脱离其原有模块，另行配置控制系统。

通过对上述工程的实例分析，我们不难看出，太阳能作为可再生能源，利用在本工程中有着很多优势，如设备利用率高，在莆田气候地区的运用，提供了实际经验，特别是省去了锅炉房，符合我国国情。另外，机组可安装在室外，节省了机房的建筑面积。空气源热泵只是从空气中吸取热量或向空气中释放热量，并不构成对空气的污染，对环境几乎不造成什么影响。因此该机组在中小型建筑中得到了广泛的应用。加上空气源热泵能效比 COP 值在 2.6～5.5 的范围内，高效、节能、环保将使空气源热泵得到更加广泛的应用。同时结合太阳能的利用，本工程真正做到了建筑节能，贯彻了国家的有关法律法规和方针政策，提高了能源的利用效率，避免能源的浪费。

莆田游泳健身馆已于 2010 年 8 月开始运行，其中举办了福建省第十四届省运动会的游泳比赛及群众性比赛，受到各界领导、群众的一致好评。

四、工程照片及附图

莆田市游泳健身馆

莆田市游泳健身馆室内游泳比赛池

莆田市游泳健身馆水处理机房

莆田市游泳健身馆屋顶空气源热泵机组

莆田市游泳健身馆屋顶太阳能集热板

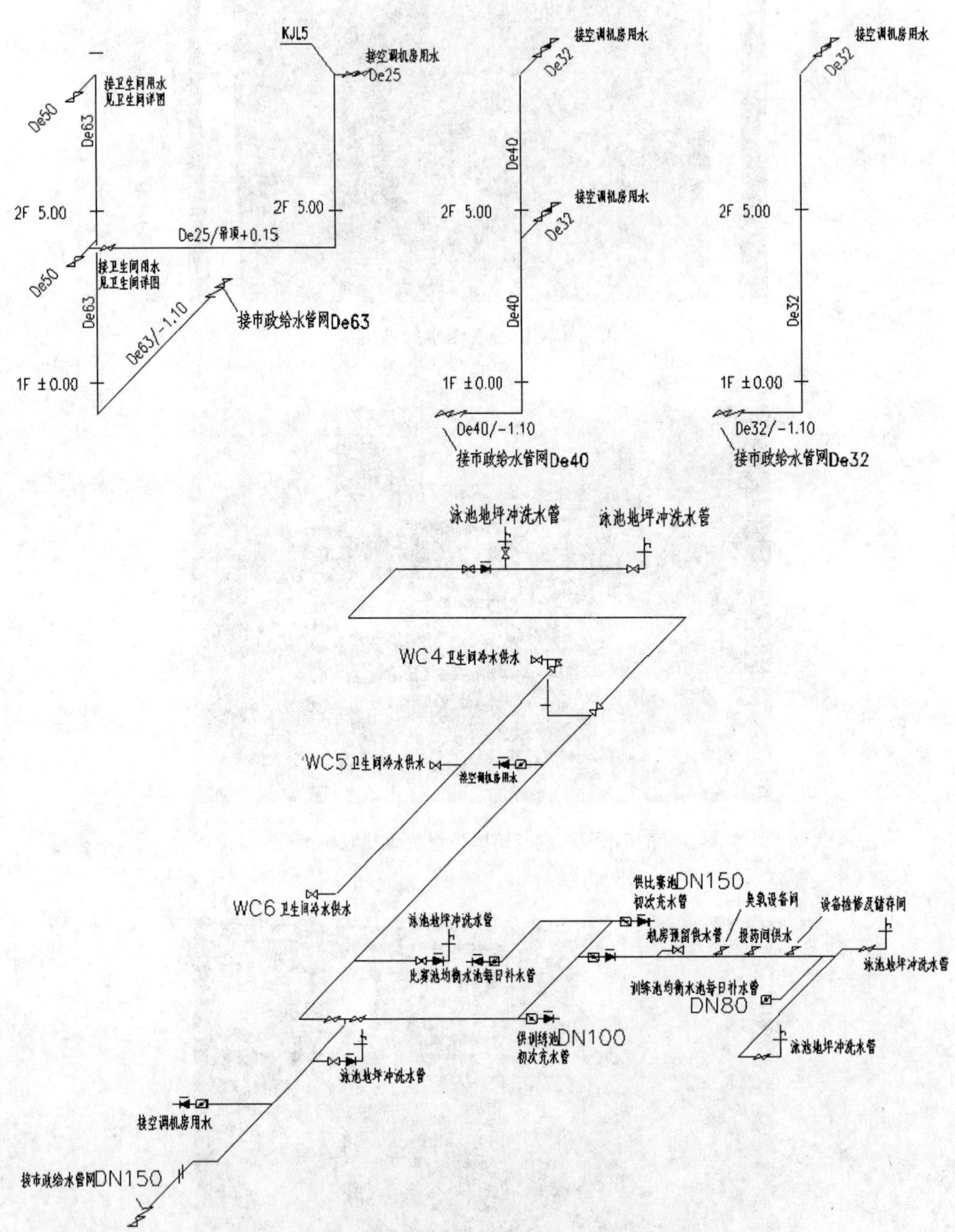
KJL5
接空调机房用水
De25
接卫生间用水
见卫生间详图
De50
De63
2F 5.00
De25/吊顶+0.15
接卫生间用水
见卫生间详图
De50
De63
De63/-1.10
接市政给水管网De63
1F ±0.00
接空调机房用水
De32
De40
2F 5.00
接空调机房用水
De32
De40
1F ±0.00
De40/-1.10
接市政给水管网De40
接空调机房用水
De32
2F 5.00
De32
1F ±0.00
De32/-1.10
接市政给水管网De32
泳池地坪冲洗水管
泳池地坪冲洗水管
WC4 卫生间冷水供水
WC5 卫生间冷水供水
接空调机房用水
WC6 卫生间冷水供水
泳池地坪冲洗水管
比赛池均衡水池每日补水管
供比赛池DN150
初次充水管
臭氧设备间
设备检修及储存间
机房预留供水管
投药间供水
泳池地坪冲洗水管
训练池均衡水池每日补水管
DN80
供训练池DN100
初次充水管
泳池地坪冲洗水管
泳池地坪冲洗水管
接空调机房用水
接市政给水管网DN150

给水系统图（非通用图示）

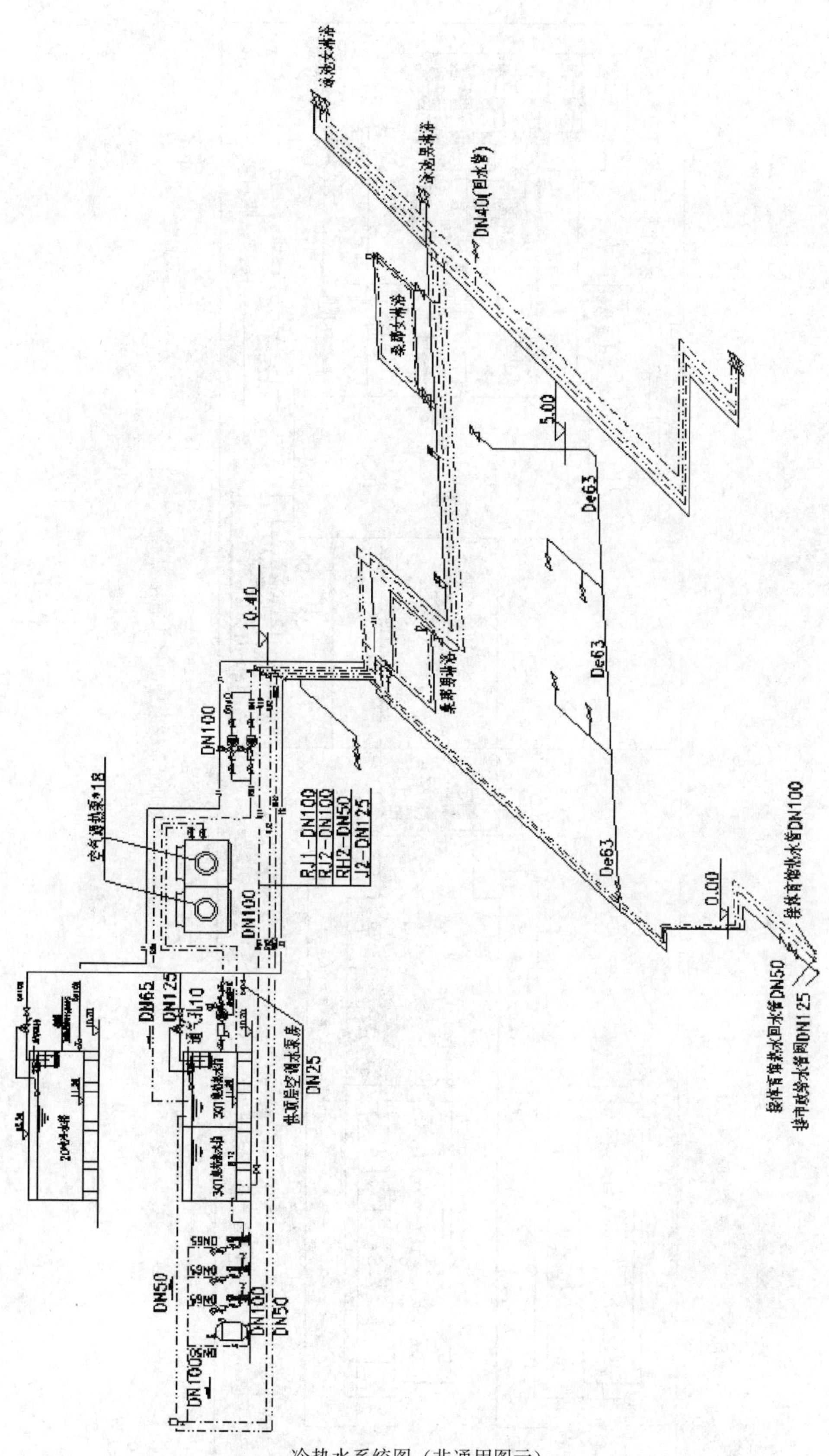

冷热水系统图（非通用图示）

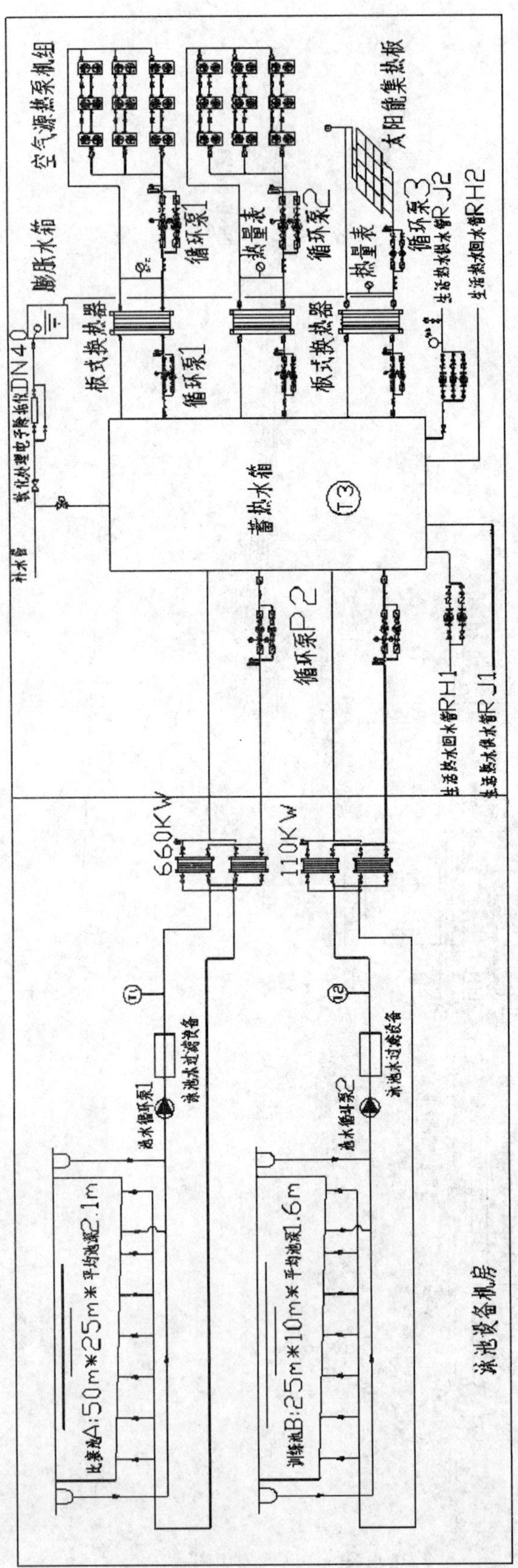

空气源热泵、太阳能系统原理图（非通用图示）

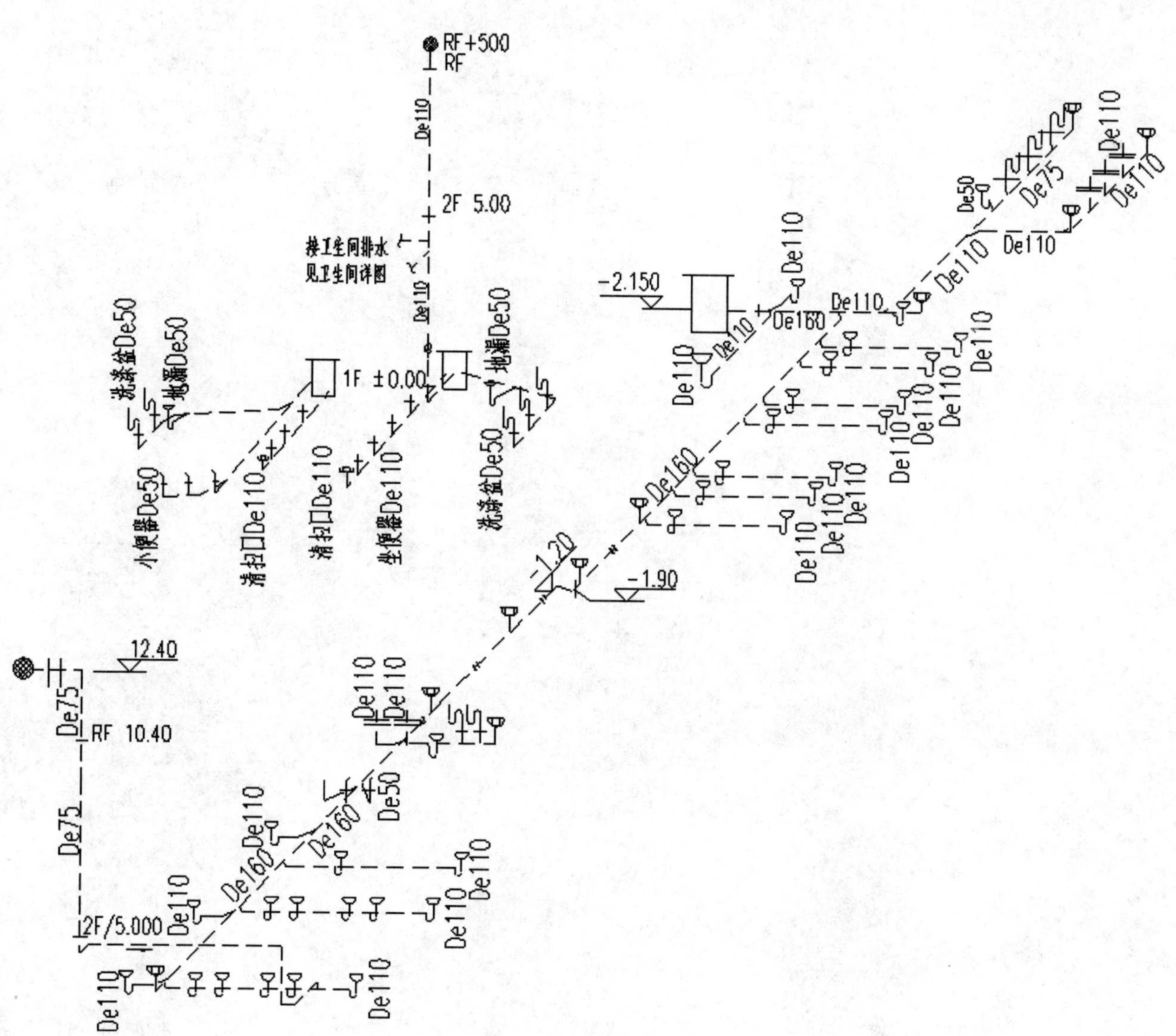

排水系统图（非通用图示）

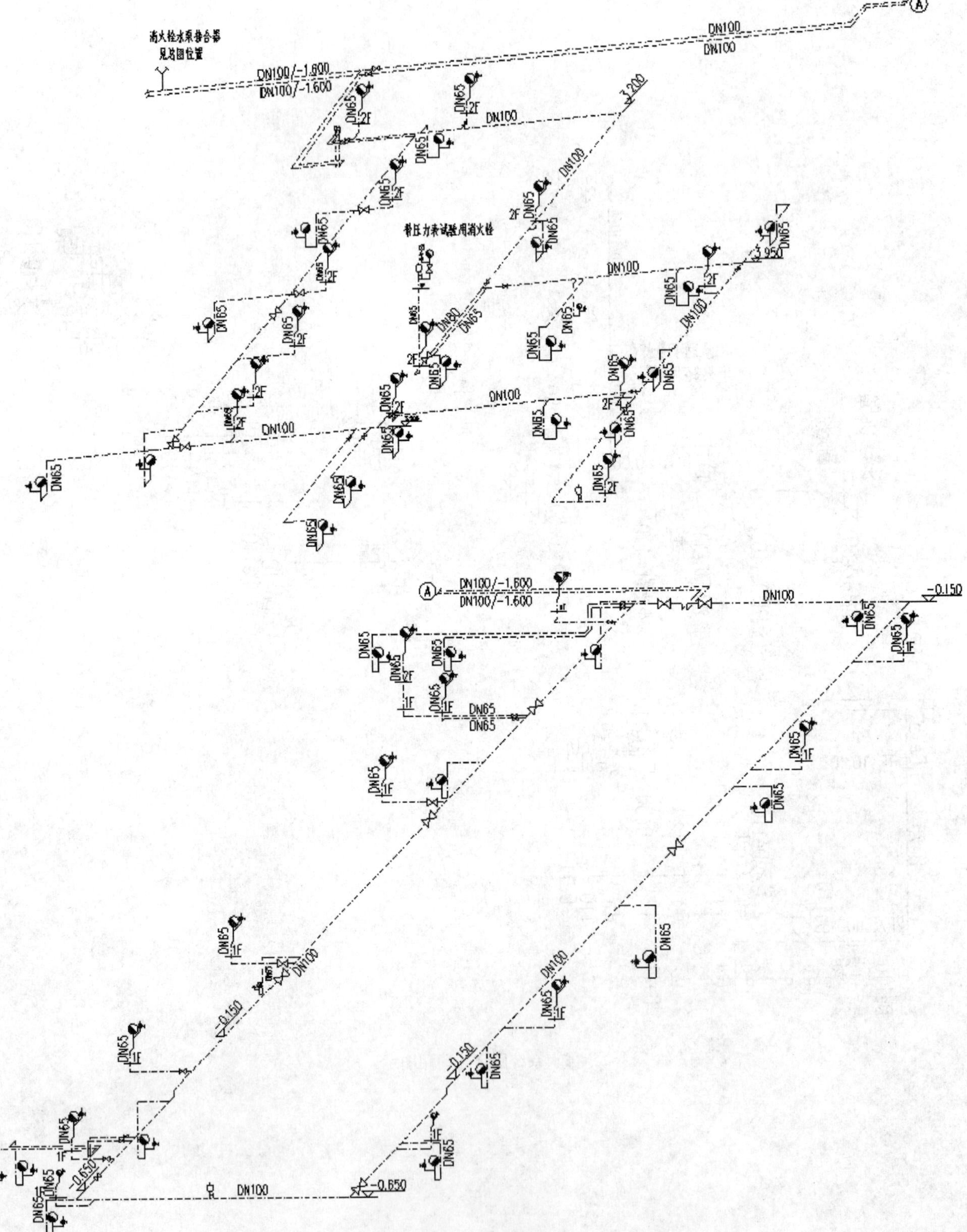

消火栓系统图（非通用图示）

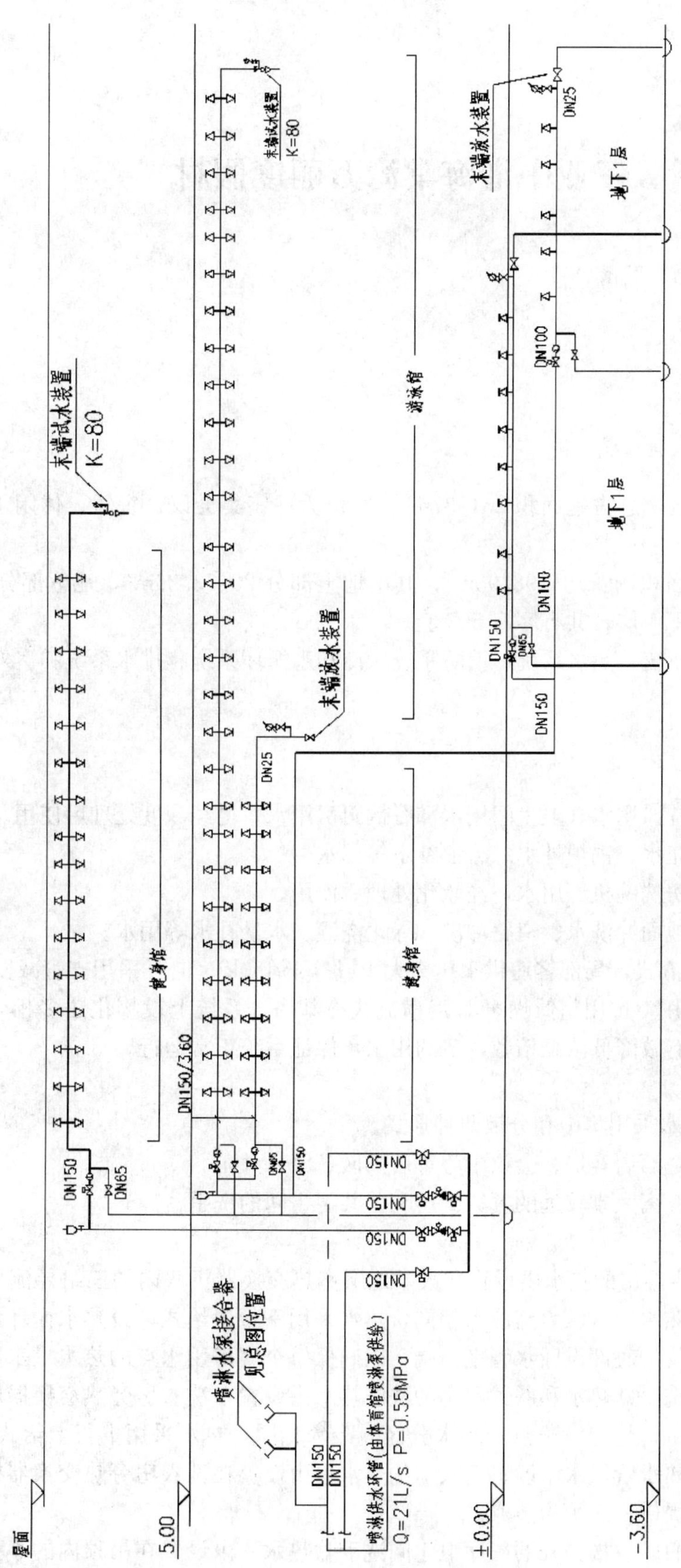

自动喷淋灭火系统图（非通用图示）

三亚中港海棠湾万丽度假村

设计单位：华东建筑设计研究院有限公司
设 计 人：徐琴　叶俊　刘华等
获奖情况：公共建筑类　三等奖

工程概况

本项目位于海棠湾的北区，总占地面积231737m²，定位为一座集会议、餐饮、休闲于一体的具国际管理水准的五星级度假酒店。

本项目一期酒店总建筑面积约：105098.93m²；其中地上部分22453.26m²，地下部分82645.67m²；建筑高度27m；地上7层；地下1层；共有客房507套。

本设计范围为室内给水系统、热水系统、消防系统、冷却水循环系统、排水系统和室外给排水系统。

一、给水排水系统

（一）给水系统

1. 分质供水

（1）生活洁净水：生活洗涤用水（卫生间用水和餐饮厨房用水）均经深度处理后使用。

（2）自来水：冷却塔补充水、锅炉补水、泳池补水等用水。

（3）软水：洗衣房、厨房洗碗机等用水，经软化处理后使用。

（4）中水：地下停车库地面冲洗水、道路冲洗、绿化浇洒、水景补水等用水。

2. 供水均采用变频供水方式，局部客房供水压力大于或等于450kPa时，采用支管减压阀进行减压。

3. 空调用冷却水循环使用，选用超低噪声L形横流式冷却塔，系统上设物化法多相全程水处理器及循环水自动加药等设备，能够有效降低浓缩倍数，节约用水，保证系统正常运行。

（二）热水系统

1. 供热形式：本工程热水采用集中和分散两种形式。

（1）集中供热水部分为：酒店客房、会议中心等后勤区、SPA中心。

（2）分散供热水部分为：离大堂较远的餐饮厨房和公共卫生间的洗手盆。

2. 供热方式

（1）集中供热方式：酒店客房的热水由设置在大堂地下室热交换器机房内的三组导流型容积式汽一水热交换器提供，热源为蒸汽，热水分区压力与冷水相同，热水采用下行上给式，设热水循环泵，进行强制机械循环，同时，在每个回水立管的底部设回水管平衡阀，以确保每个客房用水点的热水供水温度；后勤区的生活洗浴热水、公共卫生间的洗手盆热水和餐饮厨房的洗涤热水由设置在洗衣房旁热交换器机房内的两组导流型容积式汽一水热交换器提供，热源为蒸汽，热水分区与冷水相同，热水采用下行上给式，设热水循环泵，进行强制机械循环，以确保热水管供水温度；洗衣房的热水也由设置在洗衣房旁热交换器机房内的另两组导流型容积式汽一水热交换器提供，热源为蒸汽。

（2）分散供热方式：与酒店主楼分开的餐厅卫生间洗手盆热水，由设置在吊顶内的小型容积式电加热热水器提供；该餐厅的厨房用热水，由厨房内的商用型容积式煤气加热热水器提供。

（三）排水系统

1. 室内污、废水分流，设主通气立管、环形通气管、器具通气管。厨房废水经隔油器处理后，排入室外生活污水管道。

2. 室外雨、污水分流，雨水排入天然河道，污水排入基地内的污水处理站处理后供基地内中水使用。

二、消防系统

1. 室内消火栓消防系统为临时高压制，消防管网均为环状，以保证供水的可靠性。消火栓泵从消防水池吸水，消防稳压泵从屋顶消防水箱出水管上吸水。

2. 根据万豪的标准，本大楼按全保护设计，除不宜用水扑救的部位外，均设湿式自动喷水灭火系统。

3. 气体灭火系统：变电所、锅炉房、柴油发电机房等不宜用水扑救的场所设置 FM200 气体灭火系统，全淹没保护，组合分配系统。

4. 当餐厅营业面积大于 500m^2 时，其烹饪操作间的排油烟罩及烹饪部位设 PRX 液体灭火剂的厨房灭火系统，且在燃气管道上设置紧急事故自动切断装置。

三、技术经济指标及设计特点

（一）技术经济指标

1. 生活用水量：最高日用水量 1790m^3/d；最大时用水量 131m^3/h。

2. 消防用水量：室外消火栓 30L/s；室内消火栓 30L/s；自动喷淋 35L/s。

（二）节能、节水措施

1. 卫生器具要求采用一次冲水量小于或等于 6L 的节水型坐便器产品和陶瓷片密封水嘴。

2. 水泵等动力设备要求采用高效率低噪声的产品；变频泵组应具有自动调节转速和软启动功能。

3. 热水管采用保温材料进行保温，以防热量损失。

4. 在冷却塔补充水、客房层的给水、泳池补水、SPA 中心给水、每一厨房的给水、洗衣房的给水、地下停车库地面冲洗水、道路冲洗、绿化浇洒、水景补水等处均设水表计量。

（三）环境保护

本工程基地内生活污水达到零排放，全部生活污水经过三级生化处理后提供基地内中水用水（地下停车库地面冲洗水、道路冲洗、绿化浇洒、水景补水等用水）。

（四）技术难点的特别说明

1. 本工程位于海边，占地面积较大，基地地形高差接近 8m，总体排水设计难度较大。

2. 本工程要求污水零排放，污水需处理为中水再回用，其水量平衡为技术难点。

四、工程照片及附图

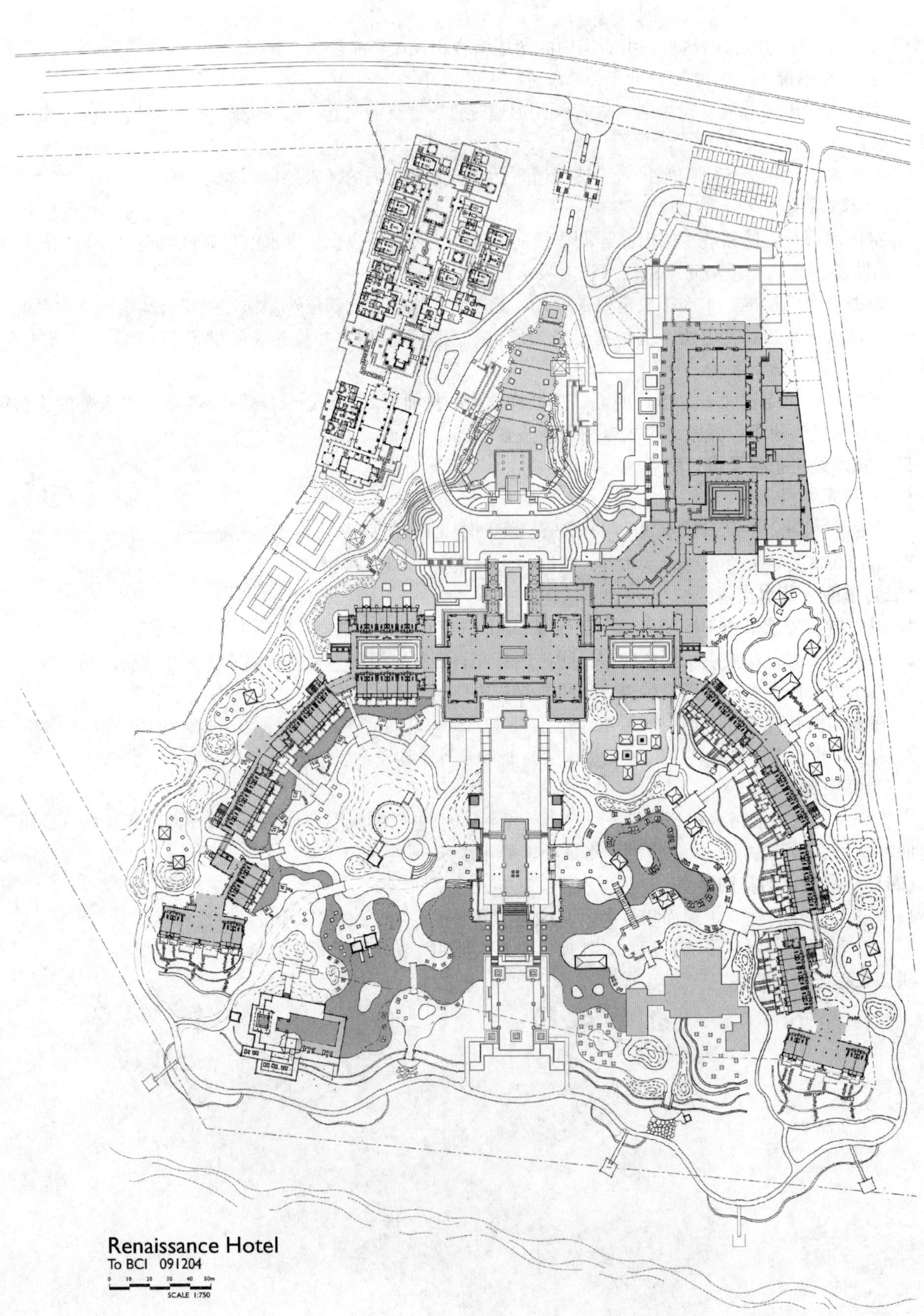
Renaissance Hotel
To BCI 091204
0 10 20 30 40 50m
SCALE 1:750

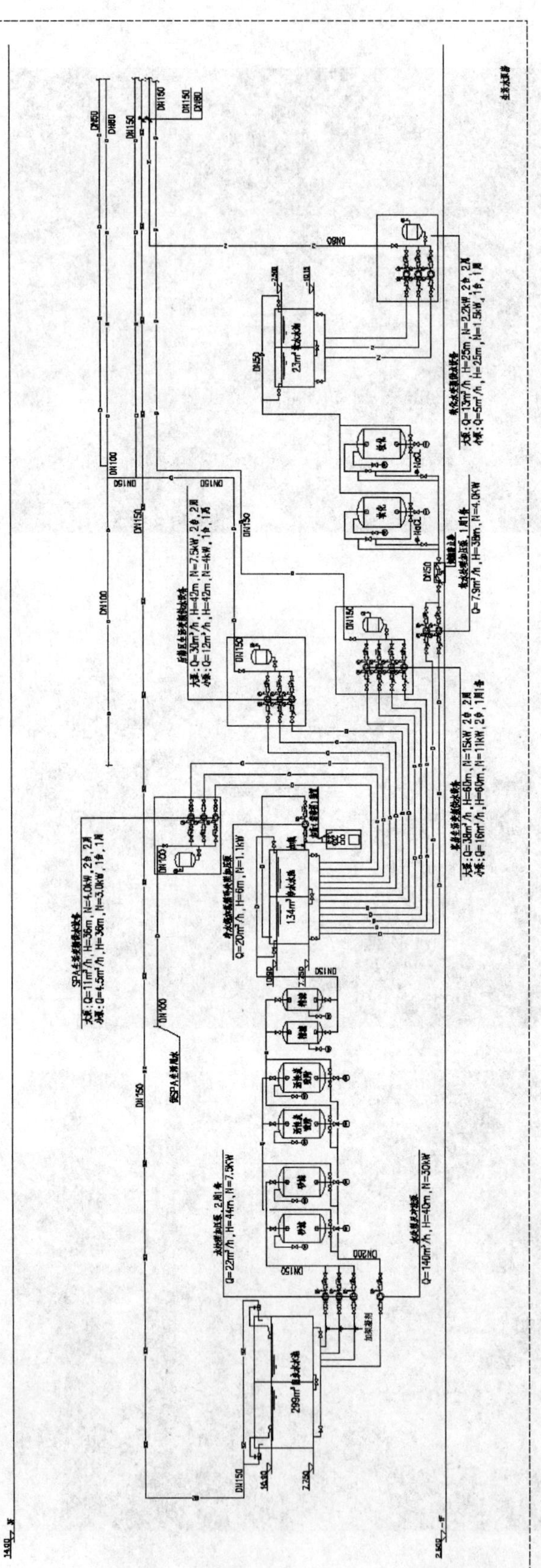

生活水泵房给水系统图

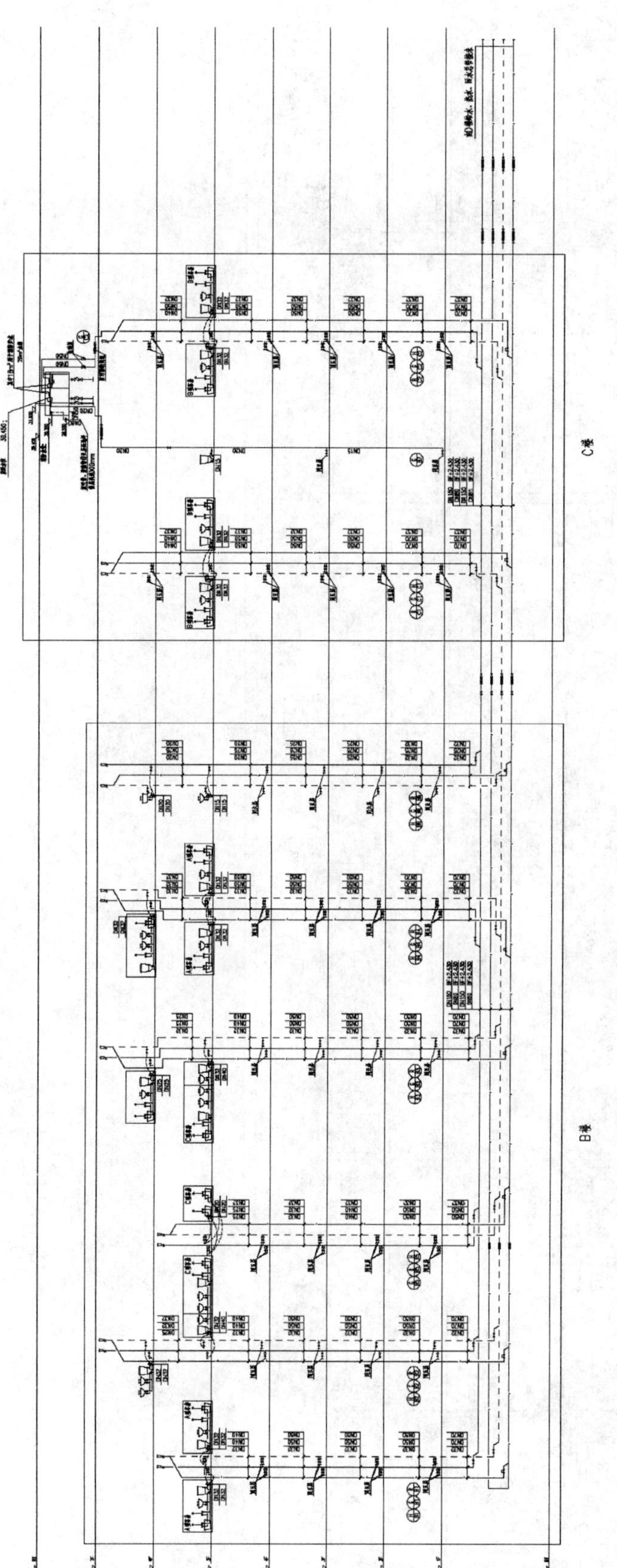

西翼客房给、热水系统图（一）

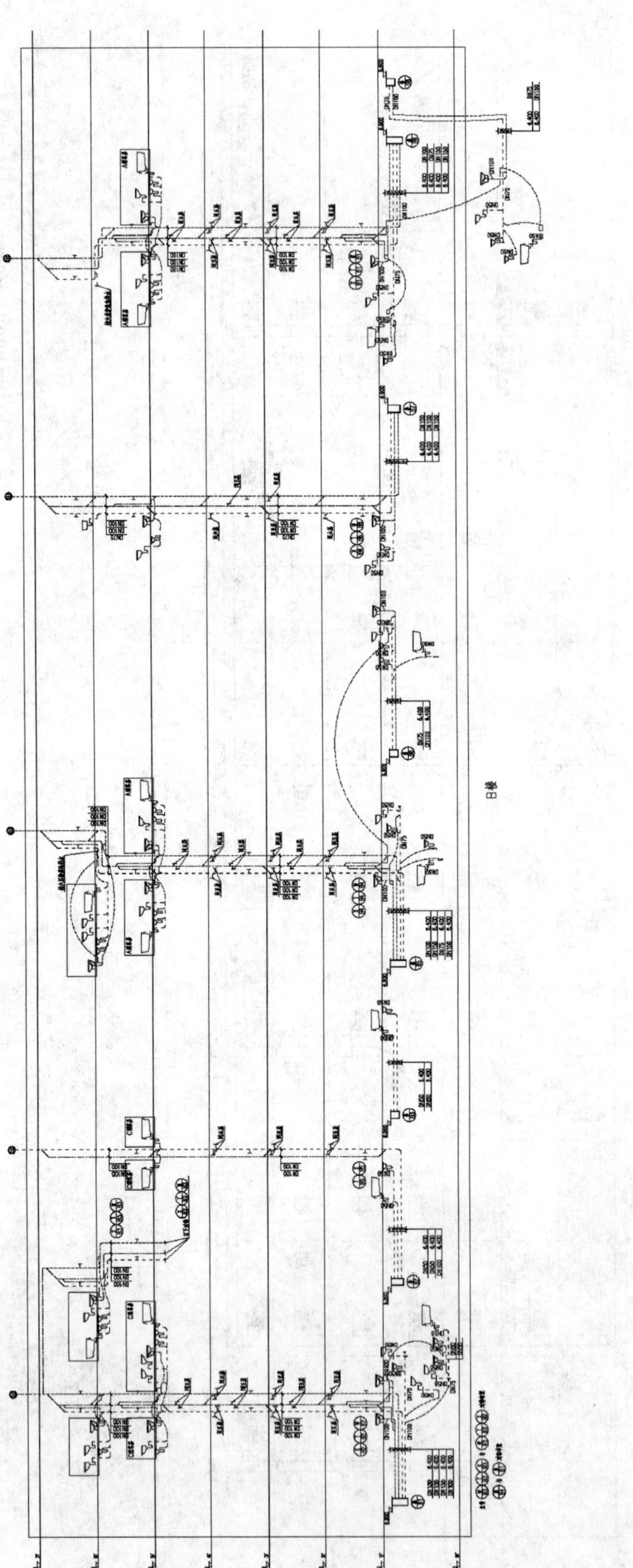

西翼客房污、废水排水系统图（一）

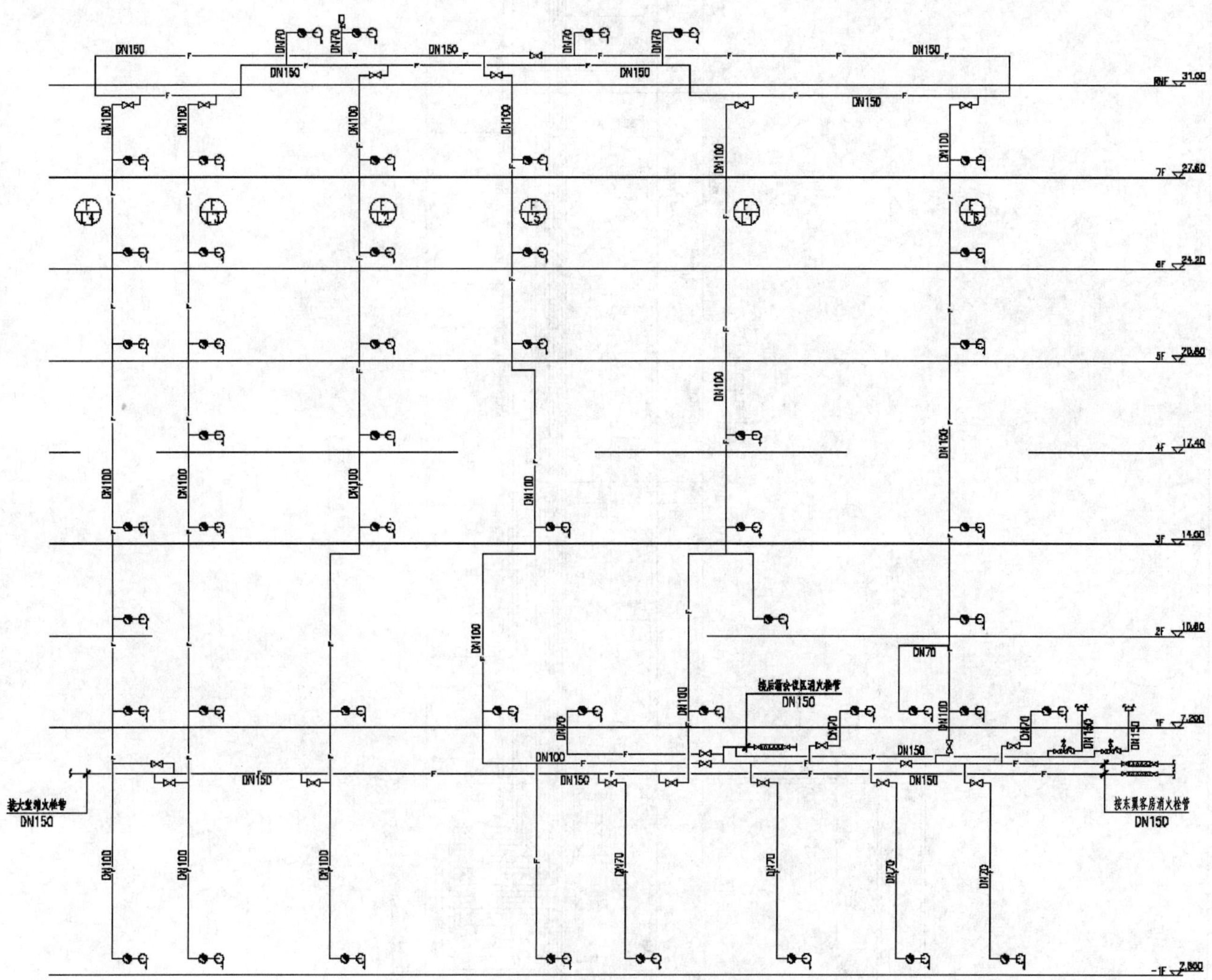

东大堂客房室内消火栓系统图

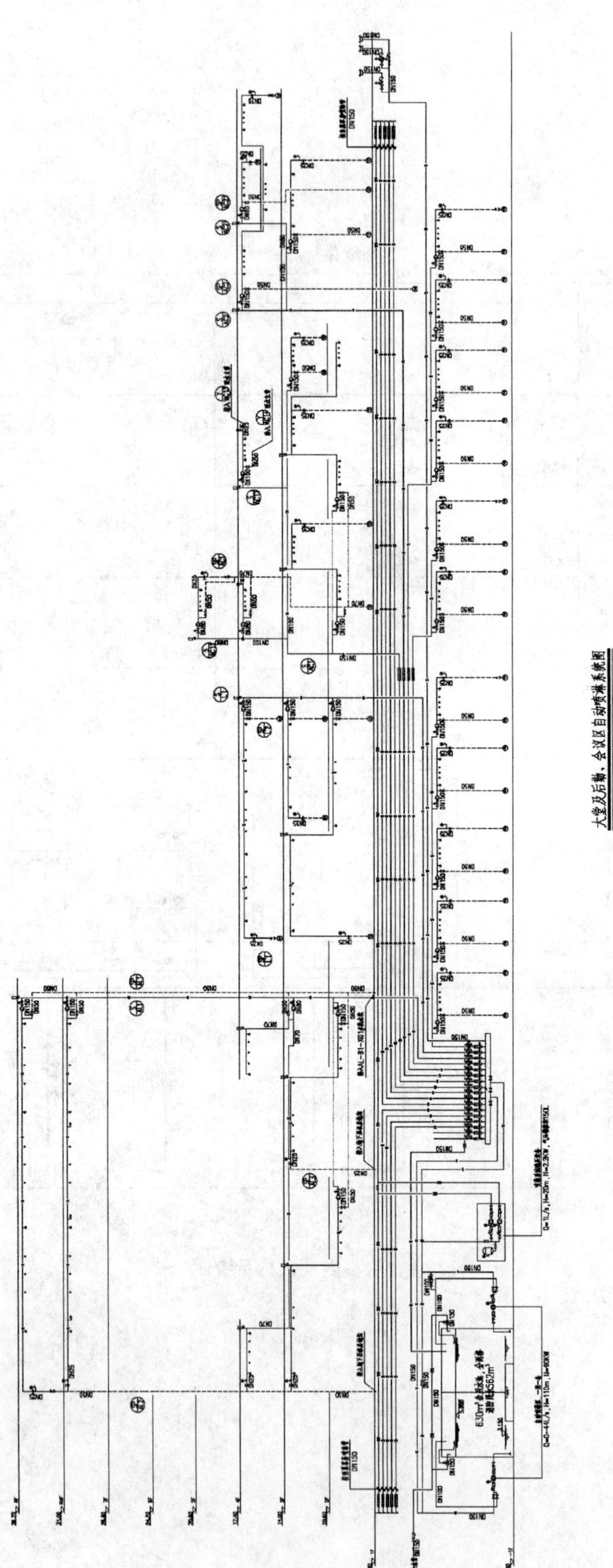

大堂及后勤、会议区自动喷淋系统图

四川大学华西医院心理卫生中心

设计单位：中国建筑西南设计研究院有限公司
设 计 人：顾燕燕　李　波　吕鹄鸣　杨　槐　王建军
获奖情况：公共建筑类　三等奖

工程概况：

四川大学华西医院心理卫生中心项目位于成都市电信南街和小学路之间，总建筑面积约 3.35 万 m^2，建筑主体部分 9 层，地下 2 层。建筑总高度 39.9m。地下两层为汽车库和设备机房，地上一～三层为门急诊、医技、住院、心理咨询、司法鉴定等多种用途，同时作为教学医院，担负一定的教学功能。地上四层及四层以上为住院。本项目日门诊量为 2000 人次，住院床位数为 295 床。本项目使用性质为高层住院楼，属一类高层民用建筑。

一、给水排水系统

（一）给水系统

1. 用水量（表 1）

给水系统用水量　　**表 1**

序号	用水项目	使用数量	用水定额	使用时间(h)	小时变化系数	最高日用水量(m^3/d)	最大小时用水量(m^3/h)
1	住院病人	295 床	400L/(床・d)	24	2.0	118.0	9.83
2	病人陪护	100 人	250L/(人・d)	24	2.0	25	2.08
3	住院部医护人员	100 人/班(一日三班)	250L/(人・班)	8h/班	1.5	75	4.69
4	门诊病人	2000 人/d	15L/(人・次)	8	1.2	30	4.5
5	门诊医护人员	150 人/班	150L/(人・班)	8	1.5	22.5	4.22
6	办公人员	150 人/班	50L/(人・班)	10	1.5	7.5	1.12
7	未预见水量	以上各项之和的 10%		—	—	27.8	2.65
8	总计	—	—	—	—	305.8	29.2
9	消防水池补水	—	410m^3	48	—	205	8.54

2. 给水水源由城市给水管网提供，由电信南路市政给水管道引一根 *DN*150 进水管，在室外形成环网，为本工程提供用水。

3. 根据城市自来水水压，本工程给水分为两个分区。地下室～三层（除三层医生值班区）为低区；四层～九层（含三层医生值班区）为高区。

4. 低区——由城市自来水直接供给；高区——由屋顶生活水箱供水。

5. 高区转输水箱设在地下二层的水箱间内，生活水泵从转输水箱吸水提升至屋顶生活水箱。

6. 由于医院病人多，交叉感染机会大，本给水设计在有无菌要求或需要防止交叉感染场所的卫生器具采用非接触性或非手动开关；公共卫生间（含残疾人卫生间）的洗脸盆均采用红外感应龙头；小便器采用红外感应冲洗阀；蹲式大便器采用脚踏式自闭式冲洗阀。

7. 为节约用水，各层用水点均设置水表进行计量。

8. 生活给水管采用薄壁不锈钢管，法兰和卡压式连接。

（二）分质供水系统

充分考虑医院的水源资源，分质供水，采用地下水作冲厕用水，冲厕给水单独成管网。中水最高日用水量 $92m^3/d$，最大时用水量 $9m^3/h$。低区（一、二层）由室外中水管网直接供给；高区（三～九层）采用变频供水系统。

（三）热水系统

1. 热水用水范围为四层至八层病房卫生间及三层医生值班卫生间。

2. 本工程采用集中供热。设计耗热量为 0.53MW，采用燃气热水炉制备热水。热水系统分区同给水系统；采用上行下给系统，同程机械循环。

（四）排水系统

1. 本工程采用雨污分流制排水系统，对污水和雨水分别组织排放。

2. 为确保医院空气质量，特别提高了排水设计方面对环境污染的防控能力：病房卫生间的排水系统采用专用通气立管系统；医院公共卫生间排水横管超过 10m 或大便器超过 3 个时，采用环形通气管；卫生间排水与诊室、检查室等排水分别排放。

3. 采用雨、污分流的排水体制。含油废水经隔油处理后排入城市污水管网。污水经化粪池处理后，进入污水处理构筑物进行一级强化消毒处理，再排至医院现有的（经处理后的）污水管道，最终排入市政污水管道。

4. 屋面采用重力流雨水排水系统，屋面雨水由多个雨水斗进行分片收集，用管道将其排至室外。在屋面设置雨水溢流设施。雨水排水系统与溢流设施总的排水能力能满足 50 年重现期的雨水量。

5. 对地下室不能采用重力排放的污废水，以及消防时可能涌入地下室的水，分别设置有集水坑进行收集，用潜水排污泵将其抽升，排至室外相应的排水系统，保证地下室的使用安全。

6. 生活污、废水系统排水立管、专用通气管和污水横干管采用柔性接口排水铸铁管；污水支管和机房废水管采用硬聚氯乙烯塑料排水管；地下室各集水坑压力排水管采用焊接钢管。

二、消防系统

（一）消火栓系统

1. 本工程消火栓系统，室外消防水量 20L/s，室内消防水量 20L/s，火灾延续时间 2.0h。

2. 室内系统采用临时高压制消防体系，室内系统不竖向分区，消火栓泵设于地下一层 。

3. 消防水池设于地下一层，共 $414m^3$，并设有供消防车取水的取水口。消防水箱设于主楼屋面，有效容积不小于 $18\ m^3$。

4. 室外设有两组水泵接合器供消火栓系统使用。在室外给水环网上设室外消火栓。

5. 消火栓系统的管道，采用内外热镀锌钢管。

（二）自动喷淋系统

1. 本工程自动喷淋系统用水量 35L/s，火灾延续时间 1.0h。

2. 采用临时高压制消防体系，室内系统不竖向分区，自动喷淋泵设于地下一层。

3. 消防水池设于地下一层，共 $414m^3$（与消火栓系统共用）。消防水箱设于主楼屋面，有效容积不小于 $18\ m^3$（与消火栓系统共用）。

4. 除面积小于 $5.0m^3$ 的卫生间及不宜用水扑救的部位外，均设置自动喷水灭火系统。地下汽车库为中危险级Ⅱ级，其余场所为中危险级Ⅰ级。

5. 自动喷水喷头采用玻璃球闭式喷头，流量系数 $K=80$，厨房、直燃机房喷头公称动作温度 93℃，其余部位喷头公称动作温度 68℃；地下车库等无吊顶部位采用直立型喷头，有吊顶部位采用吊顶型喷头；采用快速响应喷头。

6. 本工程湿式报警阀间设于地下一层，共有湿式报警阀 4 组。

7. 室外设有三组水泵接合器供自动喷淋系统使用。

8. 消火栓系统的管道采用内外热镀锌钢管。

（三）气体灭火系统

1. 对专用机房、变配电房等不宜用水灭火的部位设置了气体灭火系统。

2. 气体灭火系统采用无管网的七氟丙烷柜式气体灭火系统，灭火设计浓度 $C=9\%$，灭火设计喷放时间不大于 10s。

（四）建筑灭火器配置

建筑各部位均按其危险等级和火灾种类配置建筑灭火器。

三、主要设计特点

1. 在供水系统的组织上，充分考虑节约用水，给水采用分区的给水系统，低区由市政给水管道直接供水，以充分利用市政压力，节约能源。还充分考虑医院的水源资源，分质供水，采用地下水作冲厕用水，冲厕给水单独成管网，减少城市自来水用水，降低使用成本。

2. 由于医院病人多，交叉感染机会大，给水设计在有无菌要求或需要防止交叉感染场所的卫生器具采用非接触性或非手动开关；公共卫生间（含残疾人卫生间）的洗脸盆均采用红外感应龙头；小便器采用红外感应冲洗阀；蹲式大便器采用脚踏式自闭式冲洗阀，即方便了病人，达到了卫生安全的要求，亦达到了节水的目的。提供了一个健康、舒适、安全的使用环境，真正体现“以人为本”的绿色建筑宗旨。

3. 为确保医院空气质量，特别提高了排水设计方面对环境污染的防控能力：病房卫生间的排水系统采用专用通气立管系统；医院公共卫生间排水横管超过 10m 或大便器超过 3 个时，采用环形通气管；卫生间排水与诊室、检查室等排水分别排放，保证排水系统通畅、透气，保护水封，避免臭气外溢，以尽可能减少交叉感染机会。

4. 热源的选择：本工程采用集中供热系统。医院设置有中心蒸汽锅炉房，但医院区域范围面积太大，锅炉房距本项目较远、蒸汽管道输送距离长约 1000 余米，且要跨过两条市政道路，安装十分不便，有安全隐患，且热损失大、运行不经济，已不利作为本工程的热源，设计经各方案比较采用了燃气真空热水机组为本项目供热。

5. 本工程设计热水机组设置两台，一台检修时，另一台的总供热能力不小于设计小时耗热量的 50%。由于本建筑病人的特殊性，为防止精神病患者因控制能力问题引起的烫伤，设计热水出水温度设定为 50℃。

6. 为节约用水，各层用水点均设置水表进行计量。管材的选用考虑耐用、环保、可回收的管材，并与建筑的使用年限相匹配。给水管、热水管设计为紫铜管，由于市场价格因素，工程最后采用不锈钢管；水龙头采用陶瓷阀芯龙头，给水阀门采用铜质阀门，杜绝水龙头出流黄水、黑水，保障水质卫生；力求做到卫生、节水、环保、舒适、耐用、可回收，并达到使用方便、维修管理简单的效果，在确保水质卫生的同时亦与大楼的形象匹配。

7. 医院污水设置了地埋式污水处理设备，在用地紧张的条件下，合理组织交通、工艺流线，使各部分功能各得其所，便于使用。污水经调节池－沉淀池－接触消毒池处理达标后排入市政污水管网。出水水质检测报告：BOD_5 为 66mg/L，COD 为 104mg/L，SS 为 48mg/L，粪大肠菌群为 3500 个/L，处理效果良好，完全达到预处理标准的要求。

从投资、系统运行稳定、管理等方面综合考虑，本建筑建成后得到广泛好评，特别是得到卫生部领导及专家的高度肯定，取得了良好的社会效益。

四、工程照片及附图

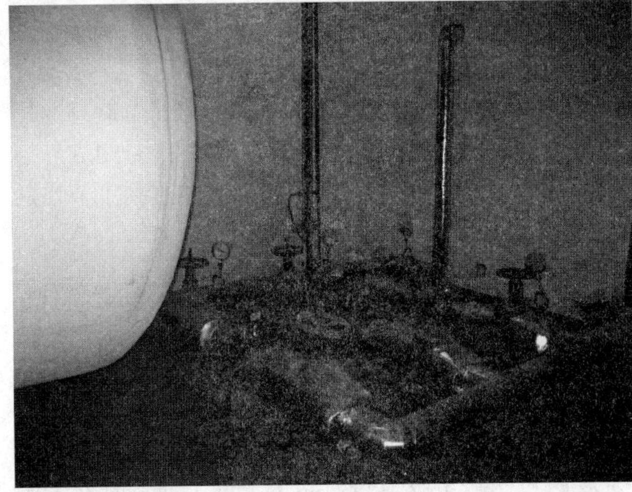

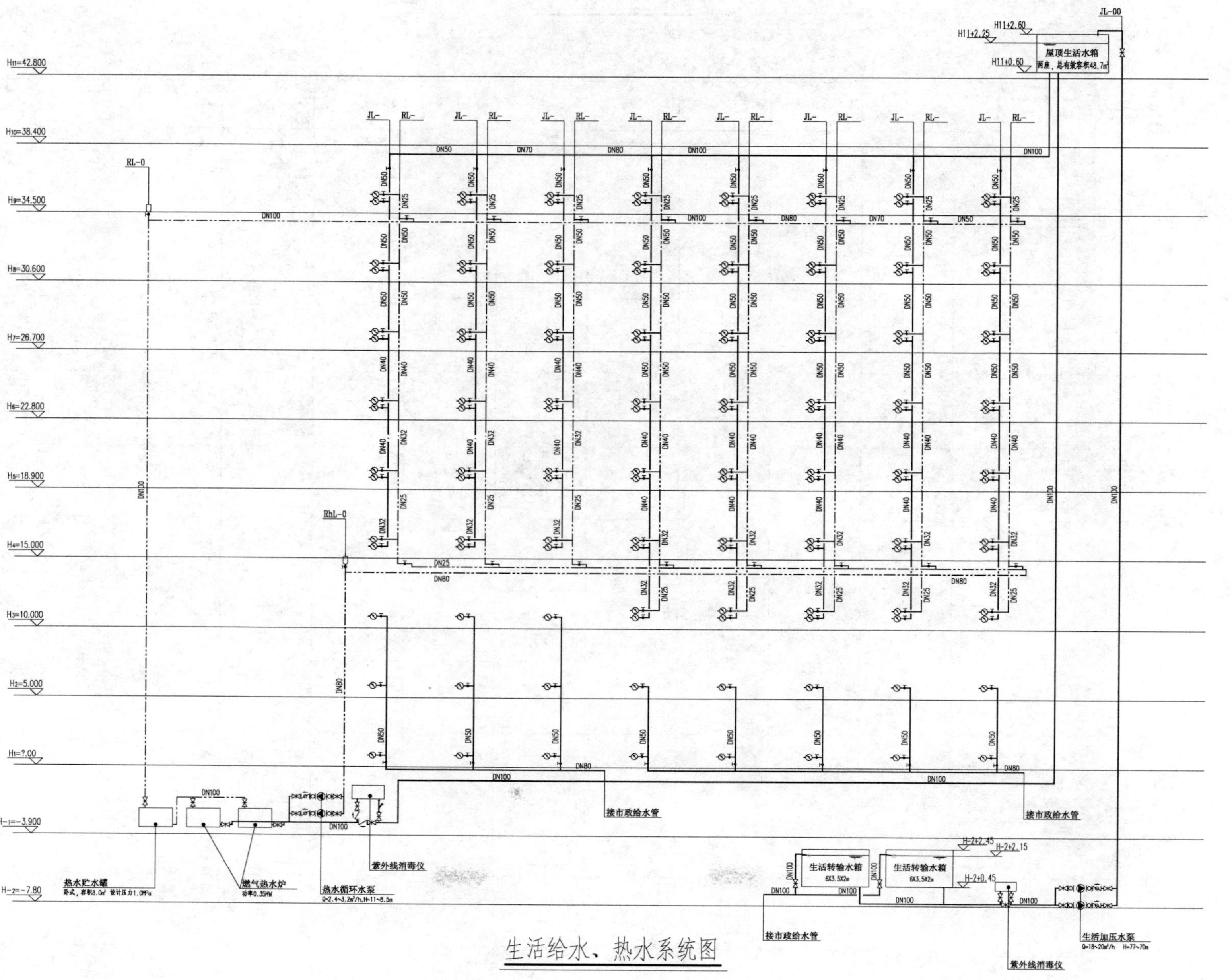
屋顶生活水箱
两座，总有效容积48.7m³
JL-00
H11+2.60
H11+2.25
H11+0.60
H11=42.800
H10=38.400
H9=34.500
H8=30.600
H7=26.700
H6=22.800
H5=18.900
H4=15.000
H3=10.000
H2=5.000
H1=?.00
H-1=-3.900
H-2=-7.80
RL-0
RhL-0
接市政给水管
热水贮水罐
卧式，容积8.0m³ 设计压力1.0MPa
燃气热水炉
功率0.35MW
热水循环水泵
Q=2.4~3.2m³/h, H=11~8.5m
紫外线消毒仪
生活转输水箱
6X3.5X2m
H-2+2.45
H-2+2.15
H-2+0.45
生活加压水泵
Q=18~20m³/h H=77~70m
生活给水、热水系统图

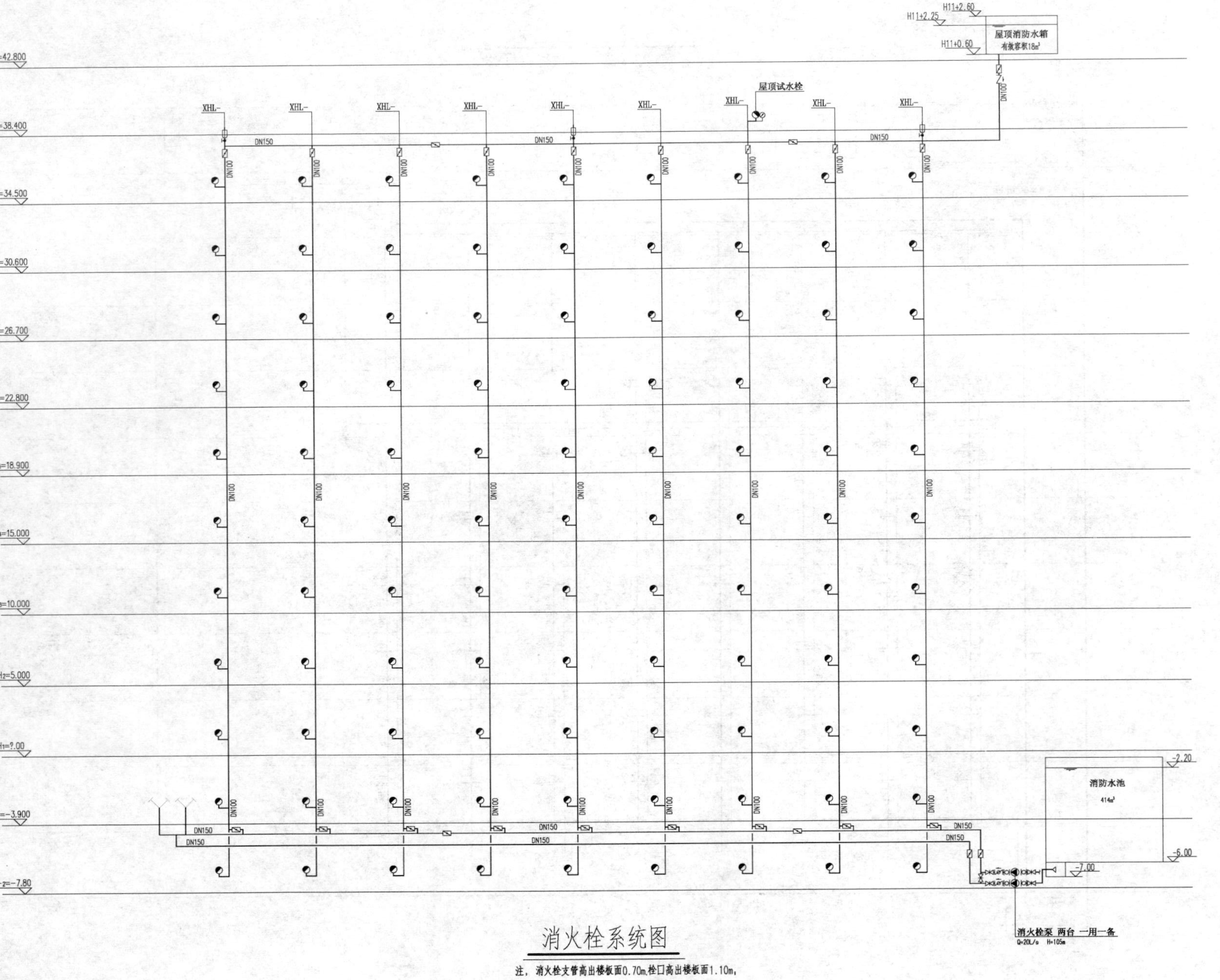

消火栓系统图

注，消火栓支管高出楼板面0.70m，栓口高出楼板面1.10m。

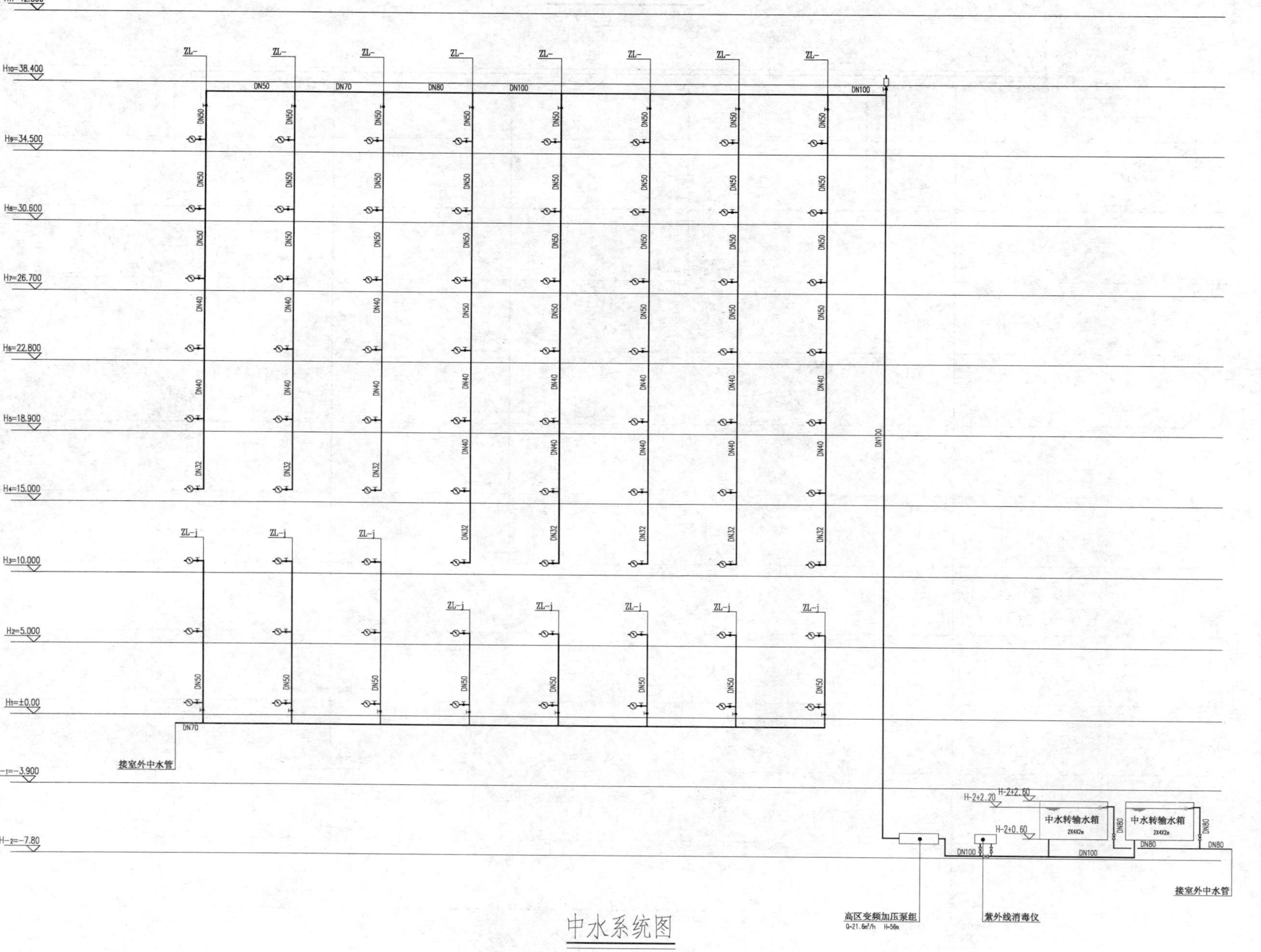
H11=42.800
H10=38.400
H9=34.500
H8=30.600
H7=26.700
H6=22.800
H5=18.900
H4=15.000
H3=10.000
H2=5.000
H1=±0.00
H-1=-3.900
H-2=-7.80
接室外中水管
H-2+2.20
H-2+2.60
H-2+0.60
中水转输水箱
中水转输水箱
接室外中水管
高区变频加压泵组
紫外线消毒仪

中水系统图

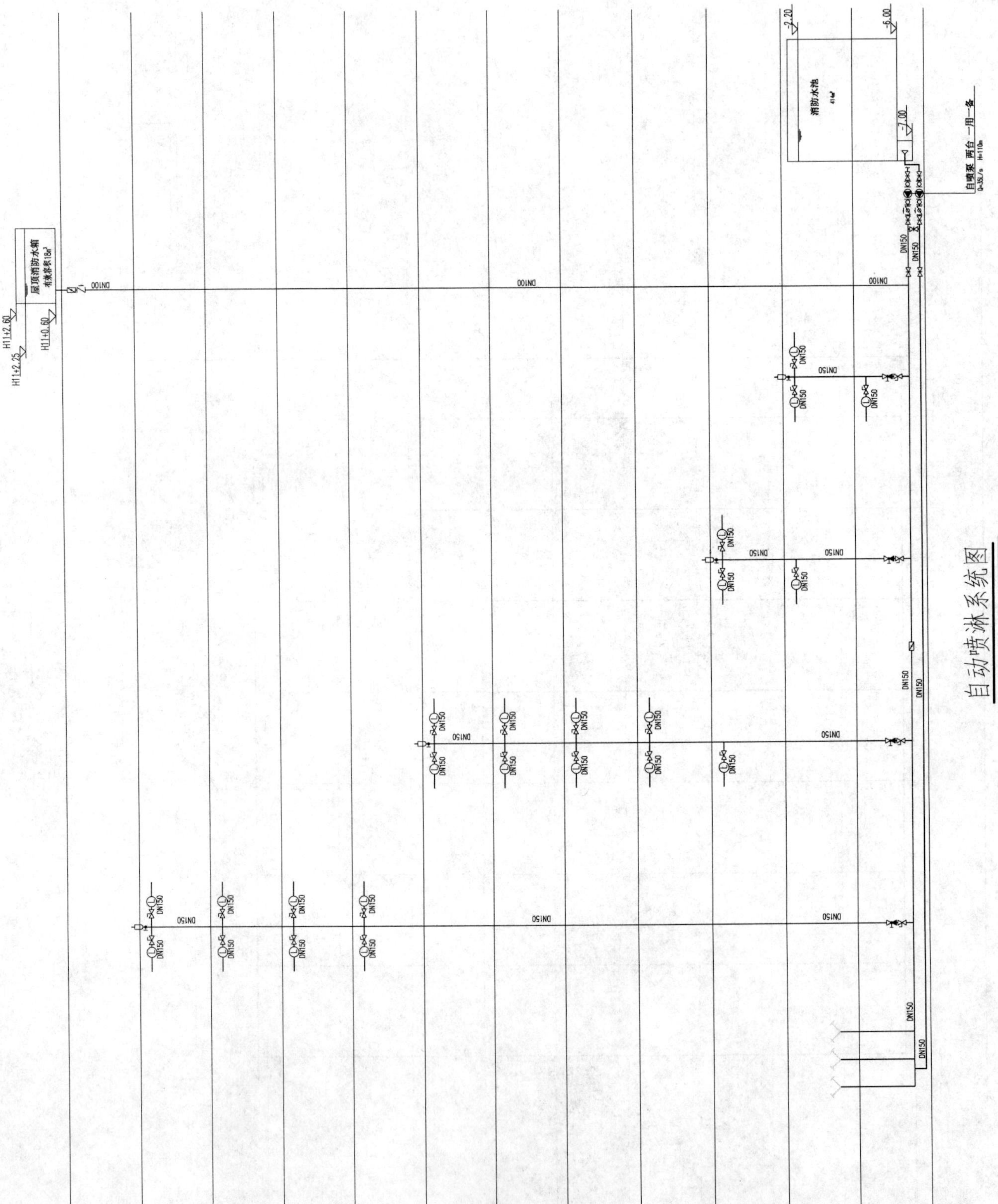

H11+2.60
H11+2.25
H11+0.60
屋顶消防水箱
有效容积18m³
DN100

-2.20
-6.00
消防水池
414m³
-7.00
DN150
自喷泵 两台 一用一备
Q=35L/s H=110m

H11=42.800
H10=38.400
H9=34.500
H8=30.600
H7=26.700
H6=22.800
H5=18.900
H4=15.000
H3=10.000
H2=5.000
H1=2.00
H-1=-3.900
H-2=-7.80

自动喷淋系统图

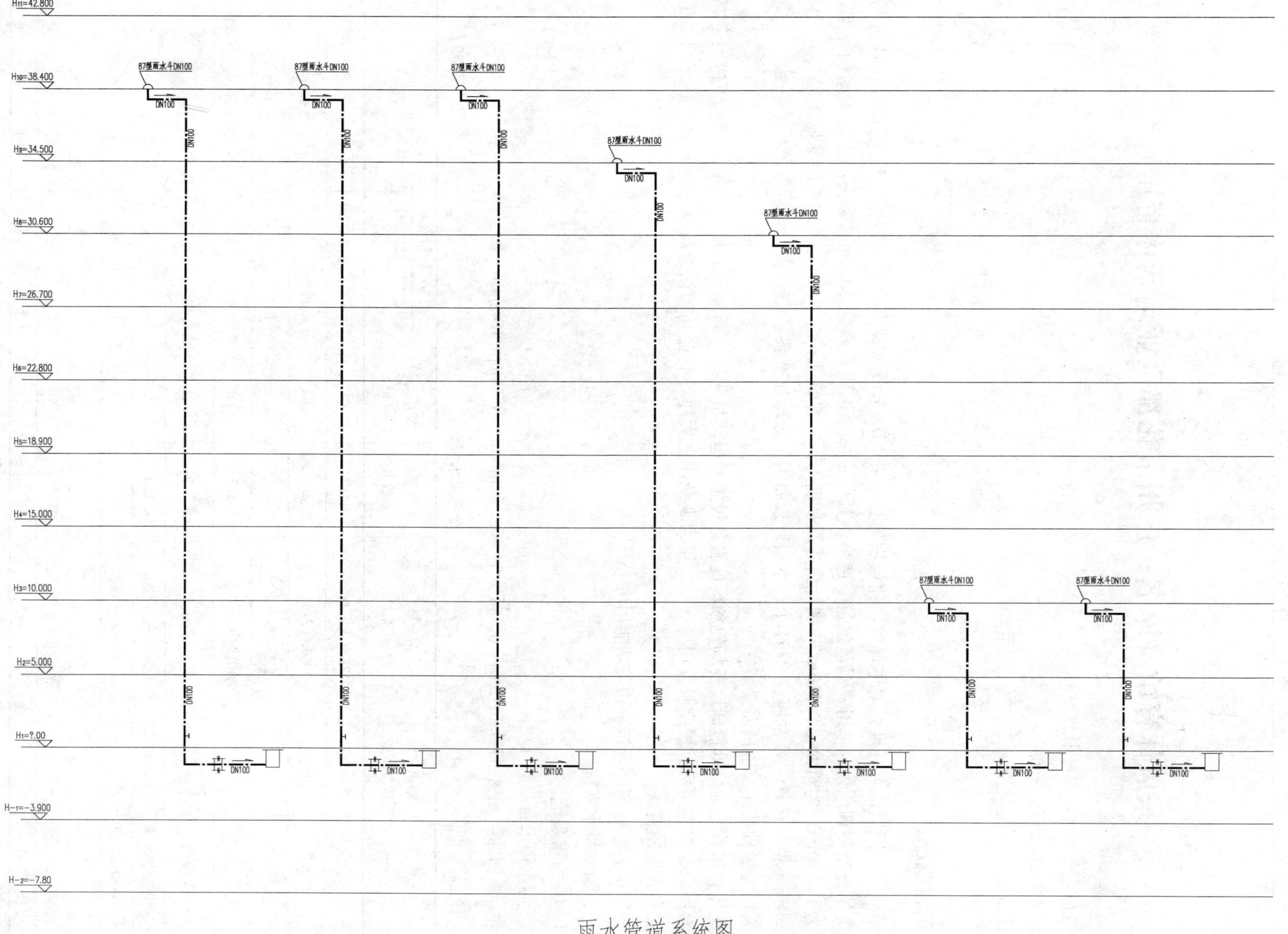

雨水管道系统图

注,排水检查口距建筑完成面1.00m.

东风体育馆（原名：广州市花都区亚运新体育馆）

设计单位：广东省建筑设计研究院
设 计 人：谭永辉、陈琼
获奖情况：公共建筑类　三等奖

工程概况：

东风体育馆属国际标准大型体育馆，建设用地位于花都汽车城风神大道西南侧，总建筑面积 37516m²，包括主体育馆和训练馆，采用“双球建筑”造型，其中主体育馆建筑高度 33.1m（除去马道及钢结构屋架，高度为 19.74m），建筑面积 21346m²；训练馆建筑高度 17m，建筑面积 3245m²。主体育馆设观众席 7880 个，其中固定座席 5116 个，活动座席 2764 个。本项目按照国际篮球比赛要求进行设计，同时满足赛后会议、演出、展览等多种使用功能的需要。

主体育馆首层为标准篮球比赛场地和场地服务设施、运动员用房、新闻记者用房、场馆管理用房、竞赛委员会用房、贵宾用房、医疗服务用房等。二层为观众休息大厅，商业和餐饮设施及卫生间等。三、四层是各类设备控制用房。

训练馆为篮球训练场馆及相关功能用房。

一、给水排水系统

（一）给水系统

1. 冷水用水量（表 1）

生活用水量：最高日 595.09m³/d，最大时 159.59m³/h，平均时 148.04m³/h。

冷水用水量　　表 1

序号	用水项目名称	使用人数或单位数	用水量标准	小时变化系数 K	使用时间 (h)	用水量			备注
						平均时 (m³/h)	最大时 (m³/h)	最高日 (m³/d)	
1	观　众	8000 人	3L/(人·场)	1.2	4	12	14.4	48.00	按每日 2 场计
2	工作人员	500 人	100L/(人·d)	2.5	12	4.16	10.42	50.00	
3	运动员淋浴	20 人	40L/(人·次)	2.0	4	0.4	0.8	1.60	按每日 2 次计
4	餐　饮	432m²	40L/(人·次)	1.5	12	2.88	4.32	34.56	按每日 2 次计
5	冷却塔补水	循环水量 16000m³		1.0	16	10	10	160	按循环水量的 1%计
6	绿化及道路洒水	64000m²	1.5L/(m²·次)	1.0	2	96	96	192	按每日 2 次计
7	停车场地面冲洗	27416m²	2.0L/(m²·次)	1	6	9.14	9.14	54.83	按每日 1 次计
8	小　计					134.58	145.08	540.99	
	未预见水量	按本表 1 至 7 项之和的 10%计				13.46	14.51	54.10	
9	合　计					148.04	159.59	595.09	

2. 水源

项目水源为城市自来水，供水压力 0.34～0.38MPa。从项目北侧风神大道的市政给水管道的不同管段上接两根 *DN*200 引入管与本工程室外给水环状管网相连。

3. 系统竖向分区

市政水压满足最不利点用水要求，冷水系统竖向为一个区。

4. 供水方式及给水加压设备

本工程给水系统供场馆及绿化使用，由城市自来水水压直接供水。

5. 管材

（1）室外管道

1）给水管管径小于 *DN*80 者，采用衬塑镀锌钢管，螺纹连接。

2）给水管管径大于或等于 *DN*80 者，采用球墨给水铸铁管，橡胶圈接口，并设支墩。

3）管道、管件及阀门的工作压力为 1.0MPa。

（2）室内管道

采用薄壁不锈钢管，卡压式接口，工作压力：1.0MPa。

（二）热水系统

1. 热水用水量（表 2）

热水用水量 **表 2**

序号	用水项目名称	淋浴器数量	小时用水量(L/h)	同时使用百分数	最高日用水量(m^3/h)	备注
1	主馆	43	360	100%	15.48	
2	训练馆	12	360	100%	4.32	
	合计				19.80	(35℃)
					9.9	(60℃)

本建筑物内所有淋浴设施设置集中生活热水定时供应系统，其余部分不供应生活热水。

由于体育馆热水使用时段相对集中，按照定时集中热水供应系统进行设计。

设计小时耗热量：$Q_h = \sum q_h \cdot (t_r - t_l) \cdot \rho_r \cdot N_0 \cdot b \cdot C$

$= 360 \times (35-10) \times 0.983 \times 55 \times 100\% \times 4.187$

$= 2037331 \text{kJ/h}$

$= 566 \text{kW}$

2. 热源

体育场馆用水高度集中，且持续时间不长，特别适合采用热泵作为空气源热源制备生活热水。本工程采用的空气源热泵采用逆卡诺原理，将空气中的能量转移到水中，其能效比一般可达 4，节能、低碳、环保。广州最冷月平均气温高于 10℃，不设辅助热源。

3. 系统竖向分区

和冷水系统一致，竖向为一个区。

4. 热交换器

采用 4 台 RBR-28F 空气源热泵机组作为热源，每台输出功率 28.5kW，共 114kW（每天拟运行 15h）。

设 SGL-10.0-0.6 型贮水罐三台，每台贮水罐有效贮水容积 10m³，共 30m³，工作压力 0.60MPa。

5. 冷、热水压力平衡措施、热水温度的保证措施等冷、热水系统采用相同的压力源——市政自来水，可保证冷、热水压力平衡。

为保证生活热水的供应温度，设计采用机械循环管道系统。

第一循环泵组：GD32-120，$Q=4m^3/h$，$H=15.5m$，$N=0.55kW$，一用一备

第二循环泵组：GD32-120，$Q=4m^3/h$，$H=15.5m$，$N=0.55kW$，一用一备

选用有效容积 $4m^3$，承压 0.6MPa 热水膨胀罐一个。

热水贮罐及管道采用泡沫橡塑管壳保温。

6. 管材

热水供水及回水管采用薄壁不锈钢管，卡压式接口。

(三) 排水系统

1. 排水系统的形式

采用雨、污分流制以及污、废合流制排水管道系统。

生活污水产生自设于主场馆首层、二层及训练馆首层的各卫生间，总排水量为 $235.1m^3/d$。汇集后分别经场馆南北两侧化粪池处理，排入北侧风神大道的城市污水管道以及东南侧的规划路污水管道。

2. 透气管的设置方式

为保证较好的室内环境，污水管道系统设有通气立管进行升顶通气。

3. 采用的局部污水处理设施

主场馆西北侧室外标高+5.500m，平二层底板标高，首层西北侧污水经局部汇集后由自动提升装置提升至首层顶棚，压力流排向室外化粪池；其余部位污水均采用重力流排出。

4. 管材

室内排水管采用柔性排水铸铁管，橡胶圈卡箍接口；室外排水管道采用承插式球墨铸铁管，橡胶圈接口，混凝土基础。

(四) 雨水系统

1. 室外雨水工程设计

(1) 雨水量

1) 暴雨强度公式

本工程采用《广州市暴雨公式及计算图表（设计用表）》（广州市市政管理局，广州市区域气象中心应用气候研究所，1993 年 7 月编制）中，重现期为 5 年的单一重现期暴雨强度公式：

$$q=2404.132/(t+7.451)^{0.600}$$

主要设计参数：

设计重现期：$P=5a$

设计降雨历时：$t=t_1+m\cdot t_2$

2) 雨水量

计算公式 $Q=q\cdot\Psi\cdot F$

其中 $F=87800m^2$，$\Psi=0.7$ 计算得雨水量 $Q=371.72L/s$。

(2) 排水组织方式

本工程傍山而建，西南面为一小山，山顶标高 77.10m，高出本小区±0.000（21.000）标高达 56.10m。为及时排除沿山坡倾泻而下的山洪洪峰流量，分别沿场地西、南侧山麓设计排洪沟。场地北面紧邻风神大道，场地内的雨水经雨水支管收集后，雨水管道尽量以最短的距离重力流排入风神大道的雨水排水管道及东南侧规划路下规划雨水管道。

(3) 管材

室外雨水管采用承插式钢筋混凝土管，橡胶圈接口，混凝土基础。

2. 屋面及室内雨水排水系统

（1）雨水量

1）暴雨强度公式

$$q=2068.295/(t+3.239)^{0.470}$$

2）主要设计参数：

设计重现期：$P=100\mathrm{a}$

设计降雨历时：$t=5\mathrm{min}$

屋面径流系数：$\Psi=0.9$

（2）排水组织方式

主赛场屋面雨水系统采用满管压力流排水系统，屋面天沟雨水经虹吸式雨水斗收集就近排入建筑物周边室外雨水管网。主赛场及训练馆屋面均为壳型，不设溢流口。

主赛场二层室外地面雨水采用明渠汇集后采用重力流就近排入建筑物周边室外雨水管网。

天窗及车道产生的雨水采用明渠汇集至集水坑内，用潜水排污泵提升后排入室外雨水管道。

（3）管材

室内雨水管采用热浸镀锌钢管，螺纹或沟槽式卡箍连接，管道工作压力为1.0MPa。

二、消防系统

（一）消火栓系统

1. 室外消火栓灭火系统

（1）室外消防用水量为20L/s，火灾延续时间2h，一次灭火用水量144m^3。

（2）室外采用生活用水与消防用水合用管道系统。从本工程北侧风神大道上的$DN1000$自来水管上接两根$DN200$给水引入管，进入用地红线后与本工程室外环状给水管相连接，形成双向供水。

（3）共设9套室外地上式消火栓。

（4）管材：采用管内壁涂塑球墨给水铸铁管。

2. 室内消火栓灭火系统

（1）室内消火栓系统用水量为20L/s，火灾延续时间2h，一次灭火用水量144m^3。

（2）室内采用临时高压制消火栓给水系统。首层消防水泵房设有有效容积$V=360\mathrm{m}^3$的消防贮水池一座，满足室内一次灭火用水量要求。

（3）设有消火栓给水加压泵XBD7/25-DL两台，单台流量$Q=20\mathrm{L/s}$，扬程$H=70\mathrm{m}$，功率$N=30\mathrm{kW}$，一用一备，互为备用。

（4）本工程消火栓灭火系统竖向为一个区。

（5）本建筑物内各层均设消火栓进行保护。其布置保证室内任何一处均有2股水柱同时到达。灭火水枪充实水柱13m，消火栓栓口压力22.5m。

（6）每个消火栓箱内均配置$DN65$消火栓一个、$DN65\times25\mathrm{m}$麻质衬胶水带一条，$DN65\times19\mathrm{mm}$直流水枪一支、启动消防水泵按钮和指示灯各一只、自救消防卷盘一套。

（7）消火栓系统设有两套消防水泵接合器，设在体育馆北侧。

（8）由于建筑造型要求，屋顶无法设置高位消防水箱，因此，在首层消防水泵房内设气压供水设备，包括贮水罐3只（调节容积共12m^3，设计压力1.4MPa）、稳压泵2台（25GDL2×16，单台流量$Q=0.56\mathrm{L/s}$，扬程$H=144\mathrm{m}$，功率3kW，一用一备）。

（9）管材

1）采用热浸镀锌钢管，工作压力 1.0MPa；

2）连接方式：管径小于 *DN*100 采用螺纹连接，大于或等于 *DN*100 采用卡箍连接。

（二）自动喷水灭火系统

采用湿式自动喷水灭火系统。

1. 保护范围

除大空间、小于 5m^2 的卫生间和电气用房不设喷头外，其余部分均设喷头保护。

2. 设计参数

1）按中危险级Ⅰ级设计。

2）喷水强度：6L/(min·m^2)；最不利作用面积：160m^2；持续喷水时间：1h；最不利点喷洒头工作压力 0.1MPa。

3）计算得到系统设计流量 29L/s，取 30L/s。

4）系统一次灭火用水量为 108m^3。

3. 系统设计

（1）自动喷水灭火系统竖向为一个区。

（2）在首层消防水泵房内设有两组湿式报警阀，每组湿式报警阀担负的喷洒头不超过 800 个。

（3）喷头选型：采用 *DN*15 下垂式玻璃球喷洒头，动作温度为 68℃、K=80。

（4）自动喷水灭火系统每个防火分区或每层均设信号阀和水流指示器。

（5）自动喷水灭火系统供水泵 XBD8/25-DL 两台，单台流量 Q=30L/s，扬程 H=80m，功率 37kW，一用一备，互为备用。

（6）与消火栓系统、大空间智能型主动喷水灭火系统共用气压供水设备稳压。

（7）自动喷水灭火系统共设两套消防水泵接合器，位于体育馆北侧。

（8）每个报警阀组的最不利喷头处设末端试水装置。

4. 管材

（1）管道采用热浸镀锌钢管，工作压力 1.0MPa；

（2）连接方式：管径小于 *DN*100 采用螺纹连接，大于或等于 *DN*100 采用卡箍连接。

（三）气体灭火系统

本工程的发电机房、监控中心、网络中心等采用气体灭火系统，气体灭火系统拟采用毒性低、无腐蚀的七氟丙烷气体作为灭火剂。气体喷射时间为 8s，灭火浸渍时间为 5min。强电机房采用组合分配系统，灭火设计浓度：9%，灭火方式为全淹没均衡系统，各个保护区均设泄压口。弱电机房采用柜式灭火装置，灭火设计浓度：8%。

（四）消防水泡灭火系统

1. 固定消防炮灭火系统

（1）设计范围

主体育馆赛场大空间和训练馆大空间。

（2）设计参数

1）设计流量 60L/s，持续喷水时间：1h，系统一次灭火用水量：216m^3。

2）保护区的任一部位能保证两门水炮的水射流同时到达。

3）系统供水泵 XBD12.5/30-75-HY 三台：单台流量 Q=30L/s，扬程 H=128m，功率 75kW，两用一备。

4）设置专用气压供水设备稳压

（3）系统设计

1）本工程自动消防炮灭火系统竖向为一个区。

2）主体育馆消防水炮采用 PSDZ30W-LA862 型，单只流量：30L/s，工作压力：0.9MPa，最大射程：65m；训练馆消防水炮采用 PSDZ20W-LA552 型，单只流量：20L/s，工作压力：0.8MPa，最大射程：50m。

3）自动消防炮灭火系统设有三台加压泵，两用一备，互为备用。贮水池与消火栓系统合建，位于首层消防水泵房内。

4）自动消防炮灭火系统平时由首层消防水泵房内的稳压贮水罐（有效容积 5.97m^3，调节容积 0.6m^3，P=1.6MPa）经稳压泵（25GDL2×16 两台，单台流量 Q=0.56L/s，扬程 H=155m，功率 N=3kW，一用一备）设专用管道至报警阀前供水管，保证系统压力。发生火灾时由加压泵从水池取水加压供水。

5）自动消防炮灭火系统共设四套消防水泵接合器，位于体育馆北侧，供消防车从室外消火栓取水向室内自动喷水灭火系统补水。

（4）管材

1）采用热浸镀锌钢管，工作压力 1.6MPa；

2）连接方式：管径小于 DN100 采用螺纹连接，大于等于 DN100 采用卡箍连接。

2. 大空间智能型主动喷水灭火系统

（1）设计范围

主体育馆观众入场走道平台环形大空间。

（2）设计参数

1）设计流量 15L/s，持续喷水时间：1h，系统一次灭火用水量：54m^3。

2）保证水炮喷水能射流到达保护区的任一部位。

3）系统供水泵 XBD9/15-DL 两台：单台流量 Q=15L/s，扬程 H=100m，功率 30kW；一用一备。

4）与消火栓系统、消防炮系统共用气压供水设备稳压。

（3）系统设计

1）本工程大空间智能型主动喷水灭火系统竖向为一个区。

2）大空间智能型主动喷水灭火装置采用 SSDZ25-LA411 型，单只流量：5L/s，工作压力：0.6MPa，最大射程：21m。

3）大空间智能型主动喷水灭火系统设有两台加压泵，一用一备，互为备用。贮水池与消火栓系统合建，位于首层消防水泵房内。

4）大空间智能型主动喷水灭火系统与消火栓系统及自动喷水灭火系统共用两台稳压泵及三只隔膜式储水罐，以保证系统压力。发生火灾时由加压泵从水池取水加压供水。

（4）管材

1）管道采用热浸镀锌钢管，工作压力 1.0MPa；

2）连接方式：管径小于 DN100 采用螺纹连接，大于等于 DN100 采用卡箍连接。

三、设计及施工体会或工程特点介绍

1. 在钢筋混凝土底板下方吊装埋地排水管道的新做法（图 1）

由于本建筑首层卫生间分布及室内埋地排水管道走向均呈辐射状，若按常规处理方法，必须将整块钢筋混凝土底板下沉一米多才能满足排水管道的敷设需要。这样不仅会大大增加项目建设投资，还会延长场馆建设时间，而这两点都是亚运场馆建设的现实条件所不允许的。为解决这一难题，设计中采用了在钢筋混凝土底板下方吊装埋地排水管道的新做法，该技术目前仅在我国港澳地区有所应用，内地尚不多见。广州市花都区亚运新体育馆首层结构板面积约 23000m^2，开挖人工费加上淤泥运输费约 45 元/m^3。采用新做法后，仅土方开挖一项就节省投资百万余元。由于钢筋混凝土底板一旦施工完成，在其下方吊装的排水管道便不可更换、修复，设计过程中除了与结构专业密切结合，准确计算定位之外，还采取了以下措施防止管道及部件受外力或自身腐蚀、老化的破坏影响。

(1) 结构板（含板自身）以下部位（详附图）排水管道采用符合现行国家标准《水及燃气管道用球墨铸铁管、管件和附件》GB/T 13295 的球墨铸铁管和管件。

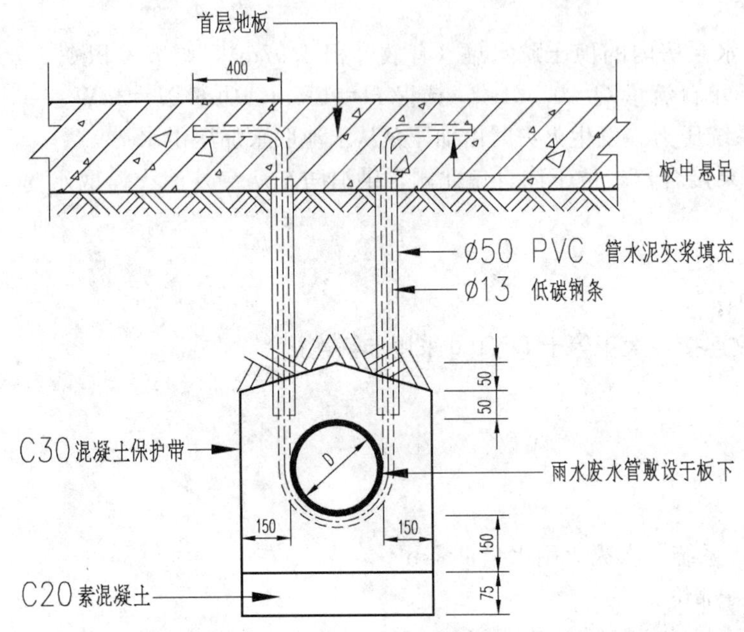

图 1 在钢筋混凝土底板下方吊装埋地排水管道的新做法

(2) 接口形式采用滑入式（T 型）接口。

(3) 管道和管件出厂前应有沥青漆外涂层和环氧树脂内涂层；在施工现场敷设前还应在其外表面涂重防腐涂料两道。卫生间降板沉箱内的 PVC-U 排水横支管与球墨铸铁管连接时，应先将塑料管插入承口部分的管外壁用砂纸打毛；插入承口后用油麻丝填嵌均匀，用水泥捻口。

(4) 结构板下埋地横管段的管道吊架间距不应大于 2m。用于制作吊架的钢筋应先除锈，再红丹打底涂重防腐涂料一道。

这种新做法对于地基土为高压缩性土，地质承载力较低的沿江、沿海地区同类型建筑的排水设计具有一定借鉴意义。

2. 消防增压设施

为配合本工程椭圆壳型立面效果，没有在建筑顶部设置高位消防水箱，而是在消防水泵房内设置带气压水罐的增压设施，为室内消火栓系统、自动喷水灭火系统、大空间智能型主动喷水灭火系统以及自动消防水炮灭火系统维持工作压力。由于每个气压水罐的有效贮水容积有限，为贮满火灾初期消防用水，气压水罐的数量和体积往往不小，在设计初期一定要充分考虑到这个问题，在泵房留出足够的空间。

四、工程照片及附图

01-鸟瞰图

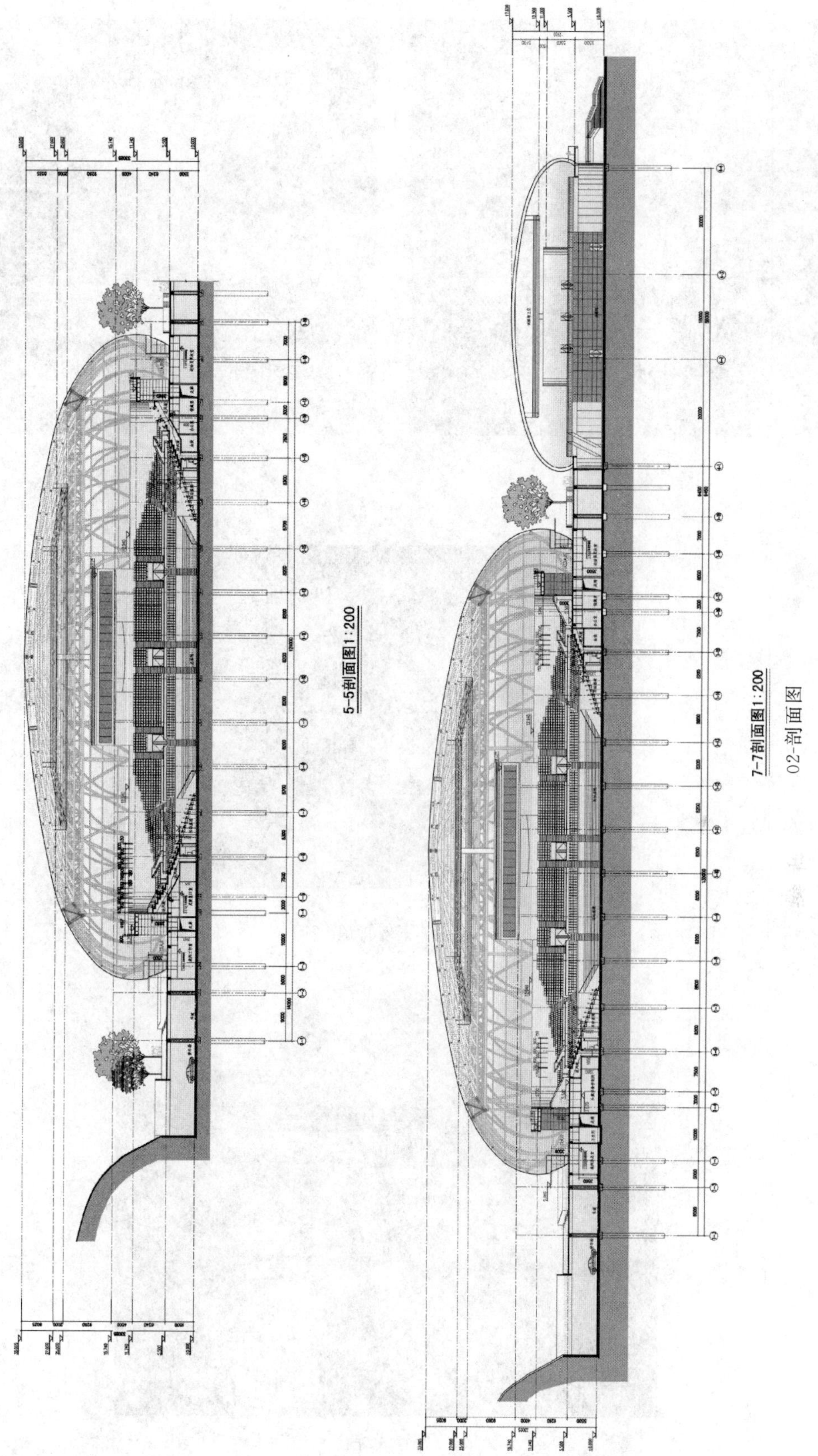

5-5剖面图1:200

7-7剖面图1:200

02-剖面图

03-训练馆近景

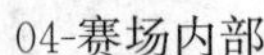

04-赛场内部

10-室外管道

11-管线综合

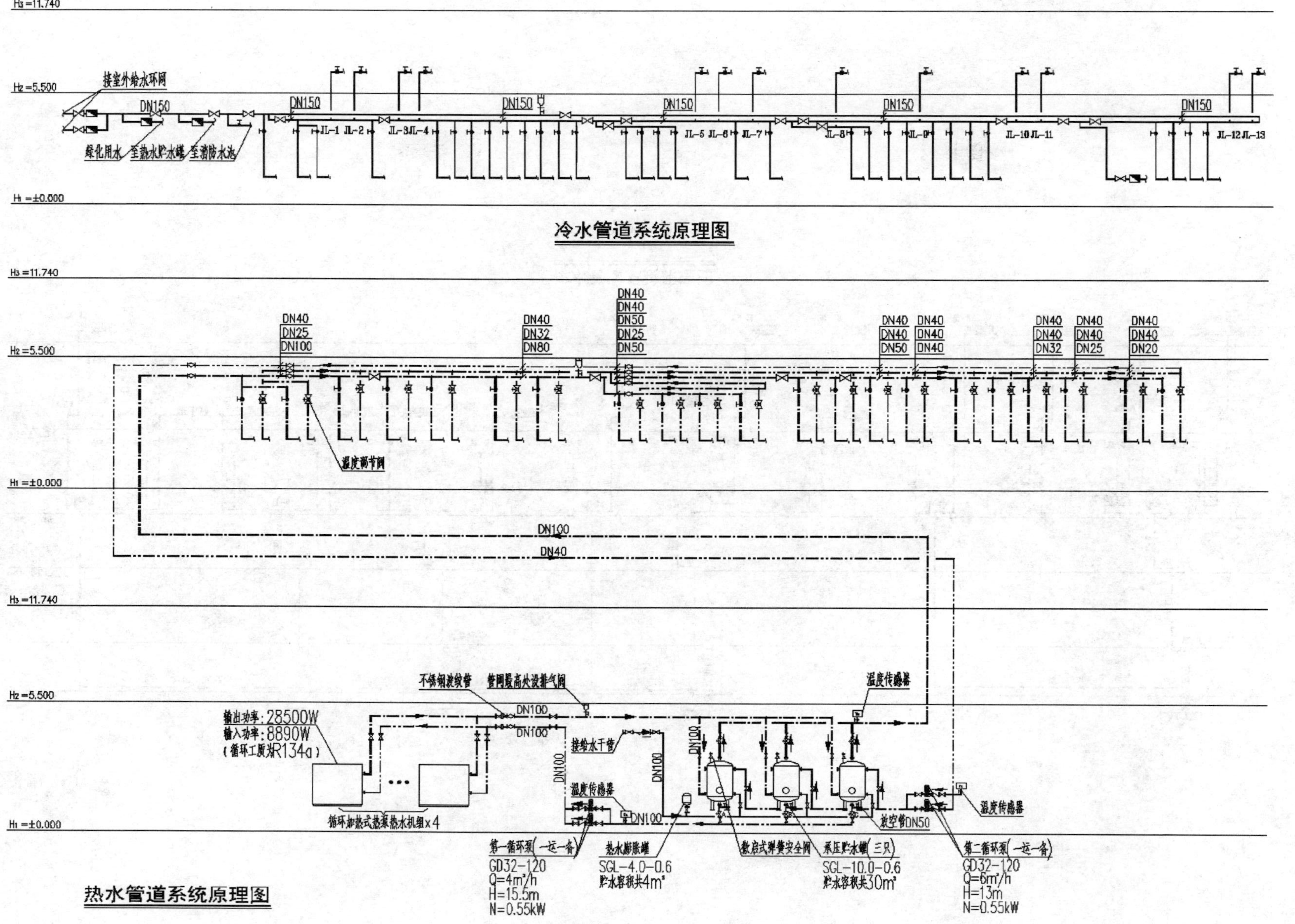
H₃=11.740
H₂=5.500
H₁=±0.000
接室外给水环网
DN150
绿化用水
至热水贮水罐
至消防水池
JL-1 JL-2 JL-3 JL-4 JL-5 JL-6 JL-7 JL-8 JL-9 JL-10 JL-11 JL-12 JL-13
冷水管道系统原理图
温度调节阀
DN100
DN40
不锈钢波纹管
管网最高处设排气阀
输出功率：28500W
输入功率：8890W
（循环工质R134a）
循环加热式热泵热水机组×4
接给水干管
温度传感器
第一循环泵（一运一备）
GD32-120
Q=4m³/h
H=15.5m
N=0.55kW
热水膨胀罐
SGL-4.0-0.6
贮水容积共4m³
微启式弹簧安全阀
承压贮水罐（三只）
SGL-10.0-0.6
贮水容积共30m³
放空管DN50
第二循环泵（一运一备）
GD32-120
Q=6m³/h
H=13m
N=0.55kW
热水管道系统原理图

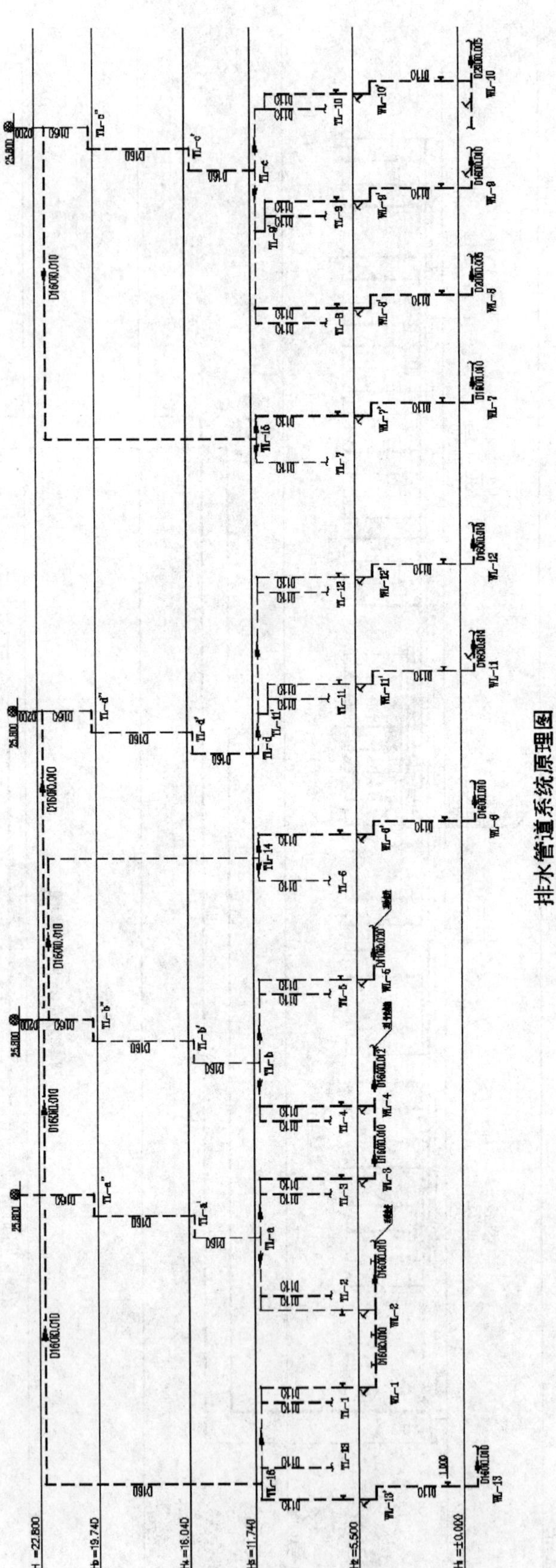

排水管道系统原理图

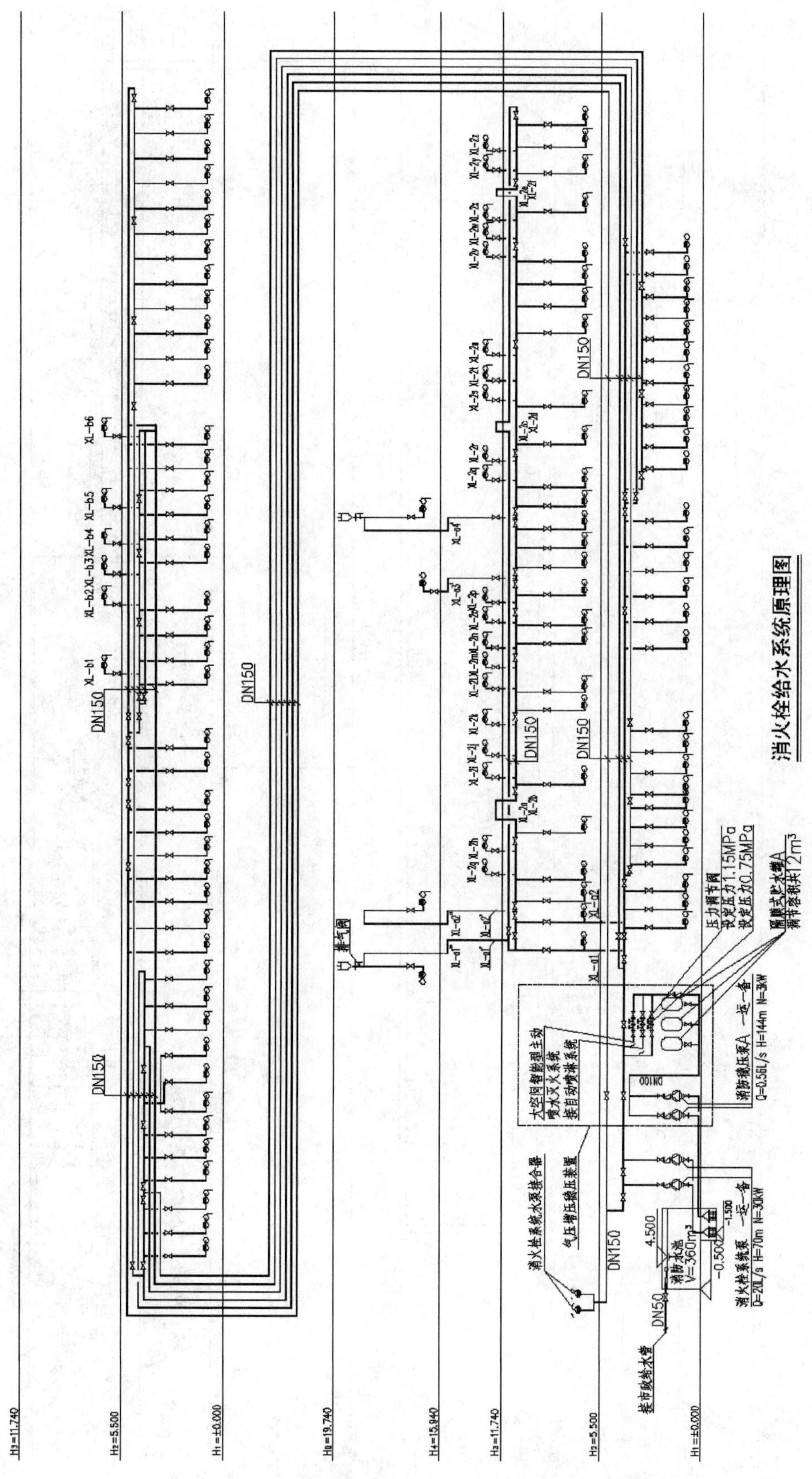
H₃=11.740
H₂=5.500
H₁=±0.000
H₆=19.740
H₄=15.840
H₃=11.740
H₂=5.500
H₁=±0.000
DN150
DN150
DN150
DN150
DN150
DN150
DN50
排气阀
压力调节阀
设定压力1.15MPa
设定压力0.75MPa
消火栓系统水泵接合器
气压增压稳压装置
消防水池
V=360m³
接市政给水管
消火栓系统泵
Q=20L/s H=70m N=30KW
一用一备
消防稳压泵A
Q=0.56L/s H=144m N=3KW
一用一备
隔膜式气压水罐A
调节容积12m³
大空间智能型主动
喷水灭火系统
接自动喷淋系统

消火栓给水系统原理图

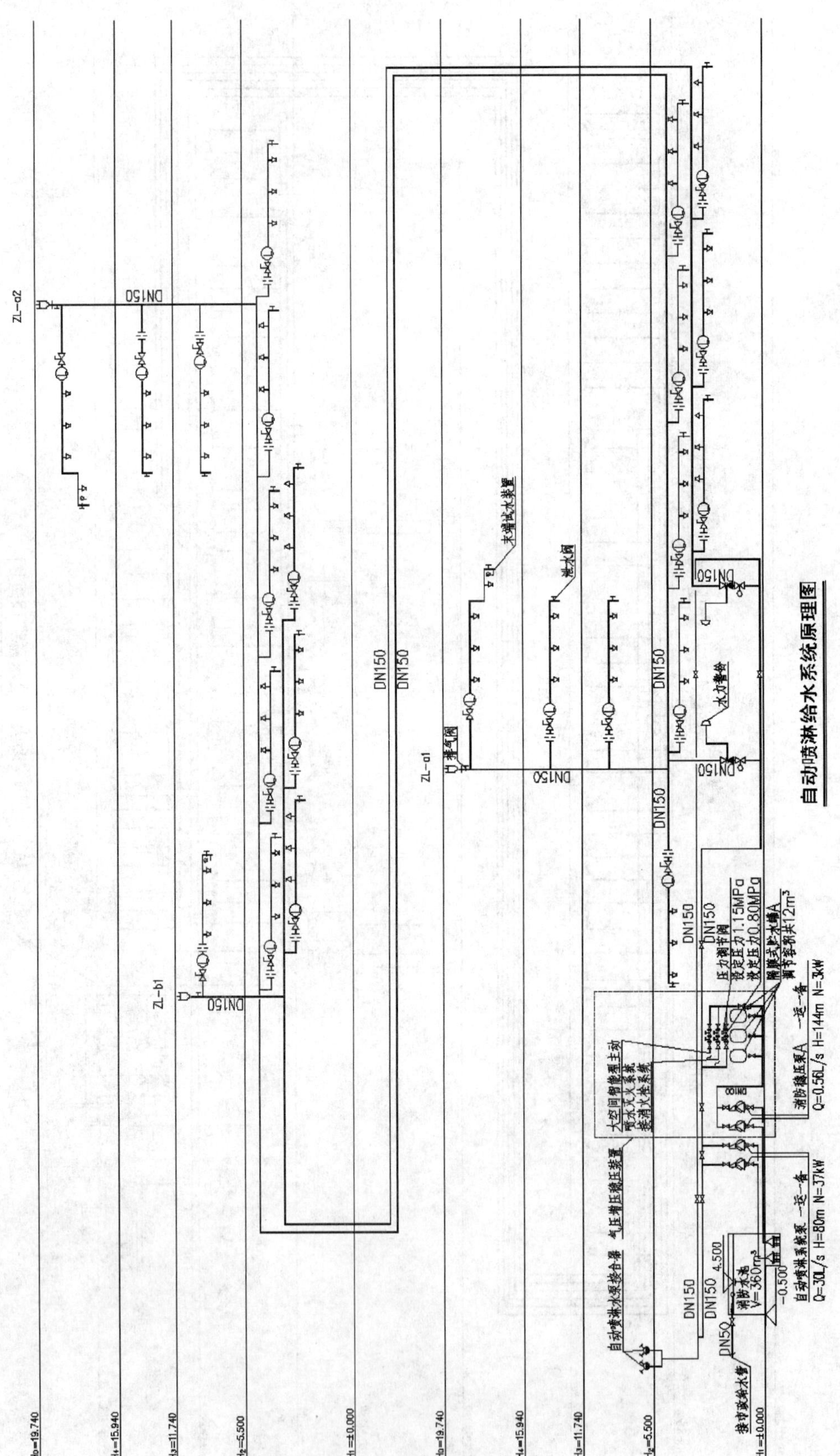

自动喷淋给水系统原理图

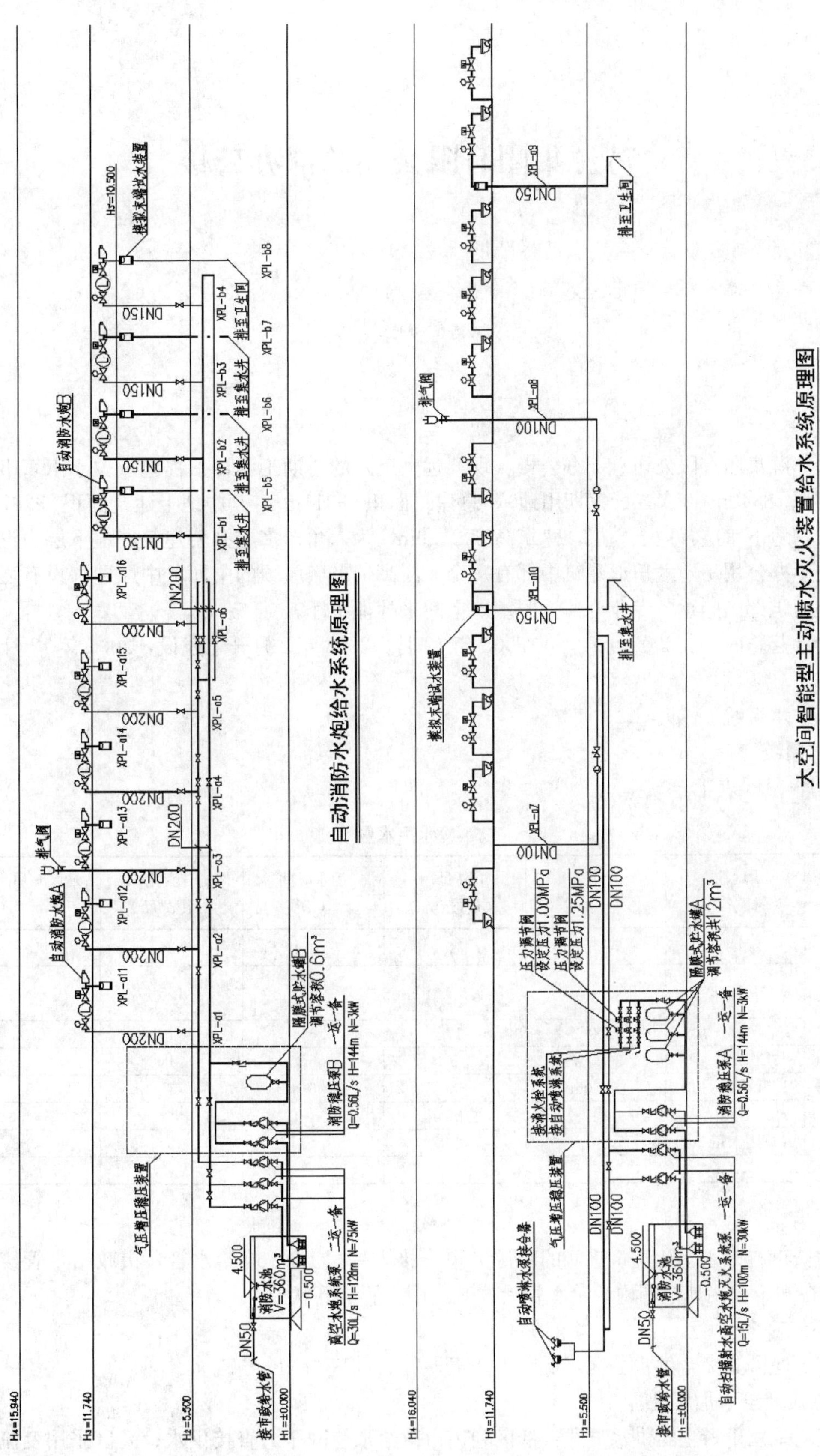
自动消防水炮给水系统原理图
大空间智能型主动喷水灭火装置给水系统原理图

苏源集团有限公司总部办公楼

设计单位： 东南大学建筑设计研究院有限公司
设 计 人： 王志东　鲍迎春　刘俊
获奖情况： 公共建筑类　三等奖

工程概况：

本工程为苏源集团有限公司总部办公楼（现苏远大厦）的一期工程，工程地点位于南京市江宁区苏源大道。总用地面积78840m^2（含二、三期用地），总建筑面积39911m^2，其中地上建筑面积29297m^2，地下建筑面积10614m^2，地下1层，地上5层，建筑高度23.9m，为六角形多层办公建筑。地下层为汽车库和设备机房，地上层均为办公用房，六角形建筑中部有一个5层高带玻璃屋顶的中厅，中厅屋顶设有通气百页和可开启的顶窗，经消防部门同意各专业全部按照室外空间来处理中厅。

本工程设计起止时间：2005年8月～2005年12月，2006年2月开工建设，2007年12月建成，2008年正式投入使用。

一、给水排水系统

（一）给水系统

1. 冷水用水量（表1）

冷水用水量　　表1

名　称	用水量标　准	数量	最高日用水量(m^3/d)	用水时间(h)	时变化系数K	最大时用水量(m^3/h)	备　注
办公人员	20L/人	500人	10	10	1.5	1.5	冲厕用水
	40L/人	500人	20	10	1.5	3	其他用水（含食堂）
汽车库清洗地面	2L/(m^2·次)	8500m^2	17	6	1	2.83	
屋顶花园绿化用水	2L/(m^2·d)	3000m^2	6	6	1	1	
室外绿化用水	1.5L/(m^2·d)	20000m^2	30	6	1	5	
小　计			83			13.33	
未预见用水量	占总用水量10%		8.3			1.33	
总　计			91.3			14.66	

2. 水源

水源采用城市自来水，从建筑东侧的苏源大道上接入一根DN150给水管，市政给水管接入处的最低水压0.2MPa。在本工程用地范围内，给水管沿建筑周围布置成环状。

3. 冷水系统竖向分区

冷水系统竖向分为2个供水分区：低区为地下～2F；高区为3F～5F。

4. 供水方式及给水加压设备

给水系统均采用下行上给供水方式：低区利用市政给水管网压力直接供水；高区采用变流稳压泵增压供

水，生活水池及泵房集中设置在标高－5.40m 地下设备房内。

生活水池有效容积 $9m^3$，池体采用不锈钢板。

生活给水泵选用 SGBL6.3-40-HY 型立式变流稳压泵 3 台，2 用 1 备，该泵具有变流量稳压供水的能力。

水泵主要性能参数：$Q=0\sim6.3m^3/h$，$H=40m$，$N=2.2kW$，$n=2840r/min$。

5. 管材

室内生活冷水管采用不锈钢给水管和管件，焊接或橡胶圈密封卡压连接。

(二) 热水系统

1. 热水用水量（表 2）

热水（60℃）用水量 **表 2**

名　称	用水量标准	数 量	最高日用水量 (m^3/d)	用水时间 (h)	时变化系数 K	最大时用水量 (m^3/h)	备　注
办公人员	5L/人	500 人	2.50	10	1.5	0.375	
淋浴	35 L/(人·次)	50 人·次	1.75	5	5	1.75	
小　计			4.25			2.125	
未预见用水量	占总用水量 10%		0.45			0.2	
总　计			4.70			2.33	

2. 热源

热源采用太阳能并以电力作为辅助热源。

3. 热水系统竖向分区

本建筑在屋顶设置集中式太阳能热水设备，热水系统竖向分区为 1 个。

4. 集中式太阳能热水系统

在屋顶设置 8 组联集管太阳能集热器、$5m^3$ 不锈钢保温型热水箱、辅助电加热器等太阳能热水设备，热水经管道泵变频供应至全楼各热水用水点；热水循环系统采用干管和立管机械循环的方式，直接利用热水泵实现热水循环。

热水管道泵选用 GDR40-15 型 2 台，1 用 1 备，水泵主要性能参数：

$Q=11.38m^3/h$，$H=15m$，$N=1.1kW$。

屋顶太阳能集热部分，本设计仅提供总体方案设计和预留条件等，施工图具体由专业公司进行深化设计。

5. 冷、热水压力平衡及热水温度的保证措施等

设计选用了适合冷、热水系统压力要求的冷、热水供水泵，使冷、热水系统的工作压力基本一致。

热水系统采用等程式热水循环管网，在热水回水总管上设置电磁阀，通过回水管上的电接点温度计根据设定的水温控制其启闭，从而保证热水系统主管网内热水的自动循环和各供水点热水温度的基本一致。

6. 管材

室内生活热水管采用不锈钢给水管和管件，焊接或耐热橡胶圈密封卡压连接。

(三) 雨水收集、处理和回用系统

1. 全年降水量、可收集及回用雨水量和自来水补水量估算

根据南京市逐月平均降水量资料、本工程冲厕用水量和绿化用水量等，按屋顶面积 8300 m^2 可以粗略估算全年降水量、可收集雨水量和自来水补充水量见表 3。

表 3 中的月回用水量是指建筑内冲厕（每月 22 个工作日）＋建筑屋顶和室外绿化用水量，考虑不同季节绿化用水量的大概变化情况估算得出。表 3 中的可收集月降水量为对应月平均降水强度时可收集到的雨水量最大值，不包括超过月平均降水强度降雨和雨水池未用空时溢流排出的雨水量。

全年降水量、可收集及回用雨水量和自来水补水量估算　　表3

月份	月平均降水强度 i (mm)	月平均降水量占全年降水量之比(%)	可收集月降水量 (m^3)	月回用水量 (m^3)	月自来水补充水量(m^3)
1	30.9	3.00	231	242	11
2	50.1	4.86	374	242	-132
3	72.7	7.05	543	804	261
4	93.7	9.09	700	804	104
5	100.2	9.72	748	1365	617
6	167.4	16.24	1250	1365	115
7	183.3	17.78	1369	1365	-4
8	113.3	10.99	846	1365	519
9	95.9	9.30	716	1365	649
10	46.1	4.47	344	804	460
11	48.0	4.66	359	804	445
12	29.4	2.85	220	242	22
全年合计	1031.0	100.00	7702	10767	3065

2. 雨水处理工艺流程

雨水收集、处理和回用系统流程：屋面雨水→压力流雨水排水系统→滤网→蓄水池自然沉淀→混凝→压力过滤→消毒→供水调节池→2套增压供水系统。

雨水处理工艺采用立式石英砂压力过滤器过滤和次氯酸钠消毒技术，具有处理技术成熟、处理水质好、便于运行和管理、机房紧凑等适合在建筑物内设置的特点。过滤速度10m/h，最大过滤能力32m^3/h，加药计量泵投加絮凝剂和次氯酸钠消毒剂，处理后水质按《城市污水再生利用　城市杂用水水质》标准的要求。

综合考虑建筑、景观、工程造价、运行管理等因素，将雨水处理机房和消防生活泵房合建在建筑地下层，雨水蓄水池（约550m^3）、雨水供水调节池（约65m^3）和消防水池合建在室外绿化地下。

3. 雨水回用供水系统竖向分区

雨水回用供水系统竖向为1个分区。

4. 供水方式及给水加压设备

采用下行上给供水方式。

室内外分别设一组变流稳压供水泵，第1组泵（照片中冲洗泵）供建筑内卫生间和庭园、屋顶绿化用水，第2组泵（照片中绿化灌溉泵）供室外绿化用水。

第1组泵选用SGBL18-50-HY型水泵2台，1运1备，泵主要性能参数：$Q=0\sim18m^3/h$，$H=50m$，$n=2900r/min$，$N=5.5kW$。

第2组泵选用SGBL25-40-HY型水泵2台，1运1备，泵主要性能参数：$Q=0\sim25m^3/h$，$H=40m$，$n=2840r/min$，$N=7.5kW$。

5. 管材

雨水回用给水管采用钢塑复合钢管和管件，卡环式连接。

(四) 排水系统

1. 排水系统的形式

根据南京市规划、环保部门的要求，采用雨污水分流的排水体制。

2. 透气管的设置方式

建筑内公共卫生间采用仅设置伸顶通气管的单立管的排水系统。

3. 采用的局部污水处理设施

污水先经化粪池（其中含油污水经隔油池）处理后，室外雨污水分别排入苏源大道和工业园一号路雨污水干管。

4. 管材

室内污废水管采用离心浇铸铸铁排水管，不锈钢夹和橡胶套卡箍接口连接；室内雨水管采用 HDPE 管，卡套式或热熔连接；与潜水排水泵连接的管道均采用镀锌焊接钢管，丝扣或法兰连接。

二、消防系统

本工程为设有地下汽车库的多层建筑，需设置室内外消火栓消防给水系统和自动喷水灭火系统。本工程的消防水池、水箱和消防水泵，均作为基地一、二期建筑的区域消防给水系统的水池、水箱和消防水泵。

（一）消火栓系统

1. 用水量（表 4）

消火栓系统用水量 **表 4**

系统类别		设计流量(L/s)	火灾延续时间(h)	灭火用水量(m^3)
消火栓给水系统	室内	15	2	108
	室外	30	2	216
总　计				324

2. 系统分区

室内消火栓系统竖向设 1 个供水区。

3. 消防水池和消防水箱

本建筑室外有 1 路 *DN*150 市政给水管，消防水池设计容积需要贮存 2h 室内外消火栓用水量和 1h 闭式自动喷水用水量，实际容积总计 480m^3。

消防水池设置在与消防泵房邻近的室外绿化地下，消防水池池底标高−4.90m。

建筑屋顶设 18m^3 消防水箱 1 个，水箱底标高 22.0m。

4. 消防水泵房

地下消防泵房与生活泵房合建，隔外墙与消防水池相邻。

室内消火栓泵选用 XBD15-60-HY 型建筑消防泵 2 台，一用一备，主要性能：$Q=0\sim15$L/s，$H=60$m，$n=2930$r/min，$N=15$kW。

5. 水泵接合器

室内消火栓系统共设有 1 个水泵接合器。静水压力大于等于 50m 的消火栓，均采用稳压减压型的消火栓。

6. 室外消火栓

在室外消火栓泵给水管上，设置室外地上式消火栓 5 个。

7. 管材

室内外消防给水管采用热镀锌钢管，管径 *DN*100 以下时采用丝扣连接，管径等于或大于 *DN*100 时采用沟槽式卡箍连接。室外埋地管外刷热沥青两道防腐。

（二）自动喷水灭火系统

1. 用水量（表 5）

自动喷水灭火系统用水量 **表 5**

系统类别	喷水强度 (L/(min·m^2))	作用面积 (m^2)	设计流量 (L/s)	火灾延续时间 (h)	灭火用水量 (m^3)
闭式自动喷水灭火系统	8	160	40	1	144
总　计					144

2. 系统分区

自动喷水灭火系统竖向设 1 个供水区。

3. 消防水泵及增压设备

喷淋泵选用 XBD40-70-HY 型建筑消防泵 2 台，一用一备，主要性能：

$Q=0\sim40\text{L/s}$，$H=70\text{m}$，$n=2970\text{r/min}$，$N=55\text{kW}$。

喷淋系统在屋顶消防水箱间设有稳压设备，稳压泵型号为 SGBL3.2-30-HY，2 台，一用一备；囊式气压罐有效调节容积大于 150L。

4. 报警阀

自动喷水灭火系统共设有 5 个湿式报警阀，集中设在一层的报警阀间内，报警阀之前的喷淋给水管均联成环状。

5. 喷头

闭式玻璃球喷头均采用快速响应喷头，除厨房采用 93℃温级的喷头外，其余场所均采用 68℃温级的喷头。

6. 水泵接合器

闭式自动喷水灭火系统中设置 3 个消防水泵接合器。

7. 管材

自动喷水灭火系统给水管采用热镀锌钢管，管径 *DN*100 以下时采用丝扣连接，管径等于或大于 *DN*100 时采用沟槽式卡箍连接。室外埋地管外刷热沥青两道防腐。

（三）气体灭火系统

1. 气体灭火系统设置的场所

网络机房处设置七氟丙烷气体灭火系统。

气体灭火系统由具有气体消防设计和安装资质的专业厂家深化设计和安装。

2. 系统设计的主要参数（表 6）

系统设计主要参数 **表 6**

保护区名称	面积(m^2)	层高(m)	净容积(m^3)	设计浓度(%)	设计喷放时间(s)	贮存压力(MPa)
网络机房	124.5	4	498	8	8	4.2

3. 系统的控制

本工程的灭火系统设计分为自动、手动、应急手动三种启动方式。

三、工程特点

在本工程方案规划阶段，根据建设单位提出的“节能、环保、生态、自然”要求，确定了在满足正常给排水和消防给水要求的情况下，节能节水设计以综合利用太阳能、雨水资源为主的方案。

热水系统采用了集中太阳能热水系统，粗略估算太阳能热水系统在正常日照条件下，全年有近 50%的时间基本不需要电辅助加热。

对建筑屋面雨水设计了雨水收集、处理和回用系统，充分利用常规的屋面雨水排水系统收集雨水，结合建筑和外部景观要求设置雨水贮存、处理和回用系统的设备机房，采用了适合本工程的雨水处理工艺，实现了水处理设备运行可靠、管理方便的节水设计目标。由于受建筑平面布局、室外景观、工程造价等方面的限制，雨水池设计容积有限，需要采用自来水作为补充，但仍然可以减少自来水用水量约40%～45%。

本工程满足正常给排水和消防给水要求，节能、节水、利于保护环境，具有较好的社会和经济效益。

四、工程照片及附图

建筑主立面

建筑中厅

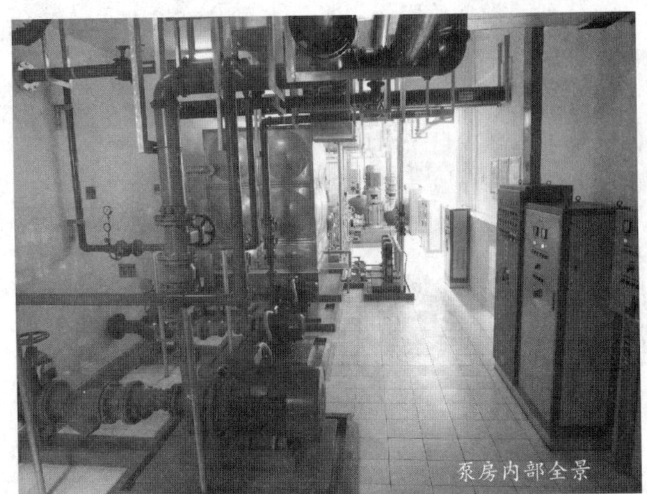
泵房内部全景

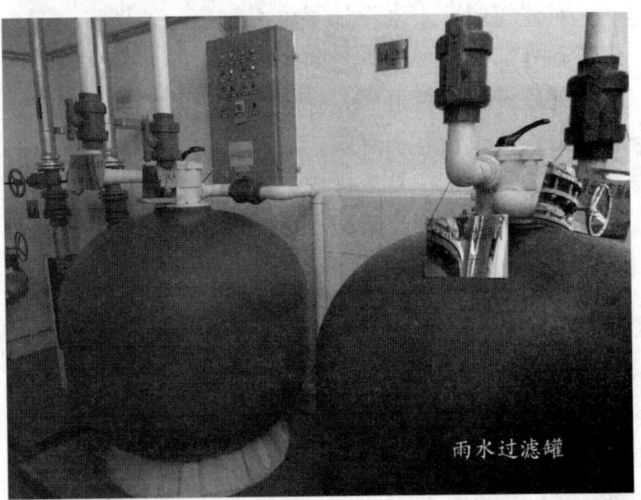
雨水过滤罐

雨水回用过滤泵

雨水回用过滤泵

绿化灌溉泵

冲洗用水泵
绿化灌溉泵

喷淋消防泵
消火栓泵
消火栓泵

屋顶太阳能热水集热器

屋顶消防水箱
喷淋稳压罐
喷淋稳压泵

太阳能热水箱
太阳能热水泵

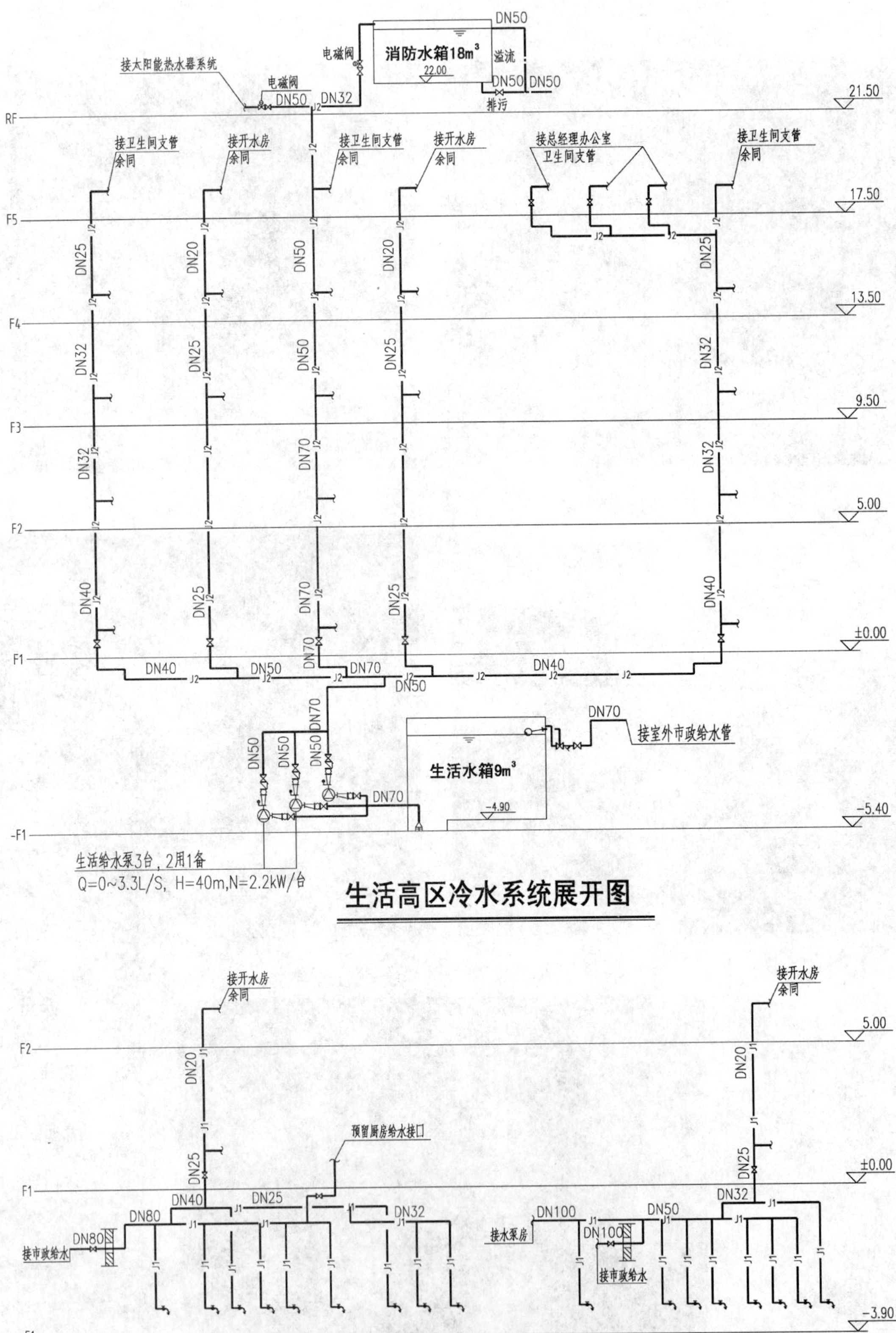

生活高区冷水系统展开图

生活低区冷水系统展开图

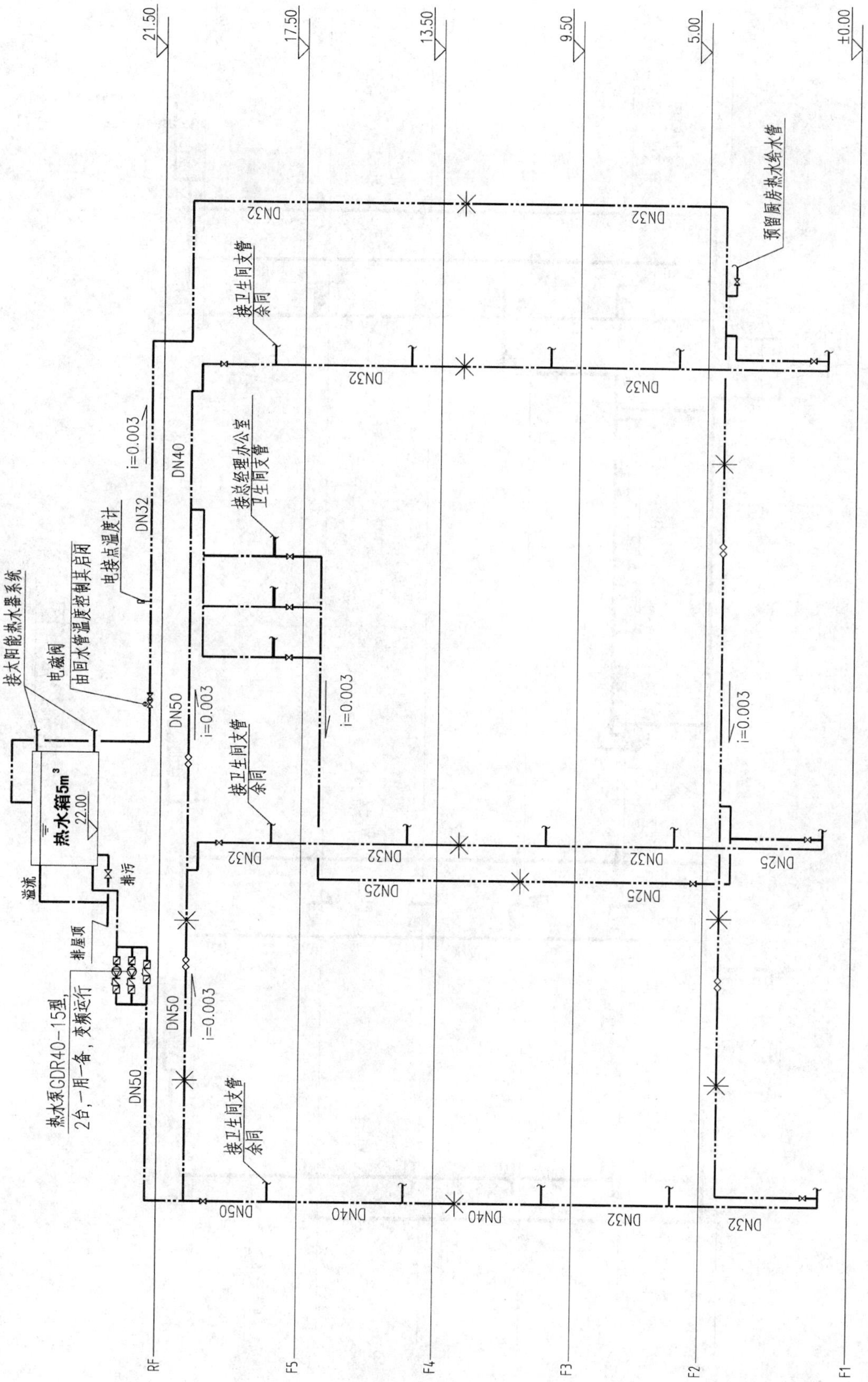
21.50
17.50
13.50
9.50
5.00
±0.00
RF
F5
F4
F3
F2
F1
热水箱5m³
22.00
溢流
排污
排屋顶
热水泵GDR40-15型,
2台,一用一备,变频运行
接太阳能热水器系统
电磁阀
由回水管温度控制其启闭
电接点温度计
接卫生间支管
余同
接总经理办公室
卫生间支管
预留厨房热水给水管
DN50
DN40
DN32
DN25
i=0.003

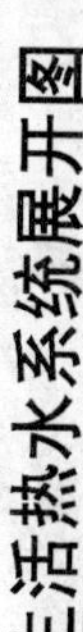

生活热水系统展开图

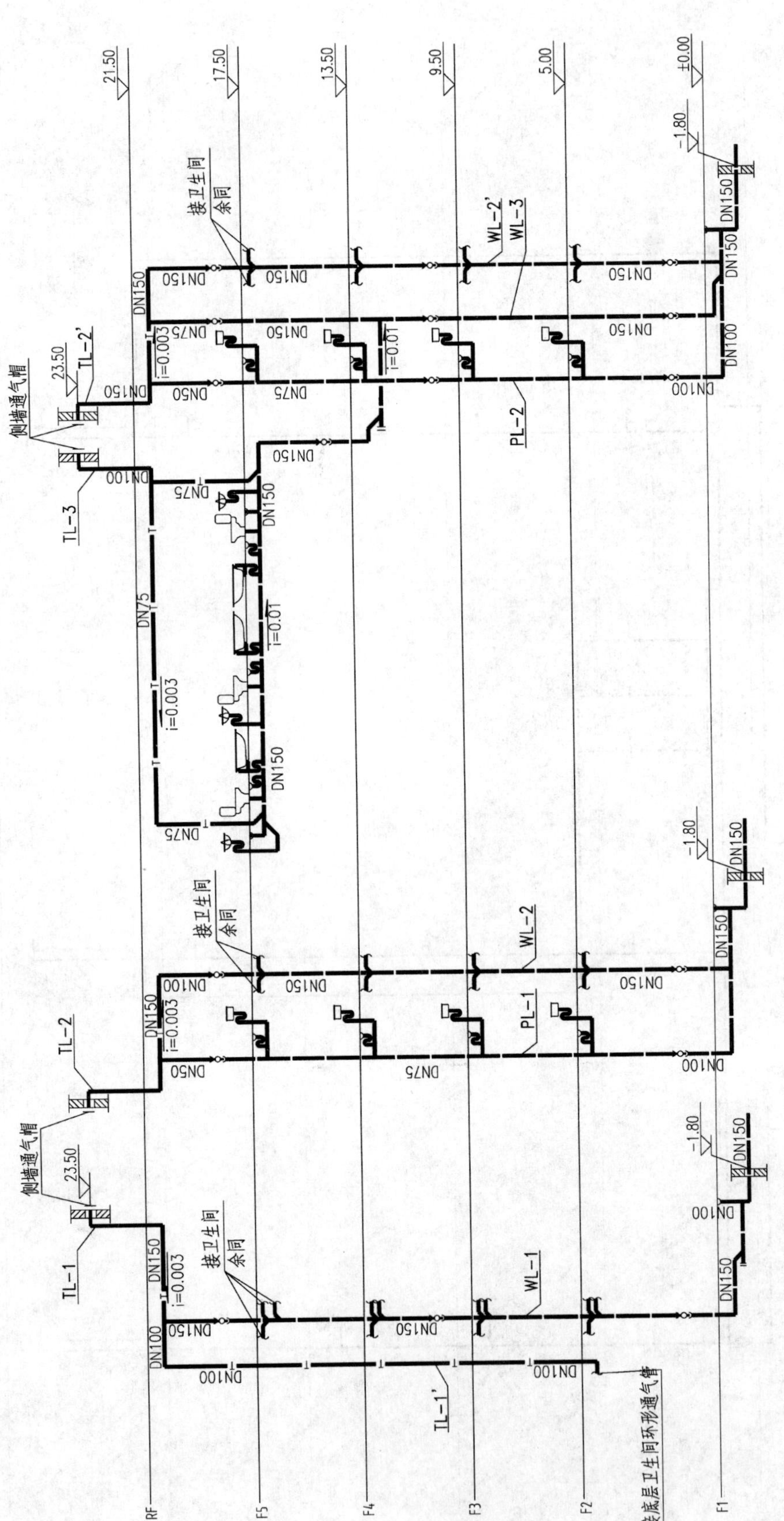
RF
F5
F4
F3
F2
F1
21.50
17.50
13.50
9.50
5.00
±0.00
23.50
-1.80
侧墙通气帽
TL-1
TL-1'
TL-2
TL-2'
TL-3
PL-1
PL-2
WL-1
WL-2
WL-2'
WL-3
接卫生间
余同
接底层卫生间环形通气管
DN50
DN75
DN100
DN150
i=0.003
i=0.01

污水系统展开图

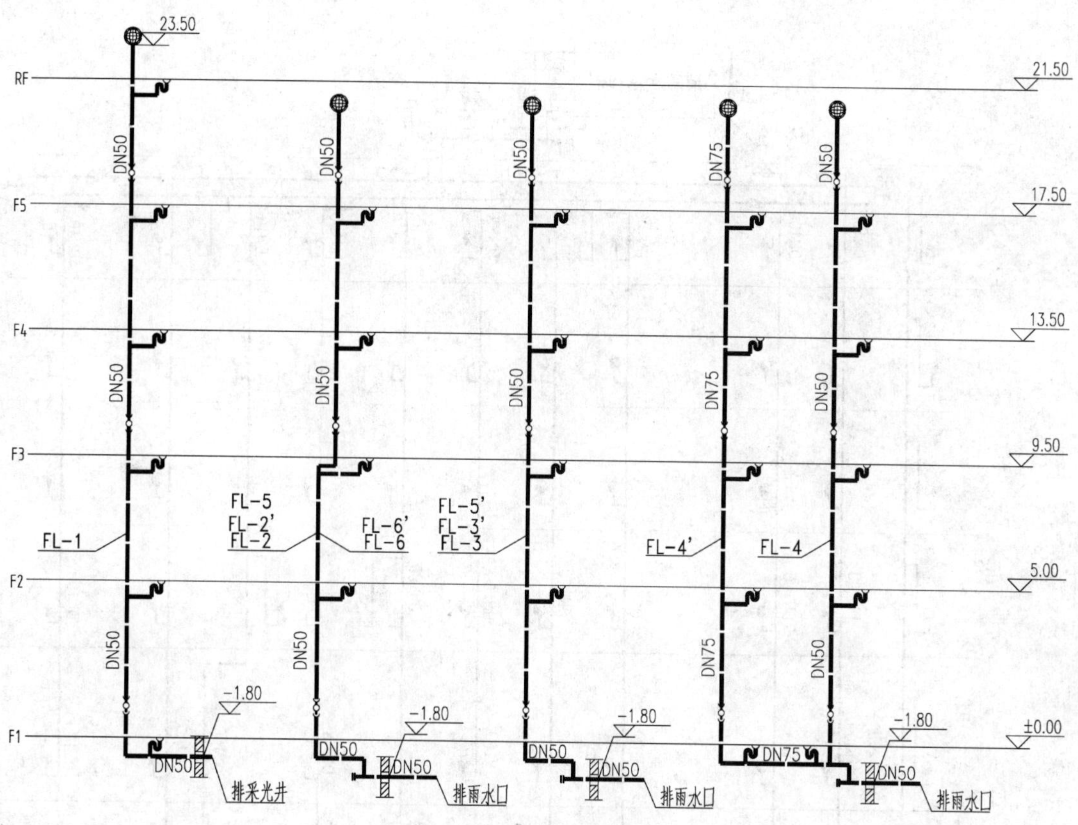

废水系统展开图

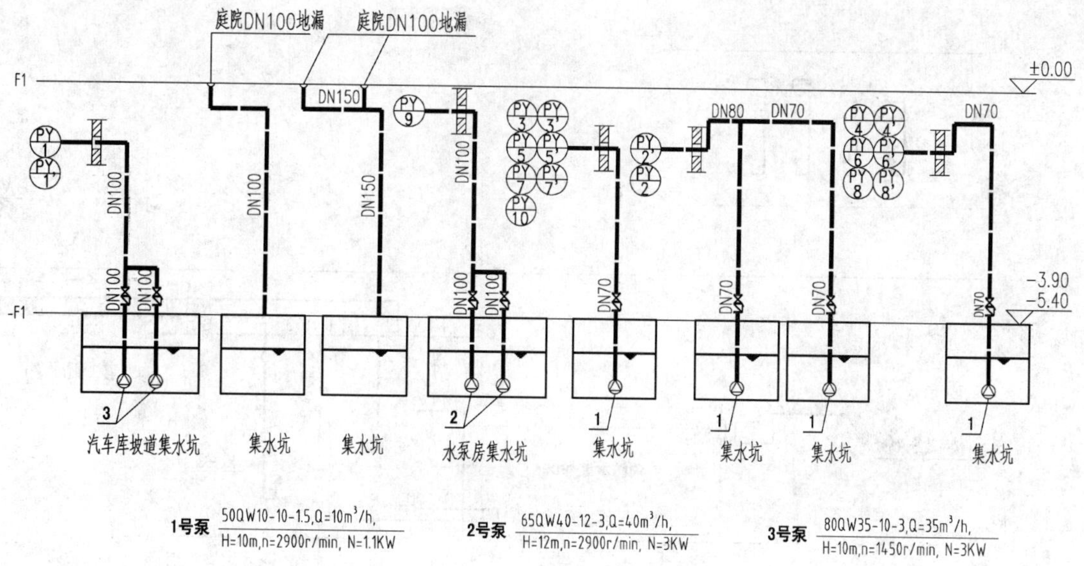

地下层排水系统展开图

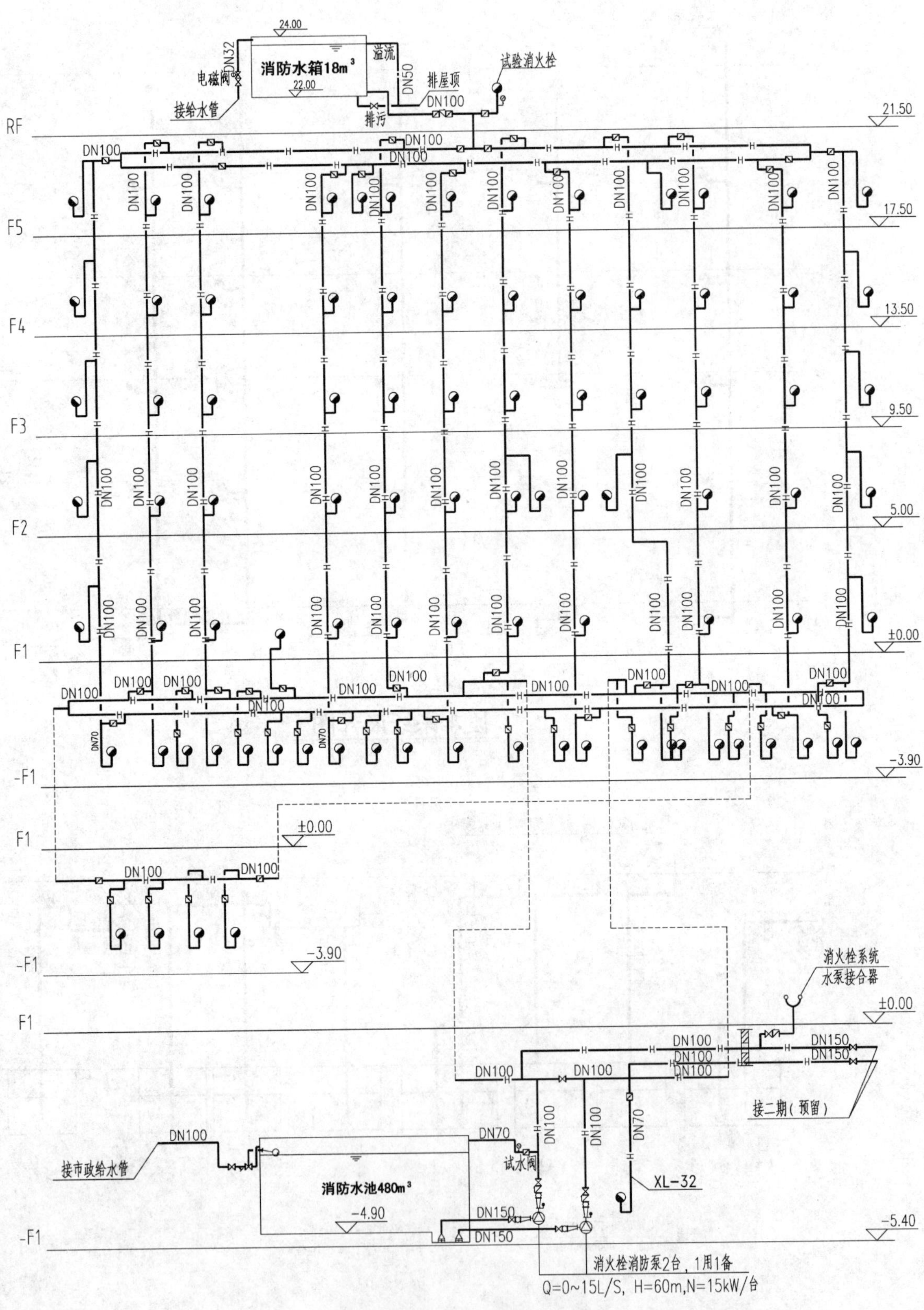
24.00
DN32
消防水箱18m³
22.00
电磁阀
接给水管
溢流
DN50
排屋顶
DN100
排污
试验消火栓
RF
F5
F4
F3
F2
F1
-F1
21.50
17.50
13.50
9.50
5.00
±0.00
-3.90
DN100
DN70
-5.40
-4.90
消火栓系统
水泵接合器
DN150
接二期（预留）
接市政给水管
消防水池480m³
试水阀
XL-32
消火栓消防泵2台，1用1备
Q=0~15L/S，H=60m,N=15kW/台

消火栓给水系统展开图

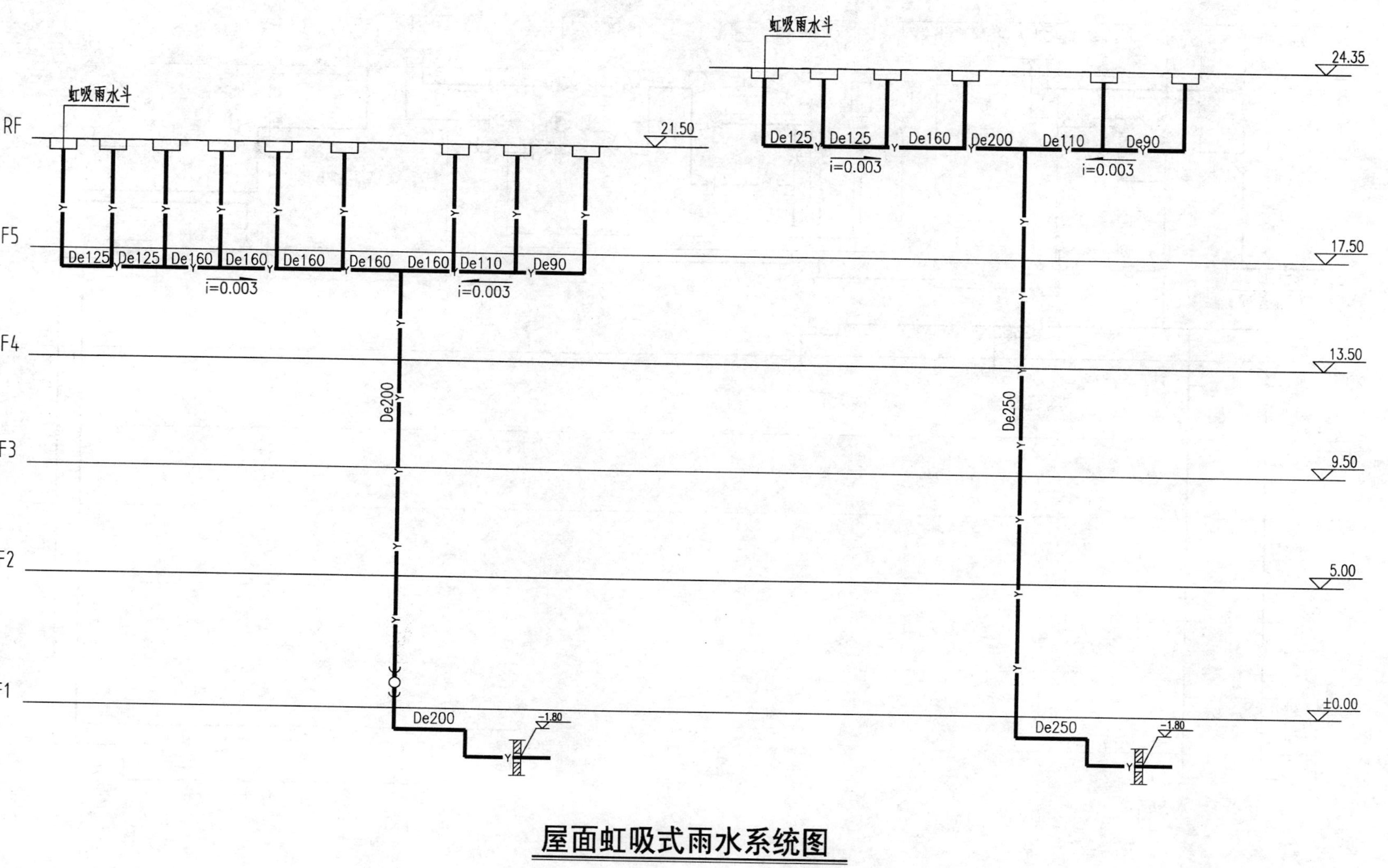
虹吸雨水斗
虹吸雨水斗
RF
F5
F4
F3
F2
F1
24.35
21.50
17.50
13.50
9.50
5.00
±0.00
-1.80
-1.80
De125 De125 De160 De160 De160 De160 De160 De110 De90
i=0.003
i=0.003
De200
De200
De125 De125 De160 De200 De110 De90
i=0.003
i=0.003
De250
De250

屋面虹吸式雨水系统图

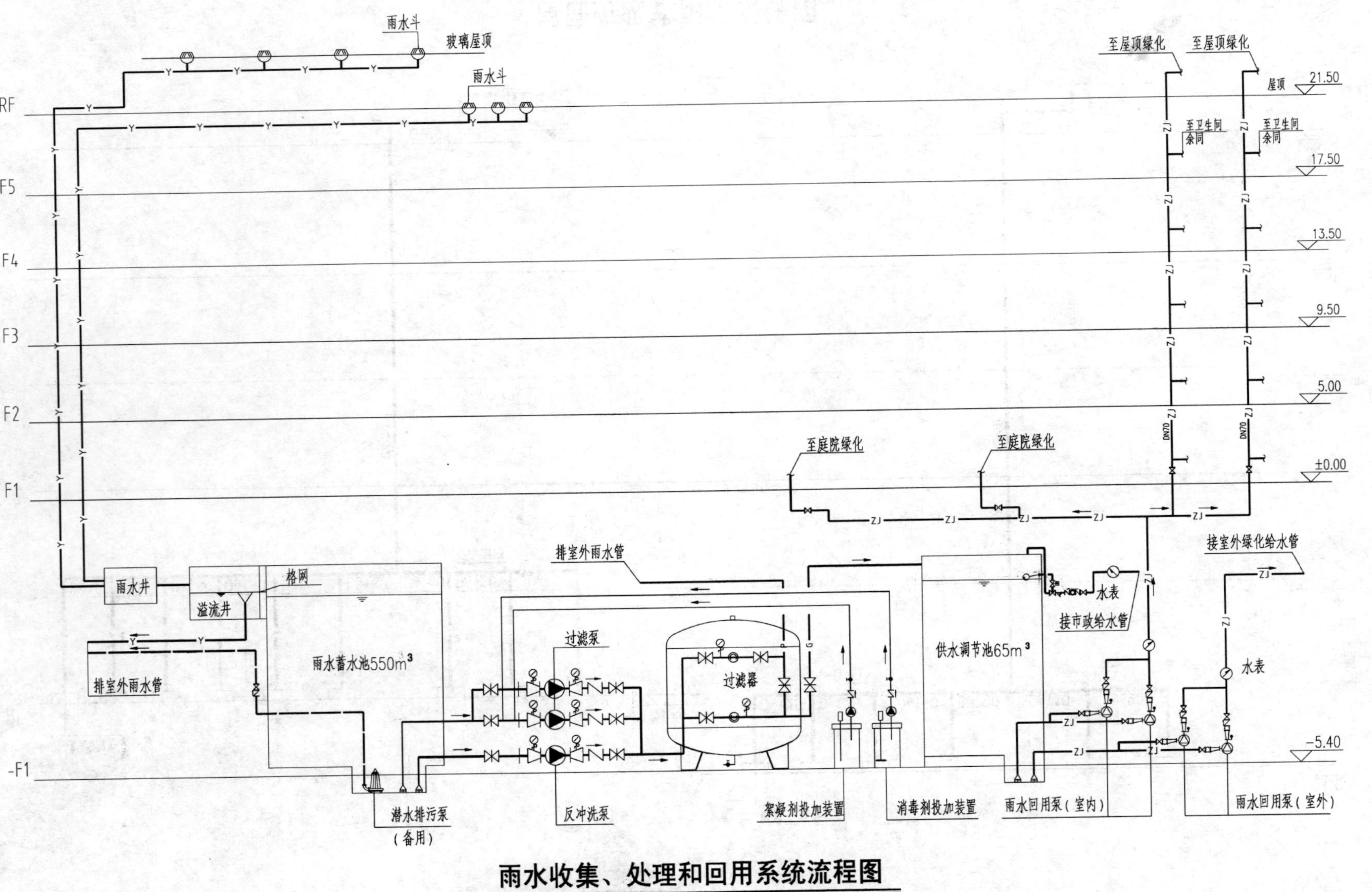

雨水收集、处理和回用系统流程图

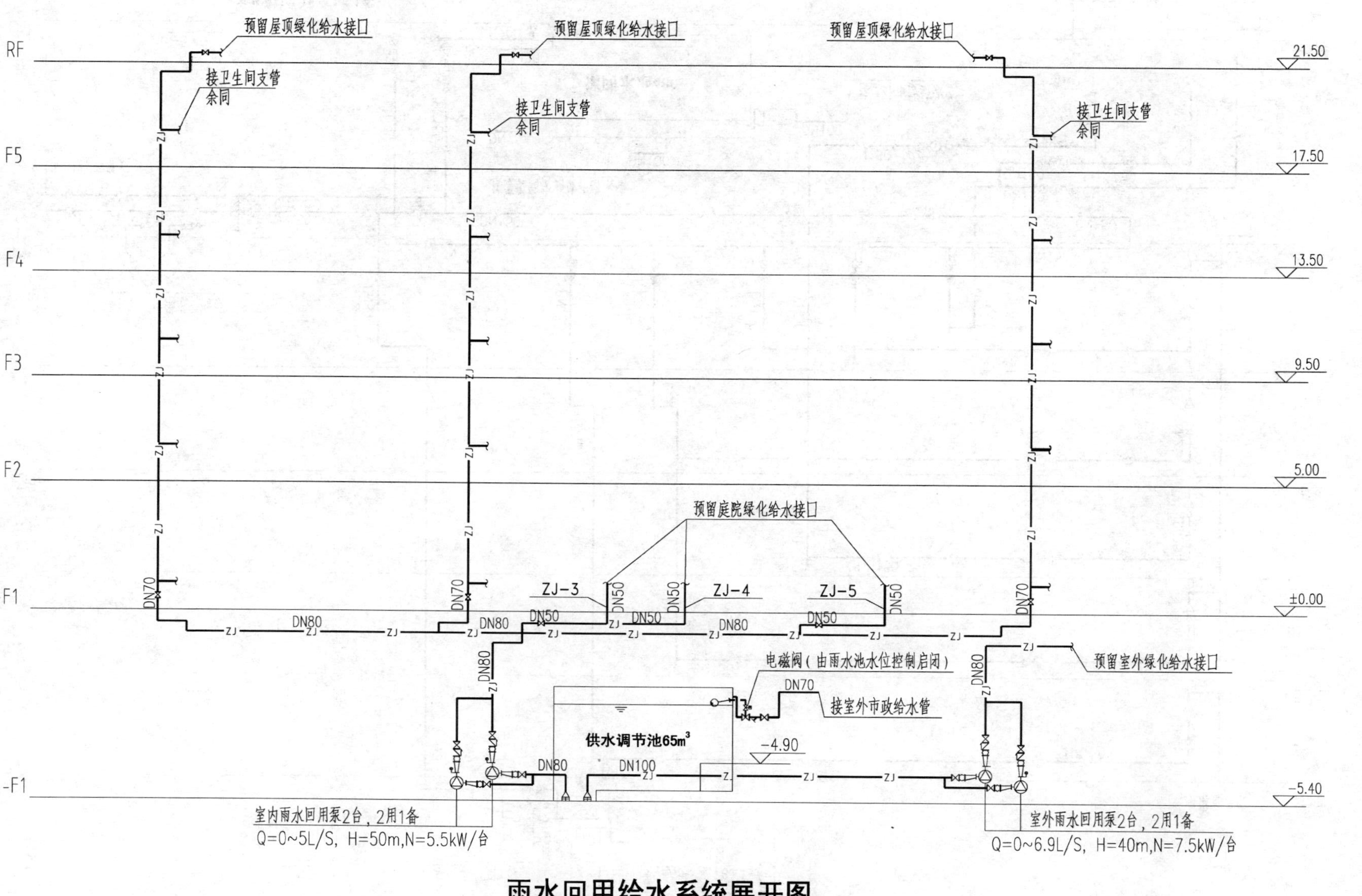

雨水回用给水系统展开图

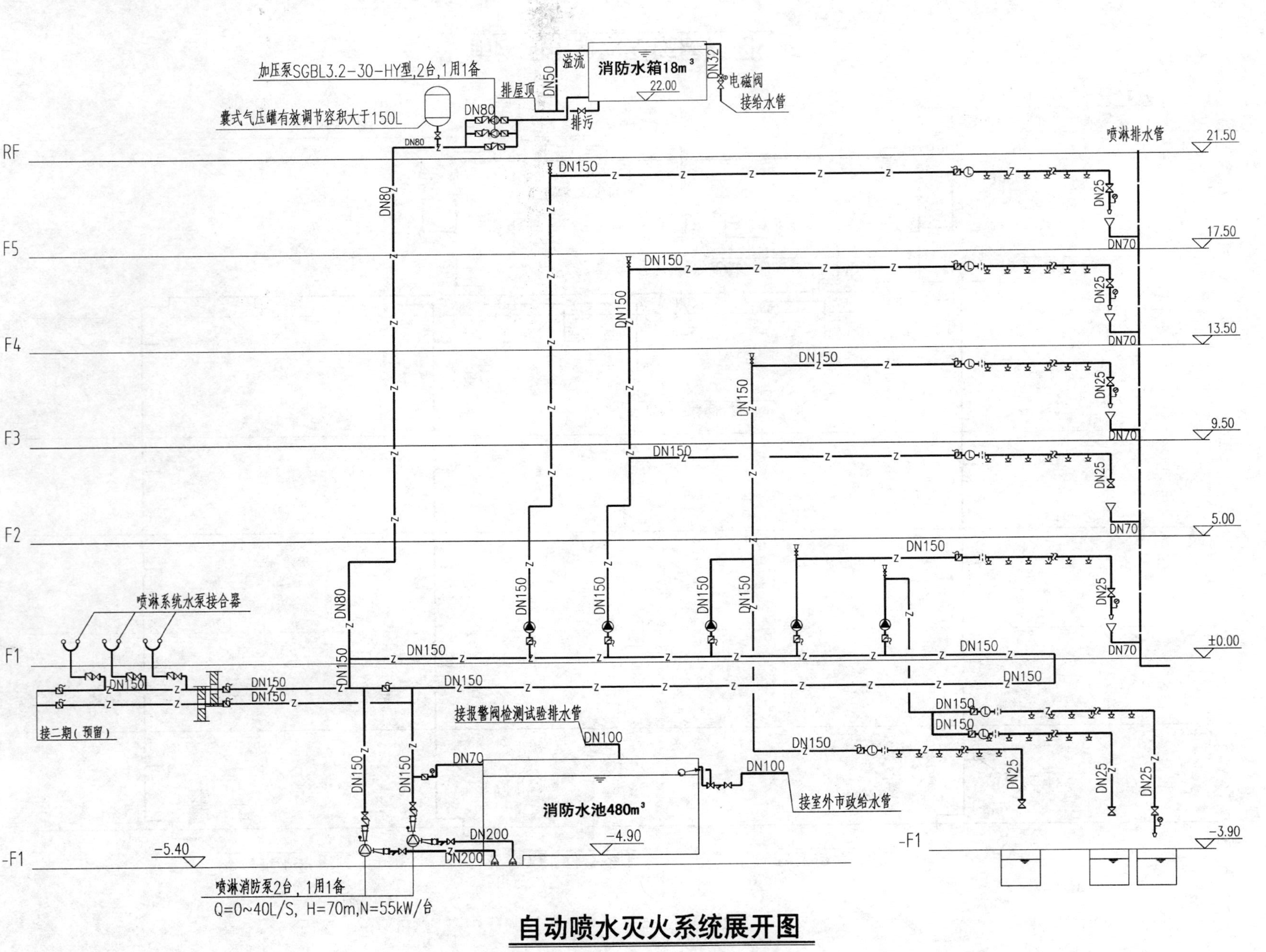

自动喷水灭火系统展开图

上海辰山植物园

设计单位：上海建筑设计研究院有限公司
设 计 人：包虹　张晓波　岑薇　吴建虹
获奖情况：公共建筑类　三等奖

工程概况：

上海辰山植物园建设目标是一座物种丰富、功能多样、具有世界一流水平的国家植物园，是中国2010年上海世博会让绿色来演绎“城市，让生活更美好”主题的配套工程。该项目位于上海松江区松江新城北侧，佘山西南，规划用地面积约为228.2hm^2。

整个植物园是以绿色生态为主题的国家级植物园，配套建筑总建筑面积为62000m^2，包括入口综合建筑、科研中心、展览温室三大主体建筑和专家公寓、滨湖饭店、滨水服务设施、植物维护点和登船码头等附属建筑，建筑单体共8类。

“绿环”是上海辰山植物园总体规划上一大亮点，为上海平坦地形上创造了不同的植物生长环境。三大主体建筑——入口综合建筑、科研中心和展览温室与植物园的绿环主题结合为一体，利用建筑物缓和地顺应着绿环地形起伏的地貌，通过曲线活泼的平面和剖面，将所有主要的建筑单体，浑然一体地融入绿环之内，又同时塑造了与众不同的建筑风格和语汇。

三大主体建筑——入口综合建筑、科研中心和展览温室与植物园的绿环主题结合为一体，皆为多层建筑；各单体功能用途不同，并且相邻建筑之间既有园区道路、河流分隔，又相距较远，直线距离约1500m。

入口综合建筑局部地下室1层、地上2层、局部设夹层，建筑面积17090m^2，建筑高度12.60m。

科研中心地上3层，建筑面积15723m^2，建筑高度14.61m。

展览温室是上海辰山植物园的点睛之作。展览温室营造最适宜各种植物生长的环境需要，主要包括温度、湿度、光照、生长空间等。分设了三个独立的展览温室——温室A：建筑面积5500m^2，最高点20m，内部分为室内花园区和棕榈植物区；温室B：建筑面积4500m^2，最高点18m，内部分为多肉植物区、澳洲植物区、美洲植物区和沙漠植物区；温室C：建筑面积2800m^2，最高点16m，内部分为热带花园区、蕨类植物区、阴生植物区和苏铁植物区。

一、给水排水系统

（一）给水系统

1. 冷水用水量（表1）

冷水用水量　　　**表1**

建筑单体	用水定额	最高日用水量(m^3/d)	最大时用水量(m^3/h)
入口综合建筑	办公50L/(人·班)	5.00	0.75
	服务员100L/(人·班)	9.00	1.35
	餐厅25L/(人·次)	33.75	6.75
	展示6L/(人·次)	12.00	1.80

续表

建筑单体	用水定额	最高日用水量(m^3/d)	最大时用水量(m^3/h)
小计 1		59.75	10.65
公厕(每幢)	6L/(人·次)	12.00	2.40
小计 2		12.00	2.40
专家公寓楼	客人 300L/(人·次)	12.00	1.00
	员工 100L/(人·班)	2.80	0.28
	餐厅 60L/(人·次)	16.80	1.68
	洗衣房 70L/kg 干衣	7.00	1.05
小计 3		38.60	4.01
植物维护点	职工 100L/(人·班)	4.00	0.60
	公厕 8L/(人·次)	8.00	1.50
小计 4		12.00	2.10
科研中心	办公 50L/(人·d)	10.00	1.875
	餐厅顾客 25L/(人·次)	14.00	1.75
	餐厅职工 100L/(人·班)	5.60	0.70
	演说厅 8L/(座·次)	1.84	0.552
	实验室、学生 50L/(人·d)	17.45	2.33
	会议室、茶吧 8L/(座·次)	0.96	0.288
小计 5		49.85	7.495
展览温室	工作人员 100L/(人·班)	2.00	0.375
	展示 6L/(人·次)	30.00	7.50
	植物浇洒用水 3L/(m^2·次)	61.68	15.42
	高压喷雾加湿	24.00	12.00
小计 6		93.68	23.30
温室能源中心		40	10(空调补水)

基地内最高日（含 10%未预见及漏失水量）生活用水量 520m^2/d。

2. 水源：(园区内给排水总平面图由上海园林设计院承担设计)

从两路市政给水管分别引 *DN*250 给水管布设成环网，供基地生活系统、消防系统用水。各单体建筑生活用水引入点均设水表计量。

3. 系统竖向分区

依据各单体功能用途不同，并且相邻建筑之间既有园区道路、河流分隔，又相距较远等特点，各单体建筑生活用水系统分别设给水设备及生活水箱。基本设计原则为：建筑 1、2 层充分利用市政给水管网水压供水（自来水公司提供市政给水水压 0.20～0.25MPa)，3 层以上采用恒压变频给水装置供水。

4. 供水方式及给水加压设备

入口综合建筑餐厅区域采用恒压变频供水设备供水，其他区域利用市政水压直接供水，设水表计量。

科研中心1层利用市政水压直接供水，2、3层由采用恒压变频供水设备供水，餐厅、实验室均设水表计量。

专家公寓楼、植物维护点等利用市政水压直接供水。

展览温室卫生间冲洗、洗涤用水利用市政水压直接供水；展览温室内植物浇洒用水以收集展览温室弧线形屋面雨水为水源（自来水为补充水源），设雨水收集回用系统，采用恒压变频供水设备供水，设水表计量。

展览温室依据植物生长需要，展览温室A、C分别设高压喷雾加湿系统，以维持温室内的湿度，满足植物生长需求。以自来水为水源，制备纯水，设水泵及控制系统供水。每套系统用水量6m^3/h。

5. 管材

冷水管采用PP-R管及其配件，热熔连接，其公称压力不小于1.0MPa。

（二）热水系统

1. 热水用水量（表2）

热水用水量 **表2**

建筑单体	用水定额(60℃水温)	设计小时耗热量(W)
入口综合建筑(D)	员工 60L/(人·班)	42315
	餐厅 10L/(人·次)	126950
专家公寓楼(B)	客人 160L/(人·次)	114344
	员工 50L/(人·班)	8777
	餐厅 20L/(人·次)	35106
小计		158227
植物维护点(C)	淋浴器 200L/h(水温 40℃)	55403.8
	洗脸盆 50L/h(水温 35℃)	

2. 热源

专家公寓楼、植物园维护点、入口综合建筑等单体分别设太阳能一电辅助热水系统。热水系统设计为压力式、间接加热强制循环系统；并设辅助电加热热水装置，以确保阴雨天时热水供应的水温、水量。

科研中心采用容积式电加热热水器供应职工淋浴热水。

3. 系统竖向分区

专家公寓楼、植物园维护点、入口综合建筑等各单体系统竖向分区与其冷水系统相同。

4. 热水制备设备

专家公寓楼全日制热水供应，系统选用双贮水装置直接加热系统，采用强制循环、贮热水箱为闭式水罐。设辅助热源。

植物园维护点太阳能热水系统选用单贮水装置直接加热系统，采用强制循环、承压水加热器。设辅助热源。

科研中心1层设备间设3台150L容积式电加热热水器供应职工淋浴热水。

5. 冷、热水压力平衡措施，热水温度的保证措施

冷、热水系统压力分区相同，热水管道系统采用同程布置方式，热水循环系统设循环泵，采用机械循环，循环泵由设于循环管道上的温度控制器控制启动、停止。热水及热水回水管采用橡塑保温材料保温。

6. 管材

热水及热水回水管采用薄壁铜管及其配件，承插焊接连接。热水及热水回水管采用橡塑保温材料保温。

(三) 雨水收集利用系统

1. 用水量

用于展览温室内植物浇洒用水，用水定额 3L/(m^2·次)，最高日用水量 61.68m^3/d，最大时用水量，15.42m^3/h。

2. 雨水收集

展览温室弧线形屋面雨水收集后排入室外明沟、雨水井，经初期径流弃流，收集入雨水蓄水池，作为植物浇洒用水水源。地下室机房内设置 410m^3 雨水蓄水池，经沉淀、过滤后用于温室内植物浇洒用水及水景补水。

3. 供水方式及加压设备

地下室机房内设置 410m^3 雨水蓄水池，经沉淀、过滤后设增压给水泵（浇灌泵流量 16m^3/h，扬程 35m，功率 4.0kW/台）供展览温室内植物浇洒用水及水景补水。

4. 水处理工艺流程（图 1）

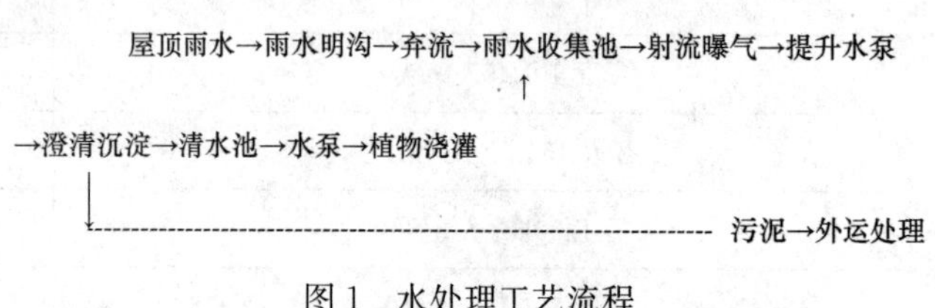

图 1 水处理工艺流程

5. 管材

冷水管采用 PP-R 管及其配件，热熔连接，其公称压力不小于 1.0MPa。

(四) 排水系统

1. 排水系统的形式

室内外污、废水合流排至市政污水管道；室外污、雨水分流，雨水收集汇流排入市政雨水管道。

餐厅厨房含油废水设器具隔油器、隔油池处理后，排入室外污水井。

地下室排水设集水井、潜水泵提升排至室外雨水井。

2. 透气管的设置方式

排水立管伸顶通气管；单层建筑排水横管设置环形通气管。

3. 管材

(1) 室内污废水排水管采用硬聚氯乙烯塑料排水管及其配件，所选购管材和管件应符合《建筑排水用硬聚氯乙烯管材》GB/T 5836.1 和《建筑排水用硬聚氯乙烯管件》GB/T 5836.2 标准的规定，承插粘接连接，其配件应带门弯或清扫口。餐厅厨房排水管采用柔性接口机制排水铸铁管及其配件，承插螺栓紧固连接。

(2) 地下室底板内预埋排水管采用热镀锌钢塑复合管及其配件，管外壁防腐处理。

地下室潜水泵排水管采用公称压力不小于 1.0MPa 热镀锌钢塑复合管及其配件，丝扣连接。

二、消防系统

(一) 消火栓系统

1. 消火栓系统用水量（表 3）

消火栓系统用水量 表3

建筑名称	消火栓用水量(L/s)		自喷系统用水量(L/s)
	室外	室内	
入口综合建筑	30	15	27
展览温室	30	20	27
展览温室、能源中心	30	20	27
科研中心	25	15	21
专家公寓	20	15	21
植物园维护点	20	15	—
登船码头	20	15	—
基地消防总用水量 77L/s			

2. 系统分区

消火栓泵分别设置在入口综合建筑、展览温室、科研中心、专家公寓楼等各单体建筑水泵房内。消火栓系统采用稳高压消防给水系统。

3. 水泵接合器

各单体建筑均设消防水泵接合器，消火栓系统设 *DN*150 水泵接合器 1～2 组。

4. 管材

室内消防供水管采用内外壁热镀锌钢管及其配件，管径小于 *DN*100 时，丝扣连接；管径大于或等于 *DN*100 时，法兰连接，二次安装，其压力应与系统压力相匹配。

（二）自动喷水灭火系统

1. 自动喷水灭火系统用水量（表 4）

自动喷水灭火系统用水量 表4

建筑名称	消火栓用水量(L/s)		自喷系统用水量(L/s)
	室外	室内	
入口综合建筑	30	15	27
展览温室	30	20	27
展览温室、能源中心	30	20	27
科研中心	25	15	21
专家公寓	20	15	21
植物园维护点	20	15	—
登船码头	20	15	—
基地消防总用水量 77L/s			

2. 系统分区

喷淋泵分别设置在入口综合建筑、展览温室、科研中心、专家公寓楼等各单体建筑水泵房内。喷淋系统采用稳高压消防给水系统。

3. 水泵接合器

各单体建筑均设消防水泵接合器，喷淋系统设 DN150 水泵接合器 2 组。

4. 管材

室内消防供水管采用内外壁热镀锌钢管及其配件，管径小于 DN100 时，丝扣连接；管径大于或等于 DN100 时，法兰连接，二次安装，其压力应与系统压力相匹配。

三、工程特点介绍

1. 太阳能热水系统应用

（1）专家公寓楼位于科研中心的西北方向的试验田地块当中，提供专家短期过夜的公寓式双层建筑，共提供 40 间宿舍，此外还配有办公、餐饮及服务等区域。屋顶为平屋顶构造，考虑景观、节能的因素，将太阳能集热器设于屋顶，贮水箱、热水箱、循环泵、控制柜等设备设于地下室机房内。热水供应范围：宿舍洗浴、餐厅厨房洗涤用热水。

（2）植物园维护点设于绿环的外围，建筑面积是 553m^2。二层设有两个办公室，员工卫生间、淋浴室和更衣室。屋顶为平屋顶构造，考虑景观、节能的因素，将太阳能集热器设于屋顶，贮水箱、循环泵、控制柜等设备设于 1 层机房内。热水供应范围：卫生间、淋浴室洗浴用热水。

（3）入口综合建筑是上海辰山植物园的南大门。总建筑面积是 16773m^2。餐厅区域（包括餐厅卫生间、厨房）设独立的给水系统，设恒压变频供水装置供冷水及热水加热设备进水。屋顶为平屋顶构造，考虑景观、节能的因素，将太阳能集热器设于屋顶，贮水箱、热水箱、循环泵、控制柜等设备设于二层机房内。

2. 科研中心是以植物科技研究为主的多功能建筑，总建筑面积 15650m^2。

屋面雨水排水立管与建筑外立面的花架结合，采用不锈钢管材，管道管径及立管数量满足屋面设计雨水排水量。

3. 雨水回用系统

展览温室弧线形屋面雨水收集后排入室外明沟、雨水井，经初期径流弃流，收集入雨水蓄水池，作为植物浇洒用水水源。地下室机房内设置 410m^3 雨水蓄水池，经沉淀、过滤后用于温室内植物浇洒用水及水景补水。既满足节水，又充分考虑植物生长对水质的要求（雨水中无余氯）。

通过与植物专家的配合协调，三个展览温室对室内湿度、温度、植物浇洒用水量等要求均不相同。名贵花卉对其浇洒用水水质有很高的要求，如果用偏碱、偏盐或者水质太硬的水浇灌，会影响到花卉的生长及花朵和叶子颜色的美观性；另外，由于浇灌时，水与花朵及叶子直接接触，自来水中含有余氯，余氯具有很强的氧化性，会影响花朵和叶子的柔韧性，使其变得易碎。依据上述缘由，考虑到自然界植物依靠雨水、河水等水源生长，雨水是植物茁壮生长的水源之一。

在雨水收集回用系统设计过程中，考虑到展览温室的特殊性，雨水蓄水池容积按 6～7d 的植物浇洒用水量计算，在雨水量不足时由自来水补水至雨水蓄水池内，以满足植物浇洒用水量需求。

四、工程照片及附图

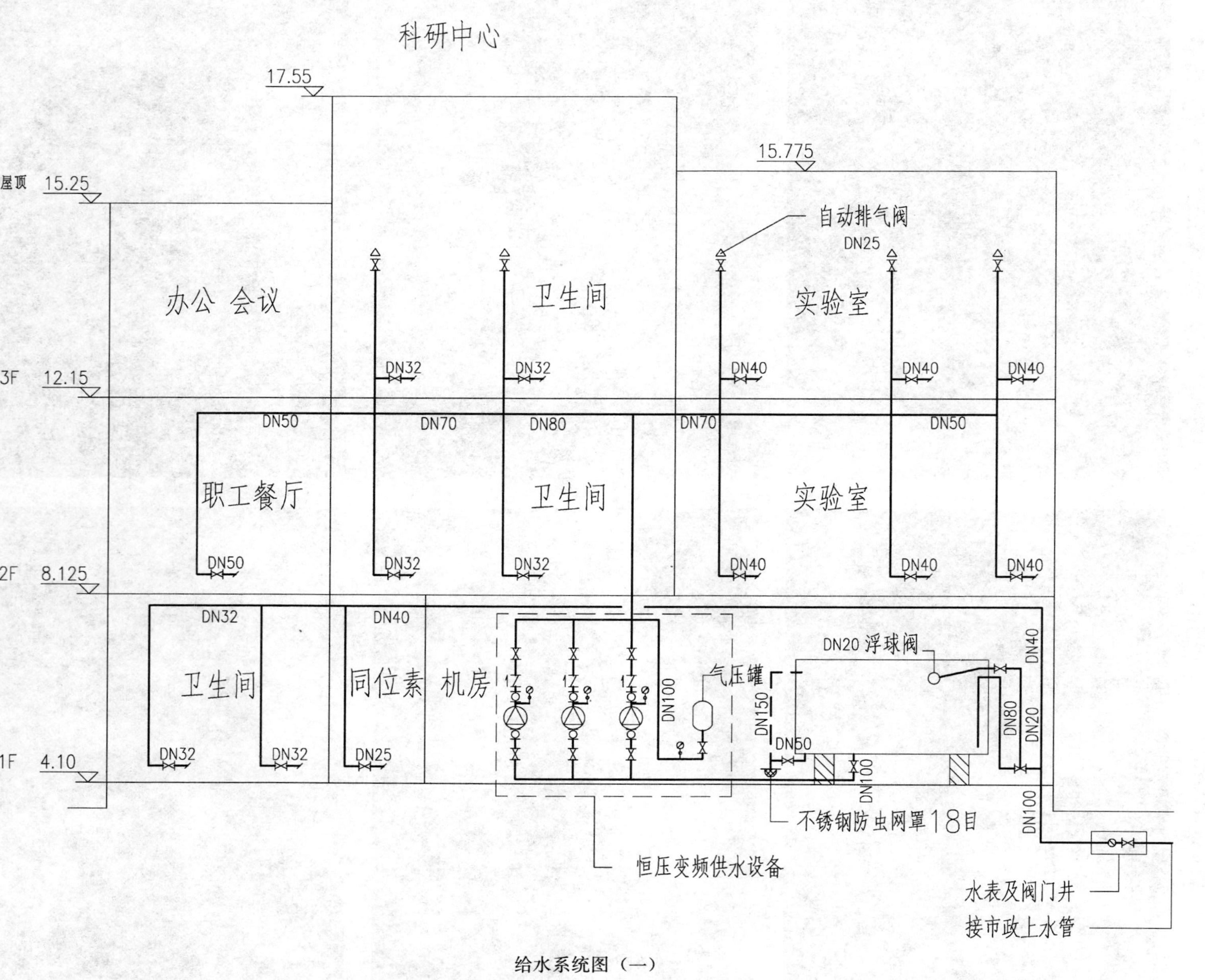
科研中心
17.55
15.775
屋顶 15.25
3F 12.15
2F 8.125
1F 4.10
办公 会议
卫生间
实验室
自动排气阀
DN25
职工餐厅
卫生间
实验室
卫生间
同位素 机房
DN20 浮球阀
气压罐
DN100
DN150
DN50
DN80
DN20
DN40
不锈钢防虫网罩18目
恒压变频供水设备
水表及阀门井
接市政上水管

给水系统图（一）

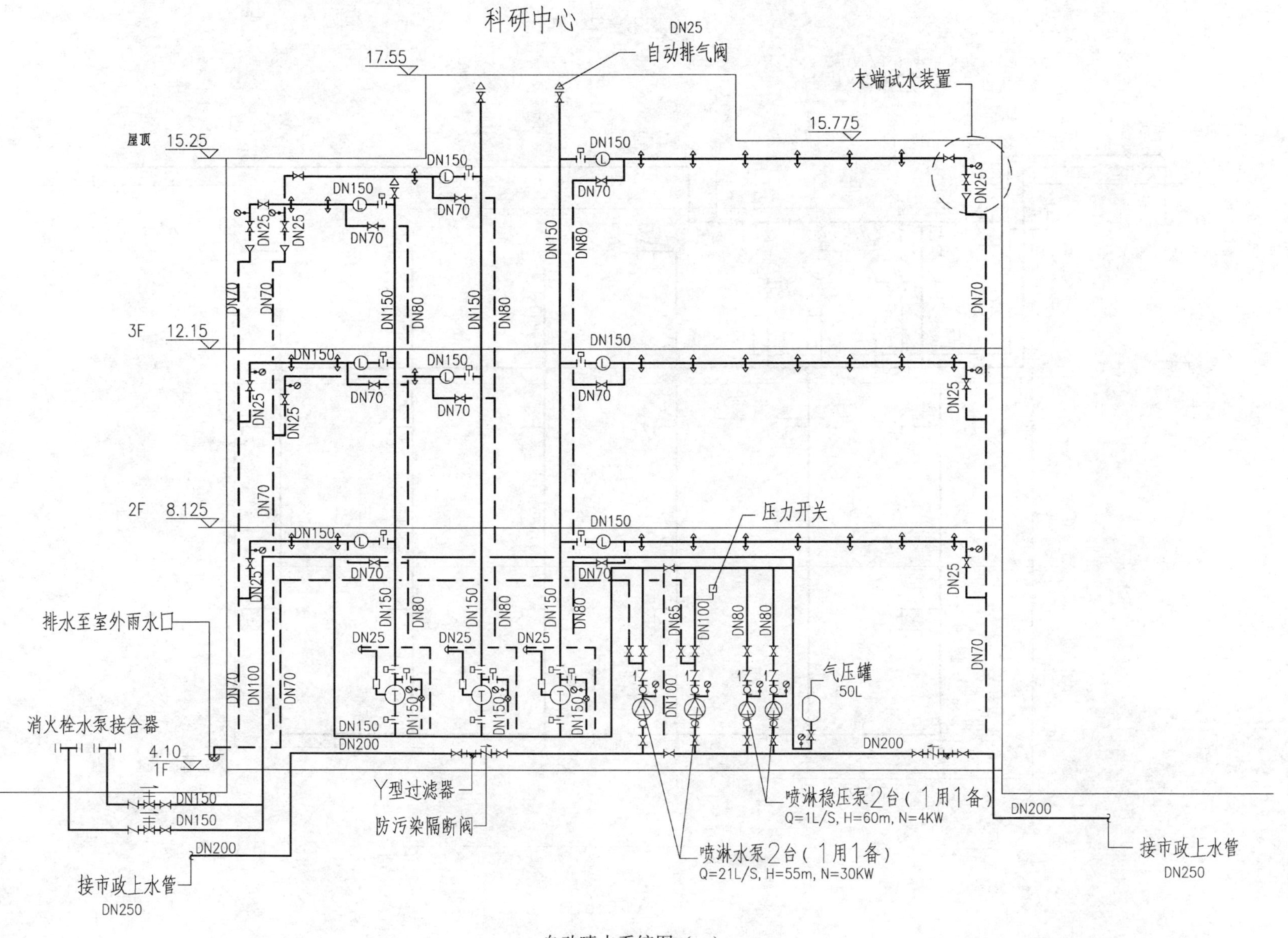
科研中心
17.55
DN25
自动排气阀
末端试水装置
15.775
屋顶
15.25
3F
12.15
2F
8.125
压力开关
排水至室外雨水口
气压罐
50L
消火栓水泵接合器
4.10
1F
Y型过滤器
防污染隔断阀
喷淋稳压泵2台（1用1备）
Q=1L/S, H=60m, N=4KW
喷淋水泵2台（1用1备）
Q=21L/S, H=55m, N=30KW
接市政上水管
DN250
接市政上水管
DN250

自动喷水系统图（一）

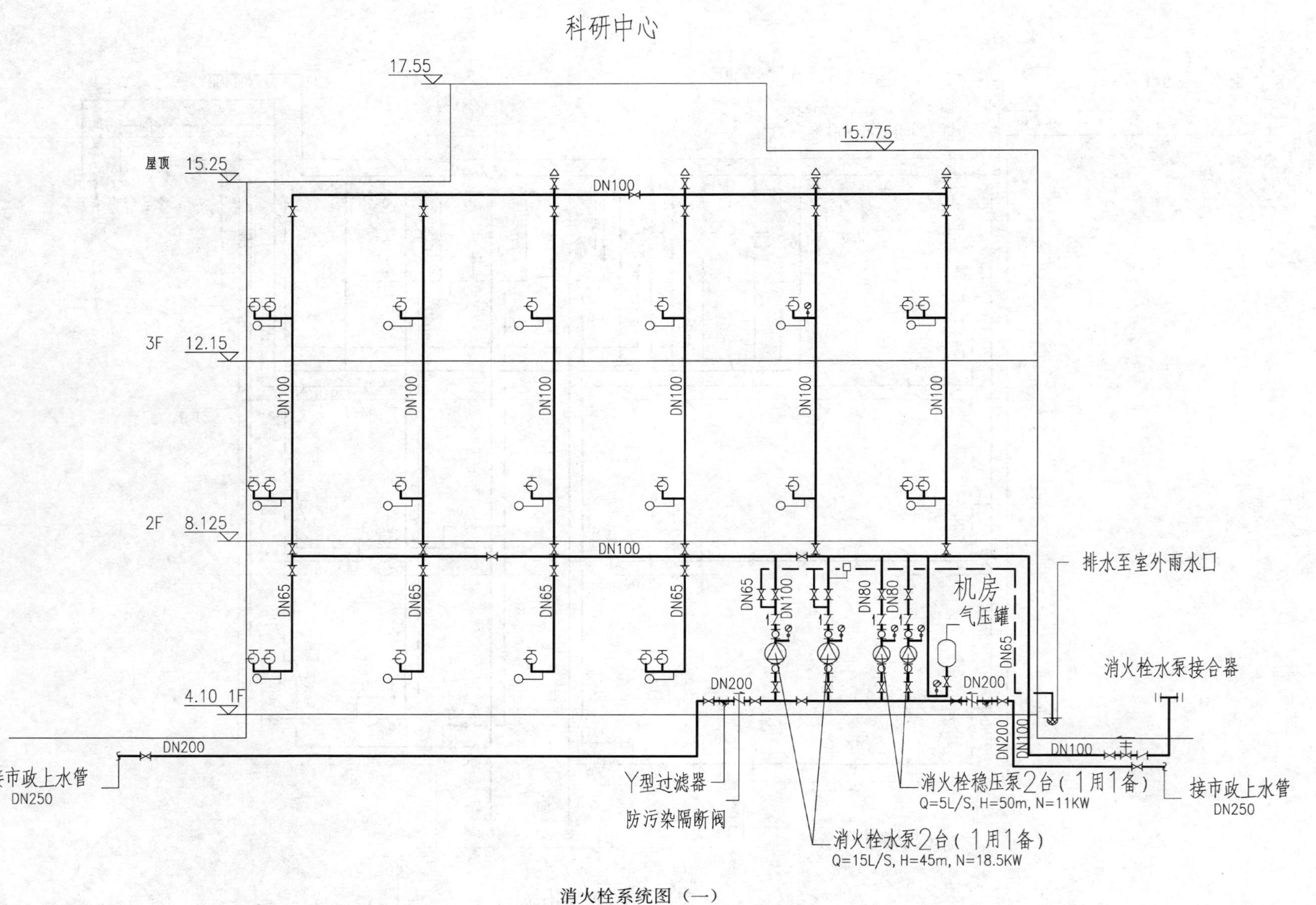

科研中心
17.55
15.775
屋顶 15.25
3F 12.15
2F 8.125
4.10 1F
DN100
DN65
DN80
DN200
机房
气压罐
排水至室外雨水口
消火栓水泵接合器
接市政上水管
DN250
Y型过滤器
防污染隔断阀
消火栓稳压泵2台（1用1备）
Q=5L/S, H=50m, N=11KW
消火栓水泵2台（1用1备）
Q=15L/S, H=45m, N=18.5KW

消火栓系统图（一）

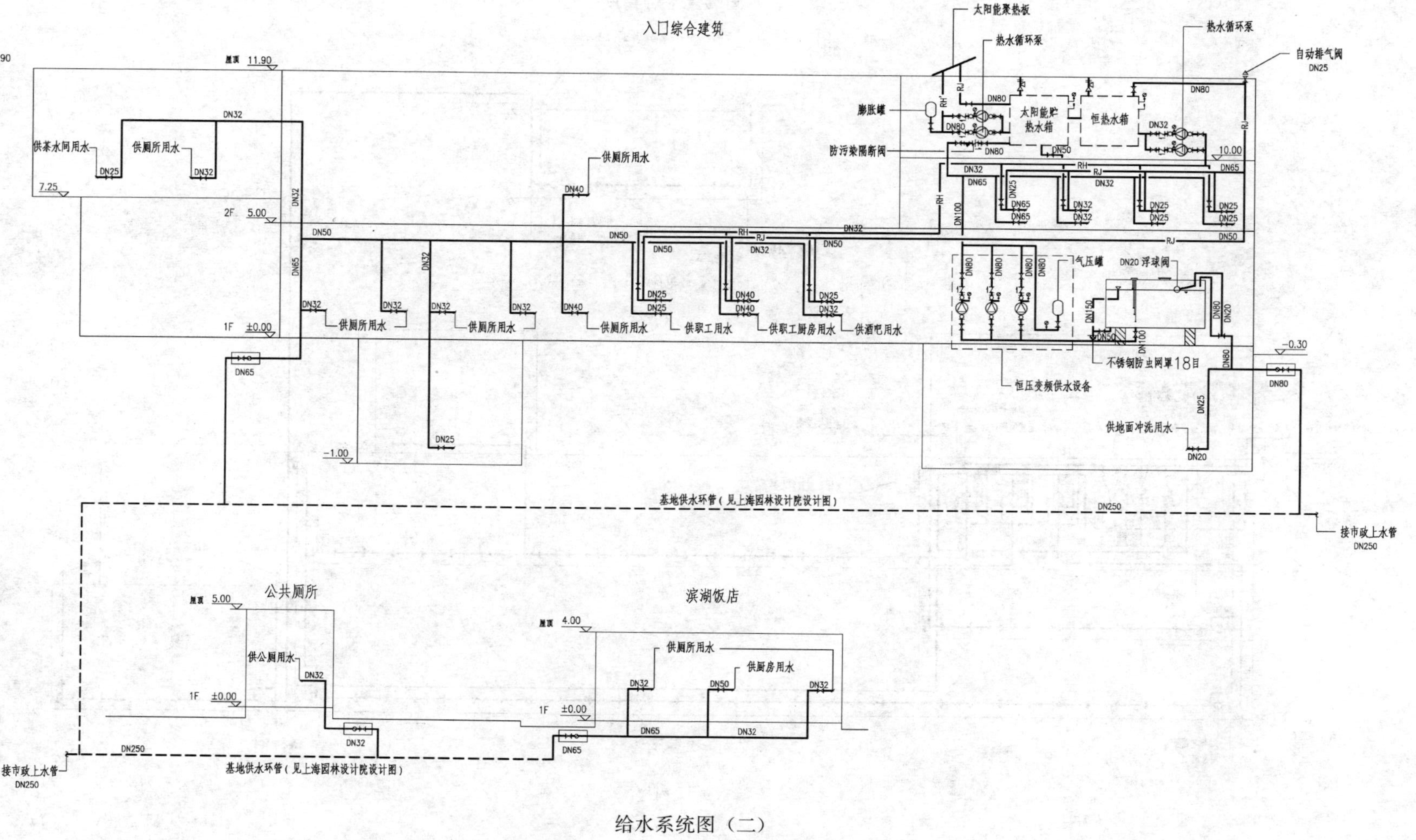
入口综合建筑
太阳能聚热板
热水循环泵
热水循环泵
自动排气阀
DN25
膨胀罐
太阳能贮热水箱
恒热水箱
防污染隔断阀
供茶水间用水
供厕所用水
供厕所用水
供职工用水
供职工厨房用水
供酒吧用水
气压罐
DN20 浮球阀
不锈钢防虫网罩18目
恒压变频供水设备
供地面冲洗用水
基地供水环管（见上海园林设计院设计图）
接市政上水管
DN250
公共厕所
供公厕用水
滨湖饭店
供厨房用水

给水系统图（二）

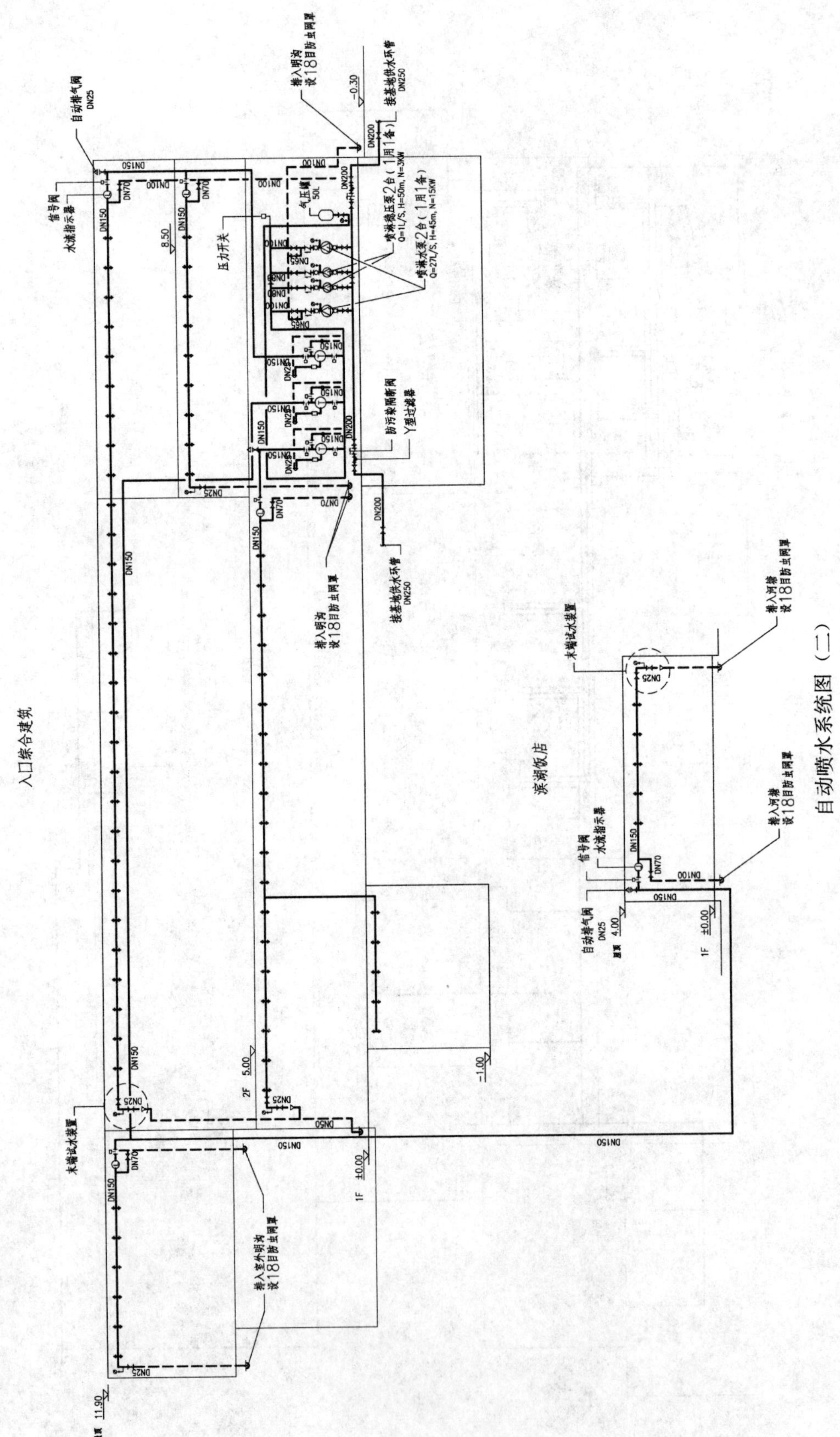
入口综合建筑
滨湖饭店
压力开关
防污染隔断阀
Y型过滤器
末端试水装置
水流指示器
信号阀
自动排气阀
DN25
DN150
DN200
DN250
1F
2F

自动喷水系统图（二）

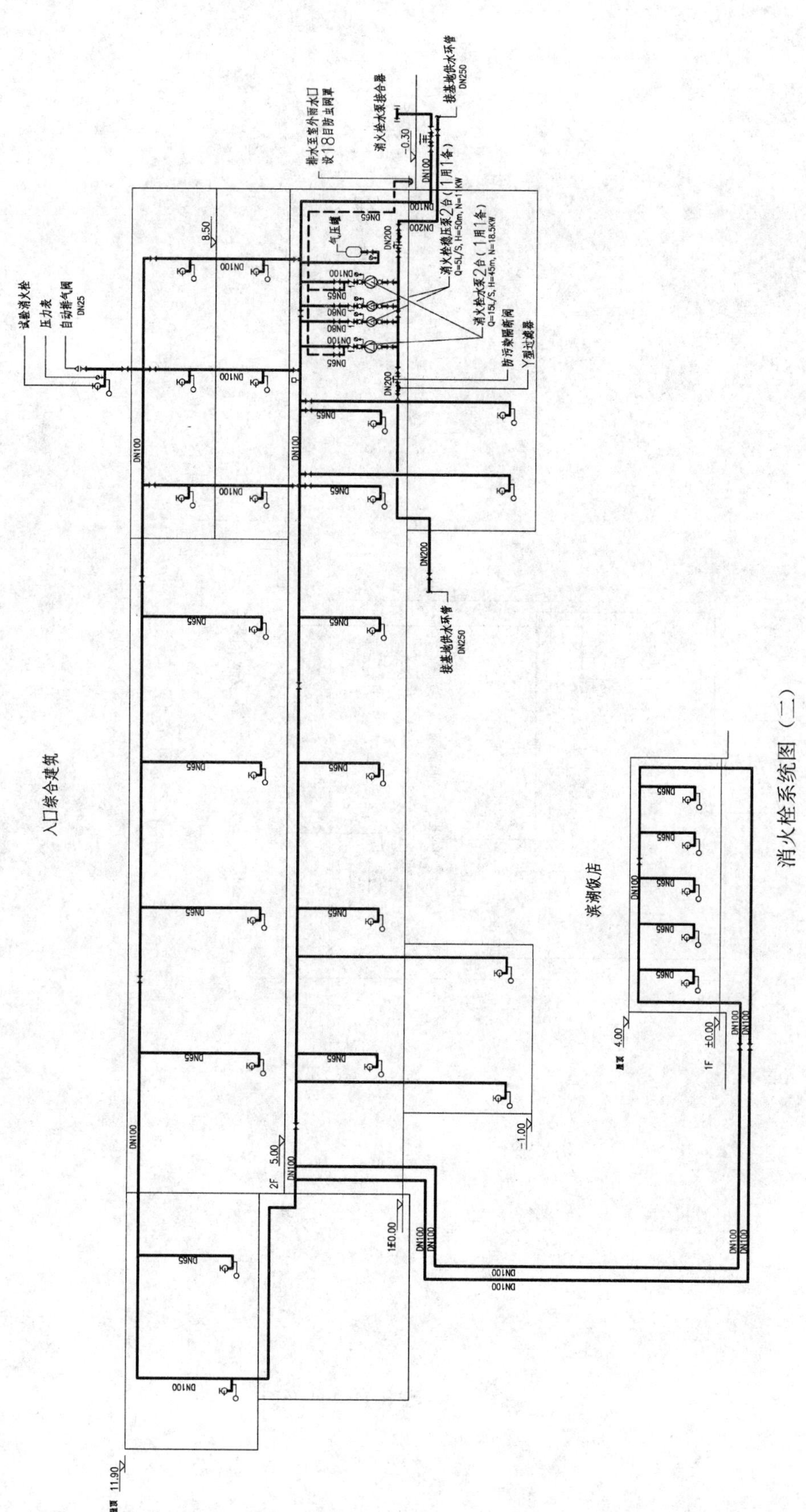
入口综合建筑
滨湖饭店
接基地供水环管
DN250
消火栓水泵接合器
消火栓水泵2台（1用1备）
消火栓稳压泵2台（1用1备）
气压罐
试验消火栓
压力表
自动排气阀
DN25
防污染隔断阀
Y型过滤器
DN100
DN65
DN200

消火栓系统图（二）

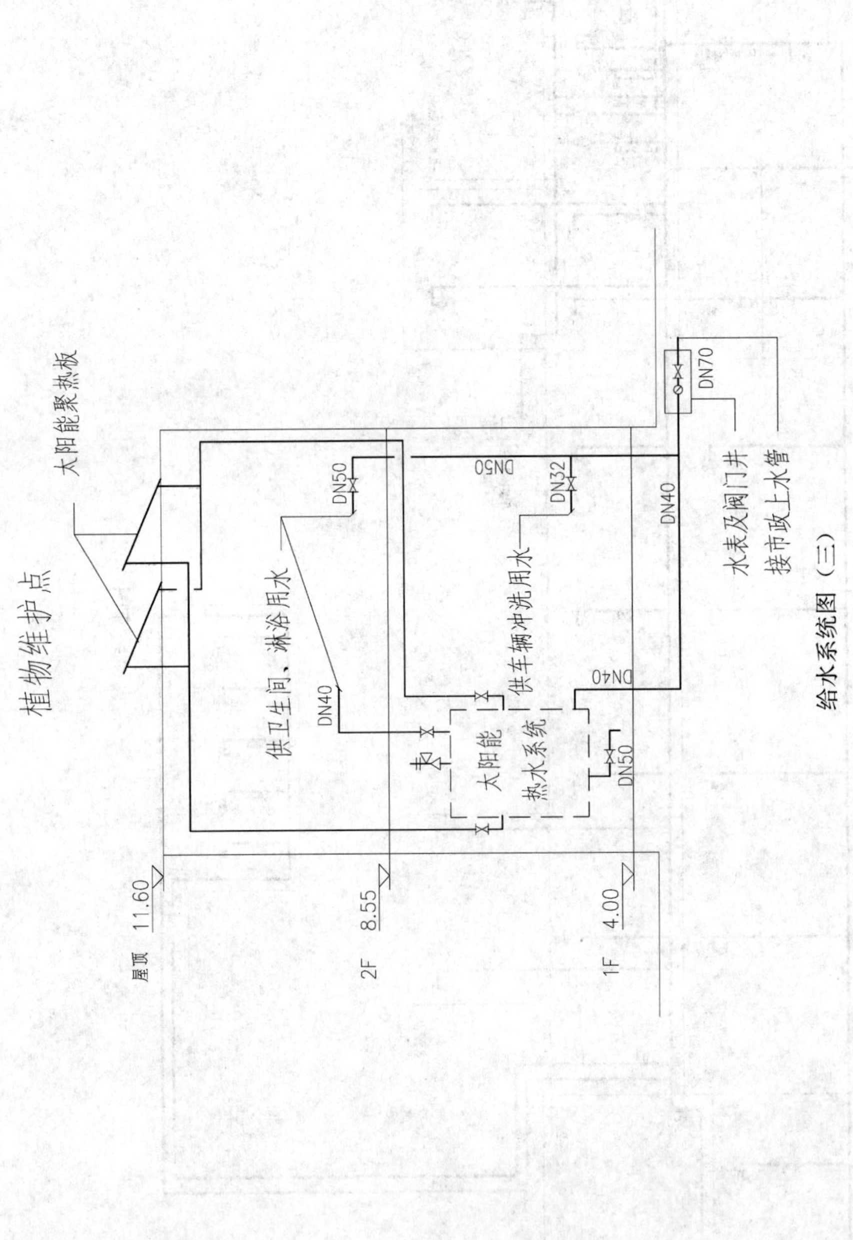
植物维护点
太阳能聚热板
供卫生间、淋浴用水
供车辆冲洗用水
太阳能
热水系统
DN50
DN40
DN32
DN50
DN40
DN50
DN40
DN70
水表及阀门井
接市政上水管
屋顶 11.60
2F 8.55
1F 4.00

给水系统图（三）

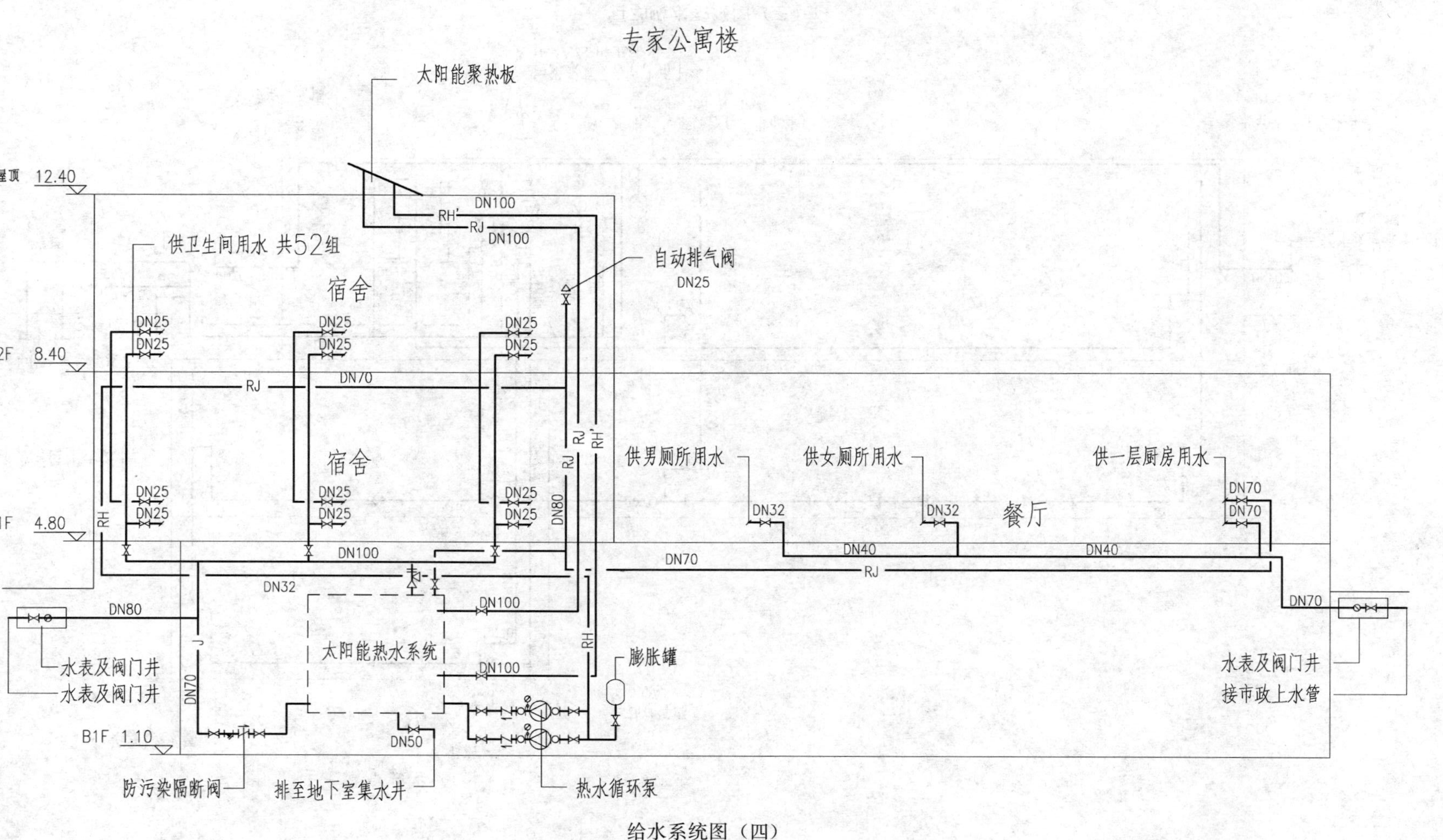
专家公寓楼
太阳能聚热板
屋顶 12.40
DN100
RH'
RJ
DN100
供卫生间用水 共52组
自动排气阀
DN25
宿舍
2F 8.40
RJ
DN70
宿舍
RJ
RH'
RH
DN80
1F 4.80
供男厕所用水
供女厕所用水
供一层厨房用水
DN32
DN32
DN70
DN70
餐厅
DN100
DN70
DN40
DN40
RJ
DN32
DN80
DN100
DN70
太阳能热水系统
DN100
膨胀罐
水表及阀门井
水表及阀门井
水表及阀门井
接市政上水管
DN70
B1F 1.10
DN50
防污染隔断阀
排至地下室集水井
热水循环泵

给水系统图（四）

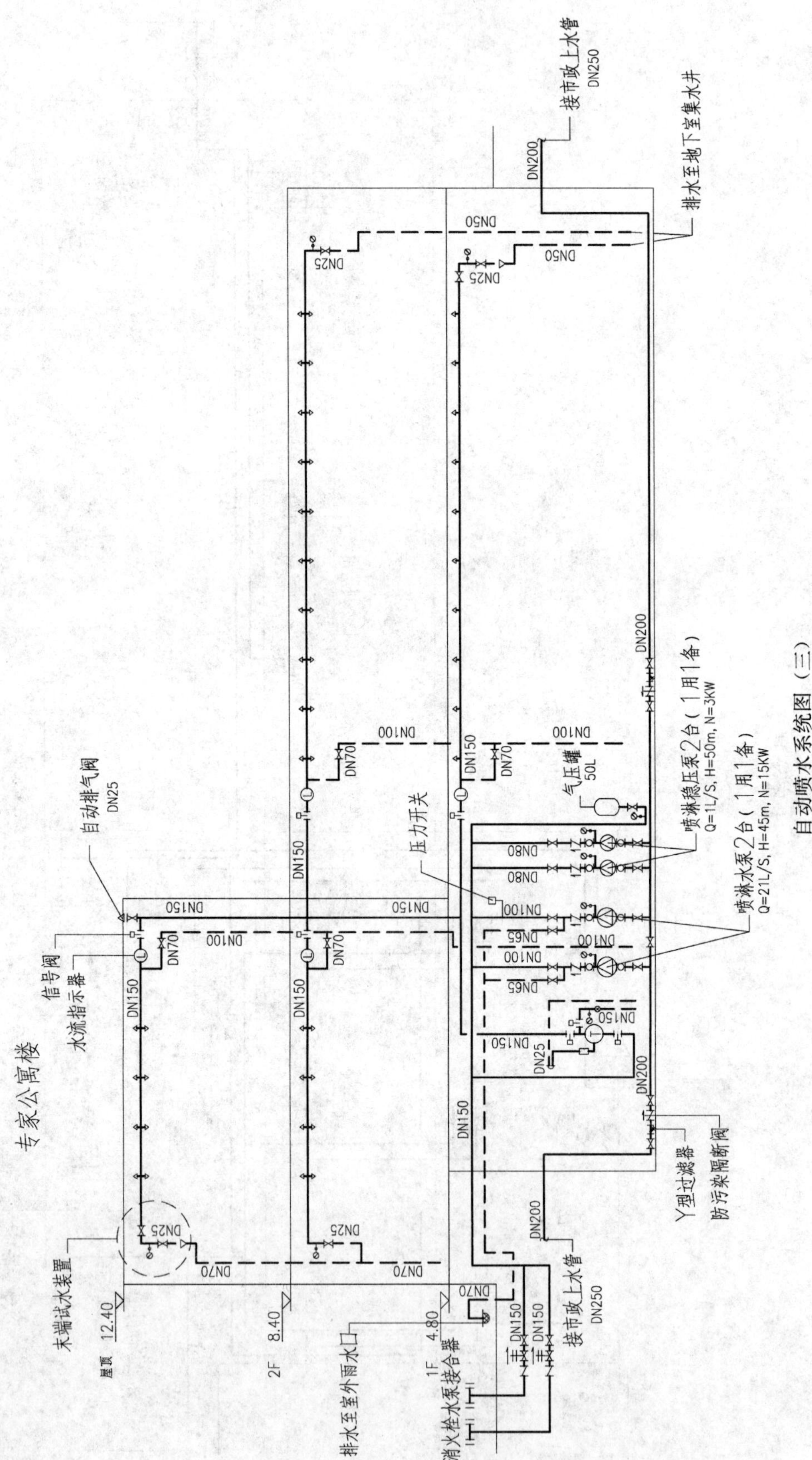
专家公寓楼
信号阀
水流指示器
自动排气阀
DN25
末端试水装置
屋顶 12.40
2F 8.40
1F 4.80
排水至室外雨水口
消火栓水泵接合器
接市政上水管
DN250
压力开关
气压罐
50L
喷淋稳压泵2台（1用1备）
Q=1L/S, H=50m, N=3KW
喷淋水泵2台（1用1备）
Q=21L/S, H=45m, N=15KW
Y型过滤器
防污染隔断阀
排水至地下室集水井
接市政上水管
DN250
DN200
DN150
DN100
DN80
DN70
DN65
DN50
DN25

自动喷水系统图（三）

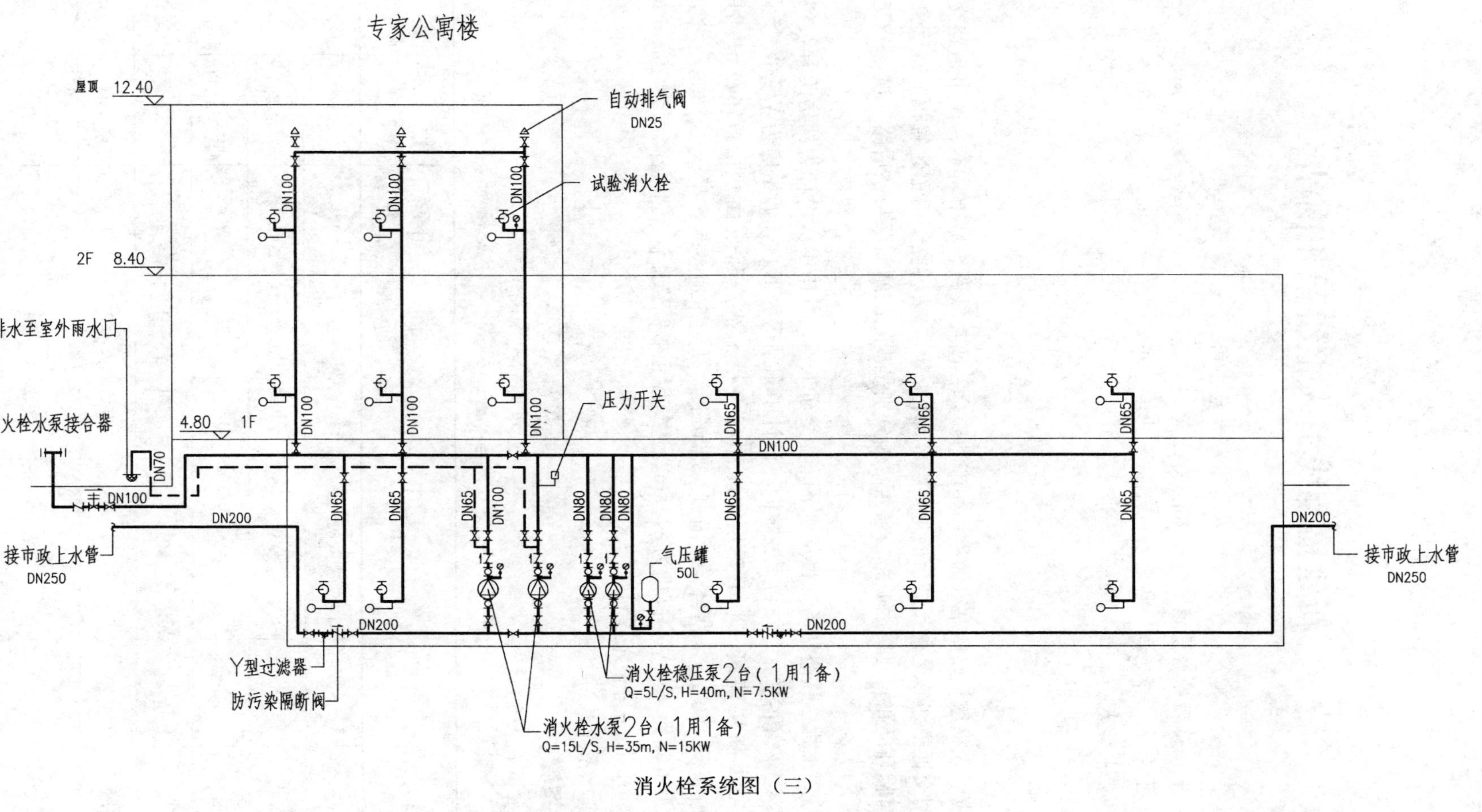
专家公寓楼
屋顶 12.40
2F 8.40
4.80 1F
自动排气阀
DN25
试验消火栓
压力开关
排水至室外雨水口
消火栓水泵接合器
DN70
DN100
DN65
DN80
DN200
接市政上水管
DN250
气压罐
50L
Y型过滤器
防污染隔断阀
消火栓稳压泵2台（1用1备）
Q=5L/S, H=40m, N=7.5KW
消火栓水泵2台（1用1备）
Q=15L/S, H=35m, N=15KW

消火栓系统图（三）

新建福厦线引入枢纽福州南站

设计单位： 同济大学建筑设计研究院（集团）有限公司
中铁第四勘察设计院集团有限公司
设 计 人： 张东见　郭旭辉　毕庆焕　汪晶　仲国平
获奖情况： 公共建筑类　三等奖

工程概况：

新建福厦线引入枢纽福州南站（简称福州南站）是一座集铁路、城市轨道、城市道路交通换乘功能于一体的现代化大型交通枢纽。是福州城市的重要组成部分。车站站场位于由福建省福州市闽江和乌龙江围合的南台岛东端，南临环岛路；北接螺城路；东西两侧分别是规划的站前路与站后路，城市公交配套设施正在逐步完善。

项目包括站房工程、铁路站场工程及地下配套交通工程，其中本次设计为站房工程，包括东西站房，换乘广场，高架车道及落客平台、站台无柱雨棚。设计中东站房为E区，西站房为W区，换乘通道为C区。

本建筑为二类高层建筑，地上三层，局部有夹层。站房建筑面积：171649m^2。其中：东西站房49986m^2，换乘广场31907m^2，站台无柱雨棚75590m^2，高架车道及落客平台14166m^2。高架平台距室外地坪6.9m，站房女儿墙距高架平台高度为31.9m，建筑屋顶制高点距高架平台高度为46.49m。高峰小时旅客发送量7200人/h，最高聚集人数6000人。

一、给水排水系统

（一）给水系统

1. 冷水用水量（表1）

用水量一览表　　**表1**

序号	用水对象	建筑面积（m^2）	用水人数	用水量标准	时变化系数	用水时间（h）	最大日用水量（m^3/d）	最大时用水量（m^3/h）
1	旅客		最高聚集6000人	4L/(人·d)	2.5	18	48	6.67
2	售票人员		250	50L/(人·次)	1.2	18	12.5	0.8
3	办公		600	50L/人	1.2	12	30.0	3.0
3	员工宿舍		50	400L/(人·d)	2.0	24	20	1.67
4	员工浴室		50	150L/(人·d)	1.5	12	7.5	0.94
5	旅客服务（餐饮）		500	40L/(人·次)	1.5	12	20.0	2.0

续表

序号	用水对象	建筑面积 (m²)	用水人数	用水量标准	时变化系数	用水时间 (h)	最大日用水量 (m³/d)	最大时用水量 (m³/h)
6	饮用水		最高聚集 6000 人	0.4L/(人·d)	1.0	18	4.8	0.27
7	未预见用水量						14.3	1.54
8	小计						157.1	16.9
9	冷却塔补水量（暖通提资）		冷却循环水量的 2%			18	774	43
10	总计						931.1	103.1

2. 水源

从本站西广场北侧引入两根 $DN300$ 给水管道，作为生活水池的补水管。站房生活生产用水、列车上水、站台消防给水等均由此生活水池供水。

3. 系统竖向分区

竖向不分区；管道布置采用下供上回式。

4. 供水方式及给水加压设备

采用变频泵及生活水池联合供水。成套变频供水设备主泵两用一备带气压罐，主泵参数为 $Q=100\text{m}^3/\text{h}$，$H=60\text{m}$，$P=45\text{kW}$。

5. 管材

管径小于或等于 $DN50$ 时选用 PP-R 管，热熔连接；管径大于 $DN50$ 时采用衬塑钢管，卡压连接；泵房内管道采用法兰连接。管件采用涂（衬）塑无缝钢管。承压等级为 1.6MPa。

（二）热水系统

贵宾候车室卫生间洗手盆、单身宿舍淋浴房均采用电热水器分散供应热水。

（三）排水系统

1. 排水系统的形式

室外雨、污分流；室内污、废合流。

2. 透气管的设置方式

卫生间污水、开水间及空调机房等排水立管均考虑伸顶通气；公共卫生间设置环形通气管和主通气立管，主通气管与排水管间按有关规定设置结合通气管。

3. 采用的局部污水处理设施

污水接入市政管道前，设置化粪池处理达标。

4. 管材

室内重力流排水管道采用柔性接口的机制排水铸铁管，平口对接，橡胶圈密封，不锈钢带卡箍接口；潜污泵出水管采用钢塑复合管，$DN80$ 螺纹连接，$DN100$ 沟槽式连接；进出站通道内埋地污、废管道采用 HDPE 双壁缠绕管，密封橡胶圈连接，并采用混凝土基础。

（四）雨水系统

1. 雨水系统的形式

东西侧落客平台采用重力排水方式；其余均采用虹吸排水方式。其中站台雨棚雨水排至轨侧明沟，立管暗敷于柱中；站房屋面及东西侧落客平台雨水排至室外，立管明敷于柱侧，后包。

2. 基本设计参数

采用福州市暴雨强度公式：$q=2136.312(1+0.700\lg P)/(t+7.576)^{0.711}$。站台雨棚设计重现期 $P=50$ 年，并按 100 年重现期设置溢流口；东西站房屋面设计重现期 $P=100$ 年；东西侧落客平台设计重现期 $P=10$ 年；径流系数 0.9。

3. 管材

雨水斗均采用不锈钢材质；重力雨水管道采用 HDPE 管或 PVC-U 排水管；泄压井之前的站内虹吸雨水管道：若室内明露或暗埋，采用不锈钢管，其余采用能承受负压的专用 HDPE 管材及管件（用不低于 PE80 等级的 HDPE 原材料制造，纵向回缩率不应大于 3%）；室外埋地雨水管道采用 HDPE 双壁缠绕管，密封橡胶圈连接，并采用混凝土基础。

二、消防系统

本站消防水池设于西站房室外，消防泵房设于西站房±0.00 标高设备区，消防水箱及稳压设备设于西站房 23.6m 标高屋面。消防水池有效容积 470m^3，消防水箱有效容积 18m^3。

（一）消火栓系统

1. 设置部位

站房及进出站通道、换乘通道内除不宜用水灭火的部位外，均设置室内消火栓保护。

2. 系统

采用消防水池、消防泵及消防水箱联合供水的临时高压给水方式；管网呈环状布置，竖向不分区。

3. 基本设计参数

室内消防用水量 $Q_{xn}=30$L/s，充实水柱 $H=13$m，火灾延续时间 $T=2$h；任一点保证两股充实水柱同时到达。

消防泵房内消火栓水泵选用两台 $Q=30$L/s，$H=65$m，$P=37$kW，一用一备。

屋顶水箱间内消火栓稳压泵选用两台 $Q=5$L/s，$H=20$m，$P=2.2$kW，一用一备。气压罐有效容积不小于 300L。

4. 消防设施

消火栓箱选用落地型带灭火器组合式。内置 *DN*65 消火栓（其中一层 E、W、C 区及 W1 区 6.60 标高处内置 *DN*65 减压稳压型旋转式消火栓）一个、25m 长 *DN*65 衬胶麻质水带一根、ϕ19 水枪一支、消防软管卷盘一套、消防启泵按钮一只、指示灯一只、灭火器两具。

东西站房室外各设两套 *DN*100 水泵接合器，距其 15～40m 范围内各需一只室外消火栓（含市政消火栓）。

5. 管材

管径小于 *DN*200 采用内外壁热浸镀锌钢管，大于等于 *DN*200 采用内外热浸镀锌无缝钢管。小于 *DN*100 螺纹连接；大于等于 *DN*100 沟槽卡箍连接；水泵房内采用法兰连接。承压等级为 1.6MPa。

（二）自动喷水灭火系统

1. 设置部位

除换乘通道、东西站房 6.60m 标高广厅上空、14.60m 标高普通、软席候车区上空以及不宜用水灭火部位外的位置均设置自动喷水灭火系统。

2. 系统

采用消防水池、消防泵及消防水箱联合供水的临时高压给水方式；管网呈环枝状结合布置。

3. 基本设计参数

按中危险级Ⅰ级设计，消防用水量为21L/s，喷头正方形布置最大间距为3.6m，火灾延续时间1h，最不利喷头处压力为0.05MPa；换乘通廊与候车大厅间防火玻璃两侧设置窗式喷头，工作压力不小于0.10 MPa。

消防泵房内喷淋泵选用两台 Q=21L/s，H=80m，P=30kW，一用一备。

屋顶水箱间内消火栓稳压泵选用两台 Q=1L/s，H=16m，P=0.75kW，一用一备。气压罐有效容积不小于150L。

4. 消防设施

（1）喷头选型

不作吊顶的场所，采用直立型喷头，风管等障碍物宽度大于等于1.2m时，下方补设下垂型喷头；吊顶下布置的喷头，采用吊顶型喷头；东西站房6.60m挑台下部采用快速响应喷头；单身宿舍采用边墙型喷头；贵宾候车室选用装饰型喷头；防火玻璃两侧选用WS侧式窗式喷头。

（2）报警阀设置

消防泵房内设置9套湿式报警阀，为西站房（W区）和换乘通道（C区）服务；东站房（E区）的湿式报警阀（2套）设置在E区专用湿式报警阀室内。

（3）水泵接合器

东西站房室外各设三套 *DN*100 水泵接合器，距其15～40m范围内各需一只室外消火栓（含市政消火栓）。

5. 管材

管径小于 *DN*200 采用内外壁热浸镀锌钢管，大于等于 *DN*200 采用内外热浸镀锌无缝钢管。小于 *DN*100 螺纹连接；大于等于 *DN*100 沟槽卡箍连接；水泵房内采用法兰连接。承压等级为1.6MPa。

（三）水喷雾灭火系统

柴油发电机房设置水喷雾系统。

水喷雾系统设计喷雾强度20L/(min·m)，持续喷雾时间0.5h，喷头工作压力不小于0.35MPa。

水喷雾系统与自动喷水灭火系统共用喷淋泵及稳压设备，消防泵房内设置3套雨淋阀。

（四）气体灭火系统

1. 设置部位

10kV开关柜室的控制室、客运主机房、电源室、综合机房、继电器室、通信机械室、联合机械室。

2. 系统

本站设置全淹没无管网柜式七氟丙烷自动灭火系统。

3. 基本设计参数

灭火剂浓度：>8%；喷射时间：8s；浸渍时间：15min；七氟丙烷充装压力为：2.5±0.125MPa（表压），启动的氮气瓶充装压力为6.0MPa。

4. 系统控制

本系统采用自动、手动、机械启动三种控制方式：

（1）自动方式：防护区内的烟感、温感同时报警，经消防控制器确认火情后，声光报警和延时控制。

（2）手动方式：在防护区外设有紧急启停按钮供紧急时使用。

（3）机械启动：当自动启动、手动启动均失效时，可打开柜门实施机械应急操作启动灭火系统。

（五）大空间自动扫描定位喷水灭火系统

1. 设置部位

换乘通道及东站房6.60m标高广厅上空。

2. 系统

采用消防水池、消防泵及消防水箱联合供水的临时高压给水方式；管网呈环枝状结合布置。

3. 基本设计参数

采用中悬式灭火装置，其中：换乘通道选用 ZSDM-S03-Ⅲ型，标准工作压力 0.6MPa，喷射量 5L/s，最大保护半径 20 m；设计同时开启数 6 个；设计流量 30L/s；东西站房广厅选用 ZSDM-S03-V 型，标准工作压力 0.6MPa，喷射量 11L/s，最大保护半径 30m；设计同时开启数 4 个；设计流量 44L/s。

消防泵房内大空间灭火泵选用两台 $Q=45\text{L/s}$，$H=125\text{m}$，$P=90\text{kW}$，一用一备。

屋顶水箱间稳压泵及气压罐与消火栓系统合用。

4. 水泵接合器

东西站房室外各设三套 *DN*100 水泵接合器，距其 15～40m 范围内各需一只室外消火栓（含市政消火栓）。

5. 管材

管径小于 *DN*200 采用内外壁热浸镀锌钢管，大于等于 *DN*200 采用内外热浸镀锌无缝钢管。小于 *DN*100 螺纹连接；大于等于 *DN*100 沟槽卡箍连接；水泵房内采用法兰连接。承压等级为 1.6MPa。

6. 系统控制

系统控制分为自动、控制室手动、火灾现场手动三种控制方式。每个防火分区或每个楼层均设水流指示器和信号阀。信号阀和水流指示器动作信号显示于消防控制中心，水泵的运行情况用红绿信号灯显示于消防控制中心和泵房内的控制屏上。

三、工程特点

1. 本工程层数不多，但面积大、功能多、夹层多，防火分区分隔较复杂。

2. 本工程给水排水及消防管道与设施布局合理，既满足功能性需求，又最大程度上达到了车站装饰上的高标准。

3. 本工程经过消防性能测评，消防系统设计能在最大程度上有效且经济合理。在水消防方面，换乘通道及东站房 6.60m 标高广厅上空采用大空间自动扫描定位喷水灭火系统，远程自动或手动控制消防水炮实现灭火，解决了高大空间的室内消火栓和自动喷水灭火系统无法达到灭火效果或无法安装及不宜安装的问题。

4. 相关接口设计：给水系统的设计分界点为生活给水泵出水管；污废水系统的设计分界点为出站后的第一个检查井；雨水系统为接入站前广场前的最后一个检查井。此外，室外消火栓系统不属于本次设计范围。

四、工程照片及附图

西广场
West Square
东广场
East Square
P
公交车站
Bus Station
长途车站
Coach Station

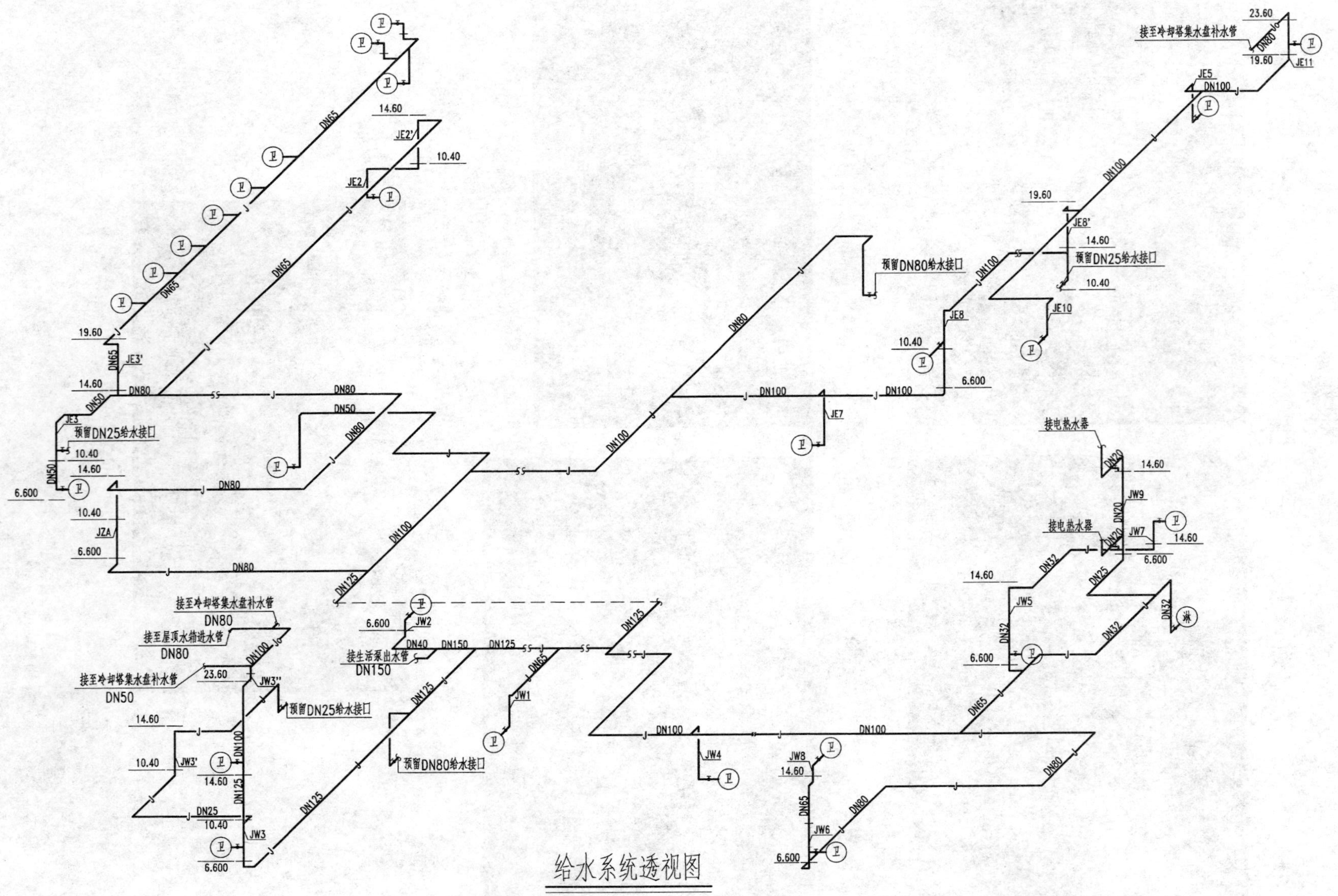
接至冷却塔集水盘补水管
预留DN80给水接口
预留DN25给水接口
接电热水器
接电热水器
接至冷却塔集水盘补水管
DN80
接至屋顶水箱进水管
DN80
接至冷却塔集水盘补水管
DN50
接生活泵出水管
DN150
预留DN25给水接口
预留DN80给水接口
预留DN25给水接口

给水系统透视图

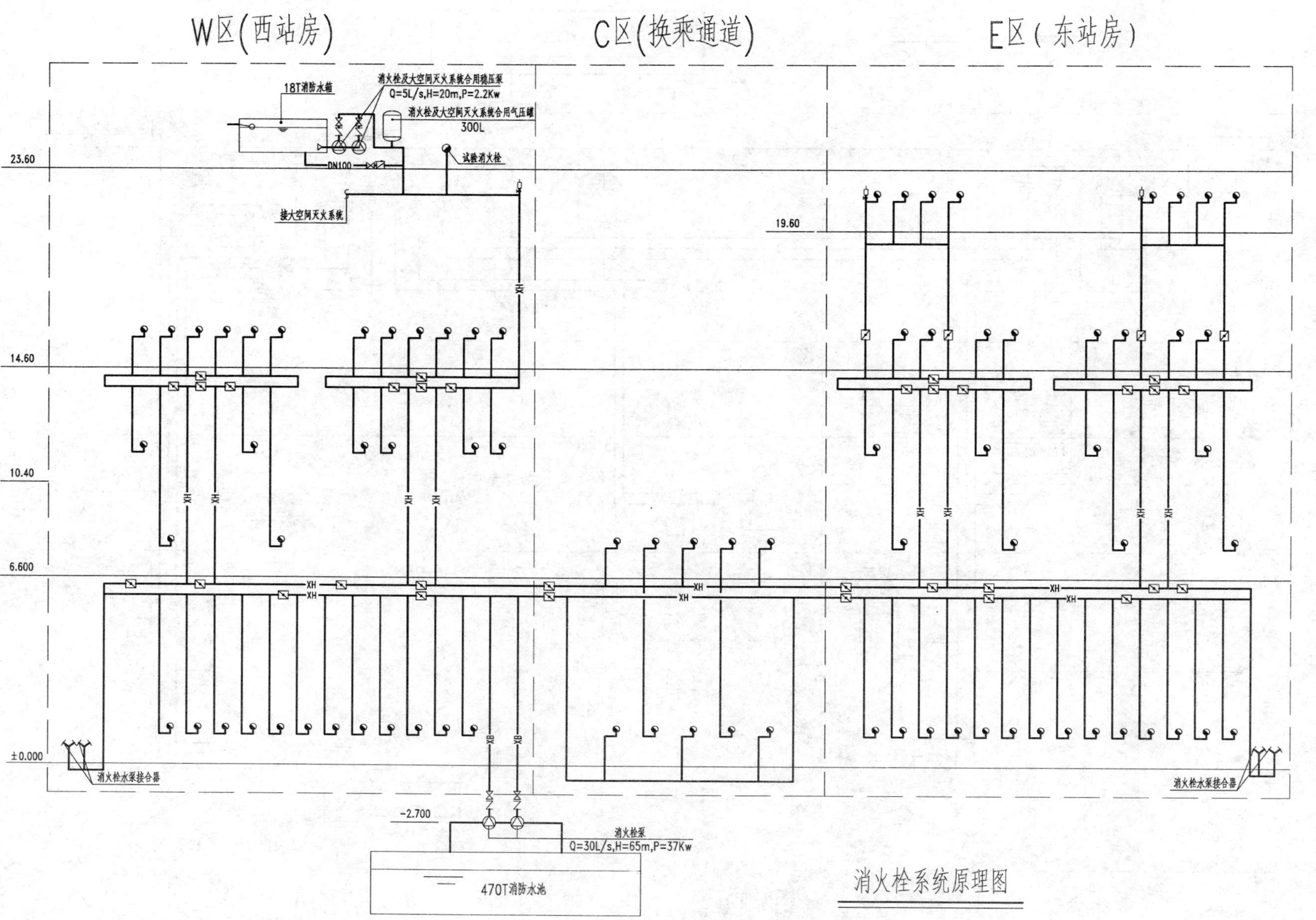
W区(西站房)
C区(换乘通道)
E区(东站房)
18T消防水箱
消火栓及大空间灭火系统合用稳压泵
Q=5L/s,H=20m,P=2.2Kw
消火栓及大空间灭火系统合用气压罐
300L
DN100
试验消火栓
接大空间灭火系统
23.60
19.60
14.60
10.40
6.600
±0.000
-2.700
HX
XH
XB
消火栓水泵接合器
消火栓泵
Q=30L/s,H=65m,P=37Kw
470T消防水池

消火栓系统原理图

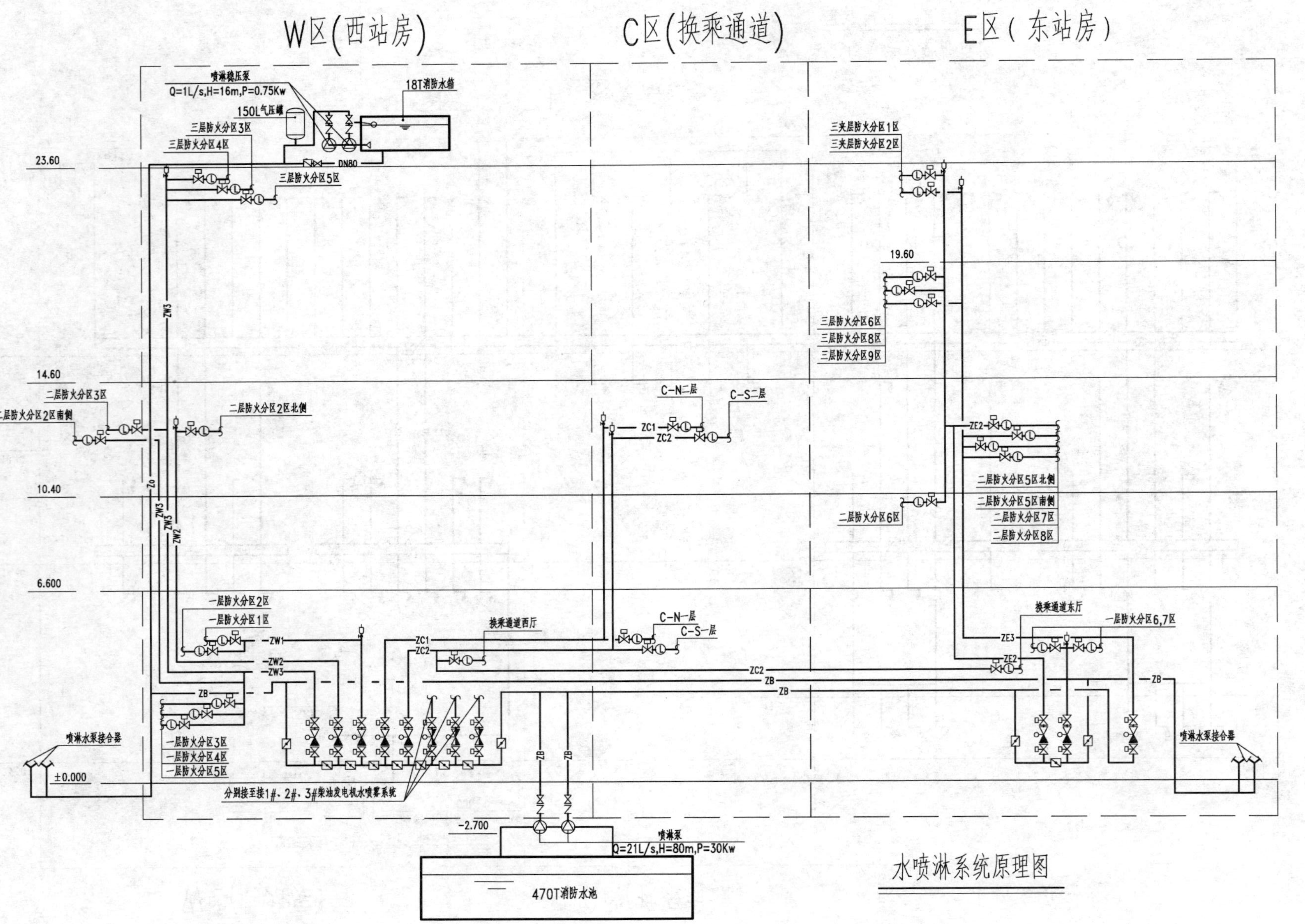
W区(西站房)
C区(换乘通道)
E区(东站房)
喷淋稳压泵
Q=1L/s,H=16m,P=0.75Kw
18T消防水箱
150L气压罐
三层防火分区3区
三层防火分区4区
三层防火分区5区
DN80
23.60
三夹层防火分区1区
三夹层防火分区2区
19.60
三层防火分区6区
三层防火分区8区
三层防火分区9区
14.60
二层防火分区3区
二层防火分区2区南侧
二层防火分区2区北侧
C-N二层
C-S二层
ZC1
ZC2
ZE2
二层防火分区5区北侧
二层防火分区5区南侧
二层防火分区7区
二层防火分区8区
二层防火分区6区
10.40
ZW3
Zo
ZW2
6.600
一层防火分区2区
一层防火分区1区
ZW1
换乘通道西厅
C-N一层
C-S一层
换乘通道东厅
一层防火分区6,7区
ZE3
ZB
喷淋水泵接合器
一层防火分区3区
一层防火分区4区
一层防火分区5区
±0.000
分别接至接1#、2#、3#柴油发电机水喷雾系统
-2.700
喷淋泵
Q=21L/s,H=80m,P=30Kw
470T消防水池

水喷淋系统原理图

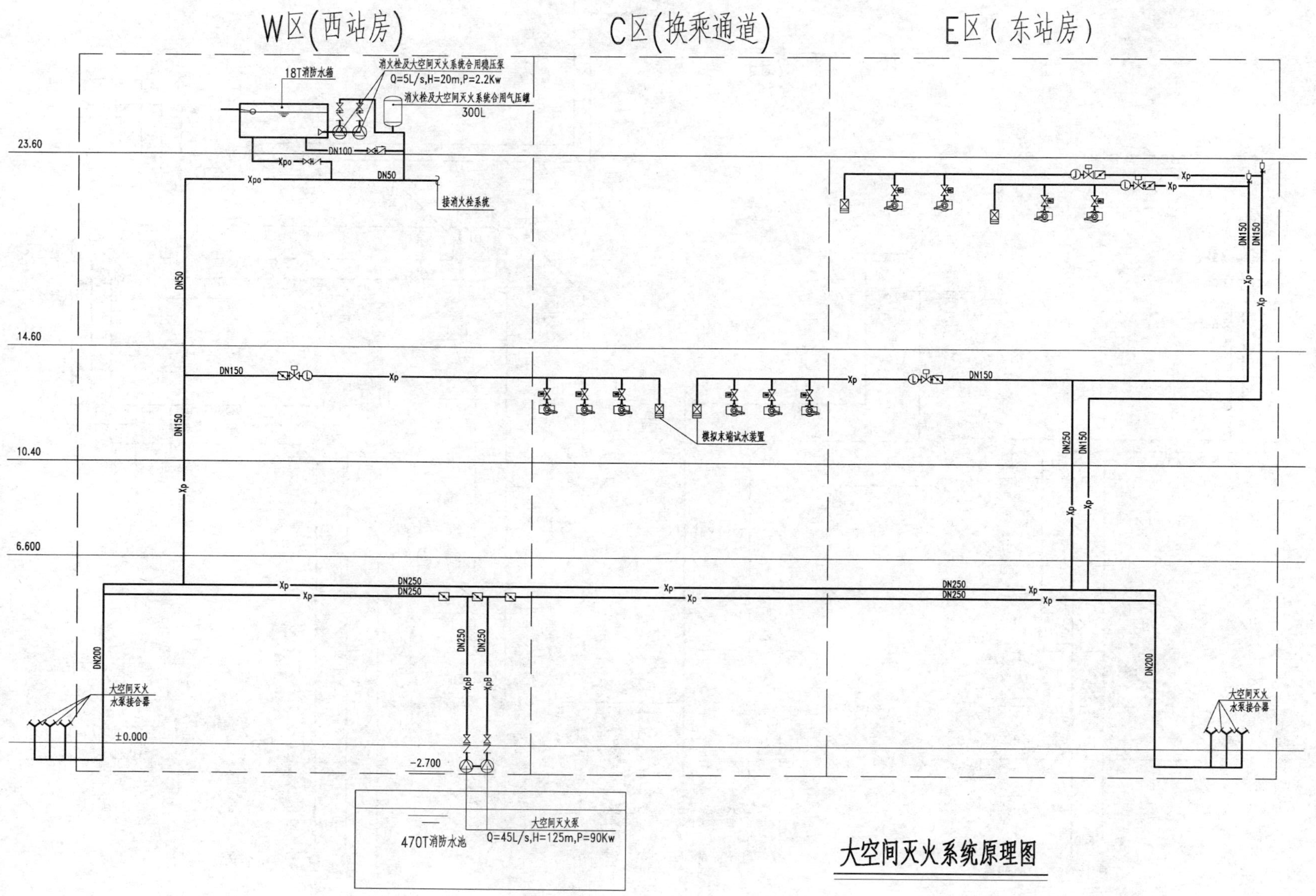
W区(西站房)
C区(换乘通道)
E区(东站房)
18T消防水箱
消火栓及大空间灭火系统合用稳压泵
Q=5L/s,H=20m,P=2.2Kw
消火栓及大空间灭火系统合用气压罐
300L
接消火栓系统
模拟末端试水装置
大空间灭火水泵接合器
大空间灭火泵
Q=45L/s,H=125m,P=90Kw
470T消防水池
23.60
14.60
10.40
6.600
±0.000
-2.700
DN50
DN100
DN150
DN250
DN200
Xp
Xpo
XpB

大空间灭火系统原理图

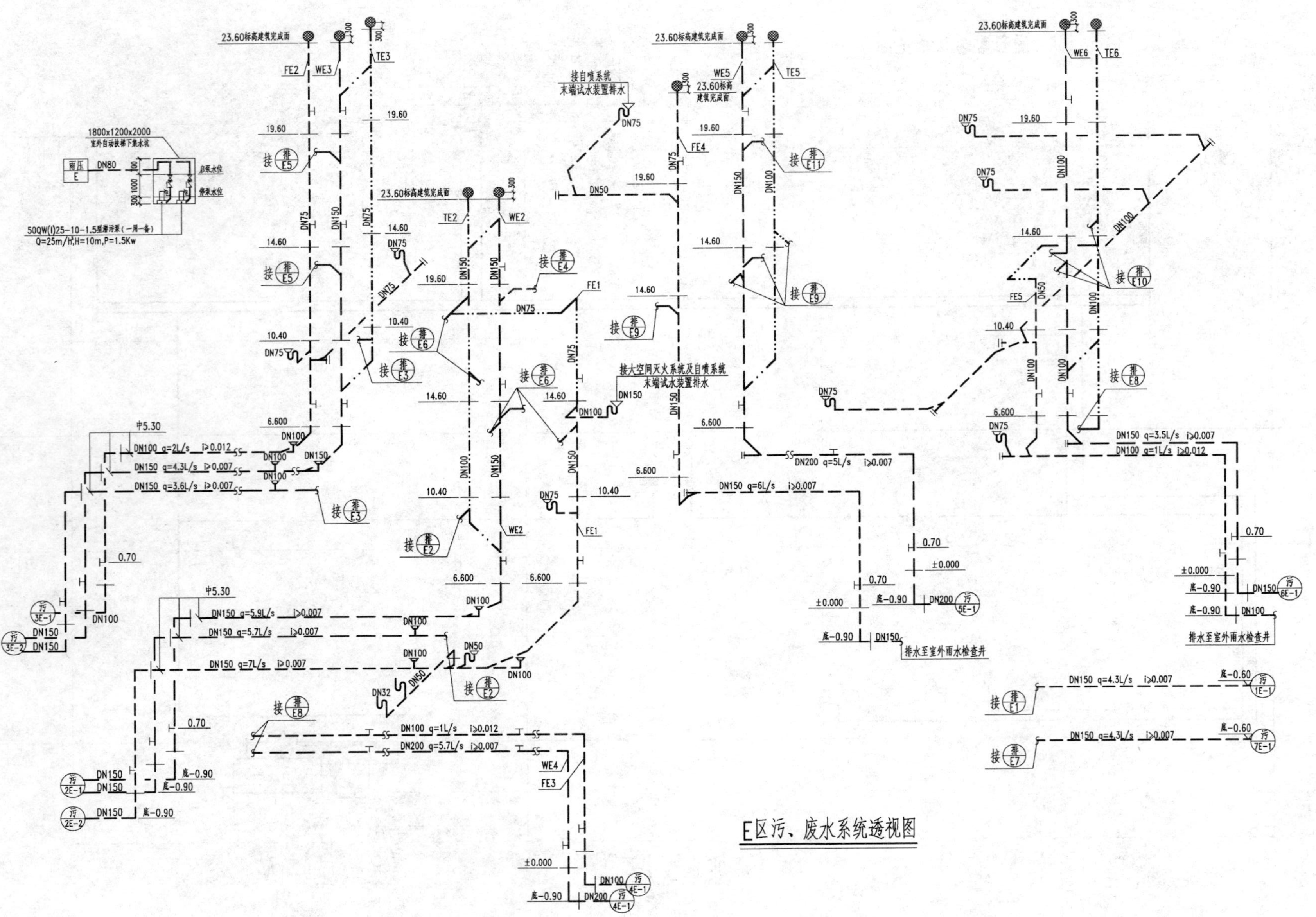

E区污、废水系统透视图

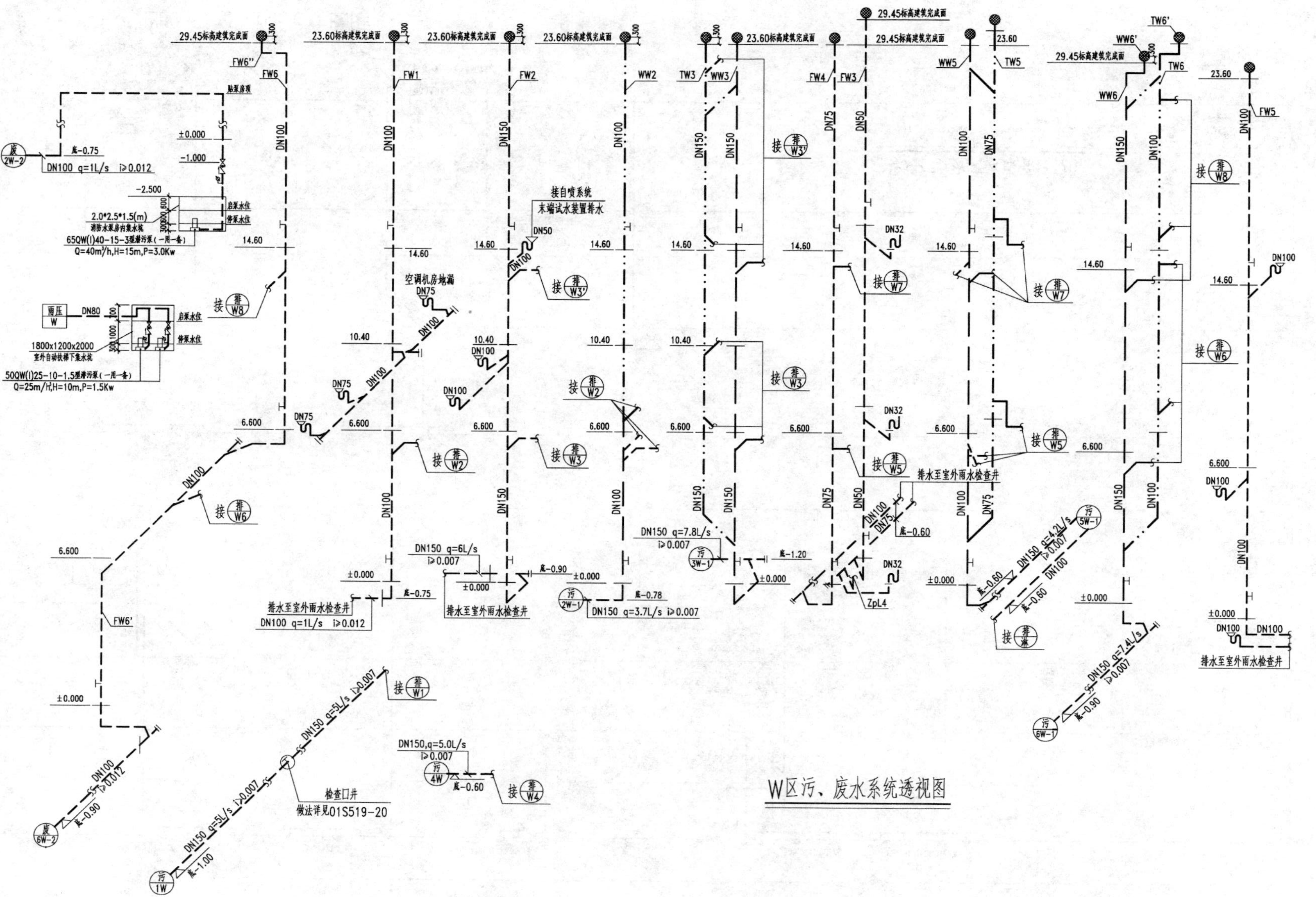
29.45标高建筑完成面
23.60标高建筑完成面
FW6"
FW6
FW1
FW2
WW2
TW3
WW3
FW4
FW3
WW5
TW5
TW6'
WW6'
TW6
WW6
FW5
FW6'
DN100 q=1L/s i≥0.012
2.0*2.5*1.5(m)
65QW(I)40-15-3型潜污泵（一用一备）
Q=40m³/h,H=15m,P=3.0Kw
1800x1200x2000
50QW(I)25-10-1.5型潜污泵（一用一备）
Q=25m³/h,H=10m,P=1.5Kw
接自喷系统
末端试水装置排水
空调机房地漏
排水至室外雨水检查井
DN100 q=1L/s i≥0.012
DN150 q=6L/s
i≥0.007
DN150 q=7.8L/s
i≥0.007
DN150 q=3.7L/s i≥0.007
DN150 q=4.2L/s
i≥0.007
DN150 q=7.4L/s
i≥0.007
DN150,q=5.0L/s
i≥0.007
DN150 q=5L/s i≥0.007
检查口井
做法详见01S519-20
ZpL4

W区污、废水系统透视图

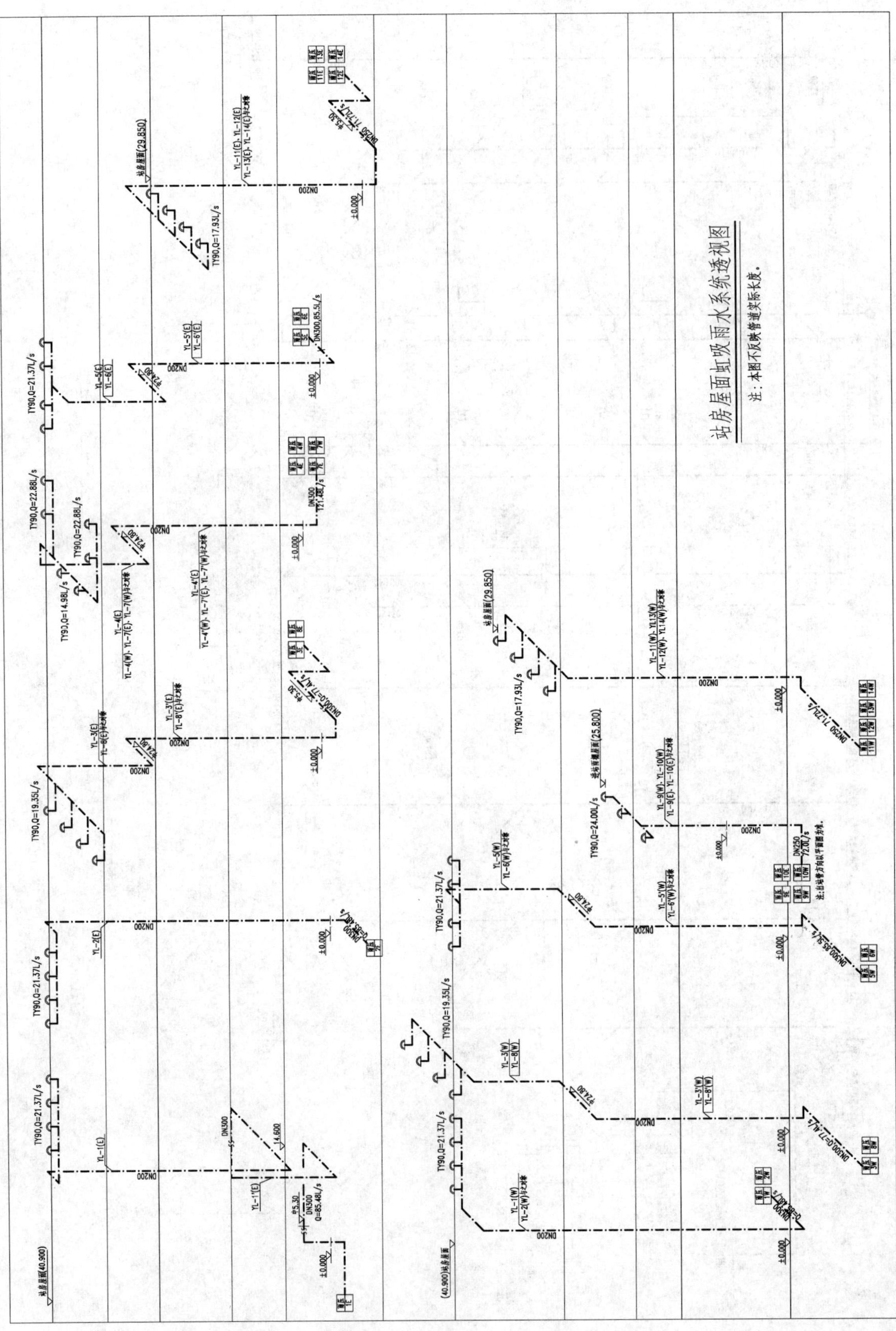
站房屋面虹吸雨水系统透视图
注：本图不反映管道实际长度。

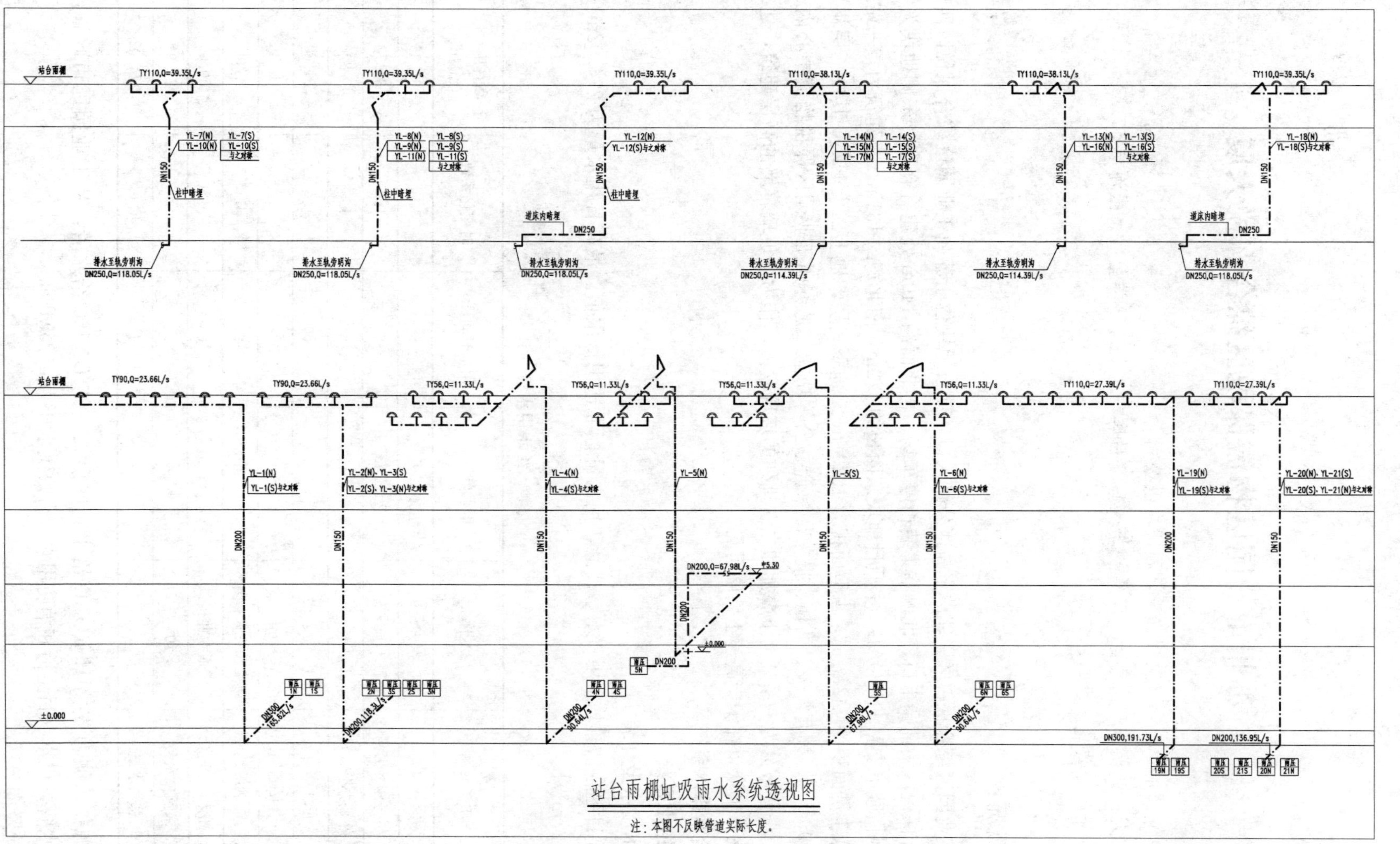

站台雨棚虹吸雨水系统透视图

注：本图不反映管道实际长度。

苏州工业园区物流保税区综合保税大厦

设计单位： 中建国际（深圳）设计顾问有限公司
设 计 人： 胡明霞　俞立红　蒋雪　李少辉　吕晖　董礼汀　娄玺明　张海宇
获奖情况： 公共建筑类　三等奖

工程概况：

苏州工业园区综合保税区紧邻沪宁高速公路入口，项目地块位于苏州工业园区综合保税区西南侧。地块西侧临综合保税区尖蒲街卡口，北侧临集装箱停车场，再北面约140m处建有仓库，东侧地块为综合保税区空地，南侧临城市支路H ROAD。本项目地块东西长约172m，南北宽约131m。本建筑为“一站式”综合保税大厦，总建筑面积为74277m^2，占地面积为10297m^2。地下一层，地上二十三层，其中三层裙房，主楼建筑高度为99.45m；具有海关、商检、报关、综合办公等功能。是苏州工业园区保税物流中心内非常重要的一座建筑，塔楼被分为一系列上下叠加和左右排列的玻璃盒体，作为全玻璃幕墙的高层建筑，建筑立面的美观大方、醒目出众，在沪宁高速上清晰可见。

一、给水排水系统

（一）给水系统

1. 冷水用水量（表1）

因本项目卫生洁具均采用节水型产品，用水量标准选用低限值。最高日用水量为274.02m^3/d，最大时用水量60.27m^3/h。

给水用水量　　**表1**

序号	用水地点	用水标准	用水单位数	用水时间(h)	时变化系数	最高日用水量(m^3/d)	最大时用水量(m^3/h)
1	办公楼(女)	30L/(人·班)	2045人	8	1.5	61.35	11.50
2	办公数(男)	17L/(人·班)	2045人	8	1.5	34.77	6.52
3	外来办公人员	8L/(人·次)	350人	8	1.5	2.820	0.53
4	职工餐厅	20L/(人·次)	4090人	5	1.5	81.80	24.54
5	浇洒道路	0.3L/(m^2·次)	4318m^2	2	1	1.30	0.65
6	浇洒绿地	1.2L/(m^2·次)	5909m^2	2	1	7.09	3.55
7	冷却塔补水	暖通专业提供	7.5m^3/h	8	1	60.00	7.50
8	未预见水量	10%				24.91	5.48
9	总用水量					274.02	60.27

2. 水源：从城市支路H ROAD给水管网引入一路*DN*150给水管，从工业园区市政管网引入一路*DN*200给水管，供本项目生活和消防用水，市政供水压力0.25MPa。

3. 系统竖向分区

系统竖向共分为 4 个区：

一区：地下 1 层至地上 2 层；

二区：地上 3 至 10 层；

三区：11 层至 18 层：

四区：19 层至屋顶层。

4. 供水方式及给水加压设备

一区：由市政给水管网直接供水；

二区：由设于地下 1 层生活水泵房内的生活水箱（$60m^3$）及二区恒压变频供水设备供给。

三区：由设于地下 1 层生活水泵房内的生活水箱（$60m^3$）及三、四区恒压变频供水设备经减压阀减压后供给；

四区：由设于地下 1 层生活水泵房内的生活水箱（$60m^3$）及三、四区恒压变频供水设备供给。

为了节约用水，降低管网漏损几率同时满足洁具的使用要求，给水支管的出水压力通过减压阀控制在 0.15MPa。

5. 管材

给水管：泵房内管道、给水立管、变频给水管以及减压阀之前的管道采用钢塑复合管，法兰连接。给水支管、地下车库冲洗水管采用 PVC-HI（AGR）给水管，粘接。人防区域的管道全部采用钢塑复合管，法兰连接。所选管材的工作压力均大于设计压力，并且选用合理的连接方式有效降低管网的漏损几率。

（二）热水系统

1. 热水用水量

最高日热水用量为 $24m^3/d$，最大时热水用量为 $7.5m^3/h$。

2. 供应范围

三层员工活动中心淋浴部分及厨房。

3. 加热方式

为了充分利用可再生能源，所需热水采用太阳能加热。太阳能集热器设置于群房屋面，集热系统采用强制循环、直接加热方式。其中厨房热水量为 $18m^3/d$，不作辅助加热；员工活动中心淋浴热水量为 $6m^3/d$，采用太阳能电辅助加热方式。热水贮存于贮热水箱中。

4. 管材

热水管道采用薄壁不锈钢管，卡压式管件连接。

（三）雨水收集回用系统

1. 雨水应用范围

屋面雨水采用重力流内排水系统，雨水设计重现期 10 年，按 50 年校核。雨水经 87 型雨水斗及其立管收集排至室外雨水井。

本项目整个建筑物屋面及场地雨水经雨水斗、管道、雨水口收集贮存于雨水收集池，处理达标后供绿化、道路浇洒、洗车、冷却塔补水等用水，其不足部分由自来水自动补充，并采取防止生活饮用水被污染的措施，超过处理能力的雨水溢流至尖浦街的 *DN*600 市政雨水管。

2. 年均可利用雨水量的计算

苏州市年均降雨量 1110mm，年均降雨次数为 114.3 次，其中 4mm 以上的降雨量占总降雨的比例为 92.5%。

（1）硬屋面汇水面积约为 $7060m^2$，综合雨量径流系数为 0.9，

年均可直接利用雨水量：$Q_{P1}=7060\times1.11\times0.9=7052.94m^3$

(2) 绿化屋面汇水面积 $1700m^2$，径流系数为 0.4，

年均可直接利用雨水量：$Q_{P2}=1700\times1.11\times0.4=754.8m^3$

(3) 渗水混凝土路面汇水面积 $3059.2m^2$，径流系数 0.3，

年均可直接利用雨水量：$Q_{P3}=3059.2\times1.11\times0.3=1018.71m^3$

(4) 其他硬质面积 $2896.5m^2$，径流系数 0.8，

年均可直接利用雨水量：$Q_{P4}=2896.5\times1.11\times0.8=2572.09m^3$

(5) 绿化汇水面积 $6810.5m^2$，径流系数为 0.3，

年均可直接利用雨水量：$Q_{P4}=6810.5\times1.11\times0.3=2267.90m^3$

年均可直接利用总雨水量：$Q_P=13666.44m^3$

3. 雨水处理能力 $10m^3/h$。

4. 雨水处理工艺流程（图 1）

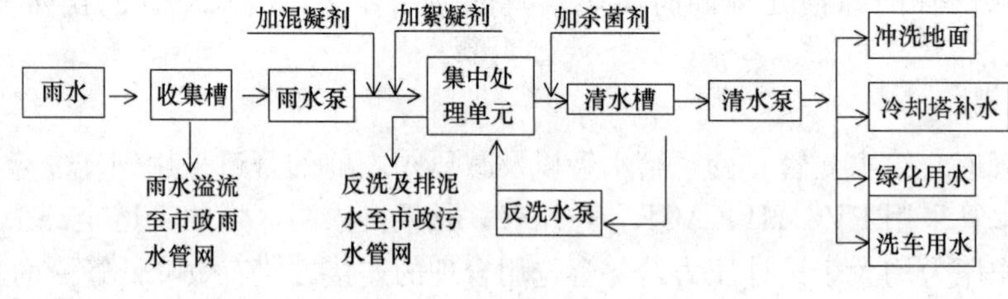

图 1　雨水处理工艺流程

5. 管材

塔楼雨水管道（包括采光罩坡向塔楼内侧排放的雨水管）采用柔性抗震排水铸铁管，卡箍式连接。裙房雨水管采用（PVC-U）塑料排水管，粘接；雨篷雨水管采用内外壁热浸镀锌无缝钢管，沟槽式管件连接。

室外雨水管采用增强聚丙烯（FRPP）模压排水管，弹性密封橡胶圈承插连接；雨水处理后清水输送管采用 PVC-HI（AGR）给水管（S10）粘接。

（四）排水系统

1. 本工程污废水总排放量约为 $205.64m^3/d$。室内、外排水系统采用污、废水合流，雨、污水分流制。塔楼卫生间排水采用设有专用通气立管的双立管系统，其他部位排水采用伸顶通气单立管排水系统。

2. 群房卫生间内采用同层排水方式。空调机房及水管井内设地漏，其废水由专设立管排至地下室集水井。

3. 地下室集水井、消防电梯集水井设潜水排污泵，废水经排污泵提升排至室外排水管网。污水池污水通过潜水排污泵提升至室外污水检查井。厨房废水经二级隔油（室内设器具隔油、室外设隔油池）处理后排入室外污水管道。

4. 管材

塔楼室内污、废水管道采用柔性抗震排水铸铁管，卡箍式连接；裙房部分的污、废水管道采用高密度聚乙烯管（HDPE）塑料排水管，热熔连接。潜水泵压力排水管用镀锌钢管，埋地部分丝扣连接，地上部分卡箍式柔性连接。

室外污水管道采用增强聚丙烯（FRPP）模压排水管，弹性密封橡胶圈承差连接。

二、消防系统

（一）消火栓系统

1. 本项目室外消火栓用水量 30L/s，由城市支路 H ROAD 市政给水管网引入一路 *DN*150 给水管，及工业园区市政管网引入的一路 *DN*200 给水管，在地块内成环状管网，供水压力 0.25MPa。

2. 室内消火栓用水量 40L/s，火灾延续时间为 3h，采用临时高压消防给水系统，室内消防历时用水由工业园区内已建好的一座消防水池（有效容积为 800m^3）及其消火栓泵（流量 Q=40L/s，扬程 H=136m，电机功率 N=75kW，一用一备）供给。

3. 本工程消火栓系统竖向分为两个区，地下 1 层至地上 8 层为低区，9 层及 9 层以上为高区。其中高区由消火栓加压泵直接供水，低区由高区减压后供给；高、低区在室外各设 3 套水泵接合器。消火栓栓口的出水压力大于 0.50MPa 时设减压稳压消火栓。由屋顶消防水箱（18m^3）及其消火栓稳压装置稳压，以保证最不利点的给水压力要求。

4. 管材

消火栓系统管径小于等于 DN100 采用内外壁热浸镀锌钢管，丝扣连接，管径大于 DN100 采用内外壁热浸镀锌的无缝钢管，沟槽式管件连接。室外消防给水管采用给水球墨铸铁管，内涂水泥砂浆，承插连接。

（二）自动喷水灭火系统

1. 基本参数：地下车库按中危险级Ⅱ级，设计喷水强度 8L/(min·m^2)，作用面积 160m^2，其他场所设计喷水强度 6L/(min·m^2) 作用面积 160m^2，系统设计用水量 34L/s，火灾延续时间为 1h。自动喷水灭火系统消防历时用水由工业园区内已建好的一座消防水池（有效容积为 800m^3）及其喷淋泵（流量 Q=50L/s，扬程 H=144m，电机功率 N=110kW，一用一备）供给。由屋顶消防水箱（18m^3）及其喷淋稳压装置稳压，以保证最不利点的给水压力要求。

2. 自动喷水灭火系统竖向分为两个区，地下 1 层至 14 层为低区，设 8 套湿式报警阀组；15 层及 15 层以上为高区，设 2 套湿式报警阀组。高区由喷淋加压泵直接供水，低区由高区减压后供给。各配水管入口的压力大于 0.45MPa 时，采用减压孔板减压。高、低区在室外各设 3 套水泵接合器。

3. 管材

自动喷水灭火系统管径小于等于 DN100 采用内外壁热浸镀锌钢管，丝扣连接，管径大于 DN100 采用内外壁热浸镀锌的无缝钢管，沟槽式管件连接。室外消防给水管采用给水球墨铸铁管，内涂水泥砂浆，承插连接。

（三）气体灭火系统

1. 本项目 4 层 IT 机房采用外贮压式七氟丙烷气体灭火系统，各机房的灭火设计浓度为 8%，设计喷放时间不大于 8s；机房配电间灭火设计浓度 9%，设计喷放时间不大于 10s。采用组合分配灭火系统。

2. 系统的构成：七氟丙烷气体灭火系统主要由贮气钢瓶组、集流管、区域分配阀、压力开关、启动装置、管网、喷头等装置组成。

3. 系统的控制：设有自动控制、手动控制与机械应急操作三种控制方式。

（四）消防水炮灭火系统

根据四川消防研究所的消防性能化分析结果，需在 1～3 层的大空间才采用自动消防炮灭火系统，单炮流量为 5L/s，额定工作压力 0.6MPa，额定射程 20m，消防水炮的设置保证其保护部位同时有 2 股水柱到达。

三、工程特点

1. 作为全玻璃幕墙的高层建筑，为保证建筑立面的美观和醒目出众，屋面雨水通常情况下不允许溢流，因此本建筑屋面雨水采用内排水系统，雨水排水系统的设计重现期不小于 50 年，雨水量大，雨水立管多，本专业与建筑及室内专业紧密配合，采用传统的重力流系统，合理布置雨水立管及悬吊管，这样虽然没有采用目前市场流行的虹吸雨水系统，但也同样在保证办公区域的净空要求，室内设计美观及功能要求的同时，满足了水专业的雨水系统的设计要求，节约了成本。

2. 该建筑裙房一层为海关、商检、报关、综合办公等功能，局部区域三层通高，建筑内的空间关系和防火分区划分复杂，保护高度富于变化，防火分区多通过大面积的防火卷帘来解决，通过与建筑专业的多次沟通，确定合理的防火分区，以及消防设备用房和水管井的位置，使得水消防系统各管位布局合理，减少管道的交叉，降低对建筑物净高的影响。

3. 为了在建筑给水排水设计中节约用水，节约能源，保护环境，并能达到国内绿色三星的技术要求，本工程给水排水专业采取了以下几方面措施：

(1) 本建筑室内水消防系统有消火栓系统、喷淋系统、自动消防炮系统，且这些系统同属于一个防火分区，各系统同时作用，室内消防用水量大，为了节约用水，经多方协商沟通，最后本建筑利用工业园区内已建好一座消防水池（有效容积为 800 m^3）及其水泵，满足了火灾延续时间内的消防水量和水压要求。不再重复建设，减少了投资，节约了能耗。

(2) 本工程最高日热水用量为 24m^3/d，最大时热水用量为 7.5m^3/h。为了充分利用可再生能源，本工程三层厨房及员工活动中心淋浴部分所需热水采用太阳能热水系统。

(3) 整个建筑物屋面及场地雨水收集后贮存于雨水收集池，处理达标后供绿化、道路浇洒、洗车、冷却塔补水等用水，其不足部分由自来水自动补充，并采取防止生活饮用水被污染的措施，超过处理能力的雨水溢流至市政雨水管。广场铺装、人行道路使用透水路面、透水砖及 40%孔隙率的植草砖促进雨水下渗使雨水能充分回渗，尽量延长地面雨水在绿地内的停留时间，减少地面及路面径流及市政管线的压力。

(4) 选用《当前国家鼓励发展的节水设备》（产品）目录中公布的设备器材和器具，根据用水场合不同合理选用节水水龙头、节水便器、节水淋浴装置所有器具应满足《节水型生活用水器具》CJ/T 164 及《节水型产品通用技术条件》GB/T 18870 的要求。

(5) 为了在建筑给水排水设计中提供健康、舒适、安全的工作和活动场所，体现“以人为本”的绿色建筑宗旨。本项目水泵均选用低噪声节能型并采用隔振处理，泵房内给水泵（除变频泵机组）、消防泵后采用多功能水泵控制阀，变频泵后采用消声缓闭止回阀，以减少噪声。通过合理布置管道系统，合适的管材，控制管道水压，降低水流噪声，并稳定出水流速，保证用水的舒适性。

四、工程照片及附图

外景图

内景图

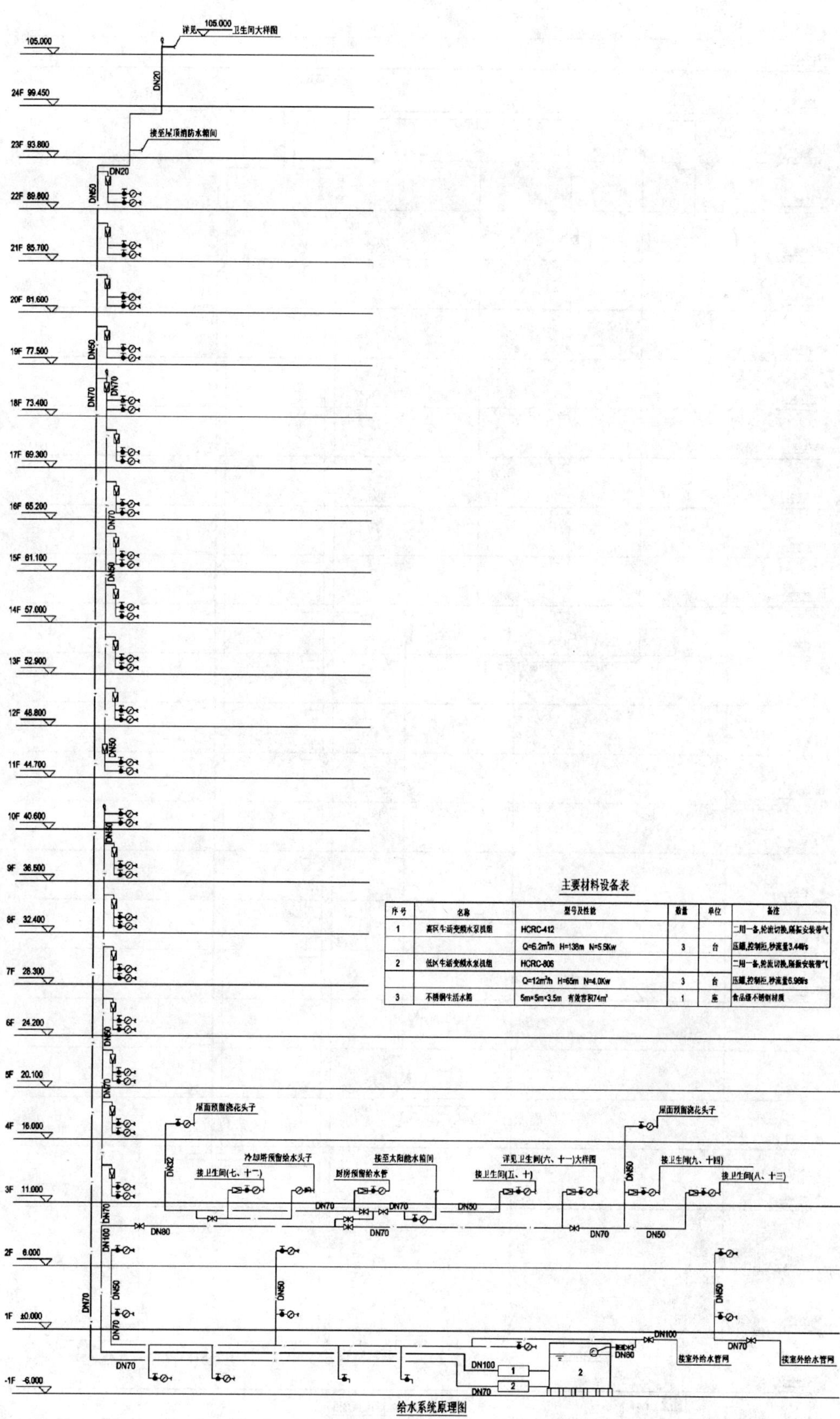

主要材料设备表

序号	名称	型号及性能	数量	单位	备注
1	高区生活变频水泵机组	HCRC-412			二用一备,轮流切换,隔振安装带气
		Q=6.2m³/h H=138m N=5.5Kw	3	台	压罐,控制柜,秒流量3.44l/s
2	低区生活变频水泵机组	HCRC-806			二用一备,轮流切换,隔振安装带气
		Q=12m³/h H=65m N=4.0Kw	3	台	压罐,控制柜,秒流量6.98l/s
3	不锈钢生活水箱	5m×5m×3.5m 有效容积74m³	1	座	食品级不锈钢材质

给水系统原理图

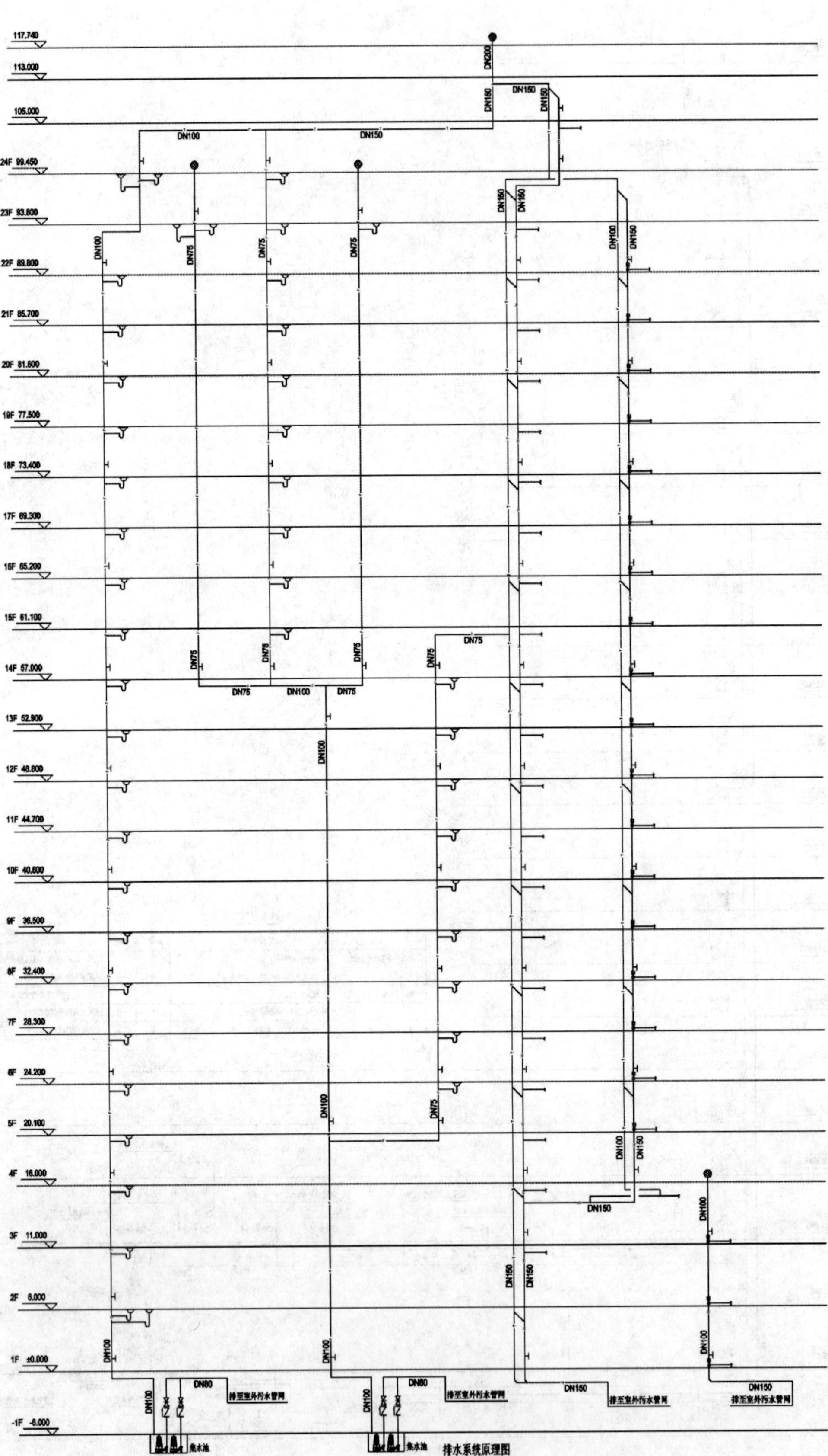
排至室外污水管网
集水池
排水系统原理图

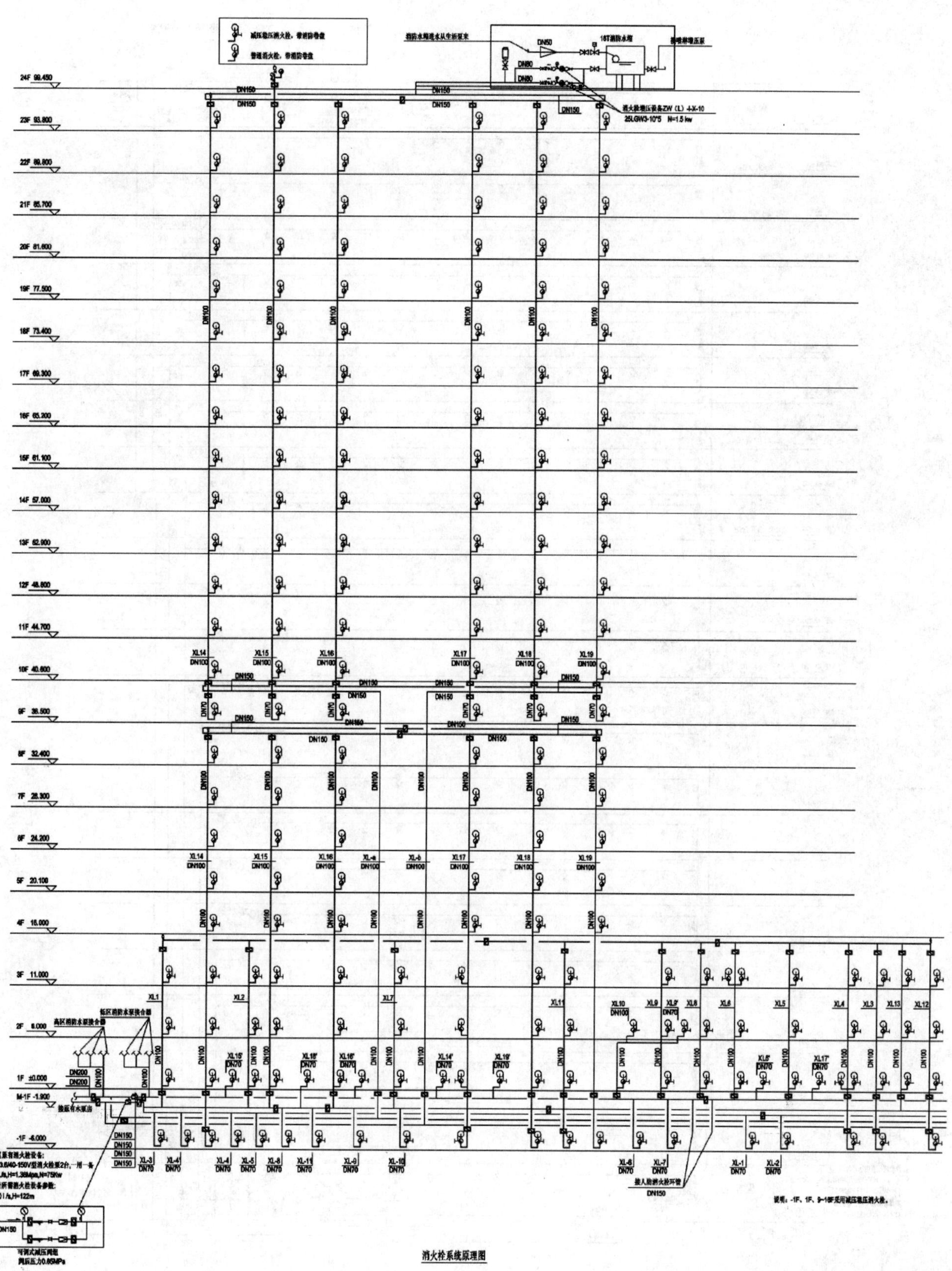

消火栓系统原理图

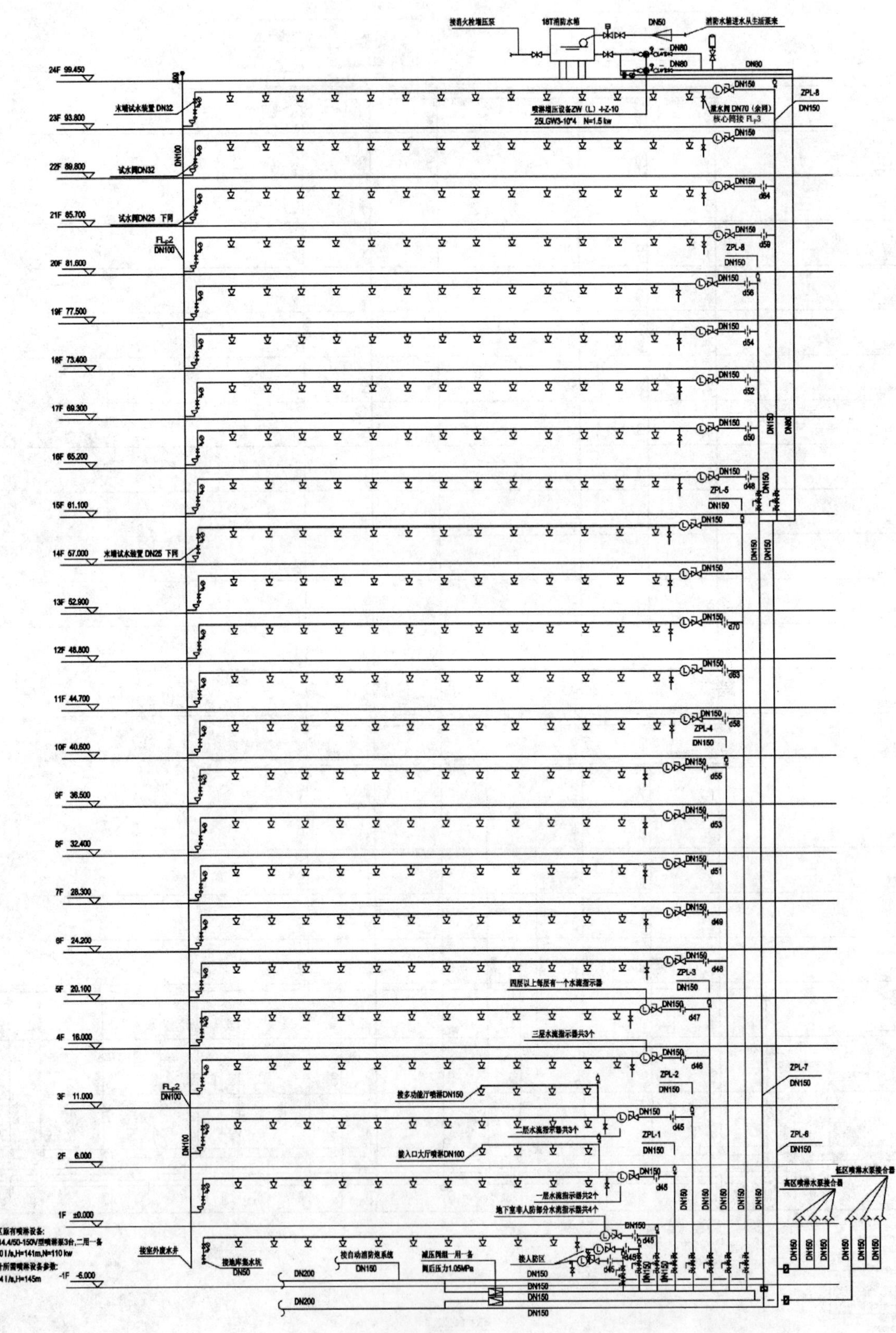

自动喷水灭火系统原理图

陕西煤业化工集团研发中心

设计单位：中联西北工程设计研究院
设 计 人：张江涛　吕妙　刘晓军
获奖情况：公共建筑类　三等奖

工程概况：

该项目建于西安高新区，由两栋办公楼，三栋住宅，一个地下两层汽车库组成，总建筑面积为161500m²。5栋建筑在地下室通过地下车库连通。1号楼为办公楼，地下两层，地上26层，建筑面积42952m²，建筑高度为99.5m。主楼为研发中心和办公，裙楼内设有为主楼配套的餐厅，多功能厅及工人用房等。2号楼为办公楼，地下一层，地上32层，局部26层，建筑面积34664m²，建筑高度为97.8m。地下一层为人防，一层为商业用房，二层以上为办公。3号、4号、5号楼为住宅楼，地下一层，地上分别为32、26、26层。地下一层为车库及人防，一层和二层为商业用房及物业用房，三层以上为住宅。住宅建筑面积39920.32m²，商业和物业面积8683.61 m²。车库面积30188m²，其中地下一层为开敞式汽车库。

一、给水排水系统：

(一) 给水系统：

1.（1号办公楼）冷水用水量（表1）

1号办公楼冷水用水量　　**表1**

用水名称	用水标准	数量	K_h	用水时间(h)	用水量			备注
					最高日(m³/d)	最大时(m³/h)	平均时(m³/h)	
办公	50L/(人・班)	500人	2.0	8	25	6.25	3.13	
裙楼会议	15L/(座・次)	500次	1.5	4	7.5	2.81	1.88	
裙楼餐厅．厨房	40L/(客・次)	500次	1.5	12	20	2.5	1.67	
地下汽车库	3L/(m²・d)	7100m²	1.5	12	21.3	2.66	1.78	
冷却循环补水	2%	4×270m³/台	1.0	12	259.2	21.6	21.6	
未予见水量	12%	333m³	1.0	24	40	1.67	1.67	
合　计					373	37.49	31.73	

2. 水源

本工程水源为市政管网，从锦业一路引一路 *DN*150 的给水管供本工程1号办公楼用水。从丈八一路引一路 *DN*200 的给水管供本工程2号～4号楼住宅用水，引一路 *DN*80 的给水管供本工程2号～4号楼商业用水。

3. 给水系统竖向分区

办公部分采用减压阀分区，共分四个区；住宅部分分三个区。

4. 供水方式及给水加压设备

地下室人防、汽车库、商场给水由市政管网压力直接供水。

办公部分设一套无负压供水设备供水，采用减压阀分区，共分四个区（一区1F～6F，二区7F～12F，三区13F～19F，四区20F～26F）。

住宅部分分三个区，1层至14层为住宅低区，由低区无负压供水设备供水；15层至26层为住宅中区，由中区无负压供水设备供水；17层至32层为住宅高区，由高区无负压供水设备供水。

5. 给水管材：住宅户内给水支管采用PB给水管，热熔连接；其余给水管采用不锈钢管，焊接。

（二）热水系统

1. 热水用水量

本工程住宅部分设集中热水供应。本工程最高日热水（60℃）用水量为130m^3/d，最大小时用水量为15.2m^3/h。

2. 热源

生活热水热源为城市热力管网，热水由热交换站制备，详见动力专业。

3. 热水系统竖向分区

住宅热水系统分三个区。

4. 热交换器

热交换器集中设在地下车库换热站内。

5. 冷热压力平衡措施、热水温度的保证措施

热水系统分区同给水系统，由每个分区的给水作为该热水分区的冷水水源。热水管网末端设电接点温度计，保证热水管网的水温。

6. 热水管材

住宅户内热水支管采用+GF+PB热水管，热熔连接；其余热水管采用不锈钢管，焊接。

（三）排水系统

1. 排水系统的形式

本工程采用污、废合流制。地下室废水采用潜污泵提升至室外污水管网。

2. 透气管的设置方式

除住宅及办公楼的卫生间排水采用专用通气立管排水外，商场及住宅厨房的排水采用普通伸顶通气立管排水，底层部分卫生间污水单排。

3. 局部污水处理设施

污水经化粪池生化处理后，排入市政污水管。

4. 管材

与潜水排污泵连接的管道，均采用涂塑钢管，法兰连接。生活污水管采用GEBERIT-HDPE塑料排水管，热熔连接。

二、消防系统

（一）消火栓系统

1. 消防水量

室内消火栓40L/s，火灾延续时间3h；

室外消火栓30L/s，火灾延续时间3h；

自动喷水灭火系统 35L/s，火灾延续时间 1h；

水喷雾灭火系统 40L/s，火灾延续时间 0.5h。

2. 系统分区

消火栓系统分为高，低两个区，高区为办公 22 层及 22 层以上（住宅 27 层及 27 层以上），低区为办公 21 层以下（住宅 26 层以下）。

3. 供水方式

高区采用室内消火栓泵直接供水，低区采用水泵出水管后减压供水，减压阀设在消防水泵房内。消防水泵房位于地下车库内，消防水箱 $18m^3$ 位于 1 号楼屋顶。

4. 室内消火栓泵参数

室内消火栓泵共两台，一用一备，Q=40L/s，H=160m，N=110kW。

5. 管材

消火栓消防给水管道均采用加厚焊接钢管，焊接连接。管道工作压力 1.6MPa。

（二）自喷系统

1. 设计范围

除住宅及不宜用水灭火的房间外，其余各处均设自动喷水灭火系统。其中开敞式停车库采用干式自动喷水灭火系统，其余采用湿式自动喷水灭火系统。

2. 系统分区

系统按建筑竖向分两个区，8 层以下为低区，报警阀分散布置在地下车库；8 层以上楼层为高区，报警阀布置在 8 层。

3. 自动喷水泵参数

自喷泵共两台，一用一备，Q=35L/s，H=145m，N=90kW。

4. 管材

自喷管道采用内外壁热镀锌钢管，小于等于 DN80 采用丝扣连接，大于 DN80 采用沟槽式卡箍连接。管道工作压力 1.6MPa。

（三）水喷雾系统

1. 设计范围

发电机房，锅炉房采用水喷雾灭火系统。

2. 自动喷水泵参数

自喷泵共两台，一用一备，Q=40L/s，H=60m，N=37kW。

3. 管材

自喷管道采用内外壁热镀锌钢管，小于等于 DN80 采用丝扣连接，大于 DN80 采用沟槽式卡箍连接。管道工作压力 1.6MPa。

三、工程特点

1. 本设计住宅卫生间排水采用同层排水设计，卫生器具排水支管在楼板上同层敷设（降板同层）。卫生间排水立管及管件均采用具有静音效果的高密度聚乙烯 HDPE 排水管道及管件；排水横支管、地下室横干管均采用高密度聚乙烯 HDPE 普通排水管。高密度聚乙烯（HDPE）排水管材及管件管道回缩率不超过 1%。

2. 连接方式：采用热熔连接和电焊管箍连接，连接更加安全、可靠，杜绝管道漏水影响。

3. 相对于传统的隔层排水方式，避免了由于排水横管敷设在下层空间而造成的隐患：包括产权不明晰、噪声干扰、渗漏隐患等，是建筑排水系统的发展方向。

四、工程照片及附图

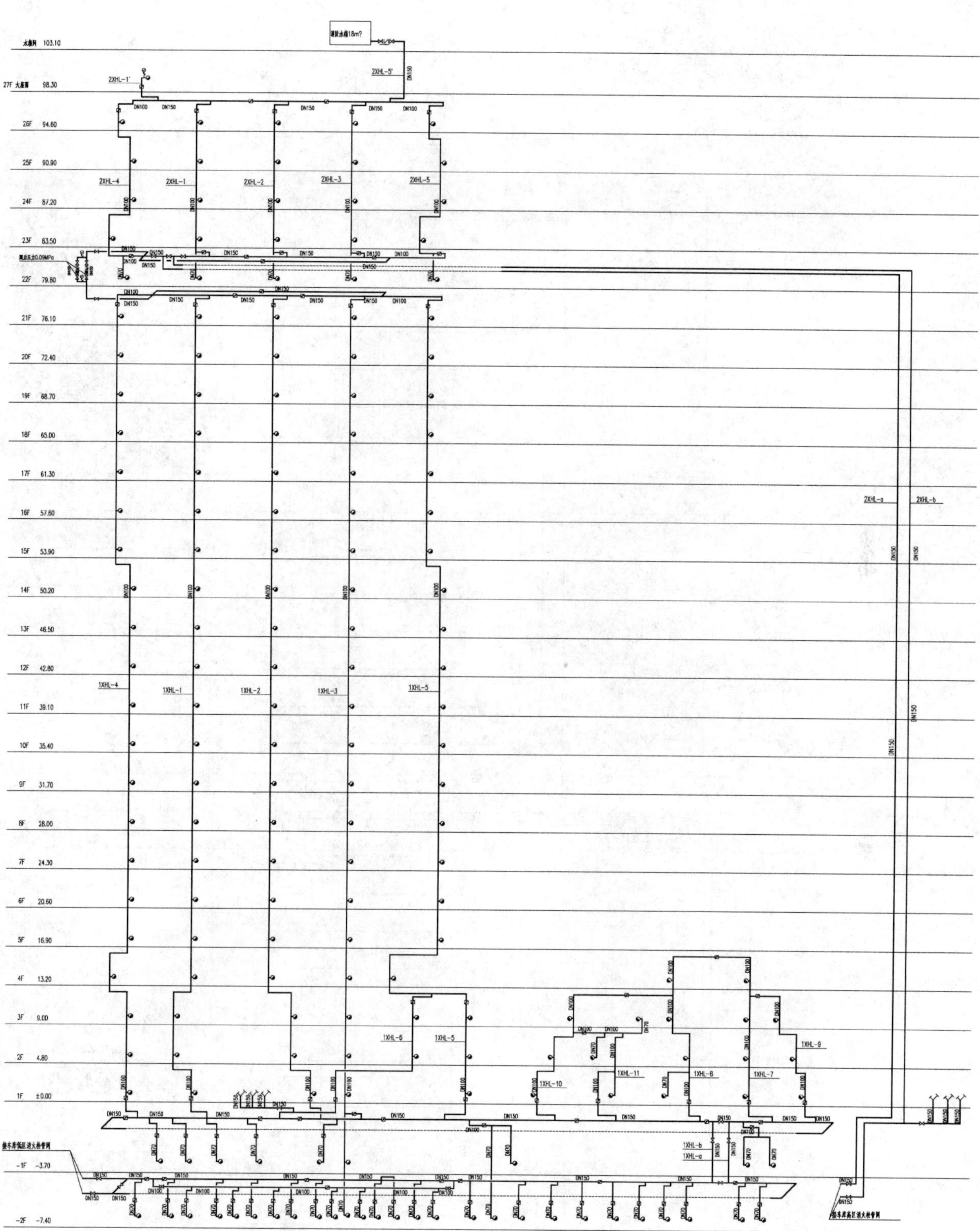

注：16层以下(包括16层)消火栓采用减压稳压消火栓，其余消火栓采用普通消火栓。

1号楼消火栓系统原理图

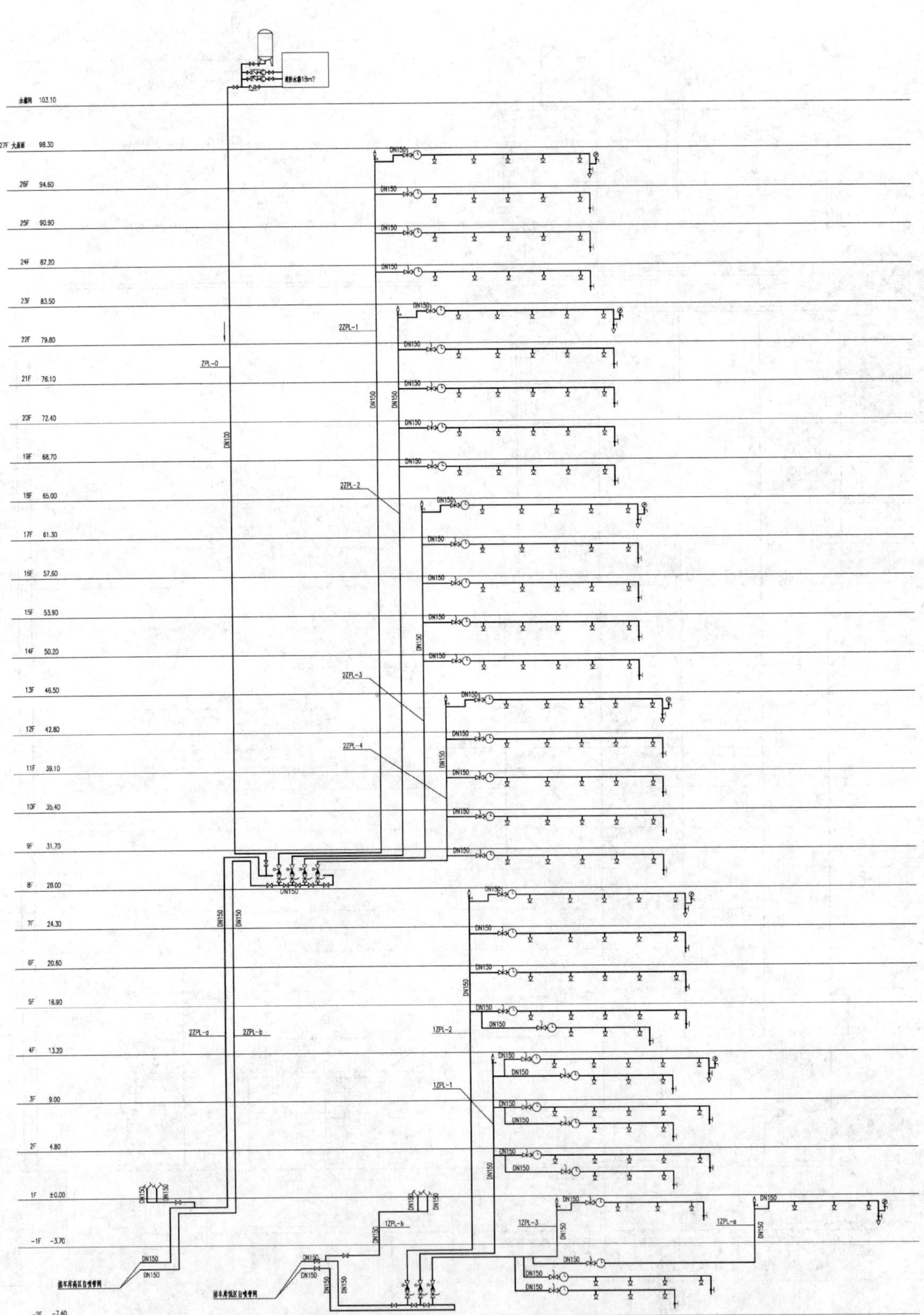

1号楼自喷系统原理图

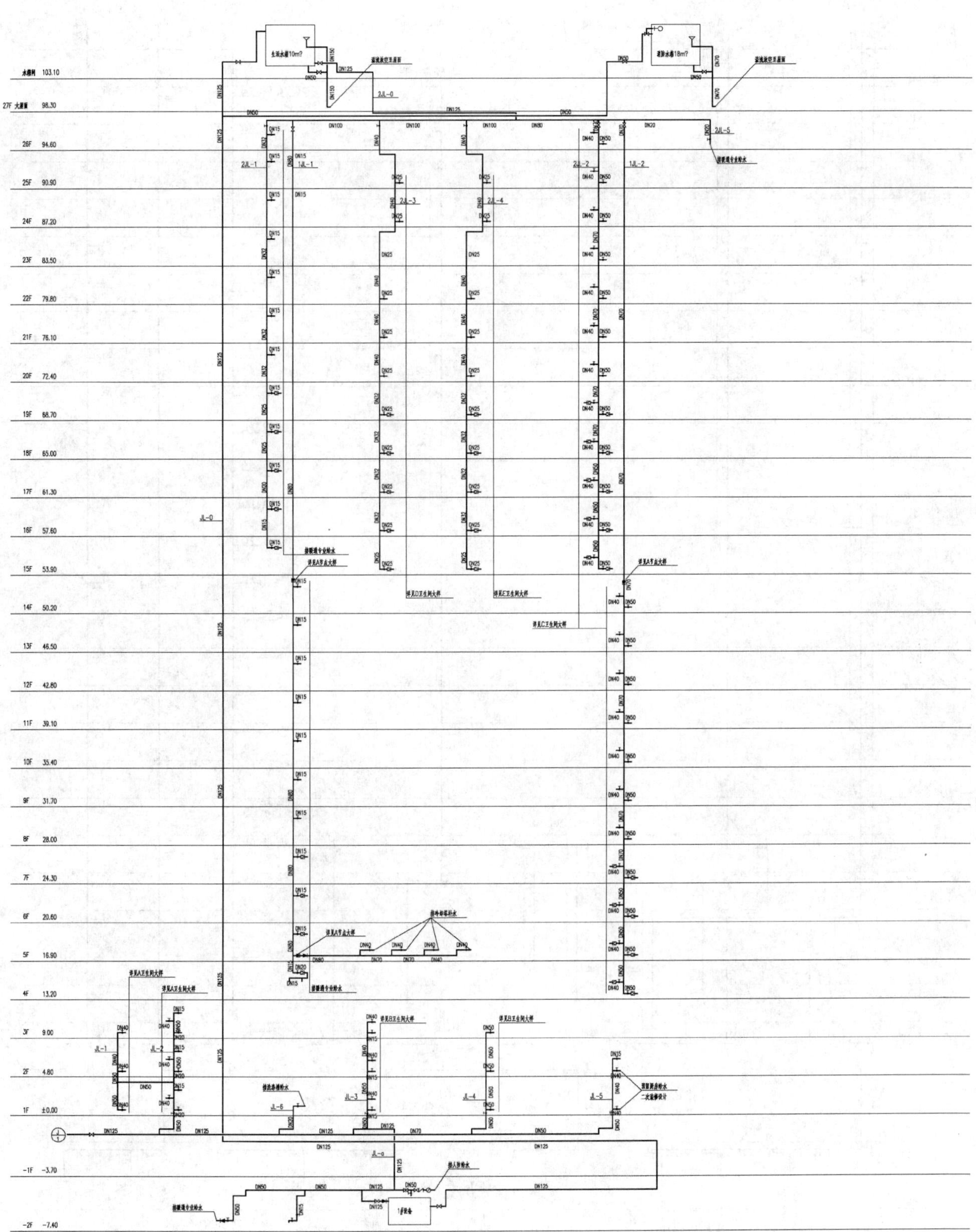

1号楼给水系统原理图

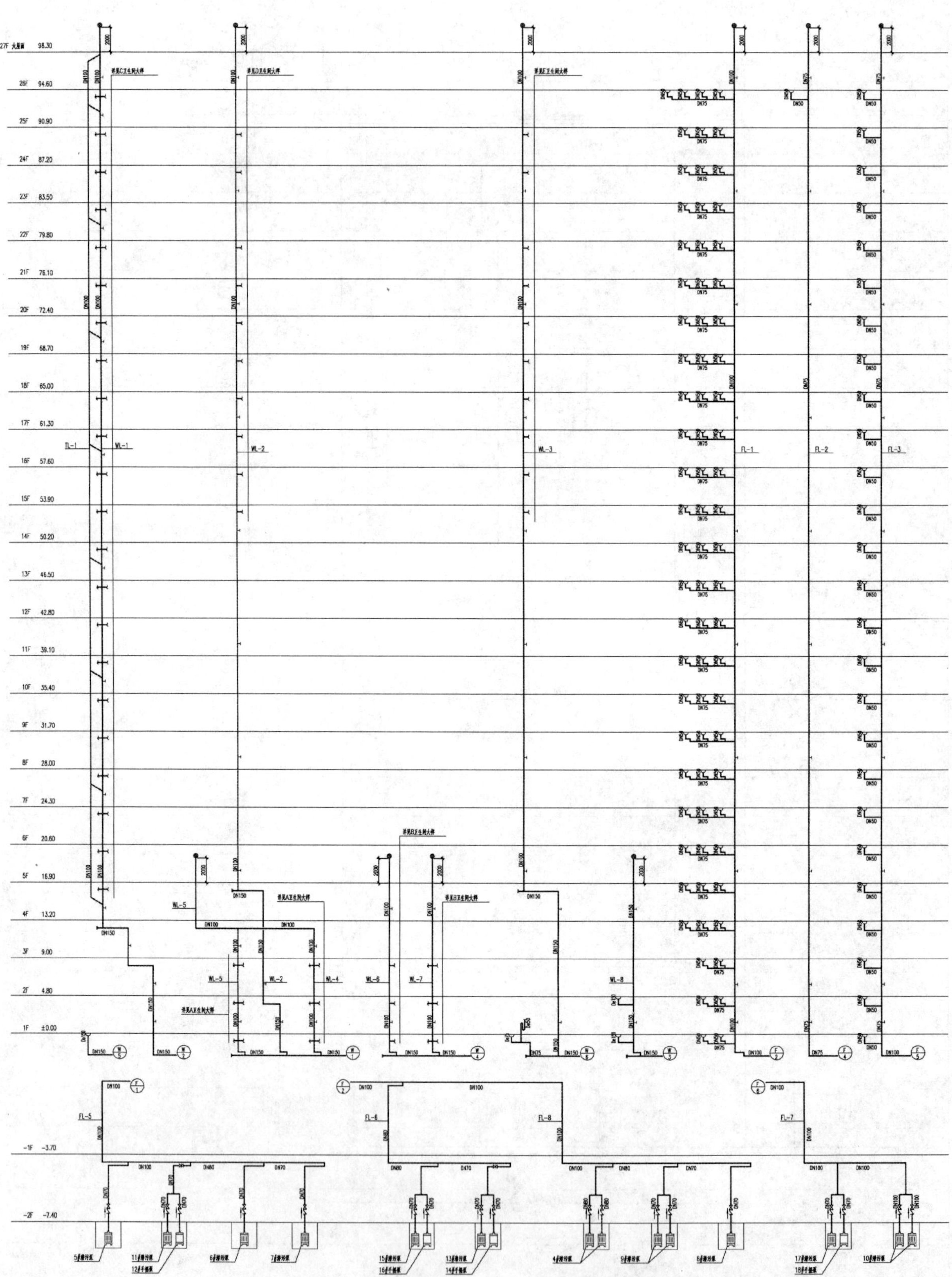

1号楼污水，废水系统原理图

龙岩市会展中心

设计单位：福建省建筑设计研究院
设 计 人：彭丹青　程宏伟　黄文忠　林金成　王晓丹
获奖情况：公共建筑类　三等奖

工程概况：

龙岩市会展中心位于龙岩市行政中心主轴线的西侧，西面沿龙腾路，南至莲花湖边的会展南路，东侧为龙岩市博物馆，北接人民广场、行政中心。该建筑共三层，一层主入口为三层通高的门廊空间，中部为1500座会堂，围绕会堂为各个小会议室；二、三层为中、小型会议室、办公用房及会堂辅助用房等；地下室为设备用房及地下停车库，并与东侧龙岩市博物馆地下室相连通；主体建筑高度18.3m，构架顶高度36m，占地面积为12476m^2。

一、给水排水系统

（一）给水系统

1. 冷水用水量（表1）

冷水用水量　　**表1**

序号	用户名称	用水量标准	数量	K_h	工作时间 (h)	最高日用水量 (m^3/d)	最大时用水量 (m^3/h)
1	观　众	5L/(人·d)	1500人	1.5	3	8	4
2	演　员	60L/(人·d)	200人	2.0	4	12	6
3	会　议	8L/(人·d)	2000人	1.5	4	32	6
4	工作人员	50L/(人·d)	200人	1.5	4	10	1.9
5	冷却塔	按循环水量1.5%计		1.0	8	105	10.5
6	未预见水	按1～5项之和15%计			10	25	3.4
7	总　计					192	25.8

注：以一天两场会议一场演出计。

2. 水源：龙岩市会展中心水源采用自来水，用水由市政管网两路供水，一路由龙岩大道市政给水管引进，一路由龙腾路市政给水管引进，两路进水成环布置。市政最低供水压力0.16MPa。

3. 系统竖向分区：生活给水系统分为两个区，地下室及一层为低区，二层及以上为高区。

4. 供水方式及给水加压设备：低区由市政压力直接供水。高区采用叠压供水装置供水，同时，龙岩市博物馆设置水池一变频供水装置，博物馆变频供水装置作为会展中心市政停水时的备用水源。

5. 热水供应：考虑本楼供水的间歇性且使用时间较短，贵宾卫生间及化妆室洗脸盆和淋浴室设有热水供应，热水采用分散设置电热水器供给。

6. 饮用水供应：本楼每个开水间内设置电开水器供应开水。

7. 管材：室内加压给水管及屋面露明部分给水管采用钢塑复合管，市政给水管及加压部分的给水支管采用铝塑 PP－R 给水塑料管。热水管采用铝塑 PP－R 给水塑料管（采用 S4 系列）。室外给水管采用 HDPE 给水塑料管。

（二）排水系统

1. 本建筑室内污废水合流。

2. 室内排水管采用普通伸顶通气管，部分公共卫生间排水管采用环行通气管以加强排水效果。

3. 本建筑生活污、废水经化粪池处理后排放至市政污水管网。

4. 管材：室内排水管采用 PVC-U 排水塑料管，排烟竖井及新风竖井上部卫生间排水管采用柔性接口机制排水铸铁管，加压排水管采用内外热镀锌钢管。室外污、废水管均采用 PVC-U 双壁波纹塑料排水管。

（三）雨水系统

1. 室外污水与雨水分流，雨水分别就近排至市政路市政雨水管。

2. 室外雨水重现期采用 2 年，室内雨水重现期采用 10 年。

3. 考虑本建筑屋面面积大、要求高，大屋面雨水按压力流进行屋面雨水设计，其余小屋面按重力流设计。

4. 管材：室内虹吸雨水管采用 HDPE 雨水塑料管，重力雨水管采用 PVC-U 雨水塑料管。室外雨水管采用钢筋混凝土。

二、消防系统

（一）消火栓系统

本楼按多层建筑进行防火设计。室内消火栓用水量 20L/s，室外消火栓用水量 30L/s，火灾持续时间 2h。室内消火栓系统由本楼地下室室内消火栓加压泵供给，分为一个区。室内消火栓加压泵采用两台，一用一备，型号为 XBD8/20-100G/4（$Q=72\text{m}^3/\text{h}$，$H=80\text{m}$，$N=22\text{kW}$）。本楼地下室设有 720m^3 消防水池，屋面设有 18m^3 消防水箱，不设消火栓稳压系统。室内消火栓系统设五套水泵接合器。市政两路进水管围绕本区内部敷设成环，在本楼附近设有七套室外消火栓。消火栓管采用内外热浸镀锌钢管及配件。

（二）自动喷水灭火系统

1. 闭式自动喷淋系统

会展中心除大堂及观众厅上空（高度大于 12m）设置自动扫描射水高空水炮保护、舞台葡萄架下设置雨淋进行保护外，其余部位（高度均小于 12m）设置闭式自动喷淋系统保护。自动喷淋用水量为 80L/s，火灾持续时间 1h。自动喷淋系统由本楼地下室自动喷淋加压泵供给，自动喷淋加压泵三台，两用一备，型号为 XBD10/40-150D/5（当 $Q=108\text{m}^3/\text{h}$，$H=110\text{m}$，当 $Q=180\text{m}^3/\text{h}$，$H=89.0\text{m}$，$N=55\text{kW}$）。屋面消防水箱高度不能满足最不利点喷头压力要求，设置一套喷淋稳压装置。稳压系统型号：XQB6/5-1.2（$\alpha_b=0.80$，$V_x=160\text{L}$）；系统配稳压泵两台，一用一备，型号 XBD3.9/1-LDW3.6/7（$Q=3.6\text{m}^3/\text{h}$，$H=39.2\text{m}$，$N=1.5\text{kW}$）。消防水箱及稳压机房均位于本楼屋面。室外自动喷淋系统共设八套水泵接合器，靠近本楼共五套，其余三套位于地下公共停车场及博物馆附近。本楼一层报警阀间设十套 ZSS150 湿式报警阀，舞台侧台部分采用 ZSTZ-20 型喷头，$K=115$，其余部分喷头 $K=80$，所有喷头动作温度 68℃。自动喷淋管采用内外热浸镀锌钢管及配件。

2. 高大空间智能灭火系统

大堂部分大空间自动扫描射水高空水炮型号采用 ZSS-25，保护半径为 20m，标准工作压力为 0.6MPa。观众厅上空高度大于 12m 部位大空间智能灭火装置型号采用 ZSD-40A，保护半径为 6m，标准工作压力为 0.25MPa，一个智能型红外探测组件控制一个喷头。配水水管设置水流指示器，末端设置模拟末端试水装置。

3. 雨淋灭火系统

舞台葡萄架下部采用雨淋灭火系统保护，共分三区。雨淋系统用水量为80L/s，火灾持续时间1h。雨淋系统加压泵位于本楼地下室消防泵房内，采用两台，一用一备，型号为XBD9/80-200D/3（Q=288m^3/h，H=90m，N=110kW）。舞台附近雨淋阀间共设三套雨淋阀，雨淋喷头采用ZSTKX-15开式喷头（K=80）。室外设有八套雨淋系统水泵接合器，并与喷淋稳压系统相连以维持雨淋阀前水压。雨淋灭火系统供水管采用内外热浸镀锌钢管及配件。

4. 水幕灭火系统

舞台口防火幕采用水幕灭火系统进行冷却，水幕系统用水量为26L/s，火灾持续时间3h。水幕系统加压泵位于本楼地下室消防泵房内，采用两台，一用一备，型号为XBD6/30-125D/3（Q=93.6m^3/h，H=61.6m，N=30kW）。水幕系统雨淋阀位于舞台附近雨淋阀间内，水幕喷头采用ZSTM-25C喷头（K=60）。室外设有三套水幕系统水泵接合器，并与喷淋稳压系统相连以维持雨淋阀前水压。水幕灭火系统供水管采用内外热浸镀锌钢管及配件。

（三）水喷雾灭火系统

地下室柴油发电机房及油罐间采用水喷雾灭火系统。水喷雾系统用水量为53L/s，火灾持续时间0.5h。水喷雾系统加压泵位于本楼地下室消防泵房内，采用两台，一用一备，型号为XBD7.5/50-150D/3（Q=190.8m^3/h，H=72m，N=55kW），水喷雾系统雨淋阀位于发电机房附近雨淋阀间内，水喷雾喷头采用高速射流器，本楼附近水喷雾系统共设置三套水泵接合器，另外两套位于地下公共停车场及博物馆附近。水喷雾灭火系统供水管采用内外热浸镀锌钢管及配件。

三、工程特点及体会

（一）避免生活给水水质二次污染及保证供水可靠性的思考

考虑本楼为非经常使用场所，其用水间歇性大，甚至有时相当长时间不用水，若采用生活水池—变频加压泵的供水方式，生活用水在水池内停留时间较长，会引起水质的二次污染，故在设计二次供水时考虑采用叠压供水装置供水，这样能提高供水水质，防止生活用水二次污染。但叠压供水装置由于其无足够的调节水容积，一旦市政停水则无法保证生活供水，因此在设计时考虑从东侧博物馆生活变频供水装置引出一路变频给水管，作为本楼市政停水时的备用水源。这样就能同时解决供水水质和供水可靠性两个问题。

（二）侧台消防灭火系统的选择与比较

设计前期，考虑主舞台与侧台均设置雨淋灭火系统保护，共分七个防护区域，设置七套雨淋阀。在雨淋喷头布置时，发现主舞台作用面积内喷头数为55个，侧台作用面积内喷头数为60个，这样雨淋灭火系统流量按60个喷头计算约为88L/s，消防用水量较大，同时，雨淋阀间安装七套雨淋阀组及四套减压阀组空间较为紧张。侧台净高12m，若按非仓库类高大净空场所设置自动喷淋系统，按中危险级Ⅱ级设计，设计作用面积300m^2，喷水强度12.0L/(min·m^2)，300m^{2}作用面积内喷头数共42个，系统流量为80L/s。因会展中心与博物馆室内消防统一设置，博物馆一层城市规划展厅喷淋系统流量为63L/s，自动喷淋系统设计采用三台加压泵，两用一备，单台加压泵型号为XBD10/40-150D/5（Q=144m^3/h，H=80m），而自动喷淋加压泵及消防水泵房均位于会展中心侧台下部地下室内，侧台部位自动喷淋系统动作时，启动两台自动喷淋加压泵足以满足设计要求，这样既解决了雨淋系统用水量较大的问题，又减少了雨淋阀个数。综合上述考虑，侧台设置自动喷淋系统保护。由此可见，相同的场所设置何种消防灭火系统，应该根据实际情况综合比较后，选择较为经济合理的系统。

（三）喷淋供水泵的配比与控制

由于会展中心与博物馆室内消防统一设置，两楼的功能分区复杂，性质不同，使得火灾危险等级多，各部位喷淋系统的设计流量及压力各不同。在消防供水泵的选择与配比上，若采用一用一备的比例配置，两台喷淋泵的功率均为 110kW；若采用两用一备的比例配置，则三台喷淋泵的功率均为 55kW。由于大多数部位发生火灾时，只启动一台 55kW 喷淋泵足以满足设计流量及压力要求，仅博物馆一层城市规划展厅及会展中心舞台侧台等少数部位喷淋系统用水量较大，需启动两台 55kW 喷淋泵灭火，通过对水泵造价与电气控制造价的比较，采用两用一备的供水泵配置比例更经济合理。随着复杂公建等项目的增多，不同火灾危险等级及自动喷淋系统设计流量不同的情况相应增多，在喷淋系统设计流量较大时，应充分考虑供水泵配置的经济合理性。

四、工程照片及附图

主入口实景照片

消防水泵房

冷却水机房

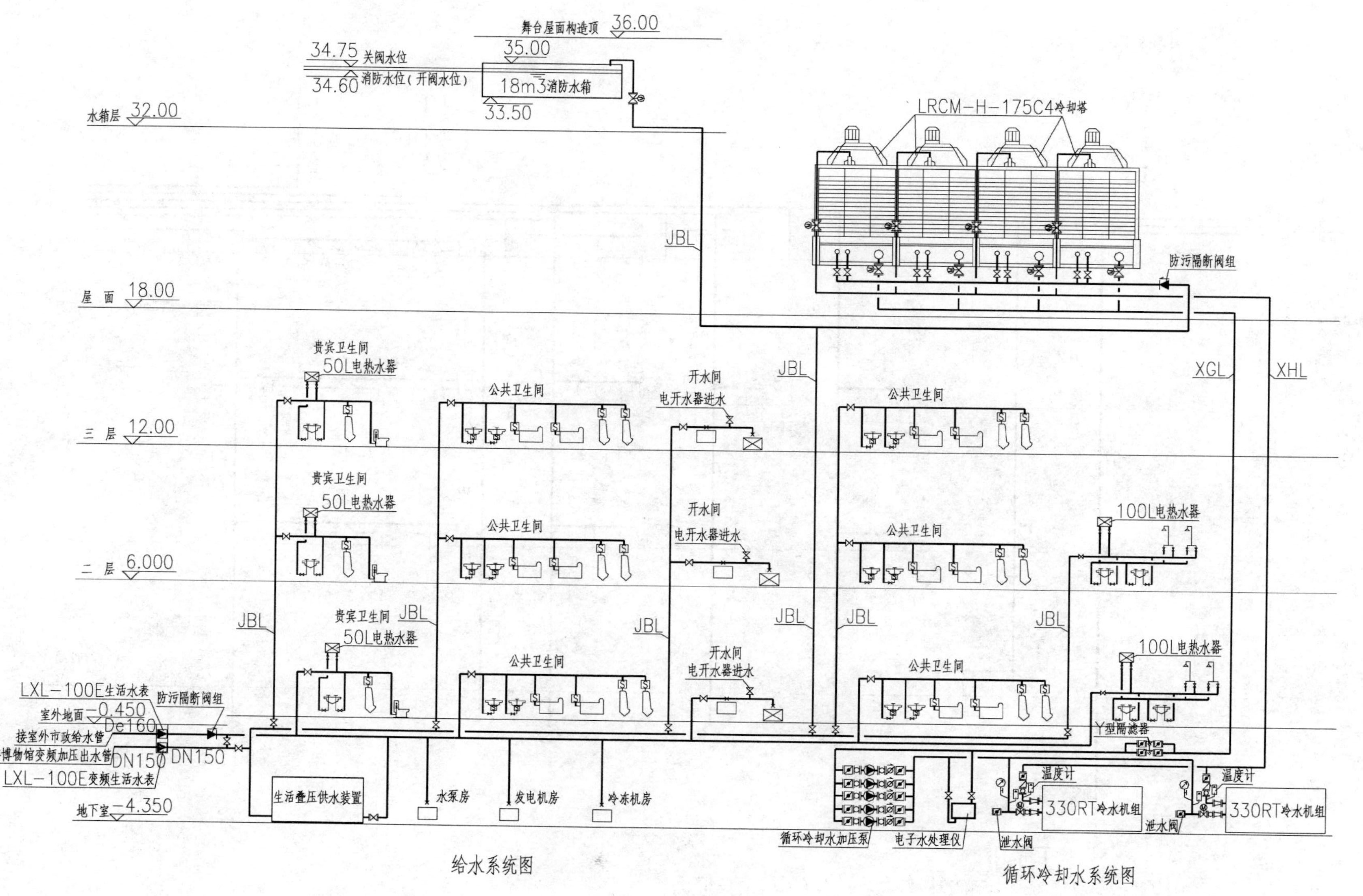

给水系统图

循环冷却水系统图

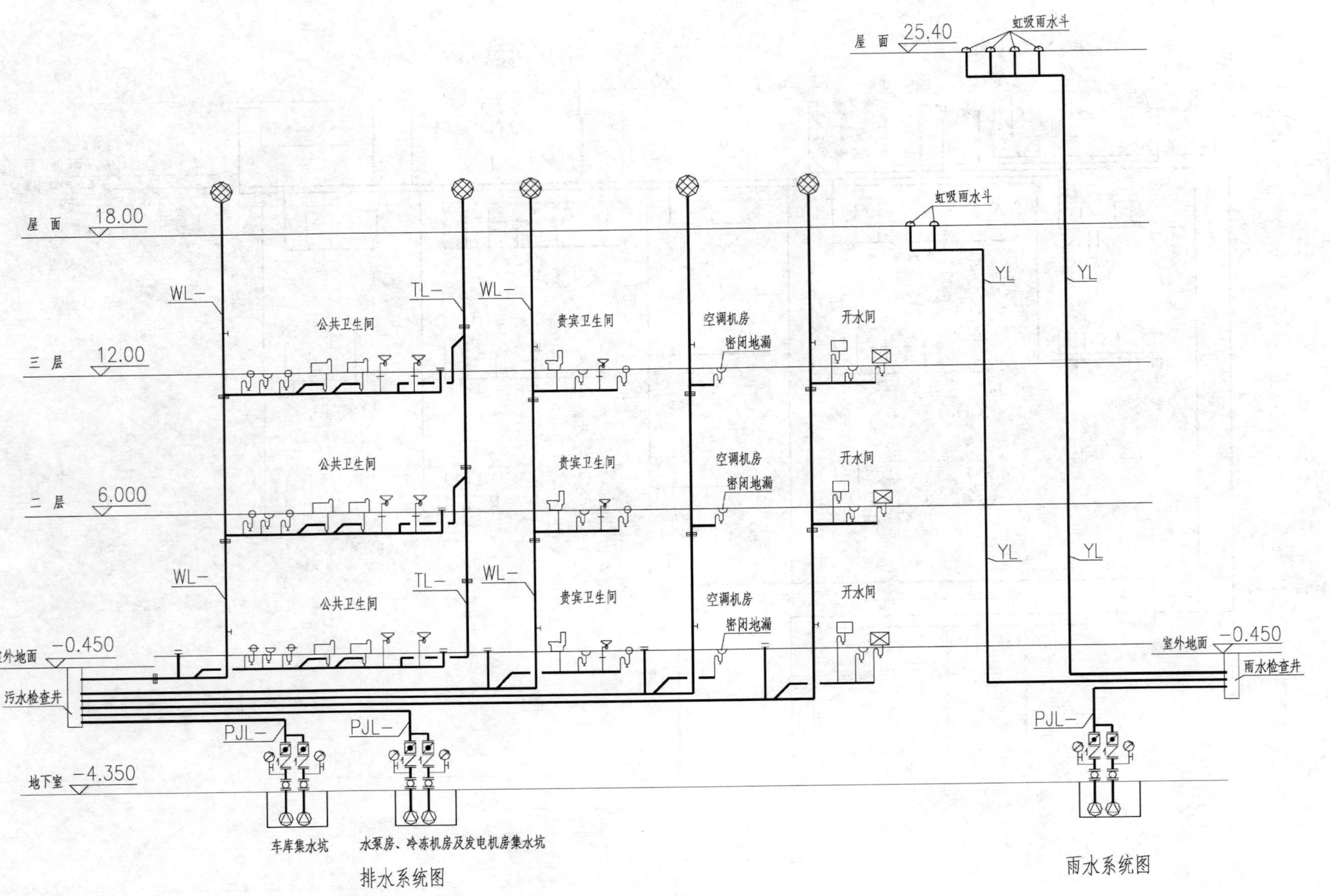
屋面 25.40
虹吸雨水斗
屋面 18.00
三层 12.00
二层 6.000
室外地面 −0.450
污水检查井
地下室 −4.350
WL−
TL−
公共卫生间
贵宾卫生间
空调机房
密闭地漏
开水间
YL
室外地面 −0.450
雨水检查井
PJL−
车库集水坑
水泵房、冷冻机房及发电机房集水坑

排水系统图

雨水系统图

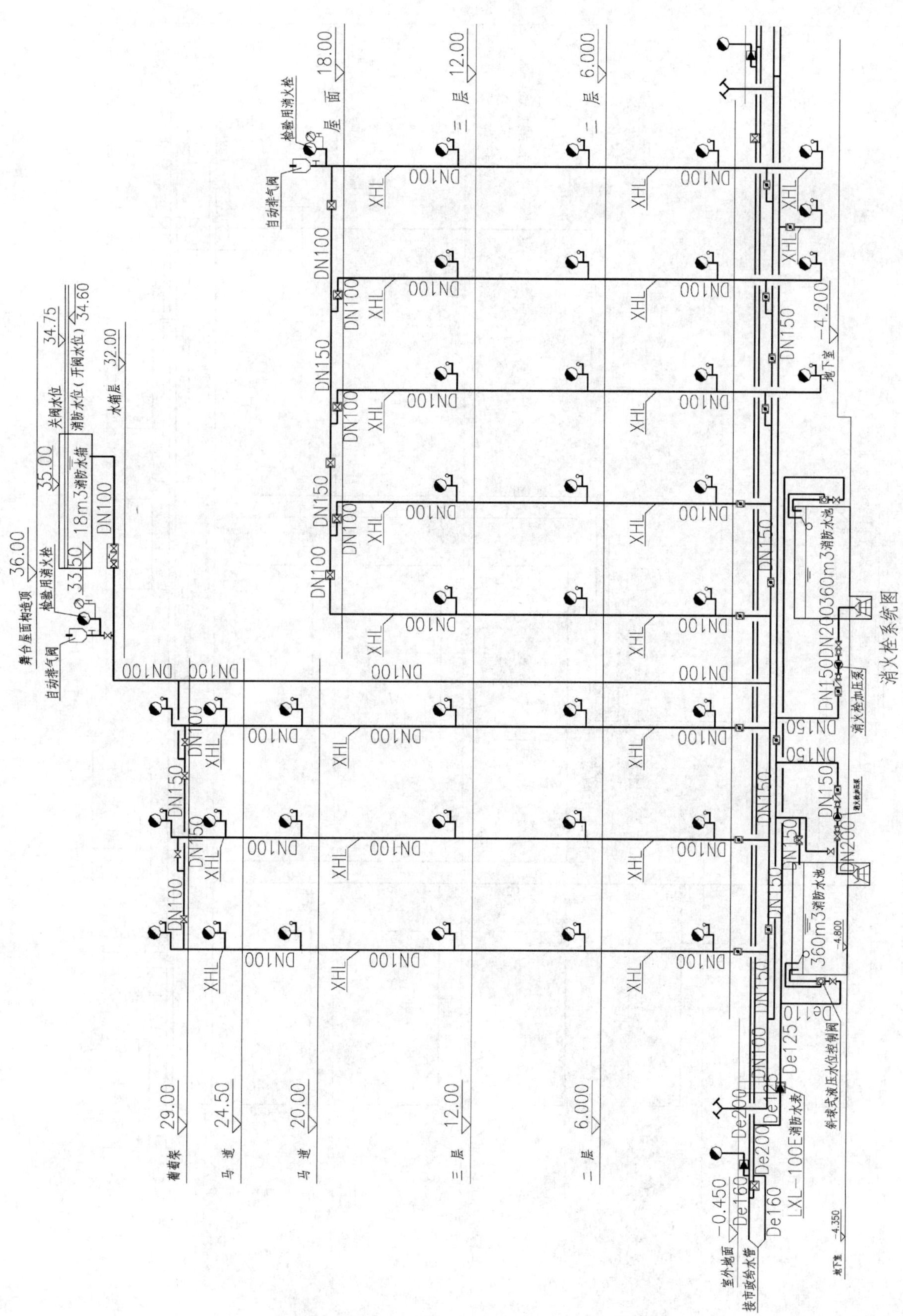

消火栓系统图

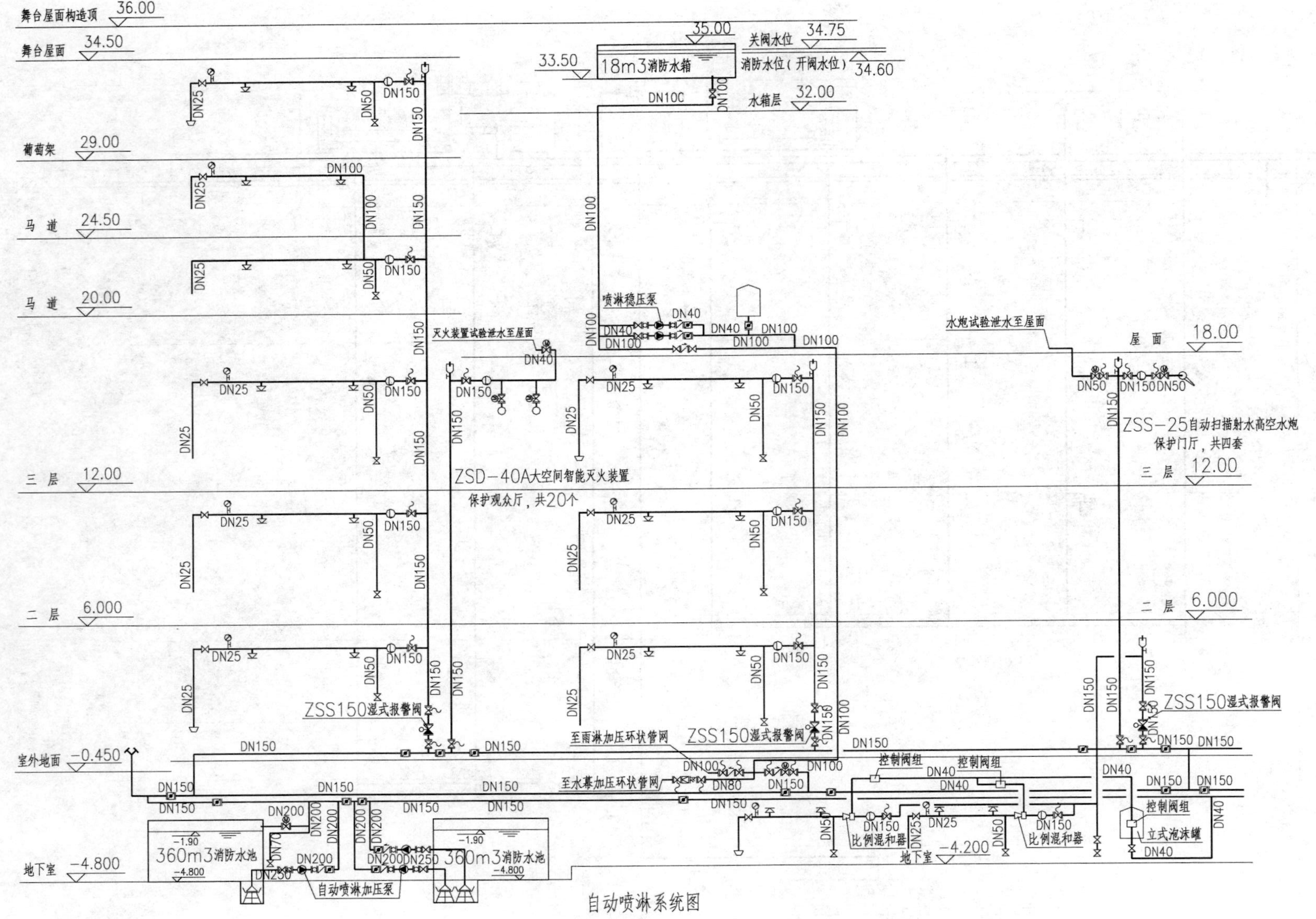
舞台屋面构造顶 36.00
舞台屋面 34.50
葡萄架 29.00
马道 24.50
马道 20.00
三层 12.00
二层 6.000
室外地面 -0.450
地下室 -4.800
35.00
33.50
18m3消防水箱
关阀水位 34.75
消防水位（开阀水位）34.60
水箱层 32.00
喷淋稳压泵
灭火装置试验泄水至屋面
ZSD-40A大空间智能灭火装置
保护观众厅，共20个
水炮试验泄水至屋面
屋面 18.00
ZSS-25自动扫描射水高空水炮
保护门厅，共四套
ZSS150湿式报警阀
至雨淋加压环状管网
至水幕加压环状管网
控制阀组
比例混和器
立式泡沫罐
地下室 -4.200
360m3消防水池
自动喷淋加压泵

自动喷淋系统图

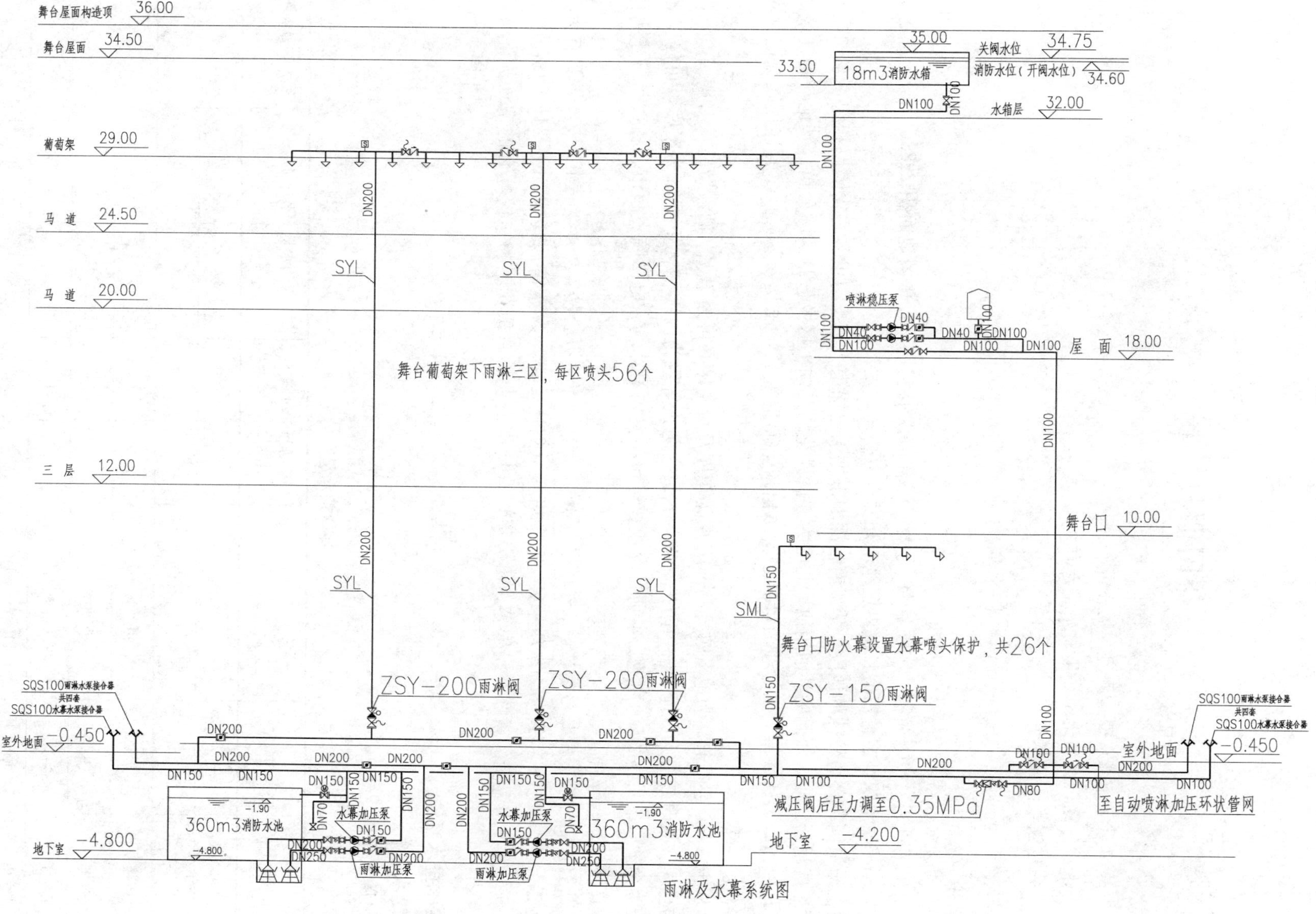
舞台屋面构造顶 36.00
舞台屋面 34.50
葡萄架 29.00
马 道 24.50
马 道 20.00
三 层 12.00
室外地面 -0.450
地下室 -4.800
18m3消防水箱
35.00
33.50
关阀水位 34.75
消防水位（开阀水位） 34.60
水箱层 32.00
喷淋稳压泵
屋 面 18.00
舞台口 10.00
舞台葡萄架下雨淋三区，每区喷头56个
舞台口防火幕设置水幕喷头保护，共26个
ZSY-200雨淋阀
ZSY-200雨淋阀
ZSY-150雨淋阀
SYL
SML
SQS100雨淋水泵接合器
共四套
SQS100水幕水泵接合器
360m3消防水池
水幕加压泵
雨淋加压泵
减压阀后压力调至0.35MPa
至自动喷淋加压环状管网
地下室 -4.200

雨淋及水幕系统图

益田假日广场

设计单位： 中建国际（深圳）设计顾问有限公司
设 计 人： 陈刚　何霞云　郑大华　丁丽娟　李育松
获奖情况： 公共建筑类　三等奖

工程概况：

益田假日广场项目（以下简称"本项目"）为大型综合地铁上盖物业，总用地面积 22836.5m^2，总建筑面积 125181.74m^2，由深圳市益田假日世界房地产开发有限公司开发。

本项目位于深圳市环境较佳的地段，基地南临深圳市主干道深南大道，与世界之窗隔路相望，东侧是五星级主题酒店威尼斯酒店，西侧为沙河用地，北侧为"世界花园"住宅区及假日国际公馆。基地与地铁线的关系复杂，场地南侧为地铁一、二号线的世界之窗站出口，而地铁二号线及一、二号线的连接线纵向穿过基地。

本项目从±0.000 层算起，为地下四层，－4F 层为车库及设备区，可停车 320 辆，局部有 1984.18m^2 的平战结合的全埋式战时二等人员掩蔽所，防护等级为六级，防火等级为丙级。－3F 局部为车库，可停车 39 辆，局部分为商业。－2F～2F 为商业。本项目商业业态包括室内滑冰场、电影院、超市、各大品牌主力门店、中西餐饮等。

3 层及以上为 1 号塔楼及 2 号塔楼。1 号塔楼（3F～7F）一半为办公楼，一半为宾馆，3F～4F 有为宾馆配套的运动、健身娱乐，5F～7 层为客房。2 号塔楼（3F～24F）为宾馆，其中 5F～24F 为客房层，3F～4F 分布有为宾馆配套的餐饮、娱乐等。裙房顶设有局部商业、屋顶花园和宾馆配套的室外泳池等娱乐设施。

一、给水排水系统

（一）给水系统

1. 冷水用水量表（表 1）

冷水用水量　　**表 1**

序号	用水部位	使用数量	用水量标准	服务时间(h)	时变化系数	最高日用水量(m^3/d)	平均时用水量(m^3/h)	最大时用水量(m^3/h)
1	1 号塔楼宾馆	75 床	400L/(床·d)	24	2.0	30	1.3	2.6
2	2 号塔楼宾馆	708 床	400L/(床·d)	24	2.0	283	11.8	23.6
3	1 号塔楼办公	500 人	50L/(人·d)	10	1.5	25	2.5	3.75
4	商业	70000 m^2	6L/(m^2·d)	12	1.5	420	35	52.5
5	餐饮	8000 人	50L/(人·次)	12	1.5	400	33	49.5
6	绿化	20000 m^2	2L/(m^2·次)	2	1	80	40	40

续表

序号	用水部位	使用数量	用水量标准	服务时间(h)	时变化系数	最高日用水量(m^3/d)	平均时用水量(m^3/h)	最大时用水量(m^3/h)
7	车库冲洗	30000m^2	2L/(m^2·次)	2	1	60	30	60
8	空调补水			10	1	580	58	58
9	泳池补水	750m^3	按10%计算	24	1	75	3	3
10	溜冰场	600m^2		16	1	7.2	0.45	0.45
11	小计					1960	215	293
12	未预见水量		按15%计算			294	32	44
13	总计					2254	247	337

注：1. 餐厅人数按80%的餐厅建筑面积估算，按中餐厅计，1号塔楼办公人数按60%的1号塔楼办公建筑面积估算；
2. 2号塔楼宾馆、1号塔楼宾馆、空调补水用水均需加压供水。

2. 水源

由深南路市政给水管道引入两路 *DN*200 供水管，在红线内成环，供给室外消防用水、地下水泵房内生活水池和消防水池的补水、裙房商业用水、室外绿化及浇洒用水、裙楼游泳池补水。

3. 系统竖向分区

据甲方提供的资料，深南路市政给水管道供水压力约为0.30MPa，本项目给水分区如下：

(1) －4F～－3F 地下室车库冲洗地面、－3F～2F 商业用水、室外绿化及浇洒用水、裙楼屋顶游泳池补水均由市政压力直接供水。

(2) 1号塔楼生活用水及空调补冷却塔补水，采用水泵一水箱联合供水，具体如下：

1) 屋顶设置 30m^3 的水箱，供 3F～7F 办公区生活用水及冷却塔补水，最不利楼层供水压力按0.1MPa。

2) 屋顶设置 15m^3 的水箱，供1号塔楼的宾馆用水，供水分区为：

1区：3F～4F 娱乐健身由屋顶水箱直接供给；

2区：5F～7F 客房层由设于屋顶的变频供水装置加压后供给，最不利楼层供水压力按0.15MPa。

3) 2号塔楼宾馆屋顶设置 20m^3 水箱，按最低卫生洁具承压不超0.35MPa分区，供水分区为：

1区：3F～4F，由1号塔楼屋顶宾馆水箱直接供水。

2区：5F～10F，由屋顶水箱供水，各楼层用水点采用支管减压阀，阀后压力0.15MPa。

3区：11F～16F，由屋顶水箱供水，各楼层用水点采用支管减压阀，阀后压力0.15MPa。

4区：17F～22F，由屋顶水箱供水。

5区：23F～24F 以上，由设于屋顶的5区变频供水装置供水，保证最不利楼层供水压力0.15MPa。

4. 供水方式及给水加压设备

本工程地下四层设有容积为 250m^3 的生活水池一座。

需加压供水的楼层，采用水泵一水箱联合供水方式，塔楼1屋顶设容积为 30m^3、15m^3 生活水箱各一座，塔楼2屋顶设容积为 20m^3 生活水箱一座，塔楼1、塔楼2分别设一用一备两台加压供水泵。1号、2号塔楼水压不足的最顶两层，在屋顶分别设独立的变频供水设备加压供水。

5. 管材

横干管和立管采用钢塑复合管，卫生间支管采用美标铜管。

(二) 热水系统

1. 热水用水量（表2）

热水用水量 表2

序号	项目	服务数量	用水量标准	服务时间	时变化系数	最高日用水量 (m^3/d)	平均时用水量 (m^3/h)	最大时用水量 (m^3/h)
1	1号塔楼宾馆	旅客75床	160L/(床·d)	24h	6.84	12	0.5	3.42
2	未预见及漏损水量	按最高日用水量的15%计				1.8	0.08	0.5
3	总计					14	0.6	4
4	2号塔楼宾馆	旅客708床	160L/(床·d)	24h	2.61	113	4.7	12
5	未预见及漏损水量	按最高日用水量的15%计				17	0.7	1.8
6	总计					130	5.4	14

注：本表时变化系统按2003版规范选取。

2. 热源

宾馆客房及其娱乐配套热水热源为空调专业的溴化锂机组提供的高温热水，热源供水水温为90℃，回水水温为74℃。

－4F层洗衣房由设于－1F蒸汽锅炉供应蒸汽，裙楼餐饮厨房供热具体由各家厨房各自设计。

3. 系统竖向分区

(1) 1号塔楼：热水分区同冷水分区，具体如下：

1) 屋顶设置6m^3的热水箱，供1号、2号塔楼3F～4F宾馆区休闲娱乐用热水，热水箱贮水通过板式换热器换热后进入热水箱贮存并供给。

2) 5F～7F客房热水系统的冷水水源由设于屋顶设备房内变频供水装置提供，通过半容积式换热器换热后供给客房用水点，最不利楼层供水压力按0.15MPa。

(2) 2号塔楼：宾馆屋顶设置9m^3的热水箱，各热水分区的冷水水源由相应冷水分区的水源提供：

1区：3F～4F，由1号塔楼屋顶宾馆热水箱直接供水；

2区：5F～10F，由屋顶热水箱供水，各楼层用水点采用支管减压阀，阀后压力0.15MPa。

3区：11F～16F，由屋顶热水箱供水，各楼层用水点采用支管减压阀，阀后压力0.15MPa。

4区：17F～22F，由屋顶热水箱供水。

5区：23F～24F，由设于屋顶的4区变频供水装置供水，保证最不利楼层供水压力0.15MPa。

其中，2～4区客房热水系统由2号塔楼屋顶热水箱直接供给，热水箱储水通过板式换热器换热后进入热水箱贮存并供给；5区客房热水系统的冷水水源由设于屋顶设备房内变频供水装置提供，通过半容积式换热器换热后供给客房用水点。

4. 热交换器

(1) 1号塔楼宾馆区热水系统计算选型

1) 客房设计小时耗热量：

$$Q_h = 6.84 \times 75 \times 160 \times 4.19 \times (60-10)/86400 = 200\text{kW}$$

2) HRV换热器选型：1号塔楼客房区采用HRV-01卧式半容积式换热器供水。

贮水容积 $V_e = SQ_H \times 1000/1.163(T_Z - T_C) = 449\text{L}$

总传热面积 $F=1.15Q_H\times1000/0.8K\Delta T=2.7m^2$

经计算，选 HRV-01-0.5 两台，单台贮水容积 $0.48m^3$，换热面积 $3m^2$，压力等级 0.6MPa；互为备用。

3）热水箱板式换热器的计算

加热器制备热水所需的热量 $Q_z=1.15Q_h=230kW$

板式换热器换热面积 $F_{jr}=1.5\times0.6m^2=0.9m^2$

选用单台换热面为 $0.9m^2$ 的板式换热器两台，互为备用。

4）热水水箱循环泵选型：

循环泵流量：$Q_x=Q_s/1.163\Delta t=1.50m^3/h$

扬程：$H=4m$

水泵 $N=0.21kW$，一用一备

(2) 2 号塔楼热水系统计算选型

1）客房设计小时耗热量：

$$Q_h=2.61\times708\times4.19\times160\times(60-10)/86400=717kW$$

2）HRV 换热器选型：1 号塔楼客房区采用 HRV-01 卧式半容积式换热器供水。

$$贮水容积\ V_e=SQ_H\times1000/1.163(T_Z-T_C)=470L$$

$$总传热面积\ F=1.15Q_H\times1000/0.8K\Delta T=2.9m^2$$

经计算，选 HRV-01-0.5 两台，单台贮水容积 $0.48m^3$，换热面积 $3m^2$，压力等级 0.6MPa；互为备用。

(3) 热水箱板式换热器的计算

加热器制备热水所需的热量 $Q_z=1.15\quad Q_h=1.15\times717=825kW$

板式换热器换热面积 $F_{jr}=C_rQ_z/\varepsilon\Delta t_j=2.5m^2$

选用单台换热面为 $3.2m^2$ 的板式换热器三台，两用一备。

(4) 热水水箱循环泵选型：

二区 252 床，循环泵选型：

$Q_h=577kW$

循环泵流量 $Q_x=Q_s/1.163\Delta t=5.0m^3/h$

$$H=6m$$

水泵型号 $N=0.4kW$，一用一备

三、四区 189 床，循环泵选型：

$Q_h=470kW$

循环泵流量 $Q_x=4.0m^3/h$

$$H=5m$$

水泵型号 $N=0.25kW$，一用一备

5. 冷、热水压力平衡措施、热水温度的保证措施等

宾馆冷、热水供水均采用水泵水箱联合供水的方式。冷水、热水采用同源设计，管路系统为同程设置，从根本上保证了冷热水压力相对稳定的要求，提高了热水系统供水的舒适性和安全性。

6. 管材

横干管、立管、卫生间支管均采用美标铜管。

(三) 排水系统

1. 排水系统的形式（污、废合流还是分流）

采用雨污完全分流，污废合流的排水方式。

2. 透气管的设置方式

裙楼公共卫生间、客房层客房排水设专用通气立管，连接4个及4个以上卫生器具，且横支管长度大于12m的排水横支管、连接6个及6个以上大便器的污水横支管，设置环形通气管。

3. 采用的局部污水处理设施

餐饮废水由设于地下室的隔油池处理合格后外排，生活污废水统一经化粪池处理合格后外排。

4. 管材

污废水、1号塔楼及裙楼雨水重力排水管，采用机制铸铁管，卡箍链接；2号塔楼重力雨水管，采用镀锌钢管，卡箍链接；压力污废水排水管，采用镀锌钢管，卡箍链接；虹吸雨水管，采用抗负压HDPE管，热熔连接。

二、消防系统

（一）消火栓系统

1. 室内消火栓系统设计用水量40L/s，室外消火栓系统设计用水量30L/s，火灾延续时间3h。

2. －4F消防水池贮存火灾延续时间内的室内消火栓系统及自喷系统消防水量，共计540m^3，水池设为两格，互为备用。

3. 室内消火栓竖向分2个区：

低区：－4F～9F；

高区：10F～24F。

4. 2号塔楼屋顶设有容积为18m^{3}的消防水箱1座，消防水箱设置高度满足平时稳压要求，高、低区消火栓系统直接由屋顶水箱稳压。

5. －4F消防泵房内设高、低区消火栓泵各2台（1用1备）。高、低区室外各设3套水泵接合器。

6. 管材：热镀锌钢管，管径小于等于*DN*100采用卡箍连接，管径小于*DN*100采用丝接。

（二）自动喷水灭火系统

1. 自动喷水灭火系统设计水量30L/s，火灾延续时间1h。

2. 本工程自喷系统火灾等级地下车库、地下商场按中危险级Ⅱ级，其余按中危险级Ⅰ级设防。

3. 自动喷洒灭火系统竖向分两个区：

低区：－4F～2F（局部到3F）；

高区：3F～24F。

4. 2号塔楼屋顶设有容积为18m^{3}的消防水箱1座，消防水箱设置高度满足平时稳压要求，高、低区自喷系统直接由屋顶水箱稳压。

5. 低区每层设有湿式报警阀共2套，共12套，高区在三层集中设置报警阀共四套，每套报警阀担负的喷头数量不超过800个，报警阀后最高与最低喷头高差不超过50m。按防火分区分别设水流指示器和信号阀。

6. 普通场合安装吊顶型玻璃球喷头，作用温度68℃，地下车库安装易熔合金型喷头，作用温度72℃；厨房操作间安装玻璃球喷头，作用温度93℃（设在玻璃屋面下的喷头其作用温度按93℃）。

7. 在－4F水泵房设高、底区自动喷洒泵各2台（1用1备），水泵的出水管分别与高、低压的报警阀组相连。高、低压室外各设2套水泵接合器。

8. 管材：内外热镀锌钢管，管径大于等于*DN*100采用卡箍连接，管径小于*DN*100采用丝接。

（三）大空间智能灭火系统

1. 大于12m净高的中庭设置大空间智能灭火系统，设计水量5L/s。

2. 大空间智能灭火系统，平时系统压力由屋顶水箱维持，发生火灾时，由火灾判断系统确认火灾后直接启动水炮主泵。

3. 大空间智能型灭火装置未安装在中庭最高层，而是安装在－2F 顶，距保护地面高度约 10m。

4. 大空间智能灭火系统与低区自喷系统合用消防水泵，在报警阀前管道分开。

5. 大空间智能灭火系统室外单设一套水泵接合器。

（四）防火卷帘冷却系统

1. 由于本项目无法满足背火面温升的要求侧卷形式的防火分区卷帘，故设置独立的防火卷帘冷却水系统。系统水量设计参数按卷帘厂家提供的 0.2m^3/(m^2·h) 设计，卷帘面积最大的一个防火分区的卷帘面积约 720m^2，设计水量 40L/s，火灾延续时间按 3h。

2. 防火卷帘冷却系统火灾延续时间内所需水量共约 432m^3，由三层屋面的室内、外泳池提供。1 号塔楼 3 层设满足 10min 冷却系统设计流量的吸水池一座。

3. 屋顶设有容积为 18m^3 的消防水箱 1 座，消防水箱设置高度满足平时稳压要求。

（五）气体灭火系统

本项目柴油发电机房、变配电房采用七氟丙烷气体灭火系统保护。

1. 设计参数

（1）固定通信机房、网络机房的主要设计参数如下：

1）设计浓度：8%

2）气体喷放时间：＜8s

3）气体浸渍时间：＞5min

4）七氟丙烷贮存压力：4.2MPa

（2）高压配电室、低压配电室、变压器室的主要设计参数如下：

1）设计浓度：9%

2）气体喷放时间：＜10s

3）气体浸渍时间：＞10min

4）七氟丙烷贮存压力：4.2MPa

2. 在气体灭火系统的防护区内设火灾探测器，灭火系统的自动控制会在接收到两个独立火灾信号后才能启动。此外，在防护区入口处均设有手动操作装置。

3. 系统设独立控制屏，并与消防报警系统相联系。系统的启动控制方式包括自动控制、电气手动控制、机械应急手动控制。

三、设计及施工体会

本项目是商业综合体，业态包括商业、餐饮、娱乐、办公及宾馆，对给水排水专业而言，每种业态给水排水的设计要求均有所区别，本项目给水排水设计有如下的特点：

1. 在市政压力供水范围内的用水均由市政压力直接供水，市政压力达不到的楼层，采用水泵—水箱联合供水，压力稳定可靠，顶上几层水箱供水压力不高的楼层，设置变频系统。

2. 宾馆冷热水采用同源设计，管路系统为同程设置，从根本上保证了冷热水压力相对稳定的要求，提高了热水系统供水的舒适性和安全性。

3. 卫生间排水能重力排水的重力排至室外，不能重力排水的在地下室设置污水泵房提升排至室外，污水排水经化粪池处理后排市政污水管。

4. 餐饮排水能重力排水的在室外设置隔油池，不能重力排水的在地下室设置隔油机房，处理合格后提升排至室外。

5. 裙楼屋面雨水采用虹吸排水系统。

6. 靠深南路一侧的广场为下沉式广场，雨水排水为提升排水，重现期比照屋面雨水，采用 10 年。

7. 裙楼商业分层业态不同，室内消火栓立管根数较多且无法分层对齐，本项目裙楼消火栓系统采用分层成环状供水，环上接室内消火栓，每层环管进水管不应小于两根。

8. 裙楼商业面积较大，本项目每层设置两个报警阀，报警阀前供水管竖向成环状供水，分层放置报警阀组。

9. 大于 12m 的空间设大空间灭火系统，考虑到中庭人员密集程度高，为减少对人员疏散的影响和对人员可能的伤害，采用流量为 5L 的大空间智能灭火装置。

10. 裙楼防火卷帘为侧卷，不能满足背火面温升 3h 的要求，设有专门的侧卷冷却水系统。

四、工程照片及附图

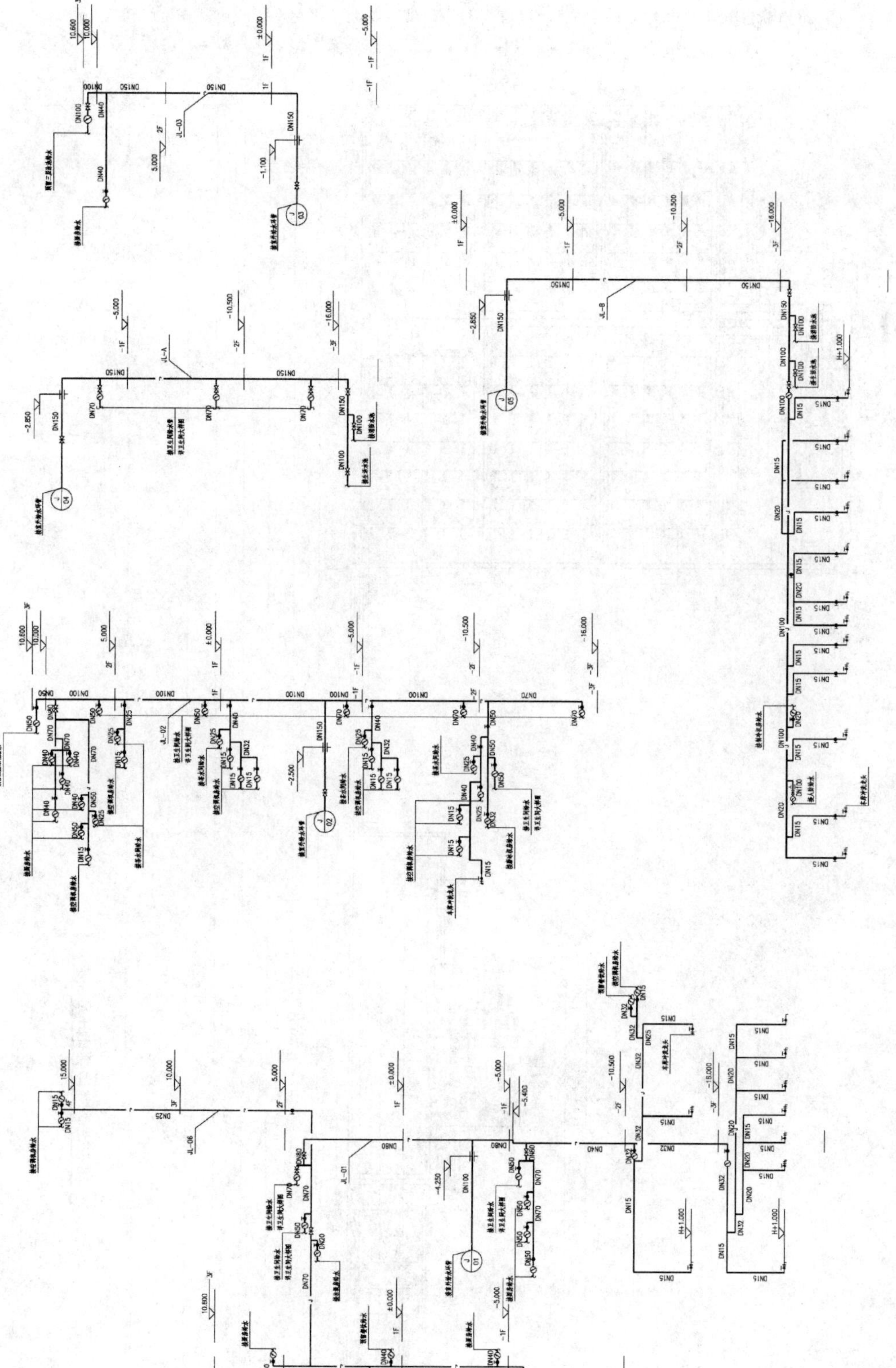

地下室及裙楼给水系统原理图

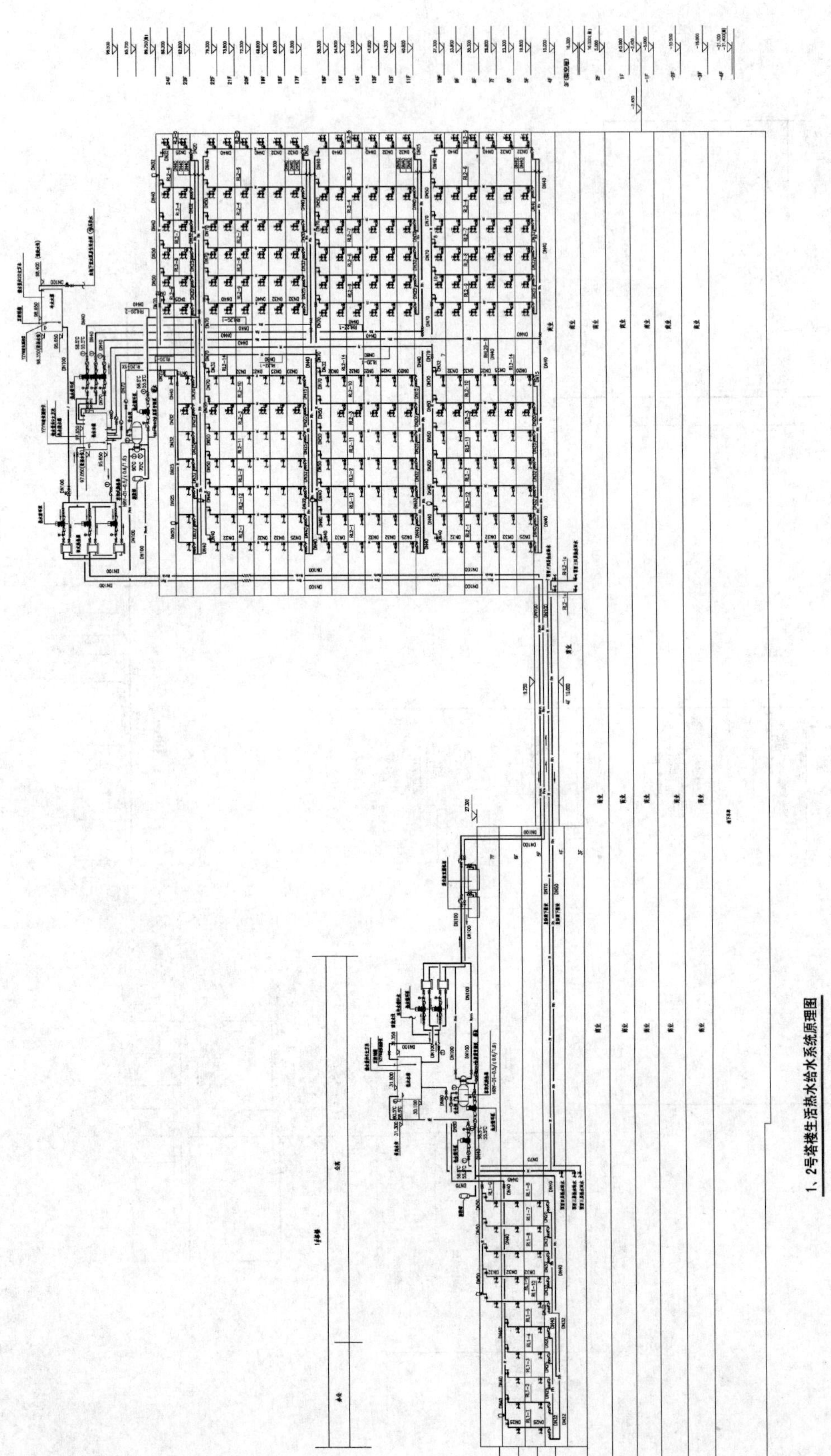

1、2号塔楼生活热水给水系统原理图

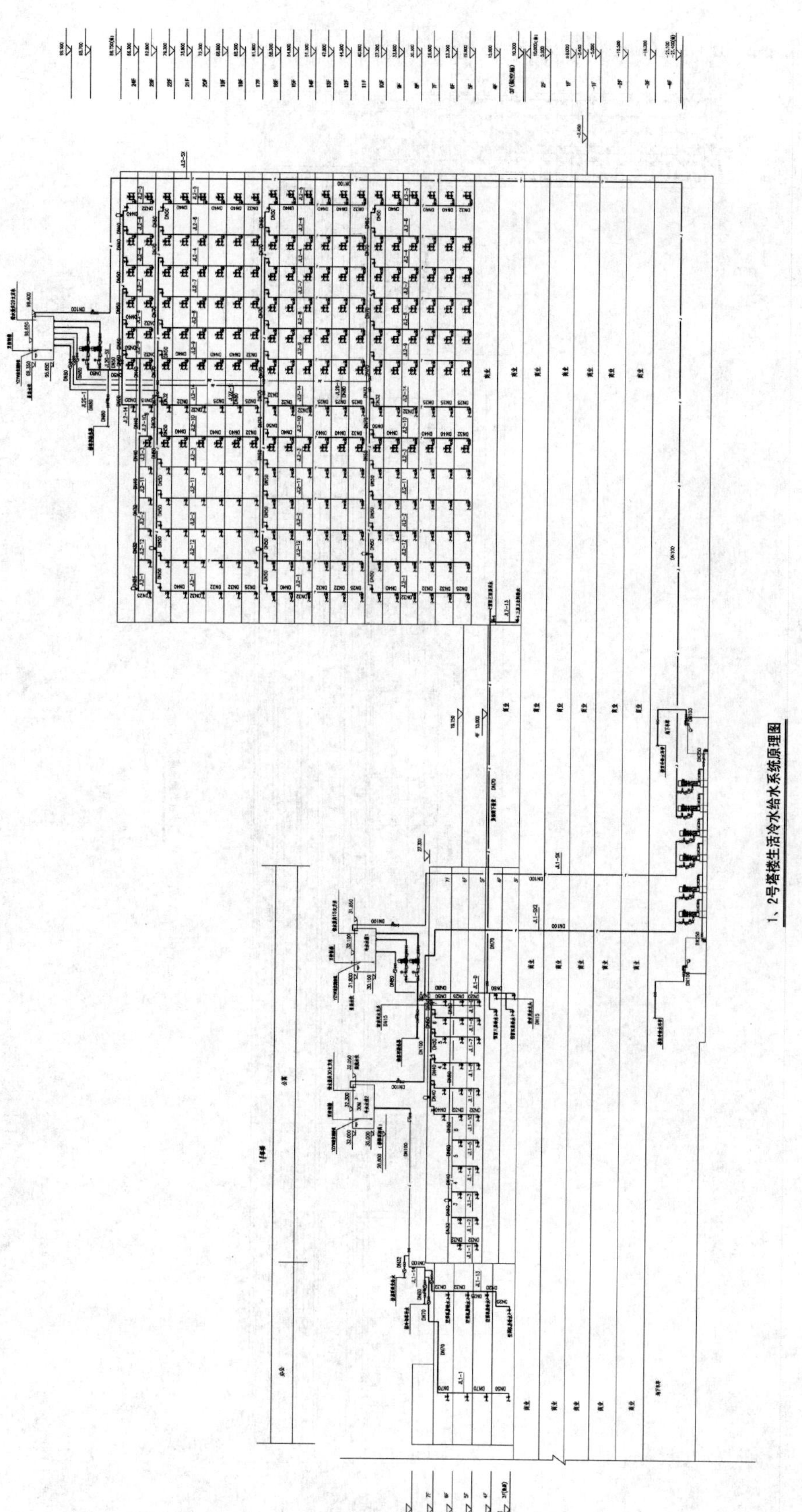

1、2号塔楼生活冷水给水系统原理图

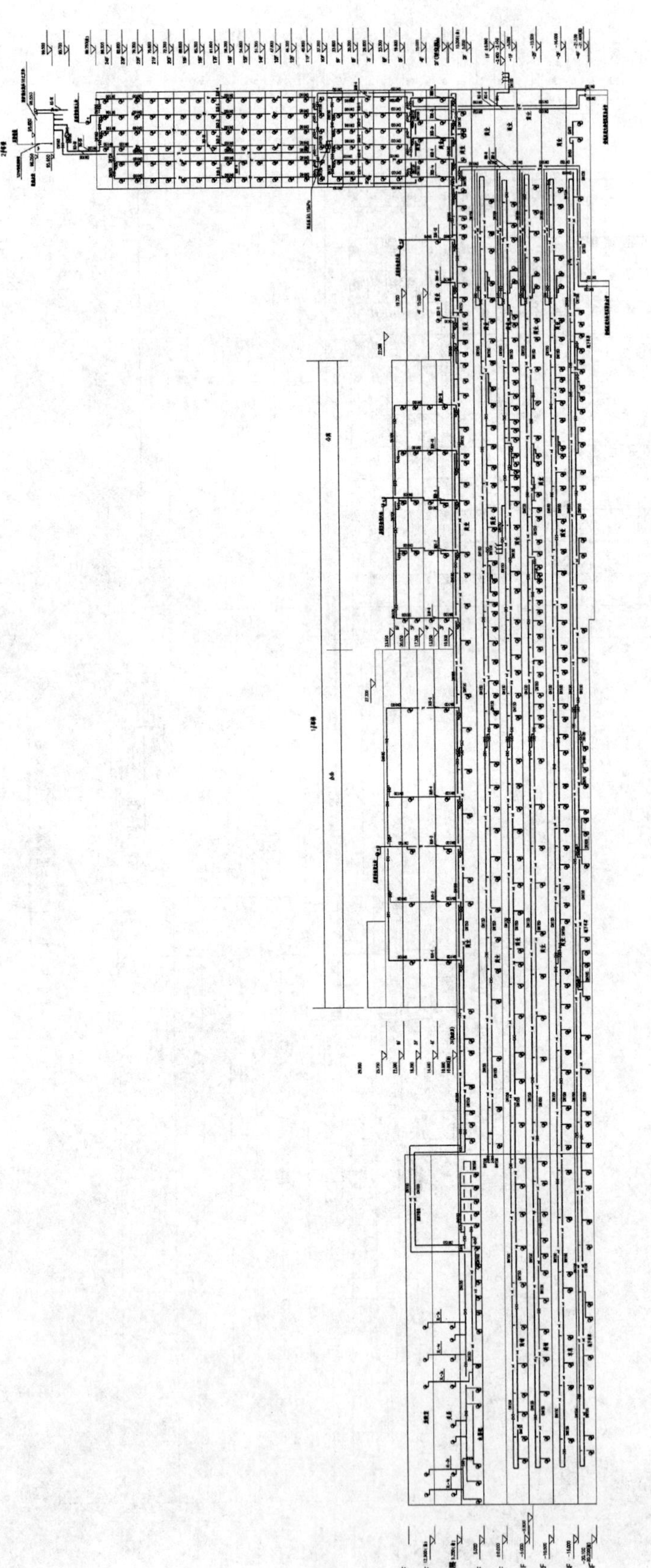

消火栓系统原理图 1:300

注：1. -4~-3层、10~19层采用减压稳压消火栓

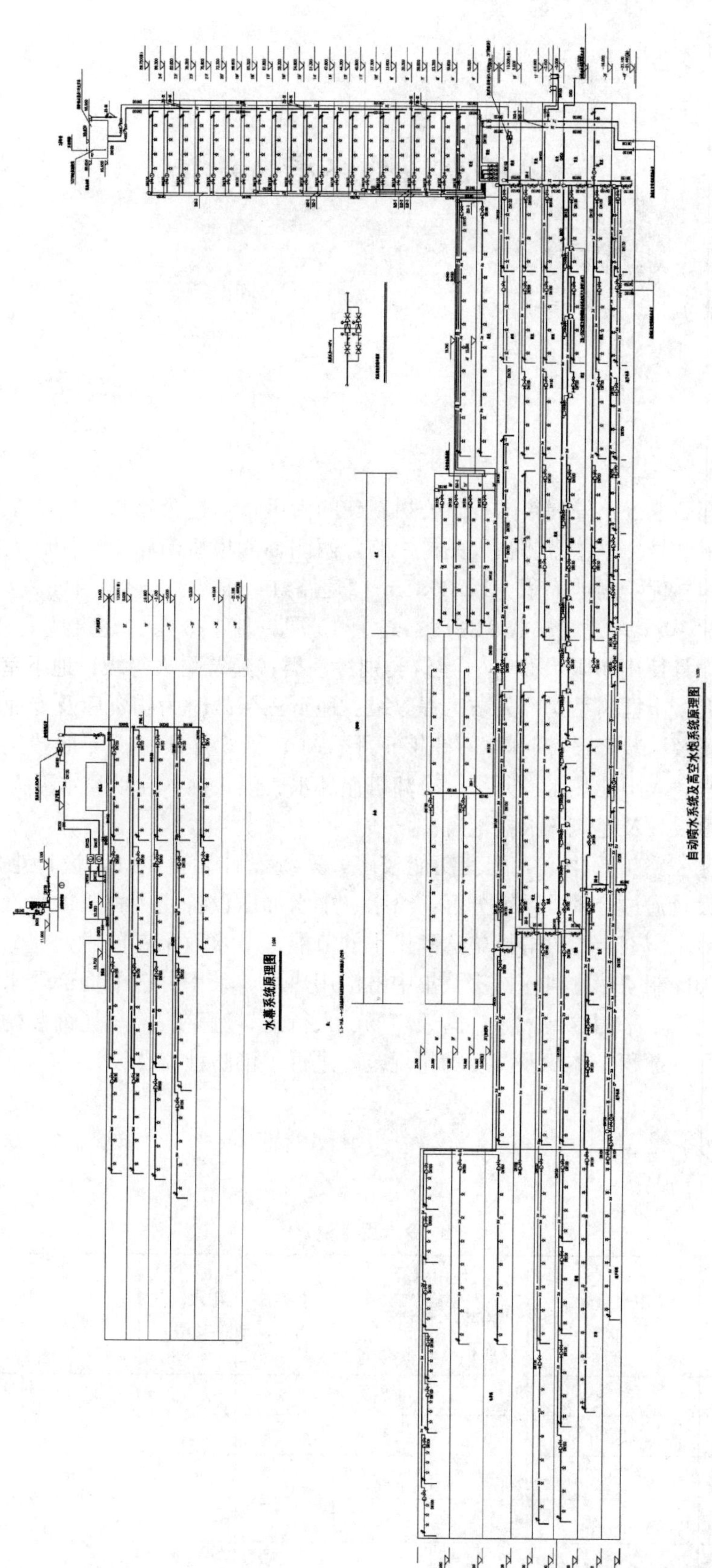

水幕系统原理图

自动喷水系统及高空水炮系统原理图

六里桥高速公路指挥中心

设计单位： 中国建筑设计研究院
设 计 人： 梁万军　师前进　关维　陈超
获奖情况： 公共建筑类　三等奖

工程概况：

本工程为北京市首都高速公路发展集团有限公司新建的六里桥高速公路指挥中心工程。建设地点位于北京市丰台区六里桥南里甲 9 号。本楼东侧临人民村中路，西侧临六里桥南路，南侧临人民村南路，北侧临现状民居。本子项工程面积指标：用地面积：14730.3m^2（道路红线面积）；总建筑面积：78010m^2，其中：地上：51100m^2，地下：26910m^2；建筑层数、高度：地上 15 层，地下 3 层。建筑地上高度为 59.90m，地下室高度为 12.6m；建筑设计使用年限：50 年；建筑类别：一类；建筑耐火等级：地下室为一级，地上部分为一级；结构类型：钢筋混凝土框筒结构。人防工程等级：地下三层战时为物资库及专业队掩蔽所，平时作为汽车库使用。该项施工图及精装修设计时间 2008 年 6 月～2010 年 6 月，2010 年底竣工入住；该项目系统设计包括：室内给水、中水、太阳能热水、开水、冷却塔循环水、消火栓、自动喷水灭火系统、FM200 气体灭火系统、排水、雨水管道设计及建筑灭火器配置。

该项目为京津冀高速公路指挥中心，配套功能较多，系统设计涵盖全面，设计难度大。本设计注重节能、节水及环保要求。设计通过合理地系统分区，给水、中水加压设备使用叠压供水设备，设置合理的支干管可调试减压阀，采用节水型五金配件等措施达到供水的节能、节水效果；同时，充分使用市政中水以节约自来水用水量。采用太阳能制备热水供应厨房及集中淋浴用热水，采用分散的局部热水供应系统保证使用的舒适度并达到节能目的。雨水采用绿地入渗，露天广场、人行道、庭院、停车场铺装的透水路面入渗补充地下水。该设计对监控大厅（面积、体积及高度均超规范）进行了消防性能化设计。

一、给水排水系统

（一）给水系统

1. 冷水用水量表（表 1）

冷水用水量　　**表 1**

序号	用水部位	用水量标准（L/(人·d)）	使用数量		小时变化系数	用水时间（h）	用水量		
			户数（面积）	人数			最高日（m^3/d）	平均时（m^3/h）	最高时（m^3/h）
1	办公人员	40.00		2430	1.28	10	97.20	9.72	12.39
2	职工食堂	25.00		1800	1.20	12	45.00	3.75	4.50
3	职工淋浴	80		80	2	24	6.40	0.27	0.53
4	正副职套间	200		16	2.5	10	3.20	0.32	0.80
5	常规用水小计						151.80	14.06	18.23

续表

序号	用水部位	用水量标准(L/(人·d))	使用数量		小时变化系数	用水时间(h)	用水量		
			户数(面积)	人数			最高日(m^3/d)	平均时(m^3/h)	最高时(m^3/h)
6	未预见水量	小计(1−5)×10%					15.18	1.41	1.82
7	常规用水合计						166.98	15.46	20.05
8	其他用水								
9	冷却塔补水	13.95	m^3/h			10	139.50	13.95	13.95
10	车库冲洗	2.00	15000		1.00	8	30.00	3.75	3.75
11	浇洒绿化	2.00	6520			4	26.08	6.52	6.52
12	洗车	50.00	64 辆		1	10	3.20	0.32	0.32
13	平时供水时						362.56	39.68	44.27
14	室外消火栓	30	L/s			2	216.0	108.00	108.00
15	消防供水时						578.56	147.68	152.27

2. 水源：本楼室外给水管网布置成环状管网，由东南侧从市政给水管上接入一个 *DN*200 入口，由西侧市政给水管上接入 *DN*150 入口与本建筑的室外环状给水管网相接，两路供水以保证供水的安全性；甲方提供市政管网供水压力 0.20MPa。

3. 生活给水供水方式及分区：竖向分为高区、低区；各区均采用下行上给式，局部采用上行下给式的供水方式供水；低区：地下三层～地上三层，全部由市政压力供水；高区：四层～十五层。

4. 高区生活给水由一套给水“无负压供水设备”加压供水：设计秒流量为 12.0m^3/h 时，设计压力为 0.85MPa；生活水泵房位于地下三层。

5. 计量：室外设总水表计量；厨房设水表计量；消防水池补水设水表计量；各层用水点均预留计量水表位置。

6. 管材：立管及其支干管（除敷设于墙槽内的支管）均采用薄壁不锈钢管道，免维护限位活接式连接，与阀门或用水器具等连接，采用活接法兰连接或丝扣连接；敷设于墙槽内的支管采用 PE-RT 管道，给水用 S4 系列，热熔连接。

（二）热水系统

1. 厨房及浴室由太阳能热水系统集中供应，十四、十五层套间卫生间设置容积式电热水器。

2. 耗热量计算（表 2）

耗热量计算 **表 2**

1. 按器具计算小时耗热量

用水部位	用水量标准(L/(个·h))	60℃标准 q_h(L/(个·h))	b	器具数 N_0	小时热水流量(m^3/h)	热水相对密度	Q_h 小时耗热量		电热棒小时耗热量	
							(W)	(kW)	(L)	(W)
淋浴器	300	192.86	70%	8	1.06	0.98565	69332	69.3		
厨房洗涤盆	250	205.36	70%	16	2.27	0.98565	147652	147.7	恒温水箱取	
					3.33		216984.1	217.0	4000	158522

容积式电热水器：套房 CSFH090(90L，N=1.5kW，按每天一人次使用)

续表

2. 按人数计算厨房及淋浴室热水小时耗热量及日热水用水量										
用水部位	用水量标准	时间	人数	K_h	Q_d	Q_h	Q_{hmax}	热水相对密度	Q_h 小时耗热量	
	(L/(人·班))	(h)			(L/d)	(L/h)	(L/h)		(W)	(kW)
淋浴	50	24	80	2.50	4000	167	417	0.98565	26749	26.7
厨房	9	12	1800	1.2	16200	1350	1620	0.98565	103998	104.0
合计					20200	1516.67	2037	0.98565	130747	130.7
						太阳能集热面积(m^2)		210	贮水箱(m^3)	20

3. 在地下一层太阳能热水机房内设置一组“生活热水变频加压供水设备（兼热水循环用）”，供应厨房及淋浴用热水；变频泵组的供水运行由设在供水干管上的压力传感器及压力开关控制。

4. 太阳能系统设计参数：SKN3.0-s平板型集热器总集热面积为$210m^2$；预热热水箱容积为$17.5m^3$，恒温热水箱容积为$4.0m^3$。

5. 太阳能热水系统概述：屋顶层设置太阳能集热器，地下一层设置太阳能贮热水箱，集热器与预热热水箱采用循环水泵经板式换热器进行强制循环换热制备热水，预热热水箱与恒温水箱设置连通管，在恒温水箱设置电辅助加热棒；集热循环水泵的控制由设在管道及贮水水箱上的电节点温度计控制；电加热启停受设在恒温水箱上的电节点温度计控制：当水箱水温低于55℃时，电加热启动，当水箱水温加热到60℃时，电加热停止。

6. 生活热水管道循环控制：在生活热水回水干管末端设置电磁阀，在电磁阀前设置一温度传感器，采用定温控制方式控制电磁阀的开、关。当回水干管末端温度$T=45$℃时，循环回水管路上的电磁阀自动开启，开始循环；当回水干管末端温度$T=55$℃时，循环回水管道上的电磁阀自动关闭。

7. 计量：厨房，浴室均设置水表进行计量。

8. 管材：立管及其支干管（除敷设于墙槽内的支管）均采用薄壁不锈钢管道，免维护限位活接式连接，与阀门或用水器具等连接，采用活接法兰连接或丝扣连接；敷设于墙槽内的支管采用PE-RT管道，给水用S3.2系列，热熔连接。

（三）中水系统

1. 中水用水量（表3）

中水用水量 **表3**

序号	用水部位	用水量标准(L/(人·d))	使用数量		小时变化系数	用水时间(h)	用水量		
			户数(面积)	人数			最高日(m^3/d)	平均时(m^3/h)	最高时(m^3/h)
1	办公人员	24.00		2430	1.28	10	58.32	5.83	7.44
2	正副职套间	28		16	2.5	10	0.45	0.04	0.11
3	车库冲洗	2.00	17000		1.00	8	34.00	4.25	4.25
4	浇洒绿化	2.00	6520			4	26.08	6.52	6.52
5	洗车	50.00	60辆		1	10	3.00	0.30	0.30

2. 本建筑中水系统供应大便器、小便器、洗车、绿化及冲洗地下汽车库等用水。

3. 生活中水供水方式及分区同给水。

4. 高区生活中水由一套中水“无负压供水设备”加压供水，泵房位于地下三层。

5. 计量：室外设总水表计量，洗车设水表计量。各层用水点均预留计量水表位置。

6. 管材：立管及其支干管（除敷设于墙槽内的支管）均采用薄壁不锈钢管道，免维护限位活接式连接，与阀门或用水器具等连接，采用活接法兰连接或丝扣连接；敷设于墙槽内的支管采用 PE-RT 管道，给水用 S4 系列，热熔连接。

（四）排水系统：

1. 采用污水、废水合流排水系统。公共卫生间污水管道设专用通气管；厨房废水经隔油器排入室外排水管道，再集中排至室外隔油池处理后排入市政污水管道。

2. 本楼最大日污水排水量约为 199.16m^3/d。

3. 室内±0.000 及其以上层排水采用重力流排水；±0.000 以下排水排入潜水泵室，再由潜水排污泵提升排至室外排水管道。

（五）雨水排水系统

1. 设计参数：暴雨强度公式 $q=2001(1+0.811LgP)/(t+8)^{0.711}$，$q_5=5.85L/(s \cdot 100m^2)$；设计重现期 $P=10$ 年，并按 50 年设计重现期校核。

2. 裙房大屋面采用虹吸雨水系统，设置虹吸雨水斗，高层屋面采用重力流雨水系统，设置 87 型雨水斗。室外地面铺装材料采用渗水能力强的，雨水经由铺装及绿地渗透补充地下水；屋面设置溢流口。

3. 虹吸雨水计算（表 4）

虹吸雨水计算 **表 4**

管道编号	直径(mm)	管长(m)	立管长度(m)	设计流量(L/s)	实际流量(L/s)	流速(m/s)	压力(mbar)	气水混合度(%)
1	250	3	—	122.9	122.9	3	0	95
2	250	1	1	—	122.9	3	11	95
3	160	14.65	14.65	—	122.9	7.6	−52	95
4	200	0.8	—	—	122.9	4.8	−620	95
5	200	2.2	—	—	122.9	4.8	−554	95
6	200	16.3	—	—	122.9	4.8	−470	95
7	200	3.25	3.25	—	122.9	4.8	−203	95
8	200	0.5	—	—	122.9	4.8	−391	95
9	160	0.3	—	—	72.6	4.5	−329	95
10	160	7	—	—	72.6	4.5	−296	95
11	160	16.8	—	—	36.3	2.2	−146	96
12	160	0.5	—	—	36.3	2.2	−78	96
13	160	0.8	0.8	—	36.3	2.2	−64	96
14	125	0.21	0.21	36.3	36.3	3.6	−122	96
15s10	125	0.5	—	—	36.3	3.7	−146	94
16	125	0.8	0.8	—	36.3	3.7	−101	94
17	125	0.21	0.21	36.3	36.3	3.7	−127	94
18s8	160	8	—	—	50.3	3.1	−329	94
19	160	0.5	—	—	50.3	3.1	−244	94
20	160	0.8	0.8	—	50.3	3.1	−218	94
21	125	0.22	0.22	50.3	50.3	5.1	−258	94

续表

	单位		极限值		当前值	管道编号	
允许最大负压值	mbar		−800		−620	4	
允许最小流速	m/s		0.7		2.2	11	
允许最小气水混合度	%		60		94	15s10	
允许最小排放率	%		90		100	14	

4. 消防电梯底坑排水排入潜水泵室，再由潜水排污泵提升排至室外雨水管道。其潜水泵室设置潜水泵两台，一用一备，潜水排污泵均采用固定式自动耦合装置安装。

二、消防系统

（一）消火栓系统

1. 本建筑为高度超过 50m 的一类高层办公楼，其室内消火栓用水量为 40L/s，室外消火栓用水量为 30L/s，火灾延续时间按 2h 计。

2. 地下二层设置消防贮水池（贮存 2h 室内消火栓用水量 288m^3）及消防水泵房。

3. 屋顶设置消防专用水箱，贮存消防用水 18m^3；保证灭火初期的消防用水。

4. 本建筑室内消火栓系统竖向不分区，设一组消防泵供水。

5. 本楼室内消火栓系统采用临时高压制；屋顶高位消防水箱的设置高度满足最不利点消火栓静水压力 0.070MPa。

6. 使消火栓栓口压力不大于 0.50MPa 且使各层出水量接近均衡，八层及以下层所有消火栓均采用带减压稳压装置的消火栓。

7. 下消防水泵房设有消火栓给水系统“微机控制消防专用供水设备”，型号为 XBD40-110-HY 型；包括 XBD40-110-HY 型加压水泵两台，一用一备。

8. 外消火栓系统采用低压制，设有双引入口保证的室外环状给水管网供水。

9. 室外地下统一设置 3 套 SQX150-A 型地下式消防水泵结合器，供消火栓系统补水用。

10. 消火栓管道工作压力 $PN \leqslant 1.60$MPa 者采用焊接钢管，焊接，与阀门相接的管段采用法兰连接。

（二）内自动喷水灭火系统

1. 本工程除配电室、控制室及不宜用水扑救的部位外均设自动喷水灭火系统保护；均采用湿式自动喷水灭火系统。

2. 本工程办公部位按中危险级Ⅰ级要求设计，设计喷水强度为 6L/(min·m^2)，作用面积 160m^2，系统设计秒流量 23.55L/s。

3. 地下汽车库按中危险级Ⅱ级要求设计，设计喷水强度为 8L/(min·m^2)，作用面积 160m^2，系统设计秒流量 26.60L/s。

4. 本系统自动喷水灭火用水量按中危险级Ⅱ级要求设计，系统设计用水量取 30L/s。

5. 本系统竖向不作分区，与消火栓系统共用高位水箱。

6. 设计火灾延续时间 1h，地下室消防水池贮存本系统的 1h 用水量 108m^3。

7. 本工程设 9 组湿式报警阀，每个控制的喷头数在 800 个左右。

8. 本系统采用临时高压制，自动喷水灭火湿式系统管网压力平时由高位增压稳压设备保持；火灾发生时，报警阀上的压力开关动作自动启动自动喷水灭火系统加压泵；消防结束后，手动关闭自动喷水灭火系统加压泵。

9. 地下二层水泵房设有自动喷水灭火系统“微机控制消防专用供水设备”；包括 XBD30-110-HY 型加压水泵两台，一用一备。

10. 本系统在室外设 2 套 SQX150-A 型地下式消防水泵接合器供系统补水用。

（三）备压式七氟丙烷气体灭火系统

1. 本工程气体灭火防护区包括：二层客户档案室、机房设备区、备份数据存储区、密钥管理室；三层收费通信设备区、备份数据室、监控大厅、库房、监控设备区；五层交通运输指挥中心主设备区域、交通运输指挥中心涉密设备区、交通运输指挥中心机房配电区、六层通信及服务机房；地下一层 UPS 配电 1、UPS 配电 2。

2. 本工程气体灭火系统采用灭火药剂和推动剂氮气分开贮存的备压式七氟丙烷气体灭火系统，共设计三组组合分配灭火系统，其中监控大厅采用两套管网同时保护。

3. 备压式七氟丙烷气体灭火系统管网最大工作压力：4.2MPa，喷口平均工作压力不小于 0.5MPa。

4. 备压式七氟丙烷气体灭火系统的控制方式：该系统具有自动、手动和机械应急三种启动方式：

（1）当无人时，应自动控制：当发生火灾时，火灾探测器发出火灾信号，通过火灾自动报警控制器将信号传送给备压式七氟丙烷气体灭火控制系统，关闭防护区风机、空调等设备。延迟 30s 后自动启动备压式七氟丙烷气体灭火系统。

（2）当有人值班时，应手动控制：当人员发现火灾时，及时手动启动防护区门外的紧急启动按钮，通过控制系统启动备压式七氟丙烷气体灭火系统。

（3）当发生火灾而自动报警系统失灵时，人员可及时到钢瓶间，通过钢瓶瓶头阀上的手动启动器，就地手动启动钢瓶进行灭火。

（四）建筑灭火器配置设计说明

1. 本建筑变配电室配电、弱电用房按 E 类火灾中危险级配置灭火器，地下汽车库按 B 类火灾中危险级设计，专用电子计算机房及重要设备房间按 E 类严重危险级配置灭火器，其他部位按 A 类中危险级配置灭火器。

2. A 类火灾中危险级每具灭火器最小配置灭火级别为 2A，最大保护面积为 $75m^2/A$，最大保护距离为 20m。

3. B 类火灾中危险级每具灭火器最小配置灭火级别为 55B，最大保护面积为 $1.0m^2/B$，最大保护距离手提为 12m，推车式为 24m。

4. E 类火灾中危险级每具灭火器最小配置灭火级别为 2A，最大保护面积为 $75m^2/A$，最大保护距离为 20m；E 类严重危险级每具灭火器最小配置灭火级别为 3A，最大保护面积为 $50m^2/A$，最大保护距离为 15m。

5. 每个灭火器配置场所内的灭火器数不少于 2 具，每个设置点的灭火器数不多于 5 具。

6. 灭火器采用 MF/ABC 型磷酸铵盐干粉灭火剂；手提及推车式灭火器详见图纸。

三、工程体会

该项目为京津冀高速公路指挥中心，配套功能较多，系统设计涵盖全面，设计难度大。

本工程设计注重节能、节水及环保要求。设计通过合理的系统分区，给水、中水加压设备使用叠压供水设备，设置合理的支干管可调试减压阀，采用节水型五金配件等措施达到供水的节能、节水效果。同时，充分使用市政中水以节约自来水用水量。采用太阳能制备热水供应厨房及集中淋浴用热水，采用分散的局部热水供应系统保证使用的舒适度并达到节能目的。雨水采用绿地入渗，露天广场、人行道、庭院、停车场铺装的透水路面入渗补充地下水。该设计对监控大厅（面积、体积及高度均超规范）进行了消防性能化设计。

四、工程照片及附图

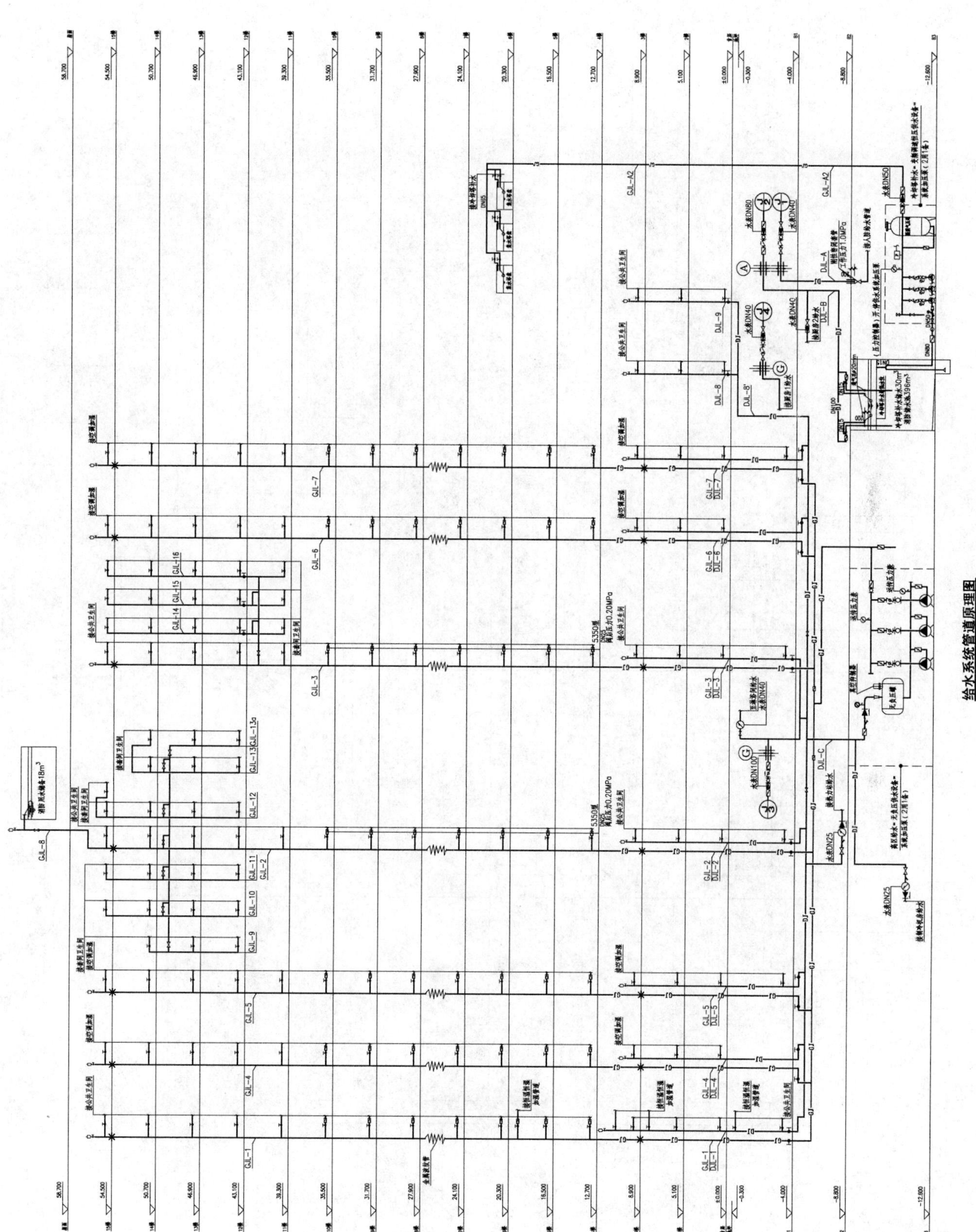

给水系统管道原理图

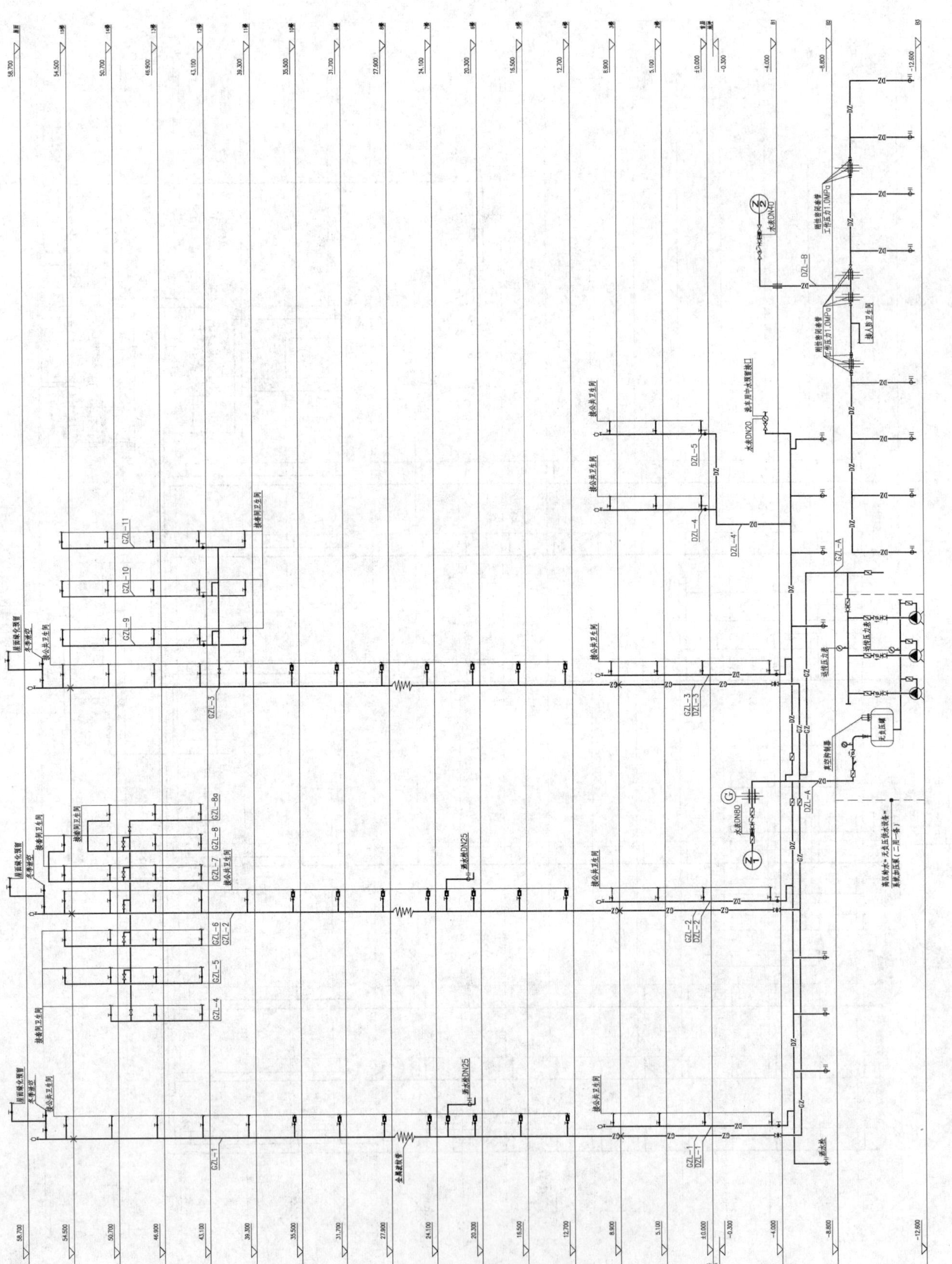

中水系统管道原理图

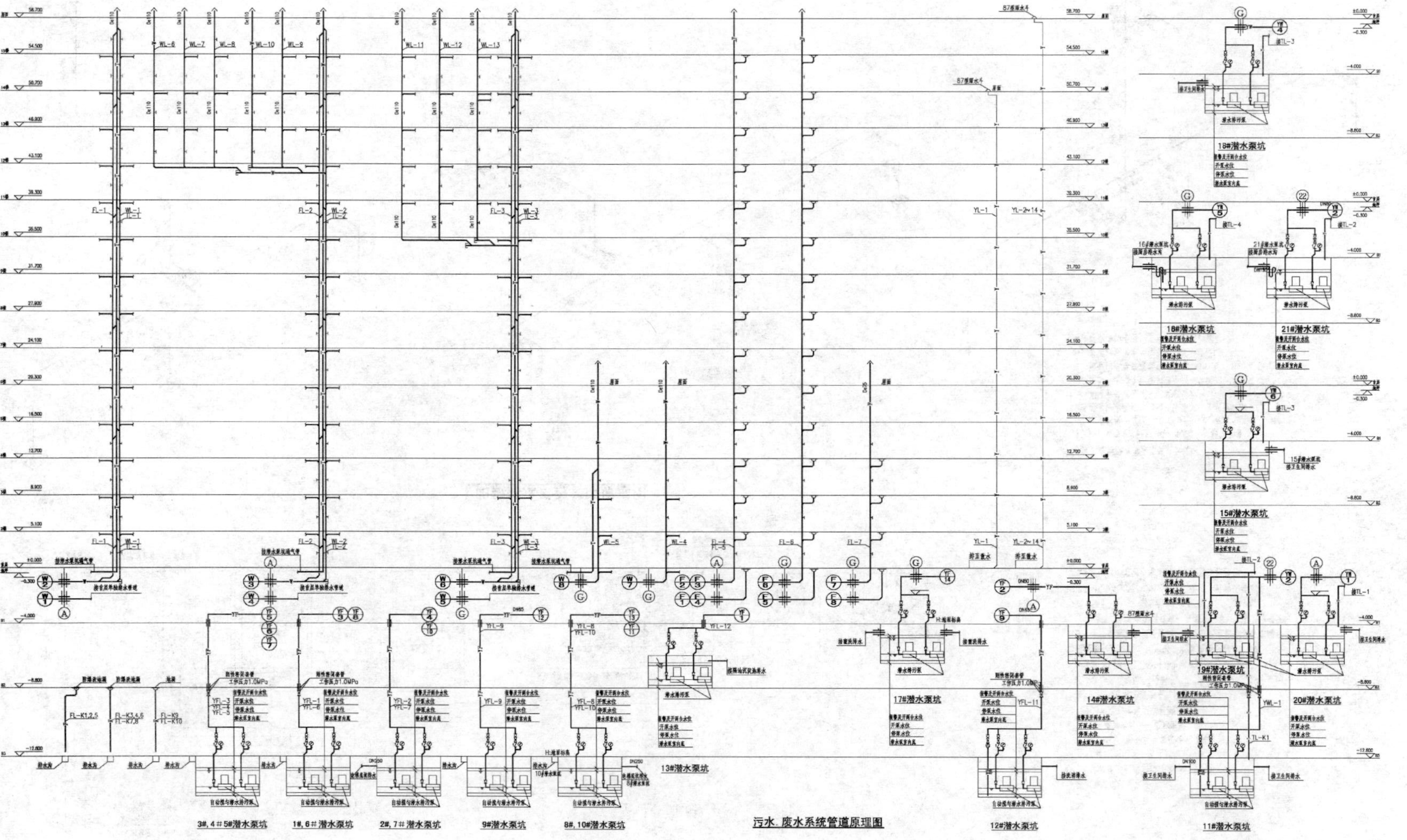

污水、废水系统管道原理图

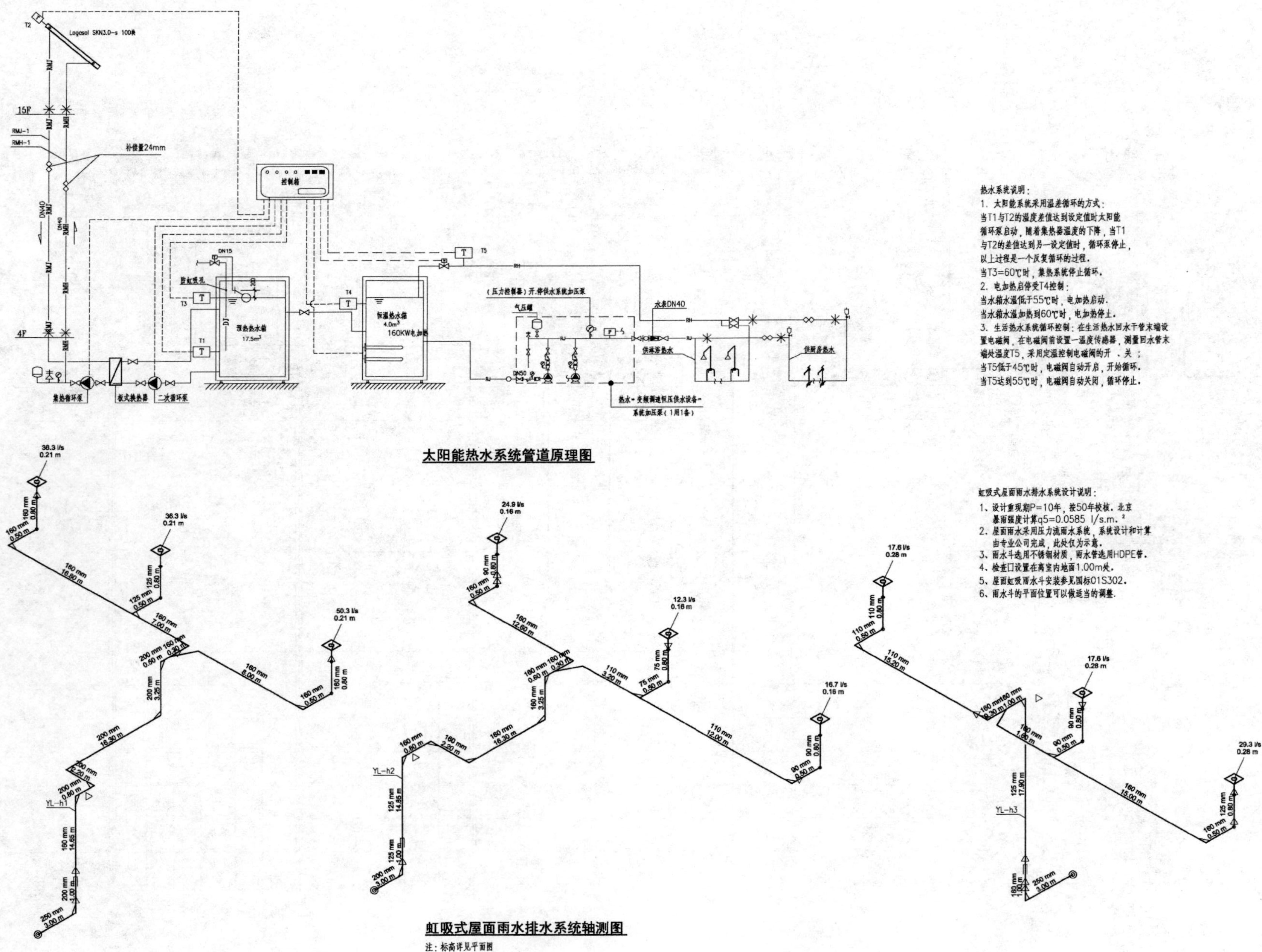

太阳能热水系统管道原理图

虹吸式屋面雨水排水系统轴测图

注：标高详见平面图

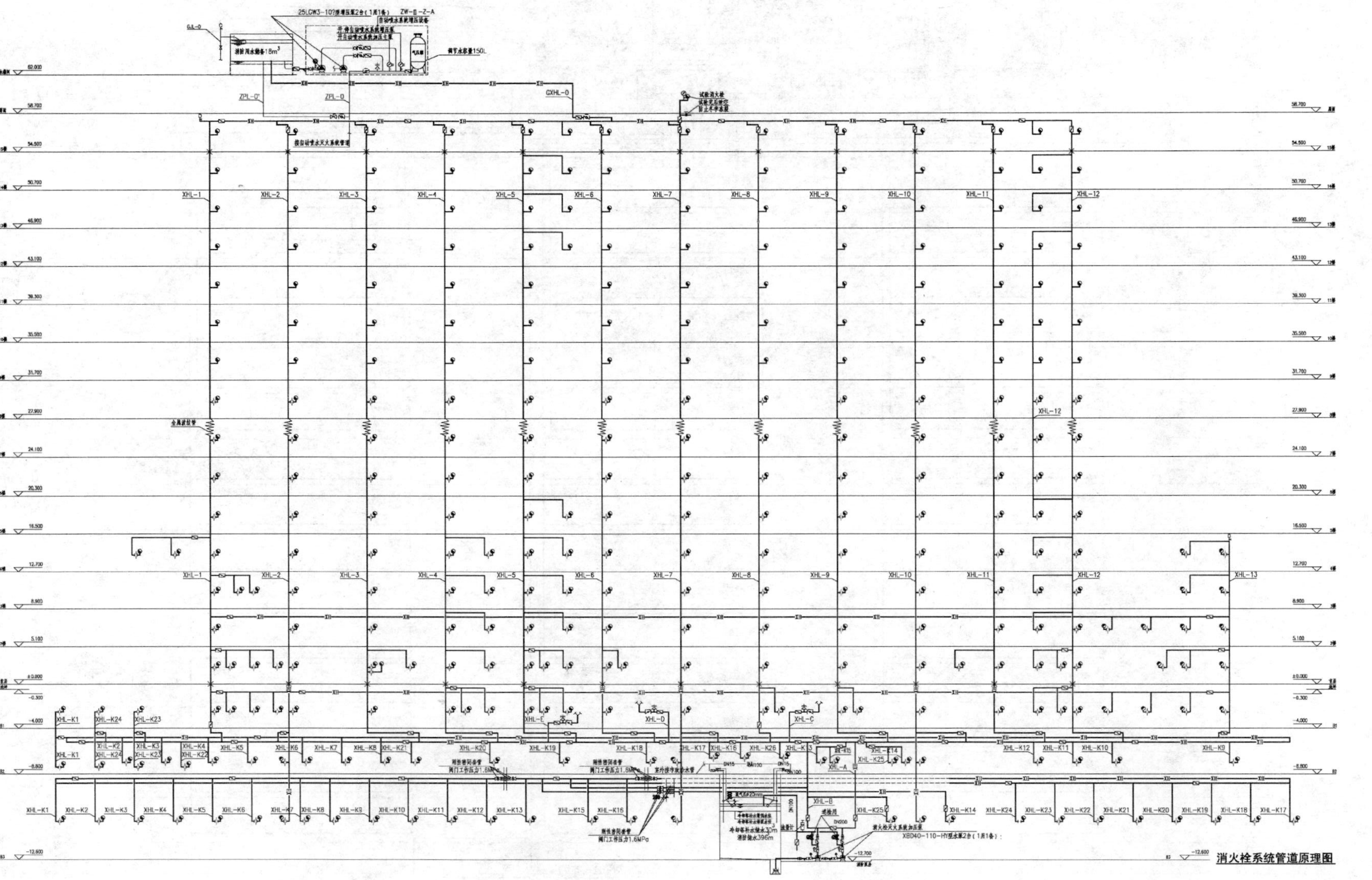

消火栓系统管道原理图

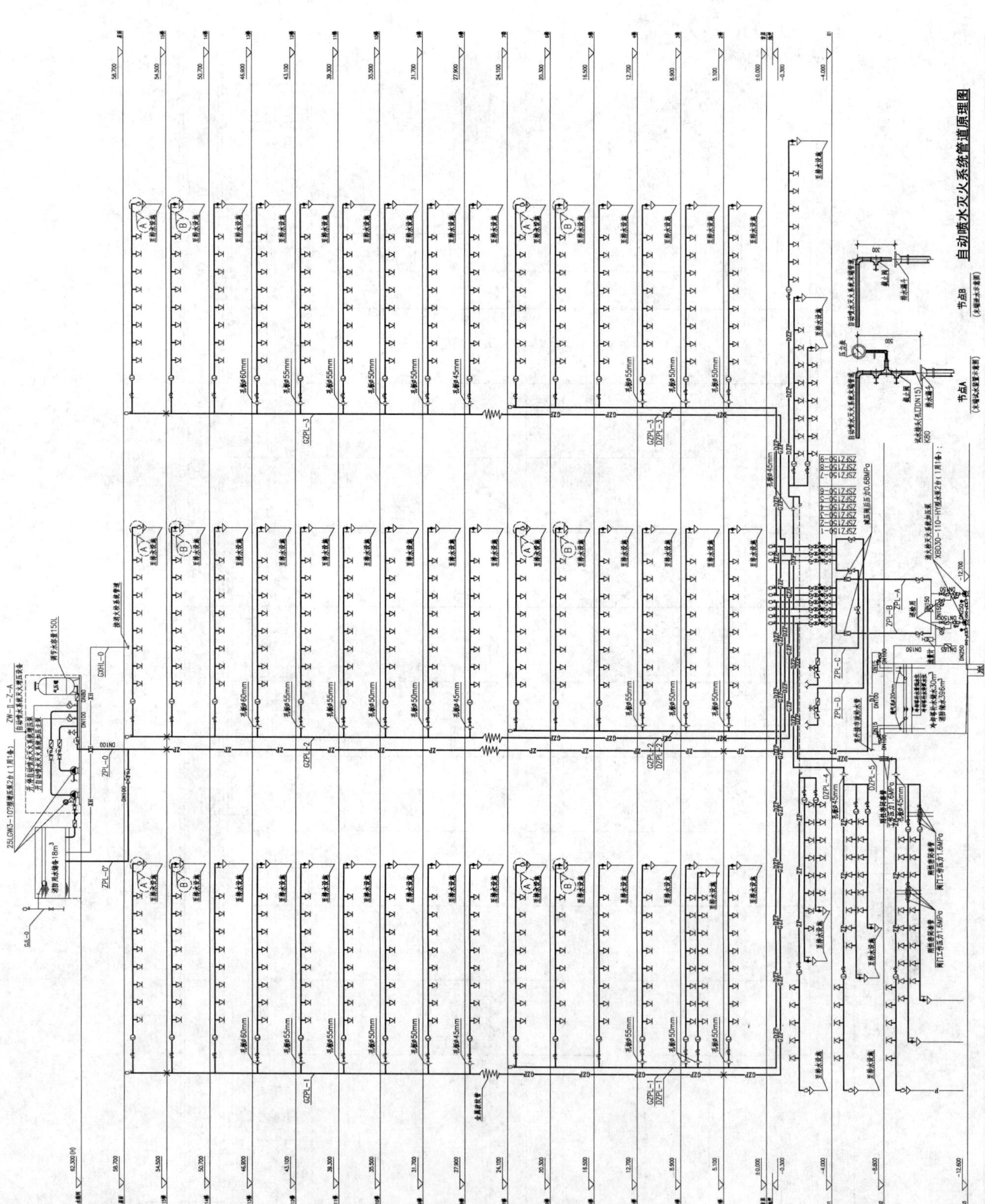

自动喷水灭火系统管道原理图

龙岩市博物馆

设计单位：福建省建筑设计研究院
设 计 人：林金成　程宏伟　黄文忠　彭丹青　叶振华
获奖情况：公共建筑类　三等奖

工程概况：

龙岩市博物馆位于龙岩市行政中心主轴线的东侧，东面沿龙岩大道，南至莲花湖边的会展南路，西侧为龙岩市会展中心，北接人民广场、行政中心。在进行龙岩博物馆创作时，采用了圆形土楼，这一极富特色和典型象征意义的建筑语汇，以永定土楼的建筑意向，作为对博物馆所代表的客家文化的宣示。博物馆高四层，其底层北附楼作为临时展厅，南附楼设置了龙岩市城市展览馆，两者之间为学术报告厅。主要的公共空间位于学术报告厅顶上的二层圆形中庭，由西侧的入口门厅通过扇形的大台阶进入。各个展厅环绕中庭布置于二三两层，四层布设办公及藏品库等后勤辅助用房。整个功能布局分区明确，流线清晰。地下室为设备用房及地下停车库，并与西侧龙岩会展中心地下室相连通。

一、给水排水系统

（一）给水系统

1. 冷水用水量（表1）

冷水用水量　　**表1**

序号	用户名称	用水量标准	数量	K_h	工作时间(h)	最高日用水量(m^3/d)	最大时用水量(m^3/d)
1	展　厅	5L/(人·d)	10000人	1.5	12	50	6.3
2	办　公	50L/(人·d)	200人	2.0	8	10	1.9
3	冷却塔	按循环水量1.5%计		1.0	10	75	7.5
4	未预见水	按1～3项之和15%计				20	2.4
5	总　计					155	18.1

2. 水源：龙岩市博物馆水源采用自来水，分别由龙岩大道及龙腾路各引进一路市政给水管，龙岩大道市政给水引入管管径为*De*200，龙腾路市政给水引入管管径为*De*160，两路进水在地块内成环布置，环网管径为*De*200。市政最低供水压力0.16MPa。

3. 系统竖向分区：生活给水系统分为两个区，地下室及一层为低区，二层及以上为高区。

4. 供水方式及给水加压设备：低区由市政压力直接供水。高区采用变频加压供水，为保证供水的水质，生活水池设置电子杀菌处理器。同时，水池及变频供水装置作为龙岩市会展中心（叠压供水）市政停水的备用水源，并设置水表计费，水表位于给水干管末端，水表前设回流管防污，回水供博物馆公共卫生间冲洗用水。

5．热水供应：考虑本楼热水供水量少且比较分散，办公带淋浴的独立卫生间设有热水供应，热水采用分散设置电热水器供给。

6. 饮用水供应：本楼每个开水间内设置电开水器供应开水。

7. 管材：室内加压给水管及屋面露明部分给水管采用钢塑复合管，市政给水管及加压部分的给水支管采用铝塑 PP-R 给水塑料管。热水管采用铝塑 PP-R 给水塑料管（采用 S4 系列）。室外给水管采用 HDPE 给水塑料管。

（二）排水系统

1. 本建筑室内污废水合流。

2. 室内排水管采用普通伸顶通气管，公共卫生间排水管采用环行通气管以加强排水效果。

3. 本建筑生活污、废水经化粪池处理后排放至市政污水管网。

4. 管材：室内排水管采用 PVC-U 排水塑料管，加压排水管采用内外热镀锌钢管。室外污、废水管均采用 PVC-U 双壁波纹塑料排水管。

（三）雨水系统

1. 室外污水与雨水分流，雨水分别就近排至市政路市政雨水管。

2. 室外雨水重现期采用 2 年，室内雨水重现期采用 10 年。

3. 考虑本建筑屋面面积大、要求高，大屋面雨水按压力流进行屋面雨水设计，其余小屋面按重力流设计。

4. 管材：室内虹吸雨水管采用 HDPE 排水塑料管，重力雨水管采用 PVC-U 雨水塑料管。室外雨水管采用钢筋混凝土管。

二、消防系统

（一）消火栓系统

本楼按多层民用建筑进行防火设计，本楼与龙岩会展中心消防系统统一设置。室内消火栓用水量 20L/s，室外消火栓用水量 30L/s，火灾持续时间 2h。室内消火栓系统由龙岩会展中心地下室室内消火栓加压泵供给，分为一个区。室内消火栓加压泵采用两台，一用一备，型号为 XBD8/20-100G/4（Q=72m^3/h，H=80m，N=22kW）。龙岩会展中心地下室设有 720m^3 消防水池，屋面设有 18m^3 消防水箱。室内消火栓系统设五套水泵接合器。市政两路进水管围绕本区内部敷设成环，在本楼附近设有六套室外消火栓。消火栓管采用内外热浸镀锌钢管及配件。

（二）自动喷水灭火系统

1. 闭式自动喷淋系统：博物馆除门厅及休息大厅（高度大于 12m）设置自动扫描射水高空水炮保护外，其余部位（高度均小于 12m）设置闭式自动喷淋系统保护。自动喷淋按多排货架储物仓库中危险级Ⅱ级设计，设计作用面积 200m^2，喷水强度 12.0L/(min·m^2)，系统用水量为 50L/s，火灾持续时间 1.5h。自动喷淋系统由会展中心地下室自动喷淋加压泵供给，自动喷淋加压泵三台，两用一备，型号为 XBD10/40-150D/5（当 Q=108m^3/h，H=110m，当 Q=180m^3/h，H=89.0m，N=55kW）。会展中心屋面消防水箱高度不能满足最不利点喷头压力要求，设置一套喷淋稳压装置，稳压系统型号：XQB6/5-1.2（α_b=0.80，V_x=160L）；系统配稳压泵两台，一用一备，型号 XBD3.9/1-LDW3.6/7（Q=3.6m^3/h，H=39.2m，N=1.5kW）。靠近本楼室外共设五套自动喷淋系统水泵接合器。本楼一层报警阀间设十套 ZSS150 湿式报警阀。自动喷淋管采用内外热浸镀锌钢管及配件。

2. 高大空间智能灭火系统：门厅及休息厅大空间自动扫描射水高空水炮型号采用 ZSS-25，保护半径为 20m，标准工作压力为 0.6MPa。配水水管设置水流指示器，末端设置模拟末端试水装置。

（三）水喷雾灭火系统

地下室柴油发电机房及油罐间采用水喷雾灭火系统。水喷雾系统用水量为 42L/s，火灾持续时间 0.5h。水喷雾系统加压泵位于会展中心地下室消防泵房内，采用两台，一用一备，型号为 XBD7.5/50-150D/3（Q=190.8m^3/h，H=72m，N=55kW），水喷雾系统雨淋阀位于发电机房附近雨淋阀间内，水喷雾喷头采用高速射流器，本楼附近水喷雾系统共设置三套水泵接合器。水喷雾灭火系统供水管采用内外热浸镀锌钢管及配件。

（四）气体灭火系统

博物馆珍品库房设置柜式七氟丙烷气体灭火装置，灭火设计浓度采用10%，灭火浸渍时间20min，设置两套无管网预制式气体灭火系统。

三、工程特点及体会

1. 生活水池及变频泵组的合理配置和水质防污问题。考虑到龙岩会展中心供水采用叠压供水，为保证其供水可靠性，博物馆的生活水池及变频泵组作为龙岩会展中心市政停水时的备用水源。博物馆生活水池在博物馆正常运行时水停留时间不超过36h；在市政停水时，博物馆空调不开启，会议中心演出不进行且空调按开启50%考虑，可以满足半天的用水量。同时，为了保证博物馆生活水池水质，生活水池设置杀毒设备；龙岩市会展中心的备用给水管设回流管防污，回水供博物馆公共卫生间冲洗用水。

2. 循环冷却水系统的配置。循环冷却水系统配置循环水泵及超低噪声机冷却塔，冷却塔位于屋面上，循环冷却水系统设置水质处理设备，循环冷却水系统控制纳入楼宇自控系统。系统采用一台冷冻机组配置两台循环水泵和两台冷却塔，通过空调BA系统根据冷冻机组的进出水温度控制循环水泵和冷却塔开启的台数，以达到节能效果。

3. 雨水系统的设置。由于本建筑屋面面积大、要求高，建筑内多为展厅和库房，为减少雨水管对展厅布展和库房的影响，雨水面积较大按虹吸压力流进行屋面雨水设计；其余雨水量相对小的部位按重力流进行设计。

4. 顶盖为玻璃顶且高度大于12m的门厅及休息厅，为了保证装修立面效果，采用边墙型大空间智能型主动灭火系统保护，同时考虑在走道等人可到达的部位尽量设置消火栓，尽量达到高空间的两股水柱。

5. 要求库房进行分类，按珍品库房和一般库房设置，珍品库房集中设置且采用一套七氟丙烷气体灭火系统保护，其余一般库房设置自动喷水灭火系统，即保证消防要求，又节省工程造价，也便于管理。

6. 由于本工程设计时间较早，新系统采用不多。如采用屋面雨水回收利用系统，屋面雨水考虑收集回用，经收集、弃流初期径流、贮存、进行水质净化处理，然后供给室外绿化、水景补水使用。

四、工程照片及附图

西入口鸟瞰

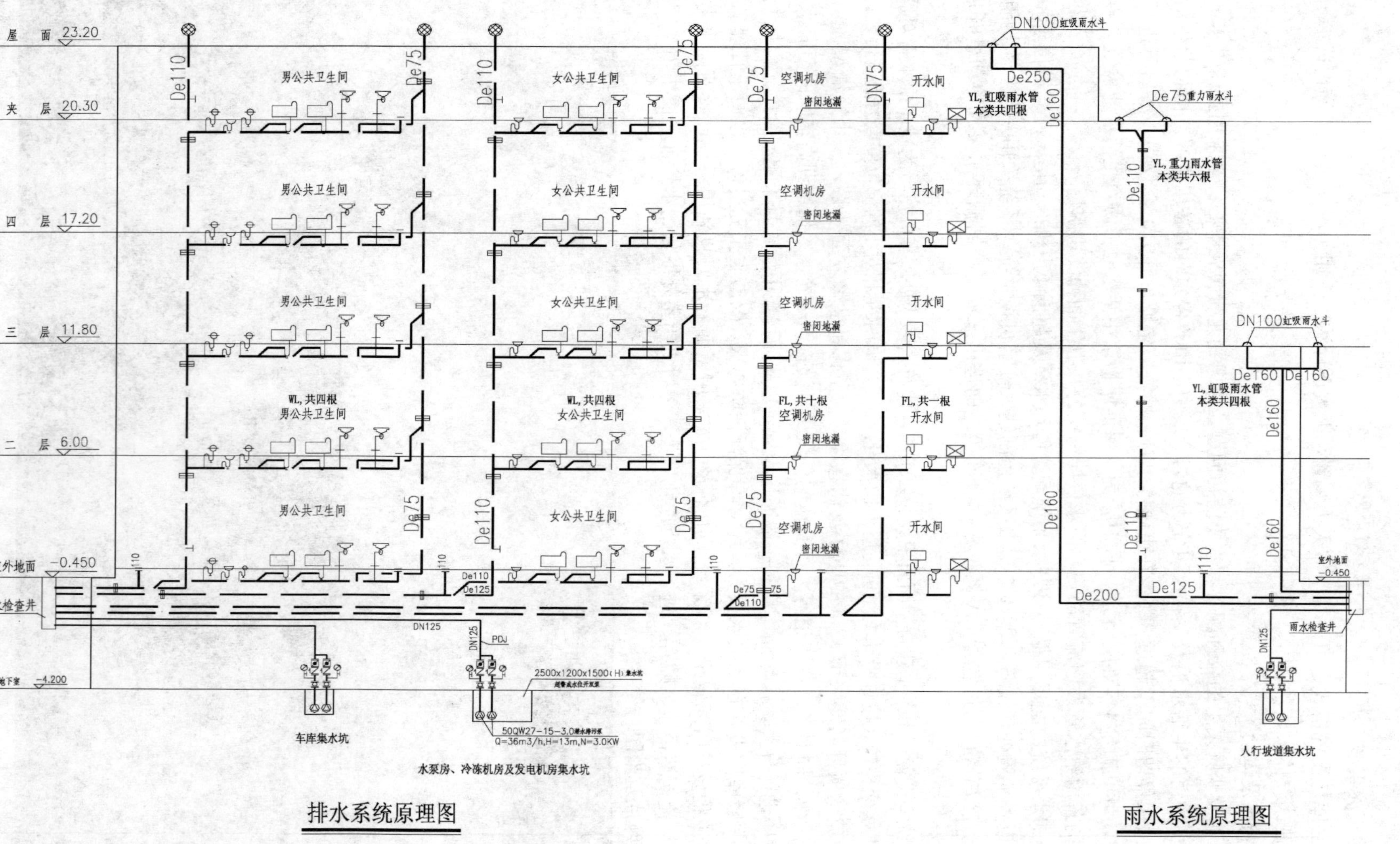
屋面 23.20
夹层 20.30
四层 17.20
三层 11.80
二层 6.00
室外地面 -0.450
污水检查井
地下室 -4.200
男公共卫生间
女公共卫生间
空调机房
开水间
密闭地漏
WL,共四根
FL,共十根
FL,共一根
DN100虹吸雨水斗
De75重力雨水斗
YL,虹吸雨水管
本类共四根
YL,重力雨水管
本类共六根
De110
De75
DN75
De250
De160
De200
De125
DN125
PDJ
2500x1200x1500(H)集水坑
50QW27-15-3.0
Q=36m3/h,H=13m,N=3.0KW
车库集水坑
水泵房、冷冻机房及发电机房集水坑
室外地面 0.450
雨水检查井
人行坡道集水坑
排水系统原理图
雨水系统原理图

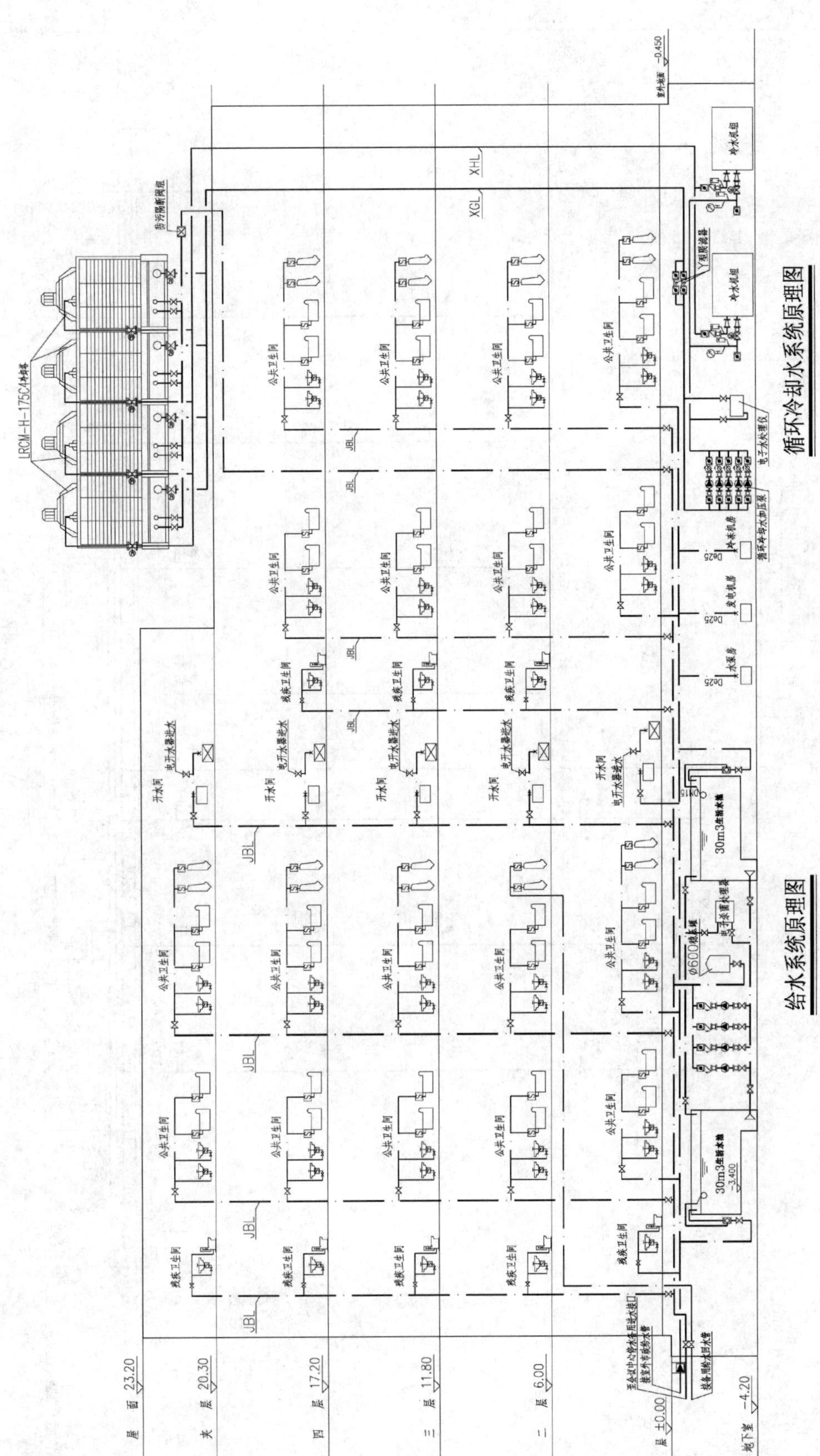

给水系统原理图
循环冷却水系统原理图
LRCM-H-175C
屋面 23.20
夹层 20.30
四层 17.20
三层 11.80
二层 6.00
一层 ±0.00
地下室 -4.20
JBL
XGL
XHL
公共卫生间
残疾卫生间
开水间
30m3生活水箱
-0.450

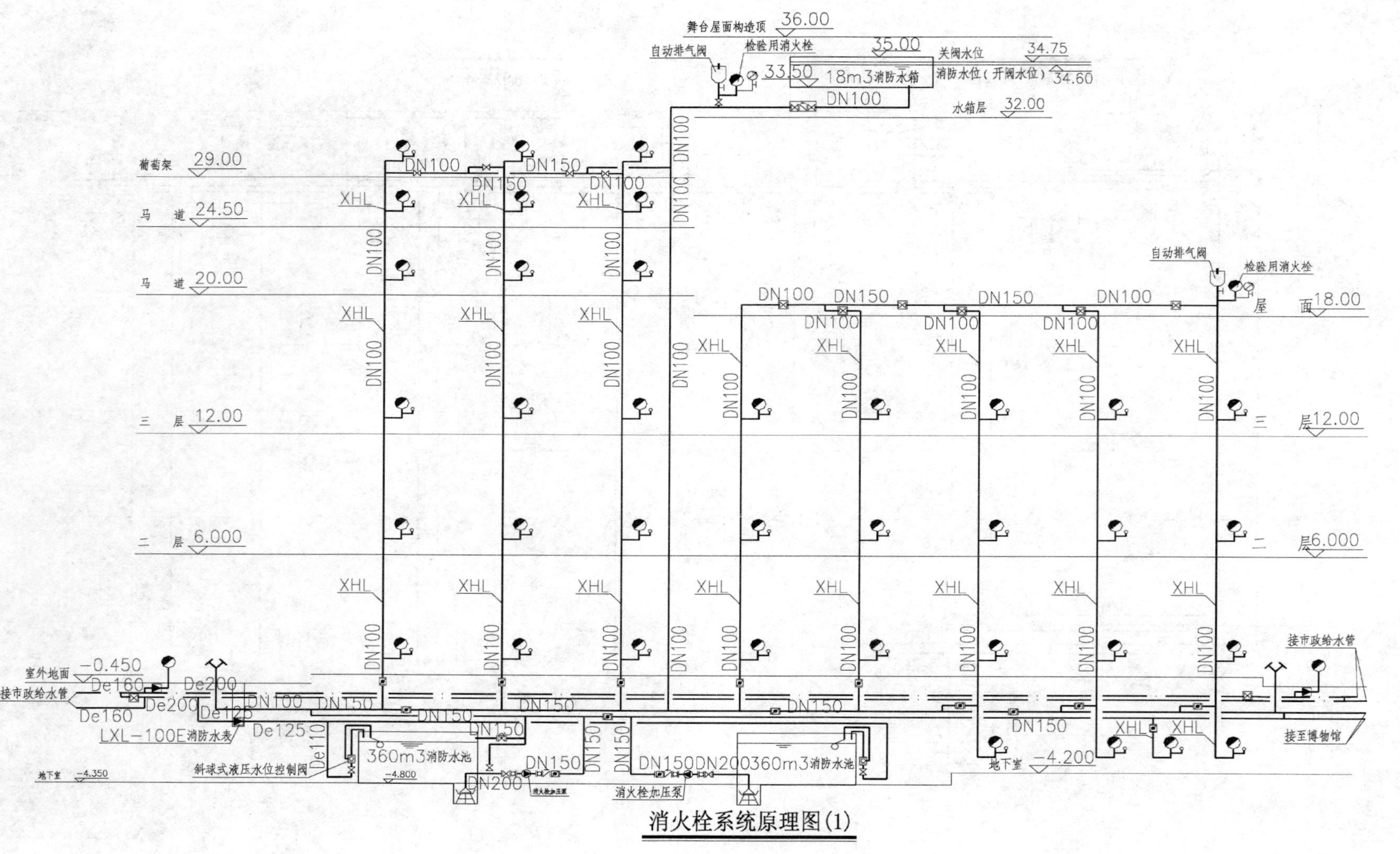
舞台屋面构造顶
36.00
自动排气阀
检验用消火栓
35.00
关阀水位
34.75
33.50
18m3消防水箱
消防水位（开阀水位）
34.60
DN100
水箱层
32.00
葡萄架
29.00
马道
24.50
马道
20.00
DN150
XHL
屋面
18.00
三层
12.00
二层
6.000
室外地面
-0.450
接市政给水管
De160
De200
De125
LXL-100E消防水表
De110
360m3消防水池
斜球式液压水位控制阀
-4.800
地下室
-4.350
DN200
消火栓加压泵
-4.200
接至博物馆

消火栓系统原理图(1)

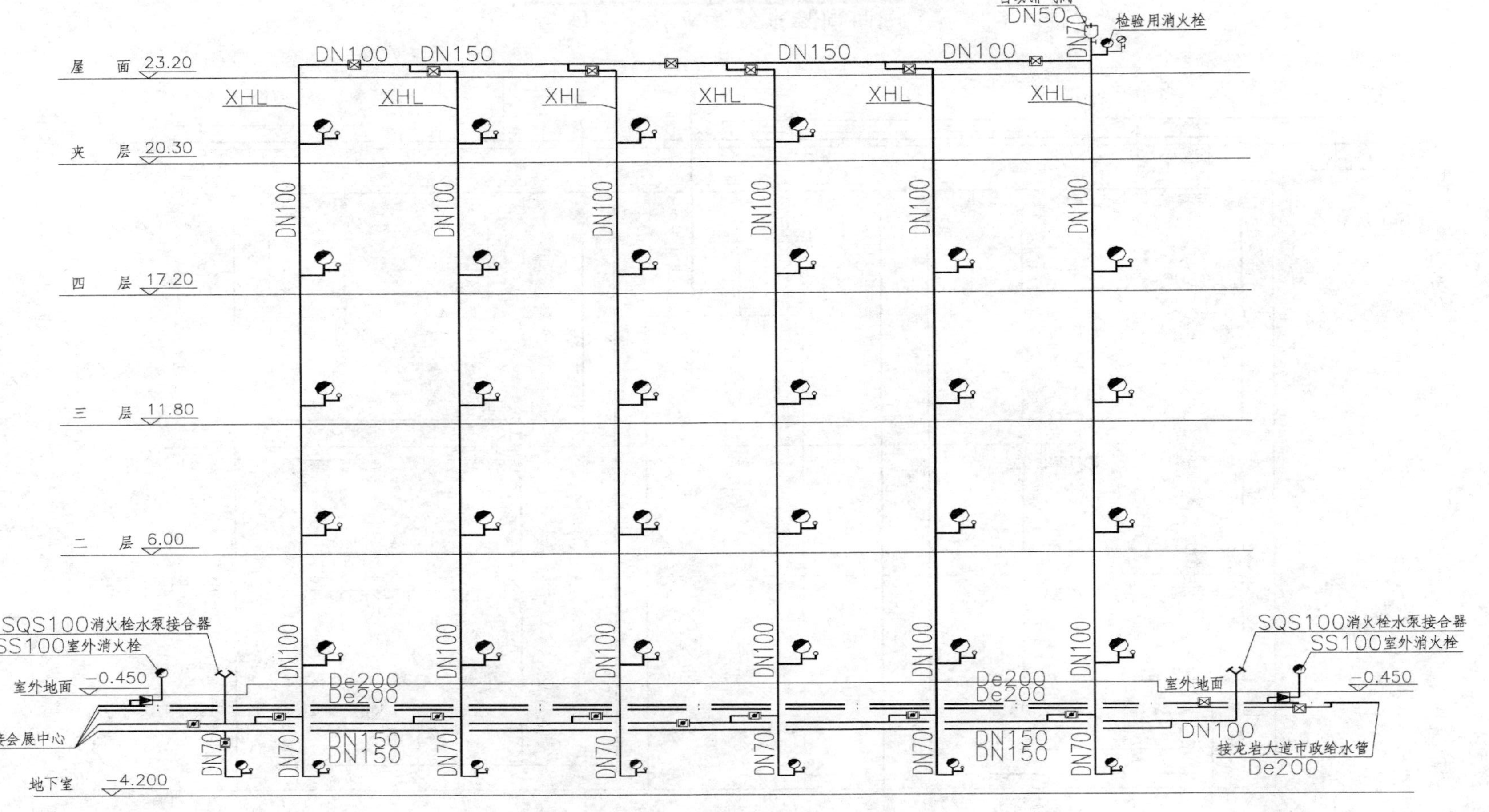
自动排气阀
DN50
DN70
检验用消火栓
屋 面 23.20
DN100
DN150
DN150
DN100
XHL
XHL
XHL
XHL
XHL
XHL
夹 层 20.30
DN100
四 层 17.20
三 层 11.80
二 层 6.00
SQS100消火栓水泵接合器
SS100室外消火栓
室外地面 −0.450
接会展中心
De200
De200
DN150
DN150
DN70
地下室 −4.200
SQS100消火栓水泵接合器
SS100室外消火栓
室外地面
−0.450
DN100
接龙岩大道市政给水管
De200

消火栓系统原理图(2)

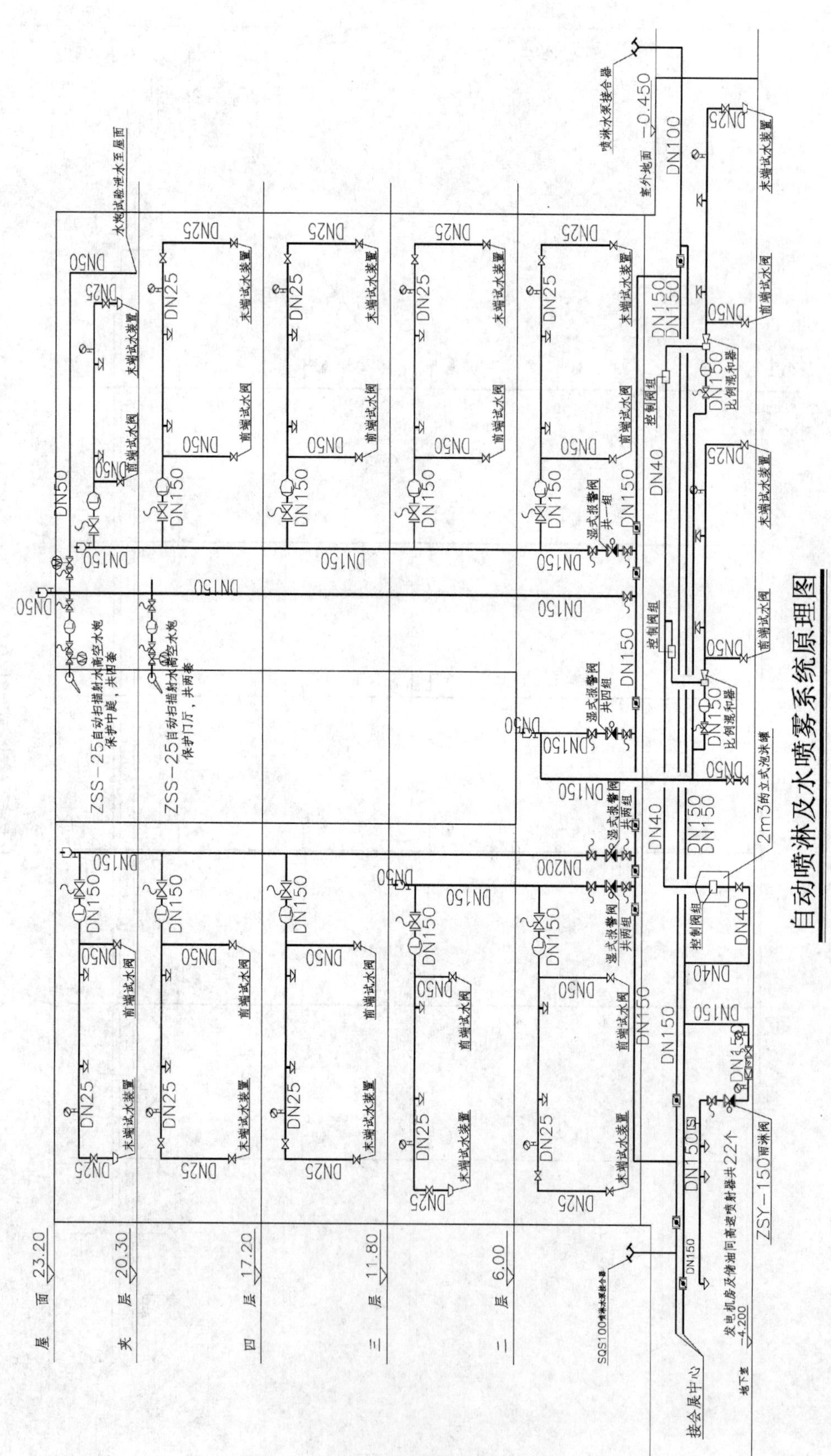

自动喷淋及水喷雾系统原理图

厦门海峡交流中心·国际会议中心

设计单位：上海建筑设计研究院有限公司
设 计 人：陆文慷　倪志钦　倪轶炯
获奖情况：公共建筑类　三等奖

工程概况：

项目用地位于规划中的厦门城市副中心——“会展北片区”，地处厦门岛的南半部分思明区的东端，可眺望金门诸岛。

基地总面积 11.8 万 m^2，沿海南北向展开。景观条件十分优越。项目总建筑面积为 14.1 万 m^2（其中地上 11.3 万 m^2，地下 2.8 万 m^2）。建筑最高 17 层，地下 1 层，建筑最高高度为 71m。

建筑主要功能包括会议中心（A 区）、宴会中心（B 区）、酒店（C 区）、音乐厅（D 区）等四部分。

一、给水排水系统

（一）给水系统

1. 本工程包括一幢五星级酒店、一个音乐厅和一幢会议中心，总建筑面积 127360m^2。日用水量为 2401m^3/d。

2. 本工程由市政管网接两根 DN300 给水管供基地使用。

3. 酒店采用水池、水泵和水箱联合供水，会议中心和音乐厅采用变频供水。两幢建筑分别设水表，单独计量。

4. 给水系统划分：

（1）地下室和锅炉房、洗衣房、宴会厨房由市政给水管网直接供水。

（2）酒店采用水池、水泵和水箱联合供水。

（3）酒店为确保供水点静压不大于 0.4MPa，低区给水系统经减压阀减压后供水。

（4）会议中心和音乐厅采用变频供水。

（二）热水系统

1. 所有卫生间、厨房供应热水，热水水温 60℃。

2. 合计总耗热量 5461kW。

3. 热水系统分区划分同给水。系统采用集中加热方法，热源来自锅炉房蒸汽，水源：酒店来自屋顶水箱，会议中心来自变频水泵，经汽—水导流型容积式热交换器换热后送至各用水点。导流型容积式热交换器均设于地下一层热交换机房内和屋顶机房内。

4. 热水管网采用上行下给式机械循环。热水循环泵均设于地下一层热交换机房内和屋顶机房内。每区设两台热水循环泵 Q=8m^3/h、H=15m、N=1.5kW（一用一备）。

（三）排水系统

1. 室内排水系统采用污废水分流，设专用透气管。厨房污水经隔油处理后排出。室外污废水合流，污水经二级生化处理处理后，再经深化处理，达到中水水质标准，供绿化水景使用。污水达到零排放。

2. 本建筑会议中心和酒店裙房雨水采用虹吸排水。按厦门暴雨公式 P=10 年设计，P=50 年校核。虹吸雨水管采用 HDPE 排水专用管材（PE80），管道纵向回缩率不大于 1%，管道连接方式采用热熔连接。

二、消防系统

1. 本工程所有建筑物同一时间内只考虑一次火灾。本工程有下列消防设施：室内消火栓系统、室外消火栓系统、自动喷淋灭火系统、大空间智能灭火系统、雨淋系统、水幕系统、水喷雾系统、气体灭火系统及手提式灭火器。

市政进户管为两根 *DN*300，在基地内连成环网供消防用水。在地下室设消防水池。

2. 消防总用水量为 183L/s（按同时使用室外消火栓、室内消火栓、雨淋和水幕），其中室外消火栓用水量为 30L/s，室内消火栓用水量为 40L/s，自动喷淋用水量为 41L/s，大空间智能灭火系统用水量 15L/s，雨淋用水量为 90L/s，水幕用水量为 22L/s，水喷雾用水量为 39L/s。

3. 室内消火栓系统

每层均设室内消火栓保护，消火栓设置间距保证同层相邻两个消火栓的水枪充实水柱同时到达室内任何部位，水枪的充实水柱不小于 10m。消火栓系统加压泵设于地下一层消防泵房内，由消防水池直接抽水。室外设水泵接合器三套。

4. 自动喷淋系统

地下车库按中危险II级设计，喷水强度 8L/(min·m^2)，作用面积 160m^2；8～12m 高的中厅、宴会厅，喷水强度 6L/(min·m^2)，作用面积 260m^2；其余部位均按中危险级Ⅰ级设计，喷水强度 6L/(min·m^2)，作用面积 160m^2；舞台葡萄架下按严重危险II级设计，喷水强度 16L/(min·m^2)，作用面积 260m^2；冷却水幕水量 1L/(s·m)（冷却舞台防火幕）；水喷雾喷水强度 20L/(min·m^2)（保护柴油发电机）。

（1）喷淋系统

所有可用水灭火的房间均设喷淋。喷淋加压泵设于地下室泵房内，泵由消防水池直接抽水。屋顶设喷淋增压装置，室外设水泵接合器三套。

（2）大空间智能灭火系统

1）设置场所火灾危险等级

国际会议场、音乐厅的入口大厅、休息厅、观众厅均为中危险级Ⅰ级。

2）灭火装置选定

依据设置场所的具体情况，除音乐厅之休息厅采用 ZSS-25 型自动扫描水炮灭火装置外，其余各场所均采用 ZSD-40A 智能灭火装置。

3）灭火装置主要技术指标

ZSD 型探测器及ZSD-40A 型喷头技术参数：

工作电压 DC 24V
洒水流量 5L/s
标准工作压力 0.25MPa
保护半径 6m
安装高度 6～25m

ZSS-25 型水炮技术参数：

工作电压 AC 220V
射水流量 5L/s
标准工作压力 0.6MPa
保护半径 20m
安装高度 6～20m

4）灭火装置组成

① ZSD-40A 型由智能型红外探测组件、大流量喷头、电磁阀组成，探测器与喷头为分体式，且与电磁阀各自独立设置，并分别拟定一个探测器控制一个、两个、四个喷头，具体详见图示。

② ZSS-25 型由智能型红外探测组件、高空水炮、机械传动装置、电磁阀组成，且除电磁阀独立设置外，其余为一体化设置。

5）灭火装置工作原理简述

探测器全天候探测保护范围内的一切火情。一旦发生火灾，探测器立即检测火源，在确定火源后打开电磁阀喷水灭火，同时发出启动水泵信号及报警信号给联动柜，水泵即时启动实施供水灭火。扑灭火灾后，探测器再发出信号关闭电动阀，喷头停止喷水。若有新火源系统重复上述动作。

（3）雨淋系统

舞台葡萄架下设雨淋系统，雨淋加压泵设在消防泵房内，整个雨淋系统由雨淋阀控制。室外设七套水泵接合器。

（4）水幕系统

舞台防火幕设冷却水幕系统，水幕加压泵设在消防泵房内，整个水幕系统由雨淋阀控制。室外设两套水泵接合器。

（5）水喷雾系统

柴油发电机设水喷雾保护系统，与喷淋系统合用加压泵，水喷雾系统由雨淋阀控制。

5. 各楼层部分电气机房按业主要求设气体灭火系统，采用热气溶胶灭火装置。

6. 各楼层均按规范要求布置一定数量的磷酸铵盐干粉手提式灭火器，地下车库布置有推车式泡沫灭火器。所有配电间均按规范要求布置一定数量的磷酸铵盐干粉手提式灭火器。

三、工程特点

1. 本工程建筑体量大，功能多，包括一幢五星级酒店、一个音乐厅、一个会议中心和一个宴会中心。为保证建筑物的消防安全，本工程设计了各种消防系统。除了常规的室内消火栓系统、室外消火栓系统、自动喷淋灭火系统（包括钢屋架保护喷头和客房用大覆盖面侧喷喷头）以外，还有在高大空间内使用的大空间智能灭火系统、在舞台葡萄架下使用的雨淋系统、在舞台台口保护防火幕的水幕系统、在柴油发电机房保护柴油发电机的水喷雾系统、在重要电气设备机房设置的气体灭火系统以及手提式灭火器和推车式灭火器。

2. 本工程污水零排放。污水经二级生化处理后，再经深化处理，达到中水水质标准，供绿化水景等使用。二级生化处理采用接触氧化法，深化处理采用活性炭过滤和膜过滤法。

3. 本工程因建筑屋面面积大，雨水采用虹吸排水。

四、工程照片及附图

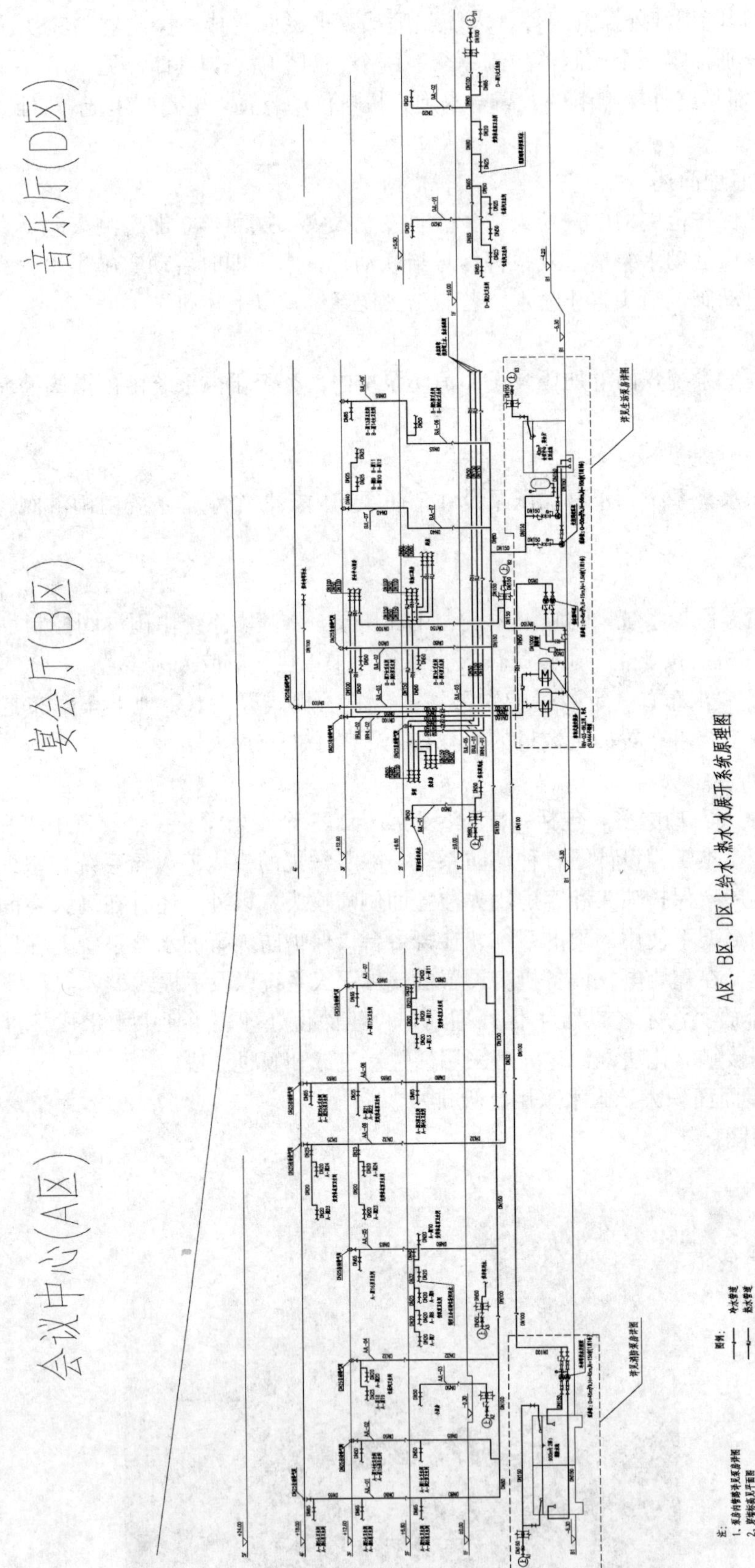

A区、B区、D区上给水、热水水展开系统原理图

会议中心(A区)

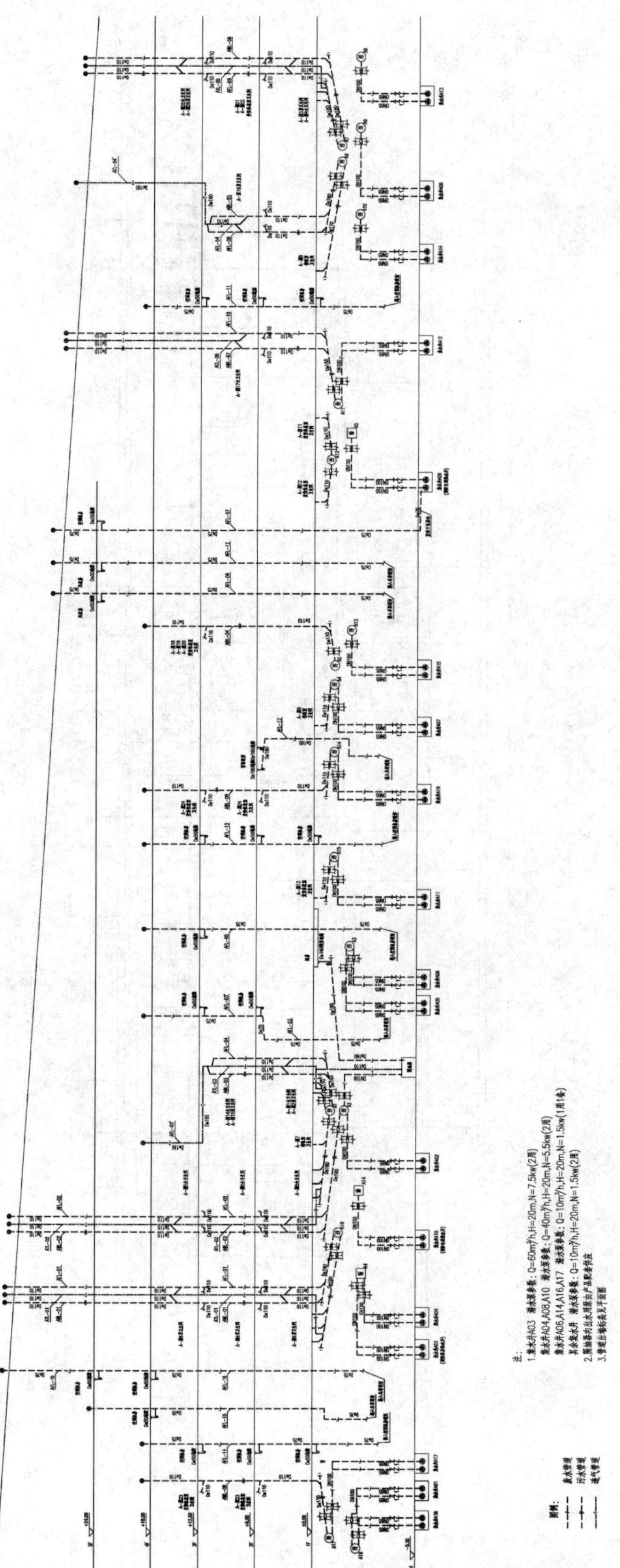

A区排水展开系统原理图

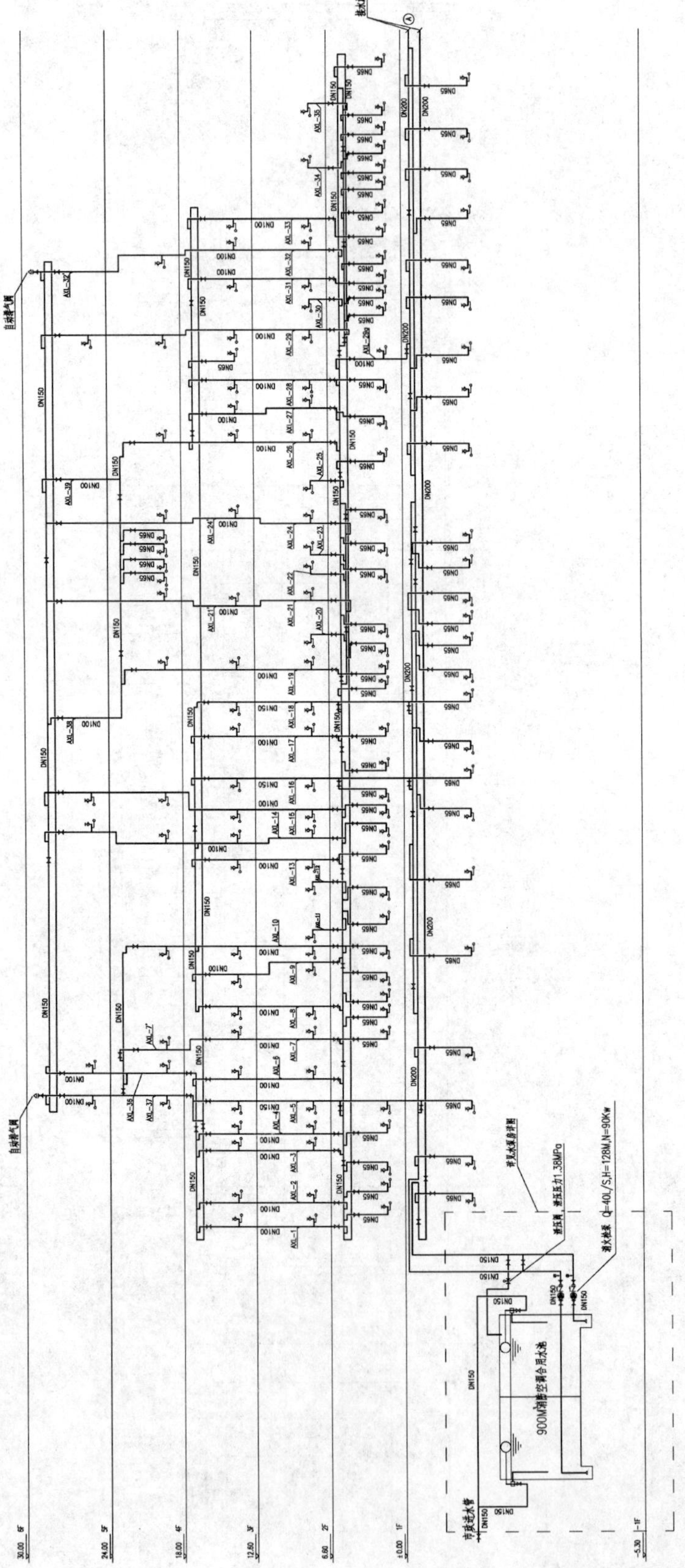

会议厅消火栓系统展开图

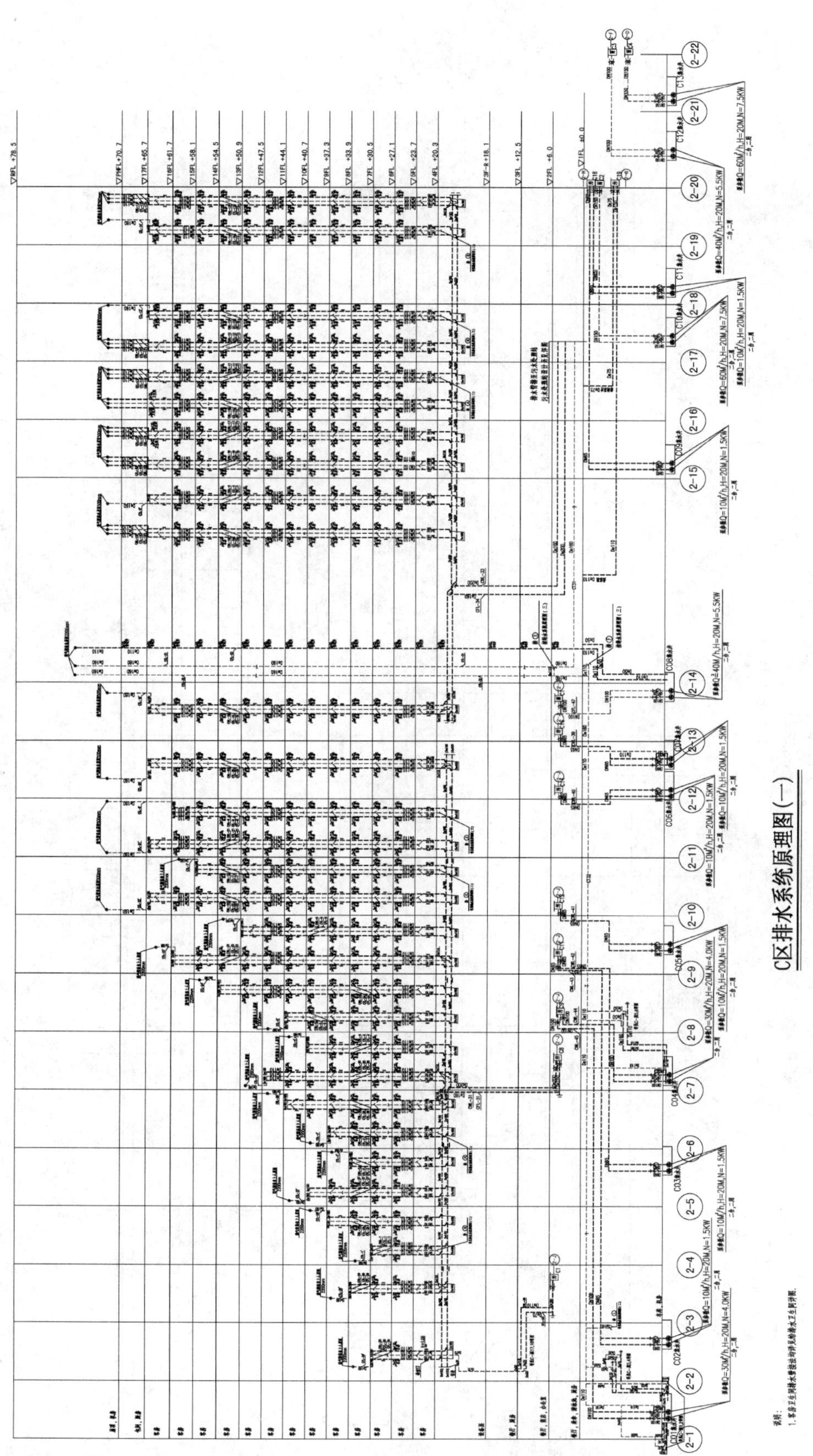

C区排水系统原理图(一)

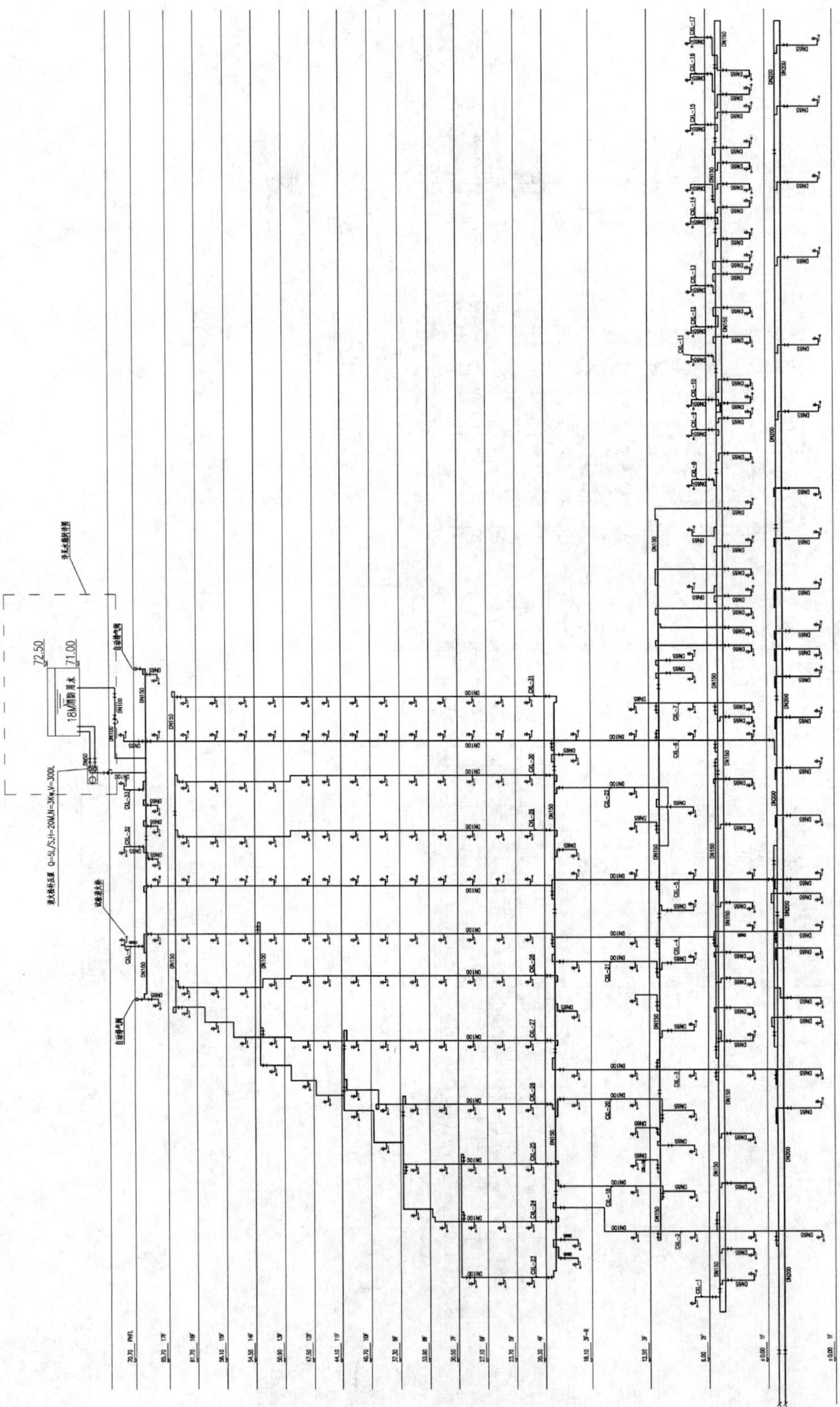

酒店消火栓系统展开图

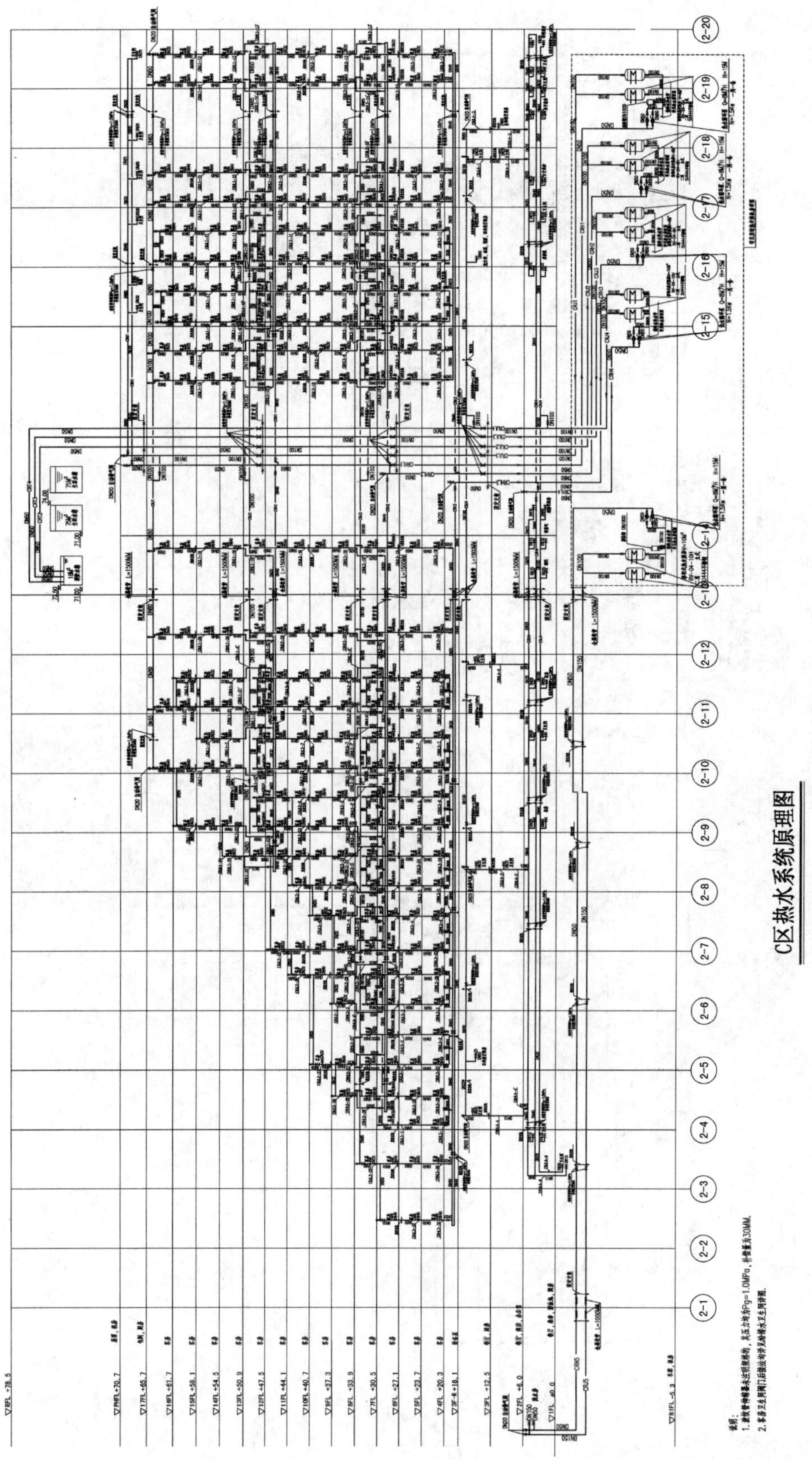

C区热水系统原理图

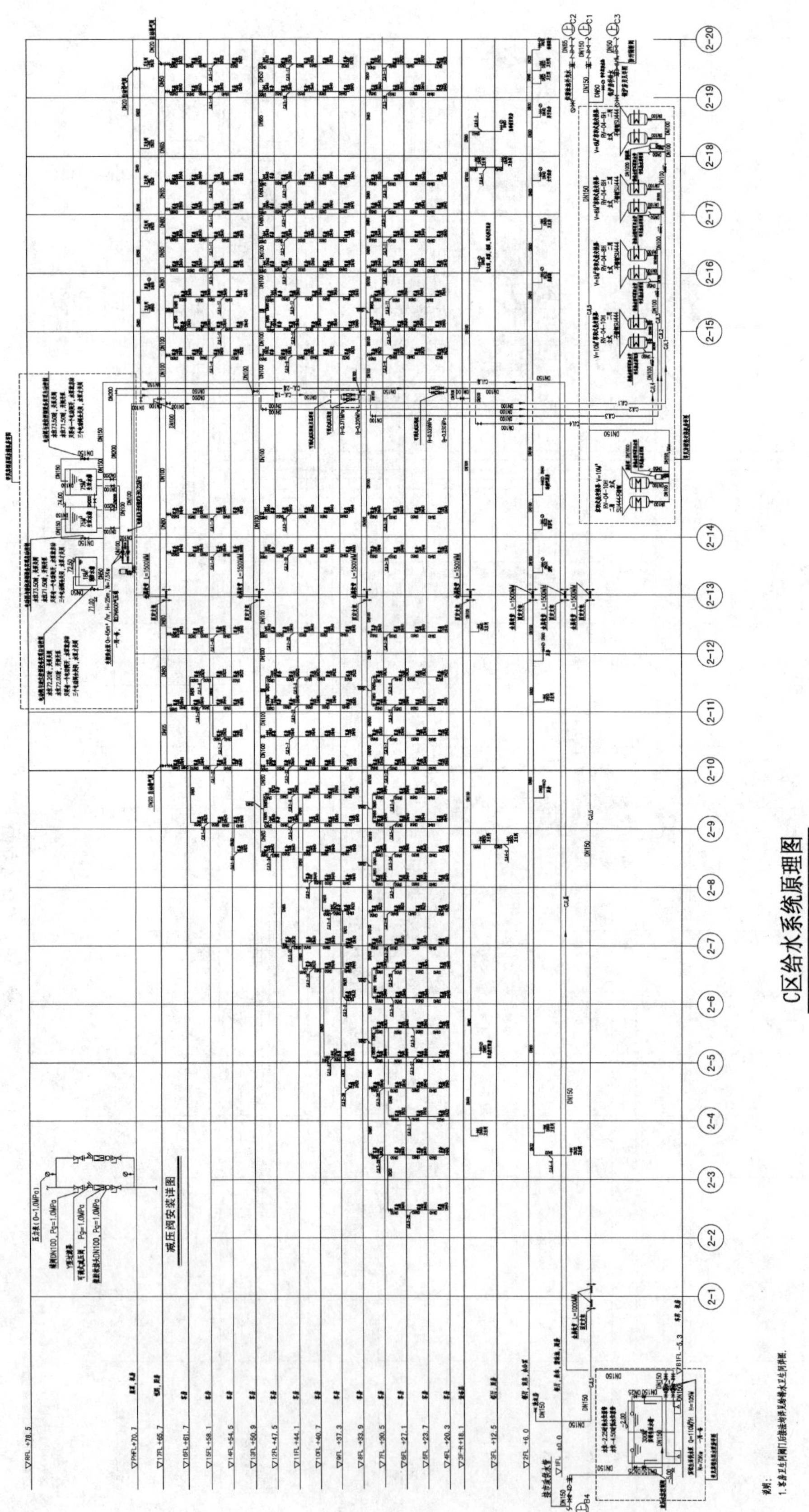
减压阀安装详图
2-1
2-2
2-3
2-4
2-5
2-6
2-7
2-8
2-9
2-10
2-11
2-12
2-13
2-14
2-15
2-16
2-17
2-18
2-19
2-20

C区给水系统原理图

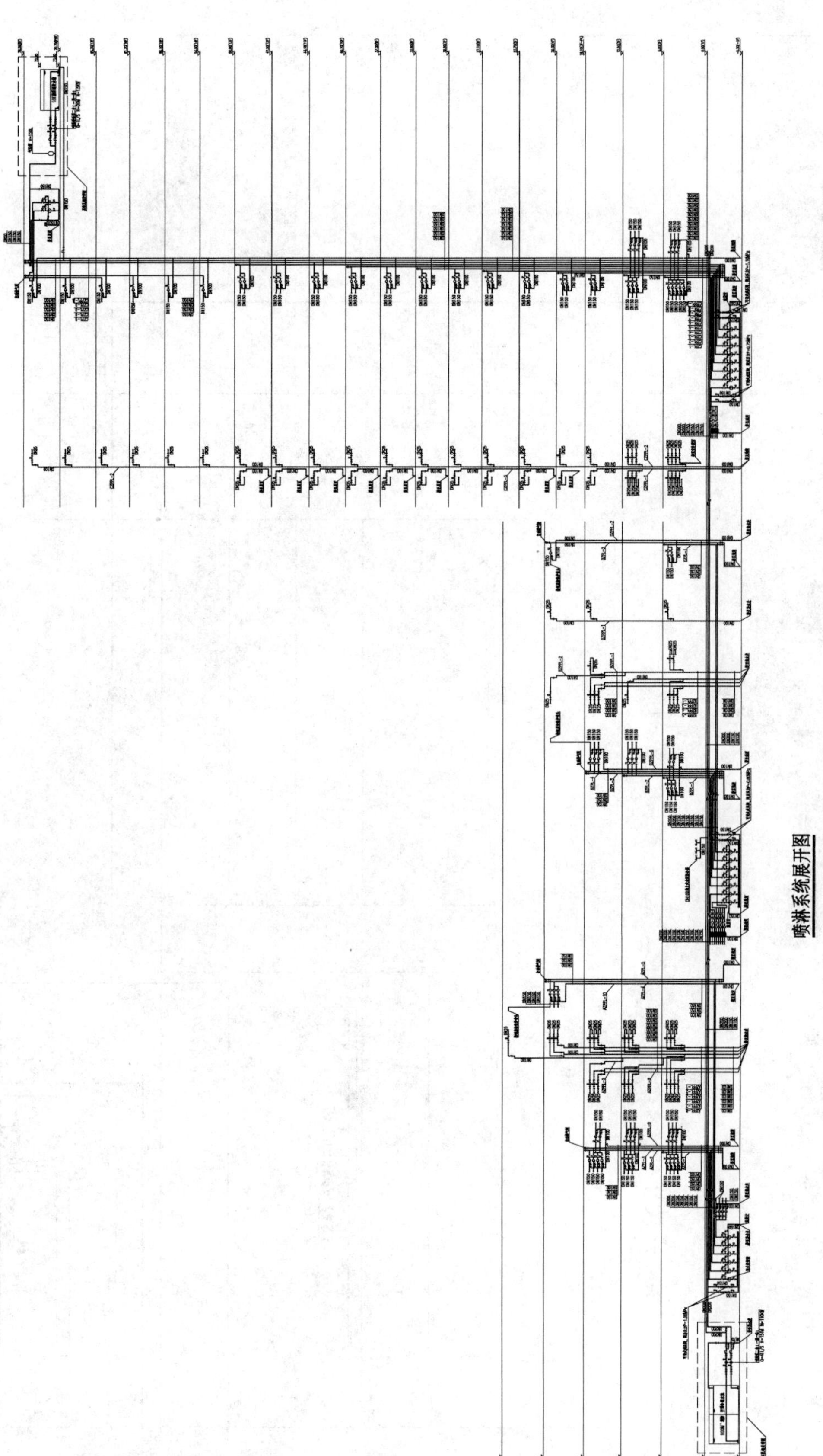

喷淋系统展开图

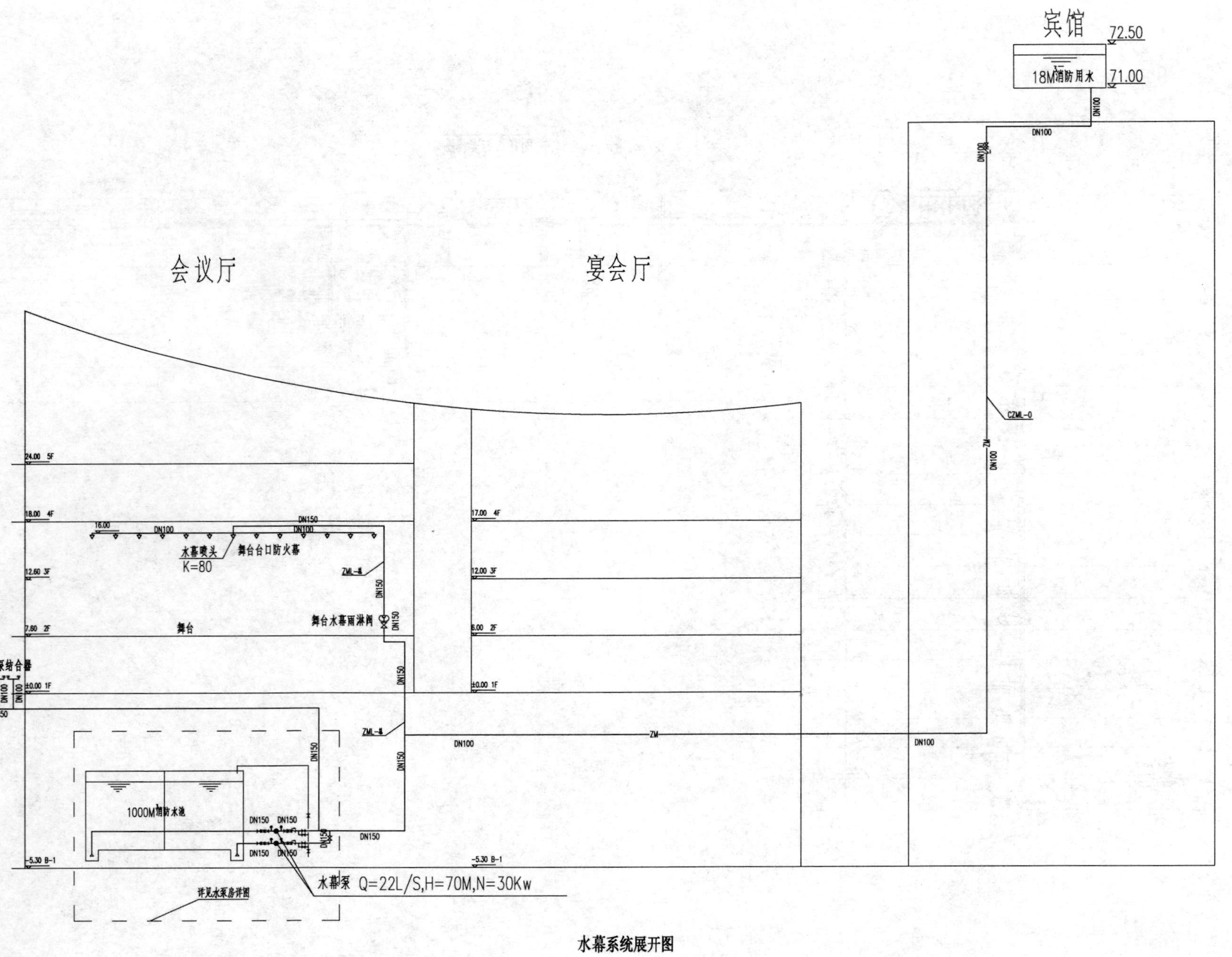
宾馆
72.50
18M³消防用水
71.00
DN100
CZML-0
ZM
会议厅
宴会厅
24.00 5F
18.00 4F
16.00
DN150
DN100
水幕喷头
K=80
舞台台口防火幕
ZML-Ⅲ
12.60 3F
舞台水幕雨淋阀
7.60 2F
舞台
水泵结合器
±0.00 1F
DN150
17.00 4F
12.00 3F
6.00 2F
1000M³消防水池
ZML-Ⅲ
-5.30 B-1
水幕泵 Q=22L/S,H=70M,N=30Kw
详见水泵房详图

水幕系统展开图

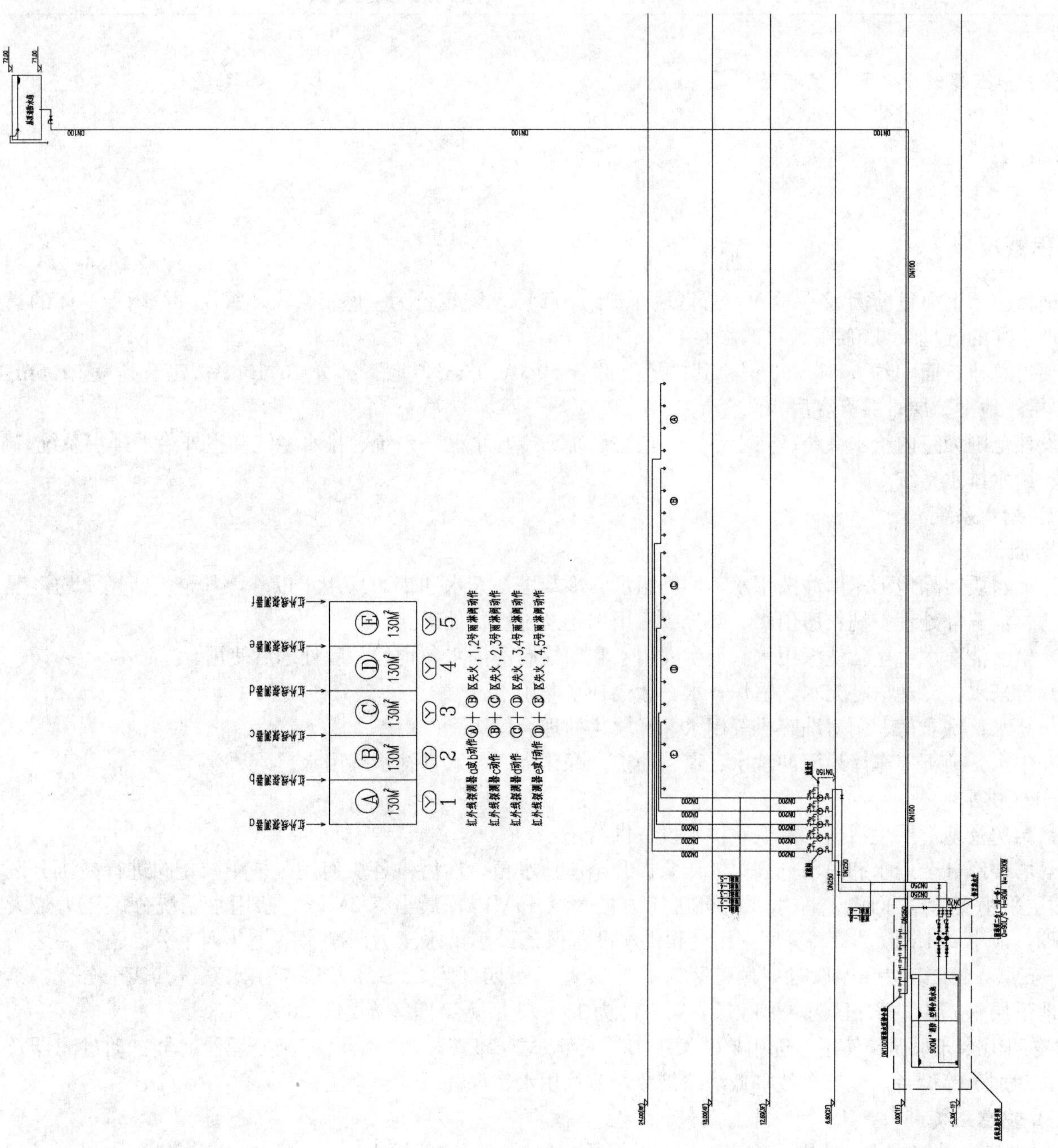
A 130M²
B 130M²
C 130M²
D 130M²
E 130M²
1
2
3
4
5
红外线探测器a或b动作Ⓐ+Ⓑ区失火，1,2号雨淋阀动作
红外线探测器c动作 Ⓑ+Ⓒ区失火，2,3号雨淋阀动作
红外线探测器d动作 Ⓒ+Ⓓ区失火，3,4号雨淋阀动作
红外线探测器e或f动作Ⓓ+Ⓔ区失火，4,5号雨淋阀动作

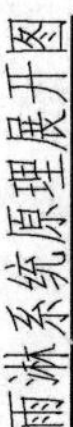

雨淋系统原理展开图

世博村（A地块）VIP生活楼项目

设计单位：华东建筑设计研究院有限公司
设 计 人：徐琴　叶俊等
获奖情况：公共建筑类　三等奖

工程概况：

本项目位于上海世博园区A地块，总占地面积约67246m²，定位为一座集会议、餐饮、休闲于一体的具国际管理水准的五星级城市酒店。

本项目总建筑面积约66511.93m²；其中地上部分50401.93m²，地下部分16110m²；建筑高度97.5m；地上26层；地下2层；共有客房407套。

本设计范围为室内给水系统、热水系统、消防系统、冷却水循环系统、排水系统和室外给水排水系统。

一、给水排水系统

（一）给水系统

1. 分质供水

为保证水质，除地下车库冲洗用水、冲厕用水、冷却塔补充水和锅炉房用水以外，其余生活用水均经混凝、过滤、消毒等处理。洗衣房用水、部分厨房用水还经过软化处理。

（1）生活洁净水：生活洗涤用水（卫生间用水和餐饮厨房用水）均经深度处理后使用。

（2）自来水：冷却塔补充水、锅炉补水、泳池补水等用水。

（3）软水：洗衣房、厨房洗碗机等用水，经软化处理后使用。

（4）中水：地下停车库地面冲洗水、道路冲洗、绿化浇洒、水景补水等用水。

2. 分区供水

（1）裙房及地下层生活用水由变频供水设备供给。

（2）塔楼部分杂用水和净水分别由加压泵提升至屋顶水箱，然后供各层使用。采用减压阀进行减压分区（局部楼层采用支管减压阀），净水系统分区压力最大0.45MPa，最小0.2MPa，杂用水系统分区压力最大0.45MPa，最小0.1MPa。最高分区采用变频供水设备保证最小供水压力。净水系统共四个分区：第一区为地下层～5层，第二区为6～12层，第三区为13～21层，第四区为22～26层。杂用水系统共四个分区：第一区为地下层～5层，第二区为6～14层，第三区为15～23层，第四区为24～26层。

3. 空调用冷却水循环使用，选用超低噪声L形横流式冷却塔，系统上设旁流处理器、全自动过滤器及循环水自动加药等设备，能够有效降低浓缩倍数，节约用水，保证系统正常运行。

（二）热水系统

1. 热水集中供应，供应范围：客房卫生间，娱乐、餐饮、浴室等用水。

2. 系统分区同净水系统分区。在地下层水泵房内为各个分区分别设置导流型容积式热交换器和热水循环泵，热源为高温热水。系统回水采用同程设计。游泳池及SPA的热交换器分别置于各自的机房内。

（三）排水系统

1. 室内客房部分污废水分流，其余部分污废水合流，设主通气立管、环形通气管、器具通气管。厨房废水经隔油器处理后，排入室外生活污水管道。

2. 室外污废水合流，经隔栅沉砂池后排入城市污水管，雨水管直接排至城市雨水管。

3. 采用雨水回用系统，收集屋面雨水，用于绿化、道路浇洒等用水。有效地节约了自来水资源和能源。

二、消防系统

1. 屋顶消防贮水 $18m^3$，设于杂用水箱内，并在屋顶机房层设喷淋稳压设备。消防泵及喷淋泵设于地下层水泵房内，水源利用城市自来水，消防泵及喷淋泵直接从市政管网抽水。消火栓消防系统竖向共设 2 个分区（地下层～4 层、5 层～顶层），采用减压阀进行减压分区。当动压大于 0.5MPa 时，采用符合规范要求的 III 型减压稳压型消火栓。

2. 室内设自动喷淋系统。地下层通信机房及计算机房内设预作用系统，其余均采用湿式系统。

3. 锅炉房油箱间、柴油发电机房内设水喷雾系统。

4. 当餐厅营业面积大于 $500m^2$ 时，其烹饪操作间的排油烟罩及烹饪部位设 PRX 液体灭火剂的厨房灭火系统，且在燃气管道上设置紧急事故自动切断装置。

三、技术经济指标及设计特点

（一）技术经济指标

1. 生活用水量：最高日用水量 $1677m^3/d$；最大时用水量 $137m^3/h$。

2. 消防用水量：室外消火栓 30L/s；室内消火栓 40L/s；自动喷淋 36L/s。

（二）节能、节水措施

1. 卫生器具要求采用一次冲水量小于等于 6L 的节水型大便器产品和陶瓷片密封水嘴。

2. 水泵等动力设备要求采用高效率低噪声的产品；变频泵组应具有自动调节转速和软启动功能。

3. 热水管采用保温材料进行保温，以防热量损失。

4. 在冷却塔补充水、客房层的给水、泳池补水、SPA 中心给水、每一厨房的给水、洗衣房的给水、地下停车库地面冲洗水、道路冲洗、绿化浇洒、水景补水等处均设水表计量。

5. 采用雨水回用系统，收集屋面雨水，用于绿化、道路浇洒等用水，有效地节约了自来水资源和能源。

四、工程照片及附图

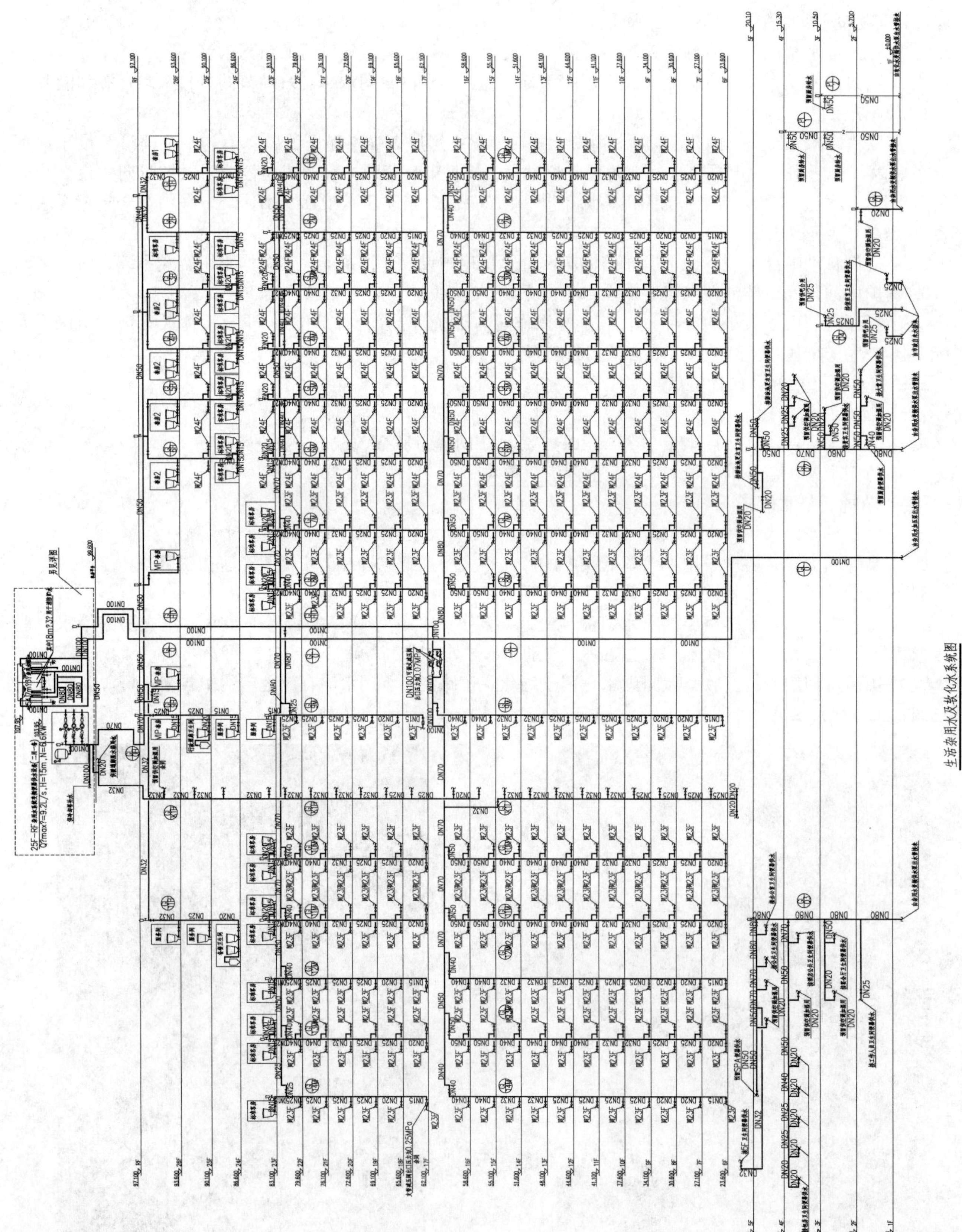

生活杂用水及软化水系统图

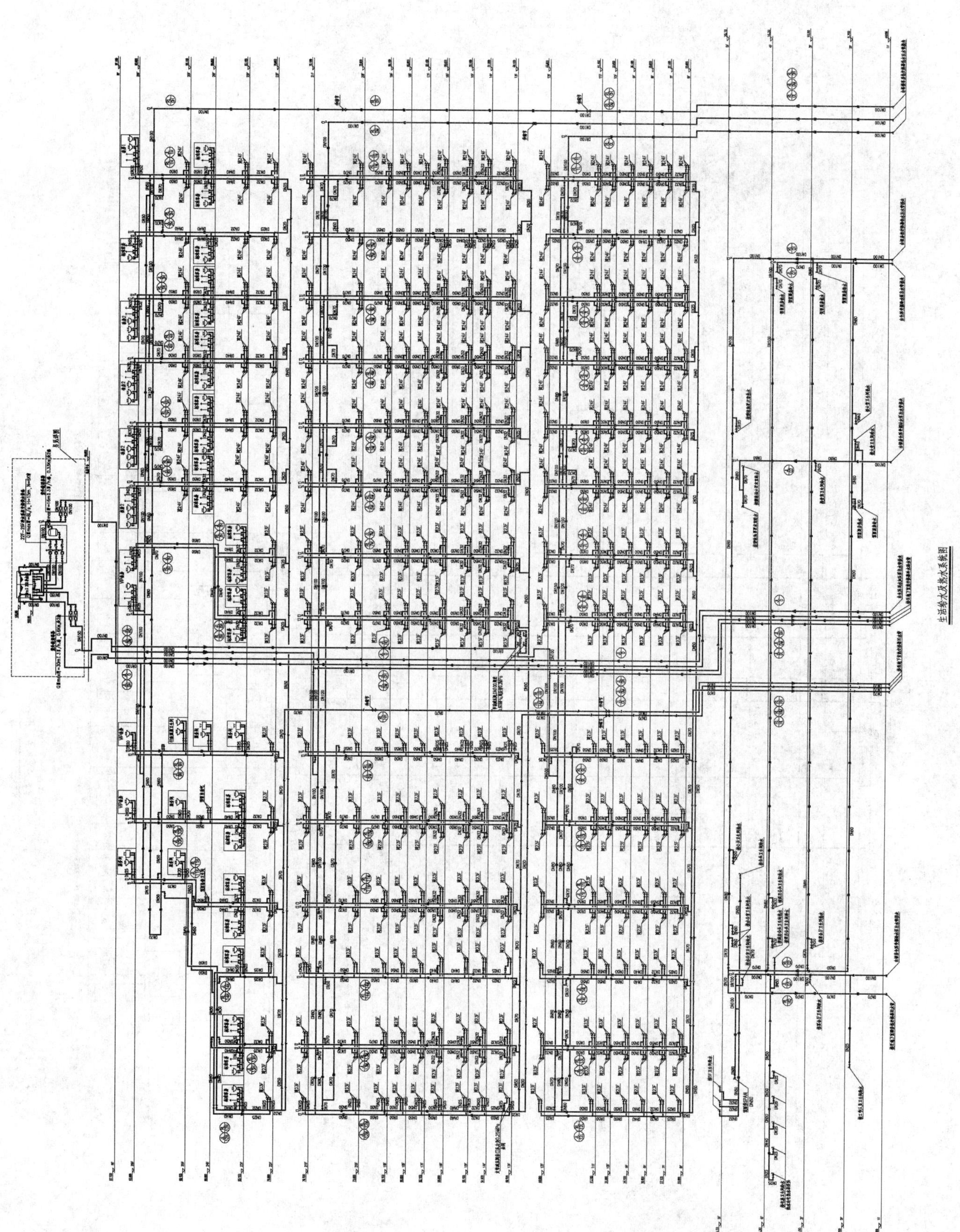
生活给水及热水系统图

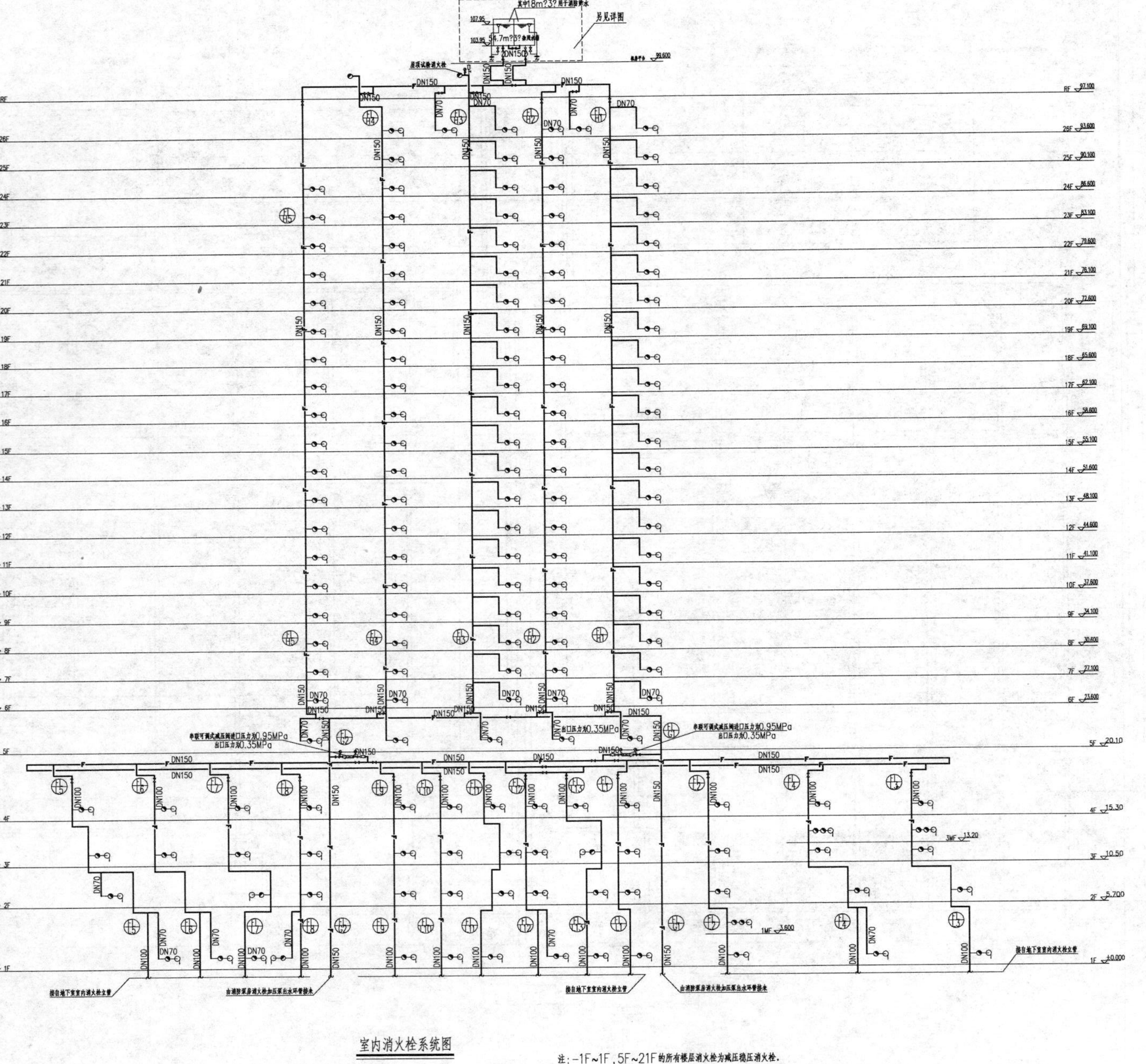

室内消火栓系统图

注：-1F~1F，5F~21F的所有楼层消火栓为减压稳压消火栓。

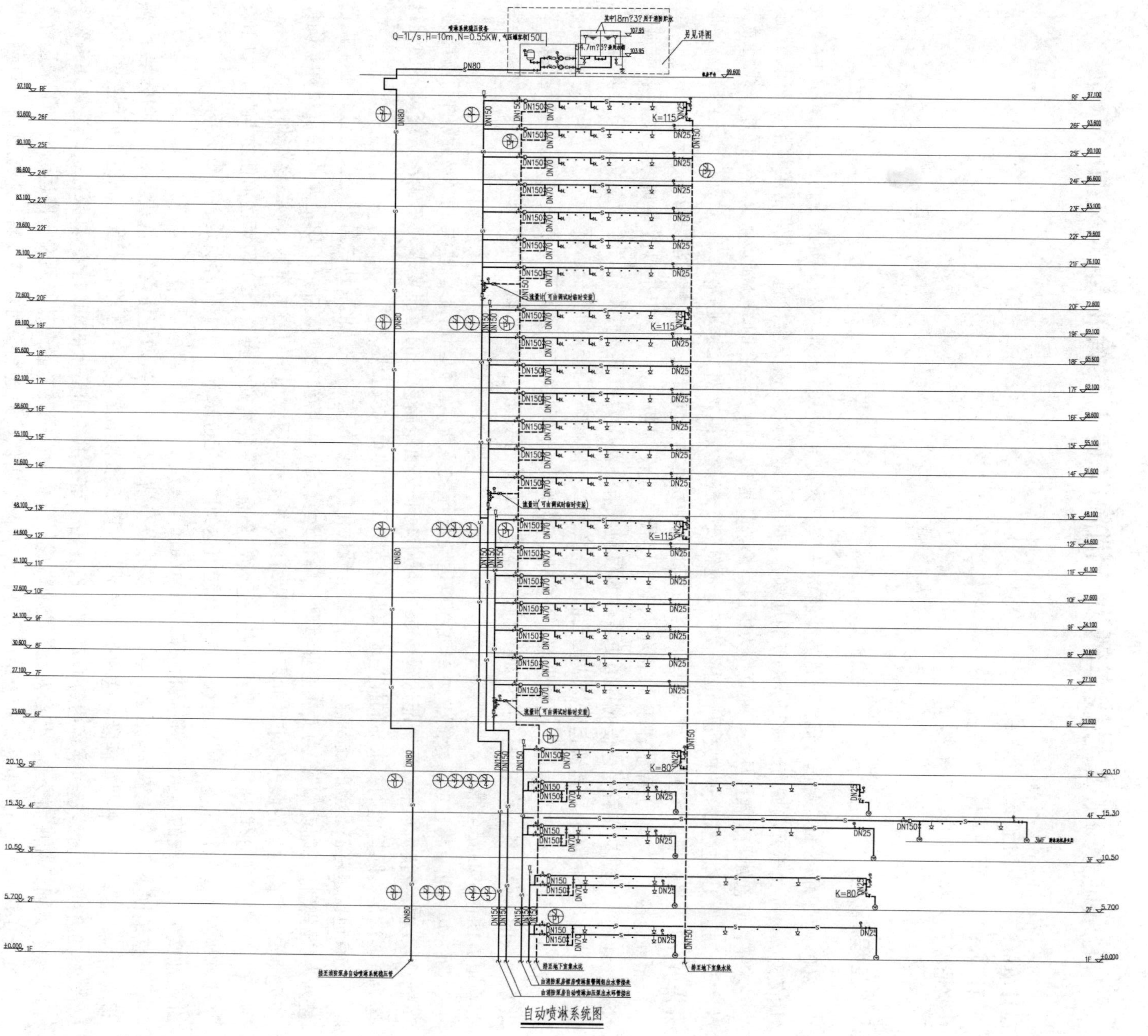

自动喷淋系统图

北京地铁1、2号线车辆设备消隐改造工程给水排水及消防系统

设计单位：北京城建设计研究总院有限责任公司
设 计 人：李学刚　梅棋　周炜　邹鲁　张海波　于威　马崴　杨卉菊
获奖情况：公共建筑类　三等奖

工程概况：

2003年2月18日，韩国大邱市地铁发生特大火灾。火灾导致198人死亡和147人受伤。国务院即时下发《国务院办公厅关于开展城市地铁安全检查的通知》，要求立即开展地铁安全检查，认真制定和落实整改措施，进一步完善应急处置和救援预案。北京作为中国首都，既是2008年奥运会的举办城市，又是全国地铁线路最长的城市，成为工作检查的重中之重。国务院成立地铁安全检查小组，对北京地铁1、2号线进行安全检查评估，并提出若干意见。根据该意见，北京市交通委责成北京地铁运营公司开展1、2号线消隐改造工程。

北京地铁一、二期工程始建于20世纪六七十年代，建设初期的指导思想是以战备疏散为主，兼顾城市交通。地铁一、二期工程受建设时期历史条件的限制，未设置作为地下公共交通设施应具备的安全防范系统设施。这些给今时的北京地铁运营造成极大的安全隐患，直接影响到地铁的安全运营。

韩国大邱地铁火灾事故后，由建设部、公安部、科学技术部和铁道部等部委组成的地铁安全督查组，对北京地铁的运营设备、设施进行了全面检查。具体提出了供电系统、机电系统、信号系统、通信系统、车辆和轨道方面存在的安全隐患。

2008年，北京将建成5号线、10号线和奥运支线等数条新线。而当时北京地铁1、2号线的运输能力，车辆、系统设备技术水平，远不能达到2008年城市轨道交通线路规划的运能要求。车辆、系统设备的设计运力不能满足实际运能的要求，同样是地铁1、2号线存在的重大安全隐患。

北京地铁是首都北京的重要窗口，也是城市现代化的重要标志之一。北京地铁虽然是公益性事业，但已被列为“经营性基础设施”。为完善企业管理，降低运营成本，增加企业效益，实现企业的经营目标，确保长远的安全和高质量的服务需求，北京地铁需要有较高技术水平和稳定可靠的车辆、设备系统作保障。

因此，要确保北京地铁1、2号线的安全运营，全面消除各类安全隐患，2008年之前使之与城市轨道交通线网规划的运能相适应，使客运服务水平和能力达到国际先进水准，并不断降低运营管理成本，就必须对北京地铁1、2号线的车辆设备进行相应的配套改造。

北京地铁1、2号线工程全长为54km，全线共设车站32座（本次改造不含复-八线车站），均为地下站，设有古城车辆段和太平湖车辆段。这两条线路是国内第1条和第2条地铁线路，运营时间近40年。

2002年1、2号线运送乘客达到4.79亿人次，占全市公共交通运量的11.1%。如果停运改造，还将影响13号线、八通线和地面交通，势必对北京交通造成严重影响。因此消隐改造必须在不停运的前提下来进行。

当时国内尚无在不中断正常运营下的大规模综合改造实例，缺乏相关可借鉴经验。本工程尚为首例，具有划时代意义。工程不仅填补了轨道交通改造领域的空白，而且对国内其他城市轨道交通单专业系统和全面整体性改造在满足改造需求、规避风险、项目可实施性等多方面均具有实际的借鉴、指导意义。

消隐改造包括众多专业，其中给水排水专业作为最直接参与消防灭火和水灾排除的专业，成为消隐改造

工程的重中之重。改造前本专业主要有以下安全隐患：

1. 设备、设施超期服役，存在设备老化带来的安全隐患。包括各类水泵、阀门、仪表、管道。

2. 饮用水卫生安全的隐患。改造前给水系统为生活与消防合用系统，且水源少，根据管网容量和车站用水量计算，自来水需在管网内流动4d才可到达最末端车站。且原有管材为灰铸铁管，内部已成蜂窝状锈丝，严重影响水质。

3. 消火栓系统存在水量不足、水压不够的安全隐患。改造前全线32座车站，仅有9根自来水引入管与给水合用干管连接，且未设消防专用增压泵。

4. 重要设备机房未设置气体灭火系统，存在安全隐患。

5. 隧道洞口雨水泵站的排水量，不能满足新版规范要求。

本专业主要针对以上安全隐患，提出解决方案。由于是不停运改造，主要设备和系统的施工安装已经在2008年完成，并于北京奥运会前投入使用，工程竣工验收时间是2009年10月。

由于本工程规模特别巨大，含地下车站32座、区间隧道约50km，两座车辆段的建筑单体约20座。所包含的给水排水系统也极为复杂，两座车辆段相对独立，但新建建筑单体与既有建筑单体采用不同系统、不同标准进行改造设计。各座车站的给水排水系统除个别车站有联系外基本独立。车站与区间消防给水系统为互相联系。受篇幅所限，以下各系统说明中，对常规做法的设计方案将仅进行概述，对有特点的系统进行一一详述。

一、给水排水系统

古城车辆段与太平湖车辆段，现况采用的是生产、生活及消防共用的给水系统。在段内铺有室外环状供水管网，现况各单体的生产、生活用水和消防用水均接自该管网。该系统现况为变频水泵供水方式。现有室外给水管为给水铸铁管，由于使用多年，腐蚀严重，拟将现有室外给水管线根据现有的标高、路由、管径进行更换。

对于两段新建的13座单体建筑，按新的规范要求进行设计，采用生产生活给水系统与消防给水系统相互独立的给水模式。新建建筑单体无高层，均为两层或单层厂房，因此给水系统相对而言比较简单，利用既有段内室外管线的供水压力和供水能力即能满足用水要求，以下不再作具体介绍。

对于车站而言，1、2号线原系统同样采用的是生产、生活及消防合用的给水系统。给水形式为：在区间及车站站台板下铺设两路给水干管，通过连通管布置成为环状给水管网。现有的几处自来水水源与给水干管连接，生产、生活及消防用水支管均接自给水干管。

1号线原有水源为7处自备水源井，2号线原有水源为5处自备水源井，由于北京市地下水的水位逐年下降，到了20世纪90年代自备井基本无法抽取到地下水。后来在南礼士路站、八角游乐园站、五棵松-万寿路区间、古城车辆段、西直门站、东直门站、建国门站、和平门站、鼓楼站分别引入市政自来水，管径为$DN150$或$DN100$。并且在部分自来水引入管上增设了管道泵。通过这9处自来水水源为1、2号线全线32座车站提供用水。

（一）给水系统

1. 冷水用水量

鼓楼站冷水用水量见表1。

鼓楼站冷水用水量 **表1**

序号	名称	工作人员用水量		乘客用水量		车站冲洗用水量		空调补水量		未预见水量
1	用水标准	50L/(人·d)		6L/人次		3L/(m^2·次)		0.5t/h		20%
2	单位	人数（人）	用水量（m^3/d）	人数（人）	用水量（m^3/d）	面积（m^2）	用水量（m^3/d）	运行时间（h）	用水量（m^3/d）	用水量（m^3/d）
3		64	3.2	1664	9.98	2238	4.7	18	9	8.3
4	合计	49.65								

2. 水源

采用市政自来水作为水源。

3. 系统竖向分区

无分区，车站生产生活用水为一个系统。通常自来水公司仅提供最低自来水压力，但实际使用过程中，由于地铁车站位于地下，且市政压力随地区不同而压力也不同。冬季用水量少时或距离水厂近的车站，管网压力会高一些。通过压力表检测，在水压超过 0.25MPa 的生活给水干管上设置减压阀，阀后压力控制在 0.2MPa，可减少水锤现象，保护管网，同时起到节水作用。

4. 供水方式及给水加压设备

地铁车站的生产生活给水系统一般比较简单，采用自来水为水源，自风道或出入口接入车站内部，不需加压接往各用水点，采用支状供水，设置相关水表阀门即可。本次改造工程，由于工程的特殊性，唯一在国内地铁车站中设置叠压供水设备（无负压供水设备）。通常地铁车站所需的生产、生活用水水压由市政自来水提供的压力和水量即可满足。本次改造工程，原有给水系统为消防与生活合用，改造后将分别成为独立系统。而苹果园站、52 号站、53 号站周边都没有市政自来水，其消防水源通过“多站双水源”系统解决，而生活水源只能由附近的古城水泵房解决。古城水泵房位于古城车站的西侧 500m 处，原为深井泵房，由于地下水位下降，早已无法抽取地下水。

由水泵房附近的西长安街引入一路 *DN*200 自来水引入管，通过无负压设备加压后，进入地铁区间隧道，在隧道内铺设给水干管，供给古城站、苹果园站、52 号站、53 号站和地铁技校的生产生活用水。无负压叠压供水设备目前已经研发了几代产品，其可靠性、节能性和对市政管网的保护性得到了大家的认可。本项子工程为 2004 年开工并竣工，其时无负压叠压供水设备尚属国内新型供水设备。由于改造工程的特殊性，将该设备应用到地铁车站的给水系统中来，也是一次“前无古人后无来者”的尝试。

5. 管材

生产生活给水管选用符合卫生标准的衬塑钢管。

（二）排水系统

1. 排水系统的形式

本次改造，不管是车辆段还是地铁车站，均按照污水、废水分流排放的标准进行设计。车辆段原有污水处理站，污水接入室外污水管网，进入污水处理站进行处理，达标后排放。车站的污水经泵房提升后，接入市政污水管网，废水经加压提升后接入市政雨水系统直接排放。污、废水系统较为简单，不作具体详述。下面介绍一下雨水排水系统。

2. 雨水排水系统

北京地铁 1、2 号线共设置洞口雨水泵站五座。五座雨水泵站分别设置在古城洞口、衙门口洞口、7 号洞口和太平湖出入段线洞口处，其中太平湖出入段线洞口设置了东、西两座雨水泵站。

本次改造要对超期服役的排水泵进行更换，同时也要根据现行规范规定，将水泵排水能力进行增容。5 座洞口雨水泵站中，地形地貌已经与泵站建设时期发生了较大变化，而且随着国家经济实力的增强，规范中对排雨的要求也提高了很多。现行规范已经要求排雨能力按照 50 年一遇的暴雨强度来进行设计。

通过现场勘查，对五座洞口排雨泵站有了大概了解：古城洞口与衙门口洞口的地貌变化很小，太平湖由于修建住宅楼，将原有的露天敞口段进行了封闭，因此汇水面积减少了很多。而 7 号洞口的地貌已经和原有设计图纸有了非常大的变化，汇水面积增加了约 2 倍。

经过计算古城洞口雨水量为 754m^3/h，太平湖洞口雨水量为 419m^3/h，现有水泵的排水能力完全满足排水要求。衙门口洞口雨水量为 1056m^3/h，而现有水泵排水能力为 910m^3/h，稍作增容即可解决排雨问题。唯有 7 号洞口排雨泵站，现有排水能力为 950m^3/h，计算排雨量达到 2412m^3/h，需要研究其解决方案，以确保地铁安全运营。

该泵站始建于1969年，位于北京地铁1号线53号站以西150m左右的7号洞口线路北侧。泵房距洞口大门约2m，泵房屋顶为一后建变压器室。线路南北两侧均为重力式挡土墙，墙体分为两层，南侧高11m，北侧高13.5m。墙身设有完整的截、排水系统。

线路南北两侧各有一道排水沟，雨水汇集到排水沟内，流至排雨泵站集水池内。室外现有排水明管管径为$DN400$，雨水通过$DN400$排水管，排至距泵站西侧约800m的排洪沟内（进排洪沟前有约200m埋地管线）。

泵站内设有排雨泵3台，其中：2台10LP-400/22（$H=22$m，$Q=400\text{m}^3/\text{h}$，$N=40$kW）

1台6LP-10（$H=25$m，$Q=150\text{m}^3/\text{h}$，$N=22$kW）

现况排雨能力为950m^3/h，总电量为102kW。室外排水管管径为$DN400$。集水池容积为57m^3，有效容积为45m^3。现有变压器为250kW。

计算雨量：

按照50年一遇的暴雨强度计算，雨水量公式为：$Q=q\Psi F$

其中：Q——雨水量（m^3/h）；

q——暴雨强度，$q=0.0739\text{L}/(\text{s}\cdot\text{m}^2)$；

Ψ——径流系数，$\psi=0.9$（沥青或混凝土地面）；

F——汇水面积，$F=10068\text{m}^2$。

结算结果：排雨量$Q=2412\text{m}^3/\text{h}$。

根据可研报告的审查意见和给水排水专业设计任务书，“按照50年一遇的暴雨强度计算后，对主排水泵进行选型更换。”暴雨强度为7.39L/(s·100m^2)，汇水面积约10068m^2，该泵站设计流量应为：2412m^3/h（现况950m^3/h）。

从而进行选泵：

2台14LP-20($H=22$m,$Q=1000\text{m}^3/\text{h}$,$N=90$kW)

1台10LP-420/22($H=22$m,$Q=420\text{m}^3/\text{h}$,$N=45$kW)

根据排水量，还需将现有$DN400$铸铁管更换为$DN600$，将现有地下集水池体积增加至210m^3，即在泵站西侧的挡土墙下，增加一个约115m^3的集水池，与现有集水池连通，使集水池有效容积达到83m^3（地铁规范规定“不小于最大一台水泵5～10min的出水量”）。还需将现有变压器增容至400kW。

在既有泵站地下水池西侧新做全现浇混凝土地下室，与已有泵站地下水池共用北侧混凝土墙（开洞连通），其余墙板植筋连接，并对已有泵站地下水池底板进行结构加固补强，并重作整体防水。此外，扩建工程对已有挡土墙结构造成了破坏，必须对挡土墙进行加固改造，以保证安全。加固主要包括拆除重建和边坡注浆两部分。

综合考虑以上原因，常规做法将带来以下几方面十分棘手的问题：

（1）更换管线时，有大约150m埋地管线位于民房或当地居民的田地下，带来拆迁问题。

（2）变压器增容报装困难。(受供电局制约)

（3）土建改造实施难度大。

在土建结构形式受限，用电负荷受限的情况下，按照新建泵站的思路进行改造显然无法实施。为了减少土建工程，避免工程出现拆迁。原则上不对泵站土建进行大的改动，并且不对现有水泵排水管进行改造。本工程共需排除雨水量为2412m^3/h，将其分成两部分进行排除。第一部分是能够通过现有水泵的适当增容来排除的部分，第二部分为不能够通过现有水泵的适当增容来排除的，称之为“剩余雨量”。

经过方案论证，剩余水量利用临时泵来进行排除。在洞口处利用既有暗沟和集水池内的空余面积，增设潜水泵及排水管并预留电源接口，雨期配置临时电源，手动开泵排水。

根据计算结果，水泵增容后的剩余雨量为 1152m³/h，因此再设置 5 台排水量为 240m³/h 的潜水泵，预留电源接口。为避免雨水回流，排水管沿挡土墙铺设至临边的军区大院绿化带内。当气象部门发布暴雨预警时，将移动式发电机运至泵站处，接通电源即可作为防汛设施使用。

二、消防系统

（一）消火栓系统

1. 北京地铁 1、2 号线车辆、设备消隐改造工程，首创了“多站双水源”消火栓给水系统概念。地铁中的消火栓给水系统与民用建筑存在很大区别，地铁站与站之间是有区间隧道联通的。而且站与站之间的消火栓给水管也是联通的，因此形成是一个类似于市政管网的小系统。改造前车站采用的是生产、生活及消防合用的给水系统，系统形式为：在区间及车站站台板下铺设两路给水干管，并在车站端头和区间内设置连通管，使之成为环状给水管网。全线 32 座车站仅有 9 根自来水引入管与给水干管连接，未设消防泵。区间给水干管部分管径为 *DN*100，不能满足消防水量要求。新建地铁线通常每站都会引入消防水源确保消防用水安全。但对于既有地铁线改造，由于车站周边市政管线的管径限制或周边无市政水源，不能确保每一座车站都能引入消防水源。

如图 1 所示，北京地铁 1、2 号线消隐改造工程中所采用的“多站双水源”系统，是将相邻的 2～4 座车站作为一个单元区段，选择其中的 2 座车站引入消防水源，并设置消防泵加压以保护整个单元区段。全线共划分了 11 个单元区段，其中“2 站双水源”有 3 个单元区段；“3 站双水源”有 7 个单元区段；“4 站双水源”有 1 个单元区段。“多站双水源”系统与站站引水系统相比，其优点为：需要引入的水源较少，实施难度较小，投资较低，减少不可控因素，对现有人防结构破坏较小，工程的可实施性较高。缺点：单元区段的压力较大，控制模式相对复杂。

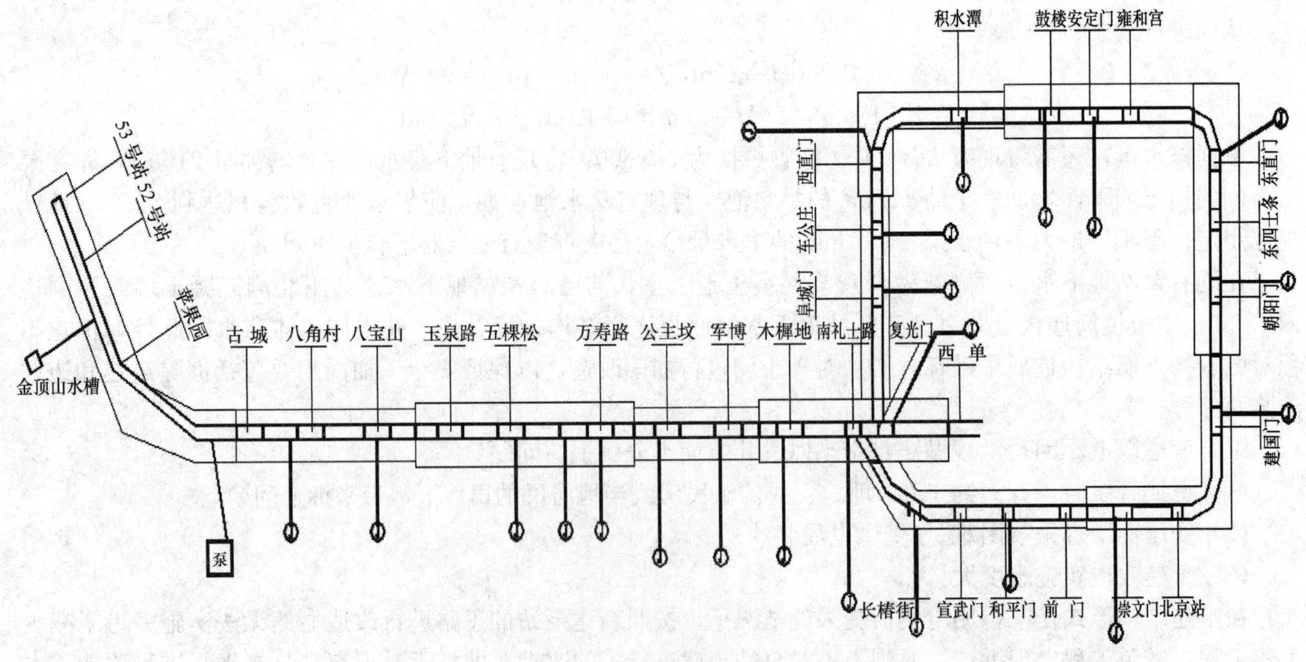

图 1 地铁 1、2 号线示意

2. 1、2 号线工程的车站基本紧邻长安街与二环路等繁华路段，引水施工会对路面交通造成很大影响。自来水引入需要穿风亭，会破坏现有的人防结构墙。奥运会前期，路政部门对破路施工管理极其严格，原则上不允许对长安街及二环路破路施工，因此室外引水工程的不可控因素存在极大风险。考虑到自来水公司的咨询方案中，某些车站周边仅有 *DN*200 市政自来水，甚至个别站周边无自来水管网。经过消防局组织的专家论证，1、2 号线消隐改造最终采用了可实施性较高，投资较低的“多站双水源”模式。

“多站双水源”系统是全新的消火栓给水系统，在我国轨道交通领域第一次应用，并于 2010 年 12 月顺利通过了消防局的消防验收，其安全性和可靠性可以与“站站引水”模式相媲美。

每个单元区段都设置有两处消防泵房，每座泵房内设两台立式消防泵，一用一备。自来水引入管设置倒流防止器，由消防泵直接抽水加压，不设置消防水池和消防水箱，利用自来水压力进行稳压。当工作泵发生故障时，备用泵应自动投入运行。消防泵定期进行自动低频巡检。单元区段内某处失火时，启动就近站的消防泵，如该站水源故障，启动另一站的消防泵。

3. 全线水力计算较多，且计算原理相同，因此仅以前门-和平门-宣武门-长椿街供水单元为例。计算模型见图 2。

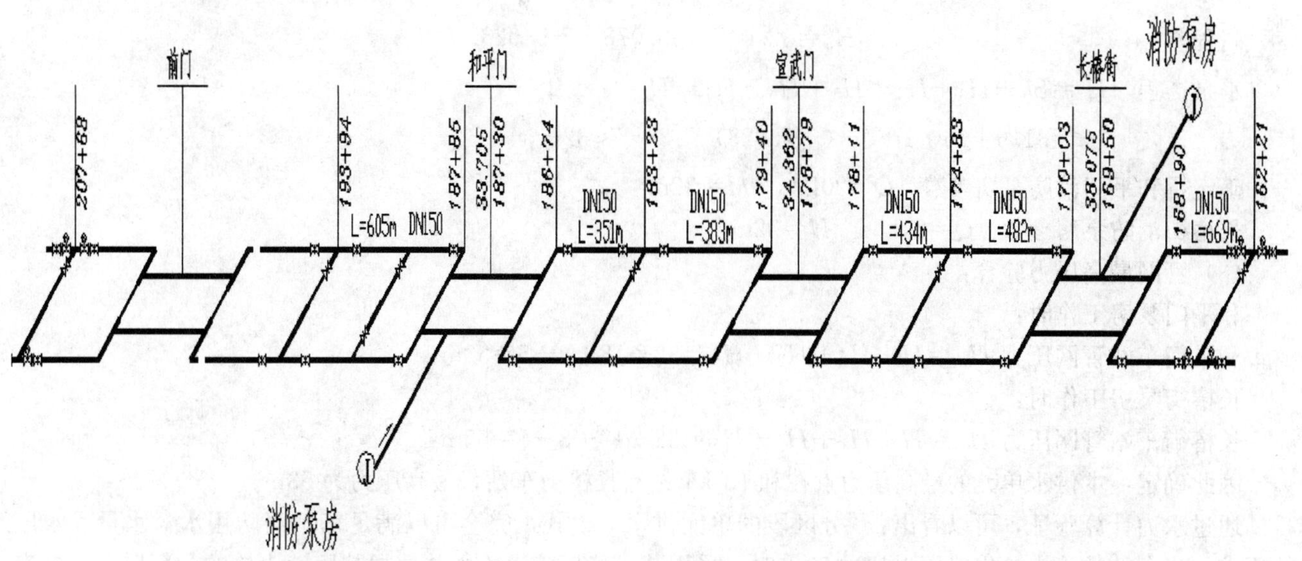

图 2　管道水力计算简图

模型参数：

消防流量：Q＝20L/s（按车站着火计算）

自来水压力：H_1＝18m

车站埋深：H_2＝8m

减压型消火栓口前压力 H_3＝26m（栓口后出水 20m）

最不利消火栓与水泵出水口的高差 H_4＝1m

倒流防止器水损 H_5＝5m

车站管网长度 L_2＝200m

连通管长度 L_3＝20m

沿程阻力 1000i＝16.9（*DN*150，通过 20L/s 时）

沿程阻力 1000i＝4.69（*DN*150，通过 10L/s 时）

（1）和平门车站消防泵房对长椿街车站的最不利情况：

选择一最长区段（长椿街东侧）在火灾时发生管网故障：L_1＝482m。

故障段沿程水损：h_1＝16.9×482/1000＝8.15m

其他段沿程水损：

$$h_2=(20+200\times3+434+383+351)\times4.69/1000=8.39\text{m}$$

全部水损： $\sum h=(h_1+h_2)\times1.3=(8.15+8.39)\times1.3=21.5\text{m}$

高程差 $H_6=38.075-33.705=4.37\text{m}$

水泵扬程 $H=\sum h+H_3+H_4+H_5+H_6-H_1-H_2$

$$=21.5+26+1+5+(4.37)-18-8\approx32\text{m}$$

(2) 长椿街车站消防泵房对前门车站的最不利情况：

选择一长区段在火灾时发生故障 $L_1=605\text{m}$，车站管网长度 $L_2=400\text{m}$

$$h_1=16.9\times605/1000=10.22\text{m}$$

$$h_2=(20+200\times4+434+383+351+482+539)\times4.69/1000=14.1\text{m}$$

$$\sum h=(h_1+h_2)\times1.3=(10.22+14.1)\times1.3=31.6\text{m}$$

高程差 $H_5=32.047-38.075=-6.028\text{m}$

水泵扬程 $H=Sh+H_3+H_4+H_5+H_6-H_1-H_2$

$$=31.6+26+1+5+(-6.028)-18-8\approx32\text{m}$$

确定：和平门消防泵房参数 $Q=20\text{L/s}$ $H=32\text{m}$

长椿街消防泵房参数 $Q=20\text{L/s}$ $H=32\text{m}$

(3) 管网最高压力验算：

和平门泵房工作时：

和平门车站管网压力 $H_m=H+H_1+H_2-H_5=32+18+8-5=53\text{m}$

长椿街泵房工作时：

长椿街车站管网压力 $H_m=H+H_1+H_2-H_5=32+18+8-5=53\text{m}$

因此确定：本供水单元的最高压力点在和平门车站与长椿街车站，最高压力为53m。

通过水力计算验证，可以看出："分区段的单元供水"模式，完全可以满足车站消防用水对水量、水压的要求。当车站的消火栓出口压强超过50m时，采用减压稳压消火栓，并根据减压消火栓的参数提高主泵房和备用泵房的消防泵扬程，并重新核对。

4. 消防给水系统在每个单元区段内形成相对独立的环状管网，区段间的共用联通管附近设置四个电动阀门。电动阀平时全部打开，当某车站或区间有火灾时，靠近该车站或区间的相邻供水分区电动阀由火灾自动报警系统关闭。如图3所示：当西直门-积水潭区段发生火灾时，关闭ABCD四个电动阀，其他区段同理。

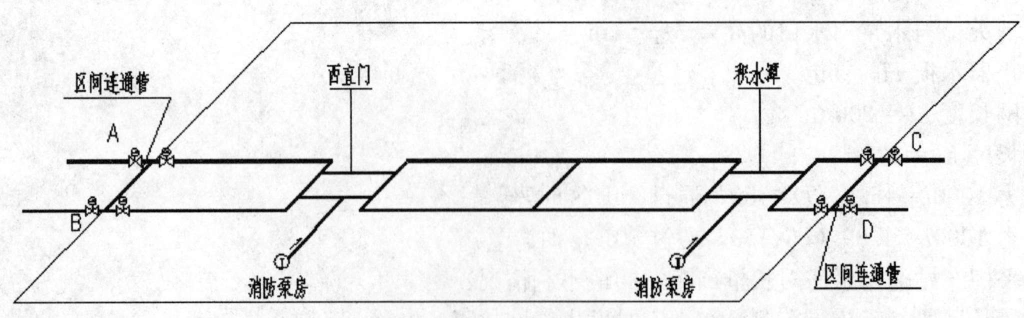

图3 电动阀门控制示意

5. 车站消火栓间距应按相关规范及计算校核确定，单口单阀消火栓一般不大于30m，双口双阀消火栓一般不大于50m。车站内尽量按单口单阀消火栓进行设置，站台层因受建筑布局等因素影响，可考虑设置双口双阀消火栓。车站内设置大型薄型消火栓箱，上部设 $DN65$ 的单口单阀或双口双阀消火栓及自救式软管卷盘，下部设3～4具MF/ABC灭火器。消火栓箱内均应设水泵启动按钮。室内消火栓的布置应保证每一个防火分区同层有两支水枪的充实水柱同时到达任何部位。

6. 在车站室外风亭附近便于消防车使用的合适位置设地下式水泵接合器井，并考虑防冻措施，在水泵接合器井15～40m范围内应有室外消火栓或消防水池取水口。设置在风亭附近的水泵接合器或室外消火栓，其位置应考虑到火灾时的使用不受车站排烟影响。

区间隧道和站台板下的消防干管，由于距离接触轨较近，易发生电化学腐蚀，因此采用球墨铸铁管（内衬水泥砂浆）。其他处消防给水管均采用热镀锌钢管。

7. 地铁车辆段消防给水系统：唯一在国内地铁车辆段中采用水塔供水的消防给水系统。受改造投资限制，车辆段原有建筑单体的消防给水系统与生产、生活给水是合用系统，本次改造仅更换了阀门、管材、管件及消火栓箱，未作系统性改造。对于新建的单体则重新修建了室内外消防给水系统。古城车辆段新建了消防泵房（含消防水池、消防泵等设施）。而太平湖车辆段位于积水潭桥西北，是罕见的城中心区车辆段，地处黄金地段，段内可利用土地极为有限。在新建了5座地铁运营之必需的单体后，段内基本仅剩道路和少量绿化用地。

改造工程的基础在于其现况，一切改造方案均建立在现况的基础之上。太平湖车辆段段内中心位置有一闲置水塔，该水塔顶部设有水池，高度28m，有效容积300m^3。根据规范规定，改造消防水量为室内10L/s，室外20L/s，火灾延续时间2h，所需消防水量为216m^3，该水池的容积完全满足使用。经过密封性测试和安全评估后，水塔的质量可靠依然可以使用，不需要额外加固修护。

因此在水塔底部设置补水泵和消防水泵（Q=30L/s，H=18m，N=18.5kW），顶部水池作为消防贮水池和高位水箱，减少了单独消防泵房和消防水池的设置，降低了工程投资。而且重力水作为消防水源是最可靠的，高位水池也提高了消防给水系统的安全性能。这种因地制宜的改造原则始终贯彻在整个改造工程中，并在多处得以体现。而最大限度地利用既有资源，也是一种节约精神的体现。

（二）气体灭火系统

1. 首次在国内地铁车站中采用“一站两制”的气体灭火系统。通常一条地铁线路的气体灭火系统只会采用一种灭火剂，这样整个工程具有统一性，也便于运营单位的维护管理。而改造工程受诸多限制条件制约，不能像新线一样。比如受到土建规模制约，各站的用房紧张程度不同，有些大站空余房间多，而有些小站用房十分紧张，很多房间都一房多用。常用的气体灭火系统有两种，即组合分配式和单元独立式。组合分配系统相比单元独立系统，具有节约投资，控制集中等优点。因此北京地铁1、2号线原则上采用组合分配式气体灭火系统，但该系统要求设置专用气瓶间，用于放置贮气钢瓶。在不具备设置气瓶间的车站，采用单元独立系统，即将贮气钢瓶直接放置于保护区房间内。

长椿街、宣武门和玉泉路三座车站，属于用房比较紧张的车站，只在车站的一端利用既有房间改造为气瓶间，而车站的另一端则没有条件设置气瓶间。因此这三座车站的气体灭火系统也就成了“一站两制”，即：一座车站，两种制式。

2. 根据工程招标，最终选用了“烟烙烬”和“FM200”两种气体。主要设计参数：烟烙烬气体灭火系统的最小设计灭火浓度为37.5%（16℃），最大设计灭火浓度为52%（40℃）。气体释放时间：在1min内使保护区域达到最小设计灭火浓度的95%。气体贮存压力150bar。FM200气体灭火系统的最小设计灭火浓度为7.5%，气体喷射时间≤7s，气体贮存压力25bar。

3. 本工程也是国内地铁工程中气体自动灭火系统首次采用独立报警和分散控制系统。比常规的集中控制系统安全性更高。每个保护区内均设置独立的烟感温感探测器警，防护区门口设置火灾报警控制器，控制器连接气瓶间的气瓶启动器（单元独立式则连接至防护区内气瓶启动器），同时各防护区的控制器也连接车控室的火灾报警主机，火灾报警主机可以实现远程监控。

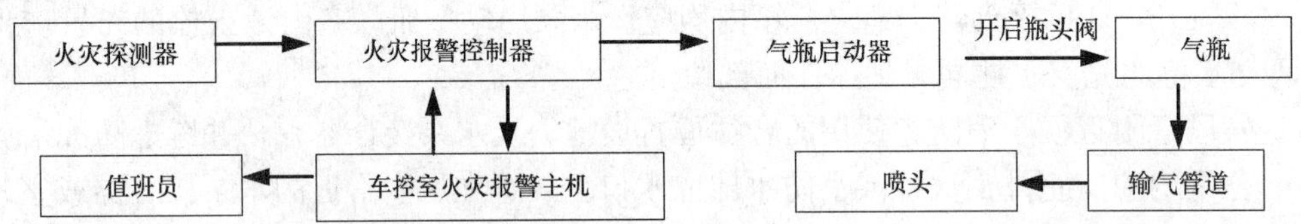

这样当某一防护区失火时，即使车站的火灾报警主机有故障，也不影响气体自动灭火系统的运行，大大提高了重要设备房间的防火安全性。

整个控制系统可实现自动控制、手动控制和应急操作三种控制方式，来控制气体喷放灭火。

三、设计及施工体会或工程特点介绍

本次改造是在不停运的前提下进行的，需要对给水管网进行改造，既要拆除旧有管网，又要安装新管网，还要把生活给水管网与消防给水管分开。而地铁正常运营是离不开水的：工作人员和乘客都需要生活用水；车站清洁卫生也需要水；消防安全保障更离不开水；施工过程中也决不能没有水，因此如何确保在整个车站不断水的条件下施工，成为本次改造最大特点，这是其他工程中非常罕见的。

1. 给水系统改造分为室内管网与室外管网两部分，水源引入工程在室外进行，由于受诸多因素限制，如：破路施工办理的各项许可证；与自来水公司协调各种手续；水表井及水管占用其他单位用地等，这些都属于不可控因素，工期无法按计划准时完成。因此在协调外部管网施工的同时，先对车站内部管网进行改造。内部管网改造完成后，继续利用现有水源。待外部水源已经解决，再利用一个夜间进行整个车站的水源倒接。

在车站内部管网改造的过程中，也不能都按照“先拆旧再装新”工序进行，由于北京1、2号线地铁站的土建模式基本一致：岛式站都是端头厅，几个侧式站布局也相近。为了保证车站在改造期间的正常运营，必须保证岛式站在两端各有一个用水点可以使用，侧式站在两侧要各有一个用水点可以使用。车站必须保留的用水点不允许在运营时间停水，其他局部用水点可以短时间停水。因此在这些用水点需要先将新的给水管道铺设完成，才可以拆除旧有管道。卫生间改造时要男、女厕错期改造，以保证工作人员的可以使用。

2. 尽管我们制定了全站不断水的施工技术要求，但对于消火栓给水管网的改造施工还要作特别分析。消隐改造需要对消防系统进行全面改造，因而对于改造期间的消防安全保障要求，必须做好充足的分析才能动工。

地铁外部灭火设施可以依靠消防车和市政消火栓，地铁内部的灭火设施主要指灭火器和消火栓。灭火器仅仅用来扑救初期火灾或小型火灾，消火栓绝对是扑救地铁火灾的重要设施。因此整个改造过程中，要求每个站或每个区间同时停止使用的消火栓数量不超过5个。消防干管是环状管网，必须分段实施改造，不可造成大面积消火栓停用的情况。

3. 主排泵站均有2～3台排水泵，更换时必须先将一台更换，试运行通过后再更换另一台。每座车站与相邻的区间主排泵站要错期更换。更换排雨泵时必须错开降雨期。

在消防保障方面，应与消防部门做好交流，在改造的工期内，请消防部门对施工的车站做好重点保护，以防万一。同时增设施工车站的手提式灭火器数量，重点是停用消火栓保护范围的区域。

在排水方面，应做好临时泵抢险措施准备，一旦发生跑水或水泵更换失败等紧急情况，可以随时投入抢险。

四、工程照片及附图

改造前的站台板下的调研

改造前的站台板下给水干管，已经锈蚀严重，且有漏水现象

出入口通道内的新装水管

7 号洞口排雨泵站方案专家现场踏勘

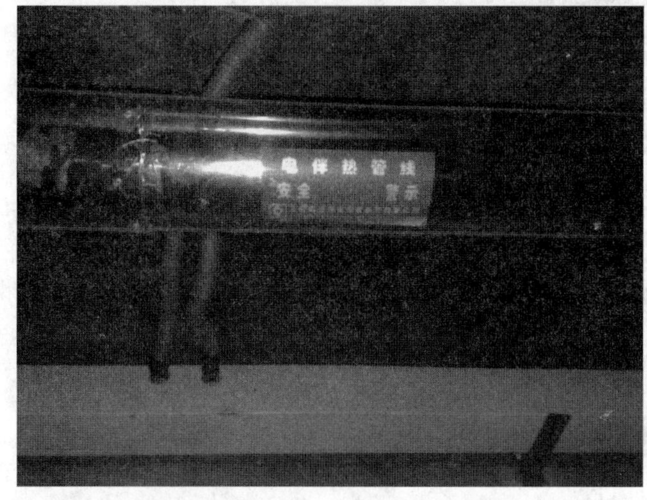

安装了电伴热保温的给水管，解决了冬季水管易冻的难题

水管穿越既有结构梁下返的照片，改造工程要服从与现有土建形式

竣工验收，设计人员在检验气灭钢瓶

消防验收，消防局的同志在检验钢瓶间内设备

消防验收，消防局的同志在综控室检测系统联动

消火栓试射

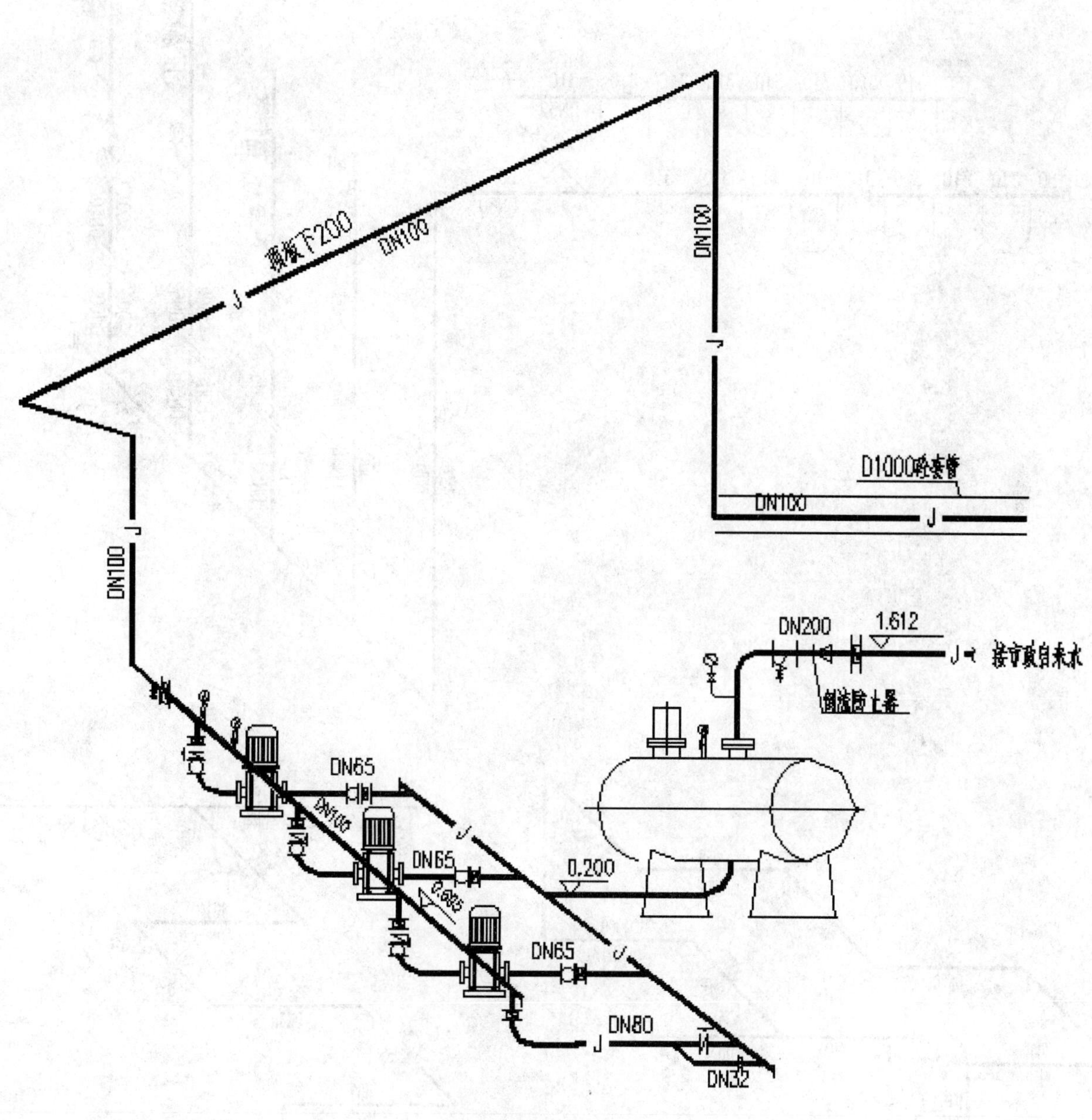
顶板下200
DN100
DN100
D1000砼套管
DN100
DN200
1.612
接市政自来水
倒流防止器
DN65
DN100
DN65
0.200
DN65
DN80
DN32

古城给水泵房系统示意

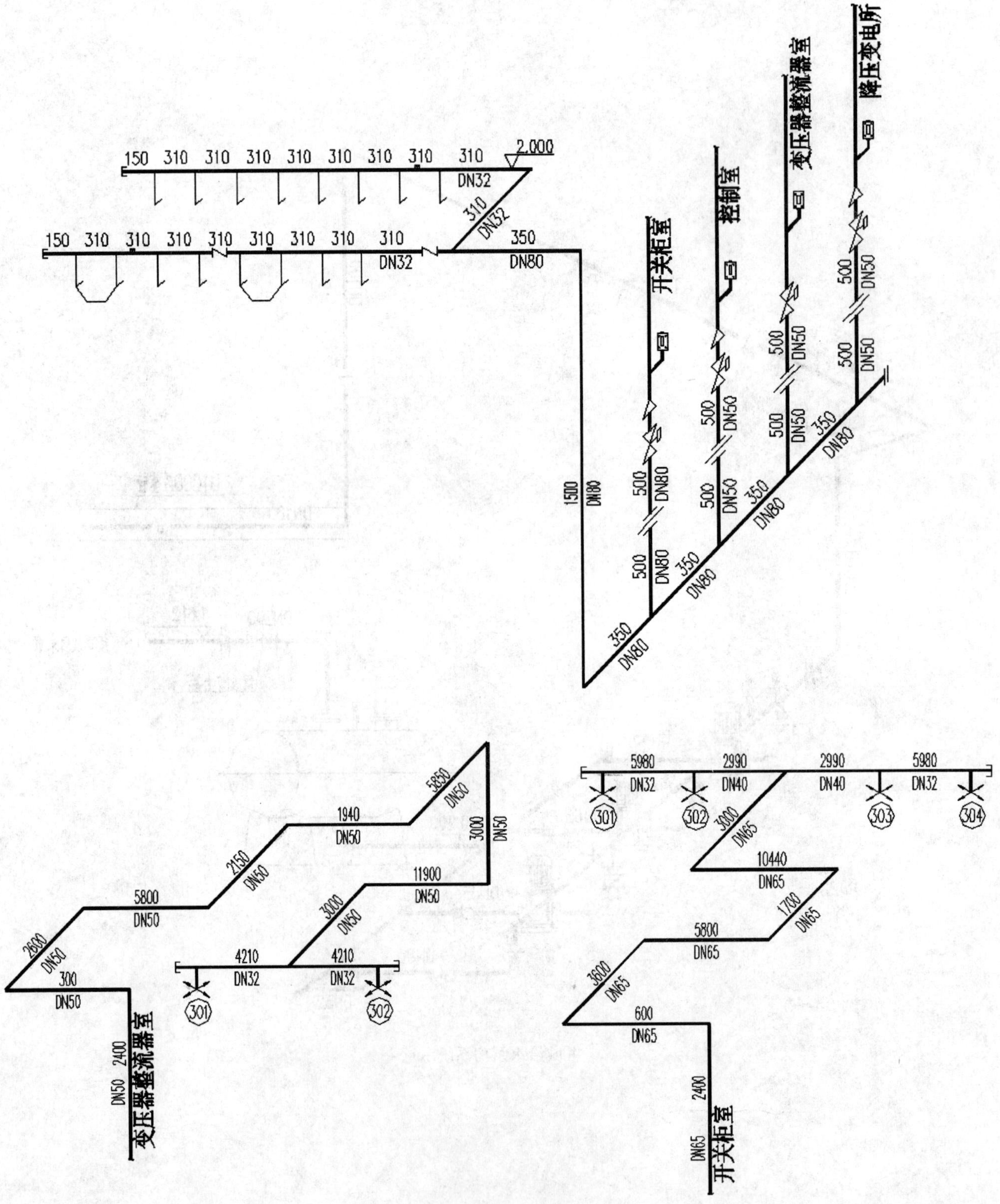

2.000
150 310 310 310 310 310 310 310 310
DN32
310
DN32
150 310 310 310 310 310 310 310 310
DN32
350
DN80
开关柜室
控制室
变压器整流器室
降压变电所
1500
DN80
500
DN80
350
DN80
500
DN50
350
DN80
500
DN50
350
DN80
5850
DN50
1940
DN50
3000
DN50
2150
DN50
11900
DN50
5800
DN50
3000
DN50
2600
DN50
4210
DN32
300
DN50
301
302
变压器整流器室
2400
DN50
5980
DN32
2990
DN40
303
304
3000
DN65
10440
DN65
1700
DN65
5800
DN65
3800
DN65
600
DN65
开关柜室
2400
DN65

宣武门站气体灭火示意

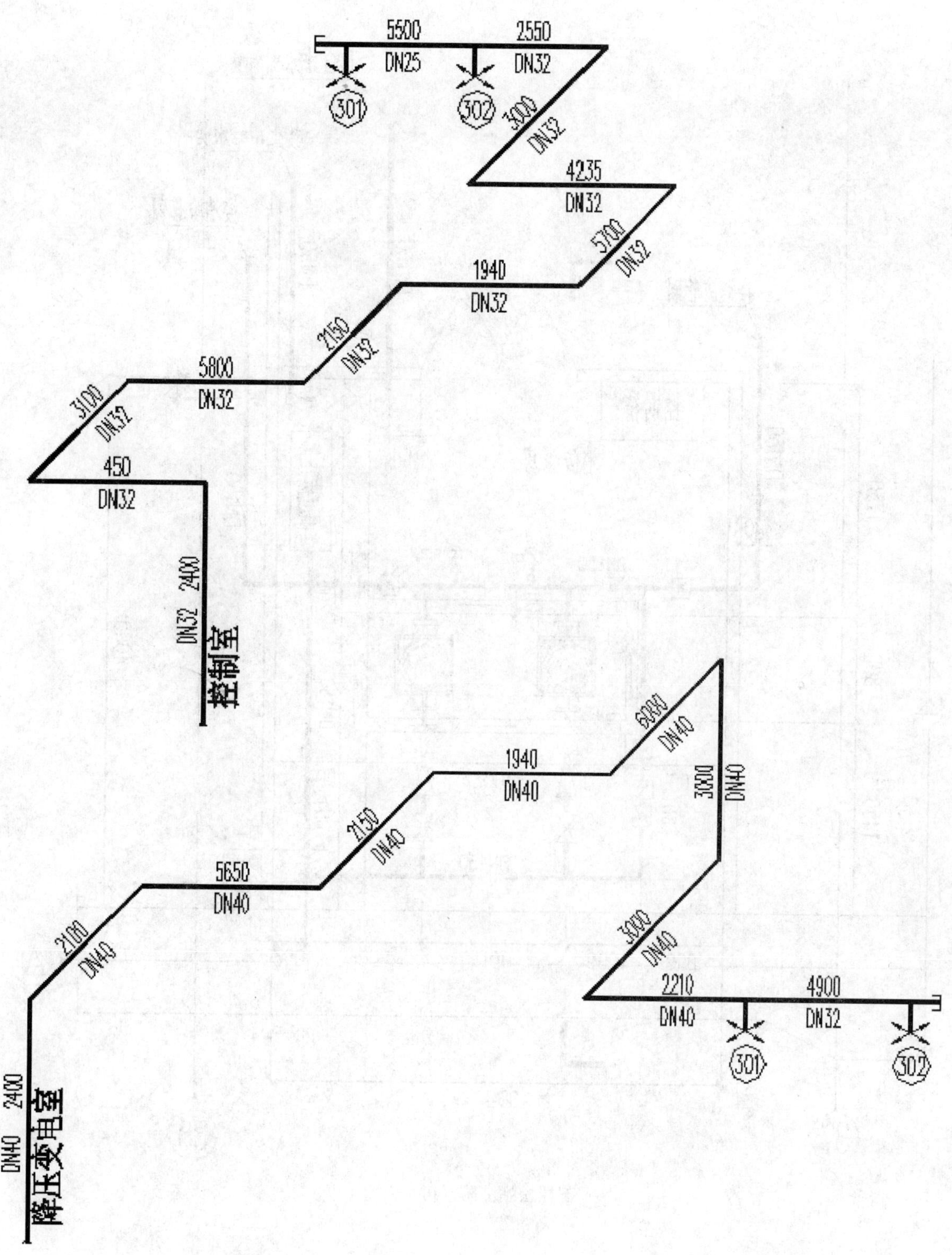
5500
DN25
2550
DN32
301
302
3000
DN32
4235
DN32
5700
DN32
1940
DN32
2150
DN32
5800
DN32
3100
DN32
450
DN32
2400
DN32
控制室
6000
DN40
1940
DN40
3000
DN40
2150
DN40
5650
DN40
2100
DN40
3000
DN40
2210
DN40
4900
DN32
301
302
2400
DN40
降压变电室

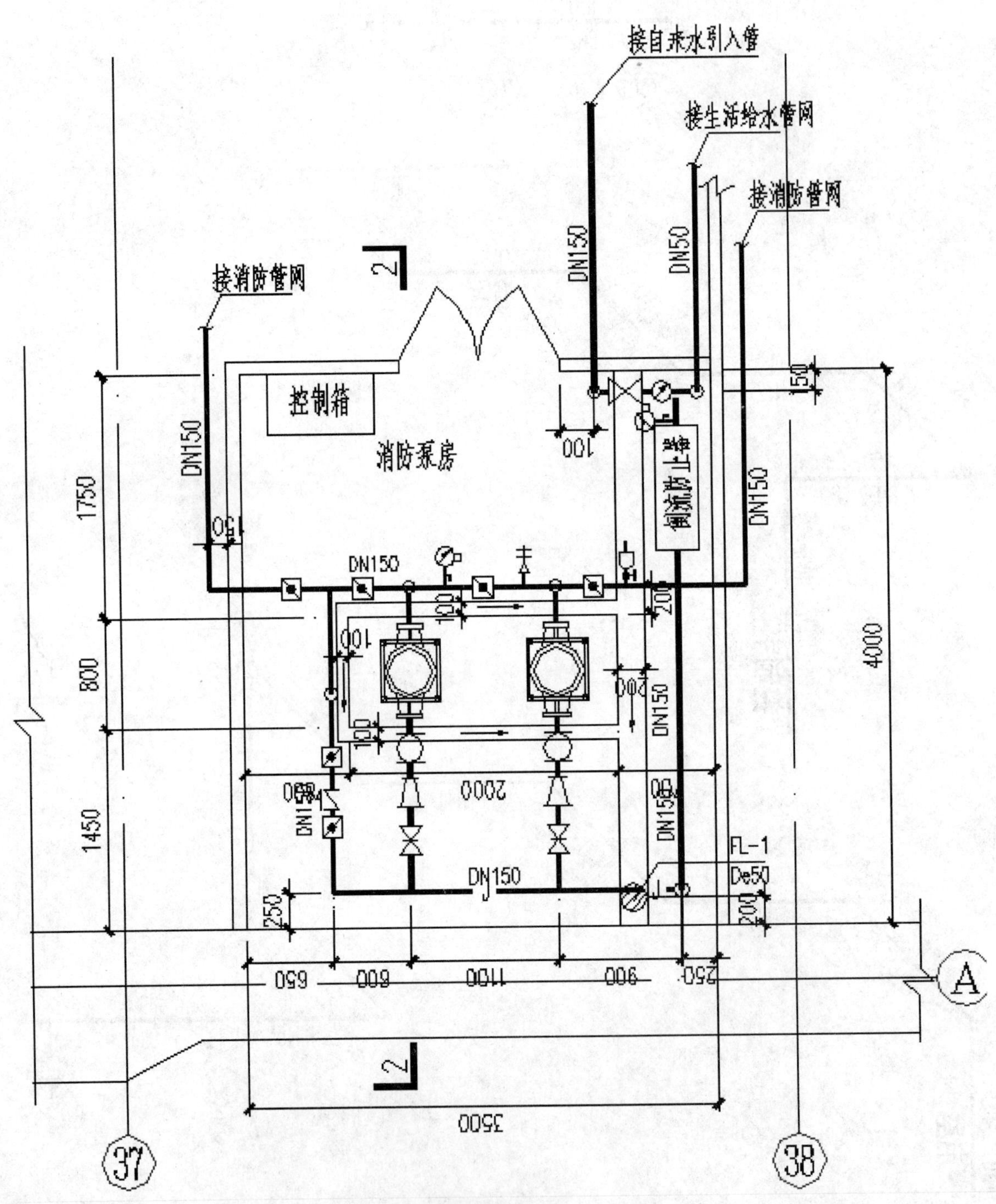

五棵松站消防泵房平面图

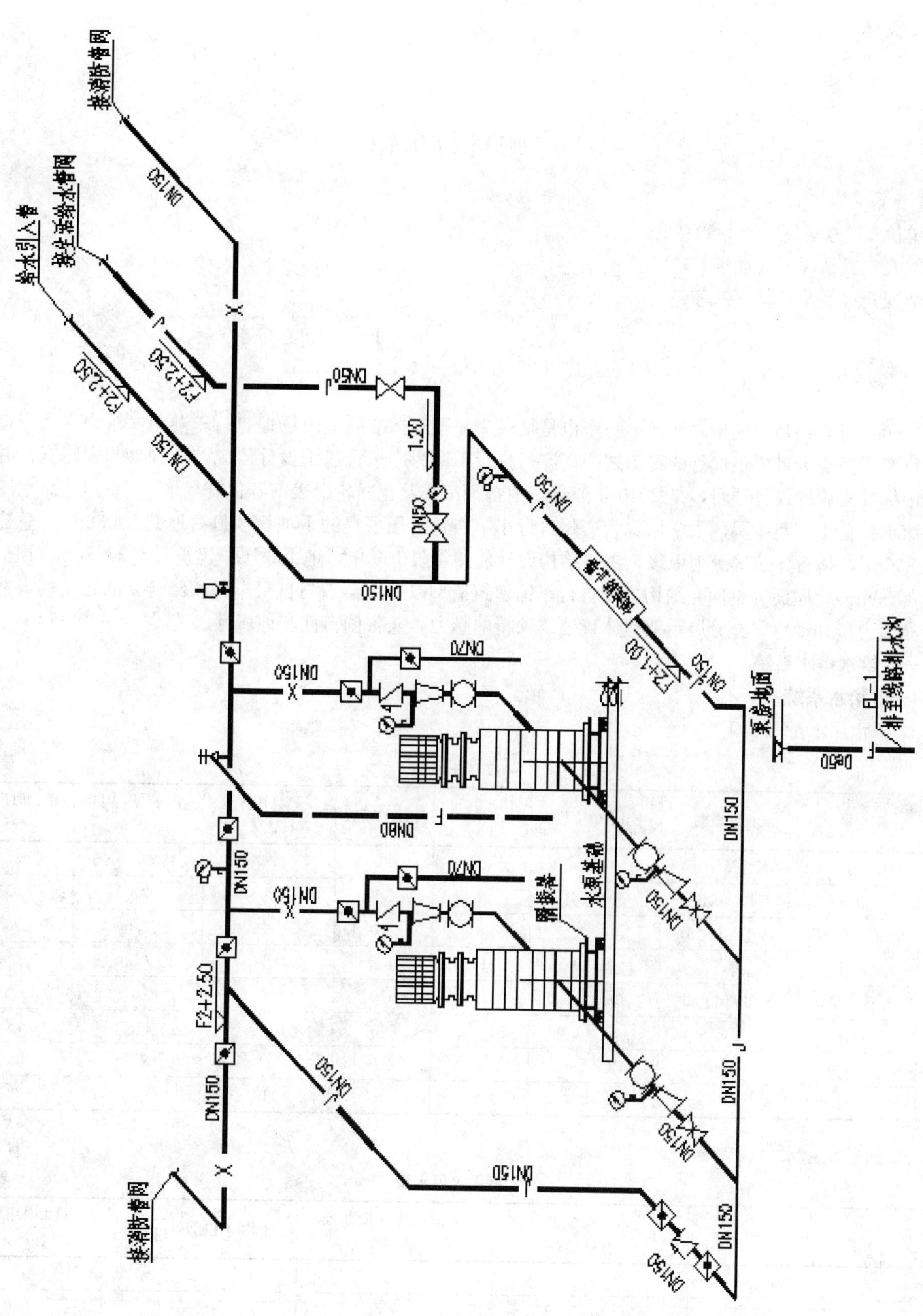

五棵松站消防泵房系统图

广州自行车馆

设计单位：广东省建筑设计研究院
设 计 人：梁景晖　普大华　赖振贵
获奖情况：公共建筑类　三等奖

工程概况：

广州自行车馆是目前华南地区第一座也是唯一一座国际标准的室内场地自行车赛馆，馆内木质赛道被国际自行车联盟誉为世界最优秀的赛道之一。广州自行车馆为广东省建筑设计研究院单独参与国际竞标并以第一名中标并实施的设计项目，是2010年亚运场地自行车赛及花样轮滑表演赛比赛场地。

该项目位于广州番禺区大学城，为广州自行车馆与轮滑场项目的子项，项目占地共89030m²，总建筑面积26856m²，体育建筑等级为甲级，主体结构设计使用年限100年，地上3层，建筑高度39.86m（屋面檐口高度17.96m）。屋面为钢网壳结构广州自行车馆建筑造型以亚运会徽与自行车帽相结合，曲线流畅，造型舒展，充满力量和动感，充分展示亚运体育建筑独特的魅力，兼备创新性和地域性。

一、给水排水系统

（一）给水系统

1. 总水用水量（表1）

总水用水量　　**表1**

序号	用水对象	用水定额	用水单位数	用水时间(h)	不均匀系数	最高日用水量(m^3/d)	平均时用水量(m^3/h)	最大时用水量(m^3/h)
1	观众	3L/(人·场)	4000人	8	1.20	24	3	3.6
2	淋浴	40L/人次	500人次	8	2.5	20	2.5	6.3
3	工作人员	50L/(人·d)	400人	8	2.0	20	2.5	5
4	空调补水			10	1.0	2	0.2	0.2
5	馆区内绿化	3.0L/(d·m²)	10000 m²	10	1.0	30	3	3
6	合计					96	11.2	18.1
7	未预见用水	15%				14	1.7	2.7
8	总计					110	13	20.8

2. 高质水用水量（表2）

高质水用水量　　**表2**

序号	用水对象	占总用水量百分数(%)	最高日用水量(m^3/d)	平均时用水量(m^3/h)	最大时用水量(m^3/h)
1	观众	34	8.2	1.1	1.2
2	淋浴	100	20	2.5	6.3

续表

序号	用水对象	占总用水量百分数(%)	最高日用水量(m^3/d)	平均时用水量(m^3/h)	最大时用水量(m^3/h)
3	工作人员	34	6.8	0.9	1.7
4	空调补水	100	2	0.2	0.2
5	馆区内绿化	0	0	0	0
6	合计		37	4.7	9.4

3. 杂用水用水量（表 3）

杂用水用水量 **表 3**

序号	用水对象	占总用水量百分数(%)	最高日用水量(m^3/d)	平均时用水量(m^3/h)	最大时用水量(m^3/h)
1	观众	66	15.8	1.9	2.4
2	淋浴	0	0	0	0
3	工作人员	66	13.2	1.7	3.3
4	空调补水	0	0	0	0
5	馆区内绿化	100	30	3	3
6	合计		59	6.6	8.7
7	未预见用水		8.9	1	4.3
8	总计		67.8	7.6	10

4. 水源

高质水由广州大学城区市政高质水管网供水，从内环东路引入两根 *DN*100 的给水管供应整个小区的生活高质水用水；杂用水由广州大学城区市政杂用水管网供水，从内环东路引入两根 *DN*150 的给水管供应整个小区的室外消防用水和绿化、冲厕等杂用水。

5. 系统竖向分区

系统竖向为一个分区。

6. 供水方式及给水加压设备

本工程从小区高质水和杂用水管网分别接入高质水及杂用水到各用水点，市政管网提供的压力可满足各用水点的水压要求，无须再经过二次加压供水，采用下行上给供水方式。

7. 管材

高质水室外埋地管采用孔网钢丝塑料复合管，热熔连接。检修阀门采用内衬塑球墨铸铁阀门或全铜阀；室内采用不锈钢管，环压式连接。检修阀门采用不锈钢材质。

杂用水采用 PVC-U 给水管，承插粘接。

(二) 热水系统

1. 热水（60℃）用水量（表 4）

热水（60℃）用水量 **表 4**

序号	用水对象	用水定额(L/人次)	用水单位数(人次)	用水时间(h)	时变化系数 K_h	最高日用水量(m^3/d)	平均时用水量(m^3/h)	最大时用水量(m^3/h)
1	公共淋浴室	35	300	8	2	10.5	1.31	2.62
2	运动员休息室	30	150	8	2	4.5	0.56	1.13

续表

序号	用水对象	用水定额(L/人次)	用水单位数(人次)	用水时间(h)	时变化系数K_h	最高日用水量(m^3/d)	平均时用水量(m^3/h)	最大时用水量(m^3/h)
3	裁判休息室	20	50	8	2	1	0.13	0.25
4	合计					16	2	4
5	未预见用水	10%				1.6	0.2	0.4
6	总计					17.6	2.2	4.4

2. 热源

根据业主要求，使用电加热作为热源。

3. 系统竖向为一个分区。

4. 选用7台90kW贮热式电热水器为整个系统提供热水。

5. 系统采用承压贮热式电热水器，利用市政管网压力供水，使冷、热水压力达到平衡。热水系统主干管、干管、支管采用橡塑材料保温，暗埋支管采用热水型覆塑保护，大大降低了热损耗。

6. 管材

热水系统采用不锈钢管，环压连接。

(三) 排水系统

1. 排水系统的形式

室内生活污水采用污废合流排放（浴室排水单独排放），室外接小区污水管网，然后统一经市政管网送到大学城污水处理站统一处理。不考虑设置化粪池，利于改善周边环境。

2. 透气管的设置方式

卫生间设环形通气管，相邻卫生间透气管以横管连接后集中汇集到一根区域透气立管伸顶通气。

3. 管材

室内排水管采用离心浇铸排水铸铁管，卡箍接口；室外排水管采用加强型中空壁缠绕结构高密聚乙烯排水塑料管，热熔连接或橡胶密封圈承插连接。

二、消防系统

消防用水量总（表5）

消防用水量总表 **表5**

项目	设计消防用水量(L/s)	火灾延续时间(h)	合计(m^3)
室外消防用水	30	2	216
室内消防用水	20	2	144
自动喷水灭火系统	21	1	76
固定消防炮灭火系统	40	1	144
合计			504①

① 由于自动喷水灭火系统、固定消防炮灭火系统设置于不同的保护范围，按一次火灾不同时动作考虑，取用水量大值144m^3。

(一) 消火栓系统

1. 室外消火栓系统

室外消防用水由市政自来水管网供给。沿场馆区周边道路布置供水管道并按不大于120m间距布置室外消火栓。市政给水按两路考虑，室外消防给水管道的最小管径不小于DN100。

2. 室内消火栓系统

整个自行车轮滑极限运动中心共用一套室内消火栓系统，系统竖向为一个分区，18m^3 高位消防水箱设于极限运动中心屋面（全区最高点）。消防水池（300m^3）及消防泵房设于自行车馆首层。消防水泵房内设置：两台 XBD7/20-100L 型消防加压水泵（Q=20L/s，H=60m；N=22kW），一用一备；两台 XBD7.5/5-50L 型消防系统持压水泵（Q=5L/s，H=75m，N=7.5kW），一用一备；ϕ800 囊式气压罐一个。室外设 SQD100-1.6 消防水泵接合器两个。

3. 管材

采用内涂塑热镀锌钢管，大于等于 DN100 采用沟槽式连接，小于 DN100 采用丝扣连接。

（二）自动喷水灭火系统

1. 设置区域

除高大空间、淋浴间、卫生间、楼梯间等不易引起大火的房间及不能用水扑救灭火的房间外，均设置自动喷水灭火系统。

2. 设计参数

按中危险级Ⅰ级考虑。喷水强度 6L/(min·m^2)，作用面积 160m^2。设计系统用水量为 21L/s，延续时间 1h。

3. 控制方式

系统采用气压罐持压临时加压系统。喷淋主泵由报警阀压力开关控制启动。火灾发生时，喷头感温自动开启喷水，湿式报警阀发出信号，鸣钟报警和向消防中心报警并自动开启自动喷淋消防水泵。

4. 加压设备

设置两台 XBD7/20-100L 型喷淋主泵（Q=20L/s，H=60m，N=22kW），一用一备；两台 25FL4-11X7 型喷淋稳压泵（Q=1L/s，H=75m，N=3kW），一用一备；ϕ800 囊式气压罐一个。室外设 SQD100-1.6 消防水泵接合器两个。

5. 管材

采用内涂塑热镀锌钢管，大于等于 DN100 采用沟槽式连接，小于 DN100 采用丝扣连接。

（三）气体灭火系统

重要设备用房、网络安全设备室等不宜水消防的地方，采用七氟丙烷气体灭火系统。防护区集中区域采用组合分配系统，分散的防护区采用预制式灭火装置。各防护区采用全淹没灭火方式，重要设备用房、数据网络中心、弱电机房等设计灭火浓度采用 8%；发电机房、变配电间等设计灭火浓度采用 9%。

（四）消防水炮灭火系统

1. 设置区域

比赛大厅及观众席上空设置固定消防炮灭火系统。

2. 设计参数

每台消防水炮设计流量 20L/s，保护半径 50m，可同时开启两台水炮灭火，保证防护区内任何部位均有两股水柱同时到达。系统设计流量 40L/s，水炮接入管处压力 0.8MPa。

3. 控制方式

采用与火灾探测器联动的控制系统，自动定位定点扑救灭火。火灾发生时，红外线探测组件向消防控制中心的火灾报警控制器发出火警信号，启动声光报警装置报警，报告发生火灾的准确位置，将水炮对准火源，启动水炮系统加压泵并同时打开水炮前电磁阀喷水灭火。扑灭火灾后，自动关闭水炮系统加压泵及电磁阀停止喷水。系统同时具有自动、手动控制功能，并设有现场控制盘可在现场控制灭火。

4. 加压设备

设置三台 XBD12.6/20-100L 型消防水炮主泵（Q=20L/s，H=120m，N=45kW），两用一备；两台

32FL5-12X12 型水炮系统稳压泵（Q=1.67L/s，H=120m，N=4kW），一用一备；ϕ800 囊式气压罐一个。

三、工程特点介绍

1. 本项目采用分质供水系统。与人体直接接触的生活用水采用高质水系统；建筑冲厕、绿化、浇洒、景观补水等不与人体接触的用水采用杂用水系统。杂用水系统管道上接出水嘴或取水短管挂牌警示“非饮用水”、“此水不能喝”等字样防止误饮误用，符合节能、节水、节地、节材、环保的科学理念。

2. 各系统采用新型管材，卫生间采用感应冲洗装置、感应龙头及节水器具，达到了节能、节水、环保的目的。

3. 大学城设有污水处理站，本项目不再考虑设置化粪池，利于改善周边环境及节省投资。污水直接排到污水处理站进行处理。

4. 屋面采用虹吸雨水排放系统，减少了雨水排水立管数量，提高了雨水管道的管径利用率，提高了屋面排水的安全性。设计时结合屋面面板拼装造型，在适当位置设置截水沟，应用满管压力流雨水排水技术在取得较好排水效果的同时缩小管径，节约管材，便于装修。

5. 采用区域消防给水系统：本项目消防泵房设置于广州自行车馆首层区域，与整个极限运动中心和赛时管理中心共用一套消防加压设备及消防水池，节省了大量投资。

6. 大空间区域设有固定消防炮灭火系统，能通过图像自动定位定点扑救灭火，较好地解决了在高大空间传统消防灭火系统不能有效覆盖的消防设计问题。

7. 气体消防采用七氟丙烷灭火系统，高效环保。根据灭火区域的性质采用不同的设计灭火浓度和喷放时间、与实际情况结合采用管网式和预制式相结合的布置方式，既满足消防安全性的需要又最大限度地节省投资。

四、工程照片及附图

自行车馆效果图 1

自行车馆效果图 2

建筑外观 1

建筑外观 2

赛道 1

赛道 2

比赛大厅 1

比赛大厅 2

综合管线局部

热水机房

消防泵房

消防泵房一角

自行车馆全貌

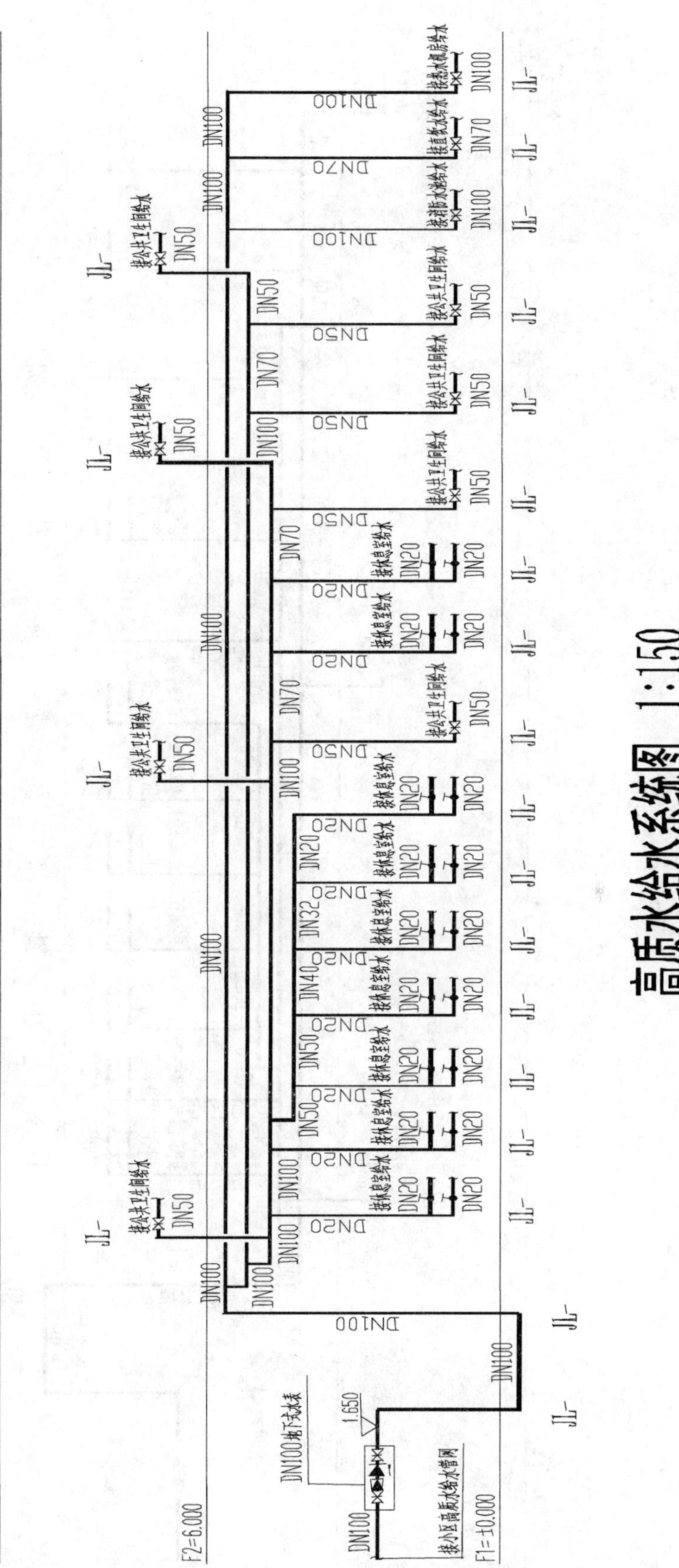

高质水给水系统图 1:150

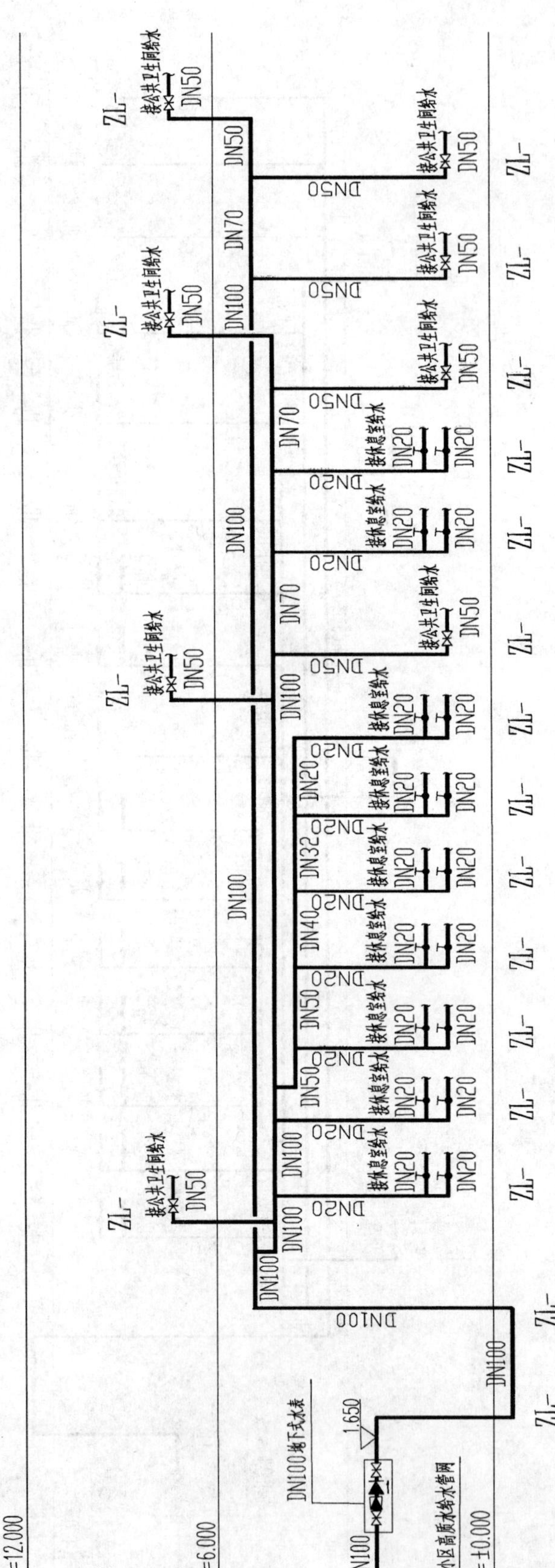

中水给水系统图　1:150

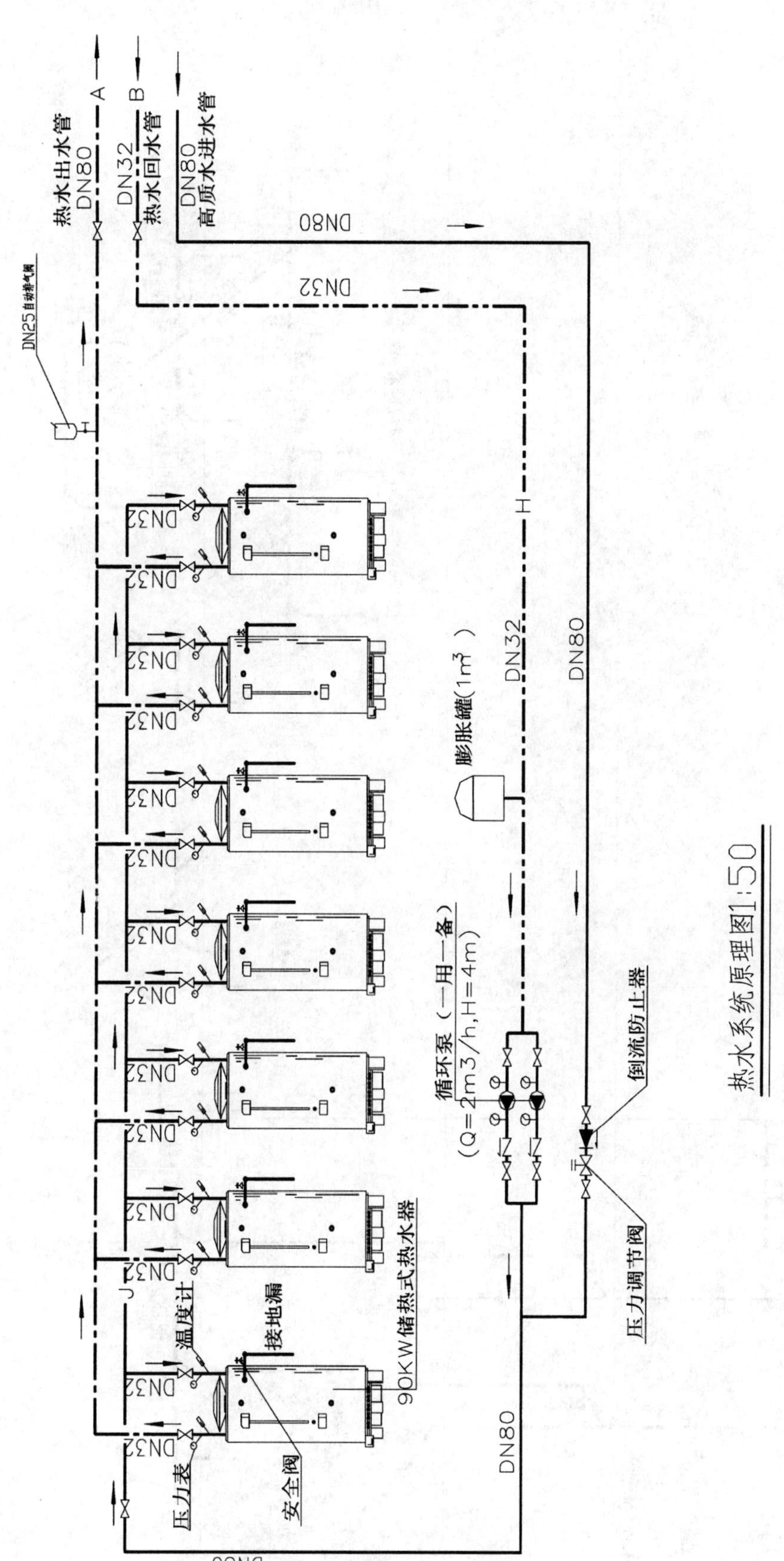
热水出水管
DN80
A
DN32
热水回水管
B
DN80
高质水进水管
DN25 自动排气阀
DN32
DN80
膨胀罐(1m³)
循环泵（一用一备）
(Q=2m3/h,H=4m)
倒流防止器
压力调节阀
90KW储热式热水器
温度计
接地漏
压力表
安全阀

热水系统原理图1:50

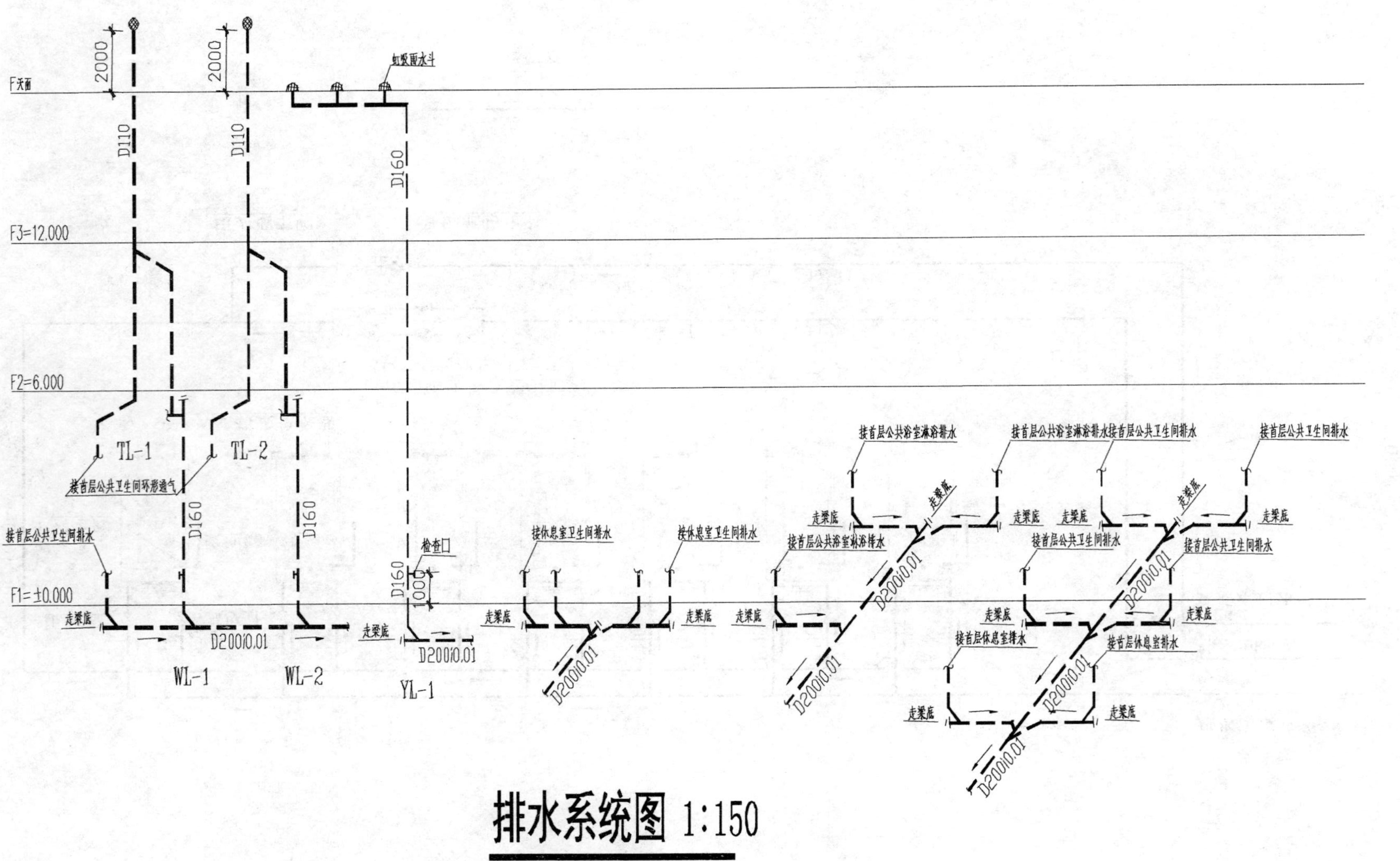
F天面
F3=12.000
F2=6.000
F1=±0.000
2000
2000
D110
D110
虹吸雨水斗
D160
D160
D160
D160
TL-1
TL-2
接首层公共卫生间环形通气
接首层公共卫生间排水
走梁底
D200i0.01
WL-1
WL-2
检查口
1000
YL-1
接休息室卫生间排水
接休息室卫生间排水
接首层公共浴室淋浴排水
接首层公共浴室淋浴排水
接首层公共浴室淋浴排水接首层公共卫生间排水
接首层公共卫生间排水
接首层公共卫生间排水
接首层公共卫生间排水
接首层休息室排水
接首层休息室排水

排水系统图 1:150

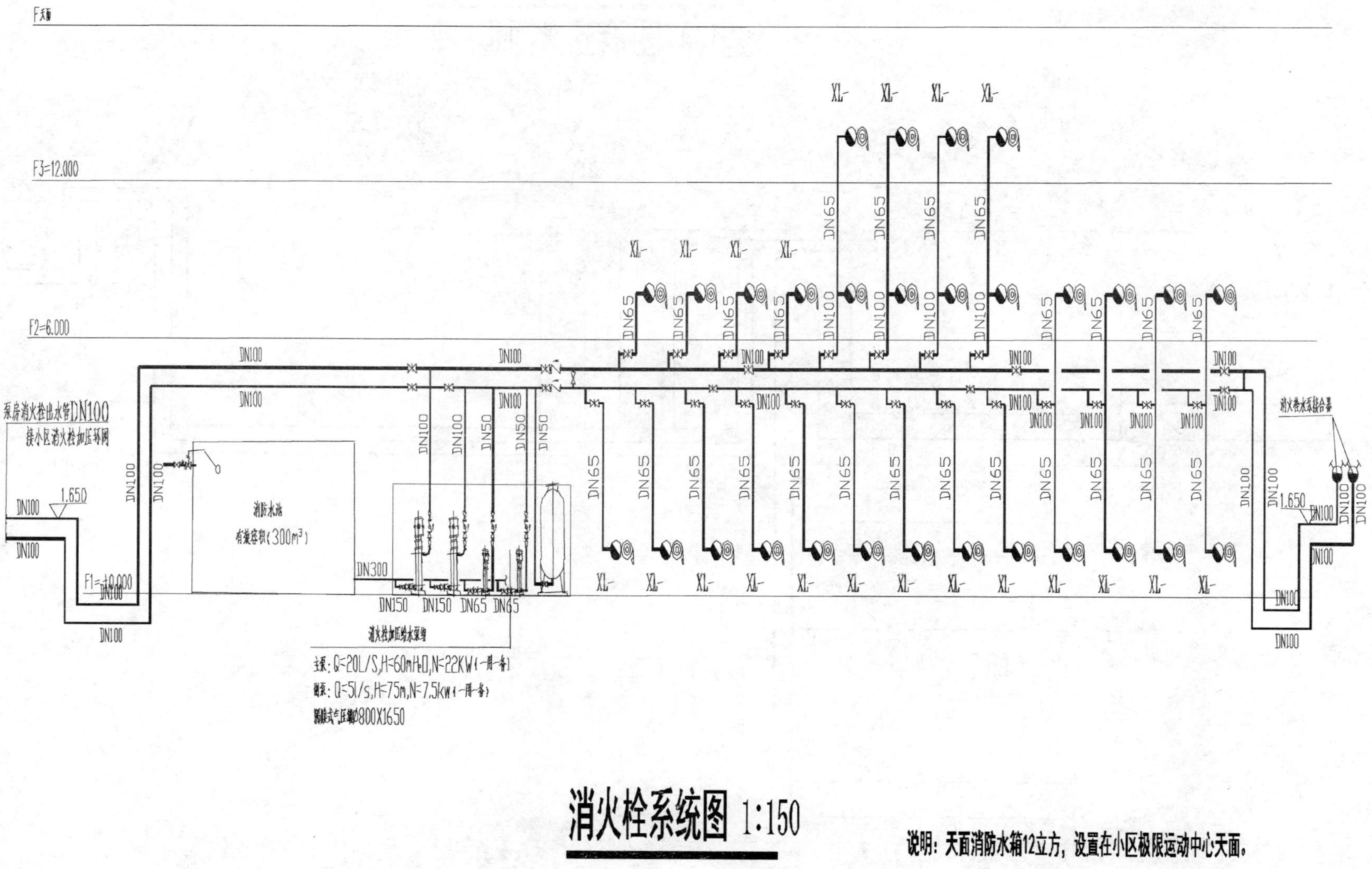

消火栓系统图 1:150

说明：天面消防水箱12立方，设置在小区极限运动中心天面。

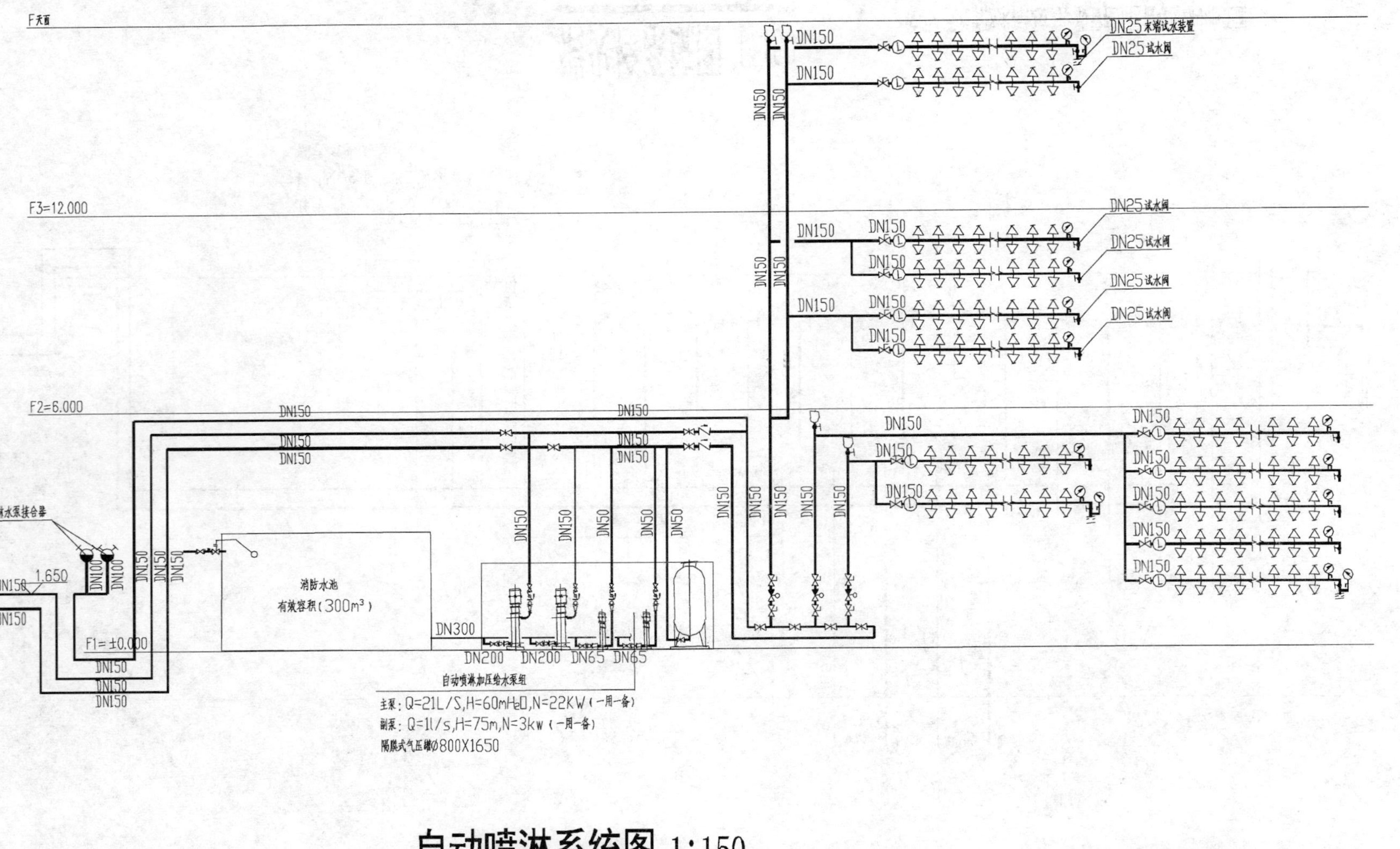

自动喷淋系统图 1:150

说明：天面消防水箱12立方，设置在小区极限运动中心天面。

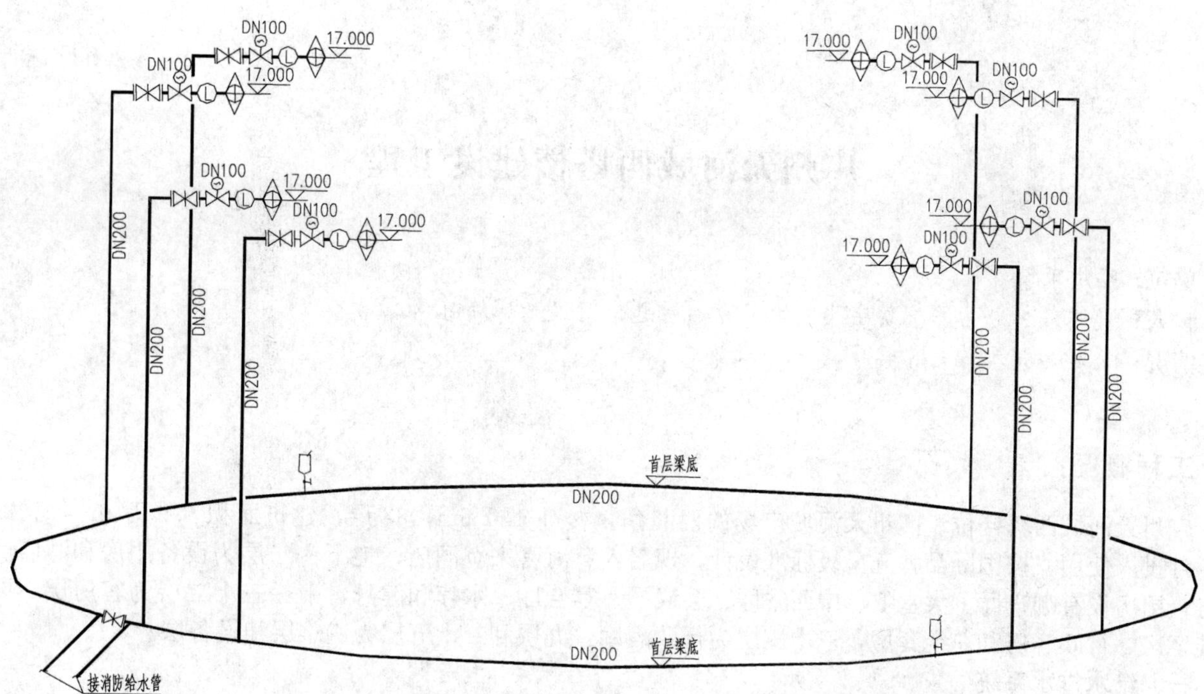

亚运自行车馆消防炮管道系统示意图1:200

平面布置详见三层喷淋平面图

广州天河城西塔楼建设工程

设计单位： 广州市设计院
设 计 人： 何志毅　赵力军　贺宇飞　姚玉玲　周甦　门汉光　赖海灵
获奖情况： 公共建筑类　三等奖

工程概况：

广州天河城西塔楼位于广州天河城广场的西北角，楼高 140.6m，33 层，建筑面积 4.9 万 m^2，于 2011 年 7 月投入使用。按国际品牌五星级标准设计，现名：粤海喜来登酒店。地下一二层为设备用房和酒店后勤用房，裙房设有咖啡厅、大堂吧、中西餐厅、会议厅、宴会厅、水疗和健身，十～三十二层为客房层，设有标准客房、行政客房和总统套房，三十三层为行政酒廊，九层和二十五层为避难层和设备层。

一、给水排水系统

(一) 给水系统

从体育西路引入一条 *DN*200 供水管，供水至地下二层生活水泵房，泵房设置两个 200m^3 不锈钢生活贮水箱。给水竖向分为 4 个压力分区，由高位水箱分区减压供水，采用上行下给供水方式，在二十五层设中间接力水箱。各区最不利点供水压力不小于 0.20MPa，最大供水压力不大于 0.45MPa，其中客房层高区为保证所需压力由屋面水箱通过变频泵组加压供水。洗衣房供水进行软化处理，设独立供水系统。

(二) 热水系统

热水采用热泵和蒸汽两种热源，按照广州气候条件，设计目标：一年中九个月由热泵直接供应热水，其余三个月由蒸汽供热。因此，热泵热水系统设计要在不开蒸汽锅炉的条件下，可独立运行，达到节能的目的。

热水系统竖向分区与生活给水系统相同，热水系统采用热水支管回水循环方式。热水贮罐和热水交换器设于设备层，采用立式罐。

(三) 排水系统

排水采用污废分流制，设专用通气管，污水立管和废水立管与通气立管隔层连接，客房卫生间大便器设器具通气，公共卫生间设环形通气。污水经化粪池处理，餐饮废水经隔油器（带气浮）处理后排至市政污水管网。

屋面雨水经雨水斗收集排至室外雨水管网。

二、消防系统

(一) 消火栓系统

消防水泵房设于地下二层，消防水池采用天河城已建 2020m^3 水池，其中有 1100m^3 消防贮水。室内消火栓系统竖向分为 3 个区，中低区由地下二层消防水泵房消防泵供水，高区在 25 层设接力消防水箱和泵房，水箱容积为 80m^3。屋面设 18m^3 高位消防水箱，并设加压稳压装置。中低区消防水泵接合器供水至环状管网，高区消防水泵接合器供水至 25 层接力消防水箱。

室内消防用水量为：40L/s，火灾延续时间为 3h。室内消火栓箱设于明显易于使用的位置，按不大于 30m 间距，保证同层任何部位有两股充实水柱同时到达，充实水柱为 13m。消防箱采用带灭火器组合箱，消防箱门由装修包装，以求材质与装修一致。

(二) 自动喷水灭火系统

自动喷水灭火系统竖向分为 2 个区，低区由地下二层自动喷淋泵供水，高区由 25 层消防泵房自动喷淋泵供水，地下二层设 Q=35L/s 的消防转输泵 3 台（2 用 1 备）。

本工程按中危险级Ⅱ级设计，自动喷淋用水量为 30L/s。除不宜用水扑救的部位和小于 5m^2 的卫生间外，均设置自动喷淋。其中包括锅炉房、消防中心。客房采用边墙扩展覆盖型快速反应喷头（K=115）。布衣槽内也设置了喷头保护，楼梯的最高和最低处加设了喷头。厨房的炉灶上方设置了 ANSUL 自动灭火系统。厨房的排烟管内设置了 260℃的高温喷头。

酒店大堂大空间场所设置了自动扫描射水高空水炮灭火装置。

（三）气体灭火系统

在网络通信机房设置了预制式七氟丙烷气体灭火系统。

三、工程特点

1. 采用蒸汽和热泵双热源热水系统，达到节能环保的目的，同时保证酒店的使用要求。
2. 热水系统支管回水循环方式，在保证节能同时达到节水的目的。
3. 给水系统合理分区，采用节水型卫生器具，达到节水目的。
4. 排水系统合理设置通气管道，提高排水能力，减小排水噪声。
5. 采用新型材料和技术。
6. 酒店大堂大空间场所，设置自动扫描射水高空水炮灭火装置。
7. 消防系统满足规范要求同时满足国际品牌高级酒店的消防要求。

四、设计体会

1. 供水压力与节水的矛盾

国际品牌高级酒店对卫生器具的供水压力要求较高，该项目对最不利点水压要求为 0.20MPa，相对是较高的，从而导致各分区下部供水压力也相应较大。在工程调试过程中，客房淋浴间花洒在达到舒适雨淋效果的同时对浴缸的注水时间进行测算，用水流量满足建筑给水排水规范中卫生器具额定流量的要求。洗面盆龙头满足舒适使用同时达到节水效果，因此，采用高级的节水型用水器具是保证节水的关键。

2. 浴缸边箱的排水

客房卫生间设置的浴缸采用缸边淋浴龙头，缸边淋浴龙头的软管是放在边箱里，边箱需要排水。浴缸的排水管件是成套的，因此在接存水弯前要设三通供边箱排水，为避免溢水应采用密封连接。

3. 热水支管回水循环方式

热水立管回水和热水支管回水的循环方式，是近年来争论较多的两种方式。从节水的角度考虑，希望支状管道不要太长，从节能的角度考虑，热水支管末端管道较细，且埋墙或埋地暗装，较难保温，因此散发的热量更多，是不节能的。本工程采用热水支管回水循环方式，参照顾问单位的意见，按照热水支管管径 DN25 长度不超过 8m 的原则，设置热水管道的循环回水管道。由于客房卫生间管井沿走廊设置，热水支管长度较长，热水支管在管井内卫生间第一个用水器具处设置回水管道。

4. 热泵热水系统

本工程热泵设于地下空调机房，采用以制热为主的水源热泵，余冷供至空调冷水管网。热水贮罐根据压力分区分别设于设备楼层，采用闭式热水贮罐。第一个热水贮罐与热泵通过循环泵直接循环，热泵的制热量根据设计小时耗热量、贮热容积和设计小时耗热量持续时间计算热泵设计小时供热量。热水交换器作为贮水罐与第一个热水贮罐串联，热水贮水共设有 3 个罐，热水系统循环泵循环回水至第一个热水贮罐。在工程调试中，热泵主机第一次开机半小时后，热水管网末端就可出热水。工程投入使用后，按照设计条件，只开热泵时，系统使用正常。

5. 管材和设备

本工程生活给水管和热水管采用铜管，客房卫生间给水管道沿地面装饰层敷设，采用非波纹型包塑铜管。排水采用离心浇铸铸铁管，立管采用法兰式，排水支管采用卡箍式，其中客房卫生间排水管外包保温材料进行进一步隔音及防结露。生活水泵采用不锈钢水泵。热水交换器采用半容积式不锈钢热水交换器，罐体带有自循环小泵。

6. 自动喷淋的特别要求

(1) 酒店大堂为大空间场所，按广东省标准设置了自动扫描射水高空水炮灭火装置，还按酒店顾问方及国际标准要求设置了自动喷淋系统。

(2) 自动喷淋泵按《自动喷水灭火系统设计规范》的要求由湿式报警阀延时器后压力开关启动。同时还按酒店顾问方要求由两个压力开关直接启动，系统压力跌至80%自动启动主泵，系统压力继续下跌0.10～0.15MPa，自动切换备用泵。

(3) 喷淋泵的出口要求设置不小于*DN*100直读式流量计进行水泵流量测试，要求流量计前后应有1.5m的直管。

(4) 每层水流指示器后要求设*DN*15的试水管和*DN*50的放水阀，连接至独立排水管。

(5) 桑拿房要求设置141℃高温喷头，厨房的排烟管要求在风管最高处、水平管每隔3m设置260℃的高温喷头。

(6) 布衣槽内要求在顶部及隔层设置喷头。

7. 消防切线泵

高层建筑的消防系统可设置泄压阀防止系统超压，也可采用流量扬程曲线较平缓的消防水泵防止系统超压，消防切线泵流量与扬程曲线呈一水平线，解决了零流量时的超压问题。本工程低区自动喷淋系统开始设计时安装了零流量时超压较大的自动喷淋泵，并在系统中安装了泄压阀，但酒店方最后还是要求改为采用消防切线泵。应当注意的是，切线泵也存在超流量时，水压骤降的问题。

五、工程照片及附图

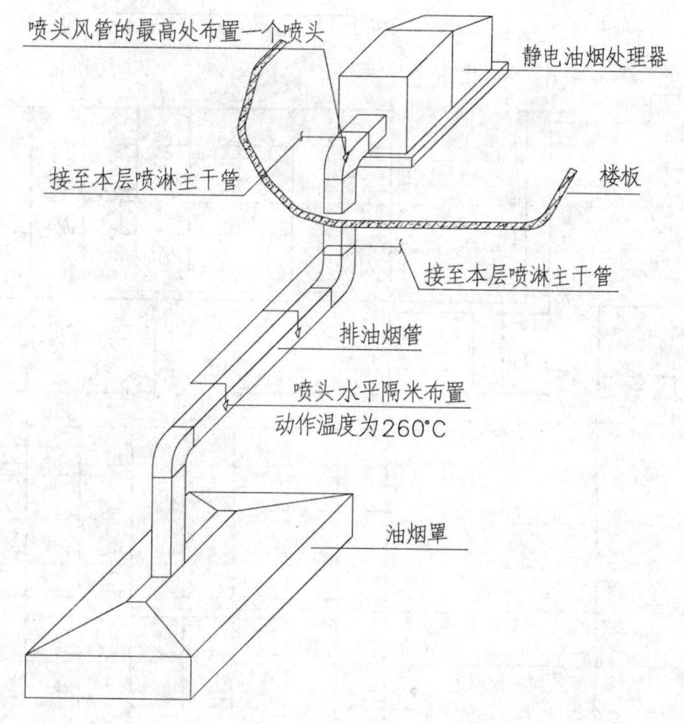

厨房烟罩风管内高温喷头设置示意图

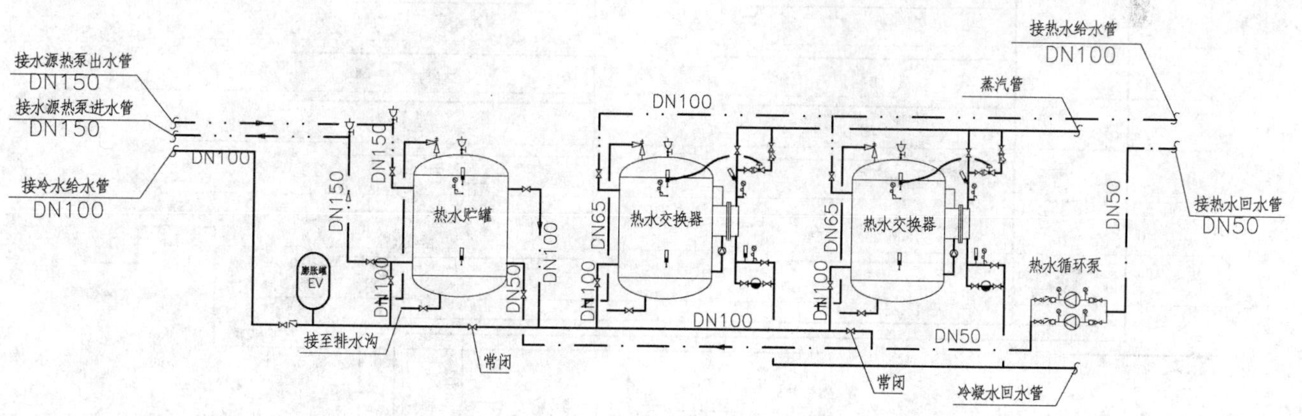

热水加热系统图

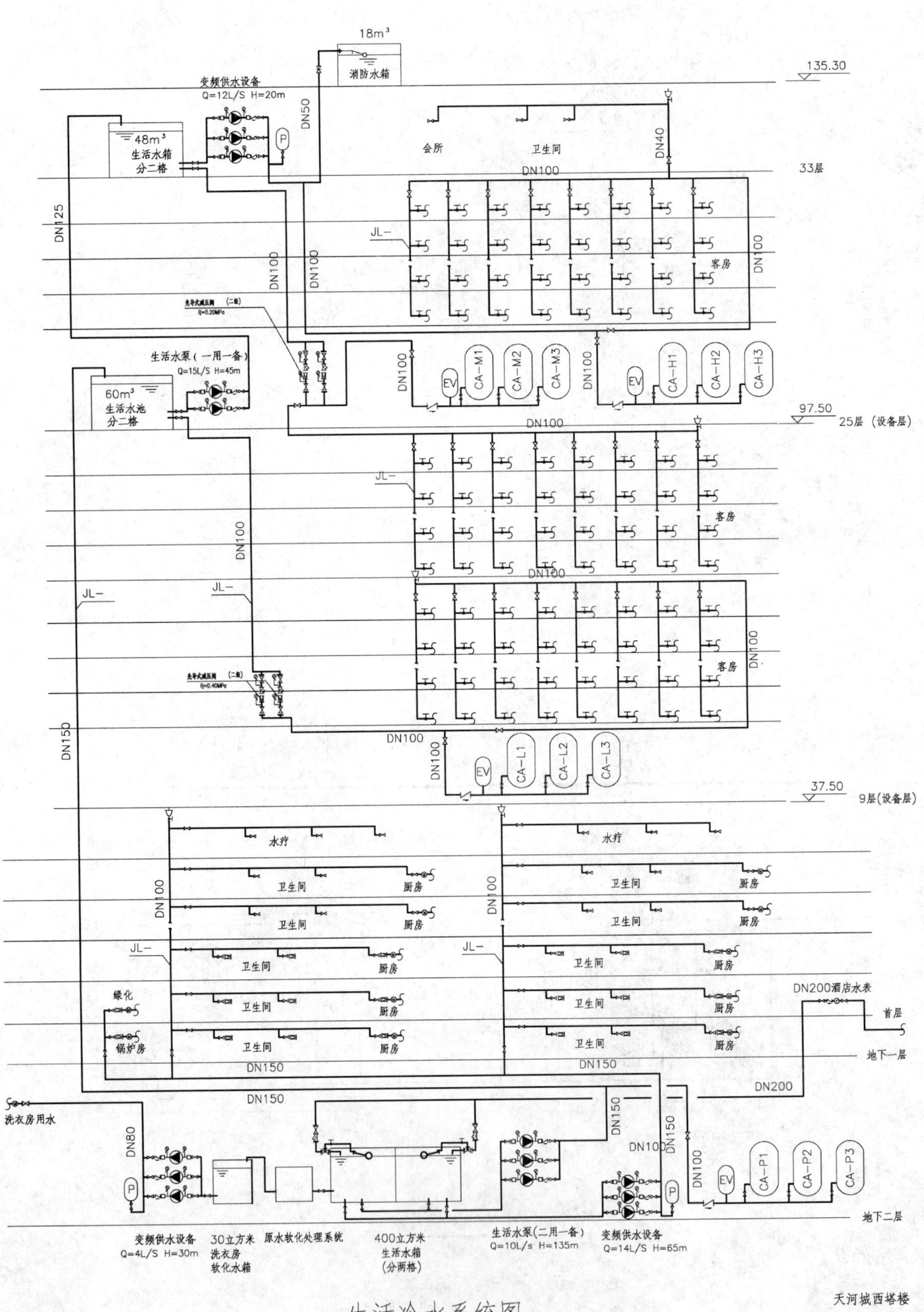
18m³
消防水箱
135.30
变频供水设备
Q=12L/S H=20m
48m³
生活水箱
分二格
DN50
会所
卫生间
DN40
DN100
33层
DN125
JL-
客房
DN100
生活水泵（一用一备）
Q=15L/S H=45m
60m³
生活水池
分二格
CA-M1
CA-M2
CA-M3
CA-H1
CA-H2
CA-H3
EV
97.50
25层（设备层）
DN150
CA-L1
CA-L2
CA-L3
37.50
9层(设备层)
水疗
卫生间
厨房
绿化
锅炉房
DN200酒店水表
首层
地下一层
DN200
洗衣房用水
DN80
地下二层
变频供水设备
Q=4L/S H=30m
30立方米
洗衣房
软化水箱
原水软化处理系统
400立方米
生活水箱
(分两格)
生活水泵(二用一备)
Q=10L/s H=135m
变频供水设备
Q=14L/S H=65m
CA-P1
CA-P2
CA-P3
天河城西塔楼
非通用图示

生活冷水系统图

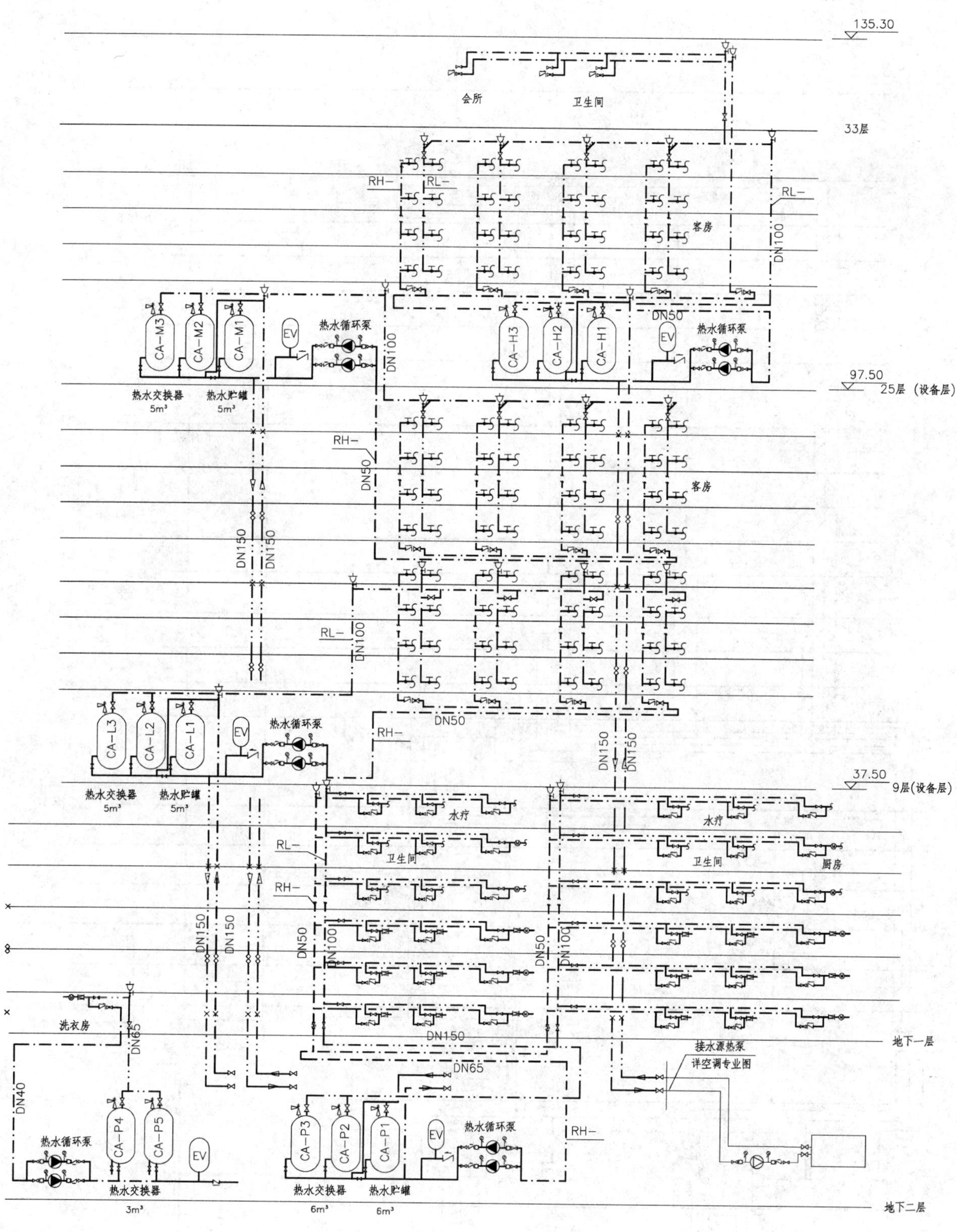

生活热水系统图

天河城西塔楼

非通用图示

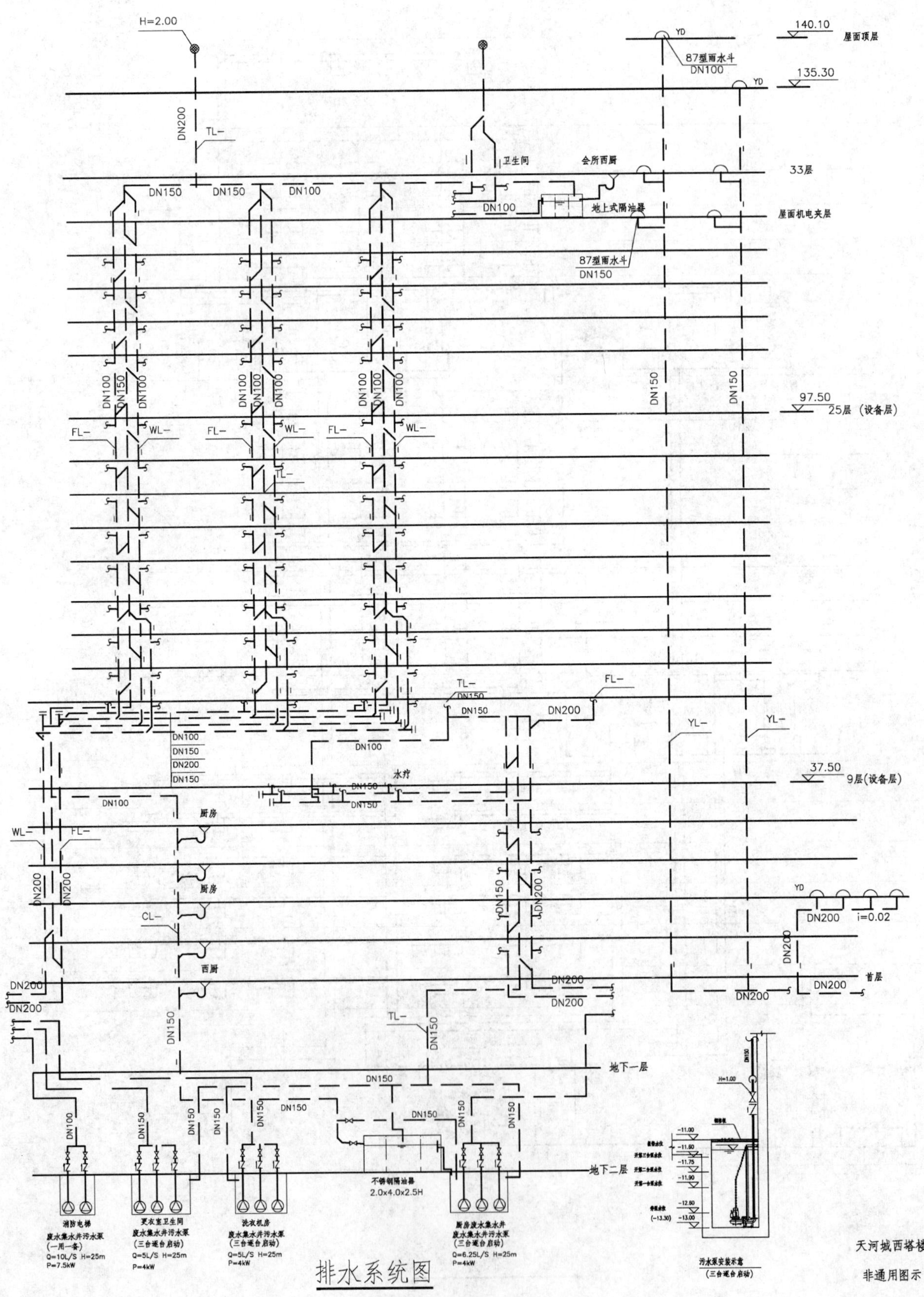
H=2.00
140.10
屋面顶层
87型雨水斗
DN100
135.30
DN200
TL-
卫生间
会所西厨
33层
DN150
DN150
DN100
DN100
地上式隔油器
屋面机电夹层
87型雨水斗
DN150
DN150
DN150
97.50
25层（设备层）
FL-
WL-
TL-
FL-
DN150
DN200
YL-
YL-
DN100
DN150
DN200
DN150
DN100
水疗
37.50
9层(设备层)
DN100
厨房
厨房
西厨
CL-
YD
DN200
i=0.02
首层
DN200
DN200
地下一层
地下二层
不锈钢隔油器
2.0x4.0x2.5H
消防电梯
废水集水井污水泵
(一用一备)
Q=10L/S H=25m
P=7.5kW
更衣室卫生间
废水集水井污水泵
(三台运台启动)
Q=5L/S H=25m
P=4kW
洗衣机房
废水集水井污水泵
(三台运台启动)
Q=5L/S H=25m
P=4kW
厨房废水集水井
废水集水井污水泵
(三台运台启动)
Q=6.25L/S H=25m
P=4kW
污水泵安装示意
(三台运台启动)
天河城西塔楼
非通用图示

排水系统图

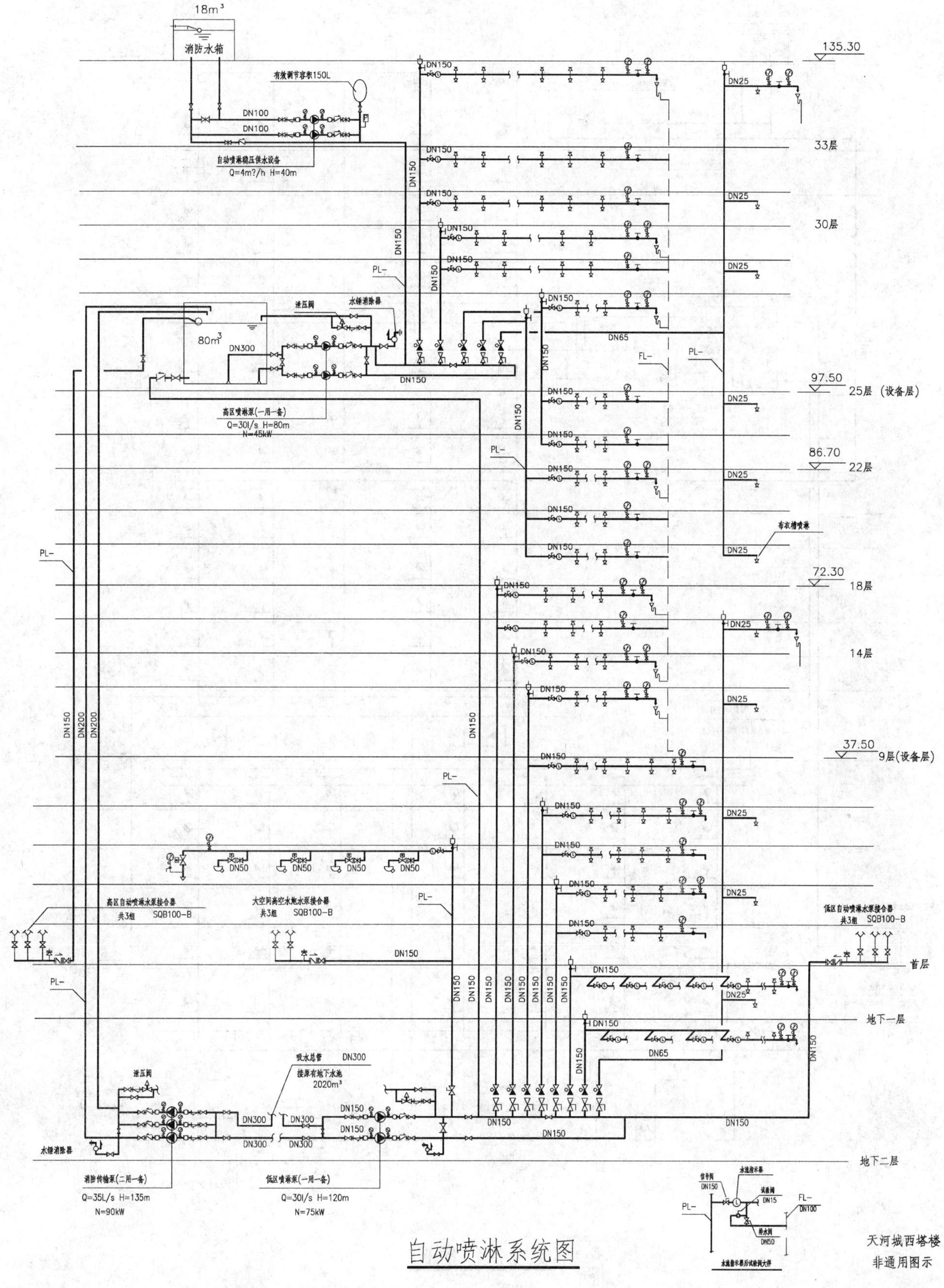
18m³
消防水箱
有效调节容积150L
自动喷淋稳压供水设备
Q=4m³/h H=40m
135.30
33层
30层
泄压阀
水锤消除器
80m³
高区喷淋泵(一用一备)
Q=30l/s H=80m
N=45kW
97.50
25层（设备层）
86.70
22层
布衣槽喷淋
72.30
18层
14层
37.50
9层(设备层)
高区自动喷淋水泵接合器
共3组 SQB100-B
大空间高空水炮水泵接合器
共3组 SQB100-B
低区自动喷淋水泵接合器
共3组 SQB100-B
首层
地下一层
吸水总管
接原有地下水池
2020m³
水锤消除器
地下二层
消防传输泵(二用一备)
Q=35L/s H=135m
N=90kW
低区喷淋泵(一用一备)
Q=30l/s H=120m
N=75kW
天河城西塔楼
非通用图示

自动喷淋系统图

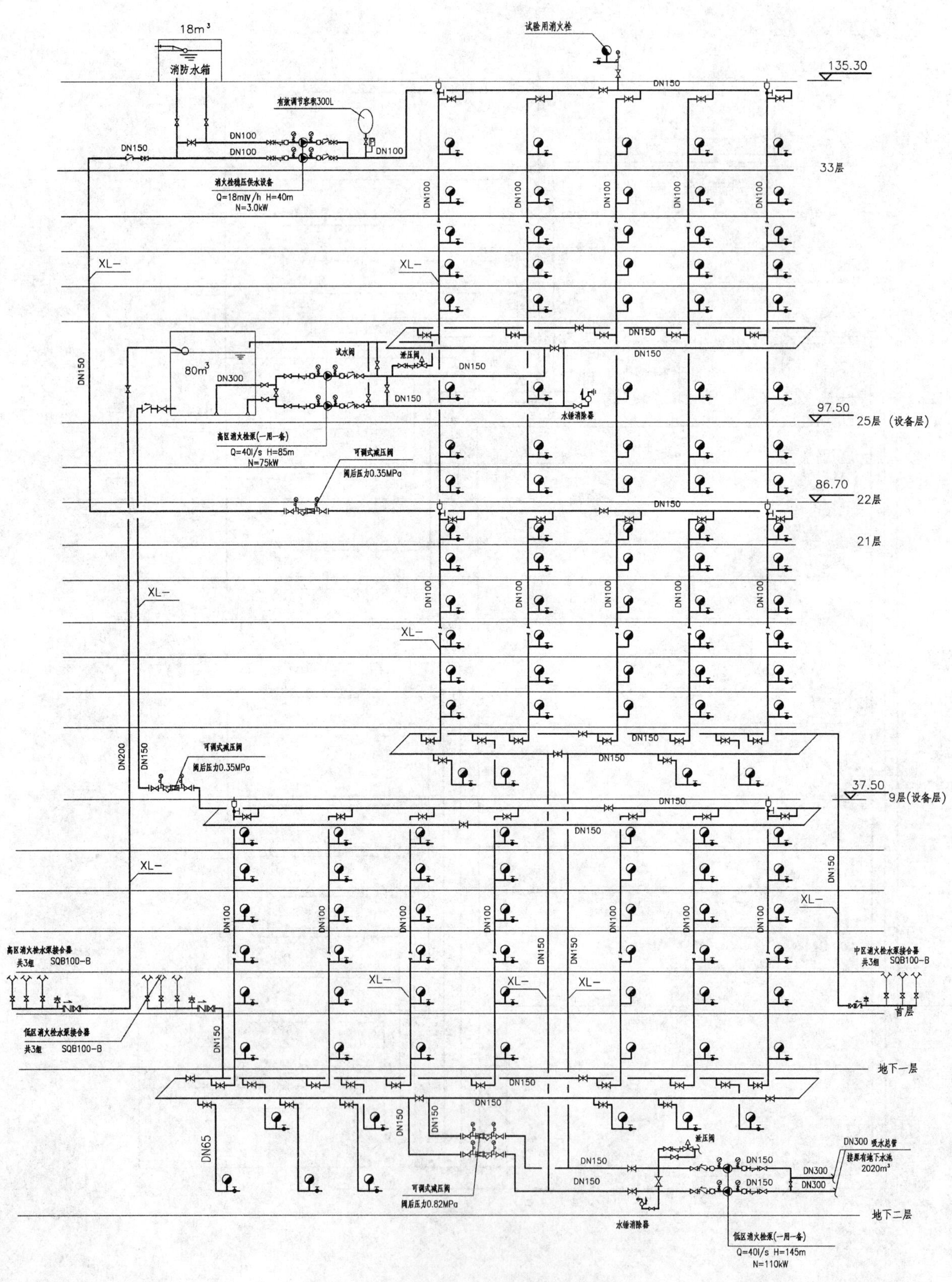

消火栓系统图

天河城西塔楼
非通用图示

深圳信息职业技术学院迁址新建工程学生宿舍等（赛时大运村）

设计单位： 深圳大学建筑设计研究院
设 计 人： 武迎建 赵建兵 晏风 谢蓉 刘剑 李赫 宋靖 张育爱
获奖情况： 公共建筑类 三等奖

工程概况：

深圳信息职业技术学院迁址新建工程（深圳信息职业技术学院东校区、深圳第26届世界大运会运动员村）（以下简称“大运村”）位于深圳市龙岗中心区西南部，龙翔大道以东，龙兴路以南的深圳信息职业技术学院（以下简称“信息学院”）新校区内，北邻大运中心。其前期施工为信息学院迁址新建工程，后期施工为“大运村”，大运村在已有的、在建的信息学院东校区校园的基础之上，尽可能利用原有功能，局部进行改造加建，满足赛时使用功能需求。

大运村工程性质如下：

1. 运行区：29076.29m^2，11层的综合接待服务楼，下面3层是服务中心楼（赛时商业中心）。

2. 运动员公寓（原学生宿舍）：172022.29m^2，A栋15层，B、C、D、E栋17层，1层6m高架空部分加建2层临时建筑为洗衣、收发、班车等候、检验检疫、住宿管理中心、储藏中心等，部分为2层B食堂。

3. 运动员餐厅：13409.34m^2，为原3层C食堂，加建1层临时建筑1层。

4. 国际区：3988.27m^2，为医疗中心（原校医院3层），宗教中心（原后勤管理中心2层）。

5. 原8层教工宿舍为备用运动员公寓：10430.30m^2，架空层为1层冷库区。

6. 配套设施用房（1层）：1182.24m^2，原学生宿舍连廊夹杂3号变电所，4号变电所。

7. 大运村班车站（室外工程）

总建筑面积：269662.73 m^2，设计运动员公寓4997间，计划容纳1.3万名运动员、教练和随队工作人员，每间安排三名运动员的要求；特别是开、闭幕式结束后，1.3万人集中返回运动员村将产生巨大的给水排水（包括热水）、供电、交通的强负荷冲击和压力；建议按照最大负荷、提高标准，重新进行评估与设计。

一、给水排水系统

（一）给水系统

1. 冷水用水量（表1）

冷水用水量 **表1**

用水单位名	用水标准	用水范围及人次数	最高日用水(m^3/d)	K_h	最大时用水(m^3/h)	备注
运动员公寓	200L/(人·d)	4997间、13000人	2600	3.0	325	24h
备用运动员公寓	200L/(人·d)	231间、700人	140	3.0	17.5	24h
综合服务楼	300L/床	160间、280床	84	2.5	10.5	24h
综合楼空调补水			200		20	
食堂	23L/人次	30000人次	690	1.5	86.25	12h
服务中心等	20L/d	10000人	200	1.5	25	12h
小计			3914		484	
未预见水量	10%		391		48	
合计			4305		532	

注：用水标准扣除了冲厕用中水。

2. 水源

生活给水水源采用深圳市自来水公司的自来水；本区域用地靠近自来水厂，市政水压为0.35～0.40MPa；校区内已设计有*DN*300的室外生活市政给水环网，管网上布置有室外消火栓。

3. 系统竖向分区

运动员宿舍1～6层采用下行上给式市政管网供水，7～17层采用上行下给式加压供水。

4. 供水方式及给水加压设备

加压供水采用变频调速给水泵，150m^3/h，6台，4用2备（考虑运动会开闭幕式高峰用水，全部泵可以同时投入使用）。

5. 管材

室内生活给水立管采用钢塑管，支管采用优质PPR管。

(二) 热水系统

1. 热水用水量（表2）

热水用水量 **表2**

用水单位名	用水标准	用水范围及人次数	最高日用水(m^3/d)	K_h	最大时用水(m^3/h)	备注
运动员公寓	80L/(人·d)	4997间、13000人	1040	4.0	173	24h
备用运动员公寓	80L/(人·d)	231间、700人	56	4.0	9.33	24h
综合服务楼	100L/床	160间、280床	28	3.5	4.08	24h
小计			1124	4.0	187	
未预见水量	10%		112		19	
合计			1236		206	

2. 热源

运动员公寓、备用运动员公寓采用屋面全铺满太阳能集热板、屋面蓄热水箱供应热水；不足部分、阴天采用空气源热泵作为备用保障。

综合服务楼采用空调机组冷凝器热回收、地下室蓄热水箱蓄能供应热水，屋面空气源热泵作为备用保障。

3. 系统竖向分区

1～6层采用下行上给式为低区减压阀减压供水，7～17层采用上行下给式变频水泵加压带夜间小流量气压罐供水。

4. 冷、热水压力平衡措施、热水温度保证措施等

冷、热水管道系统采用同程布置方式，减压阀位置相同，热水管、热水罐均采用橡塑材料保温。

5. 管材

天面及室内生活热水给水立管采用卡压式薄壁不锈钢管，橡塑材料保温。

(三) 中水系统

1. 中水源水量表、中水回用水量表、水量平衡

中水给水水源和本校区室外中水给水总平面图由合作设计单位中建国际设计总公司设计。据介绍，中水给水水源采用深圳市龙岗区污水处理厂的城市集中中水供水；供本校区的中水供水总接头为一根*DN*400，为安全计，现分为相距一定距离的两根*DN*300管，进入1000m^3的蓄水调节池，设变频加压泵供给全校中水给水管网。东校区中水给水水源直接从校园管网获取。

东校区中水回用水量见表3。

东校区中水回用水量 表3

用水单位名	用水标准	用水范围及人次数	最高日用水(m^3/d)	K_h	最大时用水(m^3/h)	备　注
运动员公寓	50 L/(人·d)	4997间、13000人	650	3.0	81	24h
备用运动员公寓	50L/(人·d)	231间、700人	35	3.0	4.375	24h
综合服务楼	50L/床	160间、280床	14	2.5	1.458	24h
食堂	2 L/人次	30000人次	60	1.5	7.5	12h
服务中心等	12L/ d	10000人	120	1.5	15	12h
绿地面积	3L/(m^2·d)	41771m^2	125	1.0	20.8	6h
道路面积	3L/(m^2·d)	11000m^2	33	1.0	5.5	6h
小计			1037		136	
未预见水量	10%		104		14	
合计			1141		150	

注：室内中水用水标准仅为冲厕用水。

2. 系统竖向分区

单体建筑1～2层由校园区中水加压泵站与室外中水管网直接供水，学生宿舍3～17层采用无负压变频加压泵供水，其中3～9层减压阀减压供水。

3. 供水方式及给水加压设备

东校区的中水加压供水前期采用无负压变频调速给水泵从室外中水加压管网直接抽水，45m^3/h，3台，可以全部投入使用；后期考虑为保障大运会开闭幕式高峰用水，采用了一定的备用措施。

4. 管材

室内中水给水采用CPVC塑料管。

（四）排水系统

1. 排水系统的形式

排水系统采用污、废合流。

2、透气管的设置方式

低于10层建筑的污水立管顶端仅设置伸顶通气管；大于等于10层建筑的污水立管设置专用通气立管。

3、采用的局部污水处理

粪便污水经化粪池处理后排入室外污水井，餐厅含油废水经隔油池处理后排入室外污水井。

4. 管材

室内排水采用PVC-U塑料管。

二、消防系统

（一）消火栓系统：

1. 消火栓系统用水量标准

室外消火栓　30L/s，室内消火栓40L/s，火灾延续时间均为3h。

2. 消火栓系统分区、消火栓泵（稳压设备）的参数、水池、水箱的容积及位置

（1）室外消火栓给水管与室外生活给水管共用；水压约0.40～0.45MPa；

（2）室内消火栓泵、室内喷淋泵、高空水炮泵设在南校区19层的科技楼地下设备间内，高位消防水箱也设在南校区19层的科技楼屋顶；东校区的单体建筑最高的仅为17层，略低于南校区的最高建筑；本校园由3个单位合作设计，消火栓泵（稳压设备）的参数、水池、水箱的容积及位置等问题协商后，均由南校区

的设计单位解决。本校区直接从室外管网接管，无需采取减压等措施。

3. 消火栓系统水泵接合器的设置、管材等

消火栓系统水泵接合器由室外总图设计单位统一设计；消火栓系统管材采用热镀锌钢管。

（二）自动喷水灭火系统

1. 自动喷水灭火系统用水量标准

室内喷淋系统用水量 35L/s（网格装修），火灾延续时间 1h；高空水炮（5L/s）10L/s，局部大空间，最多布置 2 个，火灾延续时间 1h。

2. 自动喷水灭火系统分区、自动喷水灭火泵（稳压设备）的参数、水池、水箱的容积及位置

自动喷水灭火系统泵、高空水炮泵均设在南校区 19 层的科技楼地下设备间内，高位消防水箱也设在南校区 19 层的科技楼屋顶；东校区的单体建筑最高的仅为 17 层，略低于南校区的最高建筑；本校园由 3 个单位合作设计，消火栓泵（稳压设备）的参数、水池、水箱的容积及位置等问题协商后，均由南校区的设计单位解决。本校区直接从室外管网接管，无需采取减压等措施。

3. 自动喷水灭火系统水泵接合器的设置、管材等

自动喷水灭火系统水泵接合器由室外总图设计单位统一设计；自动喷水灭火系统管材采用热镀锌钢管。

（三）气体灭火系统

在高、低压配电房、弱电机房等地方设置气体灭火系统。

（四）消防水炮灭火系统

在局部大空间，设置高空水炮（5L/s）10L/s，最多布置 2 个，火灾延续时间 1h；泵房等在南校区 19 层的科技楼，本校区直接从室外管网接管，无需采取减压等措施。

三、设计及施工体会或工程特点介绍

1. 第 26 届世界大学生运动会在深圳龙岗区召开，围绕“大运会”的召开，深圳规划了大运会主场馆，和各个运动场，并把大运会运动员村规划在信息学院迁址新建工程校园内。2008 年初，深圳大学建筑设计研究院通过竞标，与中建国际顾问有限公司、深圳市建筑科学设计研究院一起获得了信息学院迁址新建工程（赛时大运村）的设计任务。深圳大学建筑设计研究院主要负责东校区，既学生宿舍、教工宿舍、综合服务楼、校医院等，赛时大运村的主要运营建筑。

2. 2008 年又是世界经济形势变化剧烈的一年。年初，经济形势好，甲方提出的设计要求高，要求设计方设计出高水平；而后，世界经济形势动荡，大运会推迟了提出需求的时间，设计不能停顿，设计方只能按甲方要求，先仅按普通高校学生宿舍等的经济指标限额设计。

3. 2009 年底，深圳大运会筹备组组织考察了亚运村、奥运村、全运会等运动员村，收集到很多运动员村工程信息，部分信息令给水排水人员格外关注。对“有的运动员村出现过冷水水压上不去，热水水温上不去，排水一层往外冒”的现象，提出全面开展大运村修改设计，百分之百保障大运会给水排水用水安全。

4. 对此，对照 2003 年版给水排水规范，设计提出：给水排水设计计算是按概率统计和以往的经验的基础上进行设计的，对于 5000 间学生宿舍，按规定的给水当量法计算，只能满足 2%多一点。“规范”中虽然有百分数计算方法，但并不是针对这种建筑。是按当量法放大计算，还是按百分数法计算，依据又在哪？针对此问题，只能召开有权威的专家研讨会。2010 年 3 月组织了第一次给水排水专家审查会。会上，设计人员提出了按当量法计算及按百分数法计算的比较数据，以及给水排水的解决方案。专家们经过认真讨论，形成专家意见如下：各单体建筑的给水立管可按当量法公式计算，并按同时使用百分数公式校核；水泵供水干管管径可按最高日最大时流量乘以适当倍数选择，其流速不宜大于 1.0m/s；给水调速设备，其水泵配置应采

用多泵并联形式，备用率采用100% 。根据专家们提出的原则，将原设计的计算给水量放大了一倍，选择了供水泵组；并把此供水泵组再复制一个，另建一处给水泵站。同年7月，节约办“大运会”风气兴起，我们针对2009年版给水排水规范对提供的数据作了修订，甲方组织了第二次给水排水方案专家审查会，会上专家们要求《建筑给水排水设计规范》3.6.6条（百分数法）进行水量计算设计；取消新增给水清水池及加压泵房，利用市政补水减少水池容积。对此，设计人员在原有泵房无法扩大水池的条件下，又按给水排水规范3.6.6条（百分数法）扩大了给水变频水泵泵组。将150m^3/h水泵扩大为6台，并可以同时投入使用。2011年6月，大运村13000学生演练开幕式后夜间同时入住。用水瞬间高峰期，6台泵同时投入运营，经受住了试验运营的考验。

中水无负压泵组，由于新装坐便器漏水严重，第二天清晨未能经受考验。经过坐便器浮球阀更换，加设普通变频泵组等补救措施，甲方满意。

实际大运会开幕，仅入住一万多一点运动员，给水排水负荷没有试验时候大，给水排水设施自然运营正常。

大运会结束后，大运会基础设施保障部授予深圳大学建筑设计研究院“一流设施，一流保障”。

四、工程照片及附图

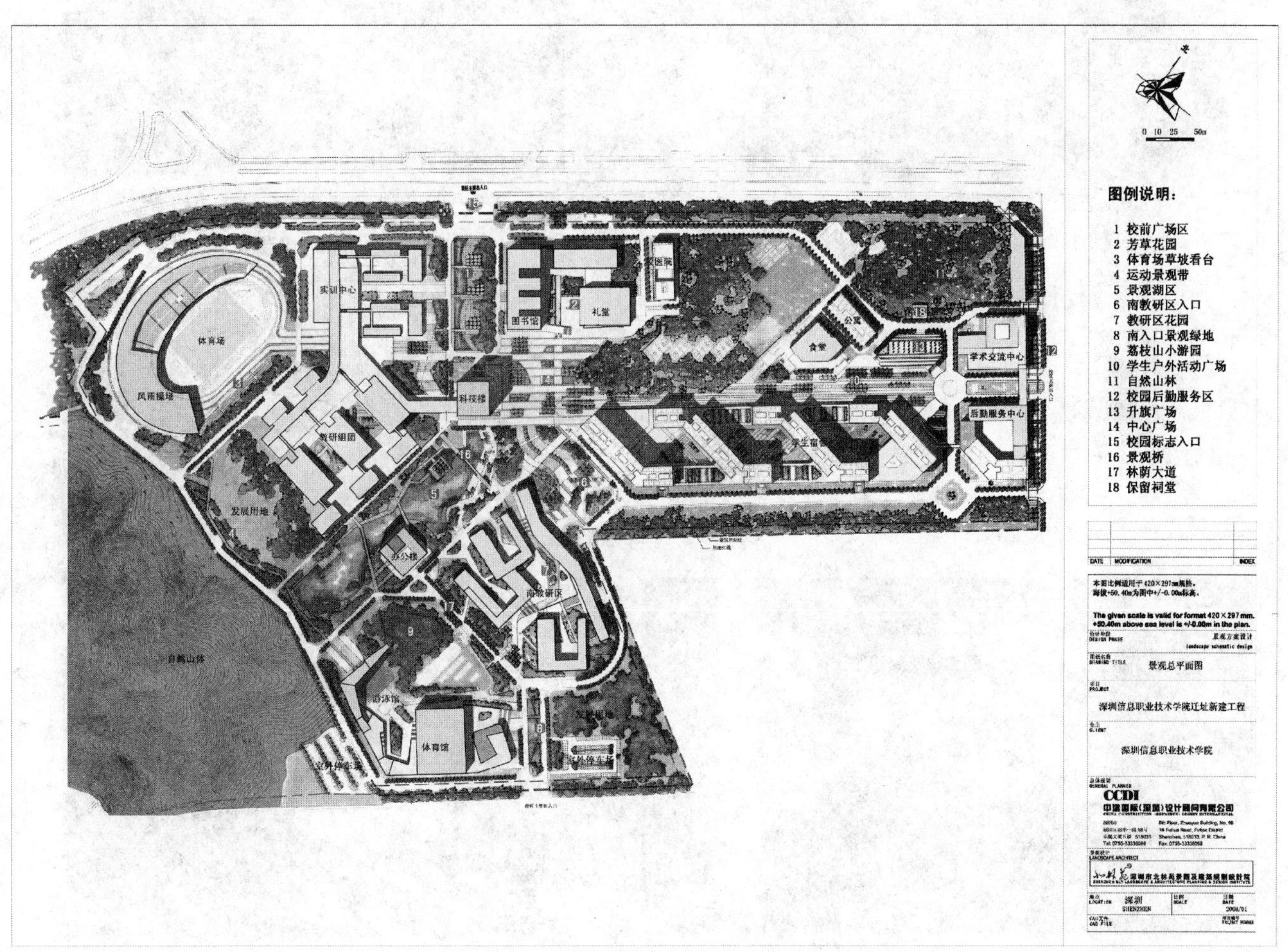

深圳信息职业技术学院迁址新建工程校园全景图

深圳信息职业技术学院迁址新建工程东校园东大门

深圳信息职业技术学院迁址新建工程学生宿舍北立面

深圳信息职业技术学院迁址新建工程学
生宿舍（赛时大运村）屋面太阳能集热板远景

深圳信息职业技术学院迁址新建工程学
生宿舍等（赛时大运村）屋面太阳能集热板近景

深圳信息职业技术学院迁址新建工程学生宿舍等
（赛时大运村）生活给水变频泵 6 台并联安装

深圳信息职业技术学院迁址新建工程学生宿舍等
（赛时大运村）中水无负压给水变频泵

给水排水系统附图：

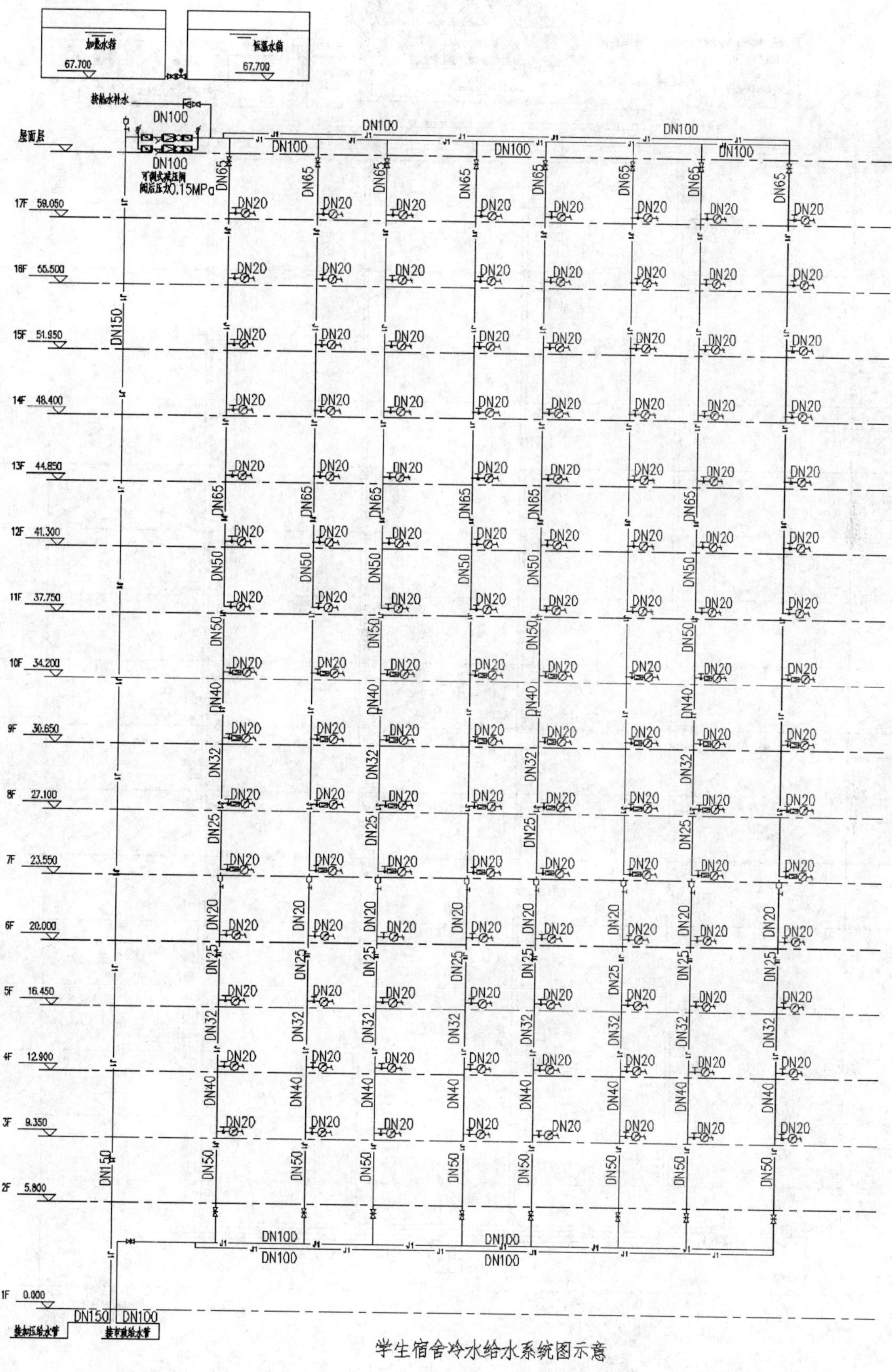

学生宿舍冷水给水系统图示意

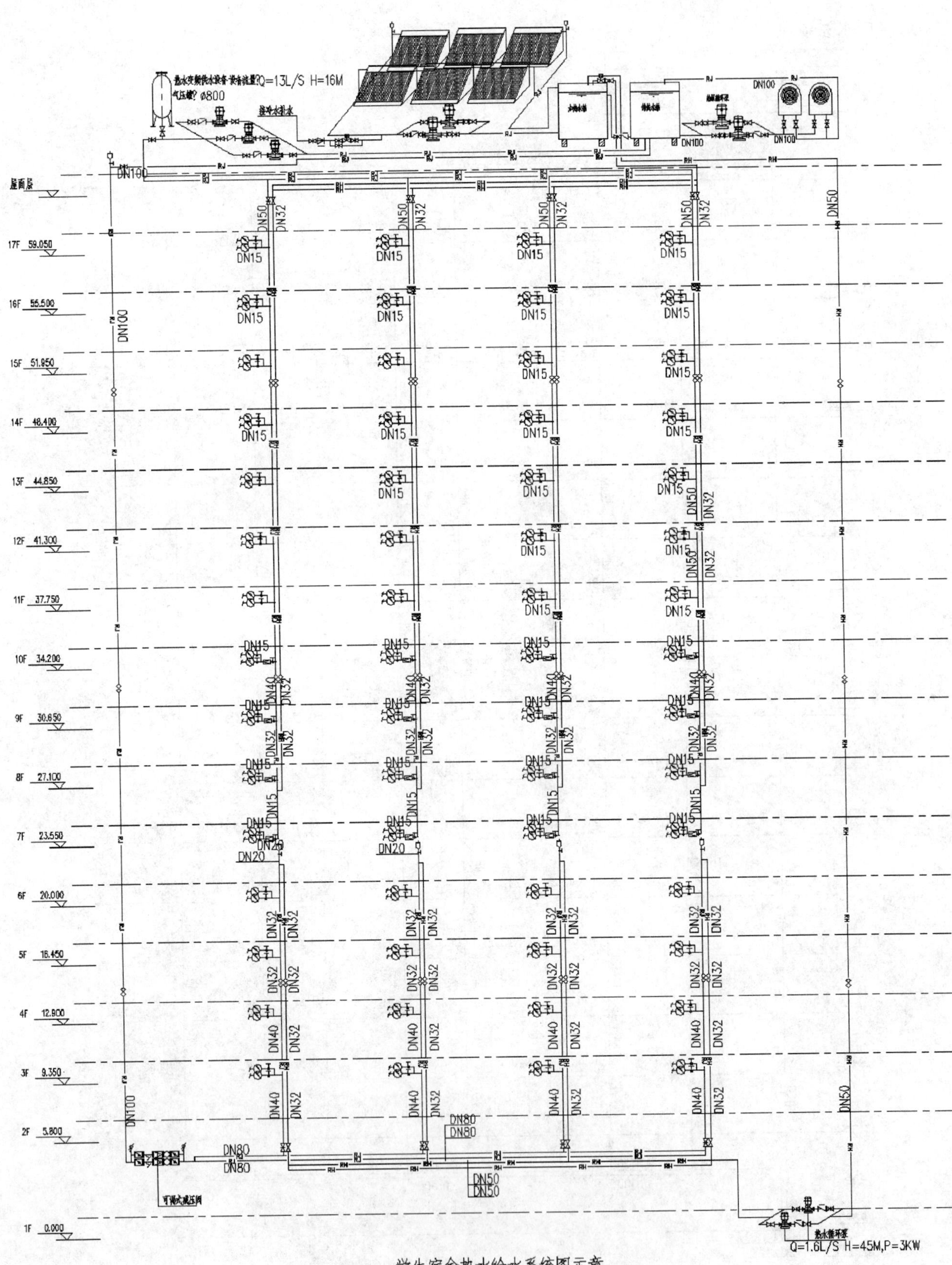

学生宿舍热水给水系统图示意

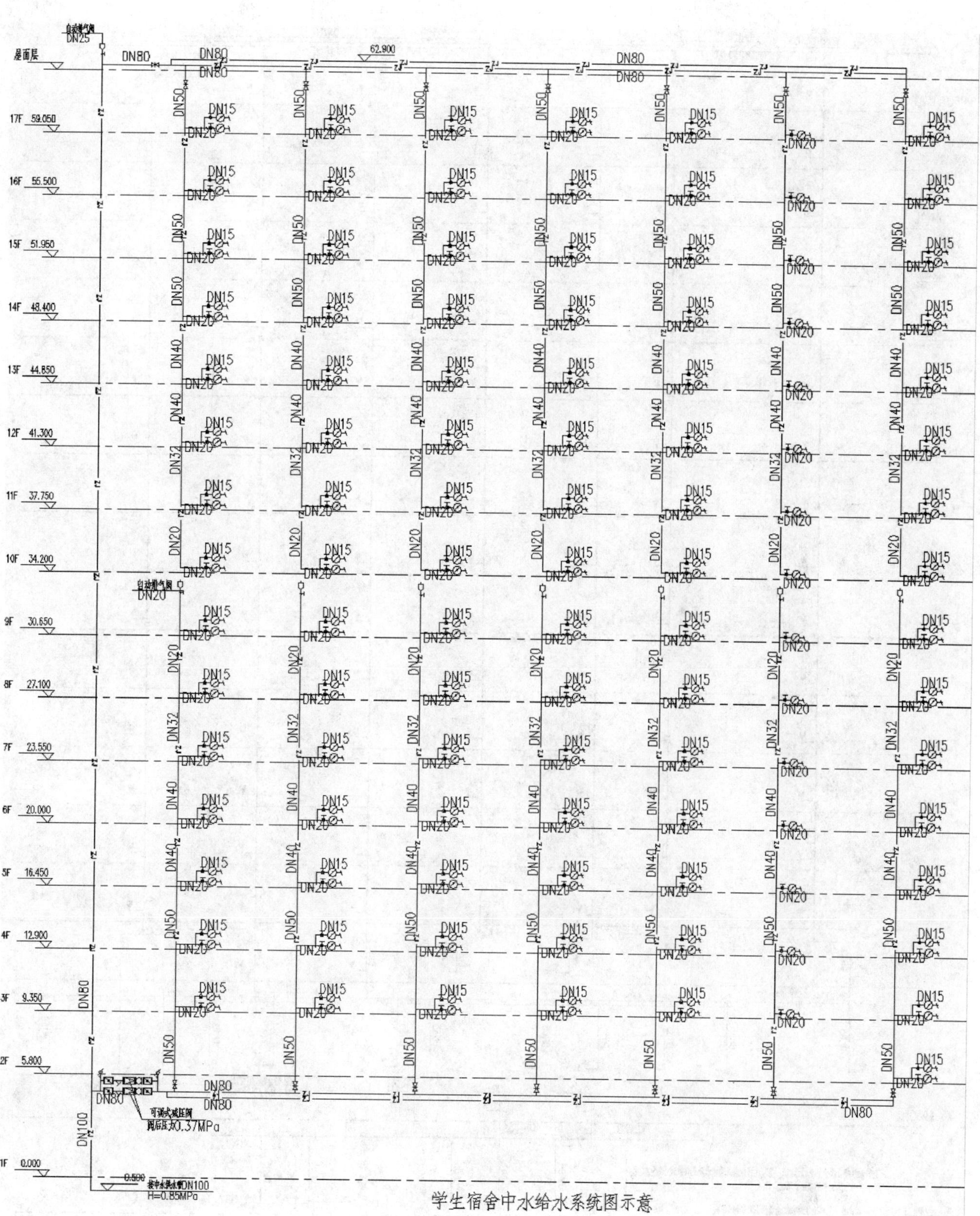

学生宿舍中水给水系统图示意

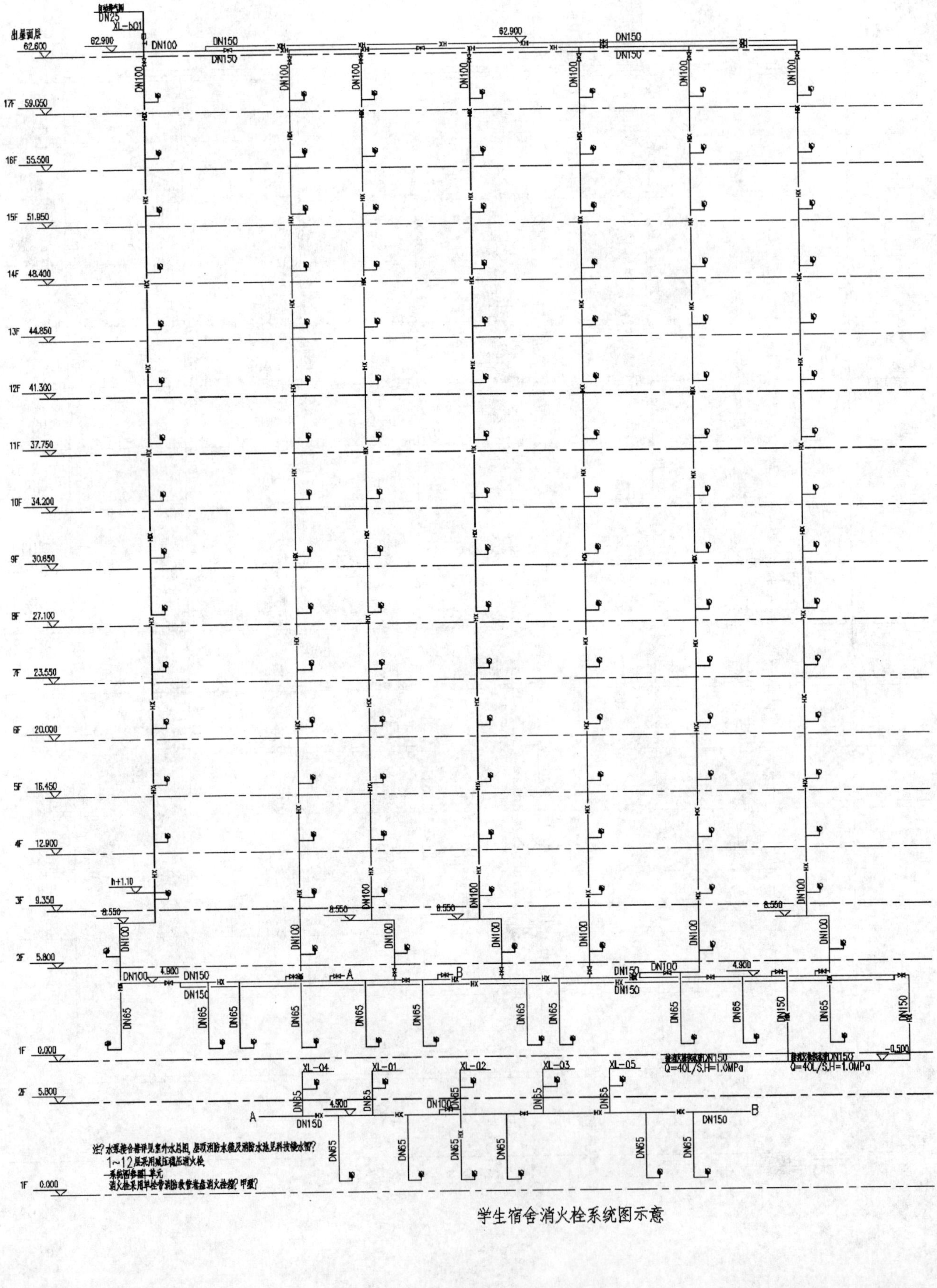

出屋面层 62.600
17F 59.050
16F 55.500
15F 51.950
14F 48.400
13F 44.850
12F 41.300
11F 37.750
10F 34.200
9F 30.650
8F 27.100
7F 23.550
6F 20.000
5F 16.450
4F 12.900
3F 9.350
2F 5.800
1F 0.000

XL-04 XL-01 XL-02 XL-03 XL-05

Q=40L/S,H=1.0MPa

注?水泵接合器详见室外水总图，屋顶消防水箱及消防水池见科技楼水图?
1~12层采用减压稳压消火栓
系统图参照1单元
消火栓采用单栓带消防软管卷盘消火栓箱? 甲型?

学生宿舍消火栓系统图示意

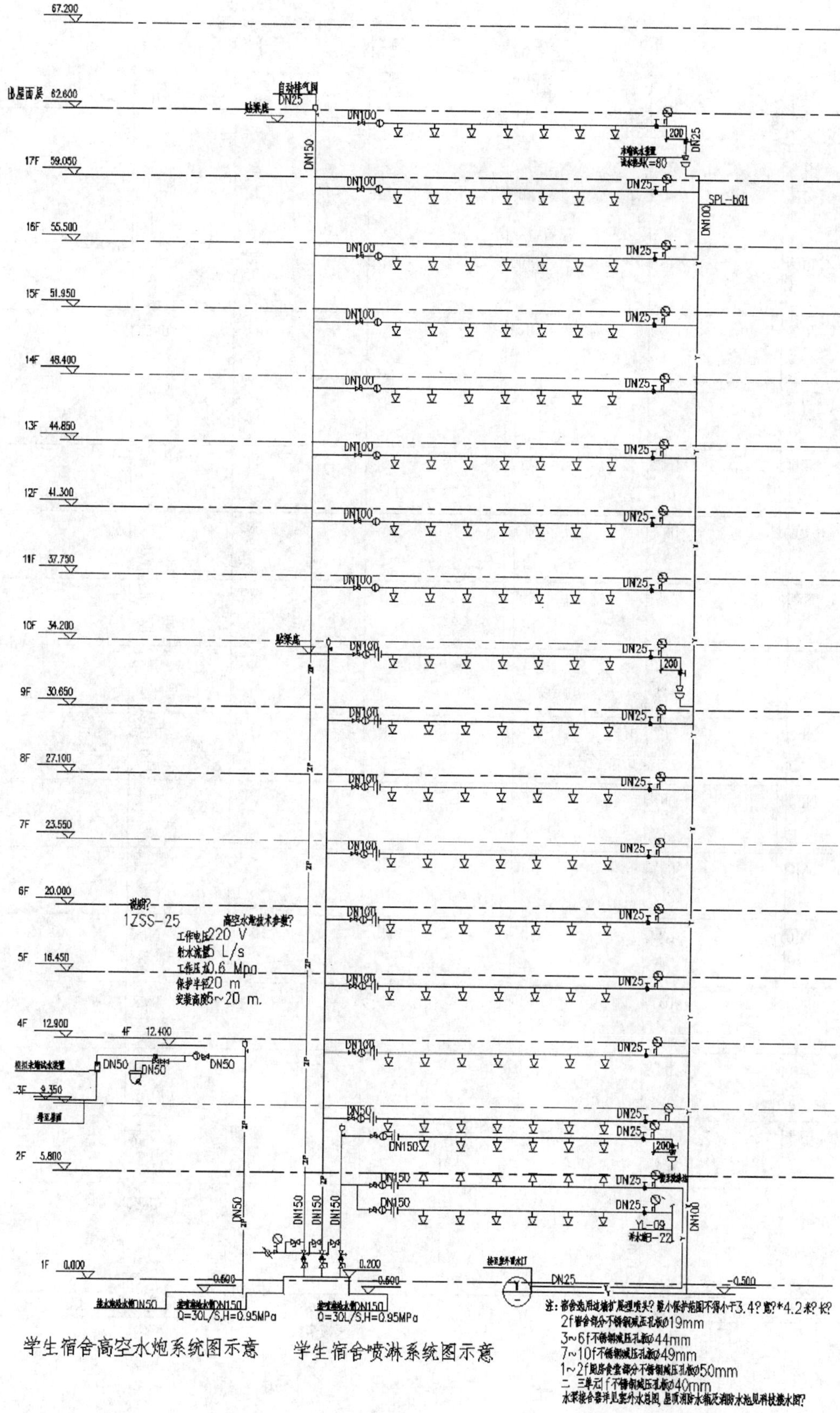

学生宿舍高空水炮系统图示意　　学生宿舍喷淋系统图示意

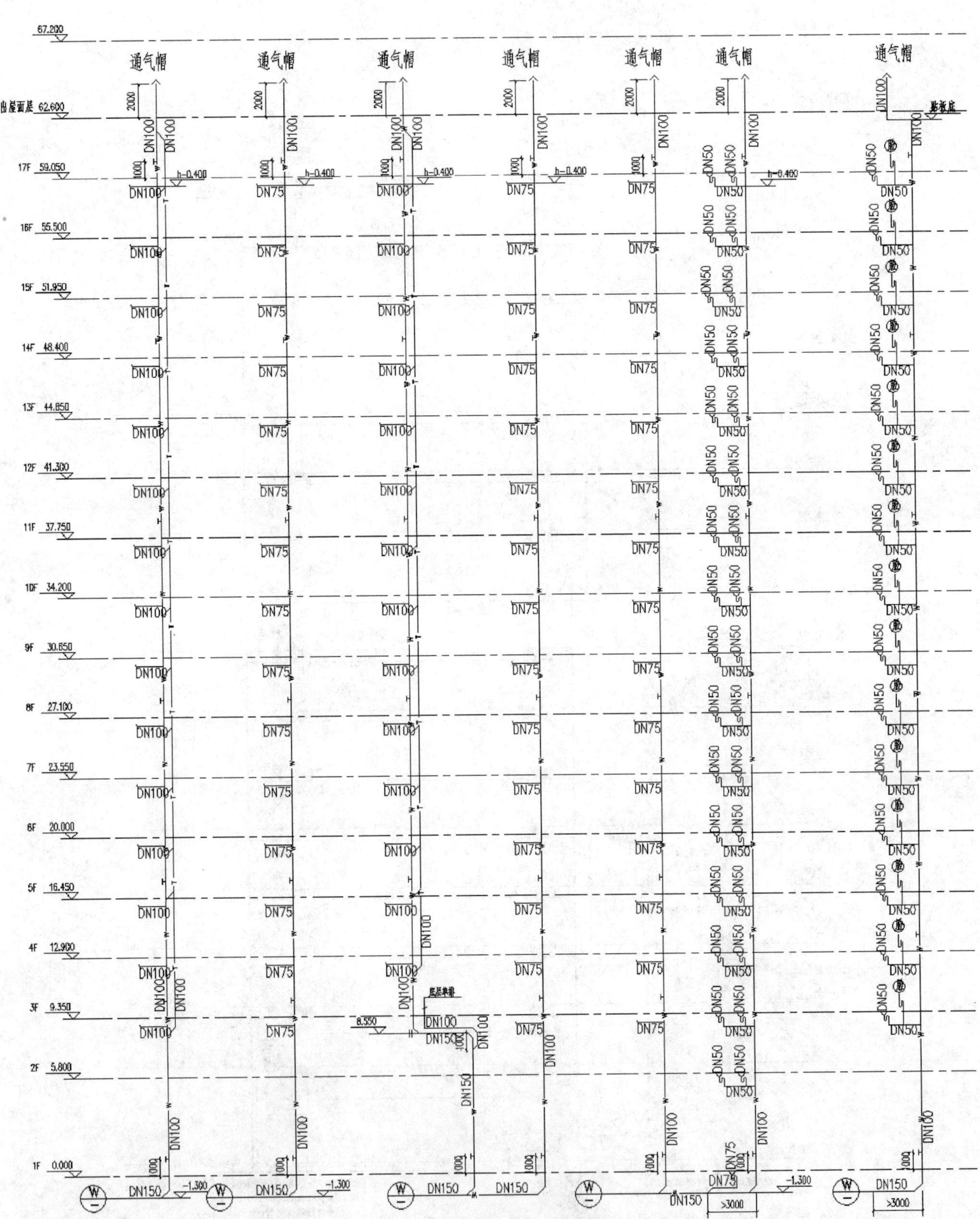

学生宿舍排水系统图示意

广西体育中心主体育场

设计单位：广西华蓝设计（集团）有限公司
设 计 人：蒋加林　陈如融　安忠林　覃火坤　陈顺霞　陈永青　肖睿书
获奖情况：公共建筑类　三等奖

工程概况：

广西体育中心用地位于南宁市区东南方向，邕江南岸，规划五象新区核心区的边缘地带，北倚五象大道，东、西、南侧均为规划城市干道。用地西距南宁大桥连接大道约1km，东邻规划中的邕江新大桥连接大道，南面有城市主干道的玉洞大道，东面有环城高速公路经过，交通区位的规划条件十分便捷。

项目规划用地2000多亩，规划建设主体育场，体育馆，游泳跳水馆和网球中心等，其中主体育场是一期实施的项目，由广西华蓝设计（集团）有限公司设计，建筑面积约10万m^2，于2008年3月破土动工，2010年4月通过竣工验收，是广西国际民歌艺术节的主会场和南宁标志性建筑。

广西体育中心主体育场设计从体育设施的运营角度出发，以满足高标准体育赛事为其核心功能，考虑多功能的需要，特别是满足大型文艺演出如南宁国际民歌节和大型展示如车展和房展的需要。设计充分不同功能的流线和功能区分，结合人员安全考虑，通过二层平台的设置，将两大功能在空间上使观众人流和其他人流完全分离，确保互不干扰。一层结合四个场地出入口的设置，分别在东西部分设置了两条应急通道贯穿内部，解决了防火和疏散的问题，更进一步将一层的功能细分，使服务比赛的各辅助部分相对独立，又联系便捷，内部功能以灵活分隔为主。满足不同的赛事要求和平时使用的要求。观众看台共设置三层，一层环形看台，一层后部和二层为包厢看台层，三层分设东西高层看台，可容纳60000多名观众。场地设置标准400m环形跑道，在场地的西面和南北面均预留了设备，满足举办大型文艺演出舞台搭建的要求。

本工程由广西华蓝设计集团有限公司（简称“华蓝公司”）进行方案及施工图设计，是华蓝公司又一大型的公共设计项目，为此，公司单位抽调各个部门设计骨干，组成了体育中心设计项目组，大家集中办公，统一协调来进行工作。各个专业设计师认真负责、刻苦钻研，努力打造广西最美丽的体育场。

一、给水排水系统

主体育场给水排水包括给水、热水设计，足球场喷灌设计，室内排水及雨水系统设计，室外给水及排水设计。

（一）给水系统

1. 水源：本工程采用南宁市政自来水作为本工程全部用水水源（含消防用水及绿化用水、洗车用水）。从五象大道引入两根$DN300$自来水管至本工程生活及消防用水，给水主管在场地周边环状布置。

2. 冷水用水量（表1）

3. 系统竖向分期区

本工程给水分为两个区，低区为一～三层，由市政管网直接供给；高区为三层以上，考虑到平时使用的商业用房和办公在一～三层，上部需加压的部分仅在赛时使用，经与自来水公司协商，由管网叠压供水加压供水，自来水公司在赛时采取保障措施保证市政管网压力。

冷水用水量 **表 1**

序号	用水部门	用水计算单位数	用水定额	小时变化系数	用水时间(h)	最高日用水量(m^3/d)	最大小时用水量(m^3/h)
1	观众用水	60000 人 2 场/d	3L/(人·场)	1.2	4h/场	360	54
2	运动员淋浴	500 人 2 场/d	40L/(人·次)	2.0	—	40	40
3	商场和开发用房	15522m^2	8L/(m^2·d)	1.2	12	124.2	12.4
4	空调补充用水	—	12.1m^3/h	—	14	169.4	12.1
5	绿化用水	201772m^2	2L/(m^2·d)	1.5	8	403.5	75.6
6	不可预见水量	按总用水量的 10%				110	29.4
7	总用水量	—	—	—	—	1206.8	213.5

4. 供水方式及加压设备

本工程采用市政直接供水和无负压水泵机组加压供水方式，供水方式为下行上给，供水环管设置在一层走道及四层走道。

生活加压泵选用管网叠压供水机组 NWG135-50-3 型一套，Q=135m^3/h，H=50m，N=33kW。

5. 管材

室内生活给水管道除水泵房内管道（热镀锌钢管）外，全部采用薄壁不锈钢管，环压式管件连接。室外生活给水管道采用给水 PE 管。

（二）热水系统

运动员淋浴及 VIP 包厢洗手间设即热式电热水器供应热水，及时有效的供应热水。

（三）排水系统

1. 排水系统采用雨污分流制。

2. 卫生间采用伸顶通气管透气。

3. 生活污水经三级化粪池处理后排入总平污水管，经污水处理站处理后排入市政污水管。化粪池采用 Z13-100SQF 型四座，Z5-50SQF 两座。

4. 钢结构屋面雨水采用虹吸压力流系统。场地及小屋面平台按照重力流进行设计。

5. 足球场草坪下设渗水层，下设雨水暗沟，暗沟内设塑料盲沟排除草坪渗水。跑道内外侧设带篦子盖板雨水沟收集足球场、跑道、部分看台雨水。

6. 在水泵房内设置集水沟及集水坑排水，利用两台 WQ2155-409 型潜水泵，通过集水坑水位的自动控制水泵启动加压排至室外。

7. 室内污水及重力流雨水管采用排水 PVC-U 管。室内压力流雨水管在钢屋架可见部分采用不锈钢管，暗装部分采用 HDPE 管。室外雨水及污水管小于等于 DN800 采用 PVC-U 双壁波纹管，大于 DN800 采用钢筋混凝土管。室内给排水管道全部暗装。

二、消防系统

消防系统包括消火栓系统、自动喷水灭火系统、气体灭火系统、固定式干粉灭火系统及消防水炮灭火系统。

(一) 消火栓系统

1. 本工程按体育场建筑考虑，室内消火栓用水量为40L/s，室外消火栓用水量为30L/s，火灾延续时间按3h。室外消火栓用水量由市政管网供给。

2. 消火栓系统采用临时高压给水系统，初期灭火用水量由屋顶消防水箱贮水供给，消火栓加压泵置于一层泵房，管网成独立的环状管网。火灾时可通过设置于消火栓箱内的启动按钮直接启动消火栓加压泵或通过消防控制中心指令启动消火栓加压泵。消火栓加压泵选用XBD8/40-SLH型两台，一用一备，$Q=40L/s$，$H=80m$，$N=75kW$，采用自灌形式吸水。

3. 消防贮水置于一层水池内，贮水量3h室内消火栓用水量、1h自喷用水量、1h消防水炮用水量，约为$800m^3$，分为2个独立的$400m^3$消防水池。屋顶消防水箱贮存初期消防用水量$18m^3$。

4. 平时消火栓管网压力由设在一层泵房的消火栓自喷共用增压稳压设备提供，选用ZW（L）-Ⅱ-XZ-D型一套，消防压力0.65～0.85MPa，$N=4kW$，采用自灌形式吸水。

5. 室外管网连成环状，由市政给水管网引入两根$DN300$至环状网。室外设地上式室外消火栓三套。

6. 室内消火栓管道采用热镀锌钢管，卡箍或法兰连接，室外埋地消防管道采用钢丝网骨架给水管。

(二) 自动喷水灭火系统设计

1. 本工程除面积小于$5m^2$的卫生间、设备贵重的弱电设备间、发电机房、配电房和不宜用水灭火的房间外均设自动喷水灭火装置。灭火等级商业部分按中危险级Ⅱ级，其他按中危险级Ⅰ级，设计喷水强度按$8.0L/(min \cdot m^2)$，作用面积按$160m^2$，系统流量按21.3L/s设计。火灾延续时间为1h，最不利点喷头压力不小于0.05MPa。

2. 自动喷水灭火系统成独立的供水压力系统，初期灭火用水量由屋顶消防水箱贮水供给，自动喷淋加压泵置于一层，采用湿式系统，通过的各层水流指示器和置于泵房处的湿式报警阀之压力开关或通过消防控制中心启动自动喷淋加压泵。自动喷淋加压泵选用XBD8/30-SLH型两台，一用一备，$Q=30L/s$，$H=80m$，$N=45kW$，采用自灌形式吸水。

3. 平时自喷管网压力由设在一层泵房的消火栓自喷共用增压稳压设备提供，选用ZW（L）-Ⅱ-XZ-D型一套，消防压力0.65～0.85MPa，$N=4kW$，采用自灌形式吸水。

4. 喷头采用$DN15$闭式玻璃球喷头，喷头动作温度为68℃。

5. 自喷管网每层均设试水试压的阀门与压力表，室外设两套消防水泵接合器。

6. 室内喷淋管道采用热镀锌钢管，卡箍连接，室外埋地消防管道采用钢丝网骨架给水管。

(三) 气体灭火系统设计

1. 本工程在安保指挥中心、电脑机房、综合信息办公室、移动通信机房、通信机房、电视转播机房、智能机房、音控室、灯控室、综点摄像室设置预制七氟丙烷灭火系统。

2. 预制七氟丙烷灭火系统的控制有自动控制、手动控制两种启动方式。灭火系统采用自动控制时发生火灾，报警系统报警延时30s后自动启动该区灭火装置。灭火系统采用手动方式时发生火灾，可通过手动方式不需要延时在现场按下紧急启停按钮而直接启动灭火装置灭火或在控制室用报警控制器启动该区灭火装置实施灭火。无论何种启动方式，灭火装置动作后均返回信号给自动报警控制器。设计灭火浓度为8%，设计喷放时间小于8s。

(四) 固定式干粉灭火系统设计

1. 本工程在发电机房、贮油间、配电房设置固定式干粉灭火系统。

2. 固定式干粉灭火系统不需要另外设置防火分隔措施，不受防火区域开口面积的限制，在室外风速不大于 2m/s 的情况下，可以正常发挥其灭火效能，1s 内完成灭火。

3. 干粉自动灭火系统是由多套 FZXA3/C 型固定式燃气型干粉自动灭火装置组合使用通过控制接口（延时分配器）与各种火灾自动报警控制系统联合使用，达到自动报警启动灭火。系统主要由三大部分组成，分别是火灾自动报警系统、联动控制系统、干粉灭火系统。

（五）消防水炮灭火系统设计

本工程内没有需要设置消防水炮的场所，仅在消防水池内预留地块内后期实施的网球中心、游泳馆和体育馆消防水炮用水量，在消防泵房内预留消防水炮加压泵。

由于网球中心、游泳馆和体育馆的设计尚未进行，消防水炮系统设计流量按最大情况即超过 3 行×3 列布置考虑为 45L/s，火灾延续时间为 1h。

三、工程特点介绍

（一）管线综合

各种管线安装综合考虑后进行避让，管道穿越变形缝需设置方形伸缩器，防止管道变形而损坏。宽度大于等于 1200mm 的空调风管均在其正下方增设下垂型喷头，增设喷头接管管径及间距同直立型，给水排水管线当与通风专业及电气专业管线有竖向交叉无法避让时应遵循以下原则：

1. 给水排水不同系统管线有竖向交叉时，有压管避让无压管，给水管从排水管上部绕过；小管径有压管线应向上绕过。

2. 与风管竖向交叉时，水管道应从上绕过，如遇到较大风管，风管管排水管上部绕过；小管径有压管线应向上绕过。

3. 与电气管线竖向交叉时，给水排水管线应从下绕过。

（二）足球场地喷灌及排水

1. 本工程在足球场设置草坪自动喷灌系统。

2. 自动喷灌系统设计流量为 $25m^3/h$，系统工作压力 0.65MPa，喷头工作压力 0.55MPa。

足球场内采用 8 个 360°喷头，12 个 180°喷头，4 个 90°喷头，分为 6 个控制站，可由智能控制中心自动控制，也可在现场控制站手动控制。

3. 供水设备选用 65LG25-15（I）×6 变频水泵机组一套，单泵 $Q=25m^3/h$，$H=90m$，$N=22kW$，采用自灌式吸水。自动喷灌系统用水贮存在消防水池内，贮水容积 $70m^3$，设置有消防用水不被挪用的措施。

4. 足球场自动喷灌系统采用给水 PVC-U 管。室外生活给水管道采用给水 PE 管。

5. 足球场草坪下设渗水层，下设雨水暗沟，暗沟内设塑料盲沟排除草坪渗水。跑道内外侧设带箅子盖板雨水沟收集足球场、跑道、部分看台雨水。安保通道设带箅子盖板雨水沟收集看台雨水。设总沟将上述雨水沟的水排出室外。

（三）虹吸雨水系统

钢结构屋面雨水采用虹吸压力流系统。钢屋面为弧形，设肋条将屋面分割为数个集水区域，通过内天沟把雨水收集到集水井，集水井上方设溢流口，再用管道组织排水至室外，雨水系统按 50 年重现期雨水量设计，雨水系统与溢流口总排水能力按 100 年重现期雨水量设计。其他屋面雨水采用重力流系统。通过内天沟用管道组织排水至室外，雨水系统按 10 年重现期雨水量设计，雨水系统与溢流口总排水能力按 50 年重现期雨水量设计。

四、工程照片及附图

体育中心主体育场效果图

远眺

侧望

屋顶消防水箱

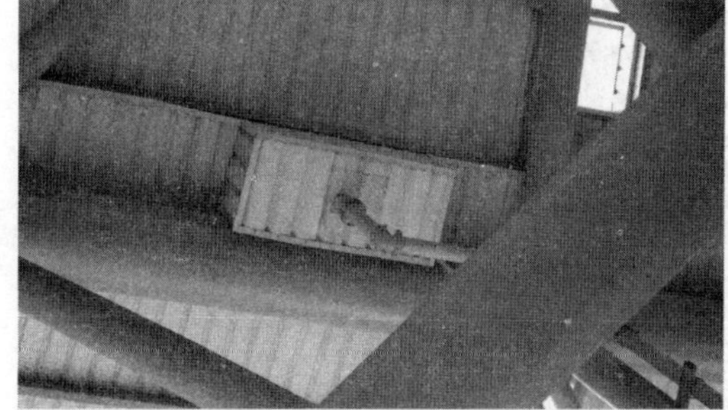

虹吸雨水斗

管网叠压供水设备

喷淋主管

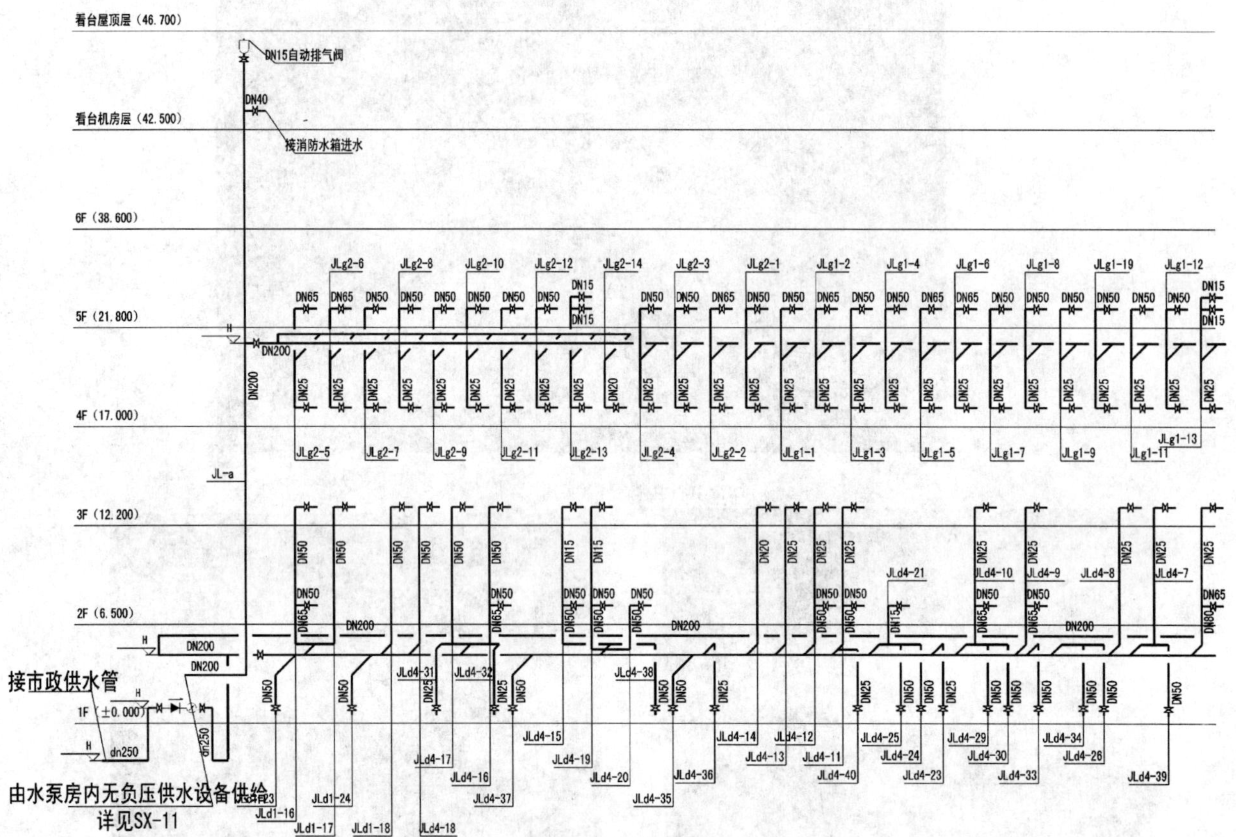

给水局部系统图

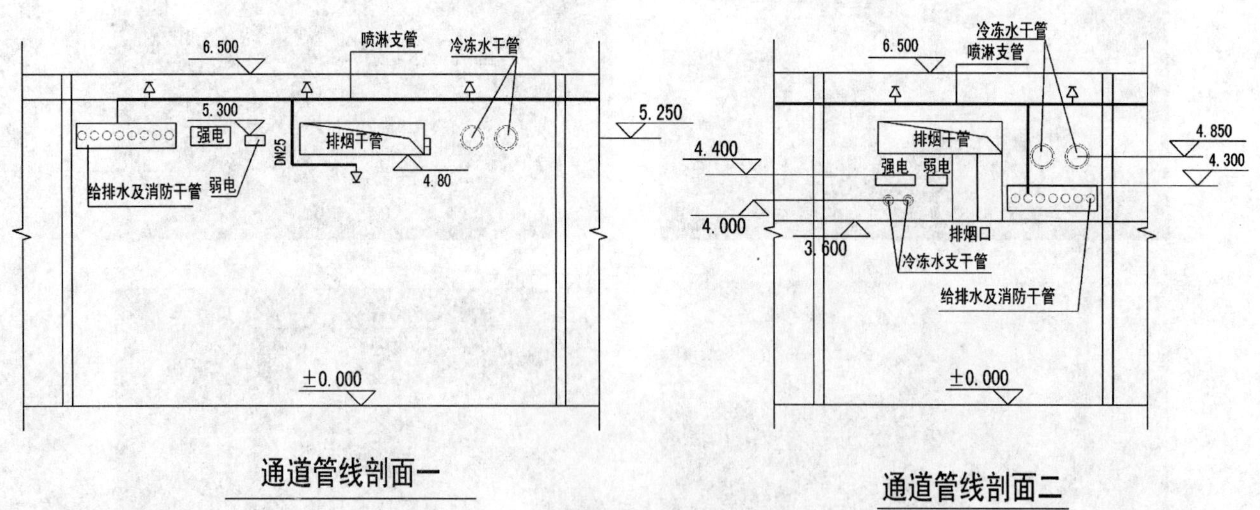

通道管线剖面一

通道管线剖面二

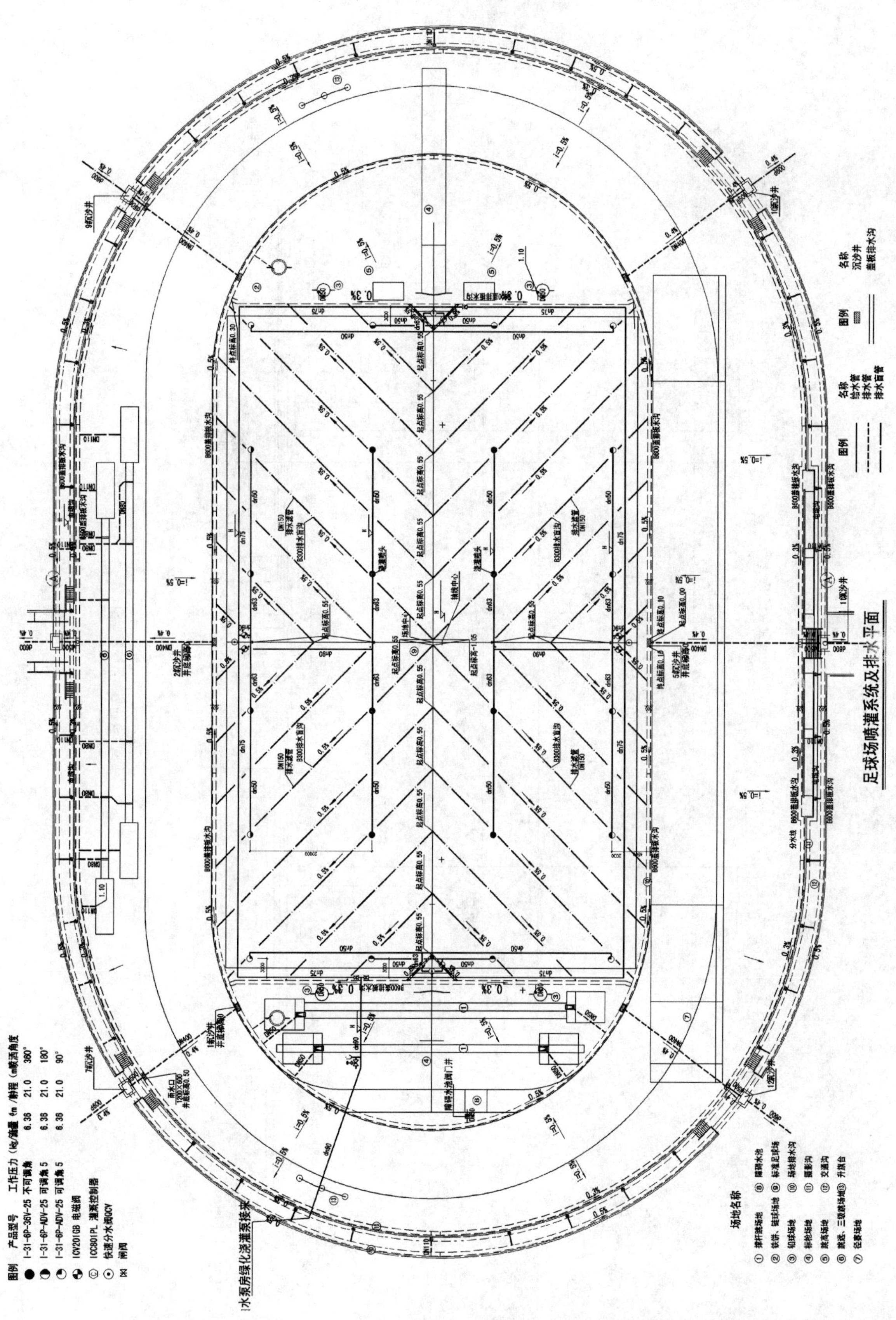

足球场喷灌系统及排水平面

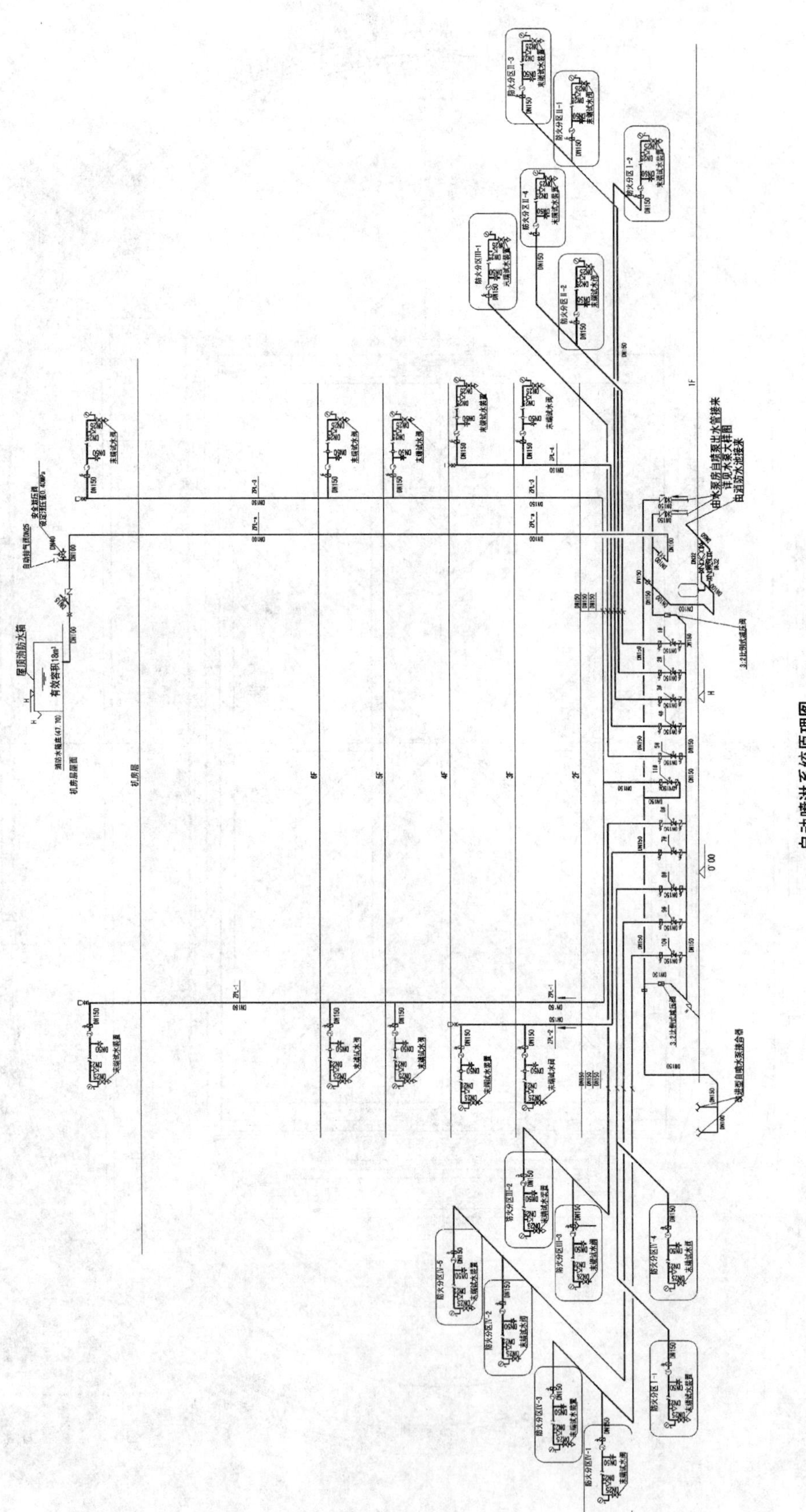

自动喷淋系统原理图

天津港国际邮轮码头客运大厦

设计单位： 悉地（北京）国际设计顾问有限公司
设 计 人： 刘春华　于丹丹　刘文镔　郭俊林
获奖情况： 公共建筑类　三等奖

工程概况：

天津港国际邮轮码头客运大厦为公共建筑。所在的东疆港区，东临渤海湾海域，是浅海滩涂人工造陆形成的三面环海半岛式港区。天津港位于东疆港区南端，南侧与码头衔接面向大海，场地为吹填土。总建筑面积为57746.1m^2，其中地上建筑面积为55751.1m^2，地下建筑面积为1995.0m^2，建筑檐口最高点高度为37.690m，为一类高层建筑。建筑地上五层，局部地下一层。地上近6000m^2为二～四层不等的共享空间，主要为旅客等待、交通、休息、迎送及行李传送等功能。一层及二层南部为旅客通关空间，三层西侧为办公用房，其余均为商业、展览用房。设有两个登船桥，大厦可以同时为两艘豪华邮轮的4000名乘客提供出入境、餐饮、展览、邮轮体验等服务，设计年旅客通过能力为50万人次。

一、给水排水系统

（一）给水系统

1. 冷水用水量（表1）

冷水用水量　　表1

序号	用水项目	使用人次	用水量标准（L/人次）	小时变化系数	使用时间（h）	自来水所占比例	最高日用水量（m^3）	平均时用水量（m^3/h）（自来水）	最大时用水量（m^3/h）（自来水）	自来水最高日用水量（m^3/d）	中水最高日用水量（m^3/d）
1	旅客用水	4000	6.00	1.50	3	93%	24.00	8.00	12.00	22.32	1.68
2	商场用水	24500	8.00	1.50	12	93%	196.00	16.33	24.50	182.28	13.72
3	办公用水	700	50.00	1.50	12	40%	35.00	2.92	4.38	14.00	21.00
4	餐饮用水	2000	50.00	1.50	12	95%	100.00	8.33	12.50	95.00	5.00
5	绿化用水	20000	2.00	1.00	12	0%	40.00	3.33	3.33	0.00	40.00
6	冷却水补水			1.00	24	100%	432.00	18.00	18.00	432.00	0.00
7	码头补水	4000	250	1.00	10	100%	1000.00	100.00	100.00	1000.00	0.00
8	未预见水量		10%				82.70	5.69	7.47	74.56	8.14
9	合计						1909.70	162.61	182.18	1820.16	89.54

2. 水源：为市政自来水。供水为一路，市政给水管网供水压力为0.25MPa。

3. 系统竖向分区：分两区供水，地下一层、首层、二层为低区，由市政给水管直接供水；三层至五层为高区。

4. 供水方式及给水加压设备：给水机房内设生活调节水箱一个，容积为285m³，材质为食品级不锈钢。高区由变频调速泵装置供水，供水压力为0.55MPa。邮轮码头供水采用恒压水泵供水，供水压力为0.65MPa。

5. 管材：内外涂环氧钢塑复合管，丝扣或沟槽连接。

(二) 热水系统

热水供应部位：厨房、餐厅包间、淋浴间、卫生间给水。厨房热水由燃气供应，餐厅包间、淋浴间、卫生间给水生活热水采用分散式电加热器供给。

(三) 中水系统

1. 中水用水量：详见表1。

2. 水源：为市政供水。供水为一路，市政给水管网供水压力为0.25MPa。

3. 系统竖向分区：分两区供水，地下一层、首层、二层为低区，由市政中水管直接供水，三层至五层为高区。

4. 供水方式及给水加压设备：设生活调节水箱一个，容积为20m³，材质为不锈钢。由变频调速泵装置供水，供水压力为0.50MPa（市政中水未接通时采用市政自来水补水）。

5. 管材：内外涂环氧钢塑复合管，丝扣或沟槽连接。

(四) 排水系统

1. 排水系统的形式：本系统污、废水合流，经室外化粪池处理后排入市政污水管网。地面层（±0.000）以上为重力流排水，地面层（±0.000）以下排入废水集水坑，经潜水排水泵提升排至室外污水管网。

2. 透气管的设置方式：污水、废水、厨房废水按需要单独设置立管及环管透气。

3. 采用的局部污水处理设施：

(1) 厨房洗肉池、炒锅灶台、洗碗机（池）等排水均应设器具隔油器，厨房板下设置吊板隔油器，作二级隔油处理。

(2) 项目内通关检验检疫功能房间考虑检验废水处理，在室外单独设置处理设施用于废水处理，达标后排放市政。

4. 管材：污废水管、通气管采用聚丙烯超级静音排水管，柔性承插连接。

二、消防系统

(一) 消火栓系统

1. 消火栓系统用水量：室外消火栓35L/s，室内消火栓30L/s。

2. 系统分区：室内消火栓系统竖向不分区。

3. 消防泵参数：室内消火栓系统设一组消防泵供水，流量Q=30L/s，扬程H=70m，一用一备，备用泵自动投入。室外消火栓系统设一组消防泵供水，流量Q=35L/s，扬程H=40m，一用一备，备用泵自动投入。

4. 消防水池、水箱：火灾延续时间3h，一次火灾设计总用水量（含室内、外消火栓系统、自动喷水灭火系统、水炮等消防水量）为1062m³。消防水池有效贮水容积1220m³，设置于地下消防水泵房，屋顶设有效贮水容积为24m³的高位消防水箱、增压泵组保证灭火初期的消防用水。

5. 水泵接合器：室外设3套*DN*100墙壁式消防水泵结合器，供消防车向系统供水。

6. 管材：采用内外热镀锌钢管，丝扣或沟槽连接。

(二) 自喷系统

1. 自喷系统用水量：系统设计流量约60L/s，火灾延续时间为1h。

2. 系统分区：室内自喷系统竖向不分区。

3. 消防泵参数：室内消火栓系统设一组消防泵供水，流量 Q=30L/s，扬程 H=110m，一用一备，备用泵自动投入。

4. 喷头选型：空间较高的中庭等处采用快速响应早期抑制喷头，其余有吊顶部位采用吊顶型喷头。设备用房、无吊顶的走廊等处采用易熔合金喷头，其余部分采用玻璃球喷头。喷头温级为：厨房等房间的高温作业区：玻璃球喷头 93℃，易熔合金喷头 98℃，其余部位玻璃球喷头 68℃，易熔合金喷头 72℃。

5. 报警阀：报警阀在消防水泵房内统一设置。每个报警阀控制喷头数量不超过 800 个。

6. 水泵接合器：室外设 4 套 *DN*100 墙壁式消防水泵结合器，供消防车向系统供水。

7. 管材：采用内外热镀锌钢管，丝扣或沟槽连接。

（三）气体灭火系统

1. 设置位置：本工程固定通信机房、计算机网络机房、移动通信机房等处设七氟丙烷气体灭火系统。

2. 系统设计参数：灭火浓度：8.0%；灭火剂喷放时间不长于 8s。

3. 系统控制：系统控制应包括自动、手动、应急操作三种方式。

（四）消防水炮灭火系统

1. 设置位置：本工程在中庭处、商业等空间超过 12m 处设消防水炮灭火装置。

2. 系统设计参数：水炮射程 50m，工作压力 1.0MPa，流量 20L/s。同时作用水炮数量两门，设计流量 40L/s，作用时间 1h。系统加压泵三台，流量 Q=20L/s，扬程 H=150m，两用一备，备用泵自动投入。室外设 3 套 *DN*100 墙壁式消防水泵结合器，供消防车向系统供水。

3. 系统控制：火灾时，控制主机接到火灾探测系统的火灾信号后，向驱动器发出控制指令，驱动消防炮扫描着火点，火灾经确认后自动启动水炮泵，炮口前的水流指示器动作，向消防控制中心传送信号。大厅内有人活动时，经值班人员确认火点周围无人时，由值班人员开启电动阀喷水灭火，大厅内无人员活动时，自动开启电动阀喷水灭火。

三、设计及施工体会或工程特点介绍

（一）消防给水设计

1. 室外消防环管的设计

因本建筑临海而建，建筑临近码头一侧为防波堤，防波堤上设置码头大板，这样导致室外码头地面下均为海水，故在该处存在室外消防环管的设置问题。最初想法是将室外消火栓环管设置在建筑临近码头一侧室内首层顶板下，此种做法经与消防审查部门沟通讨论后没有通过，原因是担心火灾时室内建筑物楼板的掉落会破坏消防环管，影响室外消火栓的使用。反复考虑后，将消防环管改在室内首层地面垫层内敷设。这一问题的解决也给我们提供了一种设计思路：室外消防环管的设置可以有许多解决方案，但要以不影响使用为前提。

2. 室外消火栓的设计

根据中交一航院的设计需求（码头设计单位）码头室外消火栓用水量为 30L/s，大厦室外消火栓用水量为 35L/s，考虑消火栓共用的方式，在码头上设置需 5 处室外消火栓。因为接室外消火栓支管只能在码头上敷设，并且室外消火栓也只能采用地上式消火栓，所以室外消防栓及支管的设置存在同室外消防环管同样的问题。同时，由于建筑临近码头一侧建筑二层以上部分出挑十米之多，消火栓设在建筑挑板下消防局不同意，消防支管延伸到码头操作面又影响业主对码头的使用。还有另外一个问题，由于码头大板下的防波堤邻近建筑物，且承载力不能满足消防车荷载要求。安全与功能权宜，最终采用消防支管设置在码头操作面上的方案：从建筑伸出 5 处室外消火栓及支管，并采用电伴热保温防冻，在码头大板上敷设，景观采用花坛的方式作后处理，消防车在景观花坛的范围外行走。

3. 室内自动喷水灭火的设计

由于建筑屋面异型，空间吊顶为起拱流线造型。室内空间最高点高度：37.990m，最低点为19.200m，并采用不规则渐变形式。在设计中空间的划分和层高很难界定，需要BIM小组做模型找出空间关系，才能提供空间高度。同时，建筑内的空间关系及防火分区的划分也很复杂，防火分区多通过大面积的防火卷帘来解决，分区位置比较随意。面对这种情况，根据消防规范，我们严格区分了8m、8～12m、12m以上空间，并按不同的设计喷水强度布置喷头。考虑到大于12m的空间多为行李传送、旅客通关功能，火灾危险性大，在高大空间内共设了9门20L水炮，同时喷淋与水炮同属于一个防火分区，保护高度也是渐变的，喷淋系统需要与水炮系统同时作用，消防水池的容积也为此设计了消防炮和喷淋系统同时作用的水量。

（二）给排水的设计

1. 室外管道敷设及与室内管道接口

天津东疆港区整体区域为填海造陆，吹填土不稳定造成地面沉降严重。据业主方面提供的数据，五年沉降为20～30cm。但由于建筑本身基础采用桩基，主体结构采用钢框架支撑结构，没有较大的沉降，所以室内外管线衔接问题变得尤为重要。据业主介绍，好多东疆港区建筑都是沉降撕裂管道及检查井后，又破土重新施工的。这种情况可以通过做管廊、管沟解决。但该项目占地面积较大，进出管线较多且分散，管沟可以解决局部湿陷土质，但对大面积整体的沉降，效果有限，并且管沟也需要打桩，造价高，实施起来也非常困难。基于这种情况，我们考虑室外雨水、污水管道采用HDPE波纹管，这种管道具有抗弯曲变形的优点，并有很好的延展性。室外雨污水检查井采用模块检查井，自重轻，整体性好。并且由于地下水位较浅，当地的土质具有腐蚀性，砌筑检查井所用的模块在浇注时，要针对土质特点掺入适量添加剂进行防腐。$<\phi900$的检查井底板采用素混凝土基础，强度等级：C25；$\geqslant\phi900$的检查井底板采用钢筋混凝土基础，强度等级：C25。同时，为保证污水检查井不渗漏，在砌筑时必须使第一层砌块镶嵌在检查井底板内40mm深。至于给水、消防等压力管道，我们在出户处采用了1m长的金属软管连接的方式，解决了室内外沉降不均的问题。

2. 室内首层地面垫层内的管道设置

本建筑室外海水水位很高，码头前水域设计水位为4.30m，极端高水位为5.88m，而室内首层地面设计标高6.45m。考虑高水位的影响，建筑底板为整块防水底板，并在建筑结构周边设置了一圈防水混凝土挡土墙，所有管线均敷设在底板上的垫层内。由于建筑东西方向较长，南北方向较短，南侧临海，室内给水排水、消防管道只有三个方向可以出线，同时建筑体量较大，尤其是屋面雨水排出管线较多，出线十分紧张。管道设置既要考虑平面上垫层内承台和玻璃幕墙竖挺基础的避让，又要考虑竖向结构降板标高，以避免过深的结构降板。

此外，建筑楼板设置许多出挑，最大悬挑长度约20m，因此建筑外墙同结构的挡土墙平面位置不一致，从而形成两道挡土墙。排水需要依据坡降预留防水套管，为避免施工后凿洞，精确的坡降计算也非常必要。

3. 码头上水栓的设置

邮轮码头一个重要的功能是为邮轮通关等服务，同时为船舶上水也是另一种不可忽视的功能。根据中交一航院的提资，码头上水最大日用水量800m^3/d，所需调节水池容积200m^3，水池补水管径DN200。因此在室内地下给水泵房内设置一个300m^{3}的生活给水水箱，其中为码头上水预留200m^3，并采用单独的一套变频加压装置为船舶上水。同样，上水管道的敷设也成为一个问题，最初一航院考虑给水管道敷设在码头结构板底部，由于存在防腐问题，也采用了和室外消火栓支管同样的敷设方式，从建筑内引出四个上水栓，管道敷设在码头面上，每根支管接两个管牙接口，采用水龙带与船舶接驳。敷设方式同室外消火栓，也隐藏在景观花池内。

4. 屋面雨水的排除

本建筑屋面造型诠释“海边起舞的丝绸”，屋面采用了造型能力极强的玻璃钢纤维增强水泥（GRC）挂板系统＋光触媒易洁涂层作为屋面装饰材料，但这种板材不具有防水能力，所以屋面其实是由两层构造组成，真正的建筑屋面板为轻钢屋面板。两层屋面间距平均 1.5m，考虑排水效果，并避免噪声的干扰，在构造之间增加了消能板，引导雨水沿消能板进入室内雨水系统排除。

同时，建筑方案为造成虚实对比的效果，中庭部位设置不规则天窗。这样，屋面材质既有 GRC 挂板屋面，也有中庭天窗玻璃屋面；既有平屋面，也有大角度的坡屋面；既有平檐沟，也有坡檐沟；屋面的高低错落、汇水面积的划分，这些都导致雨水的排出也很复杂。最终在 BIM 模型的帮助下，详细规划汇水区域及虹吸排水系统方案，并通过 50 年的重现期来解决中间标高较低的玻璃屋面无法溢流的问题。

天津港作为一个重要的地标性建筑，具有客运功能，还具有景观功能。层层挑檐处幕墙积灰槽排水也是一个问题。最终采用小尺寸雨水斗重力流方式，按柱距在幕墙内设立管排放。

5. 场地雨水的排除

邮轮码头大厦的不临海的一侧一般都会有一个巨大的旅客落客区域，用来停靠旅游大巴和出租车，该区域为方便旅客上下车和行李的托运，一般只能考虑硬铺装。但做硬铺装不利于雨水的回渗利用。如果设置雨水回用蓄水池，会有地下水位较高、地质不稳定、投资较高的问题。项目中场地雨水采用绿地内暗管排水和地面自流相结合的排水方式。地面雨水将尽量延长其在绿地内的停留时间，广场铺装、人行道路使用透水路面、透水砖，使雨水能充分回渗，减少地面及路面径流及市政管线的压力。不能及时回渗的雨水通过道路、停车场及广场上设置的雨水口收集，经管道进入市政雨水系统。

四、工程照片及附图

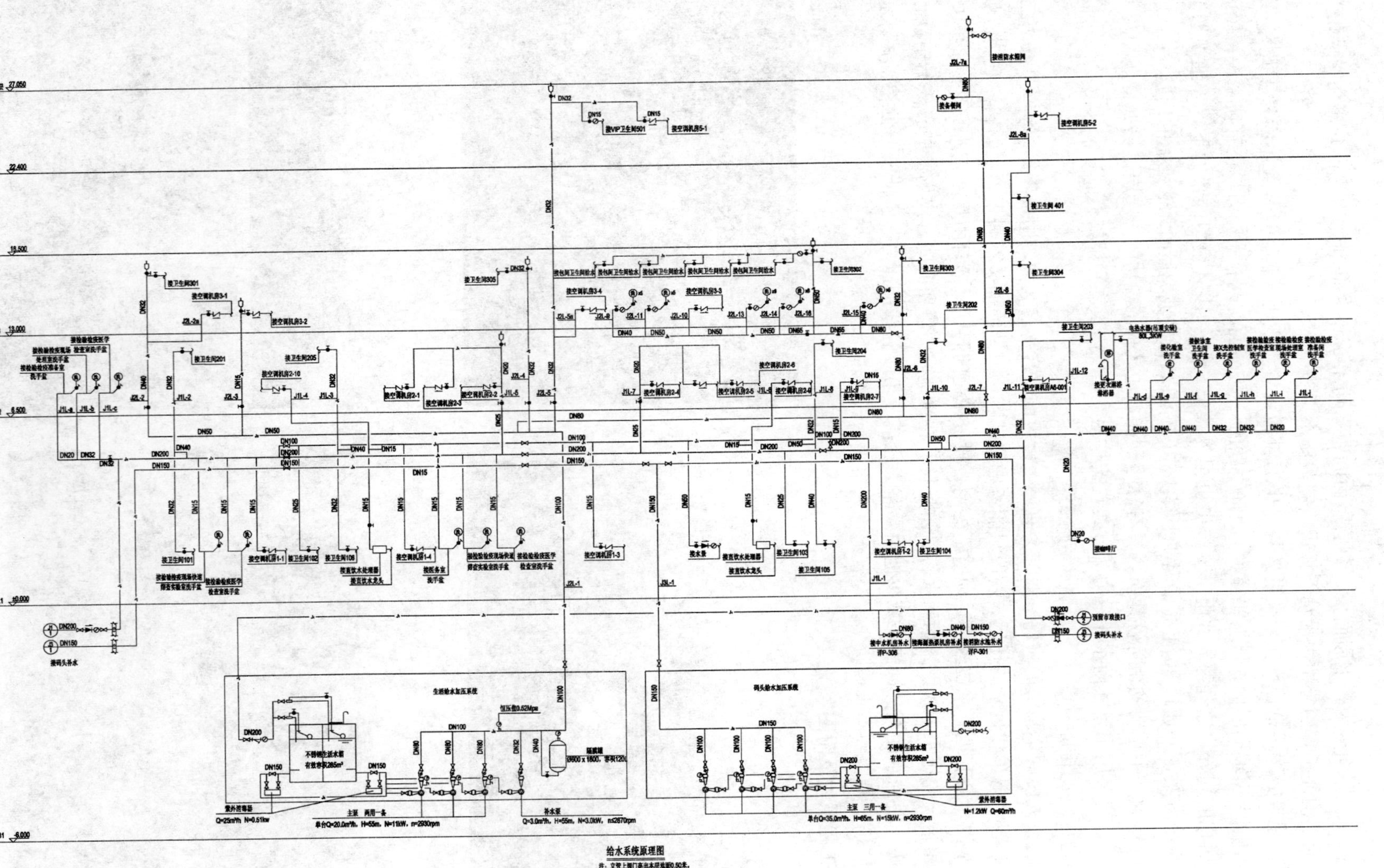

给水系统原理图

注：立管上阀门高出本层地面0.50米。

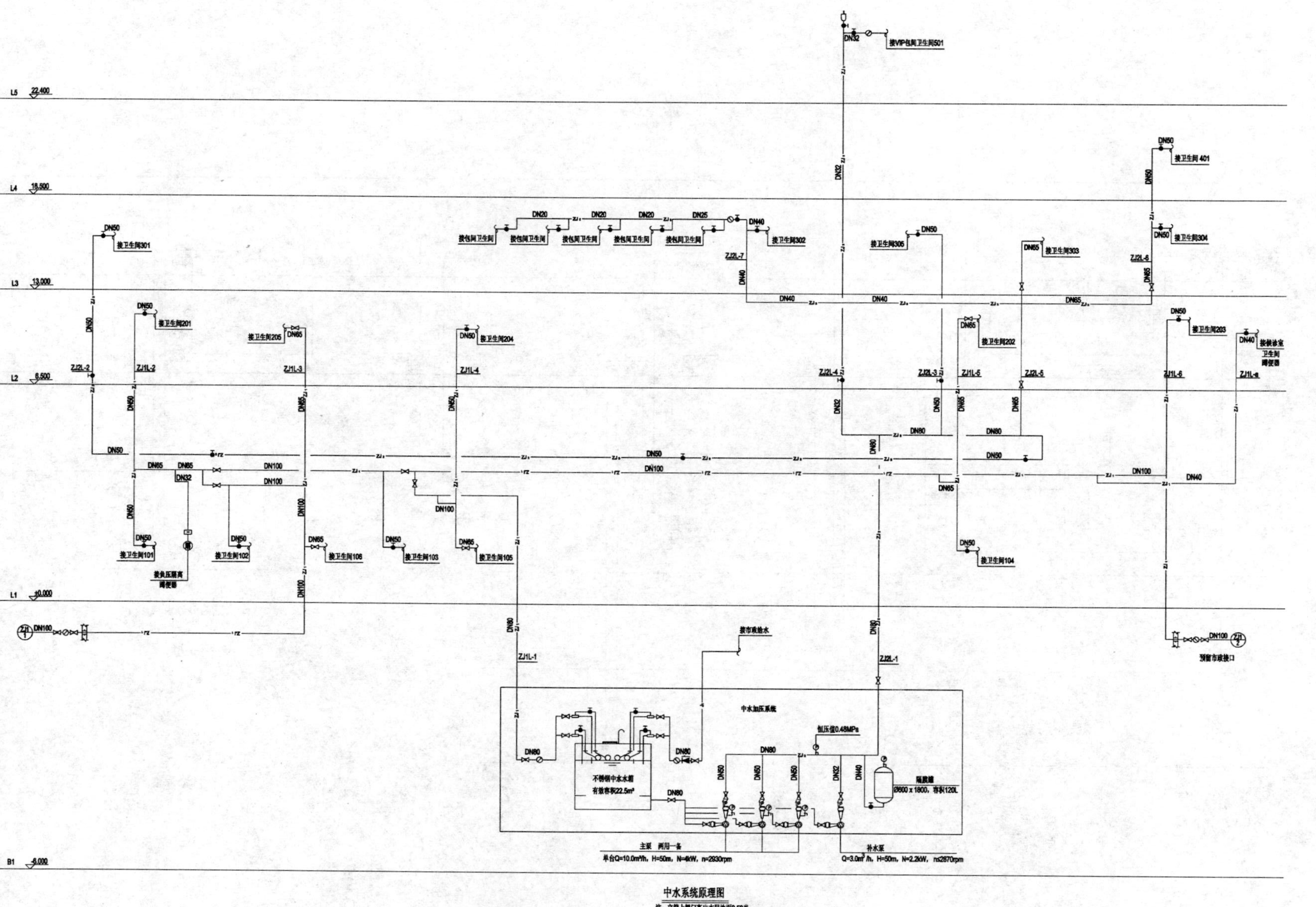

中水系统原理图

注：立管上阀门高出本层地面0.50米。

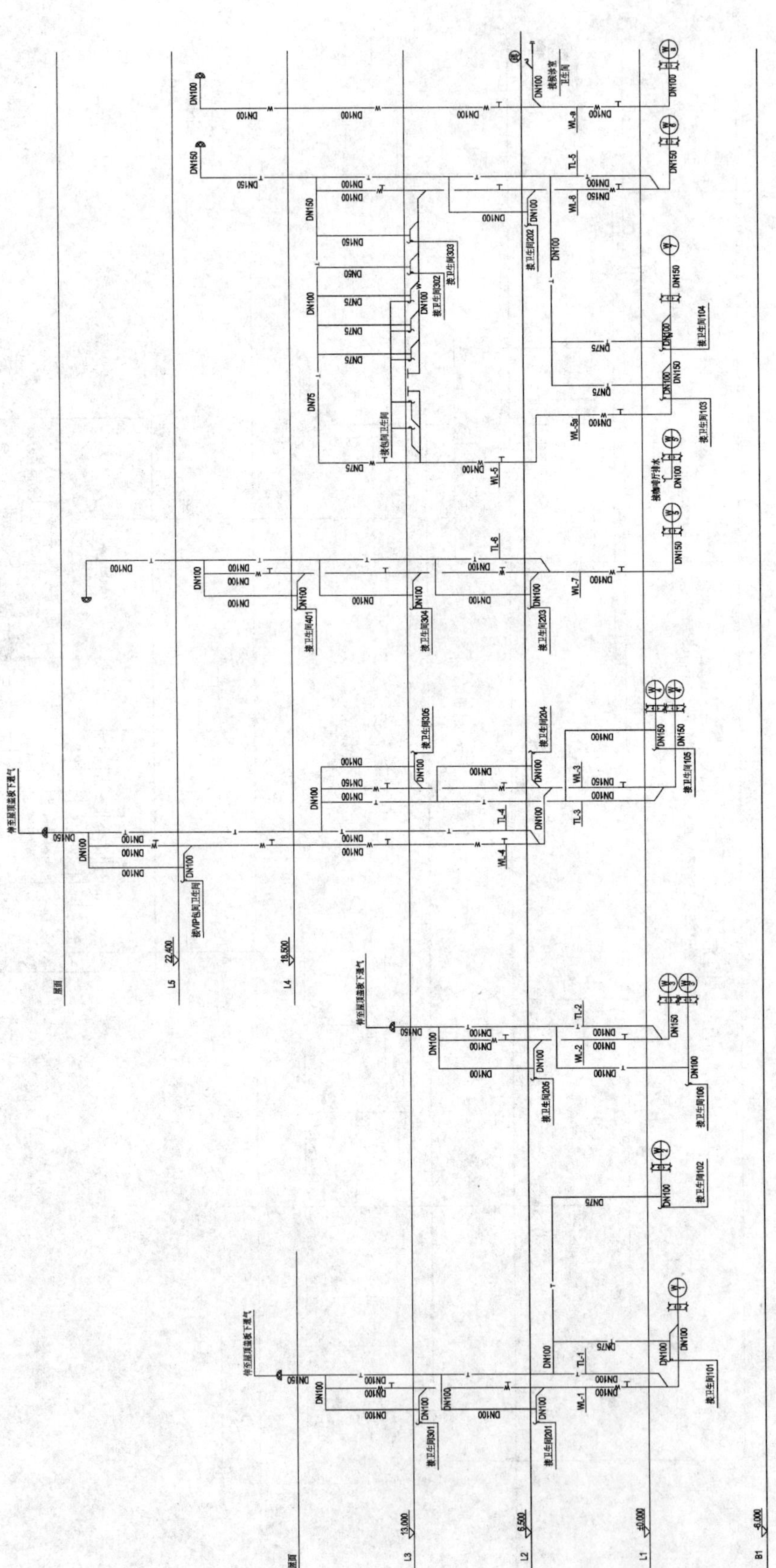

污水系统原理图

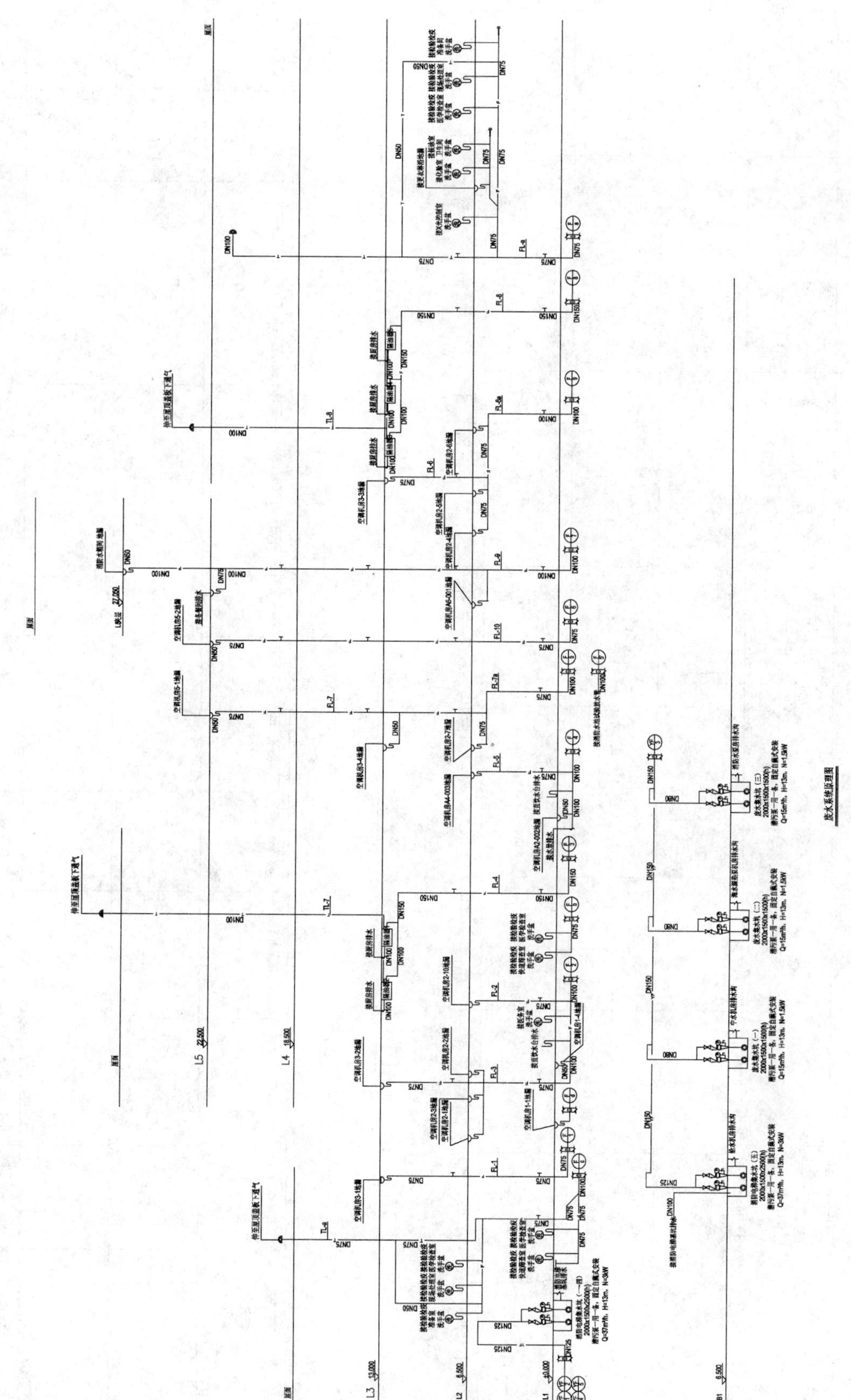

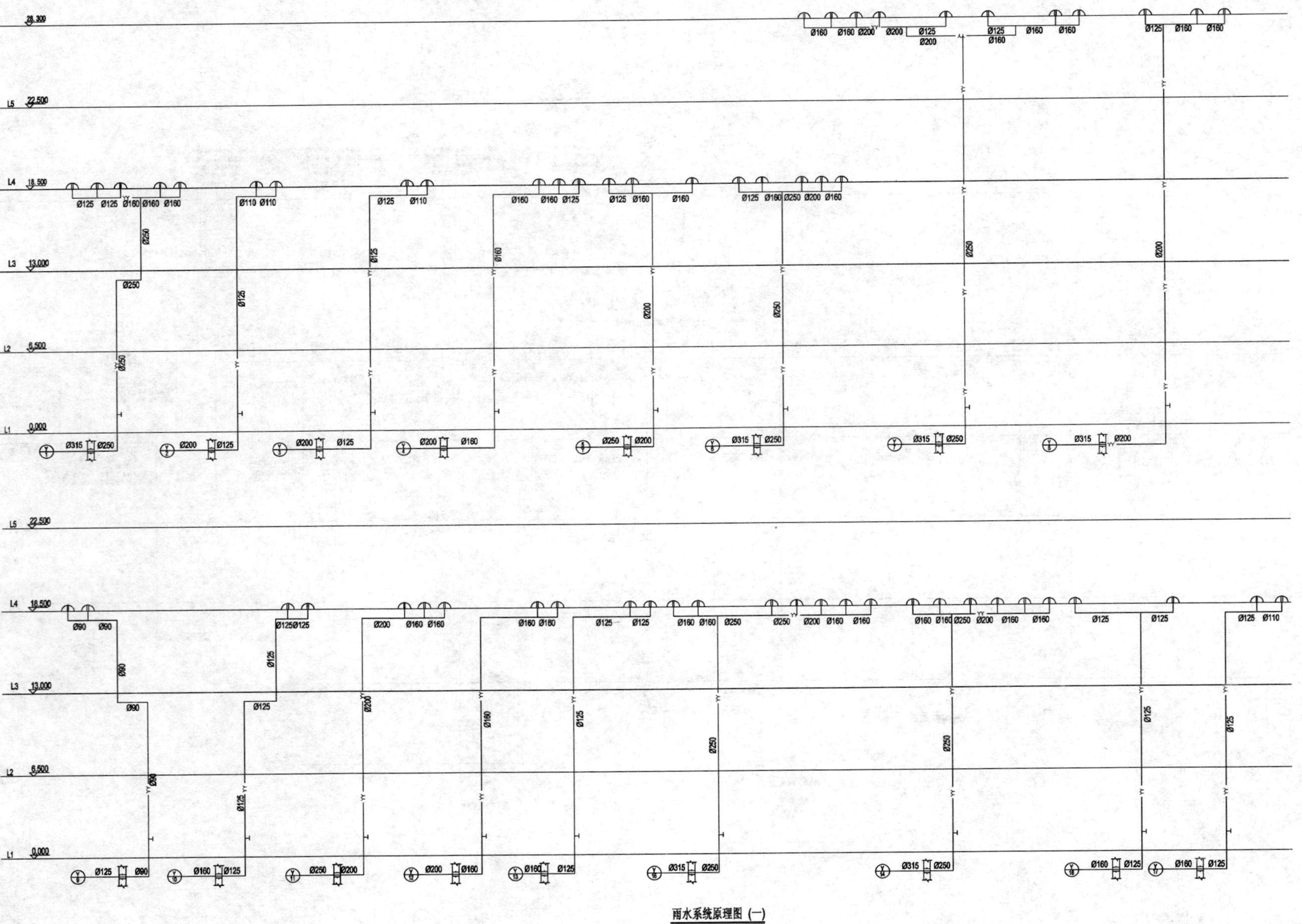

雨水系统原理图（一）

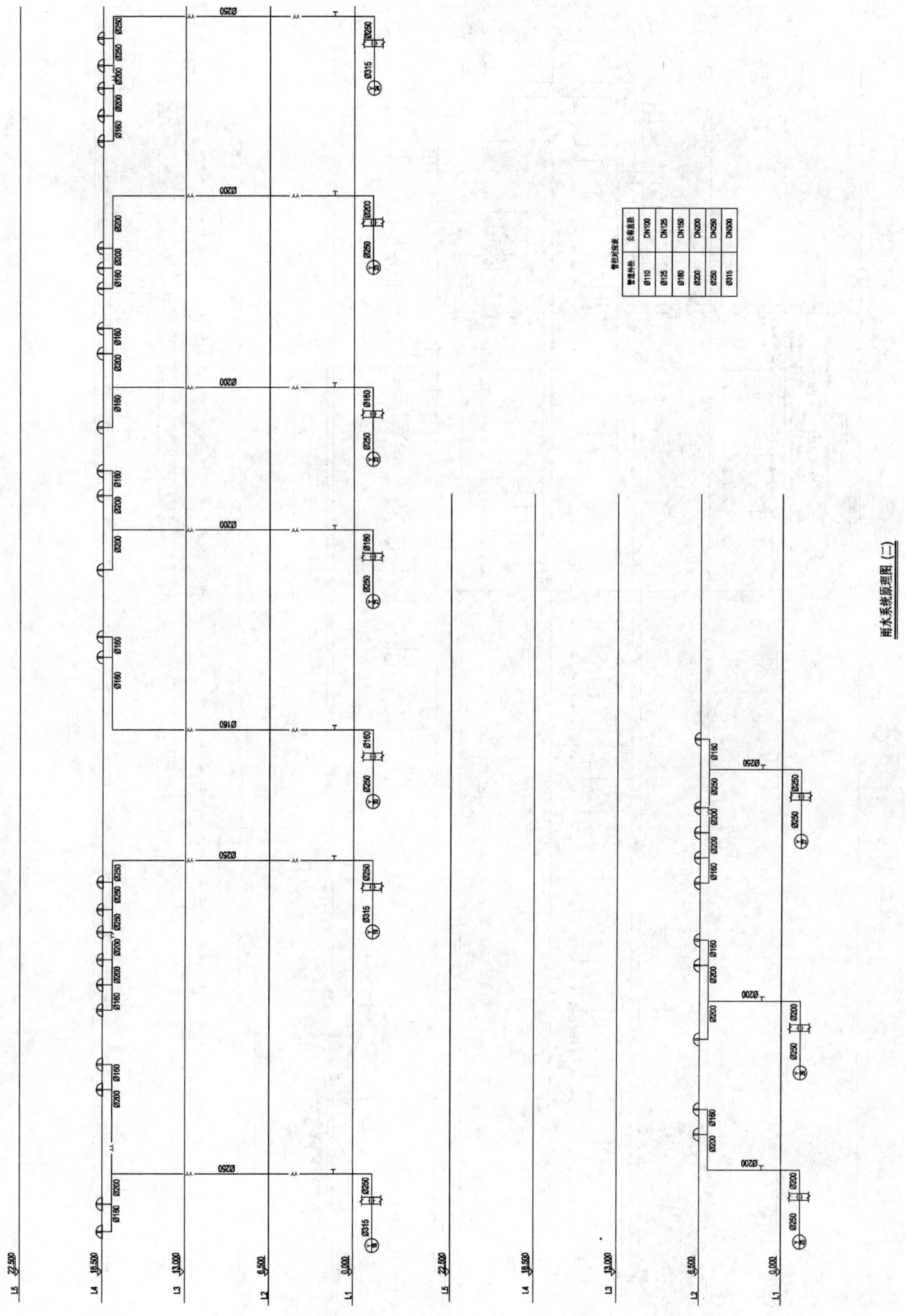

管径对应表

管道外径	公称直径
Ø110	DN100
Ø125	DN125
Ø160	DN150
Ø200	DN200
Ø250	DN250
Ø315	DN300

雨水系统原理图（二）

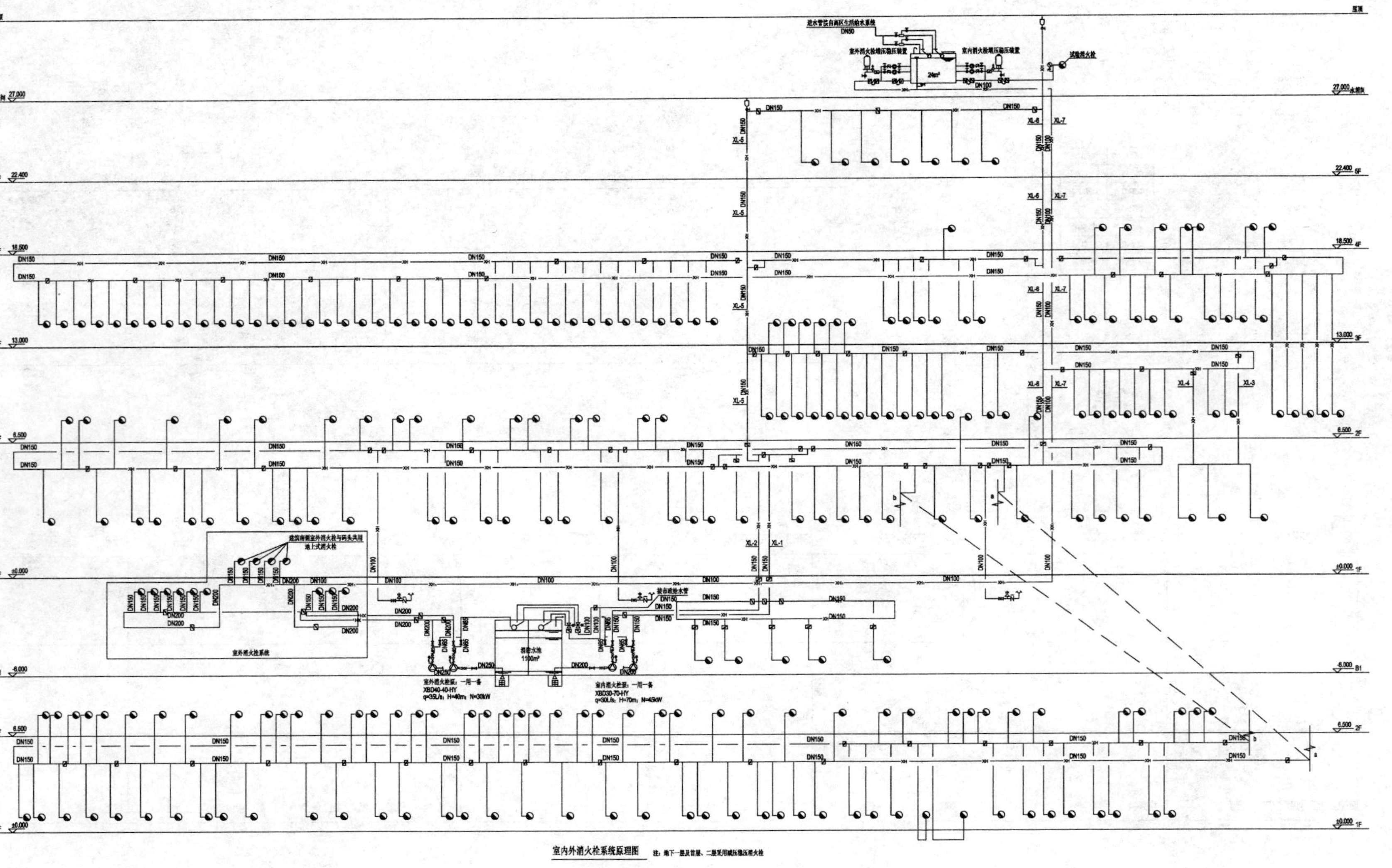

室内外消火栓系统原理图

注：地下一层及首层、二层采用减压稳压消火栓

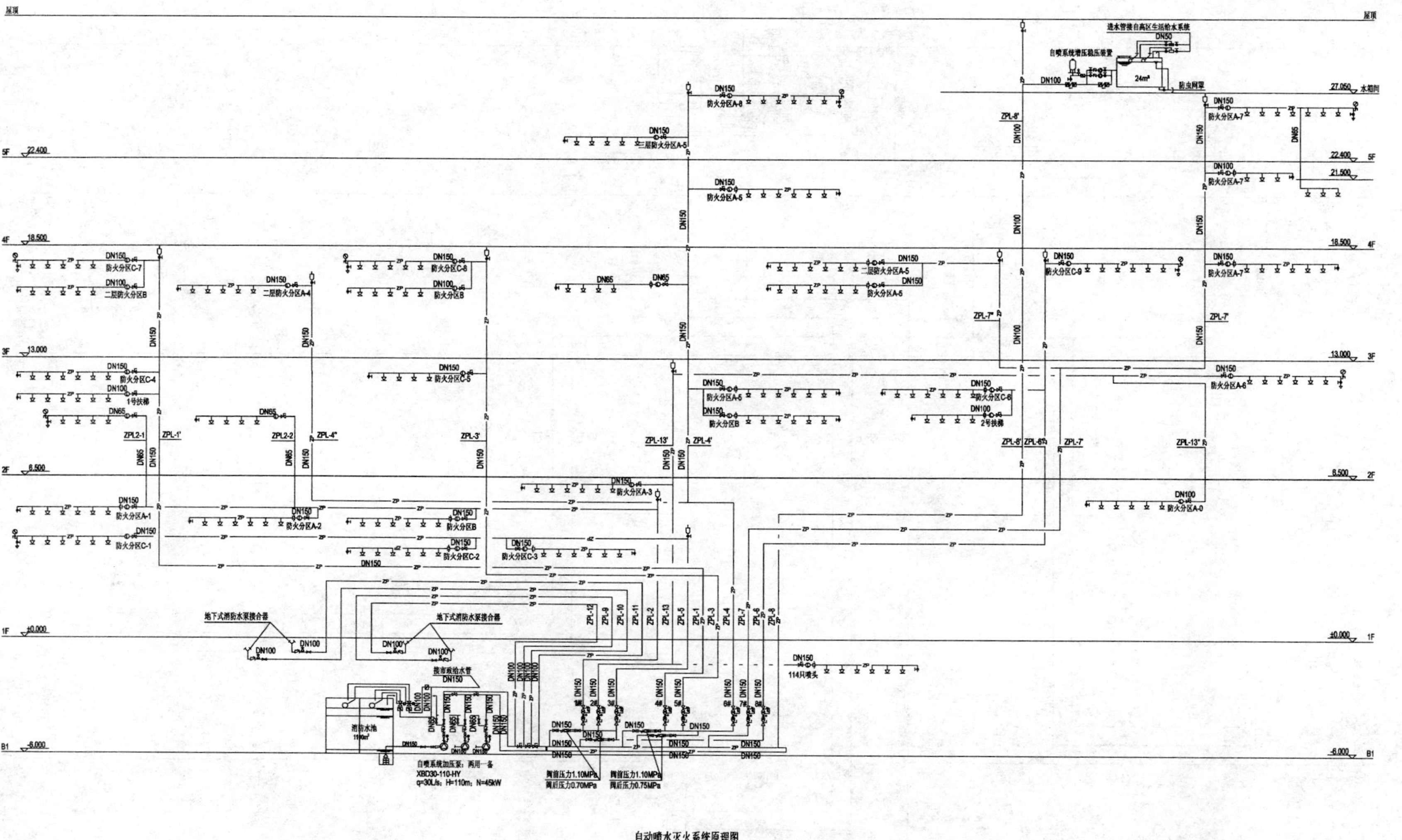

自动喷水灭火系统原理图

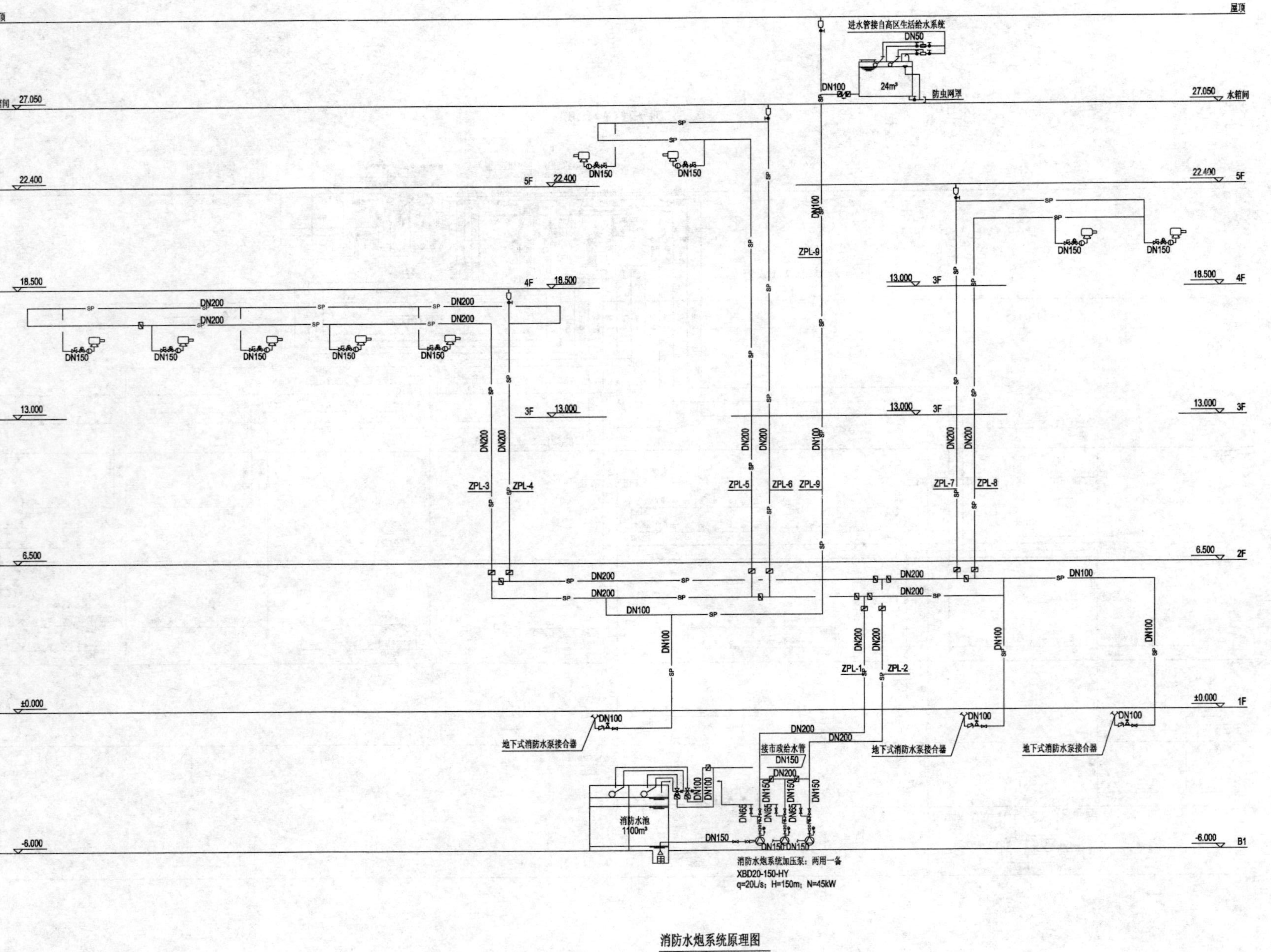
屋顶
进水管接自高区生活给水系统
DN50
24m³
DN100
防虫网罩
水箱间 27.050
5F 22.400
4F 18.500
3F 13.000
2F 6.500
1F ±0.000
B1 -6.000
DN150
DN200
DN100
SP
ZPL-1
ZPL-2
ZPL-3
ZPL-4
ZPL-5
ZPL-6
ZPL-7
ZPL-8
ZPL-9
地下式消防水泵接合器
接市政给水管
DN65
消防水池
1100m³
消防水炮系统加压泵：两用一备
XBD20-150-HY
q=20L/s；H=150m；N=45kW

消防水炮系统原理图

天津环贸商务中心

设计单位：天津市建筑设计院
设 计 人：刘建华　李旭东　夏春萍　张薇　李峰　陈静　尚志强　汤振勇　白学晖
获奖情况：公共建筑类　三等奖

工程概况：

天津环贸商务中心工程地处天津市和平区南京路和贵阳路交叉口，总建筑面积约为158000m^2，由地下室、裙房（分号C）、A座塔楼（分号A）、B座塔楼（分号B）组成。地下三层设消防水池及生活、中水、消防水泵房和制冷机房，地下二层、地下一层为汽车库，裙房（1～7层）功能为商业及酒店附属用房。A座塔楼高度187.50m，其中22层、38层为避难层（兼做设备用房），45层以上为设备层（48层为水箱间），其余楼层功能为8～31层为办公，32～45层为五星级酒店；B座塔楼高度159.65m，其中8～22层、24～39层功能为服务式公寓，23层为避难层（兼做设备用房），39层以上为设备层，43层为水箱间。游泳池、冷却塔均设于裙房屋顶。

本项目地处天津市中心黄金地段，原名"天津北洋钢铁大厦"，现称"天津中心"，曾经是天津市最大的停缓建项目，也是天津市中心著名的烂尾楼。由于各种原因，该项目于1998年主体封顶后工程停滞。2005年复地集团通过竞拍获得该项目，随后，为提升品牌形象引进世界顶级酒店品牌莱佛士（RAFFLES）和外资合作伙伴——全球最大的综合性地产服务公司世邦魏理仕（CBRE Investors），并确定把停建达8年之久的烂尾楼改造为集高级公寓、5A级写字楼、超五星级酒店、高端商业、大型餐饮、地下车库等多项功能为一体的超高层复合型城市综合体商业地产项目。

天津市建筑设计院于2007年5月完成该项目B座塔楼（公寓）施工图设计，2007年12月完成A座塔楼（酒店、办公）施工图设计，2008年1月完成裙房（商业、餐饮、酒店附属用房、地下车库、机房）施工图设计。随后根据不同部位室内装修设计图纸陆续完成了机电专业深化设计，根据功能调整及现场情况进行多次变更图纸设计，设计历时共两年。工程最终于2009年10月全部竣工投入使用。

2009年12月，复地集团将其持有的项目公司75%股权转让给海航集团，"天津中心"正式易手，复地集团成功完成了项目的"收购—定位—建设—推广—退出"投资全过程，实现价值提升和成功变现，取得了超乎预期的回报。天津中心目前已经成为天津市中心繁华地区集顶级服务式公寓、超五星级酒店、5A级写字楼、高端商业为一体的商业综合体。

一、给水排水系统

（一）给水系统

1. 用水量：本工程最高日用水量为Q_d＝982m^3/d，最高时用水量为Q_h＝118m^3/h。

2. 水源：本工程给水水源由市政自来水管网接入基地两条*DN*200（其中一条无表防险）给水管道，在室外管廊形成环状，并由环状管道引入室内，满足本建筑消防和生活用水量要求。

3. 给水系统竖向分区、供水方式及给水加压设备

室内生活用水供水分区如下：地下三层至地上二层为第一分区，由市政水压直接供水；3～7层为第二分

区，由设于地下三层生活泵房内的变频水泵及断流水箱供水；8层至A座22层、B座23层为第三分区（其中8～14层经减压），由设于地下三层生活泵房内的变频水泵及断流水箱供水；B座24层以上为第四分区（其中24～31层、32～37层分别经减压），由设于B座23层的变频水泵及断流水箱供水，断流水箱由第二分区变频水泵补水；A座23至31层为第五分区，由设于A座22层断流水箱及变频水泵供水；A座32层以上（酒店层）为第六分区（其中32～38层经减压），由设于A座38层的断流水箱及变频水泵供水。断流水箱由设置于A座22层的工频水泵补水。

4. 管材：室内生活冷水采用薄壁不锈钢管（壁厚0.8mm），管径*DN*70以下采用环压接口，管径*DN*70（含）以上采用焊接。

（二）热水系统

1. 集中热水用水量：最高日用水量Q_d=308m^3/d，最大时用水量Q_h=36.5m^3/h。热水供应范围：游泳池加热及淋浴用水、公寓、酒店客房卫生间用水、酒店餐厅、厨房、洗衣机房、员工食堂和淋浴等采用集中热水系统；其他热水用水点根据使用情况采用电加热方式供应热水。

2. 集中热水热源：采用燃气热水锅炉（锅炉房设于室外）提供95～70℃热水作为热源。A座38层、46层换热器热源按85～60℃热水考虑。

3. 集中热水供水系统分区：集中热水系统供水分区与A、B、C座生活给水系统分区一致，每个区分别设温控阀及热水循环泵回水。

4. 换热器：地下一层、7层、A座38、46层设备房分别设水—水热交换器提供热水，换热器出水和回水水温60～55℃。热回水管上设置压力式膨胀罐。

5. 冷、热水压力平衡措施、热水温度的保证措施等：热水给水系统供水分区与冷水保持一致，适当放大热水管径；换热器、压力膨胀罐、采用橡塑材料保温，厚度30mm，外加镀锌薄钢板保护层；各避难层、屋顶内的水箱采用30mm玻璃棉制品保温。

6. 管材：热水采用薄壁不锈钢管（壁厚0.8mm），管径*DN*70以下采用环压接口，管径*DN*70（含）以上采用焊接。

（三）中水系统

1. 中水用水量、水源及中水用途

中水最高日用水量Q_d=873 m^3/d，最大时用水量Q_h=94.2m^3/h。

由于该建筑坐落区域目前尚无市政中水管网，现阶段由市政自来水管网接入基地一条*DN*200管道（单独设置水表）作为中水水源，满足本建筑中水用水量要求。待市政中水水源具备供水条件时再于水表前进行中水管道与自来水管道的切换。中水主要用于卫生间冲厕、冷却塔补水及室外浇洒和绿化使用。

2. 中水供水系统竖向分区、供水方式及加压设备

地下三层至地上二层为第一分区，由市政水压直接供水；3层至7层为第二分区，由设于地下三层中水泵房内的变频水泵及断流水箱供水；8层至A座22层、B座23层为第三分区（其中8～14层经减压），由设于地下三层中水泵房内的变频水泵及断流水箱供水；B座24层以上为第四分区（其中24～31层经减压），由设于B座23层中水泵房的变频水泵及断流水箱供水，断流水箱由第二分区变频水泵补水；A座23至31层为第五分区，由设于A座22层断流水箱及变频水泵供水；A座32层以上为第六分区（其中32～38层经减压），由设于A座38层的断流水箱及变频水泵供水，断流水箱由第五分区加压水泵补水，断流水箱由设置于A座22层的工频水泵补水。

3. 管材：室内中水管道干管采用衬塑钢管，沟槽连接。水表后支管采用与生活冷水管道相同管材。

（四）排水系统

1. 系统形式

室内排水为污、废分流排水系统。

2. 透气管设置方式

采用专用通气立管通气方式，结合通气立管每隔两层与排水立管相接。

3. 局部污水处理设施

A 座 43 层、4 层、−2 层厨房设置专用厨房隔油处理设备处理含油废水达标后排放。室外设置集中化粪池（容积 $200m^3$）两处，处理粪便污水达标后排放。

4. 管材：重力流生活排水管道采用柔性接口机制排水铸铁管，壁厚采用 TB 型。管径小于 $DN50$ 的器具通气管采用 PVC-U 管道。潜水泵排水管道、水池和水箱溢泄水管采用钢塑复合管，沟槽连接或法兰连接。

（五）雨水内排水系统

本工程塔楼屋面雨水采用重力式雨水排放系统，设计重现期为 5 年，降雨历时 5min，暴雨强度 $q=4.42L/(s\cdot100m^2)$，径流系数 $\Psi=0.9$，汇水面积及雨水量：A 塔楼屋面 $f_b=1200m^2$，$Q=55.4L/s$ 。B 塔楼屋面 $f_b=1050m^2$，$Q=48.5L/s$。A、B 塔楼重力流雨水溢流系统采用管道溢流方式，按设计重现期 50 年雨水量进行校核，裙房屋面采用虹吸式雨水排放系统，设计重现期为 5 年，降雨历时 5min，暴雨强度 $q=4.42L/(s\cdot100m^2)$，溢流雨水系统采用管道溢流方式，按设计重现期 50 年雨水量进行校核。雨水经屋面雨水斗、悬吊管、立管及排出管排至室外。重力流雨水管采用衬塑钢管，沟槽连接。压力流雨水管采用 HDPE 管材，专用管件连接。

（六）空调循环冷却水系统

室外湿球温度按 27℃考虑。

1. 公寓部分：敞开式系统，地下三层制冷机房内设置制冷机两台，循环冷却水量 83L/s，制冷机的进水水温为 32℃，出水水温为 37℃。在制冷机房内设置循环冷却水泵三台（两用一备），在 7 层屋面设置超低噪声冷却塔两台，每台冷却循环水量为 $350m^3/h$。在每台制冷机进水管上设过滤器一套，机组的进出水口处均加装金属柔性接头、温度计、压力表，在制冷机房内设置水质稳定处理装置。循环干管直径 $DN300$（进塔）、$DN350$（出塔）。

2. 酒店部分：敞开式系统，地下三层制冷机房内设置制冷机两台，循环冷却水量 110L/s，制冷机的进水水温为 32℃，出水水温为 37℃。在制冷机房内设置循环冷却水泵三台（两用一备），在 7 层屋面设置超低噪声冷却塔两台，每台冷却循环水量为 $440m^3/h$。在每台制冷机进水管上设过滤器一套，机组的进出水口处均加装金属柔性接头、温度计、压力表，在制冷机房内设置水质稳定处理装置。循环干管直径 $DN350$（进塔）、$DN400$（出塔）。

3. 办公、商业部分：敞开式系统，地下三层制冷机房内设置制冷机三台，循环冷却水量 180.5L/s，制冷机的进水水温为 32℃，出水水温为 37℃。在制冷机房内设置循环冷却水泵三台，在 7 层屋面设置超低噪声冷却塔三台，每台冷却循环水量为 $715m^3/h$。在每台制冷机进水管上设过滤器一套，机组的进出水口处均加装金属柔性接头、温度计、压力表，在制冷机房内设置水质稳定处理装置。循环干管直径 $DN600$（进塔）、$DN700$（出塔）。

4. 办公层机房预留：采用闭式系统，设置制冷机一台，循环冷却水量 $65m^3/h$，制冷机的进水水温为 32℃，出水水温为 37℃。在 7 层设备机房内设置循环冷却水泵两台（一用一备），在 7 层屋面设置超低噪声密闭式冷却塔一台，循环水量为 $75m^3/h$。循环干管直径 $DN100$（进塔）、$DN150$（出塔）。

5. 制冷机、循环冷却水泵、冷却塔风机、冷却塔进水管电动阀门的启闭应联锁。开启程序为阀门、水泵、风机、制冷机，停止程序相反。系统控制范围包括风机、水泵、水质稳定装置的就地操作，遥控操作与楼控联锁和工况显示等。

（七）游泳池循环水系统

采用顺流式循环处理方式，全部循环水量通过池壁下部回水器经水泵加压后，送入循环水处理装置进行净化（加药、过滤、加热、消毒等），再从池壁的布水口送入泳池内。同时，池岸溢流回水通过溢水沟经由池边溢流管重力流入机房溢流集水箱（兼作平衡补水箱），并单独设置补水泵从集水箱中吸水，由水泵的动力输送到水处理装置。消毒方式采用全流臭氧消毒结合氯法消毒。

二、消防系统

（一）消火栓系统

1. 用水量

该建筑物为高度大于100m的超高层建筑，室内消火栓用水量为40L/s，室外消火栓用水量为30L/s，每根竖管最小流量为15L/s，每支水枪最小流量为5L/s，每个消火栓处设消防卷盘，其水量不计入消防用水总量。

2. 消防水源

本工程消防水源由不同方向市政给水管网接入基地内 *DN*200 给水管两条，设置室外消火栓6套满足该建筑物室外消防用水要求。市政供水压力按 0.12MPa 考虑。消防水池按消火栓系统火灾延续时间 3h 计 $432m^3$，自动喷水灭火系统火灾延续时间 1h 计 $126m^3$，防护冷却喷淋系统火灾延续时间 3h 计 $216m^3$。消防水池总容积 $774m^3$，分成两格。

3. 系统分区、水池、水箱、水泵参数

消火栓系统竖向分区如下：

地下三层至13层为第一分区，由设于22层（A座避难层）和23层（B座避难层）的消防水池重力供水，水池补水由设于地下三层的专用消防泵（参数 Q=30L/s，H=120m，N=75kW）供给。

B座14～32层为第二分区，由设于43层的消防水池重力供水，水池补水由设于23层的专用消防水泵（参数 Q=30L/s，H=85m，N=45kW）供给。

B座33层以上为第三分区，由设于43层的消防水池和42层的水泵（参数 Q=40L/s，H=32m，N=22kW）供水。

A座14～21层为第四分区，由设于22层的消防水池和水泵供水（参数 Q=40L/s，H=32m，N=22kW）。

A座22～37层为第五分区，由设于48层的消防水池重力供水。水池补水由设于22层的专用消防水泵（参数 Q=30L/s，H=120m，N=75kW）供给。

A座38层以上为第六分区，由设于48层的消防水池和水泵（参数 Q=40L/s，H=32m，N=22kW）供水。

各分区管网平时静压不超过1.0MPa。

室内消防给水管道采用阀门分成若干独立段，使检修停用的不超过两条。消火栓栓口的出水压力大于0.5MPa处，采用减压稳压消火栓（除B座8～13层、29～32层、39～42层；A座8～13层、16～22层、33～37层、42～48层外均为减压稳压消火栓）。消防电梯前室设专用消火栓。

第一供水分区设置墙壁式消防水泵接合器三套，另设水泵接合器三套，分别接入B座23层和A座22层消防水池，并通过管网向其他各分区系统供水。

4. 管材

消火栓系统管道采用内外热镀锌钢管，管径大于等于 *DN*100 采用沟槽连接，管径小于 *DN*100 采用丝扣连接。

（二）自动喷水灭火系统

1. 水量

该建筑物除面积小于 $5m^2$ 的卫生间及不宜用水扑救的部位外，均设自动喷水灭火系统，裙房商场、地下车库为中危险级Ⅱ级（其他为中危险级Ⅰ级），喷水强度 8L/(min·m^2)，作用面积 160m^2，复式机械车库（两层）喷淋系统按附加 4 个喷头水量考虑，系统设计流量合计按 35L/s 考虑。扶梯周围共享空间采用耐火极限大于 3h 的特级防火卷帘，无须喷淋系统保护；其他以防火卷帘作为防火分区的分隔部位，设置防护冷却加密喷淋系统，其喷水强度 0.5L/(s·m)，乘以卷帘计算长度（以 40m 计）为设计秒流量（20L/s）。

2. 系统分区

自动喷水灭火系统分为三个分区。地下三层至 13 层为低区，由设于 A 座 22 层和 B 座 23 层的中间消防水池重力供水。A 座 14～37 层、B 座 14～35 层为中区，由分别设于 A 座 48 层、B 座 43 层消防水池重力供水。A 座 38 层以上、B 座 36 层以上为高区，平时压力由分别设于 A 座 48 层和 B 座 43 层屋顶消防水池（与消火栓系统合用）及增压设备（稳压设施气压罐调节容积 150L）维持，着火时由设于 A 座 48 层和 B 座 42 层的喷淋加压泵（A 座 48 层喷淋泵 Q=30L/s，H=30m，N=18.5kW，B 座 42 层喷淋泵 Q=30L/s，H=30m，N=18.5kW）供水。喷淋泵为智能控制。

3. 水泵接合器及报警阀设置

地下三层、A 座 22 层、38 层、B 座 23 层设备间内均设报警阀室，报警阀前管道为环状布置。低区设置墙壁式水泵接合器两套，在报警阀前与室内管道相连。另设墙壁式水泵接合器两套，分别接入 A 座 22 层和 B 座 23 层消防水池，并通过管网向中、高区系统供水。每个楼层、每个防火分区分别设水流指示器，水流指示器前及报警阀前后均设有带开闭指示的信号蝶阀，并将开闭信号送至消防值班室内。

4. 喷头选型

该建筑物除面积小于 5m^2 的卫生间及不宜用水扑救的部位外，均设湿式自动喷水灭火系统。采用快速响应喷头，喷头动作温度为 68℃（厨房操作间、换热站为 93℃）。地下层汽车库及裙房商场喷头布置按中危险级Ⅱ级，其他房间按中危险级Ⅰ级。无吊顶的部位采用直立型喷头，有吊顶的部位采用吊顶型或侧喷型喷头。高度超过 800mm 的吊顶内，无可燃物，吊顶可不设喷头。在宽度大于 1.2m 的风道下增设喷头。复式机械停车位下层车位采用边墙型侧喷喷头保护，喷头上部设集热板。

5. 管材

自动喷淋灭火系统管道采用内外热镀锌钢管，管径大于等于 DN100 采用沟槽连接，管径小于 DN100 采用丝扣连接，管道变径处采用异径接头连接。

（三）灭火器的设置

该建筑物按严重危险级，车库为 B 类火灾，配电用房为带电火灾，其他为 A 类火灾，设手提式磷酸铵盐干粉灭火器。

（四）厨房消防设备

营业性餐厅厨房操作间内设置厨房专用自动灭火装置。

三、工程特点

（一）功能多样、定位高端的城市综合体项目

建筑功能集高级公寓、5A 级写字楼、超五星级酒店、高端商业、大型餐饮、地下车库等多项功能为一体，本工程给水排水专业设计范围包括室内生活冷水、热水、中水系统、生活排水系统、雨水内排水系统、空调循环冷却水系统、游泳池循环水处理系统、消火栓给水系统、自动喷水灭火系统的设计、气体消防系统设计及建筑灭火器的配置等。

由于建筑层高有限，而设计标准对吊顶高度的要求较高，机电管线综合是本次设计的重点和难点之一。通过机电各专业密切配合和反复推敲，实现了吊顶内空间利用的最大化要求，同时尽可能考虑了管线检修的要求。

设计过程中与众多知名设计顾问公司和项目管理公司进行全方位的交流与合作，在超高层建筑给水排水专业的系统设计、高层建筑改造工程的给水排水系统设计、超五星级酒店的给水排水设计标准、室内精装修设计与机电专业的相互协调、建筑给水排水设备的声学处理、设备和管材的选用等方面取得良好效果，得到开发商和业主的好评，满足了项目高端定位的要求。

(二) 用地紧张、规模庞大的超高层建筑

该项目地处市中心繁华地区，临近城市主干道，建筑红线紧贴地下室外墙，用地十分紧张。设计中充分利用地下管廊空间布置给水排水管道，生活给水、中水、污废水、雨水排水管道与市政管线接驳顺畅，降低了用地紧张对管线敷设造成的影响。

该建筑总高度近200m，为超高层双塔建筑。给水系统分区较多，设计充分利用设备转换层设置中间消防水池和生活、中水转输水箱，系统设计和管线布置合理，节省了竖向管井空间。

(三) 停缓建超过8年的烂尾楼改造项目、实现价值提升和投资回报的商业地产项目

由于是改造项目，设计之初通过现场踏勘发现现场实际情况与原有设计图纸存在较大偏差；新的功能定位要求以及当前设计标准和规范的要求对原有给排水系统设计产生颠覆性影响。本次设计增加了中水系统，在消防给水、生活供水、中水给水、生活排水、雨水系统的设计上在满足现有规范的前提下充分利用原有土建条件，如利用设备层原有消防生活合用水池改为重力式消防供水转输水池；尽可能减少拆改和对结构安全的影响，如充分利用原有竖向管井重新布置管线等。从而大量节省了工程改造所需的投资。

自正式运营以来，给水排水系统运行稳定，满足了整个建筑的用水需求；系统设置合理，易于维护管理，达到了设计要求。由于设计采用了节水、节能、降噪等技术措施，运行效果得到不同用户的肯定，使开发商获得了良好的经济效益和社会效益，为实现项目价值的提升和投资回报奠定基础。

该项目已经成为天津市中心南京路上的地标建筑之一，它的设计和实施为我国城市中改造类型的项目提供了良好的借鉴作用和示范意义。

四、工程照片及附图

援哥斯达黎加国家体育场

设计单位： 中南建筑设计院股份有限公司
设 计 人： 杨运波　罗蓉　涂正纯　陈俊清
获奖情况： 公共建筑类　三等奖

工程概况：

援哥斯达黎加国家体育场位于首都圣何塞拉萨瓦纳公园西端区域，总用地面积约 99189m²，总建筑面积约 34122m²，可容纳 35000 人，是中美洲地区迄今现代化程度最高的综合性甲级体育场。该体育场采用框架剪力墙结构，建筑最高 51.27m，建筑内场为标准的露天体育竞赛场地。本工程总投资额 5 亿元，于 2008 年开始设计，2010 年底验收后投入使用。

本工程南北区两层，东西区共四层，一层东区为乒乓球馆、快餐厅、运动场办公室及球员更衣室等；西区为淋浴房、展览厅、商店及新闻发布中心；北区为器材库、检录大厅及消防水池和水泵房；南区为办公及会议室。二层皆为卫生间及休息平台；三层、四层东区为员工宿舍，西区为当地体育局办公室。

一、给水排水系统

（一）生活给水系统

1. 经设计考察组现场调研及哥方提供的有关资料，用地西面及北面均有城市供水主管，为近年新铺设管道，管径 *DN*300，最低供水水压约 0.35MPa，可以为项目提供两路水源。

2. 本次给水系统设计全部采用市政水压直接供水，室外两路给水接口分别设室外总水表进行计量。

3. 给水量计算见表 1。

给水量计算　　**表 1**

	用水标准	用水单位数	时变化系数	日用水量(m³/d)	时用水量(m³/h)
观众	3L/(人·d)	35000×2	1.2	210	31.5
运动员	40L/(人·d)	200×2	2.5	16	5
办公	40L/(人·d)	180	1.5	7.2	1.35
公寓	200L/(人·d)	400	2.5	80	8.3
跑道	4L/(人·m²)	5400×2	1.0	43.2	21.6
场地	12L/(人·m²)	7350×2	2	176.3	78.3

不可预见用水量按观众用水量 15%计算；

体育场最大日用水量：620m³/d；

最大小时用水：146m³/h。

4. 管材选用：给水管采用内衬塑钢管，小于等于 *D*100 丝扣连接；大于 *D*100 沟槽式卡箍连接或法兰连接，压力等级 1.0MPa；卫生间给水支管采用 PP-R 冷水管，热熔连接，材料等级 1.0MPa。

（二）热水系统

1. 根据哥方所提资料，圣何塞市全年电量充足，无停电现象，运动员宿舍热水采用电热水器分散供给，运动员公寓配备规格为：$V=80$L，$N=2$kW，每间一台；运动员淋浴间配备规格为：$V=150$L，$N=6$kW，每间一台。

2. 管材选用：热水管材采用热水用 PPR 管，双热熔连接。

（三）排水系统

1. 污、废水系统

根据设计调研结果显示：圣何塞市排水全部采用分流制，建筑污水不需设置化粪池，直接单独排入城市污水管，统一进入城市污水处理站；对含油废水，要求必须进行隔油处理，处理方式同我国隔油池。日排水量按最高日给水用量的 90%进行统计。

本次设计室内排水为污、废合流制，主要采用立管升顶透气的方式，对管路较长、连接卫生洁具多的排水横支管设计器具透气管。

一层卫生间单独排放。污水排至室外后，由暗管收集，最后直接排入西面观众入口附近的城市污水管。

一层厨房废水在室外设置隔油池，滤油后排入城市污水管；一层泵房采用潜水泵提升排放。

2. 雨水系统

雨水设计采用内排水，因当地无小时降雨量统计，屋面及看台雨水参照我国海口市五分钟暴雨量进行计算：

休息平台屋面采用重现期 $P=2$ 年进行设计，87 型雨水都进行收集；钢结构大屋盖造型独特、面积较大，采用压力流系统排放屋面雨水。按照 $P=10$ 年重现期的降雨量设计。

内场排水暗管加明沟形式，场地内暗管详建筑图。

3. 管材选用：污水管选用 PVC-U 排水塑料管，粘接；重力流雨水管选用 PVC-U 给水塑料管，粘接；虹吸雨水管采用 HDPE 塑料管，双热熔连接。

（四）内场地草坪喷灌系统

1. 喷灌用水量统计

设计采用 4×6 的喷头布置方式，即 22.86×21.90 布置，喷水强度：12L/(m^2·次)，采用高压供水，系统工作压力：6.5kg/cm^2，喷头工作压力：5.5kg/cm^2。设计供水分为 6 站，布置方式见给水排水图纸，系统设计最大流量：95.22m^3/h；一次喷灌总用水量：95.22×54/60+47.61×28/60=108m^3。

2. 系统设计：本系统采用加压供水，西区消防水池旁设有喷灌水池一座，水池有效容积 108m^3，水泵房内设有喷灌系统加压泵三台，水泵参数：$Q=50m^3/h$，$H=80m$，$N=22kW$，两用一备。喷灌水池进水在雨季来临后关闭，在旱季到来时开启，由人工控制。为保持水体活性，水池内设水箱自洁器。

3. 管材选用：选用 PVC-U 给水塑料管，粘接，材料等级 1.6MPa。

二、消防系统

（一）消火栓系统

1. 消防设计按甲类体育建筑，消火栓系统设计用水量为：室内：30L/s；室外：30L/s，火灾延续时间为 2h，一次灭火消火栓系统用水量为 216m^3。

2. 系统设计：消火栓系统采用临时高压给水系统。一层西区设有消防水池及水泵房，消防水池有效容积 300m^3（其中消火栓用水量 216m^3，自喷系统用水量 80m^3）；消防水泵房内设置三台消火栓加压泵，水泵参数：$Q=15L/s$，$H=60m$，$N=18.5kW$，两用一备。西区 24.930m 标高水箱间内设有有效容积 18m^3 不锈钢消防水池一座，箱底标高为 25.43m，满足最高点消火栓（15.00m）7m 静压要求，消火栓系统不设增压稳压设备。

本系统共一个区，同时在东区、西区、南区设置消火栓水泵接合器 SQS150 型消火栓水泵结合器各一个。

3. 管材选用：选用内外壁热镀锌钢管，≤$D80$ 丝扣连接，其余选用卡箍连接。

（二）自动喷水灭火系统

1. 本工程公共活动用房、办公及体育器材库等均设有自动喷水灭火系统，依据《自动喷水灭火系统设计规范》规定：建筑物危险等级：中危险级Ⅰ级，喷水强度：6L/(m^2·min)，保护面积：160m^2，工作时间：1h，系统设计水量 22L/s。

2. 系统设计：自动喷水灭火系统也采用临时高压给水系统，系统用水量贮存于西区消防水池内（水池有效容积 300m³，其中自喷系统用水量 80m³），消防水泵房内设有自喷加压泵两台，水泵参数：$Q=30L/s$，$H=65m$，$N=30kW$，一用一备。西区水箱间内消防高位水箱箱底标高为 25.43m，满足最不利喷头工作压力 0.10MPa 的工作压力要求。

系统共一个区，同时一层地面设有自喷系统水泵接合器两个，型号为：SQS150，管道接于报警阀前。

3. 管材选用：选用内外壁热镀锌钢管，≤D80 丝扣连接，其余选用卡箍连接。

三、工程设计及施工体会

因本工程位于中美洲，属于援外项目，当地的很多规范及施工做法与国内不同，因此，设计前期的调研及熟悉当地的规范就显得尤为重要。哥斯达黎加国内其给水排水设计规范、消防设计规范等有一定的文本条文，但是不完善，同时其相关技术指标也比较低；经过与哥方项目组协商，体育场给水排水及消防设计均借鉴我国现行的相关规范，同时，结合当地的一些习惯做法，进行设计。

为更好地解决施工过程中遇到的问题，本项目组在施工过程中全程派驻现场设计代表，及时解决施工问题，为工程顺利实施提供了良好的保障。

项目投入一年来，体育场经过了多场大型比赛，各方反映良好，并得到了哥斯达黎加人民的赞扬。

四、工程照片及附图

工程实景照片——鸟瞰日景

工程实景照片

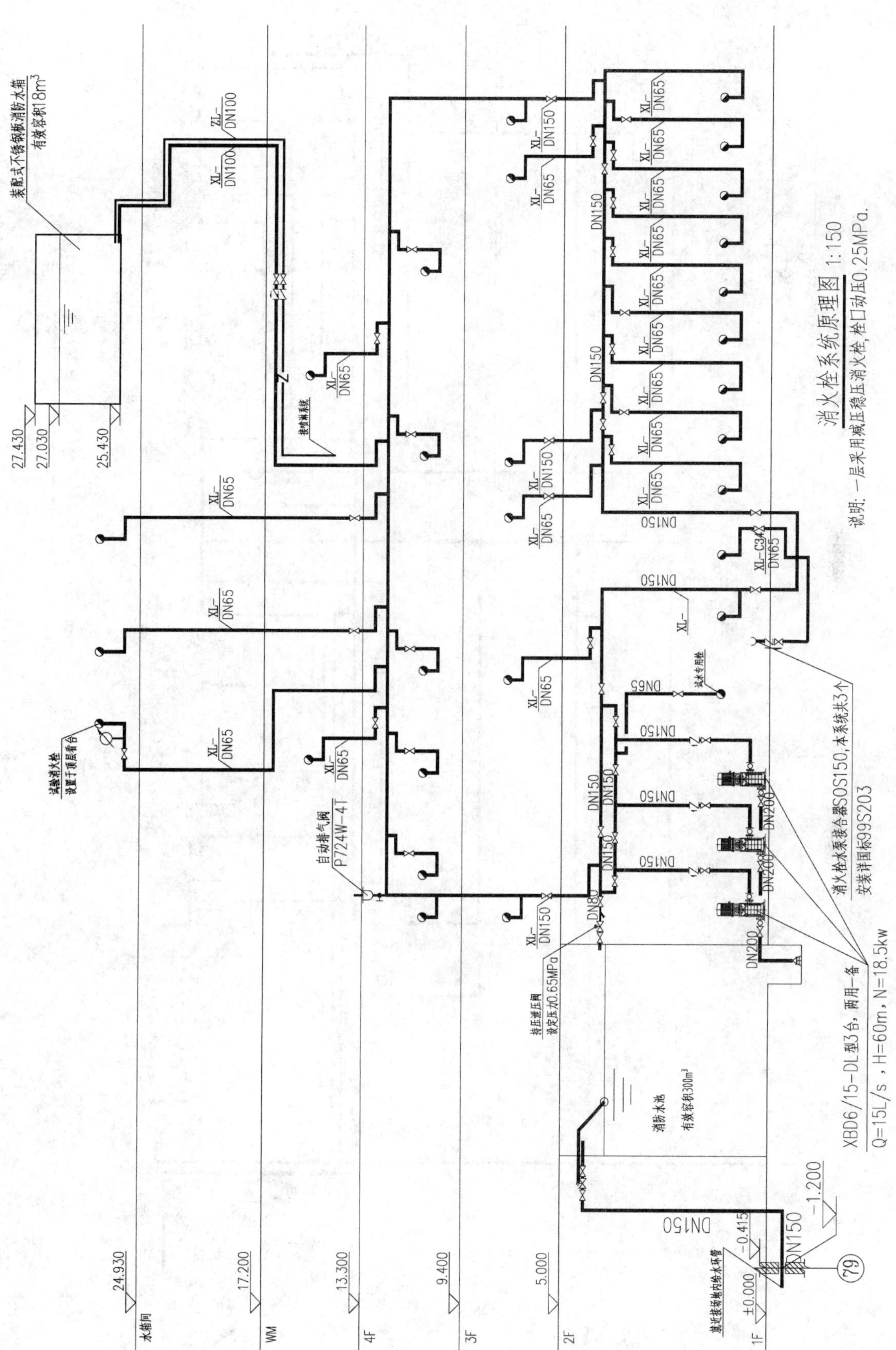

消火栓系统原理图 1:150

说明：一层采用减压稳压消火栓，栓口动压0.25MPa。

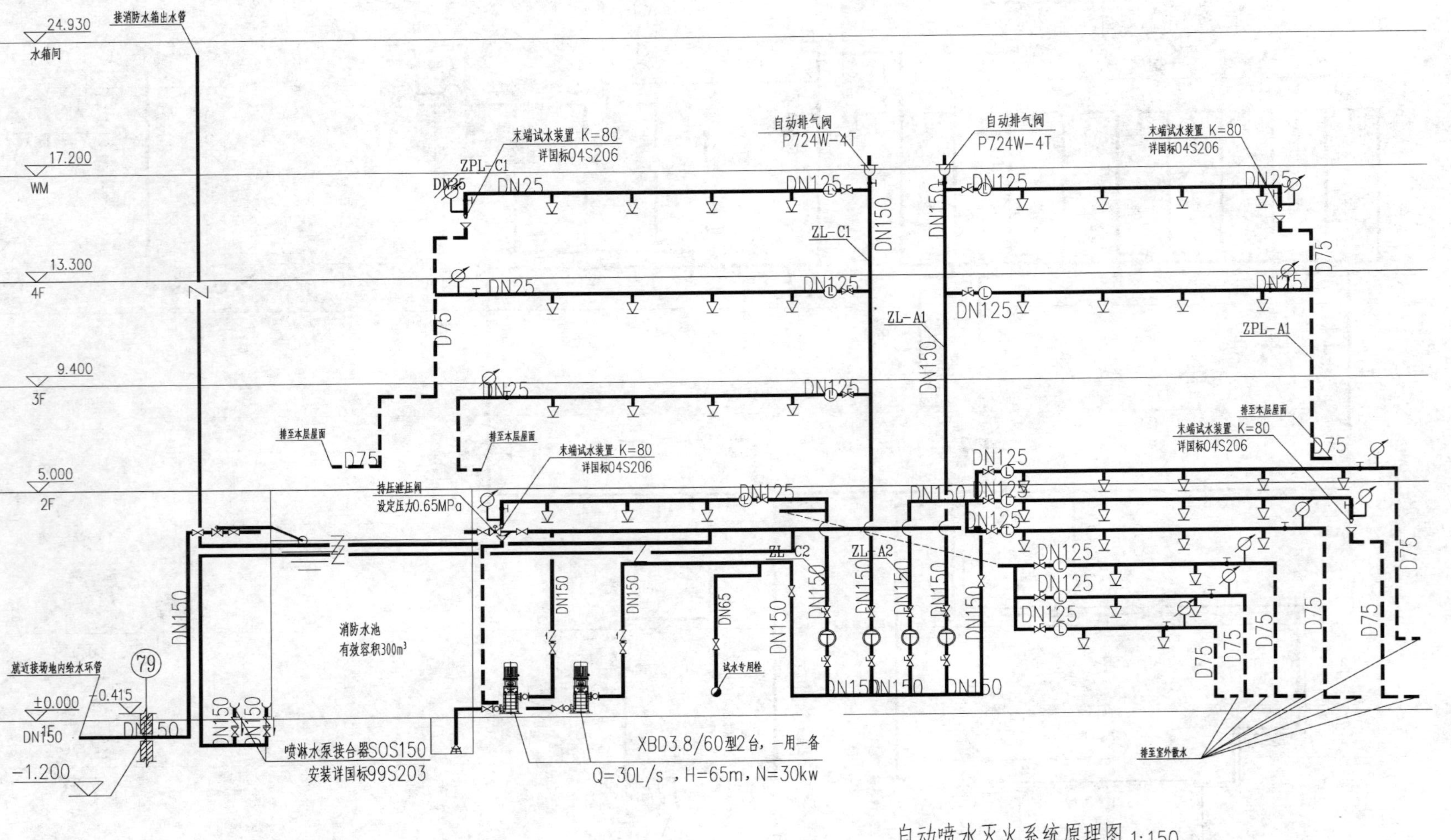

自动喷水灭火系统原理图 1:150

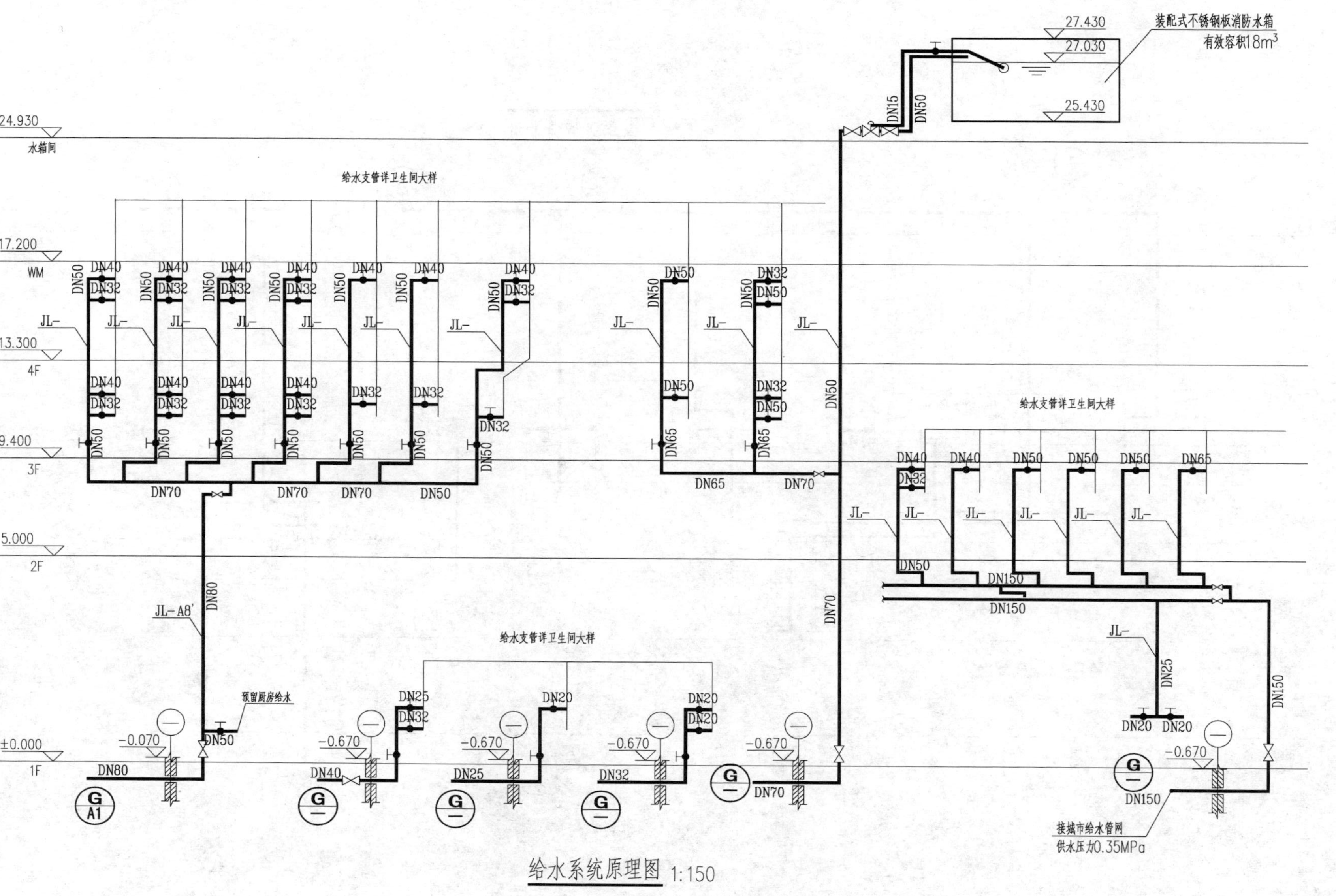

给水系统原理图 1:150

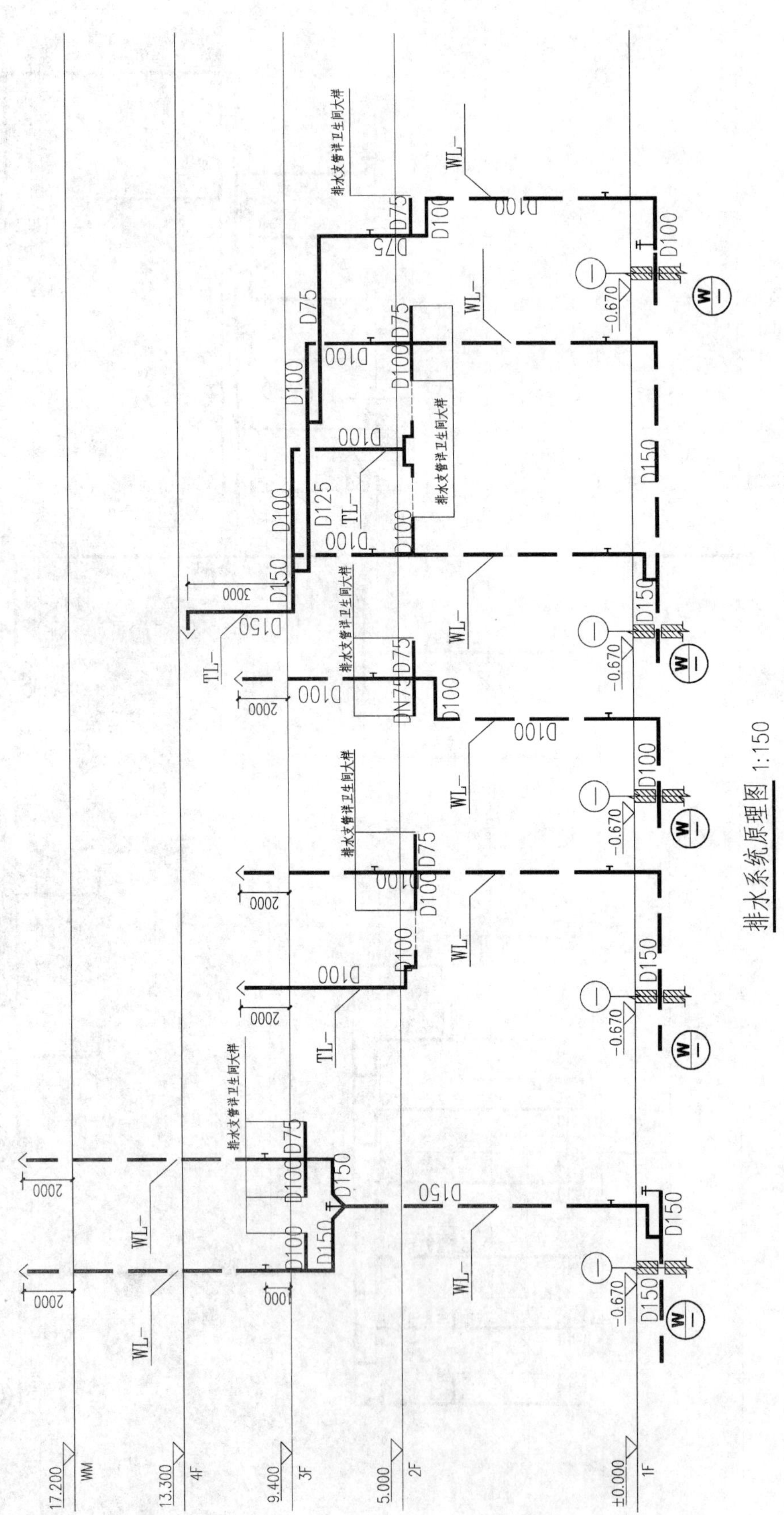

排水系统原理图 1:150

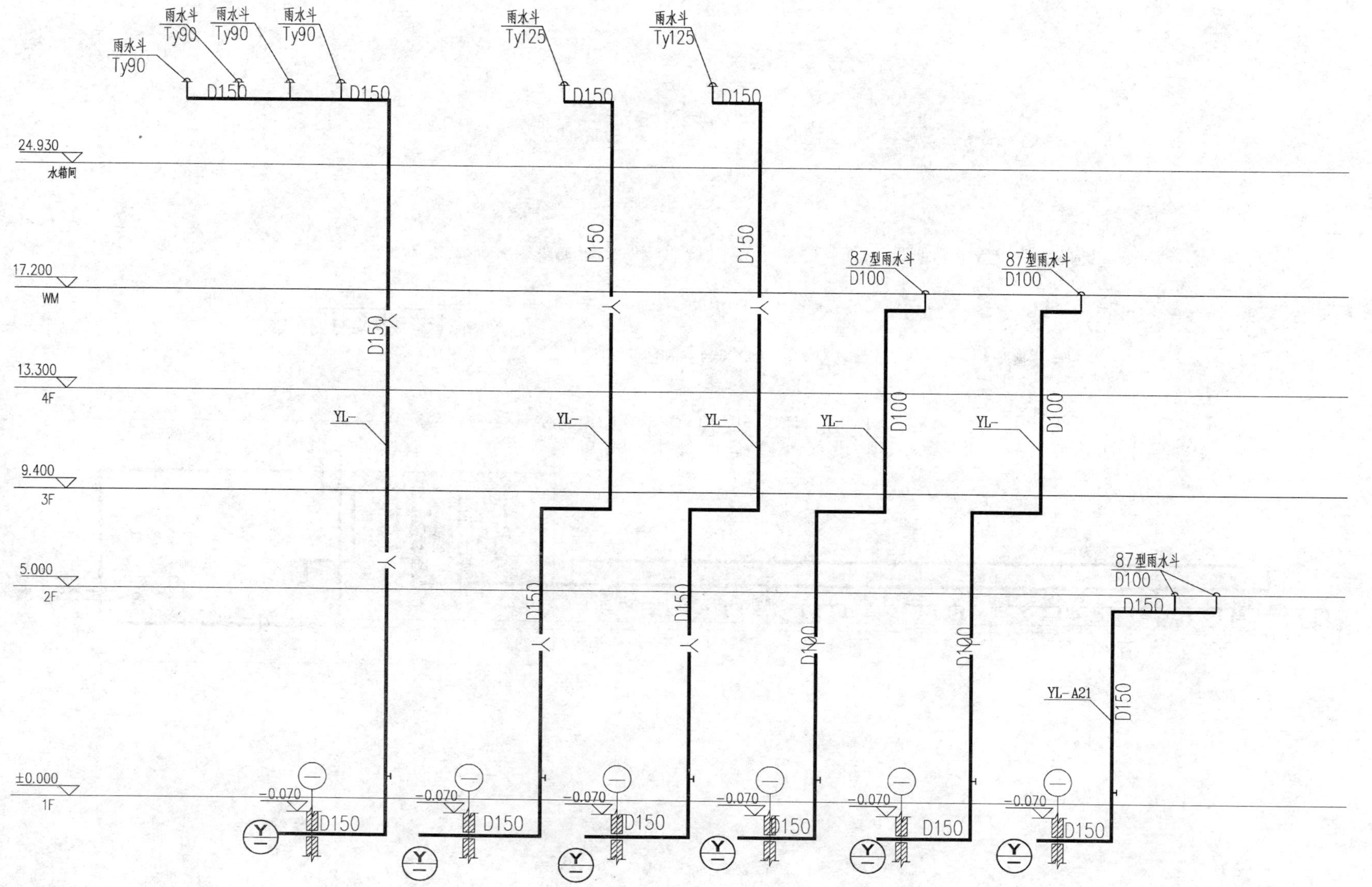

雨水斗
Ty90
雨水斗
Ty90
雨水斗
Ty90
雨水斗
Ty90
雨水斗
Ty125
雨水斗
Ty125
D150
24.930
水箱间
17.200
WM
13.300
4F
9.400
3F
5.000
2F
±0.000
1F
87型雨水斗
D100
87型雨水斗
D100
87型雨水斗
D100
D100
YL-
YL-A21
-0.070

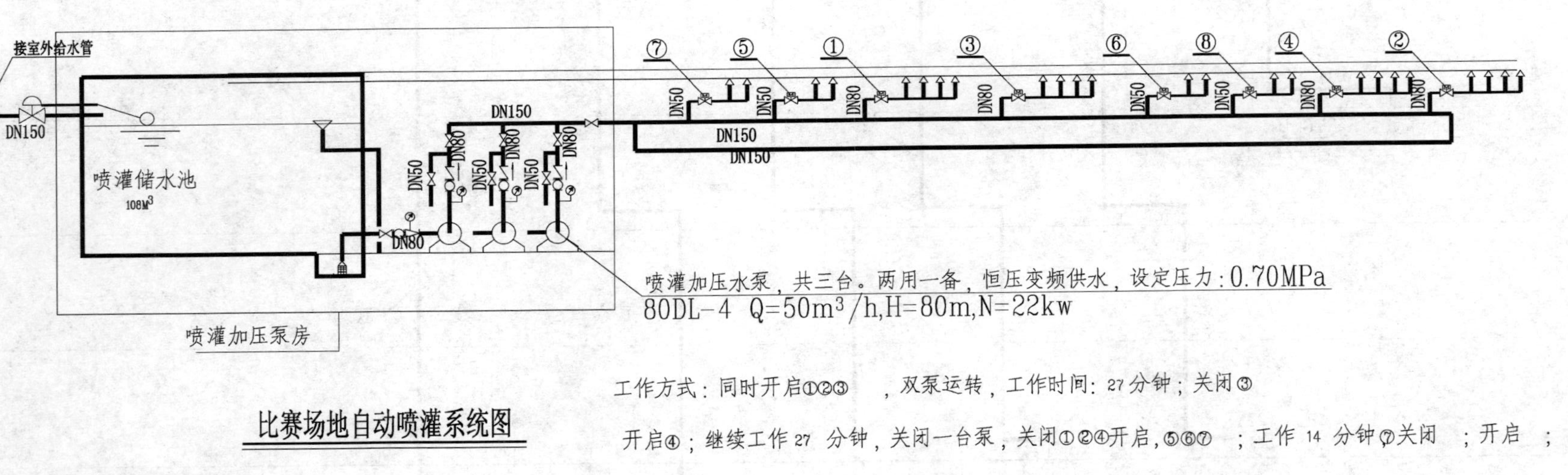

比赛场地自动喷灌系统图

工作方式：同时开启①②③，双泵运转，工作时间：27分钟；关闭③

开启④；继续工作27分钟，关闭一台泵，关闭①②④开启，⑤⑥⑦；工作14分钟⑦关闭；开启；

工作14分钟，关闭水泵，关闭⑤⑥⑧，全部喷灌完成，总用时间：82分钟。

公共建筑类　优秀奖

哈尔滨麦凯乐休闲购物广场总店及公寓

设计单位： 黑龙江省建筑设计研究院
设 计 人： 于大宁　廉学军　陈钧　王春磊　郝佳　陈力岩　滕树军　魏春秀
获奖情况： 公共建筑类　优秀奖

工程概况：

哈尔滨麦凯乐休闲购物广场总店及公寓，为“中国500强企业”之一的大连大商集团在哈注资建设的集休闲、购物、餐饮、酒店为一体的综合型休闲娱乐广场。工程所在区域为原市政府广场，为哈尔滨的历史保护街区，位置显要，周围传统建筑风格独特，数量众多，体现出了浓厚的历史文化氛围；尤其是相邻的索菲亚教堂及其广场和中央大街，更是哈尔滨建筑文化的经典。工程占地24600m^2，裙房5层、主体29层另包括一栋公寓及一栋酒店，－1F为超市、－2F为大型停车库，地上1F～6F为麦凯乐商场及宜必思酒店，7F～29F为公寓，总建筑面积197182m^2。

一、给水排水系统

（一）给水系统

1. 冷水用水量（表1）

冷水用水量　　表1

序号	类别	使用人数（人）	用水定额（L/(d·人)）	使用时间（h）	小时变化系数 K	最高日用水量（m^3/d）	最高时用水量（m^3/h）	平均时用水量（m^3/h）
1	办公室	142	50	10	1.5	35.5	3.0	1.5
2	客房	1242	150	24	2.0	186.3	15.5	7.8
3	会议厅	400	6	4	1.5	4.0	0.6	0.4
4	餐厅	1384	40	10	2.0	55.4	11.0	5.5
5	食堂	5500	15	12	1.5	82.5	13.8	6.9
6	小计					530.2	67.5	36.2
7	空调补充水	2500m^3/h	1.2%	16	1.0	480	30	30
8	未预见水量		10%			100	9.8	6.6
9	合计					1110	107	73

2. 水源：本建筑给水分别由石头道街和兆磷街侧市政给水干管上引入两根进水管，在－1F顶棚下形成环状管网，采用室外消火栓与室内生活给水系统共用此环管的方案。

3. 系统竖向分区

除−3F～1F 水量及水压由市政给水管直接保证外，其他部分共分三个区：商场 2F～6F，北街酒店及公寓 2F～8F 为低区；高层公寓 7F～18F 为中区；高层公寓 19F～29F 为高区。

4. 供水方式及给水加压设备

各区采用下行上给式供水系统，各区水量及水压均由−1F 生活水泵房内的各区独立生活给水设备提供保证。

5. 管材：生活给水管均采用衬塑钢管，沟槽连接；−1F 室内生活给水系统合用环管采用孔网钢带复合管，电热熔连接；宜必思酒店部分的生活给水采用薄壁不锈钢管，环压式连接。

（二）热水系统

1. 热水用水量（表 2）

热水用水量 **表 2**

序号	类别	使用人数（人）	用水定额（L/(d·人)）	使用时间（h）	小时变化系数 K	最高日用水量（m^3/d）	最高时用水量（m^3/h）	平均时用水量（m^3/h）
1	办公室	142	10	10	1.5	35.5	3.0	1.5
2	客房	1242	100	24	2.0	186.3	15.5	7.8
3	会议厅	400	3	4	1.5	4.0	0.6	0.4
4	餐厅	1384	20	10	2.0	55.4	11.0	5.5
5	食堂	5500	15	12	1.5	82.5	13.8	6.9
6	小计					530.2	67.5	36.2
7	空调补充水	2500m^3/h	1.2%	16	1.0	480	30	30
8	未预见水量		10%			100	9.8	6.6
9	合计					1110	107	73

2. 热源

宜必思酒店生活热水供应由六层屋面燃气锅炉房生活热水换热机组统一提供。

3. 系统竖向分区

其竖向分区同给水系统，水源由低区给水系统供给。

4. 热交换器

燃气锅炉房生活热水换热机组按各自分区分别设置。

5. 冷、热水压力平衡措施、热水温度的保证措施等

为保证冷、热水压力平衡，采用热水竖向分区同给水系统，水源也由低区给水系统供给。热水温度由生活热水换热机组进口温包控制反馈。

6. 管材：热水管采用衬塑钢管，沟槽连接；宜必思酒店部分的热水管采用薄壁不锈钢管，环压式连接。

（三）排水系统

1. 排水系统的形式

采用雨污合流型式，8F～29F 公寓卫生间均采用同层排水方式，其余仍采用普通排水方式。室内地上部分生活污水就近排至室外检查井。地下室设集水坑，污水经潜水排污泵及专用排水设备提升后排至室外检查井。为保障建筑物的造型美观及使用功能，主体屋面及部分裙房屋面雨水内排。雨水排至室外雨水检查井后，直接排入雨水收集池用于室外广场景观用水。

2. 透气管的设置方式

宜必思酒店部分设专用通气立管，裙房卫生间设环形透气管，8F～29F 公寓卫生间设伸顶通气管。

3. 采用的局部污水处理措施

生活污水需经化粪池处理后，厨房污水需经隔油池处理后方可排至市政污水管网。

4. 管材：排水管道均采用离心机制铸铁管，柔性接口；地下室污水提升的压力管道的室内部分可采用钢管，室外部分采用离心机制铸铁管；同层排水支管，虹吸雨水管道均采用高密度聚乙烯（HDPE）管材，电热熔连接。

二、消防系统

本建筑为高层综合楼，其中地上 29 层，地下 3 层，建筑高度 99.60m，属一类高层民用建筑，整体设防。消防设计内容包括：室内外消火栓系统、自动喷水灭火系统。

（一）消火栓系统

室内消火栓系统分高低两区：高区为高层公寓 7F～29F；低区为－3F～商场 6F，北街酒店及公寓 1F～8F。消火栓水枪充实水柱不小于 10m，消火栓箱内配 *DN*65 消火栓，并设置 *DN*25 消防卷盘。水枪喷嘴口径为 19mm，配 25m 长衬胶水龙带。消防卷盘配 25m 长胶管，配备的胶带内径为 19mm。消火栓箱内设远距离启动消防泵按钮。消火栓箱均采用甲型单栓带自救式消防卷盘消火栓箱（详见国标 99S202-8）。高区系统所需压力为 1.45MPa，低区系统所需压力为 0.80MPa，低区 2 层及以下采用减压稳压消火栓，高区 7F～12F 采用减压稳压消火栓，减压后消火栓栓口出水压力均为 0.45MPa。高区、低区消火栓管网独立成环状。在 1F 临街外墙按高低区分别设 SQB 型墙壁式水泵接合器各 3 个。消防前期用水分别由设于顶层水箱室内的高低区消防水箱和增压设备供给。消火栓管路采用焊接钢管，焊接。

（二）自动喷水灭火系统

仅地下三层至商场 6F 北街酒店 1F～8F 设置自动喷水灭火系统，高层公寓 7F～29F 不设自动喷水灭火系统，系统不分区。均按中危险级Ⅱ级设计，喷水强度为 8L/(min·m^2)。作用面积 160m^2。系统设计流量为 40L/s，喷头工作压力 0.1MPa。湿式报警阀均设在地下二层消防泵房，湿式报警阀室内（共有 24 个），分别控制地下三层至商场 6F、北街酒店 1F～8F 的自动喷水灭火系统。每个报警阀控制喷头小于 800 个，每个防火分区均设水流指示器及信号蝶阀。水流指示器及泄水阀，压力表处的吊顶设 600×600 活动装修，以便维修；水流指示器前的阀门必须保持常开状态，管路坡度均为 0.002。

喷头：均采用玻璃球闭式喷头，吊顶下的喷头采用装饰性喷头，无吊顶处的喷头采用直立型喷头，向上安装，喷头溅水盘距顶板距离为 10cm，喷头动作温度除厨房及大功率灯泡附近为 93℃外，其余均为 68℃。喷淋系统安装要注意全面按照系统原理图以及国标 89SS-175 总说明的要求自动喷水湿式报警装置安装，顶棚上、下喷头布置，防晃支架，管道固定及支架设置说明等施工。湿式自动喷水灭火系统的控制：喷头喷水，水流指示器动作，反映到区域报警盘和总控制盘，同时相对应的报警阀动作，敲响水力警铃，压力开关报警反映到消防控制中心。自动或手动启动相应分区的任一台自动喷水加压水泵。消防控制中心能自动和手动启动自动喷水加压水泵，也可在泵房内就地控制。其运行情况反映到消防控制中心和水泵房控制盘上。各层水流指示器、电触点信号阀和报警阀动作，均应向消防控制中心发出声光信号。

自动喷水灭火系统及大空间自动喷水灭火系统管道采用热浸镀锌钢管，沟槽式连接，承压应满足系统设计压力要求。

（三）气体灭火系统

地下室变电所，变电亭应设置气体灭火系统，详见相关图纸。

（四）消防水炮灭火系统

净空高度超过 12m 的场所应设置大空间智能型自动喷水灭火系统。详见相关图纸。

三、设计及施工体会或工程特点介绍

－3F～1F 生活给水由市政管网直接供水，其余各层按竖向分区均采用了叠压变频调速给水设备供水，达到了充分节能的效果。室外广场则采用了收集雨水用于景观用水的方案，均达到满意的节水效果。特别是在国际连锁宜必思酒店的设计中引入了国际上较为先进的酒店卫生间标准模块化设计理念，既解决了经济型酒店难度较大的节约面积的技术问题，也满足了酒店顾客的卫生洗漱要求。

四、工程照片及附图

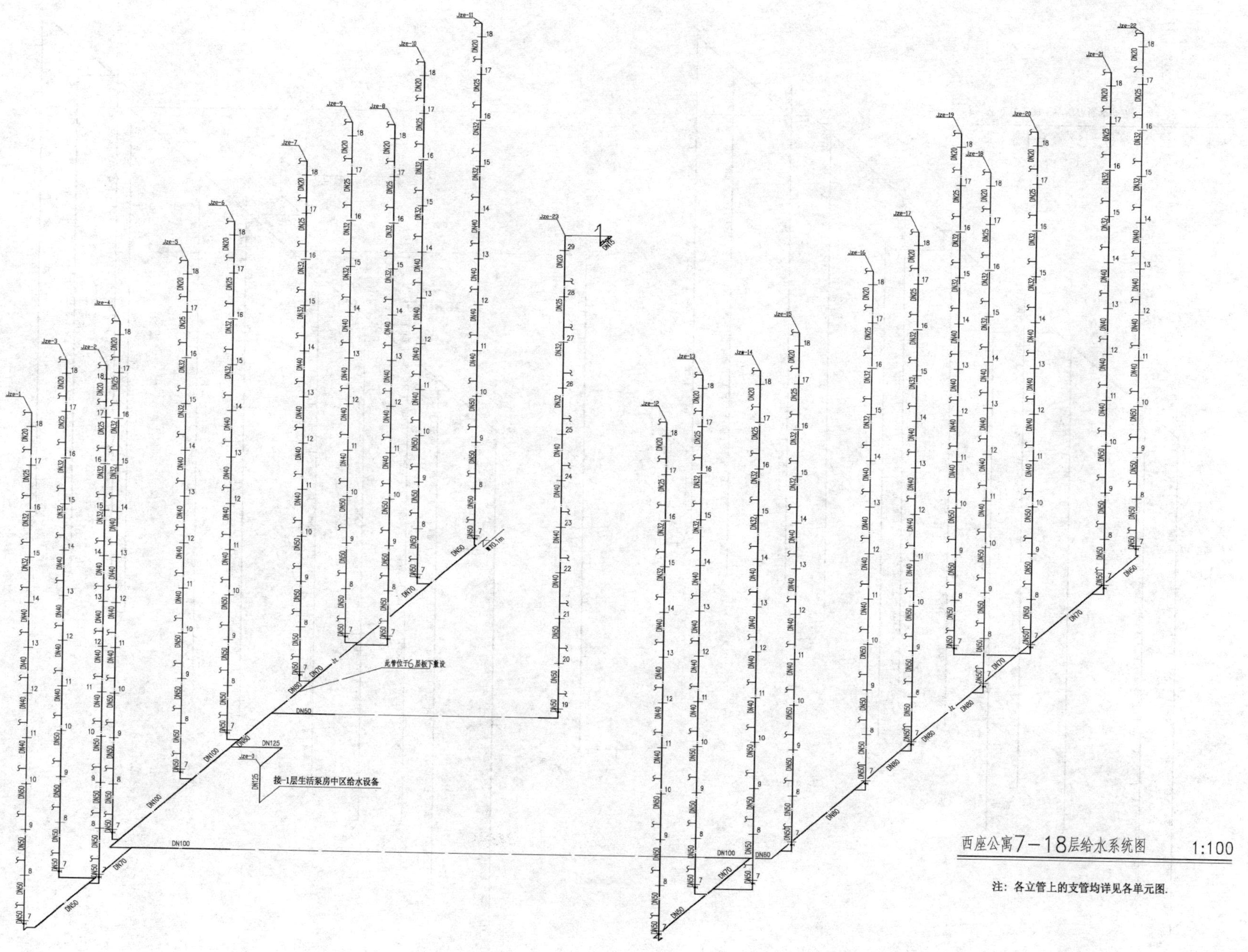

西座公寓7－18层给水系统图 1:100

注：各立管上的支管均详见各单元图.

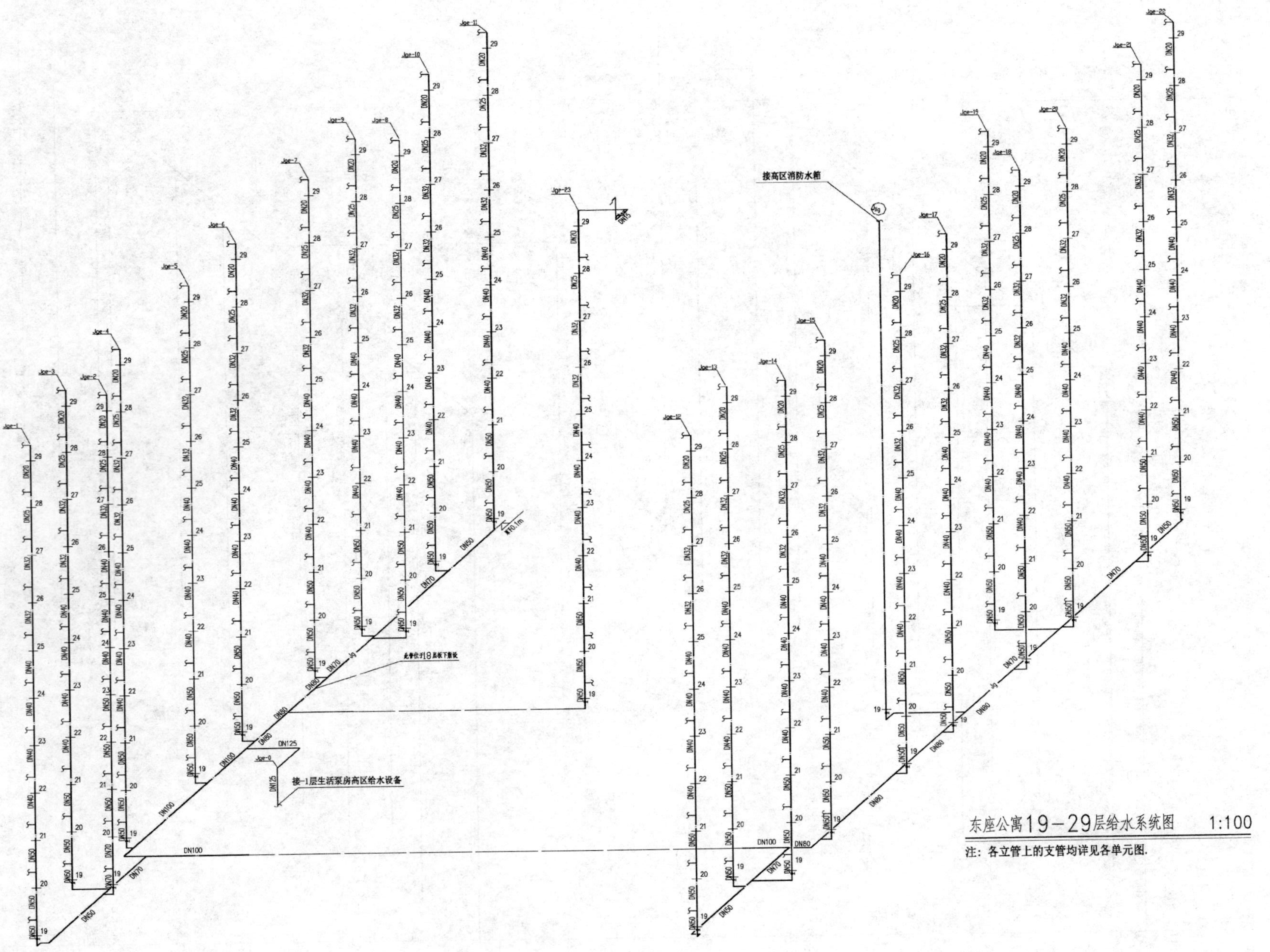
接高区消防水箱
接-1层生活泵房高区给水设备
东座公寓19－29层给水系统图 1:100
注：各立管上的支管均详见各单元图.

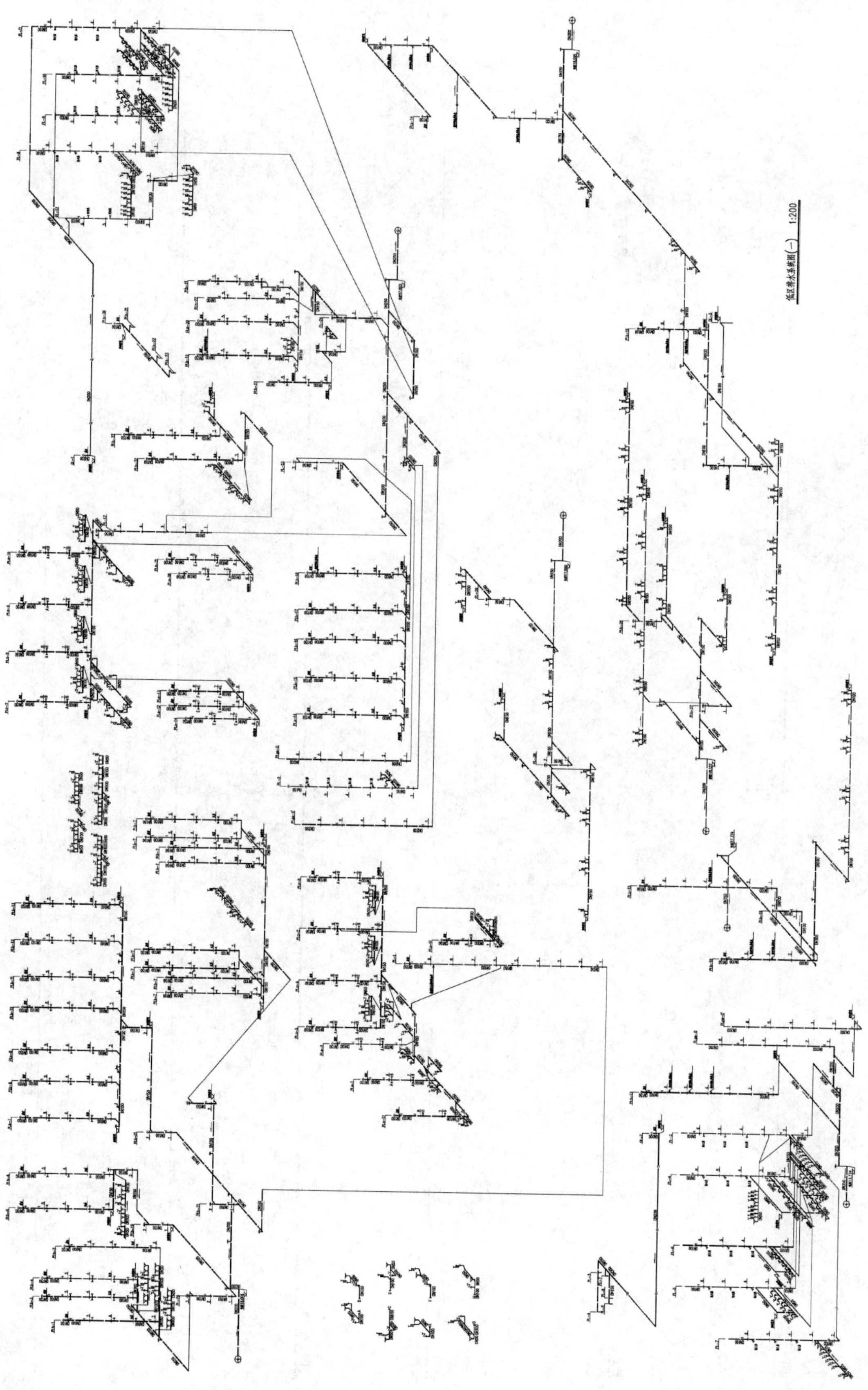

低区排水系统图(一) 1:200

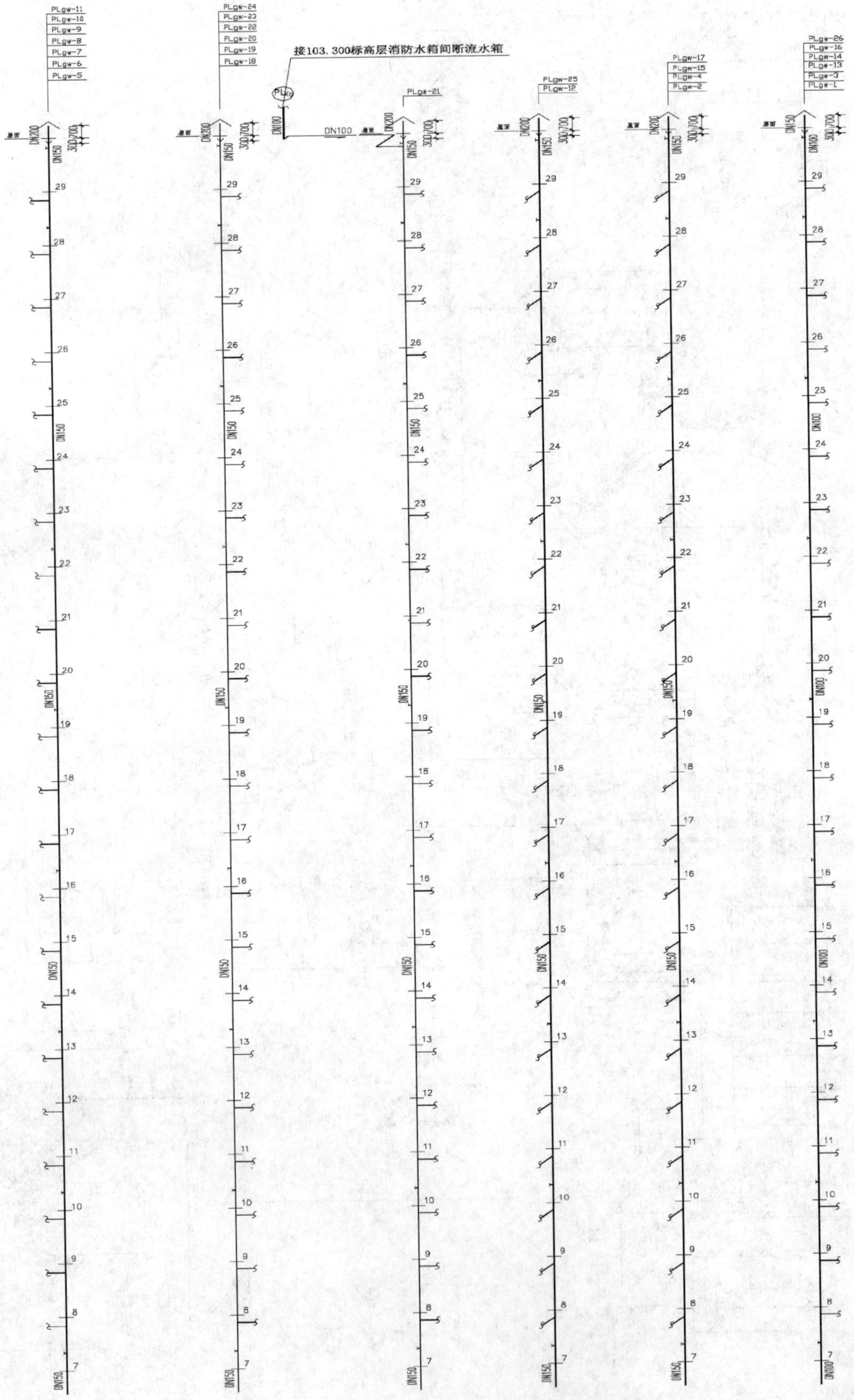

PLgw-11
PLgw-10
PLgw-9
PLgw-8
PLgw-7
PLgw-6
PLgw-5

PLgw-24
PLgw-23
PLgw-22
PLgw-20
PLgw-19
PLgw-18

接103.300标高层消防水箱间断流水箱

PLxg

DN100

PLgw-21

PLgw-25
PLgw-12

PLgw-17
PLgw-15
PLgw-4
PLgw-2

PLgw-26
PLgw-16
PLgw-14
PLgw-13
PLgw-3
PLgw-1

屋面 DN200 DN150 300 700

29 28 27 26 25 24 23 22 21 20 19 18 17 16 15 14 13 12 11 10 9 8 7

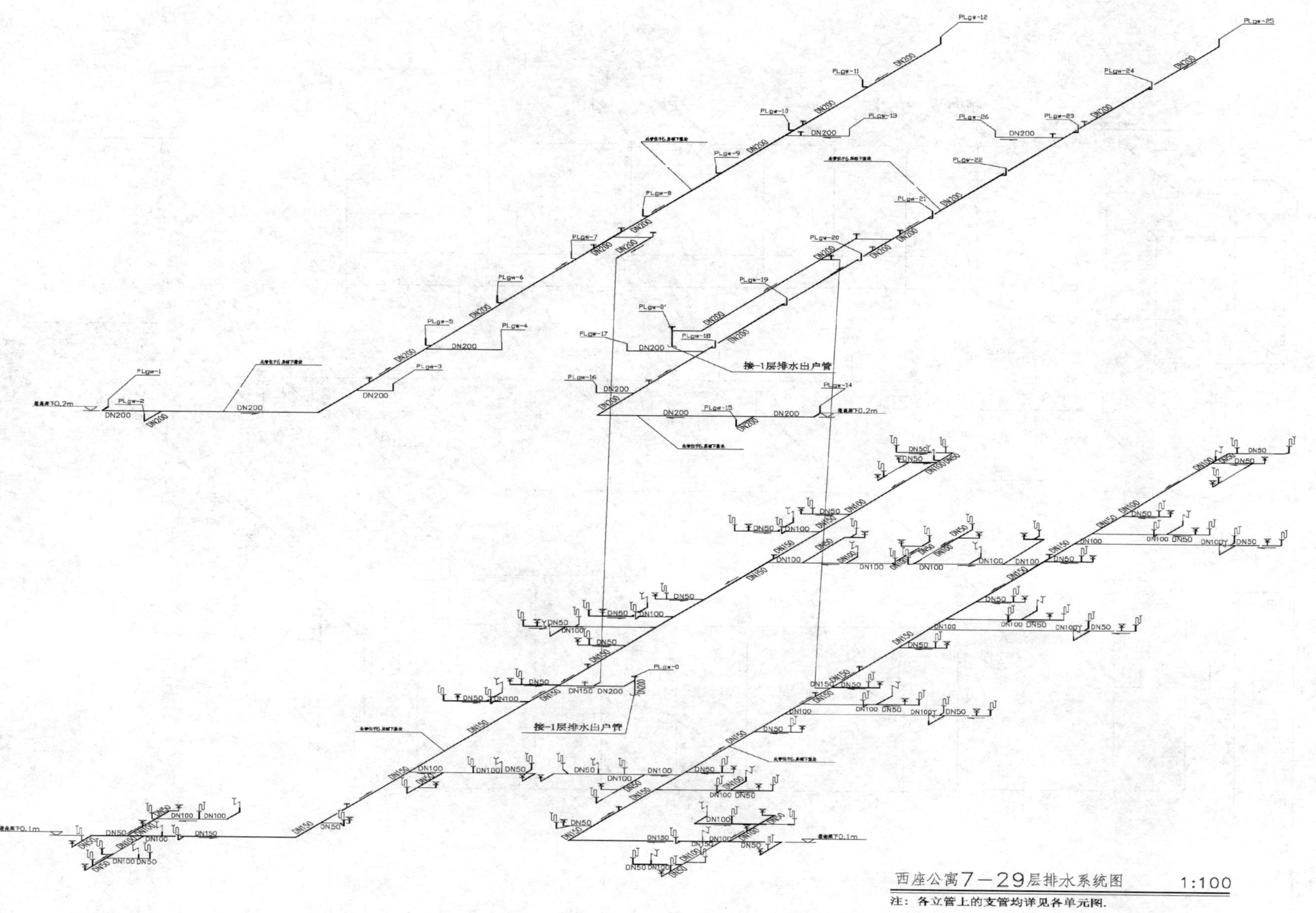

西座公寓7－29层排水系统图 1:100

注：各立管上的支管均详见各单元图.

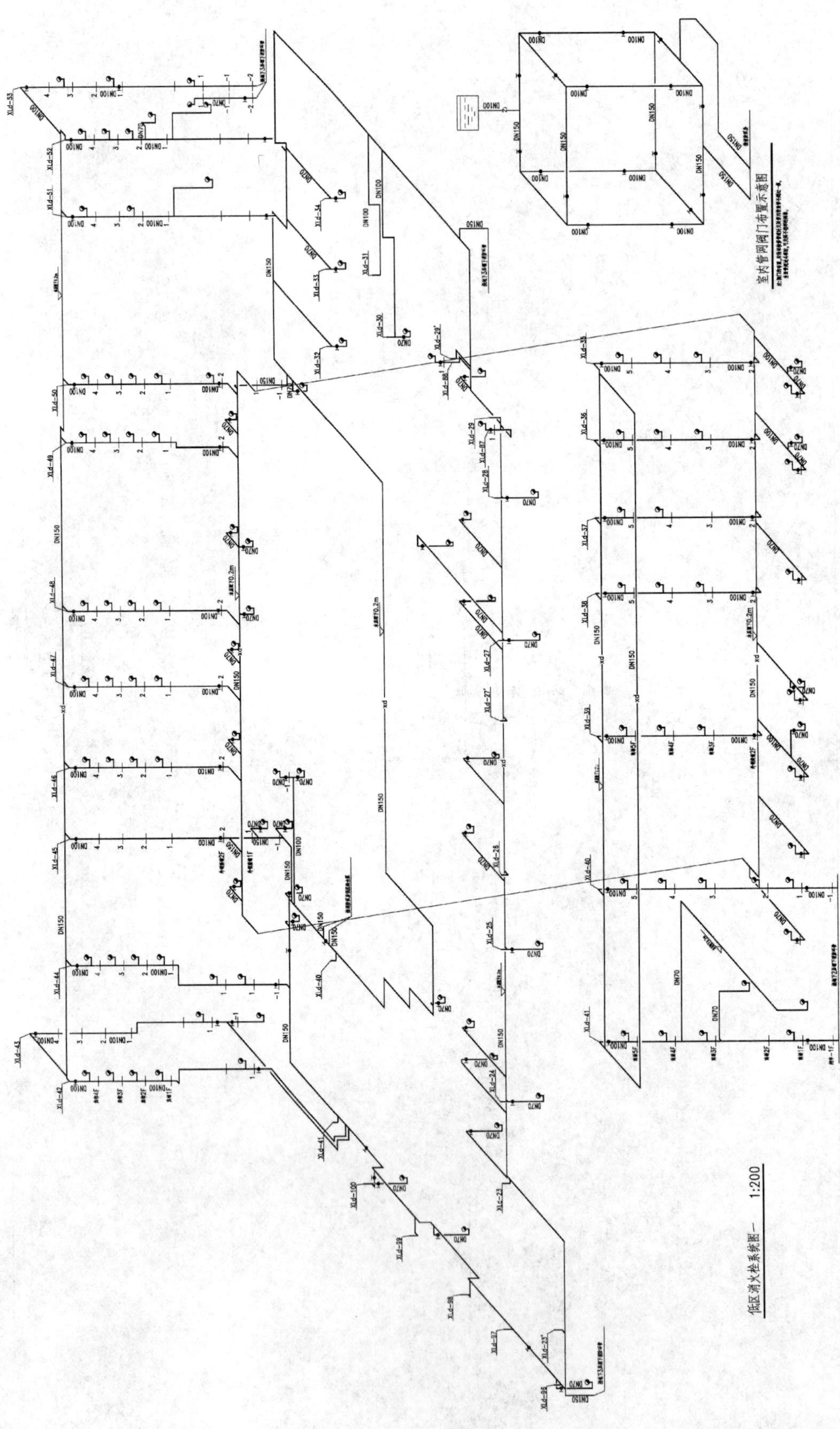

室内管网阀门布置示意图

低区消火栓系统图一 1:200

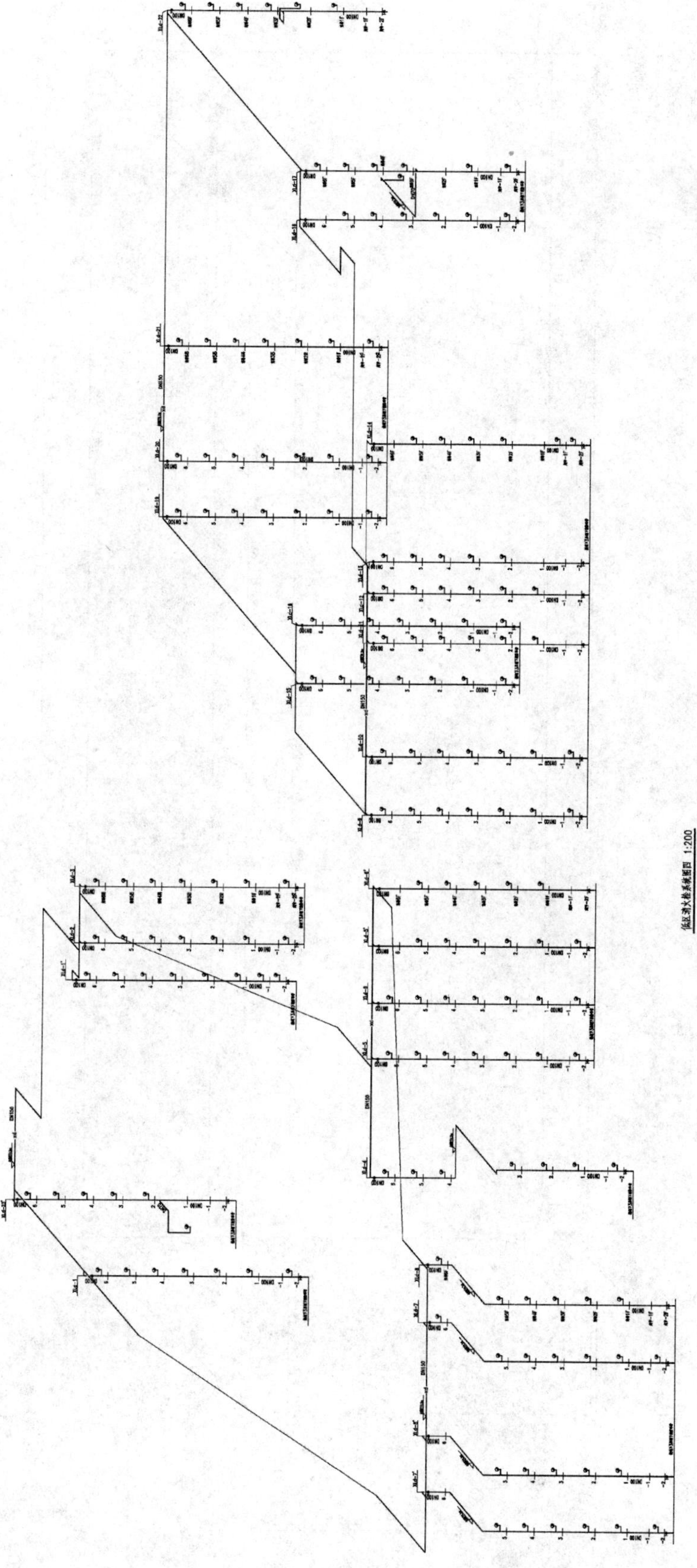

低区消火栓系统图四 1:200

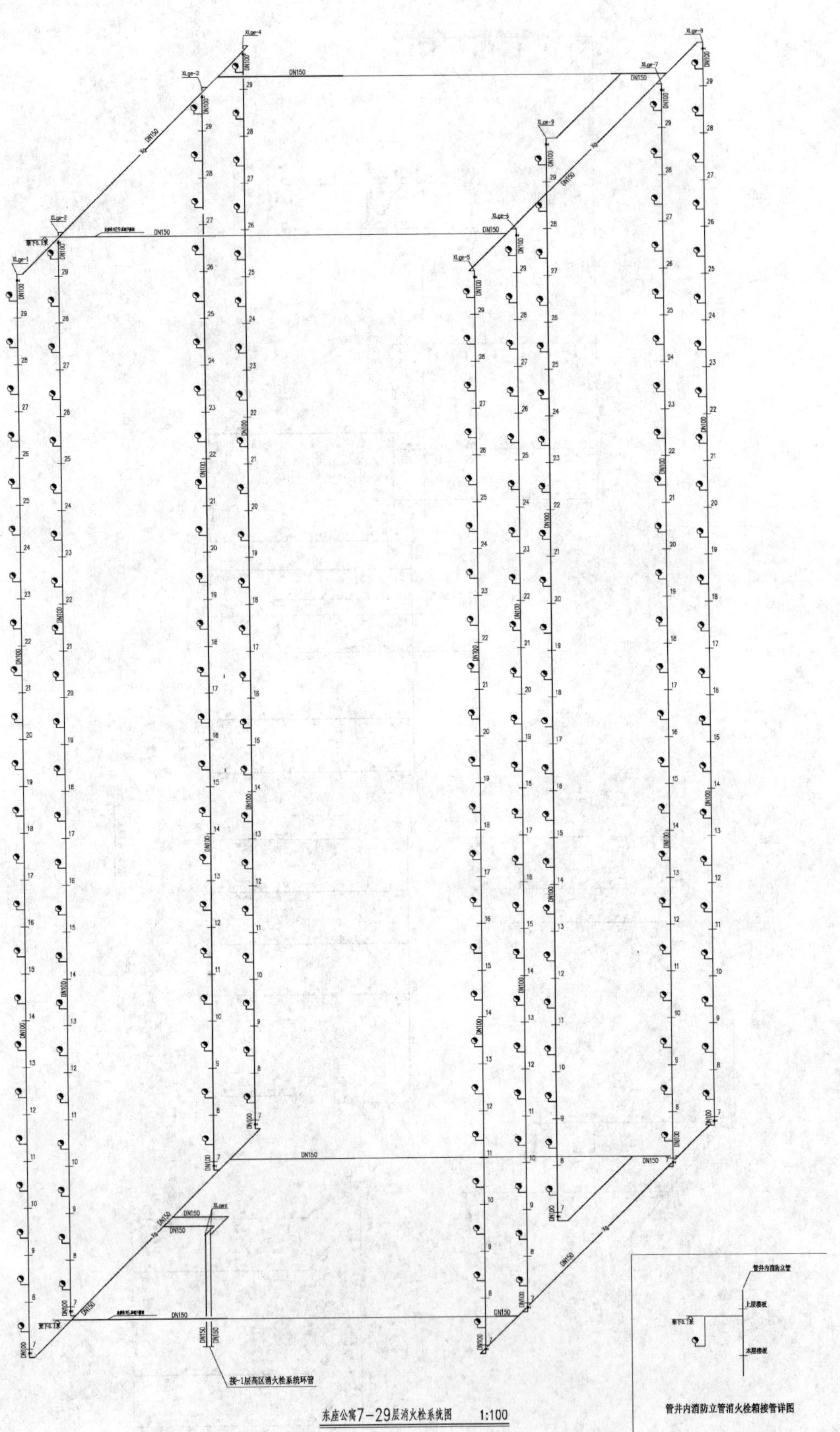

东座公寓7-29层消火栓系统图 1:100

管井内消防立管消火栓箱接管详图

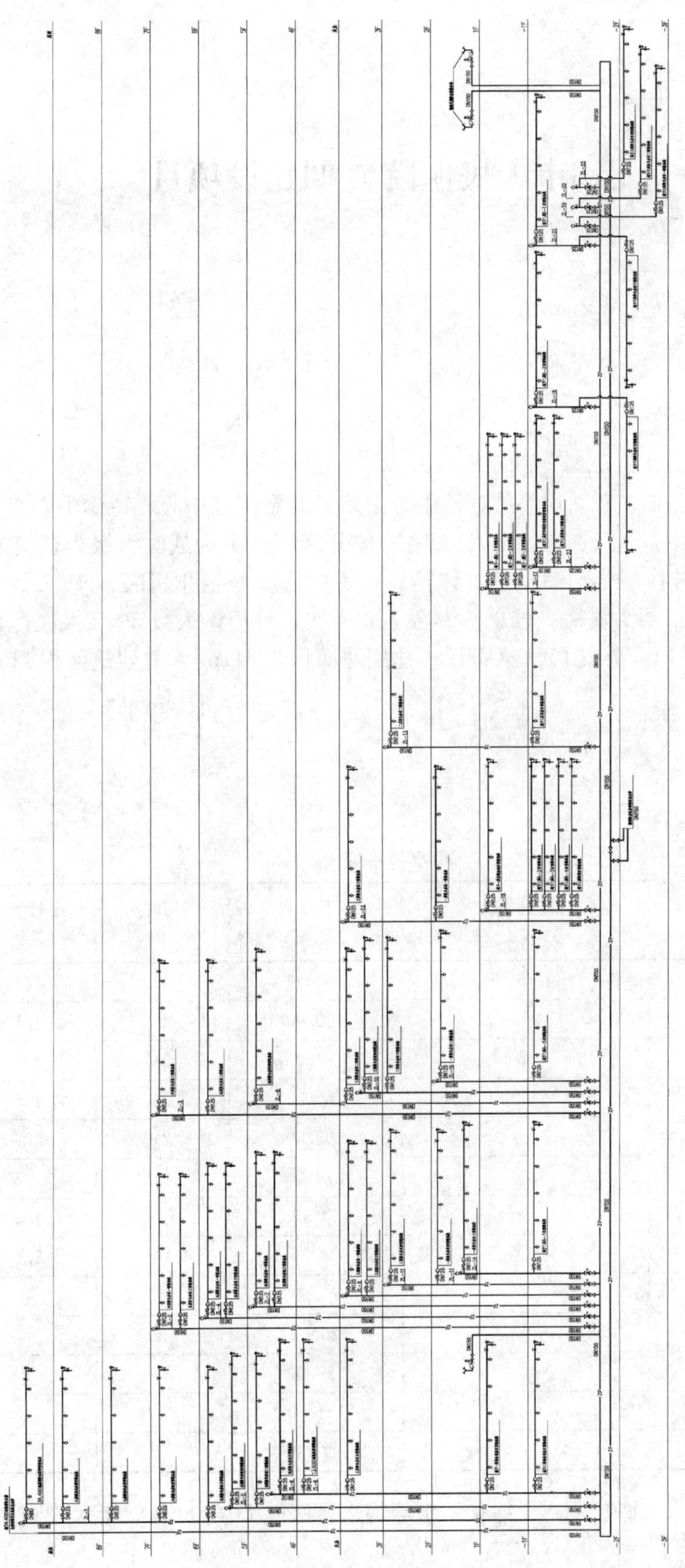

自动喷淋灭火系统干管原理图 1:100

无锡市人民医院二期建设项目

设计单位：上海建筑设计研究院有限公司
设 计 人：徐雪芳　钱锋　周海山　陈丰
获奖情况：公共建筑类　优秀奖

工程概况：

本工程是无锡医疗中心二期工程，由心肺诊治中心医院、儿童医疗中心、特诊中心组成。地下一层、二层为停车库和设备用房，其中，地下二层有四个人防防护分区（三个为战时六级人员掩蔽所，一个战时电站）。裙房一层～设备管道转换层为门急诊部、体检、手术中心、新生儿病区、NICU、儿科PICU、ICU、CCU、特需门诊等，四～十二层为病房。日急诊人数500人次，日门诊人数3000人次，日特需门诊100人次，总设计床位1009床，医护人员按1500人设计。总用地面积37711m^2，总建筑面积119997m^2，最高建筑物的高度为53.5m。

一、给水排水系统

（一）给水系统

1. 冷水用水量（表1）

冷水用水量　　**表1**

序号	用水名称	用水量标准（L/(人·次)或L/(班·次)）	最高日用水量（m^3/d）	使用时间（h）	小时变化系数	最大小时用水量（m^3/h）
1	门诊病员	15	46.50	8	1.2	6.98
2	门诊医务人员	250	100.00	8	1.5	18.75
3	急诊病人	15	7.50	24	1.2	0.38
4	急诊医务人员	250	37.50	24	1.5	2.34
5	病房病人	400	403.60	24	2	33.63
6	病房医务人员	250	219.00	24	1.5	13.69
7	工作人员	150	11.10	8	1.5	2.08
8	商业设施	50	23.50	10	1.5	3.53
9	停车库地面冲洗	2	70.00	4	1	17.50
10	绿化浇灌	2	26.80	2	1	13.40
11	冷却塔补水		320.00	16	1	20.00
12	未预见水量	0.15	141.80			19.70
13	总用水量		1413.00			162.00

2. 水源：本工程生活用水、医疗用水、绿化用水等均来自医院*DN*300环状给水管网。

3. 供水方式与系统划分

（1）由甲方提供市政给水管网的压力为0.2MPa。故绿化浇洒用水、道路浇灌用水和地下室用水采用市政给水管网直接供水。

（2）一层～设备转换层裙房采用一组生活变频供水设备供水。系统设定为压力为0.45MPa。

（3）心肺诊治中心病房采用生活水池一生活水泵一屋顶生活水箱供水，其中十～十二层采用一套生活变频供水设备增压供水，十～十二层供水系统设定压力为0.21MPa。

（4）儿童医疗中心和特诊中心病房采用生活水池一生活水泵一屋顶生活水箱供水，其中儿童医疗中心病房九～十一层，特诊中心病房九～十层采用一套生活变频供水设备增压供水，九～十一层供水系统设定压力为0.21MPa。

（5）冷却塔补水采用冷却塔补水池（与消防水池合用）一冷却塔补水泵一冷却塔补水箱（与消防水箱合用）供水。

（6）手术室根据规范要求两路供水，故本工程一路采用裙房变频设备供水，另一路为心肺诊治中心屋顶水箱供水，并在三层设置可调式减压阀，出口压力为0.25MPa。

（7）根据业主要求，口腔科治疗用的座椅、生化免疫、分子生物室、微生物室各设置小型净化设备一套，水质符合要求后供用水点。

4. 给水系统管材

室内冷水管除心肺诊治中心病房十～十二层和儿童医疗中心特诊中心九～十一层供水系统总管采用公称压力为1.6MPa的铜管及配件外，其余均采用公称压力为1.0MPa的铜管及配件，钎焊焊接，卫生间的冷水支管采用塑覆铜管。

（二）热水系统

1. 生活热水供应范围：病房、诊疗室、医生办公室、护士办公室、手术室、体检等场所。

2. 热水（60℃）用水量（表2）

热水（60℃）用水量 **表2**

序号	用水名称	用水量标准 (L/(人·次)或L/(班·次))	最高日用水量 (m^3/d)	使用时间 (h)	小时变化系数	最大小时用水量 (m^3/h)
1	门诊病员	10	31.00	8	1.2	4.65
2	门诊医务人员	130	52.00	8	1.5	9.75
3	急诊病人	10	5.00	24	1.2	0.25
4	急诊医务人员	130	19.50	24	1.5	1.22
5	裙房病房病人	200	14.60	24	3.78	2.30
6	主楼病房病人	200	187.20	24	1.99	15.52
7	病房医务人员	130	113.90	24	1.5	7.12
8	总用水量		432.20			51.20

3. 热源

（1）热源：来自城市不间断蒸汽热网，经暖通专业减压至0.4MPa以后送至地下一层热交换器机房。

（2）裙房屋面设置的太阳能集中热水供水作为儿童医疗中心与特诊中心病房九～十一层的预加热水。

4. 供水方式

（1）一层～设备转换层裙房采用全日制供应热水，机械循环。

（2）四层以上病房按业主要求采用定时供应热水，机械循环。

（3）热水采用闭式系统，管网敷设形式为每层同程设置供回水管，热水供水温度60℃，冷水计算温度5℃，管网末端热水供水温度不低于50℃。

（4）地下一层热交换器机房设置节能导流型容积式汽一水热交换器、热水循环水泵、密闭式膨胀水罐。

5. 太阳能热水系统，采用强制循环间接加热系统，热管式真空管太阳能集热器布置在儿童医疗中心屋面（集热面积约 170m^2），并设置太阳能设备机房。太阳能集中热水系统设置防过热的措施。

6. 热水系统管材

室内热水管除心肺诊治中心病房十～十二层和儿童医疗中心特诊中心九～十一层供水系统总管采用公称压力为 1.6MPa 的铜管及配件外，其余均采用公称压力为 1.0MPa 的铜管及配件，钎焊焊接，卫生间的热水支管采用塑覆铜管。

（三）污水、废水排水系统

1. 室内生活污废水除接入地下污水集水井以外，均采用污、废水分流制，室外采用污、废水合流制。

2. 污废水最高日排放量约 865m^3/d，最大小时排放量为 102m^3/h。

3. 根据业主要求：一期已建污水处理站一座，二期污水接入一期污水管道，最终排至一期污水处理站，并对原污水处理设施进行扩容改造。

4. 排水系统管材

室内污水、废水采用超静音增强型聚丙烯排水塑料管及配件。备餐室、空调机房、开水间、净化机房、中心供应室、热交换器机房的排水管采用柔性接口排水铸铁管及配件，法兰连接，地漏与管材同材质。

（四）雨水排水设计

1. 屋面及基地雨水经雨水斗或雨水口收集后，有组织地通过管道排入建筑物四周的雨水明沟或雨水管道。

2. 基地雨水设计重现期为一年。基地的雨水排放量为 458L/s。采用两路 *DN*600 的排水管排入一期雨水管道。

二、消防系统

（一）消防水源

一期市政给水管道两路 *DN*300 供水，基地内 *DN*300 已成环布置。二期供水要求由原 *DN*300 环网上接出两路 *DN*300 的管道，并在二期基地内连成环网供水，室内消防用水由 *DN*300 环网上引一条 *DN*150 的给水管，经水表计量以后供室内消防水池。心肺诊治中心屋顶设 18m^3 的消防水箱（与冷却塔补水箱合用，总有效容积为 40m^3，并有保证消防水箱贮水量 18m^3 不被动用的措施）。本工程消防水池设于地下二层，有效容积 350m^3（与冷却塔补水池合用，总有效容积为 450m^3，并有保证消防水池贮水量 350m^3 不被动用的措施）。

（二）消防设施与用水量标准

1. 室外消火栓系统：用水量为 20L/s；

2. 室内消火栓系统：用水量为 30L/s；

3. 自动喷水灭火系统：系统设计水量 35L/s；

4. 一次灭火用水量为 85L/s。

（三）室内消火栓系统

1. 室内消火栓系统采用临时高压消防给水系统。在地下二层消防泵房内设置室内消火栓系统供水泵，供水泵一用一备，从消防水池抽吸。

2. 室内消火栓系统为一个区，供水管网成环布置。消火栓布置在消防电梯前室、明显易于操作的部位，室内消火栓的布置应保证每个防火分区同层有两个消火栓的水枪充实水柱同时到达任何部位，消火栓布置间距不超过 30m，消火栓水枪的充实水柱除净空高度超过 8.0 的场所为 13m 外，其余为 10m。

（四）室外消火栓系统

1. 室外消火栓系统采用低压消防给水系统，*DN*300 供水管环网供水，设置地上式室外消火栓 5 只。

2. 室外消火栓的距离不能超过120m，与消防水泵接合器的距离在15～40m之间。

（五）自动喷水灭火系统

1. 室内喷淋系统采用临时高压消防给水系统。在地下二层消防泵房内设置自动喷水灭火系统供水泵，供水泵一用一备，从消防水池抽吸。在心肺诊治中心楼屋顶消防水箱间内设置喷淋系统的增压泵和稳压罐150L，增压泵一用一备。

2. 喷淋系统用于除手术室、ECT、DR、MRI、CT、X光室、小于5.0m^{2}卫生间和不宜用水扑救的地方以外的所有场所。

（六）水喷雾灭火系统

1. 水喷雾灭火系统用于地下一层柴油发电机房和日用油箱间，设计喷雾强度20L/(min·m^2)，持续喷雾时间1h，喷头的最低工作压力0.35MPa，系统联动反应时间小于等于45s，系统设计流量按30L/s（需根据柴油发电机的实际设计尺寸复核）。

2. 本系统设置*DN*150雨淋阀一套，*DN*80雨淋阀一套，设于地下一层雨淋阀间内。

3. 本系统与喷淋系统合用一套供水泵。

（七）气体灭火系统

1. 设计范围：地下一层变电所、三层弱电总机房。

2. 灭火剂选择：七氟丙烷（FM200）。

3. 灭火方式：各防护区内采用全淹没式。变电所和弱电总机房各设置一套七氟丙烷灭火系统，其中地下室变电所采用组合分配系统，弱电总机房为单元独立系统。

4. 变电所保护区设计浓度为9%，设计灭火剂用量为1292kg。

5. 弱电总机房保护区设计浓度为8%，设计灭火剂用量为460kg。

6. 气体灭火系统应有自动、手动、机械应急操作三种启动方式。

（八）手提式灭火器和手推式灭火器

1. 手提式灭火器一般按严重危险级A类火灾设计，变电所等电气用房按严重危险级E类火灾设计。

2. 在每个消防箱的下部及各机房、电气机房设置手提式磷酸盐干粉灭火器，型号为MFZ/ABC5（贮压式），每个设置点2具，每具3A，5kg。地下室变电所、柴油发电机房、冷冻机房设置推车式灭火器，每处设MFTZ/ABC20两具。

（九）消防系统管材

室内消防管、喷淋管和水喷雾管径小于等于*DN*100采用热镀锌钢管及配件，丝扣连接；管径大于*DN*100采用无缝钢管（内外壁热镀锌）及配件，卡箍连接。室内消防管和卡箍的公称压力采用1.6MPa。

三、设计特点

本工程是一所集门诊、医技、特需门诊及心肺诊治中心医院、儿童医疗中心、特诊中心组成的综合性医院，各工种功能多，给水排水专业系统多，管线多，且我院为设计总承包单位（含装修），各工种间、与专业分包间的配合要求高，设计难度高。本工程的设计特点有：

1. 充分利用市政给水管网的压力，并针对建筑功能的特点，选择不同的给水方式。

2. 冷水分层计量，热水在进热交换器的冷水管上计量。有利于节能，便于科室管理。

3. 热水管网敷设为下行上给式，热水供回水管基本上同程布置，节水节能效果好。

4. 设置空调系统热回收凝结水作为裙房的生活热水预加热水。

5. 设置太阳能集中热水系统作为儿童医疗中心和特诊中心九～十一层的生活热水预加热水。

6. 对有卫生洁净和安全要求的场所采用同层排水。防污染措施有保障。

7. 设备机房靠近热源，布置紧凑，管线设计合理。符合在有限的高度内安装操作检修的要求。

8. 裙房屋面面积较大，考虑控制吊顶标高等因素，本工程裙房屋面采用压力流雨水系统。

四、工程照片及附图

无锡人民医院二期建设项目外景

消防泵房

生活泵房

湿式报警阀组

分诊中心中庭进厅

候诊大厅一角

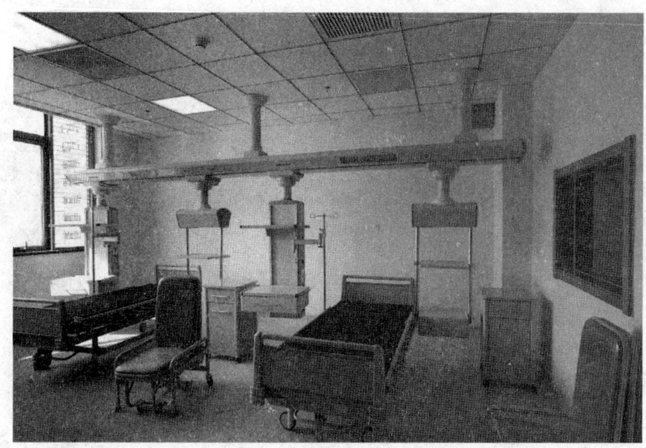

病房

常州奔牛机场民航站区改扩建航站楼工程

设计单位：江苏筑森建筑设计有限公司
设 计 人：王建军
获奖情况：公共建筑类　优秀奖

工程概况：

常州奔牛机场位于常州西北奔牛镇，机场北邻沪宁高速公路及长江，西靠沪宁铁路和京杭大运河。

常州机场航站区位于整个机场的中间部位，由航站楼及地下停车库组成，地上两层，地下一层。航站楼建筑面积为38160m^2，建筑高度23.8m，地下停车库建筑面积为15531m^2。航站楼为前列式构型，内部流程为二层式，出发层主要分为国际国内出发、国际国内候机四个功能区，航站楼底层主要布置有迎客大厅、行李提取大厅、行李处理用房、远机位旅客候机厅、贵宾旅客候机厅等。在航站楼陆侧区域设地下停车库，通过地下通道与航站楼相连。

航站楼屋顶除局部为钢筋混凝土平屋顶外，均为弧形钢结构屋面，结合屋面造型，屋面设有太阳能热水集热板及太阳能光伏相关设备。

一、给水排水系统

（一）给水系统

1. 冷水用水量（表1）

冷水用水量　　表1

部位	用水量标准	使用数量	时变化系数 K	使用时间 (h)	最大日用水量 (m^3/d)	最大时用水量 (m^3/h)
旅客用水	6L/人	10480	1.5	16	62.9	5.9
工作人员用水	40L/(人·班)	400	1.5	16	16	1.5
小型餐饮	60L/(人·次)	400	1.5	16	24	2.3
绿化洒浇用水	2L/(m^2·次)	30000	1.5	8	60	11.3
未预见水量	以10%计				16.3	2.1
合计					179	23.1

2. 水源：市政自来水。

3. 系统竖向分区：竖向分为一个供水区。

4. 供水方式及给水加压设备：市政直供。

5. 管材：室外埋地管采用给水球墨铸铁管，橡胶圈密封承插接口，室内采用薄壁不锈钢管，卡压式连接。

（二）热水系统

1. 热水用水量：旅客卫生间、母婴室等考虑设置热水供应，普通旅客卫生间生活热水采用太阳热水系统，设电辅助加热。两侧指廊国际区及贵宾区卫生间生活热水分别采用局部集中式电加热热水系统。各组系统按负担的热水使用洁具数确定热水用量。热水系统设计用水量 10.3m³/d（60℃）。

2. 热源：两侧指廊国际区及贵宾区卫生间生活热水分别采用商用电加热承压容积式热水炉加热，普通旅客卫生间生活热水采用太阳热水系统，设辅助电加热。

3. 系统竖向分区：竖向分为一个供水区。

4. 太阳能系统设集热、贮热水箱，水箱热水出水采用变频恒压设备供水，回水管设电磁温控阀控制系统循环，系统冷水引入管上设有压力调节阀，保证用水点热水温度及冷热水水压平衡。

5. 管材：采用薄壁不锈钢管，卡压式连接，采用橡塑材料保温。

（三）雨水回用系统

航站楼屋面雨水排水采用虹吸排水，屋面雨水经收集处理后作为人工湖补充水源及绿化浇洒水源，年可回收雨水量 15203m³。在地下车库设水处理机房，平时通过相关设备对人工湖贮水进行日常处理维护。绿地浇洒采用自动喷灌。人工湖补充水、绿地浇洒用水年节水量 11777m³。

1. 雨水收集回用工艺流程（图 1）：由于雨水收集区域为屋面，该区域雨水水质较好，可经过弃流井弃流后直接进入人工湖。

2. 景观水体的水质维护处理工艺流程

景观水体的水质维护处理系统，其核心工艺为“生物接触氧化（微生物转化、降解）+膜滤分离”。

处理流程如图 2 所示。

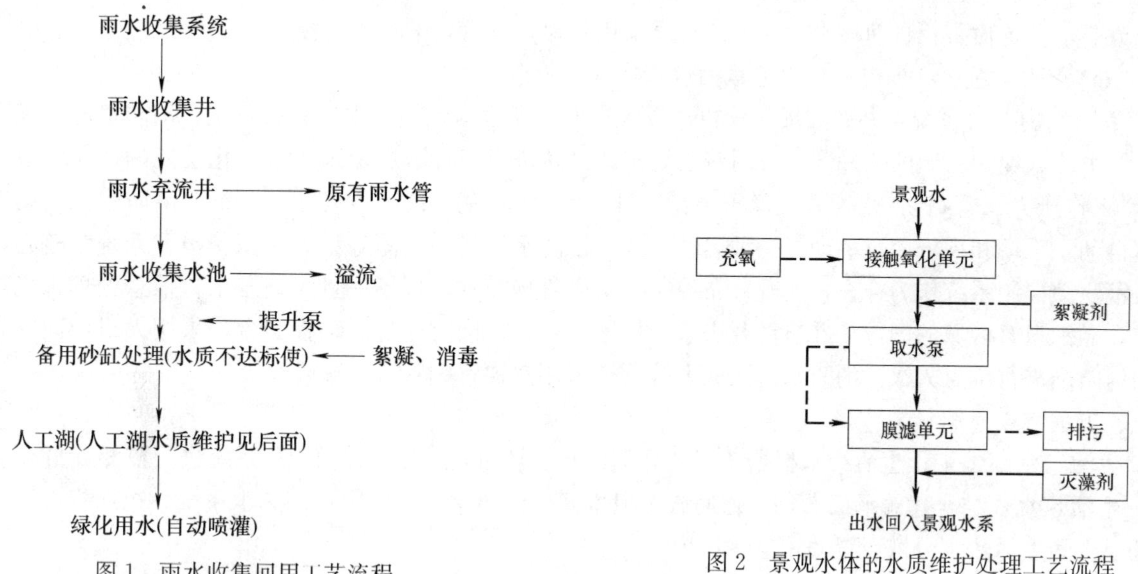

图 1 雨水收集回用工艺流程

图 2 景观水体的水质维护处理工艺流程

（四）污、废水排水系统

1. 污、废合流。设计排水量 102m³/d。

2. 室内设伸顶通气管及环形通气管。

3. 采用的局部污水处理设施：餐饮含油污水经隔油处理后与其他污废水汇合排至机场污水处理站处理。

4. 管材：室内排水管采用柔性接口排水铸铁管，室外排水采用 HDPE 双臂波纹管。

二、消防系统

设室内外消火栓系统、自动喷水灭火系统、消防水炮灭火系统及气体灭火系统。消防水池、水泵房设在地下车库，高位消防水箱设在机场综合办公楼屋顶。

消防水量见表 2。

消防水量 表 2

消防设施名称	设计流量(L/s)	火灾延续时间(h)	设计一次灭火用水量(m^3)
(1)室外消火栓系统	30	2	216
(2)室内消火栓系统	23	2	166
(3)自动喷水灭火系统	35	1	126
(4)消防水炮灭火系统	40	1	144
合计用水量			650

注:其中室内消防设施同时作用最大合计=(2)+(3)+(4)=436m^3

1. 消火栓系统：室外消火栓由室外市政环网供水。室内消火栓系统：采用临时高压系统。室内消火栓的布置保证同层任何部位均有相临两股充实水柱到达。充实水柱不小于 13m。消防立管连成环状。消火栓采用 SN65 型，QZ19 直流水枪，并设消防卷盘及消防泵启动按钮。栓口压力大于 0.5MPa 的消火栓采用减压稳压消火栓。消防水泵设于地下消防泵房，共两台，一用一备。室内消火栓管道采用热镀锌钢管，卡箍或丝接。室外消火栓管道采用球磨铸铁管，T 型胶圈承插连接。

2. 自动喷水灭火系统：采用湿式喷淋系统，设 8 套湿式水力报警阀。喷淋泵、报警阀设于地下消防泵房，共两台，一用一备；并设消防稳压装置一套；设水泵接合器 4 套。喷头设置：除不宜用水扑救的场所均按照规范要求设置喷头。自动喷水灭火系统管道采用热镀锌钢管，卡箍或丝接。

3. 气体灭火系统：在弱电机房设七氟丙烷气体灭火系统。

4. 消防水炮灭火系统：办票大厅、候机厅等大空间场所设自动消防水炮灭火系统，消防水炮系统采用独立稳高压系统。保护区域的任一部位按两台水炮同时到达进行设计。水炮采用带雾化功能的产品，单台流量 20L/s，工作压力 0.8MPa。水炮系统稳压泵：流量 q=5L/s，稳压罐有效容积 0.6m^3。消防水炮启动方式有控制室自动、手动和现场应急手动等三种启动方式。消防水炮控制以图像型火灾探测报警系统为核心，常规火灾报警联动控制系统作为补充，实现分布控制一集中管理模式。现场一旦火灾发生，信息处理主机发出报警信号，显示报警区域的图像，并自动开启录像机进行记录；同时通过联动控制台，采用人机协同的方式启动自动消防炮进行定点灭火。消防水炮灭火系统管道采用热镀锌钢管，卡箍或丝接。

三、工程特点介绍

1. 生活给水：本工程生活给水根据功能区分别设水表计量，并接入建筑 BA 系统进行监测计量。

2. 生活热水：结合建筑平面布局，普通旅客卫生间生活热水采用集中太阳热水系统，东西指廊国际区及贵宾区卫生间生活热水分散设置商用电热水炉。

3. 大空间场所自动消防设施：办票大厅、候机厅等大空间场所设自动消防水炮灭火系统，水炮采用带雾化功能的产品，水炮系统采用独立稳高压系统。

4. 室内“设备岛”的设置：航站楼办票大厅为大开间布局，结构柱为圆形，为机电专业消火栓、水炮、风管、送风口的布置带来困难，设计中采用了“设备岛”设计：根据机电设施服务距离要求，结合室内装潢及标识导视设计，在楼面适当位置集中布置消火栓、水炮、风管、送风口，形成“设备岛”，既满足了相关机电设施的布置要求，又使之与室内空间相协调。

5. 雨水回收利用：航站楼屋面雨水经收集处理后作为人工湖补充水源及绿化浇洒水源，年可回收雨水量 15203m^3。在地下车库设水处理机房，平时通过相关设备对人工湖贮水进行日常处理维护。绿地浇洒采用自动喷灌。人工湖、绿地浇洒用水年节水量 11777m^3。

四、工程照片及附图

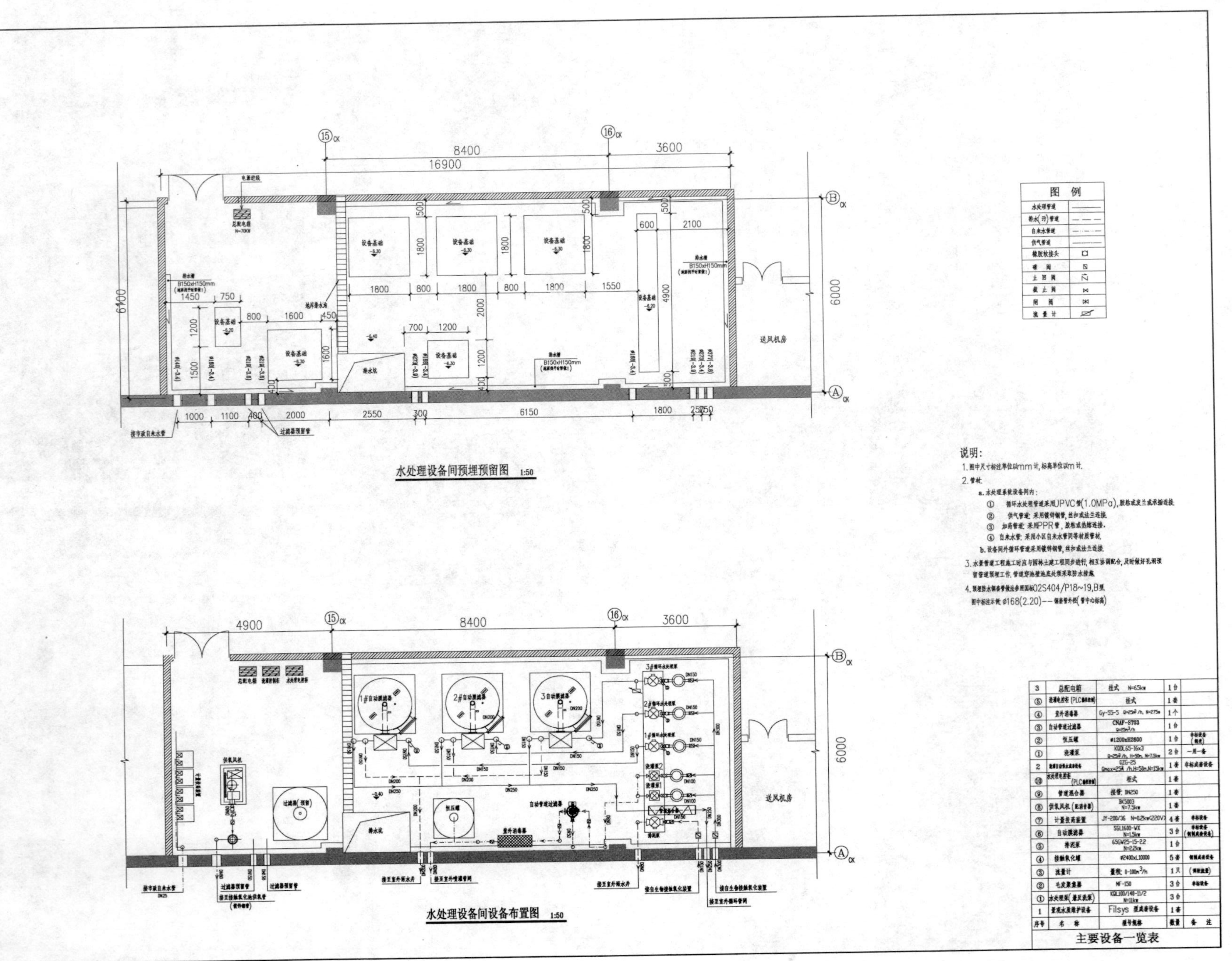

说明:

1. 图中尺寸标注单位以mm计,标高单位以m计.
2. 管材.
   a. 水处理系统设备间内:
      ① 循环水处理管道采用UPVC管(1.0MPa),胶粘或发兰或承插连接.
      ② 供气管道:采用镀锌钢管,丝扣或法兰连接.
      ③ 加药管道:采用PPR管,胶粘或热熔连接.
      ④ 自来水管:采用小区自来水管同等材质管材.
   b. 设备间外循环管道采用镀锌钢管,丝扣或法兰连接.
3. 水景管道工程施工时应与园林土建工程同步进行,相互协调配合,及时做好孔洞预留管道预埋工作.管道穿池壁池底处须采取防水措施.
4. 预埋防水钢套管做法参照国标02S404/P18~19,B型.
   图中标注示例 ø168(2.20)——钢套管外径(管中心标高)

3	总配电箱	挂式 N=65kw	1台	
⑤	浇灌电控柜(PLC[illegible])	挂式	1套	
④	紫外消毒器	Gy-55-5 Q=25m³/h, N=275w	1个	
③	自动管道过滤器	CNAF-ST03 Q=25m³/h	1台	
②	恒压罐	ø1200xH2600	1台	非标设备([illegible])
①	浇灌泵	KQDL65-16x3 Q=25m³/h, H=50m, N=7.5kw	2台	一用一备
2	[illegible]	QZG-25 Qmax=25m³/h,H=50m,N=15kw	1套	非标成套设备
⑩	水处理电控柜(PLC[illegible])	柜式	1套	
⑨	管道混合器	接管:DN250	1套	
⑧	供氧风机([illegible])	BK5003 N=7.5kw	1套	
⑦	计量投药装置	JY-200/36 N=0.2kw(220V)	4套	非标设备
⑥	自动膜滤器	SGL1600-WX N=1.5kw	3台	非标设备([illegible])
⑤	排泥泵	65GW25-15-2.2 N=2.2kw	1台	
④	接触氧化罐	ø2400xL10000	5套	[illegible]
③	流量计	量程:0-100m³/h	1只	([illegible])
②	毛发聚集器	MF-150	3台	非标设备
①	水处理泵([illegible])	KQL100/140-11/2 N=11kw	3台	
1	景观水质维护设备	Filsys 型成套设备	1套	
序号	名称	型号规格	数量	备注

主要设备一览表

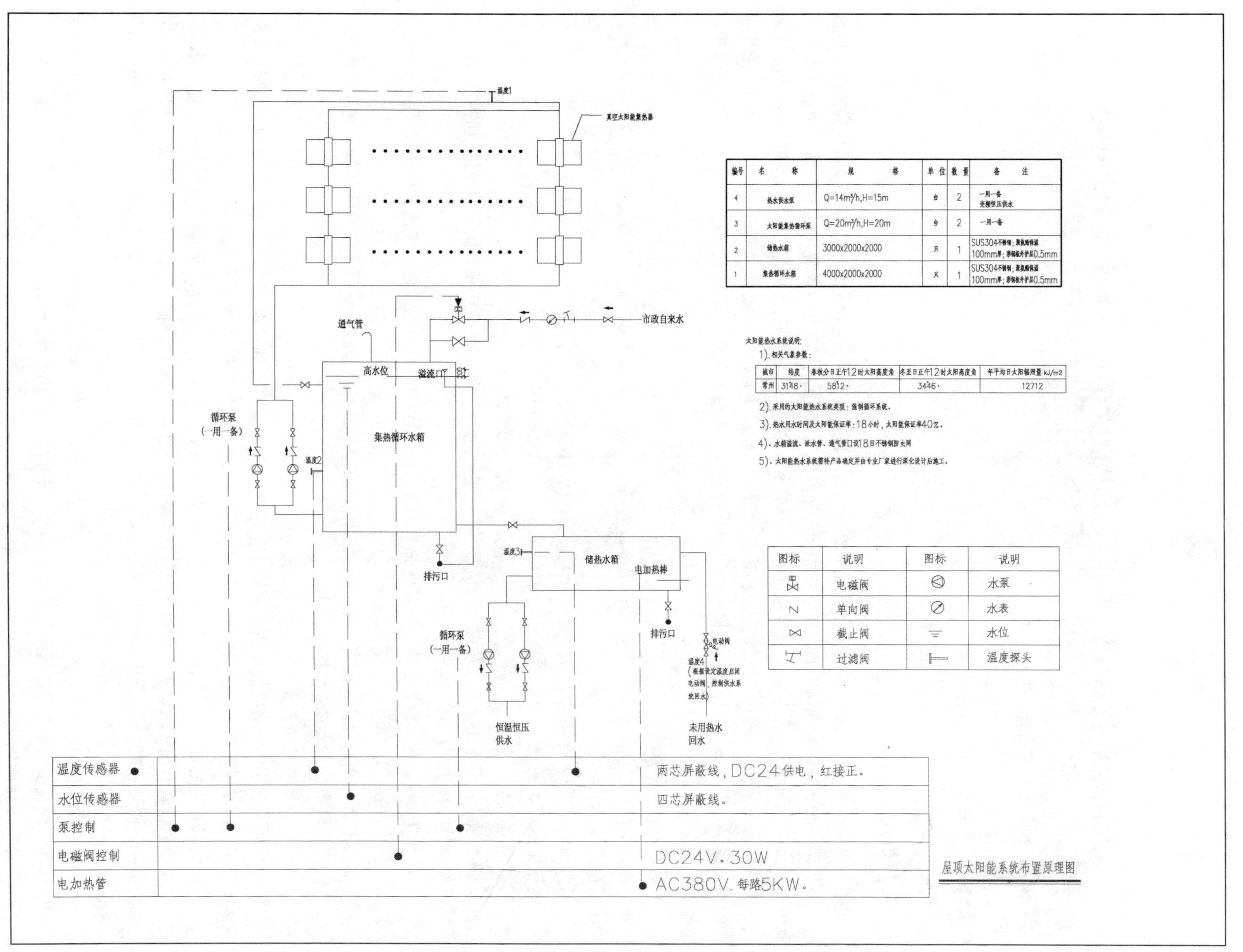

编号	名称	规格	单位	数量	备注
4	热水供水泵	Q=14m³/h,H=15m	台	2	一用一备 变频恒压供水
3	太阳能集热循环泵	Q=20m³/h,H=20m	台	2	一用一备
2	储热水箱	3000x2000x2000	只	1	SUS304不锈钢；聚氨酯保温100mm厚；彩钢板外护层0.5mm
1	集热循环水箱	4000x2000x2000	只	1	SUS304不锈钢；聚氨酯保温100mm厚；彩钢板外护层0.5mm

太阳能热水系统说明:

1).相关气象参数:

城市	纬度	春秋分日正午12时太阳高度角	冬至日正午12时太阳高度角	年平均日太阳辐照量 kJ/m2
常州	31°48′	58°12′	34°46′	12712

2).采用的太阳能热水系统类型：强制循环系统。

3).热水用水时间及太阳能保证率：18小时，太阳能保证率40%。

4).水箱溢流、泄水管、通气管口设18目不锈钢防虫网

5).太阳能热水系统需待产品确定并由专业厂家进行深化设计后施工。

图标	说明	图标	说明
	电磁阀		水泵
Z	单向阀		水表
⋈	截止阀		水位
	过滤阀		温度探头

屋顶太阳能系统布置原理图

湖州职业技术学院湖州广播电视大学——大学生活动中心

设计单位： 浙江天和建筑设计有限公司
设 计 人： 陈佳 张尚义
获奖情况： 公共建筑类 优秀奖

工程概况：

湖州职业技术学院大学生活动中心选址于校园核心景区西北角，用地西面为已建成的学生宿舍区，西南角为陶艺馆，北面隔河与规划中的学生食堂相望，东南向直接面临校园中心景观坡地及水系。用地呈东窄西宽的梯形，面积约 4000m^2 左右。总建筑面积约 5100m^2，高三层，局部设夹层。一层功能布局：土工实验室、测量实验室、建筑装饰工程实验室、多功能厅等；二层功能布局：工程软件实训室、项目管理、招投标实验室、建筑制图室等；三层功能布局：太阳能实验室、艺术设计工作室、动画制作工作室、手工制作实验室等；夹层功能布局：画室等。

一、给水排水系统

本工程最高日生活用水量：30m^3/d；最高日生活排水量：25.5m^3/d；室内消防用水量：15L/s；室外消防用水量：20L/s

屋面雨水重现期 P=5 年，降雨强度 q=4.51L/(s・100m^2)

场地雨水重现期 P=2 年，降雨强度 q=3.32L/(s・100m^2)

1. 给水系统：给水由市政管网直接供水，充分利用市政水压。

2. 热水系统：热水主要利用屋面太阳能板加热，以气源热泵作为辅助热源。由于建筑性质的特殊性，本系统仅作为教师教学演示用，供学生学习。

3. 室内消火栓系统：校区已建成完整的临时高压室内消火栓系统，本工程室内消火栓系统环状布置，并设两路水管接入校区已有消防给水系统。

4. 排水系统：雨污分流，污水经化粪池处理后，排至室外污水检查井。雨水经收集后排入室外雨水井。

二、设计特点、技术经济指标、优缺点

1. 大学生活动中心供热系统

(1) 屋面设置集中的太阳能集热器，作为生活热水和地板采暖的热源，并以空气源热泵作为辅助热源。生活用热水的出水温度和地暖的板换进水温度相近（均设定为 60℃），故可利用同一系统。

(2) 热水系统配置两个小水箱，保证太阳能的充分利用。太阳能用来提高水箱 1 中的基础水温，水箱 1 和水箱 2 串联设置，当进入水箱 2 的热水温度不满足设定温度时，空气源热泵启动，将水箱 2 中的水温加热至设定温度。而且分成 2 个水箱贮水，仅保证水箱 2 中的热水水温大于 55℃，使辅助加热的容积减小，减少了热损失及热水和采暖用能低谷时不必要的浪费。

(3) 热水系统为同程布置，并利用温控系统保证系统温度的恒定，保证使用的舒适和安全，且冷热水系统均由市政管网直接供水，这样既保证了系统的冷热水同源，使用起来舒适、安全，也有利于节能。

2. 太阳能系统的优缺点

优点：

（1）采用集中集热、集中贮热的太阳能系统，供水的温度和保证率高。

（2）集热器和贮热容积的共享，可以使同一单元的热水使用峰值下降，均衡度提高。

（3）充分利用太阳能系统和空气源热泵等可再生能源系统，有利于节能。

（4）热水系统通过同程供水，冷热水同源，及保证恒温出水等方式，给使用者营造了绿色，安全，舒适的热水系统。

缺点：

（1）由于采用集中贮热，水箱容积较大，启动辅助加热时耗电相对较高。

（2）采用集中集热、集中贮热的太阳能系统初投资较高。系统控制较多，对日后系统维护带来不利因数。

三、工程照片

厦门加州城市广场给排水设计

设计单位：厦门合道工程设计集团有限公司
设 计 人：李益勤　邓妮　辜延艳　陈超南　曹杨
获奖情况：公共建筑类　优秀奖

工程概况：

加州城市广场位于厦门市本岛东部，南临莲前东路，北靠洪文小学用地，西侧为城市变电站用地，东侧为生活区用地，已建成集商业、娱乐与SOHO办公于一体的大型综合性商业中心。

平面采用集中式布置方式，围绕中央共享中庭布置各种经营形式的商业用房。既节约能源，又缩短顾客购物流线。

地下二层布置大型超市和部分商业用房与设备机房，规则的9m×9m的柱网，经济合理，又便于陈列柜的布置。地下一层布置商业用房与半地下停车场，室内标高较东侧道路略高，车辆与人员可由东侧方便出入。一层至四层设大量商业用房，包含数码广场、书店、美食城、真冰溜冰场、百货等各种形式用房。中央设置宽敞的集中式商业街和共享中庭，共享范围包含地下层超市至地面四层，四周设有多部自动扶梯与电梯方便上下，各楼层相互错开的共享中庭与不规则布置的自动扶梯带来富于变化的动线，创造活跃的商业氛围和营造多元文化的丰富空间。五至十七层设有SOHO式办公用房，便于多功能使用。客户服务中心（副楼）四层入口位于东侧，方便服务于东侧的商业中心主体。

本工程属一类高层综合楼，由莲前东路及市政规划路的市政给水管各引入一根*DN*200的给水管在建筑物四周形成环网，作为本工程生活及消防水源。为充分利用市政水压，地下二层至地上二层用水由市政水压直接供水。三层至十七层用水由设在地下二层泵房的变频泵采用下行上给方式供水，并保证各配水点水压均在0.05～0.45MPa之间。

排水采用雨、污分流。污水收集后经化粪池处理排入城市污水管网。雨水经雨水斗、室外雨水口收集，经管道及检查井排至城市雨水管网。

本项目消防按一类高层综合楼进行设计，设置的消防给水系统的类型包括：室外消火栓给水系统——沿建筑周围设置；室内消火栓给水系统——保证每层任何部位均有两股水柱同时到达；室内自动喷淋给水系统——每层均按相应的危险等级设置，其中扶梯中庭上空采用雨淋系统保护；水喷雾消防给水系统——柴油发电机房和贮油间采用立体保护方式设置。

一、给水排水系统

1. 给水系统

本工程属一类高层综合楼，由莲前东路及市政规划路的市政给水管各引入一根*DN*200的给水管在建筑物四周形成环网，作为本工程生活及消防水源。本工程最高日生活用水量为690m^3/d。为充分利用市政水压，地下二层至地上二层生活用水由市政水压直接供水。三至十七层生活用水由设在地下二层泵房的变频泵采用下行上给方式供水，商场和SOHO办公分开设置生活水箱（裙房及办公生活水箱各30m^3）及加压变频泵组，并保证各配水点水压均在0.05～0.45MPa之间。本工程给水共分四个区：地下二层至地上二层由市政管网直接供水；三至四层由地下二层的一套低区恒压泵供水；五至十二层由地下二层的一套中区恒压泵供水；十三层及以上由地下二层的一套高区恒压泵供水。空调补水单独设一套恒压泵供水。本工程给水支管采用PP-B给水塑料管及管件，热熔连接（此管应在厂家指导下安装），水泵出水管采用钢塑管，丝扣连接。人防内给水管采用不锈钢管，卡压式连接。用水量计算详见表1。

生活用水量 **表1**

单位名称	用水量标准	用水单位数	小时变化系数	使用时间(h)
公寓	300L/d	288人	2.5	24
美食广场	20L/(人·次)	2000人次	1.5	12
商业	4L/(m^2·d)	30000人	1.5	12
对外娱乐	5L/(人·次)	2000人	1.5	12
空调补水	30m^3/h			12
绿化	1.5L/(m^2·次)	3000m^2		1次/d
未预见用水	总量10%			
最高日用水量	690m^3/d			
最大时用水量	70.5m^3/h			

2. 排水系统

本工程污水排水量为300m^3/d，排水采用雨、污分流，污水经化粪池处理后排入城市污水管网。雨水排水量为870L/s，雨水经雨水斗、室外雨水口、检查井排至城市雨水管网。为保证排水通畅，本工程SOHO污水采用专用通气管系统，商场污水排水采用单立管伸顶通气系统。

本工程室内生活污水排水立管采用螺旋消声压力排水管（以减小排水噪声），其支管及室内雨水管采用PVC-U压力排水管，承插粘接；通气管采用普通PVC-U排水管，承插粘接；地下室人防部分的埋地排水管及潜水泵出水管均应采用镀锌钢管，丝扣连接。

二、消防系统

1. 消火栓系统

本工程室外消火栓用水量为30L/s，火灾延续时间为3h；室内消火栓用水量为40L/s，火灾延续时间为3h。

室内消火栓系统布置成环状，每层消火栓布置均能满足火灾时任何部位有两股充实水柱到达。系统由地下泵房内的两台消火栓泵（Q=40L/s，H=120m，一备一用）供水，地下室消防水池容积为800m^3，屋顶设置一贮水18m^3的消防水箱，且保证最不利点消火栓的静水压力要求，屋面设有一个试验用的消火栓。栓口压力大于0.50MPa的消火栓均在其栓口处设有减压孔板。室外设有三组室内消火栓系统的水泵接合器。消火栓给水管均采用内外壁热镀锌钢管，管径小于DN100的管道，采用丝扣连接；管径大于等于DN100的管道，采用沟槽式（卡箍）管接头及配件连接。

室外消火栓接自小区生活给水环状管（两路进水），市政供水最低压力为0.21MPa，测试点黄海高程为

28.00m。室外设置7套室外消火栓。

2. 自动喷水灭火系统

本工程自动喷淋用水量为100L/s，火灾延续时间为1h；地下二层的仓库火灾危险等级为仓库危险级Ⅱ级，其余为中危险级Ⅱ级。喷头工作压力均大于0.10MPa，仓库为0.157MPa。本工程在地下室等无吊顶部分采用标准直立型喷头（型号为ZSTZ）朝上安装；其余有吊顶部分均采用标准下垂型喷头（型号为ZSTX）朝下安装，当净空高度大于800mm的闷顶和技术夹层内有可燃物时应加设标准直立型喷头（型号为ZSTZ）朝上安装。朝上安装的喷头溅水盘与顶板距离为100mm；向下安装的喷头应与吊顶平齐，并配装饰圈。其中裙房及地下室采用快速响应喷头，雨淋系统采用开式喷头（型号ZSTKX），其中，仓库喷头$K=115$，其他地方喷头$K=80$。

系统由地下泵房内的两台喷淋泵（$Q=50$L/s，$H=120$m，两用一备）供水，地下室消防水池容积为800m^3，屋顶设置一贮水18m^{3}的消防水箱，保证最不利点喷头压力要求。地下室泵房内设置6组湿式报警阀，地下二层南侧报警阀间设置5组湿式报警阀及4组雨淋阀，其中雨淋阀供中庭雨淋。室外设置7组水泵接合器。喷淋给水管均采用内外壁热镀锌钢管，管径小于DN100的管道，采用丝扣连接；管径大于等于DN100的管道，采用沟槽式（卡箍）管接头及配件连接。

3. 水喷雾灭火系统

本工程水喷雾消防用水量为30L/s；火灾延续时间为0.5h；柴油发电机房及小型贮油间采用水喷雾灭火系统保护。喷雾强度20L/(m^2·min)，系统响应时间小于等于45s，持续喷雾时间0.5h。系统由地下泵房内的两台喷淋泵（$Q=15$L/s，$H=60$m，一备一用）供水，水雾喷头的工作压力均大于等于0.35MPa。地下室消防水池容积为800m^3。水喷雾喷头采用高速离心雾化型喷头，喷头安装完毕应进行喷空试验，发现薄弱点时应做必要的调整。

三、工程特点

1. 本工程生活用水充分利用市政水压供水，二层及其以下由市政供水，三层及其以上楼层采用变频水供水，这样减少屋顶水箱的二次污染，确保供水水质的卫生要求，同时可以很好地达到节能的要求；地下室生活水箱根据用水功能独立设置，并与结构主体脱离，采用不锈钢材质，并合理选用水箱内水的循环时间，在水泵吸水管上设水箱水处理仪，在水箱内合理设置导流板使水的流动更充分，避免产生死水区，进一步提高供水水质，全面避免生活用水的污染。

2. 本工程四层扶梯中庭采用雨淋系统，根据中庭顶棚的钢结构布置，喷头及喷淋管布置于桁架内，其布置不影响顶棚采光，而且整个顶棚看上去美观大方。做到喷头及雨淋管与钢结构完美结合，满足整个商业的美观效果，得到建设单位的高度认可。

3. 本工程消火栓箱位置与商场整体布局协调统一，力求跟装修整体风格协调一致，商场看上去简洁通透舒适；既保证消防安全的要求，严格按规范布置，同时又能满足商场的使用及观感要求。

4. 本项目还在其他精细化设计上面采取了很多措施。首先，在系统选择方面经多方案比选，力求满足规范及建设单位的多样化要求；系统简洁，达到节能节水要求。其次，在立管位置的设置上与建筑结构多方配合，保证功能要求，同时又满足商场使用功能及美观要求。在施工配合上能及时到位，积极配合，保证了最终的效果。

本工程在其他方面也采取了一些措施来保证系统功能及使用要求，如：①本工程采用雨、污分流体制，生活污水先经化粪池处理后排入市政污水管；②本工程生活用水设备均选用节水型生活用水器具；③室内生活污水管采用螺旋消声压力排水管，以减小排水噪声。

四、工程照片及附图

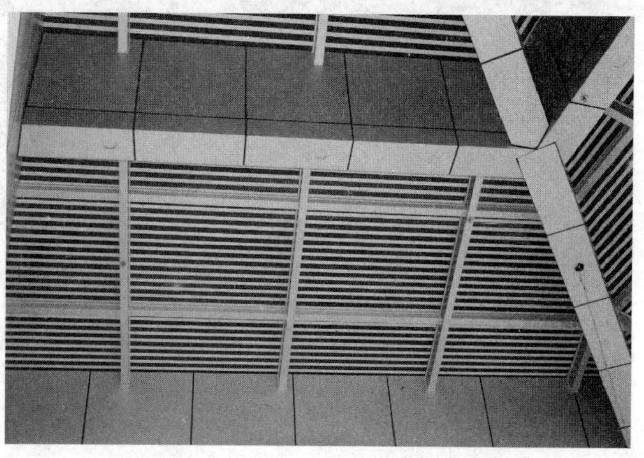

FIRE HOSE
消防箱
请勿久留
卷帘门下

请勿久留
卷帘门下

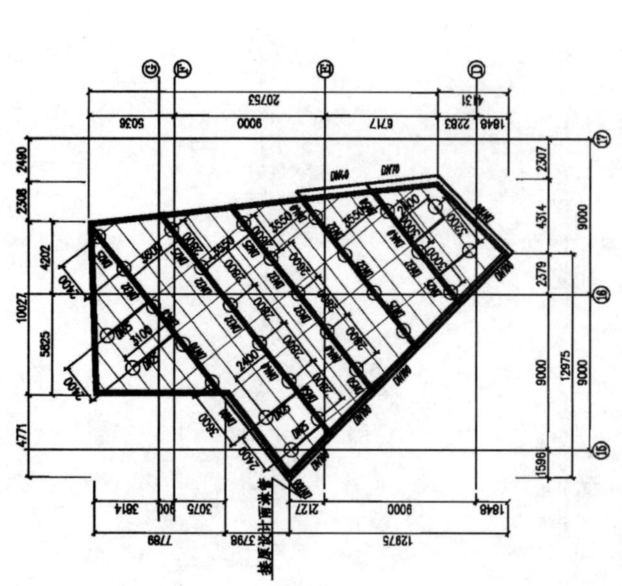

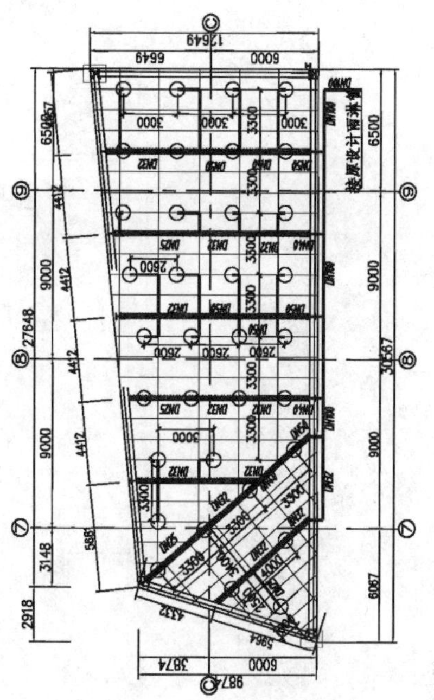

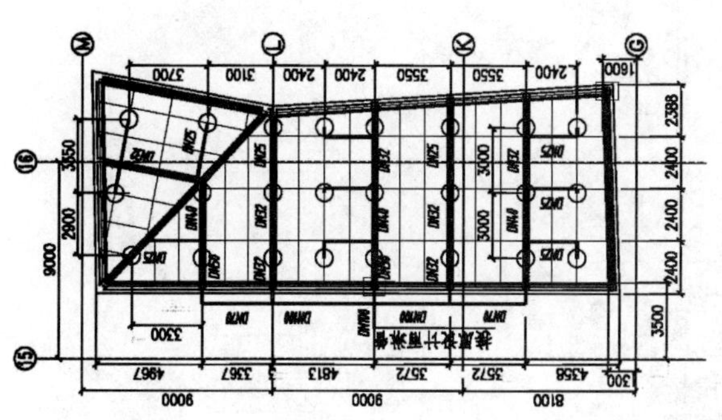

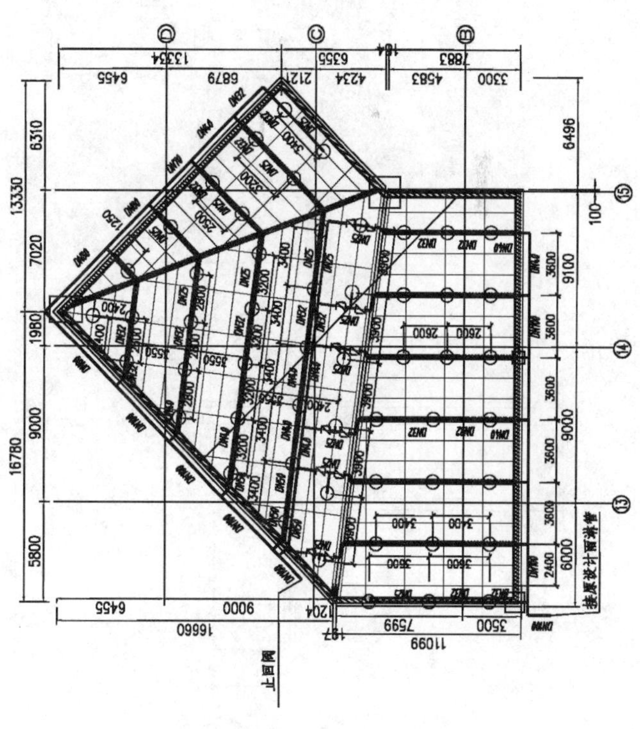

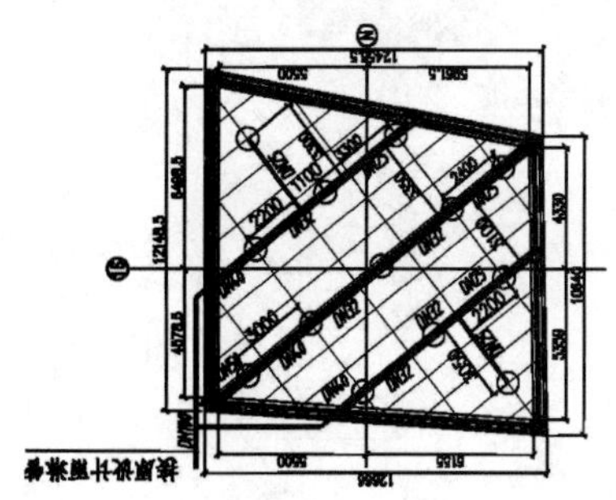

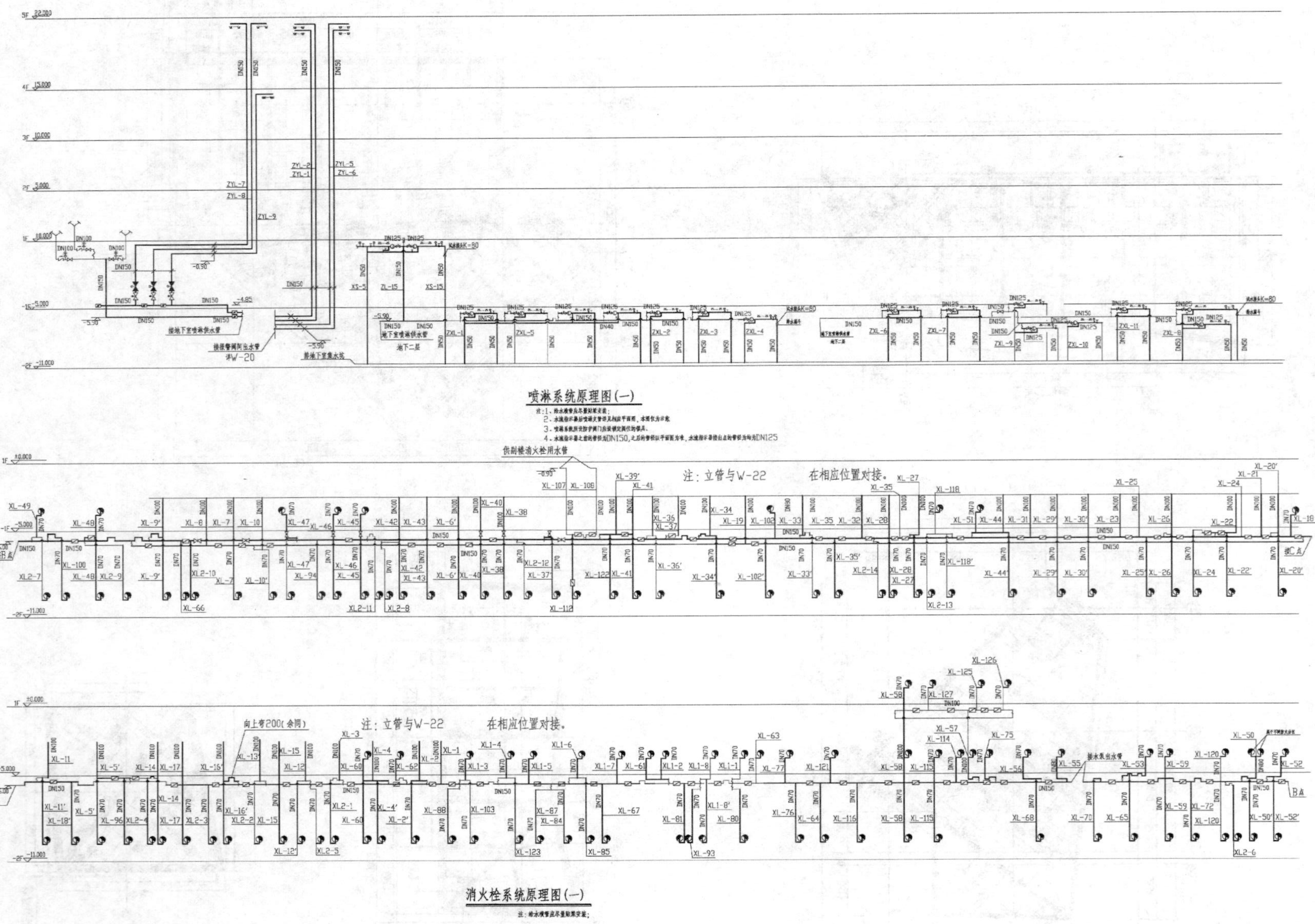

喷淋系统原理图(一)

消火栓系统原理图(一)

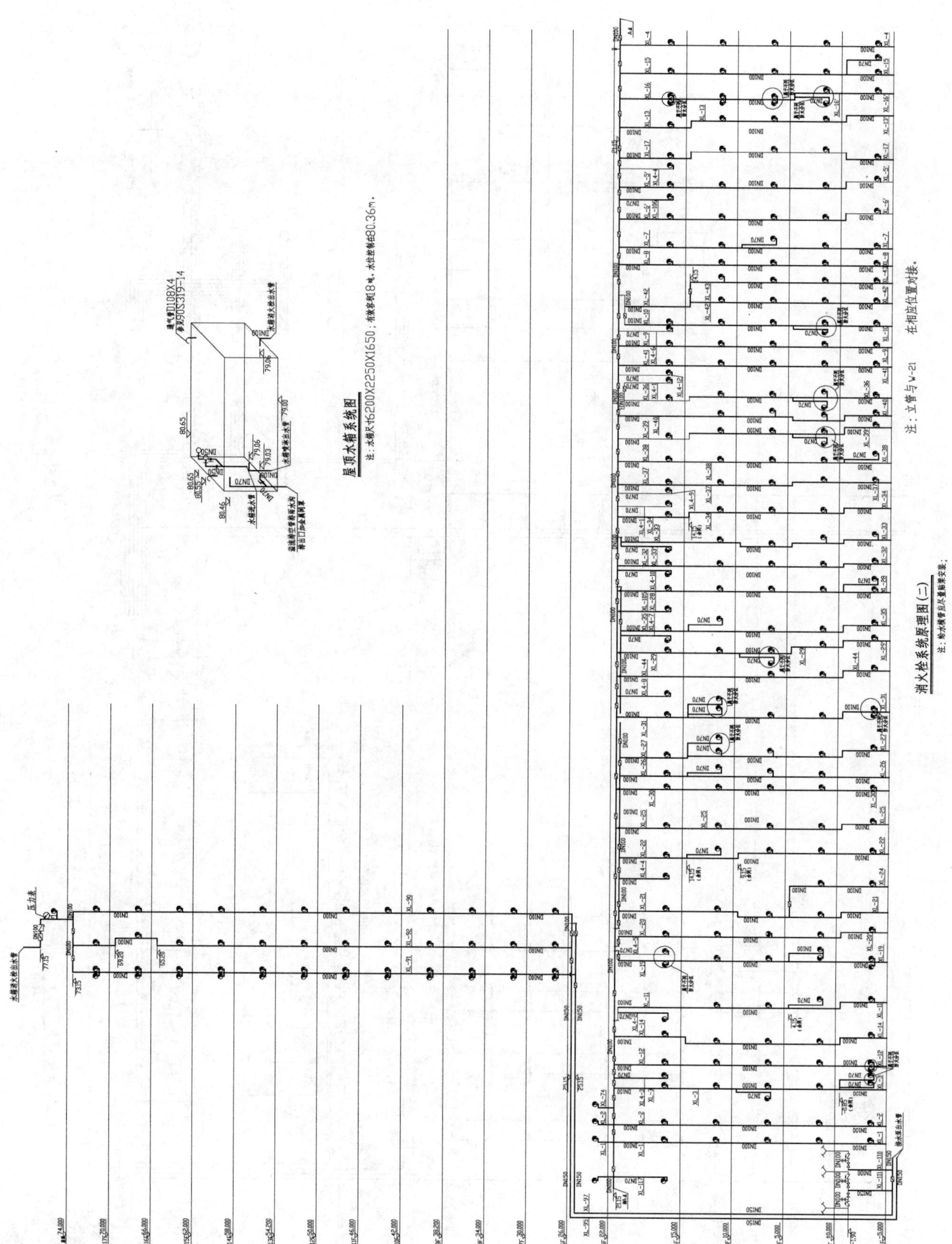
屋顶水箱系统图
注：水箱尺寸6200X2250X1650；有效容积18㎥，水位控制在80.36m。
消火栓系统原理图(二)
注：立管与W-21 在相应位置对接。

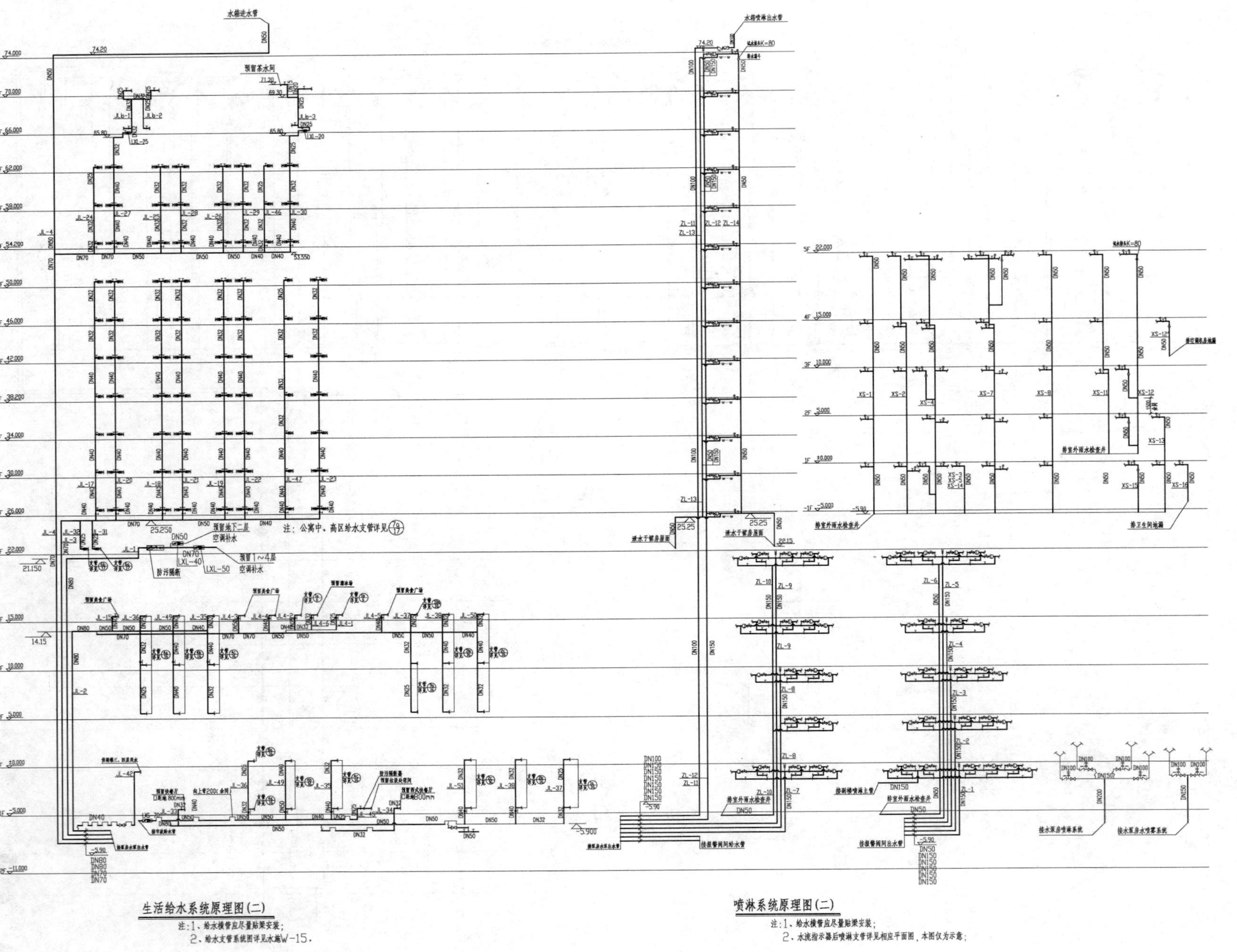
水箱进水管
水箱喷淋出水管
预留茶水间
注：公寓中、高区给水支管详见
预留地下二层 空调补水
预留1~4层 空调补水
生活给水系统原理图(二)
注:1、给水横管应尽量贴梁安装;
2、给水支管系统图详见水施W-15.
喷淋系统原理图(二)
注:1、给水横管应尽量贴梁安装;
2、水流指示器后喷淋支管详见相应平面图，本图仅为示意;

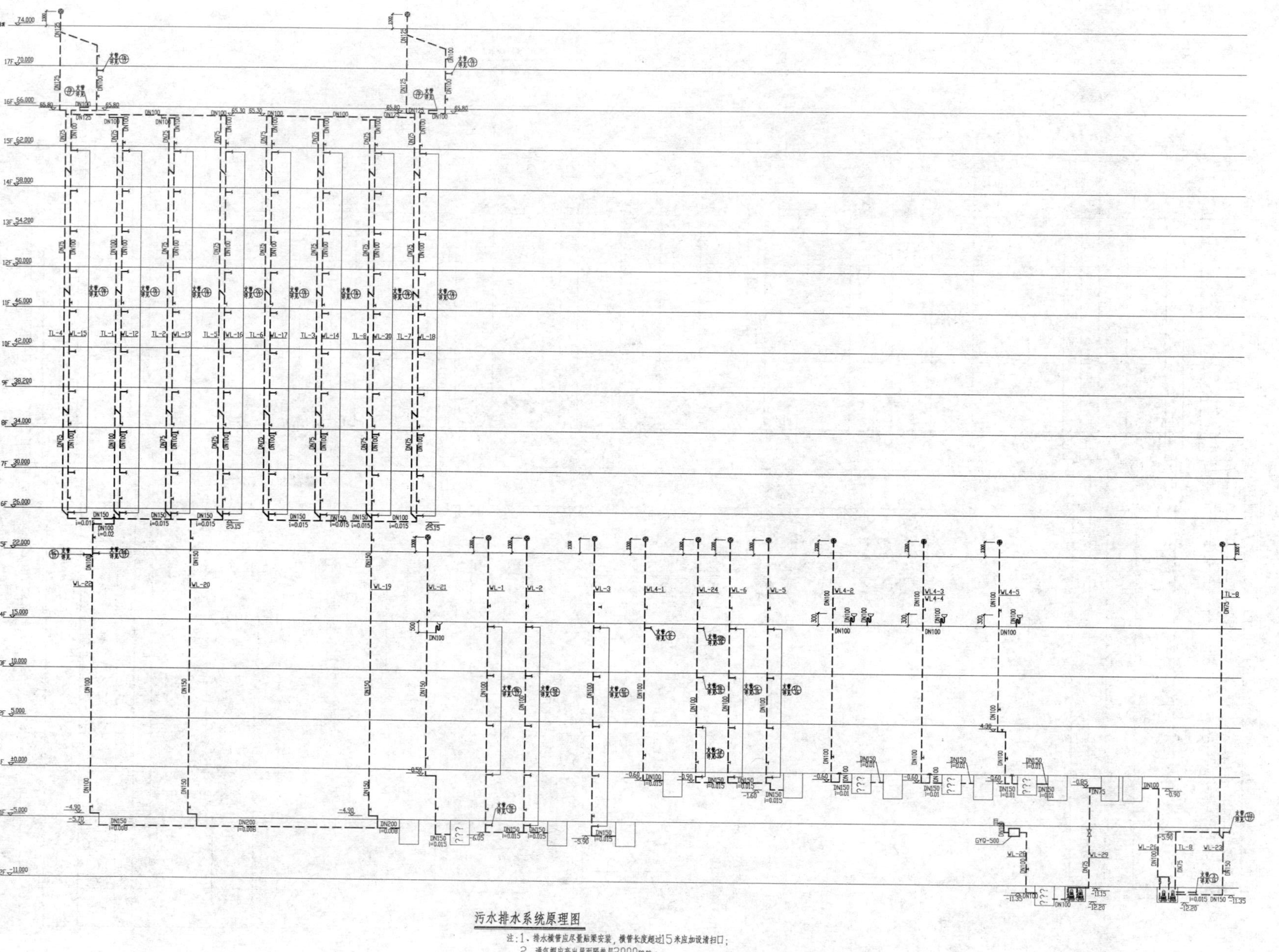

污水排水系统原理图

注:1、排水横管应尽量贴梁安装，横管长度超过15米应加设清扫口；
2、通气帽应高出屋面隔热层2000mm；

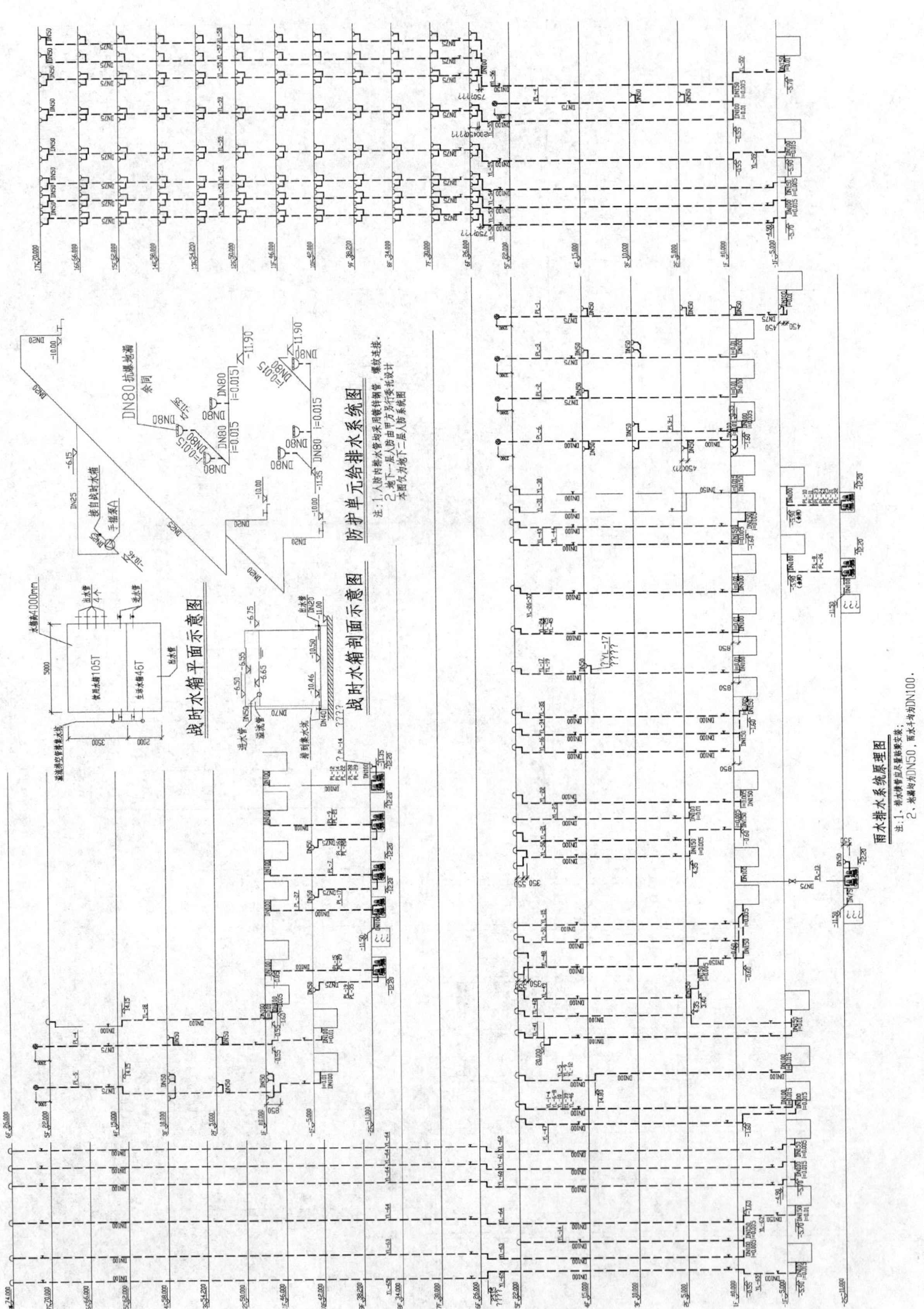
战时水箱平面示意图
战时水箱剖面示意图
防护单元给排水系统图
雨水排水系统原理图

金茂深圳JW万豪酒店

设计单位：深圳奥意建筑工程设计有限公司
设 计 人：张迎军　赵芝
获奖情况：公共建筑类　优秀奖

工程概况：

金茂深圳JW万豪酒店位于深圳市深南大道与泰然二路交汇处的西南角，西邻安徽大厦，东面是高尔夫球场，北面是深南大道，南面是城市道路，地理位置十分优越，是集酒店、商务、餐饮和休闲为一体的综合性公共建筑，总建筑面积约5.2万m^2，建筑高度约为99m。地下共三层，其中地下三层为平战结合人防地下室，平时停车，战时为人员掩蔽所；地下二层主要为设备用房；地下一层主要为车库，部分为酒店附属用房及设备用房。裙房四层，一层主要为酒店大堂、行政办公室、商务中心和酒吧；二层为餐厅；三层为宴会厅；四层为健身和水疗中心。塔楼五～二十七层为酒店客房，其中五层局部为游泳池和屋顶花园，二十七层局部为行政酒廊。

一、给水排水系统

（一）给水系统

1. 冷水用水量（表1）

冷水用水量　　表1

用水类别	用水标准（L/(人·d)或L/(人·次)或L(m^2·d))	规模（人或m^2或L）	用水时间(h)	小时变化系数K_h	最高日用水量Q_d(m^3/d)	最大时用水量Q_h(m^3/d)	备注
序号	(1)	(2)	(3)	(4)	(5)	(6)	(7)
计算公式					(1)×(2)/1000	(5)/(3)×(4)	
冷却塔补水(WD)	1%	40440000	24	1	404.40	16.85	按循环水量1.0%计
冷冻水补水(WD)	0.5%	23040000	24	1	115.20	4.80	按循环水量0.5%计
酒店客房（5F～27F)	700	826	24	2	578.20	48.18	共413间客房每间按2人计
酒店服务人员(5F～27F)	100	115	24	2	11.50	0.96	每层按5人计共23层
游泳池(5F)	5%	170000	12	1	8.50	0.71	泳池容积约170m^3平均水深按1.8m计
屋顶花园(5F)	3	860	4	1	2.58	0.65	一天2次，每次2h

续表

用水类别	用水标准(L/(人·d)或L/(人·次)或L(m^2·d))	规模(人或m^2或L)	用水时间(h)	小时变化系数K_h	最高日用水量Q_d(m^3/d)	最大时用水量Q_h(m^3/d)	备注
健身/水疗中心(4F)	200	300	12	2	60.00	10.00	按10m^2/人计,共1000m^2。一天3次
中餐(2F、3F)	60	3000	12	1.2	180.00	18.00	按1.6m^2建筑面积/人计,共5100m^2。2.5次/d
餐饮服务人员	25	120	12	1.2	3.00	0.30	按1200人/餐计,共120桌,1个服务员/桌
办公用房(1F)	50	60	12	1.5	3.00	0.38	按6m^2/人计,共600m^2
酒吧(1F)	15	250	15	1.2	3.75	0.30	按6m^2/人计,共600m^2。2.5次/d
绿化及道路浇洒(1F)	3	2000	4	1	6.00	1.50	一天2次,每次2h
酒店附属用房(B1)	50	140	12	1.5	7.00	0.88	按6m^2/人计,共840m^2
员工餐厅(B1)	25	800	12	1.2	20.00	2.00	办公、酒店服务人员之和,2.5次/d
洗衣房(B2)	80	500	8	1.2	40.00	6.00	
停车库(B3)	2	2716	8	1	5.43	0.68	一天2次,每次4h
小计					1448.56	112.17	
未预见水量					217.28	16.83	按小计的15%考虑
合计					1665.85	129.00	

2. 水源：以深圳市自来水作为本工程的水源，室外设生活、消防联合供水管网，成环布置，管径为*DN*200。两路*DN*200城市自来水供水管向该环网供水，一路接自深南大道市政自来水管道，另一路接自泰然二路市政自来水管道，市政给水压力按0.35MPa考虑。

3. 系统竖向分区：第一区：地下3层至地上3层为J1区；第二区：地上4层至地上12层为J2区；第三区：地上13层至地上21层为J3区；第四区：地上22层至地上27层为J4区。

4. 供水方式及给水加压设备：采用市压供水、水泵－水箱联合供水以及变频加压供水相结合的供水方式。J1区由市政水压直接供给；J2、J3区由屋顶不锈钢生活水箱直接供给，J4区由屋顶生活给水变频设备加压供给。屋顶不锈钢生活水箱共设两个，总容积为30m^3，补水由地下2层生活提升泵供给，型号为100DL－20X6（Q=80m^3/h，H=132m，P=55kW）两台，一用一备。屋顶生活给水变频设备型号为HLS－30/23－Q1，配两台80FLP36-12×2（Q=30m^3/h，H=25.5m，P=4kW）型水泵，一用一备；气压罐ϕ600×1800一只。变频给水设备设在屋顶热水炉间内。

5. 管材：室外给水管材采用钢丝网骨架增强塑料复合管，热熔连接；室内给水管材采用铜管，银焊连接。

(二) 热水系统

1. 热水用水量（表2）

热水用水量　　表 2

用水类别	用水标准（L/(人·d)或L/(人·次))	规模(人)	用水时间(h)	小时变化系数 K_h	最大时用水量 Q_{hR1} (m^3/h)	设计小时耗热量(kW)	备注
序号	(1)	(2)	(3)	(4)	(5)	(6)	(7)
计算公式					(1)×(2)×(4)/1000/(3)	(5)×C(t_r-t_L)/3600	C=4187J/(kg·℃) t_r=60℃，t_L=10℃
洗衣房(B2)	30	500	8	1.2	2.25	130.8	
员工餐厅(B1)	10	800	12	1.2	0.80	52.1	
酒吧(1F)	8	375	15	1.2	0.24	15.6	
餐饮服务人员	10	120	12	1.2	0.12	7.8	
中餐(2F、3F)	20	3000	12	1.2	6.00	390.8	
健身/水疗中心(4F)	100	300	12	2	5.00	290.8	
酒店客房(5F～12F)	280	304	24	5.59	19.83	1291.3	
酒店服务人员(5F～12F)	50	40	24	2	0.17	10.9	
酒店客房(13F～21F)	280	342	24	5.43	21.67	1411.1	
酒店服务人员(13F～21F)	50	45	24	2	0.19	12.2	
小计					56.26	3613.41	
未预见					8.44	542.0	按小计的 15%考虑
合计					65	4155	

2. 热源：酒店所需热水集中由屋顶的热水炉间供应，热水采用热水炉制备，热源为城市天然气。

3. 系统竖向分区：第一区：地下 2 层至地上 3 层为 R1 区；第二区：地上 4 层至地上 12 层为 R2 区；第三区：地上 13 层至地上 21 层为 R3 区；第四区：地上 22 层至地上 27 层为 R4 区。

4. 冷、热水压力平衡措施：一是冷热水箱均设置在屋顶，低区采用重力供水，保证压力平衡，高区采用相同扬程的变频设备供水，保证供水的压力平衡。二是热水管网采用同程设计，保证热水系统的压力平衡。热水温度的保证措施：每个热水分区均设有热水循环泵，当回水管末端与供水管网起点的温度差 5℃，自动启动循环泵，保证热水管网的温度，另外各区回水管道连接处装设带记忆节流装置和测量接口的平衡（流量控制）阀，以测定压力降和水流量并调节各区回水压力平衡。

管材：采用铜管，银焊连接。

(三) 排水系统

1. 排水系统的形式：采用污废合流的形式。

2. 透气管的设置方式：系统中每个洁具均设有透气管，以保护水封，不被系统中因正压造成的虹吸漏气使卫生排水系统保持畅通以减少管道的腐蚀。

3. 采用的局部污水处理设施：排出的粪便、盥洗等生活污水采用化粪池处理，公共厨房含油废水经室内隔油器和室外一机械隔油池处理后通过市政污水检查井。

4. 管材：生活污水系统采用柔性机制离心排水铸铁管，采用不锈钢卡箍连接，内衬橡胶圈。

二、消防系统

(一) 消火栓系统

1. 消防水量

室外消火栓系统设计秒流量：30L/s，火灾延续时间：3h。

室内消火栓系统设计秒流量：40L/s，火灾延续时间：3h。

2. 系统分区：Ⅺ区为地下 3 层至地上 13 层，Ⅻ区为地上 14 层至屋顶，其中Ⅻ区由设在地下 2 层水泵房内的室内消火栓泵直接供水，Ⅺ区经干管减压阀减压后供水。

3. 消火栓泵（稳压设备）参数：室内消火栓泵型号为150DL-20X7，Q=40L/s，H=140m，P=90kW，两台，一用一备，可自动切换。室内消火栓给水系统稳压设备，型号为ZW（L）-Ⅰ-X-10-0.19（Q=12m^3/h，H=30m，P=2.2kW)，以保证火灾初期Ⅻ区对水量、水压的要求。

4. 水池及水箱的容积及位置：地下2层设有冷却水补水、消防合用水池一座，总容积为650m^3，其中包括3h室内消火栓消防用水量、1h自动喷水灭火用水量540m^3（不贮存室外消防用水量，室外消防用水量由室外生活给水、消防联合供水管网保证），合用水池设有消防用水量不作他用的技术措施。塔楼电梯机房屋顶设有冷却水补水、消防合用水箱，容积为80m^3（其中贮存了火灾初期10min消防水量18m^3，合用水箱设有消防用水量不作他用的技术措施)，以供扑救初期火灾。

5. 水泵接合器的设置：Ⅺ、Ⅻ区在一层均设有3套消防水泵接合器，供消防车分别往Ⅺ、Ⅻ区室内消火栓灭火系统补水。

6. 管材：消火栓系统采用热镀锌钢管（工作压力大于1.2MPa的管网采用加厚镀锌钢管)，大于等于DN100采用丝扣连接，大于DN100采用沟槽式卡箍连接或采用法兰连接，法兰焊接后需要二次镀锌。

（二）自动喷水灭火系统

1. 自动喷水灭火系统的用水量：自动喷水灭火系统设计秒流量：30L/s，火灾延续时间：1h。

2. 系统分区：ZPⅠ区为地下3层至地上12层，ZPⅡ区为地上13层至屋顶。其中ZPⅡ区由设在地下2层水泵房内的自动喷水泵直接供水，ZPⅠ区经干管减压阀减压后供水。

3. 自动喷水泵（稳压设备）参数：自动喷水泵型号为XBD15.3/30-100L（Q_{ZP}=30L/s，H=153m，P=75kW）两台，一用一备，可自动切换。自动喷水灭火系统稳压设备，型号为ZW（L)-Ⅱ-Z-0.32（Q=3.5m^3/h，H=41m，P=1.5kW)，以保证火灾初期ZPⅡ区对水量、水压的要求。

4. 喷头选型：地下3层停车库设计喷水强度为8L/(min·m^2)，作用面积为160m^2，设计流量为28L/s，选用K=80直立型喷头，喷头正方形布置时最大间距为3.4m。其他部位设计喷水强度均为6L/(min·m^2)，作用面积160m^2，设计流量为21L/s，其中除酒店客房选用K=115边墙型扩展覆盖喷头外，其余部位均选用吊顶型喷头（不能使用隐蔽型喷头)，喷头正方形布置时最大间距为3.6m。除厨房喷头动作温度为93℃、健身及水疗中心洗浴区喷头动作温度为141℃外，其余部位喷头动作温度为68℃，公共娱乐场所、中庭环廊和地下仓储用房应采用快速响应喷头。

5. 报警阀的数量：统一在地下室水泵房设置有五个报警阀。

6. 水泵接合器的设置：ZPⅠ、ZPⅡ区在一层均设有2套消防水泵接合器，供消防车分别往ZPⅠ、ZPⅡ区自动喷水灭火系统补水。

7. 管材：自动喷水灭火系统采用热镀锌钢管（工作压力大于1.2MPa的管网采用加厚镀锌钢管)，小于等于DN100采用丝扣连接，大于DN100采用沟槽式卡箍连接或采用法兰连接，法兰焊接后需要二次镀锌。

（三）气体灭火系统

地下2层柴油发电机房、油箱间采用全淹没式七氟丙烷气体灭火系统保护，组合分配，设计浓度为58%，整个系统由甲方委托专业消防公司进行设计、安装、调试。

（四）“食人鱼”厨房灭火系统

按万豪国际酒店集团要求，本工程裙楼厨房火灾危险性较大的炊具、排烟罩、排烟管道等处采用“食人鱼”厨房灭火系统保护，该灭火系统是预制的自动固定灭火系统，专门针对厨房炊具、排烟罩和排烟道的消防而特殊设计。发生火灾时，系统启动，通过向强制通风道区域、过滤罩、厨具表面和排烟道等处喷射PRXTM液体灭火剂来扑灭火灾。喷嘴首先喷放液体灭火剂，迅速冷却油脂表面，并与高温油脂产生反应，在表面上产生泡沫层，隔绝油脂和空气，达到灭火效果，并防止可燃蒸汽的弥散。然后喷嘴喷放水，以改善泡沫层和冷却灼热的厨房设备。该灭火系统具有自动启动功能，亦可通过远程人工手拉盒手动启动。系统启动后，立即切断所保护的通风系统下所有设备的气源或电源。整个系统由甲方委托专业公司进行设计、安装、调试。

三、设计及施工体会

本工程由深圳万豪酒店投资有限公司投资兴建，建成后由万豪国际酒店集团进行运营和管理。万豪国际酒店集团提供了给水排水系统和消防系统的设计标准，设计时需满足国家规范与万豪设计标准两者中要求较高者。在设计过程中发现万豪标准与国家规范有不少区别，如表 3 所示：

设计标准比较 **表 3**

万豪标准及要求	国内规范
全部喷头皆须为快速反应型	除中庭环廊、地下商业及仓储用房外均采用标准型喷头
消防控制中心需要采用喷淋保护	禁止采用水消防，采用灭火器具保护
水泵控制室、冷冻机房控制室需喷淋保护	采用灭火器具保护即可
日用油间、发电机房、变压器室需要喷淋保护，不适用采用气体灭火系统	高层建筑的此类电气房间应采用气体灭火系统
计算机机房、交换机房、通信机房需要喷淋保护	电气火灾，禁止采用水消防，采用灭火器具或气体灭火系统保护
强电与弱电室（竖井、柜）需要喷淋保护	禁止采用水消防，采用灭火器具保护
电梯竖井与电梯机房需要喷淋保护	禁止采用水消防，采用灭火器具保护
具有维修口之管线竖井的最顶部与最底部分需要喷淋保护	只有超过 $5m^2$ 的水管井和暖通管井才需要设喷淋保护

万豪标准与国内规范的分歧主要集中在消防系统，经过与当地消防部门沟通，原则上以国内规范为准则设计。

四、工程照片及附图

热水箱
1#

冷却水循环系统图

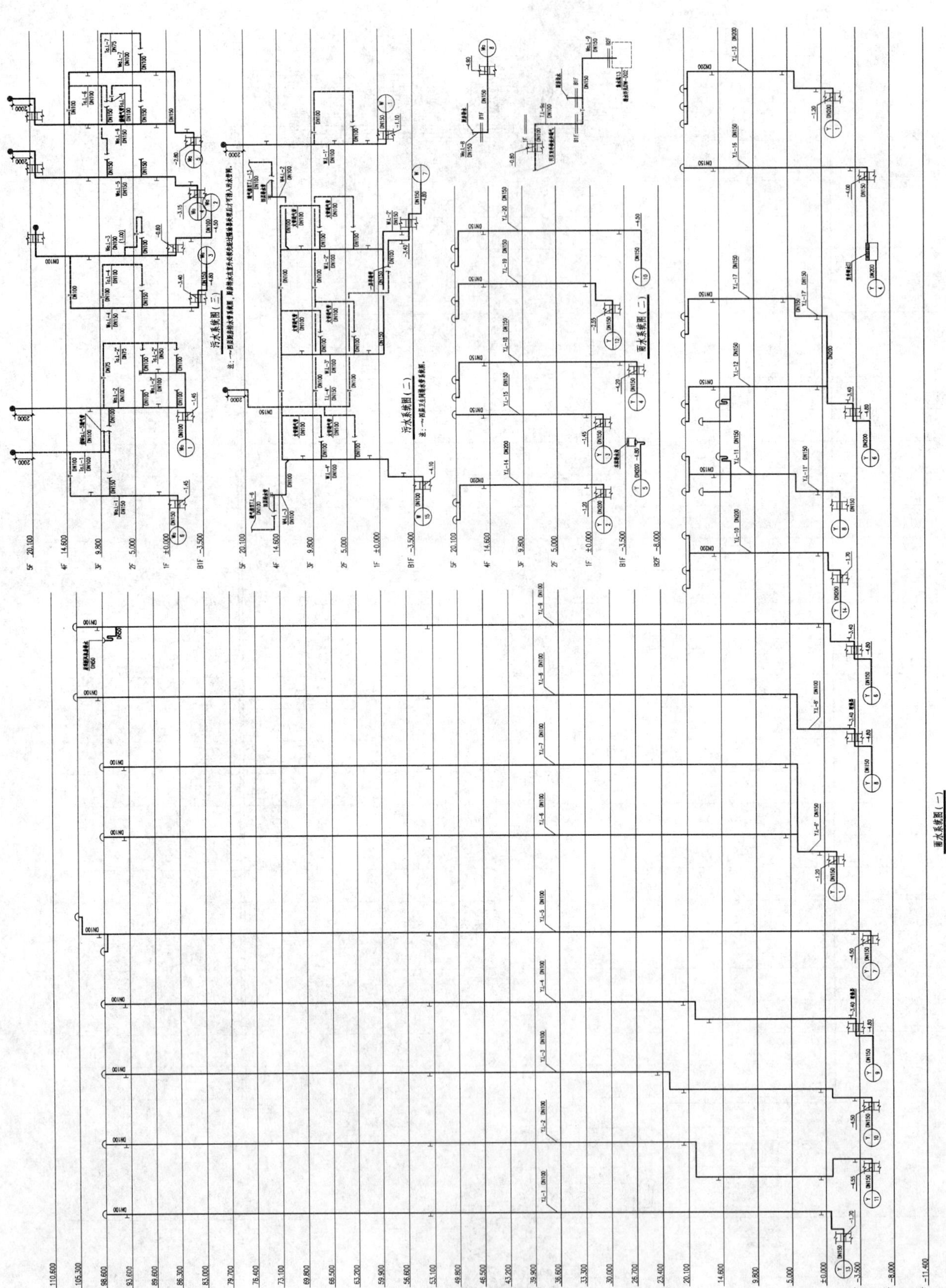

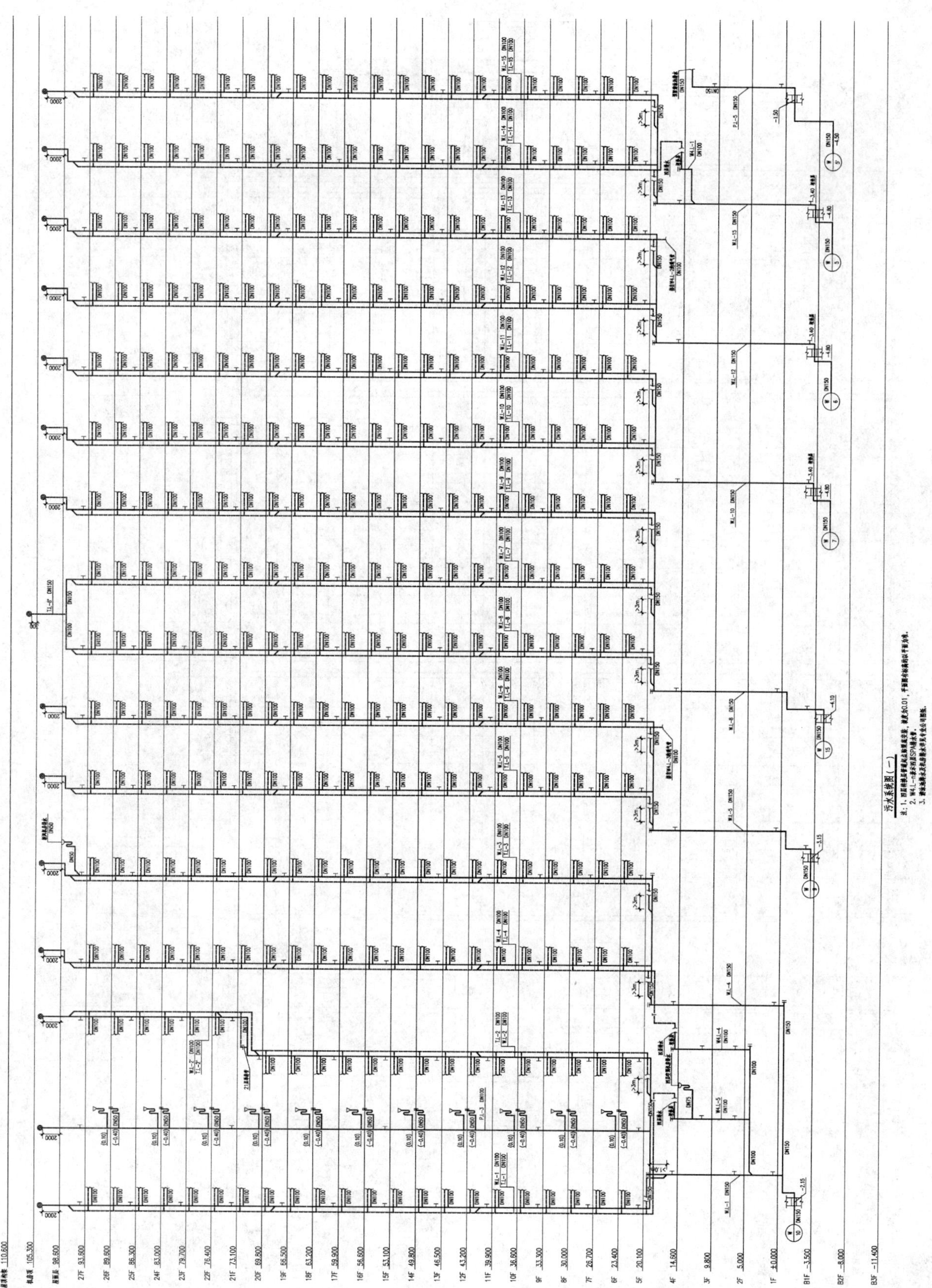

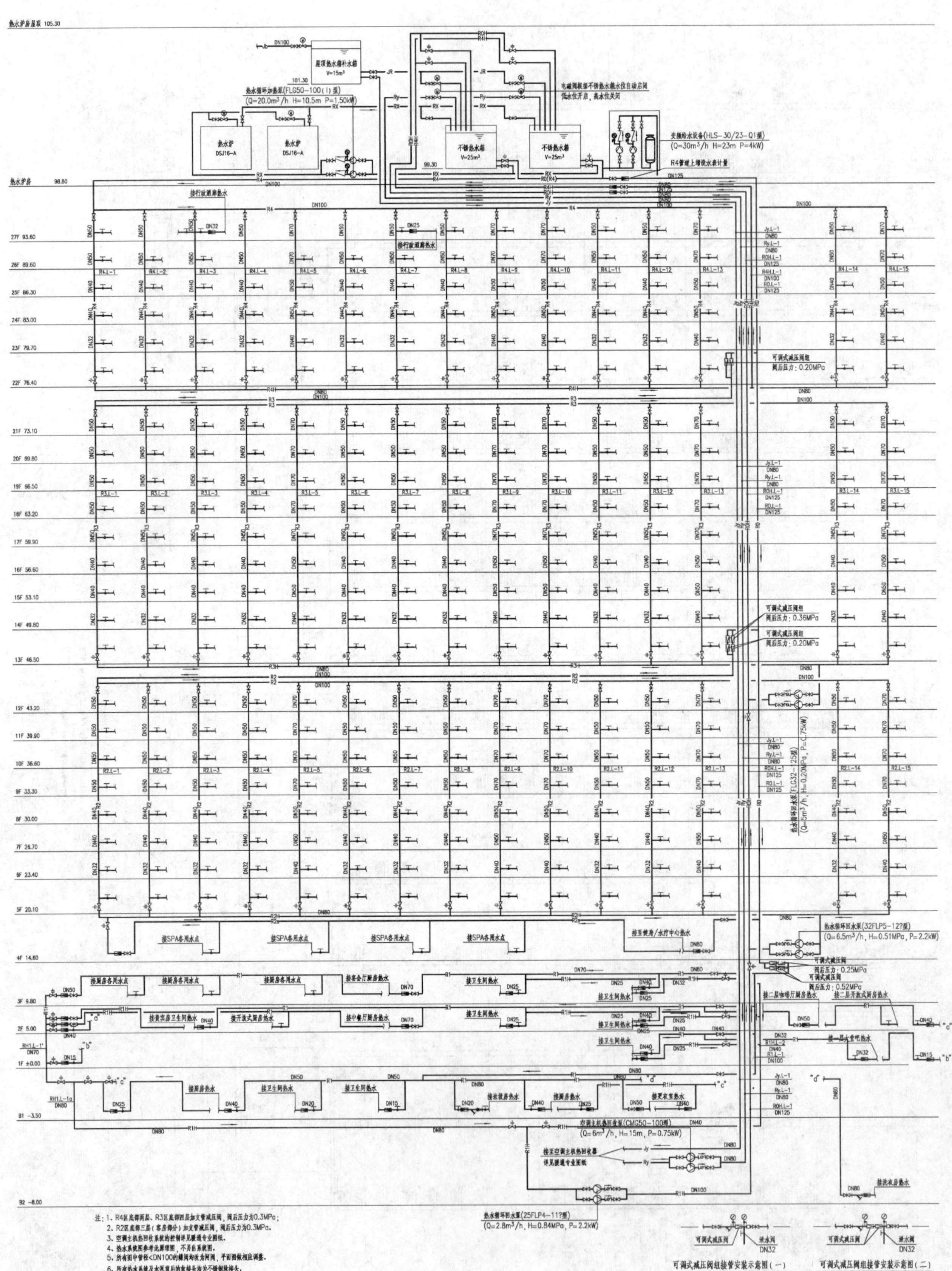

注：1、R4区底部两层、R3区底部四层加支管减压阀，阀后压力为0.3MPa；
2、R2区底部三层（客房部分）加支管减压阀，阀后压力为0.3MPa。
3、空调主机热回收系统的控制详见暖通专业图纸。
4、热水系统图参考此原理图，不另出系统图。
5、所有图中管径<DN100的蝶阀均改为闸阀，平面图做相应调整。
6、所有热水系统及水泵前后的软接头均为不锈钢软接头。

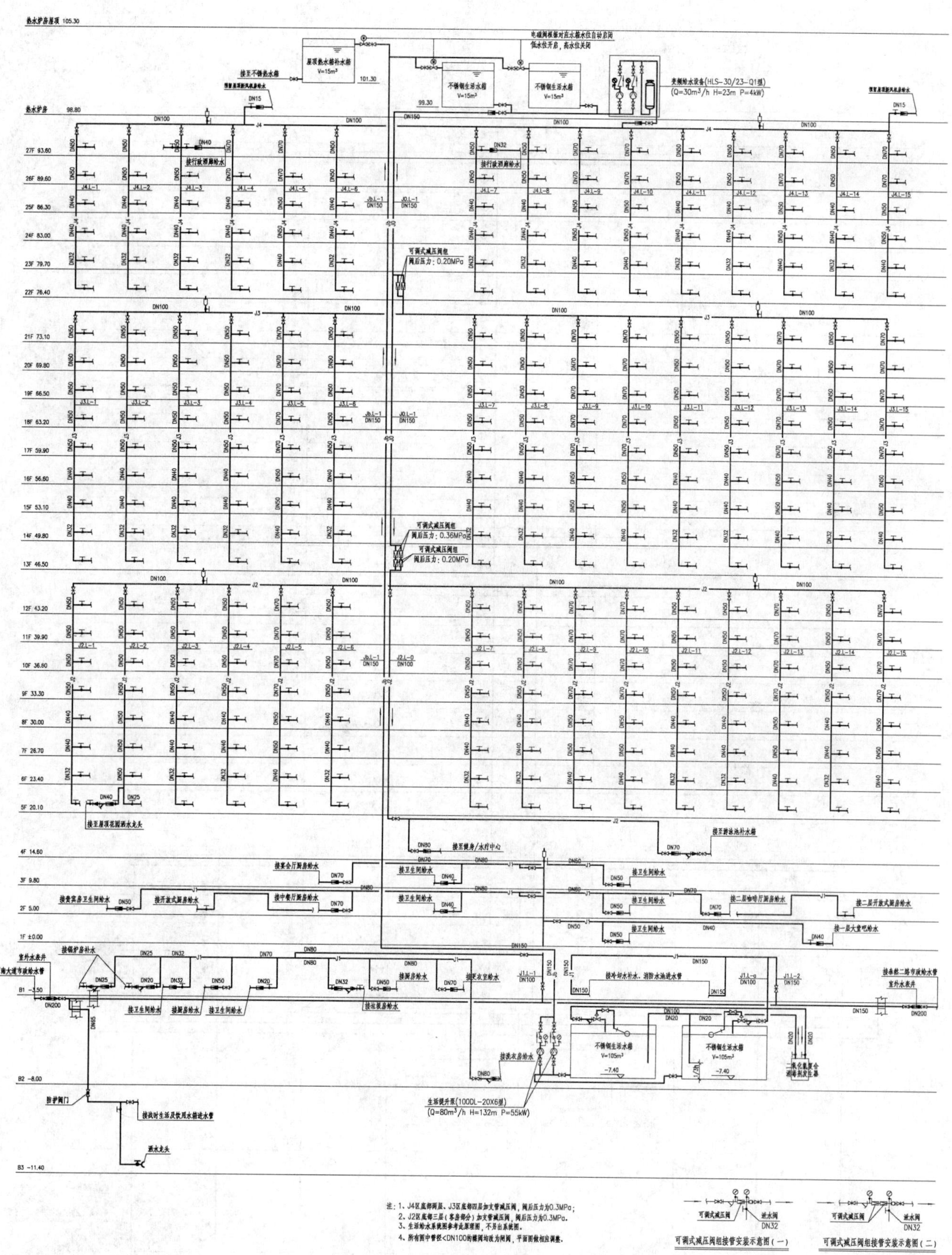

热水炉房屋顶 105.30
屋顶热水箱补水箱 V=15m³
不锈钢生活水箱 V=15m³
不锈钢生活水箱 V=15m³
电磁阀根据对应水箱水位自动启闭
低水位开启，高水位关闭
变频给水设备(HLS-30/23-Q1组)
(Q=30m³/h H=23m P=4kW)
热水炉房 98.80
27F 93.60
26F 89.60
25F 86.30
24F 83.00
23F 79.70
22F 76.40
可调式减压阀组
阀后压力：0.20MPa
21F 73.10
20F 69.80
19F 66.50
18F 63.20
17F 59.90
16F 56.60
15F 53.10
14F 49.80
13F 46.50
可调式减压阀组
阀后压力：0.36MPa
可调式减压阀组
阀后压力：0.20MPa
12F 43.20
11F 39.90
10F 36.60
9F 33.30
8F 30.00
7F 26.70
6F 23.40
5F 20.10
4F 14.60
3F 9.80
2F 5.00
1F ±0.00
B1 -3.50
B2 -8.00
B3 -11.40
不锈钢生活水箱 V=105m³
不锈钢生活水箱 V=105m³
生活提升泵(100DL-20X6组)
(Q=80m³/h H=132m P=55kW)
注：1、J4区底部两层、J3区底部四层加支管减压阀，阀后压力为0.3MPa；
2、J2区底部三层（客房部分）加支管减压阀，阀后压力为0.3MPa。
3、生活给水系统图参考此原理图，不另出系统图。
4、所有图中管径<DN100的蝶阀均改为闸阀，平面图做相应调整。
可调式减压阀
泄水阀
DN32
可调式减压阀组接管安装示意图（一）
可调式减压阀
泄水阀
DN32
可调式减压阀组接管安装示意图（二）

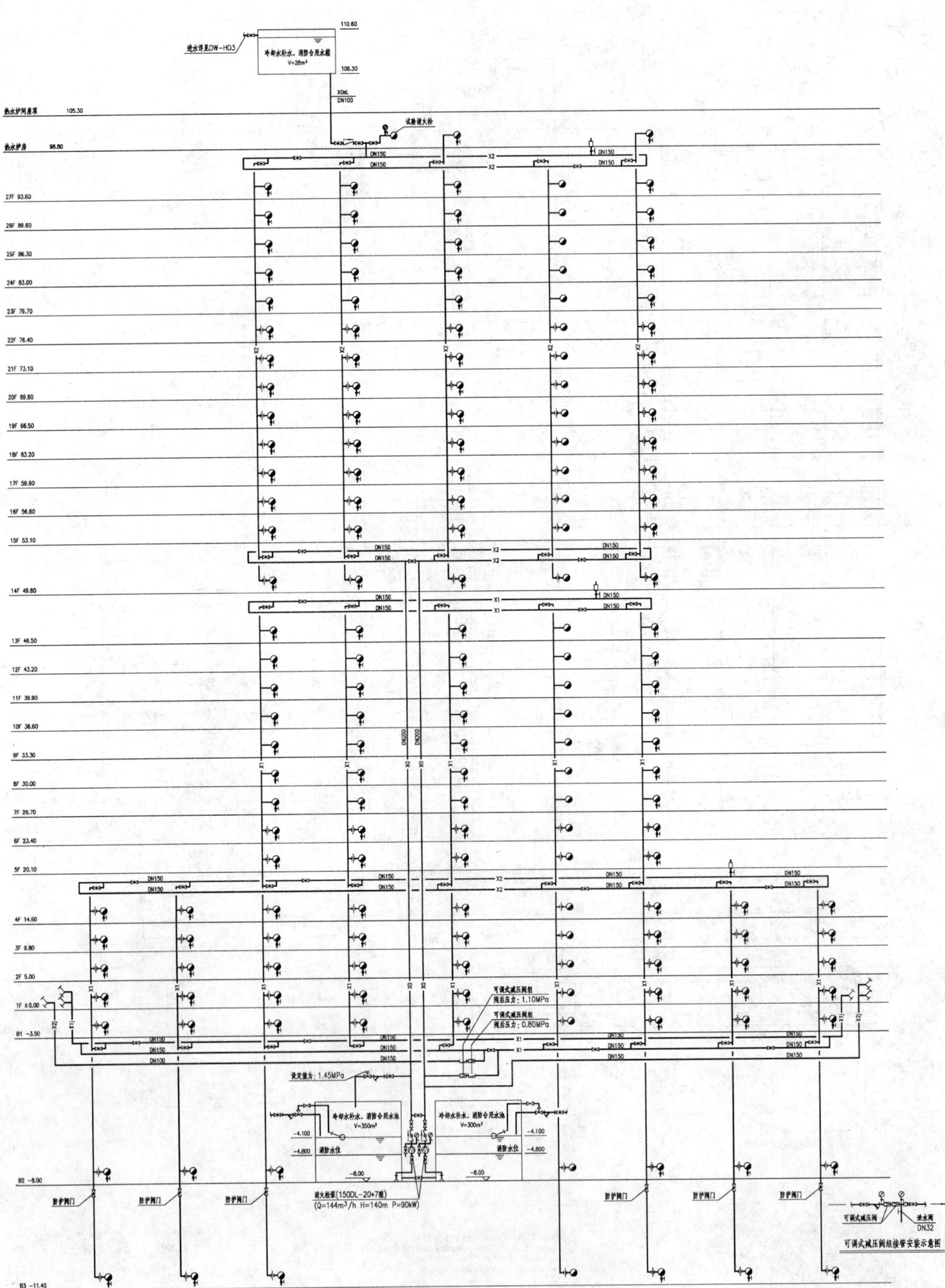

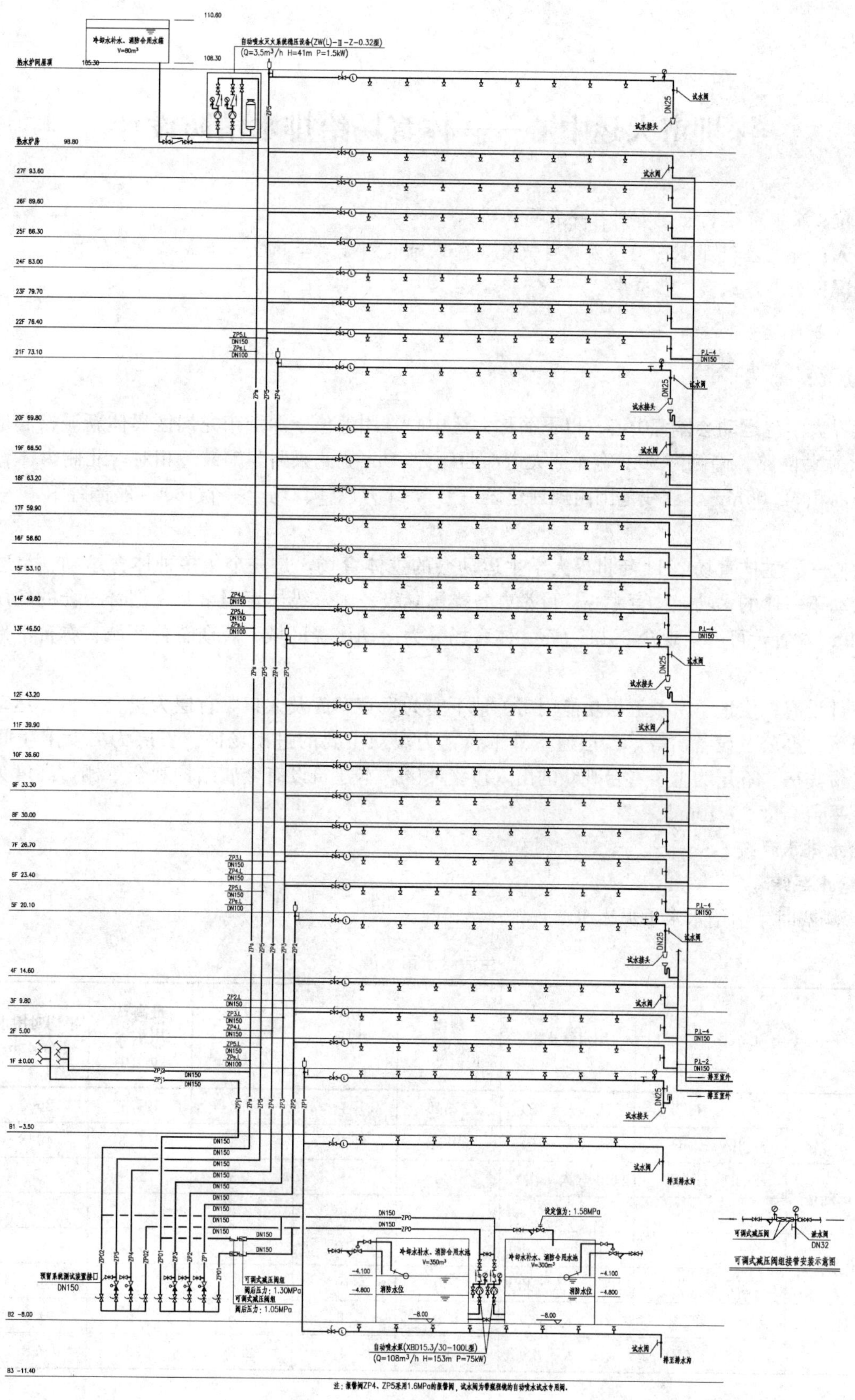

深圳市大运中心——体育场给排水消防设计

设计单位： 深圳市建筑设计研究总院有限公司

设 计 人： 郑文星　邓小一　郑卉　肖敏霞　徐以时　刘庆　李建立　李成建　黄锡兴

获奖情况： 公共建筑类　优秀奖

工程概况：

深圳世界大学生运动会体育中心（以下简称大运中心）用地位于深圳市龙岗区奥体新城核心地段。用地东侧为80m宽黄阁路，南侧为80m宽龙翔大道，西侧为70m宽龙兴路与铜鼓岭相对，北侧为体育综合服务区。总用地面积52.05hm^2。红线范围内规划建设一个6.14万座体育场，一个18000座体育馆，一个3300座游泳馆。

大运中心——主体育场2011年世界大学生运动会的主体育场，是一个集多种体育运动、足球运动、文化和休闲活动于一体的多功能体育中心。可举办各类国际级、国家级体育赛事及大型音乐会的场所。总建筑面积133469m^2，看台可容纳观众6.14万座。体育场分为运动比赛区域、观众看台区域、看台下部的各种功能用房区域。

看台下部设有一层地下室及五层功能用房。地下室为贵宾车库及入口，首层为贵宾入口、运动员区、新闻采访转播区、办公及设备房等。二层通室外平台，为观众主要的进出场区。三层为男女卫生间及贵宾包厢。四层为贵宾房。五层为上层看台观众的出入口缓冲区。本建筑设有金属结构观众罩棚，高度为53.00m，看台下观众平台高度20.10m。

一、给水排水系统

(一) 给水系统

1. 体育场赛时生活给水水量见表1。

生活给水用水量　　**表1**

序号	用户名称		用水量标准	规模（人）	用水时间（h）	小时变化系数 K	最高日用水量（m^3/d）	平均时用水量（m^3/h）	最大时用水量（m^3/h）
1	观众	−1F、1F、2F	5L/(人·场)	21546	4	1.2	107.7	26.9	32.3
		3F、4F、5F	5L/(人·场)	39858	4	1.2	199.3	49.8	59.8
2	运动员	−1F、1F、2F	50L/(人·次)	400	4	2.5	20	5	12.5
		3F、4F、5F							
3	工作人员	−1F、1F、2F	100 L/(人·班)	450	10	2.5	45	4.5	11.3
		3F、4F、5F	100 L/(人·班)	550	10	2.5	55	5.5	13.8
4	餐饮	−1F、1F、2F	2L/(人·次)	800	4	2.5	1.6	0.4	1.0
		3F、4F、5F	2L/(人·次)	1600	4	2.5	3.2	0.8	2

续表

序号	用户名称	用水量标准	规模（人）	用水时间（h）	小时变化系数 K	最高日用水量（m^3/d）	平均时用水量（m^3/h）	最大时用水量（m^3/h）
5	车库地面冲洗	2L/(m²·d)（2～3 L/(m²·d)）	1万 m²	6	1.0	20	3.3	3.3
6	露天足球场地硬地冲洗	2L/(m²·d)（2～3L/(m²·d)）	2.56万 m²	6	1.0	51.2	8.5	8.5
7	露天足球场地草地浇洒	20L/(m²·d)（15～25L/(m²·d)）	1.43万 m²	4	1.0	286	71.5	71.5
8	冷却塔补水	30m³/h		10	1.0	300	30	30
9	小计					1089	206.2	246
10	未预见用水量					163.4	30.9	36.9
11	合计					1252.4	237.1	282.9

注：1. 空调用水为冷却水塔的泄水量补水，估算值为冷却水循环量之 2%；
2. 车库地面冲洗用水利用雨水回用水；
3. 不可预见用水量按设计用水量的 15%计；
4. 表中 1～4 项中自来水用水量按其 35%计，中水用水量按其 65%计。

2. 水源

本工程供水水源为市政给水管网，根据龙岗区供水集团有限公司提供的给水设施资料，供水压力不小于 0.28MPa。

黄阁路、龙翔大道均有 *DN*800 市政给水管道，依现有条件采用两路进水，由龙翔大道和黄阁路分别引入管径为 *DN*300 进水管各一条，在场区内形成一个大环，场区内大环与市政管网共同构成环状，体育场、体育馆和游泳馆分别单独成环并与场区内大环形成环状，各环网管管径均为 *DN*300。各环网管为生活消防合用管网。

3. 系统竖向分区

系统竖向分为两个区：－1F、1F 和 2F 为一区，3F 及 3F 以上为二区。

4. 供水方式及加压设备

（1）一区由市政给水管网直接供给，为了提高体育场的供水可靠性，从体育场室外生活消防给水环网上引入两路进水并在 1F 室内形成水平环，从环上接出给水立管供有关楼层用水。

（2）二区采用变频调速供水泵组供水。为了减少管道敷设长度和减少水泵扬程，体育场 A、D 区在 1F 设置一个 14m³ 不锈钢生活给水箱和一套加压设备；B、C 区在 1F 设置一个 8m³ 不锈钢生活给水箱和一套加压设备。

5. 管材：室内生活冷水给水采用薄壁不锈钢管。

（二）露天足球场地草地浇洒给水系统

1. 系统设置

体育场内比赛场足球场草地与训练场足球场草地共用一套加压设备加压喷水。水源采用自来水，在 1F 设置加压泵房和 2 个 50m³ 装配式钢板给水箱。采用自动升降式喷水器的固定系统。喷水器采用进口产品。

2. 管材

露天足球场地草地浇洒给水系统供水管室内部分采用内涂塑（环氧树脂）钢管。连接方式：小于 *DN*100

采用丝扣连接，大于等于 $DN100$ 采用卡箍连接。室外埋地部分采用钢丝骨架增强 PE 管，热熔焊接管。

(三) 热水系统

1. 热水用水量

体育场赛时生活热水给水水量见表 2。

最高日热水用水量为 16.1m³/d（热水温度按 55℃计）。

热水用水量 **表 2**

序号		−1F	1F	2F	3F	4F	5F	未预见用水量	合计
1	运动员数(人・次)		400						
2	运动员淋浴(L/(人・次))		35						
3	最高日用水量(m³/d)		14					2.1	16.1

2. 热源：体育场赛时生活热水采用空气源热泵机组为热源，电为辅助热源，供给 1F 运动员、裁判员、礼仪及消防人员用热水；贵宾室及高级贵宾室卫生间采用电热水器供给热水。

3. 系统竖向分区：系统竖向不分区。

4. 冷热水压力平衡措施：体育场采用独立的热水系统。在 5F 设置热水泵房，内设 20m³ 不锈钢热水箱一个，并设 10m³ 不锈钢冷水箱一个（专供集中供应热水部分的冷水）。生活热水和与其对应的冷水采用上行下给方式供应，冷热水同程供给。

5. 管材：热水管小于等于 $DN50$ 采用薄壁紫铜管，大于 $DN50$ 采用薄壁不锈钢管。

(四) 管道直饮水系统

体育场采用独立的饮用净水系统。市政自来水经设于 1F 的饮用净水处理系统处理后，采用变频泵组加压供 2F 及 5F 观众饮用。本体育场分设两个饮用净水处理系统，两个不锈钢直饮水水箱（5.5m³/个）和加压设备分别供 A、D 区和 B、C 区饮用用水。每个系统的处理能力为 0.75m³/d，处理工艺出水应符合《饮用净水水质标准》CJ 94-2005。

本次设计采用的处理工艺流程如图 1 所示。

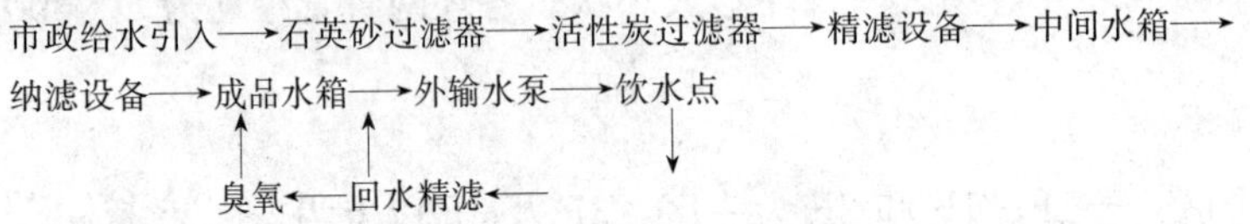

市政给水引入→石英砂过滤器→活性炭过滤器→精滤设备→中间水箱→

纳滤设备→成品水箱→外输水泵→饮水点

臭氧←回水精滤←

图 1 处理工艺流程

(五) 中水系统

1. 中水用水水量

按“体育场赛时生活给水水量表 1” 1～4 项用水量的 65%计为中水冲厕用水量，最高日用水量为：(431.8×65%+20)×1.15=345.8m³/d。最大时用水量：(132.7×65%+3.3)×1.15=103m³/h。

2. 中水供水范围

市政中水供体育场冲厕、车库地面冲洗。

3. 水源：采用市政中水。

4. 系统竖向分区：

系统竖向分为两个区：−1F、1F 和 2F 为一区，3F 及 3F 以上为二区。

5. 供水方式及加压设备

一区由市政中水给水管网直接供给，为了提高体育场的供水可靠性，从体育场室外生活消防给水环网上引入两路进水并在 1F 室内形成水平环，从环上接出给水立管供有关楼层用水。

二区采用变频调速供水泵组供水。为了减少管道敷设长度和减少水泵扬程，体育场 A、D 区设置一个 $17m^3$ 装配式钢板给水箱和一套加压设备；B、C 区设置一个 $17m^3$ 装配式钢板给水箱和一套加压设备。

6. 管材：中水给水管采用衬塑（聚丙烯）钢管。

（六）排水系统

1. 排水系统的形式：室内生活排水采用污、废水合流制。

2. 污水系统采用专用通气立管。

3. 卫生间污水经室外化粪池处理后排入市政污水管。

4. 管材：室内生活排水管：压力排水管（含地下车库排水管）采用焊接钢管。自流排水管采用 UPVC 隔音空壁塑料排水管、粘接。

二、消防系统

（一）消防栓系统：

1. 体育场消火栓用水标准：室内消火栓：30L/s、室外消火栓：30L/s、火灾延续时间按 2h 计。

2. 系统分区：室内消火栓系统不分区。

3. 采用临时高压制。

4. 室内消火栓给水系统：火灾前期由设于体育场 5F 顶 $18m^3$ 高位水箱供水，之后由设于游泳馆水泵房的消火栓泵供水，屋顶消火栓增压稳压泵 XBD3. 6/4. 17-50DLW/3（$Q=4.17L/s$，$H=36.0m$，$N=4kW$）。

5. 两个游泳池（一个为比赛池，一个为训练池，均为标准池）作为室内消防贮水池，而不单独另设置室内消防水池，水泵房设于游泳馆。

6. 体育场设置 4 组消火栓水泵接合器。

7. 消火栓给水管采用内外壁热浸镀锌钢管，管径小于 *DN*100 者，采用丝扣接口；管径大于等于 *DN*100 者，采用沟槽式连接件（卡箍）连接。

（二）自动喷水灭火系统

1. 自动喷水灭火系统水标准：35L/s、火灾延续时间按 1h 计。

2. 系统分区：自动喷水灭火系统不分区。

3. 采用临时高压制。

4. 自动喷水灭火系统：火灾前期由设于体育场 5F 顶 $18m^3$ 高位水箱供水，之后由设于游泳馆水泵房的自动喷水泵供水，屋顶喷淋稳压设备 ZW（L）Ⅰ-Z-10（配泵 25LGW3-10X4，$Q<1L/s$，$H=32.0m$，$N=1.5kW$）。

5. 两个游泳池（一个为比赛池，一个为训练池，均为标准池）作为室内消防贮水池，而不单独另设置室内消防水池，水泵房设于游泳馆。

6. 喷头选型：地下室车库、1 层汽车库，喷头为 72℃直立型喷头；其余场所喷头为 68℃吊顶型喷头或隐蔽性喷头。

7. 体育场设置 4 组自动喷水水泵接合器和 16 个湿式报警阀。

8. 自动喷水给水管采用内外壁热浸镀锌钢管，管径小于 *DN*100 者，采用丝扣接口，管径大于等于 *DN*100 者，采用沟槽式连接件（卡箍）连接。

（三）气体灭火系统

1. 系统选型：采用烟烙烬（IG-541）气体自动灭火系统。

2. 设置位置：①中心机房、监控室、网络机房、发电机房；②变压器室；③高压室，变配电房；④广播机房，卫星/有线电视机房，电视机转播技术室/通信机房，数据网络中心机房配线间，网络监控及设备室，数据网络中心机房，移动通信机房；⑤变压器，中央控制室；⑥变压器，监控室，高压室 1，高压室 2；⑦

移动通信机房，广播机房，流动扩声系统设备存放间，安保及BA控制室。

3. 设计参数

共31个防护区，11个组合分配系统。设计浓度均为：37.5%，实际喷放浓度为39.9%～42.6%。设有9个气瓶间。

4. 系统控制

系统同时具有自动控制、手动控制和机械应急操作三种控制方式。操作程序如下：

(1) 自动控制

防护区内的单一探测回路探测到火灾信号后，控制盘启动设在该防护区域内的警铃，同时向FAS提供火灾预报警信号。同一防护区内的控制部分在收到防护区内两种不同类型探测器的火灾报警信号后，控制盘启动设在该防护区域内外的蜂鸣器及闪灯并且同时向FAS系统输出火灾确认信号，并进入延时状态（延时时间为30s）。在延时过程中，系统发出动作信号关闭防护区防火阀。如在延时阶段发现是系统误动作，工作人员可按下设在防护区域门外的紧急止喷按钮（必须持久按下，直至系统复位）暂时停止释放药剂。30s延时结束时，控制盘输出24Vcd有源信号至容器阀及选择阀上的电磁阀以释放气体，气体通过管道输送到防护区。此时，压力开关上的触点开关动作并将气体释放信号传至FAS系统和控制盘，并启动防护区外的释放指示灯。防护区域门内外的蜂鸣器及闪灯，在灭火期间将一直工作，警告所有人员不能进入防护区域，直至确认火灾已经扑灭。

(2) 手动控制

手动控制是指控制盘处在手动工作模式下，在接到手拉启动器的指令后，控制盘不经延时实施联动控制并释放灭火剂。

(3) 机械应急操作

机械应急操作是指自动控制和手动控制均不能启动容器阀或有必要时采用的一种操作。该功能的实现是通过在瓶头阀和选择阀上各加装一个机械启动器，用人为的拉力开启系统释放灭火气体。选择阀须先开启，瓶头阀后开启。

5. 管材：管道采用镀锌无缝钢管，对于公称直径小于或等于80mm的管道采用螺纹连接，对于公称直径大于80mm的管道采用法兰连接。

三、工程设计特点

1. 直接与境外建筑师独立配合设计，负责大运中心给水排水专业设计总协调。

本设计建筑方案由德国GMP设计（全过程参与），深圳市建筑设计研究总院设备专业（含给水排水专业）从方案开始参与全部的方案、初步设计、施工图设计和室内装修设计，并作为总体协调单位负责整个大运中心（一场两馆、总图和配套设施）的设计协调工作，设计过程中积累了设备专业单独与境外建筑师直接配合以及协调多家设计院同时设计同一工程不同单体的宝贵经验。

2. 整个大运中心（一场两馆和配套设施）设置一个集中消防泵房于游泳馆，把游泳池兼作室内消防贮水池，达到了降低投资成本，减少占地面积和节约用水的目的。

按一次火灾考虑（与消防局共同确定），所有的主要设备减少到最低的必需数量，即一台工作泵，一台备用泵。三个场馆共设一组室内消火栓泵、一组喷淋泵和一组高空水炮加压泵，大大减少了泵房数量和面积，并且大幅度减少了消防水泵的台数。

把游泳池兼作室内消防贮水池，由于游泳馆中的两个游泳池（一个为比赛池，一个为训练池，均为标准池）不会同时放空，为此可行，这样节省土建造价和用水量，达到了节水节能目标。

3. 采用雨水综合利用系统

屋面雨水、训练场足球场地面雨水、大平台雨水和绿化场地雨水通过收集并经弃流后均就近排入湖体，在地下水位较低处采用渗管和渗井收集雨水，停车场采用渗水地砖下渗雨水。

4. 充分利用市政中水，节约水资源。

冲厕用水、车库地面冲洗用水、室外场地冲洗、道路冲洗和绿化浇洒以及人工景观湖（由三个湖组成，水面面积约 5.8hm^2，总容积约 17 万 m^3）的补水均采用市政中水，最大限度地节约了淡水资源。

5. 整个大运中心（一场两馆和配套设施）设置一个高位消防水箱于体育场。

这样既节省了投资，也解决了体育馆和游泳馆屋顶由于造型问题无法设置屋顶高位水箱的难题。

6. 自动喷水灭火系统在整个体育场设置环形供水干管。

报警阀分区域设置，这样避免了报警阀集中设置带来的管网多而集中的问题，可有效减少管材用量和管道过多交叉带来的层高问题。

7. 根据消防性能化分析，准安全区不设喷淋。

由于设计前进行了消防性能化分析，屋顶罩棚下的入口环形通道和看台下的通道部分建筑定性为准安全区（灰色空间），无吊顶，给水排水专业可不设计自动喷淋，为此节约了不少造价，特别解决了如设置喷淋而带来的建筑美观问题。

8. 生活水池（箱）容积的合理确定

考虑到本工程地处深圳市龙岗区中心地段，离自来水厂只有 2.5km，且属于市政环形管道供水，为此供水可靠性很高，另生活水池进水管管径的设计满足流量大于平均时小于最大时用水量设计，为此生活水池（箱）容积按每天一场比赛人数（而不是通常的按每天两场比赛）计算的用水量的 25%贮存，即使每天进行两场比赛，也可及时通过管网向水池（箱）补水而满足用水要求，这样既可减少水箱的容积，也解决了体育场赛后使用不多（两次使用相隔时间较长）而带来的水池水质变坏的问题。

9. 一层生活给水采用环形供水，并按用水点分别设置水表计量。

考虑到体育场平面面积很大，赛时运动员和工作人员绝大部分集中在一层空间，环形供水可提高供水的安全性和更好的保持水压的稳定，赛后改造也主要在一层，这样方便新增用水点的接出，虽然设计时已经预留部分给水点。

10. 分设多个生活、中水泵房和直饮水机房

考虑到体育场平面面积很大和赛后局部利用的特点，生活给水系统、中水给水系统和直饮水系统分两个大区分设两个生活给水、两个中水给水泵房和两个直饮水机房，并分别独立成系统，可减少供水管网长度，减少水头损失，降低水泵扬程，减少耗电量，另外赛后只是考虑其中一个大分区进行改造，赛后只需启动一个分区的泵组给水，以节约能源。

11. 结合体育场功能特点，生活热水采用集中供热和分散供热相结合的方式。

体育场赛时生活热水采用空气源热泵机组为热源，电为辅助热源，供给 1F 运动员、裁判员、礼仪及消防人员用热水；贵宾室及高级贵宾室卫生间（分散而少用）采用电热水器供给热水。

12. 两个足球场合设浇洒设备，并做到浇洒和景观兼顾。

体育场内比赛场足球场草地与训练场足球场草地共用一套加压设备加压喷水，平时考虑每半个足球场轮番喷水浇洒（启动一台泵），礼仪时考虑一个足球场同时喷水（启动备用泵，两台泵同时喷水），形成一道美丽的景观。

13. 屋面雨水采用虹吸式排水系统，结合屋面形式巧妙布置雨水斗。

结合屋面结构特点，充分利用屋面自然形成的沟作为排水沟，把水集中排至屋顶外围，在屋顶外围处的屋面设计成进水格栅和加设消能措施，格栅下设置雨水收集箱，箱内设置虹吸雨水斗和溢流管，这样既节省了造价，又减少了屋面开洞数量，降低了屋面漏水的风险。

14. 采用一体化整体提升泵站

一层（比室外地面低 1.0m 及以上）卫生间排水采用一体化整体提升泵站，有效解决了臭气外泄、滋生蛆虫和赛后卫生间较长时间不用而带来的结块、堵塞问题。

15. 看台预制板接缝排水和看台地面排水采用有组织排水，并不影响建筑美观。

16. 采用渗管系统排除并降低雨季地下水位

解决了结构专业要求的雨季降地下水位从而减少结构抗浮而带来的成本，节约了土建投资，另外渗管收集到的地下水排往景观水体，节约了市政中水的补水量。

四、工程照片及附图

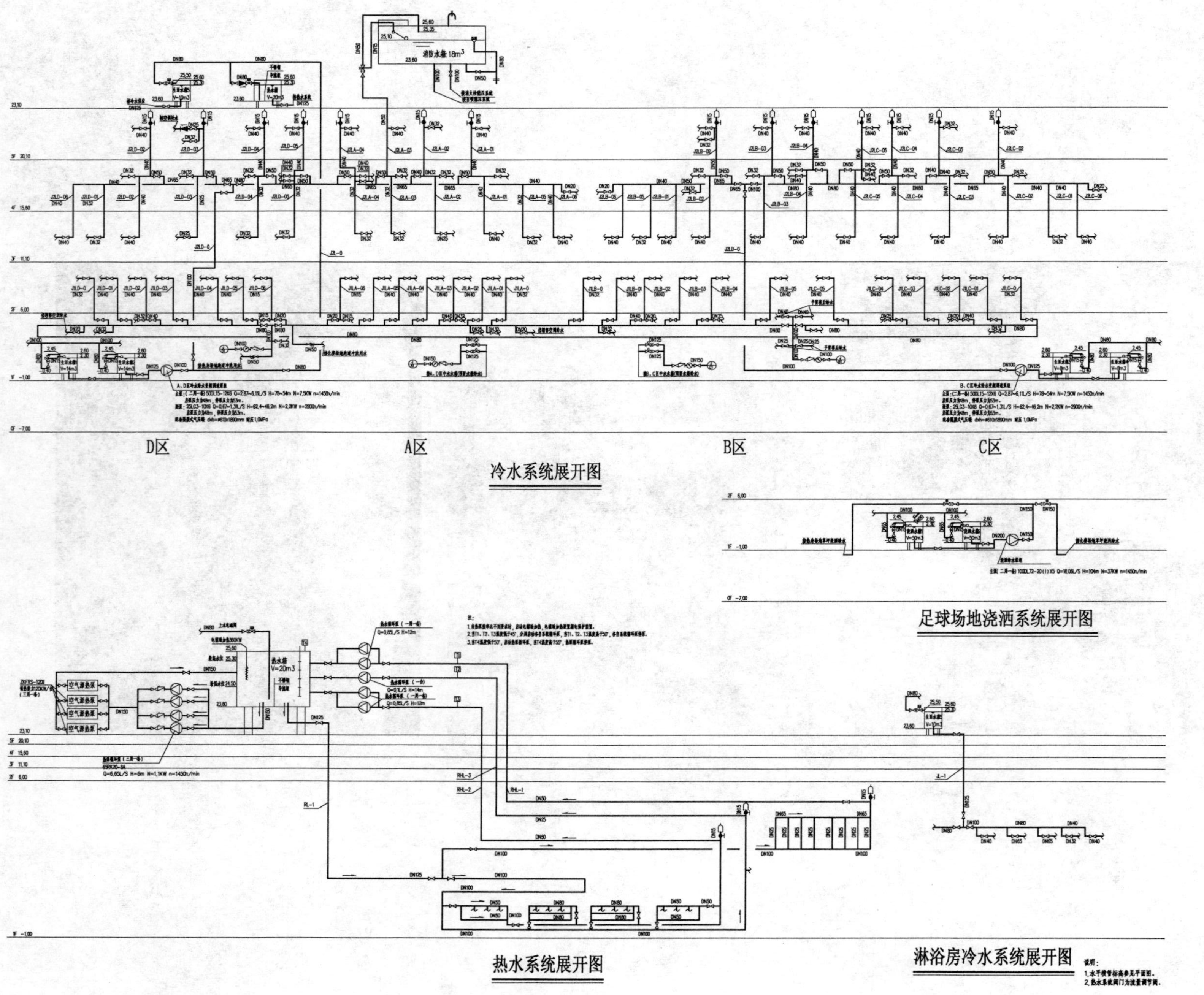
D区
A区
B区
C区
冷水系统展开图
足球场地浇洒系统展开图
热水系统展开图
淋浴房冷水系统展开图
说明：
1.水平横管标高参见平面图。
2.热水系统阀门为流量调节阀。

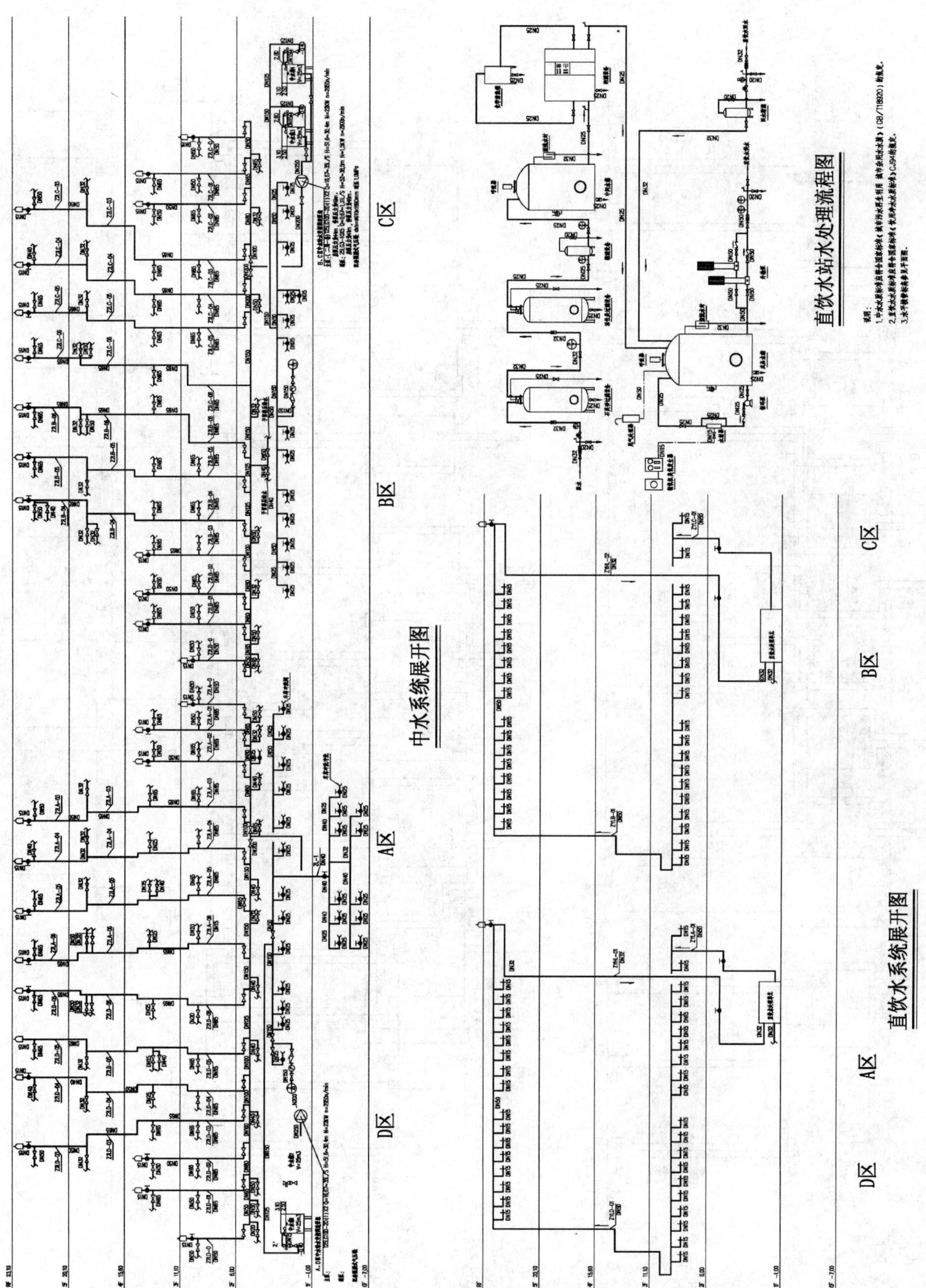
D区
A区
B区
C区
中水系统展开图
D区
A区
B区
C区
直饮水系统展开图
直饮水站水处理流程图

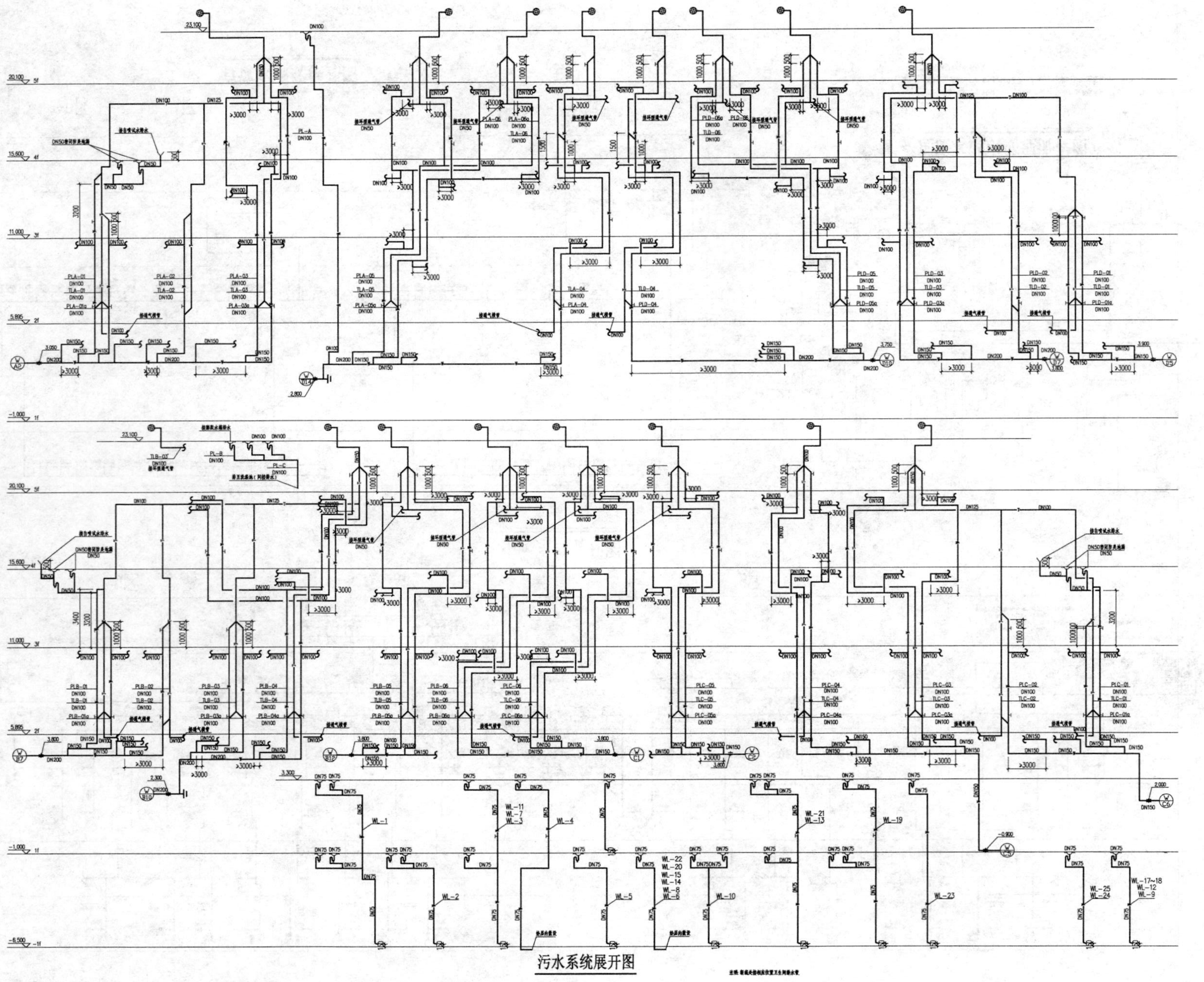

污水系统展开图

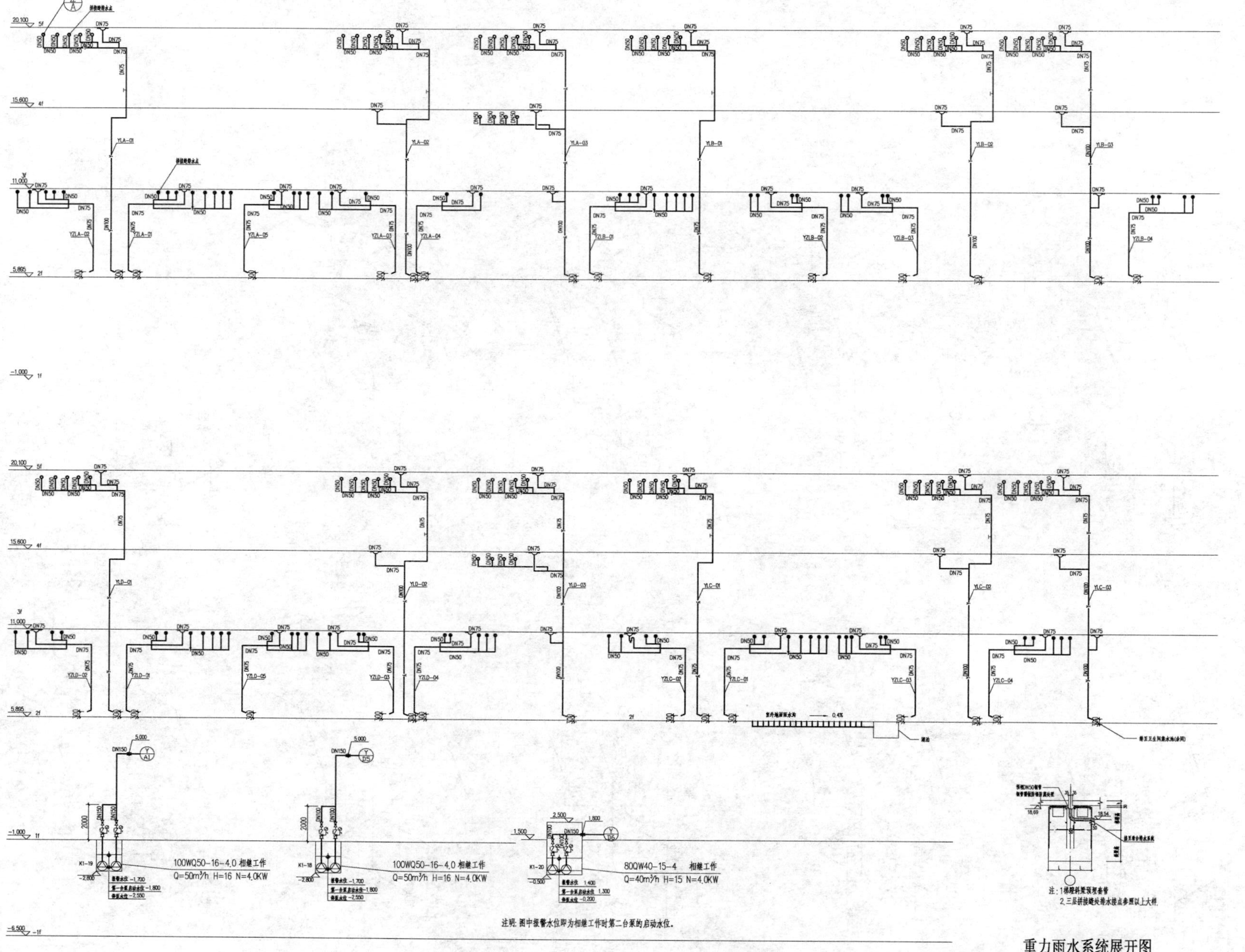
100WQ50-16-4.0 相继工作
Q=50m³/h H=16 N=4.0KW
100WQ50-16-4.0 相继工作
Q=50m³/h H=16 N=4.0KW
80QW40-15-4 相继工作
Q=40m³/h H=15 N=4.0KW
注明：图中报警水位即为相继工作时第二台泵的启动水位。

重力雨水系统展开图

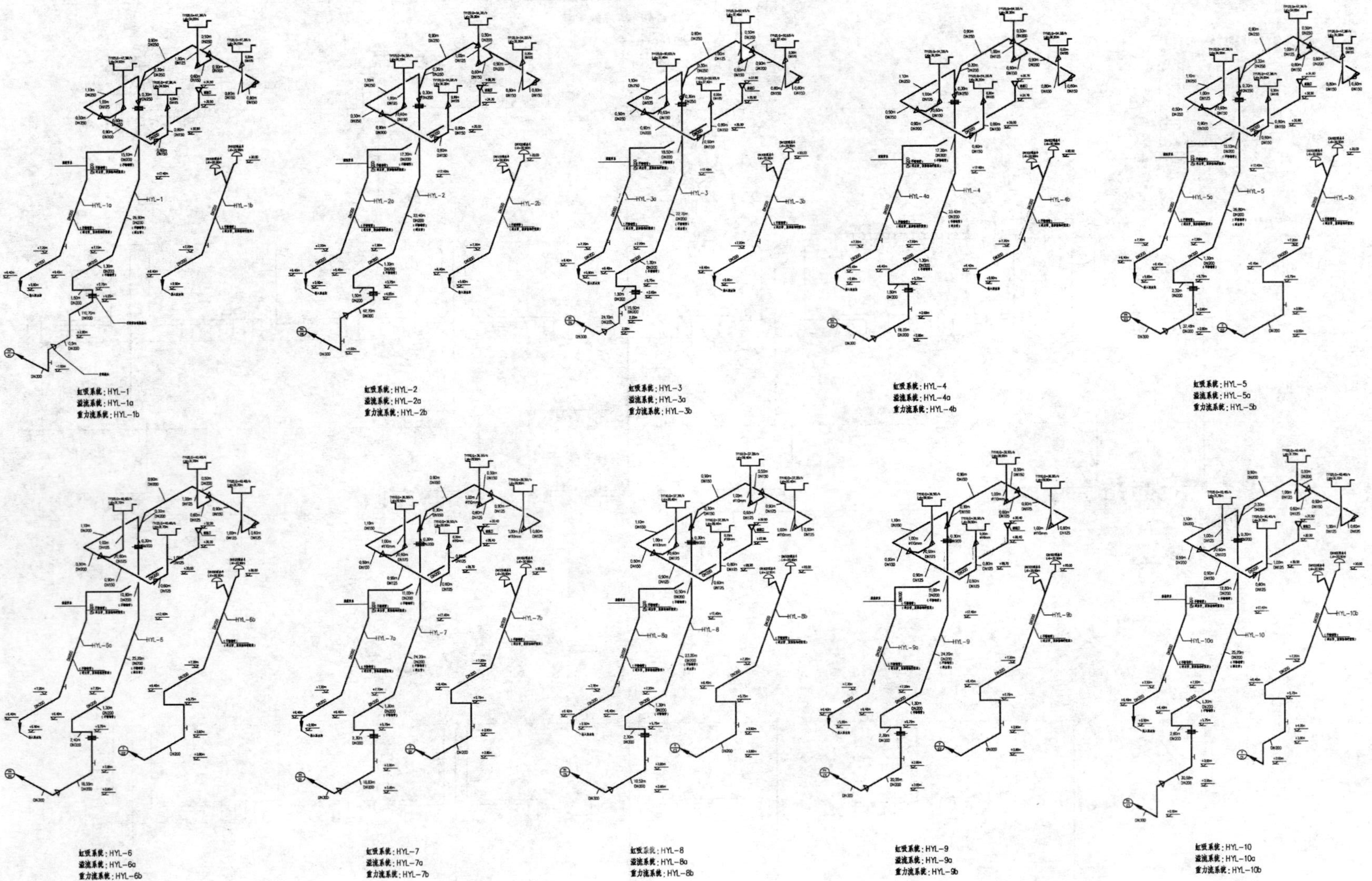

层面虹吸雨水系统展开图

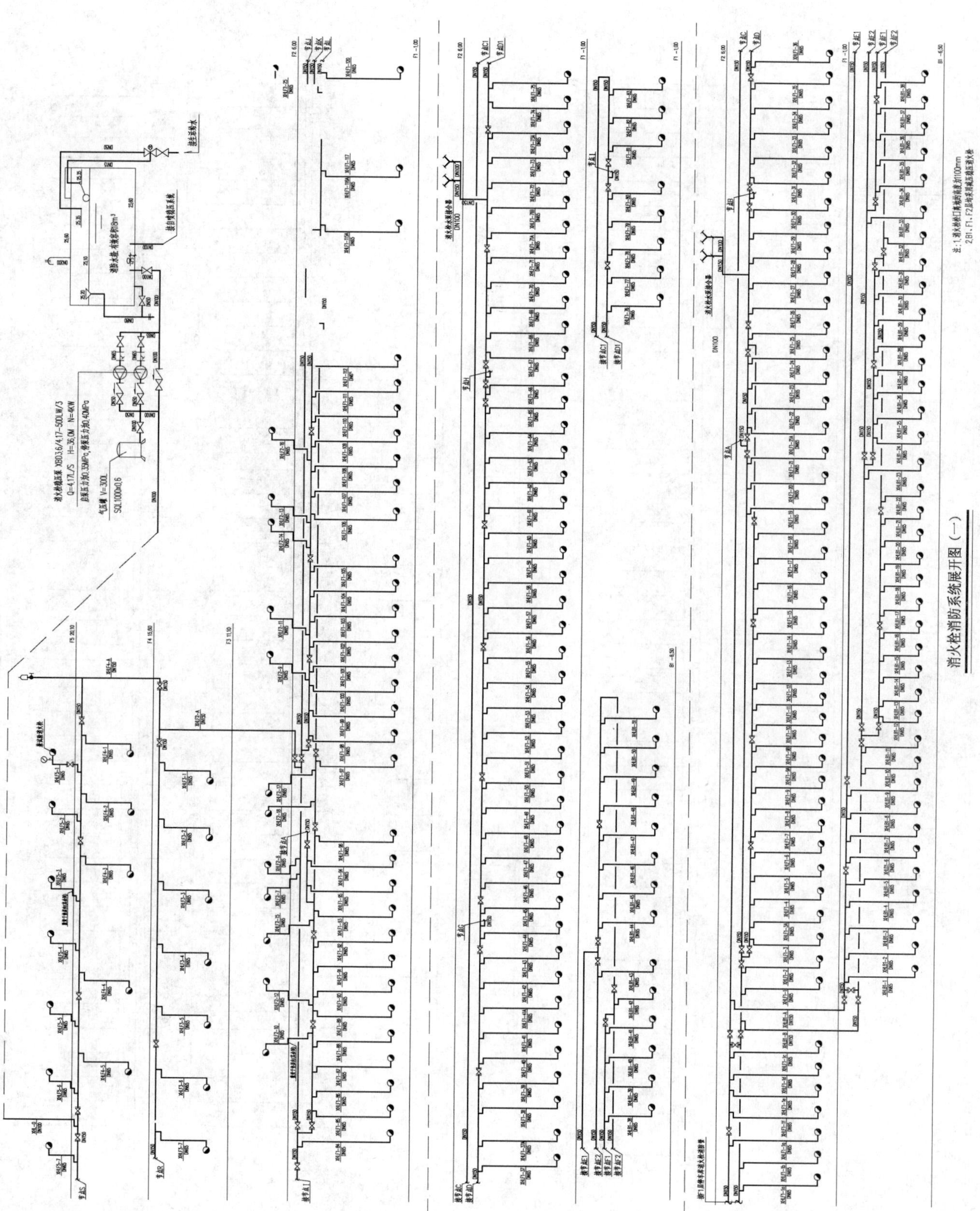

消火栓消防系统展开图（一）

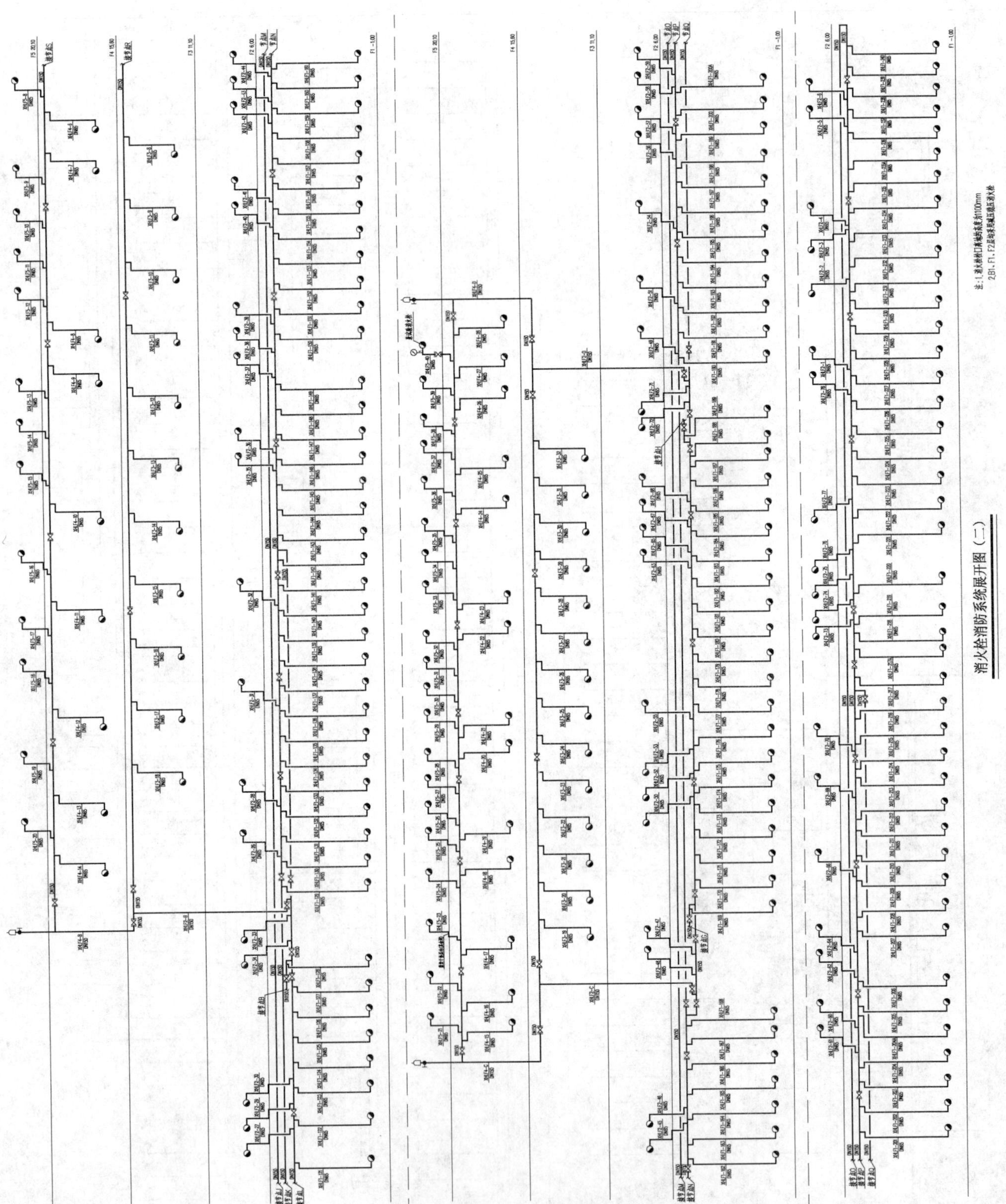

消火栓消防系统展开图（二）

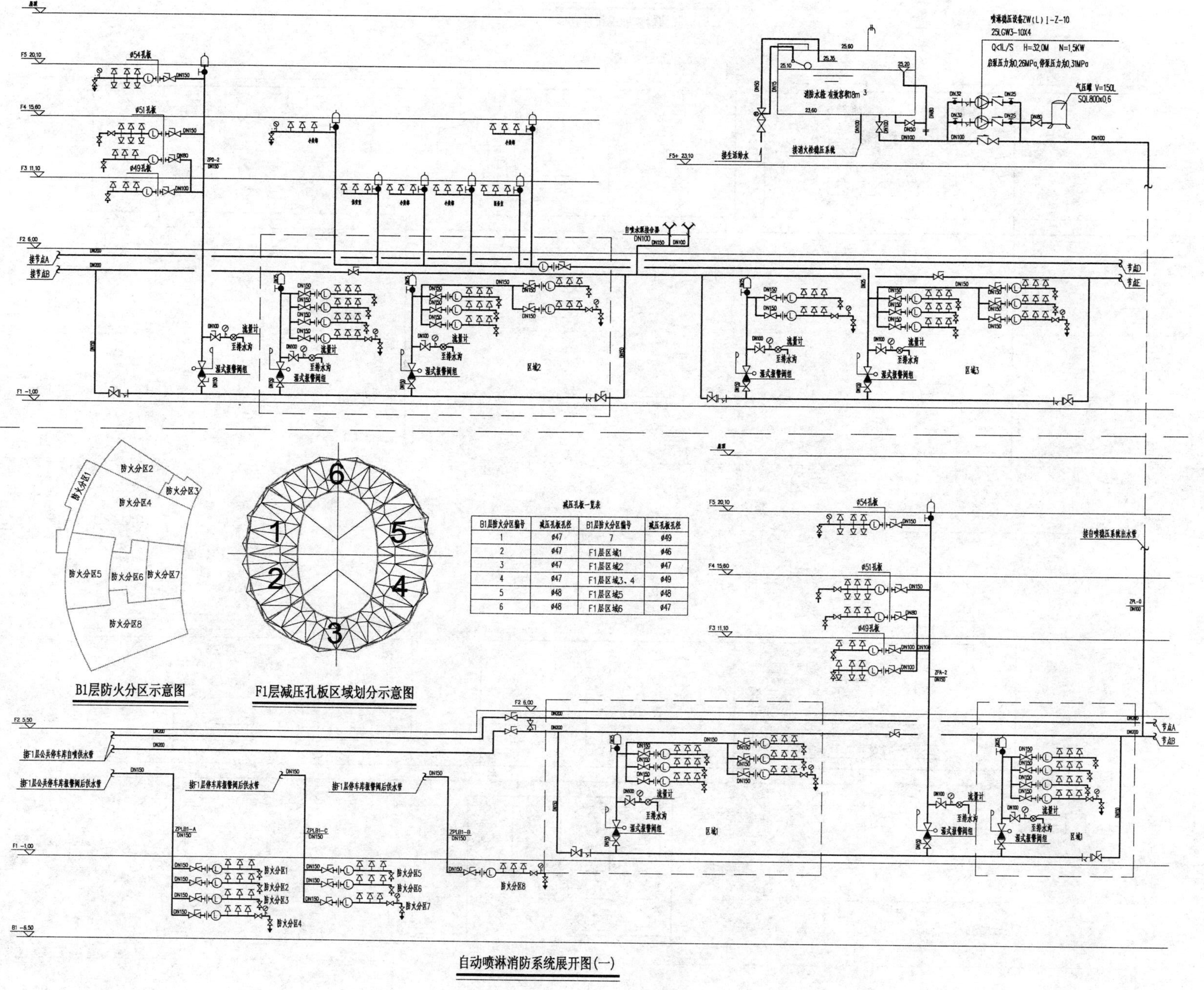

减压孔板一览表

B1层防火分区编号	减压孔板孔径	B1层防火分区编号	减压孔板孔径
1	ø47	7	ø49
2	ø47	F1层区域1	ø46
3	ø47	F1层区域2	ø47
4	ø47	F1层区域3、4	ø49
5	ø48	F1层区域5	ø48
6	ø48	F1层区域6	ø47

自动喷淋消防系统展开图(一)

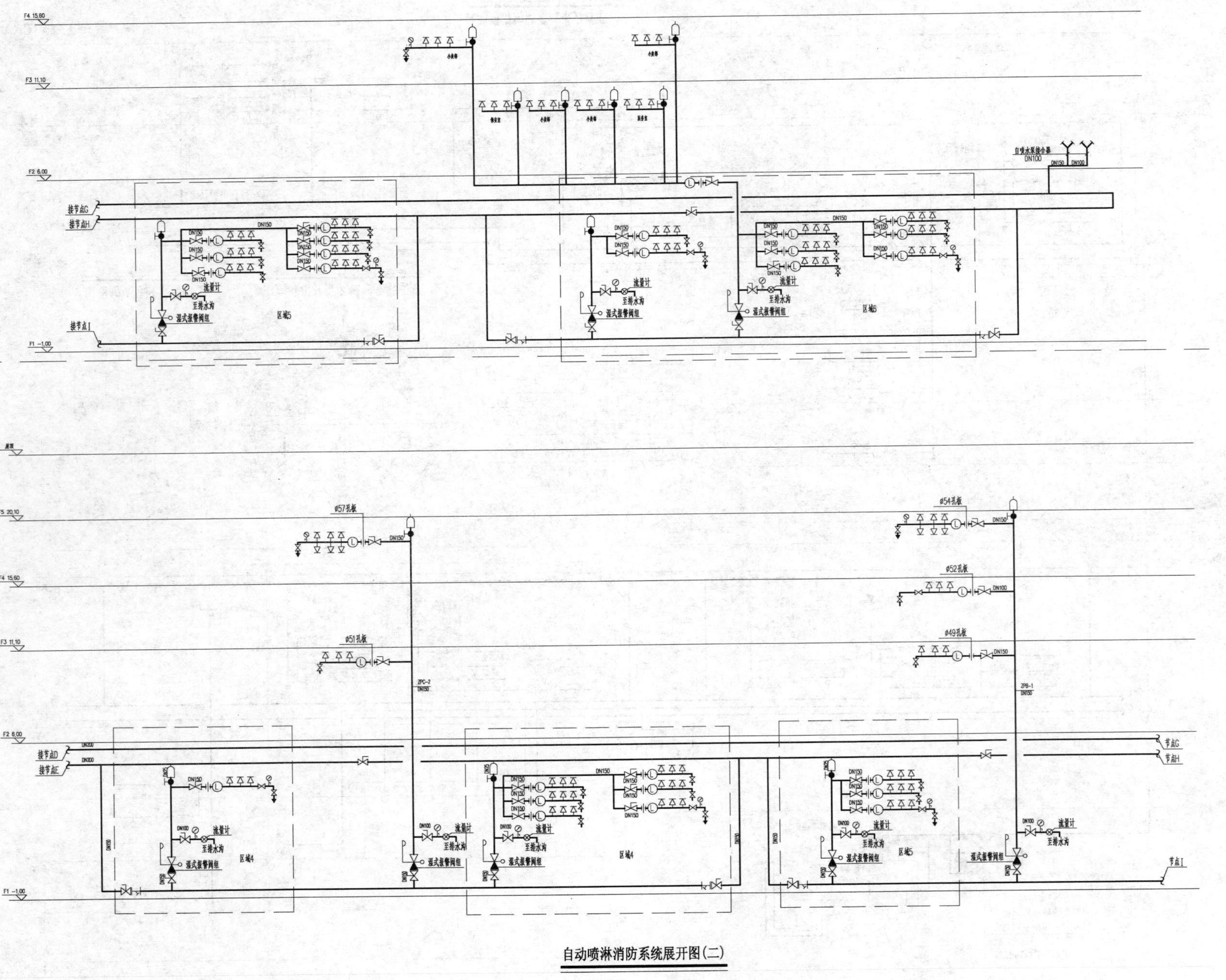

自动喷淋消防系统展开图(二)

华侨城体育中心扩建

设计单位： 北京中外建建筑设计有限公司深圳分公司
设 计 人： 郭星　高四美　孙忠林
获奖情况： 公共建筑类　优秀奖

工程概况：

华侨城体育中心位于深圳市南山区华侨城的中心部位，其周围原有自然条件好，用地红线内有甲方要求保留现状的建筑物及绿化，现状建筑有地块北部的露天游泳池、南部的网球场及网球场更衣室。本次的设计任务为新建华侨城体育中心及改造已有的露天游泳池。

新建的体育中心位于地块的中部，新建建筑的占地面积为2543.84m^2，总建筑面积为4248.17m^2，地上两层，地下一层。总建筑高度为8.8m，为多层综合楼。其中：地下室为篮球场、乒乓球场、健身房和设备用房（包括游泳池的设备用房），一层为前台、体育用品商店和咖啡厅，二层为管理办公室和图书馆，屋顶为设备区及屋顶绿化。现状露天游泳池原设计为一个露天的游泳池及看台，看台有顶盖，本次设计只改造游泳池的淋浴区。现状的网球场及更衣室保持原状。

给水排水系统本项目设计的系统有：生活给水系统、生活热水系统、雨水及中水综合利用系统、绿化浇灌系统、排水系统、雨水系统、室外消火栓系统和室内消火栓系统。

一、生活给水排水系统

（一）给水系统

1. 本项目的最高日用水量为37.3m^3/d，最高日市政冷水用水量为14.5m^3/d。各用水量计算见表1、表2。

最高日用水量计算　　**表1**

序号	用水项目名称	用水规模（人或m^2）	单位	用水量标准（L）	小时变化系数 K	使用时间（h）	用水量			备　注
							最高日（m^3/d）	最大时（m^3/h）	平均时（m^3/h）	
1	体育中心	200	L/(人·d)	65	1.5	10	13.0	2.0	1.3	
2	游泳馆	150	L/(m^2·d)	62	1.5	10	9.3	1.4	0.9	
3	网球中心	50	L/(人·d)	65	1.5	10	3.3	0.5	0.3	
4	绿化	3000	L/(m^2·d)	1.6	1.0	8	4.8	0.6	0.6	
5	空调补水	2000	L/(m^2·d)	1.8	1.0	5	3.6	0.7	0.7	
6	小计						34.0	3.8	2.6	
7	不可预见用水						3.4	0.4	0.3	按小计用水10%计
	合计						37.3	4.2	2.8	

冷水（市政）用水量计算 表2

序号	用水项目名称	用水规模（人或 m^2）	单位	用水量标准（L）	小时变化系数 K	使用时间（h）	用水量			备注
							最高日（m^3/d）	最大时（m^3/h）	平均时（m^3/h）	
1	体育中心	200	L/(人·d)	30	1.5	10	6.0	0.9	0.6	
2	游泳馆	150	L/(m^2·d)	38	1.5	10	5.7	0.9	0.6	
3	网球中心	50	L/(人·d)	30	1.5	10	1.5	0.2	0.2	
4	小计						13.2	2.0	1.3	
5	不可预见用水						1.3	0.2	0.1	按小计用水10%计
	合计						14.5	2.2	1.5	

2. 生活给水以市政给水为水源，两路引入，给水管在用地范围内成环状布置。市政引入管处设管道倒流防止器，防止用地红线内水管里的水倒流污染市政水。

3. 市政给水管水压为不小于0.40MPa，大于建筑物最高卫生洁具所需的水压0.25MPa，故给水系统竖向分一个区，全部由市政给水供给。用水点均设水表计量，用水点水压超过0.25MPa的设减压阀减压，阀后压力为0.20MPa。给水采用下行上给的给水方式。

4. 给水管材：室外给水管（也即室外消火栓给水管）采用PE给水管，热熔连接；室内给水干管及立管采用衬塑钢管，丝扣或法兰连接；卫生间内给水支管采用PPR给水管，热熔连接。

（二）热水系统

1. 本项目的最高日热水用水量为7.8m^3/d。热水用水量计算见表3。

热水用水量计算 表3

序号	用水项目名称	用水规模（人或 m^2）	单位	用水量标准（L）	小时变化系数 K	使用时间（h）	用水量			备注
							最高日（m^3/d）	最大时（m^3/h）	平均时（m^3/h）	
1	体育中心	200	L/(人·d)	15	1.5	10	3.0	0.5	0.3	
2	游泳馆	150	L/(m^2·d)	22	1.5	10	3.3	0.5	0.3	
3	网球中心	50	L/(人·d)	15	1.5	10	0.8	0.1	0.1	
4	小计						7.1	1.1	0.7	
5	不可预见用水						0.7	0.1	0.1	按小计用水10%计
	合计						7.8	1.2	0.8	

2. 本项目的热水供给体育中心、游泳馆和网球场的淋浴用水。热源采用太阳能集热板。太阳能集热板采用平板型太阳能板，集热板设置在标高最高的建筑物屋面，共98m^2。深圳地处太阳能资源一般区，年太阳能辐照量为5200MJ/(m^2·a)，太阳能的保障率只能为40%～50%，且深圳的年最低气温比较高，高于5℃。这为空气源热泵提供了优越的条件，故本项目采用空气源热泵作为辅助热源。

3. 热水系统采用强制循环直接加热（双水箱，即加热水箱和蓄热水箱）的系统形式，太阳能集热板和空气源热泵与加热水箱之间均设有循环泵，一般情况下由太阳能集热板制造热水，当设置在加热水箱内温度探头探测到加热水箱内的水温低于设定50℃（可调），且太阳能强制循环泵不工作的情况下，空气源热泵及其循环泵启动，由空气源热泵工作并制造热水；当加热水箱内水温达到设定的55℃（可调），或太阳能强制循环泵启动的状态下，空气源热泵及其循环泵停止工作。

4. 热水系统竖向分一个区，其供水加压泵采用变频控制的方式，以保持热水管内水压的稳定，并通过市政给水管上压力传感器的压力来控制加压泵组的扬程以保证用水点处冷水和热水的水压平衡。热水系统采用支管循环的循环方式，为保证热水回水效果，回水管采用同程布置的方式。

5. 热水管材：热水干管及立管采用衬塑钢管，丝扣连接；卫生间内支管采用 PPR 热水管，热熔连接。

（三）雨水及中水综合利用系统

1. 本项目的中水供给厕所冲厕、空调冷却水补水以及室外的绿化浇洒使用。中水的平均日原水量为 $5.3m^3/d$，最高日中水用水量为 $15.1m^3/d$。用水量计算见表 4、表 5。

中水原水量计算 **表 4**

序号	排水项目名称	排水规模（人或 m^2）	单位	排水量标准（L）	平均日排水量（m^3/d）	备　注
1	游泳馆	150	$L/(m^2 \cdot d)$	32.3	4.8	
2	小计				4.8	
3	不可预见用水				0.5	按小计用水 10%计
	合计				5.3	

中水用水量计算 **表 5**

序号	用水项目名称	用水规模（人或 m^2）	单位	用水量标准（L）	小时变化系数 K	使用时间（h）	用水量			备　注
							最高日（m^3/d）	最大时（m^3/h）	平均时（m^3/h）	
1	体育中心	200	L/(人·d)	20	1.5	10	4.0	0.6	0.4	
2	游泳馆	150	$L/(m^2 \cdot d)$	2	1.5	10	0.3	0.0	0.0	
3	网球中心	50	L/(人·d)	20	1.5	10	1.0	0.2	0.1	
4	绿化	3000	$L/(m^2 \cdot d)$	1.6	1.0	8	4.8	0.6	0.6	
5	空调补水	2000	$L/(m^2 \cdot d)$	1.8	1.0	5	3.6	0.7	0.7	
6	小计						13.7	0.8	0.5	
7	不可预见用水						1.4	0.1	0.1	按小计用水 10%计
	合计						15.1	0.9	0.6	

2. 由于本项目的中水原水量较少，远少于中水用水量，故中水收集系统同时收集体育中心的屋面雨水作为中水原水。体育中心屋面汇流面积内理论上逐月能够收集的雨水量计算如下：

$$W=0.6\times\alpha\beta\psi H A$$

式中 α——季节折减系数，取 0.85；

β——初期弃流系数，取 0.9；

ψ——综合径流系数，取 0.8；

H——为逐月平均降雨量（m）；

A——径流面积（m^2）。

根据 2002 年的水资源公报，2002 年为平水偏枯年，全年降水量比多年平均降水量少 5%，汇流面积为 $1800m^2$，能收集的雨水量占屋面雨水总量 60%，根据表 6 雨量厚度计算一月份：

$$W=0.6\alpha\beta\psi HA=0.6\times0.85\times0.9\times0.8\times0.0165\times1800=10.9m^3$$

分别计算 2～12 月雨水量，见表 6。

2002 年深圳逐月及全年降雨量集水区汇入水量 W **表 6**

月份	1	2	3	4	5	6	7	8	9	10	11	12	全年
雨量(mm)	16.5	12.3	73.2	9.8	299.4	132.1	371.2	396.2	387.5	108.8	18.8	50.3	1876.1
$W(m^3)$	10.9	8.1	48.4	6.5	197.8	87.3	245.2	261.7	256.0	71.9	12.4	33.2	1239.4

从表 6 可以看出，项目平均每天可收集的雨水量为：1239.4/365=3.4m³/d。

雨水收集平均每日提供 3.4m³/d，占日用水量的 9%。

3. 中水系统的雨水收集池和中水调节池合建，游泳池的废水和体育中心屋面的雨水经埋地的室外排水管道收集后排至中水调节池和雨水收集池，此处理构筑物及设备机房全埋于绿地下。中水机房内设有一个有效容积为 1787.5m³ 的雨水收集池和中水调节池以及一个有效容积为 82.5m³ 的清水池，当清水池中水位达到设定的低水位时，由市政给水管往清水池中补充清水。本项目的水量平衡图如图 1 所示。

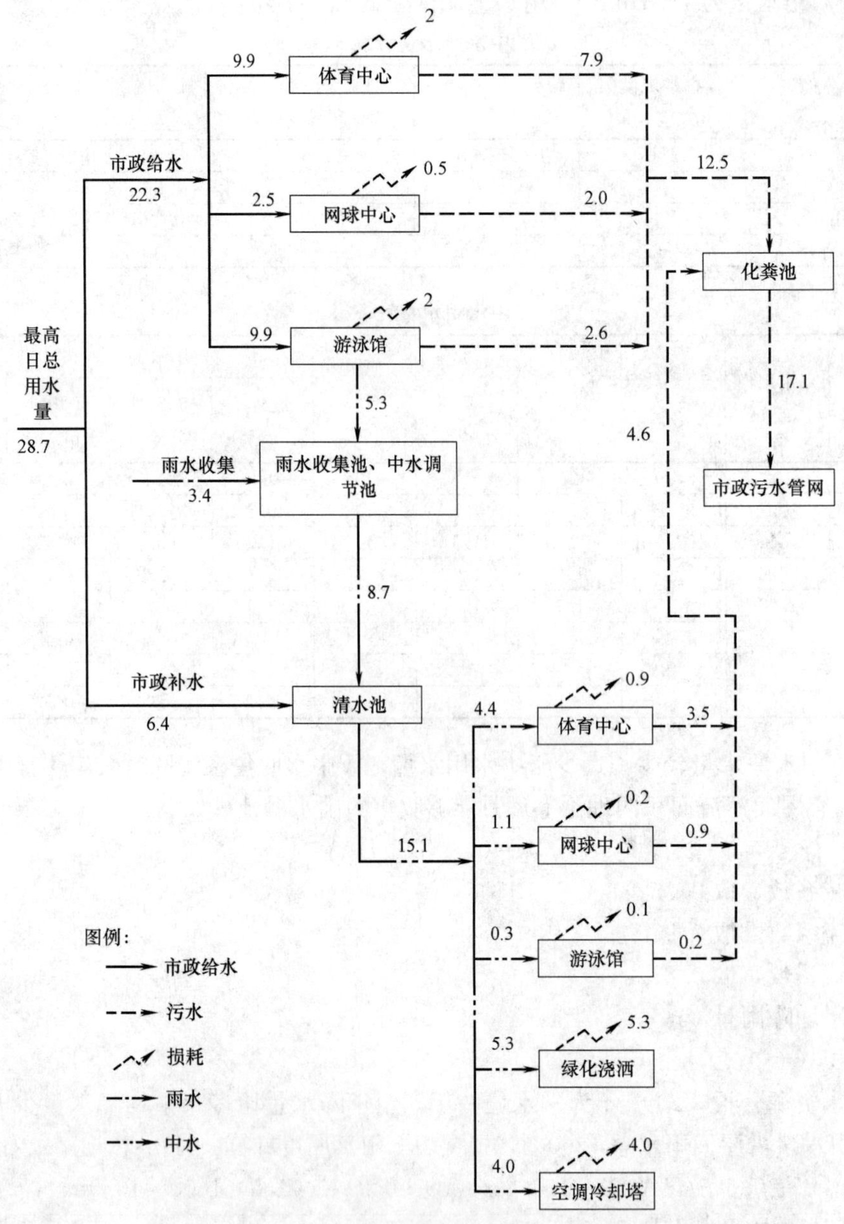

图 1　水量平衡图

4. 中水系统竖向分一个区。中水处理机房内设置一套变频供水设备，将清水池中的清水加压后供给各中水用水点。

5. 中水处理采用纯物化的工艺，工艺流程如图 2 所示：

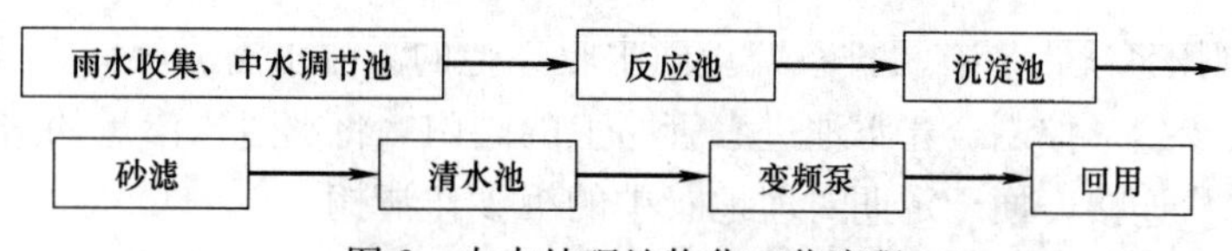

图 2 中水处理纯物化工艺流程

雨水及中水综合利用系统的工艺流程见图 3：

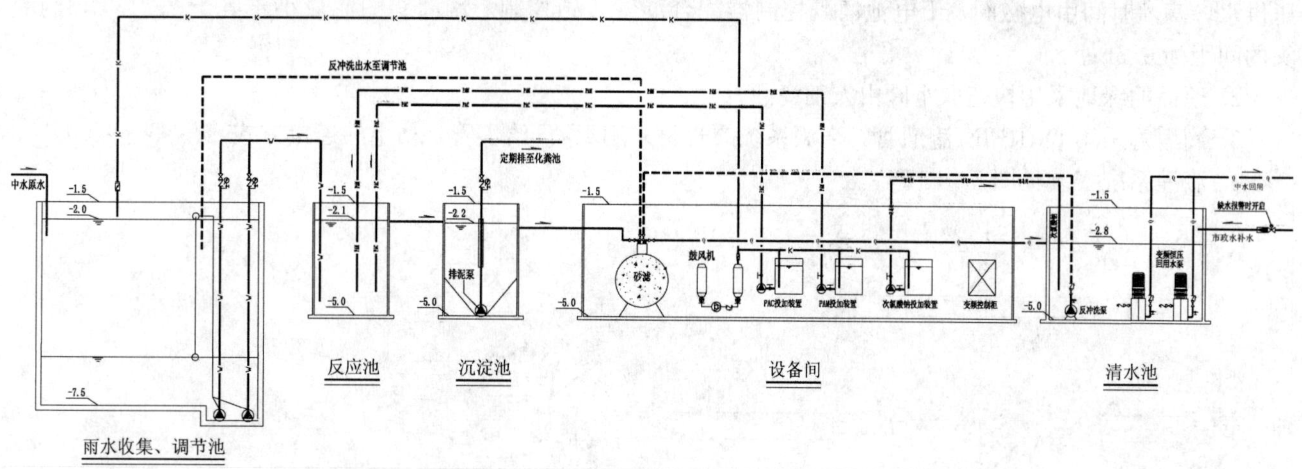

图 3 雨水及中水综合利用系统工艺流程

雨水及中水综合利用系统的构筑物平面布置见图 4：

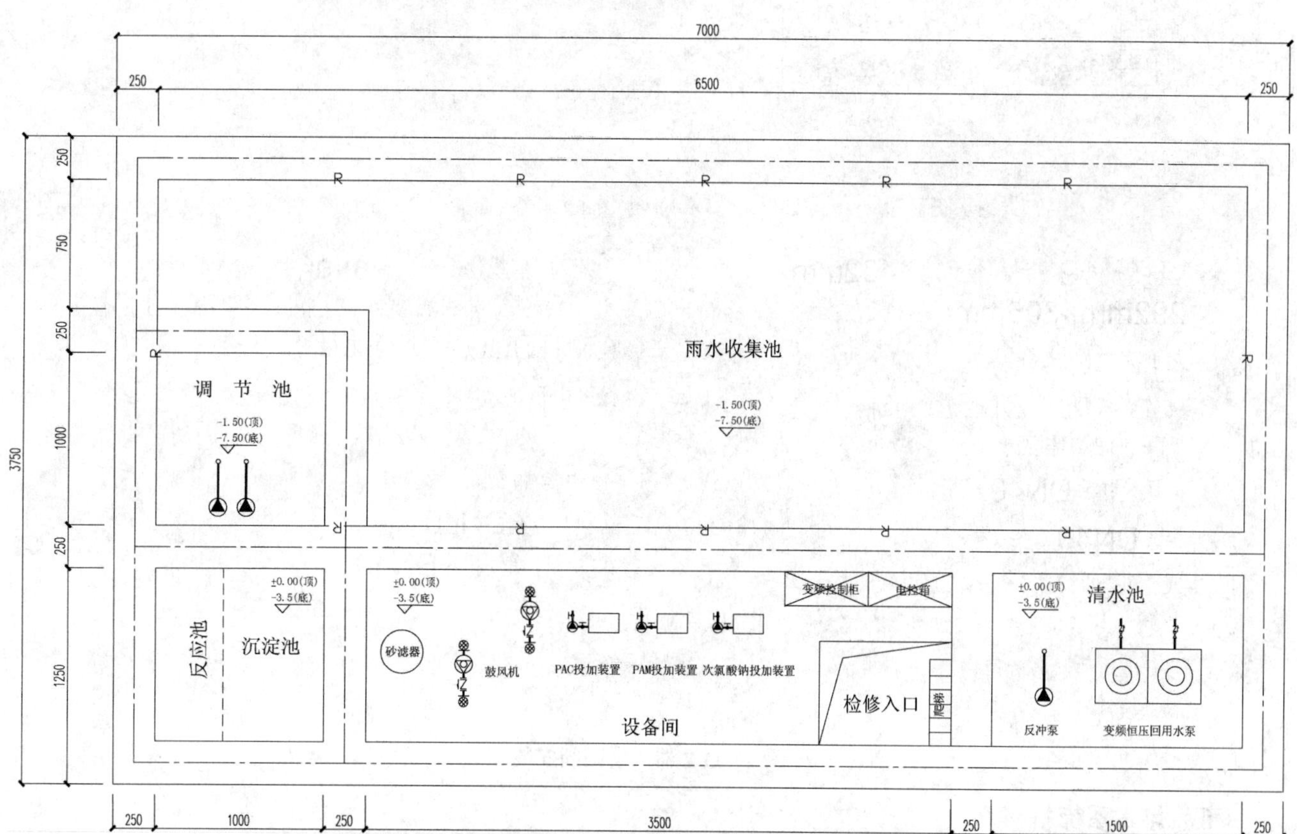

图 4 雨水及中水综合利用系统构筑物平面图

6. 雨水及中水综合利用系统设置有渗排系统。雨水收集池的溢流水溢流至周围低洼的人工湿地，采用渗透管网进行入渗，根据入渗量，控制合建水池进水管路上的阀门，将超过入渗量的水排入市政雨水管网，PE渗透井用于管线之间的转换连接，便于定期对埋地管中的沉砂作清掏。

（四）绿化浇灌系统

1. 屋面绿化采用滴灌系统。采用地埋式压力补偿式滴灌系统，利用雨水及中水综合利用系统的回用水加压供水，滴灌时间由电磁阀及干电池灌溉控制器配合湿度传感控制。滴灌头的流量小于等于 2.4L/h，滴灌头的间距为 0.5m。

2. 地面的绿地采用快速取水阀由人工浇洒。

3. 滴灌管采用 DRIP-IN 滴灌管，浇洒系统的管材采用 PVC 给水管，粘结的连接方式。

4. 滴灌系统安装见图 5～图 7。

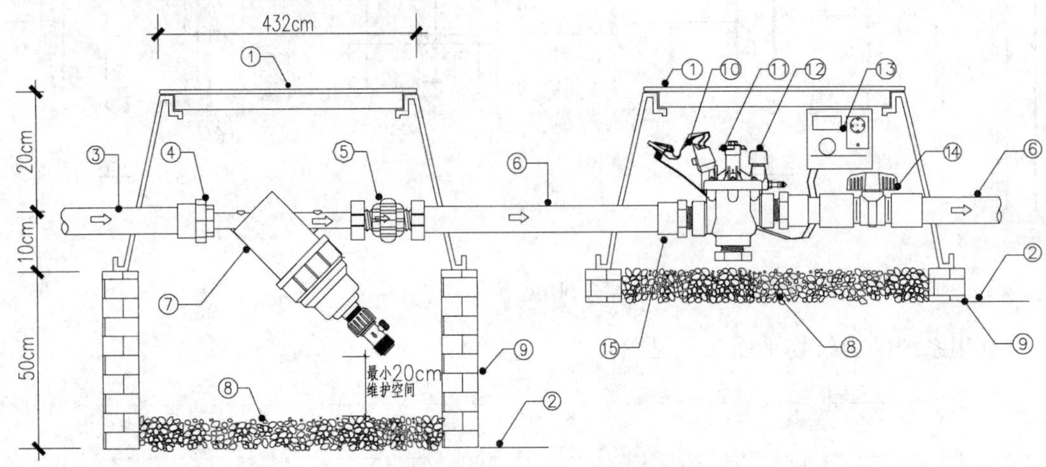

局部详图／正面图　　　　局部详图／正面图

① VB1419方形阀箱和阀盖432mm×292mm×305mm
② 屋面完成面
③ 支管（入口），DN32mm
　长度根据需要
④ 内螺纹接头DN40
⑤ 活接DN40
⑥ 支管（出口），DN40mm
⑦ 1.5寸外螺纹Y型网式过滤器（过滤精度150目）
⑧ 砂砾层（厚10cm）—— 排水
⑨ 砖块支撑
⑩ 控制线（线径1.5mm²）和防水电线
　接头（公用端3M DBR，控制端3M DBY）
⑪ TORO P220电磁阀1.5寸
⑫ TORO EZR-100压力调节器
⑬ TORO DDCWP-2-9V
　干电池控制器，挂于阀门箱壁
⑭ 球阀DN40
⑮ 外螺纹接头DN40

图 5　过滤器、电磁阀安装

（五）排水系统

1. 采用雨污分流的排水体制，体育中心和网球场更衣室的污废水为合流的形式，游泳池更衣室的污废水

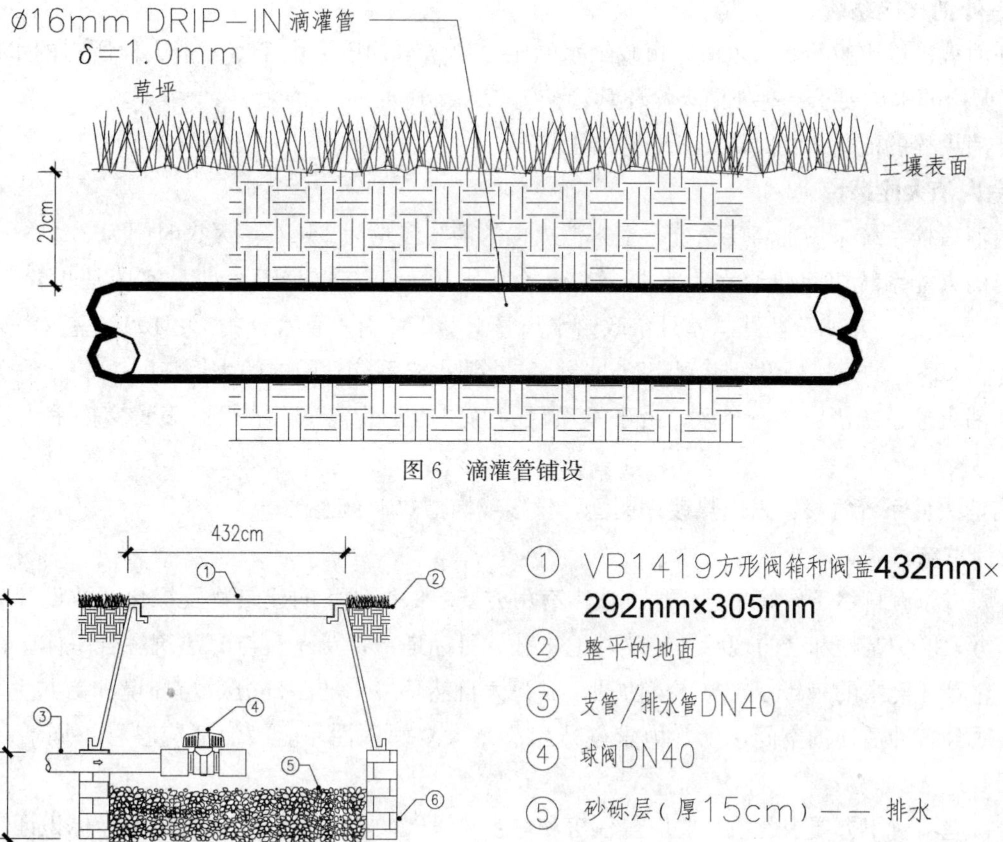

图 6 滴灌管铺设

图 7 冲洗球阀安装

为分流的形式。

2. 地上建筑的污废水靠重力自流至室外排水管网，地下室的污废水由加压泵提升至室外排水管网；

3. 本项目的最高日排水量为 29.84m^3/d。除游泳池更衣室的废水排至中水系统外，其他的排水均经化粪池处理后排至市政污水管网。

4. 排水管材：室内排水管采用 PVC-U 排水管，粘结的连接方式；室外排水管采用 PVC-U 双壁波纹管，弹性橡胶圈柔性接口。

（六）雨水系统

1. 雨水系统采用重力流系统，屋面雨水由雨水斗收集后经雨水立管排至室外雨水管网，室外地面雨水由雨水口收集后排至室外雨水管网，雨水一部分排至雨水和中水综合利用系统，其余部分均排至市政雨水管网。

2. 屋面雨水管网的设计重现期取 10 年，室外雨水管网的设计重现期取 1 年。

3. 雨水管材：屋面雨水管采用 PVC-U 排水管，黏结的连接方式；室外雨水管采用 PVC-U 双壁波纹管，弹性橡胶圈柔性接口。

二、消防系统

根据《建筑设计防火规范》GB 50016—2006 要求，本项目按多层综合楼设计消防灭火系统。共设有室外消火栓系统和室内消火栓系统。

（一）室外消火栓系统

1. 室外消火栓以市政给水为水源，市政给水的压力为0.40MPa，大于室外消火栓所需的水压0.10MPa，满足室外消火栓的水压要求。室外消火栓环管管径为*DN*150。

2. 室外消火栓的流量为：20L/s，灭火时间为2h。

（二）室内消火栓系统

1. 室内消火栓系统采用常高压系统，室内消火栓的消防流量为15L/s，灭火时间为2h。

2. 室内消火栓系统以市政给水为水源，市政给水水压大于0.40MPa，满足室内消火栓系统最不利点0.3MPa的水压要求。给水分两路从室外市政给水环管上引入，引入管管径为*DN*100。室内消火栓系统管网与室外市政给水环管的连接处设管道倒流防止器，防止消火栓系统管网内的水倒流。

3. 室内消火栓系统竖向分一个区。由于本项目为两层的公共建筑，故没有设置室内消火栓系统水泵接合器。

4. 室内消火栓系统管材：采用热镀锌钢管，丝接或沟槽式卡箍连接。

三、设计总结

本项目周边原有自然条件好，且用地红线内有甲方要求保留现状的建筑物及绿化，故设计时我们认为首要的任务是努力保护基地和谐的现状，延续基地文脉。目标是：将新建筑与旧建筑融合一体。在这里建筑不再是主题，它是环境中的一部分，与环境协调，成为大自然环境中的一部分，与环境和谐共生。功能上，我们努力创造适合多种活动的空间场所，力求创造出满足大众娱乐性，能灵活适应各种不同活动的休闲活动场所。

由于项目立项时甲方要求此项目要取得住房和城乡建设部的“三星级绿色建筑设计标识证书”认证，故项目设计时各专业都因地制宜的采用了各种绿色环保及节水节能的措施。其中给水排水专业采取了如下措施：

1. 合理规划各种水源，统筹、综合利用各种水资源；

2. 生活给水直接利用市政供水管，充分利用市政压力。

3. 生活热水由太阳能热水系统供给。

4. 各用水点均设水表计量。

5. 利用各种新型管材，减少管网的漏水。

6. 设置雨水及中水综合利用系统，雨水收集池和中水调节池合建，中水原水为泳池更衣室生活废水和新建体育中心屋面雨水。中水供给厕所冲厕、空调冷却水补水以及室外的绿化浇洒使用。

7. 中水加压采用变频供水的方式。

8. 屋顶采用种植屋面，并采用滴灌的浇洒方式。

9. 排水经化粪池处理后方排至市政污水管网。

10. 雨水及中水回用系统收集池溢流水溢流至低洼人工湿地，采用渗透管网进行入渗。

此项目建筑面积小，但建筑形态多变，为配合“三星级绿色建筑设计标识证书”的认证，设备专业的系统均比较多，所以要求各专业在设计过程中能密切配合。而且项目中还有一部分建筑物要保持原状或者进行局部的，如：游泳池的设备机房要保持原状，但此设备机房在体育中心建好后又变成了新建地下室的一部分；红线内的大部分树木均没有移栽等。因此，在施工过程中还要求设计院紧密结合现场做一些现场设计。设计过程虽然曲折，但最终还是保证了项目的顺利实施。

四、工程照片及附图

建设中的体育中心

竣工时的大门

竣工时的游泳池

2012 年的游泳池

屋顶绿化滴灌系统冲洗阀及阀箱

滴灌系统支管及滴灌管

太阳能热水系统集热板

太阳能热水系统热泵及热水箱

附图

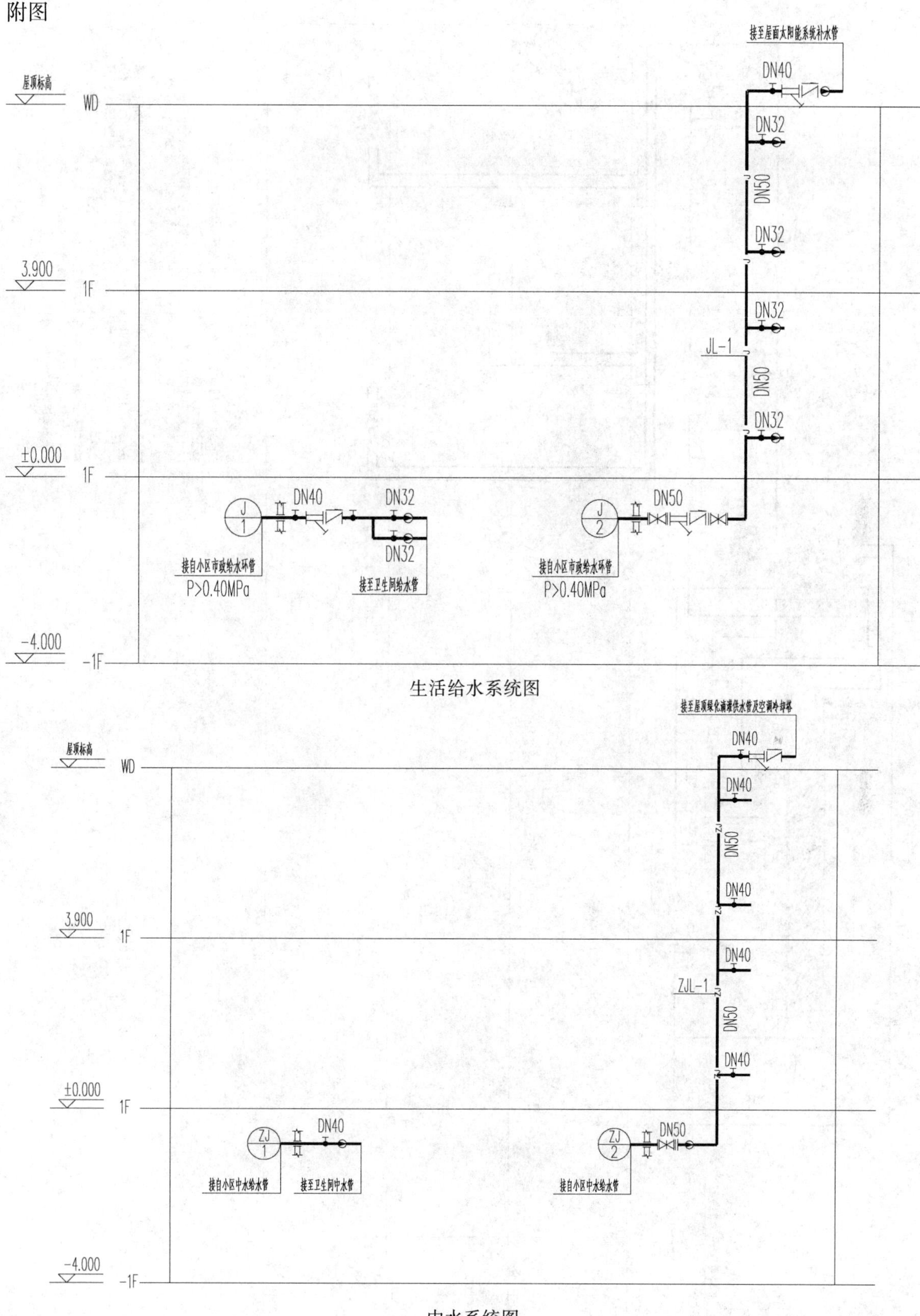

生活给水系统图

中水系统图

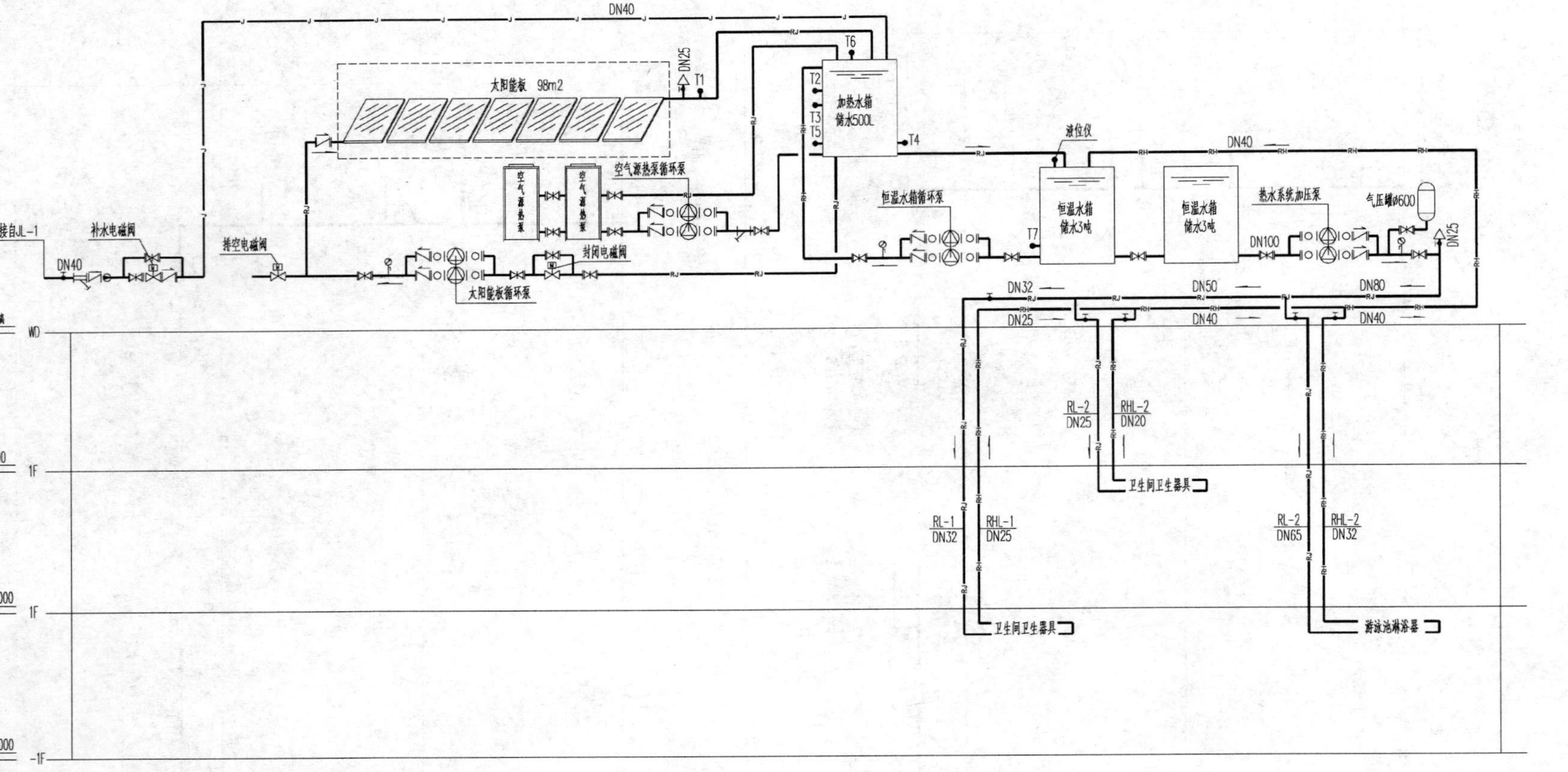

系统控制说明：

1、太阳能温差强制循环加热控制原理：受太阳能集热器内水温和加热水箱内水温的温差控制，当T1−T2≥6℃（可调）时，太阳能强制循泵启动，当T1−T2≤2℃（可调）时，太阳能强制循泵停止。
2、太阳能与热泵自动转换控制原理：受加热水箱内水温的控制，并与太阳能强制循环泵连锁控制。当温度探头T5探测到加热水箱内水温低于设定50℃（可调），且太阳能强制循环泵不工作的情况下，热泵及循环泵启动；当加热水箱内水温达到设定的55℃（可调），或太阳能强制循环泵启动的状态下，热泵及循环泵停止工作。
3、恒温箱自动循环控制原理：受加热水箱和恒温水箱的温差及恒温水箱的水位控制，当 T6−T7≥5℃（可调），且恒温水箱水位高于最低水位时，恒温循环泵启动；当T6−T7≤2℃（可调）时，或恒温水箱水位低于最低水位时恒温循环泵停止。
4、恒温箱自动补水控制原理：受加热水箱的温度及恒温水箱的水位控制，当 T4=55℃（可调），且恒温水箱水位低于上限水位时，冷水补水电磁阀打开，把加热水箱上部高温的热水顶回恒温水箱，当 T4≤50℃（可调）或恒温水箱达到上限水位时，冷水补水电磁阀关闭。
5、加压供水原理：根据实际用水情况，加压运行，使供水系统处于使用的压力值。
6、回水电磁阀工作原理：受供水管网中水温的控制，当管网中水温低于设定40℃（可调）时，回水电磁阀打开，当管网中水温达到设定的50℃（可调）时，电磁阀关闭。

热水系统图

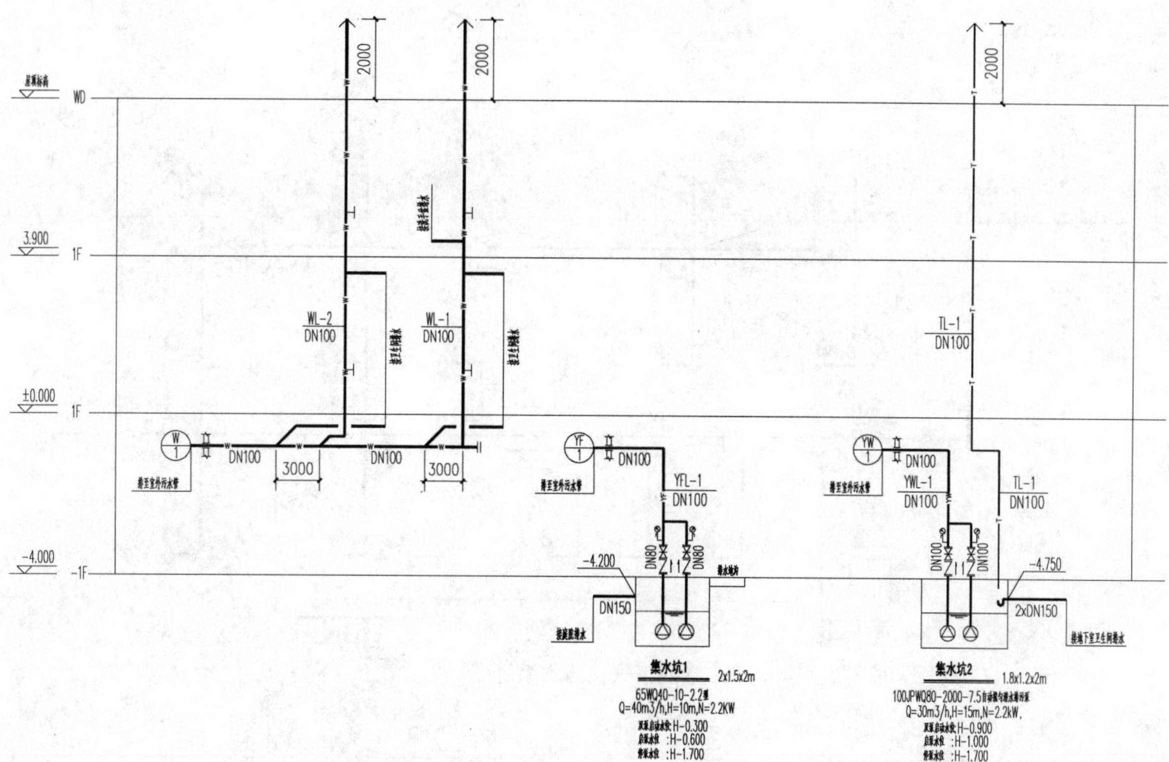
WD
3.900
1F
±0.000
1F
-4.000
-1F
2000
2000
2000
WL-2
DN100
WL-1
DN100
TL-1
DN100
W
1
DN100
3000
DN100
3000
排至室外污水管
YF
1
DN100
YFL-1
DN100
YW
1
DN100
YWL-1
DN100
TL-1
DN100
DN80
DN80
DN100
DN100
-4.200
-4.750
DN150
2xDN150
排水地沟
接庭院排水
接地下室卫生间排水
集水坑1
2x1.5x2m
65WQ40-10-2.2型
Q=40m3/h,H=10m,N=2.2KW
双泵启动水位 H-0.300
启泵水位 :H-0.600
停泵水位 :H-1.700
集水坑2
1.8x1.2x2m
100JPWQ80-2000-7.5自动搅匀潜水排污泵
Q=30m3/h,H=15m,N=2.2kW,
双泵启动水位 H-0.900
启泵水位 :H-1.000
停泵水位 :H-1.700

排水系统图

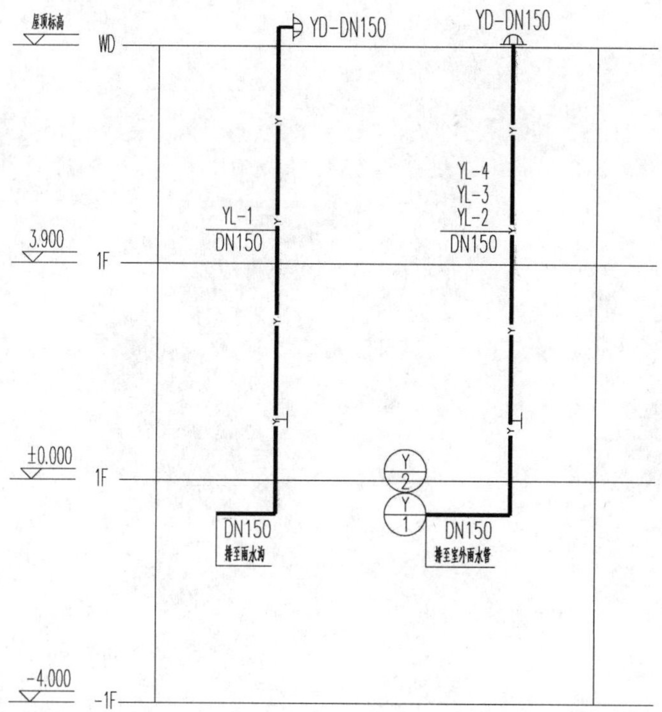
屋顶标高
WD
YD-DN150
YD-DN150
YL-1
DN150
YL-4
YL-3
YL-2
DN150
3.900
1F
±0.000
1F
Y
2
Y
1
DN150
排至雨水沟
DN150
排至室外雨水管
-4.000
-1F

雨水系统图

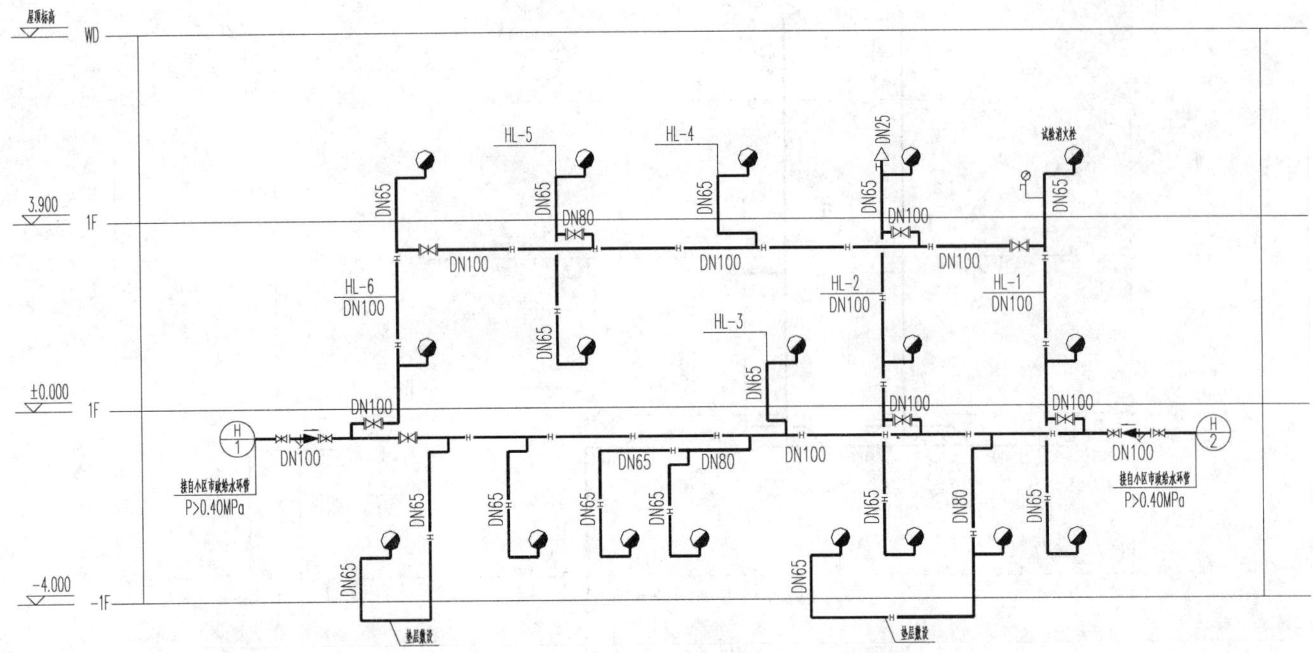
屋顶标高
WD
3.900
1F
±0.000
1F
-4.000
-1F
HL-5
HL-4
HL-6
DN100
HL-3
HL-2
DN100
HL-1
DN100
DN25
试验消火栓
DN65
DN80
DN100
H
1
H
2
接自小区市政给水环管
P>0.40MPa
垫层敷设

室内消火栓给水系统图

华侨城泰州温泉度假村温泉系统

设计单位：深圳市极水实业有限公司
设 计 人：陆烨 方树丰 陆达仁
获奖情况：公共建筑类 优秀奖

工程概况：

依托优美的湿地景观与珍稀的温泉资源，泰州华侨城整体规划以水为灵魂，重构了原始的湿地生态肌理和水系脉状分布，形成了“蓝脉绿网、水城小镇”的特色风景，规划内容包括温泉度假区、古寿圣寺区、低密度住宅区、湿地体育公园、水上乐园和水上观光线。

融人文于生态之中，汇古典与时尚之间，坚持“新江南、新都市”的规划定位，泰州华侨城以其超前的规划理念与雄厚的开发实力，将致力于打造一个集温泉度假、商务会议、星级酒店、休闲运动、佛学文化与主题地产于一体的湿地温泉旅游目的地。

其中，一期项目产品将于2010年春对外营业，包括云海温泉、温泉奥思廷酒店、水岸商业街、湿地体育公园和纯水岸一期地产。

华侨城泰州温泉度假村温泉（云海温泉）系统是一期项目中的重点配套、点睛之笔。拥有国内罕见的“三元温泉”，源自于1800m湿地深处，纯天然温泉水富含偏硅酸、锶、锂等多种对身体有益的矿物元素。秀美溱湖，宛如碧玉，得天独厚的环境资源，更是成就了云海温泉的卓越品质。

其分为室内室外两个主要区域，共有大小不一的73个独立温泉泡池/泳池，涵盖28种不同效果的动力按摩功能，总水面积达4550m^2，总体量约3754m^3，使用水温约38～40℃。

华侨城泰州温泉度假村项目位于江苏泰州溱湖湿地周边区域，共有两口温泉水井，均位于1800m湿地深处，纯天然温泉水富含偏硅酸、锶、锂等多种对身体有益的矿物元素。

本项目温泉系统水处理主工艺为：温泉井原水提升输送—源水处理—变频恒压供水—各温泉泡池—废水收集—废热利用—废水中水处理—中水变频恒压供水—中水利用。

本项目配置温泉废水废热/中水综合利用系统，废热利用量约11000～13000kWh/d（用于室内水疗馆温泉水疗池池水恒温系统），中水化利用量656～780m^3/d（用于池体及道路广场冲洗等）。

一、给水排水系统

（一）给水、热水系统

1. 原水处理及变频恒压供水系统

（1）核心工艺：曝气充氧＋锰砂及石英砂过滤＋变频恒压供水系统。

（2）工艺流程：温泉原水蓄水池—温泉原水提升泵—射流器负压充气（结合氧化剂投加）—锰砂反应罐—石英砂过滤—温泉清水蓄水池—变频恒压供水系统—环状（枝状）供水管网—各泡池用水点。

（3）工艺难点1：高温水氧溶解度对于Fe^{2+}离子氧化为Fe^{3+}离子效果的影响。

（4）工艺难点2：$Fe(OH)_3$粒径过小对于过滤效果的影响。

（5）工艺难点3：锰砂强度不足造成的二次污染。

2. 温泉水使用系统

（1）直排式温泉系统：通过不断补充温泉水维持泡池的水温及水质。

（2）循环式温泉系统：循环水处理维持水质，通过板换加热维持池水恒温。

3. 热量计算方法

恒温系统应满足恒温加热需热量、初次加热需热量两者的需求，即在使用初期，在规定的时间内将室温的池水（自来水水质）加热至使用水温。在达到使用水温之后，转为维持游泳池水在使用水温上。

（1）恒温加热需热量计算公式：

1）水面蒸发损失的热量

$$Q_1 = V_{池}(0.0174V_f + 0.0229)(P_b - P_q) \times F_{池} \times 760/B$$

式中 Q_1——维持泳池水温度之热量（kW）；

$V_{池}$——27℃水温时水的蒸发潜热，581.9 kcal/kg。

2）池底、池壁管道和设备等传导损失的热量 Q_2

按池区水面蒸发损失的热量的20%计算。

3）补充水加热需要的热量：游泳池补充水量取池水体积的5%，自来水温度取15℃，补水时间按一天24h（1kW=3600kJ/h）。同时考虑管道、设备等水量的附加，取1.1附加系数。

$$V_{补} = V \times 1.1 \times 5\%; Q_3 = CM\Delta T$$

式中：Q_3——补充水加热需要的热量（kW）；

C——水的比热容，4.187MJ/(m^3·K)；

M——质量（m^3）；

ΔT——末端温度和初始温度的差。

4）游泳池热水维持水温单位热负荷为 $Q = Q_1 + Q_2 + Q_3$。

（2）初次加热需热量计算公式

1）游泳池水从15℃升温至27℃所需热量

$$Q_{升} = 4.187\text{MJ}/(\text{m}^3 \cdot ℃) \times V\Delta t \times 103\text{kJ/MJ} \div 3600 \div 48\text{h}$$

2）池水蒸发损失的热量：（升温时散热按维持水温热量的2/3计）

$$Q_{散} = Q_{升} \times 2 \div 3$$

（3）初次加热每小时所需要的热量

$$Q = Q_{升} + Q_{散}$$

4. 水量计算方法

（1）直排水温泉泡池水量计算

通过公式：$Q = CM\Delta T$ 计算单位时间所需要的温泉原水量。

式中：Q——恒温所需热量；

C——与这个过程相关的比热（容）；

M——质量；

ΔT——温泉水补水温度与温泉泡池使用水温的温差。

同时，直排式温泉泡池每天清洗一次，需要更换一次池水。因此，直排式温泉泡池所需水量包括恒温需水量及初次充水量两部分组成。

（2）循环式温泉泡池循环计算：每天补水量为总容积的10%～15%。

(二) 排水、回用水系统

1. 废水收集系统

(1) 收集不投加特殊药剂（如不收集牛奶浴、咖啡浴等投加药材的泡池的排水）的温泉泡池的溢流排水及放空排水。

(2) 收集方式与管网避免热量的无谓损失。

2. 废热利用系统

(1) 系统核心工艺：通过水源热泵将废水中的热量吸收，并利用于循环系统的池水加热。

(2) 系统难点 1：泡池放空排水为突发性排水量（短时间内收集大量废水），排放时间集中在傍晚下班前；恒温利用量为基本恒定值，使用时间为营业时间。两者间的匹配与平衡为系统最主要难点。

(3) 系统难点 2：水温不同造成水池自然分层对于热量利用效率的影响。

(4) 系统难点 3：不同季节情况下收集的废水水温不同，造成对水源热泵利用热效率的影响。需要进行系统配置及详细理论计算。

3. 废水处理中水利用系统

(1) 系统核心工艺：石英砂过滤＋臭氧消毒＋变频恒压供水

(2) 系统难点 1：开式系统对于石英砂过滤速度的特殊要求

(3) 系统难点 2：不同季节废热利用量变化对于水温的变化造成臭氧消毒系统效率发生变化，如何减少对消毒效果的影响。

4. 废热收集计算方式

通过公式：$Q=CM\Delta T$ 计算废水所能提供的热量

式中：Q——废水提供热量；

C——与这个过程相关的比热（容）；

M——废水收集量；

ΔT——水源热泵取热温差（10～11℃）。

(三) 水量、热量平衡计算

1. 客观气候条件（江苏泰州地区）（表 1）

泰州地区气候条件 **表 1**

月份	气温(℃)	风速(m/s)	大气压强(mmHg)	相对湿度(%)
1	3.50	2.80	768.74	79
2	4.00	3.10	770.09	72
3	10.90	3.20	762.81	62
4	16.40	3.20	758.16	65
5	20.80	3.20	758.66	67
6	26.50	3.20	756.51	68
7	28.40	3.20	751.19	71
8	29.20	3.10	757.96	75
9	22.20	2.70	763.71	76
10	20.50	2.40	763.11	74
11	13.10	2.60	763.31	71
12	5.00	2.70	770.54	70

2. 温泉泡池参数（表2）

温泉泡池参数 表2

序号	区域	温泉池名称	基本参数				
			水面积	水深	容积	水温	循环周期
			(m²)	(m)	(m³)	(℃)	(h)
一、室内温泉馆							
1	室内水疗馆	躺床按摩区	48.80	0.90	43.92	38.00	4.0
2		室内水疗活动区	239.10	0.90	248.00	38.00	4.0
3		儿童亲子区	93.00	0.90	83.70	38.00	4.0
4		水下健身区	210.00	0.90	189.00	38.00	2.0
5		高温池	5.00	0.80	4.00	43.00	2.0
6		中温池	5.00	0.80	4.00	35.00	2.0
7		低温池	5.00	0.80	4.00	10.00	2.0
8		逆流漩涡池	7.00	0.60	4.20	38.00	2.0
9	室内夹层区	中央喷泉	12.00	0.80	9.60	38.00	2.00
10		八卦池 1	10.00	0.80	8.00	38.00	2.00
11		八卦池 2	10.00	0.80	8.00	38.00	2.00
12		八卦池 3	10.00	0.80	8.00	38.00	2.00
13		八卦池 4	10.00	0.80	8.00	38.00	2.00
14		八卦池 5	10.00	0.80	8.00	38.00	2.00
15		八卦池 6	10.00	0.80	8.00	38.00	2.00
16		八卦池 7	10.00	0.80	8.00	38.00	2.00
17		八卦池 8	10.00	0.80	8.00	43.00	2.00
18		金池	10.00	0.80	8.00	35.00	2.00
19		木池	10.00	0.80	8.00	38.00	2.00
20		水池	10.00	0.80	8.00	38.00	2.00
21		火池	10.00	0.80	8.00	38.00	2.00
22		土池	10.00	0.80	8.00	38.00	2.00
23		热石板浴	40.00		0.00		
二、室外温泉区							
1	公共泡池区	冲浪池	925.00	1.50	1387.50	常温	4.00
2		流河道	560.00	1.20	672.00	常温	4.00
3		标准泳池	284.00	1.50	426.00	常温	6.00
4		充童泡池 1	86.00	0.50	43.00	常温	4.00
5		充童泡池 2	110.00	0.50	55.00	常温	4.00
6		消毒脚池		0.20	0.00	常温	4.00
7		洗脚池	4.50	0.40	1.80	38	1.00
8		美酒迎宾	20.00	0.80	16.00	38	1.00
9		茶香四溢	20.00	0.80	16.00	38	1.00

续表

序号	区域	温泉池名称	基本参数				
			水面积 (m²)	水深 (m)	容积 (m³)	水温 (℃)	循环周期 (h)
二、室外温泉区							
10	公共泡池区	玫瑰池	12.50	0.80	10.00	38	1.00
11		竹雨池	37.00	0.80	29.60	38	1.00
12		水果浴 1	19.00	0.80	15.20	38	1.00
13		水果浴 2	11.70	0.80	9.36	38	1.00
14		水果浴 3	15.50	0.80	12.40	38	1.00
15		水果浴 4	10.00	0.80	8.00	38	1.00
16		水果浴 5	10.50	0.80	8.40	38	1.00
17		牛奶浴	11.00	0.80	8.80	39	1.00
18		木瓜浴	13.00	0.80	10.40	38	1.00
19		盐浴	20.00	0.80	16.00	38	1.00
20		芦荟浴	14.00	0.80	11.20	38	1.00
21		宫浴	10.12	0.80	8.10	38	1.00
22		商浴	18.00	0.80	14.40	38	1.00
23		角浴	19.00	0.80	15.20	38	1.00
24		徵浴	16.00	0.80	12.80	38	1.00
25		羽浴	19.00	0.80	15.20	38	1.00
26		五音浴	17.00	0.80	13.60	38	1.00
27		高温浴	12.00	0.80	9.60	42	1.00
28		低温浴	12.00	0.80	9.60	12	1.00
29		白芨浴	11.00	0.80	8.80	39	1.00
30		朱砂浴	12.00	0.80	9.60	39	1.00
31		五子浴	11.00	0.80	8.80	39	1.00
32		生姜浴	10.00	0.80	8.00	39	1.00
33		白蒺藜浴	10.00	0.80	8.00	39	1.00
34		女贞叶浴	13.00	0.80	10.40	39	1.00
35		石板浴	100.00				
36		足疗池	19.00	0.60	11.40	38	1.00
37		人造沙滩	1000.00				
38	VIP 泡池区	忆江南	20	0.8	16.00	38	1.00
39		采桑子	20	0.8	16.00	38	1.00
40		蝶恋花	20	0.8	16.00	38	1.00
41		浣溪沙	20	0.8	16.00	38	1.00
42		南歌子	10.2	0.8	8.16	38	1.00
43		长相思	10.2	0.8	8.16	38	1.00

续表

序号	区域	温泉池名称	基本参数				
			水面积	水深	容积	水温	循环周期
			(m²)	(m)	(m³)	(℃)	(h)
二、室外温泉区							
44	VIP泡池区	雨霖铃	10.2	0.8	8.16	38	1.00
45		月出泉	10.2	0.8	8.16	38	1.00
46		采薇泉	10.2	0.8	8.16	38	1.00
47		柏舟泉	10.2	0.8	8.16	38	1.00
48		卷耳泉	10.2	0.8	8.16	38	1.00
49		喷雾池	40	0.8	32.00	38	1.00
50		鱼疗池	20	1.05	21.00	38	1.00

3. 水量热量平衡（详见：本文后附表）

4. 系统综述

（1）废水废热利用量基本满足室内区域独立大型温泉泡池的恒温需求，节能效果明显，有效降低外部热源需求量，控制运行成本。

（2）通过废水废热利用系统，平衡了不同气候条件下需热量与排水量的关系，使得外部热源需求量在全年过程中较为平稳，避免出现需热量的大幅度变化造成的外部热源系统规模浪费，提高了系统有效利用率。

（3）废水经过处理之后，可利用中水的水量能满足部分区域的回用水使用量。

（4）系统参数（表3）

系统综合参数表 **表3**

月份	用水量(m³/d)		需热量(kW)			每天废水收集量(m³)			提供废热	外部热源
	换水	恒温	室内	室外	总量	溢流	放空	总量	(kW)	(kW)
1	510	963	505	592	1097	341	201	542	289	808
2	510	1065	505	620	1125	389	201	590	314	811
3	510	1093	505	619	1124	392	201	593	316	808
4	510	961	505	591	1096	342	201	543	289	807
5	510	904	505	565	1070	326	201	527	281	789
6	510	795	505	517	1022	295	201	496	264	758
7	510	696	505	472	977	266	201	467	249	728
8	510	684	505	468	973	263	201	464	247	726
9	510	759	505	501	1006	285	201	486	259	747
10	510	745	505	496	1001	281	201	482	257	744
11	510	871	505	553	1058	318	201	519	277	781
12	510	944	505	584	1089	338	201	539	287	802

二、设计及施工总结及体会

（一）设计工作的优缺点

1. 优点说明

（1）对各种参数进行详细计算，有充分的理论计算依据基础。

（2）充分考虑不同水质对废水处理中水利用的影响，仅收集利用不投加各种特殊药材的温泉泡池的排水。兼顾了节能节水及合理控制系统规模的不同要求。

（3）充分考虑不同水温水的自然分层的物理特性，废热利用点位于蓄水上层，同时利用废热步骤位于废水处理前端，大大提高了废热的利用效率。

（4）针对不同阶段的水温要求合理选择设备的材质及管材，既满足了高温水对于材质的特殊要求，保证了系统的正常运行，也合理地控制了系统的工程造价。

2. 不足之处

（1）主机房通风施工未能满足设计 15 次/h 的要求，造成设备散热条件不佳，设备间温度偏高。

（2）实际运行过程中温泉水质发生变化，原水处理工艺除铁效果欠佳，经过调整滤料后解决。

三、工程照片及附表

附表

温度池水量、热量平衡表

1月温泉池水量热量平称表

序号	区域	温泉池名称	基本参数					温泉水使用情况				每小时热量情况				耗热量计算使用数值、公式 [1.163v(0.0174vf+0.0229)(Pb−Pq)760F/B]								备注
			水面积	水深	容积	水温	循环周期	补水系数	每天补给水量	每天运行时间	每小时补给水量	水面蒸发损失热量	其他损失热量	补水补热量	需加热负荷	风速 $V_{f冬}$	水的蒸发气化潜热	与水温相等的饱和水蒸气分压(P_b)	1月气温	湿度	与气温相等的相应蒸汽分压 P_q	当地大气压 B	温泉原水温度	
			(m^2)	(m)	(m^3)	(℃)	(h)	(%)	(m^3)	(h)	(m^3/h)	(kW)	(kW)	(kW)	(kW)	(m/s)	(kcal/kg)	(mmHg)	(℃)	(%)	(mmHg)	(mmHg)	(℃)	
一、室内温泉馆																								
1	室内水疗馆	躺床按摩区	48.80	0.90	43.92	38.00	4.0	0.15	6.59	16.00	0.41	36.15	7.23	−6.70	36.67	0.50	575.70	50.45	25.00	0.65	15.50	758.66	52.00	循环
2		室内水疗活动区	239.10	0.90	248.00	38.00	4.0	0.15	37.20	16.00	2.33	177.12	35.42	−37.86	174.68	0.50	575.70	50.45	25.00	0.65	15.50	758.66	52.00	循环
3		儿童亲子区	93.00	0.90	83.70	38.00	4.0	0.15	12.56	16.00	0.78	68.89	13.78	−12.78	69.89	0.50	575.70	50.45	25.00	0.65	15.50	758.66	52.00	循环
4		水下健身区	210.00	0.90	189.00	38.00	2.0	0.15	28.35	16.00	1.77	155.56	31.11	−28.85	157.82	0.50	575.70	50.45	25.00	0.65	15.50	758.66	52.00	循环
5		高温池	5.00	0.80	4.00	43.00	2.0	0.11	6.79	16.00	0.42	3.70	0.74	−4.44	0.00	0.50	575.70	50.45	25.00	0.65	15.50	758.66	52.00	循环
6		中温池	5.00	0.80	4.00	35.00	2.0	0.04	2.75	16.00	0.17	2.83	0.57	−3.39	0.00	0.50	577.50	42.10	25.00	0.65	15.50	758.66	52.00	循环
7		低温池	5.00	0.80	4.00	10.00	2.0	0.03	1.69	16.00	0.11	4.30	0.86	−5.16	0.00	0.50	574.60	56.17	25.00	0.65	15.50	758.66	52.00	循环
8		逆流漩涡池	7.00	0.60	4.20	38.00	2.0	0.15	0.63	16.00	0.04	5.19	1.04	−0.64	5.58	0.50	575.70	50.45	25.00	0.65	15.50	758.66	52.00	循环
9																0.50	575.70	50.45	25.00	0.65	15.50	758.66	52.00	循环
10																0.50	575.70	50.45	25.00	0.65	15.50	758.66	52.00	循环
11	室内夹层区	中央喷泉	12.00	0.80	9.60	38.00	2.00	0.07	10.48	16.00	0.66	8.89	1.78	−10.67	0.00	0.50	575.70	50.45	25.00	0.65	15.50	758.66	52.00	循环
12		八卦池 1	10.00	0.80	8.00	38.00	2.00	0.07	8.74	16.00	0.55	7.41	1.48	−8.89	0.00	0.50	575.70	50.45	25.00	0.65	15.50	758.66	52.00	循环
13		八卦池 2	10.00	0.80	8.00	38.00	2.00	0.07	8.74	16.00	0.55	7.41	1.48	−8.89	0.00	0.50	575.70	50.45	25.00	0.65	15.50	758.66	52.00	循环
14		八卦池 3	10.00	0.80	8.00	38.00	2.00	0.07	8.74	16.00	0.55	7.41	1.48	−8.89	0.00	0.50	575.70	50.45	25.00	0.65	15.50	758.66	52.00	循环
15		八卦池 4	10.00	0.80	8.00	38.00	2.00	0.07	8.74	16.00	0.55	7.41	1.48	−8.89	0.00	0.50	575.70	50.45	25.00	0.65	15.50	758.66	52.00	循环
16		八卦池 5	10.00	0.80	8.00	38.00	2.00	0.07	8.74	16.00	0.55	7.41	1.48	−8.89	0.00	0.50	575.70	50.45	25.00	0.65	15.50	758.66	52.00	循环
17		八卦池 6	10.00	0.80	8.00	38.00	2.00	0.07	8.74	16.00	0.55	7.41	1.48	−8.89	0.00	0.50	575.70	50.45	25.00	0.65	15.50	758.66	52.00	循环
18		八卦池 7	10.00	0.80	8.00	38.00	2.00	0.07	8.74	16.00	0.55	7.41	1.48	−8.89	0.00	0.50	575.70	50.45	25.00	0.65	15.50	758.66	52.00	循环
19		八卦池 8	10.00	0.80	8.00	43.00	2.00	0.11	13.59	16.00	0.85	7.41	1.48	−8.89	0.00	0.50	575.70	50.45	25.00	0.65	15.50	758.66	52.00	循环
20		金池	10.00	0.80	8.00	35.00	2.00	0.06	7.19	16.00	0.45	7.41	1.48	−8.89	0.00	0.50	575.70	50.45	25.00	0.65	15.50	758.66	52.00	循环
21		木池	10.00	0.80	8.00	38.00	2.00	0.07	8.74	16.00	0.55	7.41	1.48	−8.89	0.00	0.50	575.70	50.45	25.00	0.65	15.50	758.66	52.00	循环
22		水池	10.00	0.80	8.00	38.00	2.00	0.07	8.74	16.00	0.55	7.41	1.48	−8.89	0.00	0.50	575.70	50.45	25.00	0.65	15.50	758.66	52.00	循环
23		火池	10.00	0.80	8.00	38.00	2.00	0.07	8.74	16.00	0.55	7.41	1.48	−8.89	0.00	0.50	575.70	50.45	25.00	0.65	15.50	758.66	52.00	循环
24		土池	10.00	0.80	8.00	38.00	2.00	0.07	8.74	16.00	0.55	7.41	1.48	−8.89	0.00	0.50	575.70	50.45	25.00	0.65	15.50	758.66	52.00	循环
25		热石板浴	40.00		0.00				0.00		0.00				60.00									
	室内小计	室内合计	794.90		694.42				127.35		13.99				504.65									

续表

1月温泉池水量热量平称表

序号	区域	温泉池名称	基本参数				温泉水使用情况					每小时热量情况				耗热量计算使用数值、公式 [1.163v(0.0174v_f+0.0229)(P_b−P_q)760F/B]								备注
			水面积	水深	容积	水温	循环周期	补水系数	每天补给水量	每天运行时间	每小时补给水量	水面蒸发损失热量	其他损失热量	补水补热量	需加热负荷	风速$V_{f冬}$	水的蒸发气化潜热	与水温相等的饱和水蒸气分压(P_b)	1月气温	湿度	与气温相等的相应蒸汽分压P_q	当地大气压B	温泉原水温度	
			(m^2)	(m)	(m^3)	(℃)	(h)	(%)	(m^3)	(h)	(m^3/h)	(kW)	(kW)	(kW)	(kW)	(m/s)	(kcal/kg)	(mmHg)	(℃)	(%)	(mmHg)	(mmHg)	(℃)	
二、室外温泉区																								
1	公共泡池区	洗脚池	4.50	0.40	1.80	38	1.00	0.40	7.22	10.00	0.72	9.80	1.96	−11.76	0.00	2.80	575.70	50.45	3.50	0.79	4.50	768.74	52.00	直流
2		美酒迎宾	20.00	0.80	16.00	38	1.00	0.20	32.11	10.00	3.21	43.57	8.71	−52.28	0.00	2.80	575.70	50.45	3.50	0.79	4.50	768.74	52.00	直流
3		茶香四溢	20.00	0.80	16.00	38	1.00	0.20	32.11	10.00	3.21	43.57	8.71	−52.28	0.00	2.80	575.70	50.45	3.50	0.79	4.50	768.74	52.00	直流
4		玫瑰池	12.50	0.80	10.00	38	1.00	0.20	20.07	10.00	2.01	27.23	5.45	−32.68	0.00	2.80	575.70	50.45	3.50	0.79	4.50	768.74	52.00	直流
5		竹雨池	37.00	0.80	29.60	38	1.00	0.15	4.44	14.00	0.32	80.60	16.12	−5.16	91.56	2.80	575.70	50.45	3.50	0.79	4.50	768.74	52.00	循环
6		水果浴 1	19.00	0.80	15.20	38	1.00	0.20	30.50	10.00	3.05	41.39	8.28	−49.67	0.00	2.80	575.70	50.45	3.50	0.79	4.50	768.74	52.00	直流
7		水果浴 2	11.70	0.80	9.36	38	1.00	0.20	18.78	10.00	1.88	25.49	5.10	−30.58	0.00	2.80	575.70	50.45	3.50	0.79	4.50	768.74	52.00	直流
8		水果浴 3	15.50	0.80	12.40	38	1.00	0.20	24.88	10.00	2.49	33.76	6.75	−40.52	0.00	2.80	575.70	50.45	3.50	0.79	4.50	768.74	52.00	直流
9		水果浴 4	10.00	0.80	8.00	38	1.00	0.20	16.05	10.00	1.61	21.78	4.36	−26.14	0.00	2.80	575.70	50.45	3.50	0.79	4.50	768.74	52.00	直流
10		水果浴 5	10.50	0.80	8.40	38	1.00	0.20	16.86	10.00	1.69	22.87	4.57	−27.45	0.00	2.80	575.70	50.45	3.50	0.79	4.50	768.74	52.00	直流
11		牛奶浴	11.00	0.80	8.80	39	1.00	0.22	19.02	10.00	1.90	23.96	4.79	−28.75	0.00	2.80	575.70	50.45	3.50	0.79	4.50	768.74	52.00	直流
12		木瓜浴	13.00	0.80	10.40	38	1.00	0.20	20.87	10.00	2.09	28.32	5.66	−33.98	0.00	2.80	575.70	50.45	3.50	0.79	4.50	768.74	52.00	直流
13		盐浴	20.00	0.80	16.00	38	1.00	0.20	32.11	10.00	3.21	43.57	8.71	−52.28	0.00	2.80	575.70	50.45	3.50	0.79	4.50	768.74	52.00	直流
14		芦荟浴	14.00	0.80	11.20	38	1.00	0.20	22.48	10.00	2.25	30.50	6.10	−36.60	0.00	2.80	575.70	50.45	3.50	0.79	4.50	768.74	52.00	直流
15		宫浴	10.12	0.80	8.10	38	1.00	0.20	16.25	10.00	1.62	22.05	4.41	−26.45	0.00	2.80	575.70	50.45	3.50	0.79	4.50	768.74	52.00	直流
16		商浴	18.00	0.80	14.40	38	1.00	0.20	28.90	10.00	2.89	39.21	7.84	−47.05	0.00	2.80	575.70	50.45	3.50	0.79	4.50	768.74	52.00	直流
17		角浴	19.00	0.80	15.20	38	1.00	0.20	30.50	10.00	3.05	41.39	8.28	−49.67	0.00	2.80	575.70	50.45	3.50	0.79	4.50	768.74	52.00	直流
18		徵浴	16.00	0.80	12.80	38	1.00	0.20	25.69	10.00	2.57	34.85	6.97	−41.82	0.00	2.80	575.70	50.45	3.50	0.79	4.50	768.74	52.00	直流
19		羽浴	19.00	0.80	15.20	38	1.00	0.20	30.50	10.00	3.05	41.39	8.28	−49.67	0.00	2.80	575.70	50.45	3.50	0.79	4.50	768.74	52.00	直流
20		五音浴	17.00	0.80	13.60	38	1.00	0.20	27.29	10.00	2.73	37.03	7.41	−44.44	0.00	2.80	575.70	50.45	3.50	0.79	4.50	768.74	52.00	直流
21		高温浴	12.00	0.80	9.60	42	1.00	0.35	33.90	10.00	3.39	32.85	6.57	−39.42	0.00	2.80	573.70	62.45	3.50	0.79	4.50	768.74	52.00	直流
22		低温浴	12.00	0.80	9.60	12	1.00	0.08	0.00	10.00	0.76	29.34	5.87	−35.21	0.00	2.80	574.60	56.17	3.50	0.79	4.50	768.74	52.00	直流
23		白芨浴	11.00	0.80	8.80	39	1.00	0.23	20.16	10.00	2.02	25.39	5.08	−30.47	0.00	2.80	575.20	53.24	3.50	0.79	4.50	768.74	52.00	直流
24		朱砂浴	12.00	0.80	9.60	39	1.00	0.23	21.99	10.00	2.20	27.70	5.54	−33.24	0.00	2.80	575.20	53.24	3.50	0.79	4.50	768.74	52.00	直流
25		五子浴	11.00	0.80	8.80	39	1.00	0.23	20.16	10.00	2.02	25.39	5.08	−30.47	0.00	2.80	575.20	53.24	3.50	0.79	4.50	768.74	52.00	直流

续表

1月温泉池水量热量平称表

序号	区域	温泉池名称	基本参数：水面积	水深	容积	水温	温泉水使用情况：循环周期	补水系数	每天补给水量	每天运行时间	每小时补给水量	每小时热量情况：水面蒸发损失热量	其他损失热量	补水补热量	需加热负荷	耗热量计算使用数值、公式 [1.163v(0.0174vf+0.0229)(Pb−Pq)760F/B]：风速 $V_{f冬}$	水的蒸发气化潜热	与水温相等的饱和水蒸气分压(P_b)	1月气温	湿度	与气温相等的相应蒸汽分压 P_q	当地大气压 B	温泉原水温度	备注
			(m²)	(m)	(m³)	(℃)	(h)	(%)	(m³)	(h)	(m³/h)	(kW)	(kW)	(kW)	(kW)	(m/s)	(kcal/kg)	(mmHg)	(℃)	(%)	(mmHg)	(mmHg)	(℃)	
二、室外温泉区																								
26	公共泡池区	生姜浴	10.00	0.80	8.00	39	1.00	0.23	18.32	10.00	1.83	23.09	4.62	−27.70	0.00	2.80	575.20	53.24	3.50	0.79	4.50	768.74	52.00	直流
27		白蒺藜浴	10.00	0.80	8.00	39	1.00	0.23	18.32	10.00	1.83	23.09	4.62	−27.70	0.00	2.80	575.20	53.24	3.50	0.79	4.50	768.74	52.00	直流
28		女贞叶浴	13.00	0.80	10.40	39	1.00	0.23	23.82	10.00	2.38	30.01	6.00	−36.01	0.00	2.80	575.20	53.24	3.50	0.79	4.50	768.74	52.00	直流
29		石板浴	100.00												250.00	2.80	574.60	56.17	3.50	0.79	4.50	768.74	52.00	直流
30		足疗池	19.00	0.60	11.40	38	1.00	0.27	30.50	10.00	3.05	41.39	8.28	−49.67	0.00	2.80	575.70	50.45	3.50	0.79	4.50	768.74	52.00	直流
31		人造沙滩	1000.00													2.80	575.70	50.45	3.50	0.79	4.50	768.74	52.00	直流
32																2.80	574.60	56.17	3.50	0.79	4.50	768.74	52.00	直流
33	VIP泡池区	忆江南	20	0.8	16.00	38	1.00	0.15	2.40	14.00	0.17	43.57	8.71	−2.79	49.49	2.80	575.70	50.45	3.50	0.79	4.50	768.74	52.00	循环
34		采桑子	20	0.8	16.00	38	1.00	0.15	2.40	24.00	0.10	43.57	8.71	−1.63	50.65	2.80	575.70	50.45	3.50	0.79	4.50	768.74	52.00	循环
35		蝶恋花	20	0.8	16.00	38	1.00	0.15	2.40	14.00	0.17	43.57	8.71	−2.79	49.49	2.80	575.70	50.45	3.50	0.79	4.50	768.74	52.00	循环
36		浣溪沙	20	0.8	16.00	38	1.00	0.15	2.40	24.00	0.10	43.57	8.71	−1.63	50.65	2.80	575.70	50.45	3.50	0.79	4.50	768.74	52.00	循环
37		南歌子	10.2	0.8	8.16	38	1.00	0.20	16.38	10.00	1.64	22.22	4.44	−26.66	0.00	2.80	575.70	50.45	3.50	0.79	4.50	768.74	52.00	直流
38		长相思	10.2	0.8	8.16	38	1.00	0.20	16.38	10.00	1.64	22.22	4.44	−26.66	0.00	2.80	575.70	50.45	3.50	0.79	4.50	768.74	52.00	直流
39		雨霖铃	10.2	0.8	8.16	38	1.00	0.20	16.38	10.00	1.64	22.22	4.44	−26.66	0.00	2.80	575.70	50.45	3.50	0.79	4.50	768.74	52.00	直流
40		月出泉	10.2	0.8	8.16	38	1.00	0.20	16.38	10.00	1.64	22.22	4.44	−26.66	0.00	2.80	575.70	50.45	3.50	0.79	4.50	768.74	52.00	直流
41		采薇泉	10.2	0.8	8.16	38	1.00	0.20	16.38	10.00	1.64	22.22	4.44	−26.66	0.00	2.80	575.70	50.45	3.50	0.79	4.50	768.74	52.00	直流
42		柏舟泉	10.2	0.8	8.16	38	1.00	0.20	16.38	10.00	1.64	22.22	4.44	−26.66	0.00	2.80	575.70	50.45	3.50	0.79	4.50	768.74	52.00	直流
43		卷耳泉	10.2	0.8	8.16	38	1.00	0.20	16.38	10.00	1.64	22.22	4.44	−26.66	0.00	2.80	575.70	50.45	3.50	0.79	4.50	768.74	52.00	直流
44		喷雾池	40	0.8	32.00	38	1.00	0.20	64.22	10.00	6.42	87.13	17.43	−104.56	0.00	2.80	575.70	50.45	3.50	0.79	4.50	768.74	52.00	循环
45		鱼疗池	20	1.05	21.00	38	1.00	0.15	3.15	24.00	0.13	43.57	8.71	−2.14	50.14	2.80	575.70	50.45	3.50	0.79	4.50	768.74	52.00	循环
	室外小计	室外合计	3704.22		3094.28				835.42						591.98									
	总计	合计	4499.12		3788.70				962.77						1096.64									

续表

2月温泉池水量热量平称表

序号	区域	温泉池名称	基本参数					温泉水使用情况				每小时热量情况				耗热量计算使用数值、公式 [1.163v(0.0174vf+0.0229)(Pb−Pq)760F/B]								备注
			水面积	水深	容积	水温	循环周期	补水系数	每天补给水量	每天运行时间	每小时补给水量	水面蒸发损失热量	其他损失热量	补水补热量	需加热负荷	风速 $V_{f冬}$	水的蒸发气化潜热	与水温相等的饱和水蒸气分压(P_b)	2月气温	湿度	与气温相等的相应蒸汽分压 P_q	当地大气压 B	温泉原水温度	
			(m²)	(m)	(m³)	(℃)	(h)	(%)	(m³)	(h)	(m³/h)	(kW)	(kW)	(kW)	(kW)	(m/s)	(kcal/kg)	(mmHg)	(℃)	(%)	(mmHg)	(mmHg)	(℃)	
一、室内温泉馆																								
1	室内水疗馆	躺床按摩区	48.80	0.90	43.92	38.00	4.0	0.15	6.59	16.00	0.41	36.15	7.23	−6.70	36.67	0.50	575.70	50.45	25.00	0.65	15.50	758.66	52.00	循环
2		室内水疗活动区	239.10	0.90	248.00	38.00	4.0	0.15	37.20	16.00	2.33	177.12	35.42	−37.86	174.68	0.50	575.70	50.45	25.00	0.65	15.50	758.66	52.00	循环
3		儿童亲子区	93.00	0.90	83.70	38.00	4.0	0.15	12.56	16.00	0.78	68.89	13.78	−12.78	69.89	0.50	575.70	50.45	25.00	0.65	15.50	758.66	52.00	循环
4		水下健身区	210.00	0.90	189.00	38.00	2.0	0.15	28.35	16.00	1.77	155.56	31.11	−28.85	157.82	0.50	575.70	50.45	25.00	0.65	15.50	758.66	52.00	循环
5		高温池	5.00	0.80	4.00	43.00	2.0	0.15	0.60	16.00	0.04	3.70	0.74	−0.39	4.05	0.50	575.70	50.45	25.00	0.65	15.50	758.66	52.00	循环
6		中温池	5.00	0.80	4.00	35.00	2.0	0.15	0.60	16.00	0.04	2.83	0.57	−0.74	2.65	0.50	577.50	42.10	25.00	0.65	15.50	758.66	52.00	循环
7		低温池	5.00	0.80	4.00	38.00	2.0	0.15	0.60	16.00	0.04	3.70	0.74	−0.61	3.83	0.50	575.70	50.45	25.00	0.65	15.50	758.66	52.00	循环
8		逆流漩涡池	7.00	0.60	8.00	38.00	2.0	0.15	1.20	16.00	0.08	5.19	1.04	−1.22	5.00	0.50	575.70	50.45	25.00	0.65	15.50	758.66	52.00	循环
9															0.00	0.50	575.70	50.45	25.00	0.65	15.50	758.66	52.00	循环
10																0.50	575.70	50.45	25.00	0.65	15.50	758.66	52.00	循环
11	室内夹层区	中央喷泉	12.00	0.80	9.60	38.00	2.00	0.07	10.48	16.00	0.66	8.89	1.78	−10.67	0.00	0.50	575.70	50.45	25.00	0.65	15.50	758.66	52.00	循环
12		八卦池1	10.00	0.80	8.00	38.00	2.00	0.07	8.74	16.00	0.55	7.41	1.48	−8.89	0.00	0.50	575.70	50.45	25.00	0.65	15.50	758.66	52.00	循环
13		八卦池2	10.00	0.80	8.00	38.00	2.00	0.07	8.74	16.00	0.55	7.41	1.48	−8.89	0.00	0.50	575.70	50.45	25.00	0.65	15.50	758.66	52.00	循环
14		八卦池3	10.00	0.80	8.00	38.00	2.00	0.07	8.74	16.00	0.55	7.41	1.48	−8.89	0.00	0.50	575.70	50.45	25.00	0.65	15.50	758.66	52.00	循环
15		八卦池4	10.00	0.80	8.00	38.00	2.00	0.07	8.74	16.00	0.55	7.41	1.48	−8.89	0.00	0.50	575.70	50.45	25.00	0.65	15.50	758.66	52.00	循环
16		八卦池5	10.00	0.80	8.00	38.00	2.00	0.07	8.74	16.00	0.55	7.41	1.48	−8.89	0.00	0.50	575.70	50.45	25.00	0.65	15.50	758.66	52.00	循环
17		八卦池6	10.00	0.80	8.00	38.00	2.00	0.07	8.74	16.00	0.55	7.41	1.48	−8.89	0.00	0.50	575.70	50.45	25.00	0.65	15.50	758.66	52.00	循环
18		八卦池7	10.00	0.80	8.00	38.00	2.00	0.07	8.74	16.00	0.55	7.41	1.48	−8.89	0.00	0.50	575.70	50.45	25.00	0.65	15.50	758.66	52.00	循环
19		八卦池8	10.00	0.80	8.00	43.00	2.00	0.11	13.59	16.00	0.85	7.41	1.48	−8.89	0.00	0.50	575.70	50.45	25.00	0.65	15.50	758.66	52.00	循环
20		金池	10.00	0.80	8.00	35.00	2.00	0.06	7.19	16.00	0.45	7.41	1.48	−8.89	0.00	0.50	575.70	50.45	25.00	0.65	15.50	758.66	52.00	循环
21		木池	10.00	0.80	8.00	38.00	2.00	0.07	8.74	16.00	0.55	7.41	1.48	−8.89	0.00	0.50	575.70	50.45	25.00	0.65	15.50	758.66	52.00	循环
22		水池	10.00	0.80	8.00	38.00	2.00	0.07	8.74	16.00	0.55	7.41	1.48	−8.89	0.00	0.50	575.70	50.45	25.00	0.65	15.50	758.66	52.00	循环
23		火池	10.00	0.80	8.00	38.00	2.00	0.07	8.74	16.00	0.55	7.41	1.48	−8.89	0.00	0.50	575.70	50.45	25.00	0.65	15.50	758.66	52.00	循环
24		土池	10.00	0.80	8.00	38.00	2.00	0.07	8.74	16.00	0.55	7.41	1.48	−8.89	0.00	0.50	575.70	50.45	25.00	0.65	15.50	758.66	52.00	循环
25		热石板浴	40.00		0.00				0.00		0.00				60.00									
	室内小计	室内合计	794.90		698.22				127.35		13.44				514.61									

续表

2月温泉池水量热量平称表

序号	区域	温泉池名称	基本参数					温泉水使用情况				每小时热量情况				耗热量计算使用数值、公式 [1.163v(0.0174v_f+0.0229)(P_b-P_q)760F/B]								备注
			水面积	水深	容积	水温	循环周期	补水系数	每天补给水量	每天运行时间	每小时补给水量	水面蒸发损失热量	其他损失热量	补水补热量	需加热负荷	风速 $V_{f冬}$	水的蒸发气化潜热	与水温相等的饱和水蒸气分压(P_b)	2月气温	湿度	与气温相等的相应蒸汽分压 P_q	当地大气压 B	温泉原水温度	
			(m^2)	(m)	(m^3)	(℃)	(h)	(%)	(m^3)	(h)	(m^3/h)	(kW)	(kW)	(kW)	(kW)	(m/s)	(kcal/kg)	(mmHg)	(℃)	(%)	(mmHg)	(mmHg)	(℃)	
二、室外温泉区																								
1	公共泡池区	洗脚池	4.50	0.40	1.80	38	1.00	0.43	7.79	10.00	0.78	10.57	2.11	−12.68	0.00	3.10	575.70	50.45	4.00	0.72	4.20	770.09	52.00	直流
2		美酒迎宾	20.00	0.80	16.00	38	1.00	0.22	34.61	10.00	3.46	46.97	9.39	−56.36	0.00	3.10	575.70	50.45	4.00	0.72	4.20	770.09	52.00	直流
3		茶香四溢	20.00	0.80	16.00	38	1.00	0.22	34.61	10.00	3.46	46.97	9.39	−56.36	0.00	3.10	575.70	50.45	4.00	0.72	4.20	770.09	52.00	直流
4		玫瑰池	35.00	0.80	28.00	38	1.00	0.22	60.57	10.00	6.06	82.19	16.44	−98.63	0.00	3.10	575.70	50.45	4.00	0.72	4.20	770.09	52.00	直流
5		竹雨池	37.00	0.80	29.60	38	1.00	0.15	4.44	14.00	0.32	86.89	17.38	−5.16	99.10	3.10	575.70	50.45	4.00	0.72	4.20	770.09	52.00	循环
6		水果浴 1	19.00	0.80	15.20	38	1.00	0.22	32.88	10.00	3.29	44.62	8.92	−53.54	0.00	3.10	575.70	50.45	4.00	0.72	4.20	770.09	52.00	直流
7		水果浴 2	11.70	0.80	9.36	38	1.00	0.22	20.25	10.00	2.02	27.47	5.49	−32.97	0.00	3.10	575.70	50.45	4.00	0.72	4.20	770.09	52.00	直流
8		水果浴 3	15.50	0.80	12.40	38	1.00	0.22	26.83	10.00	2.68	36.40	7.28	−43.68	0.00	3.10	575.70	50.45	4.00	0.72	4.20	770.09	52.00	直流
9		水果浴 4	10.00	0.80	8.00	38	1.00	0.22	17.31	10.00	1.73	23.48	4.70	−28.18	0.00	3.10	575.70	50.45	4.00	0.72	4.20	770.09	52.00	直流
10		水果浴 5	10.50	0.80	8.40	38	1.00	0.22	18.17	10.00	1.82	24.66	4.93	−29.59	0.00	3.10	575.70	50.45	4.00	0.72	4.20	770.09	52.00	直流
11		牛奶浴	11.00	0.80	8.80	39	1.00	0.23	20.50	10.00	2.05	25.83	5.17	−31.00	0.00	3.10	575.70	50.45	4.00	0.72	4.20	770.09	52.00	直流
12		木瓜浴	13.00	0.80	10.40	38	1.00	0.22	22.50	10.00	2.25	30.53	6.11	−36.63	0.00	3.10	575.70	50.45	4.00	0.72	4.20	770.09	52.00	直流
13		盐浴	20.00	0.80	16.00	38	1.00	0.22	34.61	10.00	3.46	46.97	9.39	−56.36	0.00	3.10	575.70	50.45	4.00	0.72	4.20	770.09	52.00	直流
14		芦荟浴	14.00	0.80	11.20	38	1.00	0.22	24.23	10.00	2.42	32.88	6.58	−39.45	0.00	3.10	575.70	50.45	4.00	0.72	4.20	770.09	52.00	直流
15		宫浴	10.12	0.80	8.10	38	1.00	0.22	17.51	10.00	1.75	23.76	4.75	−28.52	0.00	3.10	575.70	50.45	4.00	0.72	4.20	770.09	52.00	直流
16		商浴	18.00	0.80	14.40	38	1.00	0.22	31.15	10.00	3.12	42.27	8.45	−50.72	0.00	3.10	575.70	50.45	4.00	0.72	4.20	770.09	52.00	直流
17		角浴	19.00	0.80	15.20	38	1.00	0.22	32.88	10.00	3.29	44.62	8.92	−53.54	0.00	3.10	575.70	50.45	4.00	0.72	4.20	770.09	52.00	直流
18		徵浴	16.00	0.80	12.80	38	1.00	0.22	27.69	10.00	2.77	37.57	7.51	−45.09	0.00	3.10	575.70	50.45	4.00	0.72	4.20	770.09	52.00	直流
19		羽浴	19.00	0.80	15.20	38	1.00	0.22	32.88	10.00	3.29	44.62	8.92	−53.54	0.00	3.10	575.70	50.45	4.00	0.72	4.20	770.09	52.00	直流
20		五音浴	17.00	0.80	13.60	38	1.00	0.22	29.42	10.00	2.94	39.92	7.98	−47.90	0.00	3.10	575.70	50.45	4.00	0.72	4.20	770.09	52.00	直流
21		高温浴	12.00	0.80	9.60	42	1.00	0.38	36.49	10.00	3.65	35.37	7.07	−42.44	0.00	3.10	573.70	62.45	4.00	0.72	4.20	770.09	52.00	直流
22		低温浴	12.00	0.80	9.60	12	1.00	0.08	0.00	10.00	0.82	31.60	6.32	−37.92	0.00	3.10	574.60	56.17	4.00	0.72	4.20	770.09	52.00	直流
23		白芨浴	11.00	0.80	8.80	39	1.00	0.25	21.72	10.00	2.17	27.37	5.47	−32.84	0.00	3.10	575.20	53.24	4.00	0.72	4.20	770.09	52.00	直流
24		朱砂浴	12.00	0.80	9.60	39	1.00	0.25	23.69	10.00	2.37	29.85	5.97	−35.82	0.00	3.10	575.20	53.24	4.00	0.72	4.20	770.09	52.00	直流
25		五子浴	11.00	0.80	8.80	39	1.00	0.25	21.72	10.00	2.17	27.37	5.47	−32.84	0.00	3.10	575.20	53.24	4.00	0.72	4.20	770.09	52.00	直流

续表

2月温泉池水量热量平称表

序号	区域	温泉池名称	基本参数				温泉水使用情况					每小时热量情况				耗热量计算使用数值、公式 [1.163v(0.0174v_f+0.0229)(P_b-P_q)760F/B]								备注
			水面积	水深	容积	水温	循环周期	补水系数	每天补给水量	每天运行时间	每小时补给水量	水面蒸发损失热量	其他损失热量	补水补热量	需加热负荷	风速 $V_{f冬}$	水的蒸发气化潜热	与水温相等的饱和水蒸气分压(P_b)	2月气温	湿度	与气温相等的相应蒸汽分压 P_q	当地大气压 B	温泉原水温度	
			(m^2)	(m)	(m^3)	(℃)	(h)	(%)	(m^3)	(h)	(m^3/h)	(kW)	(kW)	(kW)	(kW)	(m/s)	(kcal/kg)	(mmHg)	(℃)	(%)	(mmHg)	(mmHg)	(℃)	
二、室外温泉区																								
26	公共泡池区	生姜浴	10.00	0.80	8.00	39	1.00	0.25	19.75	10.00	1.97	24.88	4.98	−29.85	0.00	3.10	575.20	53.24	4.00	0.72	4.20	770.09	52.00	直流
27		白蒺藜浴	10.00	0.80	8.00	39	1.00	0.25	19.75	10.00	1.97	24.88	4.98	−29.85	0.00	3.10	575.20	53.24	4.00	0.72	4.20	770.09	52.00	直流
28		女贞叶浴	13.00	0.80	10.40	39	1.00	0.25	25.67	10.00	2.57	32.34	6.47	−38.81	0.00	3.10	575.20	53.24	4.00	0.72	4.20	770.09	52.00	直流
29		石板浴	100.00												250.00	3.10	574.60	56.17	4.00	0.72	4.20	770.09	52.00	直流
30		足疗池	19.00	0.60	11.40	38	1.00	0.29	32.88	10.00	3.29	44.62	8.92	−53.54	0.00	3.10	575.70	50.45	4.00	0.72	4.20	770.09	52.00	直流
31		人造沙滩	1000.00													3.10	575.70	50.45	4.00	0.72	4.20	770.09	52.00	直流
32																3.10	574.60	56.17	4.00	0.72	4.20	770.09	52.00	直流
33	VIP泡池区	忆江南	20	0.8	16.00	38	1.00	0.15	2.40	14.00	0.17	46.97	9.39	−2.79	53.57	3.10	575.70	50.45	4.00	0.72	4.20	770.09	52.00	循环
34		采桑子	20	0.8	16.00	38	1.00	0.15	2.40	24.00	0.10	46.97	9.39	−1.63	54.73	3.10	575.70	50.45	4.00	0.72	4.20	770.09	52.00	循环
35		蝶恋花	20	0.8	16.00	38	1.00	0.15	2.40	14.00	0.17	46.97	9.39	−2.79	53.57	3.10	575.70	50.45	4.00	0.72	4.20	770.09	52.00	循环
36		浣溪沙	20	0.8	16.00	38	1.00	0.15	2.40	24.00	0.10	46.97	9.39	−1.63	54.73	3.10	575.70	50.45	4.00	0.72	4.20	770.09	52.00	循环
37		南歌子	10.2	0.8	8.16	38	1.00	0.22	17.65	10.00	1.77	23.95	4.79	−28.74	0.00	3.10	575.70	50.45	4.00	0.72	4.20	770.09	52.00	直流
38		长相思	10.2	0.8	8.16	38	1.00	0.22	17.65	10.00	1.77	23.95	4.79	−28.74	0.00	3.10	575.70	50.45	4.00	0.72	4.20	770.09	52.00	直流
39		雨霖铃	10.2	0.8	8.16	38	1.00	0.22	17.65	10.00	1.77	23.95	4.79	−28.74	0.00	3.10	575.70	50.45	4.00	0.72	4.20	770.09	52.00	直流
40		月出泉	10.2	0.8	8.16	38	1.00	0.22	17.65	10.00	1.77	23.95	4.79	−28.74	0.00	3.10	575.70	50.45	4.00	0.72	4.20	770.09	52.00	直流
41		采薇泉	10.2	0.8	8.16	38	1.00	0.22	17.65	10.00	1.77	23.95	4.79	−28.74	0.00	3.10	575.70	50.45	4.00	0.72	4.20	770.09	52.00	直流
42		柏舟泉	10.2	0.8	8.16	38	1.00	0.22	17.65	10.00	1.77	23.95	4.79	−28.74	0.00	3.10	575.70	50.45	4.00	0.72	4.20	770.09	52.00	直流
43		卷耳泉	10.2	0.8	8.16	38	1.00	0.22	17.65	10.00	1.77	23.95	4.79	−28.74	0.00	3.10	575.70	50.45	4.00	0.72	4.20	770.09	52.00	直流
44		喷雾池	40	0.8	32.00	38	1.00	0.22	69.23	10.00	6.92	93.93	18.79	−112.72	0.00	3.10	575.70	50.45	4.00	0.72	4.20	770.09	52.00	循环
45		鱼疗池	20	1.05	21.00	38	1.00	0.15	3.15	24.00	0.13	46.97	9.39	−2.14	54.22	3.10	575.70	50.45	4.00	0.72	4.20	770.09	52.00	循环
	室外小计	室外合计	3726.72		3112.28				938.08						619.92									
	总计	合计	4521.62		3810.50				#####						1134.53									

续表

3 月温泉池水量热量平称表

序号	区域	温泉池名称	基本参数					温泉水使用情况				每小时热量情况				耗热量计算使用数值、公式 [$1.163v(0.0174v_f+0.0229)(P_b-P_q)760F/B$]								备注
			水面积	水深	容积	水温	循环周期	补水系数	每天补给水量	每天运行时间	每小时补给水量	水面蒸发损失热量	其他损失热量	补水补热量	需加热负荷	风速 $V_{f冬}$	水的蒸发气化潜热	与水温相等的饱和水蒸气分压(P_b)	3 月气温	湿度	与气温相等的相应蒸汽分压 P_q	当地大气压 B	温泉原水温度	
			(m^2)	(m)	(m^3)	(℃)	(h)	(%)	(m^3)	(h)	(m^3/h)	(kW)	(kW)	(kW)	(kW)	(m/s)	(kcal/kg)	(mmHg)	(℃)	(%)	(mmHg)	(mmHg)	(℃)	
一、室内温泉馆																								
1		躺床按摩区	48.80	0.90	43.92	38.00	4.0	0.15	6.59	16.00	0.41	36.15	7.23	−6.70	36.67	0.50	575.70	50.45	25.00	0.65	15.50	758.66	52.00	循环
2		室内水疗活动区	239.10	0.90	248.00	38.00	4.0	0.15	37.20	16.00	2.33	177.12	35.42	−37.86	174.68	0.50	575.70	50.45	25.00	0.65	15.50	758.66	52.00	循环
3		儿童亲子区	93.00	0.90	83.70	38.00	4.0	0.15	12.56	16.00	0.78	68.89	13.78	−12.78	69.89	0.50	575.70	50.45	25.00	0.65	15.50	758.66	52.00	循环
4		水下健身区	210.00	0.90	189.00	38.00	2.0	0.15	28.35	16.00	1.77	155.56	31.11	−28.85	157.82	0.50	575.70	50.45	25.00	0.65	15.50	758.66	52.00	循环
5	室内水疗馆	高温池	5.00	0.80	4.00	43.00	2.0	0.11	6.79	16.00	0.42	3.70	0.74	−4.44	0.00	0.50	575.70	50.45	25.00	0.65	15.50	758.66	52.00	循环
6		中温池	5.00	0.80	4.00	35.00	2.0	0.04	2.75	16.00	0.17	2.83	0.57	−3.39	0.00	0.50	577.50	42.10	25.00	0.65	15.50	758.66	52.00	循环
7		低温池	5.00	0.80	4.00	38.00	2.0	0.07	4.37	16.00	0.27	3.70	0.74	−4.44	0.00	0.50	575.70	50.45	25.00	0.65	15.50	758.66	52.00	循环
8		逆流漩涡池	7.00	0.60	4.20	38.00	2.0	0.15	0.63	16.00	0.04	5.19	1.04	−0.64	5.58	0.50	575.70	50.45	25.00	0.65	15.50	758.66	52.00	循环
9															0.00	0.50	575.70	50.45	25.00	0.65	15.50	758.66	52.00	循环
10																0.50	575.70	50.45	25.00	0.65	15.50	758.66	52.00	循环
11		中央喷泉	12.00	0.80	9.60	38.00	2.00	0.07	10.48	16.00	0.66	8.89	1.78	−10.67	0.00	0.50	575.70	50.45	25.00	0.65	15.50	758.66	52.00	循环
12		八卦池 1	10.00	0.80	8.00	38.00	2.00	0.07	8.74	16.00	0.55	7.41	1.48	−8.89	0.00	0.50	575.70	50.45	25.00	0.65	15.50	758.66	52.00	循环
13		八卦池 2	10.00	0.80	8.00	38.00	2.00	0.07	8.74	16.00	0.55	7.41	1.48	−8.89	0.00	0.50	575.70	50.45	25.00	0.65	15.50	758.66	52.00	循环
14		八卦池 3	10.00	0.80	8.00	38.00	2.00	0.07	8.74	16.00	0.55	7.41	1.48	−8.89	0.00	0.50	575.70	50.45	25.00	0.65	15.50	758.66	52.00	循环
15		八卦池 4	10.00	0.80	8.00	38.00	2.00	0.07	8.74	16.00	0.55	7.41	1.48	−8.89	0.00	0.50	575.70	50.45	25.00	0.65	15.50	758.66	52.00	循环
16		八卦池 5	10.00	0.80	8.00	38.00	2.00	0.07	8.74	16.00	0.55	7.41	1.48	−8.89	0.00	0.50	575.70	50.45	25.00	0.65	15.50	758.66	52.00	循环
17		八卦池 6	10.00	0.80	8.00	38.00	2.00	0.07	8.74	16.00	0.55	7.41	1.48	−8.89	0.00	0.50	575.70	50.45	25.00	0.65	15.50	758.66	52.00	循环
18	室内夹层区	八卦池 7	10.00	0.80	8.00	38.00	2.00	0.07	8.74	16.00	0.55	7.41	1.48	−8.89	0.00	0.50	575.70	50.45	25.00	0.65	15.50	758.66	52.00	循环
19		八卦池 8	10.00	0.80	8.00	43.00	2.00	0.11	13.59	16.00	0.85	7.41	1.48	−8.89	0.00	0.50	575.70	50.45	25.00	0.65	15.50	758.66	52.00	循环
20		金池	10.00	0.80	8.00	35.00	2.00	0.06	7.19	16.00	0.45	7.41	1.48	−8.89	0.00	0.50	575.70	50.45	25.00	0.65	15.50	758.66	52.00	循环
21		木池	10.00	0.80	8.00	38.00	2.00	0.07	8.74	16.00	0.55	7.41	1.48	−8.89	0.00	0.50	575.70	50.45	25.00	0.65	15.50	758.66	52.00	循环
22		水池	10.00	0.80	8.00	38.00	2.00	0.07	8.74	16.00	0.55	7.41	1.48	−8.89	0.00	0.50	575.70	50.45	25.00	0.65	15.50	758.66	52.00	循环
23		火池	10.00	0.80	8.00	38.00	2.00	0.07	8.74	16.00	0.55	7.41	1.48	−8.89	0.00	0.50	575.70	50.45	25.00	0.65	15.50	758.66	52.00	循环
24		土池	10.00	0.80	8.00	38.00	2.00	0.07	8.74	16.00	0.55	7.41	1.48	−8.89	0.00	0.50	575.70	50.45	25.00	0.65	15.50	758.66	52.00	循环
25		热石板浴	40.00		0.00				0.00		0.00				60.00									
	室内小计	室内合计	794.90		694.42				127.35		14.16				504.65									

续表

3月温泉池水量热量平称表

序号	区域	温泉池名称	基本参数					温泉水使用情况				每小时热量情况				耗热量计算使用数值、公式 [1.163v(0.0174vf+0.0229)(Pb−Pq)760F/B]								备注
			水面积	水深	容积	水温	循环周期	补水系数	每天补给水量	每天运行时间	每小时补给水量	水面蒸发损失热量	其他损失热量	补水补热量	需加热负荷	风速 $V_{f冬}$	水的蒸发气化潜热	与水温相等的饱和水蒸气分压(P_b)	3月气温	湿度	与气温相等的相应蒸汽分压 P_q	当地大气压 B	温泉原水温度	
			(m²)	(m)	(m³)	(℃)	(h)	(%)	(m³)	(h)	(m³/h)	(kW)	(kW)	(kW)	(kW)	(m/s)	(kcal/kg)	(mmHg)	(℃)	(%)	(mmHg)	(mmHg)	(℃)	
二、室外温泉区																								
1	公共泡池区	洗脚池	4.50	0.40	1.80	38	1.00	0.43	7.74	10.00	0.77	10.51	2.10	−12.61	0.00	3.20	575.70	50.45	10.90	0.62	5.90	762.81	52.00	直流
2		美酒迎宾	20.00	0.80	16.00	38	1.00	0.22	34.42	10.00	3.44	46.70	9.34	−56.05	0.00	3.20	575.70	50.45	10.90	0.62	5.90	762.81	52.00	直流
3		茶香四溢	20.00	0.80	16.00	38	1.00	0.22	34.42	10.00	3.44	46.70	9.34	−56.05	0.00	3.20	575.70	50.45	10.90	0.62	5.90	762.81	52.00	直流
4		玫瑰池	12.50	0.80	10.00	38	1.00	0.22	21.51	10.00	2.15	29.19	5.84	−35.03	0.00	3.20	575.70	50.45	10.90	0.62	5.90	762.81	52.00	直流
5		竹雨池	37.00	0.80	29.60	38	1.00	0.15	4.44	14.00	0.32	86.40	17.28	−5.16	98.52	3.20	575.70	50.45	10.90	0.62	5.90	762.81	52.00	循环
6		水果浴 1	19.00	0.80	15.20	38	1.00	0.22	32.70	10.00	3.27	44.37	8.87	−53.24	0.00	3.20	575.70	50.45	10.90	0.62	5.90	762.81	52.00	直流
7		水果浴 2	11.70	0.80	9.36	38	1.00	0.22	20.14	10.00	2.01	27.32	5.46	−32.79	0.00	3.20	575.70	50.45	10.90	0.62	5.90	762.81	52.00	直流
8		水果浴 3	15.50	0.80	12.40	38	1.00	0.22	26.68	10.00	2.67	36.20	7.24	−43.44	0.00	3.20	575.70	50.45	10.90	0.62	5.90	762.81	52.00	直流
9		水果浴 4	10.00	0.80	8.00	38	1.00	0.22	17.21	10.00	1.72	23.35	4.67	−28.02	0.00	3.20	575.70	50.45	10.90	0.62	5.90	762.81	52.00	直流
10		水果浴 5	10.50	0.80	8.40	38	1.00	0.22	18.07	10.00	1.81	24.52	4.90	−29.42	0.00	3.20	575.70	50.45	10.90	0.62	5.90	762.81	52.00	直流
11		牛奶浴	11.00	0.80	8.80	39	1.00	0.23	20.39	10.00	2.04	25.69	5.14	−30.83	0.00	3.20	575.70	50.45	10.90	0.62	5.90	762.81	52.00	直流
12		木瓜浴	13.00	0.80	10.40	38	1.00	0.22	22.37	10.00	2.24	30.36	6.07	−36.43	0.00	3.20	575.70	50.45	10.90	0.62	5.90	762.81	52.00	直流
13		盐浴	20.00	0.80	16.00	38	1.00	0.22	34.42	10.00	3.44	46.70	9.34	−56.05	0.00	3.20	575.70	50.45	10.90	0.62	5.90	762.81	52.00	直流
14		芦荟浴	14.00	0.80	11.20	38	1.00	0.22	24.10	10.00	2.41	32.69	6.54	−39.23	0.00	3.20	575.70	50.45	10.90	0.62	5.90	762.81	52.00	直流
15		宫浴	10.12	0.80	8.10	38	1.00	0.22	17.42	10.00	1.74	23.63	4.73	−28.36	0.00	3.20	575.70	50.45	10.90	0.62	5.90	762.81	52.00	直流
16		商浴	18.00	0.80	14.40	38	1.00	0.22	30.98	10.00	3.10	42.03	8.41	−50.44	0.00	3.20	575.70	50.45	10.90	0.62	5.90	762.81	52.00	直流
17		角浴	19.00	0.80	15.20	38	1.00	0.22	32.70	10.00	3.27	44.37	8.87	−53.24	0.00	3.20	575.70	50.45	10.90	0.62	5.90	762.81	52.00	直流
18		徵浴	16.00	0.80	12.80	38	1.00	0.22	27.54	10.00	2.75	37.36	7.47	−44.84	0.00	3.20	575.70	50.45	10.90	0.62	5.90	762.81	52.00	直流
19		羽浴	19.00	0.80	15.20	38	1.00	0.22	32.70	10.00	3.27	44.37	8.87	−53.24	0.00	3.20	575.70	50.45	10.90	0.62	5.90	762.81	52.00	直流
20		五音浴	17.00	0.80	13.60	38	1.00	0.22	29.26	10.00	2.93	39.70	7.94	−47.64	0.00	3.20	575.70	50.45	10.90	0.62	5.90	762.81	52.00	直流
21		高温浴	12.00	0.80	9.60	42	1.00	0.48	45.72	10.00	4.57	35.45	7.09	−42.54	0.00	3.20	573.70	62.45	10.90	0.62	5.90	762.81	50.00	直流
22		低温浴	12.00	0.80	9.60	12	1.00	0.09	0.00	10.00	0.86	31.56	6.31	−37.87	0.00	3.20	574.60	56.17	10.90	0.62	5.90	762.81	50.00	直流
23		白芨浴	11.00	0.80	8.80	39	1.00	0.29	25.58	10.00	2.56	27.27	5.45	−32.73	0.00	3.20	575.20	53.24	10.90	0.62	5.90	762.81	50.00	直流
24		朱砂浴	12.00	0.80	9.60	39	1.00	0.29	27.91	10.00	2.79	29.75	5.95	−35.70	0.00	3.20	575.20	53.24	10.90	0.62	5.90	762.81	50.00	直流
25		五子浴	11.00	0.80	8.80	39	1.00	0.29	25.58	10.00	2.56	27.27	5.45	−32.73	0.00	3.20	575.20	53.24	10.90	0.62	5.90	762.81	50.00	直流

续表

3月温泉池水量热量平称表

序号	区域	温泉池名称	基本参数				温泉水使用情况					每小时热量情况				耗热量计算使用数值、公式 [1.163v(0.0174vf+0.0229)(P_b-P_q)760F/B]								备注
			水面积	水深	容积	水温	循环周期	补水系数	每天补给水量	每天运行时间	每小时补给水量	水面蒸发损失热量	其他损失热量	补水补热量	需加热负荷	风速 $V_{f冬}$	水的蒸发气化潜热	与水温相等的饱和水蒸气分压(P_b)	3月气温	湿度	与气温相等的相应蒸汽分压 P_q	当地大气压 B	温泉原水温度	
			(m^2)	(m)	(m^3)	(℃)	(h)	(%)	(m^3)	(h)	(m^3/h)	(kW)	(kW)	(kW)	(kW)	(m/s)	(kcal/kg)	(mmHg)	(℃)	(%)	(mmHg)	(mmHg)	(℃)	
二、室外温泉区																								
26	公共泡池区	生姜浴	10.00	0.80	8.00	39	1.00	0.29	23.26	10.00	2.33	24.79	4.96	−29.75	0.00	3.20	575.20	53.24	10.90	0.62	5.90	762.81	50.00	直流
27		白蒺藜浴	10.00	0.80	8.00	39	1.00	0.29	23.26	10.00	2.33	24.79	4.96	−29.75	0.00	3.20	575.20	53.24	10.90	0.62	5.90	762.81	50.00	直流
28		女贞叶浴	13.00	0.80	10.40	39	1.00	0.29	30.23	10.00	3.02	32.23	6.45	−38.68	0.00	3.20	575.20	53.24	10.90	0.62	5.90	762.81	50.00	直流
29		石板浴	100.00												250.00	3.20	574.60	56.17	10.90	0.62	5.90	762.81	50.00	直流
30		足疗池	19.00	0.60	11.40	38	1.00	0.33	38.15	10.00	3.82	44.37	8.87	−53.24	0.00	3.20	575.70	50.45	10.90	0.62	5.90	762.81	50.00	直流
31		人造沙滩	1000.00													3.20	575.70	50.45	10.90	0.62	5.90	762.81	50.00	直流
32																3.20	574.60	56.17	10.90	0.62	5.90	762.81	50.00	直流
33	VIP泡池区	忆江南	20	0.8	16.00	38	1.00	0.15	2.40	14.00	0.17	46.70	9.34	−2.39	53.65	3.20	575.70	50.45	10.90	0.62	5.90	762.81	50.00	循环
34		采桑子	20	0.8	16.00	38	1.00	0.15	2.40	24.00	0.10	46.70	9.34	−1.40	54.65	3.20	575.70	50.45	10.90	0.62	5.90	762.81	50.00	循环
35		蝶恋花	20	0.8	16.00	38	1.00	0.15	2.40	14.00	0.17	46.70	9.34	−2.39	53.65	3.20	575.70	50.45	10.90	0.62	5.90	762.81	50.00	循环
36		浣溪沙	20	0.8	16.00	38	1.00	0.15	2.40	24.00	0.10	46.70	9.34	−1.40	54.65	3.20	575.70	50.45	10.90	0.62	5.90	762.81	50.00	循环
37		南歌子	10.2	0.8	8.16	38	1.00	0.25	20.48	10.00	2.05	23.82	4.76	−28.58	0.00	3.20	575.70	50.45	10.90	0.62	5.90	762.81	50.00	直流
38		长相思	10.2	0.8	8.16	38	1.00	0.25	20.48	10.00	2.05	23.82	4.76	−28.58	0.00	3.20	575.70	50.45	10.90	0.62	5.90	762.81	50.00	直流
39		雨霖铃	10.2	0.8	8.16	38	1.00	0.25	20.48	10.00	2.05	23.82	4.76	−28.58	0.00	3.20	575.70	50.45	10.90	0.62	5.90	762.81	50.00	直流
40		月出泉	10.2	0.8	8.16	38	1.00	0.25	20.48	10.00	2.05	23.82	4.76	−28.58	0.00	3.20	575.70	50.45	10.90	0.62	5.90	762.81	50.00	直流
41		采薇泉	10.2	0.8	8.16	38	1.00	0.25	20.48	10.00	2.05	23.82	4.76	−28.58	0.00	3.20	575.70	50.45	10.90	0.62	5.90	762.81	50.00	直流
42		柏舟泉	10.2	0.8	8.16	38	1.00	0.25	20.48	10.00	2.05	23.82	4.76	−28.58	0.00	3.20	575.70	50.45	10.90	0.62	5.90	762.81	50.00	直流
43		卷耳泉	10.2	0.8	8.16	38	1.00	0.25	20.48	10.00	2.05	23.82	4.76	−28.58	0.00	3.20	575.70	50.45	10.90	0.62	5.90	762.81	50.00	直流
44		喷雾池	40	0.8	32.00	38	1.00	0.25	80.32	10.00	8.03	93.41	18.68	−112.09	0.00	3.20	575.70	50.45	10.90	0.62	5.90	762.81	50.00	循环
45		鱼疗池	20	1.05	21.00	38	1.00	0.15	3.15	24.00	0.13	46.70	9.34	−1.83	54.21	3.20	575.70	50.45	10.90	0.62	5.90	762.81	50.00	循环
	室外小计	室外合计	3704.22		3094.28				965.34						619.34									
	总计	合计	4499.12		3788.70				#####						1124.00									

续表

4月温泉池水量热量平称表

序号	区域	温泉池名称	基本参数					温泉水使用情况				每小时热量情况				耗热量计算使用数值、公式 [$1.163v(0.0174v_f+0.0229)(P_b-P_q)760F/B$]								备注
			水面积	水深	容积	水温	循环周期	补水系数	每天补给水量	每天运行时间	每小时补给水量	水面蒸发损失热量	其他损失热量	补水补热量	需加热负荷	风速 $V_{f冬}$	水的蒸发气化潜热	与水温相等的饱和水蒸气分压(P_b)	4月气温	湿度	与气温相等的相应蒸汽分压 P_q	当地大气压 B	温泉原水温度	
			(m^2)	(m)	(m^3)	(℃)	(h)	(%)	(m^3)	(h)	(m^3/h)	(kW)	(kW)	(kW)	(kW)	(m/s)	(kcal/kg)	(mmHg)	(℃)	(%)	(mmHg)	(mmHg)	(℃)	
一、室内温泉馆																								
1		躺床按摩区	48.80	0.90	43.92	38.00	4.0	0.15	6.59	16.00	0.41	36.15	7.23	−6.70	36.67	0.50	575.70	50.45	25.00	0.65	15.50	758.66	52.00	循环
2		室内水疗活动区	239.10	0.90	248.00	38.00	4.0	0.15	37.20	16.00	2.33	177.12	35.42	−37.86	174.68	0.50	575.70	50.45	25.00	0.65	15.50	758.66	52.00	循环
3		儿童亲子区	93.00	0.90	83.70	38.00	4.0	0.15	12.56	16.00	0.78	68.89	13.78	−12.78	69.89	0.50	575.70	50.45	25.00	0.65	15.50	758.66	52.00	循环
4		水下健身区	210.00	0.90	189.00	38.00	2.0	0.15	28.35	16.00	1.77	155.56	31.11	−28.85	157.82	0.50	575.70	50.45	25.00	0.65	15.50	758.66	52.00	循环
5	室内水疗馆	高温池	5.00	0.80	4.00	43.00	2.0	0.11	6.79	16.00	0.42	3.70	0.74	−4.44	0.00	0.50	575.70	50.45	25.00	0.65	15.50	758.66	52.00	循环
6		中温池	5.00	0.80	4.00	35.00	2.0	0.04	2.75	16.00	0.17	2.83	0.57	−3.39	0.00	0.50	577.50	42.10	25.00	0.65	15.50	758.66	52.00	循环
7		低温池	5.00	0.80	4.00	38.00	2.0	0.07	4.37	16.00	0.27	3.70	0.74	−4.44	0.00	0.50	575.70	50.45	25.00	0.65	15.50	758.66	52.00	循环
8		逆流漩涡池	7.00	0.60	4.20	38.00	2.0	0.15	0.63	16.00	0.04	5.19	1.04	−0.64	5.58	0.50	575.70	50.45	25.00	0.65	15.50	758.66	52.00	循环
9															0.00	0.50	575.70	50.45	25.00	0.65	15.50	758.66	52.00	循环
10																0.50	575.70	50.45	25.00	0.65	15.50	758.66	52.00	循环
11		中央喷泉	12.00	0.80	9.60	38.00	2.00	0.07	10.48	16.00	0.66	8.89	1.78	−10.67	0.00	0.50	575.70	50.45	25.00	0.65	15.50	758.66	52.00	循环
12		八卦池1	10.00	0.80	8.00	38.00	2.00	0.07	8.74	16.00	0.55	7.41	1.48	−8.89	0.00	0.50	575.70	50.45	25.00	0.65	15.50	758.66	52.00	循环
13		八卦池2	10.00	0.80	8.00	38.00	2.00	0.07	8.74	16.00	0.55	7.41	1.48	−8.89	0.00	0.50	575.70	50.45	25.00	0.65	15.50	758.66	52.00	循环
14		八卦池3	10.00	0.80	8.00	38.00	2.00	0.07	8.74	16.00	0.55	7.41	1.48	−8.89	0.00	0.50	575.70	50.45	25.00	0.65	15.50	758.66	52.00	循环
15		八卦池4	10.00	0.80	8.00	38.00	2.00	0.07	8.74	16.00	0.55	7.41	1.48	−8.89	0.00	0.50	575.70	50.45	25.00	0.65	15.50	758.66	52.00	循环
16		八卦池5	10.00	0.80	8.00	38.00	2.00	0.07	8.74	16.00	0.55	7.41	1.48	−8.89	0.00	0.50	575.70	50.45	25.00	0.65	15.50	758.66	52.00	循环
17		八卦池6	10.00	0.80	8.00	38.00	2.00	0.07	8.74	16.00	0.55	7.41	1.48	−8.89	0.00	0.50	575.70	50.45	25.00	0.65	15.50	758.66	52.00	循环
18	室内夹层区	八卦池7	10.00	0.80	8.00	38.00	2.00	0.07	8.74	16.00	0.55	7.41	1.48	−8.89	0.00	0.50	575.70	50.45	25.00	0.65	15.50	758.66	52.00	循环
19		八卦池8	10.00	0.80	8.00	43.00	2.00	0.11	13.59	16.00	0.85	7.41	1.48	−8.89	0.00	0.50	575.70	50.45	25.00	0.65	15.50	758.66	52.00	循环
20		金池	10.00	0.80	8.00	35.00	2.00	0.06	7.19	16.00	0.45	7.41	1.48	−8.89	0.00	0.50	575.70	50.45	25.00	0.65	15.50	758.66	52.00	循环
21		木池	10.00	0.80	8.00	38.00	2.00	0.07	8.74	16.00	0.55	7.41	1.48	−8.89	0.00	0.50	575.70	50.45	25.00	0.65	15.50	758.66	52.00	循环
22		水池	10.00	0.80	8.00	38.00	2.00	0.07	8.74	16.00	0.55	7.41	1.48	−8.89	0.00	0.50	575.70	50.45	25.00	0.65	15.50	758.66	52.00	循环
23		火池	10.00	0.80	8.00	38.00	2.00	0.07	8.74	16.00	0.55	7.41	1.48	−8.89	0.00	0.50	575.70	50.45	25.00	0.65	15.50	758.66	52.00	循环
24		土池	10.00	0.80	8.00	38.00	2.00	0.07	8.74	16.00	0.55	7.41	1.48	−8.89	0.00	0.50	575.70	50.45	25.00	0.65	15.50	758.66	52.00	循环
25		热石板浴	40.00		0.00				0.00		0.00				60.00									
	室内小计	室内合计	794.90		694.42				127.35		14.16				504.65									

续表

4 月温泉池水量热量平称表

序号	区域	温泉池名称	基本参数					温泉水使用情况				每小时热量情况				耗热量计算使用数值、公式 [1.163v(0.0174v$_f$+0.0229)(P_b-P_q)760F/B]								备注
			水面积	水深	容积	水温	循环周期	补水系数	每天补给水量	每天运行时间	每小时补给水量	水面蒸发损失热量	其他损失热量	补水补热量	需加热负荷	风速 $V_{f冬}$	水的蒸发气化潜热	与水温相等的饱和水蒸气分压(P_b)	4 月气温	湿度	与气温相等的相应蒸汽分压 P_q	当地大气压 B	温泉原水温度	
			(m^2)	(m)	(m^3)	(℃)	(h)	(%)	(m^3)	(h)	(m^3/h)	(kW)	(kW)	(kW)	(kW)	(m/s)	(kcal/kg)	(mmHg)	(℃)	(%)	(mmHg)	(mmHg)	(℃)	
二、室外温泉区																								
1		洗脚池	4.50	0.40	1.80	38	1.00	0.40	7.20	10.00	0.72	9.77	1.95	−11.72	0.00	3.20	575.70	50.45	16.40	0.65	9.30	758.16	52.00	直流
2		美酒迎宾	20.00	0.80	16.00	38	1.00	0.20	31.99	10.00	3.20	43.41	8.68	−52.09	0.00	3.20	575.70	50.45	16.40	0.65	9.30	758.16	52.00	直流
3		茶香四溢	20.00	0.80	16.00	38	1.00	0.20	31.99	10.00	3.20	43.41	8.68	−52.09	0.00	3.20	575.70	50.45	16.40	0.65	9.30	758.16	52.00	直流
4		玫瑰池	12.50	0.80	10.00	38	1.00	0.20	19.99	10.00	2.00	27.13	5.43	−32.55	0.00	3.20	575.70	50.45	16.40	0.65	9.30	758.16	52.00	直流
5		竹雨池	37.00	0.80	29.60	38	1.00	0.15	4.44	14.00	0.32	80.30	16.06	−5.16	91.20	3.20	575.70	50.45	16.40	0.65	9.30	758.16	52.00	循环
6		水果浴 1	19.00	0.80	15.20	38	1.00	0.20	30.39	10.00	3.04	41.23	8.25	−49.48	0.00	3.20	575.70	50.45	16.40	0.65	9.30	758.16	52.00	直流
7		水果浴 2	11.70	0.80	9.36	38	1.00	0.20	18.71	10.00	1.87	25.39	5.08	−30.47	0.00	3.20	575.70	50.45	16.40	0.65	9.30	758.16	52.00	直流
8		水果浴 3	15.50	0.80	12.40	38	1.00	0.20	24.79	10.00	2.48	33.64	6.73	−40.37	0.00	3.20	575.70	50.45	16.40	0.65	9.30	758.16	52.00	直流
9		水果浴 4	10.00	0.80	8.00	38	1.00	0.20	15.99	10.00	1.60	21.70	4.34	−26.04	0.00	3.20	575.70	50.45	16.40	0.65	9.30	758.16	52.00	直流
10		水果浴 5	10.50	0.80	8.40	38	1.00	0.20	16.79	10.00	1.68	22.79	4.56	−27.35	0.00	3.20	575.70	50.45	16.40	0.65	9.30	758.16	52.00	直流
11		牛奶浴	11.00	0.80	8.80	39	1.00	0.22	18.95	10.00	1.89	23.87	4.77	−28.65	0.00	3.20	575.70	50.45	16.40	0.65	9.30	758.16	52.00	直流
12		木瓜浴	13.00	0.80	10.40	38	1.00	0.20	20.79	10.00	2.08	28.21	5.64	−33.86	0.00	3.20	575.70	50.45	16.40	0.65	9.30	758.16	52.00	直流
13	公共泡池区	盐浴	20.00	0.80	16.00	38	1.00	0.20	31.99	10.00	3.20	43.41	8.68	−52.09	0.00	3.20	575.70	50.45	16.40	0.65	9.30	758.16	52.00	直流
14		芦荟浴	14.00	0.80	11.20	38	1.00	0.20	22.39	10.00	2.24	30.38	6.08	−36.46	0.00	3.20	575.70	50.45	16.40	0.65	9.30	758.16	52.00	直流
15		宫浴	10.12	0.80	8.10	38	1.00	0.20	16.19	10.00	1.62	21.96	4.39	−26.36	0.00	3.20	575.70	50.45	16.40	0.65	9.30	758.16	52.00	直流
16		商浴	18.00	0.80	14.40	38	1.00	0.20	28.79	10.00	2.88	39.06	7.81	−46.88	0.00	3.20	575.70	50.45	16.40	0.65	9.30	758.16	52.00	直流
17		角浴	19.00	0.80	15.20	38	1.00	0.20	30.39	10.00	3.04	41.23	8.25	−49.48	0.00	3.20	575.70	50.45	16.40	0.65	9.30	758.16	52.00	直流
18		徵浴	16.00	0.80	12.80	38	1.00	0.20	25.59	10.00	2.56	34.72	6.94	−41.67	0.00	3.20	575.70	50.45	16.40	0.65	9.30	758.16	52.00	直流
19		羽浴	19.00	0.80	15.20	38	1.00	0.20	30.39	10.00	3.04	41.23	8.25	−49.48	0.00	3.20	575.70	50.45	16.40	0.65	9.30	758.16	52.00	直流
20		五音浴	17.00	0.80	13.60	38	1.00	0.20	27.19	10.00	2.72	36.89	7.38	−44.27	0.00	3.20	575.70	50.45	16.40	0.65	9.30	758.16	52.00	直流
21		高温浴	12.00	0.80	9.60	42	1.00	0.36	34.59	10.00	3.46	33.52	6.70	−40.22	0.00	3.20	573.70	62.45	16.40	0.65	9.30	758.16	52.00	直流
22		低温浴	12.00	0.80	9.60	12	1.00	0.08	0.00	10.00	0.76	29.61	5.92	−35.53	0.00	3.20	574.60	56.17	16.40	0.65	9.30	758.16	52.00	直流
23		白芨浴	11.00	0.80	8.80	39	1.00	0.23	20.22	10.00	2.02	25.47	5.09	−30.56	0.00	3.20	575.20	53.24	16.40	0.65	9.30	758.16	52.00	直流
24		朱砂浴	12.00	0.80	9.60	39	1.00	0.23	22.05	10.00	2.21	27.78	5.56	−33.34	0.00	3.20	575.20	53.24	16.40	0.65	9.30	758.16	52.00	直流
25		五子浴	11.00	0.80	8.80	39	1.00	0.23	20.22	10.00	2.02	25.47	5.09	−30.56	0.00	3.20	575.20	53.24	16.40	0.65	9.30	758.16	52.00	直流

续表

4月温泉池水量热量平称表

序号	区域	温泉池名称	基本参数				温泉水使用情况					每小时热量情况				耗热量计算使用数值、公式 [1.163v(0.0174v_f+0.0229)(P_b−P_q)760F/B]								备注
			水面积	水深	容积	水温	循环周期	补水系数	每天补给水量	每天运行时间	每小时补给水量	水面蒸发损失热量	其他损失热量	补水补热量	需加热负荷	风速 $V_{f冬}$	水的蒸发气化潜热	与水温相等的饱和水蒸气分压(P_b)	4月气温	湿度	与气温相等的相应蒸汽分压 P_q	当地大气压 B	温泉原水温度	
			(m^2)	(m)	(m^3)	(℃)	(h)	(%)	(m^3)	(h)	(m^3/h)	(kW)	(kW)	(kW)	(kW)	(m/s)	(kcal/kg)	(mmHg)	(℃)	(%)	(mmHg)	(mmHg)	(℃)	
二、室外温泉区																								
26	公共泡池区	生姜浴	10.00	0.80	8.00	39	1.00	0.23	18.38	10.00	1.84	23.15	4.63	−27.78	0.00	3.20	575.20	53.24	16.40	0.65	9.30	758.16	52.00	直流
27		白蒺藜浴	10.00	0.80	8.00	39	1.00	0.23	18.38	10.00	1.84	23.15	4.63	−27.78	0.00	3.20	575.20	53.24	16.40	0.65	9.30	758.16	52.00	直流
28		女贞叶浴	13.00	0.80	10.40	39	1.00	0.23	23.89	10.00	2.39	30.10	6.02	−36.12	0.00	3.20	575.20	53.24	16.40	0.65	9.30	758.16	52.00	直流
29		石板浴	10 0.00												250.00	3.20	574.60	56.17	16.40	0.65	9.30	758.16	52.00	直流
30		足疗池	19.00	0.60	11.40	38	1.00	0.27	30.39	10.00	3.04	41.23	8.25	−49.48	0.00	3.20	575.70	50.45	16.40	0.65	9.30	758.16	52.00	直流
31		人造沙滩	1000.00													3.20	575.70	50.45	16.40	0.65	9.30	758.16	52.00	直流
32																3.20	574.60	56.17	16.40	0.65	9.30	758.16	52.00	直流
33	VIP泡池区	忆江南	20	0.8	16.00	38	1.00	0.15	2.40	14.00	0.17	43.41	8.68	−2.79	49.29	3.20	575.70	50.45	16.40	0.65	9.30	758.16	52.00	循环
34		采桑子	20	0.8	16.00	38	1.00	0.15	2.40	24.00	0.10	43.41	8.68	−1.63	50.46	3.20	575.70	50.45	16.40	0.65	9.30	758.16	52.00	循环
35		蝶恋花	20	0.8	16.00	38	1.00	0.15	2.40	14.00	0.17	43.41	8.68	−2.79	49.29	3.20	575.70	50.45	16.40	0.65	9.30	758.16	52.00	循环
36		浣溪沙	20	0.8	16.00	38	1.00	0.15	2.40	24.00	0.10	43.41	8.68	−1.63	50.46	3.20	575.70	50.45	16.40	0.65	9.30	758.16	52.00	循环
37		南歌子	10.2	0.8	8.16	38	1.00	0.20	16.31	10.00	1.63	22.14	4.43	−26.56	0.00	3.20	575.70	50.45	16.40	0.65	9.30	758.16	52.00	直流
38		长相思	10.2	0.8	8.16	38	1.00	0.20	16.31	10.00	1.63	22.14	4.43	−26.56	0.00	3.20	575.70	50.45	16.40	0.65	9.30	758.16	52.00	直流
39		雨霖铃	10.2	0.8	8.16	38	1.00	0.20	16.31	10.00	1.63	22.14	4.43	−26.56	0.00	3.20	575.70	50.45	16.40	0.65	9.30	758.16	52.00	直流
40		月出泉	10.2	0.8	8.16	38	1.00	0.20	16.31	10.00	1.63	22.14	4.43	−26.56	0.00	3.20	575.70	50.45	16.40	0.65	9.30	758.16	52.00	直流
41		采薇泉	10.2	0.8	8.16	38	1.00	0.20	16.31	10.00	1.63	22.14	4.43	−26.56	0.00	3.20	575.70	50.45	16.40	0.65	9.30	758.16	52.00	直流
42		柏舟泉	10.2	0.8	8.16	38	1.00	0.20	16.31	10.00	1.63	22.14	4.43	−26.56	0.00	3.20	575.70	50.45	16.40	0.65	9.30	758.16	52.00	直流
43		卷耳泉	10.2	0.8	8.16	38	1.00	0.20	16.31	10.00	1.63	22.14	4.43	−26.56	0.00	3.20	575.70	50.45	16.40	0.65	9.30	758.16	52.00	直流
44		喷雾池	40	0.8	32.00	38	1.00	0.20	63.98	10.00	6.40	86.81	17.36	−104.17	0.00	3.20	575.70	50.45	16.40	0.65	9.30	758.16	52.00	循环
45		鱼疗池	20	1.05	21.00	38	1.00	0.15	3.15	24.00	0.13	43.41	8.68	−2.14	49.95	3.20	575.70	50.45	16.40	0.65	9.30	758.16	52.00	循环
	室外小计	室外合计	3704.22		3094.28				834.00						590.65									
	总计	合计	4499.12		3788.70				961.35						1095.30									

续表

5 月温泉池水量热量平称表

序号	区域	温泉池名称	基本参数				温泉水使用情况				每小时热量情况				耗热量计算使用数值、公式 [1.163v(0.0174vf+0.0229)(Pb－Pq)760F/B]								备注
			水面积	水深	容积	水温	循环周期	补水系数	每天补给水量	每天运行时间	每小时补给水量	水面蒸发损失热量	其他损失热量	补水补热量	需加热负荷	风速 $V_{f冬}$	水的蒸发气化潜热	与水温相等的饱和水蒸气分压(P_b)	5 月气温	湿度	与气温相等的相应蒸汽分压 P_q	当地大气压 B	温泉原水温度	
			(m^2)	(m)	(m^3)	(℃)	(h)	(%)	(m^3)	(h)	(m^3/h)	(kW)	(kW)	(kW)	(kW)	(m/s)	(kcal/kg)	(mmHg)	(℃)	(%)	(mmHg)	(mmHg)	(℃)	
一、室内温泉馆																								
1	室内水疗馆	躺床按摩区	48.80	0.90	43.92	38.00	4.0	0.15	6.59	16.00	0.41	36.15	7.23	−6.70	36.67	0.50	575.70	50.45	25.00	0.65	15.50	758.66	52.00	循环
2		室内水疗活动区	239.10	0.90	248.00	38.00	4.0	0.15	37.20	16.00	2.33	177.12	35.42	−37.86	174.68	0.50	575.70	50.45	25.00	0.65	15.50	758.66	52.00	循环
3		儿童亲子区	93.00	0.90	83.70	38.00	4.0	0.15	12.56	16.00	0.78	68.89	13.78	−12.78	69.89	0.50	575.70	50.45	25.00	0.65	15.50	758.66	52.00	循环
4		水下健身区	210.00	0.90	189.00	38.00	2.0	0.15	28.35	16.00	1.77	155.56	31.11	−28.85	157.82	0.50	575.70	50.45	25.00	0.65	15.50	758.66	52.00	循环
5		高温池	5.00	0.80	4.00	43.00	2.0	0.11	6.79	16.00	0.42	3.70	0.74	−4.44	0.00	0.50	575.70	50.45	25.00	0.65	15.50	758.66	52.00	循环
6		中温池	5.00	0.80	4.00	35.00	2.0	0.04	2.75	16.00	0.17	2.83	0.57	−3.39	0.00	0.50	577.50	42.10	25.00	0.65	15.50	758.66	52.00	循环
7		低温池	5.00	0.80	4.00	38.00	2.0	0.07	4.37	16.00	0.27	3.70	0.74	−4.44	0.00	0.50	575.70	50.45	25.00	0.65	15.50	758.66	52.00	循环
8		逆流漩涡池	7.00	0.60	4.20	38.00	2.0	0.15	0.63	16.00	0.04	5.19	1.04	−0.64	5.58	0.50	575.70	50.45	25.00	0.65	15.50	758.66	52.00	循环
9															0.00	0.50	575.70	50.45	25.00	0.65	15.50	758.66	52.00	循环
10																0.50	575.70	50.45	25.00	0.65	15.50	758.66	52.00	循环
11	室内夹层区	中央喷泉	12.00	0.80	9.60	38.00	2.00	0.07	10.48	16.00	0.66	8.89	1.78	−10.67	0.00	0.50	575.70	50.45	25.00	0.65	15.50	758.66	52.00	循环
12		八卦池 1	10.00	0.80	8.00	38.00	2.00	0.07	8.74	16.00	0.55	7.41	1.48	−8.89	0.00	0.50	575.70	50.45	25.00	0.65	15.50	758.66	52.00	循环
13		八卦池 2	10.00	0.80	8.00	38.00	2.00	0.07	8.74	16.00	0.55	7.41	1.48	−8.89	0.00	0.50	575.70	50.45	25.00	0.65	15.50	758.66	52.00	循环
14		八卦池 3	10.00	0.80	8.00	38.00	2.00	0.07	8.74	16.00	0.55	7.41	1.48	−8.89	0.00	0.50	575.70	50.45	25.00	0.65	15.50	758.66	52.00	循环
15		八卦池 4	10.00	0.80	8.00	38.00	2.00	0.07	8.74	16.00	0.55	7.41	1.48	−8.89	0.00	0.50	575.70	50.45	25.00	0.65	15.50	758.66	52.00	循环
16		八卦池 5	10.00	0.80	8.00	38.00	2.00	0.07	8.74	16.00	0.55	7.41	1.48	−8.89	0.00	0.50	575.70	50.45	25.00	0.65	15.50	758.66	52.00	循环
17		八卦池 6	10.00	0.80	8.00	38.00	2.00	0.07	8.74	16.00	0.55	7.41	1.48	−8.89	0.00	0.50	575.70	50.45	25.00	0.65	15.50	758.66	52.00	循环
18		八卦池 7	10.00	0.80	8.00	38.00	2.00	0.07	8.74	16.00	0.55	7.41	1.48	−8.89	0.00	0.50	575.70	50.45	25.00	0.65	15.50	758.66	52.00	循环
19		八卦池 8	10.00	0.80	8.00	43.00	2.00	0.11	13.59	16.00	0.85	7.41	1.48	−8.89	0.00	0.50	575.70	50.45	25.00	0.65	15.50	758.66	52.00	循环
20		金池	10.00	0.80	8.00	35.00	2.00	0.06	7.19	16.00	0.45	7.41	1.48	−8.89	0.00	0.50	575.70	50.45	25.00	0.65	15.50	758.66	52.00	循环
21		木池	10.00	0.80	8.00	38.00	2.00	0.07	8.74	16.00	0.55	7.41	1.48	−8.89	0.00	0.50	575.70	50.45	25.00	0.65	15.50	758.66	52.00	循环
22		水池	10.00	0.80	8.00	38.00	2.00	0.07	8.74	16.00	0.55	7.41	1.48	−8.89	0.00	0.50	575.70	50.45	25.00	0.65	15.50	758.66	52.00	循环
23		火池	10.00	0.80	8.00	38.00	2.00	0.07	8.74	16.00	0.55	7.41	1.48	−8.89	0.00	0.50	575.70	50.45	25.00	0.65	15.50	758.66	52.00	循环
24		土池	10.00	0.80	8.00	38.00	2.00	0.07	8.74	16.00	0.55	7.41	1.48	−8.89	0.00	0.50	575.70	50.45	25.00	0.65	15.50	758.66	52.00	循环
25		热石板浴	40.00		0.00				0.00		0.00				60.00									
	室内小计	室内合计	794.90		694.42				127.35		14.16				504.65									

续表

5月温泉池水量热量平称表

序号	区域	温泉池名称	基本参数				温泉水使用情况					每小时热量情况				耗热量计算使用数值、公式 [1.163v(0.0174vf+0.0229)(Pb−Pq)760F/B]								备注
			水面积	水深	容积	水温	循环周期	补水系数	每天补给水量	每天运行时间	每小时补给水量	水面蒸发损失热量	其他损失热量	补水补热量	需加热负荷	风速 $V_{f冬}$	水的蒸发气化潜热	与水温相等的饱和水蒸气分压(P_b)	5月气温	湿度	与气温相等的相应蒸汽分压 P_q	当地大气压 B	温泉原水温度	
			(m²)	(m)	(m³)	(℃)	(h)	(%)	(m³)	(h)	(m³/h)	(kW)	(kW)	(kW)	(kW)	(m/s)	(kcal/kg)	(mmHg)	(℃)	(%)	(mmHg)	(mmHg)	(℃)	
二、室外温泉区																								
1		洗脚池	4.50	0.40	1.80	38	1.00	0.37	6.68	10.00	0.67	9.06	1.81	−10.87	0.00	3.20	575.70	50.45	20.80	0.67	12.30	757.56	52.00	直流
2		美酒迎宾	20.00	0.80	16.00	38	1.00	0.19	29.68	10.00	2.97	40.27	8.05	−48.33	0.00	3.20	575.70	50.45	20.80	0.67	12.30	757.56	52.00	直流
3		茶香四溢	20.00	0.80	16.00	38	1.00	0.19	29.68	10.00	2.97	40.27	8.05	−48.33	0.00	3.20	575.70	50.45	20.80	0.67	12.30	757.56	52.00	直流
4		玫瑰池	12.50	0.80	10.00	38	1.00	0.19	18.55	10.00	1.86	25.17	5.03	−30.20	0.00	3.20	575.70	50.45	20.80	0.67	12.30	757.56	52.00	直流
5		竹雨池	37.00	0.80	29.60	38	1.00	0.15	4.44	14.00	0.32	74.50	14.90	−5.16	84.24	3.20	575.70	50.45	20.80	0.67	12.30	757.56	52.00	循环
6		水果浴1	19.00	0.80	15.20	38	1.00	0.19	28.20	10.00	2.82	38.26	7.65	−45.91	0.00	3.20	575.70	50.45	20.80	0.67	12.30	757.56	52.00	直流
7		水果浴2	11.70	0.80	9.36	38	1.00	0.19	17.36	10.00	1.74	23.56	4.71	−28.27	0.00	3.20	575.70	50.45	20.80	0.67	12.30	757.56	52.00	直流
8		水果浴3	15.50	0.80	12.40	38	1.00	0.19	23.00	10.00	2.30	31.21	6.24	−37.45	0.00	3.20	575.70	50.45	20.80	0.67	12.30	757.56	52.00	直流
9		水果浴4	10.00	0.80	8.00	38	1.00	0.19	14.84	10.00	1.48	20.14	4.03	−24.16	0.00	3.20	575.70	50.45	20.80	0.67	12.30	757.56	52.00	直流
10		水果浴5	10.50	0.80	8.40	38	1.00	0.19	15.58	10.00	1.56	21.14	4.23	−25.37	0.00	3.20	575.70	50.45	20.80	0.67	12.30	757.56	52.00	直流
11		牛奶浴	11.00	0.80	8.80	39	1.00	0.20	17.58	10.00	1.76	22.15	4.43	−26.58	0.00	3.20	575.70	50.45	20.80	0.67	12.30	757.56	52.00	直流
12		木瓜浴	13.00	0.80	10.40	38	1.00	0.19	19.29	10.00	1.93	26.18	5.24	−31.41	0.00	3.20	575.70	50.45	20.80	0.67	12.30	757.56	52.00	直流
13	公共泡池区	盐浴	20.00	0.80	16.00	38	1.00	0.19	29.68	10.00	2.97	40.27	8.05	−48.33	0.00	3.20	575.70	50.45	20.80	0.67	12.30	757.56	52.00	直流
14		芦荟浴	14.00	0.80	11.20	38	1.00	0.19	20.78	10.00	2.08	28.19	5.64	−33.83	0.00	3.20	575.70	50.45	20.80	0.67	12.30	757.56	52.00	直流
15		宫浴	10.12	0.80	8.10	38	1.00	0.19	15.02	10.00	1.50	20.38	4.08	−24.45	0.00	3.20	575.70	50.45	20.80	0.67	12.30	757.56	52.00	直流
16		商浴	18.00	0.80	14.40	38	1.00	0.19	26.71	10.00	2.67	36.25	7.25	−43.49	0.00	3.20	575.70	50.45	20.80	0.67	12.30	757.56	52.00	直流
17		角浴	19.00	0.80	15.20	38	1.00	0.19	28.20	10.00	2.82	38.26	7.65	−45.91	0.00	3.20	575.70	50.45	20.80	0.67	12.30	757.56	52.00	直流
18		徵浴	16.00	0.80	12.80	38	1.00	0.19	23.75	10.00	2.37	32.22	6.44	−38.66	0.00	3.20	575.70	50.45	20.80	0.67	12.30	757.56	52.00	直流
19		羽浴	19.00	0.80	15.20	38	1.00	0.19	28.20	10.00	2.82	38.26	7.65	−45.91	0.00	3.20	575.70	50.45	20.80	0.67	12.30	757.56	52.00	直流
20		五音浴	17.00	0.80	13.60	38	1.00	0.19	25.23	10.00	2.52	34.23	6.85	−41.08	0.00	3.20	575.70	50.45	20.80	0.67	12.30	757.56	52.00	直流
21		高温浴	12.00	0.80	9.60	42	1.00	0.34	32.66	10.00	3.27	31.65	6.33	−37.98	0.00	3.20	573.70	62.45	20.80	0.67	12.30	757.56	52.00	直流
22		低温浴	12.00	0.80	9.60	12	1.00	0.07	0.00	10.00	0.72	27.73	5.55	−33.28	0.00	3.20	574.60	56.17	20.80	0.67	12.30	757.56	52.00	直流
23		白芨浴	11.00	0.80	8.80	39	1.00	0.21	18.85	10.00	1.88	23.75	4.75	−28.50	0.00	3.20	575.20	53.24	20.80	0.67	12.30	757.56	52.00	直流
24		朱砂浴	12.00	0.80	9.60	39	1.00	0.21	20.56	10.00	2.06	25.91	5.18	−31.09	0.00	3.20	575.20	53.24	20.80	0.67	12.30	757.56	52.00	直流
25		五子浴	11.00	0.80	8.80	39	1.00	0.21	18.85	10.00	1.88	23.75	4.75	−28.50	0.00	3.20	575.20	53.24	20.80	0.67	12.30	757.56	52.00	直流

续表

5月温泉池水量热量平称表

序号	区域	温泉池名称	基本参数					温泉水使用情况				每小时热量情况				耗热量计算使用数值、公式 [1.163v(0.0174v_f+0.0229)(P_b-P_q)760F/B]								备注
			水面积	水深	容积	水温	循环周期	补水系数	每天补给水量	每天运行时间	每小时补给水量	水面蒸发损失热量	其他损失热量	补水补热量	需加热负荷	风速 $V_{f冬}$	水的蒸发气化潜热	与水温相等的饱和水蒸气分压(P_b)	5月气温	湿度	与气温相等的相应蒸汽分压 P_q	当地大气压 B	温泉原水温度	
			(m²)	(m)	(m³)	(℃)	(h)	(%)	(m³)	(h)	(m³/h)	(kW)	(kW)	(kW)	(kW)	(m/s)	(kcal/kg)	(mmHg)	(℃)	(%)	(mmHg)	(mmHg)	(℃)	
二、室外温泉区																								
26		生姜浴	10.00	0.80	8.00	39	1.00	0.21	17.14	10.00	1.71	21.59	4.32	−25.91	0.00	3.20	575.20	53.24	20.80	0.67	12.30	757.56	52.00	直流
27		白蒺藜浴	10.00	0.80	8.00	39	1.00	0.21	17.14	10.00	1.71	21.59	4.32	−25.91	0.00	3.20	575.20	53.24	20.80	0.67	12.30	757.56	52.00	直流
28		女贞叶浴	13.00	0.80	10.40	39	1.00	0.21	22.28	10.00	2.23	28.07	5.61	−33.68	0.00	3.20	575.20	53.24	20.80	0.67	12.30	757.56	52.00	直流
29	公共泡池区	石板浴	100.00												250.00	3.20	574.60	56.17	20.80	0.67	12.30	757.56	52.00	直流
30		足疗池	19.00	0.60	11.40	38	1.00	0.25	28.20	10.00	2.82	38.26	7.65	−45.91	0.00	3.20	575.70	50.45	20.80	0.67	12.30	757.56	52.00	直流
31		人造沙滩	1000.00													3.20	575.70	50.45	20.80	0.67	12.30	757.56	52.00	直流
32																3.20	574.60	56.17	20.80	0.67	12.30	757.56	52.00	直流
33		忆江南	20	0.8	16.00	38	1.00	0.15	2.40	14.00	0.17	40.27	8.05	−2.79	45.54	3.20	575.70	50.45	20.80	0.67	12.30	757.56	52.00	循环
34		采桑子	20	0.8	16.00	38	1.00	0.15	2.40	24.00	0.10	40.27	8.05	−1.63	46.70	3.20	575.70	50.45	20.80	0.67	12.30	757.56	52.00	循环
35		蝶恋花	20	0.8	16.00	38	1.00	0.15	2.40	14.00	0.17	40.27	8.05	−2.79	45.54	3.20	575.70	50.45	20.80	0.67	12.30	757.56	52.00	循环
36		浣溪沙	20	0.8	16.00	38	1.00	0.15	2.40	24.00	0.10	40.27	8.05	−1.63	46.70	3.20	575.70	50.45	20.80	0.67	12.30	757.56	52.00	循环
37		南歌子	10.2	0.8	8.16	38	1.00	0.19	15.14	10.00	1.51	20.54	4.11	−24.65	0.00	3.20	575.70	50.45	20.80	0.67	12.30	757.56	52.00	直流
38		长相思	10.2	0.8	8.16	38	1.00	0.19	15.14	10.00	1.51	20.54	4.11	−24.65	0.00	3.20	575.70	50.45	20.80	0.67	12.30	757.56	52.00	直流
39	VIP泡池区	雨霖铃	10.2	0.8	8.16	38	1.00	0.19	15.14	10.00	1.51	20.54	4.11	−24.65	0.00	3.20	575.70	50.45	20.80	0.67	12.30	757.56	52.00	直流
40		月出泉	10.2	0.8	8.16	38	1.00	0.19	15.14	10.00	1.51	20.54	4.11	−24.65	0.00	3.20	575.70	50.45	20.80	0.67	12.30	757.56	52.00	直流
41		采薇泉	10.2	0.8	8.16	38	1.00	0.19	15.14	10.00	1.51	20.54	4.11	−24.65	0.00	3.20	575.70	50.45	20.80	0.67	12.30	757.56	52.00	直流
42		柏舟泉	10.2	0.8	8.16	38	1.00	0.19	15.14	10.00	1.51	20.54	4.11	−24.65	0.00	3.20	575.70	50.45	20.80	0.67	12.30	757.56	52.00	直流
43		卷耳泉	10.2	0.8	8.16	38	1.00	0.19	15.14	10.00	1.51	20.54	4.11	−24.65	0.00	3.20	575.70	50.45	20.80	0.67	12.30	757.56	52.00	直流
44		喷雾池	40	0.8	32.00	38	1.00	0.19	59.36	10.00	5.94	80.55	16.11	−96.65	0.00	3.20	575.70	50.45	20.80	0.67	12.30	757.56	52.00	循环
45		鱼疗池	20	1.05	21.00	38	1.00	0.15	3.15	24.00	0.13	40.27	8.05	−2.14	46.19	3.20	575.70	50.45	20.80	0.67	12.30	757.56	52.00	循环
	室外小计	室外合计	3704.22		3094.28				776.20						564.90									
	总计	合计	4499.12		3788.70				903.55						1069.55									

续表

6月温泉池水量热量平称表

序号	区域	温泉池名称	基本参数					温泉水使用情况				每小时热量情况				耗热量计算使用数值、公式 [$1.163v(0.0174v_f+0.0229)(P_b-P_q)760F/B$]								备注
			水面积	水深	容积	水温	循环周期	补水系数	每天补给水量	每天运行时间	每小时补给水量	水面蒸发损失热量	其他损失热量	补水补热量	需加热负荷	风速 $V_{f冬}$	水的蒸发气化潜热	与水温相等的饱和水蒸气分压(P_b)	6月气温	湿度	与气温相等的相应蒸汽分压 P_q	当地大气压 B	温泉原水温度	
			(m^2)	(m)	(m^3)	(℃)	(h)	(%)	(m^3)	(h)	(m^3/h)	(kW)	(kW)	(kW)	(kW)	(m/s)	(kcal/kg)	(mmHg)	(℃)	(%)	(mmHg)	(mmHg)	(℃)	
一、室内温泉馆																								
1		躺床按摩区	48.80	0.90	43.92	38.00	4.0	0.15	6.59	16.00	0.41	36.15	7.23	−6.70	36.67	0.50	575.70	50.45	25.00	0.65	15.50	758.66	52.00	循环
2		室内水疗活动区	239.10	0.90	248.00	38.00	4.0	0.15	37.20	16.00	2.33	177.12	35.42	−37.86	174.68	0.50	575.70	50.45	25.00	0.65	15.50	758.66	52.00	循环
3		儿童亲子区	93.00	0.90	83.70	38.00	4.0	0.15	12.56	16.00	0.78	68.89	13.78	−12.78	69.89	0.50	575.70	50.45	25.00	0.65	15.50	758.66	52.00	循环
4		水下健身区	210.00	0.90	189.00	38.00	2.0	0.15	28.35	16.00	1.77	155.56	31.11	−28.85	157.82	0.50	575.70	50.45	25.00	0.65	15.50	758.66	52.00	循环
5	室内水疗馆	高温池	5.00	0.80	4.00	43.00	2.0	0.11	6.79	16.00	0.42	3.70	0.74	−4.44	0.00	0.50	575.70	50.45	25.00	0.65	15.50	758.66	52.00	循环
6		中温池	5.00	0.80	4.00	35.00	2.0	0.04	2.75	16.00	0.17	2.83	0.57	−3.39	0.00	0.50	577.50	42.10	25.00	0.65	15.50	758.66	52.00	循环
7		低温池	5.00	0.80	4.00	38.00	2.0	0.07	4.37	16.00	0.27	3.70	0.74	−4.44	0.00	0.50	575.70	50.45	25.00	0.65	15.50	758.66	52.00	循环
8		逆流漩涡池	7.00	0.60	4.20	38.00	2.0	0.15	0.63	16.00	0.04	5.19	1.04	−0.64	5.58	0.50	575.70	50.45	25.00	0.65	15.50	758.66	52.00	循环
9															0.00	0.50	575.70	50.45	25.00	0.65	15.50	758.66	52.00	循环
10																0.50	575.70	50.45	25.00	0.65	15.50	758.66	52.00	循环
11		中央喷泉	12.00	0.80	9.60	38.00	2.00	0.07	10.48	16.00	0.66	8.89	1.78	−10.67	0.00	0.50	575.70	50.45	25.00	0.65	15.50	758.66	52.00	循环
12		八卦池1	10.00	0.80	8.00	38.00	2.00	0.07	8.74	16.00	0.55	7.41	1.48	−8.89	0.00	0.50	575.70	50.45	25.00	0.65	15.50	758.66	52.00	循环
13		八卦池2	10.00	0.80	8.00	38.00	2.00	0.07	8.74	16.00	0.55	7.41	1.48	−8.89	0.00	0.50	575.70	50.45	25.00	0.65	15.50	758.66	52.00	循环
14		八卦池3	10.00	0.80	8.00	38.00	2.00	0.07	8.74	16.00	0.55	7.41	1.48	−8.89	0.00	0.50	575.70	50.45	25.00	0.65	15.50	758.66	52.00	循环
15		八卦池4	10.00	0.80	8.00	38.00	2.00	0.07	8.74	16.00	0.55	7.41	1.48	−8.89	0.00	0.50	575.70	50.45	25.00	0.65	15.50	758.66	52.00	循环
16		八卦池5	10.00	0.80	8.00	38.00	2.00	0.07	8.74	16.00	0.55	7.41	1.48	−8.89	0.00	0.50	575.70	50.45	25.00	0.65	15.50	758.66	52.00	循环
17		八卦池6	10.00	0.80	8.00	38.00	2.00	0.07	8.74	16.00	0.55	7.41	1.48	−8.89	0.00	0.50	575.70	50.45	25.00	0.65	15.50	758.66	52.00	循环
18	室内夹层区	八卦池7	10.00	0.80	8.00	38.00	2.00	0.07	8.74	16.00	0.55	7.41	1.48	−8.89	0.00	0.50	575.70	50.45	25.00	0.65	15.50	758.66	52.00	循环
19		八卦池8	10.00	0.80	8.00	43.00	2.00	0.11	13.59	16.00	0.85	7.41	1.48	−8.89	0.00	0.50	575.70	50.45	25.00	0.65	15.50	758.66	52.00	循环
20		金池	10.00	0.80	8.00	35.00	2.00	0.06	7.19	16.00	0.45	7.41	1.48	−8.89	0.00	0.50	575.70	50.45	25.00	0.65	15.50	758.66	52.00	循环
21		木池	10.00	0.80	8.00	38.00	2.00	0.07	8.74	16.00	0.55	7.41	1.48	−8.89	0.00	0.50	575.70	50.45	25.00	0.65	15.50	758.66	52.00	循环
22		水池	10.00	0.80	8.00	38.00	2.00	0.07	8.74	16.00	0.55	7.41	1.48	−8.89	0.00	0.50	575.70	50.45	25.00	0.65	15.50	758.66	52.00	循环
23		火池	10.00	0.80	8.00	38.00	2.00	0.07	8.74	16.00	0.55	7.41	1.48	−8.89	0.00	0.50	575.70	50.45	25.00	0.65	15.50	758.66	52.00	循环
24		土池	10.00	0.80	8.00	38.00	2.00	0.07	8.74	16.00	0.55	7.41	1.48	−8.89	0.00	0.50	575.70	50.45	25.00	0.65	15.50	758.66	52.00	循环
25		热石板浴	40.00		0.00				0.00		0.00				60.00									
	室内小计	室内合计	794.90		694.42				127.35		14.16				504.65									

续表

6月温泉池水量热量平称表																								
序号	区域	温泉池名称	基本参数					温泉水使用情况				每小时热量情况				耗热量计算使用数值、公式 [1.163v(0.0174v$_f$+0.0229)(P$_b$−P$_q$)760F/B]								备注
			水面积	水深	容积	水温	循环周期	补水系数	每天补给水量	每天运行时间	每小时补给水量	水面蒸发损失热量	其他损失热量	补水补热量	需加热负荷	风速 $V_{f冬}$	水的蒸发气化潜热	与水温相等的饱和水蒸气分压(P_b)	6月气温	湿度	与气温相等的相应蒸汽分压 P_q	当地大气压 B	温泉原水温度	
			(m^2)	(m)	(m^3)	(℃)	(h)	(%)	(m^3)	(h)	(m^3/h)	(kW)	(kW)	(kW)	(kW)	(m/s)	(kcal/kg)	(mmHg)	(℃)	(%)	(mmHg)	(mmHg)	(℃)	
二、室外温泉区																								
1	公共泡池区	洗脚池	4.50	0.40	1.80	38	1.00	0.32	5.71	10.00	0.57	7.74	1.55	−9.29	0.00	3.20	575.70	50.45	26.50	0.68	17.90	756.51	52.00	直流
2		美酒迎宾	20.00	0.80	16.00	38	1.00	0.16	25.36	10.00	2.54	34.41	6.88	−41.29	0.00	3.20	575.70	50.45	26.50	0.68	17.90	756.51	52.00	直流
3		茶香四溢	20.00	0.80	16.00	38	1.00	0.16	25.36	10.00	2.54	34.41	6.88	−41.29	0.00	3.20	575.70	50.45	26.50	0.68	17.90	756.51	52.00	直流
4		玫瑰池	12.50	0.80	10.00	38	1.00	0.16	15.85	10.00	1.58	21.51	4.30	−25.81	0.00	3.20	575.70	50.45	26.50	0.68	17.90	756.51	52.00	直流
5		竹雨池	37.00	0.80	29.60	38	1.00	0.15	4.44	14.00	0.32	63.66	12.73	−5.16	71.22	3.20	575.70	50.45	26.50	0.68	17.90	756.51	52.00	循环
6		水果浴1	19.00	0.80	15.20	38	1.00	0.16	24.09	10.00	2.41	32.69	6.54	−39.23	0.00	3.20	575.70	50.45	26.50	0.68	17.90	756.51	52.00	直流
7		水果浴2	11.70	0.80	9.36	38	1.00	0.16	14.84	10.00	1.48	20.13	4.03	−24.15	0.00	3.20	575.70	50.45	26.50	0.68	17.90	756.51	52.00	直流
8		水果浴3	15.50	0.80	12.40	38	1.00	0.16	19.65	10.00	1.97	26.67	5.33	−32.00	0.00	3.20	575.70	50.45	26.50	0.68	17.90	756.51	52.00	直流
9		水果浴4	10.00	0.80	8.00	38	1.00	0.16	12.68	10.00	1.27	17.20	3.44	−20.65	0.00	3.20	575.70	50.45	26.50	0.68	17.90	756.51	52.00	直流
10		水果浴5	10.50	0.80	8.40	38	1.00	0.16	13.31	10.00	1.33	18.06	3.61	−21.68	0.00	3.20	575.70	50.45	26.50	0.68	17.90	756.51	52.00	直流
11		牛奶浴	11.00	0.80	8.80	39	1.00	0.17	15.02	10.00	1.50	18.92	3.78	−22.71	0.00	3.20	575.70	50.45	26.50	0.68	17.90	756.51	52.00	直流
12		木瓜浴	13.00	0.80	10.40	38	1.00	0.16	16.48	10.00	1.65	22.37	4.47	−26.84	0.00	3.20	575.70	50.45	26.50	0.68	17.90	756.51	52.00	直流
13		盐浴	20.00	0.80	16.00	38	1.00	0.16	25.36	10.00	2.54	34.41	6.88	−41.29	0.00	3.20	575.70	50.45	26.50	0.68	17.90	756.51	52.00	直流
14		芦荟浴	14.00	0.80	11.20	38	1.00	0.16	17.75	10.00	1.78	24.09	4.82	−28.90	0.00	3.20	575.70	50.45	26.50	0.68	17.90	756.51	52.00	直流
15		宫浴	10.12	0.80	8.10	38	1.00	0.16	12.83	10.00	1.28	17.41	3.48	−20.89	0.00	3.20	575.70	50.45	26.50	0.68	17.90	756.51	52.00	直流
16		商浴	18.00	0.80	14.40	38	1.00	0.16	22.82	10.00	2.28	30.97	6.19	−37.16	0.00	3.20	575.70	50.45	26.50	0.68	17.90	756.51	52.00	直流
17		角浴	19.00	0.80	15.20	38	1.00	0.16	24.09	10.00	2.41	32.69	6.54	−39.23	0.00	3.20	575.70	50.45	26.50	0.68	17.90	756.51	52.00	直流
18		徵浴	16.00	0.80	12.80	38	1.00	0.16	20.29	10.00	2.03	27.53	5.51	−33.03	0.00	3.20	575.70	50.45	26.50	0.68	17.90	756.51	52.00	直流
19		羽浴	19.00	0.80	15.20	38	1.00	0.16	24.09	10.00	2.41	32.69	6.54	−39.23	0.00	3.20	575.70	50.45	26.50	0.68	17.90	756.51	52.00	直流
20		五音浴	17.00	0.80	13.60	38	1.00	0.16	21.56	10.00	2.16	29.25	5.85	−35.10	0.00	3.20	575.70	50.45	26.50	0.68	17.90	756.51	52.00	直流
21		高温浴	12.00	0.80	9.60	42	1.00	0.30	29.05	10.00	2.91	28.16	5.63	−33.79	0.00	3.20	573.70	62.45	26.50	0.68	17.90	756.51	52.00	直流
22		低温浴	12.00	0.80	9.60	12	1.00	0.07	0.00	10.00	0.62	24.23	4.85	−29.07	0.00	3.20	574.60	56.17	26.50	0.68	17.90	756.51	52.00	直流
23		白芨浴	11.00	0.80	8.80	39	1.00	0.19	16.29	10.00	1.63	20.53	4.11	−24.63	0.00	3.20	575.20	53.24	26.50	0.68	17.90	756.51	52.00	直流
24		朱砂浴	12.00	0.80	9.60	39	1.00	0.19	17.78	10.00	1.78	22.40	4.48	−26.87	0.00	3.20	575.20	53.24	26.50	0.68	17.90	756.51	52.00	直流

续表

6 月温泉池水量热量平称表

序号	区域	温泉池名称	基本参数				温泉水使用情况					每小时热量情况				耗热量计算使用数值、公式 [$1.163v(0.0174v_f+0.0229)(P_b-P_q)760F/B$]								备注
			水面积	水深	容积	水温	循环周期	补水系数	每天补给水量	每天运行时间	每小时补给水量	水面蒸发损失热量	其他损失热量	补水补热量	需加热负荷	风速 $V_{f冬}$	水的蒸发气化潜热	与水温相等的饱和水蒸气分压(P_b)	6 月气温	湿度	与气温相等的相应蒸汽分压 P_q	当地大气压 B	温泉原水温度	
			(m^2)	(m)	(m^3)	(℃)	(h)	(%)	(m^3)	(h)	(m^3/h)	(kW)	(kW)	(kW)	(kW)	(m/s)	(kcal/kg)	(mmHg)	(℃)	(%)	(mmHg)	(mmHg)	(℃)	
二、室外温泉区																								
25	公共泡池区	五子浴	11.00	0.80	8.80	39	1.00	0.19	16.29	10.00	1.63	20.53	4.11	−24.63	0.00	3.20	575.20	53.24	26.50	0.68	17.90	756.51	52.00	直流
26		生姜浴	10.00	0.80	8.00	39	1.00	0.19	14.81	10.00	1.48	18.66	3.73	−22.40	0.00	3.20	575.20	53.24	26.50	0.68	17.90	756.51	52.00	直流
27		白蒺藜浴	10.00	0.80	8.00	39	1.00	0.19	14.81	10.00	1.48	18.66	3.73	−22.40	0.00	3.20	575.20	53.24	26.50	0.68	17.90	756.51	52.00	直流
28		女贞叶浴	13.00	0.80	10.40	39	1.00	0.19	19.26	10.00	1.93	24.26	4.85	−29.11	0.00	3.20	575.20	53.24	26.50	0.68	17.90	756.51	52.00	直流
29		石板浴	100.00												250.00	3.20	574.60	56.17	26.50	0.68	17.90	756.51	52.00	直流
30		足疗池	19.00	0.60	11.40	38	1.00	0.21	24.09	10.00	2.41	32.69	6.54	−39.23	0.00	3.20	575.70	50.45	26.50	0.68	17.90	756.51	52.00	直流
31		人造沙滩	1000.00													3.20	575.70	50.45	26.50	0.68	17.90	756.51	52.00	直流
32																3.20	574.60	56.17	26.50	0.68	17.90	756.51	52.00	直流
33	VIP 泡池区	忆江南	20	0.8	16.00	38	1.00	0.15	2.40	14.00	0.17	34.41	6.88	−2.79	38.50	3.20	575.70	50.45	26.50	0.68	17.90	756.51	52.00	循环
34		采桑子	20	0.8	16.00	38	1.00	0.15	2.40	24.00	0.10	34.41	6.88	−1.63	39.66	3.20	575.70	50.45	26.50	0.68	17.90	756.51	52.00	循环
35		蝶恋花	20	0.8	16.00	38	1.00	0.15	2.40	14.00	0.17	34.41	6.88	−2.79	38.50	3.20	575.70	50.45	26.50	0.68	17.90	756.51	52.00	循环
36		浣溪沙	20	0.8	16.00	38	1.00	0.15	2.40	24.00	0.10	34.41	6.88	−1.63	39.66	3.20	575.70	50.45	26.50	0.68	17.90	756.51	52.00	循环
37		南歌子	10.2	0.8	8.16	38	1.00	0.16	12.93	10.00	1.29	17.55	3.51	−21.06	0.00	3.20	575.70	50.45	26.50	0.68	17.90	756.51	52.00	直流
38		长相思	10.2	0.8	8.16	38	1.00	0.16	12.93	10.00	1.29	17.55	3.51	−21.06	0.00	3.20	575.70	50.45	26.50	0.68	17.90	756.51	52.00	直流
39		雨霖铃	10.2	0.8	8.16	38	1.00	0.16	12.93	10.00	1.29	17.55	3.51	−21.06	0.00	3.20	575.70	50.45	26.50	0.68	17.90	756.51	52.00	直流
40		月出泉	10.2	0.8	8.16	38	1.00	0.16	12.93	10.00	1.29	17.55	3.51	−21.06	0.00	3.20	575.70	50.45	26.50	0.68	17.90	756.51	52.00	直流
41		采薇泉	10.2	0.8	8.16	38	1.00	0.16	12.93	10.00	1.29	17.55	3.51	−21.06	0.00	3.20	575.70	50.45	26.50	0.68	17.90	756.51	52.00	直流
42		柏舟泉	10.2	0.8	8.16	38	1.00	0.16	12.93	10.00	1.29	17.55	3.51	−21.06	0.00	3.20	575.70	50.45	26.50	0.68	17.90	756.51	52.00	直流
43		卷耳泉	10.2	0.8	8.16	38	1.00	0.16	12.93	10.00	1.29	17.55	3.51	−21.06	0.00	3.20	575.70	50.45	26.50	0.68	17.90	756.51	52.00	直流
44		喷雾池	40	0.8	32.00	38	1.00	0.16	50.72	10.00	5.07	68.82	13.76	−82.58	0.00	3.20	575.70	50.45	26.50	0.68	17.90	756.51	52.00	循环
45		鱼疗池	20	1.05	21.00	38	1.00	0.15	3.15	24.00	0.13	34.41	6.88	−2.14	39.15	3.20	575.70	50.45	26.50	0.68	17.90	756.51	52.00	循环
	室外小计	室外合计	3704.22		3094.28				667.98						516.70									
	总计	合计	4499.12		3788.70				795.33						1021.35									

续表

7月温泉池水量热量平称表

序号	区域	温泉池名称	基本参数					温泉水使用情况				每小时热量情况				耗热量计算使用数值、公式 [1.163v(0.0174vf+0.0229)(Pb−Pq)760F/B]								备注
			水面积	水深	容积	水温	循环周期	补水系数	每天补给水量	每天运行时间	每小时补给水量	水面蒸发损失热量	其他损失热量	补水补热量	需加热负荷	风速 $V_{f冬}$	水的蒸发气化潜热	与水温相等的饱和水蒸气分压(P_b)	7月气温	湿度	与气温相等的相应蒸汽分压 P_q	当地大气压 B	温泉原水温度	
			(m²)	(m)	(m³)	(℃)	(h)	(%)	(m³)	(h)	(m³/h)	(kW)	(kW)	(kW)	(kW)	(m/s)	(kcal/kg)	(mmHg)	(℃)	(%)	(mmHg)	(mmHg)	(℃)	
一、室内温泉馆																								
1		躺床按摩区	48.80	0.90	43.92	38.00	4.0	0.15	6.59	16.00	0.41	36.15	7.23	−6.70	36.67	0.50	575.70	50.45	25.00	0.65	15.50	758.66	52.00	循环
2		室内水疗活动区	239.10	0.90	248.00	38.00	4.0	0.15	37.20	16.00	2.33	177.12	35.42	−37.86	174.68	0.50	575.70	50.45	25.00	0.65	15.50	758.66	52.00	循环
3		儿童亲子区	93.00	0.90	83.70	38.00	4.0	0.15	12.56	16.00	0.78	68.89	13.78	−12.78	69.89	0.50	575.70	50.45	25.00	0.65	15.50	758.66	52.00	循环
4		水下健身区	210.00	0.90	189.00	38.00	2.0	0.15	28.35	16.00	1.77	155.56	31.11	−28.85	157.82	0.50	575.70	50.45	25.00	0.65	15.50	758.66	52.00	循环
5	室内水疗馆	高温池	5.00	0.80	4.00	43.00	2.0	0.11	6.79	16.00	0.42	3.70	0.74	−4.44	0.00	0.50	575.70	50.45	25.00	0.65	15.50	758.66	52.00	循环
6		中温池	5.00	0.80	4.00	35.00	2.0	0.04	2.75	16.00	0.17	2.83	0.57	−3.39	0.00	0.50	577.50	42.10	25.00	0.65	15.50	758.66	52.00	循环
7		低温池	5.00	0.80	4.00	38.00	2.0	0.07	4.37	16.00	0.27	3.70	0.74	−4.44	0.00	0.50	575.70	50.45	25.00	0.65	15.50	758.66	52.00	循环
8		逆流漩涡池	7.00	0.60	4.20	38.00	2.0	0.15	0.63	16.00	0.04	5.19	1.04	−0.64	5.58	0.50	575.70	50.45	25.00	0.65	15.50	758.66	52.00	循环
9															0.00	0.50	575.70	50.45	25.00	0.65	15.50	758.66	52.00	循环
10																0.50	575.70	50.45	25.00	0.65	15.50	758.66	52.00	循环
11		中央喷泉	12.00	0.80	9.60	38.00	2.00	0.07	10.48	16.00	0.66	8.89	1.78	−10.67	0.00	0.50	575.70	50.45	25.00	0.65	15.50	758.66	52.00	循环
12		八卦池 1	10.00	0.80	8.00	38.00	2.00	0.07	8.74	16.00	0.55	7.41	1.48	−8.89	0.00	0.50	575.70	50.45	25.00	0.65	15.50	758.66	52.00	循环
13		八卦池 2	10.00	0.80	8.00	38.00	2.00	0.07	8.74	16.00	0.55	7.41	1.48	−8.89	0.00	0.50	575.70	50.45	25.00	0.65	15.50	758.66	52.00	循环
14		八卦池 3	10.00	0.80	8.00	38.00	2.00	0.07	8.74	16.00	0.55	7.41	1.48	−8.89	0.00	0.50	575.70	50.45	25.00	0.65	15.50	758.66	52.00	循环
15		八卦池 4	10.00	0.80	8.00	38.00	2.00	0.07	8.74	16.00	0.55	7.41	1.48	−8.89	0.00	0.50	575.70	50.45	25.00	0.65	15.50	758.66	52.00	循环
16		八卦池 5	10.00	0.80	8.00	38.00	2.00	0.07	8.74	16.00	0.55	7.41	1.48	−8.89	0.00	0.50	575.70	50.45	25.00	0.65	15.50	758.66	52.00	循环
17		八卦池 6	10.00	0.80	8.00	38.00	2.00	0.07	8.74	16.00	0.55	7.41	1.48	−8.89	0.00	0.50	575.70	50.45	25.00	0.65	15.50	758.66	52.00	循环
18	室内夹层区	八卦池 7	10.00	0.80	8.00	38.00	2.00	0.07	8.74	16.00	0.55	7.41	1.48	−8.89	0.00	0.50	575.70	50.45	25.00	0.65	15.50	758.66	52.00	循环
19		八卦池 8	10.00	0.80	8.00	43.00	2.00	0.11	13.59	16.00	0.85	7.41	1.48	−8.89	0.00	0.50	575.70	50.45	25.00	0.65	15.50	758.66	52.00	循环
20		金池	10.00	0.80	8.00	35.00	2.00	0.06	7.19	16.00	0.45	7.41	1.48	−8.89	0.00	0.50	575.70	50.45	25.00	0.65	15.50	758.66	52.00	循环
21		木池	10.00	0.80	8.00	38.00	2.00	0.07	8.74	16.00	0.55	7.41	1.48	−8.89	0.00	0.50	575.70	50.45	25.00	0.65	15.50	758.66	52.00	循环
22		水池	10.00	0.80	8.00	38.00	2.00	0.07	8.74	16.00	0.55	7.41	1.48	−8.89	0.00	0.50	575.70	50.45	25.00	0.65	15.50	758.66	52.00	循环
23		火池	10.00	0.80	8.00	38.00	2.00	0.07	8.74	16.00	0.55	7.41	1.48	−8.89	0.00	0.50	575.70	50.45	25.00	0.65	15.50	758.66	52.00	循环
24		土池	10.00	0.80	8.00	38.00	2.00	0.07	8.74	16.00	0.55	7.41	1.48	−8.89	0.00	0.50	575.70	50.45	25.00	0.65	15.50	758.66	52.00	循环
25		热石板浴	40.00		0.00				0.00		0.00				60.00									
	室内小计	室内合计	794.90		694.42				127.35		14.16				504.65									

续表

7月温泉池水量热量平称表

序号	区域	温泉池名称	基本参数				温泉水使用情况					每小时热量情况				耗热量计算使用数值、公式 [1.163v(0.0174vf+0.0229)(Pb−Pq)760F/B]								备注
			水面积	水深	容积	水温	循环周期	补水系数	每天补给水量	每天运行时间	每小时补给水量	水面蒸发损失热量	其他损失热量	补水补热量	需加热负荷	风速 $V_{f冬}$	水的蒸发气化潜热	与水温相等的饱和水蒸气分压(P_b)	7月气温	湿度	与气温相等的相应蒸汽分压 P_q	当地大气压 B	温泉原水温度	
			(m^2)	(m)	(m^3)	(℃)	(h)	(%)	(m^3)	(h)	(m^3/h)	(kW)	(kW)	(kW)	(kW)	(m/s)	(kcal/kg)	(mmHg)	(℃)	(%)	(mmHg)	(mmHg)	(℃)	
二、室外温泉区																								
1		洗脚池	4.50	0.40	1.80	38	1.00	0.27	4.81	10.00	0.48	6.53	1.31	−7.83	0.00	3.20	575.70	50.45	28.40	0.79	23.20	751.19	52.00	直流
2		美酒迎宾	20.00	0.80	16.00	38	1.00	0.13	21.38	10.00	2.14	29.01	5.80	−34.81	0.00	3.20	575.70	50.45	28.40	0.79	23.20	751.19	52.00	直流
3		茶香四溢	20.00	0.80	16.00	38	1.00	0.13	21.38	10.00	2.14	29.01	5.80	−34.81	0.00	3.20	575.70	50.45	28.40	0.79	23.20	751.19	52.00	直流
4		玫瑰池	12.50	0.80	10.00	38	1.00	0.13	13.36	10.00	1.34	18.13	3.63	−21.76	0.00	3.20	575.70	50.45	28.40	0.79	23.20	751.19	52.00	直流
5		竹雨池	37.00	0.80	29.60	38	1.00	0.15	4.44	14.00	0.32	53.67	10.73	−5.16	59.24	3.20	575.70	50.45	28.40	0.79	23.20	751.19	52.00	循环
6		水果浴1	19.00	0.80	15.20	38	1.00	0.13	20.31	10.00	2.03	27.56	5.51	−33.07	0.00	3.20	575.70	50.45	28.40	0.79	23.20	751.19	52.00	直流
7		水果浴2	11.70	0.80	9.36	38	1.00	0.13	12.51	10.00	1.25	16.97	3.39	−20.37	0.00	3.20	575.70	50.45	28.40	0.79	23.20	751.19	52.00	直流
8		水果浴3	15.50	0.80	12.40	38	1.00	0.13	16.57	10.00	1.66	22.48	4.50	−26.98	0.00	3.20	575.70	50.45	28.40	0.79	23.20	751.19	52.00	直流
9		水果浴4	10.00	0.80	8.00	38	1.00	0.13	10.69	10.00	1.07	14.51	2.90	−17.41	0.00	3.20	575.70	50.45	28.40	0.79	23.20	751.19	52.00	直流
10		水果浴5	10.50	0.80	8.40	38	1.00	0.13	11.22	10.00	1.12	15.23	3.05	−18.28	0.00	3.20	575.70	50.45	28.40	0.79	23.20	751.19	52.00	直流
11		牛奶浴	11.00	0.80	8.80	39	1.00	0.14	12.66	10.00	1.27	15.96	3.19	−19.15	0.00	3.20	575.70	50.45	28.40	0.79	23.20	751.19	52.00	直流
12		木瓜浴	13.00	0.80	10.40	38	1.00	0.13	13.90	10.00	1.39	18.86	3.77	−22.63	0.00	3.20	575.70	50.45	28.40	0.79	23.20	751.19	52.00	直流
13	公共泡池区	盐浴	20.00	0.80	16.00	38	1.00	0.13	21.38	10.00	2.14	29.01	5.80	−34.81	0.00	3.20	575.70	50.45	28.40	0.79	23.20	751.19	52.00	直流
14		芦荟浴	14.00	0.80	11.20	38	1.00	0.13	14.97	10.00	1.50	20.31	4.06	−24.37	0.00	3.20	575.70	50.45	28.40	0.79	23.20	751.19	52.00	直流
15		宫浴	10.12	0.80	8.10	38	1.00	0.13	10.82	10.00	1.08	14.68	2.94	−17.61	0.00	3.20	575.70	50.45	28.40	0.79	23.20	751.19	52.00	直流
16		商浴	18.00	0.80	14.40	38	1.00	0.13	19.24	10.00	1.92	26.11	5.22	−31.33	0.00	3.20	575.70	50.45	28.40	0.79	23.20	751.19	52.00	直流
17		角浴	19.00	0.80	15.20	38	1.00	0.13	20.31	10.00	2.03	27.56	5.51	−33.07	0.00	3.20	575.70	50.45	28.40	0.79	23.20	751.19	52.00	直流
18		徵浴	16.00	0.80	12.80	38	1.00	0.13	17.10	10.00	1.71	23.21	4.64	−27.85	0.00	3.20	575.70	50.45	28.40	0.79	23.20	751.19	52.00	直流
19		羽浴	19.00	0.80	15.20	38	1.00	0.13	20.31	10.00	2.03	27.56	5.51	−33.07	0.00	3.20	575.70	50.45	28.40	0.79	23.20	751.19	52.00	直流
20		五音浴	17.00	0.80	13.60	38	1.00	0.13	18.17	10.00	1.82	24.66	4.93	−29.59	0.00	3.20	575.70	50.45	28.40	0.79	23.20	751.19	52.00	直流
21		高温浴	12.00	0.80	9.60	42	1.00	0.27	25.78	10.00	2.58	24.98	5.00	−29.98	0.00	3.20	573.70	62.45	28.40	0.79	23.20	751.19	52.00	直流
22		低温浴	12.00	0.80	9.60	12	1.00	0.06	0.00	10.00	0.54	21.02	4.20	−25.22	0.00	3.20	574.60	56.17	28.40	0.79	23.20	751.19	52.00	直流
23		白芨浴	11.00	0.80	8.80	39	1.00	0.16	13.95	10.00	1.39	17.57	3.51	−21.09	0.00	3.20	575.20	53.24	28.40	0.79	23.20	751.19	52.00	直流
24		朱砂浴	12.00	0.80	9.60	39	1.00	0.16	15.22	10.00	1.52	19.17	3.83	−23.01	0.00	3.20	575.20	53.24	28.40	0.79	23.20	751.19	52.00	直流
25		五子浴	11.00	0.80	8.80	39	1.00	0.16	13.95	10.00	1.39	17.57	3.51	−21.09	0.00	3.20	575.20	53.24	28.40	0.79	23.20	751.19	52.00	直流

续表

7月温泉池水量热量平称表

序号	区域	温泉池名称	基本参数					温泉水使用情况				每小时热量情况				耗热量计算使用数值、公式 [1.163v(0.0174v_f+0.0229)(P_b-P_q)760F/B]								备注
			水面积	水深	容积	水温	循环周期	补水系数	每天补给水量	每天运行时间	每小时补给水量	水面蒸发损失热量	其他损失热量	补水补热量	需加热负荷	风速 $V_{f冬}$	水的蒸发气化潜热	与水温相等的饱和水蒸气分压(P_b)	7月气温	湿度	与气温相等的相应蒸汽分压 P_q	当地大气压 B	温泉原水温度	
			(m^2)	(m)	(m^3)	(℃)	(h)	(%)	(m^3)	(h)	(m^3/h)	(kW)	(kW)	(kW)	(kW)	(m/s)	(kcal/kg)	(mmHg)	(℃)	(%)	(mmHg)	(mmHg)	(℃)	
二、室外温泉区																								
26	公共泡池区	生姜浴	10.00	0.80	8.00	39	1.00	0.16	12.68	10.00	1.27	15.98	3.20	−19.17	0.00	3.20	575.20	53.24	28.40	0.79	23.20	751.19	52.00	直流
27		白蒺藜浴	10.00	0.80	8.00	39	1.00	0.16	12.68	10.00	1.27	15.98	3.20	−19.17	0.00	3.20	575.20	53.24	28.40	0.79	23.20	751.19	52.00	直流
28		女贞叶浴	13.00	0.80	10.40	39	1.00	0.16	16.48	10.00	1.65	20.77	4.15	−24.92	0.00	3.20	575.20	53.24	28.40	0.79	23.20	751.19	52.00	直流
29		石板浴	100.00												250.00	3.20	574.60	56.17	28.40	0.79	23.20	751.19	52.00	直流
30		足疗池	19.00	0.60	11.40	38	1.00	0.18	20.31	10.00	2.03	27.56	5.51	−33.07	0.00	3.20	575.70	50.45	28.40	0.79	23.20	751.19	52.00	直流
31		人造沙滩	1000.00													3.20	575.70	50.45	28.40	0.79	23.20	751.19	52.00	直流
32																3.20	574.60	56.17	28.40	0.79	23.20	751.19	52.00	直流
33	VIP泡池区	忆江南	20	0.8	16.00	38	1.00	0.15	2.40	14.00	0.17	29.01	5.80	−2.79	32.02	3.20	575.70	50.45	28.40	0.79	23.20	751.19	52.00	循环
34		采桑子	20	0.8	16.00	38	1.00	0.15	2.40	24.00	0.10	29.01	5.80	−1.63	33.18	3.20	575.70	50.45	28.40	0.79	23.20	751.19	52.00	循环
35		蝶恋花	20	0.8	16.00	38	1.00	0.15	2.40	14.00	0.17	29.01	5.80	−2.79	32.02	3.20	575.70	50.45	28.40	0.79	23.20	751.19	52.00	循环
36		浣溪沙	20	0.8	16.00	38	1.00	0.15	2.40	24.00	0.10	29.01	5.80	−1.63	33.18	3.20	575.70	50.45	28.40	0.79	23.20	751.19	52.00	循环
37		南歌子	10.2	0.8	8.16	38	1.00	0.13	10.90	10.00	1.09	14.80	2.96	−17.75	0.00	3.20	575.70	50.45	28.40	0.79	23.20	751.19	52.00	直流
38		长相思	10.2	0.8	8.16	38	1.00	0.13	10.90	10.00	1.09	14.80	2.96	−17.75	0.00	3.20	575.70	50.45	28.40	0.79	23.20	751.19	52.00	直流
39		雨霖铃	10.2	0.8	8.16	38	1.00	0.13	10.90	10.00	1.09	14.80	2.96	−17.75	0.00	3.20	575.70	50.45	28.40	0.79	23.20	751.19	52.00	直流
40		月出泉	10.2	0.8	8.16	38	1.00	0.13	10.90	10.00	1.09	14.80	2.96	−17.75	0.00	3.20	575.70	50.45	28.40	0.79	23.20	751.19	52.00	直流
41		采薇泉	10.2	0.8	8.16	38	1.00	0.13	10.90	10.00	1.09	14.80	2.96	−17.75	0.00	3.20	575.70	50.45	28.40	0.79	23.20	751.19	52.00	直流
42		柏舟泉	10.2	0.8	8.16	38	1.00	0.13	10.90	10.00	1.09	14.80	2.96	−17.75	0.00	3.20	575.70	50.45	28.40	0.79	23.20	751.19	52.00	直流
43		卷耳泉	10.2	0.8	8.16	38	1.00	0.13	10.90	10.00	1.09	14.80	2.96	−17.75	0.00	3.20	575.70	50.45	28.40	0.79	23.20	751.19	52.00	直流
44		喷雾池	40	0.8	32.00	38	1.00	0.13	42.76	10.00	4.28	58.02	11.60	−69.62	0.00	3.20	575.70	50.45	28.40	0.79	23.20	751.19	52.00	循环
45		鱼疗池	20	1.05	21.00	38	1.00	0.15	3.15	24.00	0.13	29.01	5.80	−2.14	32.68	3.20	575.70	50.45	28.40	0.79	23.20	751.19	52.00	循环
	室外小计	室外合计	3704.22		3094.28				568.44						472.32									
	总计	合计	4499.12		3788.70				695.79						976.98									

续表

8月温泉池水量热量平称表

序号	区域	温泉池名称	基本参数					温泉水使用情况				每小时热量情况				耗热量计算使用数值、公式 [1.163v(0.0174vf+0.0229)(Pb−Pq)760F/B]								备注
			水面积	水深	容积	水温	循环周期	补水系数	每天补给水量	每天运行时间	每小时补给水量	水面蒸发损失热量	其他损失热量	补水补热量	需加热负荷	风速 $V_{f冬}$	水的蒸发气化潜热	与水温相等的饱和水蒸气分压(P_b)	8月气温	湿度	与气温相等的相应蒸汽分压 P_q	当地大气压 B	温泉原水温度	
			(m^2)	(m)	(m^3)	(℃)	(h)	(%)	(m^3)	(h)	(m^3/h)	(kW)	(kW)	(kW)	(kW)	(m/s)	(kcal/kg)	(mmHg)	(℃)	(%)	(mmHg)	(mmHg)	(℃)	
一、室内温泉馆																								
1	室内水疗馆	躺床按摩区	48.80	0.90	43.92	38.00	4.0	0.15	6.59	16.00	0.41	36.15	7.23	−6.70	36.67	0.50	575.70	50.45	25.00	0.65	15.50	758.66	52.00	循环
2		室内水疗活动区	239.10	0.90	248.00	38.00	4.0	0.15	37.20	16.00	2.33	177.12	35.42	−37.86	174.68	0.50	575.70	50.45	25.00	0.65	15.50	758.66	52.00	循环
3		儿童亲子区	93.00	0.90	83.70	38.00	4.0	0.15	12.56	16.00	0.78	68.89	13.78	−12.78	69.89	0.50	575.70	50.45	25.00	0.65	15.50	758.66	52.00	循环
4		水下健身区	210.00	0.90	189.00	38.00	2.0	0.15	28.35	16.00	1.77	155.56	31.11	−28.85	157.82	0.50	575.70	50.45	25.00	0.65	15.50	758.66	52.00	循环
5		高温池	5.00	0.80	4.00	43.00	2.0	0.11	6.79	16.00	0.42	3.70	0.74	−4.44	0.00	0.50	575.70	50.45	25.00	0.65	15.50	758.66	52.00	循环
6		中温池	5.00	0.80	4.00	35.00	2.0	0.04	2.75	16.00	0.17	2.83	0.57	−3.39	0.00	0.50	577.50	42.10	25.00	0.65	15.50	758.66	52.00	循环
7		低温池	5.00	0.80	4.00	38.00	2.0	0.07	4.37	16.00	0.27	3.70	0.74	−4.44	0.00	0.50	575.70	50.45	25.00	0.65	15.50	758.66	52.00	循环
8		逆流漩涡池	7.00	0.60	4.20	38.00	2.0	0.15	0.63	16.00	0.04	5.19	1.04	−0.64	5.58	0.50	575.70	50.45	25.00	0.65	15.50	758.66	52.00	循环
9															0.00	0.50	575.70	50.45	25.00	0.65	15.50	758.66	52.00	循环
10																0.50	575.70	50.45	25.00	0.65	15.50	758.66	52.00	循环
11	室内夹层区	中央喷泉	12.00	0.80	9.60	38.00	2.00	0.07	10.48	16.00	0.66	8.89	1.78	−10.67	0.00	0.50	575.70	50.45	25.00	0.65	15.50	758.66	52.00	循环
12		八卦池 1	10.00	0.80	8.00	38.00	2.00	0.07	8.74	16.00	0.55	7.41	1.48	−8.89	0.00	0.50	575.70	50.45	25.00	0.65	15.50	758.66	52.00	循环
13		八卦池 2	10.00	0.80	8.00	38.00	2.00	0.07	8.74	16.00	0.55	7.41	1.48	−8.89	0.00	0.50	575.70	50.45	25.00	0.65	15.50	758.66	52.00	循环
14		八卦池 3	10.00	0.80	8.00	38.00	2.00	0.07	8.74	16.00	0.55	7.41	1.48	−8.89	0.00	0.50	575.70	50.45	25.00	0.65	15.50	758.66	52.00	循环
15		八卦池 4	10.00	0.80	8.00	38.00	2.00	0.07	8.74	16.00	0.55	7.41	1.48	−8.89	0.00	0.50	575.70	50.45	25.00	0.65	15.50	758.66	52.00	循环
16		八卦池 5	10.00	0.80	8.00	38.00	2.00	0.07	8.74	16.00	0.55	7.41	1.48	−8.89	0.00	0.50	575.70	50.45	25.00	0.65	15.50	758.66	52.00	循环
17		八卦池 6	10.00	0.80	8.00	38.00	2.00	0.07	8.74	16.00	0.55	7.41	1.48	−8.89	0.00	0.50	575.70	50.45	25.00	0.65	15.50	758.66	52.00	循环
18		八卦池 7	10.00	0.80	8.00	38.00	2.00	0.07	8.74	16.00	0.55	7.41	1.48	−8.89	0.00	0.50	575.70	50.45	25.00	0.65	15.50	758.66	52.00	循环
19		八卦池 8	10.00	0.80	8.00	43.00	2.00	0.11	13.59	16.00	0.85	7.41	1.48	−8.89	0.00	0.50	575.70	50.45	25.00	0.65	15.50	758.66	52.00	循环
20		金池	10.00	0.80	8.00	35.00	2.00	0.06	7.19	16.00	0.45	7.41	1.48	−8.89	0.00	0.50	575.70	50.45	25.00	0.65	15.50	758.66	52.00	循环
21		木池	10.00	0.80	8.00	38.00	2.00	0.07	8.74	16.00	0.55	7.41	1.48	−8.89	0.00	0.50	575.70	50.45	25.00	0.65	15.50	758.66	52.00	循环
22		水池	10.00	0.80	8.00	38.00	2.00	0.07	8.74	16.00	0.55	7.41	1.48	−8.89	0.00	0.50	575.70	50.45	25.00	0.65	15.50	758.66	52.00	循环
23		火池	10.00	0.80	8.00	38.00	2.00	0.07	8.74	16.00	0.55	7.41	1.48	−8.89	0.00	0.50	575.70	50.45	25.00	0.65	15.50	758.66	52.00	循环
24		土池	10.00	0.80	8.00	38.00	2.00	0.07	8.74	16.00	0.55	7.41	1.48	−8.89	0.00	0.50	575.70	50.45	25.00	0.65	15.50	758.66	52.00	循环
25		热石板浴	40.00		0.00				0.00		0.00				60.00									
	室内小计	室内合计	794.90		694.42				127.35		14.16				504.65									

续表

8月温泉池水量热量平称表

序号	区域	温泉池名称	基本参数				温泉水使用情况					每小时热量情况				耗热量计算使用数值、公式 [1.163v(0.0174vf+0.0229)(Pb−Pq)760F/B]								备注
			水面积	水深	容积	水温	循环周期	补水系数	每天补给水量	每天运行时间	每小时补给水量	水面蒸发损失热量	其他损失热量	补水补热量	需加热负荷	风速 $V_{f冬}$	水的蒸发气化潜热	与水温相等的饱和水蒸气分压(P_b)	8月气温	湿度	与气温相等的相应蒸汽分压 P_q	当地大气压 B	温泉原水温度	
			(m²)	(m)	(m³)	(℃)	(h)	(%)	(m³)	(h)	(m³/h)	(kW)	(kW)	(kW)	(kW)	(m/s)	(kcal/kg)	(mmHg)	(℃)	(%)	(mmHg)	(mmHg)	(℃)	
二、室外温泉区																								
1		洗脚池	4.50	0.40	1.80	38	1.00	0.26	4.71	10.00	0.47	6.40	1.28	−7.67	0.00	3.10	575.70	50.45	29.20	0.75	22.90	757.96	52.00	直流
2		美酒迎宾	20.00	0.80	16.00	38	1.00	0.13	20.95	10.00	2.09	28.42	5.68	−34.11	0.00	3.10	575.70	50.45	29.20	0.75	22.90	757.96	52.00	直流
3		茶香四溢	20.00	0.80	16.00	38	1.00	0.13	20.95	10.00	2.09	28.42	5.68	−34.11	0.00	3.10	575.70	50.45	29.20	0.75	22.90	757.96	52.00	直流
4		玫瑰池	12.50	0.80	10.00	38	1.00	0.13	13.09	10.00	1.31	17.76	3.55	−21.32	0.00	3.10	575.70	50.45	29.20	0.75	22.90	757.96	52.00	直流
5		竹雨池	37.00	0.80	29.60	38	1.00	0.15	4.44	14.00	0.32	52.58	10.52	−5.16	57.94	3.10	575.70	50.45	29.20	0.75	22.90	757.96	52.00	循环
6		水果浴1	19.00	0.80	15.20	38	1.00	0.13	19.90	10.00	1.99	27.00	5.40	−32.40	0.00	3.10	575.70	50.45	29.20	0.75	22.90	757.96	52.00	直流
7		水果浴2	11.70	0.80	9.36	38	1.00	0.13	12.25	10.00	1.23	16.63	3.33	−19.95	0.00	3.10	575.70	50.45	29.20	0.75	22.90	757.96	52.00	直流
8		水果浴3	15.50	0.80	12.40	38	1.00	0.13	16.24	10.00	1.62	22.03	4.41	−26.43	0.00	3.10	575.70	50.45	29.20	0.75	22.90	757.96	52.00	直流
9		水果浴4	10.00	0.80	8.00	38	1.00	0.13	10.47	10.00	1.05	14.21	2.84	−17.05	0.00	3.10	575.70	50.45	29.20	0.75	22.90	757.96	52.00	直流
10		水果浴5	10.50	0.80	8.40	38	1.00	0.13	11.00	10.00	1.10	14.92	2.98	−17.91	0.00	3.10	575.70	50.45	29.20	0.75	22.90	757.96	52.00	直流
11		牛奶浴	11.00	0.80	8.80	39	1.00	0.14	12.41	10.00	1.24	15.63	3.13	−18.76	0.00	3.10	575.70	50.45	29.20	0.75	22.90	757.96	52.00	直流
12		木瓜浴	13.00	0.80	10.40	38	1.00	0.13	13.62	10.00	1.36	18.48	3.70	−22.17	0.00	3.10	575.70	50.45	29.20	0.75	22.90	757.96	52.00	直流
13	公共泡池区	盐浴	20.00	0.80	16.00	38	1.00	0.13	20.95	10.00	2.09	28.42	5.68	−34.11	0.00	3.10	575.70	50.45	29.20	0.75	22.90	757.96	52.00	直流
14		芦荟浴	14.00	0.80	11.20	38	1.00	0.13	14.66	10.00	1.47	19.90	3.98	−23.88	0.00	3.10	575.70	50.45	29.20	0.75	22.90	757.96	52.00	直流
15		宫浴	10.12	0.80	8.10	38	1.00	0.13	10.60	10.00	1.06	14.38	2.88	−17.26	0.00	3.10	575.70	50.45	29.20	0.75	22.90	757.96	52.00	直流
16		商浴	18.00	0.80	14.40	38	1.00	0.13	18.85	10.00	1.89	25.58	5.12	−30.70	0.00	3.10	575.70	50.45	29.20	0.75	22.90	757.96	52.00	直流
17		角浴	19.00	0.80	15.20	38	1.00	0.13	19.90	10.00	1.99	27.00	5.40	−32.40	0.00	3.10	575.70	50.45	29.20	0.75	22.90	757.96	52.00	直流
18		徵浴	16.00	0.80	12.80	38	1.00	0.13	16.76	10.00	1.68	22.74	4.55	−27.29	0.00	3.10	575.70	50.45	29.20	0.75	22.90	757.96	52.00	直流
19		羽浴	19.00	0.80	15.20	38	1.00	0.13	19.90	10.00	1.99	27.00	5.40	−32.40	0.00	3.10	575.70	50.45	29.20	0.75	22.90	757.96	52.00	直流
20		五音浴	17.00	0.80	13.60	38	1.00	0.13	17.81	10.00	1.78	24.16	4.83	−28.99	0.00	3.10	575.70	50.45	29.20	0.75	22.90	757.96	52.00	直流
21		高温浴	12.00	0.80	9.60	42	1.00	0.26	25.17	10.00	2.52	24.40	4.88	−29.28	0.00	3.10	573.70	62.45	29.20	0.75	22.90	757.96	52.00	直流
22		低温浴	12.00	0.80	9.60	12	1.00	0.06	0.00	10.00	0.53	20.56	4.11	−24.67	0.00	3.10	574.60	56.17	29.20	0.75	22.90	757.96	52.00	直流
23		白芨浴	11.00	0.80	8.80	39	1.00	0.16	13.65	10.00	1.37	17.20	3.44	−20.64	0.00	3.10	575.20	53.24	29.20	0.75	22.90	757.96	52.00	直流
24		朱砂浴	12.00	0.80	9.60	39	1.00	0.16	14.89	10.00	1.49	18.77	3.75	−22.52	0.00	3.10	575.20	53.24	29.20	0.75	22.90	757.96	52.00	直流
25		五子浴	11.00	0.80	8.80	39	1.00	0.16	13.65	10.00	1.37	17.20	3.44	−20.64	0.00	3.10	575.20	53.24	29.20	0.75	22.90	757.96	52.00	直流

续表

8月温泉池水量热量平称表

序号	区域	温泉池名称	基本参数				温泉水使用情况					每小时热量情况				耗热量计算使用数值、公式 [1.163v(0.0174v_f+0.0229)(P_b-P_q)760F/B]								备注
			水面积	水深	容积	水温	循环周期	补水系数	每天补给水量	每天运行时间	每小时补给水量	水面蒸发损失热量	其他损失热量	补水补热量	需加热负荷	风速 $V_{f冬}$	水的蒸发气化潜热	与水温相等的饱和水蒸气分压(P_b)	8月气温	湿度	与气温相等的相应蒸汽分压 P_q	当地大气压 B	温泉原水温度	
			(m^2)	(m)	(m^3)	(℃)	(h)	(%)	(m^3)	(h)	(m^3/h)	(kW)	(kW)	(kW)	(kW)	(m/s)	(kcal/kg)	(mmHg)	(℃)	(%)	(mmHg)	(mmHg)	(℃)	
二、室外温泉区																								
26	公共泡池区	生姜浴	10.00	0.80	8.00	39	1.00	0.16	12.41	10.00	1.24	15.64	3.13	−18.77	0.00	3.10	575.20	53.24	29.20	0.75	22.90	757.96	52.00	直流
27		白蒺藜浴	10.00	0.80	8.00	39	1.00	0.16	12.41	10.00	1.24	15.64	3.13	−18.77	0.00	3.10	575.20	53.24	29.20	0.75	22.90	757.96	52.00	直流
28		女贞叶浴	13.00	0.80	10.40	39	1.00	0.16	16.14	10.00	1.61	20.33	4.07	−24.39	0.00	3.10	575.20	53.24	29.20	0.75	22.90	757.96	52.00	直流
29		石板浴	100.00												250.00	3.10	574.60	56.17	29.20	0.75	22.90	757.96	52.00	直流
30		足疗池	19.00	0.60	11.40	38	1.00	0.17	19.90	10.00	1.99	27.00	5.40	−32.40	0.00	3.10	575.70	50.45	29.20	0.75	22.90	757.96	52.00	直流
31		人造沙滩	1000.00													3.10	575.70	50.45	29.20	0.75	22.90	757.96	52.00	直流
32																3.10	574.60	56.17	29.20	0.75	22.90	757.96	52.00	直流
33	VIP泡池区	忆江南	20	0.8	16.00	38	1.00	0.15	2.40	14.00	0.17	28.42	5.68	−2.79	31.32	3.10	575.70	50.45	29.20	0.75	22.90	757.96	52.00	循环
34		采桑子	20	0.8	16.00	38	1.00	0.15	2.40	24.00	0.10	28.42	5.68	−1.63	32.48	3.10	575.70	50.45	29.20	0.75	22.90	757.96	52.00	循环
35		蝶恋花	20	0.8	16.00	38	1.00	0.15	2.40	14.00	0.17	28.42	5.68	−2.79	31.32	3.10	575.70	50.45	29.20	0.75	22.90	757.96	52.00	循环
36		浣溪沙	20	0.8	16.00	38	1.00	0.15	2.40	24.00	0.10	28.42	5.68	−1.63	32.48	3.10	575.70	50.45	29.20	0.75	22.90	757.96	52.00	循环
37		南歌子	10.2	0.8	8.16	38	1.00	0.13	10.68	10.00	1.07	14.50	2.90	−17.40	0.00	3.10	575.70	50.45	29.20	0.75	22.90	757.96	52.00	直流
38		长相思	10.2	0.8	8.16	38	1.00	0.13	10.68	10.00	1.07	14.50	2.90	−17.40	0.00	3.10	575.70	50.45	29.20	0.75	22.90	757.96	52.00	直流
39		雨霖铃	10.2	0.8	8.16	38	1.00	0.13	10.68	10.00	1.07	14.50	2.90	−17.40	0.00	3.10	575.70	50.45	29.20	0.75	22.90	757.96	52.00	直流
40		月出泉	10.2	0.8	8.16	38	1.00	0.13	10.68	10.00	1.07	14.50	2.90	−17.40	0.00	3.10	575.70	50.45	29.20	0.75	22.90	757.96	52.00	直流
41		采薇泉	10.2	0.8	8.16	38	1.00	0.13	10.68	10.00	1.07	14.50	2.90	−17.40	0.00	3.10	575.70	50.45	29.20	0.75	22.90	757.96	52.00	直流
42		柏舟泉	10.2	0.8	8.16	38	1.00	0.13	10.68	10.00	1.07	14.50	2.90	−17.40	0.00	3.10	575.70	50.45	29.20	0.75	22.90	757.96	52.00	直流
43		卷耳泉	10.2	0.8	8.16	38	1.00	0.13	10.68	10.00	1.07	14.50	2.90	−17.40	0.00	3.10	575.70	50.45	29.20	0.75	22.90	757.96	52.00	直流
44		喷雾池	40	0.8	32.00	38	1.00	0.13	41.90	10.00	4.19	56.85	11.37	−68.22	0.00	3.10	575.70	50.45	29.20	0.75	22.90	757.96	52.00	循环
45		鱼疗池	20	1.05	21.00	38	1.00	0.15	3.15	24.00	0.13	28.42	5.68	−2.14	31.97	3.10	575.70	50.45	29.20	0.75	22.90	757.96	52.00	循环
	室外小计	室外合计	3704.22		3094.28				557.13						467.50									
	总计	合计	4499.12		3788.70				684.48						972.16									

续表

9月温泉池水量热量平称表

序号	区域	温泉池名称	基本参数					温泉水使用情况				每小时热量情况				耗热量计算使用数值、公式 [1.163v(0.0174vf+0.0229)(Pb－Pq)760F/B]								备注
			水面积	水深	容积	水温	循环周期	补水系数	每天补给水量	每天运行时间	每小时补给水量	水面蒸发损失热量	其他损失热量	补水补热量	需加热负荷	风速 $V_{f冬}$	水的蒸发气化潜热	与水温相等的饱和水蒸气分压(P_b)	9月气温	湿度	与气温相等的相应蒸汽分压 P_q	当地大气压 B	温泉原水温度	
			(m²)	(m)	(m³)	(℃)	(h)	(%)	(m³)	(h)	(m³/h)	(kW)	(kW)	(kW)	(kW)	(m/s)	(kcal/kg)	(mmHg)	(℃)	(%)	(mmHg)	(mmHg)	(℃)	
一、室内温泉馆																								
1	室内水疗馆	躺床按摩区	48.80	0.90	43.92	38.00	4.0	0.15	6.59	16.00	0.41	36.15	7.23	－6.70	36.67	0.50	575.70	50.45	25.00	0.65	15.50	758.66	52.00	循环
2		室内水疗活动区	239.10	0.90	248.00	38.00	4.0	0.15	37.20	16.00	2.33	177.12	35.42	－37.86	174.68	0.50	575.70	50.45	25.00	0.65	15.50	758.66	52.00	循环
3		儿童亲子区	93.00	0.90	83.70	38.00	4.0	0.15	12.56	16.00	0.78	68.89	13.78	－12.78	69.89	0.50	575.70	50.45	25.00	0.65	15.50	758.66	52.00	循环
4		水下健身区	210.00	0.90	189.00	38.00	2.0	0.15	28.35	16.00	1.77	155.56	31.11	－28.85	157.82	0.50	575.70	50.45	25.00	0.65	15.50	758.66	52.00	循环
5		高温池	5.00	0.80	4.00	43.00	2.0	0.11	6.79	16.00	0.42	3.70	0.74	－4.44	0.00	0.50	575.70	50.45	25.00	0.65	15.50	758.66	52.00	循环
6		中温池	5.00	0.80	4.00	35.00	2.0	0.04	2.75	16.00	0.17	2.83	0.57	－3.39	0.00	0.50	577.50	42.10	25.00	0.65	15.50	758.66	52.00	循环
7		低温池	5.00	0.80	4.00	38.00	2.0	0.07	4.37	16.00	0.27	3.70	0.74	－4.44	0.00	0.50	575.70	50.45	25.00	0.65	15.50	758.66	52.00	循环
8		逆流漩涡池	7.00	0.60	4.20	38.00	2.0	0.15	0.63	16.00	0.04	5.19	1.04	－0.64	5.58	0.50	575.70	50.45	25.00	0.65	15.50	758.66	52.00	循环
9															0.00	0.50	575.70	50.45	25.00	0.65	15.50	758.66	52.00	循环
10																0.50	575.70	50.45	25.00	0.65	15.50	758.66	52.00	循环
11	室内夹层区	中央喷泉	12.00	0.80	9.60	38.00	2.00	0.07	10.48	16.00	0.66	8.89	1.78	－10.67	0.00	0.50	575.70	50.45	25.00	0.65	15.50	758.66	52.00	循环
12		八卦池 1	10.00	0.80	8.00	38.00	2.00	0.07	8.74	16.00	0.55	7.41	1.48	－8.89	0.00	0.50	575.70	50.45	25.00	0.65	15.50	758.66	52.00	循环
13		八卦池 2	10.00	0.80	8.00	38.00	2.00	0.07	8.74	16.00	0.55	7.41	1.48	－8.89	0.00	0.50	575.70	50.45	25.00	0.65	15.50	758.66	52.00	循环
14		八卦池 3	10.00	0.80	8.00	38.00	2.00	0.07	8.74	16.00	0.55	7.41	1.48	－8.89	0.00	0.50	575.70	50.45	25.00	0.65	15.50	758.66	52.00	循环
15		八卦池 4	10.00	0.80	8.00	38.00	2.00	0.07	8.74	16.00	0.55	7.41	1.48	－8.89	0.00	0.50	575.70	50.45	25.00	0.65	15.50	758.66	52.00	循环
16		八卦池 5	10.00	0.80	8.00	38.00	2.00	0.07	8.74	16.00	0.55	7.41	1.48	－8.89	0.00	0.50	575.70	50.45	25.00	0.65	15.50	758.66	52.00	循环
17		八卦池 6	10.00	0.80	8.00	38.00	2.00	0.07	8.74	16.00	0.55	7.41	1.48	－8.89	0.00	0.50	575.70	50.45	25.00	0.65	15.50	758.66	52.00	循环
18		八卦池 7	10.00	0.80	8.00	38.00	2.00	0.07	8.74	16.00	0.55	7.41	1.48	－8.89	0.00	0.50	575.70	50.45	25.00	0.65	15.50	758.66	52.00	循环
19		八卦池 8	10.00	0.80	8.00	43.00	2.00	0.11	13.59	16.00	0.85	7.41	1.48	－8.89	0.00	0.50	575.70	50.45	25.00	0.65	15.50	758.66	52.00	循环
20		金池	10.00	0.80	8.00	35.00	2.00	0.06	7.19	16.00	0.45	7.41	1.48	－8.89	0.00	0.50	575.70	50.45	25.00	0.65	15.50	758.66	52.00	循环
21		木池	10.00	0.80	8.00	38.00	2.00	0.07	8.74	16.00	0.55	7.41	1.48	－8.89	0.00	0.50	575.70	50.45	25.00	0.65	15.50	758.66	52.00	循环
22		水池	10.00	0.80	8.00	38.00	2.00	0.07	8.74	16.00	0.55	7.41	1.48	－8.89	0.00	0.50	575.70	50.45	25.00	0.65	15.50	758.66	52.00	循环
23		火池	10.00	0.80	8.00	38.00	2.00	0.07	8.74	16.00	0.55	7.41	1.48	－8.89	0.00	0.50	575.70	50.45	25.00	0.65	15.50	758.66	52.00	循环
24		土池	10.00	0.80	8.00	38.00	2.00	0.07	8.74	16.00	0.55	7.41	1.48	－8.89	0.00	0.50	575.70	50.45	25.00	0.65	15.50	758.66	52.00	循环
25		热石板浴	40.00		0.00				0.00		0.00				60.00									
	室内小计	室内合计	794.90		694.42				127.35		14.16				504.65									

续表

9月温泉池水量热量平称表

序号	区域	温泉池名称	基本参数				温泉水使用情况					每小时热量情况				耗热量计算使用数值、公式 [1.163v(0.0174v$_f$+0.0229)(P$_b$−P$_q$)760F/B]								备注
			水面积	水深	容积	水温	循环周期	补水系数	每天补给水量	每天运行时间	每小时补给水量	水面蒸发损失热量	其他损失热量	补水补热量	需加热负荷	风速 $V_{f冬}$	水的蒸发气化潜热	与水温相等的饱和水蒸气分压(P_b)	9月气温	湿度	与气温相等的相应蒸汽分压 P_q	当地大气压 B	温泉原水温度	
			(m²)	(m)	(m³)	(℃)	(h)	(%)	(m³)	(h)	(m³/h)	(kW)	(kW)	(kW)	(kW)	(m/s)	(kcal/kg)	(mmHg)	(℃)	(%)	(mmHg)	(mmHg)	(℃)	
二、室外温泉区																								
1	公共泡池区	洗脚池	4.50	0.40	1.80	38	1.00	0.30	5.40	10.00	0.54	7.32	1.46	−8.79	0.00	2.70	575.70	50.45	22.20	0.76	15.50	763.71	52.00	直流
2		美酒迎宾	20.00	0.80	16.00	38	1.00	0.15	23.99	10.00	2.40	32.55	6.51	−39.05	0.00	2.70	575.70	50.45	22.20	0.76	15.50	763.71	52.00	直流
3		茶香四溢	20.00	0.80	16.00	38	1.00	0.15	23.99	10.00	2.40	32.55	6.51	−39.05	0.00	2.70	575.70	50.45	22.20	0.76	15.50	763.71	52.00	直流
4		玫瑰池	12.50	0.80	10.00	38	1.00	0.15	14.99	10.00	1.50	20.34	4.07	−24.41	0.00	2.70	575.70	50.45	22.20	0.76	15.50	763.71	52.00	直流
5		竹雨池	37.00	0.80	29.60	38	1.00	0.15	4.44	14.00	0.32	60.21	12.04	−5.16	67.09	2.70	575.70	50.45	22.20	0.76	15.50	763.71	52.00	循环
6		水果浴1	19.00	0.80	15.20	38	1.00	0.15	22.79	10.00	2.28	30.92	6.18	−37.10	0.00	2.70	575.70	50.45	22.20	0.76	15.50	763.71	52.00	直流
7		水果浴2	11.70	0.80	9.36	38	1.00	0.15	14.03	10.00	1.40	19.04	3.81	−22.85	0.00	2.70	575.70	50.45	22.20	0.76	15.50	763.71	52.00	直流
8		水果浴3	15.50	0.80	12.40	38	1.00	0.15	18.59	10.00	1.86	25.22	5.04	−30.27	0.00	2.70	575.70	50.45	22.20	0.76	15.50	763.71	52.00	直流
9		水果浴4	10.00	0.80	8.00	38	1.00	0.15	11.99	10.00	1.20	16.27	3.25	−19.53	0.00	2.70	575.70	50.45	22.20	0.76	15.50	763.71	52.00	直流
10		水果浴5	10.50	0.80	8.40	38	1.00	0.15	12.59	10.00	1.26	17.09	3.42	−20.50	0.00	2.70	575.70	50.45	22.20	0.76	15.50	763.71	52.00	直流
11		牛奶浴	11.00	0.80	8.80	39	1.00	0.16	14.21	10.00	1.42	17.90	3.58	−21.48	0.00	2.70	575.70	50.45	22.20	0.76	15.50	763.71	52.00	直流
12		木瓜浴	13.00	0.80	10.40	38	1.00	0.15	15.59	10.00	1.56	21.15	4.23	−25.39	0.00	2.70	575.70	50.45	22.20	0.76	15.50	763.71	52.00	直流
13		盐浴	20.00	0.80	16.00	38	1.00	0.15	23.99	10.00	2.40	32.55	6.51	−39.05	0.00	2.70	575.70	50.45	22.20	0.76	15.50	763.71	52.00	直流
14		芦荟浴	14.00	0.80	11.20	38	1.00	0.15	16.79	10.00	1.68	22.78	4.56	−27.34	0.00	2.70	575.70	50.45	22.20	0.76	15.50	763.71	52.00	直流
15		宫浴	10.12	0.80	8.10	38	1.00	0.15	12.14	10.00	1.21	16.47	3.29	−19.76	0.00	2.70	575.70	50.45	22.20	0.76	15.50	763.71	52.00	直流
16		商浴	18.00	0.80	14.40	38	1.00	0.15	21.59	10.00	2.16	29.29	5.86	−35.15	0.00	2.70	575.70	50.45	22.20	0.76	15.50	763.71	52.00	直流
17		角浴	19.00	0.80	15.20	38	1.00	0.15	22.79	10.00	2.28	30.92	6.18	−37.10	0.00	2.70	575.70	50.45	22.20	0.76	15.50	763.71	52.00	直流
18		徵浴	16.00	0.80	12.80	38	1.00	0.15	19.19	10.00	1.92	26.04	5.21	−31.24	0.00	2.70	575.70	50.45	22.20	0.76	15.50	763.71	52.00	直流
19		羽浴	19.00	0.80	15.20	38	1.00	0.15	22.79	10.00	2.28	30.92	6.18	−37.10	0.00	2.70	575.70	50.45	22.20	0.76	15.50	763.71	52.00	直流
20		五音浴	17.00	0.80	13.60	38	1.00	0.15	20.39	10.00	2.04	27.66	5.53	−33.20	0.00	2.70	575.70	50.45	22.20	0.76	15.50	763.71	52.00	直流
21		高温浴	12.00	0.80	9.60	42	1.00	0.28	26.97	10.00	2.70	26.14	5.23	−31.37	0.00	2.70	573.70	62.45	22.20	0.76	15.50	763.71	52.00	直流
22		低温浴	12.00	0.80	9.60	12	1.00	0.06	0.00	10.00	0.59	22.68	4.54	−27.22	0.00	2.70	574.60	56.17	22.20	0.76	15.50	763.71	52.00	直流
23		白芨浴	11.00	0.80	8.80	39	1.00	0.17	15.33	10.00	1.53	19.31	3.86	−23.17	0.00	2.70	575.20	53.24	22.20	0.76	15.50	763.71	52.00	直流
24		朱砂浴	12.00	0.80	9.60	39	1.00	0.17	16.72	10.00	1.67	21.07	4.21	−25.28	0.00	2.70	575.20	53.24	22.20	0.76	15.50	763.71	52.00	直流
25		五子浴	11.00	0.80	8.80	39	1.00	0.17	15.33	10.00	1.53	19.31	3.86	−23.17	0.00	2.70	575.20	53.24	22.20	0.76	15.50	763.71	52.00	直流

续表

9月温泉池水量热量平称表

序号	区域	温泉池名称	基本参数					温泉水使用情况				每小时热量情况				耗热量计算使用数值、公式[1.163v(0.0174v_f+0.0229)(P_b-P_q)760F/B]								备注
			水面积	水深	容积	水温	循环周期	补水系数	每天补给水量	每天运行时间	每小时补给水量	水面蒸发损失热量	其他损失热量	补水补热量	需加热负荷	风速 $V_{f冬}$	水的蒸发气化潜热	与水温相等的饱和水蒸气分压(P_b)	9月气温	湿度	与气温相等的相应蒸汽分压 P_q	当地大气压 B	温泉原水温度	
			(m^2)	(m)	(m^3)	(℃)	(h)	(%)	(m^3)	(h)	(m^3/h)	(kW)	(kW)	(kW)	(kW)	(m/s)	(kcal/kg)	(mmHg)	(℃)	(%)	(mmHg)	(mmHg)	(℃)	
二、室外温泉区																								
26	公共泡池区	生姜浴	10.00	0.80	8.00	39	1.00	0.17	13.93	10.00	1.39	17.56	3.51	−21.07	0.00	2.70	575.20	53.24	22.20	0.76	15.50	763.71	52.00	直流
27		白蒺藜浴	10.00	0.80	8.00	39	1.00	0.17	13.93	10.00	1.39	17.56	3.51	−21.07	0.00	2.70	575.20	53.24	22.20	0.76	15.50	763.71	52.00	直流
28		女贞叶浴	13.00	0.80	10.40	39	1.00	0.17	18.12	10.00	1.81	22.82	4.56	−27.39	0.00	2.70	575.20	53.24	22.20	0.76	15.50	763.71	52.00	直流
29		石板浴	100.00												250.00	2.70	574.60	56.17	22.20	0.76	15.50	763.71	52.00	直流
30		足疗池	19.00	0.60	11.40	38	1.00	0.20	22.79	10.00	2.28	30.92	6.18	−37.10	0.00	2.70	575.70	50.45	22.20	0.76	15.50	763.71	52.00	直流
31		人造沙滩	1000.00													2.70	575.70	50.45	22.20	0.76	15.50	763.71	52.00	直流
32																2.70	574.60	56.17	22.20	0.76	15.50	763.71	52.00	直流
33	VIP泡池区	忆江南	20	0.8	16.00	38	1.00	0.15	2.40	14.00	0.17	32.55	6.51	−2.79	36.26	2.70	575.70	50.45	22.20	0.76	15.50	763.71	52.00	循环
34		采桑子	20	0.8	16.00	38	1.00	0.15	2.40	24.00	0.10	32.55	6.51	−1.63	37.43	2.70	575.70	50.45	22.20	0.76	15.50	763.71	52.00	循环
35		蝶恋花	20	0.8	16.00	38	1.00	0.15	2.40	14.00	0.17	32.55	6.51	−2.79	36.26	2.70	575.70	50.45	22.20	0.76	15.50	763.71	52.00	循环
36		浣溪沙	20	0.8	16.00	38	1.00	0.15	2.40	24.00	0.10	32.55	6.51	−1.63	37.43	2.70	575.70	50.45	22.20	0.76	15.50	763.71	52.00	循环
37		南歌子	10.2	0.8	8.16	38	1.00	0.15	12.23	10.00	1.22	16.60	3.32	−19.92	0.00	2.70	575.70	50.45	22.20	0.76	15.50	763.71	52.00	直流
38		长相思	10.2	0.8	8.16	38	1.00	0.15	12.23	10.00	1.22	16.60	3.32	−19.92	0.00	2.70	575.70	50.45	22.20	0.76	15.50	763.71	52.00	直流
39		雨霖铃	10.2	0.8	8.16	38	1.00	0.15	12.23	10.00	1.22	16.60	3.32	−19.92	0.00	2.70	575.70	50.45	22.20	0.76	15.50	763.71	52.00	直流
40		月出泉	10.2	0.8	8.16	38	1.00	0.15	12.23	10.00	1.22	16.60	3.32	−19.92	0.00	2.70	575.70	50.45	22.20	0.76	15.50	763.71	52.00	直流
41		采薇泉	10.2	0.8	8.16	38	1.00	0.15	12.23	10.00	1.22	16.60	3.32	−19.92	0.00	2.70	575.70	50.45	22.20	0.76	15.50	763.71	52.00	直流
42		柏舟泉	10.2	0.8	8.16	38	1.00	0.15	12.23	10.00	1.22	16.60	3.32	−19.92	0.00	2.70	575.70	50.45	22.20	0.76	15.50	763.71	52.00	直流
43		卷耳泉	10.2	0.8	8.16	38	1.00	0.15	12.23	10.00	1.22	16.60	3.32	−19.92	0.00	2.70	575.70	50.45	22.20	0.76	15.50	763.71	52.00	直流
44		喷雾池	40	0.8	32.00	38	1.00	0.15	47.97	10.00	4.80	65.09	13.02	−78.11	0.00	2.70	575.70	50.45	22.20	0.76	15.50	763.71	52.00	循环
45		鱼疗池	20	1.05	21.00	38	1.00	0.15	3.15	24.00	0.13	32.55	6.51	−2.14	36.92	2.70	575.70	50.45	22.20	0.76	15.50	763.71	52.00	循环
	室外小计	室外合计	3704.22		3094.28				631.72						501.38									
	总计	合计	4499.12		3788.70				759.07						1006.04									

居住建筑篇

居住建筑类　二等奖

兰州石油化工公司12街区A区

设计单位： 甘肃省建筑设计研究院
设 计 人： 邓莹　张建丰　吴玲　胡明霞
获奖情况： 居住建筑类　二等奖

工程概况：

兰州石油化工公司十二街区位于兰州市西固区福利东路南侧，东邻兰州西部建材城，西邻兰州石油化工公司十号街区及其他事业单位用地，北面为兰州石油化工公司十一号街区家属院及兰炼附属中小学，南面隔洪水沟为南山。

本小区按规划设计共分为A、B、C三区，A区用地呈梯形，东西长约900m，南北宽300m～600m，用地北面为42-4号路（福利东路），西面为38-1号、38-2号路（三姓庄街），南面为沟宽54m的洪水沟，东面为39-1号规划路，场地西南高，东北低，最大高差达到10m。

A区建设用地面积为17.55hm^2，总建筑面积45.48万m^2，合计3060户，共有A-1、A-2、A-3、A-4组团、临街商铺、派出所、幼儿园及综合服务楼等部分组成，A-1、A-2组团地下一层相通，其中：

A-1组团：共有住宅建筑6栋，1号楼、3号楼为三十层塔式住宅，建筑高度为89.40m；2K号楼、4号楼为三十三层塔式住宅，建筑高度为98.60m；5号楼、6号楼为十四层单元式住宅，建筑高度为42.80m，各单体地下一层与车库相通，有停车位430辆，2号～3号楼一、二层相通（为商业用房、管理用房）。

A-2组团：共有住宅建筑5栋，7号楼、9号楼为三十层塔式住宅，建筑高度为89.40m；8号楼为三十三层塔式住宅，建筑高度为98.60m；10号楼为十四层单元式住宅，建筑高度为42.80m；11号楼为十一层跃一单元式住宅，建筑高度为32.50m，各单体地下一层与车库相通，有停车位292辆，7号～8号楼一、二层相通（为商业用房、管理用房）。

A-3组团：共有住宅建筑6栋，12号～14号楼为三十三层塔式住宅，建筑高度为98.60m；15～17号楼为十四层单元式住宅，建筑高度为42.80m；各单体地下一层与车库相通，有停车位473辆，该地下车库设有A区生活水泵房及消防水泵房。

A-4组团：共有住宅建筑12栋，18号～23号楼、25号楼、26号楼为十四层单元式住宅，建筑高度为42.80m；24号楼、27号～29号楼为十一层跃一单元式住宅，建筑高度为32.50m各单体地下一层与车库相通，有停车位703辆。

一、给水排水系统

（一）给水系统

1）生活用水量：最高日2780.3m^3，最大小时411.8m^3，平均小时265.3m^3。

2）主要用水项目及其用水量，详见表1。

生活用水量 **表 1**

序号	用水项目名称	使用人数或单位数	用水量标准	小时变化系数 K	使用时间(h)	用水量(m^3)			备注
						平均时	最大时	最高日	
1	A-1 住宅	2490 人	200L/(人·d)	2.58	24	20.75	53.5	498	共 778 户
2	A-2 住宅	2170 人	200L/(人·d)	2.58	24	18.08	46.7	434	共 678 户
3	A-3 住宅	2496 人	200L/(人·d)	2.58	24	20.8	53.7	499	共 780 户
4	A-4 住宅	2637 人	200L/(人·d)	2.58	24	21.98	56.7	527	共 824 户
5	幼儿园	600 人	40 L/(人·班)	2.0	10	2.4	4.8	24	
6	商　场	12170m^2	6.5L/m^2	1.30	10	4.7	13.9	47.5	按建筑面积 60%计
7	物业管理	(100×2)人	40L/(人·班)	1.5	8×2	0.50	0.75	8.0	每日分成 2 班
8	汽车库地面冲洗	70100m^2	2L/(m^2·次)	1.0	3×2	46.7	46.7	280	按每日 2 次计
9	绿化及道路洒水	105300m^2	2L/(m^2·次)	1.0	2	105.3	105.3	210	按每日 1 次计
	小　计					241.2	374.4	2527.5	
10	未预见水量	按 10%计				24.1	37.4	252.8	
	合　计					265.3	411.8	2780.3	

1. 水源

小区给水由 42-4 号路及 38-1 号路两条市政自来水管网上各接入一根 $DN200$、$DN300$ 给水管（此引入管管径考虑了 B 区、C 区生活用水），与小区室外生活消防合用环状给水管相连接，水压按 0.2MPa 考虑（由建设单位提供），表后设倒流防止器。

2. 系统竖向分区：小区因自来水收费标准与其使用功能有关，故设有两套给水系统。

（1）商业给水系统

小区地上一、二层沿街商铺、派出所及综合服务楼由市政管网直接供给，室外单独计量，系统采用下行上给式给水方式。

（2）住宅给水系统

1）小区幼儿园、地下车库由小区室外环状供水管网供给，系统采用下行上给式给水方式。

2）住宅室内生活给水系统竖向分四个区，1 区：地上一至九层（或十、十一层）；2 区：十（或十一层）至十七层（或十八层）；3 区：十八（或十九层）至二十五层（或二十六层）；4 区：二十六层（或二十七层）及其以上，分区情况详见小区给水总原理图，分区原则为保证每区最大供水压力不超过 0.35MPa。

3. 供水方式及给水加压设备

（1）小区住宅生活给水系统由设于 A-3 地下车库水泵房内的两座生活水池（每座 200m^3，内衬不锈钢板）、四套变频加压给水设备联合供给，每套变频设备供一个区，每套加压供水管支状敷设至各单体。变频给水机组为恒压变流量工作，配有气压罐，当用水量较小时，主泵自动切换至气压罐，自动进入小流量工作方式。

（2）给水加压设备：各区变频供水设备设计参数为：

1 区设计流量 Q=87m^3/h，扬程 H=55m，主泵三用一备，单泵功率 N=7.5kW，配 V=80L，P=10bar 隔膜罐一台。

2 区设计流量 Q=90m^3/h，扬程 H=80m，主泵三用一备，单泵功率 N=11kW，配 V=80L，P=16bar 隔膜罐一台。

3 区设计流量 Q=51m^3/h，扬程 H=110m，主泵三用一备，单泵功率 N=11kW，配 V=80L，P=16bar

隔膜罐一台。

4 区设计流量 $Q=45m^3/h$，扬程 $H=130m$，主泵三用一备，单泵功率 $N=11kW$，配 $V=80L$，$P=16bar$ 隔膜罐一台。

4. 管材

生活给水管均采用内涂塑焊接钢管（内涂 PE），沟槽连接，公称压力为 1.6MPa。

(二) 热水系统

1. 住宅各户由燃气热水器或电热水器供应热水，电热水器每户按 3kW 考虑，燃气热水器每户耗气量为 $1.0m^3/h$。

2. 燃气热水器或电热水器型号由住户装修时自理。

(三) 排水系统

1. 排水系统的形式

(1) 室外排水采用雨污分流制，污废水按非满流设计，雨水管按满流设计。

(2) 室内采用污废水合流排水管道系统。

2. 透气管的设置方式

小高层、高层厨房、商铺、幼儿园、派出所、综合服务楼为设有伸顶通气管的单立管系统，高层住宅卫生间为设有专用通气管的双立管系统。

3. 采用的局部污水处理设置

1) 污水量：按最大日用水量确定为：$2294m^3/d$。

2) 小区设有一个污水出口，向北接入 42-4 号路市政排水管网。污废水排出室外经化粪池初步处理后排入市政污水管网，幼儿园、综合服务楼内厨房含油污水经室外隔油池处理后排入室外污水管网，小区内设有 $100m^3$ 化粪池十座，$80m^3$ 化粪池一座。

3) 化粪池选用原则：实际使用人数：住宅按 70%计，商场及其他公共场所按 10%计；污水停留时间 12h，清掏周期 180d。

4. 管材

(1) 室外排水管道采用聚乙烯（HDPE）中空结构壁缠绕排水管，热缩带连接。

(2) 室内生活污废水管采用机制柔性接口排水铸铁管，不锈钢卡箍连接。

(3) 室内压力流污废水管采用焊接钢管。

二、消防系统

(一) 消火栓系统

1. 室外消火栓给水系统

(1) 室外消防水源采用城市自来水。

(2) 本居住小区居住人口为 9792 人，室外消火栓用水量按一次失火考虑，按消防需水量最大的一座建筑物计算室外消火栓用水量，即本小区室外消火栓用水量确定为 30L/s，同一时间火灾次数为 1 次，延续时间为 3h。

(3) 室外采用生活用水与消防用水合用管道系统，临街一侧利用市政消火栓。本小区共设有 21 套地下式室外消火栓，每套地下式室外消火栓采用 SX100-1.0，内配置 $DN100$ 和 $DN65$ 的栓口各一个，其间距不超过 120m，距道路边不大于 2.0m，距建筑物外墙不小于 5.0m。

(4) 室外消防采用低压制给水系统，由城市自来水直接供水，发生火灾时，由城市消防车从现场室外消火栓取水经加压进行灭火或经消防水泵接合器供室内消防灭火用水。

(5) 整个小区消火栓消防水泵接合器设置位置结合小区室外消火栓设置情况而定，设置原则为每栋建筑物附近均设一套消火栓消防水泵接合器，且与室外消火栓距离为 15～40m。

2. 室内消火栓系统

(1) 小区按一类综合建筑进行室内消火栓系统设计，室内消火栓用水量确定为 40L/s，火灾延续时间 3h，充实水柱不小于 10m。

(2) 在 A-3 地下车库内设有一座有效容积为 $V=500m^3$ 消防水池，剩余 $40m^3$ 由室外给水管网补给，补充时间为 15min。水池为钢筋混凝土水池。

(3) 室内采用临时高压制消火栓灭火给水系统。消火栓加压给水泵与消防水池一起设在 A-3 地下车库水泵房内，共设 2 台消火栓给水加压泵，设计参数为设计流量 $Q=40L/h$，扬程 $H=163m$，功率 $N=110kW$，一用一备，互为备用。加压管网在室外形成环状（消防加压泵出水管处设泄压措施），供 A 区及 C 区室内消火栓消防给水系统，并在小区 2 号、8 号、14 号高层屋顶各设一座消防水箱（$V=18m^3$），供火灾初期消防用水，由于屋顶水箱设置高度能满足最不利点消火栓 7m 水柱要求。水箱间不须设消防用增压稳压设备。

(4) 各单体均由各区室外消防加压环管上接两根消防引入管与室内消防环管相连。

(5) 各单体室内消火栓系统竖向分两个区：高区为十五层及十五层以上，由设在室外的消防加压环网直接供给；低区为地下一层至十四层，由高区引入管设减压阀减压后供给，分区情况详见室内消火栓管道总原理图，分区原则为保证最低层消火栓处的静水压不大于 1.0MPa。

(6) 各单体各层均设消火栓进行保护。其布置保证室内任何一处均有 2 股水柱同时到达。

(7) 每个消火栓箱内均配置 *DN*65 消火栓一个，*DN*65、L25m 麻质衬胶水带一条，*DN*65×19mm 直流水枪一支，启动消防水泵按钮和指示灯各一只；且 2 号～3 号、7 号～8 号一类综合楼每个消火栓箱内附设消防卷盘。

(8) 各单体栓口压力超过 0.5MPa 的楼层均采用减压稳压消火栓。

(9) 消防电梯排水采用机械排出，排水井容量为 $2m^3$，排水泵的排水量不小于 10L/s。

(10) 系统控制

1) 消火栓给水加压泵由设在各个消火栓箱内的消防泵启泵按钮和消防控制中心直接开启消防给水加压泵。消火栓水泵开启后，水泵运转信号反馈至消防控制中心和消火栓处。该消火栓和该层或防火分区内的消火栓的指示灯亮。

2) 消火栓给水加压泵在泵房内和消防控制中心均设手动开启和停泵控制装置。

3) 消火栓给水备用泵在工作泵发生故障时自动投入工作。

3. 管材

(1) 室内消防水泵加压给水管网、低区减压阀前管道、从消防加压给水环管接至各单体高区下环管处的消防立管均采用无缝钢管，焊接，公称压力为 2.5MPa；除上述室内消火栓管道外，其余消火栓管道均采用焊接钢管，焊接，公称压力为 1.6MPa。

(2) 屋顶水箱间的消火栓给水管和消防水箱采用泡沫橡塑板进行保温。

(二) 自动喷水灭火系统

1. 设计参数（表 2）

自动喷水用水量 表 2

序号	建筑物用途	火灾危险等级	喷水强度 (L/(min·m²))	作用面积 (m²)	自喷用水量(L/s)	火灾延续时间(h)	备注
1	小于 5000m² 商场	中危险级Ⅰ级	6	160	21	1	
2	幼儿园、综合服务楼	中危险级Ⅰ级	6	160	21	1	

续表

序号	建筑物用途	火灾危险等级	喷水强度 (L/(min·m²))	作用面积 (m²)	自喷用水量(L/s)	火灾延续时间(h)	备注
3	大于 5000m² 商场	中危险级Ⅱ级	8	160	28	1	
4	地下车库	中危险级Ⅱ级	8	160	30	1	
5	戊类库房	中危险级Ⅰ级	6	160	21	1	

2. 保护范围（喷头设置部位）：小区幼儿园、综合服务楼、2 号～3 号楼地上一、二层商铺、7 号～8 号楼地上一、二层商铺、地下车库及 C 区体育馆。

3. 系统设计

(1) 自动喷水灭火系统设两台消防给水加压泵，消防水池与消火栓系统合建，位于 A-3 地下车库水泵房内。两台水泵设计参数为设计流量 Q=30L/h，扬程 H=127m，功率 N=75kW，一用一备，互为备用。加压管网在室外形成环状（自喷加压泵出水管处设泄压措施），供各单体自喷系统，并在小区 2 号、8 号、14 号高层屋顶各设一座消防水箱（V=18m³），供火灾初期消防用水。

(2) A 区自动喷水灭火系统竖向不分区，由自喷加压引入管减压后供给；系统情况详见室内消火栓管道总原理图。

(3) 报警阀组：本工程自喷系统湿报阀均置于各组团地下车库及幼儿园湿报阀间内，水力警铃设在湿报阀间外。

1) A-1 地下车库共设四组湿式报警阀，四套水泵接合器，其中 1 号湿报阀控制喷头数为 707 只，2 号湿报阀控制喷头数为 635 只，3 号湿报阀控制喷头数为 431 只，4 号湿报阀控制喷头数为 781 只。

2) A-2 地下车库共设 3 组湿报阀，两套水泵接合器，其中 1 号湿报阀组控制喷头数为 502 只；2 号湿报阀组控制喷头数 731 只，3 号湿报阀组控制喷头数 591 只。

3) A-3 地下车库自喷系统共设 4 组湿报阀，两套水泵接合器，其中 1 号湿报阀控制喷头数为 497 只，2 号湿报阀控制喷头数为 653 只，3 号湿报阀控制喷头数为 362 只，4 号湿报阀控制喷头数为 520 只。

4) A-4 地下车库共设五组湿式报警阀，四套水泵接合器，其中 1 号湿报阀控制喷头数为 576 只，2 号湿报阀控制喷头数为 795 只，3 号湿报阀控制喷头数为 795 只，4 号湿报阀带控制喷头数为 798 只，5 号湿报阀控制喷头数为 796 只。

5) 幼儿园设一组湿式报警阀，两套水泵接合器，控制喷头数为 794 只。

(4) 自喷系统由自喷加压泵（一用一备）供给，由室内湿报阀组、水流指示器、喷淋管网等组成，接至自喷系统加压环管。

(5) 喷头：无吊顶处采用向上安装直立型，有吊顶及风管宽度大于 1.2m 处采用向下安装吊顶下垂型喷头，动作温度：地下车库采光屋顶下为 141℃，厨房为 93℃，其余均为 68℃。

(6) 自动喷水灭火系统每个防火分区或每层均设信号阀和水流指示器。

(7) 自动喷水灭火系统平时由屋顶消防水箱设专用水管至报警阀前供水管，保证系统压力。发生火灾时由给水加压泵从水池取水加压供水。

(8) 为了保证系统安全可靠，每个报警阀组的最不利喷头处设末端试水装置，其他防火分区和各楼层的最不利喷头处，均设 DN25 试水阀。

4. 系统控制

(1) 火灾发生后喷头玻璃球爆碎，向外喷水，水流指示器动作，向消防控制中心报警，显示火灾发生位置并发出声光等信号。

(2) 系统压力下降，报警阀组的压力开关动作，并自动开启自动喷水灭火给水加压泵。与此同时向消防控制中心报警，并敲响水力警铃向人们报警。给水加压泵在消防控制中心有运行状况信号显示。

(3) 自动喷水灭火系统给水加压泵，应在泵房的控制盘上和消防控制中心的屏幕上均设有运行状况显示装置。

5. 管材

采用内外热镀锌钢管，管径小于等于 $DN100$ 采用丝扣连接，管径大于 $DN100$ 采用沟槽式卡箍连接。

(三) 气体灭火系统

1. 小区综合服务楼弱电控制中心设有S型气溶胶无管网灭火系统。

2. 设计参数（表3）

S型气溶胶设计参数 **表3**

配置场所	防护区净面积 S	防护区净高度 H	防护区净容积 V	灭火设计密度 C_2	容积修正系数 K_v	灭火剂设计用量 W
弱电控制中心	$120m^2$	4.5m	$540m^3$	$130g/m^3$	1.1	78kg

3. 该系统设有自动、手动两种启动方式。自动状态下，当防护区发生火警时，气体灭火控制器接到防护区两独立火灾报警信号后立即发出联动信号。此时，气体灭火控制器一方面输出声光火灾报警信号，另一方面经过30s时间延时后，输出动作信号，启动灭火系统。S型气溶胶预制灭火系统释放S型气溶胶灭火剂到防护区，控制器面板喷放指示灯亮，同时，控制接收反馈信号。防护区内门灯显亮，避免人员误入。当防护区经常有人工作时，可以通过防护区内门外的手动、自动启止器，使系统从自动状态转换到手动状态，当防护区发生火警时，控制器只发出报警信号，不输出动作信号。由值班人员确认火警，按下控制器面板或击碎防护区外紧急启动按钮，即可立即启动系统喷放S型气溶胶灭火剂。

(四) 灭火器配置

1. 配置场所：各层及地下车库。

2. 设计参数（表4）

灭火器配置 **表4**

序号	名称	危险等级	灭火级别	最大保护面积	最大保护距离	备注
1	住宅	轻危险级	1A	$100m^2/A$	25m	手提式
2	自行车库	轻危险级	1A	$100m^2/A$	25m	手提式
3	幼儿园	严重险级	3A	$50m^2/A$	15m	手提式
4	商铺	中危险级	2A	$75m^2/A$	20m	手提式
5	地下车库及配电室	中危险级	55B	$1.0m^2/B$	20m	手提式

3. 配置场所均配置磷酸铵盐干粉灭火器。

三、工程特点

1. 由于本工程地势高差较大，供水管网较长，且小区地势最低处为三十三层（8号楼）的高层建筑，经多方案经济比较，将水泵房选在小区地势最高处A-3组团地下一层内，充分利用地势高差来克服供水管网阻力，从而降低了供水设备的扬程，既保证了小区最不利点的供水压力，也降低了距泵房最近处用水点超压过多的问题，使小区生活给水分区趋于合理。

2. 在 A-3 组团内设有二座地下式生活水池（每座有效容积 200m^3），生活水池内壁采用不锈钢板全衬，在生活水池处设有水池消毒机，所有生活供水设备及管道、阀门的材质均符合《生活饮用水输配水设备及防护材料的安全性评价标准》GB/T 17219—1998 的要求，避免了二次污染，使小区生活饮用水达到国家饮用水标准。

3. 二次生活给水泵选用低噪声高效率的变频给水设备，每套变频给水设备均配有气压罐，贮存一定压力，延长主泵休眠时间，避免频繁启动，利于节能。

4. 在 A-3 组团内设有一座地下式集中消防水池（有效容积 500m^3）及加压泵房，消防加压管在 A 区室外形成环状，供 A 区及 C 区室内消防给水系统，且在 2 号、8 号、14 号楼高层屋顶各设一座消防水箱（有效容积 18m^3），供火灾初期消防用水。

5. 小区幼儿园、会所、地下车库、沿街商铺、派出所及公厕等公建生活给水系统充分利用市政管网压力，由市政管网直接供给，室外单独计量。

四、工程照片及附图

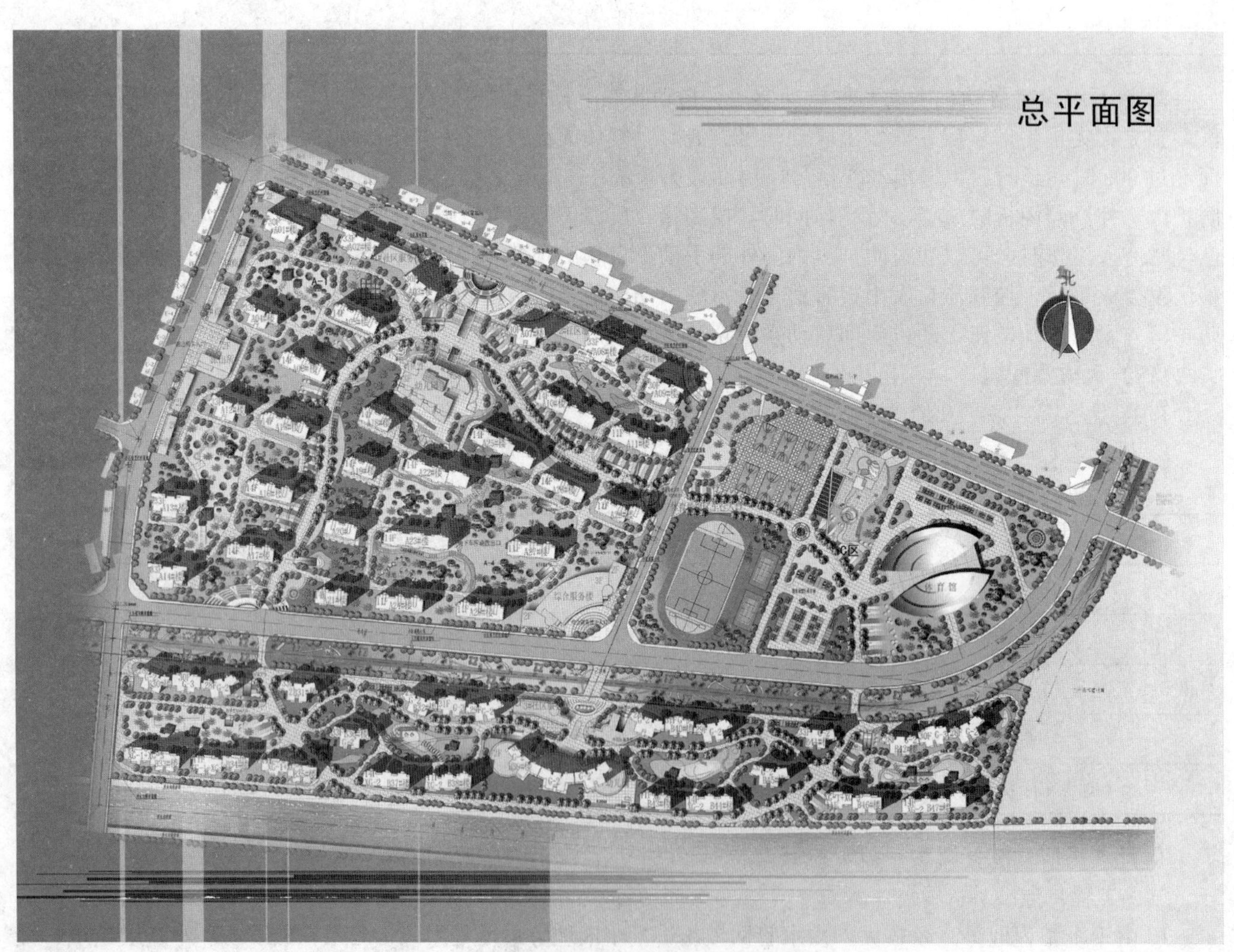

鸟瞰效果（一）

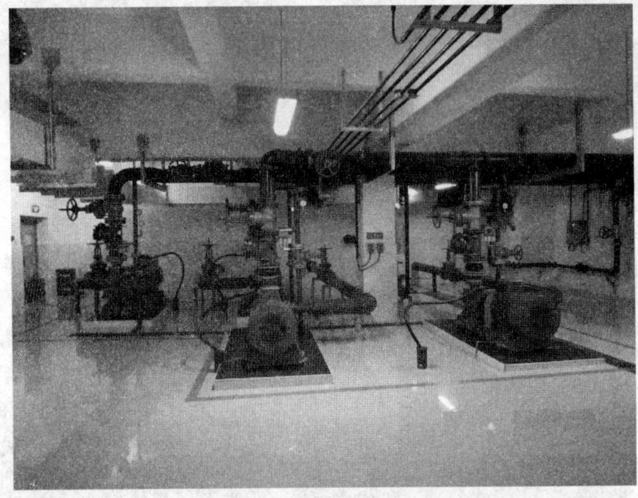

小心有电

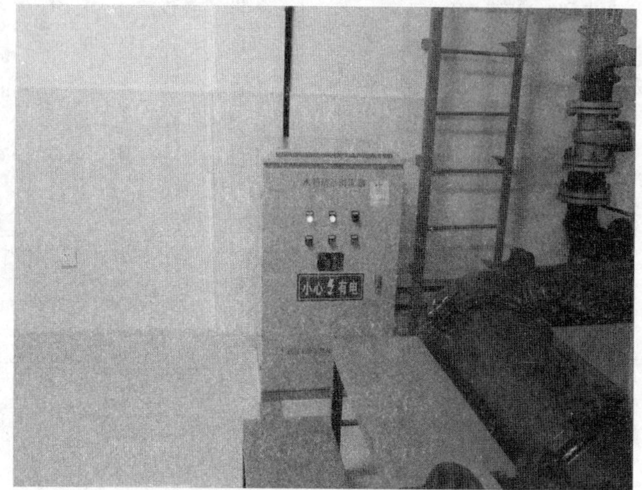
小心有电

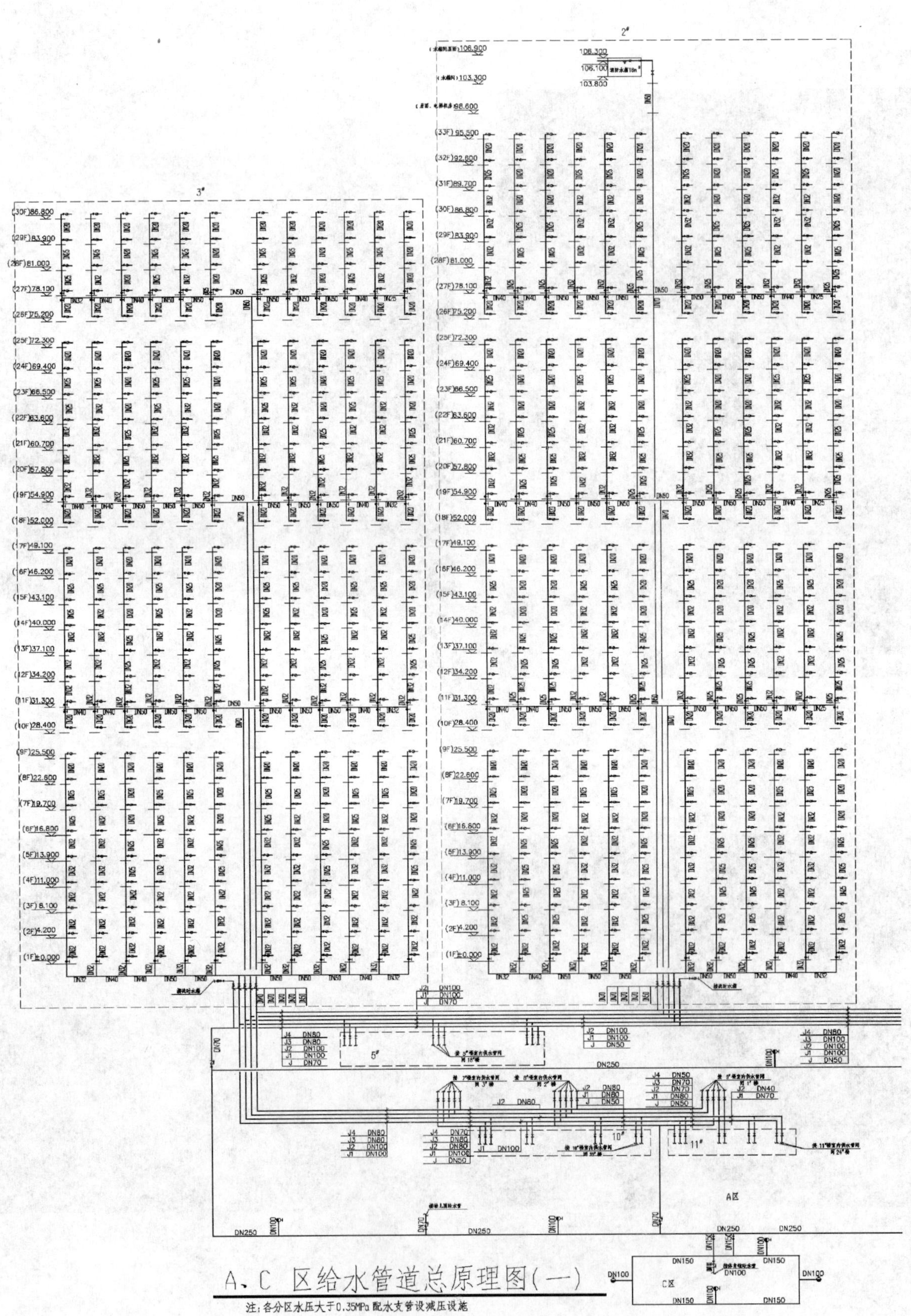

A、C 区给水管道总原理图(一)

注：各分区水压大于0.35MPa 配水支管设减压设施

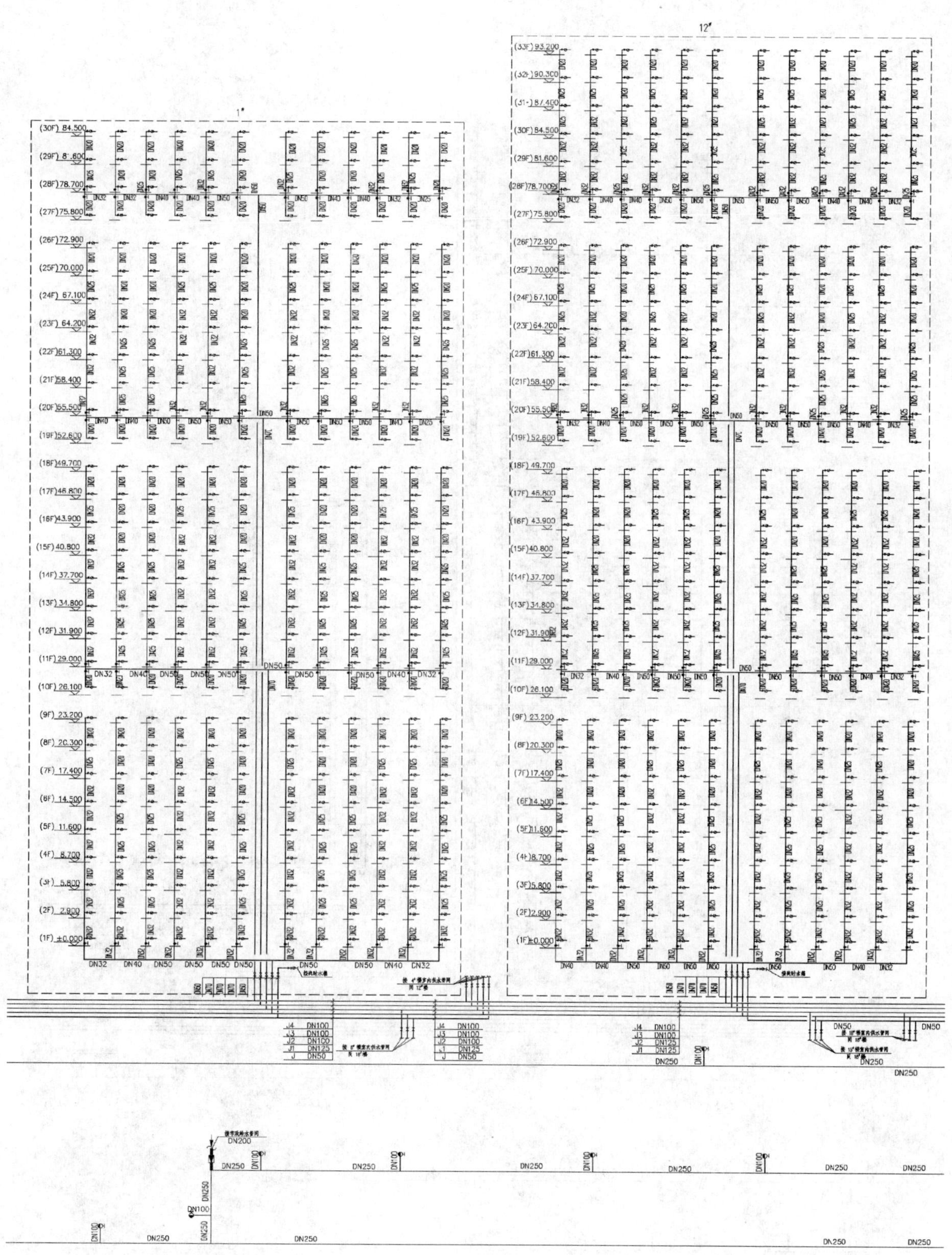

A、C 区给水管道总原理图(二)

注:各分区水压大于0.35MPa配水支管设减压设施

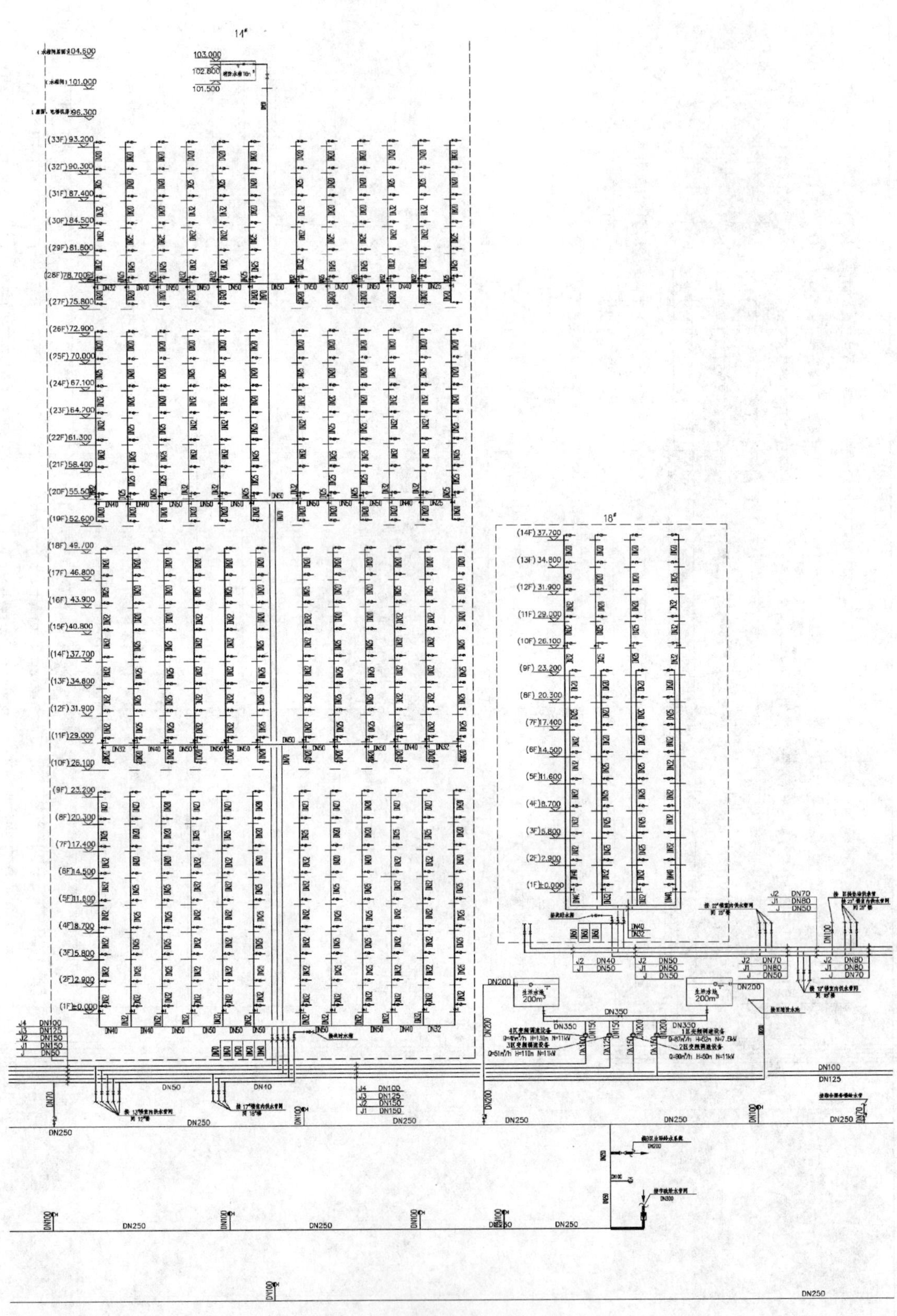

A、C 区给水管道总原理图(三)

注：各分区水压大于0.35MPa 配水支管设减压设施

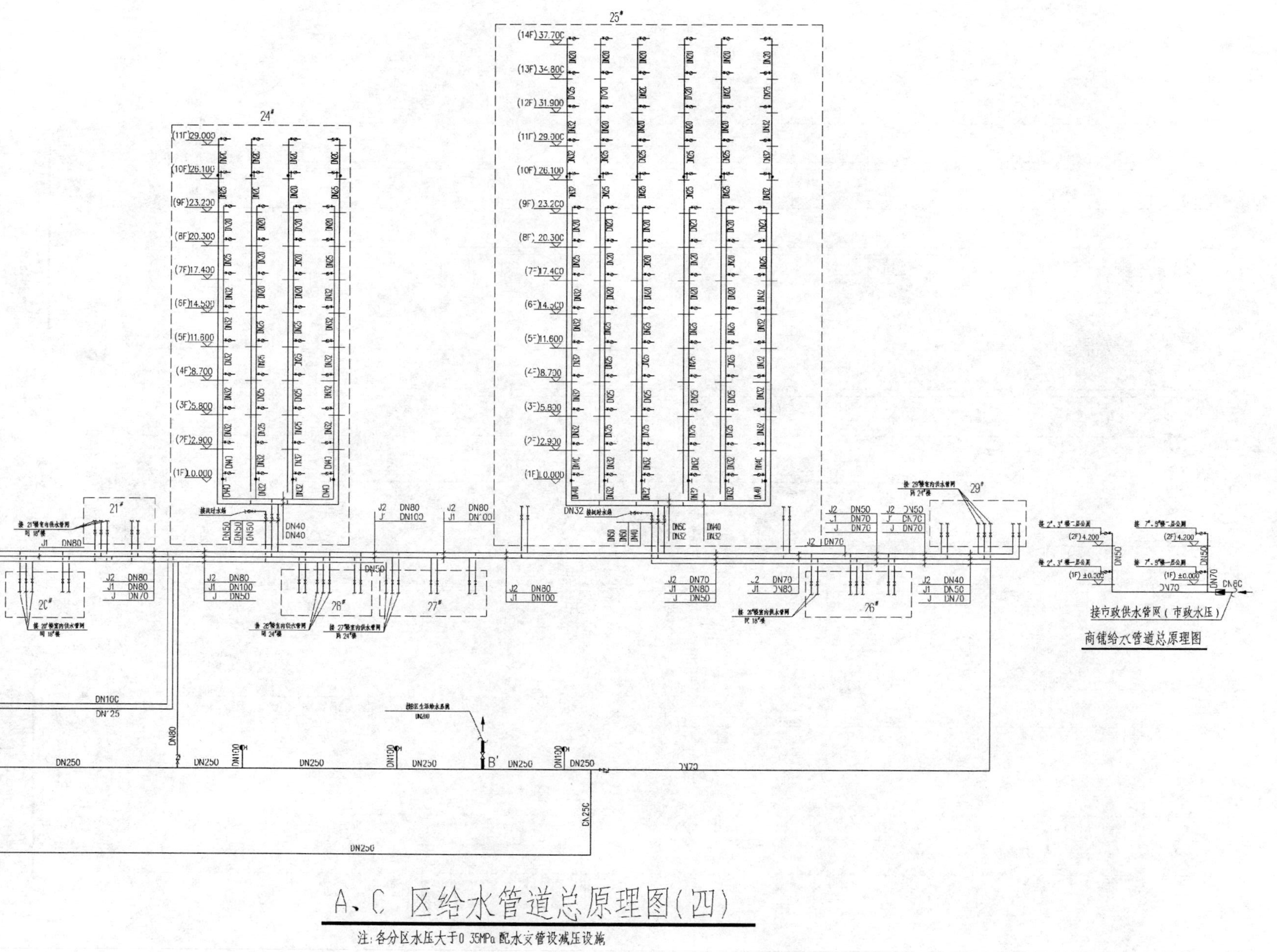

A、C 区给水管道总原理图(四)

注:各分区水压大于0.35MPa配水支管设减压设施

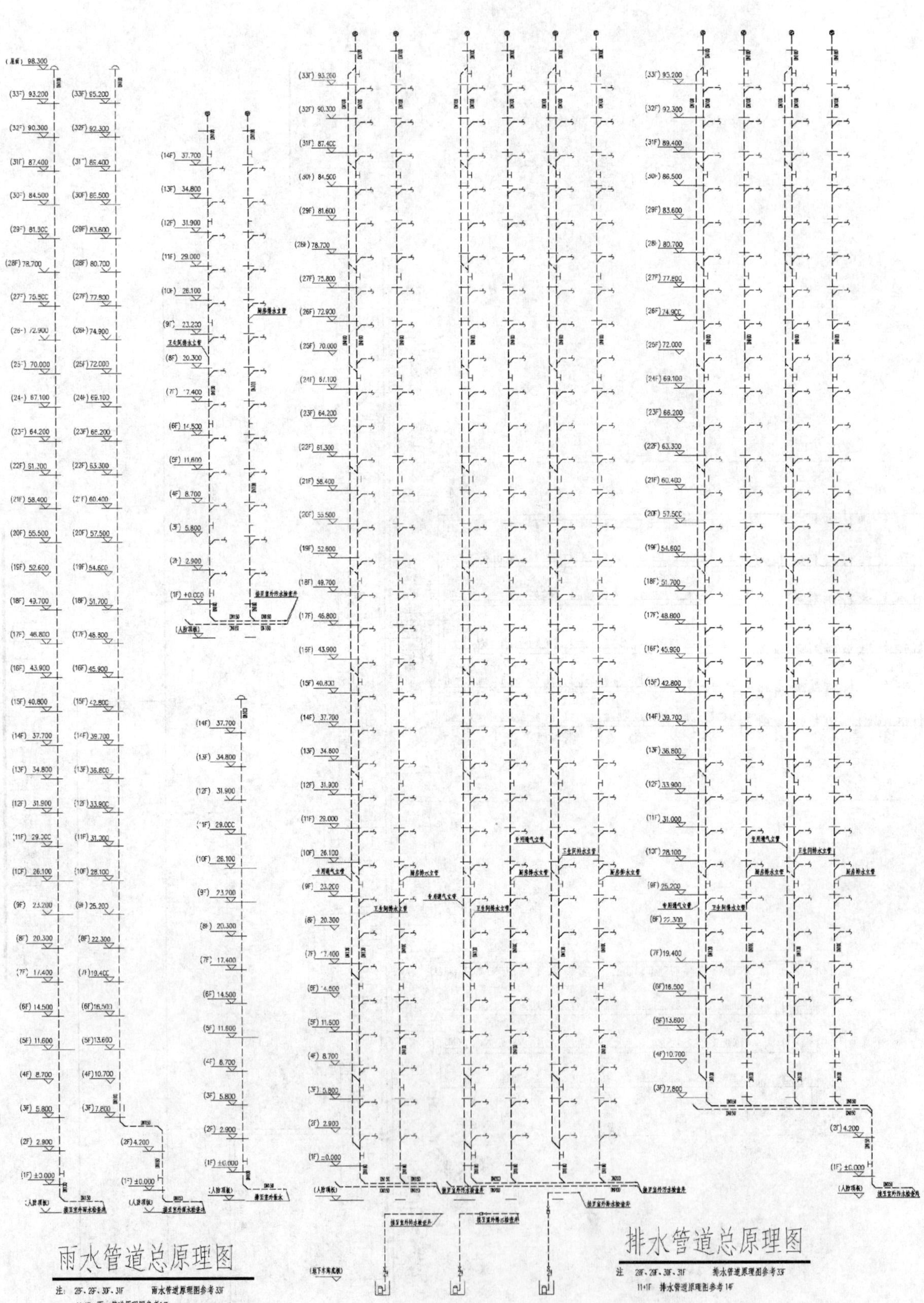
雨水管道总原理图
注：28F、29F、30F、31F 雨水管道原理图参考33F
11+1F 雨水管道原理图参考14F
排水管道总原理图
注：28F、29F、30F、31F 排水管道原理图参考33F
11+1F 排水管道原理图参考14F

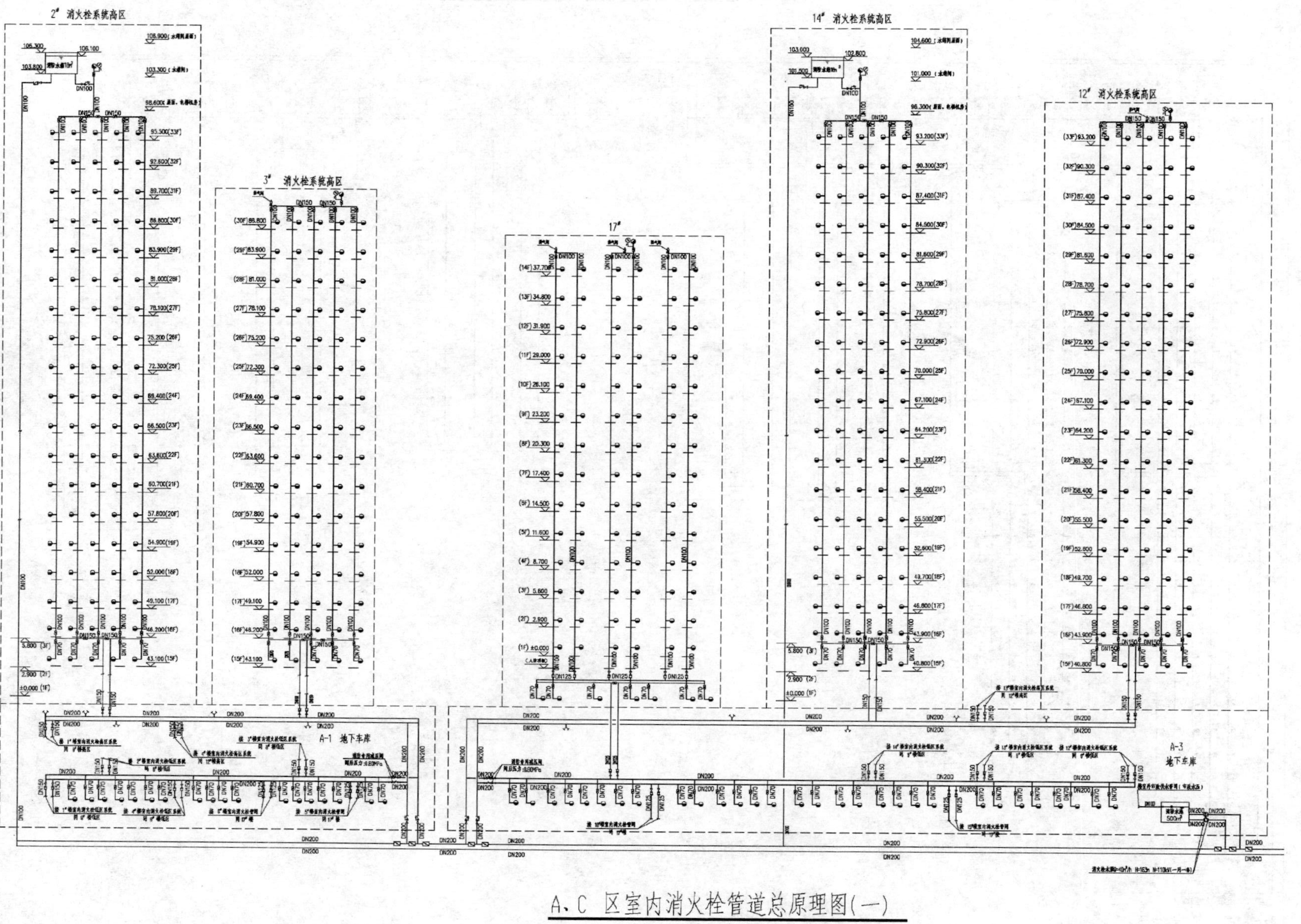

A、C 区室内消火栓管道总原理图(一)

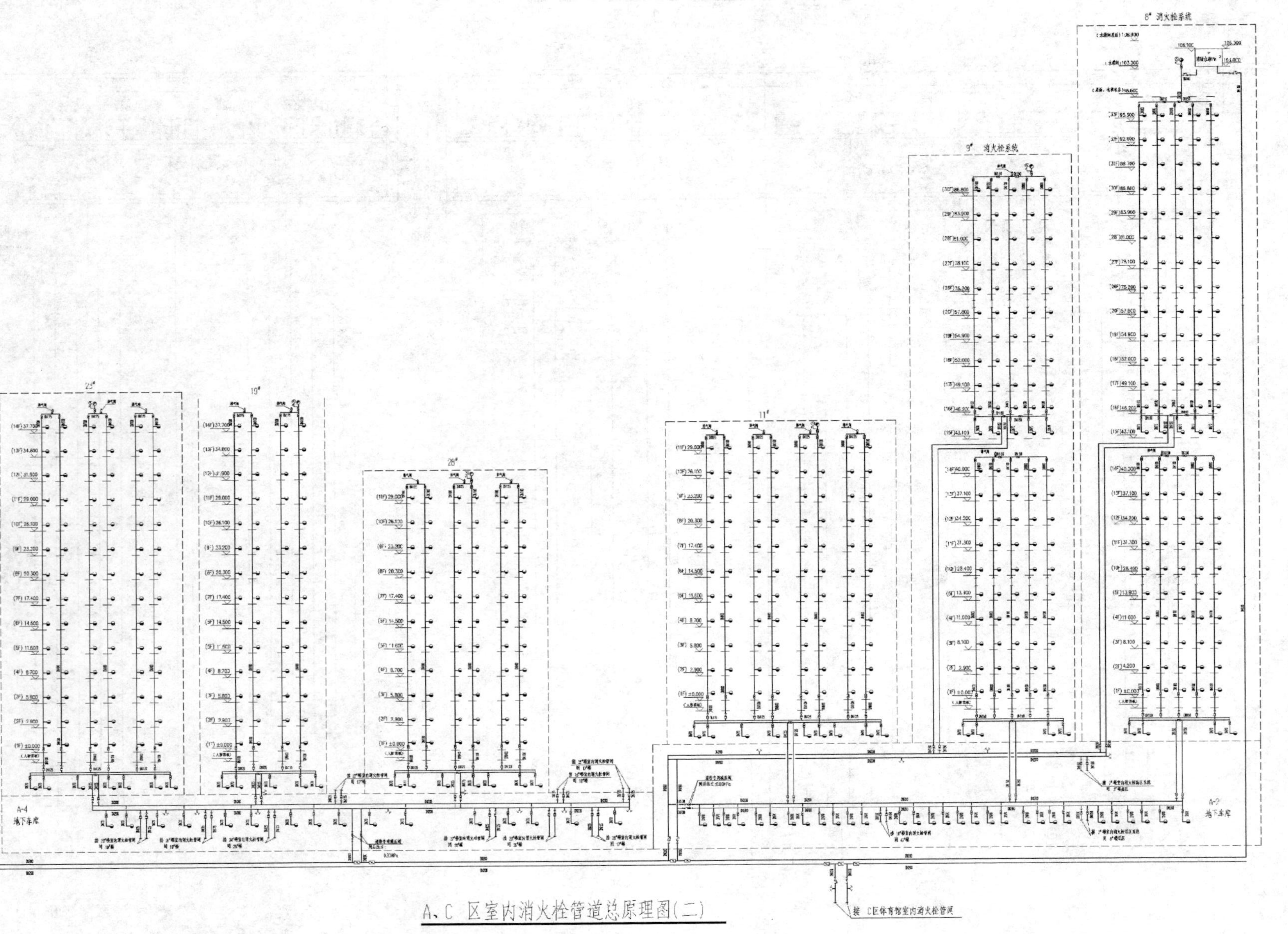

A、C 区室内消火栓管道总原理图(二)

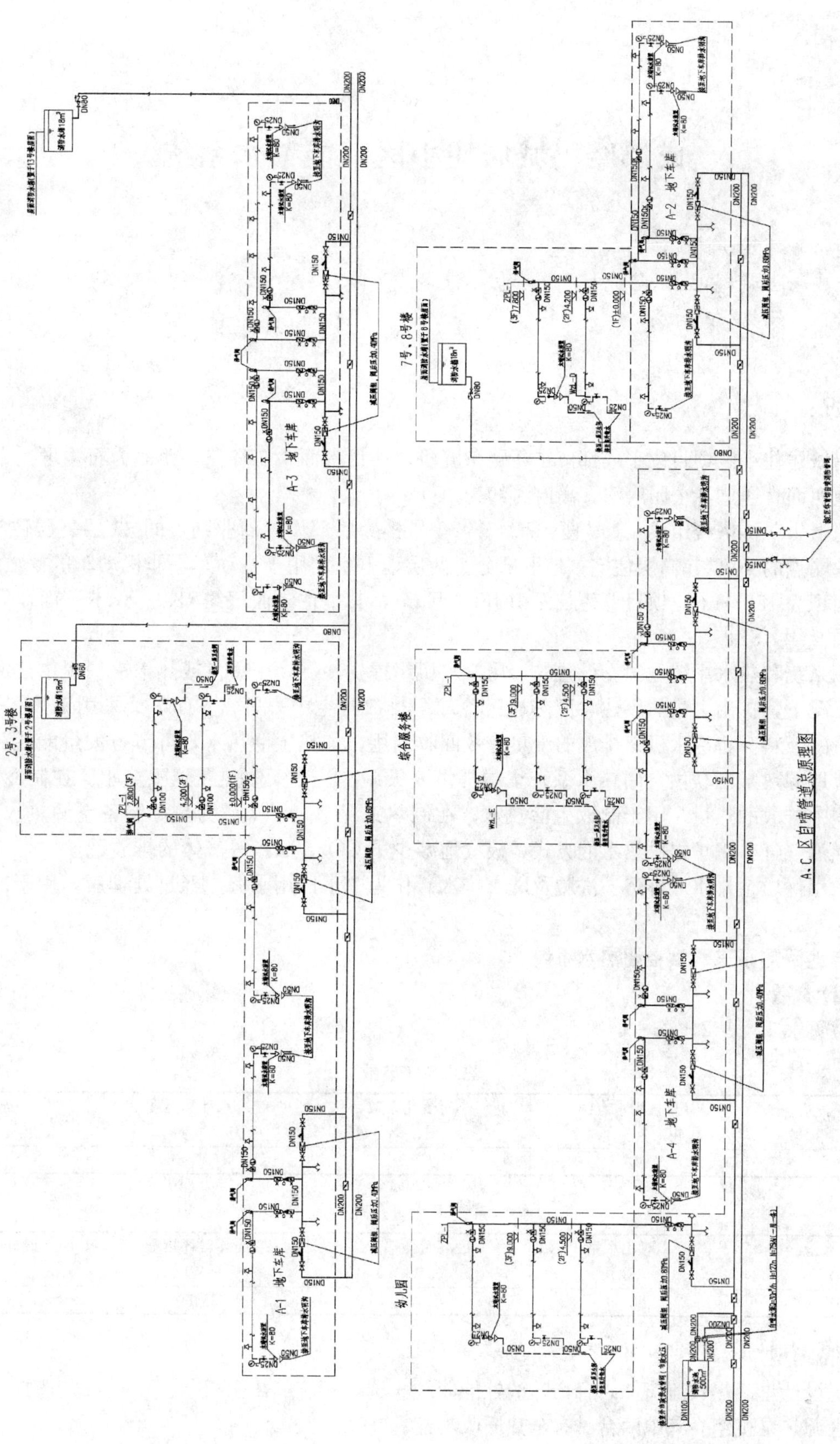

A、C 区自喷管道系统原理图

成都摩玛城居住小区节能节水系统

设计单位：四川省建筑设计院
设 计 人：王成　王瑞　刘立　唐先权　杨士伟　钟于涛
获奖情况：居住建筑类　二等奖

工程概况：

成都摩玛城居住小区项目位于成都市二环路东五段，项目南面为二环路，西面为石牛堰，东面为规划道路，项目用地西面直通望江公园府河，离府河约为400m。

本工程地上由4栋塔楼组成，1号楼、2号楼、3号楼为底部设置商业网点的33层高层住宅，4号楼为底部设置商业网点的40层超高层住宅；地下部分为两层地下室，用于机动车、非机动车的停放和设备用房。项目总用地面积为15578m^2，项目总建筑面积16.3万m^2，其中住宅面积约12.9万m^2；商业等配套面积约3.4万m^2。住宅共1521套。

通常空调系统和热水系统是独立设置的，用冷水机组提供冷源，用蒸汽或热水锅炉提供热源。空调冷水机组在制冷工况下，排出大量的废热，废热通过冷却塔排放到空中；另一方面，又采用锅炉提供生活热水，需要消耗大量的燃料。将冷水机组排放的废热有效回收利用，加热生活热水，可节省大量能耗。本项目住宅全部采用复合地源热泵三联供空调热水系统集中提供夏天制冷、冬天制热及卫生热水。在制冷运行工况下，回收制冷过程中排放的热量，用于制取生活热水；在制热工况下，以土壤为热源制备空调热水及生活热水，取代传统的燃油（气）锅炉提供热水的方式，极大地减少了CO_2、SO_2等气体的排放量。

本项目采用优质杂排水（淋浴、洗脸及洗衣排水）作为中水回用水源，经过处理后，用于冲洗大便器及绿化用水等。

一、复合地源热泵三联供空调热水系统

（一）设计参数

设计参数见表1、表2。

热水系统参数　　**表1**

用水人数	最高日用水定额（L/(人·d)）	小时变化系数 K_h	冷水计算温度（℃）	热水计算温度（℃）
5324	80	2.37	7	55

热水系统用水量及耗热量　　**表2**

最高日用水量（m^3/d）	最高时用水量（m^3/h）	最高时耗热量（kWh）	最高日耗热量（kWh）	设计小时供热量（kWh）
5324	80	2.37	23450	1145

（二）设备选型

根据系统设计总冷热负荷值，结合产品的性能曲线，选择相应的热泵机组。本项目共选择5台带余热回收的螺杆式水源热泵机组，其中两台具有全热回收功能。

注：余热回收：利用热泵机组部分冷凝热进行制取生活热水；

全热回收：利用热泵机组全部冷凝热进行制取生活热水。

（三）运行方式

夏天：水源热泵机组由地下土壤与府河水共同冷却，制取7℃的冷冻水送到各空调区域末端向房间散冷，同时空调机组的一部分冷凝热被回收制取55℃的生活热水；当热水箱中底部平均温度低于45℃时，则启动高温型水源热泵机组的全热回收运行模式制生活热水，当水箱中底部平均温度高于45℃时，则只采用部分热回收运行模式，所有运行中的水源热泵机组均参与余热回收，热水箱温度高于55℃后停止热回收（图1）。

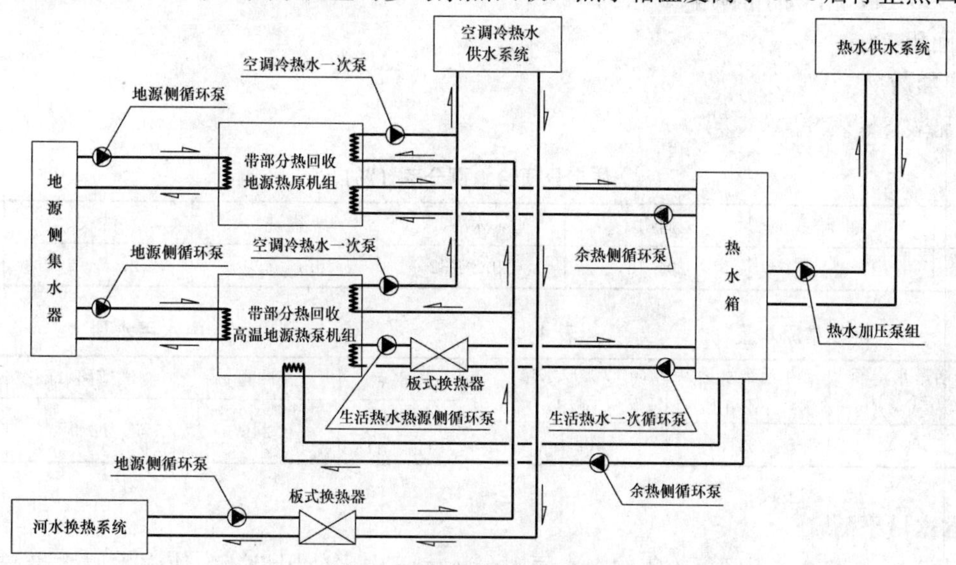

图1　夏季生活热水系统流程

过渡季节：水源热泵机组制冷或制热；由独立的带全热回收机制的高温型水源热泵机组制取55℃的生活热水。制热水时将水箱中底部的平均水温控制在45～50℃之间，保证热水机组处于高效运转工况。加热设备从热水箱底部取水，加热后进入蓄热水箱，如此循环加热到50～55℃后供用户使用。

冬天：水源热泵机组从地下土壤吸取热量，制取45℃的热水送到各空调区域末端向房间散热；由独立的带全热回收的高温型水源热泵机组制取55℃的生活热水。当热水箱中底部平均温度低于45℃时，则启动2台高温型水源热泵机组全力制热，当热水箱温度中底部平均水温高于55℃后停止制热（图2）。

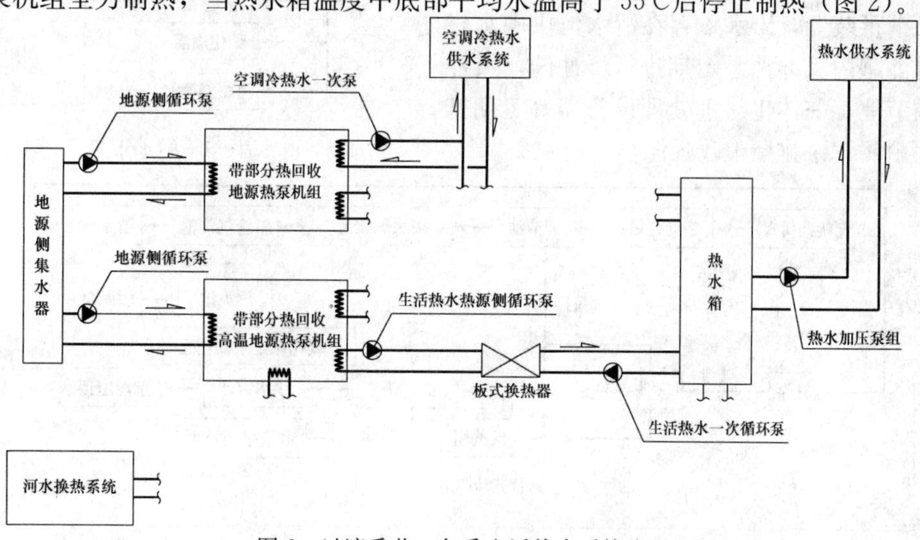

图2　过渡季节、冬季生活热水系统流程

任何时候地埋管网不能满足空调和热水的需要时，自动启动河水循环泵辅助散热或散冷。

（四）技术经济比较

本工程根据现场环境情况，采用复合地源热泵三联供空调及生活热水系统集中提供夏天制冷、冬天制热及生活热水。在机组制冷运行工况下，回收制冷过程中排放的热量，用于制取生活热水。在冬季热泵机组以地下水与热源制备空调热水及生活热水，取代传统的燃油（气）锅炉提供热水的方式，极大地减少了CO_2、SO_2等气体的排放量，与传统集中空调相比，夏天制冷节约冷却水 2.88 万 t，年总运行电量折合一次能源消耗（标煤）减少 518t，相应的可减排CO_2约 1290t。

二、中水回用系统

（一）设计参数

设计参数见表 3～表 5。

住宅分项给水百分率（%） 表 3

用水点	冲厕	厨房	沐浴	盥洗	洗衣	总计
百分比	21.3～21	20～19	29.3～32	6.7～6.0	22.7～22	100

可收集原水量 表 4

用水人数	生活给水定额（L/(人·d)）	生活给水量（m^3/d）	可收集原水量（m^3/d）
5324	80	1331	502.6

中水用水量 表 5

用水点	冲厕	浇洒道路、绿化	总计
用水量（m^3/d）	246	12.9	258.9

（二）中水水量平衡

由表 4、表 5 可看出，本小区可收集的中水原水量远大于中水使用量。为使中水原水量与处理水量、中水产量与中水用量之间保持平衡，部分优质杂排水未进行收集，设中水收集系统的有 913 户，总人数为 3195 人。中水水量平衡分析见图 3。

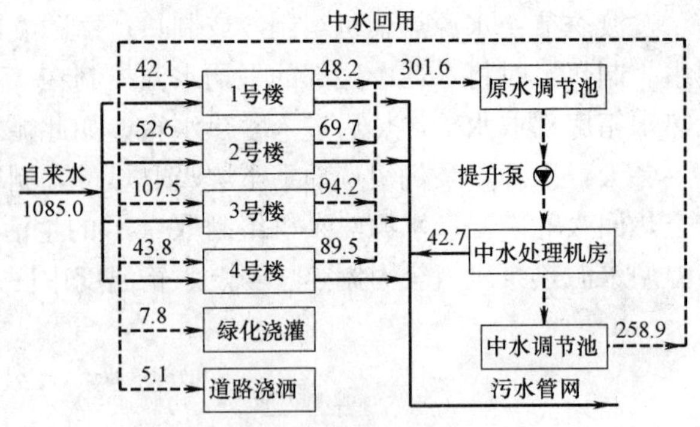

图 3 中水水量平衡图

（三）处理工艺流程

污水首先经格栅除去较粗大的杂质后进入调节池，由泵提升至生物接触氧化池进行处理，出水经沉淀后由泵提升至过滤、消毒装置，出水贮存在清水池供中水供水泵组取用；过滤罐由反冲洗泵定期进行反冲洗，反冲洗水排入原水调节池；一体化污水处理设备需要定期排泥，排出的污泥由污泥泵排至市政吸泥车（图 4）。

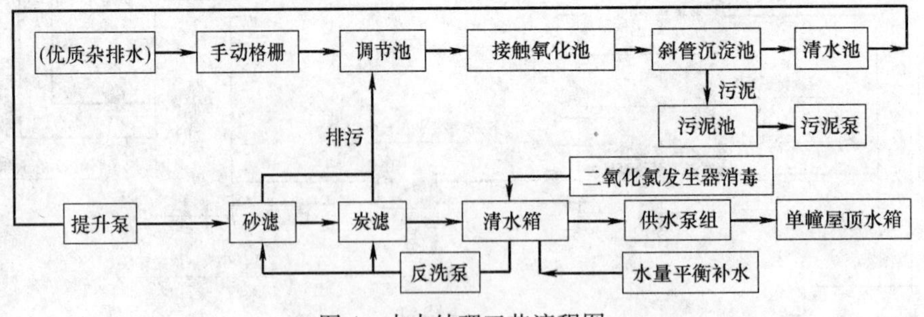

图 4 中水处理工艺流程图

三、工程特点

本设计利用地下土壤及地表水作为热源，采用复合地源热泵三联供空调热水系统集中提供夏天制冷、冬天制热及全年生活热水。该系统具有如下特点：

1. 一机多用，避免中央空调系统的重复投资，提高设备利用率。

2. 采用室外地埋管网换热+辅助府河水散热的复合系统，保证了空调系统的节能性与可靠性，并消除地下冷热堆集的可能。

3. 复合地源热泵系统利用低位热能，减少了一次能源的消耗及污染气体的排放。

4. 地源热泵系统紧凑，省去锅炉房和冷却塔，节省建筑空间。

本设计综合考虑水源、水质、水量等因素，采用优质杂排水作为中水回用水源，具有如下特点：

1. 采用优质杂排水作为中水回用水源，水源可靠、处理工艺简单。

2. 根据中水用水量需要，合理确定中水回收量。

四、工程照片

玉渊府住宅项目（钓鱼台7号院）

设计单位： 清华大学建筑设计研究院有限公司工程设计一所
设 计 人： 徐京晖　刘程
获奖情况： 居住建筑类　二等奖

工程概况：

整个项目为四幢住宅，分别为T1（13层）、T2（8层）、T3（13层）、T4（6层），住宅地下分为两层，地下一层为管理用房及车库，地下二层为设备用房及车库；T4地下主要是会所，其中有一座游泳池。地上首层为公共用房，二层（含二层）以上为住宅部分，总户数110户。总建筑面积73268.4m^2。该项目属高端居住建筑。

一、给水排水系统

（一）给水系统

1. 冷水用水量（表1）

玉渊府住宅项目用水量统计　　表1

序号	用水部位	用水定额	数量	时变化系数	使用时间(h)	最大时用水量(m^3/h)	最高日用水量(m^3/d)
1	公寓住宅(T1-T4)	300L/(人·d)	540人	2.0	24	13.5	162
2	物业办公	50L/(人·d)	80人	1.5	15	0.4	4
3	游泳池补水	池容积的10%	1	1.0	12	3	36
4	按摩池补水	池容积的15%	1	1.0	12	0.2	2.25
5	会所及公共淋浴	170L/(人·次)	80人·次	1.8	12	2.04	13.6
	总计					19.14	217.85

其中生活总用水量：取217.85m^3/d，最大时用水量为19.14 m^3/h。

2. 水源

由城市市政管网接出两根*DN*200管道，经倒流防止器、水表后在红线内形成*DN*200环网，作为本工程水源，市政供水压力0.22MPa。室外*DN*200给水环网经阀门和水表后直接供各单元及低区用水。

3. 系统竖向分区

整个建筑供水按高度分为两个分区；地下室至地上三层为低区，四层及以上各层为高区。

4. 供水方式及水加压设备

建筑内低区供水采用市政管网压力直接供给；高区供水采用具有高低压腔自动补水功能的无负压供水设备供水。

根据甲方及当地有关部门提供的资料，市政供水压力为0.22MPa，系统设计中控制各分区供水压力介于0.15～0.40MPa之间，超压部分采用可调式减压阀减压后供给。

5. 管材

生活用冷水管道主管道（干、立管）采用外镀锌内衬塑复合钢管，管径＜*DN*70 丝扣连接，≥*DN*80 采用沟槽连接；户内支管采用铜管，焊接。

室外埋地给水管道采用内涂防腐层的球墨铸铁给水管，柔性接口，橡胶圈连接。

(二) 热水系统

本工程生活热源水为市政高温热水。热力站（另由热力公司设计）设置在 T4 地下二层。生活热水均引自该热力站，采用全日制循环方式。热水系统供应范围为住宅及公共部位的淋浴及游泳池等，分高、低区，分区同给水系统。

热水系统用水量为 16.35m^3/d，耗热量为 878kW。

1. 热水用水量（表 2）

玉渊府住宅项目热水量统计 **表 2**

序号	用水部位	用水定额	数量	使用时间(h)	最大时用水量(m^3/h)	热量(kW)
1	公寓住宅低区(T1-T4)	100L/(人·d)	235 人	24	3.13	197
2	公寓住宅高区(T1-T4)	100L/(人·d)	295	24	3.94	248
3	别墅	—	—	24	0.48	30
4	游泳池	—	—	12	2.28	60
5	别墅泳池	—	—	12	0.2	60
6	会所及公共淋浴	300L/s	15 个喷头	12	4.5	283
	总计				16.35	878

其中生活热水总用水量：878kW，最大时用水量为 16.35m^3/h。

2. 热源

本工程生活热源为市政高温热水。

3. 系统竖向分区

整个建筑将供水分为高、低两个区，地下室至地上三层为低区；四层及以上各层为高区。

4. 热交换器

换热站内由市政热力公司负责按本设计计算热量进行设计施工。

5. 冷热水压力平衡措施、热水温度的保证措施

系统设计时，按压力分为两个供水分区；管道布置在设计时尽量做到同程布置，以期保证各栋建筑集中热水管道的压力平衡，保障热水供应水量和温度；考虑到本工程为高端居住建筑，所以每户均采用热水支管循环，以确保热水的恒温供应。

6. 管材

生活用冷水管道主管道（干、立管）采用外镀锌内衬塑复合钢管，管径＜*DN*70 丝扣连接，≥*DN*80 采用沟槽连接；户内支管采用铜管，焊接。

(三) 中水系统

中水处理机房中水水源来自住宅和会所内的生活污废水，经室外管线收集和化粪池处理后，接入中水机房进行处理，然后由变频加压装置输送至各中水用水点，中水主要用于冲厕和绿化；当污废水量波动较大，超出中水机房处理能力时，打开闸门井，经化粪池处理后的污水由管线直接排入市政污水管网。

1. 中水源水量表、中水回用水量表、水量平衡（表 3）

玉渊府住宅项目中水用水量计算 表 3

序号	用水部位	用水定额	中水比例(%)	数量	时变化系数	使用时间(h)	中水用水量	
							最高日(m^3/d)	最大时(m^3/h)
1	公寓住宅(T1-T4)	300L/(人·d)	23	540人	2.0	24	37.3	3.1
2	物业办公	50L/(人·d)	62	80人	1.2	15	2.5	0.2
3	绿化	3L/(m^2·次)	100	11000/m^2	0.9	11	33	2.8
	总计						72.8	6.1

中水系统日用水量为 72.8 m^3，最大小时用水量：6.1m^3。本工程污水总量约 196 m^3/d，作为中水源水收集的水量为 80m^3/d，可以保证建筑中水使用的水量。

2. 系统竖向分区

系统竖向不分区，超压部分采用支管减压阀减压供给。

3. 供水方式及给水加压设备

中水经处理后，由设于地下二层的中水机房的中水清水池及变频调速泵供给，系统为下行上给形式。

4. 水处理工艺流程

中水源水→提篮式格栅→调节曝气池→水解池→MBR 反应池→自吸泵→清水池→变频供水设备→用水点

5. 管材

中水给水采用热浸镀锌钢管，丝接或法兰连接。

（四）排水系统

该工程采取污废合流排放。排出后的污水接入室外化粪池预处理后引至 T4 地下二层的中水机房。处理后的中水回用至住宅和公共卫生间冲厕以及浇灌室外绿地。排水量：196m^3/d。

1. 排水系统形式

排水系统以单立管排水系统为主，底层污水单独排放。地下室污水采用集水坑内设置潜污泵机械提升排出。户内卫生间采用后排水洁具，污水管道同层布置；地漏设置在距离立管近处，做局部降板处理，也为同层排水形式。

2. 通气管的设置方式

污水立管做伸顶通气管，部分接入排水点较多的污水立管采用伸顶通气加辅助通气管的方式保障排水通畅。

3. 采用的局部污水处理设施

本工程室内污水由管道汇集后，排至室外化粪池，经预处理后，排至设置于 T4 地下室的中水处理站，作为中水源水使用；超出中水站处理能力的污水，经化粪池处理后，从外线闸门井处由管道分支直接排入周边市政污水管网。

4. 管材

采用具静音效果的 HDPE 排水管，地下室集水坑压力排水采用焊接钢管，焊接。

二、消防系统

（一）消火栓系统

消火栓系统用水量为 20L/s，火灾延续时间 2h，一次室内火灾用水量为 144m^3。

消防水源由市政供水管网提供，经管道接至消防水池。在 T4 号楼地下室设有 250m^3 消防水池一座及消防水泵房。火灾期间启动泵房内的消火栓专用泵加压供水至管网，以满足消防需要。

消防管网成环状布置，保证最不利点有两股 10m 充实水柱到达。五层以下采用减压稳压消火栓。

消火栓箱内水龙带长为25m，水枪口径为$\phi 19$。此外还配有消防水泵启动按钮。

室外设2个水泵接合器。

室内消火栓泵：XBD20-80-HY两台（一用一备）

$$Q=20\text{L/s}$$
$$H=80\text{m}$$
$$N=30\text{kW}$$

消火栓系统压力可供到13层45.200m（T1号楼）。

在T1号楼屋顶设一座18m³ 消防专用水箱供高区火灾初起消防用水，并配一组增压泵及容量为450L的气压罐。

消火栓系统管材采用无缝钢管、焊接、阀门及需拆卸部位采用法兰连接（或沟槽机械连接）。

（二）自动喷水灭火系统

自动喷水灭火系统作用于建筑地下车库内及地上、地下的公共部位。

该系统按中危险级Ⅱ级设计，喷水强度$8\text{L/(min}\cdot\text{m}^2)$，作用面积$160\text{m}^2$，自动喷水系统用水量30L/s，最不利点作用压力大于0.05MPa。

火灾延续时间按1h计算，室内一次消防用水量108m^3。在T4号楼地下室设有250m^3消防水池一座及消防水泵房。消防泵房内配有自动喷水系统加压装置及相应的报警设施。该系统设有六个湿式报警阀。室外设2个水泵接合器。火灾期间启动泵房内的自动喷洒专用泵加压供水至管网，以满足消防需要。

室内自动喷洒泵：XBD30-80-HY两台（一用一备）

$$Q=30\text{L/s}$$
$$H=80\text{m}$$
$$N=45\text{kW}$$

（三）建筑灭火器配置

根据“建筑灭火器配置设计规范”要求，按中危险级设计，火灾种类属A级，采用磷酸铵盐（干粉）灭火器（4kg）三个置于消火栓处。车库按B类火灾配置灭火器，按严重危险级配置。

变电室采用磷酸铵盐（干粉）手推式灭火器（70kg）三个，消防控制室采用磷酸铵盐（干粉）手推式灭火器（20kg）两个。

三、设计特点、技术经济指标、优缺点

1. 本设计卫生间排水采用同层排水设计，卫生器具排水管道在楼板上同层敷设。

卫生间排水立管及管件均采用具有静音效果的HDPE排水管道及管件，同层排水使用专用存水弯，自带50mm水封，确保良好的系统功能；排水横支管、地下室横干管均采用HDPE普通排水管。以上管材均应采用同一厂家提供的高密度聚乙烯（HDPE）排水管材及管件，管道回缩率不超过1%，但垫层中的管材不易检修更换。

2. 卫生间排水管道的连接方式：采用热熔连接和电焊管箍连接，立管与支管连接处及不易采用热熔连接处采用电焊管箍连接方式，使得连接更加安全、可靠。

3. 高区给水采用具有高低压腔自动补水功能的无负压供水设备供水，充分利用市政压力，节约能源。

4. 热水系统采用全日制机械循环，为同程布置，且做到支管循环，充分保证热水出水水温。

5. 中水处理工艺采用MBR膜处理法，特点是：污染物去除率高；出水水质稳定；占地面积小，使得本工程面积有限的地下室利用合理；剩余污泥少，解决了剩余污泥处理难的问题，达到零排放；运行时可达到全自动控制，节省人力资源。

6. 中水系统供水采用变频设备，节约能源。

四、附图

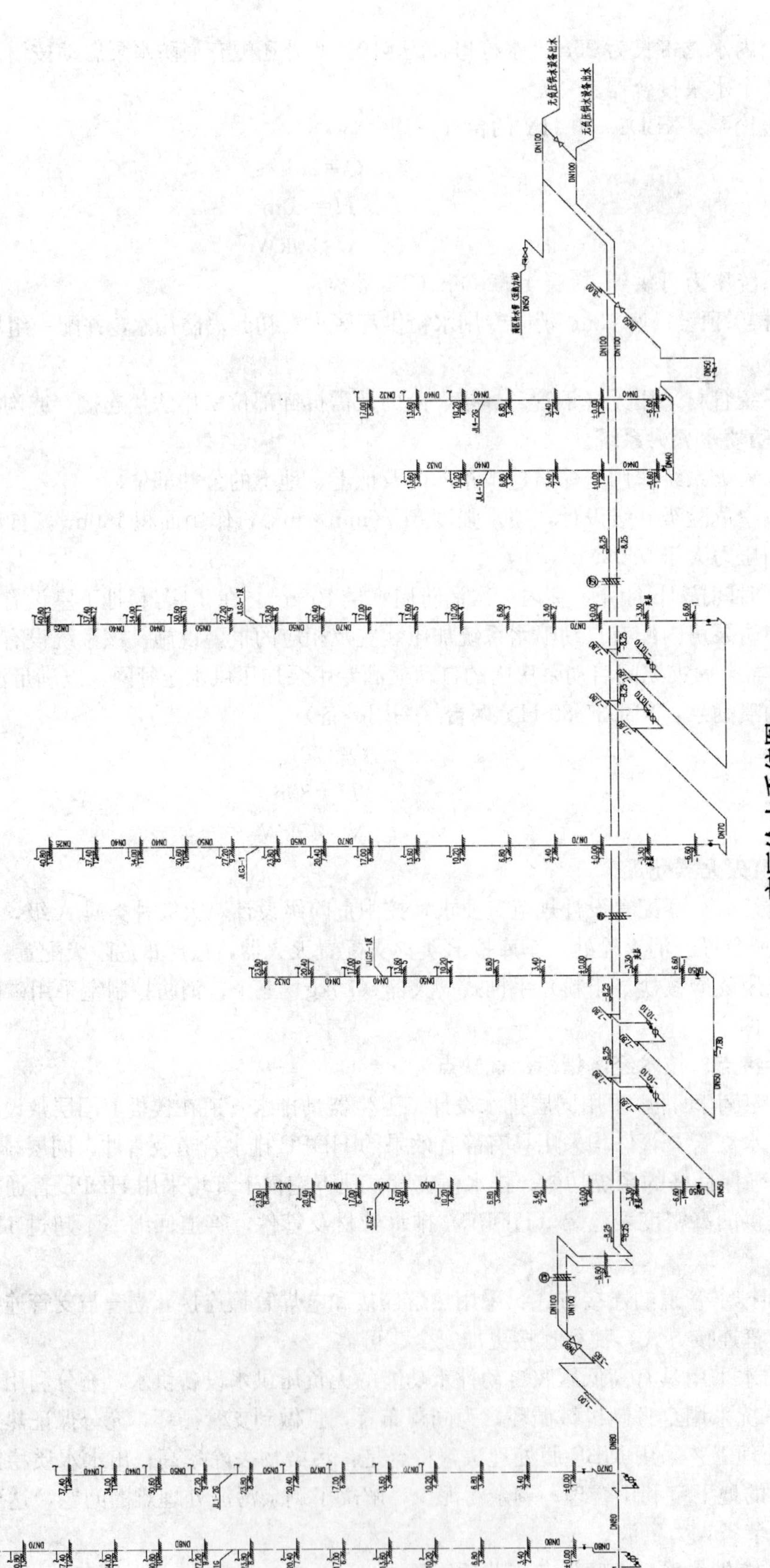

高区给水系统图

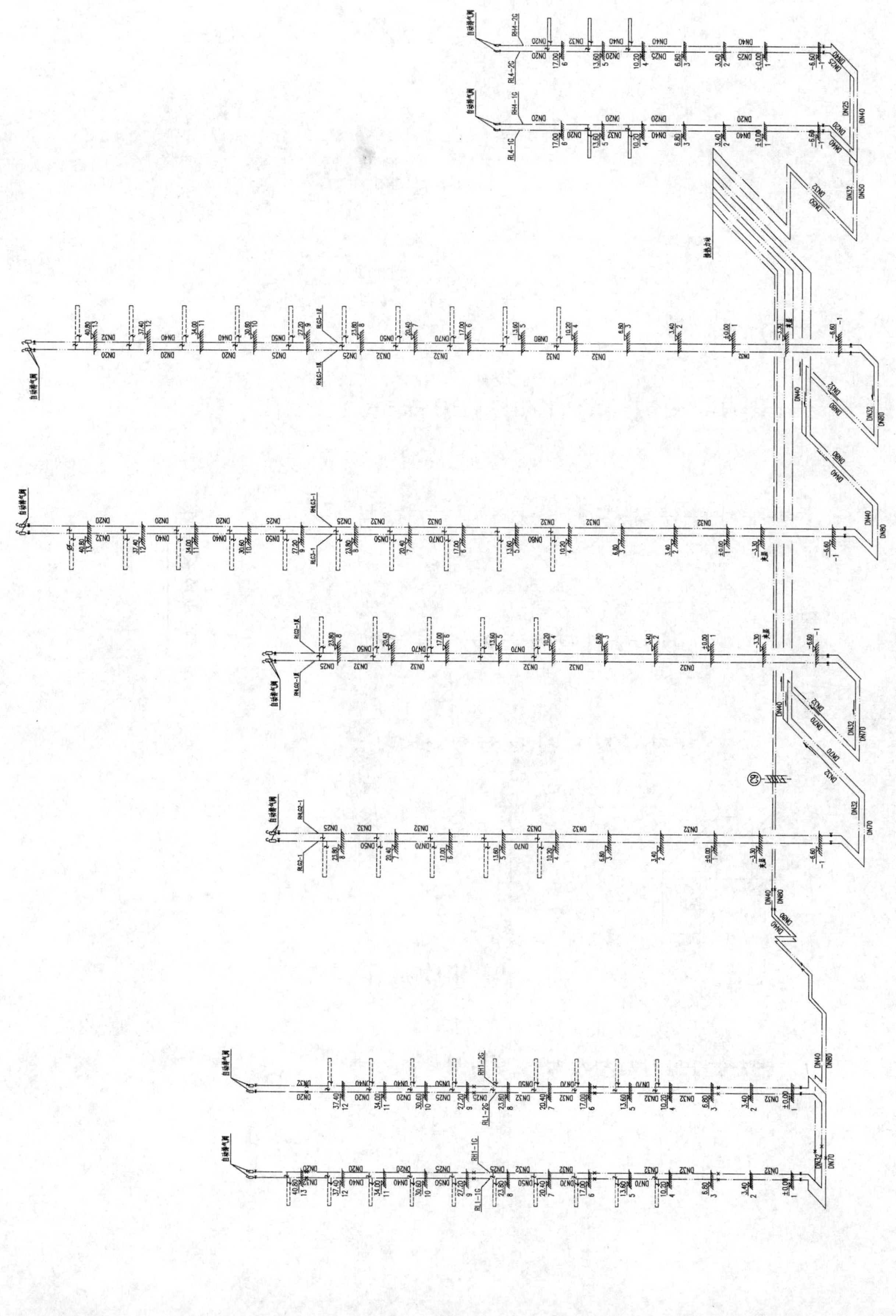

热水系统图

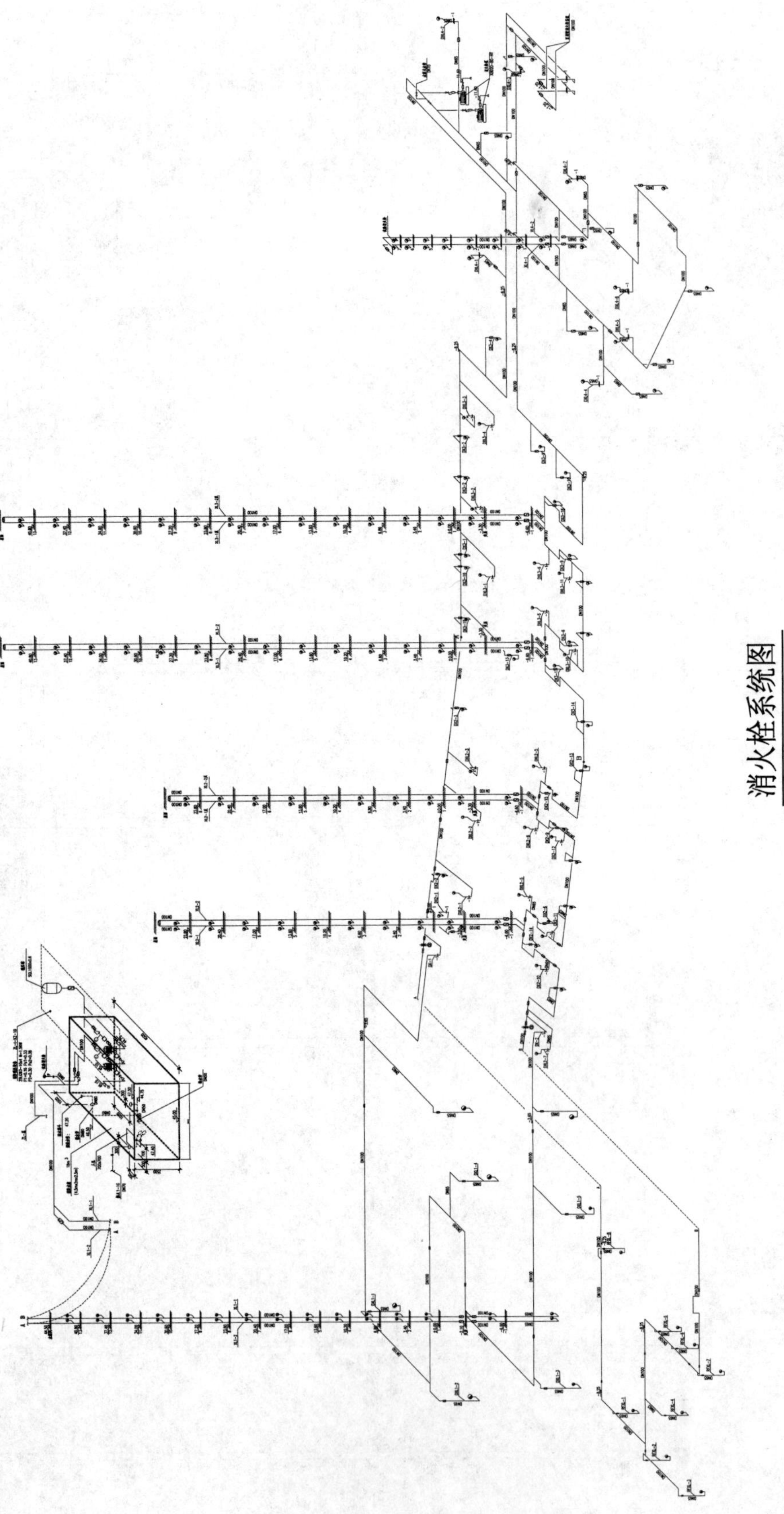

消火栓系统图

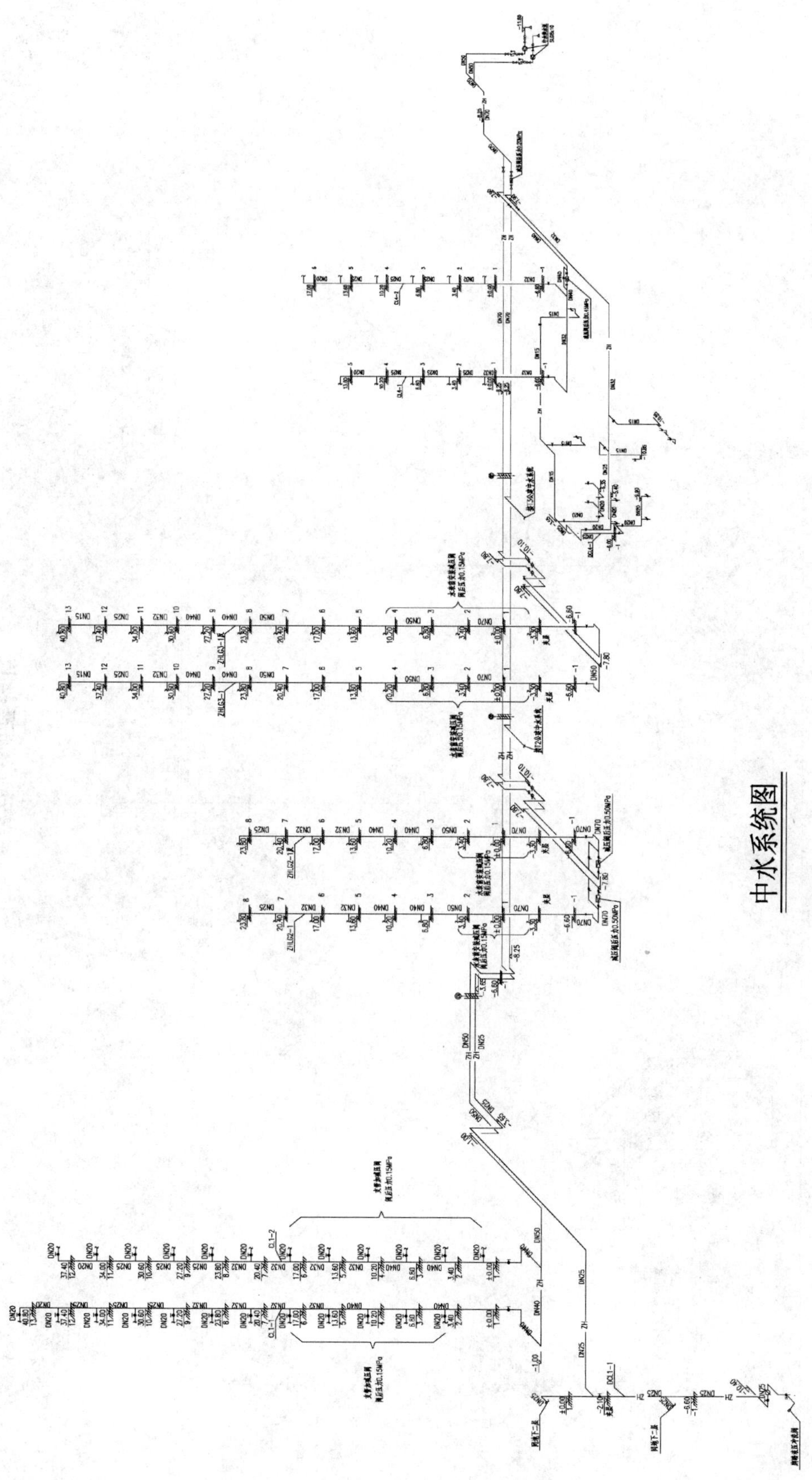

中水系统图

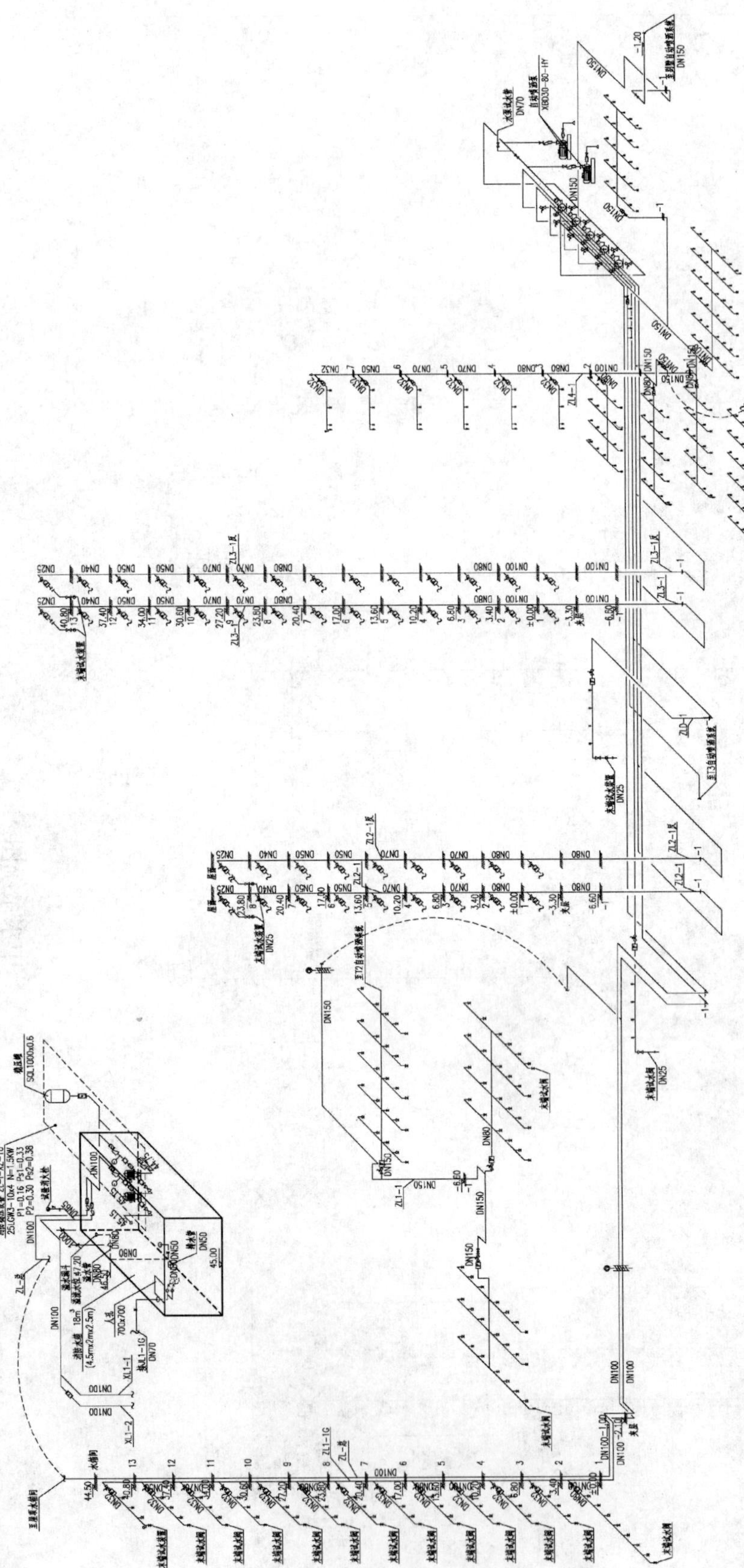

自动喷洒系统图

居住建筑类　三等奖

永定路甲4号1号住宅类等11项

设计单位：中国建筑设计研究院
设 计 人：关维　师前进　梁万军
获奖情况：居住建筑类　三等奖

工程概况：

该项目位于北京市海淀区永定路甲4号，东至卫戍区仪仗队行政区和师直属家属院；西至永定路；南侧为卫戍区家属院和军区政治部家属院；北侧近邻田村路；建筑性质为多层住宅。本工程规划总用地面积：2.2147hm^2，总建筑面积：77848.37m^2，其中地上建筑面积：48724.00m^2，地下建筑面积：29124.37m^2。本工程由多层住宅、配套公建及地下车库组成。本工程单体建筑1号楼、2号楼、3号楼、4号楼、5号楼、6号楼、7号楼为九层住宅，8号楼、10号楼为配套商业及服务用房；A区地下室、B区地下室为地下汽车库。其中，2号楼、6号楼、10号楼及A区地下二层车库，战时为人员掩蔽所及人防物资库。人防总建筑面积：5656m^2；人防人员掩蔽所（5级）建筑面积：1844m^2；人防人员掩蔽所（5级）掩蔽面积：1192m^2；掩蔽人数：1192人；人防物资库（6级）建筑面积：3711m^2。

该项目于2010年1月完成单体楼及地下车库设计，同年6月，完成室外工程设计。该项目给排水专业设计包括：室内给水、中水、室内消火栓系统、自动喷水灭火系统、排水、废水、雨水管道设计及建筑灭火器配置。室外工程包括室外给水、室外消火栓系统、室外污水、废水、雨水系统设计。

一、给排水系统

（一）给水系统

1. 冷水用水量（表1）

冷水用水量　　表1

区号	序号	用水部位	用水量标准(L/(人·d))	使用数量		小时变化系数	用水时间(h)	用水量			备　注
				户数(面积)	人数			最高日(m^3/d)	平均时(m^3/h)	最大时(m^3/h)	
高区	1	1号楼	170.00	76	213	2.50	24	36.18	1.51	3.77	首层～顶层
	2	2号楼	170.00	64	179	2.50	24	30.46	1.27	3.17	首层～顶层
	3	3号楼	170.00	64	179	2.50	24	30.46	1.27	3.17	首层～顶层
	4	4号楼	170.00	32	90	2.50	24	15.23	0.63	1.59	首层～顶层
	5	5号楼(住宅)	170.00	56	157	2.50	24	26.66	1.11	2.78	二层～顶层
	6	6号楼(住宅)	170.00	80	224	2.50	24	38.08	1.59	3.97	二层～顶层
	7	7号楼(住宅)	170.00	104	291	2.50	24	49.50	2.06	5.16	二层～顶层

续表

区号	序号	用水部位	用水量标准(L/(人·d))	使用数量		小时变化系数	用水时间(h)	用水量			备注
				户数(面积)	人数			最高日(m^3/d)	平均时(m^3/h)	最大时(m^3/h)	
高区	8	9号楼	170.00	10	28	2.50	24	4.76	0.20	0.50	首层～顶层
	9	高区小计		486	1361	2.50		231.34	9.64	24.10	
低区	10	5号楼(商业)	8.00	792.84		1.20	10	6.34	0.63	0.76	首层
	11	6号楼(商业)	8.00	1431.73		1.20	10	11.45	1.15	1.37	首层
	12	7号楼(商业)	8.00	1246.79		1.20	10	9.97	1.00	1.20	首层
	13	8号楼(配套)	8.00	1258.49		1.20	10	10.07	1.01	1.21	首层～顶层
	14	10号楼(配套)	8.00	1431.73		1.20	10	11.45	1.15	1.37	首层～顶层
	15	低区小计		6161.58			10	49.29	4.93	5.92	
其他	16	浇洒绿化	1.50	9966.15			4	59.80	14.95	14.95	室外
	17	冲洗道路	0.20	3322.05			4	2.66	0.66	0.66	室外
	18	冲洗车库	2.00	11598.88			2	23.20	11.60	11.60	地下汽车库
	19	合计		24887.08				366.28	41.78	57.23	
	20	未预见水量	合计×10%					36.63	4.18	5.72	
	21	总量						402.91	45.96	62.95	
	22	室外消火栓	20L/s				2	144.00	72.00	72.00	室外
	23	室内消火栓	10L/s				2	72.00	36.00	36.00	室内
	24	自动喷洒	30L/s				1	108.00	108.00	108.00	室内
	25	生活供水时						402.91	45.96	62.95	
	26	消防供水时						726.91	261.96	278.95	

2. 供水水源：本小区室外给水管网成环布置，分别从小区西侧的永定路市政给水管道和小区北侧的田村路市政给水管道上各接入一个 *DN*200 入口，与小区内的给水管网相连接，以保证供水安全性；甲方提供本工程所在地区市政管网供水压力为 0.20MPa（最不利情况）。

3. 本工程除大便器、小便器及车库内洒水栓采用中水系统外，其他卫生器具均由生活给水系统供水。

4. 本工程竖向分为两区：低区为小区商业、配套等，由室外市政给水管网直接供给。高区为住宅部分，应甲方要求，本工程住宅部分生活给水系统竖向不分区，全部由设置在B区地下室地下二层生活水泵房内的一套"无负压管网增压稳流给水设备［型号 WWG90-52-2］（获得省级质监机构认证）"供水。

5. 在室外设置本工程总水表进行小区用水量计量；在公共管道井内设置户表进行每户用水量计量。

6. 本工程不设集中生活热水系统；厨房、卫生间生活热水由燃气壁挂炉供给，热负荷为 18.00kW，燃气热水器必须带有保证使用安全的装置。

7. 管材：给水立管及其干管采用（内筋嵌入式）衬塑钢管道（内衬 PP-R 管材），卡环式快装连接；户内给水支管采用 PP-R 塑料给水管 S5 系列产品，热熔连接；户内热水支管采用 PP-R 塑料给水管 S3.2 系列产品，热熔连接。

(二) 中水系统

1. 中水用水量（表 2）

中水用水量 **表2**

区号	序号	用水部位	用水量标准(L/(人·d))	使用数量		小时变化系数	用水时间(h)	用水量			备注
				户数(面积)	人数			最高日(m³/d)	平均时(m³/h)	最大时(m³/h)	
高区	1	1号楼	35.70	76	213	2.50	24	7.60	0.32	0.79	首层～顶层
	2	2号楼	35.70	64	179	2.50	24	6.40	0.27	0.67	首层～顶层
	3	3号楼	35.70	64	179	2.50	24	6.40	0.27	0.67	首层～顶层
	4	4号楼	35.70	32	90	2.50	24	3.20	0.13	0.33	首层～顶层
	5	5号楼(住宅)	35.70	56	157	2.50	24	5.60	0.23	0.58	二层～顶层
	6	6号楼(住宅)	35.70	80	224	2.50	24	8.00	0.33	0.83	二层～顶层
	7	7号楼(住宅)	35.70	104	291	2.50	24	10.40	0.43	1.08	二层～顶层
	8	9号楼	35.70	10	28	2.50	24	1.00	0.04	0.10	首层～顶层
	9	高区小计		486	1361	2.50		48.58	2.02	5.06	
低区	10	5号楼(商业)	1.68	792.84		1.20	10	1.33	0.13	0.16	首层
	11	6号楼(商业)	1.68	1431.73		1.20	10	2.41	0.24	0.29	首层
	12	7号楼(商业)	1.68	1246.79		1.20	10	2.09	0.21	0.25	首层
	13	8号楼(配套)	1.68	1258.49		1.20	10	2.11	0.21	0.25	首层～顶层
	14	10号楼(配套)	1.68	1431.73		1.20	10	2.41	0.24	0.29	首层～顶层
	15	低区小计		6161.58			10	10.35	1.04	1.24	首层～顶层
合计	16	合计						58.93	3.06	6.30	
其他	17	浇洒绿化	1.50	9966.15			4	59.80	14.95	14.95	室外
	18	冲洗道路	0.20	3322.05			4	2.66	0.66	0.66	室外
	19	冲洗车库	2.00	11598.88			2	23.20	11.60	11.60	地下汽车库
总计	20	中水用水量						144.58	30.27	33.52	
中水水量平衡	21	中水产水量						69.74			
	22	所需差额						(74.84)			自来水补充
	23	减去绿化和冲洗道路						(12.39)			自来水补充
	24	实际中水用量						82.13	处理能力	4.46	自来水补充

2. 中水水量平衡表（表3）

中水水量平衡表 **表3**

区号	序号	用水部位	用水量标准(L/(人·d))	使用数量		小时变化系数	用水时间(h)	用水量			备注
				户数(面积)	人数			最高日(m³/d)	平均时(m³/h)	最大时(m³/h)	
给水	1	给水用水量	170.00	486	1361			402.91	45.96	62.95	自来水
中水	2	中水冲厕	35.70	0				58.93	3.06	6.30	中水
	3	浇洒绿化	1.50	9966.15			4	59.80	14.95	14.95	自来水
	4	冲洗道路	0.20	3322.05			4	2.66	0.66	0.66	自来水
	5	冲洗车库	0.00	0.00			2	0.00	0.00	0.00	中水．自来水
	6	中水合计						121.39	18.67	21.92	中水．自来水

续表

区号	序号	用水部位	用水量标准(L/(人·d))	使用数量		小时变化系数	用水时间(h)	用水量			备注
				户数(面积)	人数			最高日(m^3/d)	平均时(m^3/h)	最大时(m^3/h)	
中水水量平衡	7	中水用水量						121.39	18.67	21.92	中水．自来水
	8	实际废水排量		废水调节	38.74			77.49	3.23	8.07	优质杂排水
	9	中水产水量						69.74			中水
	10	所需差额						(51.65)			自来水补充
	11	减去绿化道路						10.81			自来水补充
	12	实际中水用量		中水储备	20.63			58.93	处理能力	4.46	自来水补充

3. 本小区供水水源：由地下汽车库集中设置的小区中水处理机站收集废水，经处理后供各建筑内冲洗大便器、小便器用水及冲洗地下汽车库用水。

4. 本工程除大便器、小便器及车库内洒水栓采用中水系统外，其他卫生器具均由生活给水系统供水。

5. 本工程中水给水系统竖向不分区，全部由设置在B区地下室地下二层的中水处理机站内的中水“变频调速恒压供水设备［型号 Hydro MPC-F 3CR45-3］”供水。

6. “变频调速恒压供水设备”由三台主泵，一台小气压罐及变频器、控制部分组成；三台主泵为两用一备；晚间小流量时，由气压罐运行；变频泵组的运行由设在供水干管上的压力传感器及压力开关控制；泵组的全套设备及控制部分均由厂商配套提供。

7. 水处理工艺流程（图1）

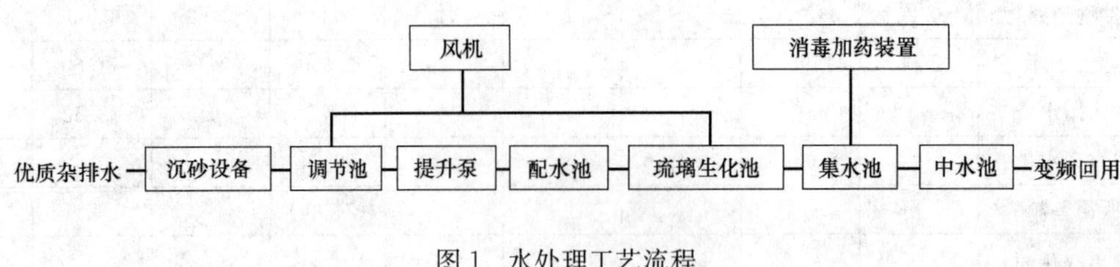

图1　水处理工艺流程

8. 管材：中水立管及其干管采用（内筋嵌入式）衬塑钢管道（内衬 PP-R 管材），卡环式快装连接；户内给水支管采用 PP-R 塑料给水管 S5 系列产品，热熔连接。

（三）排水系统

1. 本工程采用污、废水分流制排水系统；污水经室外化粪池局部处理后排入小区内污水管网，废水作为中水原水经管道收集后排至B区地下室地下二层的中水处理机站内。

2. 本工程采用特殊排水配件单立管排水伸顶通气系统，在每层排水横支管与立管连接处采用 AD 型特殊排水接头。

3. 室内±0.000及其以上层排水采用重力流排水；±0.000以下消防排水及卫生间排水排入位于地下二层的污、废水集水坑，再由潜水排污泵提升排至室外污水管道。

4. 本工程1号楼、2号楼、3号楼、4号楼、5号楼、6号楼、7号楼、8号楼、9号楼二层以上的脸盆、洗浴、浴缸等优质杂排水作为中水原水进行收集；经中水处理机站处理为符合《城市污水再生利用　城市杂用水水质》GB 18920—2002标准；中水处理机站事故时，由设置在室外的超越井进行排放，超越井详见室外工程相关图纸。

5. 管材：重力流排水立管、排水横干管以及排水横支管采用聚丙烯超级静音排水管（BX-PP-C），平顶对接，承插连接，橡胶密封圈密封。排水横支管与排水立管连接处采用铸铁制排水集合器；横支管与集合器采用机械柔性连接，橡胶圈密封；集合器与立管连接处采用承插连接，橡胶圈密封；排水立管底部采用铸铁制专用底部接头，机制柔性连接，橡胶圈密封；有压排水管采用焊接钢管，焊接连接；与阀门连接处采用法兰连接。

（四）雨水系统

1. 设计参数（地上单体建筑）：暴雨强度 $q_5=5.061\text{L}/(\text{s}\cdot100\text{m}^2)$ （$H=64\text{mm/h}$）；设计重现期 $P=5$ 年，按 10 年重现期校核雨水排水量。

2. 屋面雨水采用外排水系统，雨水由建筑专业统一设置管道；屋面设置雨水溢流口；室外地面铺装采用渗水能力强的材料，雨水经由铺装及绿地渗透补充地下水。

3. 空调凝结水排水由建筑专业统一设置管道，部分经收集后散流至室外地面。

4. 室内±0.000 以下汽车坡道排水，汽车库冲洗地面排水排入废水集水坑，再由潜水排污泵提升排至室外排水管道。

二、消防系统

（一）室外消火栓系统

1. 本工程室外消防用水量为 20L/s。

2. 室外消火栓系统采用低压制，甲方提供由小区西侧的永定路市政给水管道和小区北侧的田村路市政给水管道上各接入一个 DN200 入口，与小区内的给水管网相连接，以保证供水安全性。

3. 室外消火栓间距不大于 120m，每个消火栓的保护半径为 150m，室外设置三套地下式 SA100/65 型双出口消火栓。

4. 室外消火栓距路边不超过 2m，距建筑物外墙不小于 5m，且不大于 40m；每个室外消火栓的用水量按 10～15L/s 计算。

（二）室内消火栓系统

1. 本工程单体建筑 1 号楼、2 号楼、3 号楼、4 号楼、5 号楼、6 号楼、7 号楼为九层住宅，8 号楼、10 号楼为多层配套商业及服务用房；A 区地下室、B 区地下室为地下汽车库；以上部位均设置室内消火栓系统；住宅楼、配套商业服务用房及地下汽车库的室内消火栓用水量均为 10L/s，火灾延续时间按 2h 计。

2. 本工程消防水泵房及消防水池集中设置在 B 区地下室地下二层；消防水池共贮存水量 180.00m^3，其中贮存本工程室内消火栓用水量 72.00m^3，自动喷水灭火系统用水量 108.00m^3。

3. 本工程在 7 号楼屋顶设置两座消防专用水箱，每座水箱容积为 10m^3，贮存消防用水量不少于 18m^3，保证灭火初期的消防水量。

4. 根据规范以及建筑高度，本工程室内消火栓系统采取竖向不作分区供水方式，在消防水泵房内设一组消防泵供水。

5. 本工程室内消火栓系统采用临时高压制；由于本工程建筑属多层住宅建筑且高位消防水箱的设置高度不能保证最不利点消火栓静水压力 0.070MPa。因此，在 7 号楼顶层设置 2 套消火栓系统增压设备。

6. 在室外地下设有一套 SQX100-A 型地下式消防水泵结合器供系统补水用。

7. 管材：采用焊接钢管，$\leqslant DN65$ 者丝扣连接。

（三）自动喷水灭火系统

1. 本工程单体建筑 1 号楼、2 号楼、3 号楼、4 号楼、6 号楼、7 号楼地下二层人防区域战时为人员掩蔽，平时为人员活动区域；5 号楼、6 号楼、7 号楼地下一层及首层为商业配套用房；8 号楼、10 号楼为小区配套服务用房；A 区地下室、B 区地下室战时为物资库，平时为地下汽车库；以上部位除变、配电室、设备用房以及卫生间外，均设置自动喷水灭火系统；本系统 A 区地下室、B 区地下室以及配套商业用房全部采用预作用自动喷水灭火系统。

2. 本工程单体建筑 1 号楼、2 号楼、3 号楼、4 号楼、6 号楼、7 号楼地下二层；5 号楼、6 号楼、7 号楼地下一层及首层；8 号楼、10 号楼按中危险级Ⅰ级要求设计，设计喷水强度为 6L/(min・m^2)，作用面积 160m^2，系统设计秒流量为 21L/s。

3. 本工程 A 区地下室、B 区地下室按中危险级Ⅱ级设计，设计喷水强度为 8L/(min・m^2)，作用面积 160m^2，系统设计秒流量为 28L/s。

4. 本系统按中危险级Ⅱ级设计，系统设计秒流量为 28L/s；取 30L/s，火灾延续时间按 1h 计。

5. 在 B 区地下室地下二层消防水池贮存本系统消防用水量 108.00m^3。

6. 本系统竖向不作分区；与室内消火栓系统共用高位水箱，在 7 号楼屋顶设置两座消防专用水箱，每座水箱容积为 10m^3，贮存消防用水量 18m^3，保证灭火初期的消防水量。

7. 本系统设 4 组预作用报警阀，每个报警阀最不利点水流指示器保护区末端加设末端试水装置，其他水流指示器保护区末端加设泄水装置。

8. 本系统采用临时高压制，自动喷水灭火系统管网压力平时由高位水箱保持，火灾时喷头喷水，该区水流指示器动作，向消防控制中心发出信号，同时报警阀动作，启动水力警铃报警，报警阀上的压力开关动作，自动启动自动喷水灭火系统加压泵；消防结束后，手动关闭自动喷水灭火系统加压泵。

9. 管材：采用内外壁热镀镀锌钢管，小于等于 *DN*100 者丝扣连接，大于 *DN*100 者沟槽连接；水泵房内管道及与阀门连接的管段采用法兰连接；喷头与管道采用锥形管螺纹连接。

（四）建筑灭火器配置

1. 本建筑按照规范设置手提式灭火器保护，地下车库按 B 类火灾中危险级设计，变配电室按 E 类火灾中危险级设计，其他部位按 A 类火灾轻危险级配置灭火器。

2. A 类火灾轻危险级每具灭火器最小配置灭火级别为 1A，最大保护面积为 100m^2/A，最大保护距离为 25m。

3. B 类中危险级每具灭火器最小配置灭火级别为 55B，最大保护面积为 1m^2/B，最大保护距离为 9m。

4. E 类中危险级每具灭火器最小配置灭火级别为 2A，最大保护面积为 75m^2/A，最大保护距离为 20m。

5. 每个灭火器配置场所内的灭火器数不得少于 2 具；每个设置点的灭火器数不宜多于 5 具。

6. 灭火器均采用 MF/ABC 型磷酸铵盐干粉灭火剂。

三、工程体会

本工程设计采用住宅集成技术，达到节能、节水、节材、节地等对绿色住宅的要求，同时满足了住宅全生命周期的要求。通过合理的系统分区，使用变频给水设备，对住宅的洗面器、淋浴器、浴缸等优质杂排水作为中水原水进行收集，经中水处理机站处理为符合《城市污水再生利用　城市杂用水水质》GB 18920—2002 标准的再生水，管道采用橡塑保温及采用节水型五金配件等措施达到供水的节能、节水的目的；同时，通过使用给水分水器及整体淋浴房，达到了提高住宅舒适度、减少卫生间地面及管道发生渗漏的概率；采用降板式同层排水技术，保证了住宅的私密性，体现了《中华人民共和国物权法》精神；在住宅每层排水横支管与立管连接处采用 AD 型特殊排水接头，提高了排水立管的排水性能，减少了排水噪声的传播；雨水采用绿地入渗及露天广场、人行道、庭院、停车场铺装的透水路面入渗补充地下水。

本工程同时采用 BIM 理念进行设计，采用 Revit MEP 模型在 Autodesk® Navisworks 平台下进行室内管线综合碰撞检查，并将碰撞结果反馈到施工现场，指导总包单位进行管线、设备安装。

四、工程照片及附图

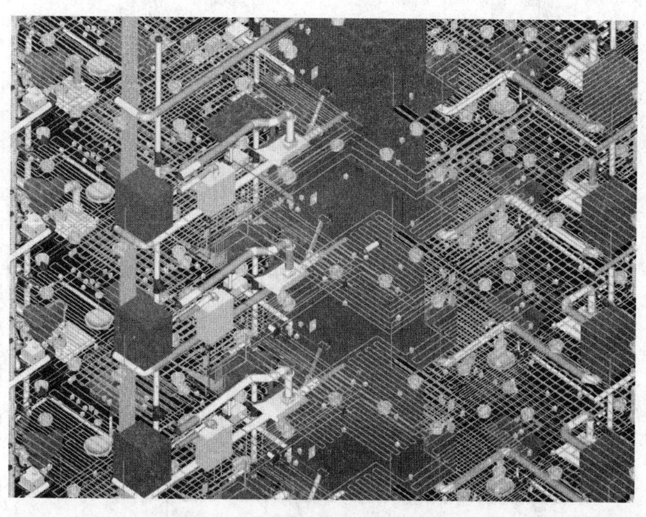

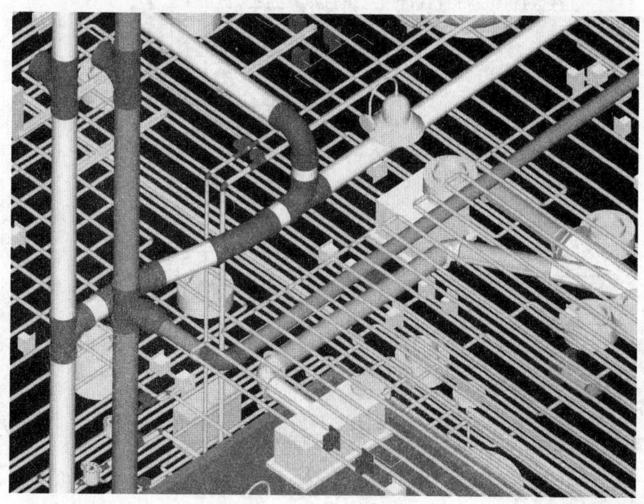

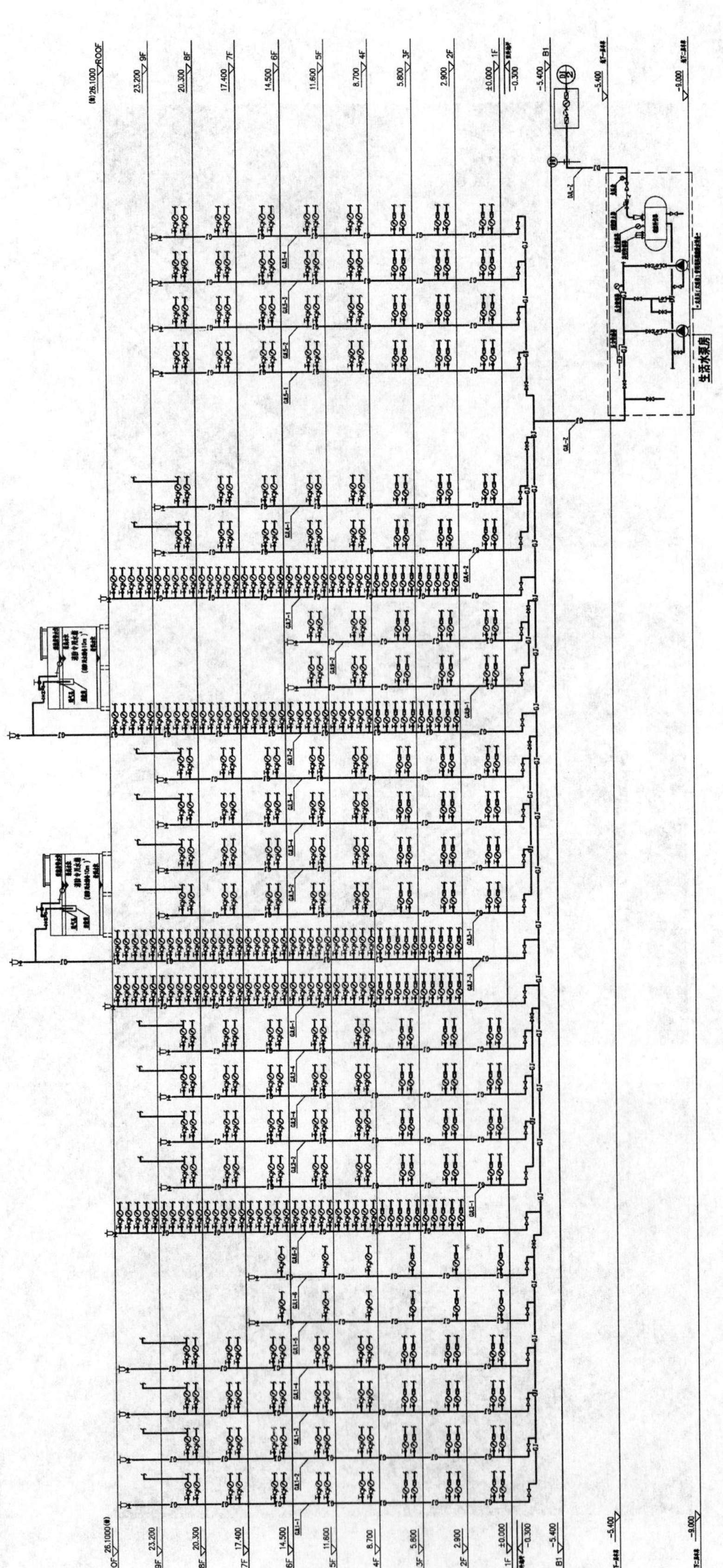
ROOF
9F
8F
7F
6F
5F
4F
3F
2F
1F
B1
26.100
23.200
20.300
17.400
14.500
11.600
8.700
5.800
2.900
±0.000
-0.300
-5.400
-9.000
生活水泵房

生活给水系统原理图

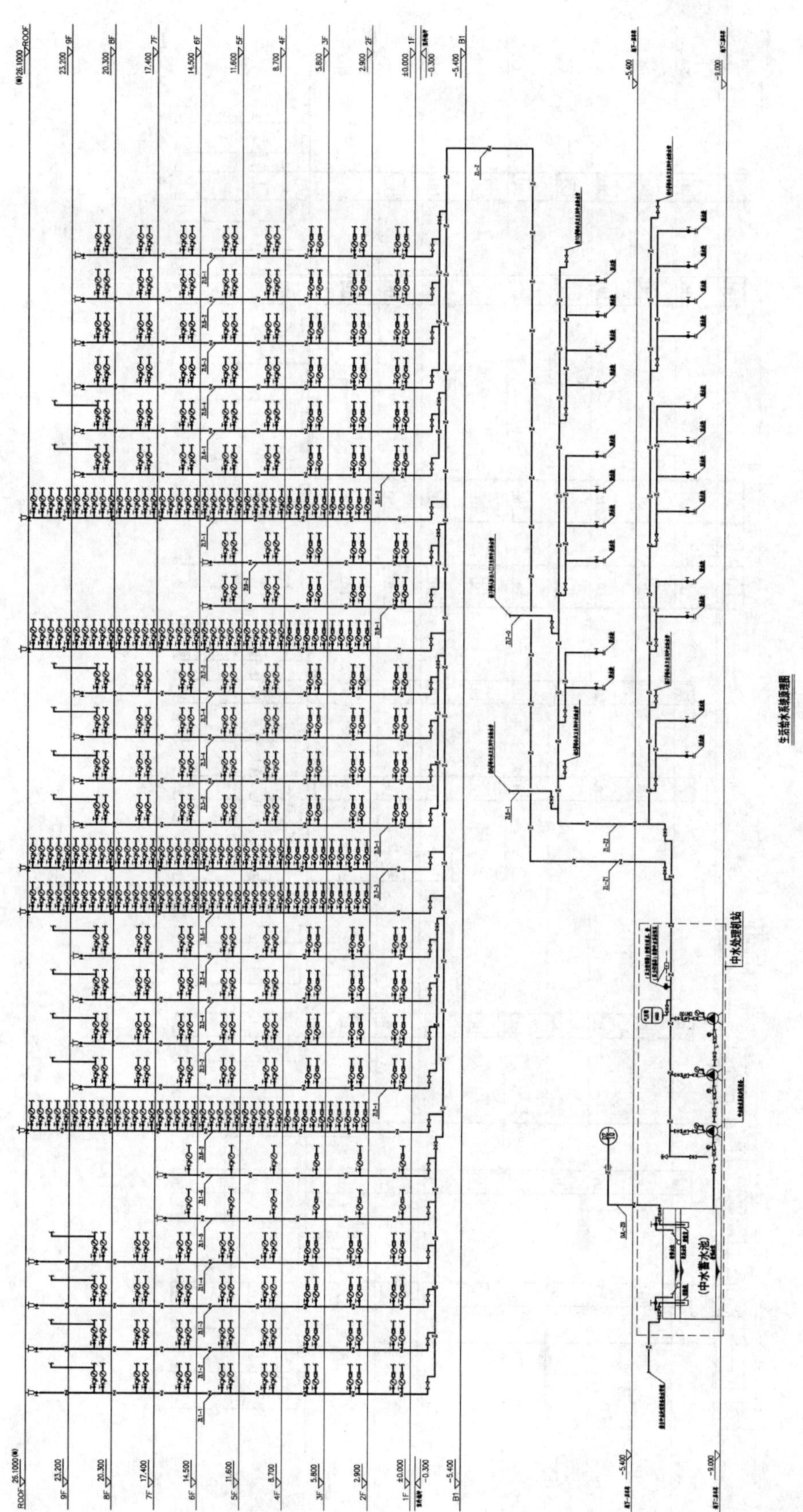
中水处理机站
（中水蓄水池）

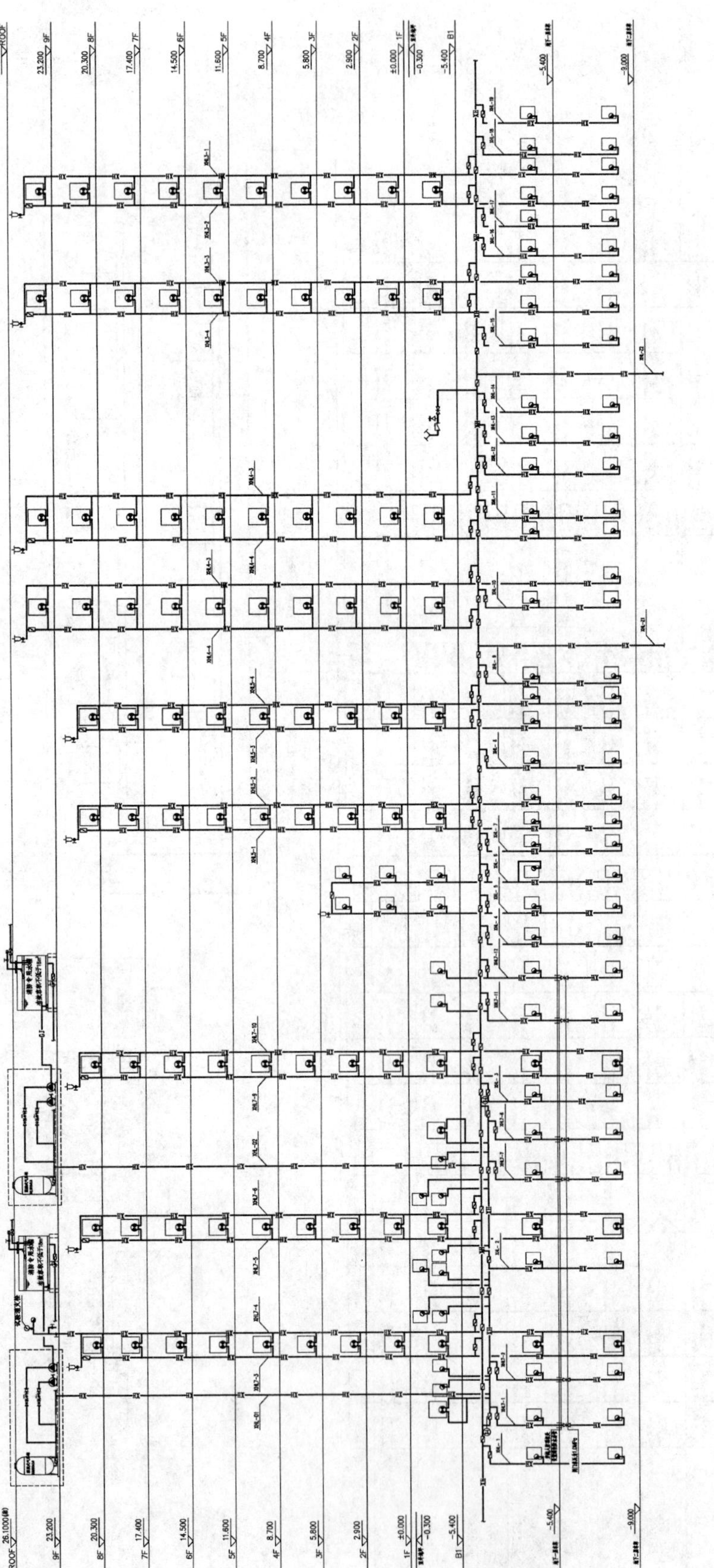

消火栓系统原理图（一）

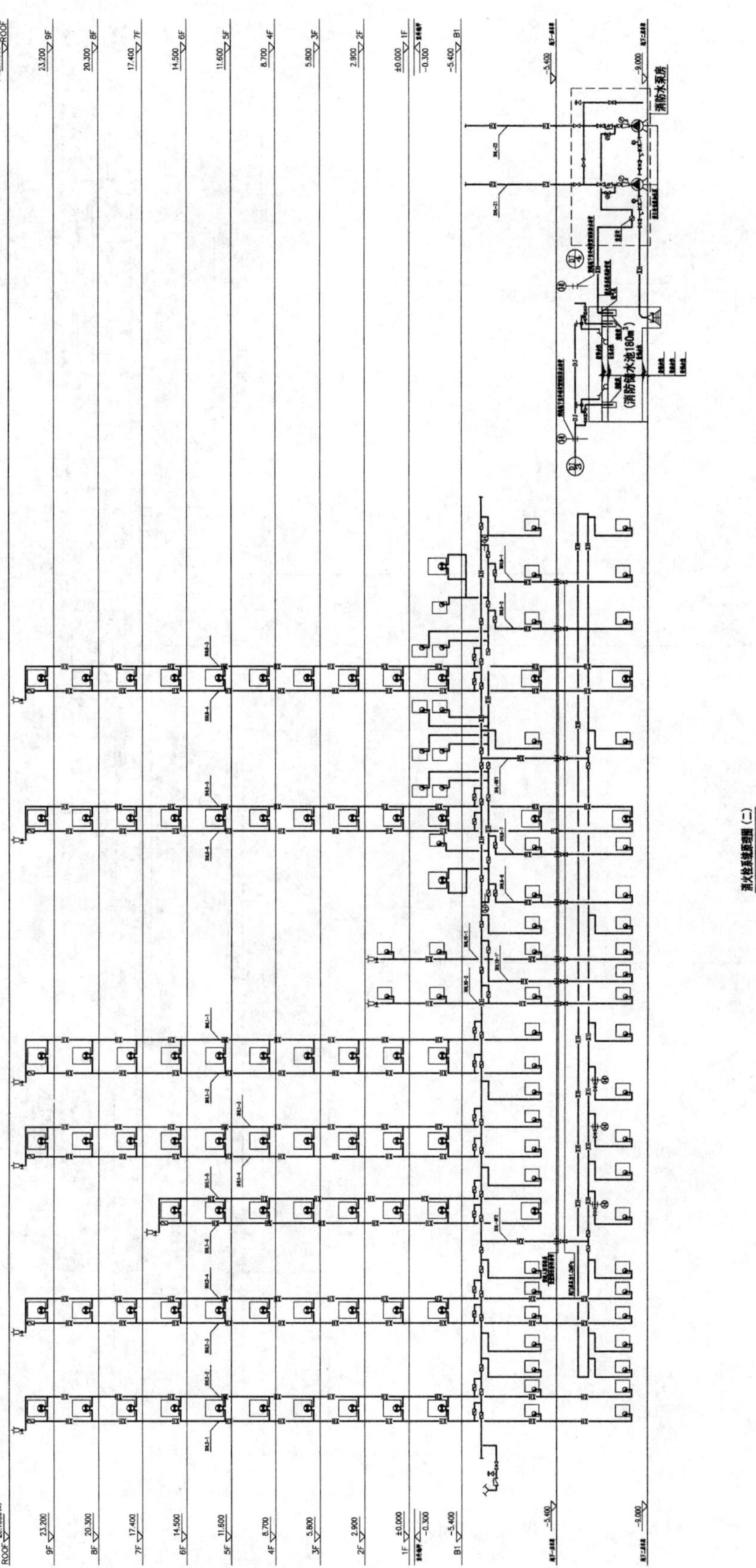
ROOF
9F
8F
7F
6F
5F
4F
3F
2F
1F
B1
26.1000
23.200
20.300
17.400
14.500
11.600
8.700
5.800
2.900
±0.000
-0.300
-5.400
-9.000
消防水泵房
消防储水池180m³

消火栓系统原理图（二）

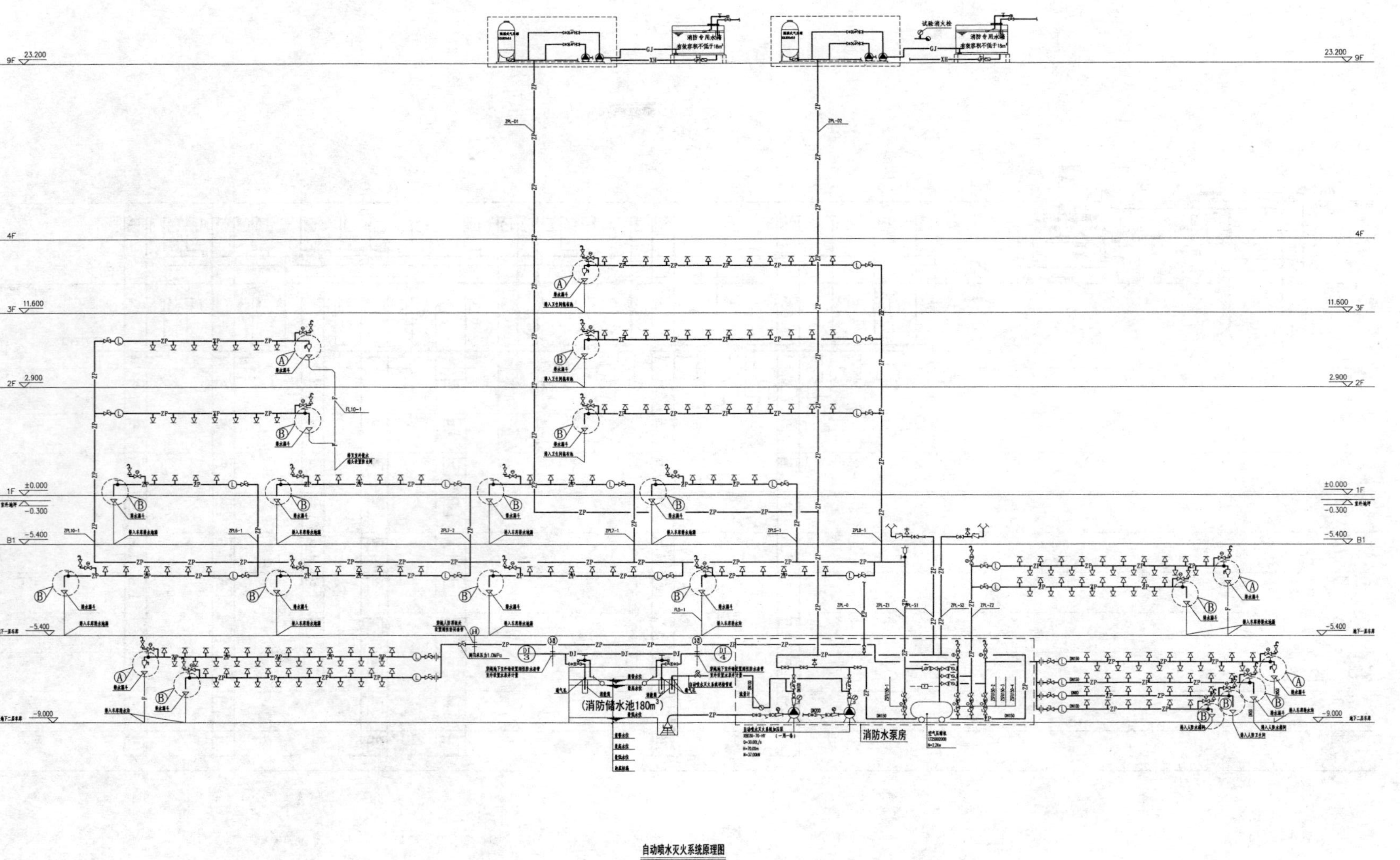

自动喷水灭火系统原理图

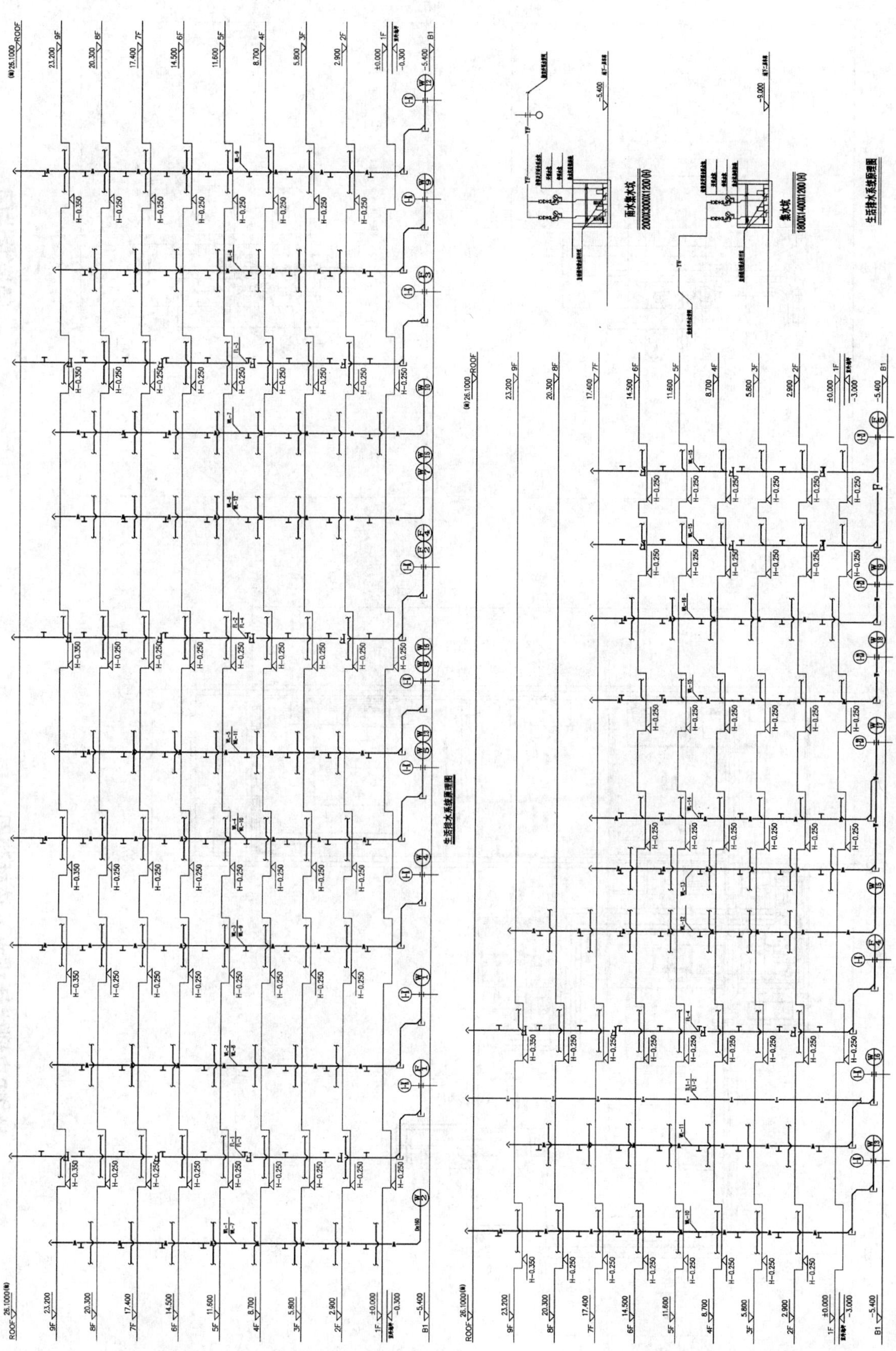

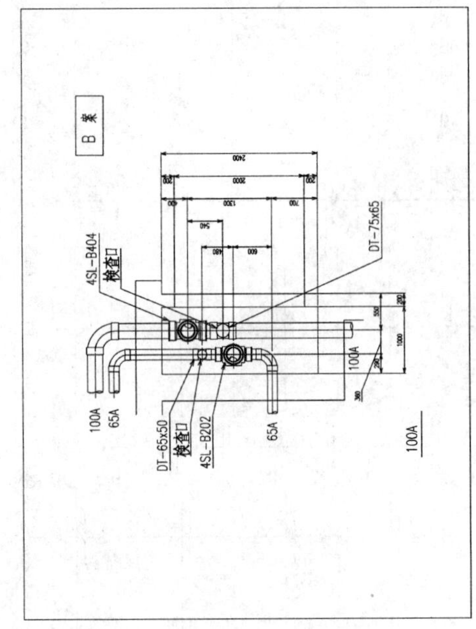

管道井详图

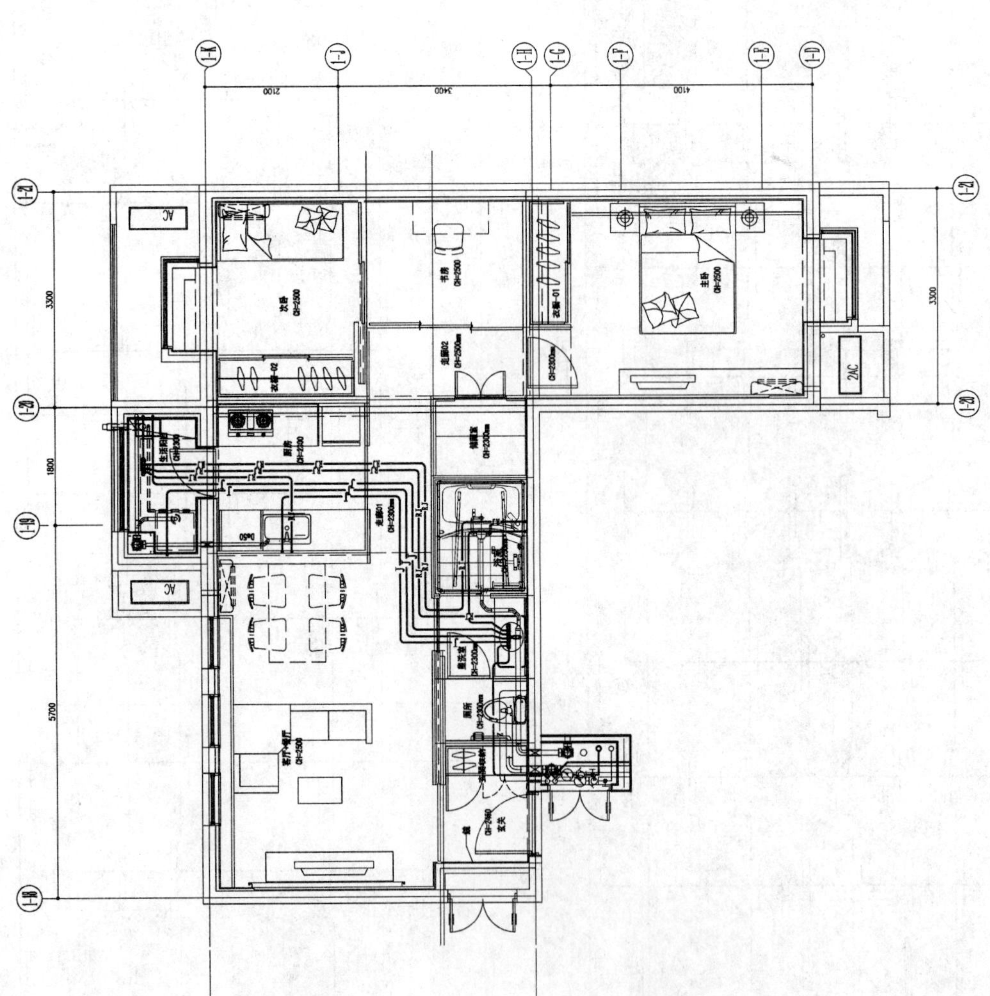

1#楼B户型生活排水系统轴测图

猎德村旧村改造村民复建安置房工程

设计单位： 广东省建筑设计研究院
设 计 人： 金钊　江贵茹　吴燕国　李淼　付亮　李云
获奖情况： 居住建筑类　三等奖

工程概况：

堪称“广州第一村”的猎德村位于珠江新城南部，南临珠江。桥东区作为村民的安置区（用地约17.1万m^2），设计村总人口约2万人，建筑总面积93.4万m^2。整体复建改造工作于2010年基本完成，并于同年9月28日开始入住。猎德村旧村改造项目拉开广州“三旧”改造的序幕，并成为全省及全国的“三旧”改造的示范工程。

本工程的造型构思体现了特有的地域文化性，抽取博古架的构成元素，建筑立面上体现“龙舟竞渡”场景中的旗帜序列。提升整体的龙舟文化的内涵。裙楼部分提炼了岭南建筑的坡屋顶、岭南花格等元素，结合园林中的“二进三进深”入户庭院设计概念，力求保持岭南里巷门庭的序列变化的特色，延续猎德的建筑空间文化。

一、给水排水系统

（一）给水系统

1. 冷水用水量（表1）

最高日用水量：926m^3/d，最大时用水量：103m^3/h。

冷水用水量表　　**表1**

用水单位	用水定额	单位数量	用水时间（h）	小时变化系数 K	最大时用水量	用水总量	备注
住　宅	300L/(人·d)	2234人	24	2.4	67m^3/h	670m^3/d	每户3.2人
水上人家	400L/床	126床	24	2.0	4.2m^3/h	50m^3/d	
肉菜市场	20L/(m^2·次)	1840m^2	8	2.5	11.5m^3/h	36.8m^3/d	
公建及商业	8L/(m^2·d)	6648m^2	12	1.5	6.6m^3/h	53.2m^3/d	
停车库	2L/(m^2·次)	15000m^2	8	1.0	3.75m^3/h	30m^3/d	
绿　化	2L/(m^2·d)	1000m^2	4	1.0	0.5m^3/h	2m^3/d	
未预见水量					9.4m^3/h	84m^3/d	10%
合计					103m^3/h	926m^3/d	

2. 水源

市政高质水给水管接入1条DN150的市政给水管，供水压力0.26MPa。

3. 系统竖向分区

给水系统竖向为 4 个区，供水压力超过 0.35MPa 时在给水支管上设减压阀。

第一供水区：地下二层至地上二层，为充分利用市政供水管网压力，直接由市政供水。

第二供水区：三层至十三层，由设于地下室住宅生活泵房内的第一变频调速泵组供水。

第三供水区：十四层至二十三层，由设于地下室住宅生活泵房内的第二变频调速泵组供水。

第四供水区：二十四层至三十三层，由设于地下室住宅生活泵房内的第三变频调速泵组供水。

水上人家供水区：三层至六层，由设于地下室水上人家生活泵房内的变频调速泵组供水。

4. 供水方式及给水加压设备

供水系统设计为地下二层至地上二层由市政管网直接供水。三层及以上部位，采用水箱—变频泵加压供水方式。选用成套供水设备 4 套。第二供水区 $q=49m^3/h$，$H=78m$，$N=19kW$；主泵（2 用 1 备）每台 $q=21m^3/h$，$H=78m$，$N=7.5kW$；辅泵一台单泵 $q=7m^3/h$，$H=79m$，$N=4kW$；配套 $\phi600$ 隔膜气压罐 1 个。第三供水区 $q=55m^3/h$，$H=107m$，$N=35.5kW$；主泵（2 用 1 备）每台 $q=24m^3/h$，$H=107m$，$N=15kW$；辅泵一台单泵 $q=7m^3/h$，$H=108m$，$N=5.5kW$；配套 $\phi600$ 隔膜气压罐 1 个。第四供水区 $q=55m^3/h$，$H=135m$，$N=51.5kW$；主泵（2 用 1 备）每台 $q=24m^3/h$，$H=135m$，$N=22kW$；辅泵一台单泵 $q=7m^3/h$，$H=136m$，$N=7.5kW$；配套 $\phi600$ 隔膜气压罐 1 个。水上人家供水区 $q=46m^3/h$，$H=57m$，$N=17.2kW$；主泵（2 用 1 备）每台 $q=20m^3/h$，$H=57m$，$N=7.5kW$；辅泵一台单泵 $q=6m^3/h$，$H=58m$，$N=2.2kW$；配套 $\phi600$ 隔膜气压罐 1 个。在地下室设 2 座高质水箱，总容积为 180 m^3 组装式不锈钢水箱。

5. 管材

室内给水管大于等于 *DN*40 采用 PSP 钢塑复合管，双热熔管件连接。小于 *DN*40 采用 PP-R 给水管，热熔粘接。

（二）排水系统

1. 排水系统的形式

室内污、废水为分流制排水系统，±0.00 以上污水直接排出室外，经污水管道收集并经化粪池处理后排至市政污水管道。±0.00 以下污废水汇集至集水坑，用潜水泵提升排出室外，各集水坑中设带自动耦合装置的潜污泵 2 台（一用一备），潜水泵由集水坑水位自动控制。屋面雨水采用重力雨水系统排至室外雨水管道，超过重现期的雨水通过溢流口排除。

2. 透气管的设置方式

排水管道均伸顶透气，并设置专用通气管，排水管与专用通气管之间设置结合通气管。

3. 局部处理设施

室内污水经化粪池处理后与生活废水汇合，排入城市污水管道。

4. 管材

室内排水管、通气管均采用 PVC-U 排水管，溶剂粘接。悬吊横干管及后续的立管、出户管采用卡箍式机制排水铸铁管。室外埋地排水管采用中空壁缠绕管，电热熔带连接，砂砾垫层基础。

阳台雨水管道采用 PVC-U 排水管，溶剂粘接；天面雨水管道采用卡箍式机制排水铸铁管。室外埋地雨水管采用中空壁缠绕管，电热熔带连接，砂砾垫层基础。

二、消防系统

（一）消火栓系统

1. 消火栓系统的用水量（表 2）

消火栓系统用水量

表 2

序号	消防系统名称	消防用水量标准	火灾延续时间	一次灭火用水量	备注
1	室外消火栓系统	30L/s	3h	$324m^3$	由城市管网供给
2	室内消火栓系统	40L/s	3h	$432m^3$	由消防水池供给
	合计			$432\ m^3$	

2. 系统分区

室外消火栓：市政给水网上设置的室外消火栓能满足本工程室外消防用水量的要求，室外消防用水由室外消火栓供给。

室内消火栓：室内消防用水由消防水池提供，消防时不考虑市政管网向消防水池补充室内消防用水，因此本工程设计室内消防用水总用量为 $532m^3$。Ⅲ、Ⅴ区共用地下消防水池及消防泵组，消防水池及泵房设于Ⅴ区地下二层，水池有效容积为 $532m^3$。设计流量：40L/s，火灾延续时间 3h，水枪口径 $\phi19$，射流量不低于 5L/s，充实水柱大于等于 13m；管网水平布置成环状，水泵至水平环管有 2 条输水管；各立管顶部连通，立管管径 $DN100$，过水能力按 15L/s 计，建筑物内任何一点均有 2 股消防水柱同时到达。各消防箱配置水枪 1 支，水龙带 25m，碎玻按钮、警铃、指示灯；裙房及地下室消防箱内加配专用消防软管卷盘。

室内消火栓系统按静水压不超过 1.0MPa 的原则进行竖向分区：

第一区：地下室至地上二层。

第二区：地上二层至屋顶层。

3. 设备选型

室内消火栓加压泵 2 台（1 用 1 备），采用可调式减压阀减压分区；$Q=40L/s$，$H=150m$，$N=90kW$，在屋顶设 1 座 $V=18m^3$ 的消防水箱，消防水箱高度满足要求，不另设消防增压稳压设备。地下二层设消防水池的有效容积为 $532m^3$，分为 2 格，室外设 6 套水泵接合器。

4. 管材

室内消火栓给水管采用内外壁热镀镀锌钢管，丝扣及沟槽式卡箍连接。工作压力为 2.0MPa。室外埋地管采用内壁喷塑热镀镀锌钢管，丝扣及沟槽式卡箍连接。管道外壁冷底子油打底，三油两布防腐。

（二）自动喷水灭火系统

1. 自动喷水系统用水量

本工程为一类高层商住建筑，在地下室、裙楼设置喷头。根据《自动喷水灭火系统设计规范》GB 50084—2001（2005 年版）的要求，本工程的火灾危险等级按中危险级Ⅱ级设置自动喷洒灭火系统；作用面积 $160m^2$。设计喷水强度 $q=8L/(min \cdot m^2)$，自动喷洒计算见表 3：$Q_S=1.3\times0.0167\times q\times F=1.3\times0.0167\times8\times160=28.0L/s$。

自动喷水系统用水量计算

表 3

序号	消防系统名称	消防用水量标准	火灾延续时间	一次灭火用水量	备注
1	自动喷水灭火系统	28L/s	1h	$100m^3$	由消防水池供给
	合计			$100m^3$	

2. 系统分区

根据《自动喷水灭火系统设计规范》GB 50084—2001（2005 年版）"每个报警阀组供水的最高和最低位

置喷头，其高程差不宜大于 50m”，因此系统不分区。

3. 设备选型

自动喷淋系统加压泵 2 台（1 用 1 备）；Q=28L/s，H=68m，N=37kW，在屋顶设 1 座 V=18m³ 的消防水箱。

本工程的湿式报警阀组设在地下二层的报警阀间内。每组报警阀担负的喷洒头数不超过 800 个。喷洒头：有吊顶部位下向喷头采用 DN15 闭式装饰型玻璃球喷洒头，动作温度为 68℃、K=80；吊顶内采用 DN15 闭式直立式玻璃球喷头，动作温度为 79℃、K=80。无吊顶部位采用 DN15 闭式直立式玻璃球喷头，动作温度为 68℃、K=80。自动喷水灭火系统每个防火分区或每层均设信号阀和水流指示器，每个报警阀组控制的最不利点喷头处，均设末端试水装置，其他区则设 DN25 试水阀。自动喷水灭火系统共设 2 套消防水泵接合器，供消防车从室外消火栓取水向室内自动喷水灭火系统补水。

4. 管材

室内采用内外壁热镀锌钢管，丝扣及沟槽式卡箍连接。工作压力采用 1.4MPa。室外埋地管采用内壁喷塑热镀镀锌钢管，丝扣及沟槽式卡箍连接。管道外壁冷底子油打底，三油两布防腐。

（三）气体灭火系统

不宜用水扑救的区域采用七氟丙烷气体灭火系统。发电机房，高、低压配电室及变压器室，灭火设计浓度为 9%，设计喷放时间不大于 10s，电子机房灭火设计浓度为 8%，设计喷放时间不大于 8s。气体灭火区域均考虑超压泄压口，泄压口位于防护区净高的 2/3 以上。

（四）手提式灭火器

按《建筑灭火器配置设计规范》GB 50140—2005 配置。本工程楼层各消防箱处配置磷酸铵盐干粉灭火器 MF/ABC5 两具。地下室（非车库）各消防箱处配置磷酸铵盐干粉灭火器 MF/ABC5 两具。汽车库：各消防箱处配置磷酸铵盐干粉灭火器 MF/ABC5 两具，各通道口配置推车式磷酸铵盐干粉灭火器 MFT/ABC20 一台。变配电房门口配置二氧化碳灭火器 MT3 一具。柴油发电机房配置手提式磷酸铵盐干粉灭火器 MF/ABC5 三具，同时配推车式磷酸铵盐干粉灭火器 MFT/ABC20 一台。消防控制室配置手提式磷酸铵盐干粉灭火器 MF/ABC5 三具。同时配推车式磷酸铵盐干粉灭火器 MFT/ABC20 一台。电梯机房配置手提式磷酸铵盐干粉灭火器 MF/ABC5 三具。同时配推车式磷酸铵盐干粉灭火器 MFT/ABC20 一台。

三、工程特点

1. 安置区项目设有给水系统、排水系统、消火栓系统、自喷系统。生活给水系统采用变频水泵加压供水，通过合理分区、优化管线以达到减小沿程水头损失、降低能耗的目的。

2. 消防系统采用临时高压供水系统，地下二层消防泵房内贮存室内消防用水，经消防水泵加压后供至塔楼及地下室各消防用水点。在满足消防要求的前提下，为降低工程造价、节约投资成本，Ⅲ、Ⅴ区共用一个消防水泵房。

3. 为优化室内环境，降低排水噪声，塔楼卫生间均采用污废分流的排水方式，并设置专用通气立管和沉箱排水管。

4. 卫生间采用节水型龙头（耐老化，耐磨损，不渗漏）、节水型便器（≤6L）、节水型便器冲洗阀（带 3L/6L 手动转换装置）等节水型生活用水器具，节约用水。

5. 室外污水经过化粪池处理后与废水一起排至市政污水管网。

6. 为满足每套给水系统供应不超过 800 户的原则，该工程采用泵房分散设置、供水相对集中的原则，各区分散区设置生活水泵房，供应附近塔楼生活用水，管理灵活，供水线路优化。

四、工程照片及附图

工程名称：猎德村旧村改造村民复建安置房工程
设计单位：广东省建筑设计研究院
竣工时间：2010年9月
新村安置房全景

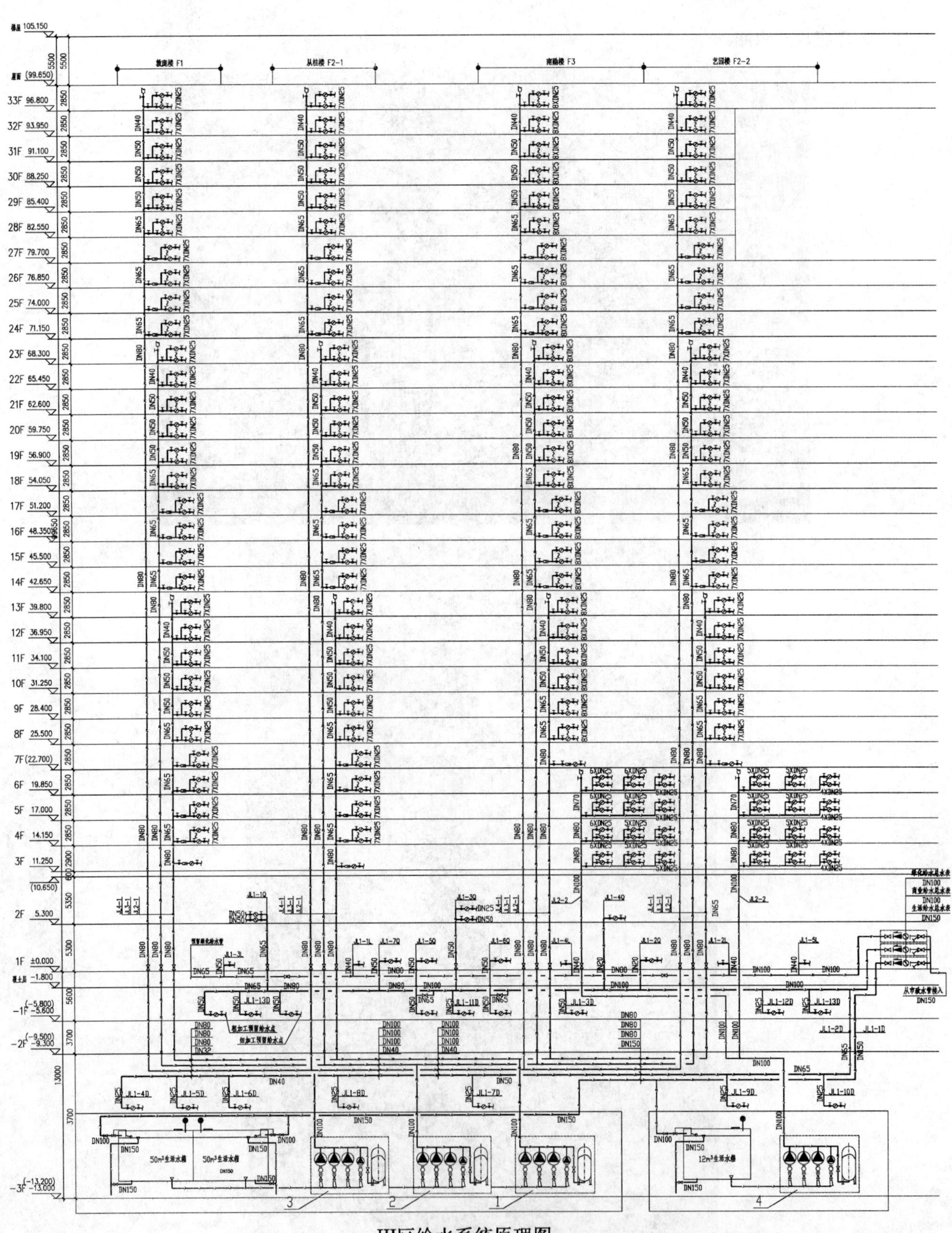

III区给水系统原理图

注：绿化用水点高度=H+0.20m；裙楼及地下室用水点接管高度=H+1.00m。

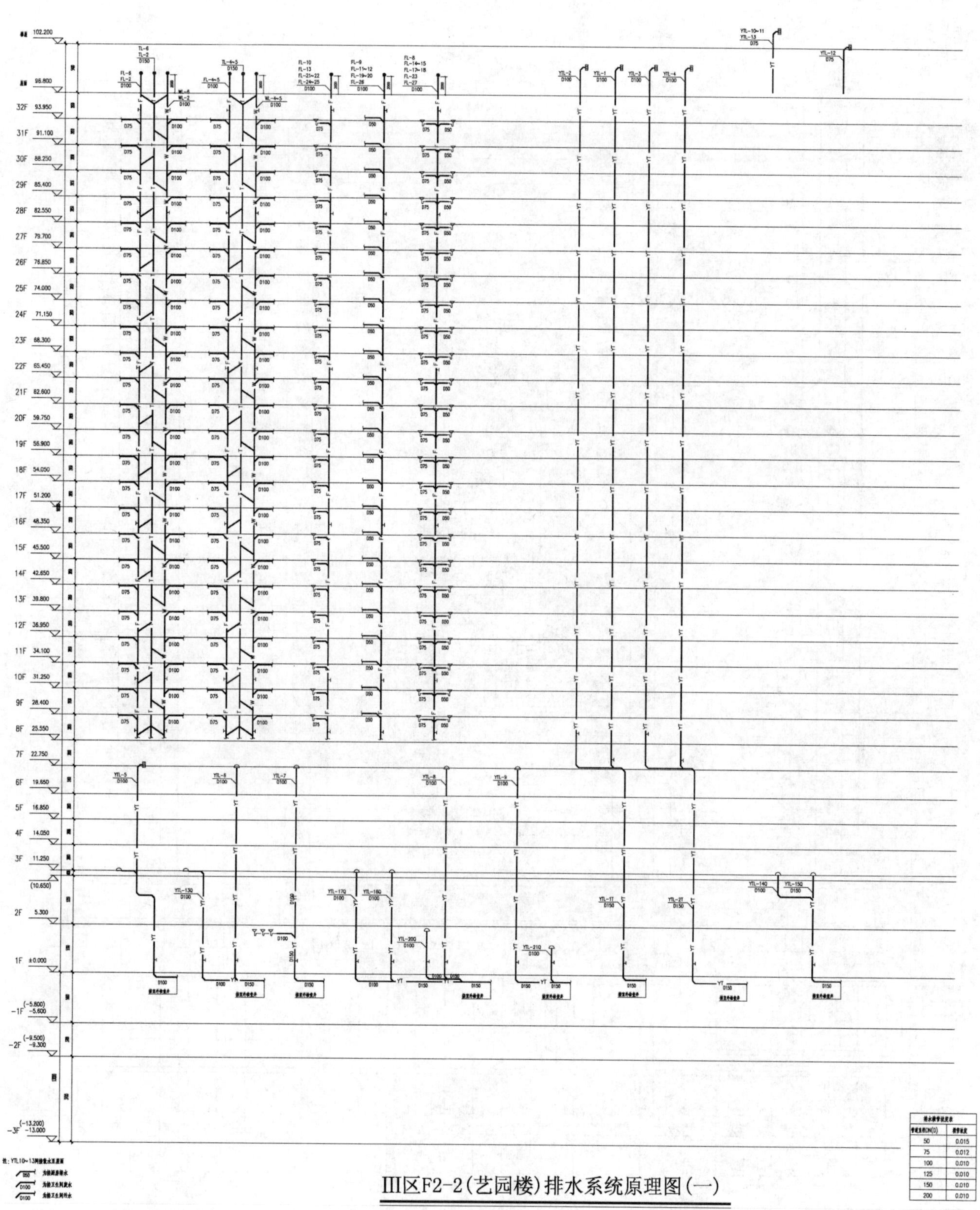

III区F2-2(艺园楼)排水系统原理图(一)

排水横管坡度表	
管道直径DN(D)	横管坡度
50	0.015
75	0.012
100	0.010
125	0.010
150	0.010
200	0.010

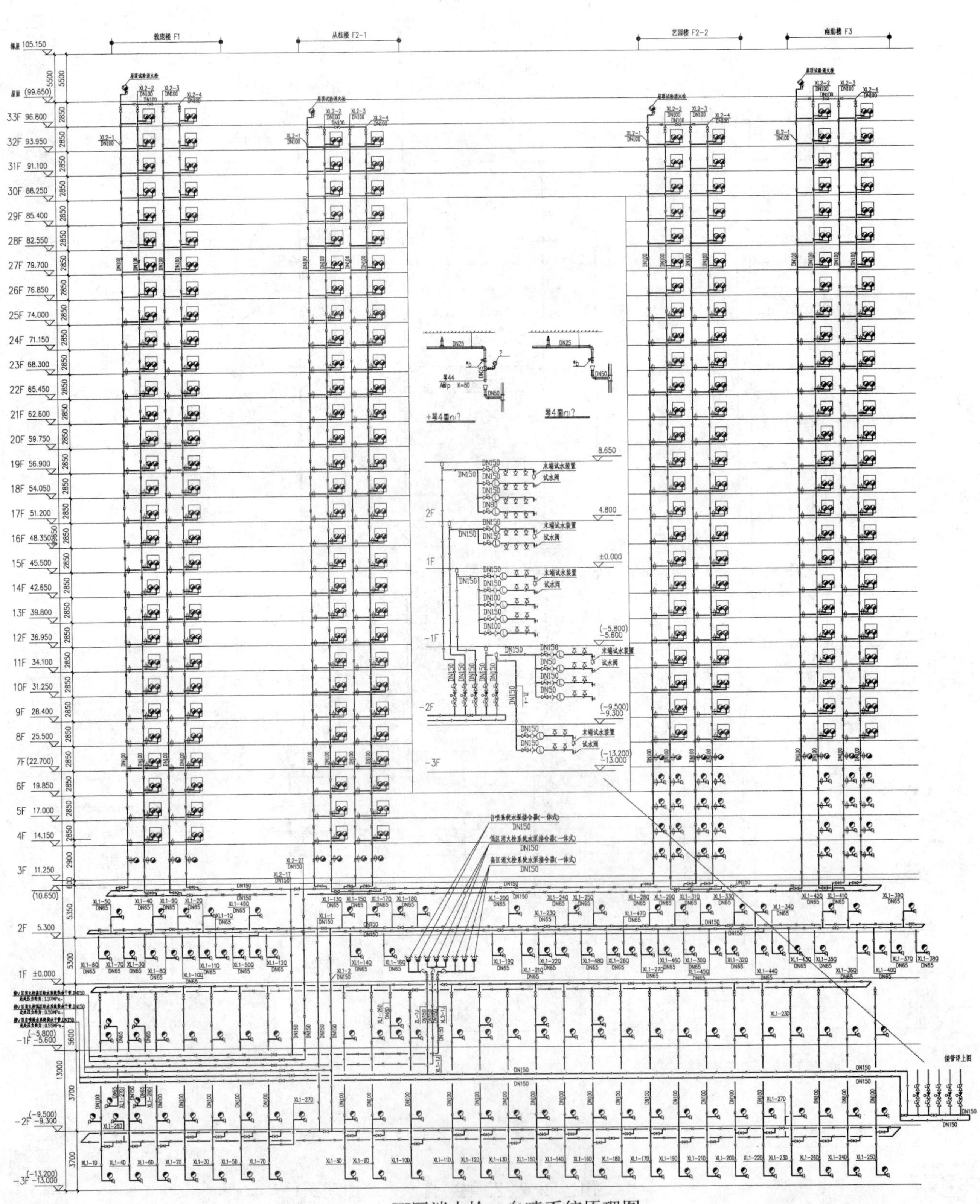

III区消火栓、自喷系统原理图

注：3~25层消火栓采用减压稳压型消火栓，如右图图例：

成都七中高新校区

设计单位：中国建筑西南设计研究院有限公司

设 计 人：周述琳 李波 祝敏 安斐 李海春 郭伟锋 邓然 姚远

获奖情况：居住建筑类 三等奖

工程概况：

成都七中高新校区项目位于成都市高新区绕城公路外侧，站华路以西，总建筑面积约 105800m²，最不利建筑交流中心高度为 27.75m。图书科技楼、艺术楼、交流中心及食堂设一层地下室，为地下停车库（Ⅰ类）和设备机房等，本工程图书科技楼及交流中心属高层民用建筑，图书科技楼使用性质为二类综合楼，交流中心使用性质为一类综合楼，其余各栋属多层建筑。

一、给水排水系统

（一）给水系统

1. 用水量（表 1）

给水系统用水量 **表 1**

序号	用水项目名称	用水人数用水单位	单位	用水量标准（L/d）	最高日水量（m^3/d）	用水时间（h）	时变化系数 K_h	最大时水量（m^3/h）	备注
一	高区加压供水								
1	5～8 层交流中心	912	人	200	182.4	24	2.5	19	生活区高区变频供水
2	5～6 层学生宿舍	1166	人	200	233.2	24	2.5	24.3	
3	图书科技楼 5～6 层	500	人	40	20	9	1.2	2.7	教学区高区变频供水
4	合计				435.6			46	
二	低区供水								
5	1～4 层交流中心	200	人	200	40	10	1.4	5.6	生活区城市管网直供
6	1～4 层学生宿舍	2334	人	200	467	24	2.5	48.7	
7	图书科技楼 1～4 层	500	人	40	20	9	1.2	2.7	教学区城市管网直供
8	艺术楼	600		5	3	9	1.5	0.5	
9	体育馆	2000		3	6	9	1.2	0.8	
10	教学楼	4400	人	40	176	9	1.2	23.5	
11	合计				712			81.8	

续表

序号	用水项目名称	用水人数用水单位	单位	用水量标准(L/d)	最高日水量(m^3/d)	用水时间(h)	时变化系数K_h	最大时水量(m^3/h)	备注
三	未预见水量水	按1～3项和5～10项总水量10%计			114.8			12.8	
12	总合计				1262.4			140.6	
四	绿化及道路洒水	41580	3L/m^2		124.8	8		15.6	城市管网供水直利用雨水收集
五	景观水面补水	总2×2000m^2水面 循环周期3d， 补水量为2%			26.7	24，K_h=1		1.2	
13	合计				1413.9			157.4	

2. 采用分价的给水系统。教学楼、艺术楼、体育馆、综合楼属教学区；交流中心、食堂、学生宿舍属生活区。

3. 给水水源由城市给水管网提供，教学区和生活区用水从地块周边的市政给水管道上各引入两根管径为 $DN200$ 给水管，给水环网管径为 $DN200$。

4. 生活区、教学区分别设分区的给水系统。教学区低区：教学楼、艺术楼、体育馆各层及图书科技楼1～3层，由市政给水管道直接供水；教学区高区：图书科技楼4～5层，由图文科技楼地下室转输水箱和加压设备供水。生活区低区：宿舍1～4层、食堂、交流中心1～4层由市政给水管道直接供水；生活区高区：宿舍5～6层（1～6层淋浴）、交流中心5～8层由交流中心地下室生活水箱及加压设备供水。

5. 生活冷水主供水管和立管采用内筋嵌入式衬塑钢管，支管采用PPR稳态塑铝复合管。

(二) 热水系统

1. 食堂设即热式燃气热水器供热；交流中心及教师宿舍设2kW容积式电热水器供热；学生宿舍设燃气热水机组供热，燃料采用市政管道天然气。

2. 宿舍热水定时供应，供水时间2h，设计小时平均秒耗热量2242kW，最大小时热水供量36.99m^3/h，按30min的设计小时耗热量贮热。热水机组及贮水罐设在宿舍屋顶。

3. 淋浴热水采用上行下给的系统，其热水供回水管道同程布置，并设循环水泵进行机械循环，启泵水温50℃，停泵水温55℃。热水机组与贮水罐设循环泵进行机械循环，启泵水温55℃，停泵水温60℃。

4. 热水机组、热水罐和热水供回水管道均作保温。

5. 淋浴间的冷热水管采用内筋嵌入式衬塑钢管。

(三) 排水系统

1. 本工程采用雨污分流制排水系统，对污水和雨水分别组织排放。

2. 本工程污水系统均设置专用透气管和伸顶通气管，以保证排水系统的畅通，避免因通气不畅而引起水封破坏导致臭气外溢的现象。

3. 生活污水排至室外后，由设置于室外的化粪池进行处理，处理后排入城市污水管网。厨房污水经隔油装置处理后排入城市污水管网。

4. 屋面雨水采用重力流方式，配合建筑专业设檐沟排水管排水至室外雨水井或散水沟，并引至雨水贮水池，溢流的雨水由室外雨水管排入城市雨水系统。

5. 对地下室不能采用重力排放的污废水，以及消防时可能涌入地下室的水，分别设置有集水坑进行收集，用潜水排污泵将其抽升，排至室外相应的排水系统，保证地下室的使用安全。

6. 食堂厨房污水排水管采用柔性接口排水铸铁管。其余各栋污水排水管采用 PVC-U 实壁排水管；空调机房等废水排水管采用 PVC-U 实壁排水管；地下室各集水坑压力排水管采用焊接钢管；屋面重力流雨水排水系统采用 PVC-U 实壁排水。

（四）雨水收集回用系统

1. 本项目中雨水收集回用系统的收集对象为屋面雨水、室内空调系统产生的凝结水等。

2. 屋面雨水、空调凝结水经管道收集后排入建筑周边雨水沟，经室外雨水管道后进入设于室外的雨水贮水池，设计有两台 G10-40SQF 雨水收集池，两台 G7-20SQF 雨水收集池，雨水收集池分散均匀布置于学校内，经收集处理雨水的主要用于校区绿化及道路浇洒，景观水体补水。

3. 室外雨水收集系统管道采用硬聚氯乙烯（PVC-U）双壁波纹塑料排水管。

二、消防系统

（一）消火栓系统

1. 本工程消火栓系统，室外消防水量 30L/s，室内消防水量 30L/s，火灾延续时间 3.0h。

2. 消火栓系统不分区。

3. 消火栓泵设置在图书科技综合楼地下一层，其特性参数为：流量 $Q=30L/s$，扬程 $H=70m$，功率 $N=37kW$。稳压设备设于交流中心地下一层水泵房，选用 ZW（L）-I-XZ-13 型成套设备。

4. 消防水池设于图书科技综合楼地下一层，共 $792m^3$。消防水箱设于交流中心屋面，有效容积不小于 $18m^3$。

5. 室外设有四组水泵接合器供消火栓系统使用。

6. 消火栓系统的管道采用内外热镀锌钢管。

（二）自动喷淋系统

1. 本工程自动喷淋系统用水量 40L/s，火灾延续时间 1.0h。

2. 设置范围：地下室的车库、自行车库以及风机房、发电机房等部位。地上的图书科技楼、艺术楼、交流中心及食堂设置自动喷水灭火系统。

3. 自动喷淋系统不分区。

4. 自动喷淋泵设置在图书科技综合楼地下一层，其特性参数为：流量 $Q=40L/s$，扬程 $H=80m$，功率 $N=75kW$。稳压设备设于屋顶，选用 ZW（L）-I-XZ-13 型成套设备。

5. 消防水池设于图书科技综合楼地下一层，共 $792m^3$（与消火栓系统共用）。消防水箱设于交流中心屋面，有效容积不小于 $18m^3$（与消火栓系统共用）。

6. 地下停车库按中危险级Ⅱ级布置喷头，其余部位按中危险级Ⅰ级布置喷头。

7. 自动喷水喷头采用玻璃球闭式喷头，流量系数 $K=80$，厨房喷头公称动作温度 93℃，其余部位喷头公称动作温度 68℃；地下车库等无吊顶部位采用直立型喷头，有吊顶部位采用吊顶型喷头；喷头采用标准响应喷头。

8. 综合楼、艺术楼的湿式报警阀设于综合楼报警阀室，水力警铃设于一楼。对外交流中心及教师值班用房的湿式报警阀设于交流中心报警阀室，水力警铃设于一楼。

9. 室外设有三组水泵接合器供自动喷淋系统使用。

10. 自喷系统的管道采用内外热镀锌钢管。

（三）厨房设备自动灭火装置

1. 在食堂厨房中，对灶台、集排油烟罩等热厨加工区设备配置厨房设备细水雾灭火系统。

2. 本工程共采用厨房细水雾灭火装置 8 台，可以联动切断厨房灶台及排油烟风机电源、关闭燃气电磁阀和烟道防火阀，并向消防控制中心远传火灾报警信号。具备自动、手动及机械应急手动三种控制方式。

3. 本系统配置厨房细水雾灭火专用喷头。

4. 厨房细水雾灭火系统管道采用不锈钢管。

（四）气体灭火系统

1. 对专用机房、变配电房等不宜用水灭火的部位设置了无管网式气体灭火系统。

2. 气体灭火系统灭火剂采用七氟丙烷。设计灭火浓度为 9%，设计喷放时间不大于 10s。在设有气体灭火装置的房间均设有自动泄压装置。

3. 当防护区有两路探测器发出火灾警报，气体灭火系统进入延时阶段，并关闭联动设备及防护区内除应急照明外的所有电源，延迟 30s 后开始施放气体进行灭火。气体灭火系统具有自动控制、手动控制、机械应急手动控制三种控制方式，均能实现上述灭火程序。

三、主要设计特点

1. 市政供水压力 0.4MPa，充分利用市政水压，并考虑了热水设备投资，1～4 层宿舍卫生间用水由市政供水直接供给；5～6 层宿舍卫生间及 1～6 层淋浴间用水由变频调速加压供水设备供水。达到了节能的目的。

2. 集中供应热水，热水机组及贮水罐设在宿舍屋顶，便于煤气烟气高空排放，并配合建筑设设备检修通道。为节省投资，便于维护管理，1～6 层男女淋浴间共用 1 套热水设备，热水系统的补水由变频调速加压供水设备补水，冷热水管均为上行下给，尽量保证用水点冷热水压差不大于 0.02MPa。

3. 本工程学生宿舍每层设置集中淋浴间，定时供应热水，在宿舍内不设淋浴，学生可按自身习惯到淋浴间淋浴。这样可避免宿舍内淋浴用水人数多，时间长等不利因素的影响，保证宿舍内学生休息，也便于学校管理。同时淋浴器配水管上无分支供给其他用水点用水，淋浴用水系统相对独立，水温水压调式方便，用水稳定，适合学生使用。

4. 学生宿舍热水使用具有用水集中、用水次数多、要求龙头出水量和水温稳定等特点，一般分为早、晚两个时段供水，特别是晚上淋浴喷头开启可达到 100%，并且时长可达 2～3h。所以集中设置淋浴，采用定时供应，可以更好地节能，也方便了日后的管理。在冷热水管道配置上尽量保证用水点水压差不大于 0.02MPa，配水管环状布置。热水系统淋浴热水采用上行下给的系统，其热水供回水管道同程布置，并设循环水泵进行机械循环，热水机组与贮水罐设循环泵进行机械循环，保证管网内水温，使学生淋浴时热水出水快，达到了节约用水的目的。

5. 学生淋浴采用 IC 卡计卡用水，通过计时计费，促使学生养成良好的节水习惯。

6. 在选用用水定额时，尽量考虑学生用水特点和管理的灵活性，热水机组和贮水罐都为多套配置，贮水罐按 30min 的设计小时耗热量贮热。热水机组按最大小时热水量选型。

7. 本工程设计有雨水利用系统，屋面雨水经雨水斗及管道收集后排入建筑周边雨水沟，经室外雨水管道后进入设于室外的雨水贮水池，设计有两台 G10-40SQF 雨水收集池、两台 G7-20SQF 雨水收集池，雨水收集池均匀布置于学校内以减少管道埋深，节省了工程造价。收集后的雨水经沉淀后用于景观水池补水，节约了用水，减少水资源流失。

8. 本校区内小便槽的冲洗管未按传统的自动冲洗水箱式冲洗设计，而是采用设计感应控制阀，自动控制冲洗，以达到节约用水的目的。

9. 在校区总的引入管设置水表，并且每栋建筑也分别设置水表，以便于发现管道渗漏问题，避免因管道锈蚀、阀门的质量问题导致大量的水跑冒滴漏。

10. 校区地砖均采用透水地砖，从而增加雨水渗透量。

11. 按省建委“大力推广化学建材”要求，配合场地景观设计，本工程雨污水检查井均设于绿化带并配置塑料检查井，检查井盖用植草型塑料井盖。化粪池用玻璃钢成套产品，池壁相对光滑，体积小占地少且安装方便。

四、工程照片及附图

教学楼外景

成都七中高新校区

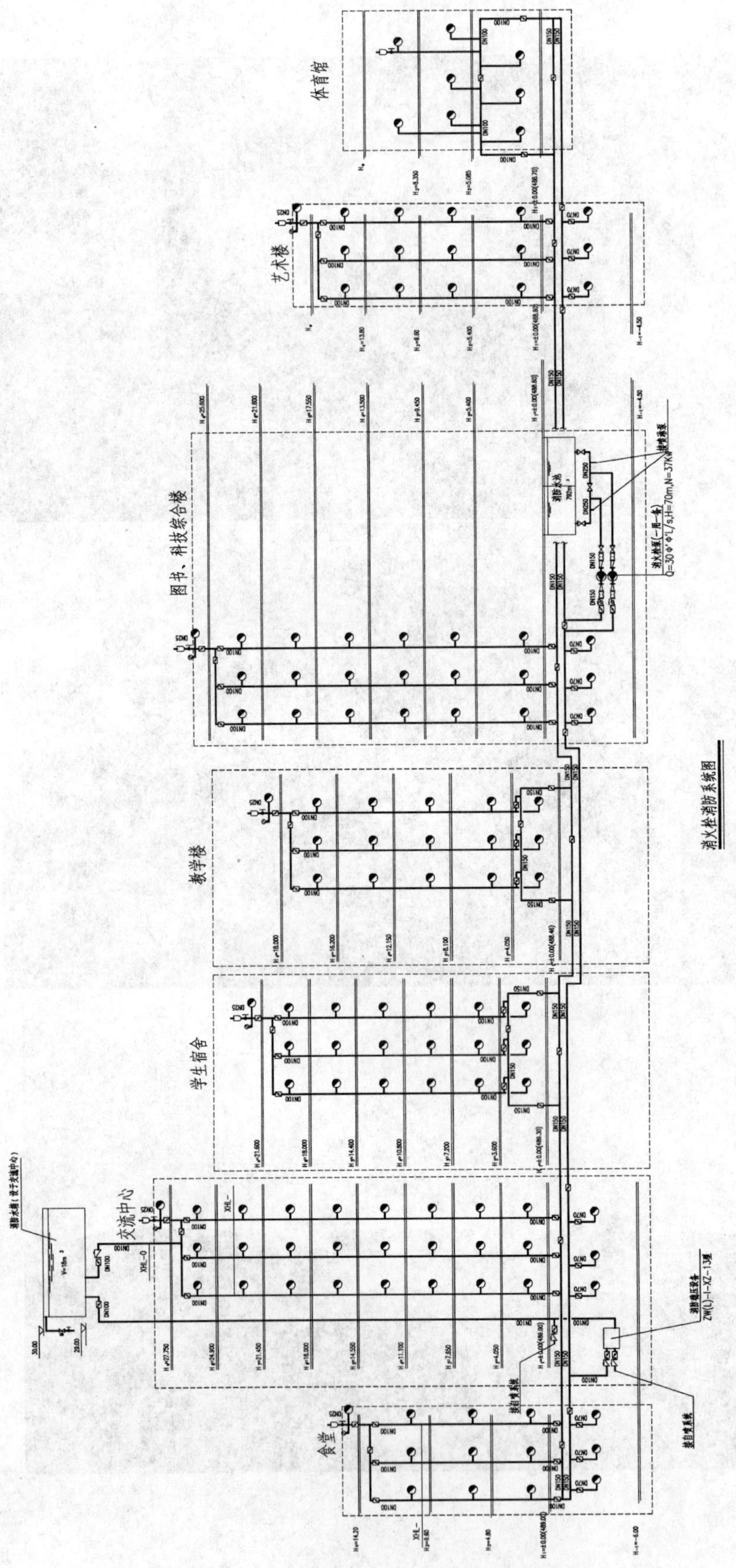

消火栓消防系统图

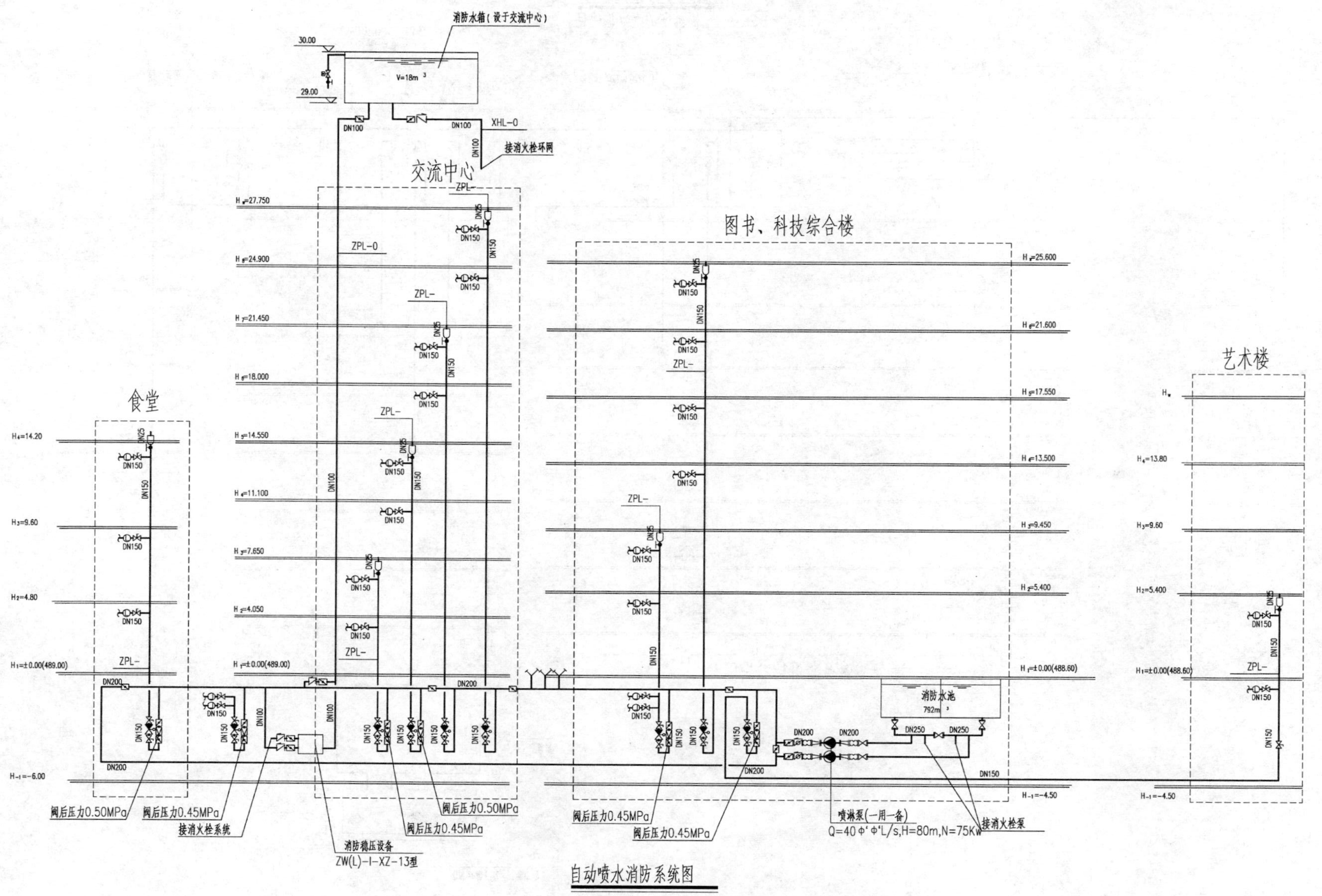
消防水箱(设于交流中心)
V=18m³
XHL-0
接消火栓环网
交流中心
图书、科技综合楼
艺术楼
食堂
消防水池
792m³
阀后压力0.50MPa
阀后压力0.45MPa
接消火栓系统
消防稳压设备
ZW(L)-I-XZ-13型
喷淋泵(一用一备)
Q=40 ф'ф'L/s,H=80m,N=75KW
接消火栓泵

自动喷水消防系统图

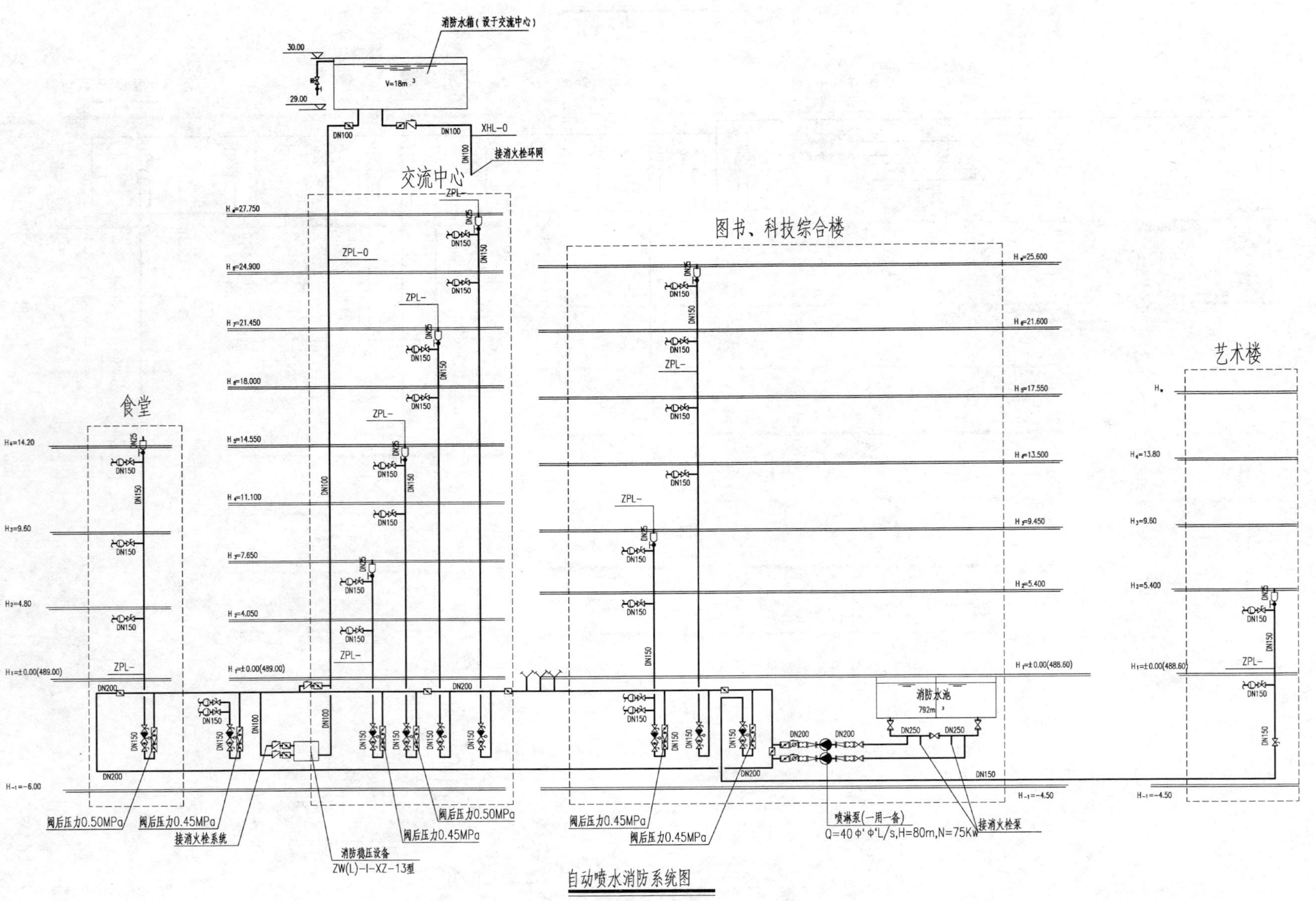
消防水箱（设于交流中心）
V=18m3
XHL-0
接消火栓环网
交流中心
图书、科技综合楼
艺术楼
食堂
消防水池
792m3
阀后压力0.50MPa
阀后压力0.45MPa
接消火栓系统
消防稳压设备
ZW(L)-I-XZ-13型
喷淋泵(一用一备)
Q=40 Φ' Φ'L/s,H=80m,N=75Kw
接消火栓泵

自动喷水消防系统图

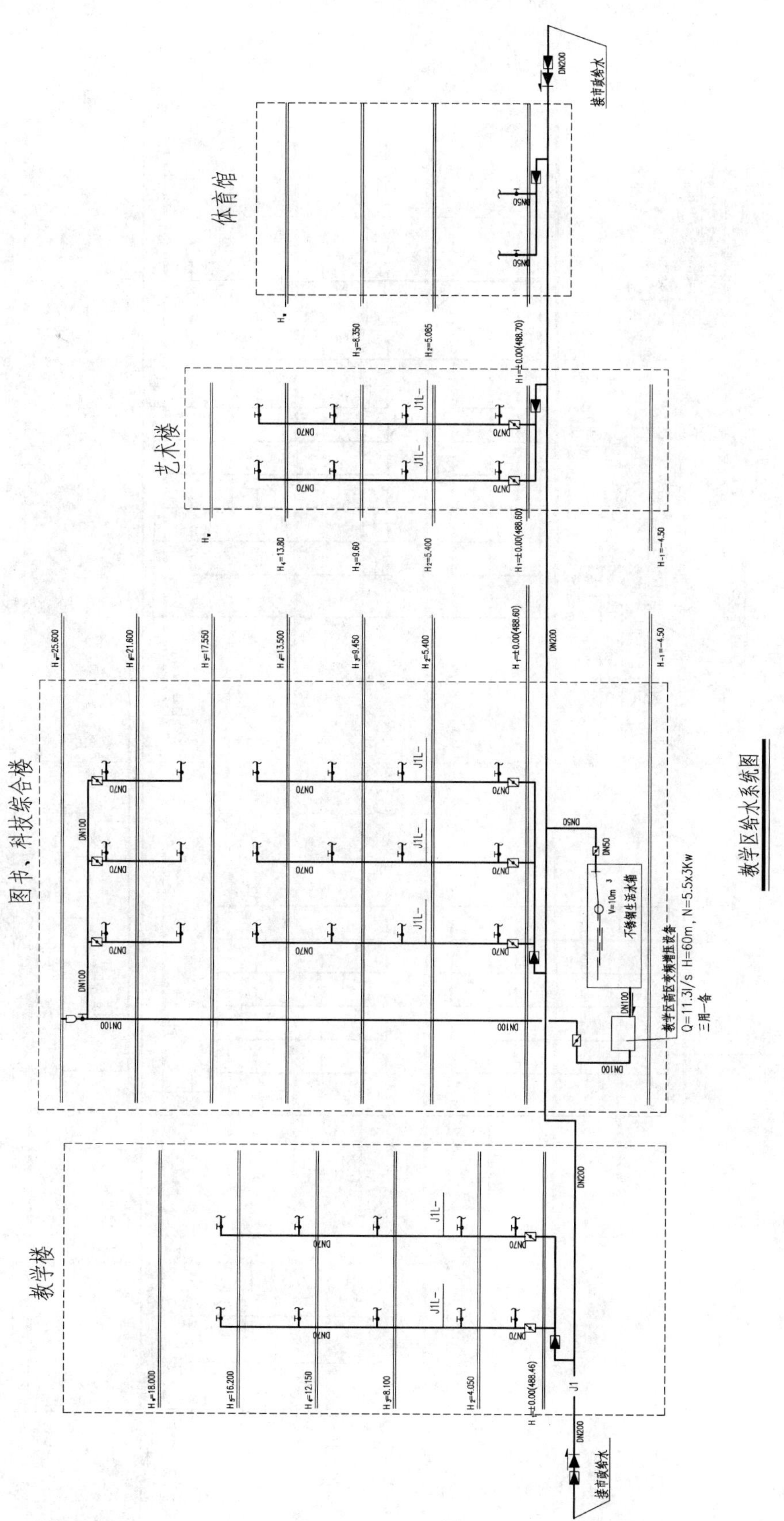
教学楼
图书、科技综合楼
艺术楼
体育馆
接市政给水
DN200
DN100
DN70
DN50
J1L-
J1
Q=11.3l/s H=60m, N=5.5x3Kw
三用一备
V=10m³
不锈钢生活水箱
H₁=±0.00(488.46)
H₁=±0.00(488.60)
H₁=±0.00(488.70)
H₋₁=-4.50

教学区给水系统图

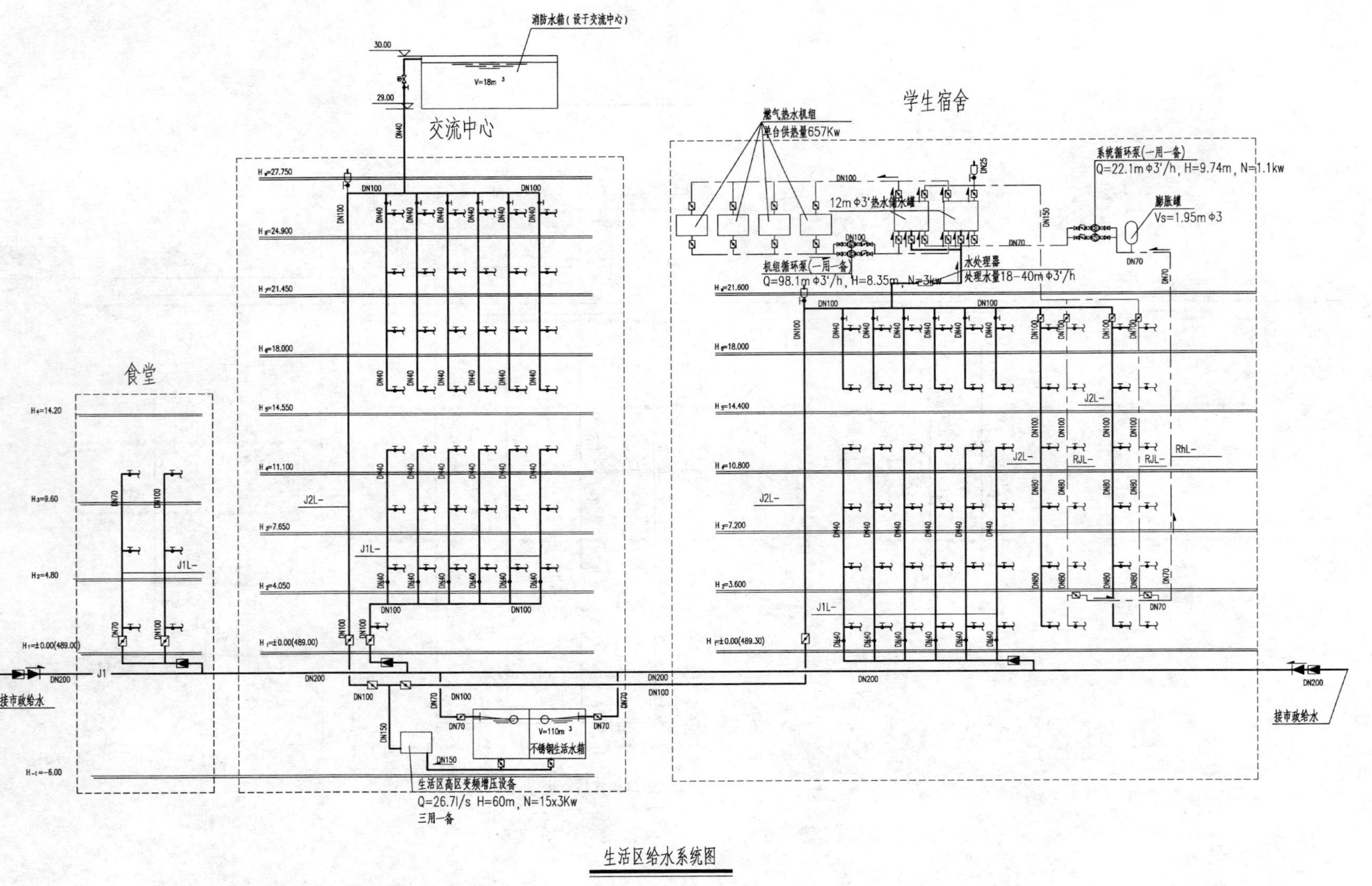
消防水箱（设于交流中心）
V=18m³
交流中心
学生宿舍
食堂
燃气热水机组
单台供热量657Kw
12mΦ3'热水储水罐
机组循环泵（一用一备）
Q=98.1mΦ3'/h, H=8.35m, N=3kw
水处理器
处理水量18-40mΦ3'/h
系统循环泵（一用一备）
Q=22.1mΦ3'/h, H=9.74m, N=1.1kw
膨胀罐
Vs=1.95mΦ3
不锈钢生活水箱
V=110m³
生活区高区变频增压设备
Q=26.7l/s H=60m, N=15x3Kw
三用一备
接市政给水
接市政给水
生活区给水系统图

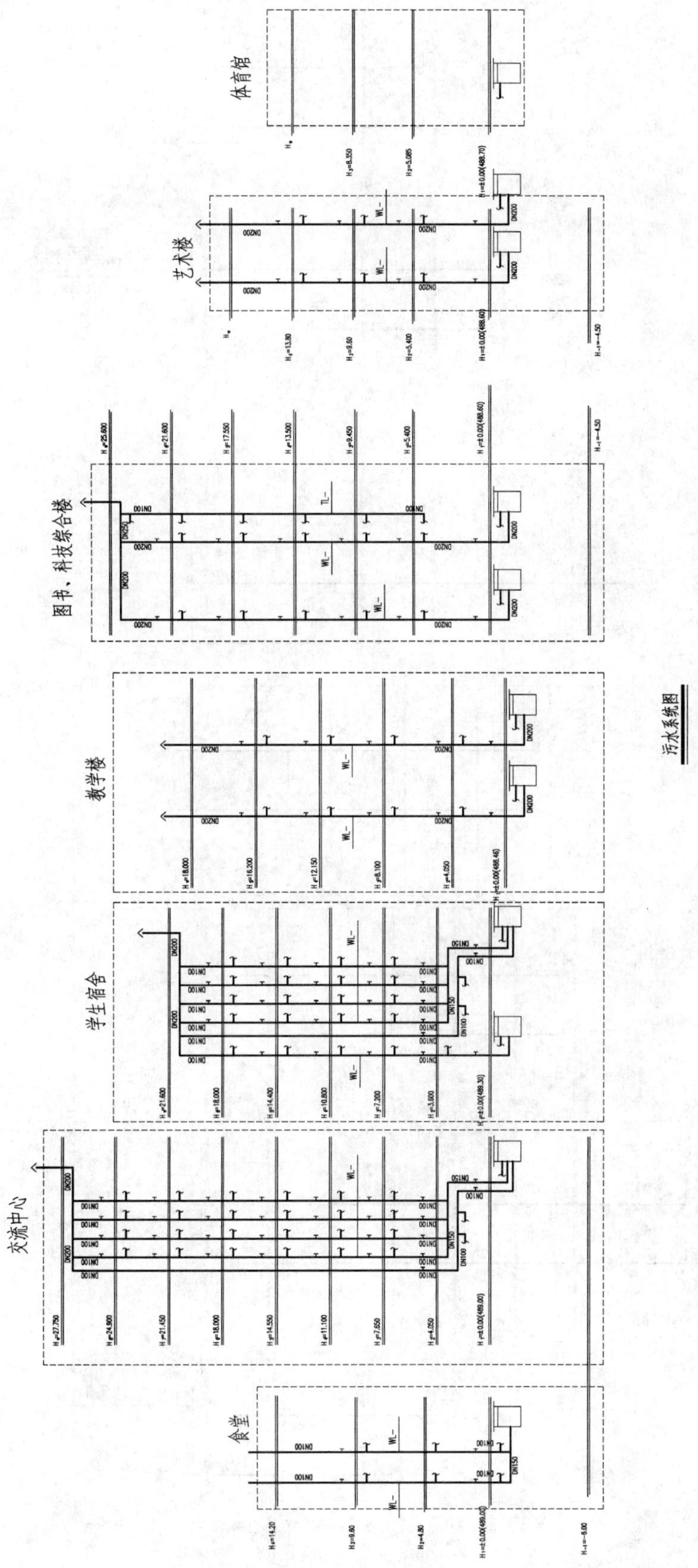

食堂
交流中心
学生宿舍
教学楼
图书、科技综合楼
艺术楼
体育馆
污水系统图

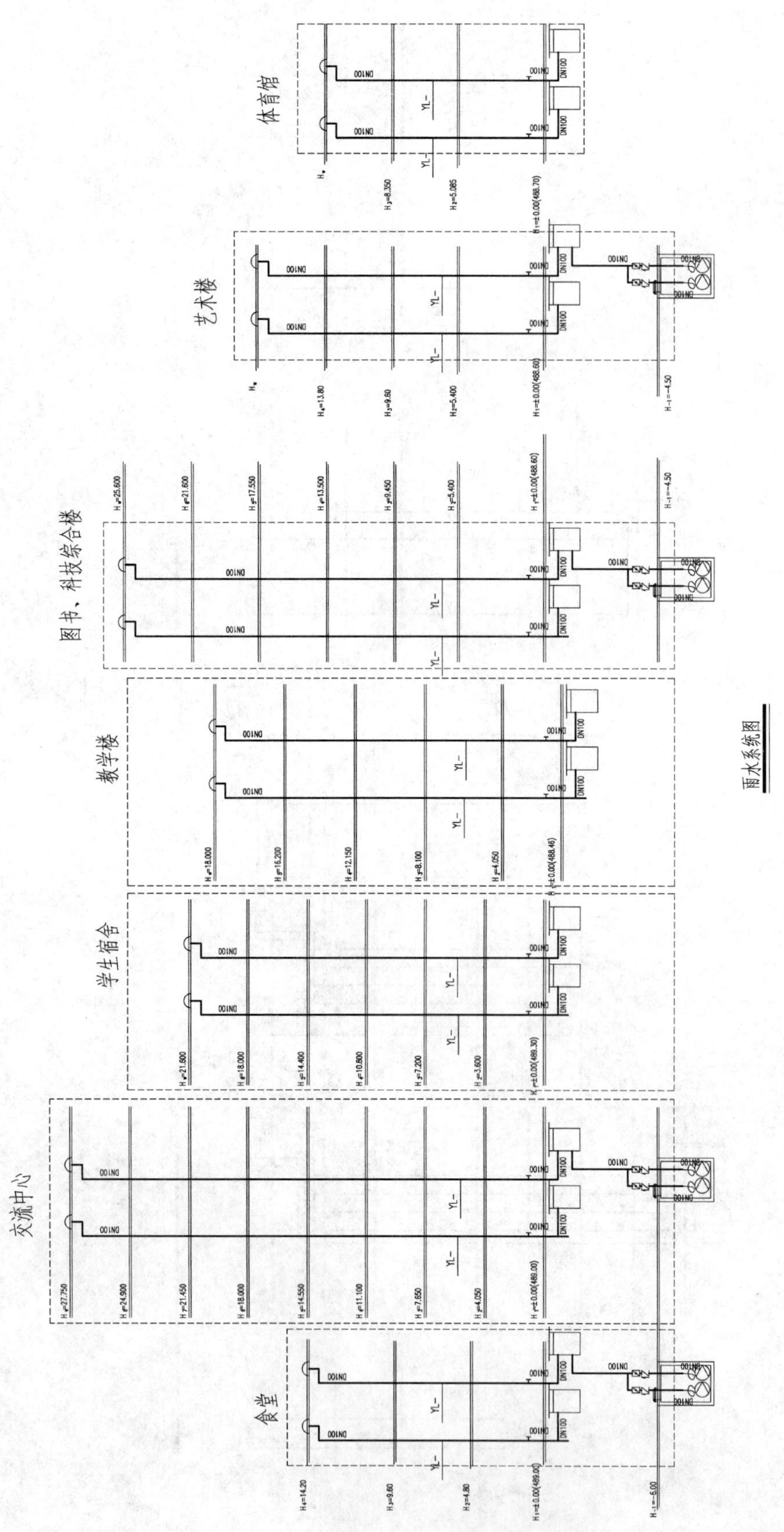

雨水系统图

世博村B地块项目

设计单位：同济大学建筑设计研究院（集团）有限公司
设 计 人：陈旭辉　徐钟骏　王尧
获奖情况：居住建筑类　三等奖

工程概况：

中国2010年上海世博会的世博村位于世博会园区浦东片区东北角，是世博会场馆配套工程之一，向世博会外国官方参展人员提供住宿、办公、餐饮等服务。

本工程为世博村内的B地块，是最大的一个地块，属于公寓式酒店小区。设公寓式酒店17栋，分别为8～20层不等，总建筑面积188302m²，最高建筑高度66.1m，均坐落在整个小区连通的地下车库之上。设4个管理组团，每个组团均设有酒店大堂，组团一包括1～3号楼（分别为8、8、16层），组团二包括4～6号楼（分别为8、20、15层），组团三包括7～12号楼（分别为8、14、20、8、12、20层），组团四包括13～17号楼（分别为12、14、14、16、16层）。部分楼宇的裙房为四层以下的餐饮建筑。

一、给水排水系统

（一）给水系统

1. 冷水用水量（表1）

冷水用水量　　**表1**

用水项目		用水定额	数量	最大日用水量（m^3/d）	用水时间（h）	时变化系数K_h	最大时用水量（m^3/h）
公寓式酒店	组团一	300L/(床·d)	296床	89	24	2.5	9.3
	组团二		416床	125			13.0
	组团三		824床	247			25.7
	组团四		815床	245			25.5
酒店员工		100L/(人·d)	300人	30	24	2.5	3.1
餐饮		60L/(人次·d)	5000人次	300	12	1.5	37.5
泳池	淋浴	50/(人次·d)	600次	30	12	1.5	3.8
	补水	10%池水容积	675m³	68	24	1.0	2.8
道路绿化浇洒		2L/(m²·d)	61804m²	124	4	1.0	31.0
未预见水量		按10%计		126			15.2
合　计				1384			166.9

2. 水源

从浦明路及雪野路分别提供一路*DN*300市政给水接入管，使其在各基地内呈环状布置，以供生活及消防用水，环状管管径*DN*300。市政供水压力按0.16MPa计。

3. 系统竖向分区

公寓式酒店：按管理组团采用集中加压竖向分区供水方式，分三区，Ⅰ区为一～八层，Ⅱ区为九～十六层，Ⅲ区为十七～二十层。

4. 供水方式及给水加压设备

公寓式酒店：三个分区供水管网在地下车库内分开设置；均采用“地下生活贮水箱→按压力分区并联设置的恒压变频调速水泵→用水点”的供水方式。

餐饮建筑一、二层由市政压力直接供给，三、四层采用“生活贮水箱→恒压变频调速水泵→用水点”的供水方式。

大堂、健身房由市政压力直接供给。

水泵采用SP系列不锈钢潜水给水泵。

5. 管材

公寓式酒店室内生活给水管采用薄壁铜管，钎焊连接。

(二) 热水系统

1. 健身房温水游泳池及洗浴热水

(1) 耗热量（表2）

浴室设计小时耗热量 **表2**

用途	用水量定额	用水单元数	小时耗热量（kW）
淋浴	540L/(只・h)(40℃)	19只	414

1) 浴室设计小时耗热量414kW。

2) 泳池平时设计小时耗热量115kW，初次进水设计小时耗热量375kW。

(2) 热源

市政燃气。

(3) 供水方式

利用市政压力直接供水。

(4) 加热方式

设置4组容积式燃气热水器提供热水。泳池初次加热时，4组热水器同时提供热水源，通过板式换热器加热池水；平时洗浴由三组热水器直接提供热水，泳池补水循环处理由一组热水器提供热水源，通过板式换热器加热。

(5) 浴室采用定时热水供应系统，双管供水，热水设计供水温度采用60℃。冷水温度5℃。淋浴用水点采用恒温混水龙头。泳池设计温度采用28℃。

2. 公寓式酒店所有套房内的热水供应采用分户热水系统，每户每层设小型成套容积式电热水器提供生活热水。

两卫一厨每户选用内胆容积为300L、耗电量3.8kW的一个；

三卫一厨每户选用内胆容积为455L、耗电量3.8kW的一个；

四卫一厨每户选用内胆容积为300L、耗电量3.8kW的两个；

五卫一厨每户选用内胆容积为300L、耗电量3.8kW的一个，内胆容积为455L、耗电量3.8kW的一个；

六卫一厨每户选用内胆容积为455L、耗电量3.8kW的两个。

3. 管材

采用薄壁铜管外加保温，暗敷热水管采用塑覆薄壁铜管，钎焊连接。

(三) 排水系统

1. 排水系统的形式

公寓式酒店生活排水污、废水采用室内分流室外合流方式，一层以上卫生间排水支管均采用同层排水系统。位于人防地下室上的公寓式酒店底层夹层生活排水设污水提升器污、废合流排放，地漏及阳台排水接入地下车库污水坑排放；其余公寓式酒店底层夹层生活污、废水分流接入地下车库污水集水坑提升后排放。

2. 透气管的设置方式

卫生间生活排水立管均设置专用通气立管，底层排水单独排放。

3. 采用的局部污水处理设施

公用厨房、备餐间排水于室外，设置隔油池处理。

4. 管材

公寓式酒店室内同层排水系统管道采用高密度聚乙烯（HDPE）塑料管道，连接方式为对焊或电热熔连接，餐饮厨房排水管采用机制铸铁排水管，承插连接。其余室内生活排水管采用优质 PVC-U 排水管，承插连接；明敷雨水管采用内涂塑热镀锌钢管，沟槽式卡箍连接。

二、消防系统

(一) 消火栓系统

1. 室内消火栓用水量按最大值高层住宅为 40L/s，室外消火栓用水量为 30L/s。

2. 消火栓加压泵采用恒压切线泵两台（一用一备），每台 $Q=40\text{L/s}$，$H=80\text{m}$，$N=75\text{kW}$，$n=2950\text{r/min}$。

3. 高位消防水箱贮存 18m^3 消防水，设于 9 号楼最高屋顶。

4. 室外设水泵接合器不少于 3 套。

5. 管径大于 $DN100$ 采用无缝钢管热镀锌，沟槽式卡箍连接；管径小于等于 $DN100$ 采用热镀锌钢管，丝扣连接。

(二) 自动喷水灭火系统

1. 地下汽车库为中危险级Ⅱ级，设计喷水强度为 $8\text{L/(min}\cdot\text{m}^2)$，作用面积 160m^2；地下丁戊类库房为中危险级Ⅰ级，堆垛高度 3.5m 以下，设计喷水强度为 $8\text{L/(min}\cdot\text{m}^2)$，作用面积 160m^2；其余为中危险级Ⅰ级，设计喷水强度为 $6\text{L/(min}\cdot\text{m}^2)$，作用面积 160m^2。

2. 喷淋加压泵采用恒压切线泵两台（一用一备），每台 $Q=30\text{L/s}$，$H=100\text{m}$，$N=55\text{kW}$，$n=2970\text{r/min}$。增压稳压设备采用 ZW（L）-Ⅰ-Z-10-0.16 型一套，$N=1.5\text{kW}$，气压罐有效容积 0.15m^3。

3. 高位消防水箱贮存 18m^3 消防水，设于 9 号楼最高屋顶。

4. 室外设水泵接合器不少于 2 套。

5. 管径大于 $DN100$ 采用无缝钢管热镀锌，沟槽式卡箍连接；管径小于等于 $DN100$ 采用热镀锌钢管，丝扣连接。

三、设计及施工体会或工程特点介绍

1. 生活给水按管理组团采用相对集中加压竖向分区供水，缓解了由于泵房设置过于集中造成的末端供水不稳定的问题。同一泵房的供水管线相对较短，水头损失相对较小，一定程度上起到了节能的效果；分区方式也是考虑到单体楼层数的特点，以 8 层、16 层为界进行分区，避免了若均匀分区所造成的个别单体供水立管变多的情况，一定程度上起到了节材的效果。

2. SP 系列不锈钢潜水给水泵的使用，消除了由于生活水泵运行带来的噪声，大大提高了环境质量，同时也缩小了泵房的使用面积，提高了建筑的利用率，且该泵的效率相对较高，所以符合节地、节能的原则。

3. 套房内的热水供应采用分户热水系统，套内热水主管采用机械循环。令使用变得更加灵活、舒适、富有个性和便于控制，避免了集中热水系统中诸如管线多、热损失大、维护麻烦、热效率低等不足，也为今后该小区改造成高端住宅小区创造了有利条件，既节能、节水又节材。

分户热水系统还避免了集中热水系统中可能会出现的军团菌等卫生问题，为用户提供一个健康、舒适、安全的居住、工作和活动场所。

4. 具有非上人屋面的最上部的跃层户型均设分户分体式太阳能热水装置（配电加热器作辅助能源）。承压贮热水箱设于用水楼层，采用强制循环太阳能热水系统。这几户的能耗大大降低了。

5. 室外消防用水由市政管网保证。室内设有室内消火栓和自动喷水灭火系统，由小区内统一设置消防增压系统供水。初期火灾的用水量均由高位水箱供给。

6. 套房户内采用同层排水系统，避免住户间干扰，提供私密的居住空间。采用了扁平地漏，解决了由于卫生间面层厚度不足的难题，也为今后该小区改造成高端住宅小区创造了有利条件。公寓式酒店底层夹层生活排水设污水提升器污、废合流排放，避免污水泵房对环境的影响。

7. 雨水立管敷设于玻璃幕墙与土建外墙之间的空隙中，采用间接排水排至散水坡或明沟，然后排至室外雨水窨井，汇集小区地面雨水一起纳入城市雨水系统。避免雨水立管对立面效果的影响。

8. 排水管材采用 HDPE 管，低噪声、易安装、耐高低温、价格适中，提供良好的居住条件。

四、工程照片及附图

4A

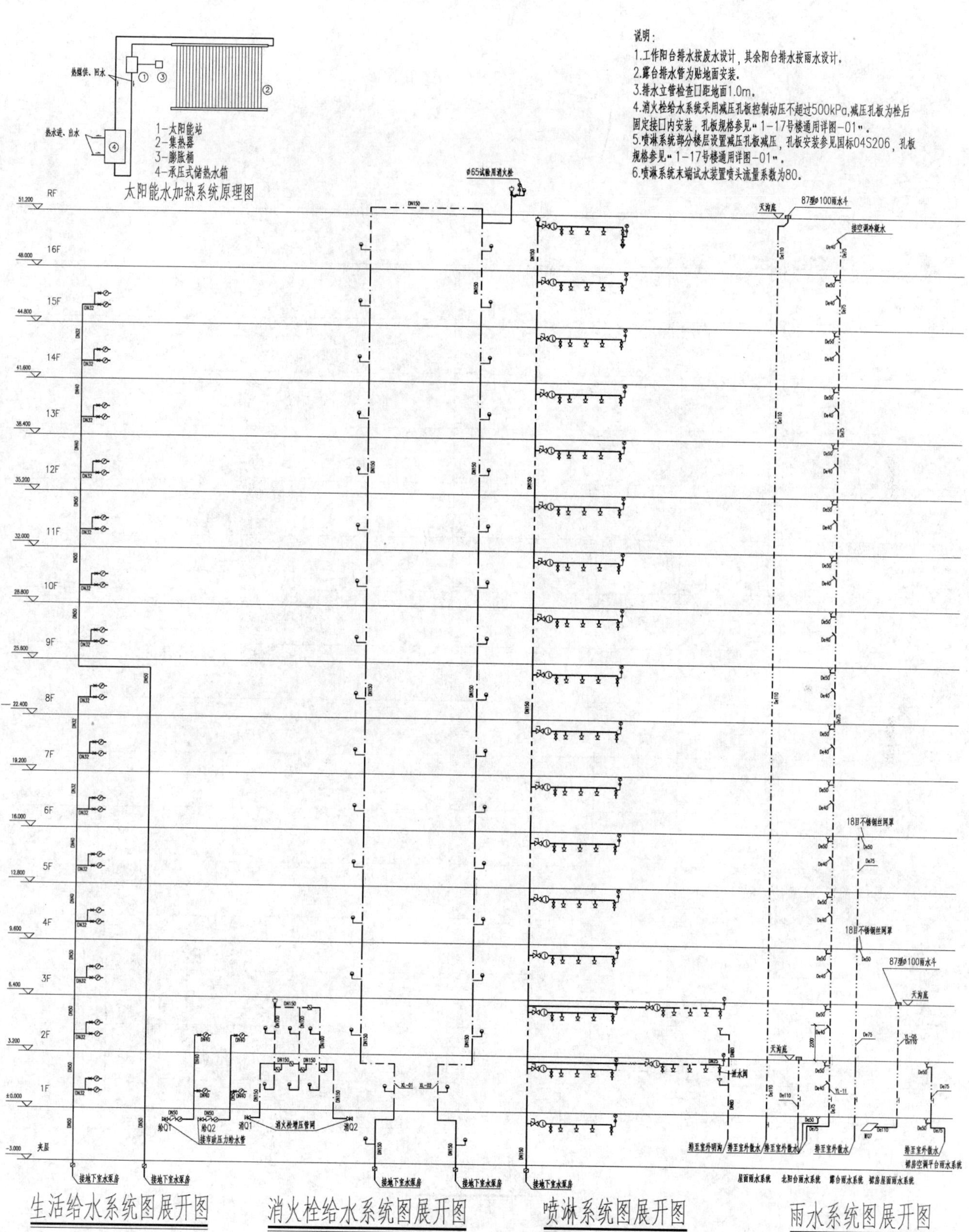

1-太阳能站
2-集热器
3-膨胀桶
4-承压式储热水箱
太阳能水加热系统原理图
说明：
1.工作阳台排水按废水设计，其余阳台排水按雨水设计。
2.露台排水管为贴地面安装。
3.排水立管检查口距地面1.0m。
4.消火栓给水系统采用减压孔板控制动压不超过500kPa,减压孔板为栓后固定接口内安装，孔板规格参见“1-17号楼通用详图-01”。
5.喷淋系统部分楼层设置减压孔板减压，孔板安装参见国标04S206，孔板规格参见“1-17号楼通用详图-01”。
6.喷淋系统末端试水装置喷头流量系数为80。
87型ø100雨水斗
天沟底
接空调冷凝水
RF
16F
15F
14F
13F
12F
11F
10F
9F
8F
7F
6F
5F
4F
3F
2F
1F
夹层
接地下室水泵房
生活给水系统图展开图
消火栓给水系统图展开图
喷淋系统图展开图
雨水系统图展开图

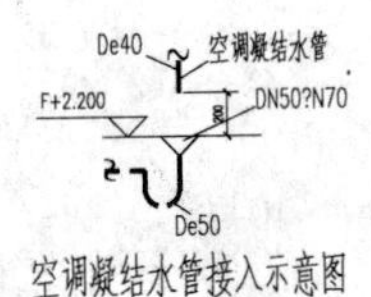

空调凝结水管接入示意图

说明：

1.排水立管检查口距地面1.0m。

2.上人屋面排水立管通气管口高出地面2m，其余屋面通气管口高出地面0.6m。

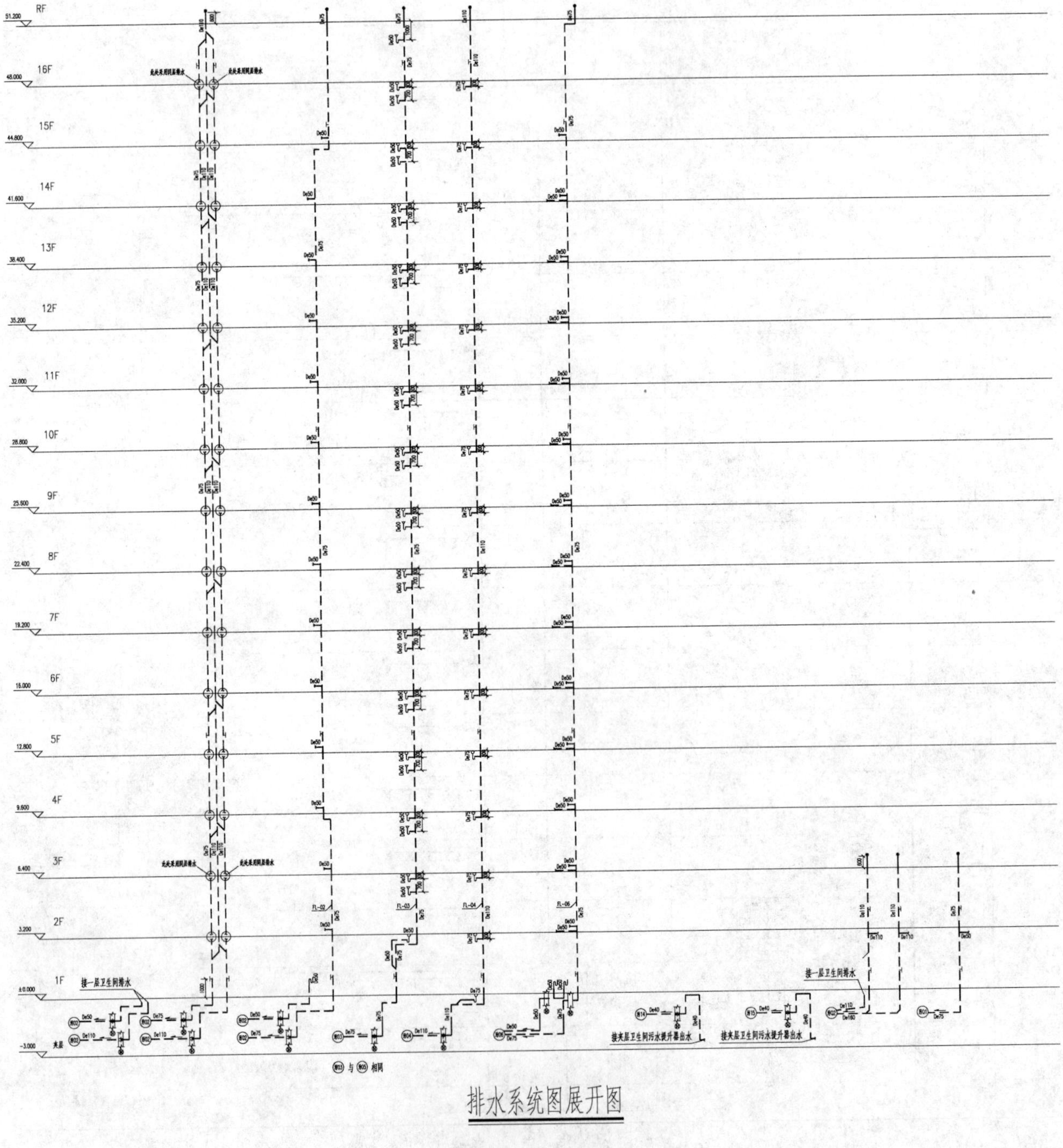

排水系统图展开图

工业建筑篇

工业建筑类　一等奖

天津空客 A320 系列飞机总装生产线

设计单位： 中国航空规划建设发展有限公司

设计人员： 刘　芳　孔庆波　赵　洁　毕　莹　陈洁如　杨立红　王　涛

获奖情况： 工业建筑类　一等奖

工程概况：

天津空客 A320 系列飞机总装线项目（以下简称“天津空客 A320 项目”）系我国引进的第一条大型飞机生产线项目，该项目建成后是空客公司第三条生产线项目，也是唯一在欧美以外地区的大型飞机生产线项目。天津 A320 项目位于天津市东部的滨海新区，距市中心 13km，西侧紧邻天津滨海国际机场。该项目由 A320 系列飞机总装生产设施及相关附属设施组成，总共有包括 1 号主入口门房、3 号办公楼、4 号签约销售中心、5 号餐厅、6 号培训中心、7 号支持服务中心、8 号大部件库、9 号总装厂房、12 号物流中心、14 号喷漆厂房、16 号动力站、17/18 号发动机试车及罗盘校正场、19 号最终装配及飞行检修机库、20 号燃油测试机棚、21 号称重机库、22 号交付中心、23 号燃油站。厂区占地面积约 59 万 m^2，总建筑面积 114065m^2，建筑占地面积 84135m^2。建设项目及工艺设备总投资约 52 亿人民币，建设项目总投资约 25 亿人民币，给水排水设施总投资约 1.35 亿人民币，约占建设项目总投资的 5.4%。

一、给水排水系统

（一）给水系统

1. 生产生活用水量：高日生活日用水量 2087.78m^3/d；净水日用水量 837.58m^3/d；冷水日用水量 1250.20m^3/d。

2. 水源

天津市市政供水水质符合《城市供水水质标准》CJ/T 206—2005 的标准，亦符合《TRINKWASSERVERORDNUNG》（vom 21. Mai 2001）的德国饮用水标准。

本厂区东侧现有加工区给水管网、给水加压站，加工区消防用水与生产、生活用水共用同一管网，且为环状管网，管网直径 *DN*600-300。在干道七立交桥处规划有 *DN*300-400 的厂区给水引入管，在支路八立交桥处规划有给水管网直径 *DN*600-300 的另一条给水引入管，供水压力不小于 0.24MPa。

3. 供水方式及给水加压设备

（1）冷水供水系统

市政自来水经设于 16 号动力站内的调节水箱、变频供水泵组加压后经金属过滤器过滤后分别供给厂区冷水用水、16 号动力站内净水制备用水及站内 RO 纯水制备用水。动力站净水最大时用水量为 101.96m^3/h，用于纯水制备的用水量为 87.53m^3/h，供厂区冷水最大时用水量为 70.4m^3/h，故变频供水泵组及过滤器的能力应不小于 259.89m^3/h。

调节水箱为不锈钢水箱，容积不小于 30m^3，为避免城市管网余氯不足造成调节水箱及后续处理设施内细菌超标，故设计在调节水箱内投加二氧化氯，投加量以水箱内氯含量不小于 0.3mg/L 为标准，由余氯测定仪控制二氧化氯的投加量；过滤器为自动反冲洗型金属网过滤器，过滤精度为100μm，共三台（两用一备），每台处理能力为130m³/h，压力损失最大为0.10MPa。

由于厂区管网水力损失约为10m，设计最不利建筑冷水引入管处供水压力不小于0.45MPa，故动力站厂区供水管网出口压力设计不小于0.55MPa。

（2）净水供水系统

在16号动力站内冷水经活性炭过滤器、紫外线杀菌后成为净水，用于厂区淋浴、洗手、餐厅等生活用水及冲洗飞机、清洗间等一般生产用水。厂区净水最大时用水量为101.96m³/h。活性炭过滤器设计制水能力为160m³/h，共三台（两用一备），每台处理能力为80m³/h，压力损失最大为0.10MPa。紫外线消毒器共设计两台，每台处理能力为85～100m³/h。

由于厂区管网水力损失约为12m，设计最不利建筑净水引入管处供水压力不小于0.50MPa，故动力站厂区供水管网出口压力设计不小于0.62MPa。

4. 管材

明装的、地沟内敷设的净水给水管采用薄壁不锈钢管（SS316），承插氩弧焊式连接；埋地敷设的生产、生活给水管，管道直径小于*DN*50的管道采用不锈钢管，卡压连接；管道直径大于等于*DN*75的管道采用钢丝网骨架PE给水管，电/热熔焊接。冷水管采用金属塑料复合给水管。

（二）热水系统

1. 各建筑物内均设有汽-水换热机组，供水温度为60℃，回水温度为55℃。系统均采用强制式闭式全循环系统，热水换热机组由水—水换热器、热水循环泵（一用）、热水贮水罐、热水膨胀罐和射频水处理器组成，为避免罐内细菌滋生，热水膨胀罐采用无死水的双接口型热水膨胀罐，并具有夜间高温水杀菌的功能，热水供水回水管道设计为同程式。

热水供水范围：淋浴间、卫生间洗手盆及生产用热水。各建筑物内热水供水机组的能力均为几百千瓦不等。

2. 管材

明装的、地沟内敷设的热水给水管采用薄壁不锈钢管（SS316），承插氩弧焊式连接。

（三）排水系统

1. 市政现状

（1）雨水

空港物流加工区室外雨水设计暴雨重现期$P=1$年，地面排水时间取5min，地面径流系数=0.52，近期排入空港环河，远期排入规划西碱河。

规划沿A320厂区东侧沿京津唐高速公路设有*DN*800～*DN*2400的雨水排水管，走向为自北向南，排入厂区南侧的市政雨水提升泵站。厂区内雨水可就近排入该雨水管线。

（2）污水

规划沿A320厂区东侧沿京津唐高速公路设有*DN*400～*DN*800的污水排水管，走向为自北向南，排入厂区南侧的市政污水提升泵站。最终排入位于空港一期内正在建设的污水处理厂。厂区内污水可就近排入该污水管线。本区域规划污水排放量折合单位面积比流量为0.781L/(s·hm²)。

要求排入污水管网的污水水质满足我国《污水综合排放标准》GB 8978—1996三级标准。

（3）存在的问题

室外已有完善的城市市政设施，且可根据本项目的需求调整于市政管线的接口需求，条件非常宽松。但在室外工程的设计中，由于抢工期，市政雨污水管道敷设在同一标高上，导致污水接入管标高很浅，为本区域的污水管道竖向设计带来很大困难（图1）。

2. 厂区排水系统采用雨污分质排水系统。

污水：卫生间生活污水、无毒无害的生产废水直接排至室外污水管网，最终排至开发区污水管网。雨水：建筑屋面的雨水经雨水排水系统收集后排至厂区雨水管网；地面雨水经雨水口、机坪雨水经细缝排水沟收集后排入厂区雨水管网。冷却循环水排污水、空调冷凝水及雨水，经厂区雨水管网收集后排至开发区雨水管网。

3. 管材

室内生活、普通生产污水的排水管道，均采用柔性排水铸铁管；地下室卫生间排污泵、淋浴间排污泵、雨水泵坑排污泵的压力排水管均采用热浸镀锌钢管；卫生间排水管采用优质聚丙烯 PP 排水管。

图 1 雨污水管共基础图

（为施工方便，雨污水管共基础，管底在同一标高）

二、消防系统

（一）概述

由于厂区面积约 60hm^2，故按照厂区消防用水量最大的 19 号最终装配及飞行检修机库一处发生火灾的需水量进行设计。

厂区内消防系统由消防贮水池、厂区高压消防供水系统、厂区减压消防供水系统、厂区低压消防供水系统；高压及减压系统共用消防供水泵组、前 10min 消防供水及稳压设备；低压系统设有单独的消防供水泵组、前 10min 消防供水及稳压设备。

高压消防系统用于雨淋、消防炮、自动喷水灭火系统（9 号总装及 19 号最终装配及飞行检修机库）工作压力较高的消防系统。

减压消防系统用于厂区其他建筑物内的自动喷水灭火系统及水幕系统等。

低压消防系统用于室内消火栓、泡沫枪、室外消火栓系统等用水压力较低的手动操作系统。

（二）高压及减压消防系统

1. 系统流量设计

厂区内 19 号最终装配及飞行检修机库为该系统用水量最大的建筑，其雨淋系统消防用水量为 880L/s，机库雨淋给水引入管处供水压力不小于 0.80MPa。设计按照该计算结果进行本系统的设计。

2. 消防泵组

系统设计流量 Q=880L/s，设置三台消防泵（两用一备），故每台能力为 880/2/0.9=326L/s。

根据 19 号最终装配及飞行检修机库消防系统及室外管网计算，当系统设计流量达到 880L/s 时，消防泵组出口压力不小于 98m；并同时满足 14 号喷漆机库消防系统设计流量为 220L/s 时，消防泵组出口压力不小于 120m 的要求。

设计采用长轴液下立式柴油消防泵组，根据我国规范设置工作时间为 4h 的柴油箱，并配套控制柜。

3. 为降低厂区内其他自喷系统的工作压力，在高压消防泵组出水分水器处设有两条厂区减压消防系统供水管，减压后供水压力为 0.70MPa，根据 12 号物流中心的自喷及水幕系统用水量 388L/s 设计供水能力。

4. 消防前 10min 供水及稳压设备

由于厂区内建筑高度限制，本系统前 10min 消防用水量贮存于动力站消防泵房内，由消防气体顶压设备供给，并负责平时维持消防管网的工作压力，平时管网稳压压力为消防泵零流量的供水压力。

消防气体顶压设备由气压水罐、稳压装置、集装装置、止气装置、电控系统等组成。稳压水泵工作时将水送至消防给水管网，多余的水进入气压罐，当罐内水位达到设定值时，稳压水泵停止工作，此时系统压力并未达到设定压力值，稳压空压机开始运行；当压力升至稳压压力上限时，稳压空压机便停止工作。当发生火情时，消防装置投入运行，当管网压力降至消防报警压力时，气体定压装置工作将气压罐里的水顶入消防管网，并向管网提供10min的消防用水量。

按照12号物流中心仓库前10min消防用水量约为8m^3；消防报警压力为0.9MPa。设备选用成套产品配套控制箱，并将主要运行参数传至消防值班室。

5. 水泵接合器

根据我国规范，自动喷水灭火系统应设置消防水泵接合器，12号物流中心的用水量约388L/s，故在泵房内设置6套*DN*150的墙壁式水泵接合器。

(三) 低压消防系统

1. 系统流量设计

根据施工图设计，9号总装厂房为室内消火栓用水量最大的建筑，其用水量见表1。

9号总装厂房室内外消防用水量 **表1**

	消防系统	设计秒流量(L/s)	供水时间(h)	用水量(m^3)	备　注
1	室外消火栓	20	2	144	
2	厂房泡沫-水消火栓系统	43	2	309.6	
	总计	63		453.6	

概念设计提出的室内外消防用水量详见表2。

概念设计室内外消防用水量 **表2**

	消防系统	设计秒流量(L/s)	供水时间(h)	用水量(m^3)	备　注
1	室外消火栓	63.2	1	227.52	
2	室内泡沫消火栓系统	10	1	36	
	总计	73.2		263.52	

低压消防系统的消防泵及室外管网的供水能力按照设计秒流量较大的概念设计室内外消防用水量进行设计。

2. 消防泵组：

系统设计流量Q=73.2L/s，设置三台消防泵（两用一备），故每台能力为73.2/2/0.9=40.7L/s；

消防泵扬程按照总装厂房设计参数进行：

扬程=50(消火栓工作压力)+10(室内管网损失)+1.1(消火栓安装高度)+5(泵内损失)+2(室内外高差)+20(室外管网损失)=88.1m，取90m。

故消防泵设计参数为：流量Q=40.7L/s，扬程H=90m。

根据概念设计采用长轴液下立式柴油消防泵组，并配套控制柜。

3. 消防前10min供水及稳压设备

本系统前10min消防用水量贮存于动力站消防泵房内，由消防气体顶压设备供给，并负责平时维持消防管网的准工作压力。

按照9号物流中心仓库前10min消防用水量约为18m^3；消防报警压力为0.9MPa。设备选用成套产品配套控制箱，并将主要运行参数传至消防值班室。

4. 水泵接合器

根据我国规范，本系统应设置消防水泵接合器，系统供水能力为75L/s，故在泵房内设置5套*DN*150的墙壁式水泵接合器。

5. 消防水池

根据概念设计，德国标准的室外消火栓要求供水压力不小于0.35MPa，市政给水管供水压力仅为0.24MPa，不能满足此要求，且室内消防用水量远远大于市政管网供水能力，故需要将室内外消防用水量均贮存于设于动力站的消防水池内。根据我国有关规范，总装生产线区域内按照同时一处发生火灾进行设计，室内外消防用水量最大的建筑物为19号最终装配及飞行检修机库，按照概念设计中的设计值，其计算结果见表3。

19号最终装配及飞行检修机库消防水量 **表3**

消防系统	水或泡沫混合液供给强度 (L/(min·m²))	泡沫混合液流量 (L/s)	供水流量 (L/s)	供泡沫混合液时间 (min)	供水时间 (min)	用水量 (m^3)
泡沫-水雨淋系统	6.5	880	854	10	60	3152
泡沫枪系统		8	7.76	20	60	27.9
室内消火栓系统			11.4		180	123.12
室外消火栓			35		180	378
合计						3681

根据上述计算，动力站消防贮水池的设计容积为3700m³，分为两格，每格容积为1600m³，吸水井容积为700m³，总容积为3900m³，并根据概念设计要求另设一个同样容积$V=1600m^3$的水池作为备用，故水池总容积为1600×3+700=5500m³。并为消防泵设共用吸水井供消防泵吸水，每个贮水池均和吸水井连通，在连通处设置检修方闸供消防贮水池检修时用。在每个消防水池及吸水井内均设有补水管，补水由城市供水管直接供水。

6. 厂区内各建筑物消防系统设置统计见表4。

主要建筑物消防系统统计 **表4**

建筑编号	建(构)筑物名称	室内消火栓系统	泡沫枪系统	自喷系统	泡沫自喷系统	雨淋系统	泡沫炮系统	气体灭火系统	水幕系统
9	总装厂房	√	√	√			√		
12	物流中心	√		√				√	√
14	喷漆厂房	√	√	√	√		√	√	
16	动力站	√		√					
19	最终装配及飞行检修机库	√	√	√		√			
20	燃油测试机棚	√	√						
21	称重机库	√	√				√		

三、设计特点

(一) 设计方案的选择

由于设计方案基于德方概念完成，故许多方案的比选要在概念设计基础上进行，这样导致在接受概念设计方案之前，我们首先要充分论证概念设计的可行性，在确认可行后加以应用。表5、表6是论证后的结论。

室内给水排水比较 **表5**

	概念设计	中国常规设计	设计方案
给水系统	Drinking water (饮用水) Service water (服务用水)	生活给水 中水	净水＝drinking water(完全采纳概念设计的基本方法,配管按照中国方法计算) 冷水:水质＝生活给水 用途＝中水

续表

	概念设计	中国常规设计	设计方案
循环冷却水	闭式冷却塔 闭式冷却水系统 喷淋水循环及处理系统	开式冷却塔 开式系统	按照概念设计
给水制备	冷水一金属网过滤器过滤 净水一活性炭＋紫外线消毒 RO水一保安过滤器＋RO膜	冷水一不处理 净水一保安过滤器＋UF膜 RO水一UF膜＋RO膜	冷水一金属网过滤器过滤 净水一活性炭＋紫外线消毒 RO水一UF膜＋RO膜

室外给水排水比较 **表6**

	概念设计	中国常规设计	设计方案
管网阀门	直埋阀门	设于检查井内	设于检查井内
排放处监测	污水一设COD在线仪 雨水一设TOC在线仪、闸门、事故排水泵	污水一水质定期检查、设巴氏计量槽(天津市要求) 雨水一无具体要求	污水一设COD在线仪、设巴氏计量槽 雨水一设TOC在线仪、闸门、事故排水泵
雨水集水器	由于受污染的雨水和露天排放的含油生产废水	将雨水和生产废水分开,并对生产废水单独处理	由于受污染的雨水和露天排放的含油生产废水

（二）净水系统设计特点

1. 以用水量较大的用水点为管网末端，尽量缩短水流量低的支管长度，一处用水，整个管网得到更新。

2. 设计管道流速高于1m/s，一般为1.5～2m/s。

3. 设计管网停留时间小于24h。

4. 建筑物给水引入管处供水压力不小于0.3MPa。

5. 在建筑物给水引入管和最后一个用水点处设置取样龙头，用于水质化验。

（三）热水系统设计特点

1. 为防止污染，任何设备不设旁通管。

2. 为防止污染，不安装循环泵的备用泵，但在库房内备用一台。

3. 为防止污染，热水加热器膨胀罐采用无死水的双接口产品。

4. 为防止污染，热水系统最高点不设放气阀。

5. 热水循环系统设置夜间自动杀菌的功能（为防止烫伤发生，在淋浴器出水口设防烫温度平衡阀）。

6. 保证热水循环系统温度的措施：

（1）回水支管末端设恒温循环阀；

（2）混水龙头各支管入口处自带止回阀（或净水、热水供水管上设止回阀）；

水-水换热设备流程与国内通用做法也相去甚远，主要他们充分利用了热水罐分层的特点，热水用量大时，由热交换器和热水罐同时供水。

典型系统见图2。

（四）污水系统设计特点

1. 室内埋地污水管直径不能小于100mm。

2. 排水管不得采用PVC-U管（由于其燃烧时产生有毒有害气体，PVC-U管道为空客禁用管材）。

3. 室外埋地轻油隔油器必须采用带有集油网的产品使出水达到排放标准。

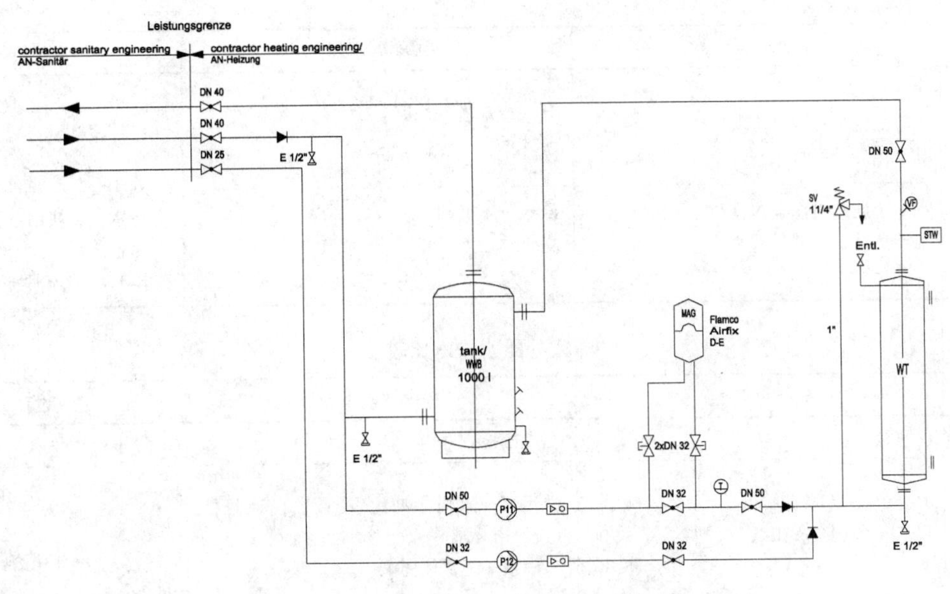

图 2　热水系统图

4. 雨水管网收集到的 TOC 超标的消防水或初期雨水，均排入污水管道。

（五）雨水系统设计特点

1. 为防止飞机发动机的强大气流将拖机道两侧排水沟内的杂物吸入飞机发动机，有飞机的工作面均采用了隙缝排水的方式。

2. 机库的屋面溢流雨水系统的排出管，为了避免室外淹水导致排水不畅，从地面以上的侧墙排出。

3. 概念设计中室外埋地管道采用了一种小管接入大管的特殊硬橡胶接头，可有效减少连接管道时设置检查井的数量，由于国内没有此产品，我们采用了做连接暗井的做法。

4. 可能受到油污污染的停机坪雨水利用排水管道容积滞留，经过隔油器隔除油污后才排入雨水系统。

（六）消防系统设计特点

1. 在重要的生产厂房内设置了德标消火栓：出水量 3.33L/s (200L/min)，持续供泡沫液时间 10min，不贮存备用泡沫液，最多同时使用 3 个，详见图 3。

图 3　德标消火栓

2. 在泄爆面积不足的漆料库和调漆间内，设置了用于抑爆的全淹没二氧化碳系统。

3. 在三类喷漆机库内按照德方概念设计设置了全覆盖的泡沫炮系统。

4. 室外消火栓按照临时高压制供水。

5. 根据 FM 的要求，在总装厂房的整机油路测试区设置了手动泡沫炮，虽然本区域火灾危险性定为丙类。

6. 柴油消防泵房根据 FM 要求，设置湿式自喷系统。

7. 根据概念设计和 FM 要求，贮存价值不菲航材的航材库没有设置预作用系统，而是设置了湿式自喷系统。

（七）综述

1. 本项目在设计过程中在节能环保方面吸收了如下几个方面的先进理念：

(1) 污水排放口设置 COD 在线检测，不达标不允许排放。

(2) 雨水排放口设置 TOC 在线检测，不达标排入污水系统。

(3) 受油污污染的雨水经隔油池处理达标后才可排入水体。

2. 在消防安全方面吸收了如下几个方面的先进理念：

(1) 丙类油品燃烧形成的火灾与甲乙类一样需要泡沫系统扑救。

(2) 在重要场所，采用浸润性比水好的泡沫消防栓。

(3) 在泄压面积不足时，可采用喷放气体灭火剂抑制爆炸的产生。

当然，在其他方面也有很多的收获，如热水系统的夜间杀菌功能使得热水供水系统更安全等等，但就环保和消防安全方面，感觉收获更丰富，对推动国内的设计理念进步具有较深远的意义。

四、工程照片及附图

9 号总装厂房

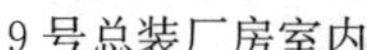

9 号总装厂房室内

14 号喷漆厂房

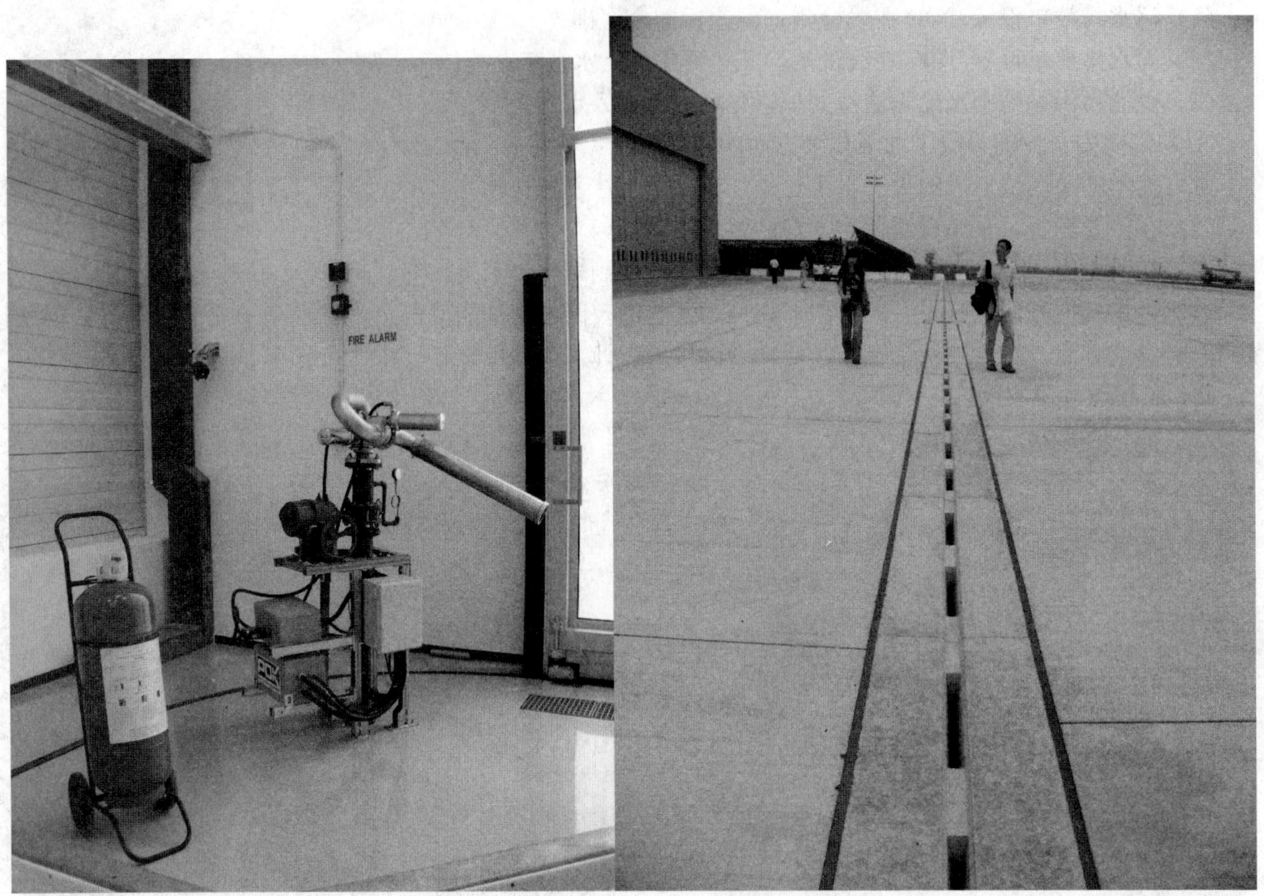

14 号喷漆厂房泡沫消防炮

机坪细缝排水

工业建筑类　二等奖

北京空港配餐有限公司2号配餐楼工程

设计单位：中国中元国际工程公司
设 计 人：申刚　李会涛　王玉玲 赵印涛
获奖情况：工业建筑类　二等奖

工程概况：

北京空港配餐有限公司2号配餐楼位于首都机场北区，主要为进出T3B、T3C航站楼的国际航班提供航空配餐服务，是国内目前最高端的配餐生产楼（图1）。设计生产能力一期为日产1.8万份，二期最终能力为2.5万～3万份。一期工程包括综合配套楼、配餐生产楼、门卫、锅炉房、洗车台等附属建筑物，其中综合配套楼建筑面积约$8300m^2$，共四层，建筑高度16.6m，配餐生产楼建筑面积约$25000m^2$，二层，局部地下层为设备机房，其东侧为高架库房，高度20.2m。二期工程预留生产楼。

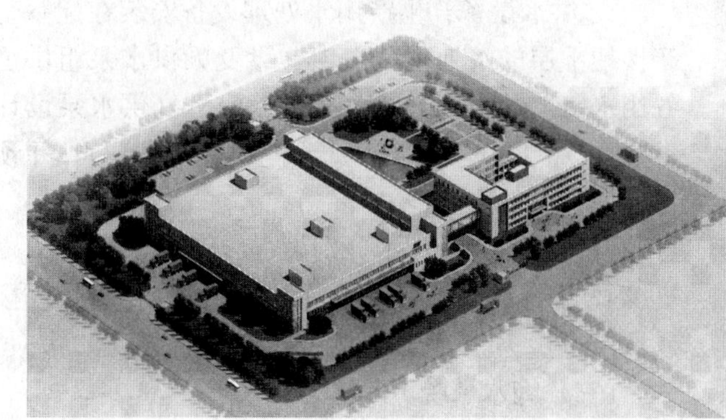

图1　北京空港配餐有限公司全景

一、给水排水系统

（一）给水系统

1. 用水量

一期工程生产生活用水量见表1。

一期工程生产生活用水量　　**表1**

序号	用水名称	用水定额	数量	用水时间(h)	小时变化系数	总用水量 最高日(m^3/d)	总用水量 最大时(m^3/h)	备注
1	生产用水	35L/份	18000	16	2	630.0	78.75	含纯水用量
2	生产人员生活用水	50L/(人·班)	550	16	2.0	27.5	3.44	
3	行政人员生活用水	40L/(人·班)	200	8	2.0	8.0	2.00	
4	淋浴用水	40L/(人·次)	550	2	1.0	22.0	11.00	
5	冲洗汽车	500L/(辆·次)	30	8	2.0	15.0	3.75	
6	空调冷却水系统补水	循环水量$1100m^3$/h	1.50%	18	1.0	297.0	16.50	
7	绿化及道路浇洒	4L/(m^2·d)	31000	6	1.0	124.0	20.67	
8	小计					1213.5	136.10	
9	未预见水量	10%				112.4	13.61	
10	总计					1235.9	149.71	

2. 水源：本工程生产、生活给水及消防给水水源为市政给水。

3. 给水系统：淋浴、卫生间等生活用水、送餐车清洗、空调冷却塔补水、锅炉房补水使用市政自来水，由市政给水管网直接供给。供水压力0.35MPa。入口处设水表计量。

4. 管材：室内给水干管及立管采用衬塑钢管，沟槽连接或丝接。暗装支管采用PP-R管。室外给水管采用钢丝网骨架塑料复合管，熔接。

图2 生产用水处理机房

(二) 生产给水系统

1. 用水量：为满足配餐生产用水对水质的要求，对市政自来水进行预处理，一期工程处理量80m³/h，二期处理量120m³/h，一期设两个处理水量40m³/h的单元，二期再增加一个单元。

2. 处理工艺：

市政自来水→[砂滤器]→[炭滤器]→[软化器]→[微米过滤器]→[加药]→[生产净水箱]→[紫外线消毒器]→[变频供水泵组]→生产用水

图3 纯水处理设备

3. 供水设备：生产用水处理设备安装在配餐生产楼地下层的水处理站房内，设变频供水泵组供至各用水点，共设3台泵，两用一备，（供水泵设计参数：$Q=40m^3/h$，$H=35m$，$N=7.5kW$），并预留二期设备的安装空间。

各厨房的生产用水分别设远传水表计量。

4. 管材：生产给水管采用薄壁不锈钢管，焊接或环压连接。

(三) 纯水系统

1. 机舱小车清洗机、多功能托盘/碗碟清洗机及面点制作使用纯水，用水量3m³/h，纯水水质要求电阻率0.5～1MΩ/cm。

2. 纯水工艺流程：

生产用水软化器出水→[原水水箱]→[原水增压泵]→[砂滤器]→[炭滤器]→[软化器]→[微米过滤器]→[反渗透]→[纯水箱]→[变频泵]→[紫外线消毒器]→用水点

3. 管材：纯水给水管采用薄壁不锈钢管，环压连接。

(四) 热水系统

1. 热水用水量（表2）

2. 热源：太阳能热水系统作为生产生活热水供水的首选热源，由锅炉房提供的蒸汽作为保证热源，保证生产生活热水的供水温度。

3. 太阳能热水系统

在配餐生产楼屋面设置太阳能集热器，在地下层换热站内设热水箱、循环泵及板式换热器，作为生产生活热水系统的首选热源。

一期工程生产生活热水用水量表（60℃热水） 表2

序号	用水名称	用水定额	数量	用水时间(h)	小时变化系数	用水量		备 注
						最高日(m^3/d)	最大时(m^3/h)	
1	生产用水	18L/份	18000	16	2.0	315.0	39.38	
2	生产人员生活用水	5L/(人·班)	550	16	2.0	5.5	0.69	
3	行政人员生活用水	10L/(人·班)	200	8	2.0	2.0	0.50	
4	淋浴用水	26L/(人·次)	550	2	1.0	14.3	7.15	
5	合计					336.8	47.71	

图4 配餐生产楼屋面太阳能

太阳能集热器采用热管式真空管集热器，考虑屋面面积及投资，设置集热器面积约3000m^2。地下层换热站内设100m^3生产贮热水箱及12m^3生活贮热水箱，设温差循环泵循环，使贮热水箱内水温提高，分设生产、生活热水换热器及循环泵作为生产、生活热水预热，以节约能耗。

温差循环泵循环3台，两用一备，单台参数Q=45m^3/h，H=50m，N=18.5kW；太阳能热水系统二级循环泵（生产热水）2台，一用一备，单台参数Q=30m^3/h，H=10m，N=3kW；太阳能热水系统二级循环泵（生活热水）2台，一用一备，单台参数Q=6m^3/h，H=10m，N=0.75kW；生产热水温差循环泵2台，一用一备，Q=6m^3/h，H=10m，N=0.75kW；生活热水温差循环泵2台，一用一备，Q=6m^3/h，H=10m，N=0.75kW；生产热水变频给水泵3台，两用一备，Q=22m^3/h，H=35m，N=4kW；生活热水变频给水泵2台，一用一备，Q=22m^3/h，H=35m，N=4kW；生产热水板式换热器15m^2，生活热水板式换热器3m^2。

4. 管材：热水系统管材同冷水给水。

（五）排水系统

1. 排水系统的形式：采用雨、污、废分流。

2. 污、废水排水系统：生活污水经化粪池处理后排入市政排水管道。厨房含油废水经隔油池处理后排入市政排水管道。洗车废水经隔油沉淀池处理后排入市政排水管道。地下层消防泵房、换热站、冷冻站、水处理站及纯水站内设集水坑，坑内废水由潜污泵提升排放。

3. 雨水排水系统：生产楼屋面雨水采用虹吸式内排水，综合配套楼及其他建筑采用重力外排水。雨水排入室外雨水管道。屋面虹吸雨水设计重现期采用10年，重力雨水设计重现期采用5年。室外雨水分别向北、东方向排入市政雨水排水沟。

4. 管材：室内排水管采用机制柔性连接排水铸铁管；有压废水管采用热镀锌钢管；虹吸雨水管采用HDPE管；重力流雨水管采用热镀锌钢管。室外雨水及污水排水管采用高密度聚乙烯（HDPE）管。

二、消防系统

（一）消火栓系统

室外消防采用低压制，由市政给水管道直接供给，发生火灾时由消防车加压灭火，室外消火栓给水系统用水量40L/s，火灾延续时间3h。

本工程配餐生产楼、综合配套楼、高架库及二期生产楼均设有室内消火栓给水系统，室内消火栓用水量20L/s，火灾延续时间3h，各单体建筑物共用一套室内消火栓给水系统。

室内消火栓给水系统采用临时高压制，系统由消防水池、消火栓加压泵、室内消火栓环状管网、室内消火栓、水泵接合器、屋顶水箱及增压稳压装置等组成。消防水池、消火栓加压泵及增压稳压装置设在配餐生产楼地下层消防泵房内，屋顶水箱设在综合配套楼屋顶水箱间内。

各单体建筑物室内消火栓给水系统均布置成环状管网，消火栓布置均按有两股消火栓的水枪充实水柱同时到达任何部位设置，其中配餐生产楼、综合配套楼内水枪充实水柱不小于10m，高架库房水枪充实水柱不小于13m。

室内消火栓给水管道采用热镀锌钢管。

（二）自动喷水灭火系统

综合配套楼、配餐生产楼及高架库均设有室内自动喷水灭火系统。

自动喷水灭火系统采用临时高压制，系统由消防水池、自喷加压水泵、报警阀、水流指示器、闭式喷头、喷洒管网、水泵接合器、屋顶水箱及增压稳压装置等组成。消防水池、自喷加压泵及增压稳压装置均设在配餐生产楼地下消防泵房内。屋顶水箱设在综合配套楼屋顶水箱间内。

综合配套楼、配餐生产楼按中危险级Ⅰ级设置湿式自动喷水灭火系统，喷水强度为6L/(min·m^2)，作用面积为160m^2，设计水量为20.8L/s，持续喷水时间为1h。配餐生产楼内的保税品库房、餐具库按仓库危险级Ⅱ级设置预作用自动喷水灭火系统，喷水强度为15L/(min·m^2)，作用面积为280m^2，设计水量为91L/s，持续喷水时间为2h。高架库按仓库危险级Ⅱ级设置自动喷水灭火系统，喷水强度为15L/(min·m^2)，作用面积为280m^2，货架内开放喷头数14个，设计水量为118L/s，持续喷水时间为2h。

图5 高架库

综合配套楼及配餐生产楼采用$K=80$的普通闭式喷头，动作温度为68℃，热厨内动作温度93℃，高架库及厂房内库房顶板下采用$K=165$大口径标准覆盖面洒水喷头，动作温度为74℃，高架库货架内采用$K=115$的快速响应标准覆盖面喷头。

自动喷水灭火系统给水管道采用热镀锌钢管。

（三）消防水池泵房及屋顶水箱

消防水池和消防泵房设在配餐生产楼地下层，消防水池的容量为1000m^3，分为2格，泵房内设2台消火栓加压泵和3台自动喷水加压泵。

消火栓加压泵2台，一用一备，水泵参数：$Q=0\sim20$L/s，$H=0.60$MPa，$N=22$kW。

自动喷水加压泵3台，两用一备，水泵参数：$Q=0\sim60$ L/s，$H=0.80$MPa，$N=75$kW。

消防水箱设在综合配套楼屋顶消防水箱间内，有效容积$V=18$m^3。在配餐生产楼地下消防泵房内设消火栓增压稳压系统和自动喷水灭火增压稳压系统各一套，保证消火栓及自喷系统火灾初期10min消防用水，并维持平时管网压力。

消火栓增压稳压设备：稳压泵2台，1用1备，水泵参数：$Q=5$L/s，$H=0.8$MPa，$N=7.5$kW，稳压罐1台，型号SQL1000×0.6，调节容积300L。

自喷系统增压稳压设备：稳压泵2台，1用1备，水泵参数：$Q=1$L/s，$H=0.94$MPa，$N=3$kW，稳压罐1台，型号SQL1000×0.6，调节容积450L。

（四）厨房灭火系统

热厨厨岛处设置厨具灭火系统。厨具灭火设备根据厨具的具体形式配套，自动探测，喷射灭火。

三、工程特点介绍

配餐生产是与给水排水关系密切的生产工艺，在生产过程中的粗加工、洗切、热加工、打冷、拼摆、贮存、餐车餐具洗涤等环节都需要相应的给水排水系统，且项目用水点多、用水量大，并对卫生清洁、供水安全都有较高要求。

给水排水主要设计特点总结如下。

（一）配餐生产用水定额的合理确定

配餐生产的用水定额目前在国内没有相关规范标准，不同的配餐生产工艺、不同配餐公司的生产习惯，不同的品质要求对配餐生产用水量都会有较大影响，而生产用水量的确定对各系统设置至关重要，因此在设计开始前进行了专门研究。参考本院之前设计的各配餐楼的用水量设定，对国内外各机场航空公司的配餐生产进行调研，并收集了北京空港配餐有限公司1号配餐楼的用水量统计，对数据进行分析研究，结合本配餐工艺设备的配置，确定生产用水定额为35L/份。

图6　太阳能集热器布置

经过目前的实际生产验证，此定额是恰当、合理的。

（二）分质供水

针对生产、生活各环节供水的不同要求，采取了分质供水系统。包括：生活给水系统、生产给水系统、纯水系统及冲厕给水。

（三）太阳能热水系统的应用

对于大规模的玻璃真空管集热器，水力平衡是设计的重点，结合集热器的布置情况，把集热器分为5个区域，每个区域内的集热器进行串联后再并联，区域内的集热器连接管道采用同程布置，并设置集分水器和压力调节阀控制各区域的水力平衡。由于配餐楼屋面设备较多，在集热器的安装时，采用了葡萄架式支架，横管水平安装，既保证集热效果，又保证了美观，同时也起到了屋面遮阳的作用。

太阳能热水系统的设置年节约能耗约322.9t标煤。

（四）细节的设计

1. 生产废水的排放

生产废水排放不畅是以往配餐楼设计中普遍存在的问题，尤其是热厨部分，常常会有汤锅瞬间的大流量排水，造成淤塞溢出，在本项目的设计中，通过精确计算，采取局部加大排水沟宽度和深度、增大排水管径等措施，较好地解决了此问题。

2. 清洗车接口箱设计

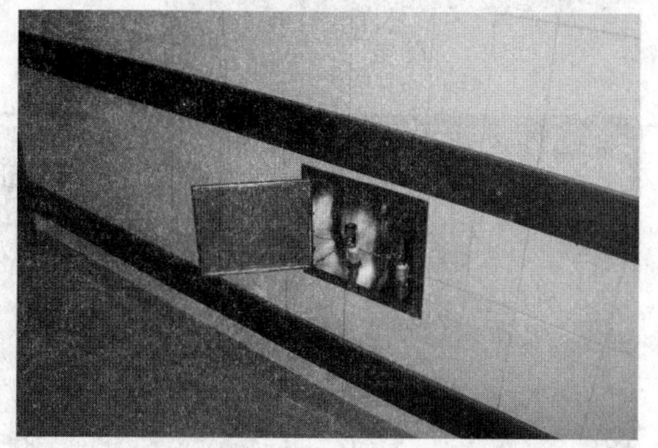

图7　清洗车给水接口箱

配餐生产房间有严格的清洁要求，地面需经常冲洗，本配餐楼采用清洗车配专用清洗液的地面清洗方式，为此在需要清洗的车间及走廊区域专门设计了为清洗车加水配液的供水接口箱，箱内设置冷、热水快速接口，箱体采用不锈钢材质，嵌入墙内，既保证美观、清洁又方便实用，在投入运行后此设计得到使用方一致好评。

四、工程照片及附图

北京空港配餐有限公司全景

配餐生产楼屋面太阳能

冷库

热厨 1

热厨 2

餐具清洗

加工车间

入口洗涤及风淋

冷却塔

太阳能集热器布置

太阳能热水管线

太阳能热水机房

生产用水处理机房

生产用水处理设备

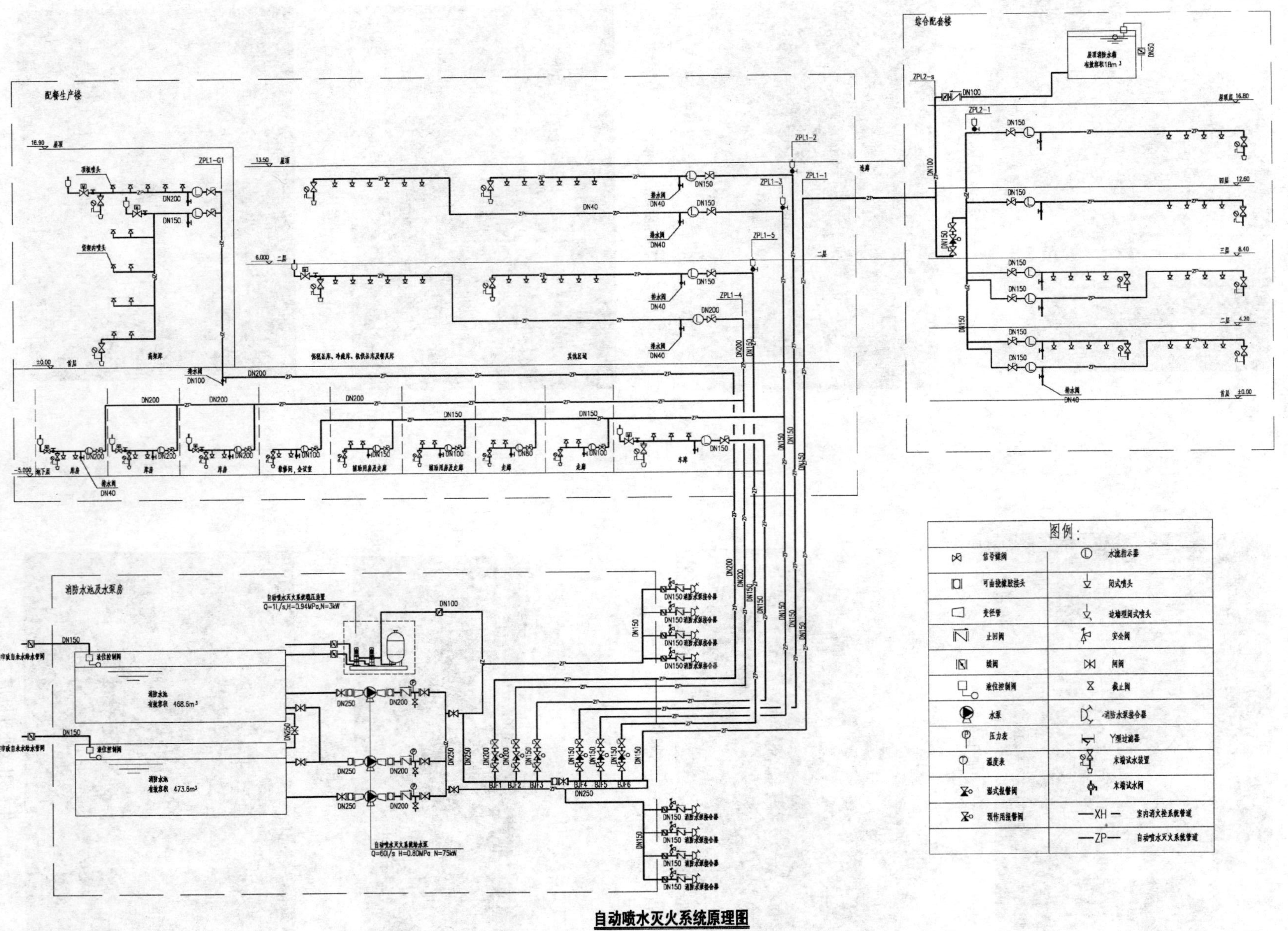

自动喷水灭火系统原理图

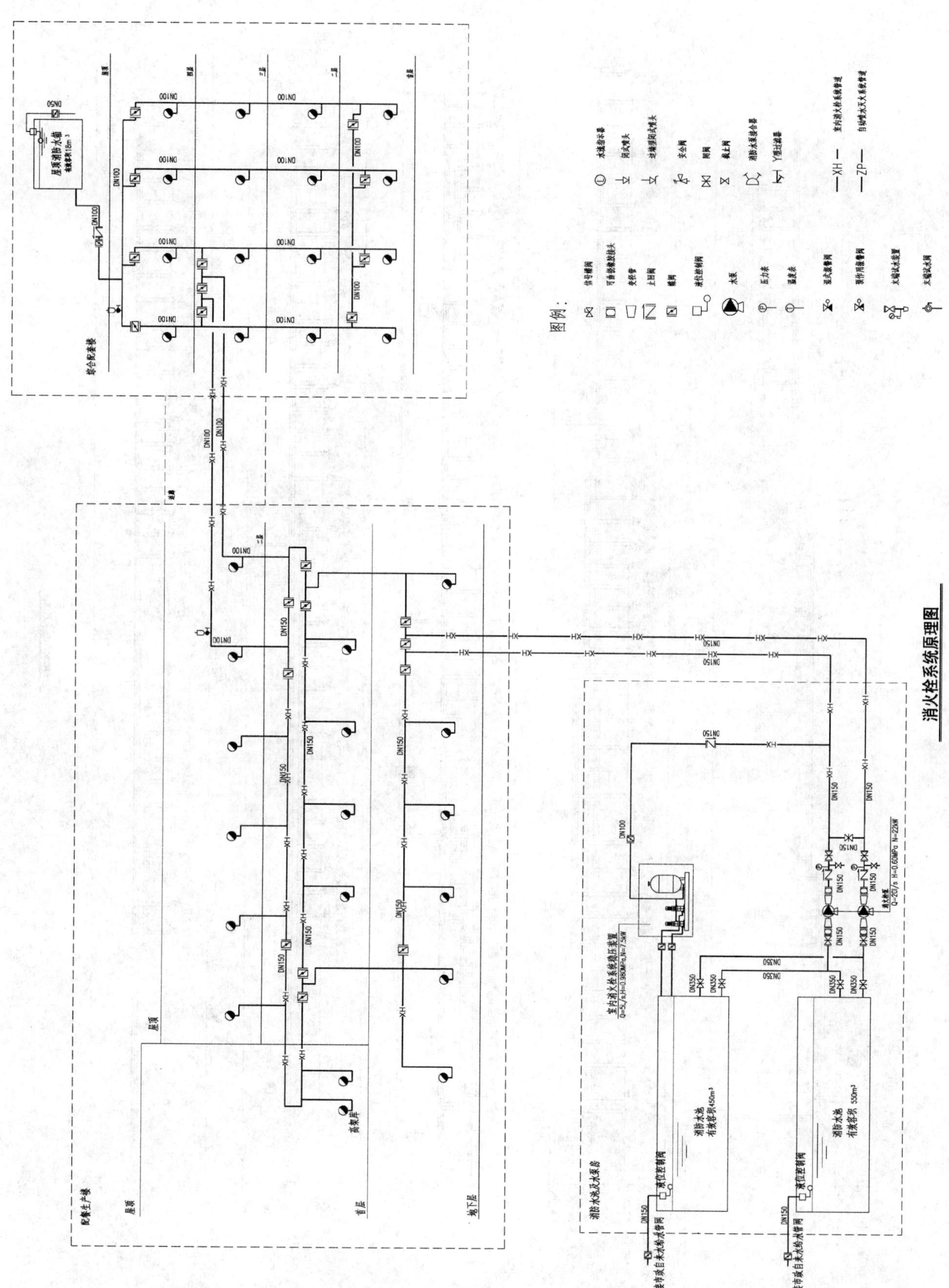

消火栓系统原理图

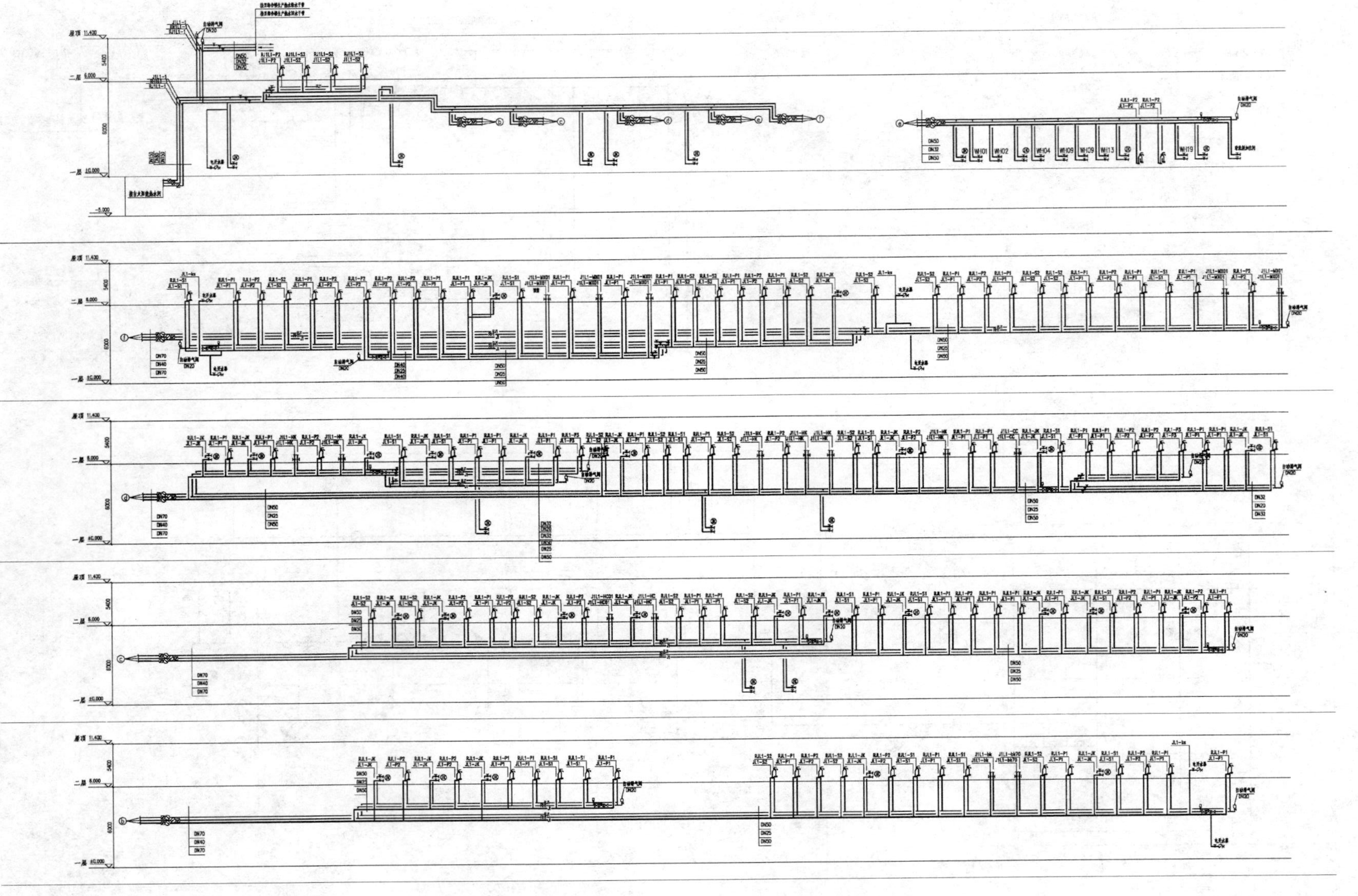

生产给水，热水系统图

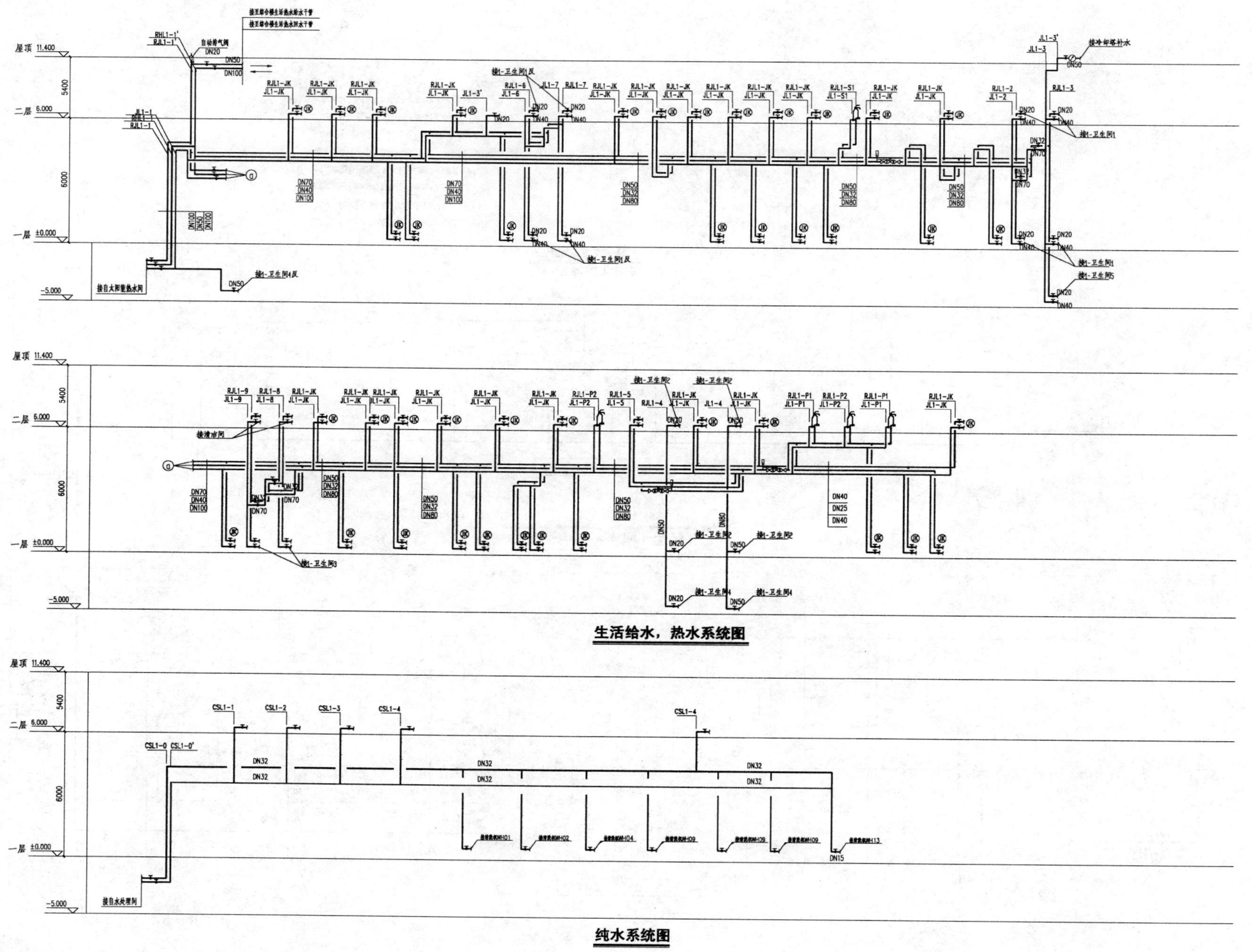
屋顶 11.400
二层 6.000
一层 ±0.000
-5.000
5400
6000
生活给水，热水系统图
纯水系统图

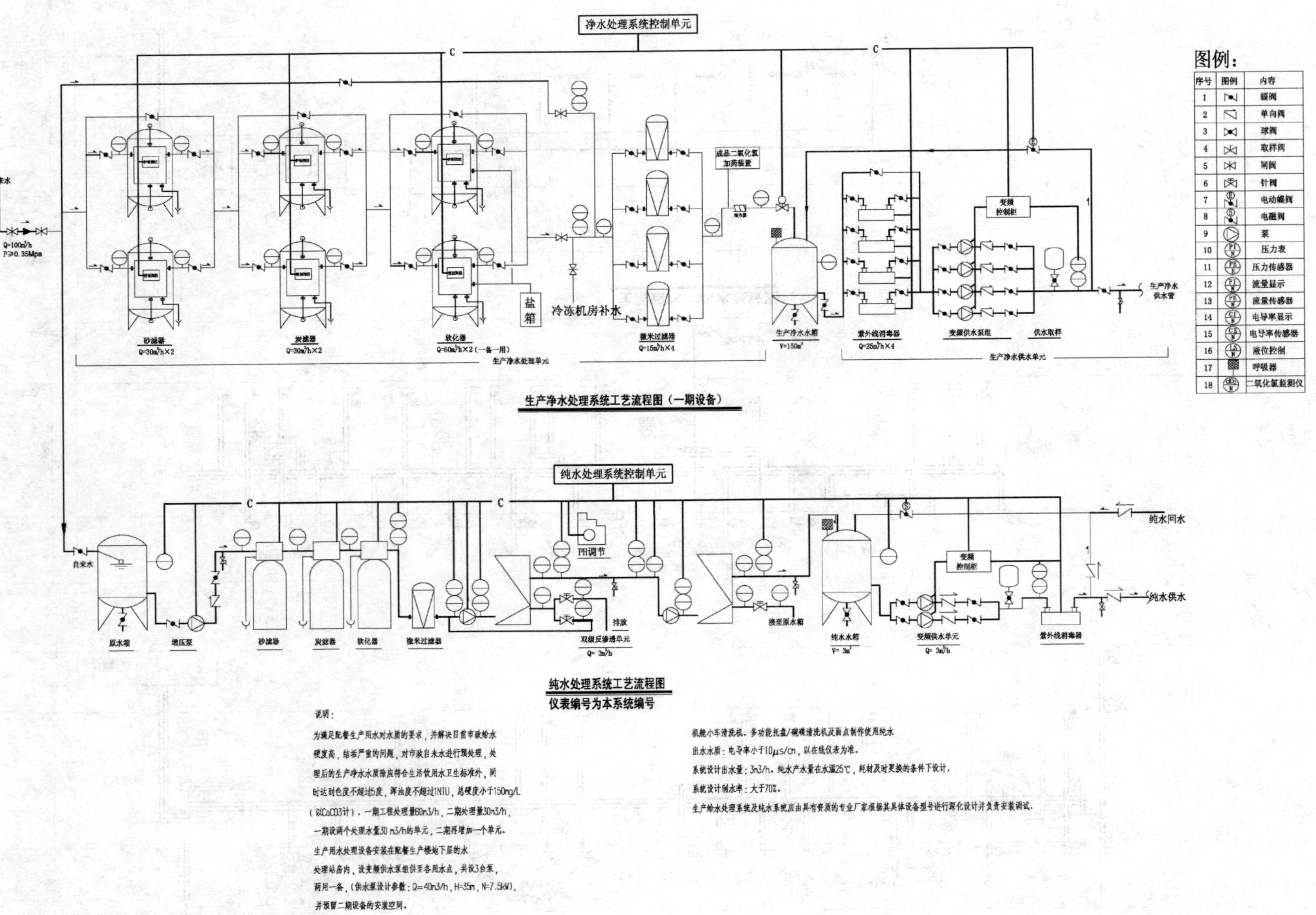

生产净水处理系统工艺流程图（一期设备）

纯水处理系统工艺流程图
仪表编号为本系统编号

图例：

序号	图例	内容
1		蝶阀
2		单向阀
3		球阀
4		取样阀
5		闸阀
6		针阀
7		电动蝶阀
8		电磁阀
9		泵
10		压力表
11		压力传感器
12		流量显示
13		流量传感器
14		电导率显示
15		电导率传感器
16		液位控制
17		呼吸器
18		二氧化氯监测仪

说明：

为满足配餐生产用水对水质的要求，并解决目前市政给水硬度高，结垢严重的问题，对市政自来水进行预处理，处理后的生产净水水质除应符合生活饮用水卫生标准外，同时达到色度不超过5度，浑浊度不超过1NTU，总硬度小于150mg/L（以CaCO3计）。一期工程处理量60m3/h，二期处理量30m3/h，一期设两个处理水量30 m3/h的单元，二期再增加一个单元。

生产用水处理设备安装在配餐生产楼地下层的水处理站房内，设变频供水泵组供至各用水点，共设3台泵，两用一备，（供水泵设计参数：Q=40m3/h，H=35m，N=7.5kW），并预留二期设备的安装空间。

机舱小车清洗机、多功能托盘/碗碟清洗机及面点制作使用纯水

出水水质：电导率小于10μs/cm，以在线仪表为准。

系统设计出水量：3m3/h。纯水产水量在水温25℃，耗材及时更换的条件下设计。

系统设计制水率：大于70%。

生产给水处理系统及纯水系统应由具有资质的专业厂家根据其具体设备型号进行深化设计并负责安装调试。

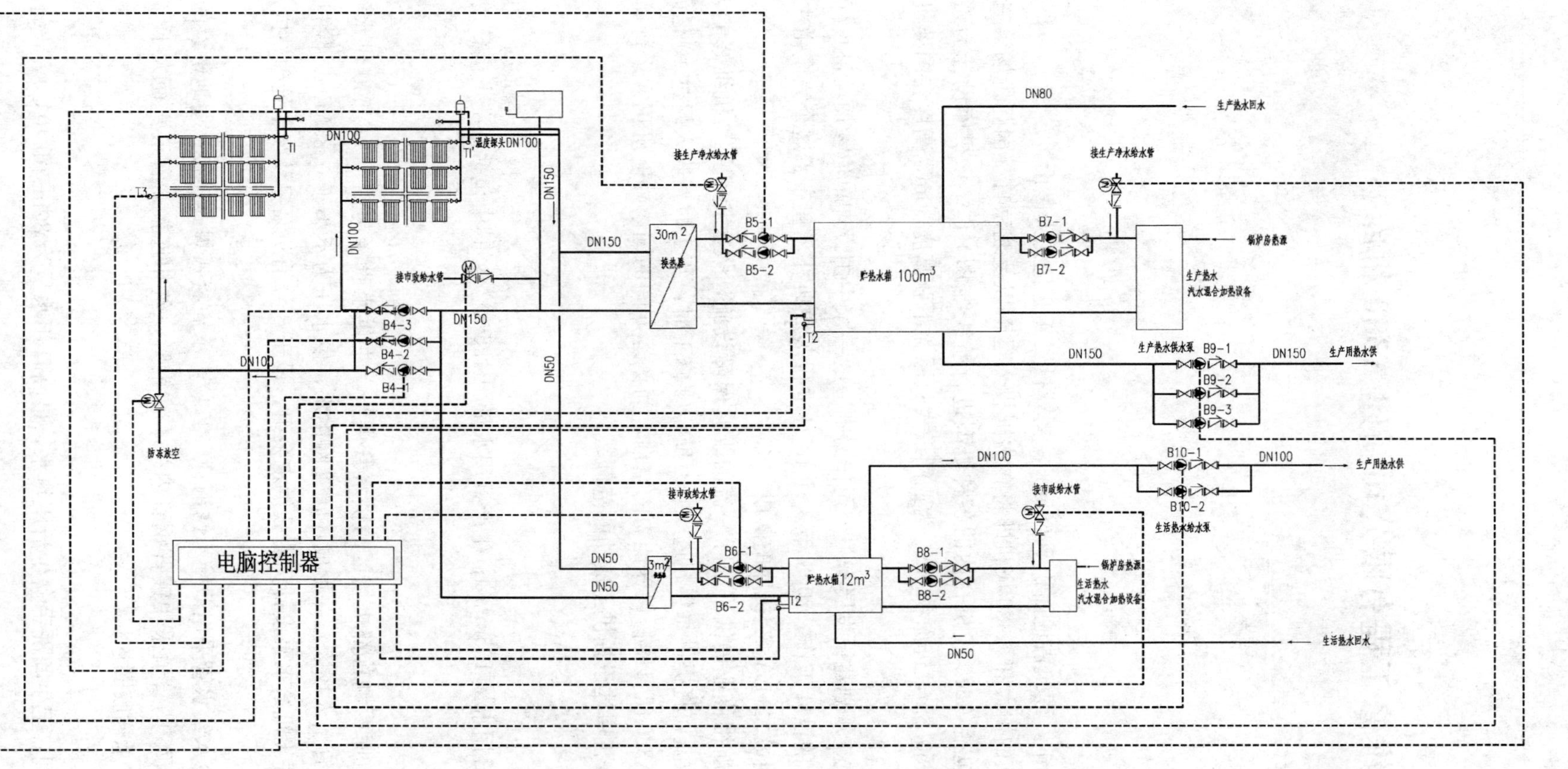

说明：

本系统设计为Φ102热管太阳能+现有锅炉辅助加热运行方式，系统采用工业级可编程控制器，可实现无人值守全自动运行，并达到优先和充分利用太阳能基础上，根据用户用热水需求，保证用户热水需要的效果，具体运行原理如下：

1、太阳能系统：.当太阳能集热器水温T1高于储热水箱水温T2设定值10℃时，控制器使温差循环泵(B4-1，B4-2，B4-3)中的两台和(B5-1，B5-2)中的一台启动，

将储热水箱内较低温度的热水经过板式换热器加热；如此不断，使储热水箱水温不断升高。当储热水箱温度T2＞62℃时，换热器泵停止，

太阳能侧电磁阀打开，使生产热水经过换热器初加温后注入水箱。当T2=60℃时，电磁阀关闭，自动转入温差循环状态。当水箱处于满水位时，系统转入温差循环，当水位下降时先打开电磁阀将水温降到60℃，再转入温差循环。

2、辅助加热：

（1）当水箱水位小于设定最低水位时，辅助加热侧电磁阀打开，生产水经过汽水混合加热设备加热到60℃注入水箱，当水位等于设定高度时停止。

（2）当太阳能集热器温度T1低于水箱温度T2时，同时水箱温度T2<58℃）时（根据实际可调），板式换热器循环泵(B7-1，B7-2)启动，当水箱温度T2=62℃时，停止。

3.防冻控制：系统采用循环防冻加应急排空防冻模式。

（1）防冻循环：当T3低于5℃，循环泵自动启动，当T3大于等于8℃时，循环泵自动停止；

（2）应急排空：当冬季温度较低，循环防冻无法保证时，可打开泄水阀门，将室外管路中的水放空，达到防冻的目的。

4、太阳能系统补水电磁阀：当补水箱水位低于设定值时，打开。否则，关闭。当T3<5℃时，关闭。

太阳能热水系统应由具有资质的专业厂家根据具体设备型号进行深化设计并安装调试。

太阳能热水系统原理图

北京飞机维修工程有限公司新建 A380 机库

设计单位： 中国航空规划建设发展有限公司
设计人员： 杨立红　陈洁如　孔庆波　刘芳　毕莹
获奖情况： 工业建筑类　二等奖

工程概况：

新建 A380 机库建筑面积 64285m²，建筑占地面积 50665m²，概算投资 4.9 亿元人民币。

本项目的建设系为满足国航机队的扩大和 A380 飞机即将在中国投入运营以及北京首都国际机场第三期扩建规划的要求进行的，用于满足包括 A380 飞机在内的各种机型进行航线维修工作。该机库设计为跨度 176.3m＋176.3m（连跨），净跨度 350.8m，进深 110m，为亚洲最大；屋盖下弦高度 30m，高度在同类机库中最高。

本项目是国际竞标项目，中国航空规划建设发展有限公司作为唯一的一家中国设计单位参加项目投标并获得了中标，独立承担并完成了项目的设计工作。2008 年 3 月 18 日举行落成典礼，宣布了这个完全由中国设计建造的世界级高难度工程－亚洲最大的 A380 机库的落成。

A380 机库工程的建成为我国民航维修业提供了国际一流的维修保障设施，大大提高了飞机维修能力，为企业带来巨大的经济效益和社会效益，将提供每年超过 500 万航线维修工时，年工时费收入超过 10 亿元。该机库的建设填补了北京首都机场 A380 机型维修保养能力的空白，为奥运期间的国内外航班正常运行提供了强有力的保障，也为国内航空维修机库建设提供了成功的范例。

一、给水排水系统

（一）给水系统

1. 生产生活用水量：高日生活日用水量 105m³/d；生产日用水量 104.6m³/d；其中包括冲洗飞机日用水量 74m³/d。

2. 水源

本工程的生活、生产用水由该机库西侧首都机场区的供水管供给，主供水管径为两根 *DN*500 供水管，自该主管道上接两根 *DN*250 的给水管引入场区，并形成环状管网供水，供水压力不小于 0.35MPa。除机库冲洗飞机用水外，均无需加压。冲洗飞机给水泵设计为变频供水泵组，设于 3 号消防泵房及废水处理站内。

3. 管材

明装的、地沟内敷设的生产、冷水给水管采用薄壁不锈钢管（304），承插氩弧焊式连接；埋地敷设的生产、生活给水管，管道直径小于 *DN*75 的管道采用镀锌钢管内衬不锈钢管，丝扣连接；管道直径大于等于 *DN*75 的管道采用球墨给水铸铁管，承插胶圈连接。

（二）热水系统

1. 热水系统主要供应机库淋浴间、卫生间洗手盆生活用热水，最高日用水量为 80m³/d(40℃)，设计小时耗热量 1152.3kW。

2. 热源

由新建锅炉房统一供给，并由太阳能集热器和燃气锅炉联合供热。热水供应方式设计为定时供水，按企业上班制度每日供应四次，每次供水时间 1h，用水前应对系统管网内的冷水进行强制循环使之预热。

3. 管材

明装的、地沟内敷设的热水给水管采用薄壁不锈钢管（304），承插氩弧焊式连接。

（三）中水系统

1. 中水回用部位为机库附楼的大便器、小便器及清洗车辆等，中水原水量 80m^3/d，回用水量约 50m^3/d。中水给水系统设计秒流量为 3.85L/s，最不利用水点的水压值不小于 0.1MPa。

2. 供水方式及给水加压设备

中水处理设备设于 3 号消防泵房及废水处理站内。中水给水泵设计为变频供水泵组，并设于 3 号消防泵房及废水处理站内。

3. 管材

明装的、地沟内敷设的中水给水管采用镀锌钢管衬塑钢管，丝扣连接；埋地敷设的中水给水管，管道直径小于 *DN*75 的管道采用镀锌钢管内衬塑钢管，管道直径大于等于 *DN*75 的管道采用球墨给水铸铁管，承插胶圈连接。

（四）排水系统

1. 排水系统采用分质排水系统，卫生间生活污水、无毒无害的生产废水直接排至室外污水管网，最终排至首都机场污水管网。

2. 机库内飞机清洗废水、地井的排水，因含有清洗剂和油污，分别排至 3 号消防水泵房及废水处理站的废水调节池，经处理达标后排放；淋浴废水经集水坑收集后，排至 3 号消防泵房及废水处理站的淋浴废水调节池，作为中水原水。

3. 通气管系统

污水系统根据排水当量分别设有伸顶、环形通气管系统，通气管高出屋面 0.70m。

4. 管材

室内生活、普通生产污水的排水管道，均采用柔性排水铸铁管；埋地的清洗飞机废水排水管采用柔性排水铸铁管；地下室卫生间排污泵、淋浴间排污泵、雨水泵坑排污泵的压力排水管均采用热浸镀锌钢管；一层机库大厅地井内排水管采用不锈钢管。

（五）雨水系统

1. 室内雨水采用内、外排水结合的方式。机库大厅屋面雨水采用虹吸式压力流排水系统，内排雨水系统的设计重现期为 10 年；附楼屋面采用重力流内排雨水系统，内排雨水系统的设计重现期为 5 年。

各种屋面均设有雨水溢流口，溢流口和屋面雨水排水工程的总排水能力按设计重现期为 50 年的雨量进行校核。

2. 管材

附楼及机库大厅屋面雨水排水管均采用不锈钢管；埋地管采用球墨给水铸铁管。

二、消防系统

（一）概述

1 号 A380 机库建筑体积约为 1681650m^3，建筑耐火等级为一级，火灾危险性为乙类，机库大厅长 352m，宽 115m，高 39m。附楼两层，局部三层，建筑高度约 10.5m。其中机库大厅面积为 46000m^2，本机库属Ⅰ类机库。本设计包括泡沫一水雨淋系统，翼下泡沫炮灭火系统，自动喷水灭火系统，防火分隔水幕系统，室内消火栓、泡沫枪给水系统及建筑灭火器配置等。

(二) 消火栓系统

1. 室外消火栓系统

机库室外消防水量为 35L/s。火灾延续时间 2h。由场区生活、生产、消防共用的给水管网供给。

2. 室内消火栓及泡沫枪系统

(1) 机库大厅设有泡沫枪、消火栓共用给水系统泡沫枪系统设计用水量为 8L/s，同时使用两支，保证机库大厅内任一部位均有两支泡沫枪保护，每支泡沫枪流量 4L/s。泡沫枪采用固定式泡沫灭火装置，射程 22m，额定工作压力 0.5MPa，每支泡沫枪流量为 4L/s。

(2) 机库大厅消火栓的充实水柱不小于 13m，每支枪流量 5.7L/s，两支枪同时作用。室内消火栓系统设计用水量为 11.4L/s。消火栓的规格均为：栓口直径 *DN*65，水枪喷嘴口径 19mm，衬胶水带长度 25m。全部采用不锈钢制立柜式消火栓箱，上部放置消火栓和水带，并设有消防启泵按钮，下部放置手提式灭火器和防毒面具。消火栓均为减压稳压型。通过减压使栓后压力自动稳定在 0.3(±0.05)MPa。

(3) 附楼消火栓给水系统

1) 室内消火栓系统消防水量为 15L/s，同时使用三支，每支流量 5L/s。附楼消火栓与机库共用一个消火栓系统。附楼消火栓需采用减压稳压消火栓，通过减压使栓后压力自动稳定在 0.3(±0.05)MPa。

2) 附楼的油料库贮有闪点大于 60℃的丙类油——润滑油、液压油等。在此油料库内设有两支泡沫枪，泡沫枪的技术要求同机库大厅的泡沫枪。

(4) 本设计泡沫枪、消火栓系统的前 10min 用水量及系统平时所需压力，由设在附楼屋顶上的高位消防水箱供给，高位消防水箱贮水量为 $18m^3$。火灾时按动泡沫枪或消火栓柜内的启泵按钮，直接启动 3 号动力站消防泵房内的消火栓泵供水灭火。

3. 管材

采用内外壁热浸镀锌钢管，丝扣或卡箍连接。

(三) 自动喷水灭火系统

在机库附楼内设有自动喷水灭火系统。其中办公室、车间及休息室等部位，按民用建筑和工业厂房类的中危险级Ⅰ级设计；SM 仓库按多排货架储物仓库类的仓库危险级Ⅱ级设计。

1. 设计参数

1) 中危险级Ⅰ级：喷水强度为 $6L/(min \cdot m^2)$，作用面积为 $160m^2$。自喷系统设计用水量 30L/s。系统最不利点的喷头压力为 0.10MPa，持续喷水时间 1h。

2) 仓库危险级Ⅱ级：高度约 14.5m，喷水强度为 $15L/(min \cdot m^2)$，作用面积为 $280m^2$。自喷系统设计用水量 105L/s。系统最不利点的喷头压力为 0.10MPa，持续喷水时间 2h。

自动喷水灭火系统初期 10min 消防用水量为 $3m^3$，由本系统消防稳压装置中的气压罐供给。本系统给水引入管处的压力为 0.60MPa。

2. 报警阀组

(1) 办公室、车间等的自动喷水灭火系统设有两套 *DN*150 湿式报警阀组，湿式报警阀组设于地下室泡沫液罐间内。

(2) 仓库自动喷水灭火系统设有两套 *DN*200 湿式报警阀，湿式报警阀组设于 SM 仓库的空调机房内，为货架内喷头预留自喷干管。

（3）湿式报警阀组包括控制阀、湿式报警阀、延迟器、警铃管球阀、过滤器、延迟器、水力警铃、压力开关，泄水球阀、进出水口压力表、止回阀及管卡等。

3. 水流指示器和信号阀

每个防火分区均安装一组水流指示器和信号阀，设计采用桨片式水流指示器。安装时水流指示器上箭头方向，必须与管路中水流方向一致，安装后的水流指示器桨片应动作灵活，不应与管壁发生碰擦。在水流指示器前的管道上安装消防专用信号阀，其与水流指示器之间的距离不应小于 300mm。

4. 喷头选型和安装

没有吊顶的房间采用直立型闭式玻璃球喷头，有吊顶的房间采用吊顶型喷头，喷头动作温度为 68℃，连接管径 *DN*15，流量系数 $K=80$，喷口孔径 $\phi 11$。所有仓库喷头的流量系数 $K=115$。

5. 消防水泵接合器

本系统设计 7 套（常规）*DN*150 地下式消防水泵接合器，消防水泵接合器，设于场区临近消防泵房的自动喷水灭火系统总供水管上。

6. 管材

明装的及地沟内敷设的自动喷水系统给水管，管道直径小于 *DN*150 的管道采用内外壁热浸镀锌钢管，管道直径大于等于 *DN*150 的管道采用内外壁热浸镀锌无缝钢管，丝扣或卡箍连接。

（四）泡沫—水雨淋灭火系统

1. 飞机进维修机库检修时，飞机油箱和系统内带有航空煤油，在维修过程中，有可能发生燃油泄漏，出现易燃液体流散火灾。按防火规范的要求，维修机库大厅内设置自动/手动泡沫一水雨淋灭火系统。

2. 本维修机库大厅长度为 352m，进深为 115m，以宽度 7～10m 划分为一个雨淋保护区，机库大厅共划分为 36 个保护区，每个分区的面积均小于 $1400m^2$。雨淋系统灭火时，以起火点计算 30m 半径范围内的雨淋灭火系统同时启动，最多同时启动 7 个保护区。

3. 设计参数

泡沫一水雨淋采用低倍泡沫系统。泡沫液为 AFFF 型清水泡沫液，混合比 3%；泡沫混合液设计供给强度为 $6.5L/(min \cdot m^2)$；连续供泡沫液时间 10min；连续供水时间为 45min。本系统给水引入管处的压力为 1.05MPa，由新建 3 号动力站房消防泵房内的泡沫-水雨淋供水泵供给，泡沫-水雨淋系统泡沫混合液流量为 920L/s。

4. 泡沫液贮罐及比例混合器

选用四套（两用两备）隔膜型贮罐压力式泡沫比例混合装置，设在机库附楼地下室泡沫液罐间内，混合装置的混合比为 3%，每套贮存 AFFF 泡沫液 $8.5m^3$。消防时两套混合装置投入使用，另两套备用。每个泡沫液罐配有 *DN*200 的比例混合器两套。

5. 雨淋阀组

泡沫一水雨淋系统共有 36 个分区，每个分区设置一套雨淋阀组，雨淋阀组均设于地下室管廊内。雨淋阀组部件包括供水控制信号阀、试验信号阀、雨淋报警阀、压力表、水力警铃、压力开关、电磁阀、手动开启阀、止回阀、控制管球阀、报警管球阀、试警铃球阀、过滤器、管卡、泄水阀等，由制造厂成套供货。

6. 喷头选型和安装

选用直立型开式喷头，喷头连接管径为 *DN*15，流量系数（*K* 值）为 80，喷口孔径 $\phi 11$。

7. 系统控制

系统设有自动和手动两种控制方式，既可通过火灾报警系统自动启动，也可在消防控制中心手动启动。

在自动状态下，当 3 种火灾探测系统同时报警时启动报警保护区及相关保护区的泡沫一水雨淋系统。

8. 消防水泵接合器

本系统选用消防水泵接合器六套，满足一个雨淋保护区所需水量。消防水泵接合器设于场区临近消防泵房的雨淋系统总供水管上。

9. 管材

明装的及地沟内敷设的泡沫-水雨淋系统给水管，管道直径小于 *DN*150 的管道采用内外壁热浸镀锌钢管，管道直径大于等于 *DN*150 的管道采用内外壁热浸镀锌无缝钢管。

（五）翼下炮泡沫灭火系统

1. 机翼面积超过 279m^2 的飞机机翼下，需设翼下泡沫炮系统。翼下泡沫炮系统是泡沫一水雨淋系统的辅助灭火系统，向飞机机翼下部喷洒泡沫混合液，来弥补泡沫一水雨淋系统被大面积机翼遮挡的地面部位。

2. 设计参数

翼下泡沫炮系统采用低倍泡沫系统，泡沫液为 AFFF 型清水泡沫液，混合比为 3%。泡沫混合液设计供给强度为 4.1L/(min·m^2)，连续供泡沫液时间 10min；连续供水时间为 30min。本系统给水引入管处的压力为 1.50MPa，由新建 3 号动力站房消防泵房内的翼下炮供水泵供给，泡沫一水雨淋系统泡沫混合液流量为 240L/s。

3. 泡沫液储罐及比例混合器

本设计每门炮各带有隔膜式立式隔膜型贮罐压力式泡沫比例混合装置一套。泡沫液选用 AFFF 型泡沫液，每罐总贮液量为一次使用量及其等量的备用量，每个泡沫液贮罐配有一套压力式比例混合器，混合比为 3%。

4. 系统的控制

泡沫炮系统控制设有手动和自动两种方式。

设计要求每门泡沫炮都预先设置好运行程序，能够在自动启动后自动调整水平及俯仰角度，覆盖其所保护的扇形区域。

自动启动：当 2 种火灾探测器同时报警时，根据起火点的位置自动启动相应泡沫炮系统。

手动启动：消防值班人员发现机翼下火灾，并启用泡沫枪、消火栓系统无法控制或灭火时，可在消防控制室或泡沫炮设置处紧急启动泡沫炮。

5. 管材

明装的及地沟内敷设的泡沫炮系统给水管，管道直径小于 *DN*150 的管道采用内外壁热浸镀锌钢管，管道直径大于等于 *DN*150 的管道采用内外壁热浸镀锌无缝钢管。

（六）防火分隔水幕系统

在有困难采用防火卷帘做防火分隔物的地方，采取设置防火水幕的分隔措施。机库附楼内共有 6 处（地下室 4 处；一层 1 处；二层 1 处）设置防火分隔水幕，喷水强度 2L/(s·m)，喷头工作压力 0.1MPa，水幕宽度不小于 6m。持续喷水时间为 3h。

管材同自喷系统。

（七）建筑灭火器设置

在维修机库大厅、辅助用房及办公用房等均设有推车式及手提式灭火器材，用于扑灭初期火灾。维修机库及部分辅助用房按严重危险级，其他辅助用房及办公用房按中危险级设计。

（八）消防水源及消防泵房

本机库各消防系统的消防水源及消防泵均来自 3 号动力站消防泵房及消防水池，消防水池有效容积为 3000m^3，分两格。消防泵房内设有泡沫一水雨淋消防泵组四台，三用一备；翼下炮消防泵三台，两用一备；

消火栓及泡沫枪系统消防泵两台，一用一备；自喷系统消防泵三台，两用一备；泡沫一水雨淋系统、翼下炮系统、自喷系统各设有一套稳压泵及稳压罐。

三、设计特点

（一）有效的节水措施

1. 根据清洗飞机用水水量较大的特点，供水由变频加压泵组、废水处理站的回用水池及地下消防贮水池联合供给。采用变频调速恒压供水设备按需供水，节水、节电并防止大水泵供小水量超压等情况的发生。提高供水的自动化管理程度。

2. 根据洗浴用水量大，水质较洁净的特点，考虑处理后回用于清洗飞机等用水。

3. 具有国际领先水平的机库消防系统

（1）针对本机库多用于服务国外航空公司的特点，在我国消防规范为设计依据的基础上，参照美国机库消防规范，机库内的消防系统在机库发生火灾时，均可做到自动启动，有效地缩短了启动灭火系统的时间，有了消防设施的得力保障，会使机库更容易得到国外航空公司的认可。

（2）全面的消防给水系统：维修机库大厅内设泡沫一水雨淋系统、翼下泡沫炮系统、泡沫枪、消火栓系统；辅助建筑物及仓库内设自动喷水灭火系统，消火栓灭火系统及水幕系统等。各系统用水均来自消防泵房和消防贮水池。

（二）综合措施

1. 在初步设计阶段，多作调查、研究借鉴同类项目的设计方案，汇总各方案的优点，并对各系统进行多方案比较，采用先进、可靠的技术，安全、经济、合理的方案。

2. 在设计中，严格遵守规范，认真进行各种计算多方比较，经济选材，合理布局；严格遵守节能、环保的各项规定。

3. 以满足工艺、建筑功能总体要求为本，加强专业间的协调与合作，在保证建筑整体功能合理的前提下，实现本专业的合理，管线流畅。

4. 本次设计中，将用于机库大厅雨淋系统的 36 个雨淋阀设在地下室的大管廊内，以减少机库大厅内的设备管线数量，36 根立管分四组由地下室沿墙敷设至机库大厅屋架内，给大厅的整齐美观布置创造条件。

四、工程照片及附图

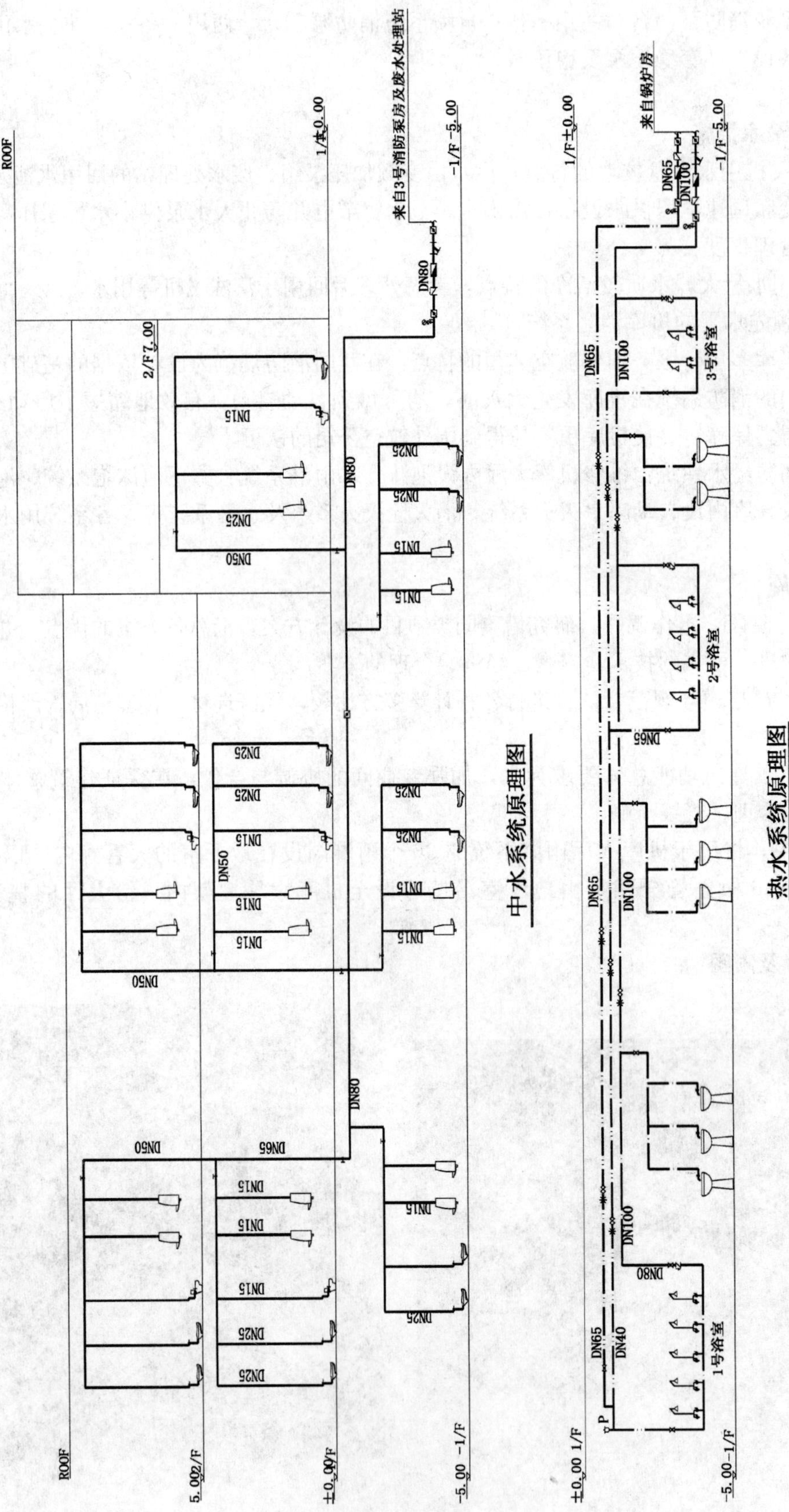

中水系统原理图

热水系统原理图

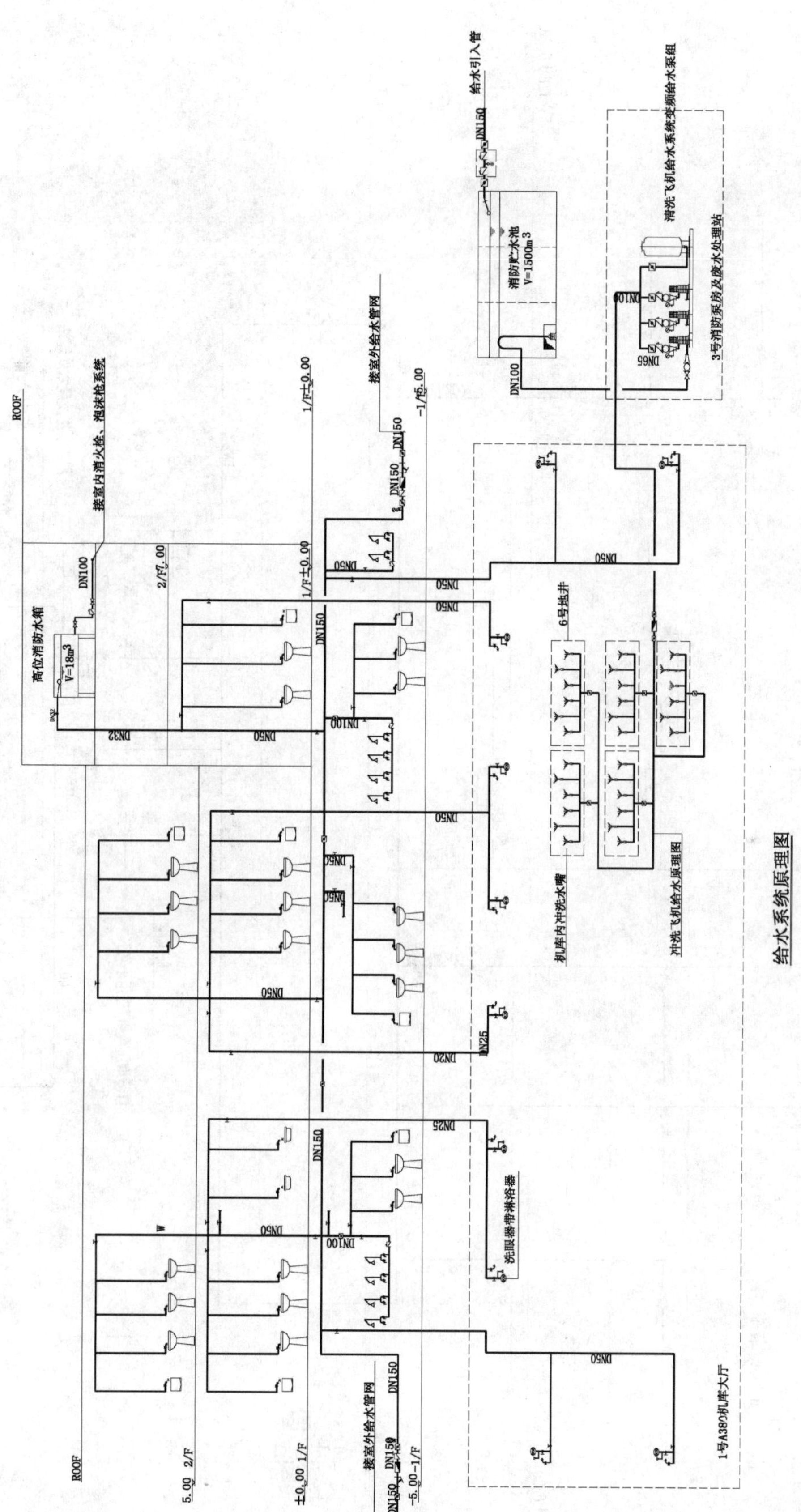
高位消防水箱
V=18m3
接室内消火栓、泡沫枪系统
接室外给水管网
给水引入管
消防贮水池
V=1500m3
3号消防泵房及废水处理站
清洗飞机给水系统变频给水泵组
6号地井
机库内冲洗水嘴
冲洗飞机给水原理图
洗眼器带淋浴器
1号A380机库大厅
ROOF
DN150
DN100
DN50

给水系统原理图

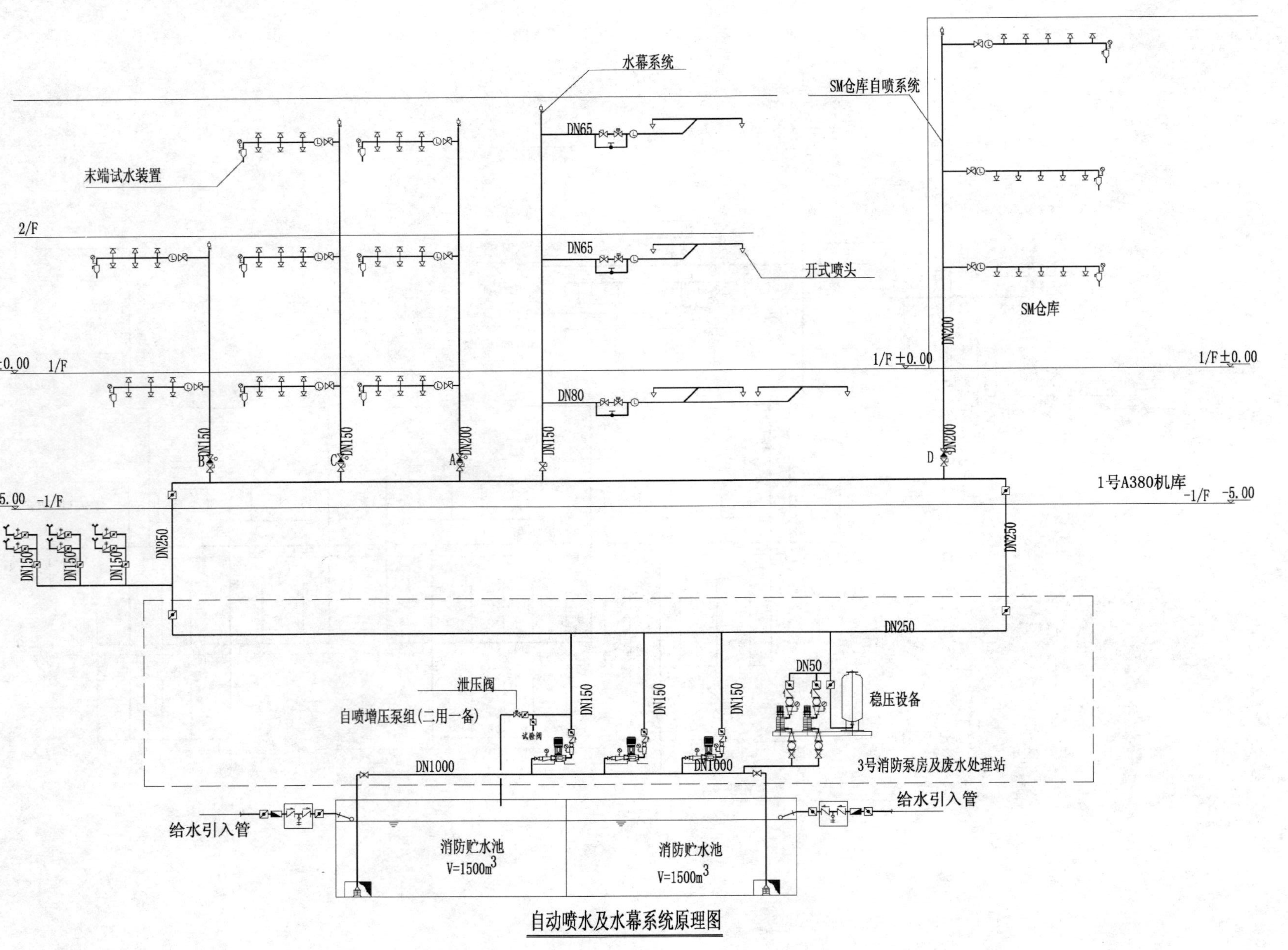

自动喷水及水幕系统原理图

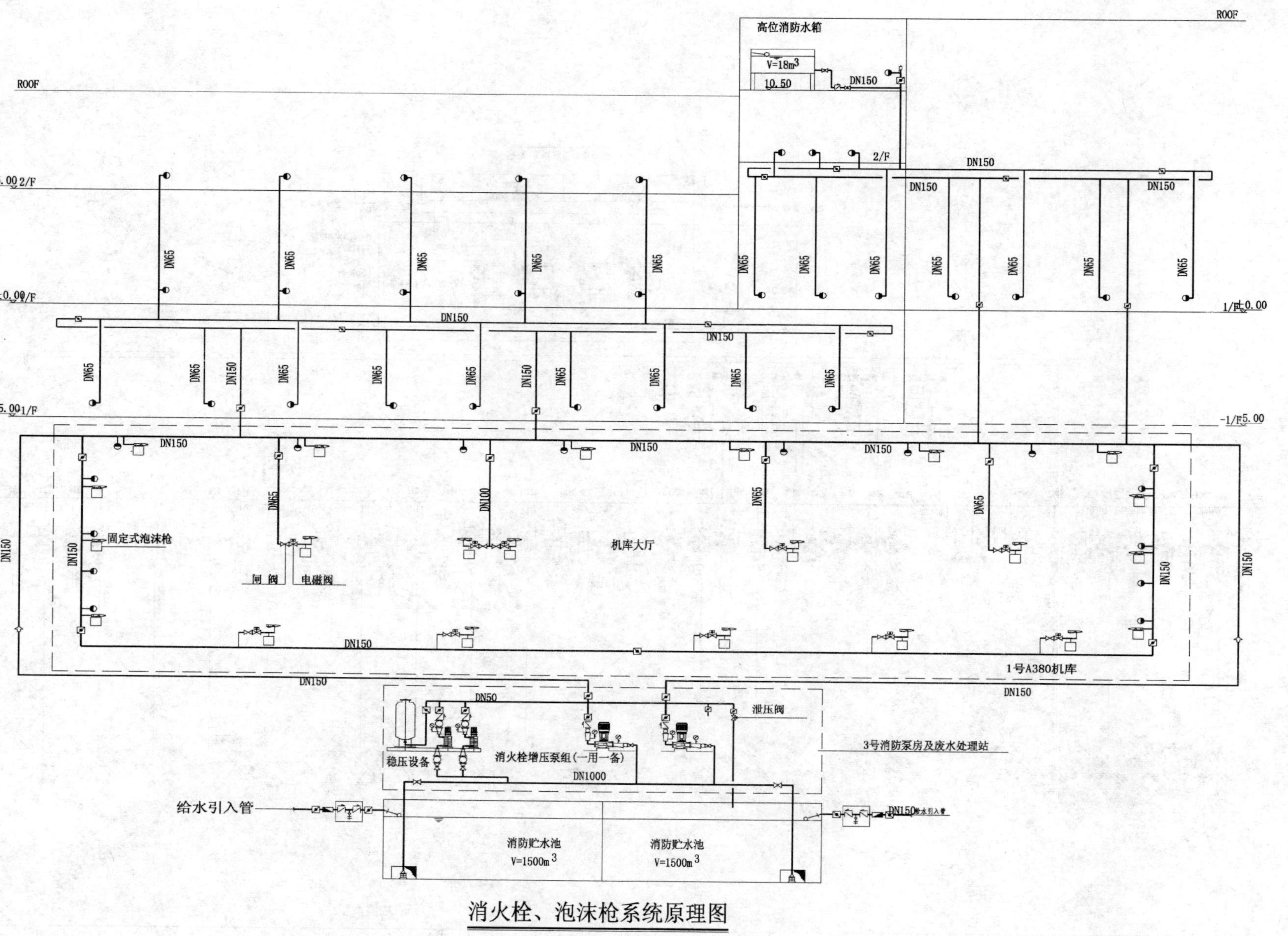

消火栓、泡沫枪系统原理图

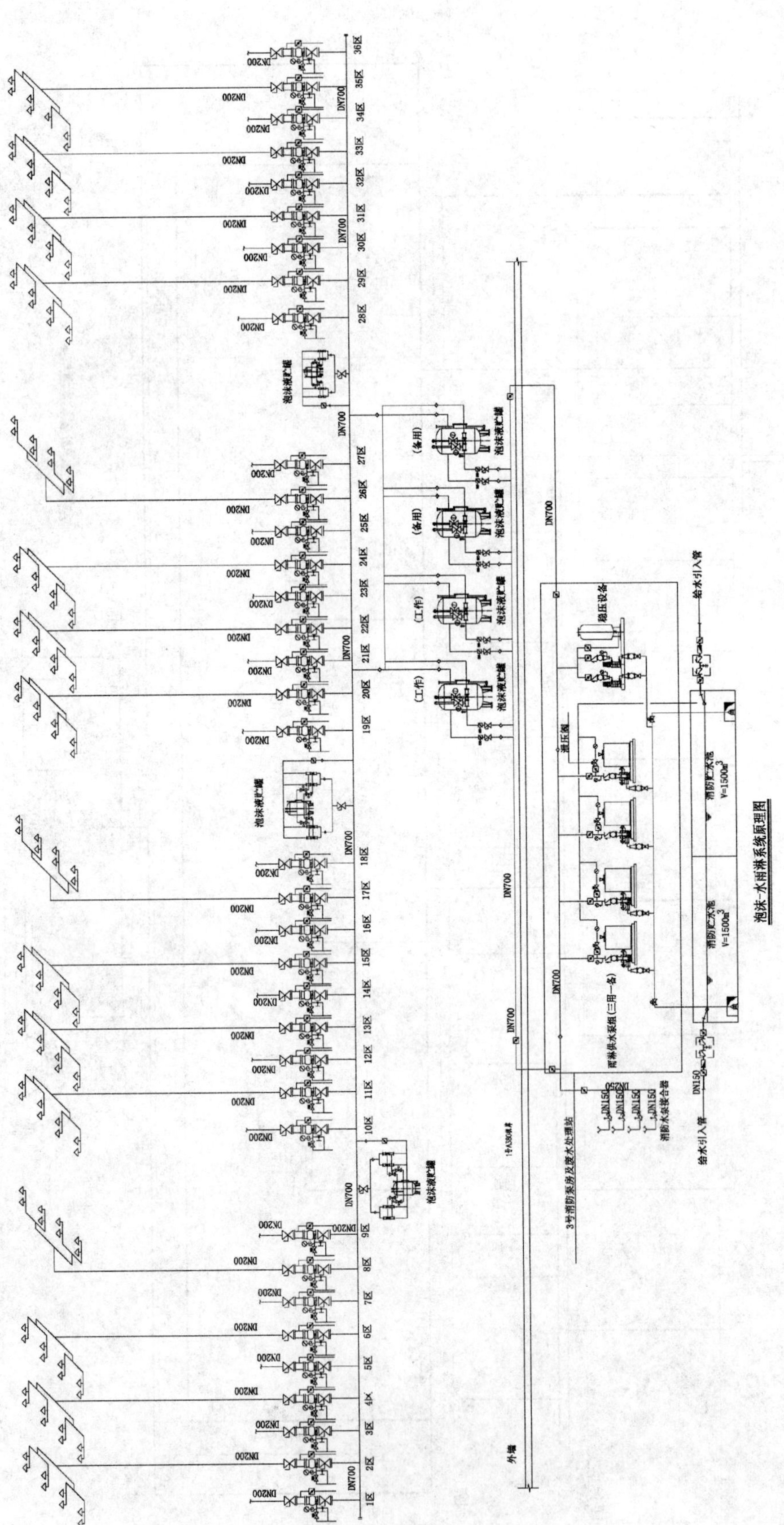

泡沫-水雨淋系统原理图

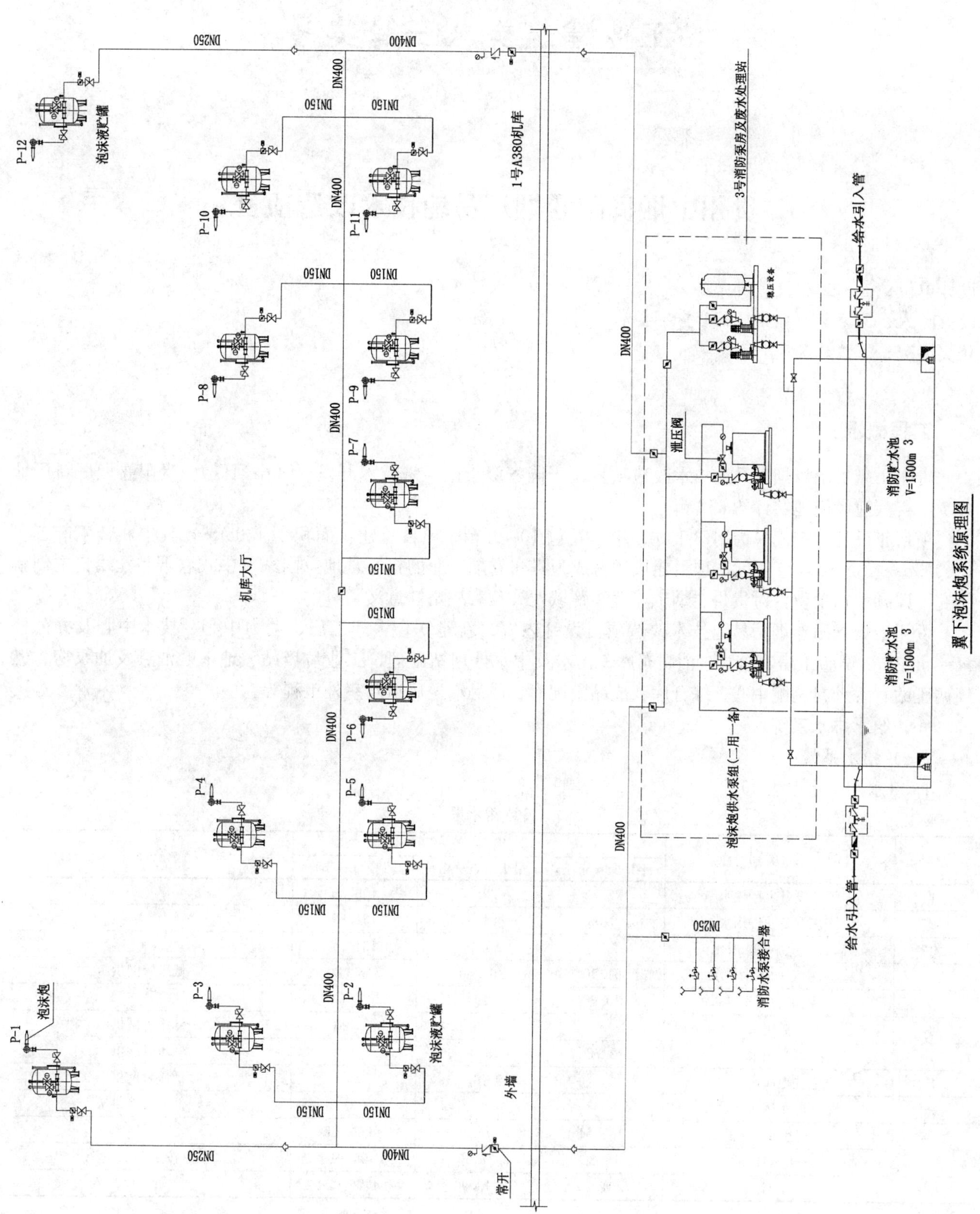
P-1
泡沫炮
P-2
P-3
P-4
P-5
P-6
P-7
P-8
P-9
P-10
P-11
P-12
泡沫液贮罐
DN250
DN400
DN150
机库大厅
1号A380机库
外墙
常开
3号消防泵房及废水处理站
稳压设备
泄压阀
泡沫炮供水泵组(二用一备)
消防贮水池
V=1500m 3
给水引入管
消防水泵接合器
翼下泡沫炮系统原理图

工业建筑类　三等奖

贵州中烟贵阳卷烟厂易地技术改造项目

设计单位： 五洲工程设计研究院
设 计 人： 陈凌翔　魏军　张春秀　杨琳　刘德涛　张浩　李冶婷
获奖情况： 工共建筑类　一等奖

工程概况：

贵州中烟贵阳卷烟厂易地技术改造项目位于国家级贵阳经济技术开发区（小河区）。贵阳卷烟厂新厂址共737亩（建设用地共计约652亩）。

项目年设计生产规模为制丝150万箱、卷包100万箱。项目总建筑面积181308m²，其中联合生产工房130353m² 投资166420万元。项目建成后将成为贵州卷烟工业的核心基地，国家"中式卷烟制丝线自主创新研究"课题承担单位，对贵州卷烟工业整体跨域发展具有战略性意义。

贵州中烟贵阳卷烟厂易地技术改造项目设计内容：新建联合生产工房、动力中心、技术中心及办公楼 H=45.8m、试验工房、食堂、消防车库、污水及中水处理站处理、工业垃圾站、地下贮油罐及油泵房、燃气调压站、香糖料调配中心、综合库、成品集配库、成品输送廊道及室外工程等。

一、给水排水系统

（一）给水系统

1. 冷水用水量（表1）

冷水用水量　　**表1**

序号	用水类别	用水量			备注
		平均时（m³/h）	最大时（m³/h）	昼夜（m³/h）	
1	工艺设备生产用水	22.75	29.75	408.28	
2	工艺设备冲洗用水	8.09	64.54	151.89	
3	联合工房循环水补水	5.46	5.46	131.04	
4	动力中心循环水补水	61.80	64.80	1483.20	低压管网供
5	锅炉房用水	70.65	194	1696	
6	生活用水	3	6	71.20	低压管网供
7	食堂用水	2.78	3.34	44.50	低压管网供
8	拖洗地面用水	8	8	80	低压管网供
9	洗车用水	0.38	0.38	3	低压管网供
	小 计	182.91	376.27	4069.11	
	未预计	18.29	37.63	406.91	按10%计
	合 计	201.20	413.90	4476.02	

2. 水源

本项目以市政自来水管网为水源，水质要求符合国家《生活饮用水卫生标准》。从市政自来水管网上引入1根*DN*300的给水管经总水表计量后接至厂区给水系统。给水引入管上设置倒流防止器。厂区东侧的市政自来水管网供水压力不小于0.40MPa。

3. 系统分区

各建筑物地下室至三层的生活用水、动力中心循环水补水由市政直供，其余用水均采用恒压变频供水。

4. 供水方式及加压设备

本项目给水系统设有市政直供给水系统、生产生活加压给水系统。

(1) 市政直供给水系统

市政供水压力进入厂区后有0.25～0.30MPa的压力可利用，为充分利用市政自来水供水压力，从厂区东侧的市政给水管网上引入1根*DN*300给水管与厂区内的低压给水系统相连，供动力中心循环水补水、食堂、淋浴、技术中心及办公楼地下室至三层生活用水等。

(2) 生产、生活加压给水系统

1) 生产生活恒压变频供水系统

本系统由设在动力中心地下水泵房内的2座700m^3生产生活调节水池、生产生活加压供水装置及生产生活供水枝状管网组成，供厂区内用水压力在0.25～0.55MPa范围内的生产、生活用水。生产生活加压供水装置采用恒压变流量变频泵组，其中：主泵采用卧式离心泵4台，(3用1备)；辅泵采用卧式离心泵1台；配ϕ1000气压罐1个，变频控制柜1套。

恒压变流量变频泵组设定供水压力为0.55MPa，设计供水能力为240m^3/h。

2) 锅炉恒压变频供水系统

为防止消防水池水质恶化，动力中心锅炉用水调节量贮存在消防水池内，动力中心锅炉加压供水装置从消防水池吸水，使消防水池内的贮水经常得到更新。消防水池内设有水位报警信号等措施，保证消防用水平时不被动用。

锅炉加压供水装置采用恒压变流量变频泵组，其中：主泵采用卧式离心泵3台，(2用1备)；辅泵采用卧式离心泵1台；配ϕ1000气压罐1个，变频控制柜1套。

恒压变流量变频泵组设定供水压力为0.55MPa，设计供水能力为250m^3/h。

3) 技术中心及办公楼加压供水系统

技术中心及办公楼为高层建筑（8层），建筑高度为45.80m，该建筑的生产生活用水给水系统采用分区供水的方式。地下室至3层为低区，由厂区低压给水管网直接供给；4层至顶层为高区，由本建筑物的无负压加压给水设备供给，该系统由设在技术中心及办公楼地下室的ZWL智慧型无负压加压给水设备及生活供水管网组成。无负压加压给水设备从厂区生产生活加压给水管网吸水，串联加压供水。

无负压加压给水设备设计参数如下：立式水泵3台（2用1备）；稳流罐1个；气压罐1个，控制柜1套。系统供水压力为0.70MPa，设计供水能力为9.5m^3/h。

5. 管材

室外埋地的生产、生活给水管采用钢丝网骨架塑料聚乙烯复合管，电热熔或法兰连接。

敷设在综合管沟内的生产、生活给水管采用内外涂塑复合钢管，沟槽式卡箍或法兰连接。

室内生产、生活给水管采用内外涂塑复合钢管，管径大于等于*DN*80时，采用沟槽式卡箍连接；管径小于*DN*80时，采用丝扣连接。水泵进出水管处采用法兰连接。

(二) 中水系统

为节约用水，提高本厂的资源利用率，全厂绿化、浇洒道路用水均采用经过处理达到相关标准后的中水。

1. 中水用水量（表 2）

中水用水量 表 2

序号	用水类别	平均时(m^3/h)	最大时(m^3/h)	最高日(m^3/d)	备注
1	浇洒道路及绿地用水	43.0	43.0	430	
	未预计水量	4.30	4.30	43.0	按 10%计
	合计	47.30	47.30	473	

2. 中水水源

中水来源于本项目的污水及中水处理站，水质标准要求符合《城市污水再生利用 城市杂用水质》GB/T 18920—2002 标准。

3. 中水给水系统

本系统由中水池及变频加压供水装置及室外中水枝状管网等组成。中水池及变频加压供水装置设在污水及中水处理站。

变频加压供水装置采用离心泵 2 台；设定供水压力为 0.45MPa，设计供水能力为 $50m^3/h$。

中水管道设有标记，严禁混接其他用水设备。其阀门、水表及给水栓、取水口均有明显的“中水”标志，防止误接、误用、误饮。公共场所、绿化、浇洒道路的中水取水口设带锁装置。

4. 管材

中水给水管，大于等于 *DN*80 的管道采用钢丝网骨架塑料（聚乙烯）复合管，电热熔或法兰连接；小于等于 *DN*65 的管道采用内壁涂塑复合钢管，丝扣连接。

(三) 排水系统

本工程排水采用雨水、污水分流制。

1. 雨水排水系统

(1) 厂区内雨水排水系统

厂区内雨水设计重现期为 1 年，汇水面积约为 $43.5hm^2$，径流系数 $\Psi=0.60$，厂区设计重现期内雨水计算量约为 4310L/s。

厂区内的雨水经雨水口收集、雨水管汇集后，就近排入厂区东侧小黄河内。

(2) 建筑物雨水排水系统

1) 联合工房、技术中心及办公楼屋面雨水采用内排水方式。联合工房屋面雨水排水采用虹吸式雨水排水系统，技术中心及办公楼屋面雨水排水采用重力流雨水排水系统。设计重现期采用 10 年；屋面雨水排水管道系统工程与溢流设施的总排水能力按 50 年重现期设计。

2) 厂区内其他建筑物的屋面雨水采用外排水方式。

2. 污、废水排水系统

(1) 排水量

全厂最高日排水量为：$920m^3/d$。

(2) 排水系统

生活污水分别经化粪池初步处理后，排至厂区室外生产、生活污水排水管；食堂、车库的含油污水经隔油池初步处理后，排至厂区室外生产、生活污水排水管。其他生产、生活污水可直接排至厂区的室外生产、生活污水排水管，输送至本厂区的污水及中水处理站处理。

(3) 污水及中水处理站

1) 污水处理站规模

本工程污水处理规模按 1000m³/d 设计。深度处理单元设计处理规模为：500m³/d。未进入深度处理单元的废水经生化处理后，达到《污水综合排放标准》GB 8978—1996 一级水质标准，排入市政污水管网；经深度处理单元处理的废水，经处理后，其水质标准要求符合《城市污水再生利用 景观环境用水水质》GB/T 18921—2002 及《城市污水再生利用 城市杂用水水质》GB/T 18920—2002 标准后用于厂区绿化、浇洒、景观补水。

2）污废水处理工艺流程

根据烟草废水的特点，确定本工程水处理工艺如下：

污、废水收集系统→机械格栅→污水调节池→气浮装置→水解酸化→曝气生物滤池→过滤→活性炭吸附→消毒→部分回用（浇洒绿化等）。

└→一级排放

3. 管材

（1）雨水管

联合工房内的虹吸式雨水排水管采用高密度聚乙烯管，热熔连接。厂区室外雨水排水管小于 *DN*600 采用高密度聚乙烯双壁波纹管，承插胶圈接口；大于等于 *DN*600 采用高密度聚乙烯钢带增强螺旋波纹管，热熔或电熔连接。

（2）排水管

厂区室外排水管采用高密度聚乙烯双壁波纹管，承插胶圈接口。建筑物内的排水管均采用机制排水铸铁管，柔性连接。

二、消防系统

（一）给水系统

1. 消防用水量标准及用水量

厂区各主要建筑物消防用水量标准及用水量见表 3～表 5。

消防用水量（联合工房） **表 3**

序号	用水类别	用水标准(L/s)	火灾延续时间(h)	用水量(m³)	备注
1	室外消火栓	45	3	486	
2	室内消火栓	13.60	3	147	
3	自动喷水	104.2	1.5	562	高架库
4	水幕消防	9.22	3	100	
	一次消防总用水量			1295	

消防用水量表（成品集配库） **表 4**

序号	用水类别	用水标准(L/s)	火灾延续时间(h)	用水量(m³)	备注
1	室外消火栓	45	3	486	
2	室内消火栓	13.60	3	147	
3	自动喷水	87	1.5	470	
	一次消防总用水量			1103	

消防用水量表（技术中心及办公楼 H=45.80m） 表 5

序号	用水类别	用水标准(L/s)	火灾延续时间(h)	用水量(m^3)	备注
1	室外消火栓	30	3	324	
2	室内消火栓	30	3	324	
3	自动喷水(中危险Ⅱ级)	27.75	1	100	地下车库
	自动喷水(中危险Ⅰ级)	21	1	100	地上部分
	自动喷水(高大净空场所)	34	1	123	一层大堂
	一次消防总用水量			771	

全厂室内外最大一次消防用水量为 1295m^3。

2. 消防给水系统

厂区同一时间的火灾次数按一次设计，本工程最大一次室内外消防水量为 1295m^3。室内外消防水量全部贮存在动力中心地下室的消防水池内。消防水池有效容积约为 2200m^3，其中 400m^3 为锅炉房生产用水调节水量。

火灾初期室内消防用水（18m^3）由设在技术中心及办公楼屋顶水箱间内的消防水箱（24m^3）及增压稳压设施提供。

本系统由设在厂区动力中心的消防水池、消火栓系统消防泵、自动喷水系统消防泵及厂区室外专用消防环状管网等组成。

（1）消火栓消防

全厂室内外最大一次消防用水量贮存在动力中心 2×1100m^3 消防水池内，消火栓消防泵采用恒压变流量消防泵 3 台（2 用 1 备）。

在厂区室外消防环状管网上设置室外地上式消火栓，室外消火栓布置间距不大于 120m。

室内消火栓给水系统采用临时高压制。

联合工房、香糖料调备中心、成品集配库、综合库、食堂、试验工房、动力中心等建筑物室内消火栓给由厂区动力中心地下室的消防水池、消防泵及厂区室外专用消防环状管网直接供给。

技术中心及办公楼为高层建筑（9 层），建筑高度为 45.80m，该建筑的消防供水系统采用分区供水的方式。地下室至 5 层为低区，由厂区动力中心地下室的消防水池、消防泵及厂区室外专用消防环状管网直接供给；6 层以上为高区，高区消防系统采用消防泵从低区系统吸水串联加压的方式供水，高区系统消防泵设在技术中心及办公楼地下室水泵房。高区消火栓消防泵采用恒压变流量消防泵 3 台（2 用 1 备）。

技术中心及办公楼室内消火栓消防系统设有消防水泵接合器。

各建筑物超压部分的消火栓均采用减压稳压消火栓。

（2）水幕消防

联合工房内的工艺输送皮带在穿越防火分区防火墙的洞口处设水幕消防。水幕消防的喷水强度为 2 L/(s·m)，火灾延续时间为 3h。水幕系统与室内消火栓系统合用室内消火栓消防泵。

各组水幕消防系统，由联合生产工房内的火灾探测系统自动控制，并设置手动装置。水幕消防系统中的水幕喷头采用开式洒水喷头。水幕消防系统按规范要求设置水泵接合器。

（3）预作用自动喷水灭火消防

联合工房内辅料一级高架库、辅料高架库、片烟高架库及成品集配库为单双排货架储物仓库，设有预作用自动喷水灭火消防系统。

辅料一级库及辅料高架库的火灾危险等级按仓库危险级Ⅱ级设计，喷水强度为 q=12L/(min·m^2)，作用面积为 240m^2，火灾延续时间为 1.5h；片烟及成品高架库按火灾危险等级按仓库危险级Ⅰ级设计，喷水强

度为 $q=12\text{L}/(\text{min}\cdot\text{m}^2)$，作用面积为 200m^2，火灾延续时间为 1.5h。高架库内货架自地面起每 4m 高度处设置一层货架内置喷头。其消防水量贮存在动力中心 2×1100m^3 消防水池内，自动喷水消防泵采用型恒压变流量消防泵 4 台（3 用 1 备）。

各预作用自动喷水消防系统按规范要求设置水泵接合器。

预作用自动喷水消防系统中，屋顶下的闭式喷头采用直立型玻璃球闭式喷头；流量系数 $K=115$，公称动作温度为 68℃；货架内的喷头采用直立型玻璃球闭式喷头；流量系数 $K=115$，公称动作温度为 68℃。

(4) 湿式自动喷水消防

在生活辅房、技术中心及办公楼设有湿式自动喷水消防系统。

生活辅房按轻危险等级设计，喷水强度为 4L/(min·m^2)，作用面积为 160 m^2，灭火延续时间为 1h。技术中心及办公楼地下车库按中危险级Ⅱ级设计，喷水强度为 8L/(min·m^2)，作用面积为 160m^2，灭火延续时间为 1h；地上部分按中危险级Ⅰ级设计，喷水强度为 6L/(min·m^2)，作用面积为 160m^2，灭火延续时间为 1h；入口大堂层高 10m，按非仓库类高大净空场所设计，喷水强度为 6L/(min·m^2)，作用面积为 260m^2，灭火延续时间为 1h。其消防水量贮存在动力中心 2×1100m^3 消防水池内，此系统的消防水泵与高架库自动喷水消防泵共用。

在技术中心及办公楼地下室水泵房同时设有 3 台（2 用 1 备）高区自动喷水串联加压消防泵。

各建筑物的湿式自动喷水消防系统按规范要求设置水泵接合器。

当湿式自动喷水消防系统的喷头位于吊顶下时，采用吊顶型玻璃球闭式喷头，其他部位采用直立型玻璃球闭式喷头。喷头的流量系数 $K=80$，公称动作温度厨房热加工区为 93℃，其他均为 68℃。

3. 管材

室外消防给水管埋地部分采用钢板网骨架塑料聚乙烯复合管，电热熔连接。

室内消防给水管管径大于等于 *DN*150 采用内外涂塑复合钢管，沟槽式卡箍连接；管径小于 *DN*150 采用热镀锌焊接钢管，管径大于等于 *DN*80 时，采用沟槽式卡箍连接；管径小于 *DN*80 时，采用丝扣连接。

(二) 气体灭火系统

1. 气体灭火系统设置位置

在技术中心及办公楼的变配电室、信息中心服务器机房、UPS 电源间、ICP-MS 室、元素分析室、USP 电源间设七氟丙烷（HFC-227ea）自动气体灭火系统。变配电室采用预制无管网灭火系统、其余防护区共设两套组合分配灭火系统。

2. 设计参数

变配电室设计灭火剂浓度为 9%，喷放时间为 10s，浸渍时间 10min；其余防护区设计灭火剂浓度为 8%，喷放时间为 8s，浸渍时间 5min。设计保护区最低环境温度为 10℃。

3. 系统控制

管网气体灭火系统设置自动控制、手动控制、机械应急操作三种控制方式。

无管网气体灭火系统设置自动控制、手动控制两种控制方式。

三、工程特点介绍

1. 根据烟草行业特点，高架立体仓库自动喷水灭火系统采用预作用系统，防止水渍损失。

2. 大型冷却塔采用节能组合式冷却塔，冷却塔风机的运行根据冷却塔的出水温度调节，冷却塔风机的运行数量由冷却塔的出水温度确定，随水温的升高逐台启动，随水温的降低逐台停止。

3. 联合工房属超大厂房，跨度 138m，屋面受水面积 8.9 万 m^2。屋面雨水采用了虹吸雨水排水系统，避免了重力流雨水管道坡降大，无法实施的弊病。

四、工程照片及附图

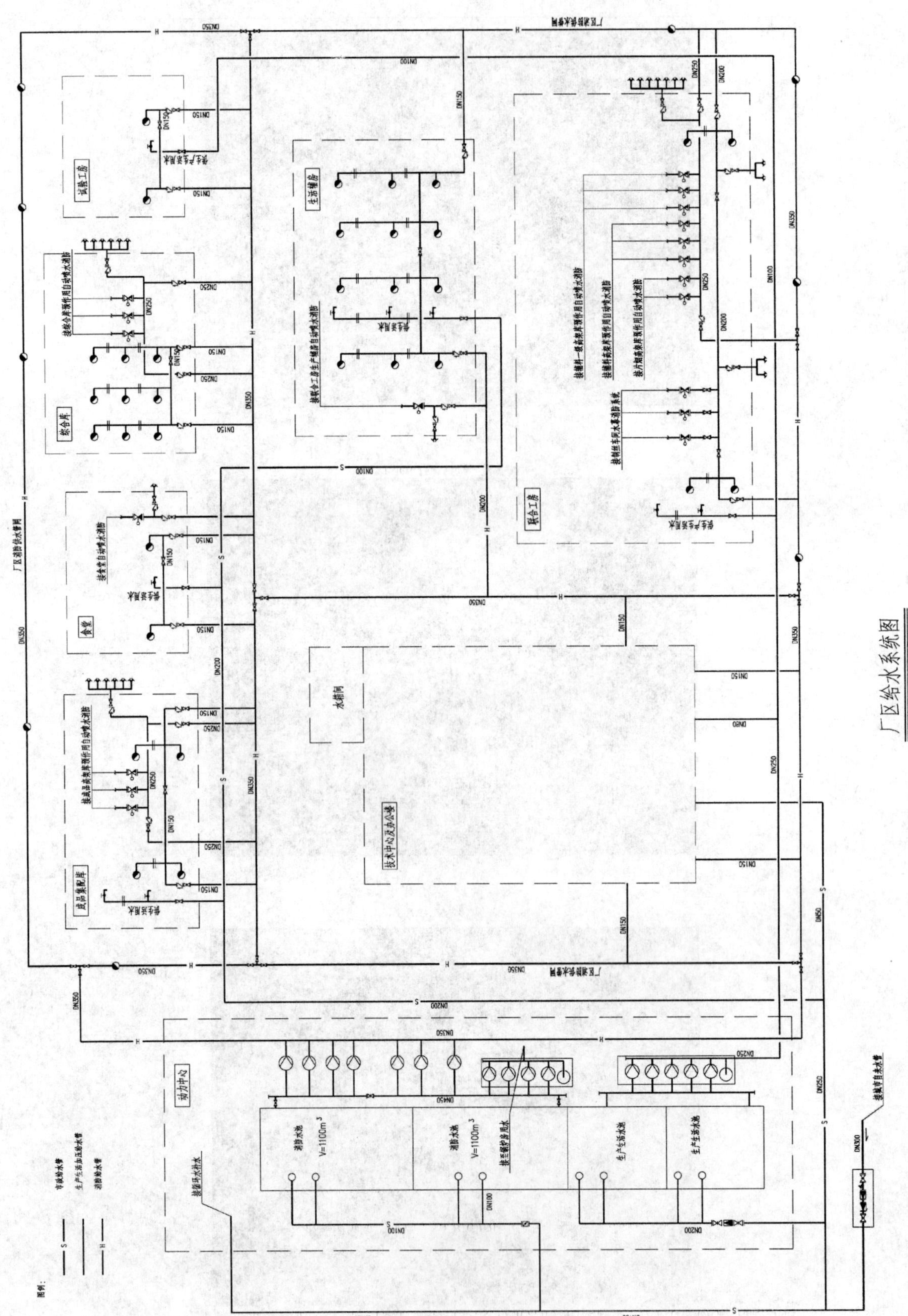

厂区给水系统图

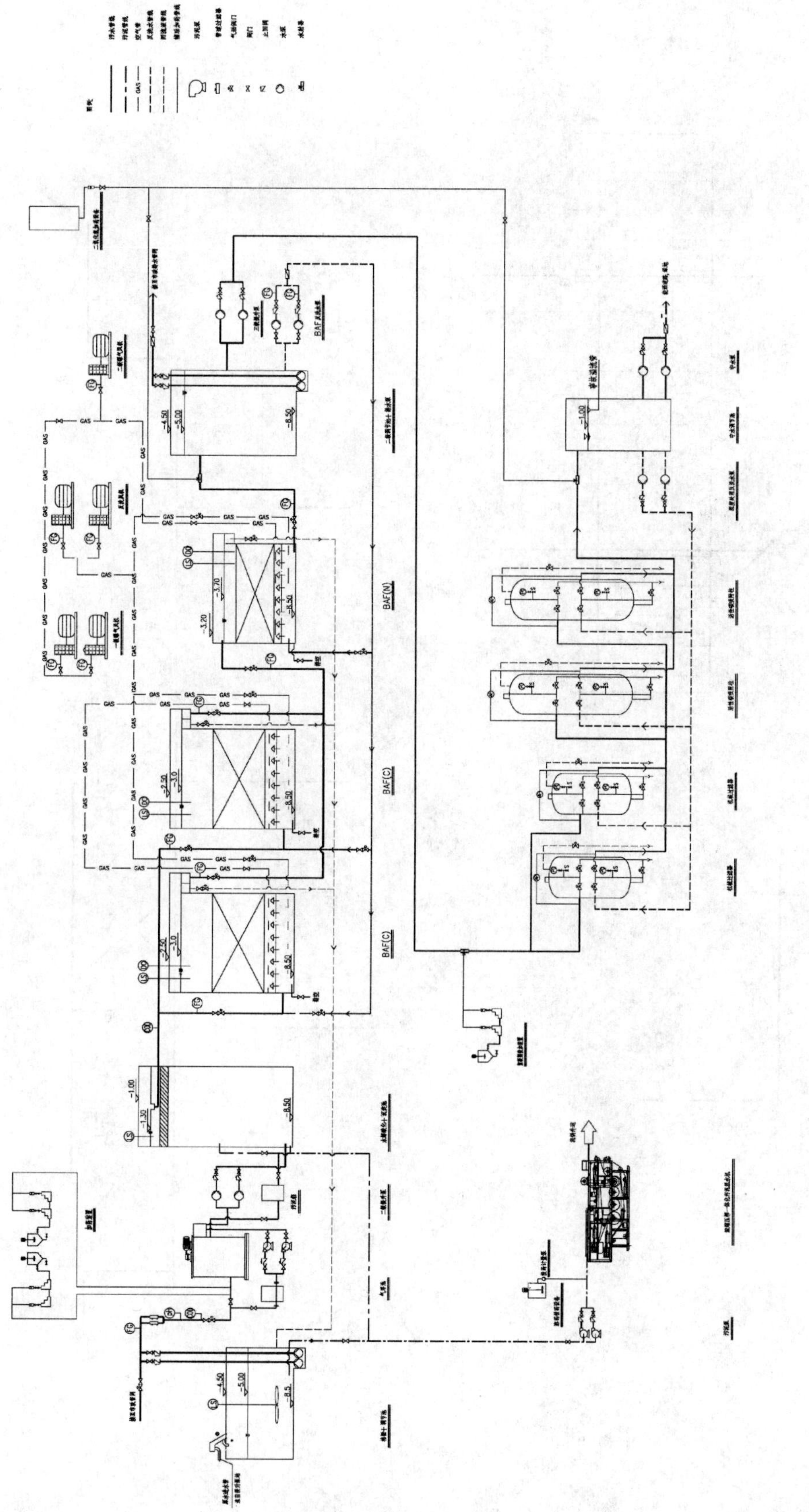

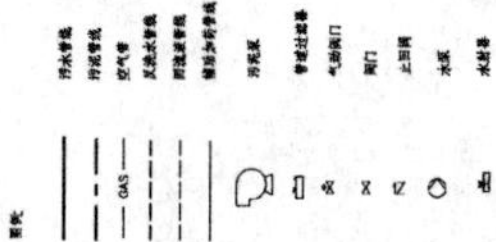

废水处理工艺流程图

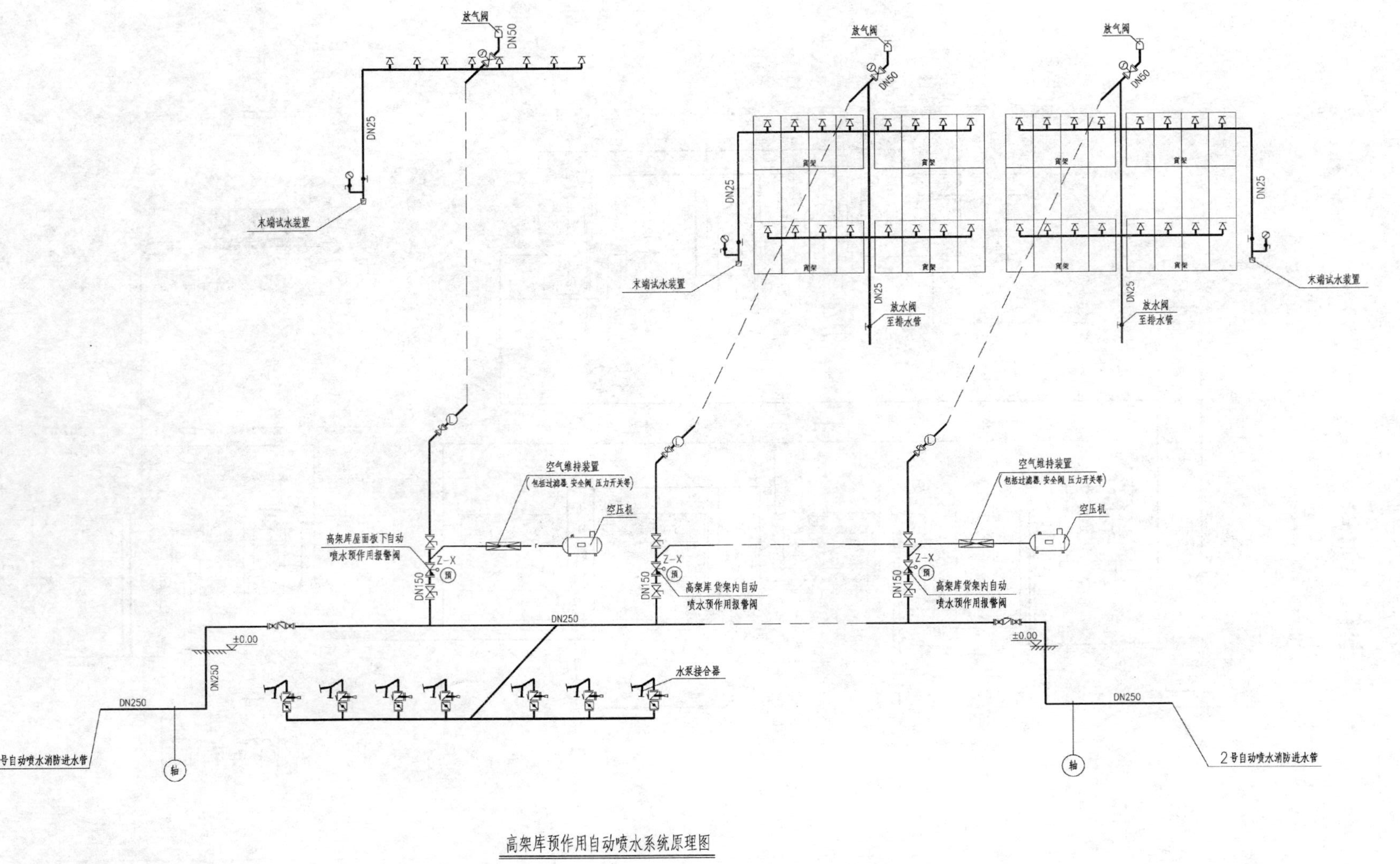

高架库预作用自动喷水系统原理图

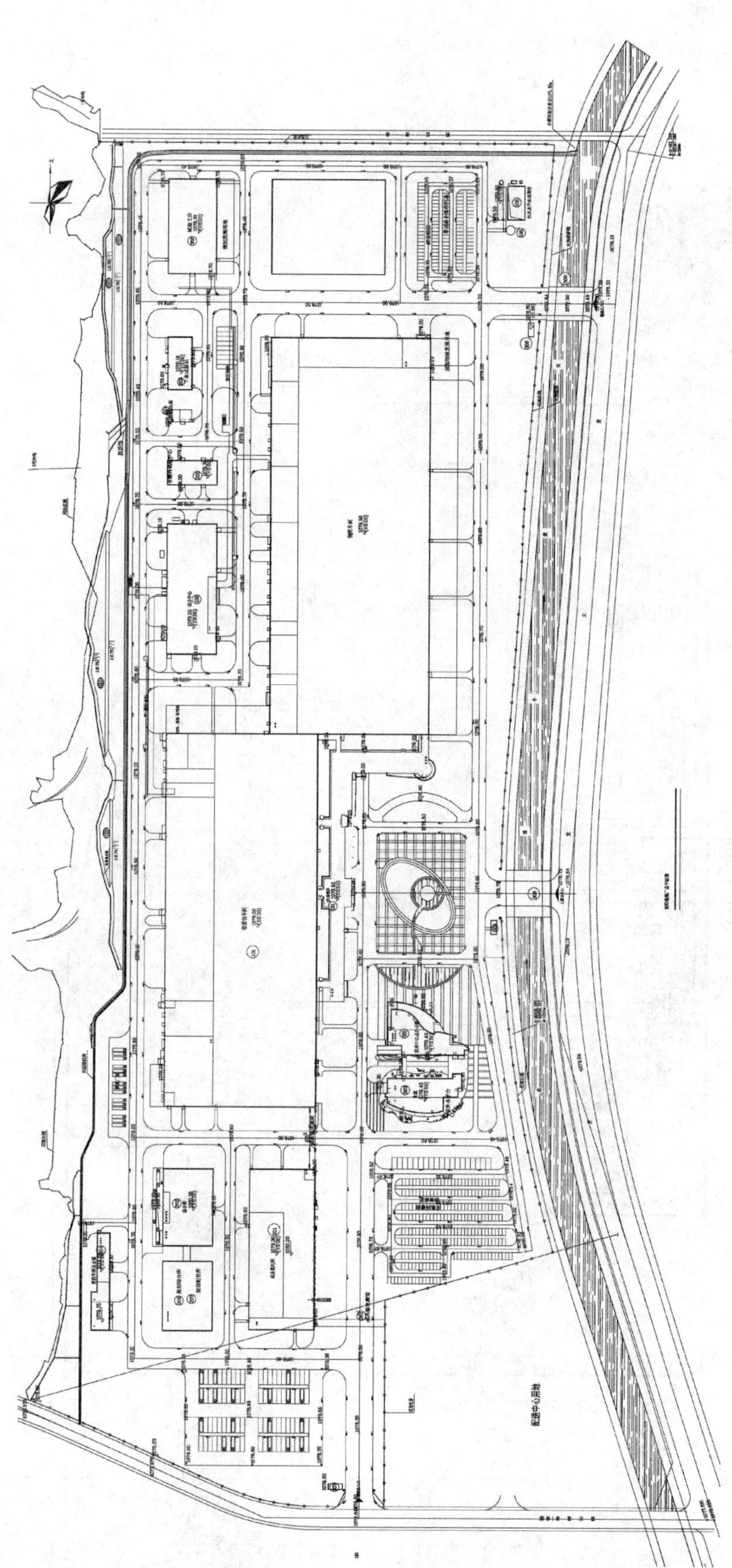

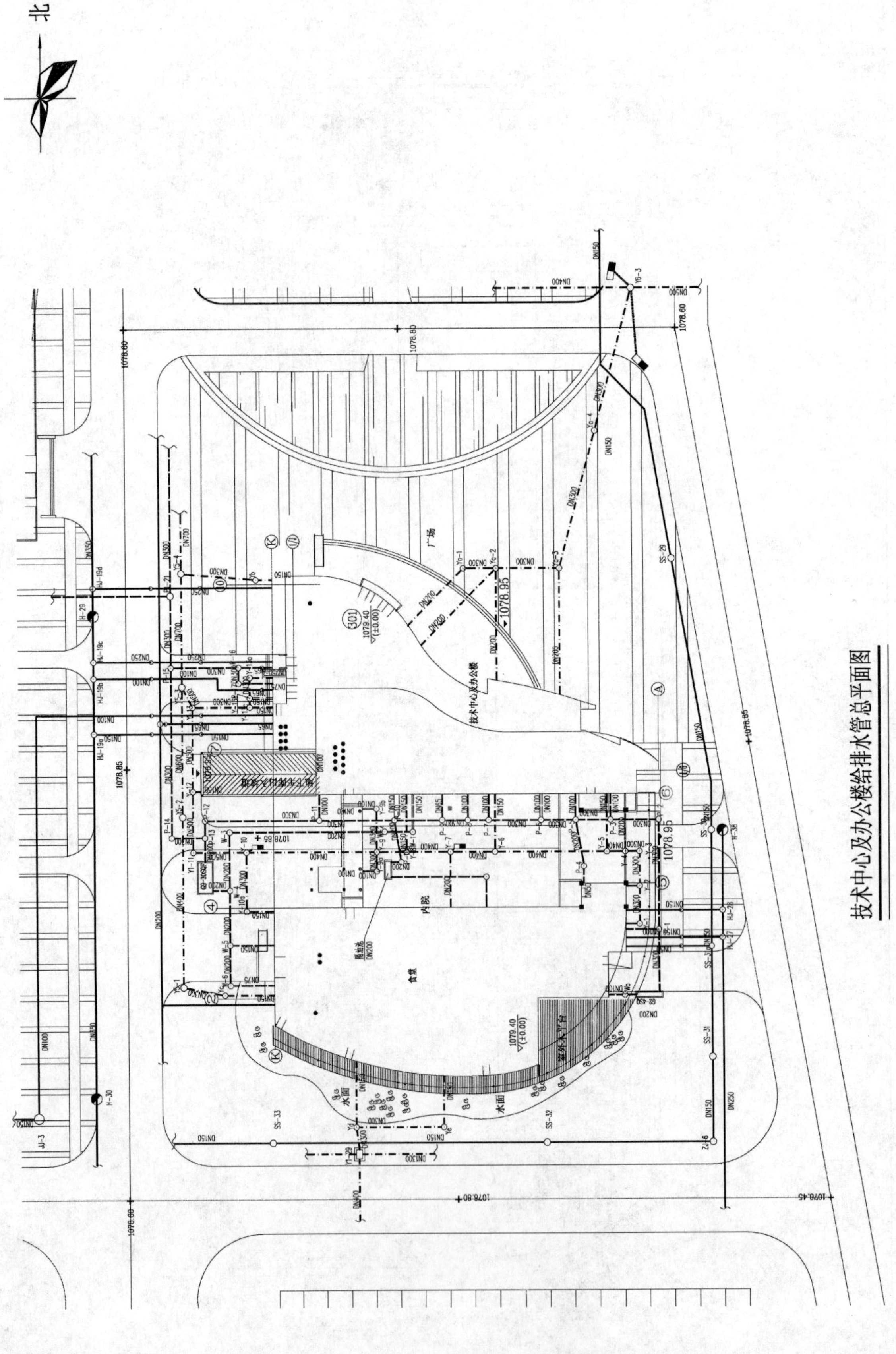

技术中心及办公楼给排水管总平面图

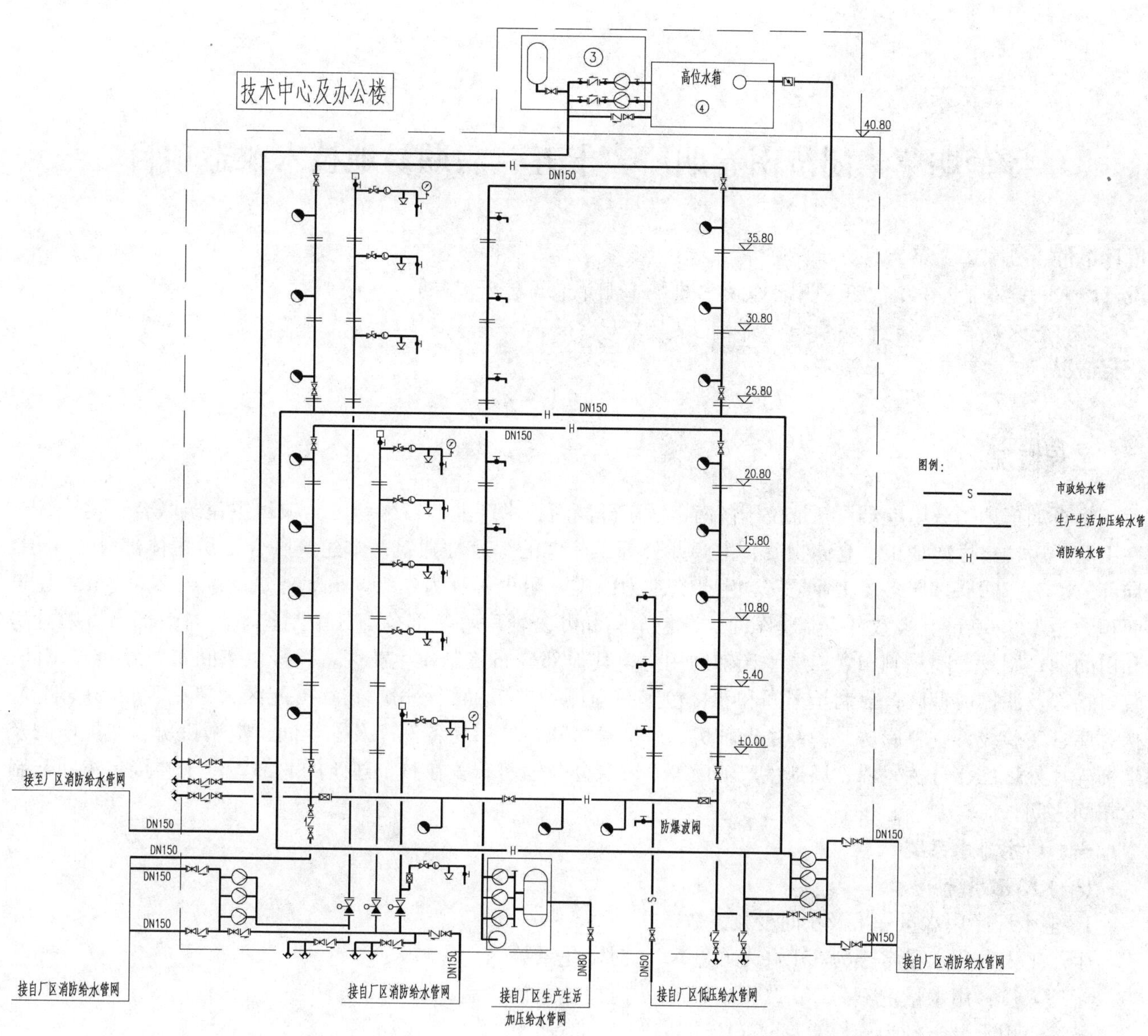

技术中心及办公楼给水系统图

将军烟草集团济南卷烟厂“十五”后期易地技术改造项目

设计单位：机械工业第六设计研究院
设 计 人：李小丽　宋涛　王团刚　侯克（机械工业第六设计研究院）
束成军　刘捷　吴景华（济南卷烟厂）
获奖情况：工共建筑类　三等奖

工程概况：

将军烟草集团济南卷烟厂新址位于济南市区东部高新技术产业开发区新区。项目主建筑联合工房为综合性工业厂房，集生产加工、仓储物流、生产办公等于一体的综合性建筑。本建筑联合工房主体部分为单层，局部二、三、四层，属多层工业厂房，生产类别为丙类，耐火等级为二级，最大建筑高度约23.00 m，建筑面积约为129900m^2。大致分为制丝车间、卷包车间和办公辅房等三部分。其中制丝车间内南部布置贮叶房和白肋烟；制丝车间东侧布置二层生产辅助用房，其他部分布置制丝生产区。卷接包车间布置卷接包车间、装封箱区及滤棒成型区；靠制丝车间和卷接包车间南侧一层布置贮丝房、辅料搭配区、掺兑区、膨胀烟丝、掺兑库、实验线、香料厨房、局部生产辅房、库房等房间，二层为备件库及除尘间、空调机房、变配电间及烟梗碎片处理区、分拣码垛、局部生产辅房等。四层办公辅房布置在整个建筑的北部，位于卷接包车间与制丝车间之间。

一、给水排水系统

（一）给水系统

1. 整个厂区用水量标准及小时变化系数

生产工人：用水量定额为35L/(人·班)，小时变化系数$K=2.5$；

管理人员：用水量定额为50L/(人·班)，小时变化系数$K=2.5$；

淋浴：用水量定额为60L/(人·班)，下班后一小时使用；

浇洒道路：用水量定额为1.0L/(m^2·次)，每日浇洒次数为2次；

绿化：用水量定额为1.5L/(m^2·次)，每日浇洒次数为1次。

冷水用水量见表1。

设计总用水量一览表　　**表1**

序号	用水名称	用水量		备　注
		最高日(m^3/d)	最大时(m^3/h)	
1	生产用水量	652.80	45.80	
2	生活用水量	144.66	43.86	
3	循环冷冻水补水	360.00	15.00	使用时间24h
	循环冷却水补水	2179.68	90.82	使用时间24h
4	绿化及浇洒道路	581.80	58.18	
5	未预见水量	391.89	25.37	按10%计

续表

序号	用水名称	用水量		备 注
		最高日(m^3/d)	最大时(m^3/h)	
6	平时总计	4310.83	279.03	
7	消防用水量			联合工房
	室外消火栓系统用水量	486.00m^3/次	162.00	
	室内消火栓系统用水量	108.00m^3/次	36.00	
	预作用自动喷水系统用水量	396.00m^3/次	396.00	
	防火分隔水幕系统用水量	1296.00m^3/次	324.00	
	一次消防总用水量	2286.00m^3/次		

2. 水源

本工程生产、生活及消防用水（不包括卫生间冲洗用水）采用济南市高新区水厂供水系统供给，厂区绿化、浇洒道路及卫生间冲洗用水采用污水处理站处理后回用的中水作为水源。

济南市高新区水厂供水系统规划在济南卷烟厂新厂区处的管网压力约为0.20～0.35MPa，从厂区北侧6号路及南侧7号路分别引入一根$DN300$的给水管道，接入新厂区生活、消防环状管网及1500m^3的生产、生活贮水池。生产、生活贮水池中的水经二次加压至厂区生产、生活给水管网，供应新厂区生产用水及部分生活用水。

3. 系统竖向分区

本建筑根据用水压力要求，分高低压两区。整个厂区给水系统分为：① 室内外消火栓及部分水压要求不高的生活给水系统，平时供应部分水压要求不高的生活给水，消防时用于室内外消火栓临时高压给水系统；② 生产、生活合用给水系统，供应生产工艺用水及除卫生间冲洗水以外的部分水压要求较高的生活给水。

4. 供水方式及给水加压设备

生活给水及部分用水压力要求不高的生产给水由室外低区给水管网直接供给。部分用水压力较高的生产、生活合用给水系统，由厂区1500m^3的生产、生活合用蓄水池（分成两格）加压供水。水池补水由市政自来水直接供应。蓄水池设置在厂区动力中心室外地下，与动力中心地下水泵房毗邻，水泵房内设有两套全自动变频给水设备，型号为：Hydro 2000F CR90－2（$Q=250m^3/h$，$H=55m$，$P=7.5kW\times5$），保证高区生产、生活供水。

5. 管材

厂区外网给水系统，包括生产、生活及消防给水系统室外管道均采用钢丝网骨架缠绕塑料复合管，电热熔管件连接，埋深约1.50m；建筑物室内生产、生活给水引入管上均设水表计量，管道采用架空与埋地相结合的方式，室内明装给水管采用薄壁不锈钢管，卡压式连接，室内埋地给水管采用内外涂塑钢管，法兰连接。

(二) 热水系统

1. 联合工房生活间内设有浴室。

淋浴标准为60L/(人·次)，每班后一小时使用。

热水用水量见表2。

淋浴热水用水量一览表 表 2

序号	项目名称	最高日(m^3/d)	平均时(m^3/h)	最大时(m^3/h)	备注
1	淋浴用水	81.36	27.12	31.08	每天使用三次 每次使用 1h

2. 热源

本工程热源为蒸汽，蒸汽来自市政热源和备用锅炉。在厂区动力中心热力站设置 1 台 *DN*800 的分汽缸，接入市政蒸汽管道和备用锅炉房主蒸汽管道供应的饱和蒸汽。锅炉房设置 3 台燃气蒸汽锅炉，型号为 WNS10-1.6，单台额定蒸发量 10t/h，额定蒸发压力 1.6 MPa。

3. 系统竖向分区

本工程热水系统不分区，热水直接供应各用水点使用，水量和水压均可以满足使用要求。

4. 热交换器及热水系统

热水制备方式为汽-水换热，在联合工房生产办公辅房一层设热交换间，设计选用两台型号为 THV-4.2-17-0.6-L 的半容积式汽-水热交换器，热水循环水泵四台，两用两备，型号为：NK32-200（$Q=6\sim10\sim12m^3/h$，$H=11.8\sim10.5\sim9.4m$，$P=0.55kW$）。

热水系统中冷、热水的压力平衡是通过温控阀信号控制冷、热水管上的电磁阀，使其达到压力平衡，并在热水系统设置压力膨胀罐，用以调节管网系统中的压力平衡，达到供水均匀。另外在引入换热器的蒸汽管道上设置有电磁调节阀，通过温控阀传递信号控制调节阀的开启度，达到控制系统水温稳定的目的。

5. 管材

热水管道敷设采用架空与埋地相结合的方式，室内明装给水管采用薄壁不锈钢管，卡压式连接，室内埋地热水管采用内外涂塑钢管，法兰连接。

(三) 中水系统

1. 整个厂区生产、生活污废水经地下污水管道汇集至厂区污水处理站进行处理，达到《城市污水再生利用 城市杂用水水质》GB/T 18920—2002 标准后回用于浇洒道路、绿化、景观用水及卫生间冲洗用水；中水需求量较小时，部分污废水处理达到《污水综合排放标准》GB 8978—1996 一级标准后，排入新厂区西侧 2 号路上总排污口。

2. 本工程生产废水主要为清洗工艺设备及冲洗厂房地坪所产生的废水，内含烟丝、烟末及香料等有机杂质；生活污水主要为粪便污水和含少量油污的食堂污废水。生产污水和生活污水综合考虑，合并处理。设计采用技术成熟的生物接触氧化法处理工艺，污水处理及中水回用工艺流程如下：

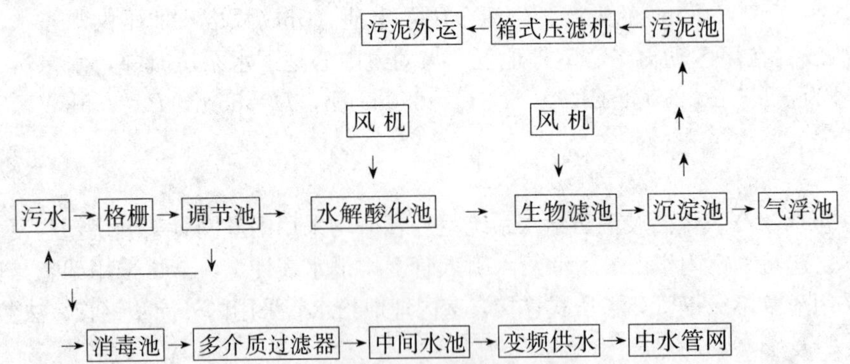

设计选用一套半地下式生活污水处理及中水回用装置，处理污水能力为 $1600m^3/d$。

3. 中水系统竖向不分区，采用变频加压供水设备直接供水，中水池内设置有两台变频潜水泵，型号为 DK-37-150-22（$Q=20\sim30\sim50m^3/h$，$H=29\sim35\sim44m$，$P=22kW$），一用一备。

4. 管材

厂区外网中水系统室外管道均采用钢丝网骨架缠绕塑料复合管，电热熔管件连接，埋深约 1.30m；建筑物室内中水管道采用架空与埋地相结合的方式，室内明装给水管采用埋地给水管采用内外涂塑钢管，法兰连接。

（四）排水系统

1. 厂区内排水采用雨、污分流制。

厂区雨水经地面雨水口及地下雨水支管、雨水干管收集后就近排入新厂区周围市政雨水管道。

厂区生产、生活污废水经地下污水管道汇集至厂区污水处理站进行处理，达到《城市污水再生利用 城市杂用水水质》GB/T 18920—2002 标准后回用于浇洒道路、绿化、景观及卫生间冲洗用水；节余部分污废水处理达到《污水综合排放标准》GB 8978—1996 一级标准后排入新厂区西侧 2 号路上总排污口。

空压站及职工餐厅排出的含油废水经隔油池处理后排至厂区污水管道，空压站外设隔油池一座，型号为：GGF-101，砖砌；职工餐厅设隔油池一座，型号为：GGF-103，砖砌。

锅炉排水经排污降温池后排至厂区雨水管道，设排污降温池一座，型号为：7 号，钢筋混凝土结构，$V_{有效}=50.50m^3$。

2. 生产、生活污、废水管道及雨水管道均采用双壁波纹管，橡胶圈接口，生产、生活污、废水管道管径为 $De250$～$De400$，埋深约 2.5～3.0m；雨水管道管径为 $De315$～$De1200$，埋深约 2.0～2.5m。

3. 室内生产、生活排水系统的排水立管均采用伸顶通气立管，对于大便器数量超过 6 个的生活排水管，设置专用通气管，通气立管管径与排水立管相同，合并的通气立管通过计算确定管径，且不小于最大一根排水立管的管径。本建筑屋面雨水排水系统采用虹吸流压力内排水方式，管径和排水系统设置通过计算确定。

4. 管材及接口

室内生产、生活排水管道采用 PVC-U 排水塑料管，雨水管道明装部分采用 HDPE 管，卡箍式连接，各排水管埋地部分均采用机制排水铸铁管，胶圈接口。

二、消防系统

（一）消火栓系统

本建筑联合工房生产类别为丙类，耐火等级为一级，建筑物最高高度约为 23.0m，建筑总面积约 129900m^2，体积约 1290000m^3。根据《建筑设计防火规范》GB 50016—2006 要求，本建筑需要设置室内外消火栓灭火系统。其中室外消火栓消防水量为 45L/s，火灾延续时间 3h；室内消火栓消防水量为 10L/s，火灾延续时间 3h。另外联合工房的屋顶设 18m^3 屋顶消防水箱一座，内存室内消防 10min 初期水量。

1. 室外消火栓系统

室外消防采用低压制，设计考虑从工程周围的市政道路的给水管道上分别引入两根给水管，在厂区内形成环状给水管网，生活和室外消防合用，管径为 $DN300$，如果其中一根市政管道出现问题时，另外一根管道能通过 100％的水量，水压约为 0.20～0.35MPa。

室外消火栓管道采用钢丝网骨架塑料复合管，热熔连接，压力等级为 1.60MPa。

2. 室内消火栓系统

根据建筑设计特点，联合工房引入人防安全避难通道概念解决厂房疏散问题。将室内消火栓分为厂房室内消火栓和安全疏散通道室内消火栓两个系统，联合工房室内消火栓消防水量为 10L/s，火灾延续时间 3h；安全疏散通道室内消火栓消防水量为 20L/s，火灾延续时间 3h。厂区动力中心水泵房内设有两台安全疏散通道室内消火栓水泵，型号为：XBD6/30-SLH（$Q=30L/s$，$H=60m$，$P=37kW$，一用一备），室内消火栓系统竖向不分区。联合工房屋顶水箱间设置 18m^3 消防水箱和增压稳压设备，增压稳压设备型号为 ZL-I-XZ-13。在联合工房外设置两套水泵接合器，型号为：SQS100-A 型。

消火栓管道室内明装部分采用内外热镀锌钢管，丝接或卡箍连接。室内埋地部分采用内外涂塑钢管，法兰连接。

（二）湿式自动喷水系统

根据《建筑设计防火规范》GB 50016—2006 要求，厂区内联合工房安全疏散通道、辅房设有自动喷水灭火系统；并根据《自动喷水灭火系统设计规范》GB 50084—2001（2005 年版）要求，联合工房安全疏散通道按中危险级Ⅱ级设计（喷水强度为 8L/(min·m^2)，作用面积为 160m^2，火灾延续时间 1h），辅房部分按中危险级Ⅰ级设计（喷水强度为 6L/(min·m^2)，作用面积为 160m^2，火灾延续时间 1h）。

湿式自动喷水系统消防用水量最大为 30L/s，自动喷水灭火系统消防时，启动自动喷水给水加压泵（动力中心消防水泵房）。设置湿式喷淋泵两台，型号为：XBD8/30-SLH（Q=30L/s，H=80m，P=45kW，一用一备）。在联合工房屋顶消防水箱间设有喷淋增压稳压设备，型号为：ZL-I-XZ-13。喷头选用吊顶型玻璃洒水喷头，型号为：ZXTX-15，K=80，68℃。各个防火分区的报警阀组设置在各报警阀间，总共设置 3 套 ZSFS150-1.6MPa-DN150 湿式报警阀。在联合工房南侧消防控制室附近的报警阀间外设置两套水泵接合器，型号为：SQS100-A 型。

湿式喷淋管道室内明装部分采用内外热镀锌钢管，丝接或卡箍连接。室内埋地部分采用内外涂塑钢管。

（三）预作用自动喷淋系统

根据《建筑设计防火规范》GB 50016—2006 要求，原料配方库、辅料周转库、掺兑库及成品周转库用房设有预作用自动喷水灭火系统；并根据《自动喷水灭火系统设计规范》GB 50084—2001（2005 年版）要求，高架库按仓库危险级Ⅱ级设计（喷水强度为 15L/(min·m^2)，作用面积为 280m^2，并且高架库每 4m 加置一层货架内置喷头，火灾延续时间 2h），其预作用自动喷水系统消防水量为设计最大水量，消防水量为 110L/s，火灾延续时间为 1h。动力中心设置预作用泵三台（两用一备），型号为：XBD9/80-200D/3（Q=70～80～90L/s，H=94.5～90.0～83.7m，P=110kW）。在联合工房屋顶消防水箱间设有喷淋增压稳压设备，型号为：ZL-I-XZ-13。喷头选用直立型玻璃洒水喷头，型号为：ZXTX-20，K=115，68℃。报警阀设置在各报警阀间，总共设置 4 套 ZSFY200-1.6MPa　DN200 预作用报警阀。在联合工房南侧消防控制室附近的报警阀间外设置 8 套水泵接合器，型号为：SQS100-A 型。

预作用喷淋管道室内明装部分采用内外热镀锌钢管，丝接或卡箍连接。室内埋地部分采用钢丝网骨架塑料复合，电热熔连接。

（四）防火分隔水幕系统

根据《建筑设计防火规范》GB 50016—2006 要求，厂区内联合工房工艺输送皮带穿越防火墙的洞口处设有防火分隔水幕系统；并根据《自动喷水灭火系统设计规范》GB 50084—2001（2005 年版）要求，按防火分隔水幕带设计（喷水强度为 2L/(s·m)，火灾延续时间 4h）。其水幕设计最大消防水量为 110L/s。设置水幕消防泵三台（两用一备），型号为：XBD9/50-150D/3^1，参数：Q=40～50～60L/s，H=93.9～90～82.9m，P=75kW。在联合工房屋顶消防水箱间设有水幕系统增压稳压设备，型号为 ZL-I-XZ-13。喷头选用水幕喷头，型号为：ZSTM-20A，K=80。报警阀设置在各报警阀间，总共设置 4 套 ZSFM150-1.6MPa，2 套 ZSFM200-1.6MPa 和 3 套 ZSFM250-1.6MPa 雨淋阀。在联合工房南侧消防控制室附近的报警阀间外设置 8 套水泵接合器，型号为：SQS100-A 型。

水幕喷淋管道室内明装部分采用内外热镀锌钢管，丝接或卡箍连接。室内埋地部分采用内外涂塑钢管。

三、工程照片及附图

联合工房中庭消防通道

联合工房前庭消防通道

消防系统水泵

冷却循环水系统水泵

冷冻水系统水泵

中水景观湖

中水景观湖

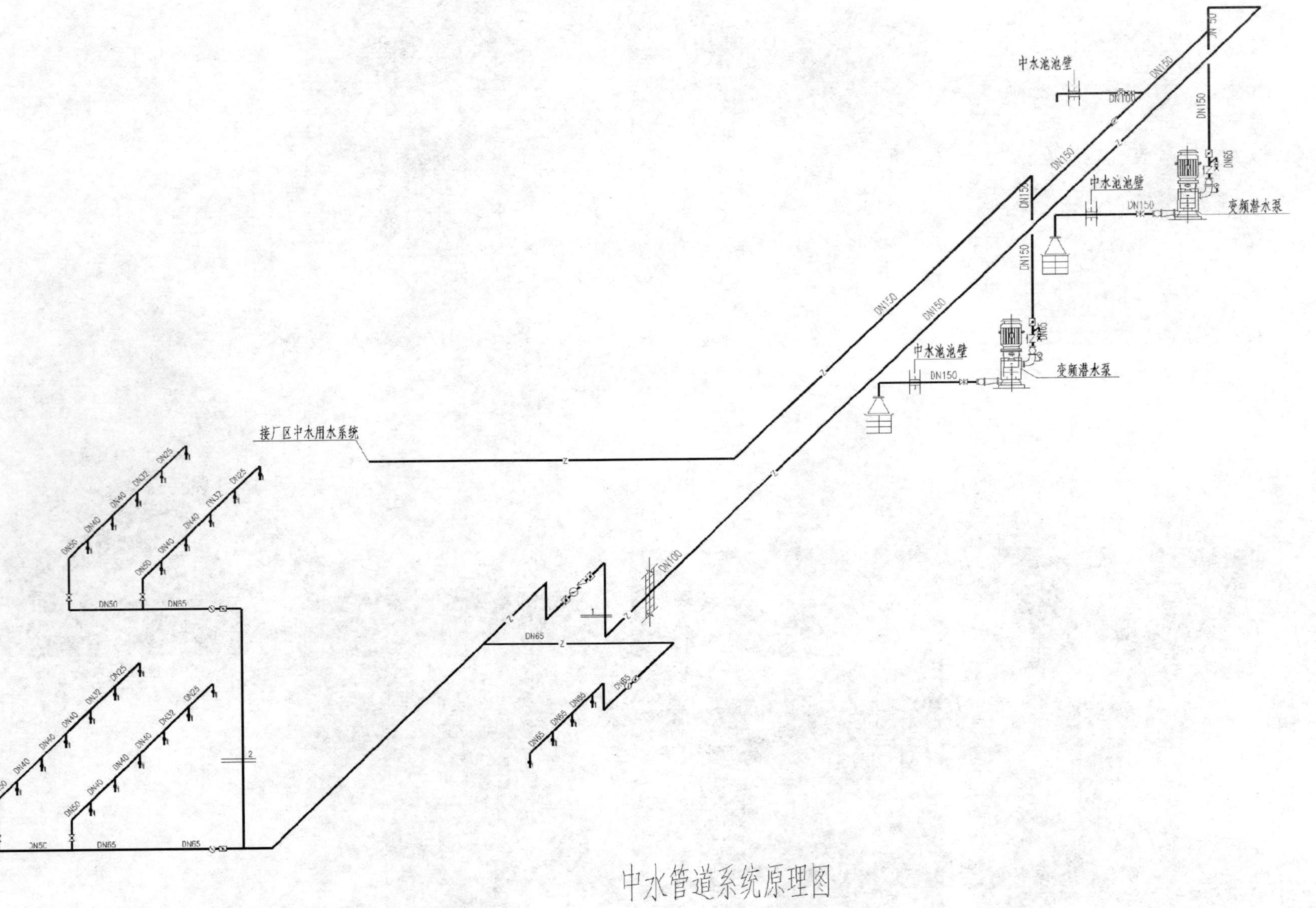
中水池池壁
中水池池壁
变频潜水泵
中水池池壁
变频潜水泵
接厂区中水用水系统
DN150
DN100
DN65
DN50
DN40
DN32
DN25

中水管道系统原理图

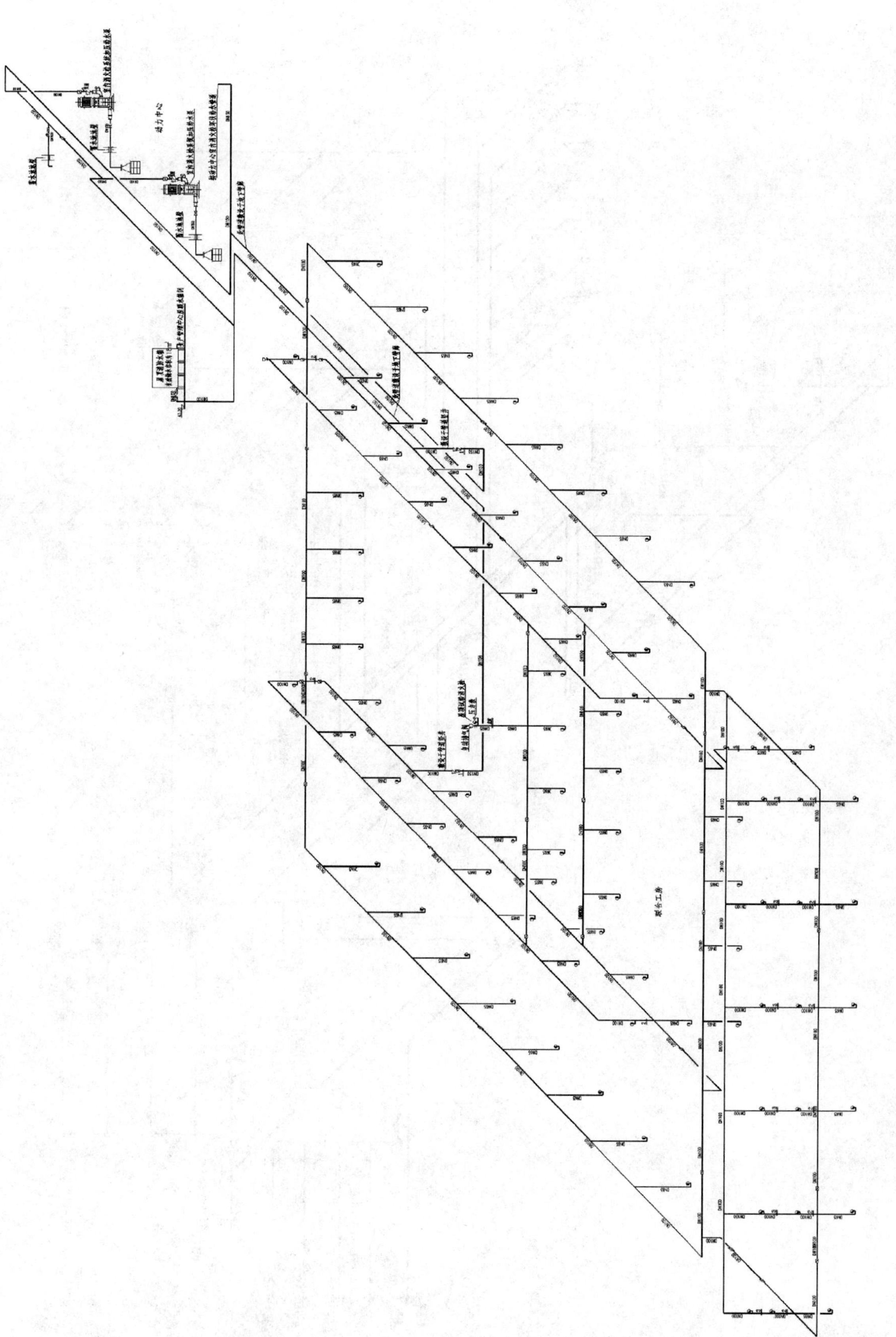

室内消火栓系统原理图

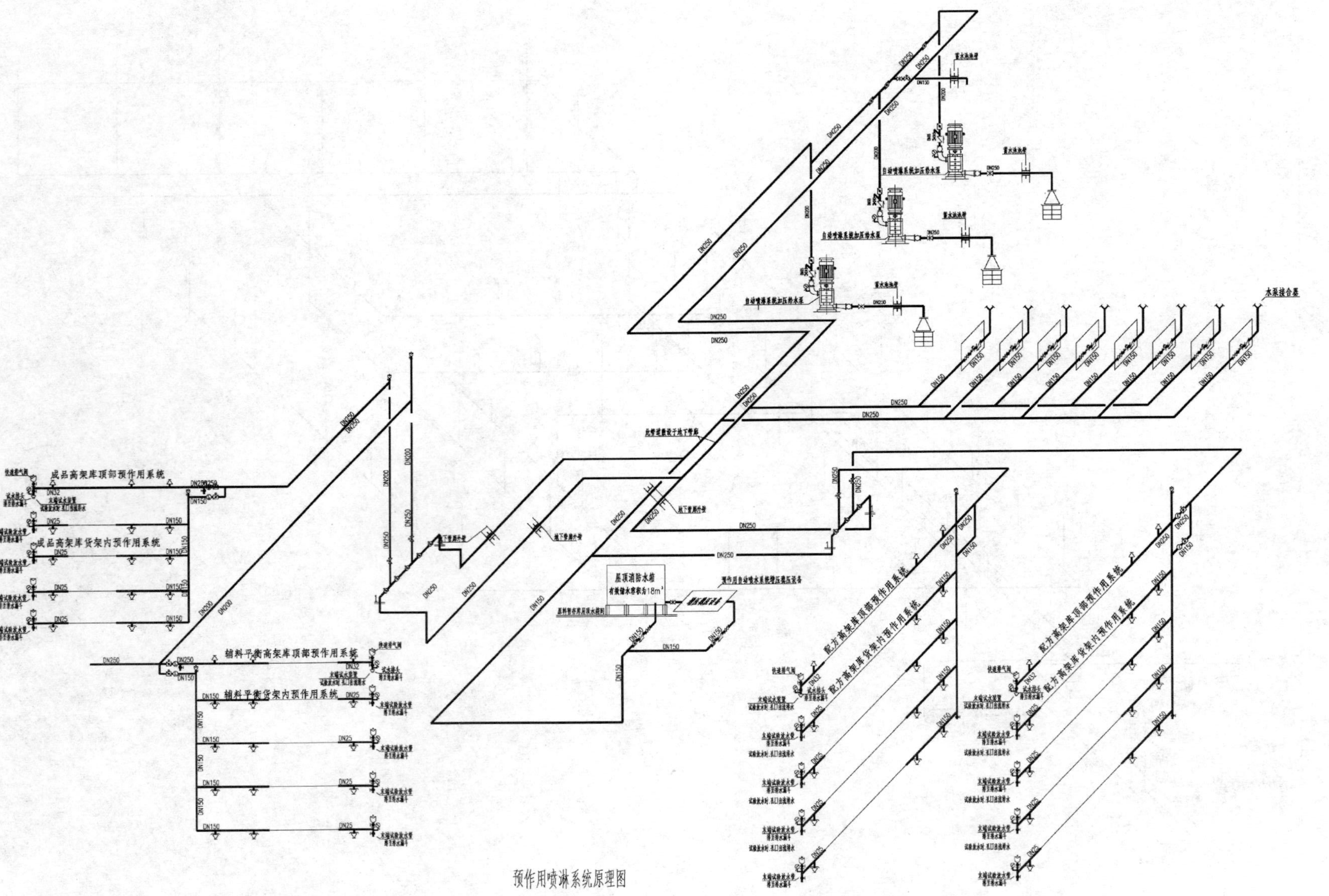
成品高架库顶部预作用系统
成品高架库货架内预作用系统
辅料平衡高架库顶部预作用系统
辅料平衡货架内预作用系统
配方高架库顶部预作用系统
配方高架库货架内预作用系统
屋顶消防水箱
有效储水容积为18m³
水泵接合器
DN250
DN200
DN150
DN25
DN32

预作用喷淋系统原理图

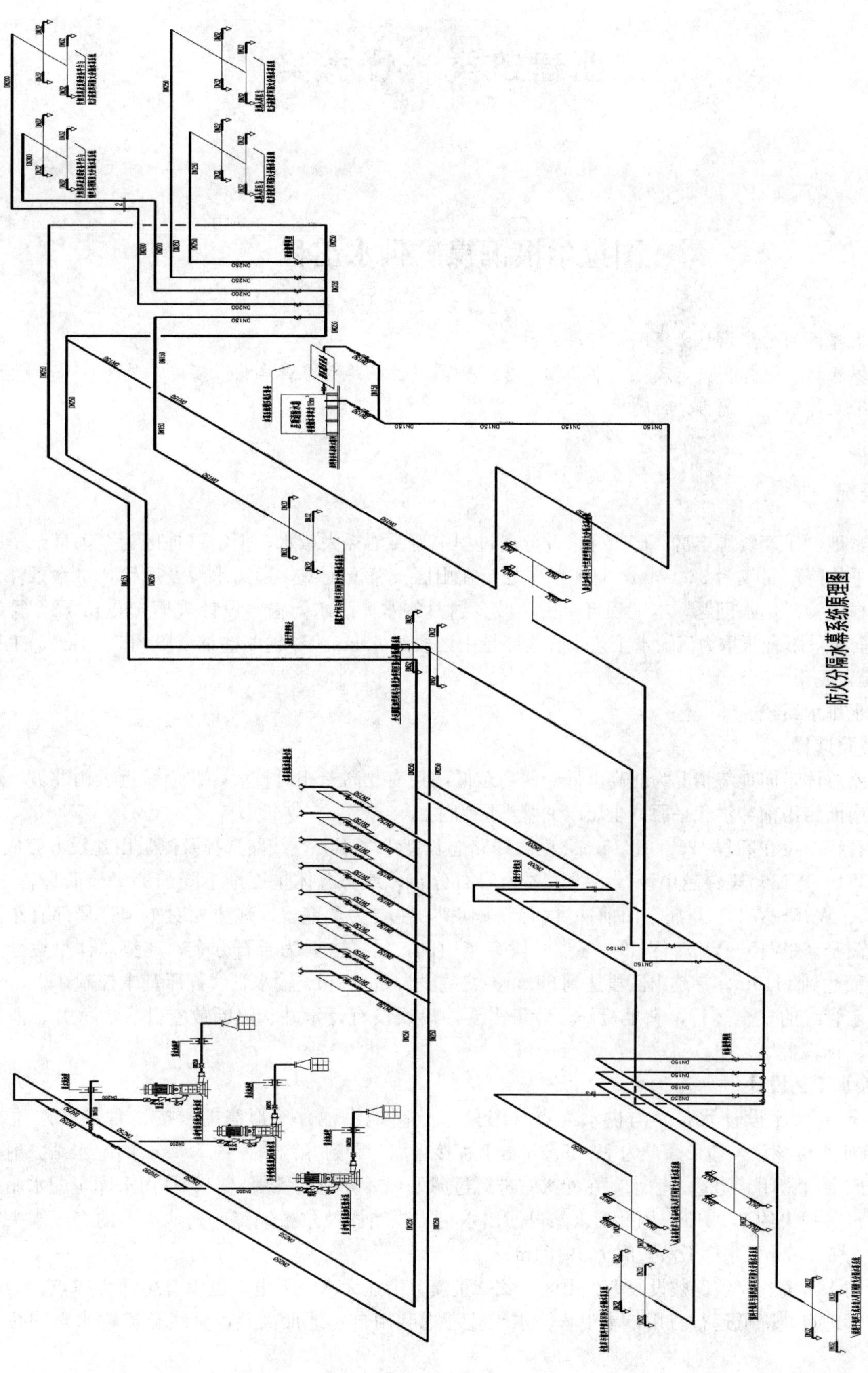

防火分隔水幕系统原理图

工业建筑类　优秀奖

图拉尔根铜镍矿供水工程

设计单位： 新疆石油勘察设计研究院（有限公司）
设 计 人： 罗春林　骆伟　张志庆　高潮　杨玉芳　孙国成　杨萍萍　曾祥慧　梅俊　吴倩怡　段新禄
获奖情况： 工业建筑类　优秀奖

工程概况：

新疆哈密地区矿产资源丰富，矿产开采及分离过程中需要消耗大量水；但哈密地区为全国最干旱的地区之一，全年平均降雨量仅为36.6mm，且矿区多分布在山区及荒漠戈壁，远离水源及城镇，供水条件差。为解决图拉尔根铜镍矿用水问题，本工程自哈密沁城乡射月沟水库引水，输水设计规模4500m^3/d，管线全长113.5km，全线采用有压重力流输水工艺。管线穿越山区段约63km，穿越戈壁荒漠段约50.4km。工程总投资1.42亿元人民币。

一、给水排水系统

（一）线路选择

输水线路总体走向地势情况为北高南低，西高东低，且南北高差相对较大，北面靠近天山北坡，地层以岩石为主，南面为山前冲洪积平原，土层以戈壁土层为主。

本工程管线敷设在高程1252～1415m之间，线路总长度113.4km，线路选择及测量由建设方完成。

线路（W1～W13）段穿越山区，沿线主要为岩石分布，地势总体呈逐渐下降趋势，最低高程1252m。（W13～W15、W27～W29）段属于山前冲洪积倾斜地貌，主要为戈壁段，地势相对平坦，局部有小的冲蚀沟，植被较茂密。（W15～W27、W29～终点）段穿越山区，沿线主要为岩石分布，地势总体呈逐渐上升趋势，最高高程达到1415m。穿越山区段达到63km，戈壁段为50.4km。输水管线静压基本控制在200m以下，为了保证输水管线的安全运行，满足检修、计量需要，沿线设有计量井、隔断放空井、放气井、泄压保护井、放空井、标识桩等。

（二）输水工艺设计

供水起点（水库设计水位）与供水终点（图拉尔根高地水池）地形高差，按正常设计水位计算为84.31m，按死水位核算，地形高差为77.05m。本工程接管点为距射月沟水库约7.8km的配水站，射月沟水库至配水站间通过密闭管道重力输水，在配水站进行过滤处理后分配给各用户，射月沟水库至配水站过滤后出水管段及设备损失约27.24m。因此配水站过滤出水可提供给图拉尔根铜镍矿高地水池的有效水头在水库正常液位时为57.07m，水库低液位时为49.81m。

考虑到输水距离长，线路敷设段地处山区、戈壁荒漠，沿途无水、无电，也没有生活支撑点。为减少管线运行维护管理点，降低运行费用，本工程输水工艺考虑利用自然地形高差，全线自流输水至图拉尔根铜镍矿。

（三）水力计算

输水管线全线自流供水，管线测量总长度为 113.4km，终点水池液位标高为 1406m，输水管线最高点在 108.25km 处，该处地面标高为 1414.5m，也是整个线路最易出现负压工况管段，因此从管线的安全运行考虑，控制该处管线安全水头 3.0m。管线水力计算分两段进行，前段 108.25km 为一计算管段，后段 5.15km 为一计算管段。

水力计算公式采用满宁公式：$v=C\sqrt{RJ}$；$C=\frac{1}{n}R^{\frac{1}{6}}$（$n$ 为管线粗糙系数，对于钢管为 0.012，对于钢骨架塑料复合管为 0.009；R 为水力半径；J 为水力坡度）。

经计算采用 $DN400$ 管线可满足设计输水规模要求。

（四）工艺流程说明

水库来水⟶113.4km 输水管线重力自流输水⟶矿区高地水池

利用地形高差，全线 113.4km 采用密闭管道重力自流输水。为保障输水管线的安全运行，在输水管线终点进矿区高地水池处设置流量控制阀，以避免水池大量进水造成管线局部高点形成负压；在管线起伏处及平直段的一定位置处设置自动排气阀、水击消除阀；考虑管线的维护检修，在输水线路适当位置，根据要求设置放空井、隔断检修井等。

（五）输水管线水击、气阻分析及保护措施

为保障输水管线的长期安全运行，减少维护、检修工作量，输水管线的安全保护设施设计是工程的重要组成部分。本设计在输水线路的安全保护上采取了以下措施：

1. 输水管线运行最不利工况点出现在起点阀门突然关闭，下游大量放水，此时管线易产生负压和水击，为消除水击及负压隐患，在 0+000、1+500、6+700、13+600、29+632、62+080 里程处安装三级排气防水锤型排气阀。

2. 管道中积存空气会造成水流速度减缓、供水能力不足、水头损失增加、引起管道水击等不利因素。而管道中缺乏空气会造成负压产生，管道破裂、吸入外部泥沙等异物。本设计在管道起伏的高点、直管段的一定距离处、连续上升、下降段一定位置设置自动进排气阀，总计 123 个，以控制管道空气的积聚。

3. 为便于管道的检修、维护、放空，本方案设计在输水管线上设置了 6 处检修隔断井、6 处放空井等。

4. 考虑对钢骨架塑料复合管的超压保护，安装 4 座泄压放空井。

二、工程特点

该工程为新疆境内输水距离最长的有压重力流输水管道，是国内输水工程线路敷设地质条件最复杂的工程。该工程的设计填补了 CPE 新疆设计院在长距离输水管道（100km 以上）设计领域的空白。

输水管线起点由水库取水，全线采用有压重力自流输水至矿区，实现了依靠海拔高差无泵、无罐输水，工程无动力费用、维护管理简单。

输水管线敷设区域 70％为山区，地形起伏大，山区段多为落差达数十米的山丘。穿越三处较大的倒虹吸段，最大静水压力达到 238m。地质条件比较复杂，穿越区域包括山区、荒漠戈壁、季节性河流、湿陷性黄土区域等。通过线路优化，精细的流体计算、工况分析，使得输水线路敷设长度最短、岩石爆破工程量最小、工程投资最省。

长距离、多起伏、高落差的重力自流输水管线设计。技术难点是如何保障管线通水及运行中顺利排气、补气；如何安全消除管线运行各工况条件下的水击、负压破坏等。在设计中采用以色列艾瑞流体公司专业软件分析、计算，针对性地在管线上安装了不同功能的空气阀、三级水锤防护阀、流量控制阀、持压泄压阀等各种管线安全附属设施，并通过对输水管线最高点增加埋深，提高安全水头等措施消除管线破坏因素，经管线生产运行检验，达到了设计要求。管线通水顺利、运行安全、平稳、经济。

三、工程照片及附图

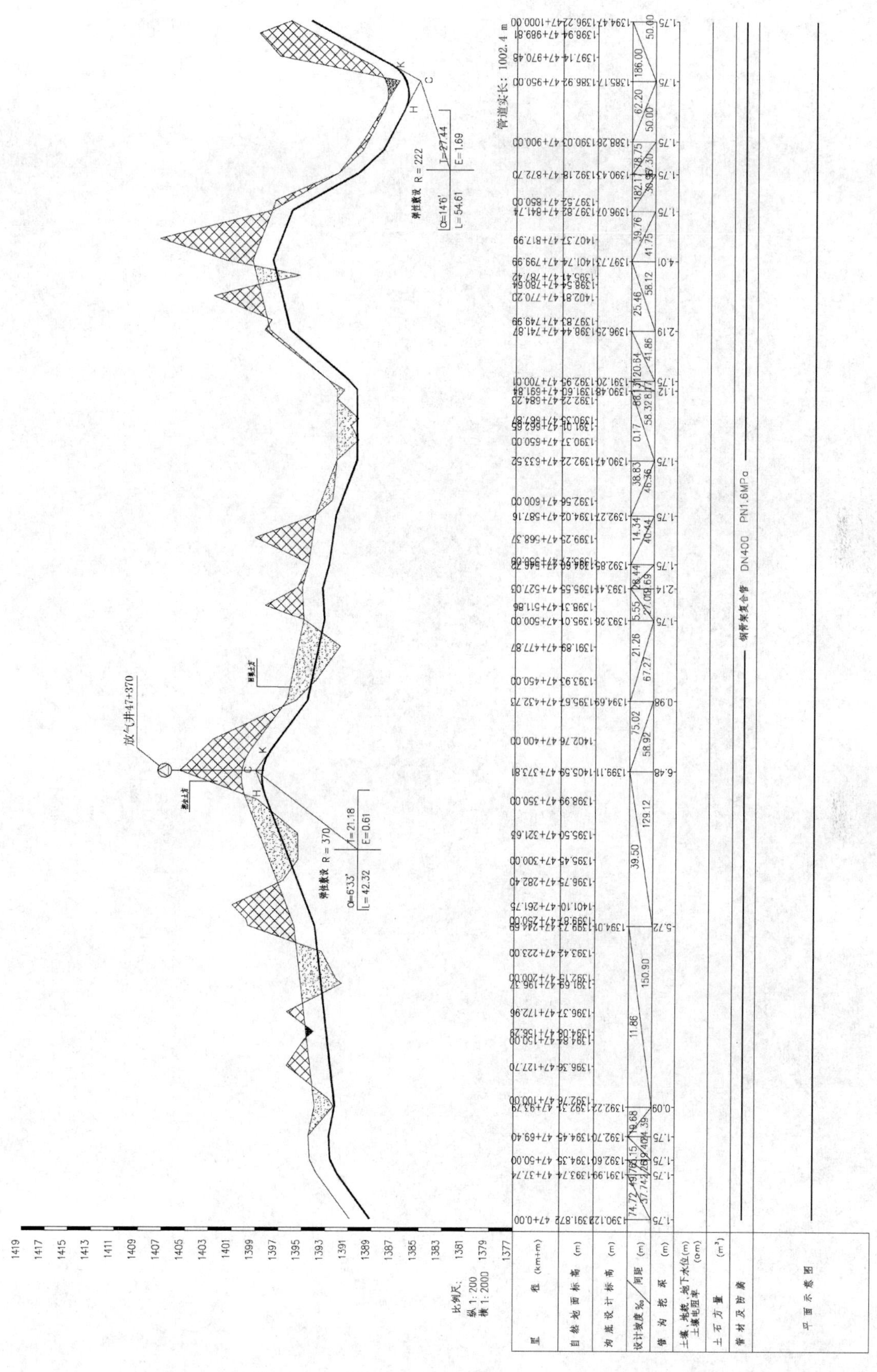
放气阀井47+370
管道实长：1002.4 m
钢骨架复合管 DN400 PN1.6MPa
比例尺：
纵 1:200
横 1:2000